"十二五"普通高等教育本科国家级规划教材

计算机网络经典教材系列

微课版（教学视频 教学课件PPT）

计算机网络

（第8版）

谢希仁 编著

電子工業出版社
Publishing House of Electronics Industry
北京 · BEIJING

内 容 简 介

本书自 1989 年首次出版以来，曾多次修订。在 2006 年本书通过了教育部的评审，被纳入普通高等教育“十一五”国家级规划教材；2008 年出版的第 5 版获得了教育部 2009 年精品教材称号。2013 年出版的第 6 版是“十二五”普通高等教育本科国家级规划教材。现在的第 8 版又在原有的基础上进行了一些修订。

全书分为 9 章，比较全面系统地介绍了计算机网络的发展和原理体系结构、物理层、数据链路层（包括局域网）、网络层、运输层、应用层、网络安全、互联网上的音频/视频服务，以及无线网络和移动网络等内容。各章均附有习题（附录 A 给出了部分习题的答案和提示）。全书课件放在电子工业出版社华信教育资源网（www.hxedu.com.cn）上，供读者下载参考。

本书的特点是概念准确、论述严谨、内容新颖、图文并茂，突出基本原理和基本概念的阐述，同时力图反映计算机网络的一些最新发展。本书可供电气信息类和计算机类专业的大学本科生和研究生使用，对从事计算机网络工作的工程技术人员也有参考价值。

图书在版编目（CIP）数据

计算机网络 / 谢希仁编著. —8 版. —北京：电子工业出版社，2021.6
ISBN 978-7-121-41174-8

Ⅰ. ①计… Ⅱ. ①谢… Ⅲ. ①计算机网络－高等学校－教材 Ⅳ. ①TP393

中国版本图书馆 CIP 数据核字（2021）第 090476 号

责任编辑：郝志恒　牛晓丽
印　　刷：保定市中画美凯印刷有限公司
装　　订：保定市中画美凯印刷有限公司
出版发行：电子工业出版社
北京市海淀区万寿路 173 信箱　　邮编：100036
开　　本：787×1092　1/16　　印张：30.25　　字数：774 千字
版　　次：1989 年 11 月第 1 版
2021 年 6 月第 8 版
印　　次：2024 年 11 月第 9 次印刷
印　　数：900001~1010000 册
定　　价：59.80 元

凡所购买电子工业出版社图书有缺损问题，请向购买书店调换。若书店售缺，请与本社发行部联系，联系及邮购电话：（010）88254888，88258888。

质量投诉请发邮件至 zlts@phei.com.cn，盗版侵权举报请发邮件至 dbqq@phei.com.cn。

本书咨询联系方式：QQ 9616328。

前　　言

党的二十大报告指出："坚持把发展经济的着力点放在实体经济上，推进新型工业化，加快建设制造强国、质量强国、航天强国、交通强国、网络强国、数字中国。"本教材在编写过程中，立足网络强国建设，遵循教育教学规律和人才培养规律，守正创新，不断更新修订，加入新技术、新概念。

本教材第 6 版被纳入"十二五"普通高等教育本科国家级规划教材。由于本教材所讲授的是计算机网络最基本的原理，而这些基本原理是比较成熟和稳定的，因此，介绍基本原理的部分相对稳定，不会有很大的变动。

现在使用本教材的读者，在学习计算机网络课程前，基本上都已具有丰富的上网经验，对互联网的应用已有了相当多的感性认识。在这样的基础上学习计算机网络也可以采用另一种办法，就是从最高层的应用层自顶向下讲到下面的链路层（例如教材[KURO17]）。但本教材第 1 版是在 1989 年出版的，当时国内尚无互联网的环境，大学生对互联网还是非常陌生的。在这种情况下，采用自底向上的方法讲述计算机网络的原理，是一种较好的选择。因此，第 8 版的教材仍保留原有框架，根据目前技术发展情况进行适当的修订，把计算机网络最主要的原理尽量讲述清楚。编者认为，只要能够学好各章的基本概念，就能够领会计算机网络的主要工作原理，为今后更深入地学习某些专题打下良好的基础。

第 8 版的教材有以下一些改动。

在第 4 章简要介绍了软件定义网络 SDN 的概念。在涉及有关 IP 地址的问题时，则以目前主流的无分类地址 CIDR 记法为主，少用分类地址。在路由选择协议中，更加详细地介绍了最重要的协议 BGP。

在第 7 章"网络安全"方面，增加了公钥分配中的证书链以及运输层安全协议 TLS 等内容。

互联网的发展之快出乎预料，最大的变化就是智能手机已成为连接到互联网的最主要的用户设备，因此在第 9 章增加了有关智能手机传送数据时如何连接到互联网的内容，同时删除了在蜂窝移动通信网中电话呼叫移动的用户的寻址过程。毕竟移动通信属于另外一门课程，在本教材中不可能进行过多的介绍。

此外，node 改用通用译名"节点"，不再使用标准译名"结点"。

所有各章应参考的 RFC 文档和参考文献也都尽可能进行了更新。对于重点内容适当地增加了一些习题。关于网络实验和网络编程方面的问题，都有另外的教材专门讲述。

本教材的参考学时数为 70 学时左右。在课程学时数较少的情况下可以只学习前 6 章，这样仍可获得有关互联网的最基本的知识。

本教材后共有三个附录，附录 A 是部分习题解答（而不是详细解题步骤），附录 B 是英文缩写词，附录 C 是参考文献与网址。

读者可访问电子工业出版社华信教育资源网（www.hxedu.com.cn）下载有关的参考内容。

编者非常感谢使用本教材的教师和同学，他们通过电子邮件向编者和出版社编辑提出了很多宝贵意见，这里无法一一列出他们的姓名。但特别要感谢的是烟台理工学院韩明峰教授，多年来他对本教材提出了大量建设性意见，并在百忙中仔细审阅了这次修订的多章初稿；西安航空学院丁国栋高工对第 9 章 LTE 部分提出了非常具体的修改意见；本校王士林教授对第 9 章的部分内容进行了认真的审阅。谢钧教授、邢长友副教授参与了本书的编写工作。还有不少读者提出了希望增加一些内容的建议，但受篇幅所限，未能采纳这些建议。对此，编者均表示诚挚的谢意。计算机网络涉及的面很广，虽然已经过反复挑选，但还有不少新的发展未能添加到教材中。限于编者水平，教材中难免还存在一些缺点和错误，殷切希望广大读者批评指正。

谢希仁
2020 年 9 月
于陆军工程大学，南京

编者的电子邮件地址：xiexiren@tsinghua.org.cn

欢迎指出教材中内容的不足和错误，但编者无法满足一些深入探讨和科研项目咨询的需求，请予谅解。若需索取解题的详细步骤，请参考编者编著的《计算机网络释疑与习题解答》。

计算机网络（第 8 版）视频由桂林航天工业学院李志远教授讲解（扫描教材中的二维码观看）。

计算机网络（第 7 版）视频由北京理工大学郑宏、宿红毅教授讲解（扫描封底二维码观看）。

目　录

扫一扫

视频讲解

第 1 章　概述

本章是全书的概要。在本章的开始，先介绍计算机网络在信息时代的作用。接着对互联网进行概述，包括互联网基础结构发展的三个阶段以及今后的发展趋势。然后，讨论互联网组成的边缘部分和核心部分。在简单介绍计算机网络在我国的发展以及计算机网络的类别后，讨论计算机网络的性能指标。最后，论述整个课程都要用到的重要概念——计算机网络的体系结构。

本章最重要的内容是：

(1) 互联网边缘部分和核心部分的作用，其中包含分组交换的概念。

(2) 计算机网络的性能指标。

(3) 计算机网络分层次的体系结构，包含协议和服务的概念。这部分内容比较抽象。在没有了解具体的计算机网络之前，很难完全掌握这些很抽象的概念。但这些抽象的概念又能够指导后续的学习，因此也必须先从这些概念学起。建议读者在学习到后续章节时，经常再复习一下本章中的基本概念。这对掌握好整个计算机网络的概念是有益的。

1.1　计算机网络在信息时代中的作用

我们知道，21 世纪的一些重要特征就是**数字化**、**网络化**和**信息化**，它是一个**以网络为核心的信息时代**。要实现信息化就必须依靠完善的网络，因为网络可以非常迅速地传递信息。网络现在已经成为信息社会的命脉和发展知识经济的重要基础。网络对社会生活和经济发展的很多方面已经产生了不可估量的影响。

有三大类大家很熟悉的网络，即**电信网络**、**有线电视网络**和**计算机网络**。按照最初的服务分工，电信网络向用户提供电话、电报及传真等服务；有线电视网络向用户传送各种电视节目；计算机网络则使用户能够在计算机之间传送数据文件。这三种网络在信息化过程中都起着十分重要的作用，但其中发展最快并起着核心作用的则是计算机网络，而这正是本书所要讨论的内容。

随着技术的发展，电信网络和有线电视网络都逐渐融入了现代计算机网络的技术，扩大了原有的服务范围，而计算机网络也能够向用户提供电话通信、视频通信以及传送视频节目的服务。从理论上讲，把上述三种网络融合成一种网络就能够提供所有的上述服务，这就是很早以前就提出来的“三网融合”。然而事实并不如此简单，因为这涉及各方面的经济利益和行政管辖权的问题。

20 世纪 90 年代以后，以 Internet 为代表的计算机网络得到了飞速的发展，已从最初的仅供美国人使用的免费教育科研网络逐步发展成为供全球使用的商业网络（有偿使用），成为全球最大的和最重要的计算机网络。可以毫不夸大地说，Internet 是人类自印刷术发明以来在存储和交换信息领域的最大变革。

Internet 的中文译名并不统一。现有的 Internet 译名有两种：

(1) **因特网**，这个译名是全国科学技术名词审定委员会推荐的。虽然因特网这个译名较为准确，但却长期未得到推广。本书的前几版都采用因特网这个译名。

(2) **互联网**，这是目前流行最广的、事实上的标准译名。现在我国的各种报刊杂志、政府文件以及电视节目中都毫无例外地使用这个译名。Internet 是**由数量极大的各种计算机网络互连起来的**，采用互联网这个译名能够体现出 Internet 最主要的特征。本书从第 7 版开始，改用“互联网”作为 Internet 的译名。

也有些人愿意直接使用英文名词 Internet，而不使用中文译名。这避免了译名的误解。但编者认为，在中文教科书中，常用的重要名词应当使用中文的。当然，对国际通用的英文缩写词，我们还是要尽量多使用。例如，直接使用更简洁的“TCP”，比使用冗长的中文译名“传输控制协议”要方便得多。这样做也更加便于阅读外文技术资料。

曾有人把 Internet 译为国际互联网。其实互联网本来就是**覆盖全球的**，因此“国际”二字显然是多余的。

对于仅在**局部范围**互连起来的计算机网络，只能称之为互连网，而不是互联网 Internet。

有时，我们往往使用更加简洁的方式表示互联网，这就是只用一个 “**网**”字。例如，“上网”就是表示使用某个电子设备连接到互联网，而不是连接到其他的网络上。还有如网民、网吧、网银（网上银行）、网购（网上购物），等等。这里的“网”，一般都不是指电信网或有线电视网，而是指当今世界上最大的计算机网络 Internet——互联网。

那么，什么是互联网呢？很难用几句话说清楚。但我们可以从两个不同的方面来认识互联网。这就是互联网的应用和互联网的工作原理。

绝大多数人认识互联网都是从接触互联网的应用开始的。现在很小的孩子就会上网玩游戏、看网上视频，或和朋友在社交软件上聊天。人们经常利用互联网的社交电子邮件相互通信（包括传送各种照片和视频文件），这就使得传统的邮政信函的业务量大大减少。许多商品现在都可以在互联网上购买，既方便又经济实惠，改变了必须去实体商店的传统购物方式。在互联网上购买机票、火车票或预订酒店都非常方便，可以节省大量出行排队的时间。过去各银行的大厅内往往拥挤不堪，但现在这种情况已经得到了明显的改善，因为原来人们必须到银行进行的业务，基本上都可以改为在家中的网上银行进行操作。现在只要携带一个接入到互联网的智能手机就可以非常方便地付款，而不必使用现金或刷卡支付。必须指出，现在互联网的应用范围早已大大超过当初设计互联网时的几种简单的应用，并且各种意想不到的新的应用总是不断地在出现。本书不可能详细地介绍互联网的各种应用，这需要有另一本专门的书。

互联网之所以能够向用户提供许多服务，就是因为互联网具有两个重要基本特点，即**连通性**和**共享**。

所谓连通性(connectivity)，就是互联网使上网用户之间，不管相距多远（例如，相距数千公里），都可以非常便捷、非常经济地（在很多情况下甚至是免费的）交换各种信息（数据，以及各种音频、视频），**好像**这些用户终端都彼此直接连通一样。这与使用传统的电信网络有着很大的区别。我们知道，传统的电信网向用户提供的最重要的服务就是人与人之间的电话通信，因此电信网也具有连通性这个特点。但使用电信网的电话用户，往往要为此向电信网的运营商缴纳相当昂贵的费用，特别是长距离的越洋通信。但应注意，互联网具有虚拟的特点。例如，当你从互联网上收到一封电子邮件时，你可能无法准确知道对方是谁（朋友还是骗子），也无法知道发信人的地点（在附近，还是在地球对面）。

所谓共享就是指**资源共享**。资源共享的含义是多方面的，可以是信息共享、软件共享，也可以是硬件共享。例如，互联网上有许多服务器（就是一种专用的计算机）存储了大量有价值的电子文档（包括音频和视频文件），可供上网的用户很方便地读取或下载（无偿或有偿）。由于网络的存在，这些资源好像就在用户身边一样，使用非常方便。

现在人们的生活、工作、学习和交往都已离不开互联网。设想一下，某一天我们所在城市的互联网突然瘫痪不能工作了，会出现什么结果呢？这时，我们既不能上网查询有关的资料，也无法使用微信或电子邮件与朋友及时交流信息，网上购物也将完全停顿。我们无法购买机票或火车票，因为即使是在售票处工作的售票员，也无法通过互联网得知目前还有多少余票可供出售。我们不能到银行存钱或取钱，无法交纳水电费和煤气费等。股市交易也将停顿。在图书馆我们检索不到所需要的图书和资料。可见，人们的生活越依赖互联网，互联网的可靠性也就越重要。现在互联网已经成为社会最为重要的基础设施之一。

现在常常可以看到一种新的提法，即“互联网+”。它的意思就是“互联网+各个传统行业”，因此可以利用信息通信技术和互联网平台来创造新的发展生态。实际上“互联网+”代表一种新的经济形态，其特点就是把互联网的创新成果深度融合于经济社会各领域之中，这就大大地提升了实体经济的创新力和生产力。我们也必须看到互联网的各种应用对各行各业的巨大冲击。例如，电子邮件迫使传统的电报业务退出市场，网络电话的普及使得传统的长途电话（尤其是国际长途电话）的通信量急剧下降，对日用商品快捷方便的网购造成了不少实体商店的停业，网约车的问世对出租车行业产生了巨大的冲击，网上支付的飞速发展使得很多银行的营业厅变得冷冷清清。这些例子说明互联网应用已对整个社会的各领域产生了很大的影响。

互联网也给人们带来了一些负面影响。有人肆意利用互联网传播计算机病毒，破坏互联网上数据的正常传送和交换；有的犯罪分子甚至利用互联网窃取国家机密和盗窃银行或储户的钱财；网上欺诈或在网上肆意散布谣言、不良信息和播放不健康的视频节目也时有发生；有的青少年弃学而沉溺于网吧的网络游戏中；等等。

虽然如此，但互联网的负面影响毕竟还是次要的。随着对互联网管理的加强，我们可以使互联网给社会带来正面积极的作用成为互联网的主流。

由于互联网已经成为世界上最大的计算机网络，因此下面我们先对互联网进行一下概述，包括互联网的主要构件，这样就可以对计算机网络有一个最初步的了解。

1.2　互联网概述

1.2.1　网络的网络

起源于美国的互联网[①]现已发展成为世界上最大的覆盖全球的计算机网络。

我们先给出关于网络、互连网、互联网（因特网）的一些最基本的概念。

---

① 注：1994 年全国自然科学名词审定委员会公布的名词中，interconnection 是“互连”，interconnection network 是“互连网络”，internetworking 是“网际互连”[MINGCI94]。但 1997 年 8 月全国科学技术名词审定委员会在其推荐名（一）中，将 internet, internetwork, interconnection network 的译名均推荐为“互联网”，而在注释中说“又称互连网”，即“互联网”与“互连网”这两个名词均可使用，但请注意，“联”和“连”并不是同义字。术语“互连”一定不能用“互联”代替。“连接”也一定不能用“联接”代替。

请读者注意：为了方便，在本书中，“网络”往往就是“计算机网络”的简称，而不是表示电信网或有线电视网。

计算机网络（简称为**网络**）由若干**节点**(node)[①]和连接这些节点的**链路**(link)组成。网络中的节点可以是计算机、集线器、交换机或路由器等（在后续的两章我们将会介绍集线器、交换机和路由器等设备的作用）。图 1-1(a)给出了一个具有四个节点和三条链路的网络。我们看到，有三台计算机通过三条链路连接到一个集线器上。这是一个非常简单的计算机网络（可简称为网络）。又如，在图 1-1(b)中，有多个网络通过一些路由器相互连接起来，构成了一个覆盖范围更大的计算机网络。这样的网络称为**互连网**(internetwork或internet)。因此互连网是“**网络的网络**”(network of networks)。用一朵云表示一个网络的好处，就是可以先不考虑每一个网络中的细节，而是集中精力讨论与这个互连网有关的一些问题。

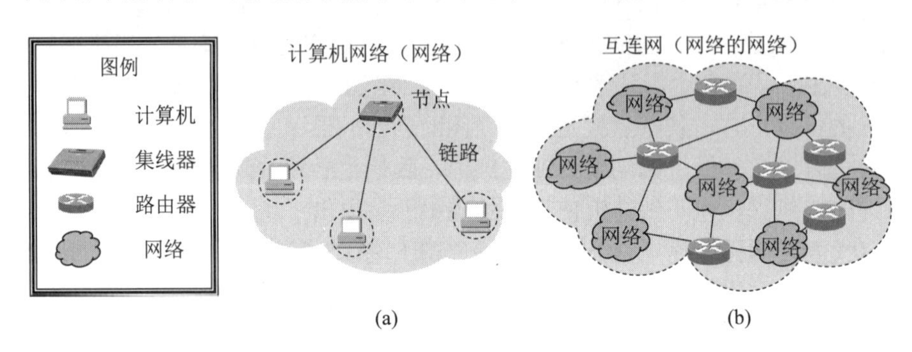

图 1-1　简单的网络(a)和由网络构成的互连网(b)

请读者注意，当我们使用一朵云来表示网络时，可能会有两种不同的情况。一种情况如图 1-1(a)所示，用云表示的网络已经包含了网络中的计算机。但有时为了讨论问题的方便（例如，要讨论几个计算机之间如何进行通信），也可以把有关的计算机画在云的外面，如图 1-2 所示。习惯上，与网络相连的计算机常称为主机(host)。在互连网中不可缺少的路由器，是一种特殊的计算机（有中央处理器、存储器、操作系统等），但不能称为主机。

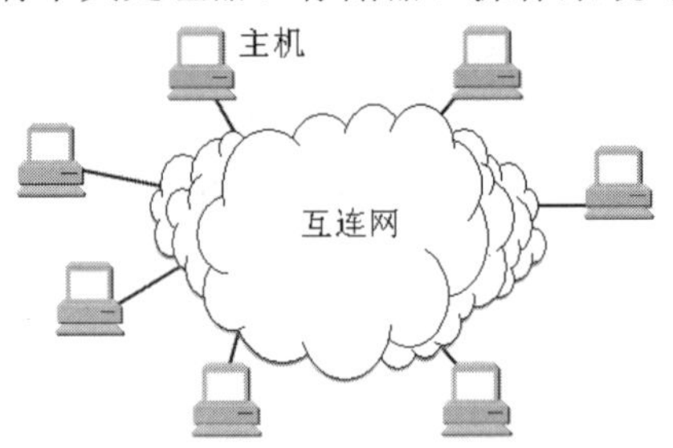

图 1-2　互连网与所连接的主机

这样，我们初步建立了下面的基本概念：

网络把许多计算机连接在一起，而互连网则把许多网络通过一些路由器连接在一起。与网络相连的计算机常称为主机。

---

① 注：根据[MINGCI94]第 112 页，名词 node 的标准译名是：节点 08.078，结点 12.023。再查一下 12.023 这一节是**计算机网络**，因此，在计算机网络领域，node 显然应当译为结点，而不是节点。但不知由于何种原因，在网络领域中，标准译名“结点”一直未得到推广。考虑到与大多数中文资料中的 node 译名保持一致，本书从第 8 版起也采用“节点”这个非标准译名。

还有一点也必须注意：网络互连并不仅仅是把计算机简单地在物理上连接起来，因为这样做并不能达到计算机之间能够相互交换信息的目的。我们还必须在计算机上安装许多使计算机能够交换信息的软件才行。因此当我们谈到网络互连时，就隐含地表示在这些计算机上已经安装了可正常工作的适当软件，在计算机之间可以通过网络交换信息。

现在使用智能手机上网已非常普遍。由于智能手机包含中央处理器、存储器以及操作系统，因此，从计算机网络的角度看，连接在计算机网络上的智能手机也相当于一个主机。实际上，智能手机已远远不是单一功能的设备，它既是电话机，同时也是集计算机、照相机、摄像机、电视机、导航仪等多种设备的功能于一体的智能机器。同理，连接在计算机网络上的智能电视机，也是计算机网络上的主机。

1.2.2 互联网基础结构发展的三个阶段

互联网的基础结构大体上经历了三个阶段的演进。但这三个阶段在时间划分上并非截然分开而是有部分重叠的，这是因为网络的演进是逐步的，而并非在某个日期发生了突变。

第一阶段是从单个网络 ARPANET 向互连网发展的过程。1969 年美国国防部创建的第一个分组交换网 ARPANET 最初只是一个单个的分组交换网（并不是一个互连的网络）。所有要连接在 ARPANET 上的主机都直接与就近的节点交换机相连。但到了 20 世纪 70 年代中期，人们已认识到不可能仅使用一个单独的网络来满足所有的通信需求。于是 ARPA 开始研究多种网络（如分组无线电网络）互连的技术，这就导致了互连网络的出现，成为现今**互联网**(Internet)的雏形。1983 年 TCP/IP 协议成为 ARPANET 上的标准协议，使得所有使用 TCP/IP 协议的计算机都能利用互连网相互通信，因而人们就把 1983 年作为互联网的诞生时间。1990 年 ARPANET 正式宣布关闭，因为它的实验任务已经完成。

请读者注意以下两个意思相差很大的名词 internet 和 Internet [RFC 1208]：

以小写字母 i 开始的 **internet（互连网）是一个通用名词，它泛指由多个计算机网络互连而成的计算机网络**。在这些网络之间的通信协议（即通信规则）可以任意选择，不一定非要使用 TCP/IP 协议。

以大写字母 I 开始的 **Internet（互联网，或因特网）则是一个专用名词，它指当前全球最大的、开放的、由众多网络相互连接而成的特定互连网，它采用 TCP/IP 协议族作为通信的规则，且其前身是美国的 ARPANET**。

可见，任意把几个计算机网络互连起来（不管采用什么协议），并能够相互通信，这样构成的是一个互连网(internet)，而不是互联网(Internet)。

第二阶段的特点是建成了**三级结构的互联网**。从 1985 年起，美国国家科学基金会 NSF (National Science Foundation)就围绕六个大型计算机中心建设计算机网络，即国家科学基金网 NSFNET。它是一个三级计算机网络，分为**主干网**、**地区网**和**校园网**（或**企业网**）。这种三级计算机网络覆盖了全美国主要的大学和研究所，并且成为互联网中的主要组成部分。1991 年，NSF 和美国的其他政府机构开始认识到，互联网必将扩大其使用范围，不应仅限于大学和研究机构。世界上的许多公司纷纷接入到互联网，网络上的通信量急剧增大，使互联网的容量已满足不了需要。于是美国政府决定把互联网的主干网转交给私人公司来经营，并开始对接入互联网的单位收费。1992 年互联网上的主机超过 100 万台。1993 年互联网主干网的速率提高到 45 Mbit/s（T3 速率）。

为什么要使用这种三级结构呢？这是因为互联网必须能够让连接到互联网的所有用户都可以相互通信。但是一个普通的校园网或企业网单靠本身力量并不可能做到这一点，因为要实现如此多的连接需要巨大的投资。于是就出现了上面两层的地区网和主干网。地区网可以完成本地区管辖范围内各校园网或企业网之间的相互通信，而主干网可以使不同地区之间的用户相互通信。

第三阶段的特点是逐渐形成了**全球范围的多层次 ISP 结构的互联网**。从 1993 年开始，由美国政府资助的 NSFNET 逐渐被若干个商用的**互联网主干网**替代，而政府机构不再负责互联网的运营。这样就出现了一个新的名词：**互联网服务提供者** ISP (Internet Service Provider)。在许多情况下，互联网服务提供者 ISP 就是一个进行商业活动的公司，因此 ISP 又常译为**互联网服务提供商**。例如，中国电信、中国联通和中国移动等公司都是我国最有名的 ISP。

互联网服务提供者 ISP 可以从互联网管理机构申请到很多 IP 地址（互联网上的主机都必须有 IP 地址才能上网，这一概念我们将在第 4 章的 4.2.2 节详细讨论），同时拥有通信线路（大 ISP 自己建造通信线路，小 ISP 则向电信公司租用通信线路）以及路由器等连网设备，因此任何机构和个人只要向某个 ISP 交纳规定的费用，就可从该 ISP 获取所需 IP 地址的租用权，并可通过该 ISP 接入互联网。所谓“上网”就是指“（通过某 ISP 获得的 IP 地址）接入互联网”。IP 地址的管理机构不会把单个的 IP 地址零星地分配给单个用户，而是把整块的 IP 地址有偿租赁给经审查合格的 ISP。由此可见，现在的互联网已不是某个单个组织所拥有而是全世界无数大大小小的 ISP 所共同拥有的，这就是互联网也称为“**网络的网络**”的原因。

根据提供服务的覆盖面积大小以及所拥有的 IP 地址数目的不同，ISP 也分为不同层次的 ISP：主干 ISP、地区 ISP 和本地 ISP。目前已经覆盖全球的互联网，其主干 ISP 只有十几个，但本地 ISP 有好几十万个。

主干 ISP 由几个专门的公司创建和维护，服务面积最大（一般都能够覆盖国家范围），并且还拥有高速主干网（例如 10 Gbit/s 或更高）。不同的网络运营商都有自己的主干 ISP 网络，并且可以彼此互通。

地区 ISP 是一些较小的 ISP。这些地区 ISP 通过一个或多个主干 ISP 连接起来。它们位于等级中的第二层，数据率也低一些。

本地 ISP 给用户提供直接的服务（这些用户有时也称为端用户，强调是末端的用户）。本地 ISP 可以连接到地区 ISP，也可直接连接到主干 ISP。绝大多数的用户都是连接到本地 ISP 的。本地 ISP 可以是一个仅仅提供互联网服务的公司，也可以是一个拥有网络并向自己的雇员提供服务的企业，或者是一个运行自己的网络的非营利机构（如学院或大学）。

图 1-3 是具有三层 ISP 结构的互联网的概念示意图，但这种示意图并不表示各 ISP 的地理位置关系。图中给出了主机 A 经过许多不同层次的 ISP 与主机 B 通信的示意图。

随着互联网上数据流量的急剧增长，人们开始研究如何更快地转发分组，以及如何更加有效和更加经济地利用网络资源。于是，**互联网交换点** IXP (Internet eXchange Point)就应运而生了。

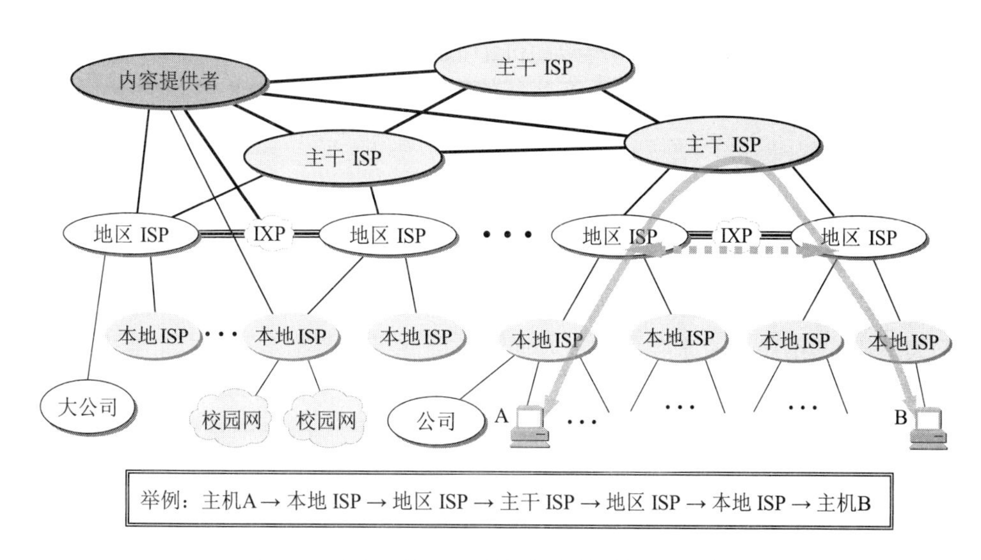

图 1-3　具有三层 ISP 结构的互联网的概念示意图

互联网交换点 IXP 的主要作用就是允许两个 ISP 网络直接相连并交换分组，而不需要再通过第三个网络来转发分组。例如，在图 1-3 中右方的两个地区 ISP 通过一个 IXP 连接起来了。这样，主机 A 和主机 B 交换分组时，就不必再经过最上层的主干 ISP，而是直接在两个地区 ISP 之间用高速链路对等地交换分组。这样就使互联网上的数据流量分布更加合理，同时也减少了分组转发的迟延时间，降低了分组转发的费用。现在许多 IXP 在进行对等交换分组时，都互相不收费。但本地 ISP 或地区 ISP 通过 IXP 向高层的 ISP 转发分组时，则需要交纳一定的费用。IXP 的结构非常复杂。典型的 IXP 由一个或多个网络交换机组成，许多 ISP 再连接到这些网络交换机的相关端口上。大的 IXP 能够连接数百个 ISP。IXP 常采用工作在数据链路层的网络交换机，这些网络交换机都用局域网互连起来。

据[W-PCH] 2020 年 8 月的统计，全球已经有 1064 个 IXP，其中我国拥有 32 个（北京 6 个，上海 5 个，广州 4 个，香港 9 个，台湾 8 个）。现在世界上较大的 IXP 的峰值吞吐量都在 Tbit/s 的量级。例如建造在德国的法兰克福的名为 DE-CIX 的 IXP，是互联网在欧洲的枢纽，2020 年 8 月统计的峰值吞吐量就已达到 7.72 Tbit/s。

这里特别要指出的是，当前互联网上最主要的流量就是视频文件的传送。图 1-3 中左上角所示的**内容提供者**(content provider)是在互联网上向所有用户提供视频文件的公司。这种公司和前面提到的 ISP 不同，因为他们并不向用户提供互联网的转接服务，而是提供视频内容的服务。由于传送视频文件产生的流量非常大，为了提高数据传送的效率，这些公司都有独立于互联网的专门网络（仅承载出入该公司的服务器的流量），并且能够和各级 ISP 以及 IXP 相连。这就使得互联网上的所有用户能够更加方便地观看网上的各种视频节目。现在许多 ISP 已不仅向用户提供互联网的接入服务，而且还提供信息服务和一些增值服务。

互联网已经成为世界上规模最大和增长速度最快的计算机网络，没有人能够准确说出互联网究竟有多大。互联网的迅猛发展始于 20 世纪 90 年代。由欧洲原子核研究组织 CERN 开发的**万维网 WWW** (World Wide Web)被广泛使用在互联网上，大大方便了广大非网络专业人员对网络的使用，成为互联网的这种指数级增长的主要驱动力。万维网的站点数目也急剧增长。互联网上准确的通信量是很难估计的，但有文献介绍，互联网上的数据通信量每月约增加 10 %。在 2005 年互联网的用户数超过了 10 亿，在 2010 年超过了 20 亿，在 2014 年已接近 30 亿，截止到 2019 年 3 月底，互联网的用户数已超过了 43.8 亿。

1.2.3 互联网的标准化工作

互联网的标准化工作对互联网的发展起到了非常重要的作用。我们知道，标准化工作的好坏对一种技术的发展有着很大的影响。缺乏国际标准将会使技术的发展处于比较混乱的状态，而盲目自由竞争的结果很可能形成多种技术体制并存且互不兼容的状态（如过去形成的彩电三大制式），给用户带来较大的不方便。但国际标准的制定又是一个非常复杂的问题，这里既有很多技术问题，也有很多属于非技术问题，如不同厂商之间经济利益的争夺问题等。标准制定的时机也很重要。标准制定得过早，由于技术还没有发展到成熟水平，会使技术比较陈旧的标准限制了产品的技术水平。其结果是以后不得不再次修订标准，造成浪费。反之，若标准制定得太迟，也会使技术的发展无章可循，造成产品的互不兼容，也不利于产品的推广。

1992 年由于互联网不再归美国政府管辖，因此成立了一个国际性组织叫作**互联网协会**(Internet Society，简称为 ISOC) [W-ISOC]，以便对互联网进行全面管理以及在世界范围内促进其发展和使用。ISOC 下面有一个技术组织叫作**互联网体系结构委员会 IAB** (Internet Architecture Board)①，负责管理互联网有关协议的开发。IAB 下面又设有两个工程部：

(1) **互联网工程部 IETF** (Internet Engineering Task Force)

IETF 是由许多**工作组** WG (Working Group)组成的论坛(forum)，具体工作由**互联网工程指导小组** IESG (Internet Engineering Steering Group)管理。这些工作组划分为若干个领域(area)，每个领域集中研究某一特定的短期和中期的工程问题，主要针对协议的开发和标准化。

(2) **互联网研究部 IRTF** (Internet Research Task Force)

IRTF 是由一些**研究组** RG (Research Group)组成的论坛，具体工作由**互联网研究指导小组** IRSG (Internet Research Steering Group)管理。IRTF 的任务是研究一些需要长期考虑的问题，包括互联网的一些协议、应用、体系结构等。

互联网在制定其标准上很有特色，其中的一个很大的特点是面向公众。所有的互联网标准都是以 RFC 的形式在互联网上发表的。RFC (Request For Comments)的意思就是“请求评论”。所有的 RFC 文档都可从互联网上免费下载[W-RFC]，而且任何人都可以用电子邮件随时发表对某个文档的意见或建议。这种开放方式对互联网的迅速发展影响很大。但应注意，并非所有的 RFC 文档都是互联网标准。互联网标准的制定往往要花费漫长的时间，并且是一件非常慎重的工作。只有很少部分的 RFC 文档最后才能变成互联网标准。RFC 文档按发表时间的先后编上序号（即 RFC xxxx，这里的 xxxx 是阿拉伯数字）。一个 RFC 文档更新后就使用一个新的编号，并在文档中指出原来老编号的 RFC 文档已成为陈旧的或被更新，但陈旧的 RFC 文档并不会被删除，而是永远保留着，供用户参考。现在 RFC 文档的数量增长得很快，到 2020 年 8 月 RFC 的编号就已经达到 8881 了。

---

① 注：最初的 IAB 中的 A 曾经代表 Activities（活动）。在一些旧的 RFC 中使用的是这个旧名词。

制定互联网的正式标准要经过以下三个阶段：

(1) **互联网草案**(Internet Draft)——互联网草案的有效期只有六个月。在这个阶段还不能算是 RFC 文档。

(2) **建议标准**(Proposed Standard)——从这个阶段开始就成为 RFC 文档。

(3) **互联网标准**(Internet Standard)——如果经过长期的检验，证明了某个建议标准可以成为互联网标准时，就给它分配一个标准编号，记为 STDxx，这里 STD 是“Standard”的英文缩写，而“xx” 是标准的编号（有时也写成 4 位数编号，如 STD0005）。一个互联网标准可以和多个 RFC 文档关联。

原先制定互联网标准的过程是：“建议标准”→“草案标准”→“互联网标准”。由于“草案标准”容易和成为 RFC 文档之前的“互联网草案”混淆，从 2011 年 10 月起取消了“草案标准”这个阶段[RFC 6410]。这样，现在制定互联网标准的过程简化为：“建议标准”→“互联网标准”。在新的规定以前就已发布的草案标准，将按照以下原则进行处理：若已达到互联网标准，就升级为互联网标准；对目前尚不够互联网标准条件的，则仍称为发布时的旧名称“草案标准”。我们可以很方便地在网上查到有哪些 RFC 文档是互联网标准[W-RFCS]。截止到 2019 年 11 月，互联网标准的最大编号是 STD92。可见要成为互联网标准还是很不容易的。

除了建议标准和互联网标准这两种 RFC 文档，还有三种 RFC 文档，即历史的、实验的和提供信息的 RFC 文档。历史的 RFC 文档或者是被后来的规约所取代，或者是从未达到必要的成熟等级因而始终未变成为互联网标准。实验的 RFC 文档表示其工作处于正在实验的情况，而不能够在任何实用的互联网服务中进行实现。提供信息的 RFC 文档包括与互联网有关的一般的、历史的或指导的信息。

RFC 文档的数量很大，为便于查找，最好利用索引文件“RFC INDEX”[W-RFCX]。这个索引文件一直在不断更新，它给出了迄今已发布的所有的 RFC 文档的标题、发表时间、类别，以及这个 RFC 文档更新了哪个老的 RFC 文档，或者被在它以后发表的哪个 RFC 文档更新了。这个文件按 RFC 编号的顺序是大编号在前而小编号在后，也就是把最新编号的 RFC 文档放在最前面，便于大家最先看到最新的 RFC 文档。

1.3 互联网的组成

扫一扫

视频讲解

互联网的拓扑结构虽然非常复杂，并且在地理上覆盖了全球，但从其工作方式上看，可以划分为以下两大块：

(1) **边缘部分** 由所有连接在互联网上的主机组成。这部分是**用户直接使用的**，用来进行通信（传送数据、音频或视频）和资源共享。

(2) **核心部分** 由大量网络和连接这些网络的路由器组成。这部分是**为边缘部分提供服务的**（提供连通性和交换）。

图 1-4 给出了这两部分的示意图。下面分别讨论这两部分的作用和工作方式。

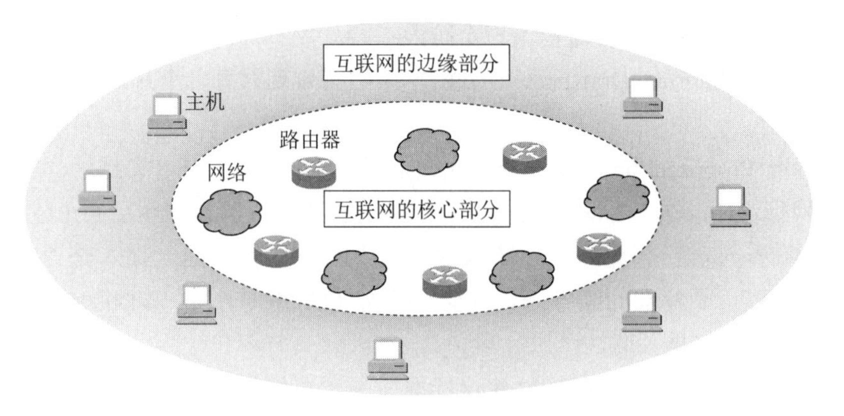

图 1-4　互联网的边缘部分与核心部分

1.3.1　互联网的边缘部分

处在互联网边缘的部分就是连接在互联网上的所有的主机。这些主机又称为**端系统**(end system)，“端”就是“末端”的意思（即互联网的末端）。端系统在功能上可能有很大的差别，小的端系统可以是一台普通个人电脑（包括笔记本电脑或平板电脑）和具有上网功能的智能手机，甚至是一个很小的网络摄像头（可监视当地的天气或交通情况，并在互联网上实时发布），而大的端系统则可以是一台非常昂贵的大型计算机（这样的计算机通常称为**服务器** server）。端系统的拥有者可以是个人，也可以是单位（如学校、企业、政府机关等），当然也可以是某个 ISP（即 ISP 不仅仅是向端系统提供服务，它也可以拥有一些端系统）。边缘部分利用核心部分所提供的服务，使众多主机之间能够互相通信并交换或共享信息。值得注意的是，现今大部分能够向网民提供信息检索、万维网浏览以及视频播放等功能的服务器，都不再是一个孤立的服务器，而是属于某个大型数据中心。例如，谷歌公司(Google)拥有上百个数据中心，而其中的 15 个大型数据中心的每一个都拥有 10 万台以上的服务器。又如，我国的百度公司在山西阳泉建造的数据中心拥有 16 万台服务器。

我们先要明确下面的概念。我们说：“主机 A 和主机 B 进行通信”，实际上是指：“运行在主机 A 上的某个程序和运行在主机 B 上的另一个程序进行通信”。由于“进程”就是“运行着的程序”，因此这也就是指：**“主机 A 的某个进程和主机 B 上的另一个进程进行通信”**。这种比较严密的说法通常可以**简称为“计算机之间通信”**。

在网络边缘的端系统之间的通信方式通常可划分为两大类：客户-服务器方式（C/S 方式）和对等方式（P2P 方式）①。下面分别对这两种方式进行介绍。

1. 客户-服务器方式

这种方式在互联网上是最常用的，也是传统的方式。我们在上网发送电子邮件或在网站上查找资料时，都使用客户-服务器方式（有时写为客户/服务器方式）。

当我们打电话时，电话机的振铃声使被叫用户知道现在有一个电话呼叫。计算机通信的对象是应用层中的应用进程，显然不能用响铃的办法来通知所要找的对方的应用进程。然

① 注：C/S 方式表示 Client/Server 方式，P2P 方式表示 Peer-to-Peer 方式。有时还可看到另外一种叫作浏览器-服务器方式，即 B/S 方式（Browser/Server 方式），但这仍然是 C/S 方式的一种特例。

而采用客户-服务器方式可以使两个应用进程能够进行通信。

客户(client)和**服务器**(server)都是指通信中所涉及的两个应用进程。客户-服务器方式所描述的是进程之间服务和被服务的关系。在图 1-5 中，主机 A 运行客户程序而主机 B 运行服务器程序。在这种情况下，A 是客户而 B 是服务器。客户 A 向服务器 B 发出请求服务，而服务器 B 向客户 A 提供服务。这里最主要的特征就是：

客户是服务请求方，服务器是服务提供方。

服务请求方和服务提供方都要使用网络核心部分所提供的服务。

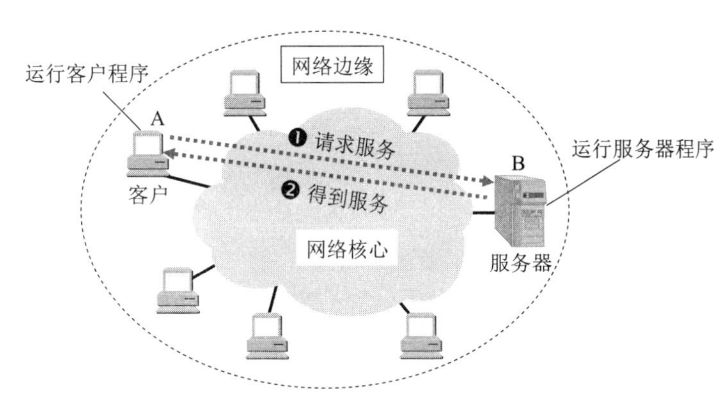

图 1-5　客户-服务器工作方式

在实际应用中，客户程序和服务器程序通常还具有以下一些主要特点。

客户程序：

(1) 被用户调用后运行，在通信时主动向远地服务器发起通信（请求服务）。因此，客户程序必须知道服务器程序的地址。

(2) 不需要特殊的硬件和很复杂的操作系统。

服务器程序：

(1) 是一种专门用来提供某种服务的程序，**可同时处理**多个远地或本地客户的请求。

(2) 系统启动后即一直不断地运行着，被动地等待并接受来自各地的客户的通信请求。因此，服务器程序不需要知道客户程序的地址。

(3) 一般需要有强大的硬件和高级的操作系统支持。

客户与服务器的通信关系建立后，通信可以是双向的，客户和服务器都可发送和接收数据。

顺便要说一下，上面所说的**客户和服务器本来都指的是计算机进程**（**软件**）。使用计算机的人是计算机的“用户”(user)而不是“客户”(client)。但在许多国外文献中，经常也把运行客户程序的**机器**称为 client（在这种情况下也可把 client 译为“客户机”），把运行服务器程序的**机器**也称为 server。因此我们应当根据上下文来判断 client 或 server 是指软件还是硬件。在本书中，在表示机器时，我们也使用“客户端”（或“客户机”）或“服务器端”（或服务器）来表示“运行客户程序的机器”或“运行服务器程序的机器”。

2. 对等连接方式

对等连接（peer-to-peer，简写为 P2P。这里使用数字 2 是因为英文的 2 是 two，其读音与 to 同，因此英文的 to 常写为数字 2）是指两台主机在通信时，并不区分哪一个是服务请求方和哪一个是服务提供方。只要两台主机都运行了对等连接软件（P2P 软件），它们就可以进行平等的对等连接通信。这时，双方都可以下载对方已经存储在硬盘中的共享文档。因此这种工作方式也称为**P2P 方式**。在图 1-6 中，主机 C, D, E 和 F 都运行了 P2P 程序，因此这几台主机都可进行对等通信（如 C 和 D，E 和 F，以及 C 和 F）。实际上，对等连接方式从本质上看仍然使用客户-服务器方式，只是对等连接中的每一台主机既是客户同时又是服务器。例如主机 C，当 C 请求 D 的服务时，C 是客户，D 是服务器。但如果 C 又同时向 F 提供服务，那么 C 又同时起着服务器的作用。

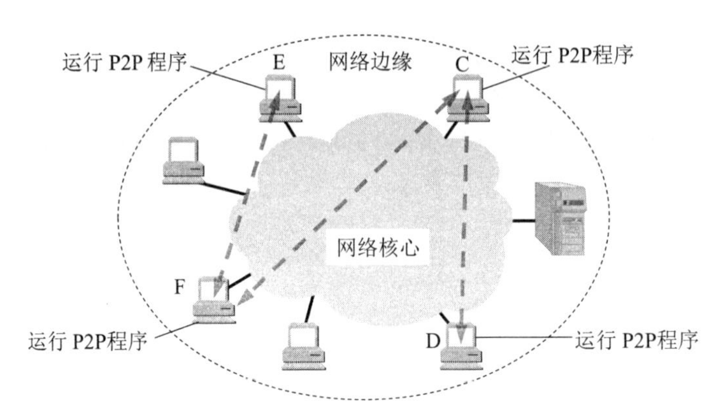

图 1-6　对等连接工作方式（P2P 方式）

对等连接工作方式可支持大量对等用户（如上百万个）同时工作。关于这种工作方式我们将在后面第 6 章的 6.9 节进一步讨论。

1.3.2　互联网的核心部分

网络核心部分是互联网中最复杂的部分，因为网络中的核心部分要向网络边缘部分中的大量主机提供连通性，使边缘部分中的任何一台主机都能够与其他主机通信。

在网络核心部分起特殊作用的是**路由器**（router），它是一种专用计算机（但不叫作主机）。路由器是实现**分组交换**（packet switching）的关键构件，其任务是**转发收到的分组**，这是网络核心部分最重要的功能。为了弄清分组交换，下面先介绍电路交换的基本概念。

1. 电路交换的主要特点

在电话问世后不久，人们就发现，要让所有的电话机都两两相连接是不现实的。图 1-7(a)表示两部电话只需要用一对电线就能够互相连接起来。但若有 5 部电话要两两相连，则需要 10 对电线，如图 1-7(b)所示。显然，若 N 部电话要两两相连，就需要 $N(N-1)/2$ 对电线。当电话机的数量很大时，这种连接方法需要的电线数量就太大了（与电话机的数量的平方成正比）。于是人们认识到，要使得每一部电话能够很方便地和另一部电话进行通信，就应当使用电话交换机将这些电话连接起来，如图 1-7(c)所示。每一部电话都连接到交换机上，而交换机使用交换的方法，让电话用户彼此之间可以很方便地通信。电话发明后的一百多年来，电话交换机虽然经过多次更新换代，但交换的方式一直都是电路交换(circuit switching)。

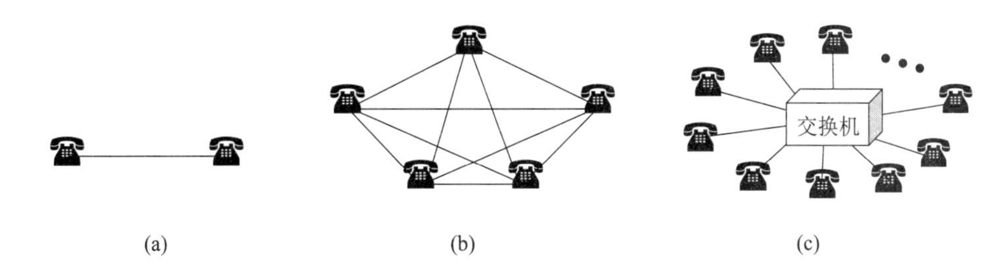

(a) 两部电话直接相连　　(b) 5 部电话两两直接相连　　(c) 用交换机连接许多部电话

图 1-7　电话机的不同连接方法

当电话机的数量增多时，就要使用很多彼此连接起来的交换机来完成全网的交换任务。用这样的方法，就构成了覆盖全世界的电信网。

从通信资源的分配角度来看，**交换**(switching)就是按照某种方式动态地分配传输线路的资源。在使用电路交换打电话之前，必须先拨号请求建立连接。当被叫用户听到交换机送来的振铃音并摘机后，从主叫端到被叫端就建立了一条连接，也就是一条**专用的物理通路**。这条连接保证了双方通话时所需的通信资源，而这些资源在双方通信时不会被其他用户占用。此后主叫和被叫双方就能互相通电话。通话完毕挂机后，交换机释放刚才使用的这条专用的物理通路（即把刚才占用的所有通信资源归还给电信网）。这种必须经过"**建立连接**（占用通信资源）→**通话**（一直占用通信资源）→**释放连接**（归还通信资源）"三个步骤的交换方式称为**电路交换**[①]。如果用户在拨号呼叫时电信网的资源已不足以支持这次的呼叫，则主叫用户会听到忙音，表示电信网不接受用户的呼叫，用户必须挂机，等待一段时间后再重新拨号。

图 1-8 为电路交换的示意图。为简单起见，图中没有区分市话交换机和长途电话交换机。应当注意的是，用户线是电话用户到所连接的市话交换机的连接线路，是用户独占的传送模拟信号的专用线路，而交换机之间拥有大量话路的中继线（这些传输线路早已都数字化了）则是许多用户共享的，正在通话的用户只占用了中继线里面的一个话路。电路交换的一个重要特点就是**在通话的全部时间内，通话的两个用户始终占用端到端的通信资源**。

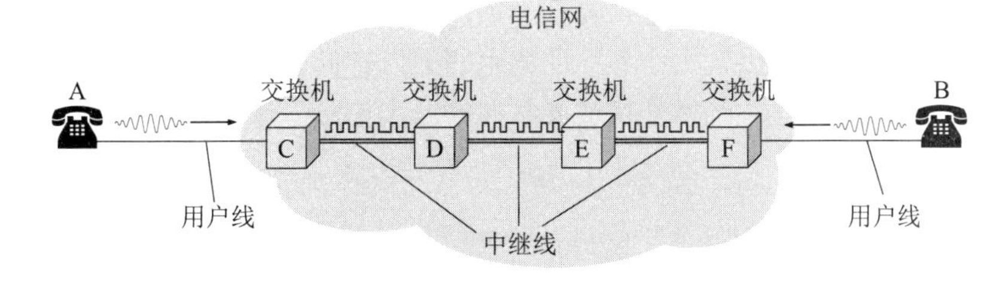

图 1-8　电路交换的用户始终占用端到端的通信资源

当使用电路交换来传送计算机数据时，其**线路的传输效率往往很低**。这是因为计算机

① 注：电路交换最初指的是连接电话机的双绞线对在交换机上进行的交换（交换机有人工的、步进的和程控的，等等）。后来随着技术的进步，采用了多路复用技术，出现了频分多路、时分多路、码分多路等，这时电路交换的概念就扩展到在双绞线、铜缆、光纤、无线媒体中多路信号中的某一路（某个频率、某个时隙、某个码序等）和另一路的交换。

数据是突发式地出现在传输线路上的，因此线路上真正用来传送数据的时间往往不到 10% 甚至 1%。已被用户占用的通信线路资源在绝大部分时间里都是空闲的。例如，当用户阅读终端屏幕上的信息或用键盘输入和编辑一份文件时，或计算机正在进行处理而结果尚未返回时，宝贵的通信线路资源并未被利用而是被白白浪费了。

2. 分组交换的主要特点

扫一扫

视频讲解

分组交换则采用**存储转发**技术[①]。图 1-9 表示把一个报文划分为几个分组后再进行传送。通常我们把要发送的整块数据称为一个**报文**(message)。在发送报文之前，先把较长的报文划分为一个个更小的等长数据段，例如，每个数据段为 1024 bit[②]。在每一个数据段前面，加上一些必要的控制信息组成的**首部**(header)后，就构成了一个**分组**(packet)。分组又称为“**包**”，而分组的首部也可称为“**包头**”。分组是在互联网中传送的数据单元。分组中的“首部”是非常重要的，正是由于分组的首部包含了诸如目的地址和源地址等重要控制信息，每一个分组才能在互联网中独立地选择传输路径，并被正确地交付到分组传输的终点。

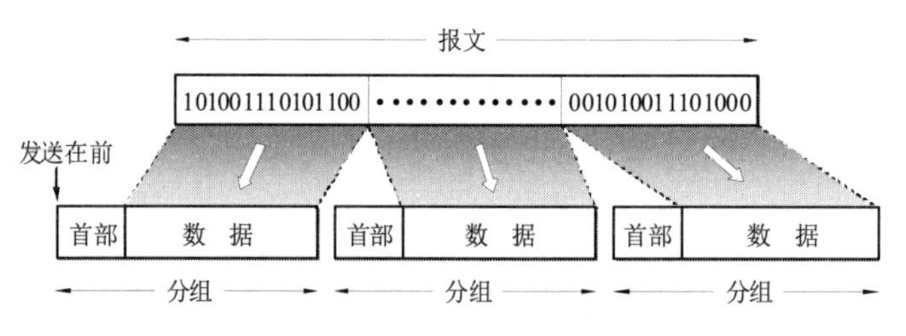

图 1-9　以分组为基本单位在网络中传送

图 1-10(a)强调互联网的核心部分是由许多网络和把它们互连起来的路由器组成的，而主机处在互联网的边缘部分。在互联网核心部分的路由器之间一般都用高速链路相连接，而在网络边缘部分的主机接入到核心部分则通常以相对较低速率的链路相连接。

位于网络边缘部分的主机和位于网络核心部分的路由器都是计算机，但它们的作用却很不一样。**主机是为用户进行信息处理的**，并且可以和其他主机通过网络交换信息。**路由器则用来转发分组，即进行分组交换**。路由器收到一个分组，先暂时存储一下，检查其首部，查找转发表，按照首部中的目的地址，找到合适的接口转发出去，把分组交给下一个路由器。这样一步一步地（有时会经过几十个不同的路由器）以存储转发的方式，把分组交付最终的目的主机。各路由器之间必须经常交换彼此掌握的路由信息，以便创建和动态维护路由器中

---

① 注：存储转发的概念最初是于 1964 年 8 月由巴兰(Baran)在美国兰德(Rand)公司的“论分布式通信”的研究报告中提出的。在 1962—1965 年间，美国国防部远景研究规划局 DARPA 和英国国家物理实验室 NPL 都在对新型的计算机通信网进行研究。1966 年 6 月，NPL 的戴维斯(Davies)首次提出“分组”(packet)这一名词[DAVI86]。1969 年 12 月，美国的分组交换网 ARPANET（当时仅有 4 个节点）投入运行。从此，计算机网络的发展就进入了一个崭新的纪元。1973 年英国国家物理实验室 NPL 也开通了分组交换试验网。现在大家都公认 ARPANET 为分组交换网之父。除英美两国外，法国也在 1973 年开通其分组交换网 CYCLADES。

② 注：在本书中，bit 表示“比特”。在计算机领域中，bit 常译为“位”。在许多情况下，“比特”和“位”可以通用。在使用“位”作为单位时，请根据上下文特别注意是二进制的“位”还是十进制的“位”。请注意，bit 在表示信息量（比特）或信息传输速率（比特/秒）时不能译为“位”。

的转发表，使得转发表能够在整个网络拓扑发生变化时及时更新。

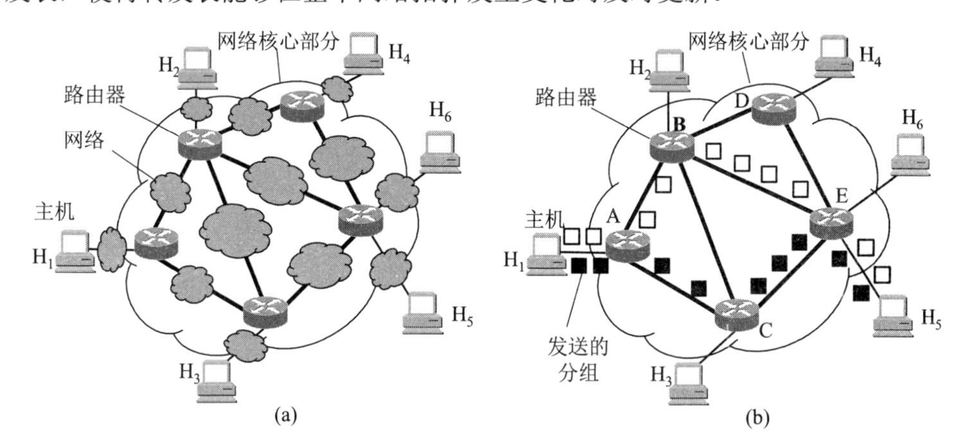

(a) 核心部分中的路由器把许多网络互连起来　　(b) 核心部分中的网络可用一条链路表示

图 1-10　分组交换的示意图

当我们讨论互联网的核心部分中的路由器转发分组的过程时，往往把单个的网络简化成一条**链路**，而路由器成为核心部分的**节点**，如图 1-10(b)所示。这种简化图看起来可以更加突出重点，因为在转发分组时最重要的就是要知道路由器之间是怎样连接起来的。

现在假定图 1-10(b)中的主机 H_1 向主机 H_5 发送数据。主机 H_1 先将分组逐个地发往与它直接相连的路由器 A。此时，除链路 H_1–A 外，其他通信链路并不被目前通信的双方所占用。需要注意的是，即使是链路 H_1–A，也只是当分组正在此链路上传送时才被占用。在各分组传送之间的空闲时间，链路 H_1–A 仍可为其他主机发送的分组使用。

路由器 A 把主机 H_1 发来的分组放入缓存。假定从路由器 A 的转发表中查出应把该分组转发到链路 A–C。于是分组就传送到路由器 C。当分组正在链路 A–C 传送时，该分组并不占用网络其他部分的资源。

路由器 C 继续按上述方式查找转发表，假定查出应转发到路由器 E。当分组到达路由器 E 后，路由器 E 就最后把分组直接交给主机 H_5。

假定在某一个分组的传送过程中，链路 A–C 的通信量太大，那么路由器 A 可以把分组沿另一个路由传送，即先转发到路由器 B，再转发到路由器 E，最后把分组送到主机 H_5。在网络中可同时有多台主机进行通信，如主机 H_2 也可以经过路由器 B 和 E 与主机 H_6 通信。

这里要注意，路由器暂时存储的是一个个短分组，而不是整个的长报文。短分组是暂存在路由器的存储器（即内存）中而不是存储在磁盘中的。这就保证了较高的交换速率。

在图中只画了一对主机 H_1 和 H_5 在进行通信。实际上，互联网可以容许非常多的主机同时进行通信，而一台主机中的多个进程（即正在运行中的多道程序）也可以各自和不同主机中的不同进程进行通信。

应当注意，分组交换在传送数据之前不必先占用一条端到端的通信资源。分组在哪段链路上传送才占用那段链路的通信资源。分组到达一个路由器后，先暂时存储下来，查找转发表，然后从另一条合适的链路转发出去。分组在传输时就这样逐段地断续占用通信资源，而且还省去了建立连接和释放连接的开销，因而数据的传输效率更高。

互联网采取了专门的措施，保证了数据的传送具有非常高的可靠性（在第 5 章 5.4 节介绍运输层协议时要着重讨论这个问题）。当网络中的某些节点或链路突然出故障时，在各路由器中运行的路由选择**协议**(protocol)能够自动找到转发分组最合适的路径。这些将在第 4 章 4.6 节中详细讨论。

从以上所述可知，采用存储转发的分组交换，实质上是采用了在数据通信的过程中断续（或动态）分配传输带宽的策略（关于带宽的进一步讨论见后面的 1.6.1 节）。这对传送突发式的计算机数据非常合适，使得通信线路的利用率大大提高了。

为了提高分组交换网的可靠性，互联网的核心部分常采用网状拓扑结构，使得当发生网络拥塞或少数节点、链路出现故障时，路由器可灵活地改变转发路由而不致引起通信的中断或全网的瘫痪。此外，通信网络的主干线路往往由一些高速链路构成，这样就可以较高的数据率迅速地传送计算机数据。

综上所述，分组交换的主要优点可归纳如表 1-1 所示。

表 1-1　分组交换的优点

优点	所采用的手段
高效	在分组传输的过程中动态分配传输带宽，对通信链路逐段占用
灵活	为每一个分组独立地选择最合适的转发路由
迅速	以分组作为传送单位，不先建立连接就能向其他主机发送分组
可靠	保证可靠性的网络协议；分布式多路由的分组交换网，使网络有很好的生存性

分组交换也带来一些新的问题。例如，分组在各路由器存储转发时需要排队，这就会造成一定的**时延**。因此，必须尽量设法减少这种时延。此外，由于分组交换不像电路交换那样通过建立连接来保证通信时所需的各种资源，因而无法确保通信时端到端所需的带宽。

分组交换带来的另一个问题是各分组必须携带的控制信息也造成了一定的**开销**(overhead)。整个分组交换网还需要专门的管理和控制机制。

应当指出，从本质上讲，这种断续分配传输带宽的存储转发原理并非是全新的概念。自古代就有的邮政通信，就其本质来说也属于存储转发方式。而在 20 世纪 40 年代，电报通信也采用了基于存储转发原理的**报文交换**(message switching)。在报文交换中心，一份份电报被接收下来，并穿成纸带。操作员以每份报文为单位，撕下纸带，根据报文的目的站地址，拿到相应的发报机转发出去。这种报文交换的时延较长，从几分钟到几小时不等。现在报文交换已不使用了。分组交换虽然也采用存储转发原理，但由于使用了计算机进行处理，因此分组的转发非常迅速。例如，ARPANET 建网初期的经验表明，在正常的网络负荷下，当时横跨美国东西海岸的端到端平均时延小于 0.1 秒。这样，分组交换虽然采用了某些古老的交换原理，但实际上已变成了一种崭新的交换技术。

图 1-11 显示了电路交换、报文交换和分组交换的主要区别。图中的 A 和 D 分别是源点和终点，而 B 和 C 是在 A 和 D 之间的中间节点。图的最下方归纳了三种交换方式在数据传送阶段的主要特点：

电路交换——整个报文的比特流连续地从源点直达终点，好像在一个管道中传送。

报文交换——整个报文先传送到相邻节点，全部存储下来后查找转发表，转发到下一个节点。

分组交换——单个分组（这只是整个报文的一部分）传送到相邻节点，存储下来后查找转发表，转发到下一个节点。

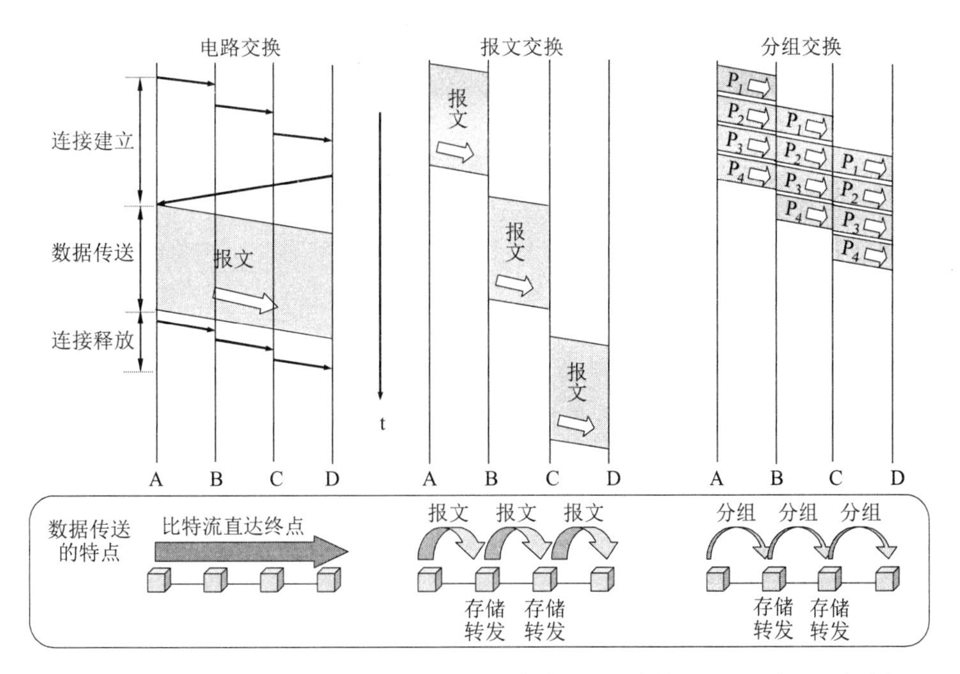

图 1-11　三种交换的比较。电路交换、报文交换、分组交换，P_1～P_4 表示 4 个分组

从图 1-11 可看出，若要连续传送大量的数据，且其传送时间远大于连接建立时间，则电路交换的传输速率较快。报文交换和分组交换不需要预先分配传输带宽，在传送突发数据时可提高整个网络的信道①利用率。由于一个分组的长度往往远小于整个报文的长度，因此分组交换比报文交换的时延小，同时也具有更好的灵活性。

在过去很长的时期，人们都有这样的概念：电路交换适合于话音通信，而分组交换则适合于数据通信。然而随着蜂窝移动通信的发展，这种概念已经发生了根本的变化。从第四代蜂窝移动通信网开始，无论是话音通信还是数据通信，都要采用分组交换（见第 9 章 9.3 节有关蜂窝移动通信网的讨论）。

1.4　计算机网络在我国的发展

下面简单介绍一下计算机网络在我国的发展情况。

最早着手建设专用计算机广域网的是铁道部。铁道部在 1980 年即开始进行计算机联网实验。1989 年 11 月我国第一个公用分组交换网 CNPAC 建成运行。在 20 世纪 80 年代后期，公安、银行、军队以及其他一些部门也相继建立了各自的专用计算机广域网。这对迅速传递重要的数据信息起着重要的作用。另一方面，从 20 世纪 80 年代起，国内的许多单位相继安装了大量的局域网。局域网的价格便宜，其所有权和使用权都属于本单位，因此便于开发、管理和维护。局域网的发展很快，对各行各业的管理现代化和办公自动化起到了积极的作用。

这里应当特别提到的是，1994 年 4 月 20 日我国用 64 kbit/s 专线正式连入互联网。从此，我国被国际上正式承认为接入互联网的国家。同年 5 月中国科学院高能物理研究所设立了我

① 注：信道(channel)是指以传输媒体为基础的信号通路（包括有线或无线电线路），其作用是传输信号。

国的第一个万维网服务器。同年 9 月中国公用计算机互联网 CHINANET 正式启动。到目前为止，我国陆续建造了基于互联网技术并能够和互联网互连的多个全国范围的公用计算机网络，其中规模最大的就是下面这五个：

(1) 中国电信互联网 CHINANET（也就是原来的中国公用计算机互联网）

(2) 中国联通互联网 UNINET

(3) 中国移动互联网 CMNET

(4) 中国教育和科研计算机网 CERNET

(5) 中国科学技术网 CSTNET

2004 年 2 月，我国的第一个下一代互联网 CNGI 的主干网 CERNET2 试验网正式开通，并提供服务。试验网以 2.5~10 Gbit/s 的速率连接北京、上海和广州三个 CERNET 核心节点，并与国际下一代互联网相连接。这标志着中国在互联网的发展过程中，已逐渐达到与国际先进水平同步。

中国互联网络信息中心 CNNIC (China Network Information Center)每年两次公布我国互联网的发展情况。读者可在其网站上查到最新的和过去的历史文档[W-CNNIC]。CNNIC 把过去半年内使用过互联网的 6 周岁及以上的中国居民称为**网民**。根据 2023 年 8 月 CNNIC 发布的《第 52 次中国互联网络发展状况统计报告》，截至 2023 年 6 月，我国网民已达到 10.79 亿人，互联网普及率已达到 76.4%。这个数值高于 2021 年 3 月公布的全世界互联网普及率 65.6，但与北美（普及率为 93.9%）和欧洲（普及率为 88.2%）相比，仍有不少差距。在我国网民中，手机网民的规模已达到 10.76 亿人，占总体网民的比例为 99.8%。但农村网民只有 3.01 亿人，占整体网民的 27.9%。

现在微博和网络视频的用户明显增多。移动互联网营销发展迅速，当前网民最主要的网络应用就是即时通信（例如微信）、搜索引擎（即在互联网上使用搜索引擎来查找所需的信息）、网络音乐、网络新闻和博客等。此外，更多的经济活动已步入了互联网时代。网上购物、网上支付和网上银行的使用率也迅速提升。到 2019 年底，我国的国际出口带宽已超过 8.8 Tbit/s （$1 \text{ Tbit/s} = 10^3 \text{ Gbit/s}$）。

对我国互联网事业发展影响较大的人物和事件不少，限于篇幅，下面仅列举几个例子。

1996 年，张朝阳创立了中国第一家以风险投资资金建立的互联网公司——爱特信公司。两年后，爱特信公司推出“搜狐”产品，并更名为搜狐公司(Sohu)。搜狐公司最主要的产品就是搜狐网站(Sohu.com)，是中国首家大型分类查询搜索引擎。1999 年，搜狐网站增加了新闻及内容频道，成为一个综合门户网站。

1997 年，丁磊创立了网易公司(NetEase)，推出了中国第一个中文全文搜索引擎。网易公司开发的超大容量免费邮箱（如 163 和 126 等），由于具有高效的杀毒和拦截垃圾邮件的功能，安全性很好，已成为国内最受欢迎的中文邮箱。网易网站现在也是全国出名的综合门户网站。

1998 年，王志东创立新浪网站(Sina.com)，该网站现已成为全球最大的中文综合门户网站。新浪的微博是全球使用最多的微博之一。

同年，马化腾、张志东创立了腾讯公司(Tencent)。1999 年腾讯推出了用在个人电脑上的即时通信软件 OICQ，后改名为 QQ。QQ 的功能不断更新，现在已成为一款集话音、短信、文章、音乐、图片和视频于一体的网络沟通交流工具，成为几乎所有网民都在电脑中安装的软件，腾讯也因此成为中国最大的互联网综合服务提供商之一。

2011 年，腾讯推出了专门供智能手机使用的即时通信软件“微信”(国外版的微信叫作 WeChat，在功能上有些差别)。这个软件是在张小龙（著名的电子邮件客户端软件 Foxmail 的作者）领导下成功研发的。微信能够通过互联网快速发送话音短信、视频、图片和文字，并且支持多人视频会议。由于微信能在各种不同操作系统的智能手机中运行，因此目前几乎所有的智能手机用户都在使用微信。微信的功能也在不断更新。装有微信软件的智能手机，已从简单的社交工具演变成一个具有支付能力的全能钱包。几乎所有使用智能手机的人，都离不开微信。

2000 年，李彦宏和徐勇创建了百度网站(Baidu.com)，现在已成为全球最大的中文搜索引擎。自谷歌于 2010 年退出中国后，中国最大的搜索引擎无疑就是百度了。现在，百度网站也可以用主题分类的方法进行查找，非常便于网民对各种信息的浏览。

1999 年，马云创建了阿里巴巴网站(Alibaba.com)，这是一个企业对企业的网上贸易市场平台。2003 年，马云创立了个人网上贸易市场平台——淘宝网(Taobao.com)。2004 年，阿里巴巴集团创立了第三方支付平台——支付宝(Alipay.com)，为中国电子商务提供了简单、安全、快速的在线支付手段。

上述的一些事件对互联网应用在我国的推广普及，起着非常积极的作用。

1.5 计算机网络的类别

1.5.1 计算机网络的定义

计算机网络的精确定义并未统一。

关于计算机网络的较好的定义是这样的[PETE12]：计算机网络主要是由一些通用的、可编程的硬件互连而成的，而这些硬件并非专门用来实现某一特定目的（例如，传送数据或视频信号）。这些可编程的硬件能够用来传送多种不同类型的数据，并能支持广泛的和日益增长的应用。

根据这个定义：(1) 计算机网络所连接的硬件，并不限于一般的计算机，而是包括了智能手机或智能电视机；(2) 计算机网络并非专门用来传送数据，而是能够支持很多种应用（包括今后可能出现的各种应用）。当然，没有数据的传送，这些应用是无法实现的。

请注意，上述的“可编程的硬件”表明这种硬件一定包含有中央处理器 CPU。

我们知道，起初，计算机网络是用来传送数据的。但随着网络技术的发展，计算机网络的应用范围不断增大，不仅能够传送音频和视频文件，而且应用的范围已经远远超过一般通信的范畴。

有时我们也能见到“计算机通信网”这一名词，但这个名词容易使人误认为这是一种专门为了通信而设计的计算机网络。计算机网络显然应具有通信的功能，但这种通信功能并非计算机网络最主要的功能。因此本书不使用“计算机通信网”这一名词。

1.5.2 几种不同类别的计算机网络

计算机网络有多种类别，下面进行简单的介绍。

1. 按照网络的作用范围进行分类

(1) **广域网 WAN** (Wide Area Network)　广域网的作用范围通常为几十到几千公里，

因而有时也称为**远程网**(long haul network)。广域网是互联网的核心部分，其任务是长距离（例如，跨越不同的国家）运送主机所发送的数据。连接广域网各节点交换机的链路一般都是高速链路，具有较大的通信容量。本书不专门讨论广域网。

(2) **城域网 MAN** (Metropolitan Area Network)　　城域网的作用范围一般是一个城市，可跨越几个街区甚至整个城市，其作用距离约为 5 ~ 50 km。城域网可以为一个或几个单位所拥有，也可以是一种公用设施，用来将多个局域网进行互连。目前很多城域网采用的是以太网技术，因此有时也常并入局域网的范围进行讨论。

(3) **局域网 LAN** (Local Area Network)　　局域网一般用微型计算机或工作站通过高速通信线路相连（速率通常在 10 Mbit/s 以上），但地理上则局限在较小的范围（如 1 km 左右）。在局域网发展的初期，一个学校或工厂往往只拥有一个局域网，但现在局域网已非常广泛地使用，学校或企业大都拥有许多个互连的局域网（这样的网络常称为**校园网**或**企业网**）。我们将在第 3 章 3.3 至 3.5 节详细讨论局域网。

(4) **个人区域网** PAN (Personal Area Network)　　个人区域网就是在个人工作的地方把属于个人使用的电子设备（如便携式电脑等）用无线技术连接起来的网络，因此也常称为**无线个人区域网** WPAN (Wireless PAN)，其范围很小，大约在 10 m 左右。我们将在第 9 章 9.2 节对这种网络进行简单的介绍。

顺便指出，若中央处理机之间的距离非常近（如仅 1 米的数量级或更小些），则一般就称之为**多处理机系统**而不称它为计算机网络。

2. 按照网络的使用者进行分类

(1) **公用网**(public network)　　这是指电信公司（国有或私有）出资建造的大型网络。“公用”的意思就是所有愿意按电信公司的规定交纳费用的人都可以使用这种网络。因此公用网也可称为**公众网**。

(2) **专用网**(private network)　　这是某个部门为满足本单位的特殊业务工作的需要而建造的网络。这种网络不向本单位以外的人提供服务。例如，军队、铁路、银行、电力等系统均有本系统的专用网。

公用网和专用网都可以传送多种业务。如传送的是计算机数据，则分别是公用计算机网络和专用计算机网络。

3. 用来把用户接入到互联网的网络

这种网络就是**接入网** AN (Access Network)，它又称为**本地接入网**或**居民接入网**。这是一类比较特殊的计算机网络。我们在前面的 1.2.2 节已经介绍了用户必须通过本地 ISP 才能接入到互联网。本地 ISP 可以使用多种接入网技术把用户的端系统连接到互联网。接入网实际上就是本地 ISP 所拥有的网络，它既不是互联网的核心部分，也不是互联网的边缘部分。接入网由某个端系统连接到本地 ISP 的第一个路由器（也称为边缘路由器）之间的一些物理链路所组成。从覆盖的范围看，其长度在几百米到几公里之间。很多接入网还是属于局域网。从作用上看，接入网只是起到让用户能够与互联网连接的“桥梁”作用。在互联网发展初期，用户多用电话线拨号接入互联网，速率很低（每秒几千比特到几十千比特），因此那时并没有使用接入网这个名词。直到最近，由于出现了多种宽带接入技术，宽带接入网才成为互联网领域中的一个热门课题。我们将在第 2 章 2.6 节讨论宽带接入技术。

1.6 计算机网络的性能

计算机网络的性能一般是指它的几个重要的性能指标。但除了这些重要的性能指标，还有一些非性能特征（nonperformance characteristics）也对计算机网络的性能有很大的影响。本节将讨论这两个方面的问题。

1.6.1 计算机网络的性能指标

性能指标从不同的方面来度量计算机网络的性能。下面介绍常用的 7 个性能指标。

1. 速率

我们知道，计算机发送的信号都是数字形式的。**比特**（bit）来源于 binary digit，意思是一个**“二进制数字”**，因此一个比特就是二进制数字中的一个 1 或 0。比特也是信息论中使用的**信息量的单位**。网络技术中的**速率**指的是**数据的传送速率**，它也称为**数据率**(data rate)或**比特率**(bit rate)。速率是计算机网络中最重要的一个性能指标。速率的单位是 bit/s（比特每秒）（或 b/s，有时也写为 bps，即 bit per second）。当数据率较高时，就常常在 bit/s 的前面加上一个字母。例如，k (kilo) = 10^3 = 千，M (Mega) = 10^6 = 兆，G (Giga) = 10^9 = 吉，T (Tera)= 10^{12} = 太，P (Peta) = 10^{15} = 拍，E (Exa) = 10^{18} = 艾，Z (Zetta) = 10^{21} = 泽，Y (Yotta) = 10^{24} = 尧①。这样，4×10^{10} bit/s 的数据率就记为 40 Gbit/s。现在人们在谈到网络速率时，常省略速率单位中应有的 bit/s，而使用不太正确的说法，如“40 G 的速率”。另外要注意的是，当提到网络的速率时，往往指的是**额定速率或标称速率**，而并非网络实际上运行的速率。

2. 带宽

“带宽”(bandwidth)有以下两种不同的意义：

(1) 带宽本来是指某个**信号具有的频带宽度**。信号的带宽是指该信号所包含的各种不同频率成分所占据的频率范围。例如，在传统的通信线路上传送的电话信号的标准带宽是 3.1 kHz（从 300 Hz 到 3.4 kHz，即话音的主要成分的频率范围）。这种意义的**带宽的单位**是**赫**（或**千赫**、**兆赫**、**吉赫**等）。在过去很长的一段时间，通信的主干线路传送的是模拟信号（即连续变化的信号）。因此，表示某信道允许通过的信号频带范围就称为该信道的**带宽**（或**通频带**）。

(2) 在计算机网络中，带宽用来表示网络中某**通道**传送数据的能力，因此网络带宽表示在单位时间内网络中的某信道所能通过的**“最高数据率”**。在本书中提到“带宽”时，主要是指这个意思。这种意义的**带宽的单位**就是**数据率的单位** bit/s，**是“比特每秒”**。

---

① 注：在计算机领域，数的计算使用二进制。因此习惯上，千 = K = 2^{10} = 1024，兆 = M = 2^{20}，吉 = G = 2^{30}，太 = T = 2^{40}，拍 = P = 2^{50}，艾 = E = 2^{60}，泽 = Z = 2^{70}，尧 = Y = 2^{80}。此外，计算机中的数据量往往用字节 B 作为度量的单位（B 代表 byte）。通常 1 B = 8 bit。例如，15 GB 数据块的大小是 $15 \times 2^{30} \times 8$ bit，而不是 $15 \times 10^9 \times 8$ bit。但 10 Gbit/s 的速率则表示 10×10^9 bit/s。在计算机领域中，所有的这些单位都使用大写字母，但在通信领域中，只有“1000”使用小写“k”，其余的也都用大写。请注意，也有的书不这样严格区分，大写 K 既可表示 1000，又可表示 1024，因此这时要特别小心，不要弄错。

在“带宽”的上述两种表述中，前者为**频域**称谓，而后者为**时域**称谓，其本质是相同的。也就是说，一条通信链路的“带宽”越宽，其所能传输的“最高数据率”也越高。

3. 吞吐量

吞吐量(throughput)表示在单位时间内通过某个网络（或信道、接口）的实际数据量。吞吐量更经常地用于对现实世界中的网络的一种测量，以便知道实际上到底有多少数据量能够通过网络。显然，吞吐量受网络带宽或网络额定速率的限制。例如，对于一个 1 Gbit/s 的以太网，就是说其额定速率是 1 Gbit/s，那么这个数值也是该以太网的吞吐量的绝对上限值。因此，对 1 Gbit/s 的以太网，其实际的吞吐量可能只有 100 Mbit/s，甚至更低，并没有达到其额定速率。请注意，有时吞吐量还可用每秒传送的字节数或帧数来表示。

接入到互联网的主机的实际吞吐量，取决于互联网的具体情况。假定主机 A 和服务器 B 接入到互联网的链路速率分别是 100 Mbit/s 和 1 Gbit/s。如果互联网的各链路的容量都足够大，那么当 A 和 B 交换数据时，其吞吐量显然应当是 100 Mbit/s。这是因为，尽管服务器 B 能够以超过 100 Mbit/s 的速率发送数据，但主机 A 最高只能以 100 Mbit/s 的速率接收数据。现在假定有 100 个用户同时连接到服务器 B（例如，同时观看服务器 B 发送的视频节目）。在这种情况下，服务器 B 连接到互联网的链路容量被 100 个用户平分，每个用户平均只能分到 10 Mbit/s 的带宽。这时，主机 A 连接到服务器 B 的吞吐量就只有 10 Mbit/s 了。

最糟糕的情况就是如果互联网的某处发生了严重的拥塞，则可能导致主机 A 暂时收不到服务器发来的视频数据，因而使主机 A 的吞吐量下降到零！主机 A 的用户或许会想，我已经向运营商的 ISP 交了速率为 100 Mbit/s 的宽带接入费用，怎么现在不能保证这个速率呢？其实你交的宽带费用，只是保证了从你家里到运营商 ISP 的某个路由器之间的数据传输速率。再往后的速率就取决于整个互联网的流量分布了，这是任何单个用户都无法控制的。了解这一点，对理解互联网的吞吐量是有帮助的。

4. 时延

时延(delay 或 latency)是指数据（一个报文或分组，甚至比特）从网络（或链路）的一端传送到另一端所需的时间。时延是个很重要的性能指标，它有时也称为**延迟**或**迟延**。

需要注意的是，网络中的时延是由以下几个不同的部分组成的：

(1) **发送时延**　**发送时延**(transmission delay)**是主机或路由器发送数据帧所需要的时间，**也就是从发送数据帧的第一个比特算起，到该帧的最后一个比特发送完毕所需的时间。因此发送时延也叫作**传输时延**（我们尽量不采用传输时延这个名词，因为它很容易和下面要讲到的传播时延弄混）。发送时延的计算公式是：

$$\text{发送时延} = \frac{\text{数据帧长度(bit)}}{\text{发送速率(bit/s)}} \tag{1-1}$$

由此可见，对于一定的网络，发送时延并非固定不变，而是与发送的帧长（单位是比特）成正比，与发送速率成反比。

(2) **传播时延**　**传播时延**(propagation delay)**是电磁波在信道中传播一定的距离需要花**

费的时间。传播时延的计算公式是：

$$传播时延 = \frac{信道长度(m)}{电磁波在信道上的传播速率(m/s)} \tag{1-2}$$

电磁波在自由空间的传播速率是光速，即 3.0×10^5 km/s。电磁波在网络传输媒体中的传播速率比在自由空间要略低一些：在铜线电缆上的传播速率约为 2.3×10^5 km/s，在光纤中的传播速率约为 2.0×10^5 km/s。例如，1000 km 长的光纤线路产生的传播时延大约为 5 ms。

以上两种时延有本质上的不同。但只要理解这两种时延发生的地方就不会把它们弄混。发送时延发生在机器内部的发送器中（一般就是发生在网络适配器中，见第 3 章 3.3.1 节），**与传输信道的长度（或信号传送的距离）没有任何关系**。但传播时延则发生在机器外部的传输信道媒体上，而**与信号的发送速率无关**。**信号传送的距离越远，传播时延就越大**。可以用一个简单的比喻来说明。假定有 10 辆车按顺序从公路收费站入口出发到相距 50 公里的目的地。再假定每一辆车过收费站要花费 6 秒，而车速是每小时 100 公里。现在可以算出这 10 辆车从收费站到目的地总共要花费的时间：发车时间共需 60 秒（相当于网络中的发送时延），在公路上的行车时间需要 30 分钟（相当于网络中的传播时延）。因此从第一辆车到收费站开始计算，到最后一辆车到达目的地为止，总共花费的时间是二者之和，即 31 分钟。

下面还有两种时延也需要考虑，但比较容易理解。

(3) **处理时延**　　主机或路由器在收到分组时要花费一定的时间进行处理，例如分析分组的首部、从分组中提取数据部分、进行差错检验或查找转发表等，这就产生了处理时延。

(4) **排队时延**　　分组在经过网络传输时，要经过许多路由器。但分组在进入路由器后要先在输入队列中排队等待处理。在路由器确定了转发接口后，还要在输出队列中排队等待转发。这就产生了排队时延。排队时延的长短往往取决于网络当时的通信量。当网络的通信量很大时会发生队列溢出，使分组丢失，这相当于排队时延为无穷大。

这样，数据在网络中经历的总时延就是以上四种时延之和：

$$总时延 = 发送时延 + 传播时延 + 处理时延 + 排队时延 \tag{1-3}$$

一般说来，小时延的网络要优于大时延的网络。在某些情况下，一个低速率、小时延的网络很可能要优于一个高速率但大时延的网络。

图 1-12 画出了这几种时延所产生的地方，希望读者能够更好地分清这几种时延。

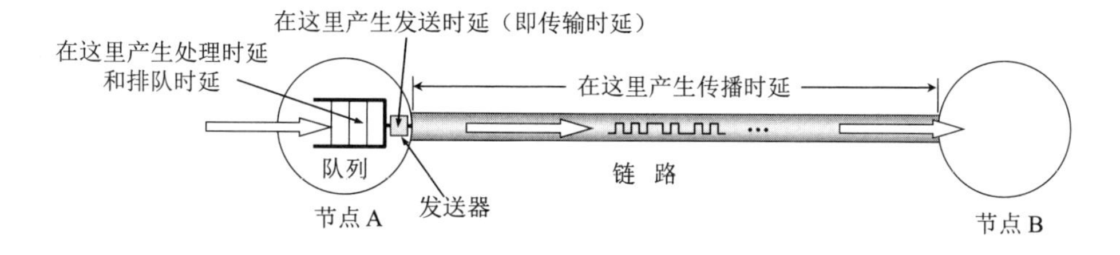

图 1-12　几种时延产生的地方不一样

必须指出，在总时延中，究竟是哪一种时延占主导地位，必须具体分析。下面举个例子。

现在我们暂时忽略处理时延和排队时延①。假定有一个长度为 100 MB 的数据块（这里的 M 显然不是指 10^6 而是指 2^{20}。B 是字节，1 字节 = 8 比特）。在带宽为 1 Mbit/s 的信道上（这里的 M 显然是 10^6）连续发送（即发送速率为 1 Mbit/s），其发送时延是

$$100 \times 2^{20} \times 8 \div 10^6 = 838.9 \text{ s}$$

现在把这个数据块用光纤传送到 1000 km 远的计算机。由于在 1000 km 的光纤上的传播时延约为 5 ms，因此在这种情况下，发送 100 MB 的数据块的总时延 = 838.9 + 0.005 ≈ 838.9 s。可见对于这种情况，发送时延决定了总时延的数值。

如果我们把发送速率提高到 100 倍，即提高到 100 Mbit/s，那么总时延就变为 8.389 + 0.005 = 8.394 s，缩小到原有数值的 1/100。

但是，并非在任何情况下，提高发送速率就能减小总时延。例如，要传送的数据仅有 1 个字节（如键盘上键入的一个字符，共 8 bit）。当发送速率为 1 Mbit/s 时，发送时延是

$$8 \div 10^6 = 8 \times 10^{-6} \text{ s} = 8 \text{ μs}$$

若传播时延仍为 5 ms，则总时延为 5.008 ms。在这种情况下，传播时延决定了总时延。如果我们把数据率提高到 1000 倍（即将数据的发送速率提高到 1 Gbit/s），不难算出，总时延基本上仍是 5 ms，并没有明显减小。这个例子告诉我们，不能笼统地认为：“数据的发送速率越高，其传送的总时延就越小”。这是因为数据传送的总时延是由公式(1-3)右端的四项时延组成的，不能仅考虑发送时延一项。

如果上述概念没有弄清楚，就很容易产生这样错误的概念：“在高速链路（或高带宽链路）上，比特会传送得更快些”。但这是不对的。我们知道，汽车在路面质量很好的高速公路上可明显地提高行驶速率。然而**对于高速网络链路，我们提高的仅仅是数据的发送速率而不是比特在链路上的传播速率**。荷载信息的电磁波在通信线路上的传播速率（这是光速的数量级）取决于通信线路的介质材料，而与数据的发送速率并无关系。**提高数据的发送速率只是减小了数据的发送时延**。还有一点也应当注意，就是数据的发送速率的单位是每秒发送多少个比特，这是指在**某个点**或**某个接口上**的发送速率。而传播速率的单位是每秒传播多少公里，是指在**某一段传输线路上**比特的传播速率。因此，通常所说的“光纤信道的传输速率高”是指可以用很高的速率向光纤信道发送数据，而光纤信道的传播速率实际上还要比铜线的传播速率略低一点。这是因为经过测量得知，光在光纤中的传播速率约为每秒 20.5 万公里，它比电磁波在铜线（如 5 类线）上的传播速率（每秒 23.1 万公里）略低一些。

上述的重要概念请读者务必弄清。

5. 时延带宽积

把以上讨论的网络性能的两个度量——传播时延和带宽——相乘，就得到另一个很有用的度量：传播**时延带宽积**，即

$$\text{时延带宽积} = \text{传播时延} \times \text{带宽} \tag{1-4}$$

---

① 注：当计算机网络中的通信量过大时，网络中的许多路由器的处理时延和排队时延将会大大增加，因而处理时延和排队时延有可能在总时延中占据主要成分。这时整个网络的性能就变差了。

我们可以用图 1-13 的示意图来表示时延带宽积。这是一个代表链路的圆柱形管道，管道的长度是链路的传播时延（请注意，现在以**时间**作为单位来表示链路长度），而管道的截面积是链路的带宽。因此时延带宽积就表示这个管道的体积，表示这样的链路可容纳多少个比特。例如，设某段链路的传播时延为 20 ms，带宽为 10 Mbit/s，算出

$$时延带宽积 = 20 \times 10^{-3} \times 10 \times 10^{6} = 2 \times 10^{5}\ \text{bit}$$

这就表明，若发送端连续发送数据，则在发送的第一个比特即将到达终点时，发送端就已经发送了 20 万个比特，而这 20 万个比特都正在链路上向前移动。因此，链路的时延带宽积又称为**以比特为单位的链路长度**。

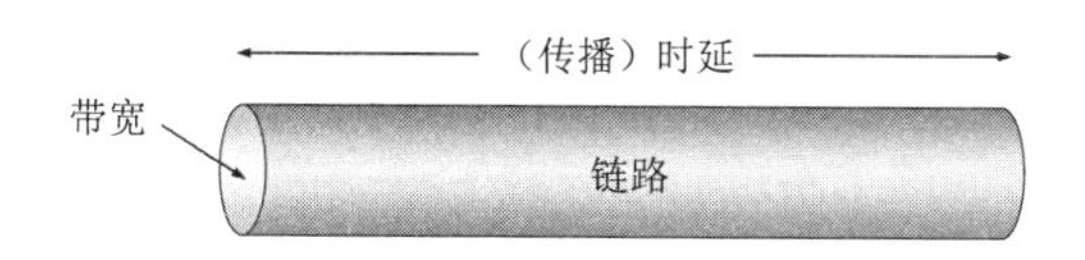

图 1-13　链路像一条空心管道

不难看出，管道中的比特数表示从发送端发出但尚未到达接收端的比特数。对于一条正在传送数据的链路，只有在代表链路的管道都充满比特时，链路才得到最充分的利用。

6. 往返时间 RTT

在计算机网络中，**往返时间** RTT (Round-Trip Time)也是一个重要的性能指标。这是因为在许多情况下，互联网上的信息不仅仅单方向传输而是双向交互的。因此，我们有时很需要知道双向交互一次所需的时间。例如，A 向 B 发送数据。如果数据长度是 100 MB，发送速率是 100 Mbit/s，那么

$$发送时间 = \frac{数据长度}{发送速率} = \frac{100\times2^{20}\times8}{100\times10^{6}} \approx 8.39\ \text{s}$$

假定 B 正确收完 100 MB 的数据后，就立即向 A 发送确认。再假定 A 只有在收到 B 的确认信息后，才能继续向 B 发送数据。显然，这就要等待一个往返时间 RTT（这里假定确认信息很短，可忽略 B 发送确认的发送时延）。如果 RTT = 2s，那么可以算出 A 向 B 发送数据的有效数据率。

$$有效数据率 = \frac{数据长度}{发送时间+\text{RTT}} = \frac{100\times2^{20}\times8}{8.39+2} \approx 80.7 \times 10^{6}\ \text{bit/s} \approx 80.7\text{Mbit/s}$$

比原来的数据率 100 Mbit/s 小不少。

在互联网中，往返时间还包括各中间节点的处理时延、排队时延以及转发数据时的发送时延。当使用卫星通信时，往返时间 RTT 相对较长，是很重要的一个性能指标。

顺便指出，在计算机网络的文献中，也有把 RTT 称为**往返时延**(Round-Trip Time delay)的，强调发送方至少要经过这样多的时间，才能知道自己所发送的数据是否被对方接收了。还有的文献把时延带宽积定义为带宽与 RTT 的乘积。这样定义的数值就比前面(1-4)式定义的数值大了一倍。这样定义的时延带宽积表示，如果发送方以最高发送速率连续发送数据，而接收方一收到数据就立即发送对收到数据的确认，那么发送方在收到这个确认时，已经发送出的数据量就是按这种定义的时延带宽积。

7. 利用率

利用率有信道利用率和网络利用率两种。信道利用率指出某信道有百分之几的时间是被利用的（有数据通过）。完全空闲的信道的利用率是零。网络利用率则是全网络的信道利用率的加权平均值。信道利用率并非越高越好。这是因为，根据排队论的理论，当某信道的利用率增大时，该信道引起的时延也就迅速增加。这和高速公路的情况有些相似。当高速公路上的车流量很大时，由于在公路上的某些地方会出现堵塞，因此行车所需的时间就会变长。网络也有类似的情况。当网络的通信量很少时，网络产生的时延并不大。但在网络通信量不断增大的情况下，由于分组在网络节点（路由器或节点交换机）进行处理时需要排队等候，因此网络引起的时延就会增大。如果令 D_0 表示网络空闲时的时延，D 表示网络当前的时延（设现在的网络利用率为 U），那么在适当的假定条件下，可以用下面的简单公式(1-5)来表示 D 与 D_0 以及利用率 U 之间的关系：

$$D = \frac{D_0}{1-U} \tag{1-5}$$

这里 U 是网络利用率，数值在 0 到 1 之间。当网络利用率达到其容量的 1/2 时，时延就要加倍。特别值得注意的就是：当网络利用率接近最大值 1 时，网络产生的时延就趋于无穷大。因此我们必须有这样的概念：**信道利用率或网络利用率过高就会产生非常大的时延**。图 1-14 给出了上述概念的示意图。因此，一些拥有较大主干网的 ISP 通常控制信道利用率不超过 50%。如果超过了就要准备扩容，增大线路的带宽。

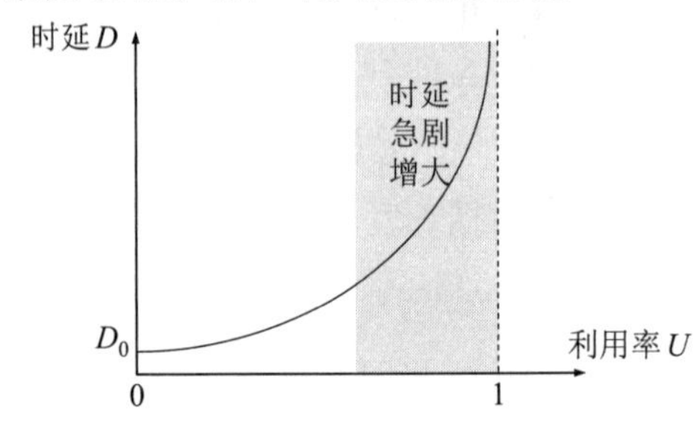

图 1-14　时延与利用率的关系

1.6.2　计算机网络的非性能特征

计算机网络还有一些非性能特征也很重要。这些非性能特征与前面介绍的性能指标有很大的关系。下面简单地加以介绍。

1. 费用

网络的价格（包括设计和实现的费用）总是必须考虑的，因为网络的性能与其价格密切相关。一般说来，网络的速率越高，其价格也越高。

2. 质量

网络的质量取决于网络中所有构件的质量，以及这些构件是怎样组成网络的。网络的质量影响到很多方面，如网络的可靠性、网络管理的简易性，以及网络的一些性能。但网络的性能与网络的质量并不是一回事。例如，有些性能一般的网络，运行一段时间后就出现了故障，变得无法再继续工作，说明其质量不好。高质量的网络往往价格也较高。

3. 标准化

网络的硬件和软件的设计既可以按照通用的国际标准，也可以遵循特定的专用网络标准。最好采用国际标准的设计，这样可以得到更好的互操作性，更易于升级换代和维修，也更容易得到技术上的支持。

4. 可靠性

可靠性与网络的质量和性能都有密切关系。高速网络的可靠性不一定很差。但高速网络要可靠地运行，则往往更加困难，同时所需的费用也会较高。

5. 可扩展性和可升级性

在构造网络时就应当考虑到今后可能会需要扩展（即规模扩大）和升级（即性能和版本的提高）。网络的性能越好，其扩展费用往往也越高，难度也会相应增加。

6. 易于管理和维护

网络如果没有良好的管理和维护，就很难达到和保持所设计的性能。

1.7 计算机网络体系结构

在计算机网络的基本概念中，分层次的**体系结构**（或**架构**）是最基本的。计算机网络体系结构的抽象概念较多，在学习时要多思考。这些概念对后面的学习很有帮助。

1.7.1 计算机网络体系结构的形成

计算机网络是个非常复杂的系统。为了说明这一点，可以设想一种最简单的情况：连接在网络上的两台计算机要互相传送文件。

显然，在这两台计算机之间必须有一条传送数据的通路。但这还远远不够。至少还有以下几项工作需要去完成：

(1) 发起通信的计算机必须将数据通信的通路**激活**(activate)。所谓“激活”就是要发出一些信令，保证要传送的计算机数据能在这条通路上正确发送和接收。

(2) 告诉网络如何识别接收数据的计算机。

(3) 发起通信的计算机必须查明对方计算机是否已开机，并且与网络连接正常。

(4) 发起通信的计算机中的应用程序必须弄清楚，在对方计算机中的文件管理程序是否已做好接收文件和存储文件的准备工作。

(5) 若计算机的文件格式不兼容，则至少其中一台计算机应完成格式转换功能。

(6) 对出现的各种差错和意外事故，如数据传送错误、重复或丢失，网络中某个节点交换机出现故障等，应当有可靠的措施保证对方计算机最终能够收到正确的文件。

还可以列举一些要做的其他工作。由此可见，相互通信的两个计算机系统必须高度协调工作才行，而这种“协调”是相当复杂的。为了设计这样复杂的计算机网络，早在最初的 ARPANET 设计时即提出了分层的方法。**“分层”**可将庞大而复杂的问题，转化为若干较小的局部问题，而这些较小的局部问题就比较易于研究和处理。

1974 年，美国的 IBM 公司宣布了**系统网络体系结构** SNA (System Network Architecture)。这个著名的网络标准就是按照分层的方法制定的。现在用 IBM 大型机构建的专用网络仍在使用 SNA。不久后，其他一些公司也相继推出自己公司的具有不同名称的体系结构。

不同的网络体系结构出现后，使用同一个公司生产的各种设备都能够很容易地互连成网。这种情况显然有利于一个公司垄断市场。但由于网络体系结构的不同，不同公司的设备很难互相连通。

然而，全球经济的发展使得不同网络体系结构的用户迫切要求能够互相交换信息。为了使不同体系结构的计算机网络都能互连，国际标准化组织 ISO 于 1977 年成立了专门机构研究该问题。他们提出了一个试图使各种计算机在世界范围内互连成网的标准框架，即著名的**开放系统互连基本参考模型** OSI/RM (Open Systems Interconnection Reference Model)，简称为 OSI。**"开放"**是指非独家垄断的。因此只要遵循 OSI 标准，一个系统就可以和位于世界上任何地方的、也遵循这同一标准的其他任何系统进行通信。这一点很像世界范围的有线电话和邮政系统，这两个系统都是开放系统。**"系统"**是指在现实的系统中与互连有关的各部分（我们知道，并不是一个系统中的所有部分都与互连有关。OSI/RM 把与互连无关的部分除外，而仅仅考虑与互连有关的那些部分）。所以 OSI/RM 是个抽象的概念。在 1983 年形成了开放系统互连基本参考模型的正式文件，即著名的 ISO 7498 国际标准，也就是所谓的七层协议的体系结构。

OSI 试图达到一种理想境界，即全球计算机网络都遵循这个统一标准，因而全球的计算机将能够很方便地进行互连和交换数据。在 20 世纪 80 年代，许多大公司甚至一些国家的政府机构纷纷表示支持 OSI。当时看来似乎在不久的将来全世界一定会按照 OSI 制定的标准来构造自己的计算机网络。然而到了 20 世纪 90 年代初期，虽然整套的 OSI 国际标准都已经制定出来了，但由于基于 TCP/IP 的互联网已抢先在全球相当大的范围成功地运行了，而与此同时却几乎找不到有什么厂家生产出符合 OSI 标准的商用产品。因此人们得出这样的结论：OSI 只获得了一些理论研究的成果，但在市场化方面则事与愿违地失败了。现今规模最大的、覆盖全球的、基于 TCP/IP 的互联网并未使用 OSI 标准。OSI 失败的原因可归纳为：

(1) OSI 的专家们缺乏实际经验，他们在完成 OSI 标准时缺乏商业驱动力；

(2) OSI 的协议实现起来过分复杂，而且运行效率很低；

(3) OSI 标准的制定周期太长，因而使得按 OSI 标准生产的设备无法及时进入市场；

(4) OSI 的层次划分不太合理，有些功能在多个层次中重复出现。

按照一般的概念，网络技术和设备只有符合有关的国际标准才能大范围地获得工程上的应用。但现在情况却反过来了。得到最广泛应用的不是**法律上的国际标准** OSI，而是非国际标准 TCP/IP。这样，TCP/IP 就常被称为是**事实上的国际标准**。从这种意义上说，能够占领市场的就是标准。在过去制定标准的组织中往往以专家、学者为主。但现在许多公司都纷纷加入各种标准化组织，使得技术标准具有浓厚的商业气息。一个新标准的出现，有时不一定反映其技术水平是最先进的，而是往往有着一定的市场背景。

顺便说一下，虽然 OSI 标准在一开始由 ISO 来制定，但后来的许多标准都是 ISO 与原来的国际电报电话咨询委员会 CCITT[①]联合制定的。从历史上来看，CCITT 原来是从通信的角度考虑一些标准的制定的，而 ISO 则关心信息的处理。但随着科学技术的发展，通信与信息处理的界限变得比较模糊了。于是，通信与信息处理就都成为 CCITT 与 ISO 所共同关心的领域。CCITT 的建议书 X.200 就是关于开放系统互连基本参考模型的，它和上面提到的 ISO 7498 基本上是相同的。

1.7.2 协议与划分层次

视频讲解

在计算机网络中要做到有条不紊地交换数据，就必须遵守一些事先约定好的规则。**这些规则明确规定了所交换的数据的格式以及有关的同步问题**。这里所说的**同步**不是狭义的（即同频或同频同相）而是广义的，即在一定的条件下应当发生什么事件（例如，应当发送一个应答信息），因而**同步含有时序的意思**。这些**为进行网络中的数据交换而建立的规则、标准或约定**称为**网络协议**(network protocol)。网络协议也可简称为**协议**。更进一步讲，网络协议主要由以下三个要素组成：

(1) **语法**，即数据与控制信息的结构或格式；

(2) **语义**，即需要发出何种控制信息，完成何种动作以及做出何种响应；

(3) **同步**，即事件实现顺序的详细说明。

由此可见，网络协议是计算机网络不可缺少的组成部分。实际上，只要我们想让连接在网络上的另一台计算机做点什么事情（例如，从网络上的某台主机下载文件），都需要有协议。但是当我们经常在自己的个人电脑上进行文件存盘操作时，就**不需要任何网络协议**，除非这个用来存储文件的磁盘是网络上的某个文件服务器的磁盘。

协议通常有两种不同的形式。一种是使用便于人来阅读和理解的文字描述。另一种是使用让计算机能够理解的程序代码。这两种不同形式的协议都必须能够对网络上的信息交换过程做出精确的解释。

ARPANET 的研制经验表明，对于非常复杂的计算机网络协议，其结构应该是层次式的。我们可以举一个简单的例子来说明划分层次的概念。

现在假定我们在主机 1 和主机 2 之间通过一个通信网络传送文件。这是一项比较复杂的工作，因为需要做不少的工作。

我们可以将要做的工作划分为三类。第一类工作与传送文件直接有关。例如，发送端的文件传送应用程序应当确信接收端的文件管理程序已做好接收和存储文件的准备。若两台主机所用的文件格式不一样，则至少其中的一台主机应完成文件格式的转换。这两项工作可用一个文件传送模块来完成。这样，两台主机可将文件传送模块作为最高的一层（如图 1-15 所示）。在这两个模块之间的虚线表示两台主机系统交换文件和一些有关文件交换的命令。

---

① 注：鉴于“有线电”和“无线电”的关系日益密切，国际电信联盟 ITU (International Telecommunication Union)已将国际电报电话咨询委员会 CCITT 和国际无线电咨询委员会 CCIR 合并为**电信标准化部门** TSS (Telecommunication Standardization Sector)。从 1993 年 3 月 1 日起，CCITT 和 CCIR 不复存在，有关电信的标准就由国际电信联盟 ITU 的电信标准化部门颁布，并在每个建议书的前面加上 ITU-T 这几个字，例如，原来的 CCITT X.25 现在就称为 ITU-T X.25。为了节约经费，以后不再是每隔四年就出版全套的建议书，而是只出版新通过的建议书或旧建议书中有变化的部分。CCITT 虽然不存在了，但过去 CCITT 所制定的标准并未作废，凡未过时的标准我们在需要时都可继续引用。

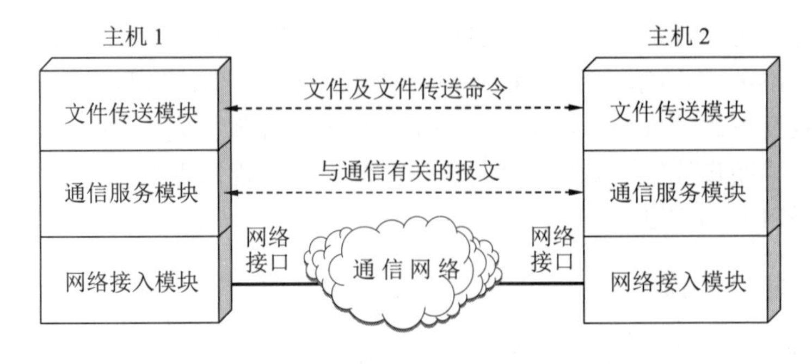

图 1-15　划分层次举例

但是，我们并不想让文件传送模块完成全部工作的细节，这样会使文件传送模块过于复杂。可以再设立一个通信服务模块，用来保证文件和文件传送命令可靠地在两个系统之间交换。这就是我们要做的第二类工作。也就是说，让位于上面的文件传送模块利用下面的通信服务模块所提供的服务。我们还可以看出，如果将位于上面的文件传送模块换成电子邮件模块，那么电子邮件模块同样可以利用在它下面的通信服务模块所提供的可靠通信的服务。

我们要做的第三类工作可以是再构造一个网络接入模块，让这个模块负责做与网络接口细节有关的工作，并向上层提供服务，使上面的通信服务模块能够完成可靠通信的任务。

从上述的简单例子可以更好地理解分层能带来很多好处，如：

(1) **各层之间是独立的**。某一层并不需要知道它的下一层是如何实现的，而仅仅需要知道该层通过层间的接口（即界面）所提供的服务。由于每一层只实现一种相对独立的功能，因而可将一个难以处理的复杂问题分解为若干个较容易处理的更小一些的问题。这样，整个问题的复杂程度就下降了。

(2) **灵活性好**。当任何一层发生变化时（例如由于技术的变化），只要层间接口关系保持不变，那么在这层以上或以下各层均不受影响。此外，对某一层提供的服务还可进行修改。当不再需要某层提供的服务时，甚至可以将这层取消。

(3) **结构上可分割开**。各层都可以采用最合适的技术来实现。

(4) **易于实现和维护**。这种结构使得实现和调试一个庞大而又复杂的系统变得更加容易，因为整个系统已被分解为若干个相对独立的子系统。

(5) **能促进标准化工作**。因为每一层的功能及其所提供的服务都已有了精确的说明。

分层时应注意使每一层的功能非常明确。若层数太少，就会使每一层的协议太复杂；但层数太多又会在描述和综合各层功能的系统工程任务时遇到较多的困难。通常各层所要完成的功能主要有以下一些（可以只包括一种，也可以包括多种）：

① **差错控制**　使相应层次对等方的通信更加可靠。

② **流量控制**　发送端的发送速率必须使接收端来得及接收，不要太快。

③ **分段和重装**　发送端将要发送的数据块划分为更小的单位，在接收端将其还原。

④ **复用和分用**　发送端几个高层会话复用一条低层的连接，在接收端再进行分用。

⑤ **连接建立和释放**　交换数据前先建立一条逻辑连接，数据传送结束后释放连接。

分层当然也有一些缺点，例如，有些功能会在不同的层次中重复出现，因而产生额外开销。

计算机网络的各层及其协议的集合就是网络的**体系结构**(architecture)。换种说法，**计算机网络的体系结构就是这个计算机网络及其构件所应完成的功能的精确定义**[GREE82]。需要强调的是：这些功能究竟是用何种硬件或软件完成的，则是一个遵循这种体系结构的**实现**(implementation)的问题。体系结构的英文名词 architecture 的原意是建筑学或建筑的设计和风格。它和一个具体的建筑物的概念很不相同。例如，我们可以走进一个明代的建筑物中，但却不能走进一个明代的建筑风格之中。同理，我们也不能把一个具体的计算机网络说成是一个抽象的网络体系结构。总之，**体系结构是抽象的，而实现则是具体的，是真正在运行的计算机硬件和软件**。

1.7.3 具有五层协议的体系结构

扫一扫

视频讲解

OSI 的七层协议体系结构（如图 1-16(a)所示）的概念清楚，理论也较完整，但它既复杂又不实用。TCP/IP 体系结构则不同，它现在得到了非常广泛的应用。TCP/IP 是一个四层的体系结构（如图 1-16(b)所示），它包含应用层、运输层、网际层和链路层（网络接口层）。用网际层这个名字是强调本层解决不同网络的互连问题。在互联网的标准文档[RFC 1122, STD3]中，体系结构中的底层叫作**链路层**，但接着又说明了链路层就是**媒体接入层**。但也有把链路层称为**网络接口层**的[COME06]或**子网层**的[PETE12]。从实质上讲，TCP/IP 只有最上面的三层，因为最下面的链路层并没有属于 TCP/IP 体系的具体协议。链路层所使用的各种局域网标准，并非由 IETF 而是由 IEEE 的 802 委员会下属的各工作组负责制定的。在讲授计算机网络原理时往往采取另外的办法，即综合 OSI 和 TCP/IP 的优点，采用如图 1-16(c)所示的五层协议的体系结构，这对阐述计算机网络的原理是十分方便的。

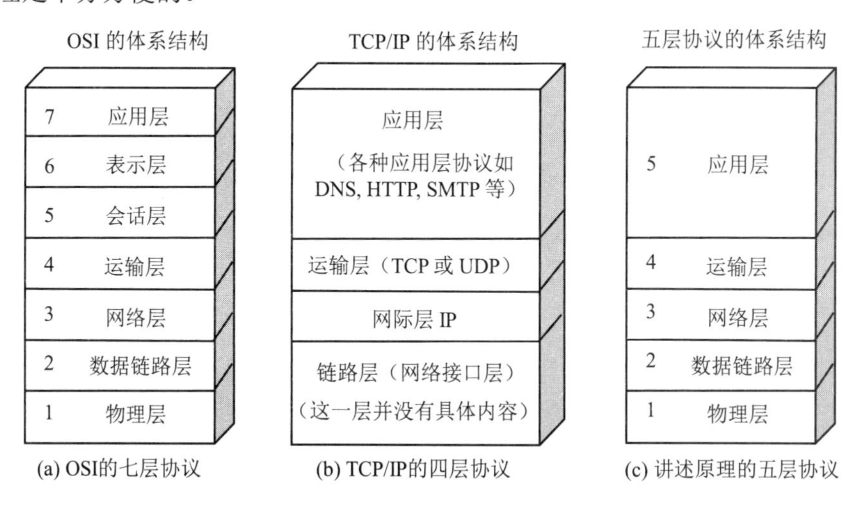

图 1-16 计算机网络体系结构

现在结合互联网的情况，自上而下地、非常简要地介绍一下各层的主要功能。实际上，只有认真学习完本书各章的协议后才能真正弄清各层的作用。

(1) **应用层**(application layer)

应用层是体系结构中的最高层。应用层的任务是**通过应用进程间的交互来完成特定网络应用**。应用层协议定义的是**应用进程间通信和交互的规则**。这里的**进程**就是指主机中**正在运行的程序**。对于不同的网络应用需要有不同的应用层协议。互联网中的应用层协议很多，如域名系统 DNS、支持万维网应用的 HTTP 协议、支持电子邮件的 SMTP 协议，等等。我们把应用层交互的数据单元称为**报文**(message)。

(2) **运输层**(transport layer)

运输层的任务就是负责向**两台主机中进程之间的通信**提供**通用的数据传输**服务。应用进程利用该服务传送应用层报文。所谓“通用的”，是指并不针对某个特定网络应用，而是多种应用可以使用同一个运输层服务。由于一台主机可同时运行多个进程，因此运输层有复用和分用的功能。复用就是多个应用层进程可同时使用下面运输层的服务，分用和复用相反，是运输层把收到的信息分别交付上面应用层中的相应进程。

运输层主要使用以下两种协议：

- **传输控制协议** TCP (Transmission Control Protocol)——提供面向连接的、可靠的数据传输服务，其数据传输的单位是**报文段**(segment)。
- **用户数据报协议** UDP (User Datagram Protocol)——提供无连接的**尽最大努力** (best-effort)的数据传输服务（不保证数据传输的可靠性），其数据传输的单位是**用户数据报**。

顺便指出，有人愿意把运输层称为传输层，理由是这一层使用的 TCP 协议就叫作传输控制协议。从意思上看，传输和运输差别也不大。但 OSI 定义的第 4 层使用的是 Transport，而不是 Transmission。这两个词的含义还是有些差别的。因此，使用运输层这个译名较为准确。

(3) **网络层**(network layer)

网络层负责为分组交换网上的不同**主机**提供通信服务。在发送数据时，网络层把运输层产生的报文段或用户数据报封装成**分组**或**包**进行传送。在 TCP/IP 体系中，由于网络层使用 IP 协议，因此分组也叫作 **IP 数据报**，或简称为**数据报**。**本书把“分组”和“数据报”作为同义词使用**。

请注意：不要将运输层的“用户数据报协议 UDP”和网络层的“IP 数据报”弄混。此外，**无论在哪一层传送的数据单元，都可笼统地用“分组”来表示**。

网络层的具体任务有两个。第一个任务是通过一定的算法，在互联网中的每一个路由器上生成一个用来转发分组的转发表。第二个任务较为简单，就是每一个路由器在接收到一个分组时，依据转发表中指明的路径把分组转发到下一个路由器。这样就可以使源主机运输层所传下来的分组，能够通过合适的路由最终到达目的主机。

这里要强调指出，网络层中的“**网络**”二字，已不是我们通常谈到的具体网络，而是在计算机网络体系结构模型中的第 3 层的名称。

互联网是由大量的**异构**(heterogeneous)网络通过**路由器**(router)相互连接起来的。互联网使用的网络层协议是无连接的**网际协议** IP (Internet Protocol)和许多种路由选择协议，因此互联网的网络层也叫作**网际层**或 **IP 层**。在本书中，网络层、网际层和 IP 层都是同义语。

(4) **数据链路层**(data link layer)

数据链路层常简称为**链路层**。我们知道，两台主机之间的数据传输，总是在一段一段的链路上传送的，这就需要使用专门的链路层的协议。在两个相邻节点之间传送数据时，数据链路层将网络层交下来的 IP 数据报**组装成帧**（framing），在两个相邻节点间的链路上传送**帧**（frame）。每一帧包括数据和必要的**控制信息**（如同步信息、地址信息、差错控制等）。

在接收数据时，控制信息使接收端能够知道一个帧从哪个比特开始和到哪个比特结束。这样，数据链路层在收到一个帧后，就可从中提取出数据部分，上交给网络层。

控制信息还使接收端能够检测到所收到的帧中有无差错。如发现有差错，数据链路层就简单地**丢弃**这个出了差错的帧，以免继续在网络中传送下去白白浪费网络资源。如果需要改正数据在数据链路层传输时出现的差错（这就是说，数据链路层不仅要检错，而且要纠错），那么就要采用可靠传输协议来纠正出现的差错。这种方法会使数据链路层的协议复杂些。

(5) **物理层**(physical layer)

在物理层上所传数据的单位是**比特**。发送方发送 1（或 0）时，接收方应当收到 1（或 0）而不是 0（或 1）。因此物理层要考虑用多大的电压代表“1”或“0”，以及接收方如何识别出发送方所发送的比特。物理层还要确定连接电缆的插头应当有多少根引脚以及各引脚应如何连接。当然，解释比特代表的意思，不是物理层的任务。请注意，传递信息所利用的一些物理传输媒体，如双绞线、同轴电缆、光缆、无线信道等，并不在物理层协议之内，而是在物理层协议的下面。因此也有人把物理层下面的物理传输媒体当作第 0 层。

在互联网所使用的各种协议中，最重要的和最著名的就是 TCP 和 IP 两个协议。现在人们经常提到的 TCP/IP 并不一定是单指 TCP 和 IP 这两个具体的协议，而往往是表示互联网所使用的整个 **TCP/IP 协议族**(protocol suite)[①]。

图 1-17 说明的是应用进程的数据在各层之间的传递过程中所经历的变化。这里为简单起见，假定两台主机通过一台路由器连接起来。

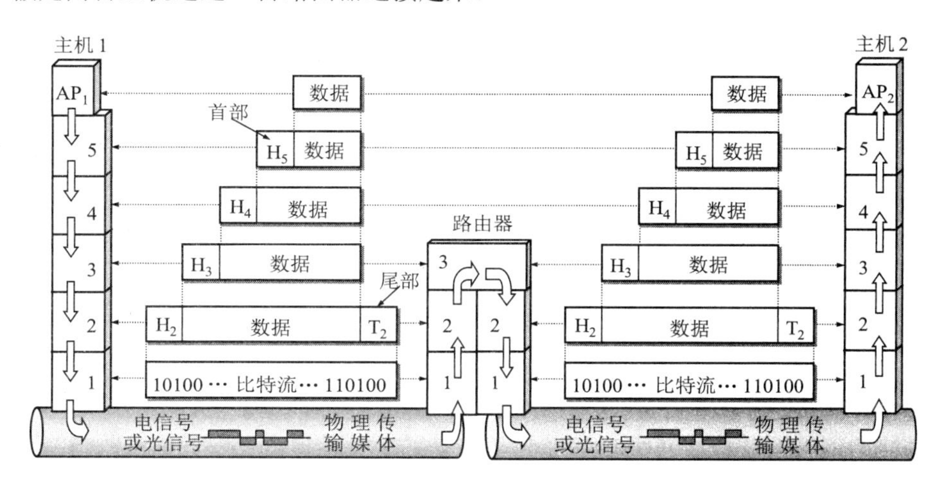

图 1-17　数据在各层之间的传递过程

假定主机 1 的应用进程 AP_1 向主机 2 的应用进程 AP_2 传送数据。AP_1 先将其数据交给本主机的第 5 层（应用层）。第 5 层加上必要的控制信息 H_5 就变成了下一层的数据单元。第 4 层（运输层）收到这个数据单元后，加上本层的控制信息 H_4，再交给第 3 层（网络层），成为第 3 层的数据单元。依此类推。不过到了第 2 层（数据链路层）后，控制信息被分成两部分，分别加到本层数据单元的首部（H_2）和尾部（T_2）；而第 1 层（物理层）由于是比特流的传送，所以不再加上控制信息。请注意，传送比特流时应从首部开始传送。

OSI 参考模型把对等层次之间传送的数据单位称为该层的**协议数据单元** PDU (Protocol Data Unit)。这个名词现已被许多非 OSI 标准采用。

当这一串的比特流离开主机 1 经网络的物理传输媒体传送到路由器时，就从路由器的第 1 层依次上升到第 3 层。每一层都根据控制信息进行必要的操作，然后将控制信息剥去，

① 注：请注意 suite 这个词的特殊读音/swi:t/，不要读错。

将该层剩下的数据单元上交给更高的一层。当分组上升到了第 3 层网络层时，就根据首部中的目的地址查找路由器中的转发表，找出转发分组的接口，然后往下传送到第 2 层，加上新的首部和尾部后，再到最下面的第 1 层，然后在物理传输媒体上把每一个比特发送出去。

当这一串的比特流离开路由器到达目的站主机 2 时，就从主机 2 的第 1 层按照上面讲过的方式，依次上升到第 5 层。最后，把应用进程 AP_1 发送的数据交给目的站的应用进程 AP_2。

可以用一个简单例子来比喻上述过程。有一封信从最高层向下传。每经过一层就包上一个新的信封，写上必要的地址信息。包有多个信封的信件传送到目的站后，从第 1 层起，每层拆开一个信封后就把信封中的信交给它的上一层。传到最高层后，取出发信人所发的信交给收信人。

虽然应用进程数据要经过如图 1-17 所示的复杂过程才能送到终点的应用进程，但这些复杂过程对用户屏蔽掉了，以致应用进程 AP_1 觉得好像是直接把数据交给了应用进程 AP_2。同理，任何两个同样的层次（例如在两个系统的第 4 层）之间，也好像如同图 1-17 中的水平虚线所示的那样，把数据（即数据单元加上控制信息）通过水平虚线直接传递给对方。这就是所谓的“**对等层**”(peer layers)之间的通信。我们以前经常提到的各层协议，实际上就是在各个对等层之间传递数据时的各项规定。

在文献中也还可以见到术语“**协议栈**”(protocol stack)。这是因为几个层次画在一起很像一个**栈**(stack)的结构。

1.7.4 实体、协议、服务和服务访问点

当研究开放系统中的信息交换时，往往使用**实体**(entity)这一较为抽象的名词表示**任何可发送或接收信息的硬件或软件进程**。在许多情况下，实体就是一个特定的软件模块。

协议是控制两个对等实体（或多个实体）进行通信的规则的集合。协议的语法方面的规则定义了所交换的信息的格式，而协议的语义方面的规则就定义了发送者或接收者所要完成的操作，例如，在何种条件下，数据必须重传或丢弃。

在协议的控制下，两个对等实体间的通信使得本层能够向上一层提供服务。要实现本层协议，还需要使用下面一层所提供的服务。

一定要弄清楚，协议和服务在概念上是很不一样的。

首先，协议的实现保证了能够向上一层提供服务。**使用本层服务的实体只能看见服务而无法看见下面的协议**。也就是说，**下面的协议对上面的实体是透明的**。

其次，**协议是“水平的”**，即协议是控制对等实体之间通信的规则。但**服务是“垂直的”**，即服务是由下层向上层通过层间接口提供的。另外，并非在一个层内完成的全部功能都称为服务。只有那些能够被高一层实体“**看得见**”的功能才能称之为“服务”。上层使用下层所提供的服务必须通过与下层交换一些命令，这些命令在 OSI 中称为**服务原语**。

在同一系统中相邻两层的实体进行交互（即交换信息）的地方，通常称为**服务访问点** SAP (Service Access Point)。服务访问点 SAP 是一个抽象的概念，它实际上就是一个逻辑接口，有点像邮政信箱（可以把邮件放入信箱和从信箱中取走邮件），但这种层间接口和两个设备之间的硬件接口（并行的或串行的）并不一样。OSI 把层与层之间交换的数据的单位称为**服务数据单元** SDU (Service Data Unit)，它可以与 PDU 不一样。例如，可以是多个 SDU 合成为一个 PDU，也可以是一个 SDU 划分为几个 PDU。

这样，在任何相邻两层之间的关系均可概括为图 1-18 所示的那样。这里要注意的是，第 n 层的两个"实体(n)"之间通过"协议(n)"进行通信，而第 $n+1$ 层的两个"实体($n+1$)"之间则通过另外的"协议($n+1$)"进行通信（每一层都使用不同的协议）。第 n 层向上面的第 $n+1$ 层所提供的服务实际上已包括了在它以下各层所提供的服务。第 n 层的实体对第 $n+1$ 层的实体就相当于一个服务提供者。在服务提供者的上一层的实体又称为**"服务用户"**，因为它使用下层服务提供者所提供的服务。

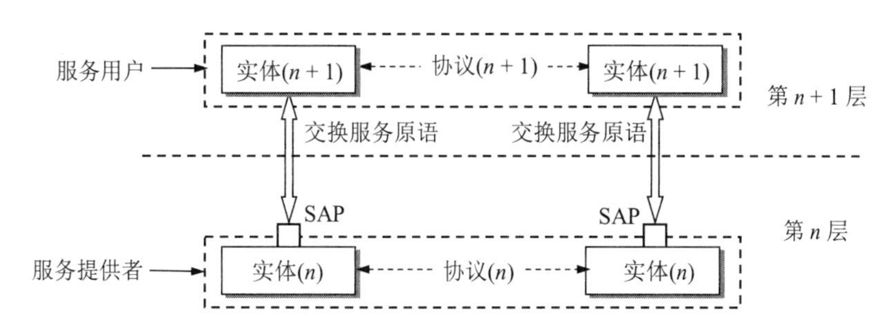

图 1-18 相邻两层之间的关系

计算机网络的协议还有一个很重要的特点，就是协议必须把**所有**不利的条件事先都估计到，而**不能假定一切都是正常的和非常理想的**。例如，两个朋友在电话中约好，下午 3 时在某公园门口碰头，并且约定"不见不散"。这就是一个很不科学的协议，因为任何一方临时有急事来不了而又无法通知对方时（如对方的电话或手机都无法接通），则另一方按照协议就必须永远等待下去。因此，看一个计算机网络协议是否正确，不能只看在正常情况下是否正确，还必须**非常仔细地检查协议能否应付任何一种出现概率极小的异常情况**。

下面是一个有关网络协议的非常著名的例子。

【例 1-1】占据东、西两个山顶的蓝军 1 和蓝军 2 与驻扎在山谷的白军作战。其力量对比是：单独的蓝军 1 或蓝军 2 打不过白军，但蓝军 1 和蓝军 2 协同作战则可战胜白军。现蓝军 1 拟于次日正午向白军发起攻击。于是用计算机发送电文给蓝军 2。但通信线路很不好，电文出错或丢失的可能性较大（没有电话可使用）。因此要求收到电文的友军必须送回一个确认电文。但此确认电文也可能出错或丢失。试问能否设计出一种协议使得蓝军 1 和蓝军 2 能够实现协同作战因而一定（即 100 %而不是 99.999…%）取得胜利？

【解】蓝军 1 先发送："拟于明日正午向白军发起攻击。请协同作战和确认。"

假定蓝军 2 收到电文后发回了确认。

然而现在蓝军 1 和蓝军 2 都不敢下决心进攻。因为，蓝军 2 不知道此确认电文对方是否正确地收到了。如未正确收到，则蓝军 1 必定不敢贸然进攻。在此情况下，自己单方面发起进攻就肯定要失败。因此，必须等待蓝军 1 发送"对确认的确认"。

假定蓝军 2 收到了蓝军 1 发来的确认。但蓝军 1 同样关心自己发出的确认是否已被对方正确地收到。因此还要等待蓝军 2 的"对确认的确认的确认"。

这样无限循环下去，蓝军 1 和蓝军 2 都始终无法确定自己最后发出的电文对方是否已经收到（如图 1-19 所示）。因此，在本例题给出的条件下，没有一种协议可以使蓝军 1 和蓝军 2 能够 100%地确保胜利。

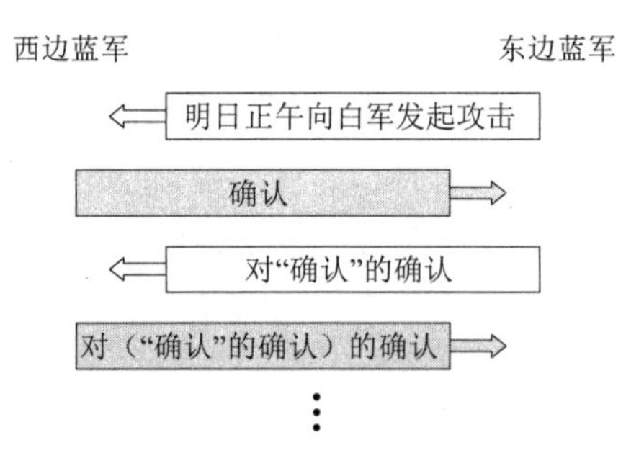

图 1-19　无限循环的协议

这个例子告诉我们，看似非常简单的协议，设计起来要考虑的问题还是比较多的。

1.7.5　TCP/IP 的体系结构

前面已经说过，TCP/IP 的体系结构比较简单，它只有四层。图 1-20 给出了这种四层协议表示方法的例子。

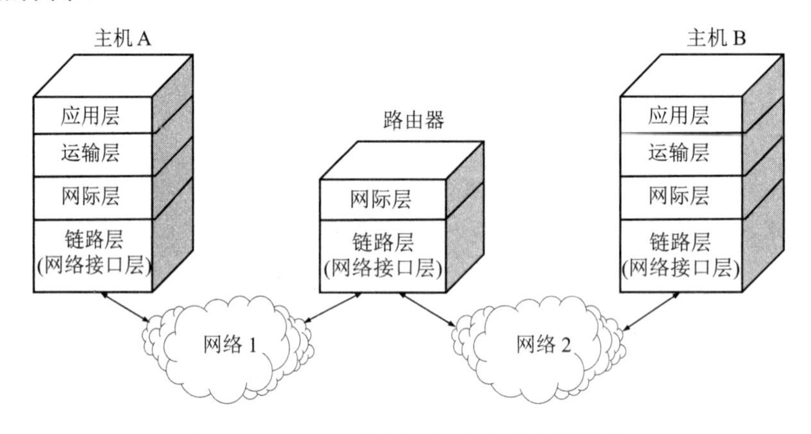

图 1-20　TCP/IP 四层协议的表示方法举例

应当指出，技术的发展并不遵循严格的 OSI 分层概念。实际上现在的互联网使用的 TCP/IP 体系结构有时已经演变成为图 1-21 所示的那样，即某些应用程序可以直接使用 IP 层，或直接使用最下面的链路层[PETE12]。虽然 TCP/IP 协议族得到了非常广泛的应用，但对 TCP/IP 体系结构的批评意见也有不少。例如，这个体系结构没有清晰地阐明区分开服务、接口和协议之间的关系，而链路层并非真正的一个层次，而仅仅是强调了 IP 层需要这样一个与网络的接口。这个体系结构没有把重要的物理层和链路层的内容包含进来。

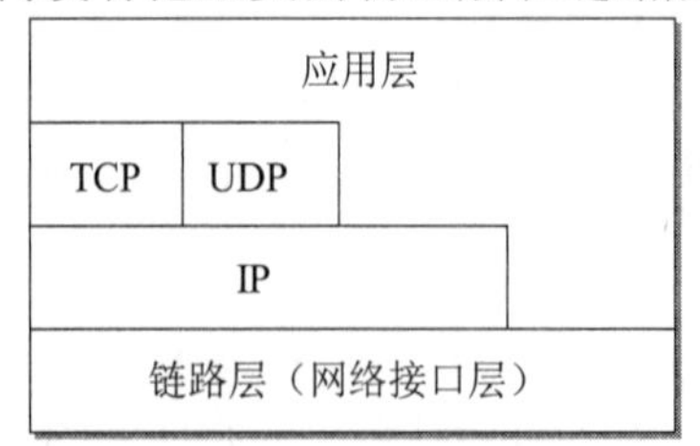

图 1-21　TCP/IP 体系结构的另一种表示方法

还有另一种方法用来表示 TCP/IP 协议族（如图 1-22 所示），它的特点是上下两头大而中间小：应用层和网络接口层都有多种协议，而中间的 IP 层很小，上层的各种协议都向下汇聚到一个 IP 协议中。这种很像沙漏计时器形状的 TCP/IP 协议族表明： IP 层可以支持多种运输层协议（虽然这里只画出了最主要的两种），而不同的运输层协议上面又可以有多种应用层协议（所谓的 everything over IP），同时 IP 协议也可以在多种类型的网络上运行（所谓的 IP over everything）。正因为如此，互联网才会发展到今天的这种全球规模。从图 1-22 不难看出 IP 协议在互联网中的核心作用。

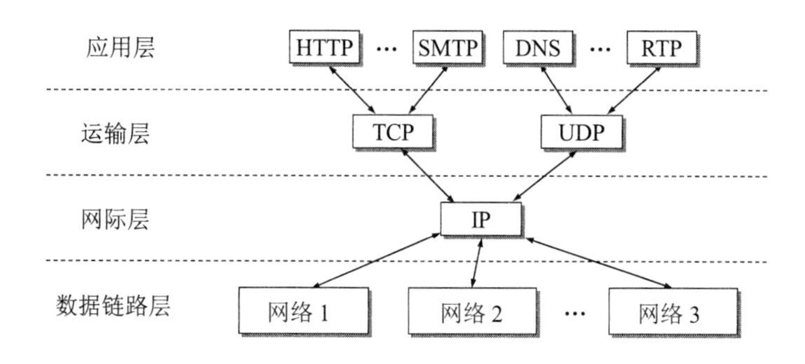

图 1-22 沙漏计时器形状的 TCP/IP 协议族示意

实际上，图 1-22 还反映出互联网的一个十分重要的设计理念，这就是网络的核心部分越简单越好，把一切复杂的部分让网络的边缘部分去实现。

【例 1-2】利用协议栈的概念，说明在互联网中常用的客户-服务器工作方式。

【解】图 1-23 中的主机 A 和主机 B 都各有自己的协议栈。主机 A 中的应用进程（即客户进程）的位置在最高的应用层。这个客户进程向主机 B 应用层的服务器进程发出请求，请求建立连接（图中的❶）。然后，主机 B 中的服务器进程接受 A 的客户进程发来的请求（图中的❷）。所有这些通信，实际上都需要使用下面各层所提供的服务。但若仅仅考虑客户进程和服务器进程的交互，则可把它们之间的交互看成是图 1-23 中的水平虚线所示的那样。

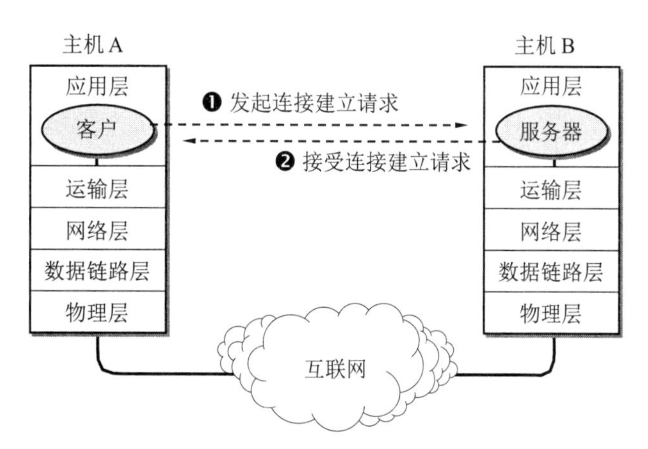

图 1-23 在应用层的客户进程和服务器进程的交互

图 1-24 画出了三台主机的协议栈。主机 C 的应用层中同时有两个服务器进程在通信。服务器 1 在和主机 A 中的客户 1 通信，而服务器 2 在和主机 B 中的客户 2 通信。有的服务器进程可以同时向几百个或更多的客户进程提供服务。

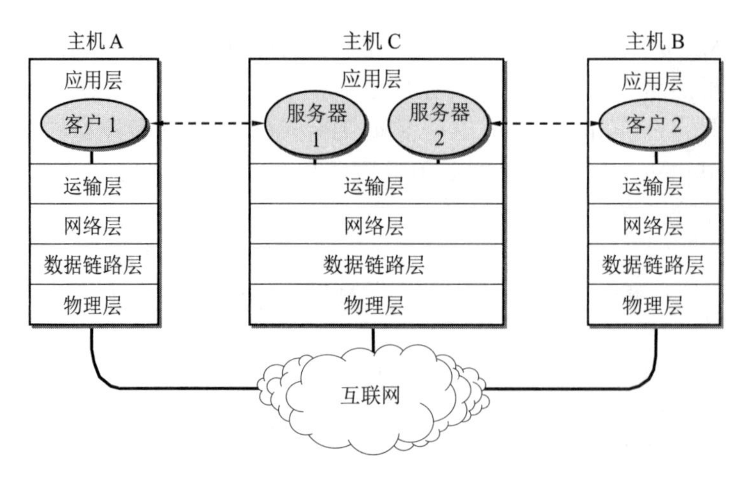

图 1-24　主机 C 的两个服务器进程分别向 A 和 B 的客户进程提供服务

本章的重要概念

- 计算机网络（可简称为网络）把许多计算机连接在一起，而互连网则把许多网络连接在一起，是网络的网络。
- 以小写字母 i 开始的 internet（互连网）是通用名词，它泛指由多个计算机网络互连而成的网络。在这些网络之间的通信协议（即通信规则）可以是任意的。
- 以大写字母 I 开始的 Internet（互联网）是专用名词，它指当前全球最大的、开放的、由众多网络相互连接而成的特定计算机网络，并采用 TCP/IP 协议族作为通信规则，且其前身是美国的 ARPANET。Internet 的推荐译名是“因特网”，但很少被使用。
- 互联网现在采用存储转发的分组交换技术以及三层 ISP 结构。
- 互联网按工作方式可划分为边缘部分与核心部分。主机在网络的边缘部分，其作用是进行信息处理。路由器在网络的核心部分，其作用是按存储转发方式进行分组交换。
- 计算机通信是计算机中的进程（即运行着的程序）之间的通信。计算机网络采用的通信方式是客户–服务器方式和对等连接方式（P2P 方式）。
- 客户和服务器都是指通信中所涉及的应用进程。客户是服务请求方，服务器是服务提供方。
- 按作用范围的不同，计算机网络分为广域网 WAN、城域网 MAN、局域网 LAN 和个人区域网 PAN。
- 计算机网络最常用的性能指标是：速率、带宽、吞吐量、时延（发送时延、传播时延、处理时延、排队时延）、时延带宽积、往返时间和信道（或网络）利用率。
- 网络协议即协议，是为进行网络中的数据交换而建立的规则。计算机网络的各层及其协议的集合，称为网络的体系结构。
- 五层协议的体系结构由应用层、运输层、网络层（或网际层）、数据链路层和物理层组成。运输层最重要的协议是 TCP 和 UDP 协议，而网络层最重要的协议是 IP 协议。

习题

1-01 计算机网络可以向用户提供哪些服务？

1-02 试简述分组交换的要点。

1-03 试从多个方面比较电路交换、报文交换和分组交换的主要优缺点。

1-04 为什么说互联网是自印刷术发明以来人类在存储和交换信息领域的最大变革？

1-05 互联网基础结构的发展大致分为哪几个阶段？请指出这几个阶段最主要的特点。

1-06 简述互联网标准制定的几个阶段。

1-07 小写和大写开头的英文名字 internet 和 Internet 在意思上有何重要区别？

1-08 计算机网络都有哪些类别？各种类别的网络都有哪些特点？

1-09 计算机网络中的主干网和本地接入网的主要区别是什么？

1-10 试在下列条件下比较电路交换和分组交换。要传送的报文共 x (bit)。从源点到终点共经过 k 段链路，每段链路的传播时延为 d (s)，数据率为 b (bit/s)。在电路交换时电路的建立时间为 s (s)。在分组交换时，分组长度为 p (bit)，每个分组所必须添加的首部都很短，对分组的发送时延的影响在本题中可以不考虑。此外，各节点的排队等待时间也可忽略不计。问在怎样的条件下，分组交换的时延比电路交换的要小？（提示：画一下草图观察 k 段链路共有几个节点。）

1-11 在上题的分组交换网中，设报文长度和分组长度分别为 x 和($p + h$) (bit)，其中 p 为分组的数据部分的长度，而 h 为每个分组所添加的首部长度，与 p 的大小无关。通信的两端共经过 k 段链路。链路的数据率为 b (bit/s)，但传播时延和节点的排队时间均可忽略不计。若打算使总的时延为最小，问分组的数据部分长度 p 应取为多大？（提示：参考图 1-11 的分组交换部分，观察总的时延由哪几部分组成。）

1-12 互联网的两大组成部分（边缘部分与核心部分）的特点是什么？它们的工作方式各有什么特点？

1-13 客户-服务器方式与 P2P 对等通信方式的主要区别是什么？有没有相同的地方？

1-14 计算机网络有哪些常用的性能指标？

1-15 假定网络的利用率达到了 90%。试估算一下现在的网络时延是它的最小值的多少倍？

1-16 计算机通信网有哪些非性能特征？非性能特征与性能指标有什么区别？

1-17 收发两端之间的传输距离为 1000 km，信号在媒体上的传播速率为 2×10^8 m/s。试计算以下两种情况的发送时延和传播时延：

(1) 数据长度为 10^7 bit，数据发送速率为 100 kbit/s。

(2) 数据长度为 10^3 bit，数据发送速率为 1 Gbit/s。

从以上计算结果可得出什么结论？

1-18 假设信号在媒体上的传播速率为 2.3×10^8 m/s。媒体长度 l 分别为：

(1) 10 cm（网络接口卡）

(2) 100 m（局域网）

(3) 100 km（城域网）

(4) 5000 km（广域网）

现在连续传送数据，数据率分别为 1 Mbit/s 和 10 Gbit/s。试计算每一种情况下在媒体中的比特数。(提示：媒体中的比特数实际上无法使用仪表测量。本题是假想我们能够看见媒体中正在传播的比特，能够给媒体中的比特拍个快照。媒体中的比特数取决于媒体的长度和数据率。)

1-19 长度为 100 字节的应用层数据交给运输层传送，需加上 20 字节的 TCP 首部。再交给网络层传送，需加上 20 字节的 IP 首部。最后交给数据链路层的以太网传送，加上首部和尾部共 18 字节。试求数据的传输效率。数据的传输效率是指发送的应用层数据除以所发送的总数据(即应用数据加上各种首部和尾部的额外开销)。

若应用层数据长度为 1000 字节，数据的传输效率是多少？

1-20 网络体系结构为什么要采用分层次的结构？试举出一些与分层体系结构的思想相似的日常生活的例子。

1-21 协议与服务有何区别？有何关系？

1-22 网络协议的三个要素是什么？各有什么含义？

1-23 为什么一个网络协议必须把各种不利的情况都考虑到？

1-24 试述具有五层协议的网络体系结构的要点，包括各层的主要功能。

1-25 试举出日常生活中有关“透明”这一名词的例子。

1-26 试解释以下名词：协议栈、实体、对等层、协议数据单元、服务访问点、客户、服务器、客户–服务器方式。

1-27 试解释 everything over IP 和 IP over everything 的含义。

1-28 假定要在网络上传送 1.5 MB 的文件。设分组长度为 1 KB，往返时间 RTT = 80 ms。传送数据之前还需要有建立 TCP 连接的时间，这时间是 $2 \times$ RTT = 160 ms。试计算在以下几种情况下接收方收完该文件的最后一个比特所需的时间。

(1) 数据发送速率为 10 Mbit/s，数据分组可以连续发送。

(2) 数据发送速率为 10 Mbit/s，但每发送完一个分组后要等待一个 RTT 时间才能再发送下一个分组。

(3) 数据发送速率极快，可以不考虑发送数据所需的时间。但规定在每一个 RTT 往返时间内只能发送 20 个分组。

(4) 数据发送速率极快，可以不考虑发送数据所需的时间。但在第一个 RTT 往返时间内只能发送一个分组，在第二个 RTT 内可发送两个分组，在第三个 RTT 内可发送四个分组(即 $2^{3-1} = 2^2 = 4$ 个分组)(这种发送方式见教材第 5 章 TCP 的拥塞控制部分)。

1-29 有一个点对点链路，长度为 50 km。若数据在此链路上的传播速率为 2×10^8 m/s，试问链路的带宽应为多少才能使传播时延和发送 100 字节的分组的发送时延一样大？如果发送的是 512 字节长的分组，结果又应如何？

1-30 有一个点对点链路，长度为 20000 km。数据的发送速率是 1 kbit/s，要发送的数据有 100 bit。数据在此链路上的传播速率为 2×10^8 m/s。假定我们可以看见在线路上传输的比特，试画出我们看到的线路上的比特(画两张图，一张是在 100 bit 刚刚发送完时，另一张是再经过 0.05 s 后)。

1-31 条件同上题，但数据的发送速率改为 1 Mbit/s。和上题的结果相比较，你可以得出什么结论？

1-32 以 1 Gbit/s 的速率发送数据。试问在以距离或时间为横坐标时，一个比特的宽度分别是多少？

1-33 我们在互联网上传送数据经常是从某个源点传送到某个终点，而并非传送过去又再传送回来。那么为什么往返时间 RTT 是个很重要的性能指标呢？

1-34 主机 A 向主机 B 发送一个长度为 10^7 比特的报文，中间要经过两个节点交换机，即一共经过三段链路。设每段链路的传输速率为 2 Mbit/s。忽略所有的传播、处理和排队时延。

(1) 如果采用报文交换，即整个报文不分段，每台节点交换机收到整个的报文后再转发。问从主机 A 把报文传送到第一个节点交换机需要多少时间？从主机 A 把报文传送到主机 B 需要多少时间？

(2) 如果采用分组交换。报文被划分为 1000 个等长的分组（这里忽略分组首部对本题计算的影响），并连续发送。节点交换机能够边接收边发送。问从主机 A 把第一个分组传送到第一个节点交换机需要多少时间？从主机 A 把第一个分组传送到主机 B 需要多少时间？从主机 A 把 1000 个分组传送到主机 B 需要多少时间？

(3) 就一般情况而言，比较用整个报文来传送和划分多个分组来传送的优缺点。

1-35 主机 A 向主机 B 连续传送一个 600000 bit 的文件。A 和 B 之间有一条带宽为 1 Mbit/s 的链路相连，距离为 5000 km，在此链路上的传播速率为 2.5×10^8 m/s。

链路上的比特数目的最大值是多少？

链路上每比特的宽度（以米来计算）是多少？

若想把链路上每比特的宽度变为 5000 km（即整条链路的长度），这时应把发送速率调整到什么数值？

1-36 主机 A 到主机 B 的路径上有三段链路，其速率分别为 2 Mbit/s, 1 Mbit/s 和 500 kbit/s。现在 A 向 B 发送一个大文件。试计算该文件传送的吞吐量。设文件长度为 10 MB，而网络上没有其他的流量。试问该文件从 A 传送到 B 大约需要多少时间？为什么这里只是计算大约的时间？

第 2 章　物理层

本章首先讨论物理层的基本概念。然后介绍有关数据通信的重要概念，以及各种传输媒体的主要特点，但传输媒体本身并不属于物理层的范围。在讨论几种常用的信道复用技术后，对数字传输系统进行简单介绍。最后再讨论几种常用的宽带接入技术。

对于已具备一些必要的通信基础知识的读者，可以跳过本章的许多部分的内容。

本章最重要的内容是：

(1) 物理层的任务。

(2) 几种常用的信道复用技术。

(3) 几种常用的宽带接入技术，重点是 FTTx。

2.1　物理层的基本概念

首先要强调指出，物理层考虑的是怎样才能在连接各种计算机的传输媒体上传输数据比特流，而不是指具体的传输媒体。大家知道，现有的计算机网络中的硬件设备和传输媒体的种类非常繁多，而通信手段也有许多不同方式。物理层的作用正是要尽可能地屏蔽掉这些传输媒体和通信手段的差异，使物理层上面的数据链路层感觉不到这些差异，这样就可使数据链路层只需要考虑如何完成本层的协议和服务，而不必考虑网络具体的传输媒体和通信手段是什么。用于物理层的协议也常称为物理层**规程**(procedure)。其实物理层规程就是物理层协议。只是在“协议”这个名词出现之前人们就先使用了“规程”这一名词。

可以将物理层的主要任务描述为确定与传输媒体的接口有关的一些特性，即：

(1) **机械特性**　　指明接口所用接线器的形状和尺寸、引脚数目和排列、固定和锁定装置等。平时常见的各种规格的接插件都有严格的标准化的规定。

(2) **电气特性**　　指明在接口电缆的各条线上出现的电压的范围。

(3) **功能特性**　　指明某条线上出现的某一电平的电压的意义。

(4) **过程特性**　　指明对于不同功能的各种可能事件的出现顺序。

大家知道，数据在计算机内部多采用并行传输方式。但数据在通信线路（传输媒体）上的传输方式一般都是**串行传输**（这是出于经济上的考虑），即逐个比特按照时间顺序传输。因此物理层还要完成传输方式的转换。

具体的物理层协议种类较多。这是因为物理连接的方式很多（例如，可以是点对点的，也可以采用多点连接或广播连接），而传输媒体的种类也非常之多（如架空明线、双绞线、对称电缆、同轴电缆、光缆，以及各种波段的无线信道等）。因此在学习物理层时，应将重点放在掌握基本概念上。

考虑到使用本教材的一部分读者可能没有学过“接口与通信”或有关数据通信的课程，因此我们利用下面的 2.2 节简单地介绍一下有关现代通信的一些最基本的知识和最重要的结论（不给出证明）。已具有这部分知识的读者可略过这部分内容。

2.2 数据通信的基础知识

2.2.1 数据通信系统的模型

下面我们通过一个最简单的例子来说明数据通信系统的模型。这个例子就是两台计算机经过普通电话机的连线，再经过公用电话网进行通信。

如图 2-1 所示，一个数据通信系统可划分为三大部分，即**源系统**（或**发送端**、**发送方**）、**传输系统**（或**传输网络**）和**目的系统**（或**接收端**、**接收方**）。

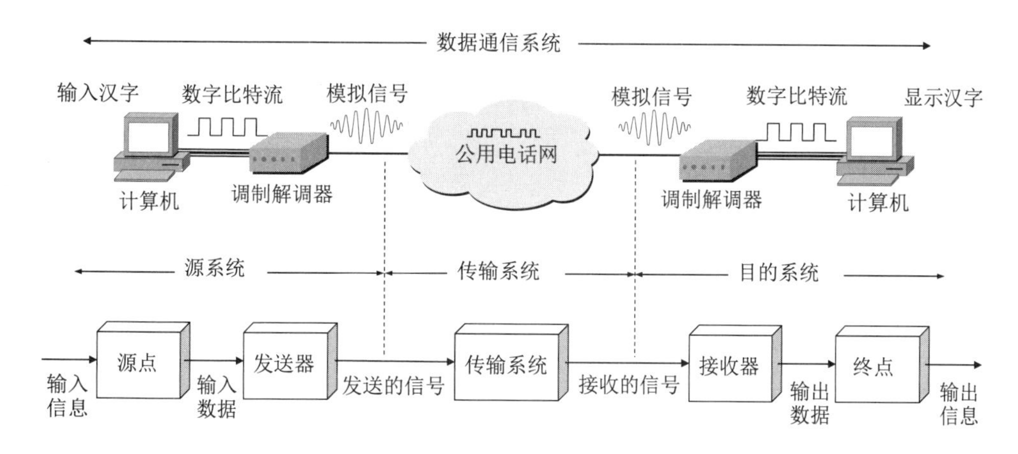

图 2-1 数据通信系统的模型

源系统一般包括以下两个部分：

- **源点**(source) 源点设备产生要传输的数据，例如，从计算机的键盘输入汉字，计算机产生输出的数字比特流。源点又称为**源站**或**信源**。
- **发送器** 通常源点生成的数字比特流要通过发送器编码后才能够在传输系统中进行传输。典型的发送器就是调制器。现在很多计算机使用内置的调制解调器（包含调制器和解调器），用户在计算机外面看不见调制解调器。

目的系统一般也包括以下两个部分：

- **接收器** 接收传输系统传送过来的信号，并把它转换为能够被目的设备处理的信息。典型的接收器就是解调器，它把来自传输线路上的模拟信号进行解调，提取出在发送端置入的消息，还原出发送端产生的数字比特流。
- **终点**(destination) 终点设备从接收器获取传送来的数字比特流，然后把信息输出（例如，把汉字在计算机屏幕上显示出来）。终点又称为**目的站**或**信宿**。

在源系统和目的系统之间的传输系统可以是简单的传输线，也可以是连接在源系统和目的系统之间的复杂网络系统。

图 2-1 所示的数据通信系统，也可以说是计算机网络。这里我们使用数据通信系统这个名词，主要是为了从通信的角度来介绍数据通信系统中的一些要素，而有些数据通信系统的要素在计算机网络中可能就不去讨论它们了。

下面我们先介绍一些常用术语。

通信的目的是传送**消息**(message)。话音、文字、图像、视频等都是消息。**数据**(data)是运送消息的实体。根据 RFC 4949 给出的定义，数据是使用特定方式表示的信息，通常是有意义的符号序列。这种信息的表示可用计算机或其他机器（或人）处理或产生。**信号**(signal)则是数据的电气或电磁的表现。

根据信号中代表消息的参数的取值方式不同，信号可分为以下两大类：

(1) **模拟信号，或连续信号**——代表消息的参数的取值是连续的。例如在图 2-1 中，用户家中的调制解调器到电话端局之间的用户线上传送的就是模拟信号。

(2) **数字信号，或离散信号**——代表消息的参数的取值是离散的。例如在图 2-1 中，用户家中的计算机到调制解调器之间或在电话网中继线上传送的就是数字信号。在使用时间域（或简称为时域）的波形表示数字信号时，代表不同离散数值的基本波形就称为**码元**[①]。在使用二进制编码时，只有两种不同的码元，一种代表 0 状态而另一种代表 1 状态。

下面我们介绍有关信道的几个基本概念。

2.2.2 有关信道的几个基本概念

扫一扫

视频讲解

在许多情况下，我们要使用“**信道**(channel)”这一名词。信道和电路并不等同。信道一般都是用来表示向某一个方向传送信息的媒体。因此，一条通信电路往往包含一条发送信道和一条接收信道。

从通信的双方信息交互的方式来看，可以有以下三种基本方式：

(1) **单向通信**　又称为**单工通信**，即只能有一个方向的通信而没有反方向的交互。无线电广播或有线电广播以及电视广播就属于这种类型。

(2) **双向交替通信**　又称为**半双工通信**，即通信的双方都可以发送信息，但不能双方同时发送（当然也就不能同时接收）。这种通信方式是一方发送另一方接收，过一段时间后可以再反过来。

(3) **双向同时通信**　又称为**全双工通信**，即通信的双方可以同时发送和接收信息。

单向通信只需要一条信道，而双向交替通信或双向同时通信则都需要两条信道（每个方向各一条）。显然，双向同时通信的传输效率最高。

这里要提醒读者注意，有时人们也常用“**单工**”这个名词表示“双向交替通信”。如常说的“单工电台”并不是只能进行单向通信。正因为如此，ITU-T 才不采用“单工”“半双工”和“全双工”这些容易弄混的术语作为正式的名词。

来自信源的信号常称为**基带信号**（即基本频带信号）。像计算机输出的代表各种文字或图像文件的数据信号都属于基带信号。基带信号往往包含较多的低频分量，甚至有直流分量，而许多信道并不能传输这种低频分量或直流分量。为了解决这一问题，就必须对基带信号进行**调制**(modulation)。

调制可分为两大类。一类是仅仅对基带信号的波形进行变换，使它能够与信道特性相适应。变换后的信号仍然是基带信号。这类调制称为**基带调制**。由于这种基带调制是把数字信号转换为另一种形式的数字信号，因此大家更愿意把这种过程称为**编码**(coding)。另一类调制则需要使用**载波**(carrier)进行调制，把基带信号的频率范围搬移到较高的频段，并转换为模拟信号，这样就能够更好地在模拟信道中传输。经过载波调制后的信号称为**带通信号**（即仅在一段频率范围内能够通过信道），而使用载波的调制称为**带通调制**。

---

① 注：一个码元所携带的信息量不是固定的，而是由调制方式和编码方式决定的。

(1) **常用编码方式**

常用编码方式如图 2-2 所示。

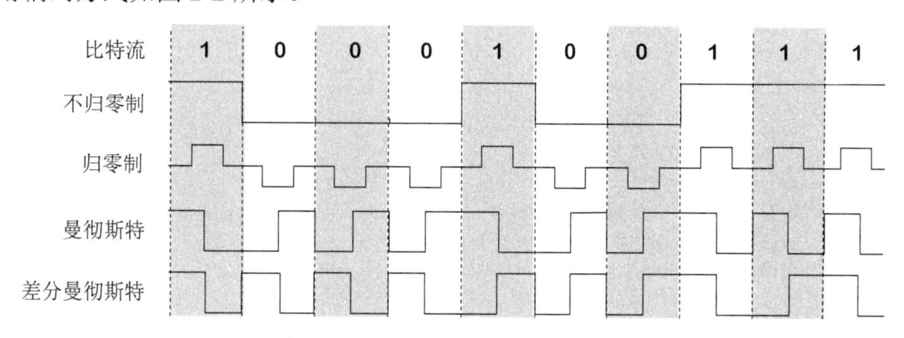

图 2-2　数字信号常用的编码方法

- **不归零制**：正电平代表 1，负电平代表 0。
- **归零制**：正脉冲代表 1，负脉冲代表 0。
- **曼彻斯特编码**：位周期中心的向上跳变代表 0，位周期中心的向下跳变代表 1。但也可反过来定义。
- **差分曼彻斯特编码**：在每一位的中心处始终都有跳变。位开始边界有跳变代表 0，而位开始边界没有跳变代表 1。

从信号波形中可以看出，曼彻斯特(Manchester)编码产生的信号频率比不归零制高。从自同步能力来看，不归零制不能从信号波形本身中提取信号时钟频率（这叫作没有自同步能力），而曼彻斯特编码具有自同步能力。

(2) **基本的带通调制方法**

图 2-3 给出了最基本的调制方法。

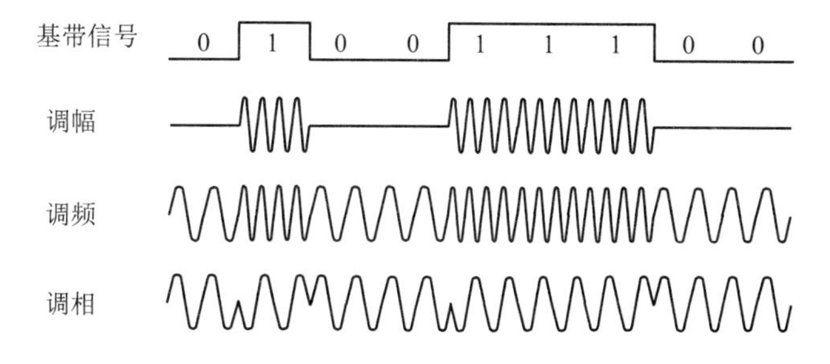

图 2-3　最基本的三种调制方法

- **调幅**(AM)，即载波的振幅随基带数字信号而变化。例如，0 或 1 分别对应于无载波或有载波输出。
- **调频**(FM)，即载波的频率随基带数字信号而变化。例如，0 或 1 分别对应于频率 f_1 或 f_2。
- **调相**(PM)，即载波的初始相位随基带数字信号而变化。例如，0 或 1 分别对应于相位 0 度或 180 度。

为了达到更高的信息传输速率，必须采用技术上更为复杂的多元制的振幅相位混合调制方法。例如，**正交振幅调制** QAM (Quadrature Amplitude Modulation)。

有了上述的一些基本概念之后，我们再讨论信道的极限容量。

2.2.3　信道的极限容量

几十年来，通信领域的学者一直在努力寻找提高数据传输速率的途径。这个问题很复杂，因为任何实际的信道都不是理想的，都不可能以任意高的速率进行传送。我们知道，数字通信的优点就是：虽然信号在信道上传输时会不可避免地产生失真，但在接收端只要我们从失真的波形中能够识别出原来的信号，那么这种失真对通信质量就可视为无影响。例如，图 2-4(a)表示信号通过实际的信道传输后虽然有失真，但在接收端还可识别并恢复出原来的码元。但图 2-4(b)就不同了，这时信号的失真已很严重，在接收端无法识别码元是 1 还是 0。码元传输的速率越高、信号传输的距离越远、噪声干扰越大或传输媒体质量越差，在接收端的波形的失真就越严重。

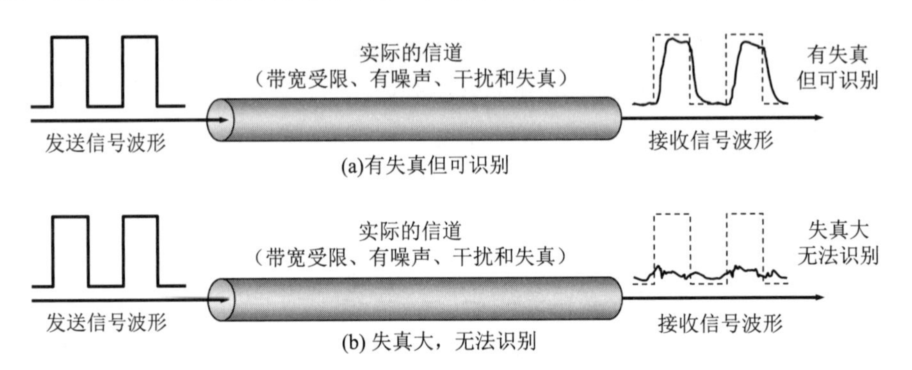

图 2-4　数字信号通过实际的信道

从概念上讲，限制码元在信道上的传输速率的因素有以下两个。

(1) **信道能够通过的频率范围**

具体的信道所能通过的频率范围总是有限的。信号中的许多高频分量往往不能通过信道。像图 2-4 所示的发送信号是一种典型的矩形脉冲信号，它包含很丰富的高频分量。如果信号中的高频分量在传输时受到衰减，那么在接收端收到的波形前沿和后沿就变得不那么陡峭了，每一个码元所占的时间界限也不再是很明确的，而是前后都拖了“尾巴”。这样，在接收端收到的信号波形就失去了码元之间的清晰界限。这种现象叫作**码间串扰**。严重的码间串扰使得本来分得很清楚的一串码元变得模糊而无法识别。早在 1924 年，奈奎斯特(Nyquist)就推导出了著名的**奈氏准则**。他给出了在假定的理想条件下，为了避免码间串扰，码元的传输速率的上限值。奈氏准则的推导已超出本书的范围，这可在通信原理教科书中查阅到。这里我们只需要知道奈氏准则的结论，这就是：**在带宽为 W (Hz)的低通信道中，若不考虑噪声影响，则码元传输的最高速率是 $2W$ (码元/秒)。传输速率超过此上限，就会出现严重的码间串扰的问题，使接收端对码元的判决（即识别）成为不可能**。例如，信道的带宽为 4000 Hz，那么最高码元传输速率就是每秒 8000 个码元。

实际的信道都是有噪声的，因此我们还必须知道信道的信噪比数值。

(2) **信噪比**

噪声存在于所有的电子设备和通信信道中。由于噪声是随机产生的，它的瞬时值有时会很大，因此噪声会使接收端对码元的判决产生错误（1 误判为 0 或 0 误判为 1）。但噪声的影响是相对的。如果信号相对较强，那么噪声的影响就相对较小。因此，信噪比就很重要。所谓信噪比就是信号的平均功率和噪声的平均功率之比，常记为 S/N。但通常大家都是使用分贝(dB)作为度量单位。即：

$$信噪比(dB) = 10\ \log_{10}(S/N)\ (dB) \tag{2-1}$$

例如，当 $S/N = 10$ 时，信噪比为 10 dB，而当 $S/N = 1000$ 时，信噪比为 30 dB。

在 1948 年，信息论的创始人香农(Shannon)推导出了著名的**香农公式**。香农公式指出：**信道的极限信息传输速率** C 是

$$C = W\ \log_2(1+S/N)\quad (bit/s) \tag{2-2}$$

式中，W 为信道的带宽（以 Hz 为单位），S 为信道内所传信号的平均功率，N 为信道内部的高斯噪声功率。香农公式的推导可在通信原理教科书中找到。这里只给出其结果。

香农公式表明，**信道的带宽或信道中的信噪比越大，信息的极限传输速率就越高**。香农公式指出了信息传输速率的上限。香农公式的意义在于：只要信息传输速率低于信道的极限信息传输速率，就一定存在某种办法来实现无差错的传输。不过，香农没有告诉我们具体的实现方法。这要由研究通信的专家去寻找。

从以上所讲的不难看出，对于频带宽度已确定的信道，如果信噪比也不能再提高了，并且码元传输速率也达到了上限值，那么还有什么办法提高信息的传输速率呢？这就是用编码的方法**让每一个码元携带更多比特的信息量**。我们可以用个简单的例子来说明这个问题。

假定我们的基带信号是：

101011000110111010…

如果直接传送，则每一个码元所携带的信息量是 1 bit。现将信号中的每 3 个比特编为一个组，即 101, 011, 000, 110, 111, 010, …。3 个比特共有 8 种不同的排列。我们可以用不同的调制方法来表示这样的信号。例如，用 8 种不同的振幅、8 种不同的频率或 8 种不同的相位进行调制。假定我们采用相位调制，用相位 φ_0 表示 000, φ_1 表示 001, φ_2 表示 010, …, φ_7 表示 111。这样，原来的 18 个码元的信号就转换为由 6 个新的码元（即由原来的每三个 bit 构成一个新的码元）组成的信号：

$$101011000110111010\cdots = \varphi_5\,\varphi_3\,\varphi_0\,\varphi_6\,\varphi_7\,\varphi_2\cdots$$

也就是说，若以同样的速率发送码元，则同样时间所传送的信息量就提高到了 3 倍。设想把信号中的每 8 个比特编为一组，即原来的 8 个码元的信号转换为 1 个新的码元。这样，数据传输速率可提高到 8 倍。但是我们要注意，8 个比特共有 256 种不同的排列。也就是说，在接收端必须能够从收到的**有噪声干扰**的信号中，准确地判断这是 256 种码元中的哪一个。这种解码技术难度很大，并且还必须使信噪比达到相应的数值（有时甚至无法做到）。因此不能简单地认为，为了提高数据传输速率，可以让每一个码元表示任意多个比特。

请注意，奈氏准则和香农公式的意义是不同的。奈氏准则激励工程人员不断探索更加先进的编码技术，使每一个码元携带更多比特的信息量。香农公式则告诫工程人员，在有噪声的实际信道上，不论采用多么复杂的编码技术，都不可能突破公式(2-2)给出的信息传输速率的绝对极限。由此可看出香农公式的重要意义。

自从香农公式发表后，各种新的信号处理和调制方法不断出现，其目的都是为了尽可能地接近香农公式给出的传输速率极限。在实际信道上能够达到的信息传输速率要比香农公

式中的极限传输速率低不少。这是因为在实际信道中，信号还要受到其他一些损伤，如各种脉冲干扰和在传输中产生的失真等。这些因素在香农公式的推导过程中并未考虑。

2.3 物理层下面的传输媒体

传输媒体也称为传输介质或传输媒介，它就是数据传输系统中在发送器和接收器之间的物理通路。传输媒体可分为两大类，即**导引型传输媒体**和**非导引型传输媒体**（这里的“导引型”的英文就是 guided，也可译为“导向传输媒体”）。在导引型传输媒体中，电磁波被导引沿着固体媒体（铜线或光纤）传播；而非导引型传输媒体就是指自由空间，在非导引型传输媒体中电磁波的传输常称为无线传输。图 2-5 是电信领域使用的电磁波的频谱。

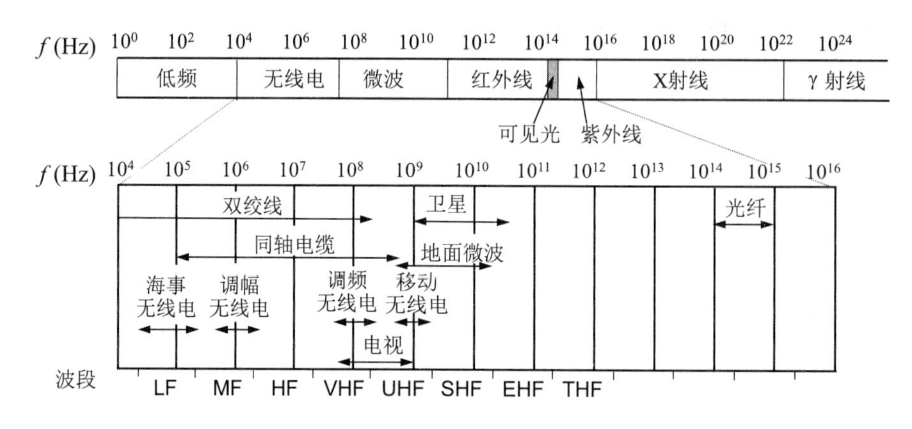

图 2-5 电信领域使用的电磁波的频谱

2.3.1 导引型传输媒体

1. 双绞线

双绞线也称为双扭线，是最古老但又是最常用的传输媒体。把两根互相绝缘的铜导线并排放在一起，然后用规则的方法**绞合**(twist)起来就构成了双绞线。绞合可减少对相邻导线的电磁干扰。使用双绞线最多的地方就是到处都有的电话系统。几乎所有的电话都用双绞线连接到电话交换机。这段从用户电话机到交换机的双绞线称为**用户线**或**用户环路**(subscriber loop)。通常将一定数量的这种双绞线捆成电缆，在其外面包上护套。现在的以太网（主流的计算机局域网）基本上也是使用各种类型的双绞线电缆进行连接的。

在电话系统中使用的双绞线，其通信距离一般为几公里。如果使用较粗的导线，则传输距离也可以达到十几公里。距离太长时就要加放大器以便将衰减了的信号放大到合适的数值（对于模拟传输），或者加上中继器以便对失真了的数字信号进行整形（对于数字传输）。导线越粗，其通信距离就越远，但价格也越高。

当局域网问世后，人们就研究怎样把原来用于传送话音信号的双绞线用来传送计算机网络中的高速数据。在传送高速数据的情况下，为了提高双绞线抗电磁干扰的能力以及减少电缆内不同双绞线对之间的串扰，可以采用增加双绞线的绞合度以及增加电磁屏蔽的方法。于是在市场上就陆续出现了多种不同类型的双绞线，可以使用在各种不同的情况。

无屏蔽双绞线 UTP (Unshielded Twisted Pair)（如图 2-6(a)所示）的价格较便宜。当数据

的传送速率增高时，可以采用**屏蔽双绞线** STP（Shielded Twisted Pair）。如果是对整条双绞线电缆进行屏蔽，则标记为 x/UTP。若 x 为 F (Foiled)，则表明采用铝箔屏蔽层（图 2-6(b)）；若 x 为 S (braid Screen)，则表明采用金属编织层进行屏蔽（这种电缆的弹性较好，便于弯曲，通常使用铜编织层）；若 x 为 SF，则表明在铝箔屏蔽层外面再加上金属编织层进行屏蔽。更好的办法是给电缆中的每一对双绞线都加上铝箔屏蔽层（记为 FTP 或 U/FTP，U 表明对整条电缆不另增加屏蔽层）。如果在此基础上再对整条电缆添加屏蔽层，则有 F/FTP（整条电缆再加上铝箔屏蔽层）或 S/FTP（整条电缆再加上金属编织层进行屏蔽）。所有的屏蔽双绞线都必须有接地线。图 2-6(c)表示 5 类线具有比 3 类线更高的绞合度（3 类线的绞合长度是 7.5～10 cm，而 5 类线的绞合长度则是 0.6～0.85 cm）。绞合度越高的双绞线能够用越高的数据率传送数据。图 2-6(d)所示的是三种 10GBASE-T 电缆，在抗干扰能力上，U/FTP 比 F/UTP 好，而 F/FTP 则是最好的。

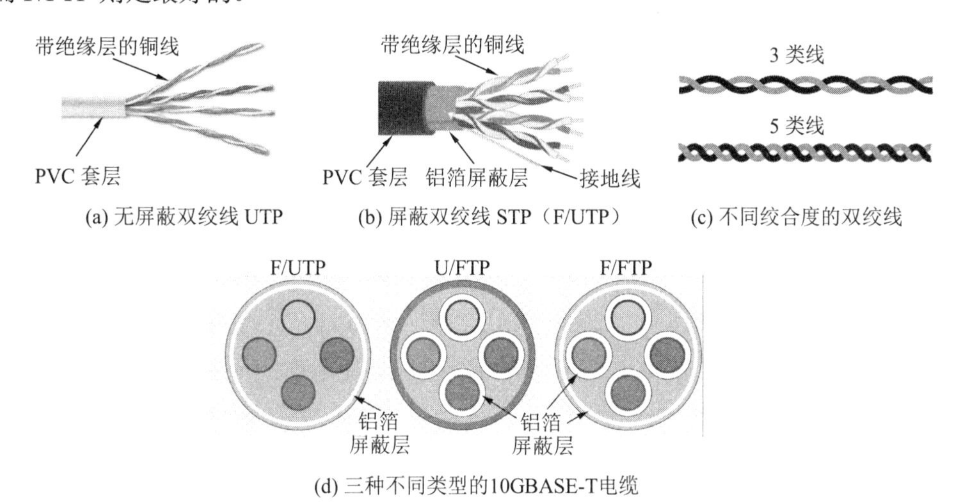

图 2-6　几种不同的双绞线

1991 年，美国电子工业协会 EIA (Electronic Industries Association)和电信行业协会 TIA (Telecommunications Industries Association)联合发布了标准 EIA/TIA-568，其名称是“商用建筑物电信布线标准”(Commercial Building Telecommunications Cabling Standard)。这个标准规定了用于室内以及在建筑物之间传送数据的各种电缆的有关标准。有时，在标准的制定单位前面还加上美国国家标准协会 ANSI (American National Standards Institute)。为了适应技术的发展，每隔数年就要更新一次标准。2017 年颁布的新标准是 ANSI/EIA-568-D，新的标准还包括了连接局域网所用的光缆。在 5 类线问世后就不断研制出具有更高绞合度的双绞线。现在最新的 8 类线的带宽已达到 2000 MHz，可用于 40 吉比特以太网的连接。表 2-1 给出了常用的绞合线的类别、带宽和典型应用。

表 2-1　常用的绞合线的类别、带宽和典型应用

绞合线类别	带宽	线缆特点	典型应用
3	16 MHz	2 对 4 芯双绞线	模拟电话；传统以太网（10 Mbit/s）
5	100 MHz	与 3 类相比增加了绞合度	传输速率 100 Mbit/s（距离 100 m）
5E（超 5 类）	125 MHz	与 5 类相比衰减更小	传输速率 1 Gbit/s（距离 100 m）
6	250 MHz	改善了串扰等性能，可使用屏蔽双绞线	传输速率 10 Gbit/s（距离 35 ~ 55 m）
6A	500 MHz	改善了串扰等性能，可使用屏蔽双绞线	传输速率 10 Gbit/s（距离 100 m）

续表

绞合线类别	带宽	线缆特点	典型应用
7	600 MHz	必须使用屏蔽双绞线	传输速率超过 10 Gbit/s，距离 100 m
8	2000 MHz	必须使用屏蔽双绞线	传输速率 25 Gbit/s 或 40 Gbit/s，距离 30 m

无论是哪种类别的双绞线，衰减都随频率的升高而增大。使用更粗的导线可以减小衰减，但却增加了导线的重量和价格。信号应当有足够大的振幅，以便在噪声干扰下能够在接收端正确地被检测出来。双绞线的最高速率还与数字信号的编码方法有很大的关系。

2. 同轴电缆

同轴电缆由内导体铜质芯线（单股实心线或多股绞合线）、绝缘层、网状编织的外导体屏蔽层（也可以是单股的）以及绝缘保护套层所组成（如图 2-7 所示）。由于外导体屏蔽层的作用，同轴电缆具有很好的抗干扰特性，被广泛用于传输较高速率的数据。

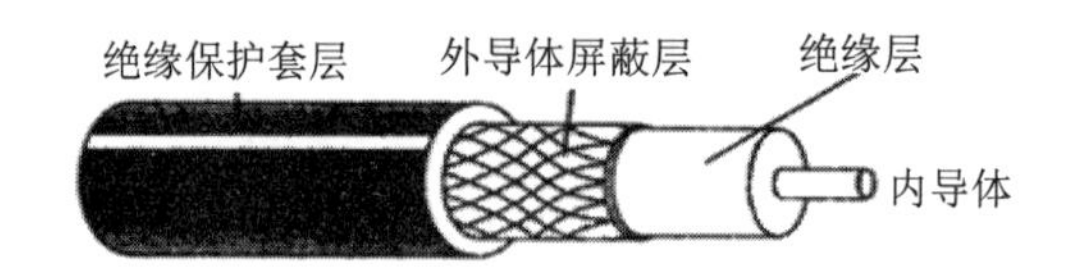

图 2-7　同轴电缆的结构

在局域网发展的初期曾广泛地使用同轴电缆作为传输媒体。但随着技术的进步，在局域网领域基本上都采用双绞线作为传输媒体。目前同轴电缆主要用在有线电视网的居民小区中。同轴电缆的带宽取决于电缆的质量。目前高质量的同轴电缆的带宽已接近 1 GHz。

3. 光缆

从 20 世纪 70 年代到现在，通信和计算机都发展得非常快。据统计，计算机的运行速度大约每 10 年提高 10 倍。在通信领域里，信息的传输速率则提高得更快，从 20 世纪 70 年代的 56 kbit/s（使用铜线）提高到现在的数百 Gbit/s（使用光纤），并且这个速率还在继续提高。因此，光纤通信成为现代通信技术中的一个十分重要的领域。

光纤通信就是利用光导纤维（以下简称为光纤）传递光脉冲来进行通信的。有光脉冲相当于 1，而没有光脉冲相当于 0。由于可见光的频率非常高，约为 10^8 MHz 的量级，因此一个光纤通信系统的传输带宽远远大于目前其他各种传输媒体的带宽。

光纤是光纤通信的传输媒体。在发送端有光源，可以采用发光二极管或半导体激光器，它们在电脉冲的作用下能产生出光脉冲。在接收端利用光电二极管做成光检测器，在检测到光脉冲时可还原出电脉冲。

光纤通常由非常透明的石英玻璃拉成细丝，主要由纤芯和包层构成双层通信圆柱体。纤芯很细，其直径只有 8 ~ 100 μm（$1\ \mu m = 10^{-6}$ m）。光波正是通过纤芯进行传导的。包层较纤芯有较低的折射率。当光线从高折射率的媒体射向低折射率的媒体时，其折射角将大于入射角（如图 2-8 所示）。因此，如果入射角足够大，就会出现全反射，即光线碰到包层时就会折射回纤芯。这个过程不断重复，光也就沿着光纤传输下去。

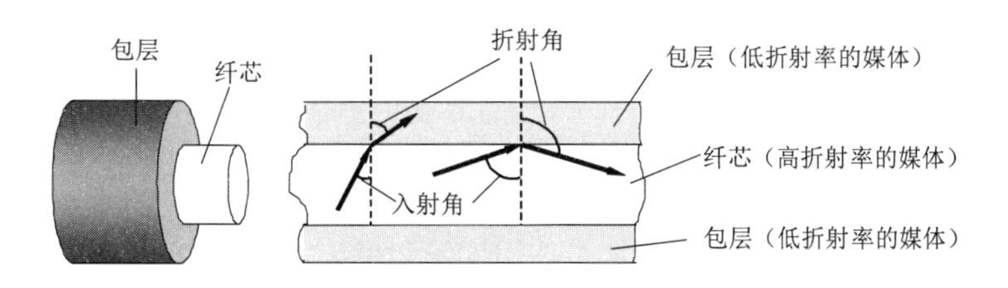

图 2-8　光线在光纤中的折射

图 2-9 画出了光波在纤芯中传输的示意图。现代的生产工艺可以制造出超低损耗的光纤，即做到光线在纤芯中传输数公里而基本上没有什么衰耗。这一点乃是光纤通信得到飞速发展的最关键因素。

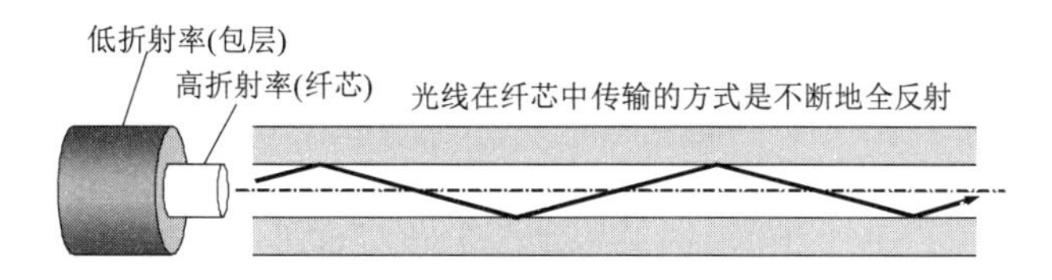

图 2-9　光波在纤芯中的传输

图 2-9 中只画了一条光线。实际上，只要从纤芯中射到纤芯表面的光线的入射角大于某个临界角度，就可产生全反射。因此，可以存在多条不同角度入射的光线在一条光纤中传输。这种光纤就称为**多模光纤**（如图 2-10(a)所示）。光脉冲在多模光纤中传输时会逐渐展宽，造成失真。因此多模光纤只适合于近距离传输。若光纤的直径减小到只有几个光波长的量级，则光纤就像一根波导那样，可使光线一直向前传播，而不会产生多次反射。这样的光纤称为单模光纤（如图 2-10(b)所示）。单模光纤的纤芯很细，其直径只有几个微米，制造起来成本较高。同时单模光纤的光源要使用昂贵的半导体激光器，而不能使用较便宜的发光二极管。但单模光纤的衰耗较小，在 100 Gbit/s 的高速率下可传输 100 公里而不必采用中继器。

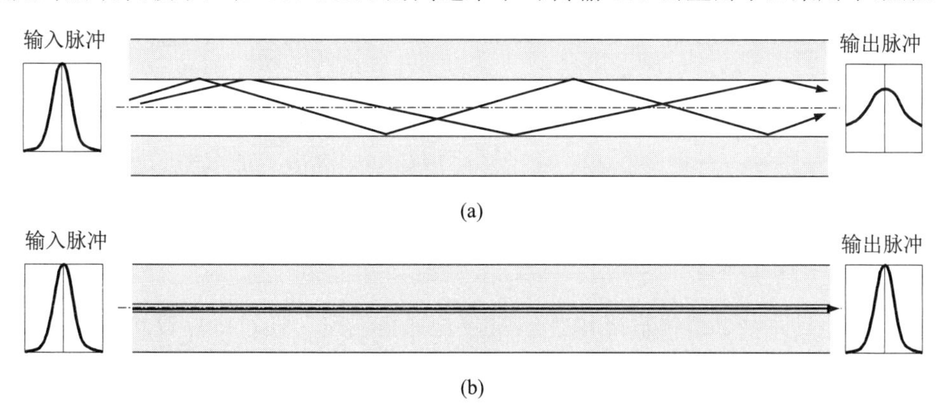

图 2-10　多模光纤(a)和单模光纤(b)的比较

在光纤通信中常用的三个波段的中心分别位于 850 nm, 1300 nm 和 1550 nm①。后两种情况的衰减都较小。850 nm 波段的衰减较大，但在此波段的其他特性均较好。所有这三个波

① 注：单位 nm 是“纳米”，即 10^{-9} 米。1310 nm = 1.31 μm。

段都具有 25000~30000 GHz 的带宽，可见光纤的通信容量非常大。

由于光纤非常细，连包层一起的直径也不到 0.2 mm。因此必须将光纤做成很结实的光缆。一根光缆少则只有一根光纤，多则可包括数十至数百根光纤，再加上加强芯和填充物就可以大大提高其机械强度。必要时还可放入远供电源线。最后加上包带层和外护套，就可以使抗拉强度达到几公斤，完全可以满足工程施工的强度要求。图 2-11 为四芯光缆剖面的示意图。

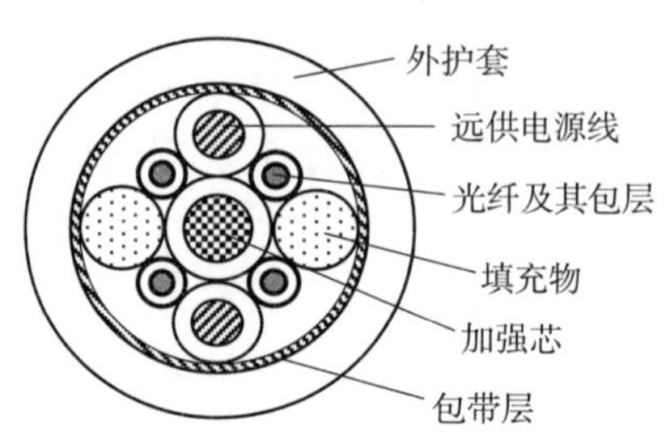

图 2-11　四芯光缆剖面的示意图

光纤不仅具有通信容量非常大的优点，而且还具有其他的一些特点：

(1) 传输损耗小，中继距离长，对远距离传输特别经济。

(2) 抗雷电和电磁干扰性能好。这在有大电流脉冲干扰的环境下尤为重要。

(3) 无串音干扰，保密性好，也不易被窃听或截取数据。

(4) 体积小，重量轻。这在现有电缆管道已拥塞不堪的情况下特别有利。例如，1 km 长的 1000 对双绞线电缆约重 8000 kg，而同样长度但容量大得多的一对两芯光缆仅重 100 kg。但要把两根光纤精确地连接起来，需要使用专用设备。

由于生产工艺的进步，光纤的价格不断降低，因此现在已经非常广泛地应用在计算机网络、电信网络和有线电视网络的主干网络中。光纤提供了很高的带宽，而且性价比很高，在高速局域网中也使用得很多。例如，2016 年问世的 OM5 光纤（宽带多模光纤）使用短波分复用 SWDM (Short WDM)，可支持 40 Gbit/s 和 100 Gbit/s 的数据传输。

最后要提一下，在导引型传输媒体中，还有一种是**架空明线**（铜线或铁线）。这是在 20 世纪初就已大量使用的方法——在电线杆上架设的互相绝缘的明线。架空明线安装简单，但通信质量差，受气候环境等影响较大。许多国家现在都已停止了铺设架空明线。目前在我国的一些农村和边远地区的通信仍使用架空明线。

2.3.2　非导引型传输媒体

扫一扫

视频讲解

前面介绍了三种导引型传输媒体。但是，若通信线路要通过一些高山或岛屿，有时就很难施工。即使是在城市中，挖开马路敷设电缆也不是一件很容易的事。当通信距离很远时，敷设电缆既昂贵又费时。但利用无线电波在自由空间的传播就可较快地实现多种通信。由于这种通信方式不使用上一节所介绍的各种导引型传输媒体，因此就将自由空间称为“非导引型传输媒体”。

特别要指出的是，由于信息技术的发展，社会各方面的节奏变快了。人们不仅要求能够在运动中进行电话通信（即移动电话通信），而且还要求能够在运动中进行计算机数据通信（俗称上网）。因此在最近几十年无线电通信发展得特别快。

无线传输可使用的频段很广。从前面给出的图 2-5 可以看出，人们现在已经利用了好几个波段进行通信。紫外线和更高的波段目前还不能用于通信。图 2-5 的最下面一行还给出了 ITU 对波段取的正式名称。例如，LF 波段的波长是从 1 km ~ 10 km（对应于 30 kHz ~ 300 kHz）。LF, MF 和 HF 的中文名字分别是低频、中频(300 kHz ~ 3 MHz)和高频(3 MHz ~ 30 MHz)。更高的频段中的 V, U, S 和 E 分别对应于 Very, Ultra, Super 和 Extremely, 相应的频段的中文名字分别是**甚高频**(30 MHz ~ 300 MHz)、**特高频**(300 MHz ~ 3 GHz)、**超高频**(3 GHz ~ 30 GHz)和**极高频**(30 GHz ~ 300 GHz)，最高的一个频段中的 T 是 Tremendously, 目前尚无标准译名。在低频 LF 的下面其实还有几个更低的频段，如甚低频 VLF、特低频 ULF、超低频 SLF 和极低频 ELF 等，因不用于一般的通信，故未画在图中。

无线电微波通信在当前的数据通信中占有特殊重要的地位。微波的频率范围为 300 MHz~300 GHz（波长 1 m ~ 1 mm），但主要使用 2 GHz ~ 40 GHz 的频率范围。微波在空间主要是直线传播，由于地球表面是个曲面，因此其传播距离受到限制，一般只有 50 km 左右。但若采用 100 m 高的天线塔，则传播距离可增大到 100 km。微波会穿透电离层而进入宇宙空间，因此它不像短波那样可以经电离层反射传播到地面上很远的地方。

在使用微波频段的无线蜂窝通信系统中，有时基站向手机发送的信号被障碍物阻挡了（如图 2-12 中的虚线所示），无法直接到达手机。但基站发出的信号可以经过多个障碍物的数次反射到达手机，如图中所示的❶→❷和❸→❹→❺→❻这样的两条路径。多条路径的信号叠加后一般都会产生很大的失真，这就是所谓的**多径效应**，必须设法解决（见第 9 章的 9.3.1 节）。

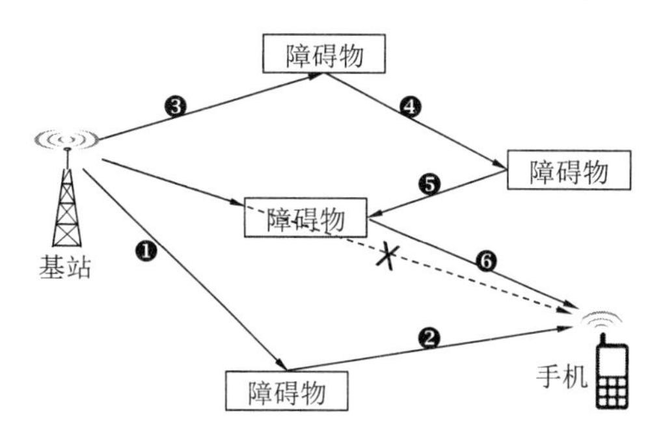

图 2-12　多径效应的影响

短波通信（即高频通信）主要靠电离层的反射。但电离层的不稳定所产生的衰落现象，以及电离层反射所产生的多径效应，使得短波信道的通信质量较差。

当利用无线信道传送数字信号时，必须使误码率（即比特错误率）不大于可容许的范围。图 2-13 中的曲线是根据通信理论计算出的，我们这里只需知道有关的三个基本概念。

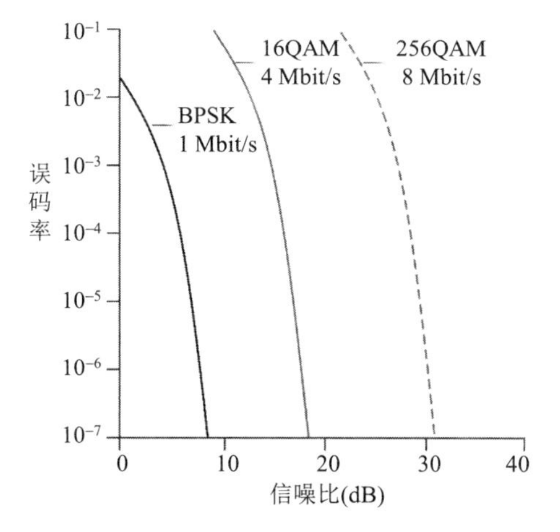

图 2-13　理想信道的误码率与信噪比、调制方式、数据率的关系

（本图取自[KURO17]图 7.3，特此致谢）

(1) 对于给定的调制方式和数据率，**信噪比越大，误码率就越低**。这个结论的得出是符合直觉的。当我们在嘈杂的餐厅用餐时，同桌的人可能听不清你说的话。提高嗓门会使说话的效果好些，但太大声说话也会影响周围顾客正常用餐。手机的情况也相似。若提高手机的发射功率，固然可以提高信噪比，但这必将缩短电池的使用时间。若增大电池的体积和重量，又会使手机携带不方便。过大的发射功率，还会干扰临近手机的正常通信，或影响人体健康。可见，如何提高信噪比需要综合考虑。

(2) 对于同样的信噪比，具有更高数据率的调制技术的误码率也更高。例如，当信噪比为 10 dB 时，若采用 1 Mbit/s 数据率的二进制相移键控 BPSK 调制技术，则误码率小于 10^{-7}。但若采用 4 Mbit/s 数据率的正交振幅调制 16QAM，则误码率为 10^{-1}，已经无法使用了。又如，当信噪比为 20 dB 时，若采用 4 Mbit/s 数据率的正交振幅调制 16QAM，则误码率小于 10^{-7}。但若采用 1 Mbit/s 数据率的二进制相移键控 BPSK，则误码率变得非常小，从图中的曲线已无法查到其数值。

(3) 如果移动用户在进行通信时还在不断改变自己的地理位置，就会引起无线信道特性的改变，因而信噪比和误码率都会发生变化。因此，用户的移动设备的物理层应当有一定的自适应能力，可以根据所处的环境特性选择最合适的调制和编码技术，以便在保证容许的误码率的条件下，获得尽可能高的数据传输速率。

为实现远距离通信必须在一条微波通信信道的两个终端之间建立若干个中继站。中继站把前一站送来的信号经过放大后再发送到下一站，这种通信方式称为**“微波接力”**。大多数长途电话业务使用 4 GHz~6 GHz 的频率范围。

微波接力通信可传输电话、电报、图像、数据等信息。其主要特点是：

(1) 微波波段频率很高，其频段范围也很宽，因此其通信信道的容量很大。

(2) 因为工业干扰和天电干扰的主要频谱成分比微波频率低得多，对微波通信的危害比对短波和米波（即甚高频）通信小得多，因而微波传输质量较高。

(3) 与相同容量和长度的电缆载波通信比较，微波接力通信建设投资少，见效快，易于跨越山区、江河。

当然，微波接力通信也存在如下的一些缺点：

(1) 相邻站之间必须直视（常称为视距 LOS (Line Of Sight)），不能有障碍物。有时一个天线发射出的信号也会分成几条略有差别的路径到达接收天线，因而造成失真。

(2) 微波的传播有时也会受到恶劣气候的影响。

(3) 与电缆通信系统比较，微波通信的隐蔽性和保密性较差。

(4) 对大量中继站的使用和维护要耗费较多的人力和物力。

常用的卫星通信方法是在地球站之间利用位于约 3 万 6 千公里高空的人造同步地球卫星作为中继器的一种微波接力通信。对地静止通信卫星就是在太空的无人值守的微波通信的中继站。可见卫星通信的主要优缺点大体上应当和地面微波通信差不多。

卫星通信的最大特点是通信距离远，且通信费用与通信距离无关。同步地球卫星发射出的电磁波能辐射到地球上的通信覆盖区的跨度达 1 万 8 千多公里，面积约占全球的三分之一。只要在地球赤道上空的同步轨道上，等距离地放置 3 颗相隔 120 度的卫星，就能基本上实现全球的通信。

和微波接力通信相似，卫星通信的频带很宽，通信容量很大，信号所受到的干扰也较小，通信比较稳定。为了避免产生干扰，卫星之间相隔如果不小于 2 度，那么整个赤道上空只能放置 180 个同步卫星。好在人们发现可以在卫星上使用不同的频段来进行通信。因此总的通信容量资源还是很大的。

卫星通信的另一特点就是具有**较大的传播时延**。由于各地球站的天线仰角并不相同，因此不管两个地球站之间的地面距离是多少（相隔一条街或相隔上万公里），从一个地球站经卫星到另一地球站的传播时延均在 250~300 ms 之间。一般可取为 270 ms。这和其他的通信有较大差别（请注意：这和两个地球站之间的距离没有什么关系）。对比之下，地面微波接力通信链路的传播时延一般取为 3.3 μs/km。

请注意，“卫星信道的传播时延较大”并不等于“用卫星信道传送数据的时延较大”。这是因为传送数据的总时延除了传播时延，还有发送时延、处理时延和排队时延等部分。传播时延在总时延中所占的比例有多大，取决于具体情况。但利用卫星信道进行交互式的网上游戏显然是不合适的。

在十分偏远的地方，或在离大陆很远的海洋中，要进行通信就几乎完全要依赖于卫星通信。卫星通信还非常适合于广播通信，因为它的覆盖面很广。但从安全方面考虑，卫星通信系统的保密性则相对较差。

通信卫星本身和发射卫星的火箭造价都较高。受电源和元器件寿命的限制，同步卫星的使用寿命一般为 10～15 年。卫星地球站的技术较复杂，价格还比较贵。这就使得卫星通信的费用较高。

除上述的同步卫星外，低轨道卫星通信系统（卫星高度在 2000 公里以下）已开始使用。低轨道卫星相对于地球不是静止的，而是不停地围绕地球旋转。目前，大功率、大容量、低轨道宽带卫星已开始在空间部署，并构成了空间高速链路。由于低轨道卫星离地球很近，因此轻便的手持通信设备都能够利用卫星进行通信。这里值得一提的就是美国太空探索技术公司 SpaceX 在 2015 年 1 月提出的“**星链**”（Starlink）计划。这个计划是要把约 1.2 万颗通信卫星发射到轨道，并从 2020 年开始工作。在 2019 年 5 月 23 日，“猎鹰 9”运载火箭已成功将“星链”首批 60 颗卫星送入轨道。2016 年 11 月 2 日，中国航天科技集团公司宣布将在 2020 年建成“鸿雁卫星星座通信系统”。2018 年 12 月 29 日，“鸿雁”星座首发星，在我国酒泉卫星发射中心由长征二号丁运载火箭发射成功，并进入预定轨道，标志着“鸿雁”星座的建设全面启动。

从 20 世纪 90 年代起，无线移动通信和互联网一样，得到了飞速的发展。与此同时，使用无线信道的计算机局域网也获得了越来越广泛的应用。我们知道，要使用某一段无线电频谱进行通信，通常必须得到本国政府有关无线电频谱管理机构的许可证。但是，也有一些无线电频段是可以自由使用的（只要不干扰他人在这个频段中的通信），这正好满足计算机无线局域网的需求。图 2-14 给出了美国的 ISM 频段，现在的无线局域网就使用其中的 2.4 GHz 和 5.8 GHz 频段。ISM 是 Industrial, Scientific, and Medical（工业、科学与医药）的缩写，即所谓的“工、科、医频段”。各国的 ISM 标准有可能略有差别。

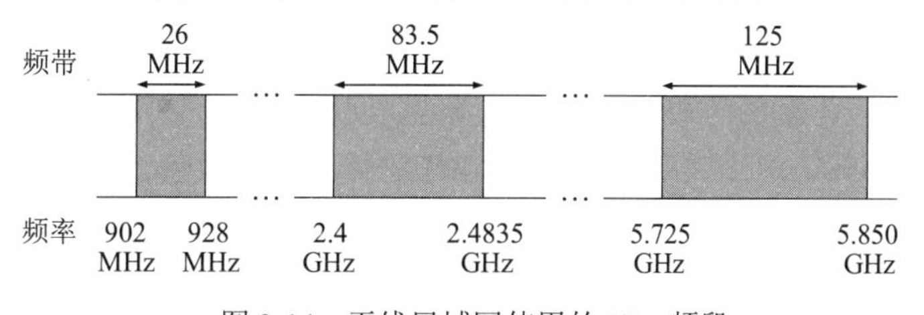

图 2-14　无线局域网使用的 ISM 频段

红外通信、激光通信也使用非导引型媒体，可用于近距离的笔记本电脑相互传送数据。

2.4 信道复用技术

2.4.1 频分复用、时分复用和统计时分复用

复用(multiplexing)是通信技术中的基本概念。计算机网络中的信道广泛地使用各种复用技术。下面对信道复用技术进行简单的介绍。

图 2-15(a)表示 A_1, B_1 和 C_1 分别使用一个单独的信道与 A_2, B_2 和 C_2 进行通信，总共需要 3 个信道。但如果在发送端使用一个复用器，就可以用一个共享信道传送原来的 3 路信号。在接收端使用分用器，把合起来传输的信息分别送到相应的终点。图 2-15(b)是复用的示意图。当然，复用要付出一定代价（共享信道由于带宽较大因而费用也较高，再加上复用器和分用器）。但如果复用的信道数量较大，那么在经济上还是合算的。

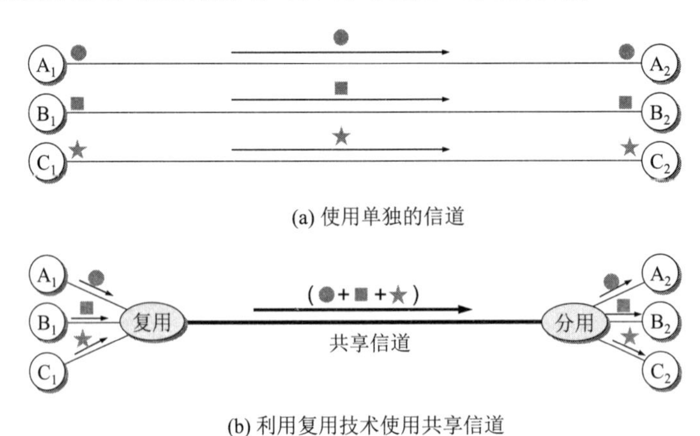

图 2-15 复用的示意图

最基本的复用就是**频分复用** FDM (Frequency Division Multiplexing)和**时分复用** TDM (Time Division Multiplexing)。频分复用的概念是这样的。例如，有 N 路信号要在一个信道中传送。可以使用调制的方法，把各路信号分别搬移到适当的频率位置，使彼此不产生干扰，如图 2-16(a)所示。各路信号就在自己所分配到的信道中传送。可见**频分复用的各路信号在同样的时间占用不同的带宽资源**（请注意，这里的“带宽”是频率带宽而不是数据的发送速率）。而时分复用则是将时间划分为一段段等长的时分复用帧（即 TDM 帧）。每一路信号在每一个 TDM 帧中占用固定序号的时隙。为简单起见，在图 2-16(b)中只画出了 4 路信号 A, B, C 和 D。每一路信号所占用的时隙周期性地出现（其周期就是 TDM 帧的长度）。因此 TDM 信号也称为**等时**(isochronous)信号。可以看出，**时分复用的所有用户是在不同的时间占用同样的频带宽度**。这两种复用方法的优点是技术比较成熟，但缺点是不够灵活。时分复用则更有利于数字信号的传输。

使用 FDM 或 TDM 的复用技术，可以让多个用户（可以处在不同地点）共享信道资源。例如在图 2-16(a)中的频分信道，可让 N 个用户各使用一个频带，或让更多的用户轮流使用这 N 个频带。这种方式称为频分多址接入 FDMA (Frequency Division Multiple Access)，简称为**频分多址**。在图 2-16(b)中的时分信道，则可让 4 个用户各使用一个时隙，或让更多的用户轮流使用这 4 个时隙。这种方式称为时分多址接入 TDMA (Time Division Multiple Access)，

简称为**时分多址**。请注意：FDMA 或 TDMA 中的“MA”表明“多址”，意思是强调这种复用信道可以让多个用户（可以在不同地点）接入进来。而“FD”或“TD”则表示所使用的复用技术是“频分复用”或“时分复用”。但术语 FDM 或 TDM 则说明是在频域还是在时域进行复用，而并不强调复用的信道是用于多个用户还是一个用户。

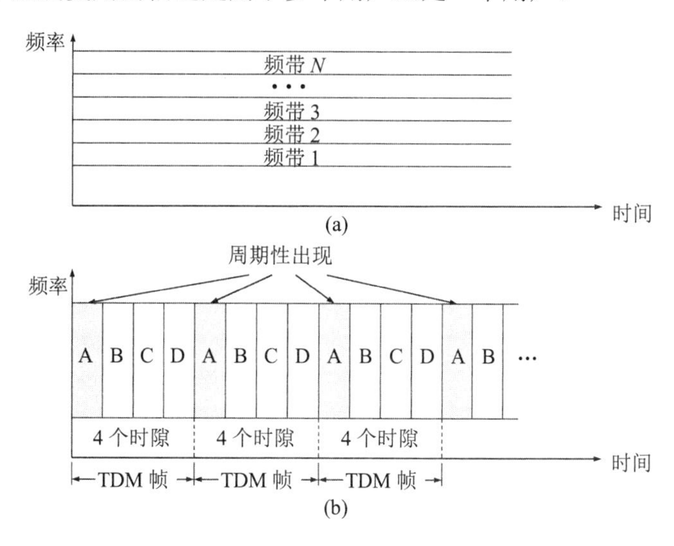

图 2-16　频分复用(a)和时分复用(b)

在使用频分复用时，若每个用户占用的带宽不变，则当复用的用户数增加时，复用后的信道的总带宽就跟着变宽。例如，传统的电话通信中每个标准话路的带宽是 4 kHz（即通信用的 3.1 kHz 加上两边的保护频带），那么若有 1000 个用户进行频分复用，则复用后的总带宽就是 4 MHz。但在使用时分复用时，每个时分复用帧的长度是不变的，始终是 125 μs。若有 1000 个用户进行时分复用，则每一个用户分配到的时隙宽度就是 125 μs 的千分之一，即 0.125 μs，时隙宽度变得非常窄。我们应注意到，时隙宽度非常窄的脉冲信号所占的频谱范围也是非常宽的。

在进行通信时，**复用器**(multiplexer)总是和**分用器**(demultiplexer)成对地使用。在复用器和分用器之间是用户共享的高速信道。分用器的作用正好和复用器的相反，它把高速信道传送过来的数据进行分用，分别送交到相应的用户。

当使用时分复用系统传送计算机数据时，由于计算机数据的突发性质，一个用户对已经分配到的子信道的利用率一般是不高的。当用户在某一段时间暂时无数据传输时（例如用户正在键盘上输入数据或正在浏览屏幕上的信息），那就只能让已经分配到手的子信道空闲着，而其他用户也无法使用这个暂时空闲的线路资源。图 2-17 说明了这一概念。这里假定有 4 个用户 A, B, C 和 D 进行时分复用。复用器按 A→B→C→D 的顺序依次对用户的时隙进行扫描，然后构成一个个时分复用帧。图中共画出了 4 个时分复用帧，每个时分复用帧有 4 个时隙。请注意，在时分复用帧中，每一个用户所分配到的时隙长度缩短了，在本例中，只有原来的 1/4。可以看出，当某用户暂时无数据发送时，在时分复用帧中分配给该用户的时隙只能处于空闲状态，其他用户即使一直有数据要发送，也不能使用这些空闲的时隙。这就导致复用后的信道利用率不高。

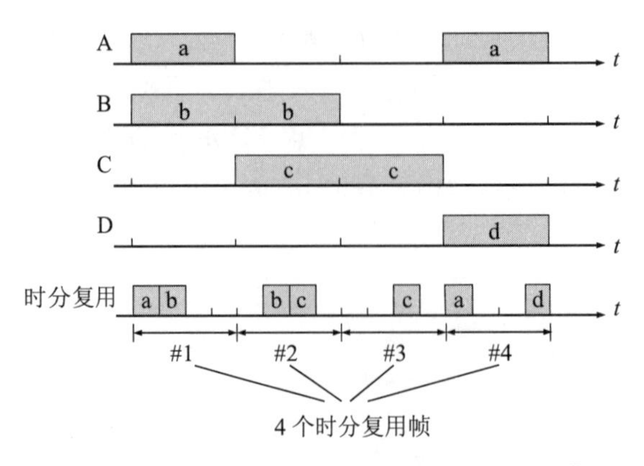

图 2-17　时分复用可能会造成线路资源的浪费

统计时分复用 STDM (Statistic TDM)是一种改进的时分复用，它能明显地提高信道的利用率。**集中器**(concentrator)常使用这种统计时分复用。图 2-18 是统计时分复用的原理图。一个使用统计时分复用的集中器连接 4 个低速用户，然后将其数据集中起来通过高速线路发送到一个远地计算机。

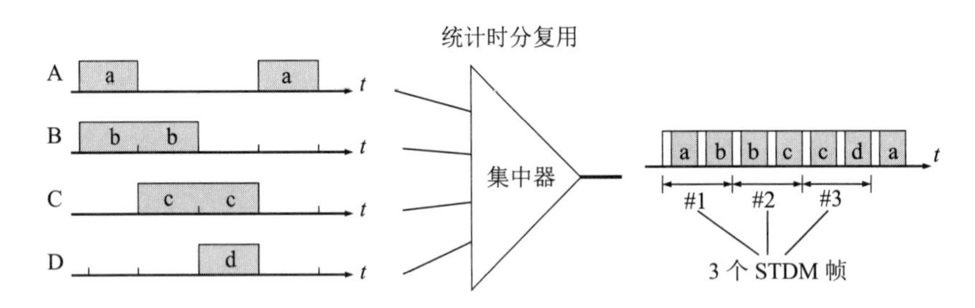

图 2-18　统计时分复用的工作原理

统计时分复用使用 STDM 帧来传送复用的数据。但每一个 STDM 帧中的时隙数小于连接在集中器上的用户数。各用户有了数据就随时发往集中器的输入缓存，然后集中器按顺序依次扫描输入缓存，把缓存中的输入数据放入 STDM 帧中。对没有数据的缓存就跳过去。当一个帧的数据放满了，就发送出去。可以看出，STDM 帧不是固定分配时隙，而是按需动态地分配时隙。因此，统计时分复用可以提高线路的利用率。我们还可看出，在输出线路上，某一个用户所占用的时隙并不是周期性地出现的。因此，统计时分复用又称为**异步时分复用**，而普通的时分复用称为**同步时分复用**。这里应注意的是，虽然统计时分复用的输出线路上的数据率小于各输入线路数据率的总和，但**从平均的角度来看，这二者是平衡的**。假定所有的用户都不间断地向集中器发送数据，那么集中器肯定无法应付，它内部设置的缓存都将溢出，所以集中器能够正常工作的前提是假定各用户都是间歇地工作的。

由于 STDM 帧中的时隙并不是固定地分配给某个用户的，因此在每个时隙中还必须有用户的地址信息，这是统计时分复用必须有的和不可避免的一些开销。图 2-18 中输出线路上每个时隙之前的短时隙（白色）就用于放入这样的地址信息。使用统计时分复用的集中器也叫作**智能复用器**，它能提供对整个报文的存储转发能力（但大多数复用器一次只能存储一个字符或一个比特），通过排队方式使各用户更合理地共享信道。此外，许多集中器还可能具有路由选择、数据压缩、前向纠错等功能。

最后要强调一下，TDM 帧和 STDM 帧都是在物理层传送的比特流中所划分的帧。这种

“帧”和我们以后要讨论的数据链路层的“帧”是完全不同的概念，不可弄混。

2.4.2 波分复用

波分复用 WDM (Wavelength Division Multiplexing)就是**光的频分复用**。光纤技术的应用使得数据的传输速率空前提高。现在人们借用传统的载波电话的频分复用的概念，就能做到使用一根光纤来同时传输多个频率很接近的光载波信号。这样就可使光纤的传输能力成倍地提高。由于光载波的频率很高，因此习惯上用波长而不用频率来表示所使用的光载波。这样就产生了波分复用这一名词。最初，人们只能在一根光纤上复用两路光载波信号。这种复用方式称为**波分复用** WDM。随着技术的发展，在一根光纤上复用的光载波信号的路数越来越多。现在已能做到在一根光纤上复用几十路或更多路数的光载波信号。于是就使用了**密集波分复用** DWDM (Dense Wavelength Division Multiplexing)这一名词。例如，每一路的数据率是 40 Gbit/s，使用 DWDM 后，如果在一根光纤上复用 64 路，就能够获得 2.56 Tbit/s 的数据率。图 2-19 给出了波分复用的概念。

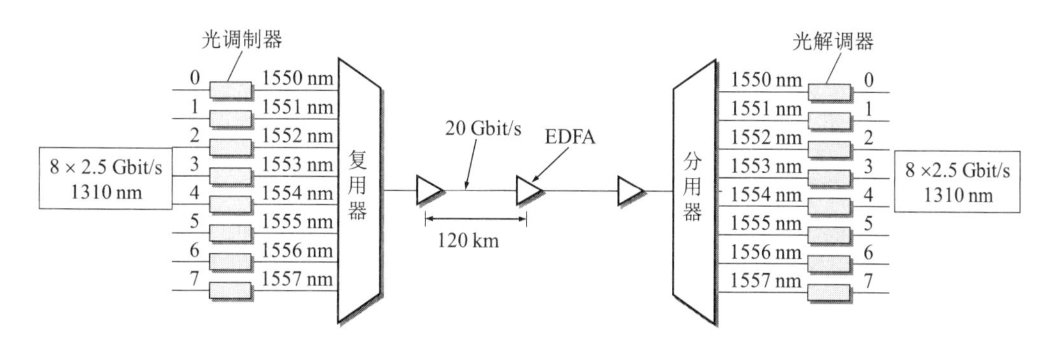

图 2-19 波分复用的概念

图 2-19 表示 8 路传输速率均为 2.5 Gbit/s 的光载波（其波长均为 1310 nm），经光的调制后，分别将波长变换到 1550~1557 nm，每个光载波相隔 1 nm（这里只是为了说明问题的方便。实际上，对于密集波分复用，光载波的间隔一般是 0.8 nm 或 1.6 nm）。这 8 个波长很接近的光载波经过**光复用器**（波分复用的复用器又称为**合波器**）后，就在一根光纤中传输。因此，在一根光纤上数据传输的总速率就达到了 8 × 2.5 Gbit/s = 20 Gbit/s。但光信号传输了一段距离后就会衰减，因此必须对衰减了的光信号进行放大才能继续传输。现在已经有了很好的**掺铒光纤放大器** EDFA (Erbium Doped Fiber Amplifier)。它是一种光放大器，不需要像以前那样复杂，先把光信号转换成电信号，经过电放大器放大后，再转换成为光信号。EDFA 不需要进行光电转换而直接对光信号进行放大，并且在 1550 nm 波长附近有 35 nm（即 4.2 THz）频带范围提供较均匀的、最高可达 40~50 dB 的增益。两个光纤放大器之间的光缆线路长度可达 120 km，而**光复用器**和**光分用器**（波分复用的分用器又称为**分波器**）之间的无光电转换的距离可达 600 km（只需放入 4 个 EDFA 光纤放大器）。

在地下铺设光缆是耗资很大的工程。因此人们总是在一根光缆中放入尽可能多的光纤（例如，放入 100 根以上的光纤），然后对每一根光纤使用密集波分复用技术。因此，对于具有 100 根速率为 2.5 Gbit/s 光纤的光缆，采用 16 倍的密集波分复用，得到一根光缆的总数据率为 100 × 40 Gbit/s 或 4 Tbit/s。这里的 T 为 10^{12}，中文名词是“太”，即“兆兆”。

现在光纤通信的容量和传输距离还在不断增长。例如，一条从美国弗吉尼亚州横跨大西洋到西班牙的长达 6600 公里的海底光缆 MAREA，在 2018 年 2 月已投入商业运营。这根光缆共有 8 个光纤对，每根光纤的传输速率可达到 26.2 Tbit/s。

2.4.3 码分复用

码分复用 CDM (Code Division Multiplexing)是另一种共享信道的方法。当码分复用信道为多个不同地址的用户所共享时，就称为**码分多址 CDMA** (Code Division Multiple Access)。每一个用户可以在同样的时间使用同样的频带进行通信。由于**各用户使用经过特殊挑选的不同码型，因此各用户之间不会造成干扰**。码分复用最初用于军事通信，因为这种系统发送的信号**有很强的抗干扰能力，其频谱类似于白噪声，不易被敌人发现**。随着技术的进步，CDMA 设备的价格大幅度下降，体积大幅度缩小，因而现在已广泛使用在民用的移动通信中，特别是在无线局域网中。采用 CDMA 可提高通信的话音质量和数据传输的可靠性，减少干扰对通信的影响，增大通信系统的容量（是使用 GSM 的 4~5 倍①），降低手机的平均发射功率，等等。下面简述其工作原理。

在 CDMA 中，每一个比特时间再划分为 m 个短的间隔，称为**码片**(chip)。通常 m 的值是 64 或 128。在下面的原理性说明中，为了画图简单起见，我们设 m 为 8。

使用 CDMA 的每一个站被指派一个唯一的 m bit **码片序列**(chip sequence)。一个站如果要发送比特 1，则发送它自己的 m bit 码片序列。如果要发送比特 0，则发送该码片序列的二进制反码。例如，指派给 S 站的 8 bit 码片序列是 00011011。当 S 发送比特 1 时，它就发送序列 00011011，而当 S 发送比特 0 时，就发送 11100100。为了方便，我们按惯例将码片中的 0 记为–1，将 1 记为+1。因此 S 站的码片序列是(–1 –1 –1 +1 +1 –1 +1 +1)。

现假定 S 站要发送信息的数据率为 b bit/s。由于每一个比特要转换成 m 个比特的码片，因此 S 站实际上发送的数据率提高到 mb bit/s，同时 S 站所占用的频带宽度也提高到原来数值的 m 倍。这种通信方式是**扩频**(spread spectrum)通信中的一种。扩频通信通常有两大类。一种是**直接序列扩频** DSSS (Direct Sequence Spread Spectrum)，如上面讲的使用码片序列就是这一类。另一种是**跳频扩频** FHSS (Frequency Hopping Spread Spectrum)。

CDMA 系统的一个重要特点就是这种体制给每一个站分配的码片序列不仅必须各不相同，并且还必须互相**正交**(orthogonal)。在实用的系统中是使用**伪随机码序列**。

用数学公式可以很清楚地表示码片序列的这种正交关系。令向量 $\boldsymbol{S}$ 表示站 S 的码片向量，再令 $\boldsymbol{T}$ 表示其他任何站的码片向量。两个不同站的码片序列正交，就是向量 $\boldsymbol{S}$ 和 $\boldsymbol{T}$ 的规格化**内积**(inner product)都是 0：

$$\boldsymbol{S} \bullet \boldsymbol{T} \equiv \frac{1}{m}\sum_{i=1}^{m} S_i T_i = 0 \tag{2-3}$$

例如，向量 $\boldsymbol{S}$ 为(–1 –1 –1 +1 +1 –1 +1 +1)，同时设向量 $\boldsymbol{T}$ 为(–1 –1 +1 –1 +1 +1 +1 –1)，这相当于 T 站的码片序列为 00101110。将向量 $\boldsymbol{S}$ 和 $\boldsymbol{T}$ 的各分量值代入(2-3)式就可看出这两个码片序列是正交的。不仅如此，向量 $\boldsymbol{S}$ 和各站码片反码的向量的内积也是 0。另外一点也很重要，即任何一个码片向量和该码片向量自己的规格化内积都是 1：

---

① 注：GSM (Global System for Mobile)即全球移动通信系统，是欧洲和我国现在广泛使用的移动通信体制。

$$\boldsymbol{S} \bullet \boldsymbol{S} = \frac{1}{m}\sum_{i=1}^{m} S_i S_i = \frac{1}{m}\sum_{i=1}^{m} S_i^2 = \frac{1}{m}\sum_{i=1}^{m} (\pm 1)^2 = 1 \tag{2-4}$$

而一个码片向量和该码片反码的向量的规格化内积值是 –1。这从(2-4)式可以很清楚地看出，因为求和的各项都变成了–1。

现在假定在一个 CDMA 系统中有很多站都在相互通信，每一个站所发送的是数据比特和本站的码片序列的乘积，因而是本站的码片序列（相当于发送比特 1）和该码片序列的二进制反码（相当于发送比特 0）的组合序列，或什么也不发送（相当于没有数据发送）。我们还假定所有的站所发送的码片序列都是同步的，即所有的码片序列都在同一个时刻开始。利用**全球定位系统** GPS 就不难做到这点。

现假定有一个 X 站要接收 S 站发送的数据。X 站就必须知道 S 站所特有的码片序列。X 站使用它得到的码片向量 $\boldsymbol{S}$ 与接收到的未知信号进行求内积的运算。X 站接收到的信号是各个站发送的码片序列之和。根据上面的公式(2-3)和(2-4)，再根据叠加原理（假定各种信号经过信道到达接收端是叠加的关系），那么求内积得到的结果是：所有其他站的信号都被过滤掉（其内积的相关项都是 0），而只剩下 S 站发送的信号。当 S 站发送比特 1 时，在 X 站计算内积的结果是+1，当 S 站发送比特 0 时，内积的结果是–1。

图 2-20 是 CDMA 的工作原理。设 S 站要发送的数据是 1 1 0 三个码元。再设 CDMA 将每一个码元扩展为 8 个码片，而 S 站选择的码片序列为(–1 –1 –1 +1 +1 –1 +1 +1)。S 站发送的扩频信号为 $\boldsymbol{S}_\mathbf{x}$。我们应当注意到，S 站发送的扩频信号 $\boldsymbol{S}_\mathbf{x}$ 中，只包含互为反码的两种码片序列。T 站选择的码片序列为(–1 –1 +1 –1 +1 +1 +1 –1)，T 站也发送 1 1 0 三个码元，而 T 站的扩频信号为 $\boldsymbol{T}_\mathbf{x}$。因所有的站都使用相同的频率，因此每一个站都能够收到所有的站发送的扩频信号。对于我们的例子，所有的站收到的都是叠加的信号 $\boldsymbol{S}_\mathbf{x} + \boldsymbol{T}_\mathbf{x}$。

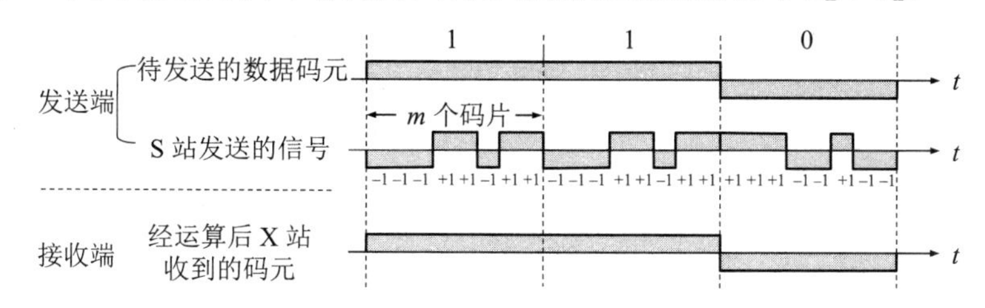

图 2-20　CDMA 的工作原理

当接收站打算收 S 站发送的信号时，就用 S 站的码片序列与收到的信号求规格化内积。这相当于分别计算 $\boldsymbol{S}\bullet \boldsymbol{S}_\mathbf{x}$ 和 $\boldsymbol{S}\bullet \boldsymbol{T}_\mathbf{x}$。显然，$\boldsymbol{S}\bullet \boldsymbol{S}_\mathbf{x}$ 就是 S 站发送的数据比特，因为在计算规格化内积时，按(2-3)式相加的各项，或者都是+1，或者都是–1；而 $\boldsymbol{S}\bullet \boldsymbol{T}_\mathbf{x}$ 一定是零，因为相加的 8 项中的+1 和–1 各占一半，因此总和一定是零。

2.5　数字传输系统

在早期电话网中，从市话局到用户电话机的用户线采用最廉价的双绞线电缆，而长途干线采用的是频分复用 FDM 的模拟传输方式。由于数字通信与模拟通信相比，无论是传输质量上还是经济上都有明显的优势，目前，长途干线大都采用时分复用 PCM 的数字传输方式。因此，现在的模拟线路就基本上只剩下从用户电话机到市话交换机之间的这一段几公里长的用户线。

现代电信网早已不只有话音这一种业务了，还包括视频、图像和各种数据业务。因此需要一种能承载来自其他各种业务网络数据的传输网络。在数字化的同时，光纤开始成为长途干线最主要的传输媒体。光纤的高带宽适用于承载今天的高速率数据业务（比如视频会议）和大量复用的低速率业务（比如话音）。基于这个原因，当前光纤和要求高带宽传输的技术还在共同发展。早期的数字传输系统存在着许多缺点，其中最主要的是以下两个：

(1) **速率标准不统一**。由于历史的原因，多路复用的速率体系有两个互不兼容的国际标准，北美和日本的 T1 速率（1.544 Mbit/s）和欧洲的 E1 速率（2.048 Mbit/s）。但是再往上的复用，日本又使用了第三种不兼容的标准。这样，国际范围的基于光纤的高速数据传输就很难实现。

(2) **不是同步传输**。在过去相当长的时间，为了节约经费，各国的数字网主要采用**准同步**方式。在准同步系统中，各支路信号的时钟频率有一定的偏差，给时分复用和分用带来许多麻烦。当数据传输的速率很高时，收发双方的时钟同步就成为很大的问题。

为了解决上述问题，美国在 1988 年首先推出了一个数字传输标准，叫作**同步光纤网** SONET (Synchronous Optical Network)。整个同步网络的各级时钟都来自一个非常精确的主时钟（通常采用昂贵的铯原子钟，其精度优于$\pm 1\times 10^{-11}$）。SONET 为光纤传输系统定义了同步传输的线路速率等级结构，其传输速率以 51.840 Mbit/s 为基础[①]，大约对应于 T3/E3 的传输速率，此速率对电信号称为第 1 级**同步传送信号**(Synchronous Transport Signal)，即 STS-1；对光信号则称为第 1 级**光载波**(Optical Carrier)，即 OC-1。现已定义了从 51.840 Mbit/s（即 OC-1）一直到 39813.120 Mbit/s（即 OC-768/STS-768）的标准。

ITU-T 以美国标准 SONET 为基础，制定出国际标准**同步数字系列** SDH (Synchronous Digital Hierarchy)，即 1988 年通过的 G.707~G.709 等三个建议书。到 1992 年又增加了十几个建议书。一般可认为 SDH 与 SONET 是同义词，但其主要不同点是：SDH 的基本速率为 155.520 Mbit/s，称为**第 1 级同步传递模块**(Synchronous Transfer Module)，即 STM-1，相当于 SONET 体系中的 OC-3 速率。表 2-2 为 SONET 和 SDH 的比较。为方便起见，在谈到 SONET/SDH 的常用速率时，往往不使用速率的精确数值而是使用表中第二列给出的近似值作为简称。

表 2-2　SONET 的 OC 级/STS 级与 SDH 的 STM 级的对应关系

线路速率 (Mbit/s)	线路速率的近似值	SONET 符号	ITU–T 符号	相当的话路数（每个话路 64 kbit/s）
51.840	–	OC-1/STS-1	–	810
155.520	155 Mbit/s	OC-3/STS-3	STM-1	2430
622.080	622 Mbit/s	OC-12/STS-12	STM-4	9720
1244.160	–	OC-24/STS-24	STM-8	19440

① 注：SONET 规定，SONET 每秒传送 8000 帧（和 PCM 的采样速率一样）。每个 STS-1 帧长为 810 字节，因此 STS-1 的数据率为 8000 × 810 × 8 = 51840000 bit/s。为了便于表示，通常将一个 STS-1 帧画成 9 行 90 列的字节排列。在这种排列中的每一个字节对应的数据率是 64 kbit/s。一个 STS-*n* 的帧长就是 STS-1 的帧长的 *n* 倍，也同样是每秒传送 8000 帧，因此 STS-*n* 的数据率就是 STS-1 的数据率的 *n* 倍。

续表

线路速率 (Mbit/s)	线路速率的近似值	SONET 符号	ITU–T 符号	相当的话路数（每个话路 64 kbit/s）
2488.320	2.5 Gbit/s	OC-48/STS-48	STM-16	38880
4976.640	–	OC-96/STS-96	STM-32	77760
9953.280	10 Gbit/s	OC-192/STS-192	STM-64	155520
39813.120	40 Gbit/s	OC-768/STS-768	STM-256	622080

现在可以在网上查到 OC-1920/STM-640（对应于 100 Gbit/s）和 OC-3840/STM-1234（对应于 200 Gbit/s）的记法，但未见到更多有关应用的报道。

SDH/SONET 定义了标准光信号，规定了波长为 1310 nm 和 1550 nm 的激光源。在物理层定义了帧结构。SDH 的帧结构是以 STM-1 为基础的，更高的等级是用 *N* 个 STM-1 复用组成 STM-*N*，如 4 个 STM-1 构成 STM-4，16 个 STM-1 构成 STM-16。

SDH/SONET 标准的制定，使北美、日本和欧洲这三个地区三种不同的数字传输体制在 STM-1 等级上获得了统一。各国都同意将这一速率以及在此基础上的更高的数字传输速率作为国际标准。这是第一次真正实现了数字传输体制上的世界性标准。现在 SDH/SONET 标准已成为公认的新一代理想的传输网体制，因而对世界电信网络的发展具有重大的意义。SDH 标准也适合于微波和卫星传输的技术体制。

2.6 宽带接入技术

在第 1 章中已讲过，用户要连接到互联网，必须先连接到某个 ISP，以便获得上网所需的 IP 地址。在互联网的发展初期，用户都是利用电话的用户线通过调制解调器连接到 ISP 的，经过多年的努力，从电话的用户线接入到互联网的速率最高只能达到 56 kbit/s。为了提高用户的上网速率，近年来已经有多种宽带技术进入用户的家庭。然而目前“宽带”尚无统一的定义。很早以前，有人认为只要接入到互联网的速率远大于 56 kbit/s 就是宽带。后来美国联邦通信委员会 FCC 认为只要双向速率之和超过 200 kbit/s 就是宽带。以后，宽带的标准也不断提高。2015 年 1 月，美国联邦通信委员会 FCC 又对接入网的“宽带”进行了重新定义，将原定的宽带下行速率调整至 25 Mbit/s，原定的宽带上行速率调整至 3 Mbit/s。

从宽带接入的媒体来看，可以划分为两大类。一类是有线宽带接入，而另一类是无线宽带接入。由于无线宽带接入比较复杂，我们将在第 9 章中讨论这个问题。下面我们只限于讨论有线宽带接入。

2.6.1 ADSL 技术

非对称数字用户线 ADSL (Asymmetric Digital Subscriber Line)技术是**用数字技术对现有模拟电话的用户线进行改造**，使它能够承载宽带数字业务。虽然标准模拟电话信号的频带被限制在 300～3400 Hz 的范围内（这是电话局的交换机设置的标准话路频带），但用户线本身实际可通过的信号频率却超过 1 MHz。ADSL 技术把 0～4 kHz 低端频谱留给传统电话使用，而把原来没有被利用的高端频谱留给用户上网使用。ADSL 的 ITU 的标准是 G.992.1（或称 G.dmt，表示它使用 DMT 技术，见后面的介绍）。由于用户当时上网主要是从互联网下载各种文档，而向互联网发送的信息量一般都不太大，因此 ADSL 的下行（从 ISP 到用户）带宽都远远大于上行（从用户到ISP）带宽。“非对称”这个名词就是这样得出的。

ADSL 的传输距离取决于数据率和用户线的线径（用户线越细，信号传输时的衰减就越大）。例如，0.5 mm 线径的用户线，传输速率为 1.5 ~ 2.0 Mbit/s 时可传送 5.5 km；但当传输速率提高到 6.1 Mbit/s 时，传输距离就缩短为 3.7 km。如果把用户线的线径减小到 0.4 mm，那么在 6.1 Mbit/s 的传输速率下就只能传送 2.7 km。此外，ADSL 所能得到的最高数据传输速率还与实际的用户线上的信噪比密切相关。

ADSL 在用户线（铜线）的两端各安装一个 ADSL 调制解调器。这种调制解调器的实现方案有许多种。我国采用的方案是**离散多音调** DMT（Discrete Multi-Tone）调制技术。这里的“多音调”就是“多载波”或“多子信道”的意思。DMT 调制技术采用频分复用的方法，把 40 kHz 以上一直到 1.1 MHz 的高端频谱划分为许多子信道，其中 25 个子信道用于上行信道，而 249 个子信道用于下行信道，并使用不同的载波（即不同的音调）进行数字调制。这种做法相当于在一对用户线上使用许多小的调制解调器**并行地**传送数据。由于用户线的具体条件往往相差很大（距离、线径、受到相邻用户线的干扰程度等都不同），因此 ADSL 采用自适应调制技术使用户线能够传送尽可能高的数据率。当 ADSL 启动时，用户线两端的 ADSL 调制解调器就测试可用的频率、各子信道受到的干扰情况，以及在每一段频率上测试信号的传输质量。这样就使 ADSL 能够选择合适的调制方案以获得尽可能高的数据率。可见 ADSL **不能保证固定的数据率**。对于质量很差的用户线甚至无法开通 ADSL。因此电信局需要定期检查用户线的质量，以保证能够提供向用户承诺的最高的 ADSL 数据率。图 2-21 显示的是 DMT 技术的频谱分布。

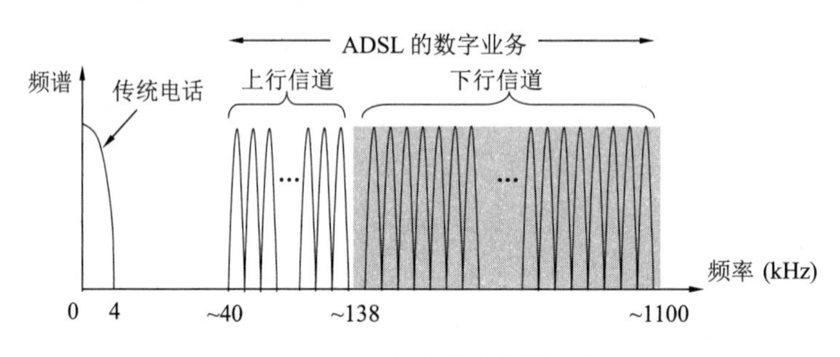

图 2-21　DMT 技术的频谱分布

基于 ADSL 的接入网由以下三大部分组成：**数字用户线接入复用器** DSLAM (DSL Access Multiplexer)、用户线和用户家中的一些设施（见图 2-22）。数字用户线接入复用器包括许多 ADSL 调制解调器。ADSL 调制解调器又称为**接入端接单元** ATU (Access Termination Unit)。由于 ADSL 调制解调器必须成对使用，因此把在电话端局（或远端站）和用户家中所用的 ADSL 调制解调器分别记为 ATU-C（C 代表**端局**(Central Office)）和 ATU-R（R 代表**远端**(Remote)）。用户电话通过电话**分离器**(Splitter)和 ATU-R 连在一起，经用户线到端局，并再次经过一个电话分离器把电话连到本地电话交换机。电话分离器是无源的，它利用低通滤波器将电话信号与数字信号分开。将电话分离器做成无源的是为了在停电时不影响传统电话的使用。一个 DSLAM 可支持多达 500 ~ 1000 个用户。若按每户 6 Mbit/s 计算，则具有 1000 个端口的 DSLAM（这就需要用 1000 个 ATU-C）应有高达 6 Gbit/s 的转发能力。由于 ATU-C 要使用数字信号处理技术，因此 DSLAM 的价格较高。

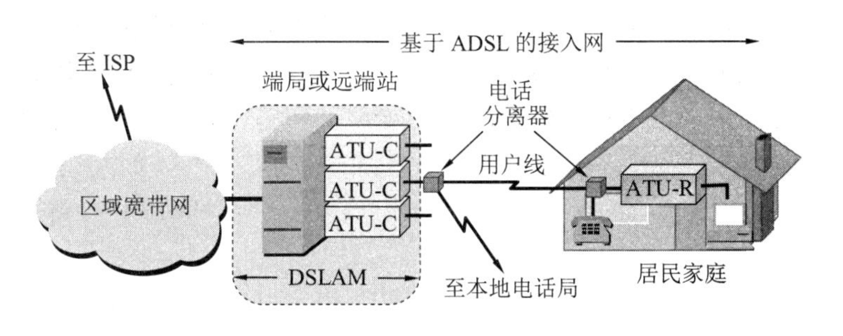

图 2-22 基于 ADSL 的接入网的组成

ADSL 最大的好处就是可以利用现有电话网中的用户线（铜线），而不需要重新布线。有许多老的建筑，电话线都早已存在。但若重新铺设光纤，往往会对原有建筑产生一些损坏。从尽量少损坏原有建筑考虑，使用 ADSL 进行宽带接入就非常合适了。到 2006 年 3 月为止，全世界的 ADSL 用户已超过 1.5 亿户。

最后我们要指出，ADSL 借助于在用户线两端安装的 ADSL 调制解调器（即 ATU-R 和 ATU-C）对数字信号进行了调制，使得调制后的数字信号的频谱适合在原来的用户线上传输。用户线本身并没有发生变化，但给用户的感觉是：加上 ADSL 调制解调器的用户线好像能够直接把用户计算机产生的数字信号传送到远方的 ISP。正因为这样，原来的用户线加上两端的调制解调器就变成了可以传送数字信号的数字用户线 DSL。

ADSL 技术也在发展。现在 ITU-T 已颁布了更高速率的 ADSL 标准，即 G 系列标准，例如 ADSL2（G.992.3 和 G.992.4）和 ADSL2+（G.992.5），它们都称为第二代 ADSL，目前已开始被许多 ISP 采用和投入运营。第二代 ADSL 改进的地方主要是：

(1) 通过提高调制效率得到了更高的数据率。例如，ADSL2 要求至少应支持下行 8 Mbit/s、上行 800 kbit/s 的速率。而 ADSL2+则将频谱范围从 1.1 MHz 扩展至 2.2 MHz（相应的子信道数目也增多了），下行速率可达 16 Mbit/s（最大传输速率可达 25 Mbit/s），而上行速率可达 800 kbit/s。

(2) 采用了**无缝速率自适应**技术 SRA (Seamless Rate Adaptation)，可在运营中不中断通信和不产生误码的情况下，根据线路的实时状况，自适应地调整数据率。

(3) 改善了线路质量评测和故障定位功能，这对提高网络的运行维护水平具有非常重要的意义。

这里我们要强调一下，ADSL 并不适合于企业。这是因为企业往往需要使用上行信道发送大量数据给许多用户。为了满足企业的需要，ADSL 技术有几种变型。例如，对称 DSL，即 SDSL (Symmetric DSL)，它把带宽平均分配到下行和上行两个方向，很适合于企业使用，每个方向的速率分别为 384 kbit/s 或 1.5 Mbit/s，距离分别为 5.5 km 或 3 km。还有一种使用一对线或两对线的对称 DSL 叫作 HDSL (High speed DSL)，用来取代 T1 线路的**高速数字用户线**，数据速率可达 768 kbit/s 或 1.5 Mbit/s，距离为 2.7~3.6 km。

还有一种比 ADSL 更快的、用于短距离传送（300~1800 m）的 VDSL (Very high speed DSL)，即**甚高速数字用户线**，也很值得注意。这也就是 ADSL 的快速版本。VDSL 的下行速率达 50~55 Mbit/s，上行速率是 1.5~2.5 Mbit/s。2011 年 ITU-T 颁布了更高速率的 VDSL2（即第二代的 VDSL）的标准 G.993.2。VDSL2 能够提供的上行和下行速率都能够达到 100 Mbit/s。用这样的速率能够非常流畅地观看视频节目。

以上这些不同的高速 DSL 都可记为 xDSL。

近年来，高速 DSL 技术的发展又有了新的突破。2011 年 ITU-T 成立了 G.fast 项目组。这个项目组致力于短距离超高速接入新标准的制定，目标是使用单对直径为 0.5 mm 的铜线在 100 m 距离提供 900 Mbit/s 的接入速率，而 200 m 距离的速率为 600 Mbit/s，300 m 距离的速率为 300 Mbit/s。我国的华为公司积极参加了此标准的制定工作，是该标准的主要技术贡献者之一。在龙国柱博士的领导下，华为公司于 2012 年首先研制成功 Giga DSL 样机，使用时分双工 TDD (Time Division Duplex)和 OFDM 技术，有效地降低了辐射干扰和设备功耗，实现了超高速的 DSL 接入。现在新的建议标准 G.mgfast 已被提出（这里的 mg 表示几个吉比特 Multi-Gigabit 的高速接入），其目标是在近期商用化。

目前在欧洲，这种超高速 DSL 的接入方式很受欢迎。这是因为在欧洲，具有历史意义的古老建筑非常多，而各国政府都已制定了很严格的保护文物的法律。在受保护的古老建筑的墙上钻洞铺设光缆，在法律上是被严格禁止的（即使是在朝街面的阳台上放置空调室外机也是不允许的）。但这些国家的电话普及率很高，进入这些建筑的电话线都早已铺设好了。因此，利用现有电话线来实现高速接入，在欧洲就特别具有现实意义。

在我国，情况有些不同。在建设新的高楼时，就已经把各种电缆的管线位置预留好了。因此，高楼中的用户可以根据自己的需要选择合适的接入方式（不一定非要采用 xDSL 技术）。因此上述这种超高速的 DSL 接入方式在国内使用得还较少。

2.6.2 光纤同轴混合网（HFC 网）

光纤同轴混合网（HFC 网，HFC 是 Hybrid Fiber Coax 的缩写）是在目前覆盖面很广的有线电视网的基础上开发的一种居民宽带接入网，除可传送电视节目外，还能提供电话、数据和其他宽带交互型业务。最早的有线电视网是树形拓扑结构的同轴电缆网络，它采用模拟技术的频分复用对电视节目进行单向广播传输。但以后有线电视网进行了改造，变成了现在的光纤同轴混合网（HFC 网）。

为了提高传输的可靠性和电视信号的质量，HFC 网把原有线电视网中的同轴电缆主干部分改换为光纤（如图 2-23 所示）。光纤从头端连接到**光纤节点**(fiber node)。在光纤节点光信号被转换为电信号，然后通过同轴电缆传送到每个用户家庭。从头端到用户家庭所需的放大器数目也就减少到仅 4~5 个。连接到一个光纤节点的典型用户数是 500 左右，但不超过 2000。

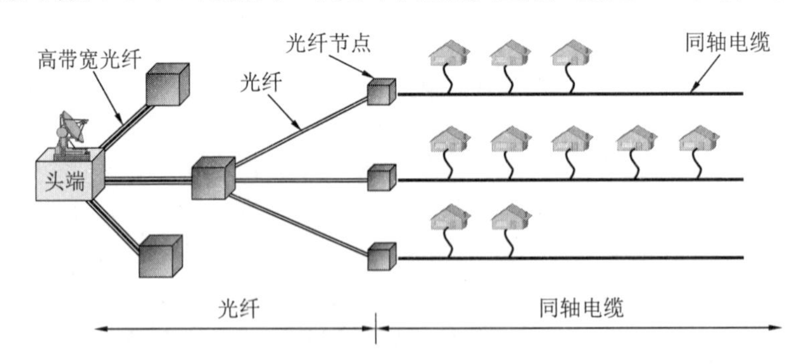

图 2-23 HFC 网的结构图

光纤节点与头端的典型距离为 25 km，而从光纤节点到其用户的距离则不超过 2 ~ 3 km。

原来的有线电视网的最高传输频率是 450 MHz，并且仅用于电视信号的下行传输。但现在的 HFC 网具有双向传输功能，而且扩展了传输频带。根据有线电视频率配置标准 GB/T

17786-1999，目前我国的 HFC 网的频带划分如图 2-24 所示。

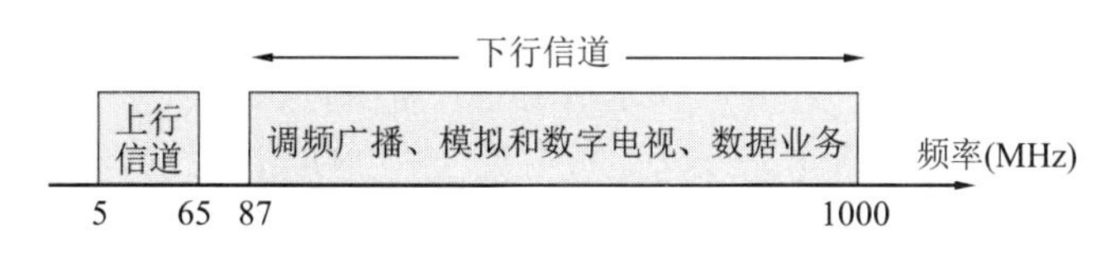

图 2-24　我国的 HFC 网的频带划分

要使现有的模拟电视机能够接收数字电视信号，需要把一个叫作**机顶盒**(set-top box)的设备连接在同轴电缆和用户的电视机之间。但为了使用户能够利用 HFC 网接入到互联网，以及在上行信道中传送交互数字电视所需的一些信息，我们还需要增加一个为 HFC 网使用的调制解调器，它又称为**电缆调制解调器**(cable modem)。电缆调制解调器可以做成一个单独的设备（类似于 ADSL 的调制解调器），也可以做成内置式的，安装在电视机的机顶盒里面。用户只要把自己的计算机连接到电缆调制解调器，就可方便地上网了。

美国的有线电视实验室 CableLabs 制定的**电缆调制解调器规约** DOCSIS(Data Over Cable Service Interface Specifications)的第一个版本 DOCSIS 1.0，已在 1998 年 3 月被 ITU-T 批准为国际标准。后来又有了 2001 年的 DOCSIS 2.0 和 2006 年的 DOCSIS 3.0 等新的标准。

电缆调制解调器不需要成对使用，而只需安装在用户端。电缆调制解调器比 ADSL 使用的调制解调器复杂得多，因为它必须解决共享信道中可能出现的冲突问题。在使用 ADSL 调制解调器时，用户计算机所连接的电话用户线是该用户专用的，因此在用户线上所能达到的最高数据率是确定的，与其他 ADSL 用户是否在上网无关。但在使用 HFC 的电缆调制解调器时，在同轴电缆这一段用户所享用的最高数据率是不确定的，因为某个用户所能享用的数据率取决于这段电缆上现在有多少个用户正在传送数据。有线电视运营商往往宣传通过电缆调制解调器上网可以达到比 ADSL 更高的数据率（例如达到 10 Mbit/s 甚至 30 Mbit/s），但只有在很少几个用户上网时才可能会是这样的。然而若出现大量用户（例如几百个）同时上网，那么每个用户实际的上网速率可能会低到令人难以忍受的程度。

2.6.3　FTTx 技术

由于互联网上已经有了大量的视频信息资源，因此近年来宽带上网的普及率增长得很快。但是为了更快地下载视频文件，以及更加流畅地欣赏网上的各种高清视频节目，尽快地对用户的上网速率进行升级就成为 ISP 的重要任务。从技术上讲，**光纤到户** FTTH(Fiber To The Home)应当是最好的选择，这也是广大网民最终所向往的。所谓光纤到户，就是把光纤一直铺设到用户家庭。只有在光纤进入用户的家门后，才把光信号转换为电信号。这样做就可以使用户获得最高的上网速率。

现在还有多种宽带光纤接入方式，称为 FTTx，表示 Fiber To The …。这里字母 x 可代表不同的光纤接入地点。实际上，光电进行转换的地方，可以在用户家中（这时 x 就是 H），也可以向外延伸到离用户家门口有一定距离的地方。例如，光纤到路边 FTTC（C 表示 Curb）、光纤到小区 FTTZ（Z 表示 Zone）、光纤到大楼 FTTB（B 表示 Building）、光纤到楼层 FTTF（F 表示 Floor）、光纤到办公室 FTTO（O 表示 Office）、光纤到桌面 FTTD（D 表示 Desk），等等。截至 2019 年 12 月，我国光纤接入 FTTH/O 的用户，已占互联网宽带接入用户总数的 92.9%，说明光纤接入已在我们互联网宽带接入中占绝对优势。

其实，信号在陆地上长距离的传输，现在基本上都已经实现了光纤化。在前面所介绍的 ADSL 和 HFC 宽带接入方式中，用于远距离的传输媒体也早都使用了光缆，只是到了临近用户家庭的地方，才转为铜缆（电话的用户线和同轴电缆）。我们知道，一个家庭用户远远用不了一根光纤的通信容量。为了有效地利用光纤资源，在光纤干线和广大用户之间，还需要铺设一段中间的转换装置即**光配线网** ODN (Optical Distribution Network)，使得数十个家庭用户能够共享一根光纤干线。图 2-25 是现在广泛使用的无源光配线网的示意图。“无源”表明在光配线网中无须配备电源，因此基本上不用维护，其长期运营成本和管理成本都很低。无源光配线网常称为**无源光网络** PON (Passive Optical Network)。

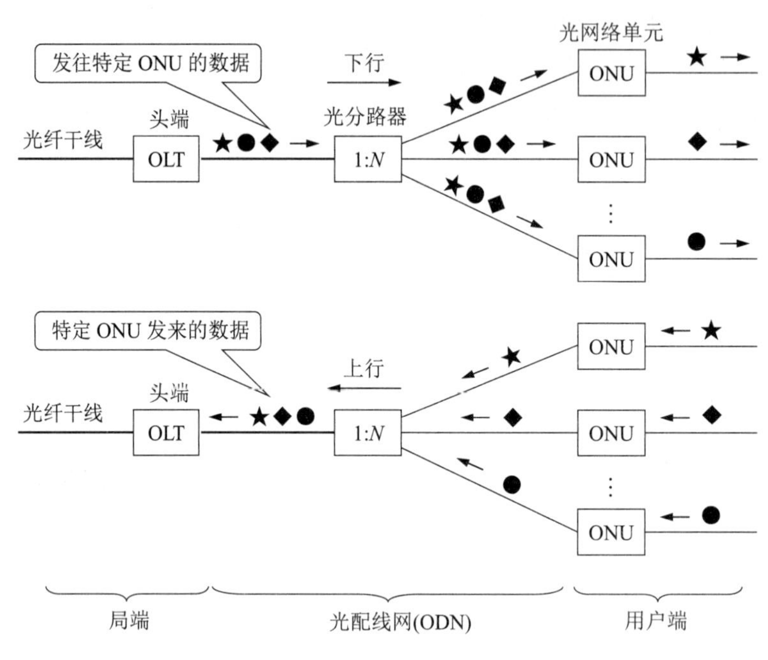

图 2-25　无源光配线网的组成

在图 2-25 中，**光线路终端** OLT (Optical Line Terminal)是连接到光纤干线的终端设备。OLT 把收到的下行数据发往无源的 1:N **光分路器**(splitter)，然后用广播方式向所有用户端的**光网络单元** ONU (Optical Network Unit) 发送。典型的光分路器使用分路比是 1:32，有时也可以使用多级的光分路器。每个 ONU 根据特有的标识只接收发送给自己的数据，然后转换为电信号发往用户家中。每一个 ONU 到用户家中的距离可根据具体情况来设置，OLT 则给各 ONU 分配适当的光功率。如果 ONU 在用户家中，那就是光纤到户 FTTH 了。

当 ONU 发送上行数据时，先把电信号转换为光信号，光分路器把各 ONU 发来的上行数据汇总后，以 TDMA 方式发往 OLT，而发送时间和长度都由 OLT 集中控制，以便有序地共享光纤主干。

光配线网采用波分复用，上行和下行分别使用不同的波长。

无源光网络 PON 的种类很多，但最流行的有以下两种，各有其优缺点。

一种是以太网无源光网络 EPON (Ethernet PON)，已在 2004 年 6 月形成了 IEEE 的标准 802.3ah，较新的版本是 802.3ah-2008。EPON 在链路层使用以太网协议，利用 PON 的拓扑结构实现了以太网的接入。EPON 的优点是：与现有以太网的兼容性好，并且成本低，扩展性强，管理方便。在第 3 章 3.5.4 节还要讨论这个问题。

另一种是吉比特无源光网络 GPON (Gigabit PON)，其标准是 ITU 在 2003 年 1 月批准的

ITU-T G.984。之后更新多次，目前最新的是 2010 年的 G.984.7。GPON 采用**通用封装方法** GEM (Generic Encapsulation Method)，可承载多业务，对各种业务类型都能够提供服务质量保证，总体性能比 EPON 好。GPON 虽成本稍高，但仍是很有潜力的宽带光纤接入技术。

采用光纤接入时，究竟把光网络单元 ONU 放在什么地方，应通过详细的预算对比才能确定。从总的趋势来看，光网络单元 ONU 越来越靠近用户的家庭，因此就有了“光进铜退”的说法。

需要注意的是，目前有些网络运营商所宣传的“光纤到户”，往往并非真正的 FTTH，而是 FTTx，对居民来说就是 FTTB 或 FTTF。有的运营商把这种接入方式叫作“光纤宽带”或“光纤加局域网”，这样可能较为准确。

本章的重要概念

- 物理层的主要任务就是确定与传输媒体的接口有关的一些特性，如机械特性、电气特性、功能特性和过程特性。
- 一个数据通信系统可划分为三大部分，即源系统、传输系统和目的系统。源系统包括源点（或源站、信源）和发送器，目的系统包括接收器和终点（或目的站、信宿）。
- 通信的目的是传送消息。话音、文字、图像、视频等都是消息。数据是运送消息的实体。信号则是数据的电气或电磁的表现。
- 根据信号中代表消息的参数的取值方式不同，信号可分为模拟信号（或连续信号）和数字信号（或离散信号）。代表数字信号不同离散数值的基本波形称为码元。
- 根据双方信息交互的方式，通信可以划分为单向通信（或单工通信）、双向交替通信（或半双工通信）和双向同时通信（或全双工通信）。
- 来自信源的信号叫作基带信号。信号要在信道上传输就要经过调制。调制有基带调制和带通调制之分。最基本的带通调制方法有调幅、调频和调相。还有更复杂的调制方法，如正交振幅调制。
- 要提高数据在信道上的传输速率，可以使用更好的传输媒体，或使用先进的调制技术。但数据传输速率不可能被任意地提高。
- 传输媒体可分为两大类，即导引型传输媒体（双绞线、同轴电缆或光纤）和非导引型传输媒体（无线、红外或大气激光）。
- 常用的信道复用技术有频分复用、时分复用、统计时分复用、码分复用和波分复用（光的频分复用）。
- 最初在数字传输系统中使用的传输标准是脉冲编码调制 PCM。现在高速的数字传输系统使用同步光纤网 SONET（美国标准）或同步数字系列 SDH（国际标准）。
- 用户到互联网的宽带接入方法有非对称数字用户线 ADSL（用数字技术对现有的模拟电话用户线进行改造）、光纤同轴混合网 HFC（在有线电视网的基础上开发的）和 FTTx（即光纤到……）。
- 为了有效地利用光纤资源，在光纤干线和用户之间广泛使用无源光网络 PON。无源光网络无须配备电源，其长期运营成本和管理成本都很低。最流行的无源光网络是以太网无源光网络 EPON 和吉比特无源光网络 GPON。

习题

2-01 物理层要解决哪些问题？物理层的主要特点是什么？

2-02 规程与协议有什么区别？

2-03 试给出数据通信系统的模型并说明其主要组成构件的作用。

2-04 试解释以下名词：数据、信号、模拟数据、模拟信号、基带信号、带通信号、数字数据、数字信号、码元、单工通信、半双工通信、全双工通信、串行传输、并行传输。

2-05 物理层的接口有哪几个方面的特性？各包含些什么内容？

2-06 数据在信道中的传输速率受哪些因素的限制？信噪比能否任意提高？香农公式在数据通信中的意义是什么？“比特/秒”和“码元/秒”有何区别？

2-07 假定某信道受奈氏准则限制的最高码元速率为 20000 码元/秒。如果采用振幅调制，把码元的振幅划分为 16 个不同等级来传送，那么可以获得多高的数据率（bit/s）？

2-08 假定要用 3 kHz 带宽的电话信道传送 64 kbit/s 的数据（无差错传输），试问这个信道应具有多高的信噪比（分别用比值和分贝来表示）？这个结果说明什么问题？

2-09 用香农公式计算一下，假定信道带宽为 3100 Hz，最大信息传输速率为 35 kbit/s，那么若想使最大信息传输速率增加 60%，问信噪比 S/N 应增大到多少倍？如果在刚才计算出的基础上将信噪比 S/N 再增大到 10 倍，问最大信息传输速率能否再增加 20%？

2-10 常用的传输媒体有哪几种？各有何特点？

2-11 假定有一种双绞线的衰减是 0.7 dB/km（在 1 kHz 时），若容许有 20 dB 的衰减，试问使用这种双绞线的链路的工作距离有多长？如果要使这种双绞线的工作距离增大到 100 km，问应当使衰减降低到多少？

2-12 试计算工作在 1200～1400 nm 之间以及工作在 1400～1600 nm 之间的光波的频带宽度。假定光在光纤中的传播速率为 2×10^8 m/s。

2-13 为什么要使用信道复用技术？常用的信道复用技术有哪些？

2-14 试写出下列英文缩写的全称，并进行简单的解释。

FDM，FDMA，TDM，TDMA，STDM，WDM，DWDM，CDMA，SONET，SDH，STM-1，OC-48。

2-15 码分多址 CDMA 为什么可以使所有用户在同样的时间使用同样的频带进行通信而不会互相干扰？这种复用方法有何优缺点？

2-16 共有四个站进行码分多址 CDMA 通信。四个站的码片序列为：

A: (–1 –1 –1 +1 +1 –1 +1 +1)　　B: (–1 –1 +1 –1 +1 +1 +1 –1)

C: (–1 +1 –1 +1 +1 +1 –1 –1)　　D: (–1 +1 –1 –1 –1 –1 +1 –1)

现收到这样的码片序列：(–1 +1 –3 +1 –1 –3 +1 +1)。问哪个站发送数据了？发送数据的站发送的是 1 还是 0？

2-17 试比较 ADSL, HFC 以及 FTTx 接入技术的优缺点。

2-18 在 ADSL 技术中，为什么在不到 1 MHz 的带宽中却可以使传送速率高达每秒几个兆比特？

2-19 什么是 EPON 和 GPON？

第 3 章　数据链路层

数据链路层属于计算机网络的低层。数据链路层使用的信道主要有以下两种类型：

(1) **点对点信道**。这种信道使用一对一的点对点通信方式。

(2) **广播信道**。这种信道使用一对多的广播通信方式，因此过程比较复杂。广播信道上连接的主机很多，因此必须使用专用的共享信道协议来协调这些主机的数据发送。

局域网虽然是个网络，但我们并不把局域网放在网络层中讨论。这是因为在网络层要讨论的问题是多个网络互连的问题，是讨论分组怎样从一个网络，通过路由器，转发到另一个网络。在本章中我们研究的是在同一个局域网中，分组怎样从一台主机传送到另一台主机，但并不经过路由器转发。从整个的互联网来看，局域网仍属于数据链路层的范围。

本章首先介绍点对点信道和在这种信道上最常用的点对点协议 PPP。然后再用较大的篇幅讨论共享信道的局域网和有关的协议。关于无线局域网的讨论将在第 9 章中进行。

本章最重要的内容是：

(1) 数据链路层的点对点信道和广播信道的特点，以及这两种信道所使用的协议（PPP 协议以及 CSMA/CD 协议）的特点。

(2) 数据链路层的三个基本问题：封装成帧、透明传输和差错检测。

(3) 以太网 MAC 层的硬件地址。

(4) 适配器、转发器、集线器、网桥、以太网交换机的作用以及使用场合。

下面看一下两台主机通过互联网进行通信时数据链路层（简称为链路层）所处的地位（如图 3-1 所示）。

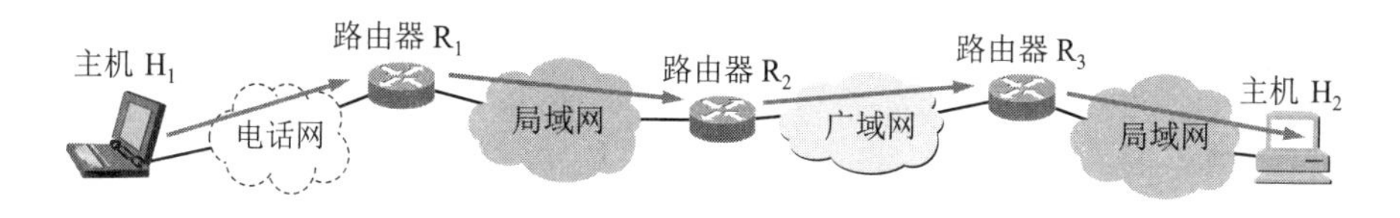

(a) 主机 H_1 向 H_2 发送数据

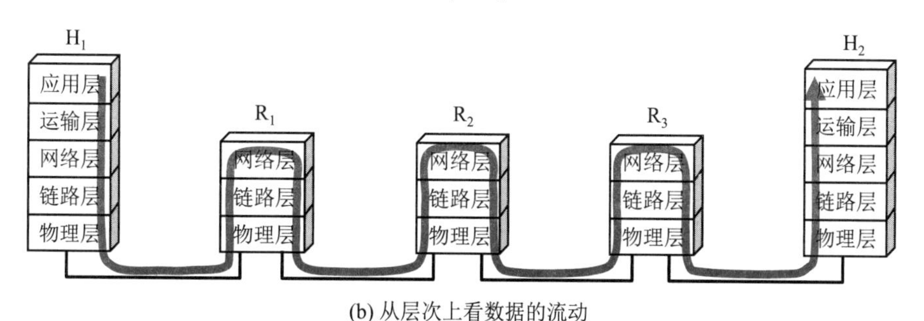

(b) 从层次上看数据的流动

图 3-1　数据链路层的地位

图 3-1(a)表示用户主机 H_1 通过电话线上网，中间经过三个路由器（R_1, R_2 和 R_3）连接到远程主机 H_2。所经过的网络可以是多种的，如电话网、局域网和广域网。当主机 H_1 向

H_2发送数据时，从协议的层次上看，数据的流动如图 3-1(b)所示。主机 H_1 和 H_2 都有完整的五层协议栈，但路由器在转发分组时使用的协议栈只有下面的三层[①]。数据进入路由器后要先从物理层上到网络层，在转发表中找到下一跳的地址后，再下到物理层转发出去。因此，数据从主机 H_1 传送到主机 H_2 需要在路径中的各节点的协议栈向上和向下流动多次，如图中的浅灰色箭头所示。

然而当我们专门研究数据链路层的问题时，在许多情况下我们可以只关心在协议栈中水平方向的各数据链路层。于是，当主机 H_1 向主机 H_2 发送数据时，我们可以想象数据就是在数据链路层从左向右沿水平方向传送，如图 3-2 中从左到右的粗箭头所示，即通过以下这样的链路：

H_1 的链路层→R_1 的链路层→R_2 的链路层→R_3 的链路层→H_2 的链路层

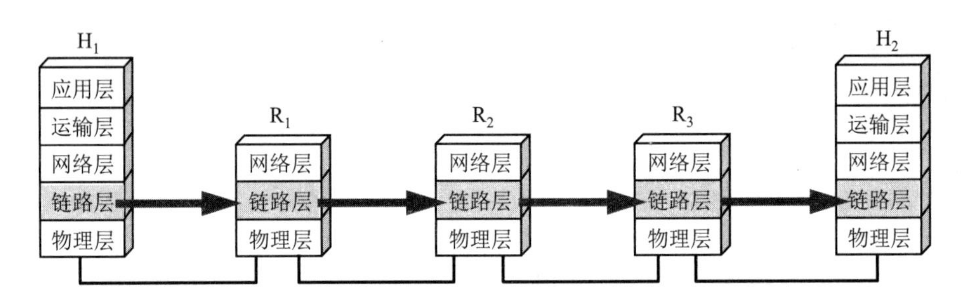

图 3-2　只考虑数据在数据链路层的流动

图 3-2 指出，从数据链路层来看，H_1 到 H_2 的通信可以看成由四段不同的链路层通信组成，即：H_1→R_1，R_1→R_2，R_2→R_3 和 R_3→H_2。这四段不同的链路层可能采用不同的数据链路层协议。

3.1　数据链路层的几个共同问题

本节重点讨论使用点对点信道的数据链路层的一些基本问题。其中的某些概念对广播信道也是适用的。

3.1.1　数据链路和帧

我们在这里要明确一下，“链路”和“数据链路”并不是一回事。

所谓**链路**(link)就是从一个节点**到相邻节点**的一段物理线路（有线或无线），而中间没有任何其他的交换节点。在进行数据通信时，两台计算机之间的通信路径往往要经过许多段这样的链路。可见链路只是一条路径的组成部分。

数据链路(data link)则是另一个概念。这是因为当需要在一条线路上传送数据时，除了必须有一条物理线路外，还必须有一些必要的通信协议来控制这些数据的传输（这将在后面几节讨论）。若把实现这些协议的硬件和软件加到链路上，就构成了数据链路。现在最常用

① 注：当路由器之间在交换路由信息时，根据所使用的路由选择协议的不同，也有可能需要使用运输层协议。见下一章的 4.5 节。

的方法是使用**网络适配器**（既有硬件，也包括软件）来实现这些协议。一般的适配器都包括了数据链路层和物理层这两层的功能。

也有人采用另外的术语。这就是把链路分为物理链路和逻辑链路。物理链路就是上面所说的链路，而逻辑链路就是上面的数据链路，是物理链路加上必要的通信协议。

早期的数据通信协议曾叫作通信**规程**(procedure)。因此在数据链路层，规程和协议是同义语。

下面再介绍点对点信道的数据链路层的协议数据单元——**帧**。

数据链路层把网络层交下来的数据构成**帧**发送到链路上，以及把接收到的**帧**中的数据取出并上交给网络层。在互联网中，网络层协议数据单元就是 IP 数据报（或简称为**数据报**、**分组**或**包**）。

为了把主要精力放在点对点信道的数据链路层协议上，可以采用如图 3-3(a)所示的三层模型。在这种三层模型中，不管在哪一段链路上的通信（主机和路由器之间或两个路由器之间），我们都看成是节点和节点的通信（如图中的节点 A 和节点 B），而每个节点只有下三层——网络层、数据链路层和物理层。

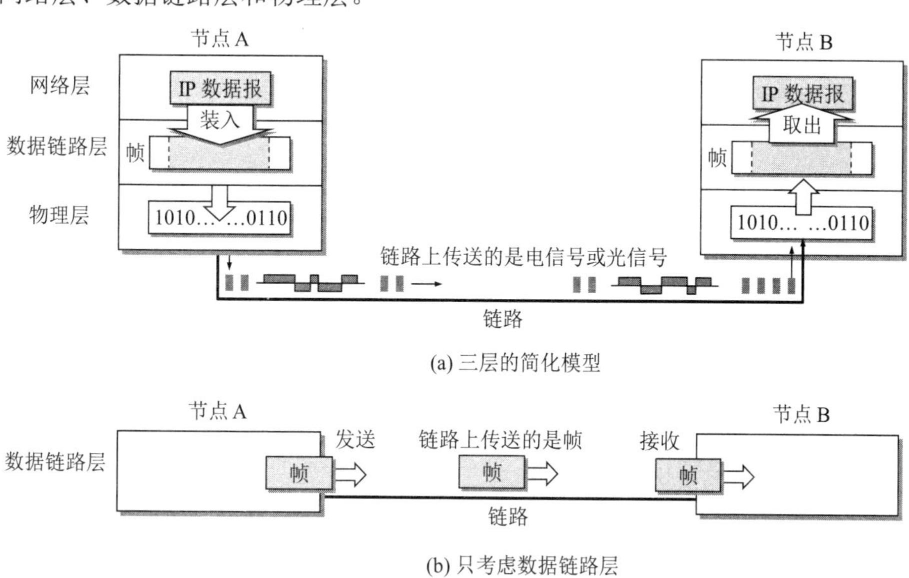

图 3-3　使用点对点信道的数据链路层

点对点信道的数据链路层在进行通信时的主要步骤如下：

(1) 节点 A 的数据链路层把网络层交下来的 IP 数据报添加首部和尾部封装成帧。

(2) 节点 A 把封装好的帧发送给节点 B 的数据链路层。

(3) 若节点 B 的数据链路层收到的帧无差错，则从收到的帧中提取出 IP 数据报交给上面的网络层；否则丢弃这个帧。

数据链路层不必考虑物理层如何实现比特传输的细节。我们甚至还可以更简单地设想**好像是**沿着两个数据链路层之间的水平方向把帧直接发送到对方，如图 3-3(b)所示。

3.1.2　三个基本问题

扫一扫

视频讲解

数据链路层协议有许多种，但有三个基本问题则是共同的。这三个基本问题是：**封装成帧**、**透明传输**和**差错检测**。下面分别讨论这三个基本问题。

1. 封装成帧

封装成帧(framing)就是在一段数据的前后分别添加首部和尾部，这样就构成了一个帧。接收端在收到物理层上交的比特流后，就能根据首部和尾部的标记，从收到的比特流中识别帧的开始和结束。图 3-4 表示用帧首部和帧尾部封装成帧的一般概念。我们知道，分组交换的一个重要概念就是：所有在互联网上传送的数据都以分组（即 IP 数据报）为传送单位。网络层的 IP 数据报传送到数据链路层就成为帧的数据部分。在帧的数据部分的前面和后面分别添加上首部和尾部，构成了一个完整的帧。这样的帧就是数据链路层的数据传送单元。一个帧的帧长等于帧的数据部分长度加上帧首部和帧尾部的长度。首部和尾部的一个重要作用就是进行**帧定界**（即确定帧的界限）。此外，首部和尾部还包括许多必要的控制信息。在发送帧时，是从帧首部开始发送的。各种数据链路层协议都对帧首部和帧尾部的格式有明确的规定。显然，为了提高帧的传输效率，应当使帧的数据部分长度尽可能地大于首部和尾部的长度。但是，每一种链路层协议都规定了所能传送的帧的**数据部分长度上限——最大传送单元** MTU (Maximum Transfer Unit)。图 3-4 给出了帧的首部和尾部的位置，以及帧的数据部分与 MTU 的关系。

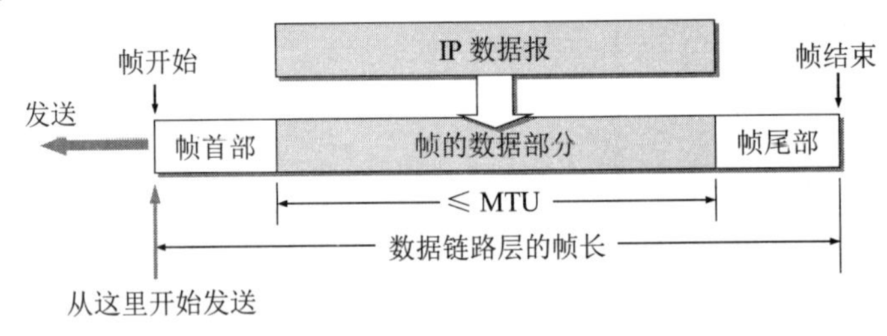

图 3-4　用帧首部和帧尾部封装成帧

当数据是由可打印的 ASCII 码组成的文本文件时，帧定界可以使用特殊的**帧定界符**。我们知道，ASCII 码是 7 位编码，一共可组合成 128 个不同的 ASCII 码，其中可打印的有 95 个[①]，而不可打印的控制字符有 33 个。图 3-5 的例子可说明帧定界的概念。控制字符 SOH (Start Of Header)放在一帧的最前面，表示帧的首部开始。另一个控制字符 EOT (End Of Transmission)表示帧的结束。请注意，SOH 和 EOT 都是控制字符的名称。它们的十六进制编码分别是 01（二进制是 00000001）和 04（二进制是 00000100）。SOH（或 EOT）并不是 S, O, H（或 E, O, T）三个字符。此外，为了强调帧定界符的作用，与帧定界符无关的控制信息在图 3-5 中都省略了。

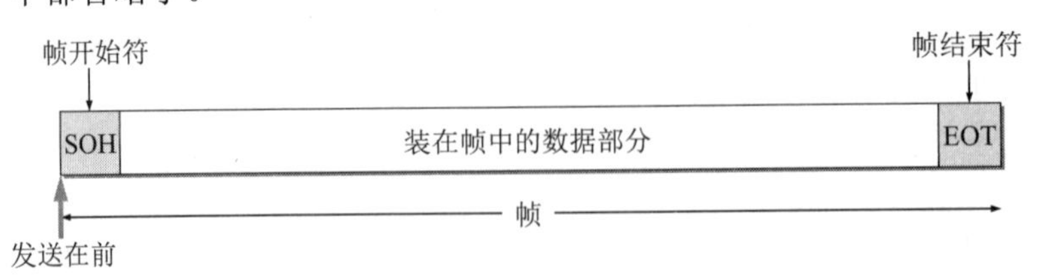

图 3-5　用控制字符进行帧定界的方法举例

① 注："可打印的字符"就是"可以从键盘上输入的字符"（因而也是可打印出的）。我们使用的标准键盘有 47 个键可输入 94 个字符（包括使用 Shift 键），加上空格键，一共可输入 95 个可打印字符。

当数据在传输中出现差错时，帧定界符的作用更加明显。假定发送端在尚未发送完一个帧时突然出故障，中断了发送。但随后很快又恢复正常，于是重新从头开始发送刚才未发送完的帧。由于使用了帧定界符，接收端就知道前面收到的数据是个不完整的帧（只有首部开始符 SOH 而没有传输结束符 EOT），必须丢弃。而后面收到的数据有明确的帧定界符（SOH 和 EOT），因此这是一个完整的帧，应当收下。

2. 透明传输

由于帧的开始和结束的标记使用专门指明的控制字符，因此，所传输的数据中的任何 8 比特的组合一定不允许和用作帧定界的控制字符的比特编码一样，否则就会出现帧定界的错误。

当传送的帧是用文本文件组成的帧时（文本文件中的字符都是从键盘上输入的），其数据部分显然不会出现像 SOH 或 EOT 这样的帧定界控制字符。可见不管从键盘上输入什么字符都可以放在这样的帧中传输过去，因此这样的传输就是透明传输。

但当数据部分是非 ASCII 码的文本文件时（如二进制代码的计算机程序或图像等），情况就不同了。如果数据中的某个字节的二进制代码恰好和 SOH 或 EOT 这种控制字符一样（如图 3-6 所示），数据链路层就会**错误地**“找到帧的边界”，把部分帧收下（误认为是个完整的帧），而把剩下的那部分数据丢弃（这部分找不到帧定界控制字符 SOH）。

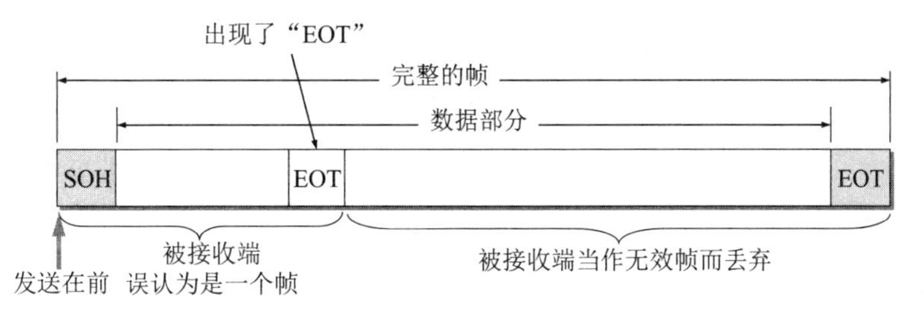

图 3-6　数据部分恰好出现与 EOT 一样的代码

像图 3-6 所示的帧的传输显然就不是“透明传输”，因为当遇到数据中碰巧出现字符“EOT”时就传不过去了。数据中的“EOT”将被接收端错误地解释为“传输结束”的控制字符，而在其后面的数据因找不到“SOH”被接收端当作无效帧而丢弃。但实际上在数据中出现的字符“EOT”并非控制字符而仅仅是二进制数据 00000100。

前面提到的“**透明**”是一个很重要的术语。它表示：**某一个实际存在的事物看起来却好像不存在一样**（例如，你看不见在你前面有块 100%透明的玻璃的存在）。“在数据链路层透明传送数据”表示无论什么样的比特组合的数据，都能够按照原样没有差错地通过这个数据链路层。因此，对所传送的数据来说，这些数据就“看不见”数据链路层有什么妨碍数据传输的东西。或者说，数据链路层对这些数据来说是透明的。

为了解决透明传输问题，就必须设法使**数据中**可能出现的控制字符“SOH”和“EOT”在接收端不被解释为控制字符。具体的方法是：发送端的数据链路层在数据中出现控制字符“SOH”或“EOT”的前面插入一个**转义字符**“ESC”(其十六进制编码是 1B，二进制是 00011011)。而在接收端的数据链路层在把数据送往网络层之前删除这个插入的转义字符。这种方法称为**字节填充**(byte stuffing)或**字符填充**(character stuffing)。如果转义字符也出现在数据当中，那么解决方法仍然是在转义字符的前面插入一个转义字符。因此，当接收端收到连续的两个转义字符时，就删除其中前面的一个。图 3-7 表示用字节填充法解决透明传输的问题。

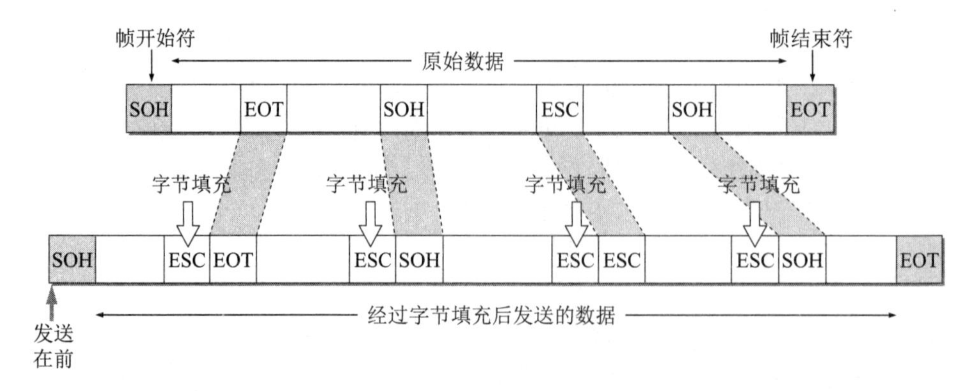

图 3-7　用字节填充法解决透明传输的问题

3. 差错检测

现实的通信链路都不会是理想的。这就是说，比特在传输过程中可能会产生差错：1 可能会变成 0，而 0 也可能变成 1。这就叫作**比特差错**。比特差错是传输差错中的一种。本小节所说的“差错”，如无特殊说明，就是指“比特差错”。在一段时间内，传输错误的比特占所传输比特总数的比率称为**误码率** BER (Bit Error Rate)。例如，误码率为 10^{-10} 时，表示平均每传送 10^{10} 个比特就会出现一个比特的差错。误码率与信噪比有很大的关系。如果设法提高信噪比，就可以使误码率减小。实际的通信链路并非是理想的，它不可能使误码率下降到零。因此，为了保证数据传输的可靠性，在计算机网络传输数据时，必须采用各种差错检测措施。目前在数据链路层广泛使用了**循环冗余检验** CRC (Cyclic Redundancy Check)的检错技术。

下面我们通过一个简单的例子来说明循环冗余检验的原理。

在发送端，先把数据划分为组，假定每组 k 个比特。现假定待传送的数据 M = 101001（k = 6）。CRC 运算就是在数据 M 的后面添加供差错检测用的 n 位**冗余码**，然后构成一个帧发送出去，一共发送$(k + n)$位。在所要发送的数据后面增加 n 位的冗余码，虽然增大了数据传输的开销，但却可以进行差错检测。当传输可能出现差错时，付出这种代价往往是很值得的。

这 n 位冗余码可用以下方法得出。用二进制的**模 2 运算**①进行 2^n 乘 M 的运算，这相当于在 M 后面添加 n 个 0。得到的$(k + n)$位的数**除以**收发双方事先商定的长度为$(n + 1)$位的除数 P，得出商是 Q 而**余数**是 R（n 位，比 P 少一位）。关于除数 P 下面还要介绍。在图 3-8 所示的例子中，M = 101001（即 k = 6）。假定除数 P = 1101（即 n = 3）。经模 2 除法运算后的结果是：商 Q = 110101（这个商并没有什么用处），而余数 R = 001。这个余数 R 就作为冗余码拼接在数据 M 的后面发送出去。这种为了进行检错而添加的冗余码常称为**帧检验序列** FCS (Frame Check Sequence)。因此加上 FCS 后发送的帧是 101001001（即 2^nM + FCS），共有$(k + n)$位。

顺便说一下，循环冗余检验 CRC 和帧检验序列 FCS 并不是同一个概念。CRC 是一种**检错方法**，而 FCS 是添加在数据后面的**冗余码**，在检错方法上可以选用 CRC，但也可不选用 CRC。

---

① 注：用模 2 运算进行加法时不进位，例如，1111 + 1010 = 0101。减法和加法一样，按加法规则计算。

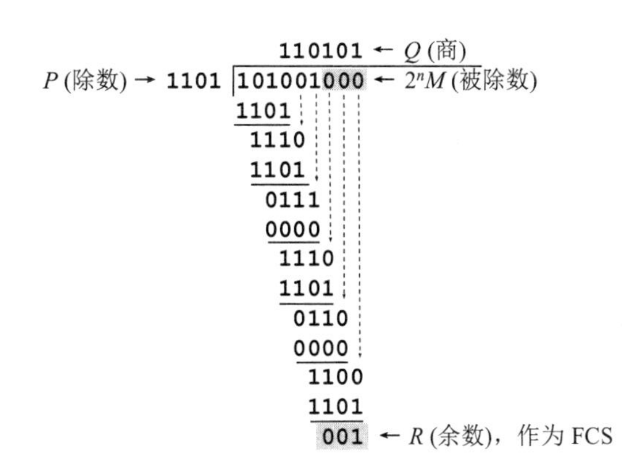

图 3-8　说明循环冗余检验原理的例子

在接收端把接收到的数据以帧为单位进行 CRC 检验：把收到的每一个帧都除以同样的除数 P（模 2 运算），然后检查得到的余数 R。

如果在传输过程中无差错，那么经过 CRC 检验后得出的余数 R 肯定是 0（读者可以自己验算一下。被除数现在是 101001001，而除数是 $P = 1101$，看余数 R 是否为 0）。

但如果出现误码，那么余数 R 仍等于零的概率是非常非常小的（这可以通过不太复杂的概率计算得出，例如，可参考[TANE11]）。

总之，在接收端对收到的每一帧经过 CRC 检验后，有以下两种情况：

(1) 若得出的余数 $R = 0$，则判定这个帧没有差错，就接受(accept)。

(2) 若余数 $R \neq 0$，则判定这个帧有差错（但无法确定究竟是哪一位或哪几位出现了差错），就丢弃。

一种较方便的方法是用多项式来表示循环冗余检验过程。在上面的例子中，用多项式 $P(X) = X^3 + X^2 + 1$ 表示上面的除数 $P = 1101$（最高位对应于 X^3，最低位对应于 X^0）。多项式 $P(X)$称为**生成多项式**。现在广泛使用的生成多项式 $P(X)$有以下几种：

$$\text{CRC-16} = X^{16} + X^{15} + X^2 + 1$$
$$\text{CRC-CCITT} = X^{16} + X^{12} + X^5 + 1$$
$$\text{CRC-32} = X^{32} + X^{26} + X^{23} + X^{22} + X^{16} + X^{12} + X^{11} + X^{10} + X^8 + X^7 + X^5 + X^4 + X^2 + X + 1$$

在数据链路层，发送端帧检验序列 FCS 的生成和接收端的 CRC 检验都是用硬件完成的，处理很迅速，因此并不会延误数据的传输。

从以上的讨论不难看出，如果我们在传送数据时不以帧为单位来传送，那么就无法加入冗余码以进行差错检验。因此，如果要在数据链路层进行差错检验，就必须把数据划分为帧，每一帧都加上冗余码，一帧接一帧地传送，然后在接收方逐帧进行差错检验。

最后再强调一下，在数据链路层若**仅仅**使用循环冗余检验 CRC 差错检测技术，则只能做到对帧的**无差错接受**，即：**“凡是接收端数据链路层接受的帧，我们都能以非常接近于 1 的概率认为这些帧在传输过程中没有产生差错”**。接收端丢弃的帧虽然曾**收到**了，但最终还是因为有差错被丢弃，即没有被**接受**。以上所述的可以**近似地**表述为（通常都是这样认为）：**“凡是接收端数据链路层接受的帧均无差错”**。

请注意，我们现在并没有要求数据链路层向网络层提供**“可靠传输”**的服务。所谓**“可靠传输”**就是：数据链路层的发送端发送什么，在接收端就收到什么。传输差错可分为两大类：一类就是前面所说的最基本的比特差错，而另一类传输差错则更复杂些，这就是收到的帧并没有出现比特差错，但却出现了**帧丢失**、**帧重复**或**帧失序**。例如，发送方连续传送三个帧：[#1]-[#2]-[#3]。假定接收端收到的每一个帧都没有比特差错，但却出现下面的几种情况：

帧丢失：收到[#1]-[#3]（丢失[#2]）。

帧重复：收到[#1]-[#2]-[#2]-[#3]（收到两个[#2]）。

帧失序：收到[#1]-[#3]-[#2]（后发送的帧反而先到达了接收端，这与一般数据链路层的传输概念不一样）。

以上三种情况都属于"**出现传输差错**"，但都不是这些帧里有"比特差错"。帧丢失很容易理解。但出现帧重复和帧失序的情况则较为复杂，对这些问题我们现在不展开讨论。在学完第 5 章的 5.4 节后，我们就会知道在什么情况下接收端可能会出现帧重复或帧失序。

总之，我们应当明确，"无比特差错"与"无传输差错"并不是同样的概念。在数据链路层使用 CRC 检验，能够实现无比特差错的传输，但这还不是可靠传输。

我们知道，过去 OSI 的观点是：必须让数据链路层向上提供可靠传输。因此在 CRC 检错的基础上，增加了**帧编号**、**确认**和**重传机制**。收到正确的帧就要向发送端发送确认。发送端在一定的期限内若没有收到对方的确认，就认为出现了差错，因而就进行重传，直到收到对方的确认为止。这种方法在历史上曾经起到很好的作用。但现在的通信线路的质量已经大大提高了，由通信链路质量不好引起差错的概率已经大大降低。因此，现在互联网就采取了区别对待的方法：

对于通信质量良好的有线传输链路，数据链路层协议不使用确认和重传机制，即不要求数据链路层向上提供可靠传输的服务。如果在数据链路层传输数据时出现了差错并且需要进行改正，那么改正差错的任务就由上层协议（例如，运输层的 TCP 协议）来完成。

对于通信质量较差的无线传输链路，数据链路层协议使用确认和重传机制，数据链路层向上提供可靠传输的服务（见第 9 章）。

实践证明，这样做可以**提高通信效率**。

可靠传输协议将在第 5 章中讨论。本章介绍的数据链路层协议都不是可靠传输的协议。

3.2 点对点协议 PPP

在通信线路质量较差的年代，在数据链路层使用可靠传输协议曾经是一种好办法。因此，能实现可靠传输的**高级数据链路控制** HDLC (High-level Data Link Control)就成为当时比较流行的数据链路层协议。但现在 HDLC 已很少使用了。对于点对点的链路，简单得多的**点对点协议 PPP** (Point-to-Point Protocol)则是目前使用得最广泛的数据链路层协议。

3.2.1 PPP 协议的特点

我们知道，互联网用户通常都要连接到某个 ISP 才能接入到互联网。PPP 协议就是用户计算机和 ISP 进行通信时所使用的数据链路层协议（如图 3-9 所示）。

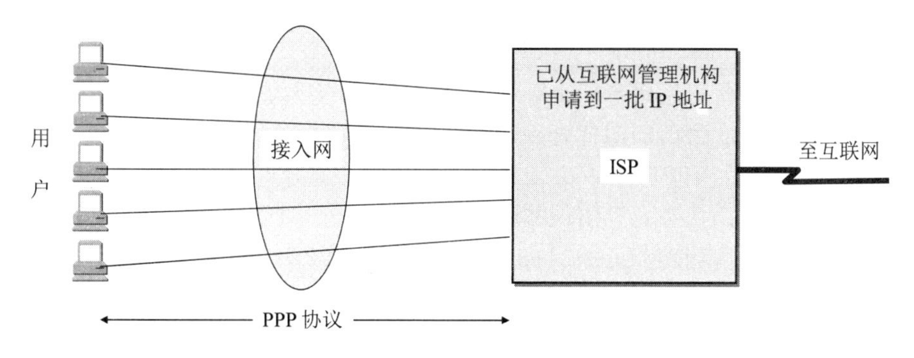

图 3-9 用户到 ISP 的链路使用 PPP 协议

PPP 协议是 IETF 在 1992 年制定的。经过 1993 年和 1994 年的修订，现在的 PPP 协议在 1994 年就已成为互联网的正式标准[RFC 1661, STD51]。

1. PPP 协议应满足的需求

IETF 认为，在设计 PPP 协议时必须考虑以下多方面的需求[RFC 1547]：

(1) **简单** IETF 在设计互联网体系结构时把其中最复杂的部分放在 TCP 协议中，而网际协议 IP 则相对比较简单，它提供的是不可靠的数据报服务。在这种情况下，数据链路层没有必要提供比 IP 协议更多的功能。因此，对数据链路层的帧，不需要纠错，不需要序号，也不需要流量控制。IETF 把“简单”作为**首要的需求**。

简单的设计还可使协议在实现时不容易出错，从而使不同厂商在协议的不同实现上的**互操作性提高了**。我们知道，协议标准化的一个主要目的就是提高协议的互操作性。

总之，这种数据链路层的协议非常简单：接收方每收到一个帧，就进行 CRC 检验。如 CRC 检验正确，就收下这个帧；反之，就丢弃这个帧，**其他什么也不做**。

(2) **封装成帧** PPP 协议必须规定特殊的字符作为**帧定界符**（即标志一个帧的开始和结束的字符），以便使接收端从收到的比特流中能准确地找出帧的开始和结束位置。

(3) **透明性** PPP 协议必须保证数据传输的透明性。这就是说，如果数据中碰巧出现了和帧定界符一样的比特组合时，就要采取有效的措施来解决这个问题（见 3.2.2 节）。

(4) **多种网络层协议** PPP 协议必须能够**在同一条物理链路上同时支持多种网络层协议**（如 IP 和 IPX 等）的运行。当点对点链路所连接的是局域网或路由器时，PPP 协议必须同时支持在链路所连接的局域网或路由器上运行的各种网络层协议。

(5) **多种类型链路** 除了要支持多种网络层的协议外，PPP 还必须能够在多种类型的链路上运行。例如，串行的（一次只发送一个比特）或并行的（一次并行地发送多个比特），同步的或异步的，低速的或高速的，电的或光的，交换的（动态的）或非交换的（静态的）点对点链路。

这里特别要提到的是在 1999 年公布的在以太网上运行的 PPP，即 PPP over Ethernet，简称为 PPPoE [RFC 2516]，这是 PPP 协议能够适应多种类型链路的一个典型例子。PPPoE 是为宽带上网的主机使用的链路层协议。这个协议把 PPP 帧再封装在以太网帧中（当然还要增加一些能够识别各用户的功能）。宽带上网时由于数据传输速率较高，因此可以让多个连接在以太网上的用户共享一条到 ISP 的宽带链路。现在，即使只有一个用户利用 ADSL 进行宽带上网（并不和其他人共享到 ISP 的宽带链路），也是使用 PPPoE 协议，见后面的 3.5.4 节的讨论。

(6) **差错检测**(error detection)　PPP 协议必须能够对接收端收到的帧进行检测，并**立即丢弃有差错的帧**。若在数据链路层不进行差错检测，那么已出现差错的无用帧就还要在网络中继续向前转发，因而会白白浪费许多的网络资源。

(7) **检测连接状态**　PPP 协议必须具有一种机制能够及时（不超过几分钟）自动检测出链路是否处于正常工作状态。当出现故障的链路隔了一段时间后又重新恢复正常工作时，就特别需要有这种及时检测功能。

(8) **最大传送单元**　PPP 协议必须对每一种类型的点对点链路设置**最大传送单元** MTU 的标准默认值①。这样做是为了促进各种实现之间的互操作性。如果高层协议发送的分组过长并超过 MTU 的数值，PPP 就要丢弃这样的帧，并返回差错。需要强调的是，MTU 是数据链路层的帧可以载荷的**数据部分**的最大长度，而**不是帧的总长度**。

(9) **网络层地址协商**　PPP 协议必须提供一种机制使通信的两个网络层（例如，两个 IP 层）的实体能够通过协商知道或能够配置彼此的网络层地址。协商的算法应尽可能简单，并且能够在所有的情况下得出协商结果。这对拨号连接的链路特别重要，因为如果仅仅在链路层建立了连接而不知道对方网络层地址，则还不能够保证网络层可以传送分组。

(10) **数据压缩协商**　PPP 协议必须提供一种方法来协商使用数据压缩算法。但 PPP 协议并不要求将数据压缩算法进行标准化。

在 TCP/IP 协议族中，可靠传输由运输层的 TCP 协议负责，因此数据链路层的 PPP 协议不需要进行纠错，不需要设置序号，也不需要进行流量控制。PPP 协议不支持多点线路（即一个主站轮流和链路上的多个从站进行通信），而只支持点对点的链路通信。此外，PPP 协议只支持全双工链路。

2. PPP 协议的组成

PPP 协议有三个组成部分：

(1) 一个将 IP 数据报封装到串行链路的方法。PPP 既支持异步链路（无奇偶检验的 8 比特数据），也支持面向比特的同步链路。IP 数据报在 PPP 帧中就是其信息部分。这个信息部分的长度受最大传送单元 MTU 的限制。

(2) 一个用来建立、配置和测试数据链路连接的**链路控制协议 LCP** (Link Control Protocol)。通信的双方可协商一些选项。在 RFC 1661 中定义了 11 种类型的 LCP 分组。

(3) 一套**网络控制协议 NCP** (Network Control Protocol)②，其中的每一个协议支持不同的网络层协议，如 IP、OSI 的网络层、DECnet 和 AppleTalk 等。

3.2.2 PPP 协议的帧格式

1. 各字段的意义

PPP 的帧格式如图 3-10 所示。PPP 帧的首部和尾部分别为四个字段和两个字段。

首部的第一个字段和尾部的第二个字段都是标志字段 F (Flag)，规定为 0x7E（符号“0x”表示它后面的字符是用十六进制表示的。十六进制的 7E 的二进制表示是 01111110）。标志

---

① 注：MTU 的默认值是 1500 字节。在 RFC 1661 中，MTU 叫作最大接收单元 MRU (Maximum Receive Unit)。

② 注：TCP 的早期版本也叫作 NCP，但它和这里所讨论的 NCP 没有关系。

字段表示一个帧的开始或结束。因此标志字段就是 PPP 帧的定界符。连续两帧之间只需要用一个标志字段。如果出现连续两个标志字段，就表示这是一个空帧，应当丢弃。

首部中的地址字段 A 规定为 0xFF（即 11111111），控制字段 C 规定为 0x03（即 00000011）。最初曾考虑以后再对这两个字段的值进行其他定义，但至今也没有给出。可见这两个字段实际上并没有携带 PPP 帧的信息。

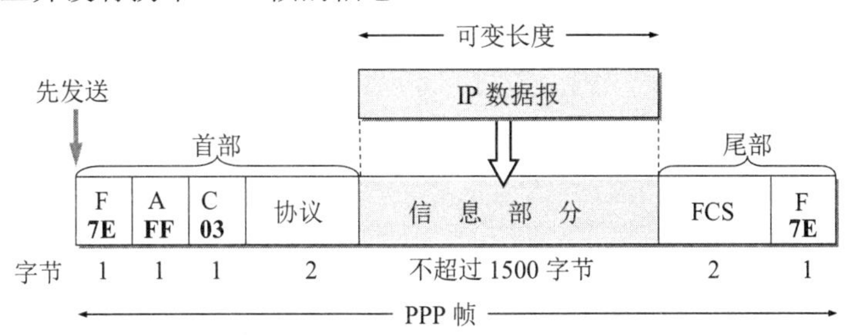

图 3-10 PPP 帧的格式

PPP 首部的第四个字段是 2 字节的协议字段。当协议字段为 0x0021 时，PPP 帧的信息字段就是 IP 数据报。若为 0xC021, 则信息字段是 PPP 链路控制协议 LCP 的数据，而 0x8021 表示这是网络层的控制数据。

信息字段的长度是可变的，不超过 1500 字节。

尾部中的第一个字段（2 字节）是使用 CRC 的帧检验序列 FCS。

2. 字节填充

当信息字段中出现和标志字段一样的比特(0x7E)组合时，就必须采取一些措施使这种形式上和标志字段一样的比特组合不出现在信息字段中。

当 PPP 使用异步传输时，它把转义符定义为 0x7D（即 01111101），并使用**字节填充**，RFC 1662 规定了如下所述的填充方法：

(1) 把信息字段中出现的每一个 0x7E 字节转变成为 2 字节序列(0x7D, 0x5E)。

(2) 若信息字段中出现一个 0x7D 的字节（即出现了和转义字符一样的比特组合），则把 0x7D 转变成为 2 字节序列(0x7D, 0x5D)。

(3) 若信息字段中出现 ASCII 码的控制字符（即数值小于 0x20 的字符），则在该字符前面要加入一个 0x7D 字节，同时将该字符的编码加以改变。例如，出现 0x03（在控制字符中是“传输结束”ETX）就要把它转变为 2 字节序列(0x7D, 0x23)。

由于在发送端进行了字节填充，因此在链路上传送的信息字节数就超过了原来的信息字节数。但接收端在收到数据后再进行与发送端字节填充相反的变换，就可以正确地恢复出原来的信息。

3. 零比特填充

PPP 协议用在 SONET/SDH 链路时，使用同步传输（一连串的比特连续传送）而不是异步传输（逐个字符地传送）。在这种情况下，PPP 协议采用零比特填充方法来实现透明传输。

零比特填充的具体做法是：在发送端，先扫描整个信息字段（通常用硬件实现，但也可用软件实现，只是会慢些）。只要发现有 5 个连续 1，则立即填入一个 0。因此经过这种零比特填充后的数据，就可以保证在信息字段中不会出现 6 个连续 1。接收端在收到一个帧时，先找到标志字段 F 以确定一个帧的边界，接着再用硬件对其中的比特流进行扫描。每当发现 5 个连续 1 时，就把这 5 个连续 1 后的一个 0 删除，以还原成原来的信息比特流（如图 3-11 所示）。这样就保证了透明传输：在所传送的数据比特流中可以传送任意组合的比特流， 而不会引起对帧边界的错误判断。

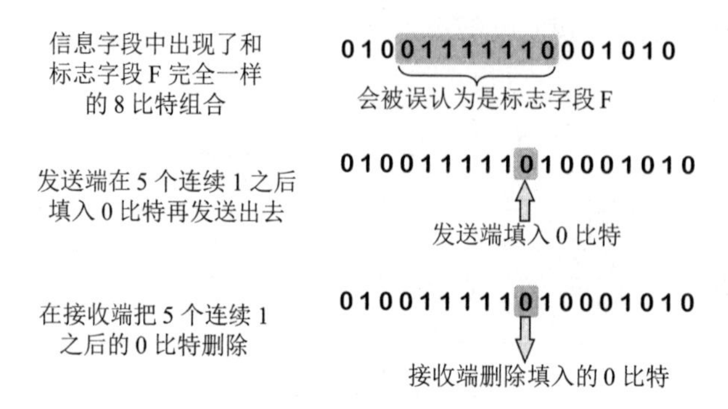

图 3-11　零比特的填充与删除

3.2.3　PPP 协议的工作状态

上一节我们通过 PPP 帧的格式讨论了 PPP 帧是怎样组成的。但 PPP 链路一开始是怎样被初始化的？当用户拨号接入 ISP 后，就建立了一条从用户个人电脑到 ISP 的物理连接。这时，用户个人电脑向 ISP 发送一系列的链路控制协议 LCP 分组（封装成多个 PPP 帧），以便建立 LCP 连接。这些分组及其响应选择了将要使用的一些 PPP 参数。接着还要进行网络层配置，网络控制协议 NCP 给新接入的用户个人电脑分配一个临时的 IP 地址。这样，用户个人电脑就成为互联网上的一个有 IP 地址的主机了。

当用户通信完毕时，NCP 释放网络层连接，收回原来分配出去的 IP 地址。接着，LCP 释放数据链路层连接。最后释放的是物理层的连接。

上述过程可用如图 3-12 所示的状态图来描述。

PPP 链路的起始和终止状态永远是图 3-12 中的“**链路静止**”(Link Dead)状态，这时在用户个人电脑和 ISP 的路由器之间并不存在物理层的连接。

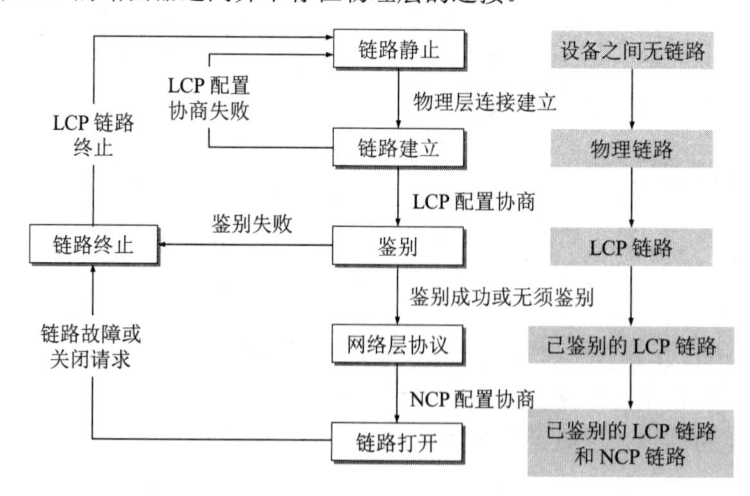

图 3-12　PPP 协议的状态图

当用户个人电脑通过调制解调器呼叫路由器时（通常是在屏幕上用鼠标点击一个连接按钮），路由器就能够检测到调制解调器发出的载波信号。在双方建立了物理层连接后，PPP 就进入“**链路建立**”(Link Establish)状态，其目的是建立链路层的 LCP 连接。

这时 LCP 开始协商一些**配置选项**，即发送 LCP 的**配置请求帧**(Configure-Request)。这是个 PPP 帧，其协议字段置为 LCP 对应的代码，而信息字段包含特定的配置请求。链路的另一端可以发送以下几种响应中的一种：

(1) **配置确认帧** (Configure-Ack)：所有选项都接受。

(2) **配置否认帧** (Configure-Nak)：所有选项都理解但不能接受。

(3) **配置拒绝帧** (Configure-Reject)：选项有的无法识别或不能接受，需要协商。

LCP 配置选项包括链路上的最大帧长、所使用的**鉴别协议**(Authentication Protocol)的规约（如果有的话），以及不使用 PPP 帧中的地址和控制字段（因为这两个字段的值是固定的，没有任何信息量，可以在 PPP 帧的首部中省略这两个字节）。

协商结束后双方就建立了 LCP 链路，接着就进入“**鉴别**”(Authenticate)状态。在这一状态，只允许传送 LCP 协议的分组、鉴别协议的分组以及监测链路质量的分组。若使用**口令鉴别协议** PAP (Password Authentication Protocol)，则需要发起通信的一方发送身份标识符和口令。系统可允许用户重试若干次。如果需要有更好的安全性，则可使用更加复杂的**口令握手鉴别协议** CHAP (Challenge-Handshake Authentication Protocol)。若鉴别身份失败，则转到“**链路终止**”(Link Terminate)状态。若鉴别成功，则进入“**网络层协议**”(Network-Layer Protocol)状态。

在“**网络层协议**”状态，PPP 链路两端的网络控制协议 NCP 根据网络层的不同协议互相交换网络层特定的网络控制分组。这个步骤是很重要的，因为现在的路由器都能够同时支持多种网络层协议。总之，PPP 协议两端的网络层可以运行不同的网络层协议，但仍然可使用同一个 PPP 协议进行通信。

如果在 PPP 链路上运行的是 IP 协议，则对 PPP 链路的每一端配置 IP 协议模块（如分配 IP 地址）时就要使用 NCP 中支持 IP 的协议——**IP 控制协议** IPCP (IP Control Protocol)。IPCP 分组也封装成 PPP 帧（其中的协议字段为 0x8021）在 PPP 链路上传送。在低速链路上运行时，双方还可以协商使用压缩的 TCP 和 IP 首部，以减少在链路上发送的比特数。

当网络层配置完毕后，链路就进入可进行数据通信的“**链路打开**”(Link Open)状态。链路的两个 PPP 端点可以彼此向对方发送分组。两个 PPP 端点还可发送**回送请求** LCP 分组(Echo-Request)和**回送回答** LCP 分组(Echo-Reply)，以检查链路的状态。

数据传输结束后，可以由链路的一端发出**终止请求** LCP 分组(Terminate-Request)请求终止链路连接，在收到对方发来的**终止确认** LCP 分组(Terminate-Ack)后，转到“**链路终止**”状态。如果链路出现故障，也会从“**链路打开**”状态转到“**链路终止**”状态。当调制解调器的载波停止后，则回到“**链路静止**”状态。

图 3-12 右方的灰色方框给出了对 PPP 协议的几个状态的说明。从设备之间无链路开始，到先建立物理链路，再建立链路控制协议 LCP 链路。经过鉴别后再建立网络控制协议 NCP 链路，然后才能交换数据。由此可见，PPP 协议已不是纯粹的数据链路层的协议，它还包含了物理层和网络层的内容。

3.3 使用广播信道的数据链路层

广播信道可以进行一对多的通信。下面要讨论的局域网使用的就是广播信道。局域网是在 20 世纪 70 年代末发展起来的。局域网技术在计算机网络中占有非常重要的地位。

3.3.1 局域网的数据链路层

扫一扫

视频讲解

局域网最主要的特点是：**网络为一个单位所拥有，且地理范围和站点数目均有限**。在局域网刚刚出现时，局域网比广域网具有较高的数据率、较低的时延和较小的误码率。但随着光纤技术在广域网中普遍使用，现在广域网也具有很高的数据率和很低的误码率。

局域网具有如下的一些优点：

(1) 具有广播功能，从一个站点可很方便地访问全网。局域网上的主机可共享连接在局域网上的各种硬件和软件资源。

(2) 便于系统的扩展和逐渐地演变，各设备的位置可灵活调整和改变。

(3) 提高了系统的可靠性(reliability)、可用性(availability)和生存性(survivability)。

局域网可按网络拓扑进行分类。图 3-13(a)是**星形网**。由于**集线器**(hub)的出现和双绞线大量用于局域网中，星形以太网以及多级星形结构的以太网获得了非常广泛的应用。图 3-13(b)是**环形网**，图 3-13(c)为**总线网**，各站直接连在总线上。总线两端的匹配电阻吸收在总线上传播的电磁波信号的能量，避免在总线上产生有害的电磁波反射。总线网以传统以太网最为著名，但以太网后来又演变成了星形网。经过四十多年的发展，以太网的速率已大大提高。现在最常用的以太网的速率是 1 Gbit/s（家庭或中小企业）、10 Gbit/s（数据中心）和 100 Gbit/s（长距离传输），且其速率仍在继续提高。现在以太网已成为了局域网的同义词，因此本章从本节开始都是讨论以太网技术。

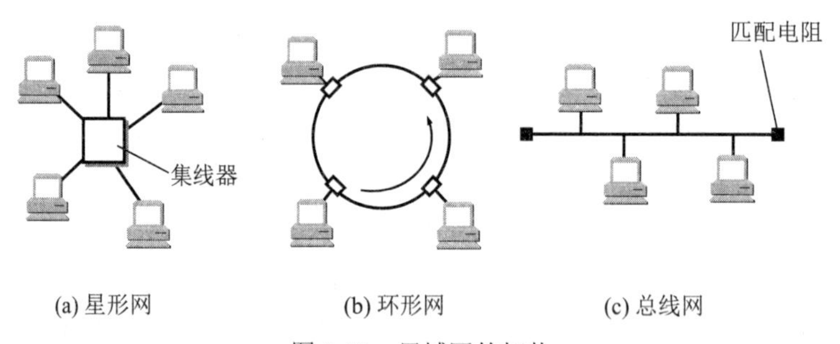

图 3-13　局域网的拓扑

局域网可使用多种传输媒体。双绞线最便宜，原来只用于低速（1~2 Mbit/s）基带局域网。现在从 10 Mbit/s 至 10 Gbit/s 的局域网都可使用双绞线。双绞线已成为局域网中的主流传输媒体。当数据率更高时，往往需要使用光纤作为传输媒体。

必须指出，局域网工作的层次跨越了数据链路层和物理层。由于局域网技术中有关数据链路层的内容比较丰富，因此我们就把局域网的内容放在数据链路层这一章中讨论。但这并不表示局域网仅仅和数据链路层有关。

共享信道要着重考虑的一个问题就是如何使众多用户能够合理而方便地共享通信媒体资源。这在技术上有两种方法：

(1) **静态划分信道**，如在第 2 章的 2.4 节中已经介绍过的频分复用、时分复用、波分复用和码分复用等。用户只要分配到了信道就不会和其他用户发生冲突。但这种划分信道的方法代价较高，不适合于局域网使用。

(2) **动态媒体接入控制**，它又称为**多点接入**(multiple access)，其特点是信道并非在用户通信时固定分配给用户。这里又分为以下两类：

- **随机接入**　随机接入的特点是所有的用户可随机地发送信息。但如果恰巧有两个或更多的用户在同一时刻发送信息，那么在共享媒体上就要产生**碰撞**（即发生了**冲突**），使得这些用户的发送都失败。因此，必须有解决碰撞的网络协议。
- **受控接入**　受控接入的特点是用户不能随机地发送信息而必须服从一定的控制。这类的典型代表有分散控制的令牌环局域网和集中控制的多点线路**探询**(polling)，或称为**轮询**。

属于随机接入的以太网将被重点讨论。受控接入则由于目前在局域网中使用得较少，本书不再讨论。

由于以太网的数据率已演进到每秒吉比特甚至高达 400 吉比特，因此通常就用“**传统以太网**”来表示最早流行的 10 Mbit/s 速率的以太网。为了讨论原理，下面我们就从传统以太网开始。

1. 以太网的两个主要标准

以太网是美国施乐(Xerox)公司的 Palo Alto 研究中心（简称为 PARC）于 1975 年研制成功的。那时，以太网是一种基带总线局域网，当时的数据率为 2.94 Mbit/s。以太网用无源电缆作为总线来传送数据帧，并以曾经在历史上表示传播电磁波的**以太**(Ether)来命名。1976 年 7 月, Metcalfe 和 Boggs 发表他们的以太网里程碑论文[METC76]。1980 年 9 月，DEC 公司、英特尔(Intel)公司和施乐公司联合提出了 10 Mbit/s 以太网规约的第一个版本 DIX V1（DIX 是这三个公司名称的缩写）。1982 年又修改为第二版规约（实际上也就是最后的版本），即 DIX Ethernet V2，成为世界上第一个局域网产品的规约。

在此基础上，IEEE 802 委员会①的 802.3 工作组于 1983 年制定了第一个 IEEE 的以太网标准 IEEE 802.3[W-IEEE802.3]，数据率为 10 Mbit/s。802.3 局域网对以太网标准中的帧格式做了很小的一点更动，但允许基于这两种标准的硬件实现可以在同一个局域网上互操作。以太网的两个标准 DIX Ethernet V2 与 IEEE 的 802.3 标准只有很小的差别，因此很多人也常把 802.3 局域网简称为“以太网”（本书也经常不严格区分它们，虽然严格说来，“以太网”应当是指符合 DIX Ethernet V2 标准的局域网）。

出于有关厂商在商业上的激烈竞争，IEEE 802 委员会当初未能形成一个统一的、“最佳的”局域网标准，而是被迫制定了几个不同的局域网标准，如 802.4 令牌总线网、802.5 令牌环网等。为了使数据链路层能更好地适应多种局域网标准，IEEE 802 委员会就把局域网的数据链路层拆成两个子层，即**逻辑链路控制** LLC (Logical Link Control)子层和**媒体接入控制** MAC (Medium Access Control)子层。与接入到传输媒体有关的内容都放在 MAC 子层，而

---

① 注：IEEE 802 委员会[W-IEEE802]是专门制定局域网和城域网标准的机构。截至 2020 年 7 月，其下属仍在活动的工作组只有 5 个，即：802.1——高层局域网协议工作组；802.3——以太网工作组；802.11——无线局域网工作组；802.15——无线个人区域网工作组；802.19——无线共存工作组。其余的都已经暂时或完全停止了活动。

LLC 子层则与传输媒体无关，不管采用何种传输媒体和 MAC 子层的局域网对 LLC 子层来说都是透明的（如图 3-14 所示）。

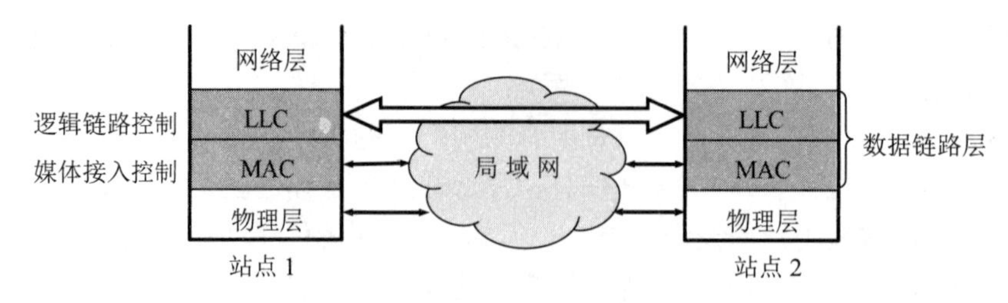

图 3-14 局域网对 LLC 子层是透明的

然而到了 20 世纪 90 年代后，激烈竞争的局域网市场逐渐明朗。以太网在局域网市场中已取得了垄断地位，并且几乎成为了局域网的代名词。这里不必叙述后来陆续出现的多种以太网标准的详细过程。目前使用最多的局域网只剩下 DIX Ethernet V2（简称为以太网），而不是 IEEE 802 委员会制定的几种局域网。IEEE 802 委员会制定的逻辑链路控制子层 LLC（即 IEEE 802.2 标准）对有线连接的以太网已经不再需要了，很多厂商生产的适配器上就仅装有 MAC 协议而没有 LLC 协议。本章在介绍以太网时就不再考虑 LLC 子层。这样对以太网工作原理的讨论会更加简洁。

2. 适配器的作用

首先我们从一般的概念上讨论一下计算机是怎样连接到局域网上的。

计算机与外界局域网的连接是通过**适配器**(adapter)。适配器本来是在主机箱内插入的一块网络接口板（或者是在笔记本电脑中插入一块 PCMCIA 卡——个人计算机存储器卡接口适配器）。这种接口板又称为**网络接口卡** NIC (Network Interface Card)或简称为“**网卡**”。由于现在计算机主板上都已经嵌入了这种适配器，不再使用单独的网卡了，因此本书使用适配器这个更准确的术语。在这种通信适配器上面装有处理器和存储器（包括 RAM 和 ROM）。适配器和局域网之间的通信是通过电缆或双绞线以串行传输方式进行的，而适配器和计算机之间的通信则是通过计算机主板上的 I/O 总线以并行传输方式进行的。因此，适配器的一个重要功能就是要进行数据串行传输和并行传输的转换。由于网络上的数据率和计算机总线上的数据率并不相同，因此在适配器中必须装有对数据进行缓存的存储芯片。在主板上插入适配器时，还必须把管理该适配器的设备驱动程序安装在计算机的操作系统中。这个驱动程序以后就会告诉适配器，应当从存储器的什么位置上把多长的数据块发送到局域网，或者应当在存储器的什么位置上把局域网传送过来的数据块存储下来。适配器还要能够实现以太网协议。

请注意，虽然我们把适配器的内容放在数据链路层中讲授，但适配器所实现的功能却包含了数据链路层及物理层这两个层次的功能。现在的芯片的集成度都很高，以致很难把一个适配器的功能严格按照层次的关系精确划分开。

适配器在接收和发送各种帧时，不使用计算机的 CPU。这时计算机中的 CPU 可以处理其他任务。当适配器收到有差错的帧时，就把这个帧直接丢弃而不必通知计算机。当适配器收到正确的帧时，它就使用中断来通知该计算机，并交付协议栈中的网络层。当计算机要发送 IP 数据报时，就由协议栈把 IP 数据报向下交给适配器，组装成帧后发送到局域网。图 3-15 表示适配器的作用。我们特别要注意，计算机的硬件地址（在本章的 3.3.5 节讨论）就在适配器的 ROM 中，而计算机的软件地址——IP 地址（在第 4 章 4.2.3 节讨论），则在计算机的存储器中。

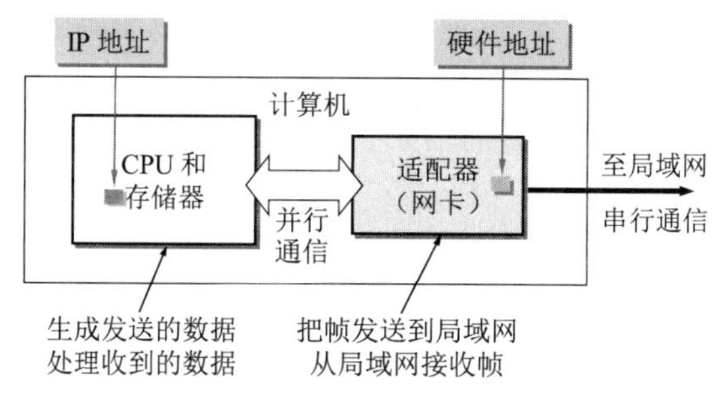

图 3-15　计算机通过适配器和局域网进行通信

3.3.2　CSMA/CD 协议

最早的以太网是将许多计算机都连接到一根总线上。当初认为这种连接方法既简单又可靠，因为在那个时代普遍认为："有源器件不可靠，而无源的电缆线才是最可靠的"。

总线的特点是：当一台计算机发送数据时，总线上的所有计算机都能检测到这个数据。这种就是广播通信方式。但我们并不总是要在局域网上进行一对多的广播通信。为了在总线上实现一对一的通信，可以使每一台计算机的适配器都拥有一个与其他适配器都不同的地址。在发送数据帧时，在帧的首部写明接收站的地址。现在的电子技术可以很容易做到：仅当数据帧中的目的地址与适配器 ROM 中存放的硬件地址一致时，该适配器才能接收这个数据帧。适配器对不是发送给自己的数据帧就丢弃。这样，具有广播特性的总线上就实现了一对一的通信。

人们也常把局域网上的计算机称为"**主机**""**工作站**""**站点**"或"**站**"。在本书中，这几个名词都可以当成是同义词。

为了通信的简便，以太网采取了以下两种措施：

第一，采用较为灵活的**无连接**的工作方式，即不必先建立连接就可以直接发送数据。适配器对发送的数据帧**不进行编号，也不要求对方发回确认**。这样做可以使以太网工作起来非常简单，而局域网信道的质量很好，因通信质量不好产生差错的概率是很小的。因此，**以太网提供的服务是尽最大努力的交付**，即**不可靠的交付**。当目的站收到有差错的数据帧时（例如，用 CRC 查出有差错），就把帧丢弃，其他什么也不做。**对有差错帧是否需要重传则由高层来决定**。例如，如果高层使用 TCP 协议，那么 TCP 就会发现丢失了一些数据。于是经过一定的时间后，TCP 就把这些数据重新传递给以太网进行重传。**但以太网并不知道这是重传帧，而是当作新的数据帧来发送**。

我们知道，总线上只要有一台计算机在发送数据，总线的传输资源就被占用。因此，**在同一时间只能允许一台计算机发送数据**，否则各计算机之间就会互相干扰，使得所发送数据被破坏。因此，如何协调总线上各计算机的工作就是以太网要解决的一个重要问题。以太网采用最简单的随机接入，但有很好的协议用来减少冲突发生的概率。这好比有一屋子的人在开讨论会，没有会议主持人控制发言。想发言的随时可发言，不需要举手示意。但我们还必须有个协议来协调大家的发言。这就是：如果你听见有人在发言，那么你就必须等别人讲完了才能发言（否则就干扰了别人的发言）。但有时碰巧两个或更多的人同时发言了，那么一旦发现冲突，大家都必须立即停止发言，等听到没有人发言了你再发言。以太网采用的协调方法和上面的办法非常像，它使用的协议是 CSMA/CD，意思是**载波监听多点接入/碰撞检测**(Carrier Sense Multiple Access with Collision Detection)。

第二，以太网发送的数据都使用**曼彻斯特**(Manchester)**编码**的信号。我们在第 2 章的 2.2.2 节中已经简单地介绍过曼彻斯特编码了。我们知道，二进制基带数字信号通常就是高、低电压交替出现的信号。使用这种信号的最大问题就是当出现一长串连续的 1 或连续的 0 时，接收端就无法从收到的比特流中提取位同步（即比特同步）信号。如图 3-16 所示，曼彻斯特编码的编码方法是把每一个码元再分成两个相等的间隔。码元 1 是前一个间隔为低电压而后一个间隔为高电压。码元 0 则正好相反，从高电压变到低电压（也可采用相反的约定，即 1 是“前高后低”而 0 是“前低后高”）。这样就保证了在每一个比特的正中间出现一次电压的转换，而接收端就利用这种电压的转换很方便地把位同步信号提取出来。但是从曼彻斯特编码的波形图也不难看出其缺点，这就是它所占的频带宽度比原始的基带信号增加了一倍（因为每秒传送的码元数加倍了）。

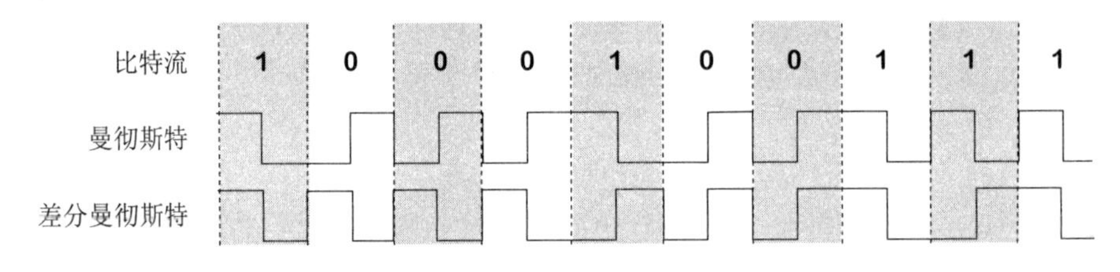

图 3-16　曼彻斯特编码

下面介绍 CSMA/CD 协议的要点。

“**多点接入**”就是说明这是总线型网络，许多计算机以多点接入的方式连接在一根总线上。协议的实质是“载波监听”和“碰撞检测”。

“**载波监听**”也就是“**边发送边监听**”。这里必须指出，在通信领域，在大多数情况下，Carrier 的标准译名是“载波”。但对于以太网，总线上根本没有什么“载波”。其实英语 Carrier 有多种意思，如“承运器”“传导管”或“运载工具”等。因此在以太网中，把 Carrier 译为“**载体**”或“**媒体**”可能更加准确些。考虑到“载波”这个译名已经在我国广泛流行了好几十年，本书也就继续使用这个不准确的译名。我们知道，载波监听就是**不管在想要发送数据之前，还是在发送数据之中，每个站都必须不停地检测信道**。在发送前检测信道，是为了避免冲突。如果检测出已经有其他站在发送，则本站就暂时不要发送数据。在发送中检测信道，是为了及时发现如果有其他站也在发送，就立即中断本站的发送。这就称为**碰撞检测**。

“**碰撞检测**”是适配器边发送数据边检测信道上的信号电压的变化情况。当两个或几个站同时在总线上发送数据时，总线上的信号电压变化幅度将会增大（互相叠加）。当适配器检测到的信号电压变化幅度超过一定的门限值时，就认为总线上至少有两个站同时在发送数据，表明产生了碰撞。所谓“碰撞”就是发生了冲突。因此“碰撞检测”也称为“**冲突检测**”。这时，总线上传输的信号产生了严重的失真，无法从中恢复出有用的信息来。因此，任何一个正在发送数据的站，一旦发现总线上出现了碰撞，其适配器就要立即停止发送，免得继续进行无效的发送，白白浪费网络资源，然后等待一段随机时间后再次发送。

既然每一个站在发送数据之前已经监听到信道为“**空闲**”，那么为什么还会出现数据在总线上的碰撞呢？这是因为电磁波在总线上总是以有限的速率传播的。这和我们开讨论会时相似。一听见会场安静，我们就立即发言，但偶尔也会发生几个人同时抢着发言而产生冲突的情况。图 3-17 所示的例子可以说明这种情况。设图中的局域网两端的站 A 和 B 相距 1 km，用同轴电缆相连。**电磁波在 1 km 电缆的传播时延约为 5 μs** (这个数字应当记住)。因此，A 向 B 发出的数据，在约 5 μs 后才能传送到 B。换言之，B 若在 A 发送的数据到达 B 之前发送自己的帧（因为这时 B 的载波监听检测不到 A 所发送的信息），则必然要在某个时间和 A 发送的帧发生碰撞。碰撞的结果是两个帧都变得无用。在局域网的分析中，常把总线上的**单程端到端传播时延**记为τ。发送数据的站希望尽早知道是否发生了碰撞。那么，A 发送数据后，**最迟**要经过多长时间才能知道自己发送的数据和其他站发送的数据有没有发生碰撞？从图 3-17 不难看出，这个时间最多是**两倍的总线端到端的传播时延**(2τ)，或总线的**端到端往返传播时延**。由于局域网上任意两个站之间的传播时延有长有短，因此局域网必须按最坏情况设计，即取总线两端的两个站之间的传播时延（这两个站之间的距离最大）为端到端传播时延。

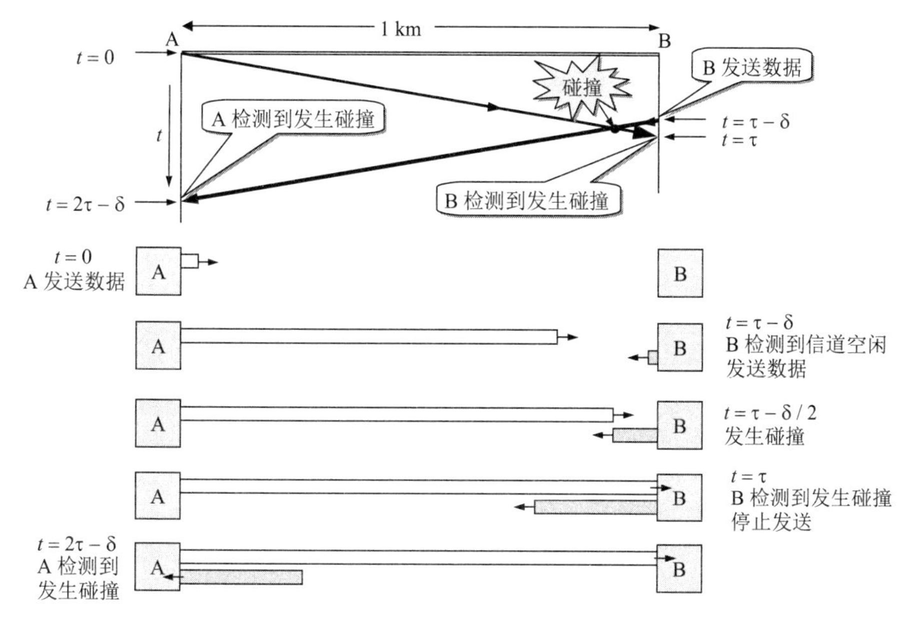

图 3-17　传播时延对载波监听的影响

显然，在使用 CSMA/CD 协议时，一个站**不可能同时进行发送和接收（但必须边发送边监听信道）**。因此使用 CSMA/CD 协议的以太网不可能进行全双工通信而只能进行**双向交替通信（半双工通信）**。

下面是图 3-17 中的一些重要的时刻。

在 $t = 0$ 时，A 发送数据。B 检测到信道为空闲。

在 $t = \tau - \delta$时（这里$\tau > \delta > 0$），A 发送的数据还没有到达 B 时，由于 B 检测到信道是空闲的，因此 B 发送数据。

经过时间$\delta / 2$ 后，即在 $t = \tau - \delta / 2$ 时，A 发送的数据和 B 发送的数据发生了碰撞，但这时 A 和 B 都不知道发生了碰撞。

在 $t = \tau$时，B 检测到发生了碰撞，于是停止发送数据。

在 $t = 2\tau - \delta$ 时，A 也检测到发生了碰撞，因而也停止发送数据。

A 和 B 发送数据均失败，它们都要推迟一段时间再重新发送。

由此可见，**每一个站在自己发送数据之后的一小段时间内，存在着遭遇碰撞的可能性**。这一小段时间是**不确定的**，它取决于另一个发送数据的站到本站的距离。因此，以太网**不能保证在检测到信道空闲后的某一时间内**，一定能够把自己的数据帧成功地发送出去（因为存在产生碰撞的可能）。以太网的这一特点称为**发送的不确定性**。如果希望在以太网上发生碰撞的机会很小，必须使整个以太网的平均通信量远小于以太网的最高数据率。

从图 3-17 可看出，最先发送数据帧的 A 站，在发送数据帧后**至多**经过时间 2τ就可知道所发送的数据帧是否遭受了碰撞。这就是$\delta \to 0$ 的情况。因此以太网的端到端往返时间 2τ称为**争用期**(contention period)，它是一个很重要的参数。争用期又称为**碰撞窗口**(collision window)。这是因为一个站在发送完数据后，只有通过争用期的“考验”，即**经过争用期这段时间还没有检测到碰撞，才能肯定这次发送不会发生碰撞**。这时，就可以放心把这一帧数据顺利发送完毕。

以太网使用**截断二进制指数退避**(truncated binary exponential backoff)算法来确定碰撞后重传的时机。截断二进制指数退避算法并不复杂。这种算法让发生碰撞的站在停止发送数据后，不是等待信道变为空闲后就立即再发送数据，而是**退避**一个随机的时间。这点很容易理解，因为几个发生碰撞的站将会同时检测到信道变成了空闲。如果大家都同时重传，必然接连发生碰撞。如果采用退避算法，生成了最小退避时间的站将最先获发送权。以后其余的站的退避时间到了，但发送数据之前监听到信道忙，就不会马上发送数据了。

为了尽可能减小重传时再次发生冲突的概率，退避算法有如下具体的规定：

(1) 基本退避时间为争用期 2τ，具体的**争用期时间是** 51.2 μs。对于 10 Mbit/s 以太网，在争用期内可发送 512 比特，即 64 字节。也可以说争用期是 512 **比特时间**。1 比特时间就是发送 1 比特所需的时间。所以这种时间单位与数据率密切相关。为了方便，也可以**直接使用比特作为争用期的单位**。争用期是 512 比特，即争用期是发送 512 比特所需的时间。

(2) 从离散的整数集合$[0,1,\cdots, (2^k-1)]$中随机取出一个数，记为 r。重传应推后的时间就是 r 倍的争用期。上面的参数 k 按下面的公式(3-1)计算：

$$k = \text{Min}[\text{重传次数}, 10] \tag{3-1}$$

可见当重传次数不超过 10 时，参数 k 等于重传次数；但当重传次数超过 10 时，k 就不再增大而一直等于 10。

(3) 当重传达 16 次仍不能成功时（这表明同时打算发送数据的站太多，以致连续发生冲突），则丢弃该帧，并向高层报告。

例如，在第 1 次重传时，$k = 1$，随机数 r 从整数$\{0, 1\}$中选一个数。因此重传的站可选择的重传推迟时间是 0 或 2τ，在这两个时间中随机选择一个。

若再发生碰撞，则在第 2 次重传时，$k = 2$，随机数 r 就从整数$\{0, 1, 2, 3\}$中选一个数。因此重传推迟的时间是在 $0, 2\tau, 4\tau$ 和 6τ 这 4 个时间中随机地选取一个。

同样，若再发生碰撞，则重传时 $k = 3$，随机数 r 就从整数$\{0, 1, 2, 3, 4, 5, 6, 7\}$中选一个数。依此类推。

若连续多次发生冲突，就表明可能有较多的站参与争用信道。但使用上述退避算法可使重传需要推迟的平均时间随重传次数而增大（这也称为**动态退避**），因而减小发生碰撞的概率，有利于整个系统的稳定。

我们还应注意到，适配器每发送一个新的帧，就要执行一次 CSMA/CD 算法。适配器对过去发生过的碰撞并无记忆功能。因此，当好几个适配器正在执行指数退避算法时，很可能有某一个适配器发送的新帧能够碰巧立即成功地插入到信道中，得到了发送权，而已经推迟好几次发送的站，有可能很不巧，还要继续执行退避算法，继续等待。

现在考虑一种情况。某个站发送了一个很短的帧，但在发送完毕之前并没有检测出碰撞。假定这个帧在继续向前传播到达目的站之前和别的站发送的帧发生了碰撞，因而目的站将收到有差错的帧（当然会把它丢弃）。可是发送站却不知道这个帧发生了碰撞，因而不会重传这个帧。这种情况显然是我们所不希望的。为了避免发生这种情况，以太网规定了一个最短帧长 64 字节，即 512 比特。如果要发送的数据非常少，那么必须加入一些填充字节，使帧长不小于 64 字节。对于 10 Mbit/s 以太网，发送 512 比特的时间需要 51.2 μs，也就是上面提到的争用期。

由此可见，以太网在发送数据时，如果在争用期（共发送了 64 字节）没有发生碰撞，那么后续发送的数据就一定不会发生冲突。换句话说，如果发生碰撞，就一定是在发送的前 64 字节之内。由于一检测到冲突就立即中止发送，这时已经发送出去的数据一定小于 64 字节，因此**凡长度小于 64 字节的帧都是由于冲突而异常中止的无效帧**。只要收到了这种无效帧，就应当立即将其丢弃。

前面已经讲过，信号在以太网上传播 1 km 大约需要 5 μs。以太网上最大的端到端时延必须小于争用期的一半（即 25.6 μs），这相当于以太网的最大端到端长度约为 5 km。实际上的以太网覆盖范围远远没有这样大。因此，实用的以太网都能在争用期 51.2 μs 内检测到可能发生的碰撞。以太网的争用期确定为 51.2 μs，不仅考虑到以太网的端到端时延，而且还包括其他的许多因素，如存在的转发器所增加的时延，以及下面要讲到的强化碰撞的干扰信号的持续时间等。

下面介绍**强化碰撞**的概念。这就是当发送数据的站一旦发现发生了碰撞时，除立即停止发送数据外，还要再继续发送 32 比特或 48 比特的**人为干扰信号**(jamming signal)，以便让所有用户都知道现在已经发生了碰撞（如图 3-18 所示）。对于 10 Mbit/s 以太网，发送 32（或 48）比特只需要 3.2（或 4.8）μs。

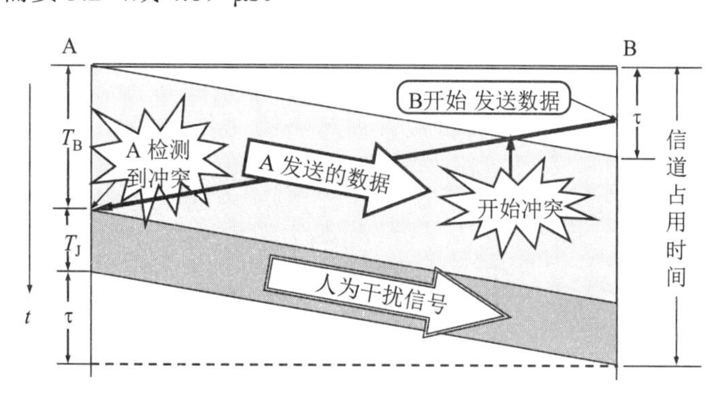

图 3-18　人为干扰信号的加入

从图 3-18 可以看出，A 站从发送数据开始到发现碰撞并停止发送的时间间隔是 T_B。A 站得知碰撞已经发生时所发送的强化碰撞的干扰信号的持续时间是 T_J。图中的 B 站在得知发生碰撞后，也要发送人为干扰信号，但为简单起见，图 3-18 没有画出 B 站所发送的人为干扰信号。发生碰撞使 A 浪费时间 $T_B + T_J$。可是整个信道被占用的时间还要增加一个单程端到端的传播时延 τ。因此总线被占用的时间是 $T_B + T_J + \tau$。

以太网还规定了**帧间最小间隔**为 9.6 μs，相当于 96 比特时间。这样做是为了使刚刚收到数据帧的站的接收缓存来得及清理，做好接收下一帧的准备。

根据以上所讨论的，可以把 CSMA/CD 协议的要点归纳如下：

(1) 准备发送：适配器从网络层获得一个分组，加上以太网的首部和尾部（见后面的 3.4.3 节），组成以太网帧，放入适配器的缓存中。但在发送之前，必须**先检测信道**。

(2) 检测信道：若检测到信道忙，则继续不停地检测，一直等待信道转为空闲。此时若在 96 比特时间内信道保持空闲（保证了帧间最小间隔），就发送这个帧。

(3) 在发送过程中仍不停地检测信道，即网络适配器要**边发送边监听**。这里只有两种可能性：

①发送成功：如果在争用期内一直未检测到碰撞，就认为发送成功（如果接收方收到了有差错的帧，就丢弃它，后续的工作由高层来处理）。发送完毕后，其他什么也不做。然后回到(1)。

②发送失败：在争用期内检测到碰撞。这时立即停止发送数据，并按规定发送人为干扰信号。适配器接着就执行指数退避算法，等待 r 倍 512 比特时间后，返回到步骤(2)，继续检测信道。但若重传达 16 次仍不能成功，则停止重传而向上报错。

以太网每发送完一帧，一定要把已发送的帧暂时保留一下。如果在争用期内检测出发生了碰撞，那么还要在推迟一段时间后再把这个暂时保留的帧重传一次。

3.3.3 使用集线器的星形拓扑

传统以太网最初使用粗同轴电缆，后来演进到使用比较便宜的细同轴电缆，最后发展为使用更便宜和更灵活的双绞线。这种以太网采用星形拓扑，在星形的中心则增加了一种可靠性非常高的设备，叫作**集线器**(hub)，如图 3-19 所示。双绞线以太网总是和集线器配合使用的。每个站需要用两对无屏蔽双绞线（放在一根电缆内），分别用于发送和接收。双绞线的两端使用 RJ-45 插头。由于集线器使用了大规模集成电路芯片，因此集线器的可靠性就大大提高了。1990 年 IEEE 制定出星形以太网 10BASE-T 的标准 802.3i。“10”代表 10 Mbit/s 的数据率，BASE 表示连接线上的信号是基带信号，T 代表双绞线。实践证明，这比使用具有大量机械接头的无源电缆要可靠得多。由于使用双绞线电缆的以太网价格便宜和使用方便，因此粗缆和细缆以太网现在都已成为历史，并已从市场上消失了。

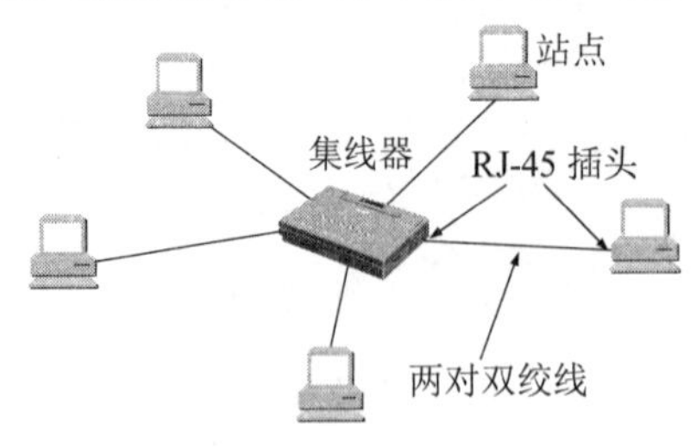

图 3-19　使用集线器的双绞线以太网

但 10BASE-T 以太网的通信距离稍短，每个站到集线器的距离不超过 100 m。这种性价比很高的 10BASE-T **双绞线以太网的出现，是局域网发展史上的一个非常重要的里程碑**，从此以太网的拓扑就从总线型变为更加方便的星形网络，而以太网也就在局域网中占据了统治地位。

使双绞线能够传送高速数据的主要措施是把双绞线的绞合度做得非常精确。这样不仅可使特性阻抗均匀以减少失真，而且大大减少了电磁波辐射和无线电频率的干扰。在多对双绞线的电缆中，还要使用更加复杂的绞合方法。

集线器的一些特点如下：

(1) 从表面上看，使用集线器的局域网在物理上是一个星形网，但由于集线器使用电子器件来模拟实际电缆线的工作，因此整个系统仍像一个传统以太网那样运行。也就是说，**使用集线器的以太网在逻辑上仍是一个总线网，各站共享逻辑上的总线，使用的还是 CSMA/CD 协议**（更具体些说，是各站中的**适配器**执行 CSMA/CD 协议）。网络中的各站必须竞争对传输媒体的控制，并且**在同一时刻至多只允许一个站发送数据**。

(2) 一个集线器有许多**端口**[①]，例如，8 至 16 个，每个端口通过 RJ-45 插头（与电话机使用的插头 RJ-11 相似，但略大一些）用两对双绞线与一台计算机上的适配器相连（这种插座可连接 4 对双绞线，实际上只用 2 对，即发送和接收各使用一对双绞线）。因此，一个集线器很像一个**多端口的转发器**。

(3) **集线器工作在物理层**，它的每个端口仅仅**简单地转发比特**——收到 1 就转发 1，收到 0 就转发 0，**不进行碰撞检测**。若两个端口同时有信号输入（即发生碰撞），那么所有的端口都将收不到正确的帧。图 3-20 是具有三个端口的集线器的示意图。

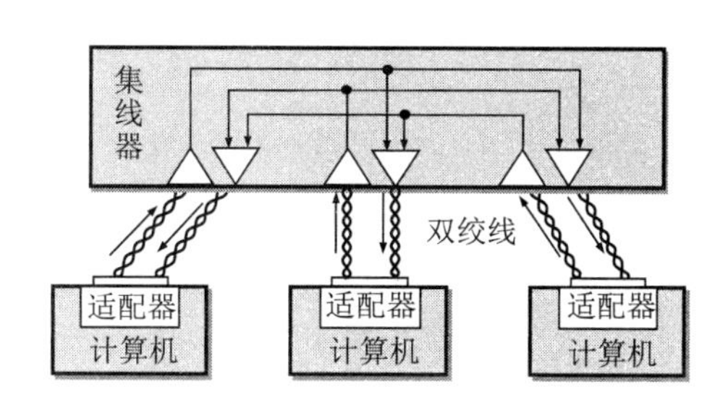

图 3-20　具有三个端口的集线器

(4) 集线器采用了专门的芯片，进行自适应串音回波抵消。这样就可使端口转发出去的较强信号不致对该端口接收到的较弱信号产生干扰（这种干扰即近端串音）。每个比特在转发之前还要进行再生整形并重新定时。

集线器本身必须非常可靠。现在的**堆叠式**(stackable)集线器由 4~8 个集线器堆叠起来使用。集线器一般都有少量的容错能力和网络管理功能。例如，假定在以太网中有一个适配器出了故障，不停地发送以太网帧。这时，集线器可以检测到这个问题，在内部断开与出故障的适配器的连线，使整个以太网仍然能够正常工作。模块化的机箱式智能集线器有很高的可靠性。它全部的网络功能都以模块方式实现。各模块均可进行热插拔，出故障时不断电即可更换或增加新模块。集线器上的指示灯还可显示网络上的故障情况，给网络的管理带来了很大的方便。

IEEE 802.3 标准还可使用光纤作为传输媒体，相应的标准是 10BASE-F 系列，F 代表光

① 注：集线器的端口(port)就是集线器和外接计算机的一个硬件接口(interface)。在运输层要经常使用软件端口(port)，它和集线器的硬件端口是两个不同的概念。本书以前曾把集线器的硬件端口称为接口，是为了避免和运输层的端口弄混。考虑到大多数文献使用的是 port，因此现在改用译名“端口”。

纤。它主要用作集线器之间的远程连接。

3.3.4 以太网的信道利用率

下面我们讨论一下以太网的信道利用率。

假定一个 10 Mbit/s 以太网同时有 10 个站在工作，那么每一个站所能发送数据的平均速率似乎应当是总数据率的 1/10（即 1Mbit/s）。其实不然，因为多个站在以太网上同时工作就可能会发生碰撞。当发生碰撞时，信道资源实际上是被浪费了。因此，当扣除碰撞所造成的信道损失后，以太网总的信道利用率并不能达到 100%。

图 3-21 的例子是以太网的信道被占用的情况。一个站在发送帧时出现了碰撞。经过一个争用期 2τ后（τ是以太网单程端到端传播时延），可能又出现了碰撞。这样经过若干个争用期后，一个站就发送成功了。假定发送帧需要的时间是 T_0。它等于帧长(bit)除以发送速率（10 Mbit/s）。

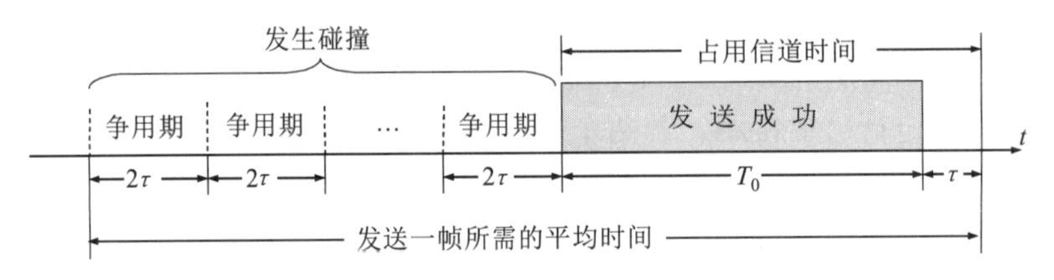

图 3-21 以太网的信道被占用的情况

我们应当注意到，成功发送一个帧需要占用信道的时间是 $T_0 + \tau$，比这个帧的发送时间要多一个单程端到端时延τ。这是因为当一个站发送完最后一个比特时，这个比特还要在以太网上传播。在最极端的情况下，发送站在传输媒体的一端，而比特在媒体上传输到另一端所需的时间是τ。因此，必须在经过时间 $T_0 + \tau$后以太网的媒体才完全进入空闲状态，才能允许其他站发送数据。

从图 3-21 可看出，要提高以太网的信道利用率，就必须减小τ与 T_0 之比。在以太网中定义了参数 a，它是以太网**单程端到端时延τ与帧的发送时间** T_0 之比：

$$a = \frac{\tau}{T_0} \tag{3-2}$$

当 $a \to 0$ 时，表示只要一发生碰撞，就立即可以检测出来，并立即停止发送，因而信道资源被浪费的时间非常非常少。反之，参数 a 越大，表明争用期所占的比例越大，这就使得每发生一次碰撞就浪费了不少的信道资源，使得信道利用率明显降低。因此，以太网的**参数 a 的值应当尽可能小些**。从(3-2)式可看出，这就要求(3-2)式分子τ的数值要小些，而分母 T_0 的数值要大些。这就是说，当数据率一定时，**以太网的连线的长度受到限制**（否则τ的数值会太大），同时**以太网的帧长不能太短**（否则 T_0 的值会太小，使 a 值太大）。

现在考虑一种**理想化**的情况。假定以太网上的各站发送数据都不会产生碰撞（这显然已经不是 CSMA/CD，而是需要使用一种特殊的调度方法），并且能够非常有效地利用网络的传输资源，即总线一旦空闲就有某一个站立即发送数据。这样，发送一帧占用线路的时间是 $T_0 + \tau$，而帧本身的发送时间是 T_0。于是我们可计算出极限信道利用率 S_{max} 为：

$$S_{max} = \frac{T_0}{T_0 + \tau} = \frac{1}{1+a} \tag{3-3}$$

(3-3)式的意义是：虽然实际的以太网不可能有这样高的极限信道利用率，但(3-3)式指出了**只有当参数 a 远小于 1 才能得到尽可能高的极限信道利用率**。反之，若参数 a 远大于 1（即每发生一次碰撞，就要浪费相对较多的传输数据的时间），则极限信道利用率就远小于 1，而这时实际的信道利用率就更小了。据统计，当以太网的利用率达到 30%时就已经处于重载的情况。很多的网络容量被网上的碰撞消耗掉了。

3.3.5 以太网的 MAC 层

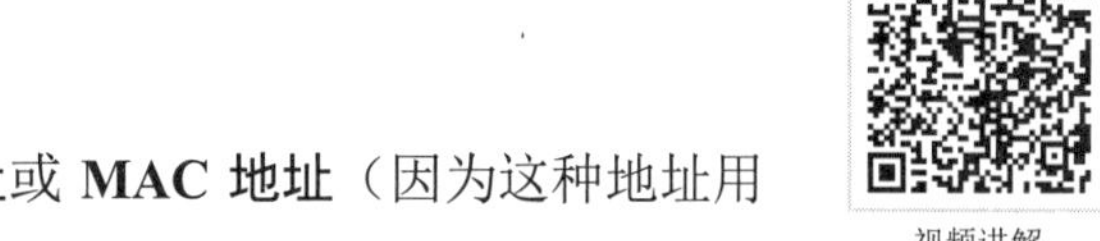

1. MAC 层的硬件地址

在局域网中，**硬件地址**又称为**物理地址**或 **MAC 地址**（因为这种地址用在 MAC 帧中）。

大家知道，在所有计算机系统的设计中，**标识系统**(identification system)[①]都是一个核心问题。在标识系统中，地址就是识别某个系统的一个非常重要的标识符。在讨论地址**问题时，很多人常常引用著名文献[SHOC78]给出的如下定义：**

“名字指出我们所要寻找的那个资源，地址指出那个资源在何处，路由告诉我们如何到达该处。”

这个非形式的定义固然很简单，但有时却不够准确。**严格地讲，名字应当与系统的所在地无关**。这就像我们每一个人的名字一样，不随我们所处的地点而改变。为此 IEEE 802 标准为局域网规定了一种 48 位的全球地址（一般都简称为“地址”），这就是局域网上的每一台计算机中**固化在适配器的 ROM 中的地址**。因此，请特别注意下面两点：

(1) 假定连接在局域网上的一台计算机的适配器坏了而我们更换了一个新的适配器，那么这台计算机的局域网的“地址”也就改变了，虽然这台计算机的地理位置一点也没有变化，所接入的局域网也没有任何改变。

(2) 假定我们把位于南京的某局域网上的一台笔记本电脑携带到北京，并连接在北京的某局域网上。虽然这台电脑的地理位置改变了，但只要电脑中的适配器不变，那么该电脑在北京的局域网中的“地址”仍然和它在南京的局域网中的“地址”一样。

由此可见，局域网上的某台主机的“地址”并不指明这台主机位于什么地方。因此，**严格地讲，局域网的“地址”应当是每一个站的“名字”或标识符**[PERL00]。不过，计算机的名字通常都是比较适合人记忆的不太长的字符串，而这种 48 位二进制的“地址”却很不像一般计算机的名字。但现在人们还是习惯于把这种 48 位的“名字”称为“地址”。本书也采用这种习惯用法，尽管这种说法并不严格。

请注意，如果连接在局域网上的主机或路由器安装有多个适配器，那么这样的主机或路由器就有多个“地址”。实际上，这种 48 位“地址”应当是某个接口的标识符。

---

① 注：名词 identification 原来的标准译名是“标识”[MINGCI94]。2004 年出版的《现代汉语规范词典》给出“标识”的读音是“biaozhi（读音是“志”），并且说明：现在规范词形写作“标志”。现在教育部国家语言文字工作委员会发布“第一批异形词整理表”规定今后不再使用“标识”而应当用“标志”。但[MINGCI94]又将 flag 译为“标志”。这样，若 identification 和 flag 均译为“标志”就会引起混乱。因此，本书采取这样的做法：作为动词用时，我们使用“标志”，但作为名词使用时，我们用“标识”(identification)和“标志”(flag)。请读者注意。

在制定局域网的地址标准时，首先遇到的问题就是应当用多少位来表示一个网络的地址字段。为了减少不必要的开销，地址字段的长度应当尽可能地短些。起初人们觉得用两个字节（共 16 位）表示地址就够了，因为这一共可表示 6 万多个地址。但是，由于局域网的迅速发展，而处在不同地点的局域网之间又经常需要交换信息，这就希望在各地的局域网中的站具有互不相同的物理地址。为了使用户在买到适配器并把机器连到局域网后马上就能工作，而不需要等待网络管理员给他先分配一个地址，IEEE 802 标准规定 MAC 地址字段可采用 6 字节（48 位）或 2 字节（16 位）这两种中的一种。6 字节地址字段对局部范围内使用的局域网的确是太长了，但是由于 6 字节的地址字段可使全世界所有的局域网适配器都具有不相同的地址，因此现在的局域网适配器实际上使用的都是 6 字节 MAC 地址。

现在 IEEE 的**注册管理机构** RA (Registration Authority)是局域网全球地址的法定管理机构[W-IEEERA]，它负责分配地址字段的 6 个字节中的前三个字节（即高位 24 位）。世界上凡要生产局域网适配器的厂家都必须向 IEEE 购买由这三个字节构成的这个号（即地址块），这个号的正式名称是**组织唯一标识符 OUI** (Organizationally Unique Identifier)，通常也叫作**公司标识符**(company_id) [RFC 7042]。但应注意，24 位的 OUI 不能够单独用来标志一个公司，因为一个公司可能购买了几个 OUI，也可能有几个小公司合起来购买一个 OUI。例如，华为公司购买了多个 OUI，其中的一个是 A8-E5-44①。地址字段中的后三个字节（即低位 24 位）则是由厂家自行指派，称为**扩展标识符**(extended identifier)，只要保证生产出的适配器没有重复地址即可。可见购买了一个 OUI，就可以生成出 2^{24} 个不同的 6 字节（48 位）MAC 地址，这种地址又称为 EUI-48，这里 EUI 表示**扩展的唯一标识符**(Extended Unique Identifier)。EUI-48 的使用范围并不局限于局域网的硬件地址，而是可以用于软件接口。在生产适配器时，这种 6 字节的 MAC 地址已被固化在适配器的 ROM 中。因此，MAC 地址也叫作**硬件地址**(hardware address)或**物理地址**②。可见“MAC 地址”实际上就是**适配器地址**或**适配器标识符** EUI-48。当这种适配器嵌入到某台计算机（或手机）后，适配器上的标识符 EUI-48 就成为这台计算机（或手机）的 MAC 地址了。

IEEE 规定地址字段的第一字节的最低有效位为 I/G 位。I/G 表示 Individual/Group。当 I/G 位为 0 时，地址字段表示一个**单个站地址**。当 I/G 位为 1 时表示**组地址**，用来进行**多播**（以前曾译为组播）。需要指出，有的书把上述最低有效位写为“第一位”，但“第一”的定义是含糊不清的。这是因为在地址记法中有两种标准：第一种记法是把每一字节的**最低位**（即最低有效位）写在最左边（第一位）。IEEE 802.3 标准就采用这种记法。例如，十进制数 11 的二进制表示是 1011，最高位写在最左边。但若使用 IEEE 802.3 标准的记法，就应当记为 1101，**把最低位写在最左边**。当我们阅读 802.3 标准的有关文档时，需要特别注意。第二种记法是把每一字节的**最高位**（即最高有效位）写在最左边（这也叫第一位）。在发送数

---

① 注：这里的 A8-E5-44 是十六进制数字在局域网地址中的一种标准记法。每 4 个二进制数字用一个十六进制数字表示，而每两个十六进制数字与它后面的两个十六进制数字之间用连字符隔开。另一种记法是在 0x 后面写上一连串的十六进制数字，如 0xA8E544。

② 注：地址有平面地址(flat address)和**层次地址**(hierarchical address)两大类。平面地址也叫作**非层次地址**，就是在分配地址时按顺序号一个个地挨着分配。层次地址是将整个地址再划分为几个部分，而每部分按一定的规律分配号码。像我们的电话号码就是一种层次号码，电信网中的交换机按照国家号→区号→局号→用户号的顺序可以准确地找到用户的电话。但局域网的 6 字节的地址是一种平面地址。适配器根据全部的 48 位地址决定接收或丢弃所收到的 MAC 帧。

据时，两种记法都是按照字节的顺序发送，但每一个字节中先发送哪一位则不同：第一种记法先发送最低位，但第二种记法则先发送最高位。

IEEE 还考虑到可能有人并不愿意向 IEEE 的 RA 购买 OUI。为此，IEEE 把地址字段第一字节的最低第二位规定为 G/L 位，表示 Global/Local。当 G/L 位为 0 时是**全球管理**（保证在全球没有相同的地址），厂商向 IEEE 购买的 OUI 都属于**全球管理**。当地址字段的 G/L 位为 1 时是**本地管理**，这时用户可任意分配网络上的地址。采用 2 字节地址字段时全都是本地管理。但应当指出，以太网几乎不理会这个 G/L 位。

这样，在全球管理时，对每一个站的地址可用 46 位的二进制数字来表示（最低位和最低第二位均为 0 时）。剩下的 46 位组成的地址空间可以有 2^{46} 个地址，已经超过 70 万亿个，可保证世界上的每一个适配器都可有一个唯一的地址。当然，非无限大的地址空间总有用完的时候。但据测算，至少在近期还不需要考虑 MAC 地址耗尽的问题。

当路由器通过适配器连接到局域网时，适配器上的硬件地址就用来标志路由器的某个接口。路由器如果同时连接到两个网络上，那么它就需要两个适配器和两个硬件地址。

我们知道适配器有**过滤功能**。当适配器从网络上每收到一个 MAC 帧就先用硬件检查 MAC 帧中的目的地址。如果是发往本站的帧则收下，然后再进行其他的处理。否则就将此帧丢弃，不再进行其他的处理。这样做就不浪费主机的处理机和内存资源了。这里“发往本站的帧”包括以下三种帧：

(1) **单播**(unicast)帧（一对一），即收到的帧的 MAC 地址与本站的 MAC 地址相同。

(2) **广播**(broadcast)帧（一对全体），即发送给本局域网上所有站点的帧（全 1 地址）。

(3) **多播**(multicast)帧（一对多），即发送给本局域网上一部分站点的帧。

所有的适配器都至少应当能够识别前两种帧，即能够识别单播和广播地址。有的适配器可用编程方法识别多播地址。当操作系统启动时，它就把适配器初始化，使适配器能够识别某些多播地址。显然，只有目的地址才能使用广播地址和多播地址。

以太网适配器还可设置为一种特殊的工作方式，即**混杂方式**(promiscuous mode)。工作在混杂方式的适配器只要“听到”有帧在以太网上传输就都悄悄地接收下来，而不管这些帧发往哪个站。请注意，这样做实际上是“窃听”其他站点的通信而并不中断其他站点的通信。网络上的黑客(hacker 或 cracker)常利用这种方法非法获取网上用户的口令。因此，以太网上的用户不愿意网络上有工作在混杂方式的适配器。

但混杂方式有时却非常有用。例如，网络维护和管理人员需要用这种方式来监视和分析以太网上的流量，以便找出提高网络性能的具体措施。有一种很有用的网络工具叫作**嗅探器**(Sniffer)就使用了设置为混杂方式的网络适配器。此外，这种嗅探器还可帮助学习网络的人员更好地理解各种网络协议的工作原理。因此，混杂方式就像一把双刃剑，是利是弊要看你怎样使用它。

2. MAC 帧的格式

常用的以太网 MAC 帧格式有两种标准，一种是 DIX Ethernet V2 标准（即以太网 V2 标准），另一种是 IEEE 的 802.3 标准。这里只介绍使用得最多的以太网 V2 的 MAC 帧格式（如图 3-22 所示）。图中假定网络层使用的是 IP 协议。实际上使用其他的协议也是可以的。

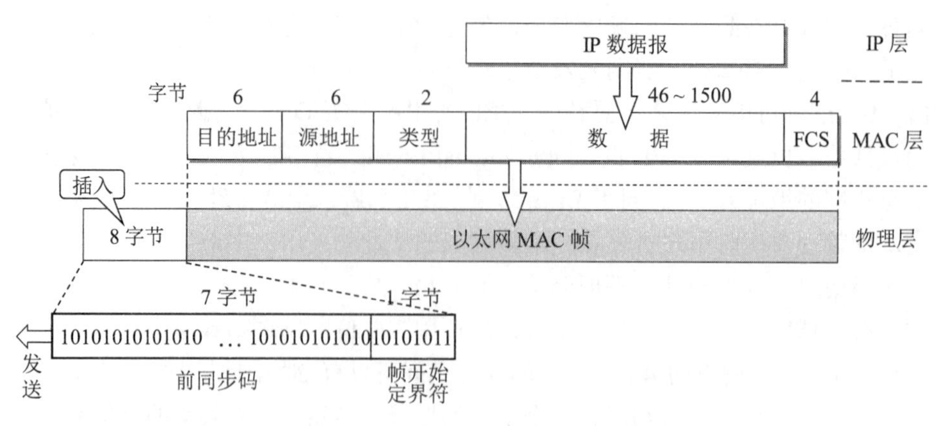

图 3-22　以太网 V2 的 MAC 帧格式

以太网 V2 的 MAC 帧较为简单，由五个字段组成。前两个字段分别为 6 字节长的**目的地址**和**源地址**字段。第三个字段是 2 字节的**类型字段**，用来标志上一层使用的是什么协议，以便把收到的 MAC 帧的数据上交给上一层的这个协议。例如，当类型字段的值是 0x0800 时，就表示上层使用的是 IP 数据报。第四个字段是**数据字段**，其长度在 46 到 1500 字节之间（46 字节是这样得出的：最小长度 64 字节减去 18 字节的首部和尾部就得出数据字段的最小长度）。最后一个字段是 4 字节的**帧检验序列** FCS（使用 CRC 检验）。当传输媒体的误码率为 1×10^{-8} 时，MAC 子层可使未检测到的差错小于 1×10^{-14}。FCS 检验的范围就是整个的 MAC 帧，从目的地址开始到 FCS 为止的这五个字段，但不包括物理层插入的 8 字节的前同步码和帧开始定界符。

这里我们要指出，在以太网 V2 的 MAC 帧格式中，其首部并没有一个帧长度（或数据长度）字段。那么，MAC 子层又怎样知道从接收到的以太网帧中取出多少字节的数据交付上一层协议呢？我们在前面讲述图 3-16 的曼彻斯特编码时已经讲过，这种曼彻斯特编码的一个重要特点就是：在曼彻斯特编码的每一个码元（不管码元是 1 或 0）的正中间一定有一次电压的转换（从高到低或从低到高）。当发送方把一个以太网帧发送完毕后，就不再发送其他码元了（既不发送 1，也不发送 0）。因此，发送方网络适配器的接口上的电压也就不再变化了。这样，接收方就可以很容易地找到以太网帧的结束位置。在这个位置往前数 4 字节（FCS 字段长度是 4 字节），就能确定数据字段的结束位置。

当数据字段的长度小于 46 字节时，MAC 子层就会在数据字段的后面加入一个整数字节的填充字段，以保证以太网的 MAC 帧长不小于 64 字节。我们应当注意到，MAC 帧的首部并没有指出在数据字段中是否有填充字段。接收端的 MAC 子层在剥去 MAC 帧的首部和尾部后，就把剩下的部分交给上面的 IP 层。那么 IP 层怎样知道这里有没有填充字段呢？大家知道，IP 协议的首部有一个“总长度”字段。如果 IP 数据报的“总长度”超过或等于 46 字节，那么肯定就没有填充字段。反之，如果“总长度”小于 46 字节，那么就很容易把填充字段计算出。例如，若 IP 数据报的总长度为 42 字节，填充字段就应当是 4 字节。当 MAC 帧把 46 字节的数据上交给 IP 层后，IP 层就把其中最后 4 字节的填充字段丢弃。

从图 3-22 可看出，在传输媒体上实际传送的要比 MAC 帧还多 8 个字节。这是因为当一个站在刚开始接收 MAC 帧时，由于适配器的时钟尚未与到达的比特流达成同步，因此 MAC 帧的最前面的若干位就无法接收，结果使整个的 MAC 成为无用的帧。为了接收端迅速实现位同步，从 MAC 子层向下传到物理层时还要在帧的前面插入 8 个字节（由硬件生成），它由两个字段构成。第一个字段是 7 个字节的**前同步码**（1 和 0 交替码），它的作用是使接收端的适配器在接收 MAC 帧时能够迅速调整其时钟频率，使它和发送端的时钟同步，也就是“实现位同步”（位同步就是比特同步的意思）。第二个字段是**帧开始定界符**，定义为 10101011。它的前六位的作用和前同步码一样，最后的两个连续的 1 就是告诉接收端适配器：“MAC 帧的信息马上就要来了，请适配器注意接收。”MAC 帧的 FCS 字段的检验范围不包括前同步码和帧开始定界符。顺便指出，在使用 SONET/SDH 进行同步传输时则不需要用前同步码，因为在同步传输时收发双方的位同步总是一直保持着的。

还需注意，在以太网上传送数据时是以帧为单位传送的。以太网在传送帧时，各帧之间还必须有一定的间隙。因此，接收端只要找到帧开始定界符，其后面的连续到达的比特流就都属于同一个 MAC 帧。可见以太网不需要使用帧结束定界符，也不需要使用字节插入来保证透明传输。

IEEE 802.3 标准规定凡出现下列情况之一的即为无效的 MAC 帧：

(1) 帧的长度不是整数个字节；

(2) 用收到的帧检验序列 FCS 查出有差错；

(3) 收到的帧的 MAC 客户数据字段的长度不在 46 ~ 1500 字节之间。考虑到 MAC 帧首部和尾部的长度共有 18 字节，可以得出有效的 MAC 帧长度为 64 ~ 1518 字节之间。

对于检查出的无效 MAC 帧就简单地丢弃。以太网不负责重传丢弃的帧。

最后要提一下，IEEE 802.3 标准规定的 MAC 帧格式与上面所讲的以太网 V2 MAC 帧格式的区别就是以下三点。

第一，IEEE 802.3 规定的 MAC 帧的第三个字段是“长度/类型”。由于以太网有效帧的最大长度是 1518 字节。因此当这个字段值大于 0x0600 时（相当于十进制的 1536），这个字段就表示“类型”。这样的帧格式就和以太网 V2 MAC 帧格式完全一样。只有当这个字段值小于 0x0600 时才表示“长度”，即 MAC 帧的数据部分长度。显然，在这种情况下，若数据字段的长度与实际的长度字段的值不一致，则该帧为无效的 MAC 帧。实际上，前面我们已经讲过，由于以太网采用了曼彻斯特编码，长度字段本来并无实际意义。

第二，当“长度/类型”字段值小于 0x0600 时，数据字段必须装入上面的逻辑链路控制 LLC 子层的 LLC 帧。

第三，在 802.3 标准的文档中，MAC 帧的帧格式包括了 8 字节的前同步码和帧开始定界符。有些教科书也是这样引用的。不过这并不影响我们对以太网工作原理的理解。

现在广泛使用的局域网只有以太网，因此不需要使用 LLC 帧（见本章 3.3.1 节第 1 小节“以太网的两个主要标准”）。现在市场上流行的都是以太网 V2 的 MAC 帧，但大家也常常把它称为 IEEE 802.3 标准的 MAC 帧。

3.4 扩展的以太网

在许多情况下，我们希望把以太网的覆盖范围扩展。本节先讨论在物理层把以太网扩展，然后讨论在数据链路层把以太网扩展。**这种扩展的以太网在网络层看来仍然是一个网络。**

扫一扫

视频讲解

3.4.1 在物理层扩展以太网

以太网上的主机之间的距离不能太远（例如，10BASE-T 以太网的两台主机之间的距离不超过 200 m），否则主机发送的信号经过铜线的传输就会衰减到使 CSMA/CD 协议无法正常工作。在过去广泛使用粗缆或细缆以太网时，常使用工作在物理层的转发器来扩展以太网的地理覆盖范围。那时，两个网段可用一个转发器连接起来。IEEE 802.3 标准还规定，任意两个站之间最多可以经过三个电缆网段。但随着双绞线以太网成为以太网的主流类型，扩展以太网的覆盖范围已很少使用转发器了。

现在，扩展主机和集线器之间的距离的一种简单方法就是使用光纤（通常是一对光纤）和一对光纤调制解调器，如图 3-23 所示。

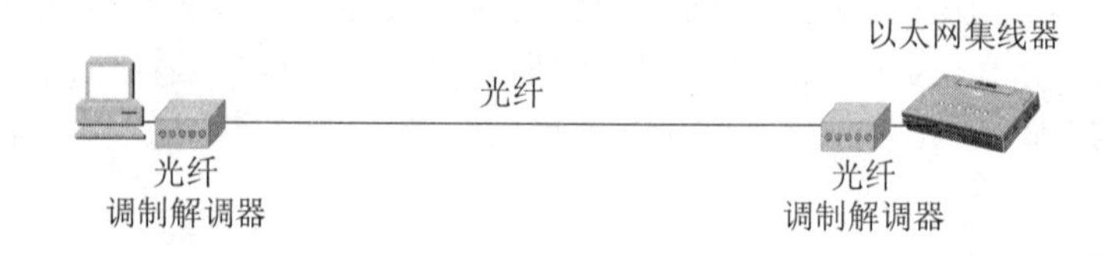

图 3-23　主机使用光纤和一对光纤调制解调器连接到集线器

光纤调制解调器的作用就是进行电信号和光信号的转换。由于光纤带来的时延很小，并且带宽很宽，因此使用这种方法可以很容易地使主机和几公里以外的集线器相连接。

如果使用多个集线器，就可以连接成覆盖更大范围的多级星形结构的以太网。例如，一个学院的三个系各有一个 10BASE-T 以太网（如图 3-24(a)所示），可通过一个主干集线器把各系的以太网连接起来，成为一个更大的以太网（如图 3-24(b)所示）。

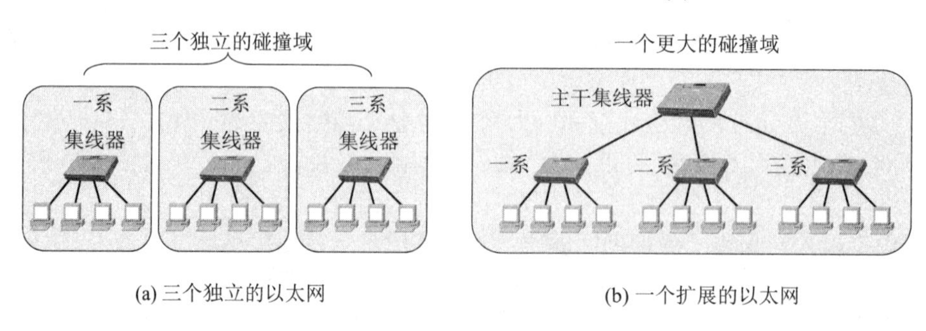

图 3-24　用多个集线器连成更大的以太网

这样做可以有以下两个好处。第一，使这个学院不同系的以太网上的计算机能够进行跨系的通信。第二，扩大了以太网覆盖的地理范围。例如，在一个系的 10BASE-T 以太网中，主机与集线器的最大距离是 100 m，因而两台主机之间的最大距离是 200 m。但在通过主干集线器相连接后，不同系的主机之间的距离就可扩展了，因为集线器之间的距离可以是 100m（使用双绞线）或更远（如使用光纤）。

但这种多级结构的集线器以太网也带来了一些缺点。

(1) 如图 3-24(a)所示的例子，在三个系的以太网互连起来之前，每一个系的 10BASE-T 以太网是一个独立的**碰撞域**(collision domain，又称为**冲突域**)，即在任一时刻，在每一个碰撞域中只能有一个站在发送数据。每一个系的以太网的最大吞吐量是 10 Mbit/s，因此三个系总的最大吞吐量是 30 Mbit/s。在三个系的以太网通过集线器互连起来后就把三个碰撞域变成一个碰撞域（范围扩大到三个系），如图 3-24(b)所示，而这时的最大吞吐量仍然是一个系的吞吐量 10 Mbit/s。这就是说，当某个系的两个站在通信时所传送的数据会通过所有的集线器进行转发，使得其他系的内部在这时都不能通信（一发送数据就会碰撞）。

(2) 如果不同的系使用不同的以太网技术（如数据率不同），那么就不可能用集线器将它们互连起来。如果在图 3-24 中，一个系使用 10 Mbit/s 的适配器，而另外两个系使用 10/100 Mbit/s 的适配器，那么用集线器连接起来后，大家都只能工作在 10 Mbit/s 的速率。集线器基本上是个多端口（也称为接口）的转发器，它并不能把帧进行缓存。

3.4.2 在数据链路层扩展以太网

扫一扫

视频讲解

扩展以太网更常用的方法是在数据链路层进行的。最初人们使用的是**网桥**(bridge)。网桥对收到的帧根据其 MAC 帧的目的地址进行**转发**和**过滤**。当网桥收到一个帧时，并不是向所有的端口转发此帧，而是根据此帧的目的 MAC 地址，查找网桥中的地址表，然后确定将该帧转发到哪一个端口，或者是把它丢弃（即过滤）。

1990 年问世的**交换式集线器**(switching hub)，很快就淘汰了网桥。交换式集线器常称为以太网**交换机**(switch)或**第二层交换机**(L2 switch)，强调这种交换机**工作在数据链路层**。

“交换机”并无准确的定义和明确的概念。著名网络专家 Perlman 认为：“交换机”应当是一个**市场名词**，而交换机的出现的确使数据的转发更加快速了[PERL00]。本书也使用这个广泛被接受的名词——**以太网交换机**。下面简单地介绍以太网交换机的特点。

1. 以太网交换机的特点

以太网交换机实质上就是一个**多端口的网桥**，通常都有十几个或更多的端口，和工作在物理层的转发器、集线器有很大的差别。以太网交换机的每个端口都直接与一个单台主机或另一个以太网交换机相连，并且一般都工作在**全双工方式**。以太网交换机还具有并行性，即能同时连通多对端口，使多对主机能同时通信（而网桥只能一次分析和转发一个帧）。相互通信的主机都**独占传输媒体，无碰撞地传输数据**。换句话说，每一个端口和连接到端口的主机构成了一个碰撞域，具有 N 个端口的以太网交换机的碰撞域共有 N 个。

以太网交换机的端口还有存储器，能在输出端口繁忙时把到来的帧进行缓存。因此，如果连接在以太网交换机上的两台主机，同时向另一台主机发送帧，那么当这台主机的端口繁忙时，发送帧的这两台主机的端口会把收到的帧暂存一下，以后再发送出去。

以太网交换机是一种即插即用设备，其内部的帧**交换表**（又称为**地址表**）是通过**自学习**算法自动地逐渐建立起来的。实际上，这种交换表就是一个**内容可寻址存储器** CAM (Content Addressable Memory)。以太网交换机由于使用了专用的交换结构芯片，用硬件转发收到的帧，其转发速率要比使用软件转发的网桥快很多。

以太网交换机的性能远远超过普通的集线器，而且价格也不贵，这就使工作在物理层的集线器逐渐地退出了市场。

对于传统的 10 Mbit/s 的共享式以太网，若共有 10 个用户，则每个用户占有的平均带宽只有 1 Mbit/s。若使用以太网交换机来连接这些主机，虽然在每个端口到主机的带宽还是 10 Mbit/s，但由于一个用户在通信时是独占而不是和其他网络用户共享传输媒体的带宽，因此对于拥有 10 个端口的交换机的总容量则为 100 Mbit/s。这正是交换机的最大优点。

从共享总线以太网转到交换式以太网时，所有接入设备的软件和硬件、适配器等都不需要做任何改动。

以太网交换机一般都具有多种速率的端口，例如，可以具有 10 Mbit/s, 100 Mbit/s 和 1 Gbit/s 的端口的各种组合，这就大大方便了各种不同情况的用户。

虽然许多以太网交换机对收到的帧采用存储转发方式进行转发，但也有一些交换机采用**直通**(cut-through)的交换方式。直通交换不必把整个数据帧先缓存后再进行处理，而是在接收数据帧的同时就立即按数据帧的目的 MAC 地址决定该帧的转发端口，因而提高了帧的转发速度。如果在这种交换机的内部采用基于硬件的交叉矩阵，交换时延就非常小。直通交换的一个缺点是它不检查差错就直接将帧转发出去，因此有可能也将一些无效帧转发给其他的站。在某些情况下，仍需要采用基于软件的存储转发方式进行交换，例如当需要进行线路速率匹配、协议转换或差错检测时。现在有的厂商已生产出能支持两种交换方式的以太网交换机。以太网交换机的发展与建筑物结构化布线系统的普及应用密切相关。在结构化布线系统中，广泛地使用了以太网交换机。

2. 以太网交换机的自学习功能

我们用一个简单例子来说明以太网交换机是怎样进行自学习的。

假定在图 3-25 中的以太网交换机有 4 个端口，各连接一台计算机，其 MAC 地址分别是 A, B, C 和 D。交换表最重要的就是两个项目：目的 MAC 地址和转发端口。在一开始，以太网交换机里面的交换表是空的（如图 3-25(a)所示）。

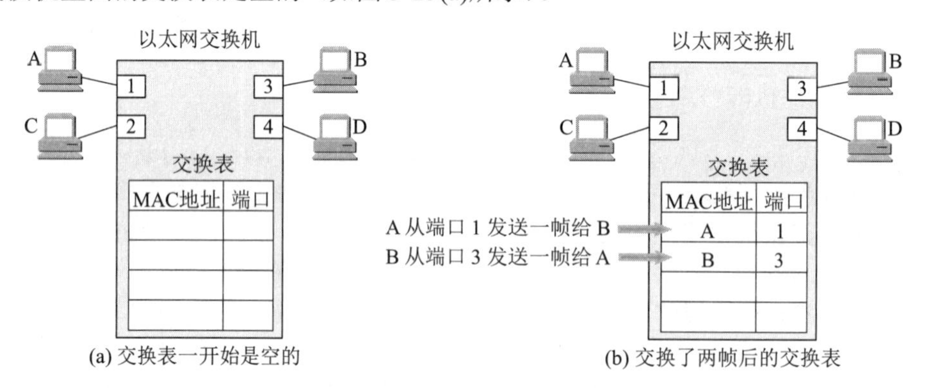

图 3-25　以太网交换机中的交换表

假定 A 先向 B 发送一帧，从端口 1 进入到交换机。交换机收到帧后，先查找交换表。现在表中没有 B 的地址。于是，交换机把此帧的**源地址** A 和端口 1 写入交换表中，并向除端口 1 以外的所有端口广播这个帧（从端口 1 收到的帧显然不应再从端口 1 转发出去）。

广播发送可以保证让 B 收到这个帧，而 C 和 D 在收到帧后，因目的地址不匹配将丢弃此帧。这一过程也称为**过滤**。

由于在交换表中写入了项目(A, 1)，因此以后不管从哪个端口收到帧，只要其**目的地址**是 A，就把收到的帧从端口 1 转发出去送交 A。这样做的依据是：既然 A 发送的帧是从端口 1 进入交换机的，那么从端口 1 转发出的帧肯定到达 A。

接下来假定 B 通过端口 3 向 A 发送一帧。交换机查找交换表，发现交换表中的 MAC 地址有 A，表明凡是发给 A 的帧（即目的地址为 A 的帧）都应从端口 1 转发。显然，现在应直接把收到的帧从端口 1 转发给 A，而没有必要再广播收到的帧。交换表这时用源地址 B 写入一个项目(B, 3)，表明今后如有发送给 B 的帧，应从端口 3 转发。

经过一段时间后，只要主机 C 和 D 也向其他主机发送帧，以太网交换机中的交换表就会把转发到 C 或 D 应当经过的端口号（2 或 4）写入交换表中。这样，交换表中的项目就逐渐增多了，以后再转发帧时就可以直接从交换表中找到转发的端口，而不必使用发送广播帧的方法了。

考虑到有时可能要在交换机的端口更换主机，或者主机要更换其网络适配器，这就需要及时更改交换表中的项目。为此，当交换表中写入一个项目时就记下当时的时间，只要超过预先设定的时间（例如 300 秒），该项目就自动被删除。用这样的方法保证交换表中的数据都符合当前网络的实际状况。这就是说，图 3-25 中的交换表实际上是有三列，即 MAC 地址、端口和写入时间。

以太网交换机的这种自学习方法使得以太网交换机能够即插即用，不必人工进行配置，因此非常方便。

但有时为了增加网络的可靠性，在使用以太网交换机组网时，往往会增加一些冗余的链路。在这种情况下，自学习的过程就可能导致以太网帧在网络的某个环路中无限制地兜圈子。我们用图 3-26 的简单例子来说明这个问题。

在图 3-26 中，假定一开始主机 A 通过端口交换机#1 向主机 B 发送一帧❶。

由于交换表目前是空的，因此交换机#1 收到帧❶后就向本交换机的所有其他端口进行广播发送。我们现在观察其中一个帧的走向：

离开交换机#1 端口 3 的帧❷到达交换机#2 端口 1，然后向交换机#2 所有其他端口广播发送；

广播发送的帧中有一个帧❸到达交换机#2 端口 2；

交换机#2 端口 2 把这个帧（帧❹）发送到交换机#1 端口 4，接着又向交换机#1 所有其他端口广播发送帧；

广播发送的帧中有一个帧❺到达交换机#1 端口 3；

……

上述过程就这样无限制地循环兜圈子（❷→❸→❹→❺）。显然，这就白白消耗了网络资源。

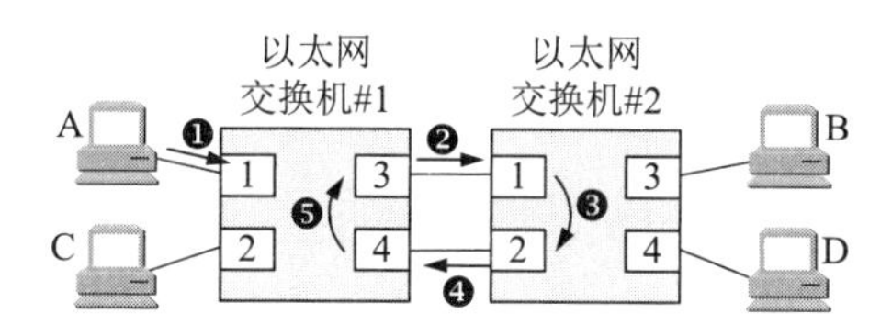

图 3-26　在两个交换机之间兜圈子的帧

为了解决这种兜圈子问题，IEEE 的 802.1D 标准制定了一个**生成树协议** STP (Spanning Tree Protocol)。其要点就是不改变网络的实际拓扑，但在逻辑上则切断某些链路，使得从一台主机到所有其他主机的路径是**无环路的树状结构**，从而消除了兜圈子现象。

3. 从总线以太网到星形以太网

大家知道，传统的电话网是星形结构，其中心就是电话交换机。那么在 20 世纪 70 年代中期出现的局域网，为什么不采用这种星形结构呢？这是因为在当时的技术条件下，还很难用廉价的方法制造出高可靠性的以太网交换机。所以那时的以太网就采用无源的总线结构。这种总线式以太网一问世就受到广大用户的欢迎，并获得了很快的发展。

然而随着以太网上站点数目的增多，使得总线结构以太网的可靠性下降。与此同时，大规模集成电路以及专用芯片的发展，使得星形结构的以太网交换机可以做得既便宜又可靠。在这种情况下，采用以太网交换机的星形结构就成为以太网的首选拓扑，而传统的总线以太网也很快从市场上消失了。

总线以太网使用 CSMA/CD 协议，以半双工方式工作。但以太网交换机不使用共享总线，没有碰撞问题，因此不使用 CSMA/CD 协议，而是以全双工方式工作。既然连以太网的重要协议 CSMA/CD 都不使用了（相关的“争用期”也没有了），为什么还叫作以太网呢？原因就是它的帧结构未改变，**仍然采用以太网的帧结构**。

3.4.3 虚拟局域网

以太网交换机的问世，加速了以太网的普及应用。一个以太网交换机可以非常方便地连接几十台计算机，构成一个星形以太网。

但是，当一个以太网包含的计算机太多时，往往会带来两个缺点。

首先，一个以太网是一个广播域。在以太网上经常会出现大量的广播帧。在交换机的交换表的建立过程中要使用许多广播帧。我们经常使用的 ARP 和 DHCP 协议（这将在后面两章中讲到），也都要在以太网中传送很多的广播帧。在一个主机数量很大的以太网上传播广播帧，必然会消耗很多的网络资源。如果网络的配置出了些差错，就有可能发生广播帧在网络中无限制地兜圈子（如图 3-26 所示那样），形成了“广播风暴”，使整个的网络瘫痪。

其次，一个单位的以太网往往为好几个下属部门所共享。但有些部门的信息是需要保密的（例如，财务部门或人事部门）。许多部门共享一个局域网对信息安全不利。

如果使每一个小部门各拥有自己的较小的局域网，那么这不但可使局域网的广播域范围缩小，同时也提高了局域网的安全性。在以太网交换机出现后，我们可以很方便灵活地建立**虚拟局域网** VLAN (Virtual LAN)。这样就把一个较大的局域网，分割成为一些较小的局域网，而每一个局域网是一个较小的广播域。

在 IEEE 802.1Q 标准中，对虚拟局域网 VLAN 是这样定义的：

虚拟局域网 VLAN 是由一些局域网网段构成的与物理位置无关的逻辑组，而这些网段具有某些共同的需求。每一个 VLAN 的帧都有一个明确的标识符，指明发送这个帧的计算机属于哪一个 VLAN。

虚拟局域网其实只是局域网**给用户提供的一种服务**，而**并不是一种新型局域网**。

1988 年 IEEE 批准了 802.1Q 标准，这个标准定义了以太网的帧格式的扩展，以便支持虚拟局域网。虚拟局域网协议允许在以太网的帧格式中插入一个 4 字节的标识符（如图 3-27 所示），称为 VLAN **标签**(tag)，用来指明发送该帧的计算机属于哪一个虚拟局域网。插入 VLAN 标签的帧称为 802.1Q 帧。

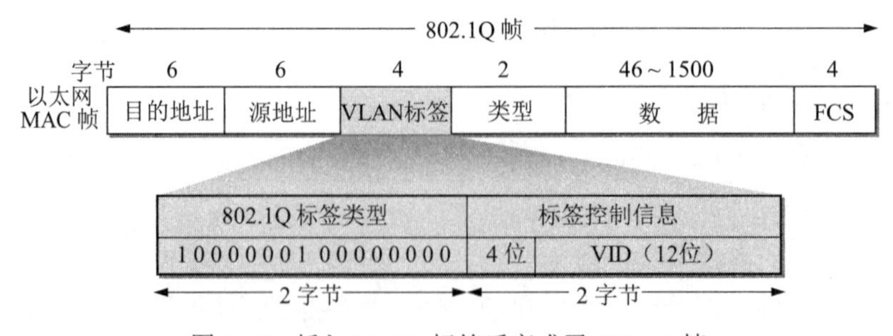

图 3-27　插入 VLAN 标签后变成了 802.1Q 帧

VLAN 标签字段的长度是 4 字节，插入在以太网 MAC 帧的源地址字段和类型字段之间。VLAN 标签的前两个字节总是设置为 0x8100（即二进制的 10000001 00000000），称为 IEEE

802.1Q **标签类型**。VLAN 标签的后两个字节中，前面 4 位实际上并没有什么作用，这里不讨论，后面的 12 位是该虚拟局域网 **VLAN 标识符** VID (VLAN ID)，它唯一地标志了 802.1Q 帧属于哪一个 VLAN。12 位的 VID 可识别 4096 个不同的 VLAN。插入 VLAN 标签后，802.1Q 帧最后的帧检验序列 FCS 必须重新计算。

当数据链路层检测到 MAC 帧的源地址字段后面的两个字节的值是 0x8100 时，就知道现在插入了 4 字节的 VLAN 标签。由于用于 VLAN 的以太网帧的首部增加了 4 个字节，因此以太网的最大帧长从原来的 1518 字节（1500 字节的数据加上 18 字节的首部和尾部）变为 1522 字节。

这样的 802.1Q 帧在什么地方使用呢？我们可以用图 3-28 给出的简单例子来说明。交换机#1 连接了 7 台计算机，组成了一个局域网（一个广播域）。现在把局域网划分为两个虚拟局域网 VLAN-10 和 VLAN-20。这里的 10 和 20 是虚拟局域网的编号，由交换机管理人员设定。这个编号就是图 3-27 中的 VID 字段的值。

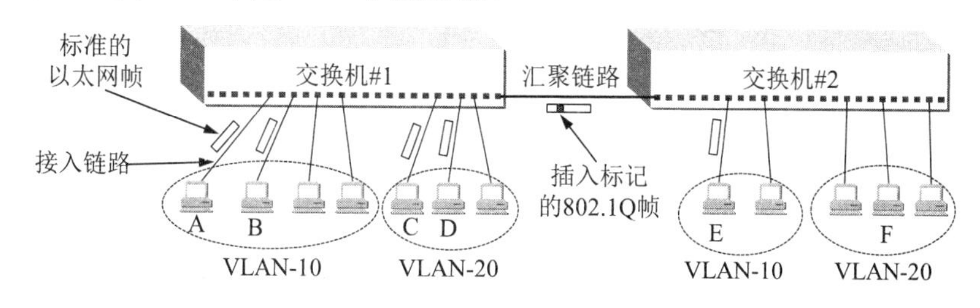

图 3-28　利用以太网交换机构成虚拟局域网

现在我们有了两个较小的广播域。每台计算机都是通过**接入链路**(access link)连接到以太网交换机的。管理人员划分虚拟局域网的方法有多种。例如，按交换机的端口划分，或按 MAC 地址划分。每台主机并不知道自己的 VID 值（但交换机必须知道这些信息）。这些主机通过接入链路发送到交换机的帧都是标准的以太网帧。

在一个用多个交换机连接起来的较大的局域网中，可以灵活地划分虚拟局域网，不受地理位置的限制。一个虚拟局域网的范围可以跨越不同的交换机。当然，所使用的交换机必须要能够识别和处理虚拟局域网。在图 3-28 中，在另外一层楼的交换机#2 连接了 5 台计算机，并与交换机#1 相连接。交换机#2 中的两台计算机加入到 VLAN-10，而另外 3 台加入到 VLAN-20。这两个虚拟局域网虽然都跨越了两个交换机，但都各自是一个广播域。

连接两个交换机端口之间的链路称为**汇聚链路**(trunk link)或**干线链路**。

现在假定 A 向 B 发送帧。由于交换机#1 能够根据帧首部的目的 MAC 地址，识别 B 属于本交换机管理的 VLAN-10，因此就像在普通以太网中那样直接进行帧的转发，不需要使用 VLAN 标签。这是最简单的情况。

现在假定 A 向 E 发送帧。交换机#1 查到 E 并没有连接到本交换机，因此必须从汇聚链路把帧转发到交换机#2，但在转发之前，要插入 VLAN 标签。不插入 VLAN 标签，交换机#2 就不知道应把帧转发给哪一个 VLAN。因此在汇聚链路传送的帧是 802.1Q 帧。交换机#2 在向 E 转发帧之前，要拿走已插入的 VLAN 标签，因此 E 收到的帧就是 A 发送的标准以太网帧，而不是 802.1Q 帧。图 3-28 说明了这种情况。

如果 A 向 C 发送帧，情况又怎样呢？这种情况就复杂些了，因为这是在不同网络之间的通信。虽然 A 和 C 都连接到同一个交换机，但它们已经处在不同的网络中（VLAN-10 和

VLAN-20）。这问题是互连网络中的通信问题，已经超过了本章数据链路层的范围。这要由属于上面的网络层中的路由器来解决。

不过有的交换机中嵌入了一个用专用芯片构成的转发模块，用来在不同的 VLAN 之间转发 IP 分组。这样就可以不必再使用另外的路由器，而就在交换机中实现了第 3 层的转发功能（由于使用硬件转发，转发 IP 分组的速率提高了，比使用路由器要快）。这种转发功能被称为第 3 层交换，而这种交换机常称为 L3/L2 交换机。

有了这种第 3 层交换机，连接到不同交换机的 A 和 F，都能不需要经过另外的路由器而相互通信。更详细的转发过程这里就不继续讨论了。

3.5 高速以太网

随着电子技术的发展，以太网的速率也不断提升。从传统的 10 Mbit/s 以太网一直发展到现在常用的速率为 1 Gbit/s 的吉比特以太网，甚至更快的以太网。下面简单介绍几种高速以太网技术。

3.5.1 100BASE-T 以太网

100BASE-T 是在双绞线上传送 100 Mbit/s 基带信号的星形拓扑以太网，仍使用 IEEE 802.3 的 CSMA/CD 协议，它又称为**快速以太网**(Fast Ethernet)。用户只要使用 100 Mbit/s 的适配器和 100 Mbit/s 的集线器或交换机，就可很方便地由 10BASE-T 以太网直接升级到 100 Mbit/s，而不必改变网络的拓扑结构。所有在 10BASE-T 上的应用软件和网络软件都可保持不变。100BASE-T 的适配器有很强的自适应性，能够自动识别 10 Mbit/s 和 100 Mbit/s。1995 年 IEEE 已把 100BASE-T 快速以太网定为正式标准（IEEE 802.3u），是对现行的 IEEE 802.3 标准的补充。

100BASE-T 可使用以太网交换机提供很好的服务质量，可在全双工方式下工作而无冲突发生。因此，CSMA/CD 协议对全双工方式工作的快速以太网是不起作用的（但在半双工方式工作时则一定要使用 CSMA/CD 协议）。快速以太网使用的 MAC 帧格式仍然是 IEEE 802.3 标准规定的帧格式。

然而 IEEE 802.3u 的标准未包括对同轴电缆的支持。这意味着想**从细缆以太网升级到快速以太网的用户必须重新布线**。因此，现在 10/100 Mbit/s 以太网都使用无屏蔽双绞线布线。

100 Mbit/s 以太网的新标准改动了原 10 Mbit/s 以太网的某些规定。我们知道，以太网有一个重要的参数 a，它必须保持为很小的数值。在 3.3.4 节曾给出了参数 a 的公式(3-2)：

$$a = \frac{\tau}{T_0} \tag{3-2}$$

这里 τ 是以太网单程端到端时延，T_0 是帧的发送时间。我们知道，T_0 是帧长与发送速率之比，可见为了保持参数 a 不变，可以使 τ 与发送速率的乘积不变。在帧长一定的条件下，若数据率提高到 10 倍，可把网络电缆长度（因而使 τ）减小到原有数值的十分之一。

在 100 Mbit/s 的以太网中采用的方法是保持最短帧长不变，对于铜缆 100 Mbit/s 以太网，一个网段的最大长度是 100 m，其最短帧长仍为 64 字节，即 512 比特。因此 100 Mbit/s 以太网的争用期是 5.12 μs，帧间最小间隔现在是 0.96 μs，都是 10 Mbit/s 以太网的 1/10。

表 3-1 是 100 Mbit/s 以太网的新标准规定的三种不同的物理层标准。

表 3-1　100 Mbit/s 以太网的物理层标准

名称	媒体	网段最大长度	特点
100BASE-TX	铜缆	100 m	两对 UTP 5 类线或屏蔽双绞线 STP
100BASE-T4	铜缆	100 m	4 对 UTP 3 类线或 5 类线
100BASE-FX	光缆	2000 m	两根光纤，发送和接收各用一根

在标准中把上述的 100BASE-TX 和 100BASE-FX 合在一起称为 100BASE-X。

100BASE-T4 使用 4 对 UTP 3 类线或 5 类线时，使用 3 对线同时传送数据（每一对线以 $33\frac{1}{3}$ Mbit/s 的速率传送数据），用 1 对线作为碰撞检测的接收信道。

3.5.2　吉比特以太网

IEEE 在 1997 年通过了吉比特以太网的标准 802.3z，并在 1998 年成为正式标准。几年来，吉比特以太网迅速占领了市场，成为以太网的主流产品。

吉比特以太网的标准 IEEE 802.3z 有以下几个特点：

(1) 允许在 1 Gbit/s 下以全双工和半双工两种方式工作。

(2) 使用 IEEE 802.3 协议规定的帧格式。

(3) 在半双工方式下使用 CSMA/CD 协议，而在全双工方式不使用 CSMA/CD 协议。

(4) 与 10BASE-T 和 100BASE-T 技术向后兼容。

吉比特以太网可用作现有网络的主干网，也可在高带宽（高速率）的应用场合中（如医疗图像或 CAD 的图形等）用来连接计算机和服务器。

吉比特以太网的物理层使用两种成熟的技术：一种来自现有的以太网，另一种则是美国国家标准协会 ANSI 制定的**光纤通道** FC (Fibre Channel)。采用成熟技术就能大大缩短吉比特以太网标准的开发时间。

表 3-2 是吉比特以太网的物理层的标准。

表 3-2　吉比特以太网物理层标准

名称	媒体	网段最大长度	特点
1000BASE-SX	光缆	550 m	多模光纤（50 和 62.5 μm）
1000BASE-LX	光缆	5000 m	单模光纤（10 μm）多模光纤（50 和 62.5 μm）
1000BASE-CX	铜缆	25 m	使用 2 对屏蔽双绞线电缆 STP
1000BASE-T	铜缆	100 m	使用 4 对 UTP 5 类线

现在 1000BASE-X（包括表 3-2 中的前三项）的标准是 IEEE 802.3z，而 1000BASE-T 的标准是 IEEE 802.3ab。

吉比特以太网工作在半双工方式时，就必须进行碰撞检测。由于数据率提高了，因此只有减小最大电缆长度或增大帧的最小长度，才能使参数 a 保持为较小的数值。若将吉比特以太网最大电缆长度减小到 10 m，那么网络的实际价值就大大减小。而若将最短帧长提高到 640 字节，则在发送短数据时开销又太大。因此，吉比特以太网仍然保持一个网段的最大长度为 100 m，但采用了“**载波延伸**”(carrier extension)的办法，使最短帧长仍为 64 字节

（这样可以保持兼容性），同时将争用期增大为 512 字节。凡发送的 MAC 帧长不足 512 字节时，就用一些特殊字符填充在帧的后面，使 MAC 帧的发送长度增大到 512 字节，这对有效载荷[①]并无影响。接收端在收到以太网的 MAC 帧后，要把所填充的特殊字符删除后才向高层交付。当原来仅 64 字节长的短帧填充到 512 字节时，所填充的 448 字节就造成了多余的开销。

为此，吉比特以太网还增加了一种功能称为**分组突发**(packet bursting)。这就是当很多短帧要发送时，第一个短帧要采用上面所说的载波延伸的方法进行填充。但随后的一些短帧则可一个接一个地发送，它们之间只需留有必要的帧间最小间隔即可。这样就形成一串分组的突发，直到达到 1500 字节或稍多一些为止。当吉比特以太网工作在全双工方式时（即通信双方可同时进行发送和接收数据），不使用载波延伸和分组突发。

吉比特以太网交换机可以直接与多个图形工作站相连，也可用作百兆以太网的主干网，与百兆比特或吉比特交换机相连，然后再和大型服务器连接在一起。图 3-29 是吉比特以太网的一种配置举例。

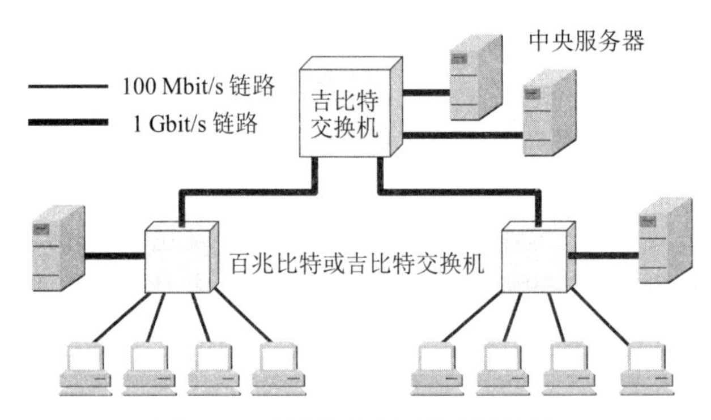

图 3-29　吉比特以太网的配置举例

3.5.3　10 吉比特以太网(10GbE)和更快的以太网

10GbE 并非把吉比特以太网的速率简单地提高到 10 倍，因为还有许多技术上的问题要解决。下面是 10GbE 的主要特点。顺便指出，10 吉比特就是 10×10^9 比特，有人愿意称之为“万兆比特”。虽然“万”是中国的一种常用的计量单位，但这与国际上通用的表示方法不一致，因此本书不予采用。

10GbE 的帧格式与 10 Mbit/s, 100 Mbit/s 和 1 Gbit/s 以太网的**帧格式完全相同**，并保留了 802.3 标准规定的**以太网最小帧长和最大帧长**。这就使用户在将其已有的以太网进行升级时，仍能和较低速率的以太网很方便地通信。

10GbE **只工作在全双工方式**，因此**不存在争用问题**，**当然也不使用 CSMA/CD 协议**。这就使得 10GbE 的传输距离大大提高了（因为不再受必须进行碰撞检测的限制）。

---

① 注：**有效载荷**(payload)是个很常用的名词，它表示在一个分组中，去掉首部和尾部（如果有尾部的话）的控制字段后，剩下的有用的数据部分。显然，在不同层次中，有效载荷所代表的内容是不一样的。例如，数据链路层一个帧的有效载荷，就包含了网络层 IP 数据报的 IP 首部和数据部分，而从网络层看，只有 IP 数据报中的数据部分，才是网络层 IP 数据报的有效载荷。如果 IP 数据报中的数据是运输层的 TCP 报文段，那么从运输层看，其有效载荷只是运输层 TCP 报文段中的数据部分（要把 TCP 的首部去除）。

表 3-3 是 10GbE 的物理层标准。

表 3-3　10GbE 的物理层标准

名称	媒体	网段最大长度	特点
10GBASE-SR	光缆	300 m	多模光纤（0.85 μm）
10GBASE-LR	光缆	10 km	单模光纤（1.3 μm）
10GBASE-ER	光缆	40 km	单模光纤（1.5 μm）
10GBASE-CX4	铜缆	15 m	使用 4 对双芯同轴电缆(twinax)
10GBASE-T	铜缆	100 m	使用 4 对 6A 类 UTP 双绞线

表 3-3 中的前三项的标准是 IEEE 802.3ae，在 2002 年 6 月完成。第四项的标准是 IEEE 802.3ak，完成于 2004 年。最后一项的标准是 IEEE 802.3an，完成于 2006 年。

以太网的技术发展得很快。在 10GbE 之后又制定了 40GbE/100GbE（即 40 吉比特以太网和 100 吉比特以太网）的标准 IEEE 802.3ba-2010 和 802.3bm-2015。表 3-4 是 40GbE 和 100GbE 的物理层名称及传输距离，其中有两项带*号的是 802.3bm 提出的。

表 3-4　40GbE/100GbE 的物理层标准

物理层	40GbE	100GbE
在背板上传输至少超过 1 m	40GBASE-KR4	
在铜缆上传输至少超过 7 m	40GBASE-CR4	100GBASE-CR10
在多模光纤上传输至少 100 m	40GBASE-SR4	100GBASE-SR10, *100GBASE-SR4
在单模光纤上传输至少 10 km	40GBASE-LR4	100GBASE-LR4
在单模光纤上传输至少 40 km	*40GBASE-ER4	100GBASE-ER4

需要指出的是，40GbE/100GbE 以太网只工作在全双工的传输方式（因而不使用 CSMA/CD 协议），并且仍然保持了以太网的帧格式以及 802.3 标准规定的以太网最小和最大帧长。100GbE 在使用单模光纤传输时，仍然可以达到 40 km 的传输距离，但这需要波分复用（使用 4 个波长复用一根光纤，每一个波长的有效传输速率是 25 Gbit/s）。

由于大型数据中心迫切需要非常高速的数据传送，在 2017 年 12 月，更高速率的以太网标准颁布了，这就是 IEEE 802.3bs 标准，共有两种速率，即 200GbE（速率为 200 Gbit/s）和 400GbE（速率为 400 Gbit/s），全部用光纤传输（单模和多模）。根据传输方式的不同，传输距离从 100 m 至 10 km 不等。今后还会有更快的以太网问世。

现在以太网的工作范围已经从局域网（校园网、企业网）扩大到城域网和广域网，从而实现了端到端的以太网传输。这种工作方式的好处是：

(1) 以太网是一种经过实践证明的成熟技术，无论是互联网服务提供者 ISP 还是端用户都很愿意使用以太网。当然对 ISP 来说，使用以太网还需要在更大的范围进行试验。

(2) 以太网的互操作性也很好，不同厂商生产的以太网都能可靠地进行互操作。

(3) 在广域网中使用以太网时，其价格大约只有同步光纤网 SONET 的五分之一。以太网还能够适应多种传输媒体，如铜缆、双绞线以及各种光缆。这就使具有不同传输媒体的用户在进行通信时不必重新布线。

(4) 端到端的以太网连接使帧的格式全都是以太网的格式，而不需要再进行帧的格式转换，这就简化了操作和管理。

以太网从 10 Mbit/s 到 10 Gbit/s 甚至到 400 Gbit/s 的演进，证明了以太网是：

(1) 可扩展的（速率从 10 Mbit/s 到 400 Gbit/s）。

(2) 灵活的（多种媒体、全/半双工、共享/交换）。

(3) 易于安装的。

(4) 稳健性好的。

3.5.4 使用以太网进行宽带接入

现在人们也在使用以太网进行宽带接入互联网。为此，IEEE 在 2001 年初成立了 802.3EFM 工作组[①]，专门研究高速以太网的宽带接入技术问题。

以太网接入的一个重要特点是它可以提供双向的宽带通信，并且可以根据用户对带宽的需求灵活地进行带宽升级（例如，把 10 兆的以太网交换机更新为吉比特的以太网交换机）。当城域网和广域网都采用吉比特以太网或 10 吉比特以太网时，采用以太网接入可以实现端到端的以太网传输，中间不需要再进行帧格式的转换。这就提高了数据的传输效率且降低了传输的成本。

然而以太网的帧格式标准中，在地址字段部分并没有用户名字段，也没有让用户键入密码来鉴别用户身份的过程。如果网络运营商要利用以太网接入到互联网，就必须解决这个问题。

于是有人就想法子把数据链路层的两个成功的协议结合起来，即把 PPP 协议中的 PPP 帧再封装到以太网中来传输。这就是 1999 年公布的 PPPoE (PPP over Ethernet)，意思是“在以太网上运行 PPP”[RFC 2516]。现在的光纤宽带接入 FTTx 都要使用 PPPoE 的方式进行接入。

例如，如果使用光纤到大楼 FTTB 的方案，就在每个大楼的楼口安装一个光网络单元 ONU（其作用和以太网交换机差不多），然后根据用户所申请的带宽，用 5 类线（请注意，到这个地方，传输媒体已经变为铜线了）接到用户家中。如果大楼里上网的用户很多，那么还可以在每一个楼层再安装一个 100 Mbit/s 的以太网交换机。各大楼的以太网交换机通过光缆汇接到光汇接点（光汇接点一般通过城域网连接到互联网的主干网）。

使用这种方式接入到互联网时，在用户家中不再需要使用任何调制解调器，只要一个 RJ-45 的插口即可。用户把自己的个人电脑通过 5 类网线连接到墙上的 RJ-45 插口中，然后在 PPPoE 弹出的窗口中键入在网络运营商处购买的用户名（就是一串数字）和密码（严格说就是口令），就可以进行宽带上网了。请注意，使用这种以太网宽带接入时，从用户家中的个人电脑到户外的第一个以太网交换机的带宽是能够得到保证的。因为这个带宽是用户独占的，没有和其他用户共享。但这个以太网交换机到上一级的交换机的带宽，是许多用户共享的。因此，如果过多的用户同时上网，则有可能使每一个用户实际上享受到的带宽减少。这时，网络运营商就应当及时进行扩容，以保证用户的利益不受损伤。

顺便指出，当用户利用 ADSL（非对称数字用户线）进行宽带上网时，从用户个人电脑到家中的 ADSL 调制解调器之间，也是使用 RJ-45 和 5 类线（即以太网使用的网线）进行连

---

① 注：通信网的数字化是从主干网开始的，最后剩下的一段模拟线路是用户线，因此这一段用户线常称为是通信线路数字化过程中的“最后一英里”。IEEE 802.3EFM 中的“EFM”表示“Ethernet in the First Mile”，意思是从用户端开始算，“第一英里采用以太网”，也就是说，EFM 表示“采用以太网接入”。

接的，并且也是使用 PPPoE 弹出的窗口进行拨号连接的。但是用户个人电脑发送的以太网帧到了家里的 ADSL 调制解调器后，就转换成为 ADSL 使用的 PPP 帧。需要注意的是，在用户家中墙上是通过电话使用的 RJ-11 插口，用普通的电话线传送 PPP 帧。这已经和以太网没有关系了。所以这种上网方式不能称为以太网上网，而是利用电话线宽带接入到互联网。

本章的重要概念

- 链路是从一个节点到相邻节点的一段物理线路，数据链路则是在链路的基础上增加了一些必要的硬件（如网络适配器）和软件（如协议的实现）。
- 数据链路层使用的信道主要有点对点信道和广播信道两种。
- 数据链路层传送的协议数据单元是帧。数据链路层的三个基本问题是：封装成帧、透明传输和差错检测。
- 循环冗余检验 CRC 是一种检错方法，而帧检验序列 FCS 是添加在数据后面的冗余码。
- 点对点协议 PPP 是数据链路层使用最多的一种协议，它的特点是：简单；只检测差错，而不是纠正差错；不使用序号，也不进行流量控制；可同时支持多种网络层协议。
- PPPoE 是为宽带上网的主机使用的链路层协议。
- 局域网的优点是：具有广播功能，从一个站点可很方便地访问全网；便于系统的扩展和逐渐演变；提高了系统的可靠性、可用性和生存性。
- 共享通信媒体资源的方法有二：一是静态划分信道（各种复用技术），二是动态媒体接入控制，又称为多点接入（随机接入或受控接入）。
- IEEE 802 委员会曾把局域网的数据链路层拆成两个子层，即逻辑链路控制（LLC）子层（与传输媒体无关）和媒体接入控制（MAC）子层（与传输媒体有关）。但现在 LLC 子层已成为历史。
- 计算机与外界局域网的通信要通过网络适配器，它又称为网络接口卡或网卡。计算机的硬件地址就在适配器的 ROM 中。
- 以太网采用无连接的工作方式，对发送的数据帧不进行编号，也不要求对方发回确认。目的站收到有差错帧就把它丢弃，其他什么也不做。
- 以太网采用的协议是具有冲突检测的载波监听多点接入 CSMA/CD。协议的要点是：发送前先监听，边发送边监听，一旦发现总线上出现了碰撞，就立即停止发送。然后按照退避算法等待一段随机时间后再次发送。因此，每一个站在自己发送数据之后的一小段时间内，存在着遭遇碰撞的可能性。以太网上各站点都平等地争用以太网信道。
- 传统的总线以太网基本上都是使用集线器的双绞线以太网。这种以太网在物理上是星形网，但在逻辑上则是总线网。集线器工作在物理层，它的每个端口仅仅简单地转发比特，不进行碰撞检测。
- 以太网的硬件地址，即 MAC 地址实际上就是适配器地址或适配器标识符，与主机所在的地点无关。源地址和目的地址都是 48 位长。
- 以太网的适配器有过滤功能，它只接收单播帧、广播帧或多播帧。
- 使用集线器可以在物理层扩展以太网（扩展后的以太网仍然是一个网络）。
- 交换式集线器常称为以太网交换机或第二层交换机（工作在数据链路层）。它就是一个多端口的网桥，而每个端口都直接与某台单主机或另一个集线器相连，且工作在全双工方式。以太网交换机能同时连通许多对端口，使每一对相互通信的主机都能像独占通信媒体那样，无碰撞地传输数据。

- 高速以太网有 100 Mbit/s 的快速以太网、吉比特以太网和 10 Gbit/s 的 10 吉比特以太网。最近还发展到 400 吉比特以太网。在宽带接入技术中，也常使用高速以太网进行接入。

习题

3-01 数据链路（即逻辑链路）与链路（即物理链路）有何区别？“链路接通了”与“数据链路接通了”的区别何在？

3-02 数据链路层中的链路控制包括哪些功能？试讨论数据链路层做成可靠的链路层有哪些优点和缺点。

3-03 网络适配器的作用是什么？网络适配器工作在哪一层？

3-04 数据链路层的三个基本问题（封装成帧、透明传输和差错检测）为什么都必须加以解决？

3-05 如果在数据链路层不进行封装成帧，会发生什么问题？

3-06 PPP 协议的主要特点是什么？为什么 PPP 不使用帧的编号？PPP 适用于什么情况？为什么 PPP 协议不能使数据链路层实现可靠传输？

3-07 要发送的数据为 1101011011。采用 CRC 的生成多项式是 $P(X) = X^4 + X + 1$。试求应添加在数据后面的余数。

若要发送的数据在传输过程中最后一个 1 变成了 0，即变成了 1101011010，问接收端能否发现？

若要发送的数据在传输过程中最后两个 1 都变成了 0，即变成了 1101011000，问接收端能否发现？

采用 CRC 检验后，数据链路层的传输是否就变成了可靠的传输？

3-08 要发送的数据为 101110。采用 CRC 的生成多项式是 $P(X) = X^3 + 1$。试求应添加在数据后面的余数。

3-09 一个 PPP 帧的数据部分（用十六进制写出）是 7D 5E FE 27 7D 5D 7D 5D 65 7D 5E。试问真正的数据是什么（用十六进制写出）？

3-10 PPP 协议使用同步传输技术传送比特串 0110111111111100。试问经过零比特填充后变成怎样的比特串？若接收端收到的 PPP 帧的数据部分是 0001110111110111110110，试问删除发送端加入的零比特后会变成怎样的比特串？

3-11 试分别讨论以下各种情况在什么条件下是透明传输，在什么条件下不是透明传输。（提示：请弄清什么是“透明传输”，然后考虑能否满足其条件。）

(1) 普通的电话通信。

(2) 互联网提供的电子邮件服务。

3-12 PPP 协议的工作状态有哪几种？当用户要使用 PPP 协议和 ISP 建立连接进行通信时，需要建立哪几种连接？每一种连接解决什么问题？

3-13 局域网的主要特点是什么？为什么局域网采用广播通信方式而广域网不采用呢？

3-14 常用的局域网的网络拓扑有哪些种类？现在最流行的是哪种结构？为什么早期的以

太网选择总线拓扑结构而不使用星形拓扑结构，但现在却改为使用星形拓扑结构呢？

3-15 什么叫作传统以太网？以太网有哪两个主要标准？

3-16 数据率为 10 Mbit/s 的以太网在物理媒体上的码元传输速率（即码元/秒）是多少？

3-17 为什么 LLC 子层的标准已制定出来了但现在却很少使用？

3-18 试说明 10BASE-T 中的“10”“BASE”和“T”所代表的意思。

3-19 以太网使用的 CSMA/CD 协议是以争用方式接入到共享信道的，这与传统的时分复用 TDM 相比有何优缺点？

3-20 假定 1 km 长的 CSMA/CD 网络的数据率为 1 Gbit/s。设信号在网络上的传播速率为 200000 km/s。求能够使用此协议的最短帧长。

3-21 什么叫作比特时间？使用这种时间单位有什么好处？100 比特时间是多少微秒？

3-22 假定在使用 CSMA/CD 协议的 10 Mbit/s 以太网中某个站在发送数据时检测到碰撞，执行退避算法时选择了随机数 $r = 100$。试问这个站需要等待多长时间后才能再次发送数据？如果是 100 Mbit/s 的以太网呢？

3-23 公式(3-3)表示，以太网的极限信道利用率与连接在以太网上的站点数无关。能否由此推论出：以太网的利用率也与连接在以太网上的站点数无关？请说明你的理由。

3-24 假定站点 A 和 B 在同一个 10 Mbit/s 以太网网段上。这两个站点之间的传播时延为 225 比特时间。现假定 A 开始发送一帧，并且在 A 发送结束之前 B 也发送一帧。如果 A 发送的是以太网所容许的最短的帧，那么 A 在检测到和 B 发生碰撞之前能否把自己的数据发送完毕？换言之，如果 A 在发送完毕之前并没有检测到碰撞，那么能否肯定 A 所发送的帧不会和 B 发送的帧发生碰撞？（提示：在计算时应当考虑到每一个以太网帧在发送到信道上时，在 MAC 帧前面还要增加若干字节的前同步码和帧定界符。）

3-25 上题中的站点 A 和 B 在 $t = 0$ 时同时发送了数据帧。当 $t = 225$ 比特时间时，A 和 B 同时检测到发生了碰撞，并且在 $t = 225 + 48 = 273$ 比特时间时完成了干扰信号的传输。A 和 B 在 CSMA/CD 算法中选择不同的 r 值退避。假定 A 和 B 选择的随机数分别是 $r_A = 0$ 和 $r_B = 1$。试问 A 和 B 各在什么时间开始重传其数据帧？A 重传的数据帧在什么时间到达 B？A 重传的数据会不会和 B 重传的数据再次发生碰撞？B 会不会在预定的重传时间停止发送数据？

3-26 以太网上只有两个站，它们同时发送数据，产生了碰撞。于是按截断二进制指数退避算法进行重传。重传次数记为 i，$i = 1, 2, 3, \cdots$。试计算第 1 次重传失败的概率、第 2 次重传失败的概率、第 3 次重传失败的概率，以及一个站成功发送数据之前的平均重传次数 I。

3-27 有 10 个站连接到以太网上。试计算以下三种情况下每一个站所能得到的带宽。

(1) 10 个站都连接到一个 10 Mbit/s 以太网集线器；

(2) 10 个站都连接到一个 100 Mbit/s 以太网集线器；

(3) 10 个站都连接到一个 10 Mbit/s 以太网交换机。

3-28 10 Mbit/s 以太网升级到 100 Mbit/s，1 Gbit/s 和 10 Gbit/s 时，都需要解决哪些技术问题？为什么以太网能够在发展的过程中淘汰掉自己的竞争对手，并使自己的应用范围从局域网一直扩展到城域网和广域网？

3-29 以太网交换机有何特点？用它怎样组成虚拟局域网？

3-30 在图 3-30 中，某学院的以太网交换机有三个端口分别和学院三个系的以太网相连，另外三个端口分别和电子邮件服务器、万维网服务器以及一个连接互联网的路由器相连。图中的 A, B 和 C 都是 100 Mbit/s 以太网交换机。假定所有的链路的速率都是 100 Mbit/s，并且图中的 9 台主机中的任何一台都可以和任何一台服务器或主机通信。试计算这 9 台主机和两台服务器产生的总的吞吐量的最大值。

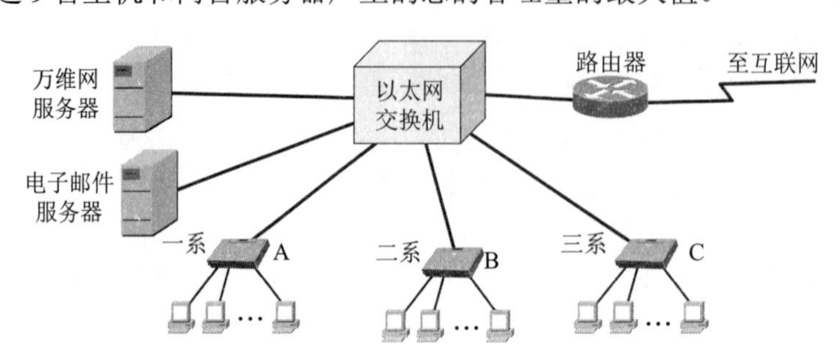

图 3-30　习题 3-30 的图

3-31 假定图 3-30 中的所有链路的速率仍然为 100 Mbit/s，但三个系的以太网交换机都换成 100 Mbit/s 的集线器。试计算这 9 台主机和两台服务器产生的总的吞吐量的最大值。

3-32 假定图 3-30 中的所有链路的速率仍然为 100 Mbit/s，但所有的以太网交换机都换成 100 Mbit/s 的集线器。试计算这 9 台主机和两台服务器产生的总的吞吐量的最大值。

3-33 在图 3-31 中，以太网交换机有 6 个端口，分别接到 5 台主机和一个路由器。

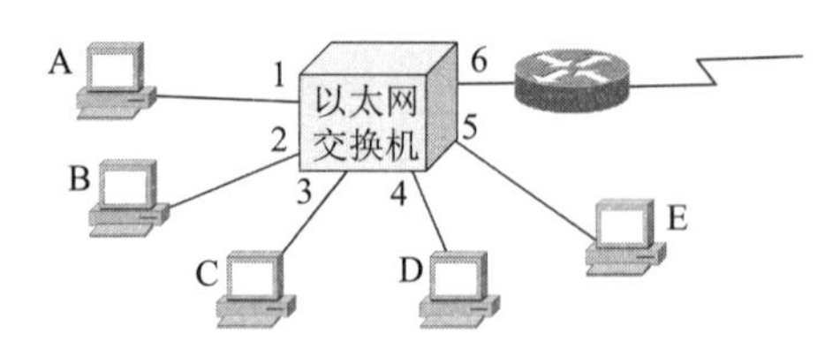

图 3-31　习题 3-33 的图

在下面表中的“动作”一栏中，表示先后发送了 4 个帧。假定在开始时，以太网交换机的交换表是空的。试把该表中其他的栏目都填写完。

动作	交换表的状态	向哪些端口转发帧	说明
A 发送帧给 D			
D 发送帧给 A			
E 发送帧给 A			
A 发送帧给 E			

第4章　网络层

本章讨论网络互连问题。在介绍网络层提供的两种服务和两个层面后，就进入本章的核心内容——网际协议 IP，这是本书的一个重点内容。只有深入地掌握了协议 IP 的主要内容，才能理解互联网是怎样工作的。本章还要讨论网际控制报文协议 ICMP、几种常用的路由选择协议、IPv6 的主要特点、IP 多播的概念等。在讨论虚拟专用网 VPN 和网络地址转换 NAT 后，最后简单介绍多协议标签交换 MPLS 和软件定义网络 SDN 的基本概念。

本章最重要的内容是：

(1) 虚拟互连网络和两种服务、两个层面的概念。

(2) IP 地址与 MAC 地址的关系。

(3) 传统分类的 IP 地址和无分类域间路由选择 CIDR（后者是重点）。

(4) 路由选择协议的工作原理。

4.1　网络层的几个重要概念

4.1.1　网络层提供的两种服务

在计算机网络领域，网络层应该向运输层提供怎样的服务（“面向连接”还是“无连接”）曾引起了长期的争论。争论焦点的实质就是：在计算机通信中，可靠交付应当由谁来负责？是网络还是端系统？

有些人认为应当借助于电信网的成功经验，让网络负责可靠交付。大家知道，传统电信网的主要业务是提供电话服务。电信网使用昂贵的程控交换机（其软件也非常复杂），用**面向连接**的通信方式，使电信网络能够向用户（实际上就是电话机）提供可靠传输的服务。因此他们认为，计算机网络也应模仿打电话所使用的面向连接的通信方式。当两台计算机进行通信时，也应当先建立连接（但在分组交换中是建立一条**虚电路** VC (Virtual Circuit)①），以预留双方通信所需的一切网络资源。然后双方就沿着已建立的虚电路发送分组。这样的分组的首部不需要填写完整的目的主机地址，而只需要填写这条虚电路的编号（一个不大的整数），因而减少了分组的开销。这种通信方式如果再使用可靠传输的网络协议，就可使所发送的分组无差错按序到达终点，当然也不丢失、不重复。在通信结束后要释放建立的虚电路。图 4-1(a)是网络提供虚电路服务的示意图。主机 H_1 和 H_2 之间交换的分组都必须在事先建立的虚电路上传送。

但互联网的先驱者却提出一种崭新的网络设计思路。他们认为，电信网提供的端到端可靠传输的服务对传统的电话业务无疑是很合适的，因为那时电信网的终端（电话机）非常

---

① 注：虚电路表示这只是一条逻辑上的连接，分组都沿着这条逻辑连接（**好像**是一条物理连接）按照存储转发方式传送，而**并不是真正建立了**一条物理连接。请注意，电路交换的电话通信是先建立了一条真正的连接。因此分组交换的虚连接和电路交换的连接只是类似而已，并不完全一样。

简单，没有智能，更没有差错处理能力。因此电信网必须负责把用户电话机话筒产生的话音信号可靠地传送到对方的电话机，使其耳机发出的声音符合话音质量的技术规范要求。但计算机网络的端系统是有智能的计算机。计算机有很强的差错处理能力（这点和传统的电话机有本质上的差别）。因此，互联网在设计上就采用了和电信网完全不同的思路。

互联网采用的设计思路是这样的：**网络层要设计得尽量简单，向其上层只提供简单灵活的、无连接的、尽最大努力交付的数据报服务**[①]。这里的“数据报”(datagram)是互联网的设计者最初使用的名词，其实数据报（或 IP 数据报）就是我们经常使用的“分组”。在本书中，**IP 数据报和 IP 分组是同义词，可以混用**。

网络在发送分组时不需要先建立连接。每一个分组（也就是 IP 数据报）独立发送，与其前后的分组无关（不进行编号）。**网络层不提供服务质量的承诺**。也就是说，所传送的分组可能出错、丢失、重复和失序（即不按序到达终点），当然也不保证分组交付的时限。由于传输网络不提供端到端的可靠传输服务，这就使网络中的路由器比较简单，且价格低廉（与电信网的交换机相比较）。如果主机（即端系统）进程之间需要进行可靠的通信，那么就由主机中的运输层负责（包括差错处理、流量控制等）。采用这种设计思路的好处是：网络造价大大降低，运行方式灵活，能够适应多种应用。互联网能够发展到今日的规模，充分证明了当初采用这种设计思路的正确性。

图 4-1(b)给出了网络提供数据报服务的示意图。主机 H_1 向 H_2 发送的分组各自独立地查找路由器中的转发表，逐跳传送到目的主机。在分组传送的过程中有丢失的可能。

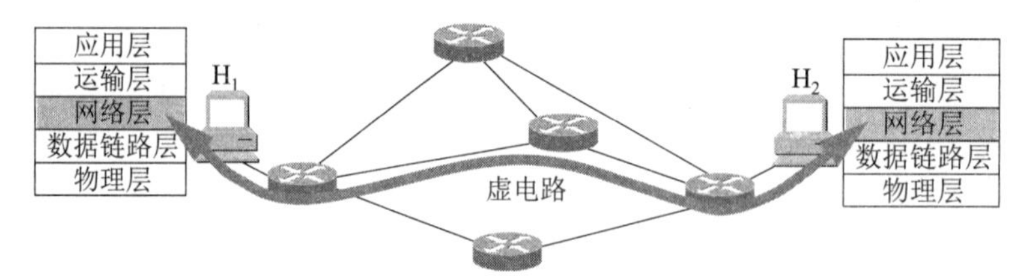

(a) 虚电路服务（所有的数据都在此虚电路上传送）

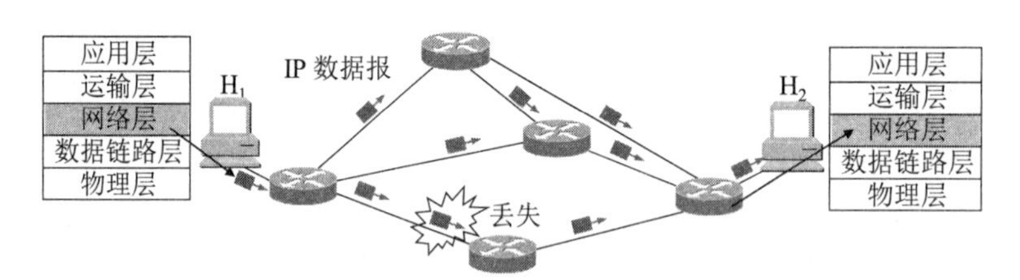

(b) 数据报服务（数据传送的路径是不确定的）

图 4-1　网络层提供的两种服务

OSI 体系的支持者曾极力主张在网络层使用可靠传输的虚电路服务，也曾推出过网络层虚电路服务的著名标准——ITU-T 的 X.25 建议书。但现在 X.25 早已成为历史文献了。

表 4-1 归纳了虚电路服务与数据报服务的主要区别。

---

① 注：尽最大努力交付(best effort delivery)当然不表示路由器可以任意丢弃分组，但这种交付方式实质上就是不可靠交付。顺便提一下，文献中也常使用“尽力而为”的译名。这个译名固然较为简洁，但似不够准确。

表 4-1 虚电路服务与数据报服务的对比

对比的方面	虚电路服务	数据报服务
思路	可靠通信应当由网络来保证	可靠通信应当由用户主机来保证
连接的建立	必须有	不需要
终点地址	仅在连接建立阶段使用，每个分组使用短的虚电路号	每个分组都有终点的完整地址，即 IP 地址
分组的转发	属于同一条虚电路的分组均按照同一路由进行转发	每个分组独立查找转发表进行转发
当节点出故障时	所有通过出故障的节点的虚电路均不能工作	出故障的节点可能会丢失分组，一些路由可能会发生变化
分组的顺序	总是按发送顺序到达终点	到达终点的顺序不一定按发送的顺序
端到端的差错处理和流量控制	可以由网络负责，也可以由用户主机负责	由用户主机负责

4.1.2 网络层的两个层面

在上面 4.1.1 节中，我们已经讲过，不同网络中的两个主机之间的通信，要经过若干个路由器转发分组来完成，分组查找路由器中的转发表，从指明的接口转发到下一个路由器。但转发表是怎样得出的呢？是从路由表导出的，而路由表又是由互联网中许多的路由器，按照共同选定的路由选择协议，通过许多次的相互交换路由信息而产生的。由此可见，在路由器之间传送的信息有以下两大类：

第一类是**转发源主机和目的主机之间所传送的数据**，把源主机所发送的分组，像接力赛跑那样从一个路由器转发到下一个路由器，最后把分组传送到目的主机。

第二类则是**传送路由信息**，是根据路由选择协议所使用的路由算法，彼此不断地交换路由信息分组，目的是为了在路由器中创建路由表，并由此导出为转发分组而用的转发表。这一类信息的传送是为第一类数据的传送服务的。

用图 4-2 的方法来描述，也就是把网络层抽象地划分为**数据层面**（或**转发层面**）和**控制层面**。这里所说的“**层面**(plane)”和体系结构中的“层次(layer)”很相似，都是抽象的概念。此处的 plane 目前国内尚无标准译名，也可以译为“面”。曾有人译为“平面”，但本书不采用这个译名，因为这容易联想到是几何学中的平面（其实与这种平面并无关联）。名词“层面”是目前文献中通用的抽象术语。在一个路由器实体中，显然无法看见这种抽象的层面。

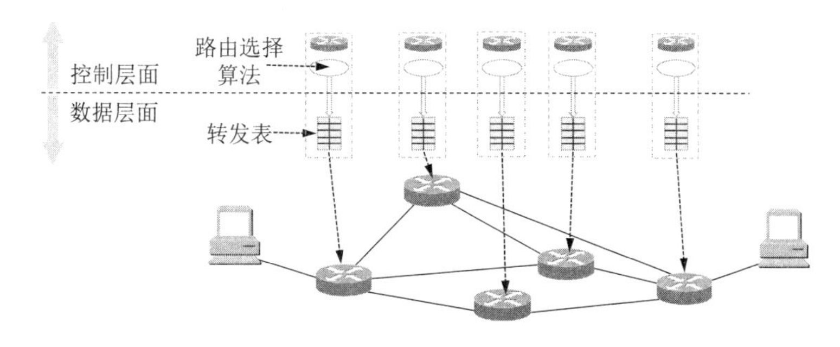

图 4-2 网络层的数据层面和控制层面

这两个层面的机制相差很大。在数据层面中，每一个路由器根据本路由器生成的转发表，把收到的分组，从查找到的对应接口转发出去。为了加快转发的速率，现在的路由器通常都采用硬件进行转发，转发一个分组的时间为纳秒（10^{-9} 秒）数量级。但在控制层面中的情况则不同。一个路由器不可能独自创建出路由表。路由器必须和相邻的路由器经常交换路由信息，然后才能创建出本路由器的路由表。根据路由选择协议所用的路由算法计算路由要使用软件，这就慢多了，一般是秒的数量级。从以上所述不难看出，数据层面的问题比较单纯，因为路由器在转发分组时，是**独立地**根据本路由器的转发表转发分组的，但控制层面就比较复杂，因为路由器要创建路由表，就必须依靠许多路由器**协同动作**。不同的路由选择协议定义了不同的协同动作方式。路由器的生产厂家在制造路由器时，已经在路由器内部嵌入了路由选择的通信模块，使得路由器之间能够按照路由选择算法进行相互之间的通信。

从互联网诞生之日起，路由器就是按照图 4-2 所示的模式工作的。本教材过去的几个版本在讲解路由器的结构时，虽然没有使用控制层面和数据层面的概念，但已经把路由器划分为路由选择和分组转发两大部分。其实这两部分的位置就分别处在图 4-2 所示的控制层面和数据层面之中。现在介绍网络层中控制层面和数据层面的概念，是因为最近网络界提出的**软件定义网络** SDN (Software Defined Network)[①]对这两个层面的结构进行了重大的改变。图 4-3 就是 SDN 提出的这两个层面的构成。

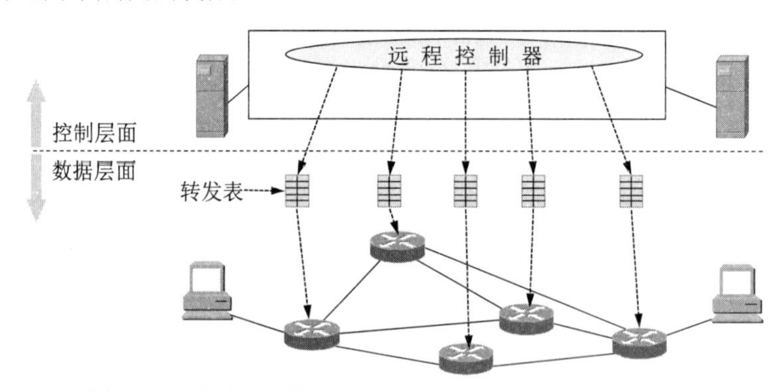

图 4-3　软件定义网络 SDN 中的控制层面和数据层面

我们注意到，在传统的互联网中，每一个路由器中，既有转发表又有路由选择软件，因此在图 4-2 中所画的虚线长方形方框也强调了这个特点。也就是说，每个路由器中，既有数据层面也有控制层面。但在图 4-3 所示的 SDN 结构中，所有的路由器都变简单了。路由器中的路由选择软件都不存在了，因此路由器之间不再相互交换路由信息。在网络的控制层面有一个在逻辑上集中的**远程控制器**（但在物理上可以由不同地点的多个服务器组成）。远程控制器掌握各主机和整个网络的状态，能够为每一个分组计算出最佳的路由，然后在每一个路由器中生成其正确的转发表。路由器的工作很单纯，即收到分组，查找转发表，转发分组。

这样，网络又变成为集中控制的。本来互联网是分散控制的，为什么现在又提出集中控制呢？其实，软件定义网络 SDN 的提出，并非现在要把整个互联网都改造为如图 4-3 所示的集中控制模式，这是不现实的。然而在某些具体条件下，特别是像一些大型的专用数据中心之间的广域网，若使用 SDN 模式来建造，就可以使网络运行的效率提高，同时还可以获得更好的经济效益。因此，建议读者关注这一新动向。本书 4.10 节将简要介绍 SDN。

下面我们仍然按照传统互联网的机制，陆续介绍属于数据层面的协议 IP，然后再讨论

---

① 注：目前文献上出现的名词 SDN 尚无公认的权威定义。而 SDN 的英文写法也还有另外一种，即 Software Defined Networking，按照这种写法，中文的译名似应为“软件定义的连网”，即突出强调了连网的方式。考虑到目前中文的文献资料都使用“软件定义网络”，故本书也采用这样的译名。

属于控制层面的各种路由选择协议。

4.2 网际协议 IP

网际协议 IP (Internet Protocol)是 TCP/IP 体系中两个最主要的协议之一[STEV94][COME06][FORO10]，也是最重要的互联网标准协议之一[RFC 791，STD5]。网际协议 IP 又称为 Kahn-Cerf 协议，因为这个重要协议正是 Robert Kahn 和 Vint Cerf 二人共同研发的。这两位学者在 2004 年获得图灵奖（其地位相当于计算机科学领域的“诺贝尔奖”）。严格来说，这里所讲的 IP 其实是 IP 的第 4 个版本，记为 IPv4。但在讲述协议 IP 的各种原理时，常省略 IP 后面的版本号。在后面的 4.5 节我们再介绍较新的版本 IPv6（版本 1 ~ 3 和版本 5 都未曾使用过。顺便指出，所谓的 IPv9 只不过是某些人故意的炒作而已，不值一提）。

与协议 IP 配套使用的还有三个协议：

- **地址解析协议 ARP** (Address Resolution Protocol)
- **网际控制报文协议 ICMP** (Internet Control Message Protocol)
- **网际组管理协议 IGMP** (Internet Group Management Protocol)

本来还有一个协议叫作逆地址解析协议 RARP (Reverse Address Resolution Protocol)，是和协议 ARP 配合使用的，但现在已被淘汰不使用了。

图 4-4 画出了这三个协议和网际协议 IP 的关系。在这一层中，ARP 画在最下面①，因为 IP 经常要使用这个协议。ICMP 和 IGMP 画在这一层的上部，因为它们要使用协议 IP。这三个协议将在后面陆续介绍。由于网际协议 IP 是用来使互连起来的许多计算机网络能够进行通信的，因此 TCP/IP 体系中的网络层常常被称为**网际层**(internet layer)，或 **IP 层**。使用“网际层”这个名词的好处是强调了这是由很多网络构成的互连网络。目前比较普遍使用“网络层”这个名词。

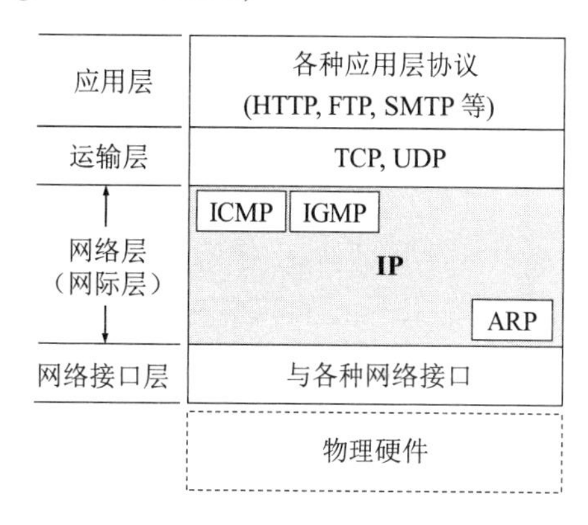

图 4-4 网际协议 IP 及其配套协议

在讨论网际协议 IP 之前，必须了解什么是虚拟互连网络。

4.2.1 虚拟互连网络

我们知道，如果要在全世界范围内把数以百万计的网络都互连起来，并且能够互相通信，那么这样的任务一定非常复杂。其中会遇到许多需要解决的问题，如：

① 注：在互联网标准中，ARP 被列入链路层协议[RFC 1122，STD3]，因此有些教科书就把 ARP 放在链路层中介绍[COME06] [STEV94] [KURO17]。但是 ARP 并不知道自己是处在协议栈的哪一层。从程序调用的关系看，ARP 实际上处在链路层和网络层之间[KOZI05]，但不少著名教材都是把 ARP 放在网络层中讲授的[TANE11] [PETE12] [FORO10] [STAL10]。从教学的观点看，如果从协议的底层自下往上讲授，那么在学习链路层时就讲解 ARP 的工作原理，因涉及到 IP 地址的转换，似不易理解。编者的意见是，既然协议 ARP 实际上处于链路层和网络层之间，从教学法的角度考虑，对于自底层开始讲的教材，放在网络层讲述似较为方便。实际上，重要的是搞清 ARP 的工作原理，不必过于纠缠 ARP 究竟属于哪一层。

- 不同的寻址方案；
- 不同的最大分组长度；
- 不同的网络接入机制；
- 不同的超时控制；
- 不同的差错恢复方法；
- 不同的状态报告方法；
- 不同的路由选择技术；
- 不同的用户接入控制；
- 不同的服务（面向连接服务和无连接服务）；
- 不同的管理与控制方式；等等。

能不能让大家都使用相同的网络，这样可使网络互连变得比较简单。答案是不行的。因为用户的需求是多种多样的，**没有一种单一的网络能够适应所有用户的需求**。另外，网络技术是不断发展的，网络的制造厂家也要经常推出新的网络，在竞争中求生存。因此客观讲在市场上总是有很多种不同性能、不同网络协议的网络，供不同的用户选用。

从一般的概念来讲，将网络互相连接起来要使用一些**中间设备**。根据中间设备所在的层次，可以有以下四种不同的中间设备：

(1) 物理层使用的中间设备叫作**转发器**(repeater)。

(2) 数据链路层使用的中间设备叫作**网桥**或**桥接器**(bridge)，以及**交换机**(switch)。

(3) 网络层使用的中间设备叫作**路由器**(router)[①]。

(4) 在网络层以上使用的中间设备叫作**网关**(gateway)。用网关连接两个不兼容的系统需要在高层进行协议的转换。

当中间设备是转发器或网桥时，这仅仅是把一个网络扩大了，而从网络层的角度看，这仍然是一个网络，一般并不称之为网络互连。网关由于比较复杂，目前使用得较少。因此现在我们讨论网络互连时，都是指用路由器进行网络互连和路由选择。路由器其实就是一台专用计算机，用来在互联网中进行路由选择。**由于历史的原因，许多有关 TCP/IP 的文献曾经把网络层使用的路由器称为网关**（本书有时也这样用），对此请读者加以注意。

图 4-5(a)表示有许多计算机网络通过一些路由器进行互连。由于参加互连的计算机网络都使用相同的**网际协议** IP (Internet Protocol)，因此可以把互连以后的计算机网络看成为如图 4-5(b)所示的一个**虚拟互连网络**(internet)。所谓虚拟互连网络也就是逻辑互连网络，它的意思就是互连起来的各种物理网络的异构性本来是客观存在的，但是我们利用协议 IP 就可以使这些性能各异的网络**在网络层上看起来好像是一个统一的网络**。这种使用协议 IP 的虚拟互连网络可简称为 **IP 网**（IP 网是虚拟的，但平常不必每次都强调“虚拟”二字）。使用 IP 网的好处是：当 IP 网上的主机进行通信时，就好像在一个单个网络上通信一样，它们看不见互连的各网络的具体异构细节（如具体的编址方案、路由选择协议，等等）。如果在这种覆盖全球的 IP 网的上层使用 TCP 协议，那么就是现在的互联网(Internet)。

---

① 注：还有一种网桥和路由器的混合物**桥路器**(brouter)，它是兼有网桥和路由器的功能的产品。实际上，严格的网桥或严格的路由器产品是较少见的。不过桥路器名词用得不普遍。请注意 router 的读音是[raʊtər]。

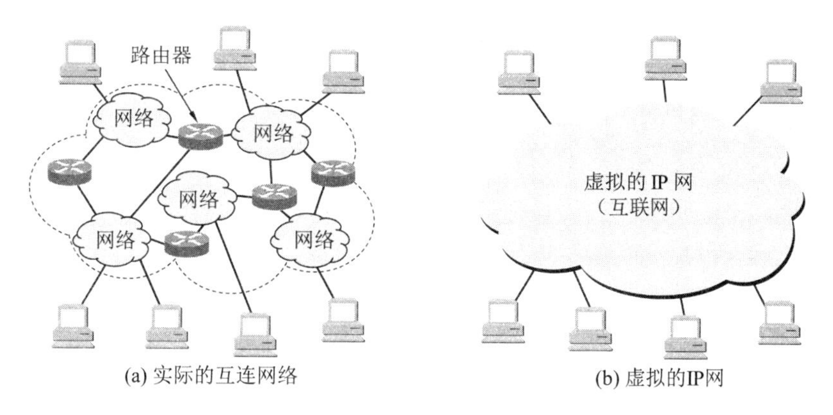

图 4-5　IP 网的概念

当很多异构网络通过路由器互连起来时，如果所有的网络都使用相同的协议 IP，那么在网络层讨论问题就显得很方便。现在用一个例子来说明。

在图 4-6 所示的互联网中的源主机 H_1 要把一个 IP 数据报发送给目的主机 H_2。根据第 1 章中讲过的分组交换的存储转发概念，主机 H_1 先要查找自己的转发表，看目的主机 H_2 是否就在本网络上。如是，则不需要经过任何路由器而是**直接交付**，任务就完成了。如不是，则必须把 IP 数据报发送给某个路由器（图中的 R_1）。R_1 在查找了自己的转发表后，知道应当把数据报转发给 R_2 进行**间接交付**。这样一直转发下去，最后由路由器 R_5 知道自己是和 H_2 连接在同一个网络上，不需要再使用别的路由器转发了，于是就把数据报**直接交付**目的主机 H_2。总之，分组从源节点 A 发送到目的节点 B，若中间必须经过一个或几个路由器（这表示 A 和 B 不在同一个网络上），则是间接交付。但若不需要经过路由器（这表示 A 和 B 在同一个网络上），则是直接交付。

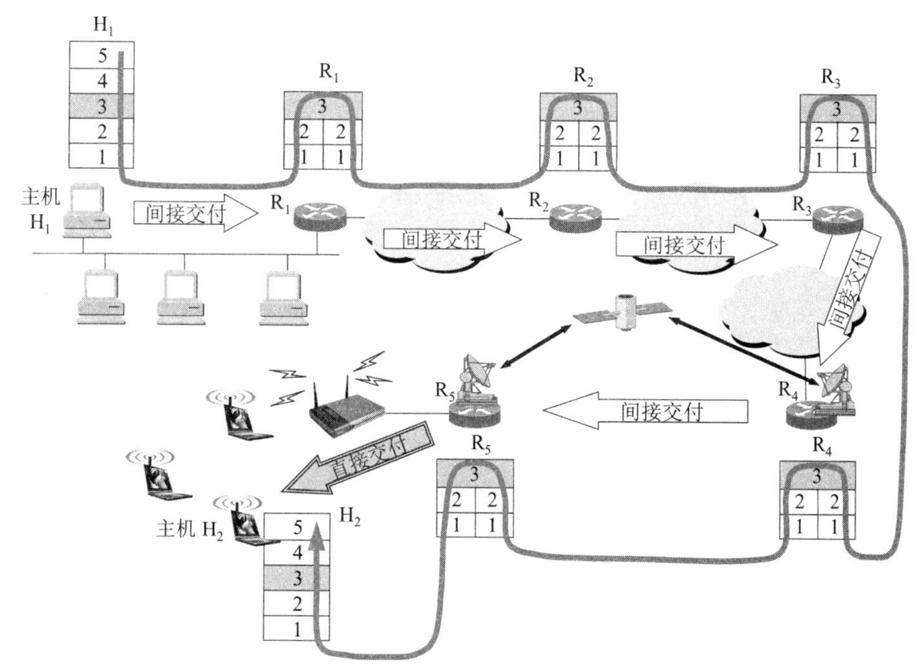

图中的协议栈中的数字 1~5 分别表示物理层、数据链路层、网络层、运输层和应用层

图 4-6　分组在互联网中的传送

在图中画出了源主机、目的主机以及各路由器的协议栈。我们注意到，主机的协议栈共有五层，但路由器的协议栈只有下三层。图中还画出了数据在各协议栈中流动的方向（用黑色粗线表示）。我们还可注意到，在 R_4 和 R_5 之间使用了卫星链路，而 R_5 所连接的是个无线局域网（R_5 和主机 H_2 都在同一个局域网中）。在 R_1 到 R_4 之间的三个网络则可以是任意类型的网络。总之，这里强调的是：**互联网可以由多种异构网络互连组成**。

有时可以把问题简化。我们可以想象 IP 数据报就在网络层中传送，传输路径可省略路由器之间的网络以及连接在这些网络上的许多无关主机。图 4-7 表示了这样的传输路径。

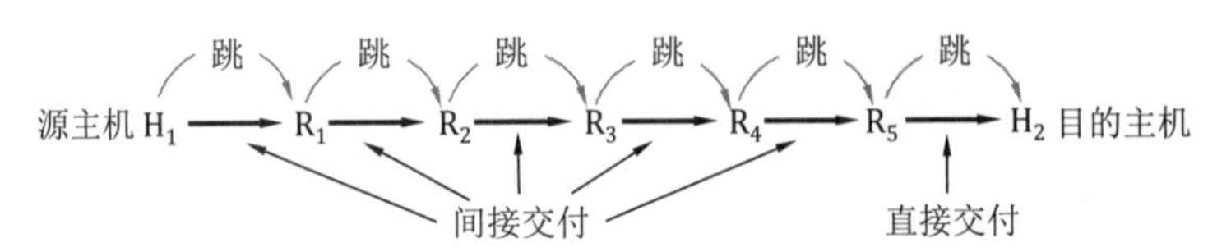

图 4-7　源主机 H_1 向目的主机 H_2 发送分组

在互联网的词汇中，分组在传送途中的每一次转发都称为一“**跳**(hop)”。也有人把 hop 译为**跃点**。路由器在转发分组时也常常使用“**下一跳**(next hop)”的说法。例如，R_1 的下一跳是 R_2，而 R_4 的下一跳是 R_5。对于本例，H_1 向 H_2 发送分组需要经过 6 跳。我们还注意到，每一跳两端的两个节点都必定直接连接在同一个网络上。例如，在图 4-7 中从 R_2 到 R_3 的一跳，其两端的两个节点 R_2 和 R_3 都是连接在同一个网络上的。在上面所举的例子中，前 5 跳都是间接交付，只有最后一跳是直接交付。

4.2.2　IP 地址

在 TCP/IP 体系中，IP 地址是一个最基本的概念。一个连接在互联网上的设备，如果没有 IP 地址，就无法和网上的其他设备进行通信。因此应当首先学好有关 IP 地址的内容。

1. IP 地址及其表示方法

整个的互联网就是一个**单一的、抽象的网络**。IP 地址就是给连接到互联网上的每一台主机（或路由器）的**每一个接口**，分配一个在全世界范围内是唯一的 32 位的标识符。IP 地址的结构使我们可以在互联网上很方便地进行寻址。IP 地址现在由**互联网名字和数字分配机构 ICANN** (Internet Corporation for Assigned Names and Numbers)进行分配[①]。

对主机或路由器来说，IP 地址都是 32 位的二进制代码。为了提高可读性，我们常常把 32 位的 IP 地址中的每隔 8 位插入一个空格（**但在机器中并没有这样的空格**）。为了便于人们书写和记忆，常用其等效的十进制数字表示，并且在每段数字之间加上一个小数点。这就叫作**点分十进制记法**(dotted decimal notation)。图 4-8 是一个 IP 地址表示方法的例子。显然，把 IP 地址用 4 段十进制数字来表示是个很好的方法。

---

① 注：IP 地址要按级申请分配。互联网号码分配机构 IANA 把大块 IP 地址按地区先分配给全球五个信息中心。**中国互联网信息中心** CNNIC 再向其中的**亚太网络信息中心** APNIC (Asia Pacific Network Information Center)申请地址。我国的 ISP 则必须向 CNNIC 申请地址。IP 地址都是有偿租用的。

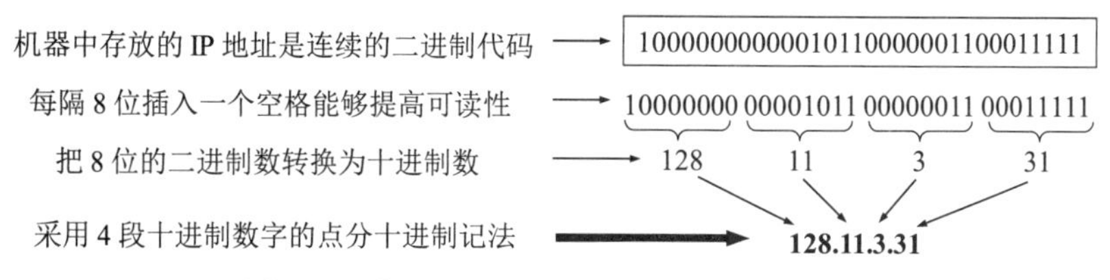

图 4-8　采用点分十进制记法能够提高可读性

前面所讲的给每个主机（或路由器）的**接口**分配一个 IP 地址，其含义就是这个 IP 地址不但标志了这个主机（或路由器），而且还标志了此接口所连接的网络。因此，32 位的 IP 地址采用两级结构，由两个字段组成。第一个字段是**网络号**，它标志主机（或路由器）所连接到的网络。一个网络号在整个互联网范围内必须是唯一的。第二个字段是**主机号**，它标志该主机（对路由器来说，就是标志该路由器）。一个主机号在所连接的网络（即前面的网络号所指明的网络）中必须是唯一的。由此可见，一个 IP 地址**在整个互联网范围内是唯一的**。因此，IP 地址可以记为：

IP 地址 ::= { <网络号>, <主机号>}　　　(4-1)

式(4-1)中的符号“::=”表示“**定义为**”。IP 地址中包含网络号就表明，不连网的主机就没有 IP 地址。一定要记住，IP 地址指明了**连接到某个网络上的一个主机**（或路由器）。为简单起见，当不涉及路由器时，后面我们都以主机为例来介绍 IP 地址。

图 4-9 表示 IP 地址中的网络号和主机号的位置。具体的规定是：IP 地址中的前 n 位是主机所连接的网络号，而 IP 地址中后面的$(32 - n)$位是主机号。现在的问题是，当我们看到一个 IP 地址时，怎样知道它的网络号的位数 n 是多少？下面我们就来讨论这个问题。

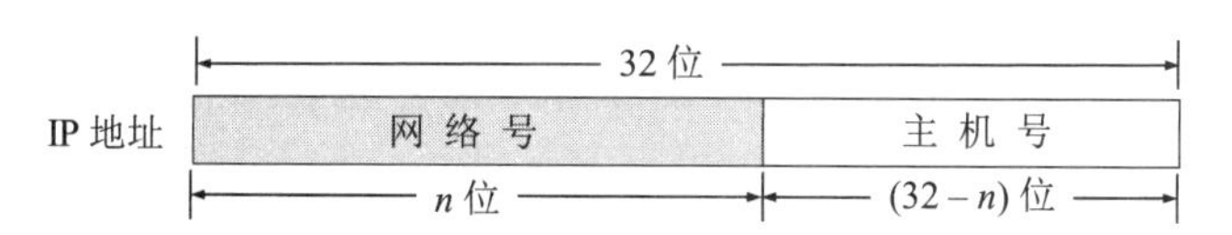

图 4-9　IP 地址中的网络号和主机号字段

2. 分类的 IP 地址

在互联网发展早期采用的是分类的 IP 地址，也就是在图 4-9 中的 n 是固定的几个数之一。分类的方法如图 4-10(a)所示。分类的方法非常简单。这里 A 类（$n = 8$）、B 类（$n = 16$）和 C 类（$n = 24$）地址都是**单播地址**（一对一通信），是最常用的。D 类是多播地址（一对多通信，我们将在 4.7 节讨论 IP 多播），而 E 类是保留地址。

32 位的 IP 地址空间共有 2^{32}（即 4294967296，接近 43 亿）个地址。A 类地址空间共有 2^{31} 个地址，占整个 IP 地址空间的 50%。B 类地址空间共有 2^{30} 个地址，占整个 IP 地址空间的 25%。整个 C 类地址空间共有 2^{29} 个地址，占整个 IP 地址的 12.5%。D 类和 E 类地址各占整个 IP 地址的 6.25%。图 4-10(b)给出了各类地址占 IP 地址总数的比例。

从图 4-10(a)可以看出，如果给出一个二进制数表示的 IP 单播地址，那么就可以很容易知道是哪类地址，并且也能看出这个二进制数表示的网络号和主机号。

例如，给出一个 IP 地址 10000000 00001110 00100011 00000111。对比一下图 4-10(a)，不难看出，这是一个 B 类地址，前 16 位是网络号，后 16 位是主机号。

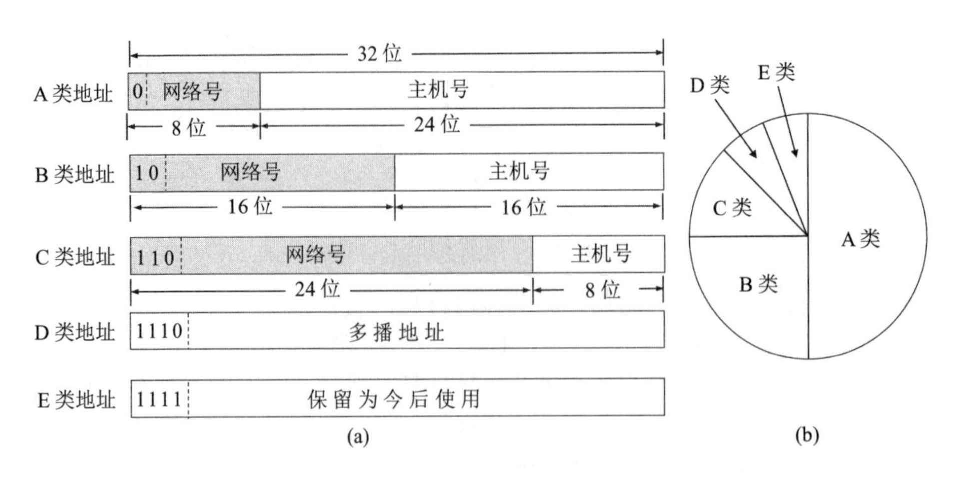

图 4-10 分类的 IP 地址(a)以及各类地址所占的比例(b)

A 类地址的网络号字段占 1 个字节，只有 7 位可供使用（该字段的第一位已固定为 0）。但要注意，第一，网络号为全 0 的 IP 地址有特殊的用途，它表示**“本网络”**；第二，网络号为 127（即 01111111）保留作为本地软件**环回测试**(loopback test)本主机的进程之间的通信之用。若主机发送一个目的地址为环回地址（例如 127.0.0.1）的 IP 数据报，则本主机中的协议软件就处理数据报中的数据，而不会把数据报发送到任何网络。因此 A 类地址可指派的网络号是 126 个（即 2^7-2）。

A 类地址的主机号占 3 个字节。但全 0 和全 1 的主机号一般不指派。全 0 的主机号表示该 IP 地址是“本主机”所连接到的**单个网络地址**（例如，若主机的 IP 地址为 5.6.7.8，则该主机所在的网络的**网络号**是 5，而该网络的**网络地址**就是 5.0.0.0）。全 1 表示**“所有的”**，因此全 1 的主机号字段表示该网络上的所有主机。因此每一个 A 类网络中的最大主机数是 $2^{24}-2$，即 16777214。

B 类地址的网络号字段有 2 个字节。因此 B 类地址可指派的网络数为 2^{14}，即 16384。B 类地址的每一个网络上的最大主机数是 $2^{16}-2$，即 65534。这里需要减 2 是因为要扣除全 0 和全 1 的主机号。

C 类地址有 3 个字节的网络号字段。因此 C 类地址可指派的网络总数是 2^{21}，即 2097152。每一个 C 类地址的最大主机数是 2^8-2，即 254。

本书的前几个版本曾提到，B 类地址中的网络地址 128.0.0.0 和 C 类地址中的网络地址 192.0.0.0 都是规定不指派的。但现在这两个网络地址都已经可以指派了[RFC 6890]。

表 4-2 给出了一般不指派的特殊 IP 地址，这些地址只能在特定的情况下使用。

表 4-2 一般不指派的特殊 IP 地址

网络号	主机号	源地址使用	目的地址使用	代表的意思
0	0	可以	不可	在本网络上的本主机（见 6.6 节 DHCP 协议）
0	X	可以	不可	在本网络上主机号为 X 的主机
全 1	全 1	不可	可以	只在本网络上进行广播（各路由器均不转发）
Y	全 1	不可	可以	对网络号为 Y 的网络上的所有主机进行广播
127	非全 0 或全 1 的任何数	可以	可以	用于本地软件环回测试

这里要指出，由于近年来已经广泛使用无分类 IP 地址进行路由选择，A 类、B 类和 C

类这种分类地址已成为历史[RFC 1812]。由于很多文献和资料现在都仍然引用传统的分类的IP 地址，因此我们对分类的 IP 地址还要进行简单的叙述。

把 IP 地址划分为 A 类、B 类、C 类三个类别，当初是这样考虑的：各种网络的差异很大，有的网络拥有很多主机，而有的网络上的主机则很少。把 IP 地址划分为 A 类、B 类和 C 类是为了更好地满足不同用户的需求。

这种分类的 IP 地址由于网络号的位数是固定的，因此管理简单、使用方便、转发分组迅速，完全可以满足当时互联网在美国的科研需求。后来，为了更加灵活地使用 IP 地址，出现了划分子网的方法，在 IP 地址的主机号中，插入一个子网号，把两级的 IP 地址变为三级的 IP 地址。但是，谁也没有预料到，互联网在 20 世纪 90 年代突然迅速地发展起来了。互联网从美国专用的科研实验网演变到世界范围开放的商用网！互联网用户的猛增，使得 IP 地址的数量面临枯竭的危险。这时，人们才注意到原来分类的 IP 地址在设计上确实有很不合理的地方。例如，一个 A 类网络地址块的主机号数目超过了 1677 万个！当初美国的很多大学都可以分配到一个 A 类网络地址块。一个大学怎么会需要这样多的 IP 地址？但在互联网出现早期，人们就是认为 IP 地址是用不完的，不需要精打细算地分配。又如，一个 C 类网络地址块可指派的主机号只有 254 个。但不少单位需要有 300 个以上的 IP 地址，那么干脆申请一个 B 类网络地址块（可以指派的主机号有 65534 个），宁可多要些 IP 地址，把多余的地址保留以后慢慢用。这样就浪费了不少的地址资源。即使后来采用了划分子网的方法，也无法解决 IP 地址枯竭的问题

于是，在 20 世纪 90 年代，当发现 IP 地址在不久后将会枯竭时，一种新的**无分类编址**方法就问世了。这种方法虽然也无法解决 IP 地址枯竭的问题，但可以推迟 IP 地址用尽的日子。下一节就介绍现在已普遍采用的这种编址方法。

3. 无分类编址 CIDR

扫一扫

视频讲解

这种编址方法的全名是**无分类域间路由选择** CIDR (Classless Inter-Domain Routing，CIDR 的读音是“sider”) [RFC 4632]，其要点有以下三个。

(1) **网络前缀**

CIDR 把图 4-9 中的网络号改称为“**网络前缀**”(network-prefix)（或简称为“**前缀**”)，用来指明网络，剩下的后面部分仍然是主机号，用来指明主机。在有些文献中也把主机号字段称为**后缀**(suffix)。CIDR 的记法是：

$$\text{IP 地址} ::= \{<\text{网络前缀}>, <\text{主机号}>\} \tag{4-2}$$

图 4-11 说明了 CIDR 的网络前缀和主机号的位置。看起来，这和图 4-9 也没有什么不同，只是把“网络号”换成为“网络前缀”。其实不然。这里最大的区别就是网络前缀的位数 n 不是固定的数，而是可以在 0~32 之间选取任意的值。

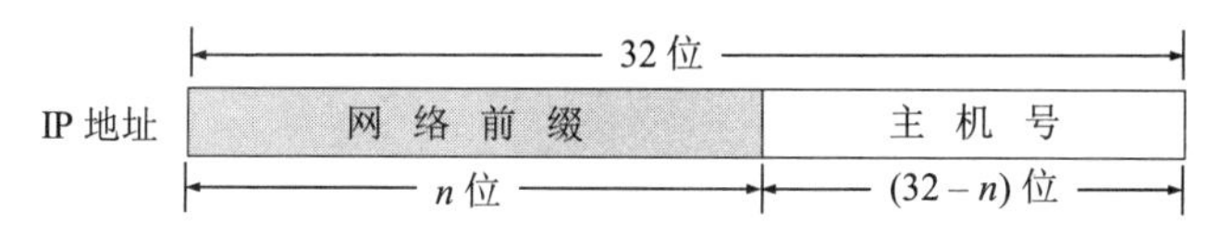

图 4-11　CIDR 表示的 IP 地址

CIDR 使用“**斜线记法**”(slash notation)，或称为 **CIDR 记法**，即在 IP 地址后面加上斜

线“/”，斜线后面是网络前缀所占的位数。例如，CIDR 表示的一个 IP 地址 128.14.35.7/20，二进制 IP 地址的前 20 位是**网络前缀**（相当于原来的网络号），剩下后面 12 位是主机号。

(2) **地址块**

CIDR 把**网络前缀都相同**的所有连续的 IP 地址组成一个“CIDR **地址块**”。一个 CIDR 地址块包含的 IP 地址数目，取决于网络前缀的位数。我们只要知道 CIDR 地址块中的任何一个地址，就可以知道这个地址块的起始地址（即最小地址）和最大地址，以及地址块中的地址数。例如，已知 IP 地址 128.14.35.7/20 是某 CIDR 地址块中的一个地址，现在把它写成二进制表示形式，其中的前 20 位是网络前缀（用粗体和下画线表示出），而前缀后面的 12 位是主机号：

128.14.35.7/20 = **10000000 00001110 0010**0011 00000111

可以很方便地得出这个地址所在的地址块中的最小地址和最大地址：

最小地址	128.14.32.0	10000000 00001110 00100000 00000000
最大地址	128.14.47.255	10000000 00001110 00101111 11111111

这个地址块的 IP 地址共有 2^{12} 个，扣除主机号为全 0 和全 1 的地址（最小地址和最大地址）后，**可指派的**地址数是 $2^{12}-2$ 个。我们常使用地址块中的最小地址和网络前缀的位数指明一个地址块（不必每次都减 2 算出可指派的地址数，这样做太麻烦）。显然，上面导出的最小地址并不是该地址块 128.14.32.0/20 的网络地址。

也可以用二进制代码简要地表示此地址块：10000000 00001110 0010*。这里的星号*代表了主机号字段的所有的 0。星号前的二进制代码的个数，就是网络前缀的位数。

在不需要指明网络地址时，也可把这样的地址块简称为“/20 地址块”。

请读者注意：

128.14.32.7 是 IP 地址，但未指明网络前缀长度，因此不知道网络地址是什么。

128.14.32.7/20 也是 IP 地址，但同时指明了网络前缀为 20 位，由此可导出网络地址。

128.14.32.0/20 是包含多个 IP 地址的**地址块**或**网络前缀**，或更简单些，就称为**前缀**，同时也是这个地址块中主机号为全 0 的地址。请注意，上面地址块中 4 段十进制数字最后的 0 有时可以省略，即简写为 128.14.32/20。

我们不能仅用 128.14.32.0 来指明一个网络地址，因为**无法知道网络前缀是多少**。例如 128.14.32.0/19 或 128.14.32.0/21，也都是有效的网络地址。128.14.32.0 也可能是一个可以指派的 IP 地址（如果网络前缀的位数不超过 18）。

早期使用分类的 IP 地址时，A 类网络的前缀是 8 位，B 类网络的前缀是 16 位，而 C 类网络的前缀是 24 位，都是固定值，因此不需要重复指明其网络前缀。例如在使用分类地址时，一看 15.3.4.5 就知道是个 A 类地址，其网络地址为 15.0.0.0。但在使用 CIDR 记法时，15.3.4.5/30 则是一个很小的地址块 15.3.4.4/30 中的、不属于任何类别的一个 IP 地址。

总之，无分类编址 CIDR 具有很多优点，但一定要记住，采用 CIDR 后，仅从斜线左边的 IP 地址已无法知道其网络地址了。在这一点上，原来的分类地址还是比较方便的。

扫一扫

视频讲解

(3) **地址掩码**

CIDR 使用斜线记法可以让我们知道网络前缀的数值。但是计算机看不见斜线记法，而是使用二进制来进行各种计算时就必须使用 32 位的**地址掩**

码(address mask)能够从 IP 地址迅速算出网络地址。

地址掩码（常简称为**掩码**）由一连串 1 和接着的一连串 0 组成，而 1 的个数就是网络前缀的长度。地址掩码又称为**子网掩码**①。在 CIDR 记法中，**斜线后面的数字就是地址掩码中 1 的个数**。例如，/20 地址块的地址掩码是：11111111 11111111 11110000 00000000（20 个连续的 1 和接着的 12 个连续的 0）。这个掩码用 CIDR 记法表示就是 255.255.240.0/20。

对于早期使用的分类 IP 地址，其地址掩码是固定的，常常不用专门指出。例如：

A 类网络，地址掩码为 255.0.0.0 或 255.0.0.0/8。

B 类网络，地址掩码为 255.255.0.0 或 255.255.0.0/16。

C 类网络，地址掩码为 255.255.255.0 或 255.255.255.0/24。

把二进制的 IP 地址和地址掩码进行**按位** AND 运算，即可得出网络地址。图 4-12 说明了 AND 运算的过程。AND 运算就是逻辑乘法运算，其规则是：1 AND 1 = 1，1 AND 0 = 0，0 AND 0 = 0。点分十进制的 IP 地址是 128.14.35.7/20，前缀长度是 20（见图中的灰色背景）。请注意，从点分十进制的 IP 地址**并不容易看出**其网络地址。要使用二进制地址来运算。在本例中把二进制 IP 地址的前 20 位保留不变，剩下的 12 位全写为 0，即可得出网络地址。

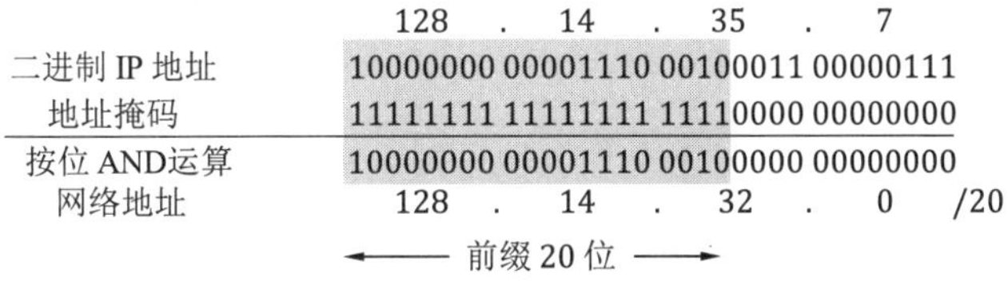

	128 . 14 . 35 . 7
二进制 IP 地址	10000000 00001110 00100011 00000111
地址掩码	11111111 11111111 11110000 00000000
按位 AND运算	10000000 00001110 00100000 00000000
网络地址	128 . 14 . 32 . 0 /20
	←—— 前缀 20 位 ——→

图 4-12　从 IP 地址算出网络地址

从上面的运算结果可以知道，IP 地址 128.14.35.7/20 所在的网络地址是 128.14.32.0/20。

表 4-3 给出了最常用的 CIDR 地址块。表中的 K 表示 2^{10} 即 1024。网络前缀长度在 13 到 27 之间是最常用的。在“包含的地址数”中把全 1 和全 0 的主机号都计算在内了。

表 4-3　常用的 CIDR 地址块

网络前缀长度	点分十进制	包含的地址数	相当于包含分类的网络数
/13	255.248.0.0	512 K	8 个 B 类或 2048 个 C 类
/14	255.252.0.0	256 K	4 个 B 类或 1024 个 C 类
/15	255.254.0.0	128 K	2 个 B 类或 512 个 C 类
/16	255.255.0.0	64 K	1 个 B 类或 256 个 C 类
/17	255.255.128.0	32 K	128 个 C 类
/18	255.255.192.0	16 K	64 个 C 类
/19	255.255.224.0	8 K	32 个 C 类
/20	255.255.240.0	4 K	16 个 C 类
/21	255.255.248.0	2 K	8 个 C 类
/22	255.255.252.0	1 K	4 个 C 类
/23	255.255.254.0	512	2 个 C 类

① 注：子网(subnet 或 subnetwork)是很常用的一个名词。某个网络的一部分就可以称为其子网。一个网络对整个互联网来说，就可以看成是一个子网。在本书中，“子网”和“网络”常常被认为是同义词，经常混用。

续表

网络前缀长度	点分十进制	包含的地址数	相当于包含分类的网络数
/24	255.255.255.0	256	1 个 C 类
/25	255.255.255.128	128	1/2 个 C 类
/26	255.255.255.192	64	1/4 个 C 类
/27	255.255.255.224	32	1/8 个 C 类

CIDR 地址中还有三个特殊地址块，即：

(1) 前缀 $n = 32$，即 32 位 IP 地址都是前缀，没有主机号。这其实就是一个 IP 地址。这个特殊地址用于**主机路由**（见 4.3.2 节）。

(2) 前缀 $n = 31$，这个地址块中只有两个 IP 地址，其主机号分别为 0 和 1。这个地址块用于**点对点链路**（见后面的第 4 小节）。

(3) 前缀 $n = 0$ 同时 IP 地址也是全 0，即 0.0.0.0/0。这用于**默认路由**（见 4.3.2 节）。

从表 4-3 可看出，每一个 CIDR 地址块中的地址数一定是 2 的整数次幂。除最后几行外，CIDR 地址块都包含了**多个** C 类地址（是一个 C 类地址的 2^n 倍，n 是整数），因此在文献中有时称 CIDR 编址为**"构造超网"**。

使用 CIDR 的一个好处就是可以更加有效地分配 IP 地址空间，可根据客户的需要分配适当大小的 CIDR 地址块。然而在使用分类地址时，向一个部门分配 IP 地址，就只能以/8, /16 或/24 为单位来分配。这显然是很不灵活的。

一个大的 CIDR 地址块中往往包含很多小地址块，所以在路由器的转发表中就利用较大的一个 CIDR 地址块来代替许多较小的地址块。这种方法称为**路由聚合**(route aggregation)，它使得转发表中只用一个项目就可以表示原来传统分类地址的很多个（例如上千个）路由项目，因而大大压缩了转发表所占的空间，减少了查找转发表所需的时间。

图 4-13 给出的是 CIDR 地址块灵活分配的例子。假定某 ISP 已拥有地址块 206.0.64.0/18（相当于有 64 个 C 类网络）。现在某大学需要 800 个 IP 地址。ISP 可以给该大学分配一个地址块 206.0.68.0/22，它包括 1024（即 2^{10}）个 IP 地址，相当于 4 个连续的 C 类/24 地址块，占该 ISP 拥有的地址空间的 1/16。这个大学可灵活地对本校各系继续分配地址块，而各系还可再划分本系各教研室的小地址块。CIDR 的地址块的地址范围有时不易看清，这是因为网络前缀和主机号的界限不是恰好出现在整数字节处。但只要写出地址的二进制表示，弄清网络前缀的位数，就能够知道地址块的范围。

图 4-13 表示这个 ISP 共拥有 64 个 C 类网络。如果不采用 CIDR 技术，则在与该 ISP 的路由器交换路由信息的每一个路由器的转发表中，就需要有 64 行，每一行指出了到哪一个网络的下一跳。但采用地址聚合后，在转发表中只需要用一行来指出到 206.0.64.0/18 地址块的下一跳。这个大学共有 4 个系。在 ISP 内的路由器的转发表中，也仅需用 206.0.68.0/22 这一个项目，就能把外部发送到这个大学各系的所有分组，都转发到大学的路由器。这个路由器好比是大学的收发室。凡寄给大学任何一个系的邮件，邮递员都不必送到大学的各个系，而是把这些邮件集中投递到大学的收发室，然后由大学的收发室再进行下一步的分发。这样就加快了邮递员的投递工作（相当于缩短了转发表的查找时间）。

从图 4-13 的表格中可看出，**网络前缀越短的地址块所包含的地址数就越多**。

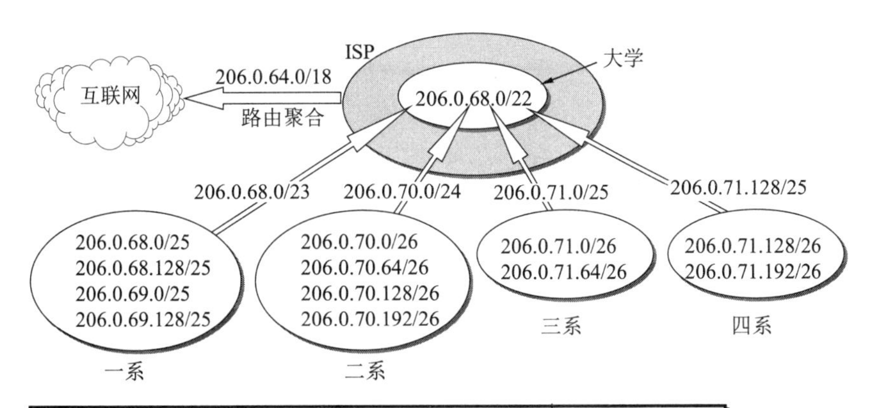

单位	地址块	二进制表示的地址块	相当于C类网络数
ISP	206.0.64.0/18	11001110 00000000 01*	64
大学	206.0.68.0/22	11001110 00000000 010001*	4
一系	206.0.68.0/23	11001110 00000000 0100010*	2
二系	206.0.70.0/24	11001110 00000000 01000110 *	1
三系	206.0.71.0/25	11001110 00000000 01000111 0*	1/2
四系	206.0.71.128/25	11001110 00000000 01000111 1*	1/2

表中星号 *是一种常用的简写方式，表示星号后面的二进制主机号都省略了

图 4-13　CIDR 地址块划分举例

4. IP 地址的特点

IP 地址具有以下一些重要特点。

(1) 每一个 IP 地址都由网络前缀和主机号两部分组成。从这个意义上说，IP 地址是一种**分等级的地址结构**。分两个等级的好处是：第一，IP 地址管理机构在分配 IP 地址时**只分配网络前缀**（第一级），而剩下的主机号（第二级）则由得到该网络前缀的单位自行分配。这样就方便了 IP 地址的管理；第二，路由器**根据目的主机所连接的网络前缀**（即**地址块**）**来转发分组**（而不考虑目的主机号），这样就可以使转发表中的项目数大幅度减少，从而**减少转发表所占的存储空间，缩短查找转发表的时间**。

(2) 实际上 IP 地址是标志一台主机（或路由器）和一条链路的**接口**。当一台主机同时连接到两个网络上时，该主机就必须同时具有两个相应的 IP 地址，其网络前缀必须是不同的。这种主机称为**多归属主机**(multihomed host)。由于一个路由器至少应当连接到两个网络，因此一个路由器至少应当有两个不同的 IP 地址。这好比一个建筑正好处在北京路和上海路的交叉口上，那么这个建筑就可以拥有两个门牌号码。例如，北京路 4 号和上海路 37 号。

(3) 按照互联网的观点，一个网络（或子网）是指具有相同网络前缀的主机的集合，因此，**用转发器或交换机连接起来的若干个局域网仍为一个网络**，因为这些局域网都具有同样的网络前缀。具有不同网络前缀的局域网必须使用路由器进行互连。

(4) 在 IP 地址中，所有分配到网络前缀的网络（不管是范围很小的局域网，还是可能覆盖很大地理范围的广域网）都是**平等**的。所谓平等，是指互联网同等对待每一个 IP 地址。

图 4-14 画出了三个局域网（LAN_1, LAN_2 和 LAN_3）通过三个路由器（R_1, R_2 和 R_3）互连构成的一个互连网络。其中局域网 LAN_2 是由两个网段通过以太网交换机互连的。图中的小圆圈表示需要有一个 IP 地址。这是为了强调，**IP 地址是标志一个主机连接在网络上的接口**。如果我们把某条连接线断开，那么相应的 IP 地址也就不存在了。但通常为了方便，这

样的小圆圈可以不必画出。

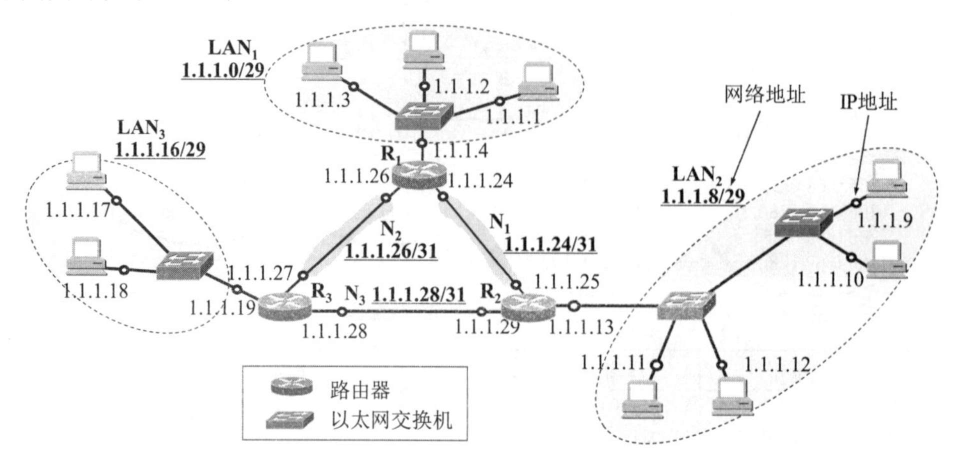

图 4-14　需要 IP 地址的地方用小圆圈表示

我们应当注意到：

- 在同一个局域网上的主机或路由器的 IP 地址中的**网络前缀必须是同样的**，即必须具有**同样的网络号**。
- 图中的网络地址（用粗体字加下画线表示）里面的主机号必定是全 0。例如，LAN_1 的网络地址 1.1.1.0/29 = <u>00000001 00000001 00000001 00000</u>000，在二进制表示的 IP 地址中，前 29 位有下画线的数字是网络前缀，最后 3 位为主机号，是全 0。
- 图 4-14 中的所有设备都有自己的 MAC 地址（都未画出）。请注意，图中以太网交换机连线上画出的小圆圈，是主机或路由器的 IP 地址，并不是以太网交换机的 IP 地址。以太网交换机是链路层设备，只有 MAC 地址。
- 用以太网交换机（它只在链路层工作）连接的几个网段合起来仍然是一个局域网，只使用同样的网络前缀，例如 LAN_2。
- 路由器总是具有两个或两个以上的 IP 地址。即路由器每个接口的 IP 地址的**网络前缀都不同**。
- 当两个路由器直接相连时（例如通过一条租用线路），在连线两端的接口处，可以分配也可以不分配 IP 地址。如分配了 IP 地址，则这一段连线就构成了一种只包含一段线路的特殊“网络”（如图中的 N_1, N_2 和 N_3）。之所以叫作“网络”，是因为它有 IP 地址。这种网络仅需两个 IP 地址，因此这里就使用了/31 地址块。这种地址块专门为点对点链路的两端使用[RFC 3021]，主机号（只有 1 位）可以是 0 或 1。但为了节省 IP 地址资源，对于点对点链路构成的特殊“网络”，现在也常常不分配 IP 地址。通常把这样的特殊网络叫作**无编号网络**(unnumbered network)或**匿名网络**(anonymous network)[COME06]。

4.2.3　IP 地址与 MAC 地址

在学习 IP 地址时，很重要的一点就是要弄懂主机的 IP 地址与 MAC **地址**的区别。在局域网中，由于 MAC 地址已固化在网卡上的 ROM 中，因此常常将 MAC 地址称为**硬件地址**或**物理地址**。在本书中，物理地址、硬件地

址和 MAC 地址常常作为同义词出现。物理地址的反义词就是虚拟地址、软件地址或逻辑地址，IP 地址就属于这类地址。

图 4-15 说明了这两种地址的区别。从层次的角度看，**MAC 地址是数据链路层使用的地址，而 IP 地址是网络层和以上各层使用的地址，是一种逻辑地址**（称 IP 地址为逻辑地址是因为 IP 地址是用软件实现的）。

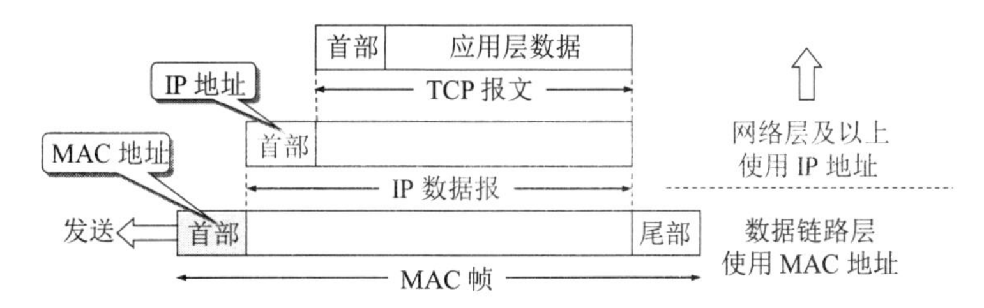

图 4-15　IP 地址与 MAC 地址的区别

在发送数据时，数据从高层下到低层，然后才到通信链路上传输。使用 IP 地址的 IP 数据报一旦交给数据链路层，就被封装成 MAC 帧。MAC 帧在传送时使用的源地址和目的地址都是 MAC 地址，这两个 MAC 地址都写在 MAC 帧的首部中。

连接在通信链路上的设备（主机或路由器）在收到 MAC 帧时，根据 MAC 帧首部中的 MAC 地址决定收下或丢弃。只有在剥去 MAC 帧的首部和尾部后把 MAC 层的数据上交给网络层后，网络层才能在 IP 数据报的首部中找到源 IP 地址和目的 IP 地址。

总之，IP 地址放在 IP 数据报的首部，而 MAC 地址则放在 MAC 帧的首部。在网络层和网络层以上使用的是 IP 地址，而数据链路层及以下使用的是 MAC 地址。在图 4-15 中，当 IP 数据报插入到数据链路层的 MAC 帧以后，整个的 IP 数据报就成为 MAC 帧的数据，因而在数据链路层看不见数据报的 IP 地址。

图 4-16(a)画的是三个局域网用两个路由器 R_1 和 R_2 互连起来。现在主机 H_1 要和主机 H_2 通信。这两台主机的 IP 地址分别是 IP_1 和 IP_2，而它们的 MAC 地址分别为 MAC_1 和 MAC_2。通信的路径是：H_1→经过 R_1 转发→再经过 R_2 转发→H_2。路由器 R_1 因同时连接到两个局域网上，因此它有两个 MAC 地址，即 MAC_3 和 MAC_4。同理，路由器 R_2 也有两个 MAC 地址 MAC_5 和 MAC_6。

图 4-16(b)特别强调了 IP 地址与 MAC 地址所使用的位置的不同。表 4-4 归纳了这种区别。

表 4-4　图 4-16(b)中不同层次、不同区间的源地址和目的地址

	在网络层 写入 IP 数据报首部的地址		在数据链路层 写入 MAC 帧首部的地址	
	源地址	目的地址	源地址	目的地址
从 H_1 到 R_1	IP_1	IP_2	MAC_1	MAC_3
从 R_1 到 R_2	IP_1	IP_2	MAC_4	MAC_5
从 R_2 到 H_2	IP_1	IP_2	MAC_6	MAC_2

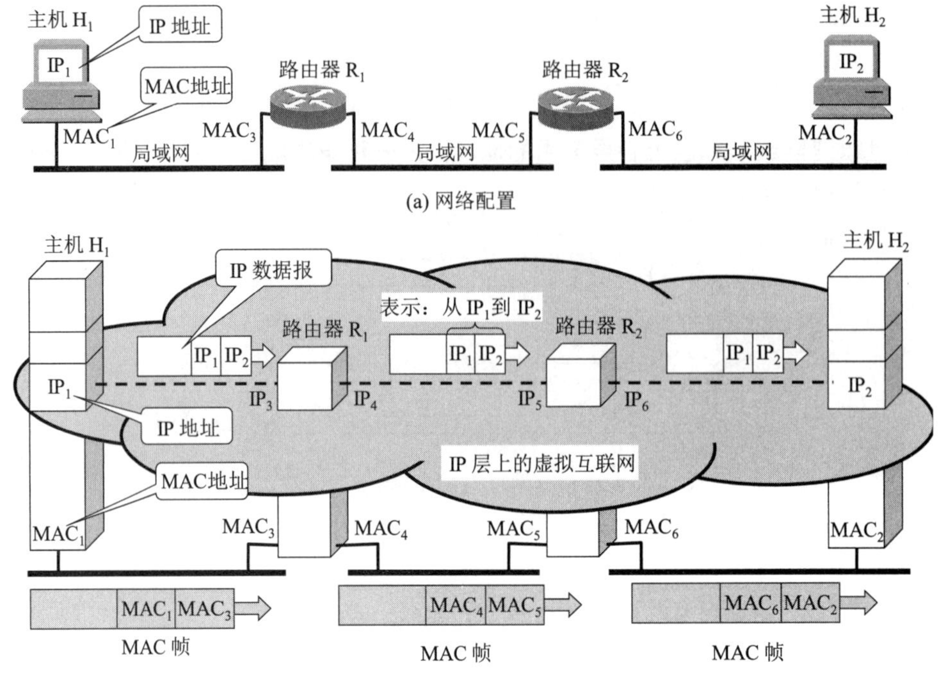

图 4-16　从不同层次上看 IP 地址和 MAC 地址

这里要强调指出以下几点：

(1) **在 IP 层抽象的互联网上只能看到 IP 数据报**。虽然 IP 数据报要经过路由器 R_1 和 R_2 的两次转发，但在它的首部中的源地址和目的地址**始终**分别是 IP_1 和 IP_2。图中的数据报上写的“从 IP_1 到 IP_2”就表示前者是源地址而后者是目的地址。数据报中间经过的两个路由器的 IP 地址并不出现在 IP 数据报的首部中。

(2) 虽然在 IP 数据报首部有源站 IP 地址，但**路由器只根据目的站的 IP 地址进行转发**。

(3) **在局域网的链路层，只能看见 MAC 帧**。IP 数据报被封装在 MAC 帧中。MAC 帧在不同网络上传送时，其 MAC 帧首部中的源地址和目的地址要发生变化，如图 4-16(b)所示。开始在 H_1 到 R_1 间传送时，MAC 帧首部中写的是从 MAC 地址 MAC_1 发送到 MAC 地址 MAC_3，路由器 R_1 收到此 MAC 帧后，在数据链路层，要剥去原来的 MAC 帧的首部和尾部。在转发时，在数据链路层，要重新添加上 MAC 帧的首部和尾部。这时首部中的源地址和目的地址分别变成为 MAC_4 和 MAC_5。路由器 R_2 收到此帧后，再次更换 MAC 帧的首部和尾部，首部中的源地址和目的地址分别变成为 MAC_6 和 MAC_2。MAC 帧的首部的这种变化，在上面的 IP 层上是看不见的。

(4) 尽管互连在一起的网络的 MAC 地址体系各不相同，**但 IP 层抽象的互联网却屏蔽了下层这些很复杂的细节。只要我们在网络层上讨论问题，就能够使用统一的、抽象的 IP 地址研究主机和主机或路由器之间的通信**。

以上这些概念是计算机网络的精髓所在，对这些重要概念务必仔细思考和掌握。

细心的读者会发现，还有两个重要问题没有解决：

(1) 主机或路由器怎样知道应当在 MAC 帧的首部填入什么样的 MAC 地址？

(2) 路由器中的转发表是怎样得出的？

第一个问题就是下一节所要讲的内容，而第二个问题将在后面的 4.5 节详细讨论。

4.2.4 地址解析协议 ARP

在实际应用中，我们经常会遇到这样的问题：已经知道了一个机器（主机或路由器）的 IP 地址，需要找出其相应的 MAC 地址。地址解析协议 ARP [RFC 826，STD37]就是用来解决这样的问题的。图 4-17 说明了协议 ARP 的作用。

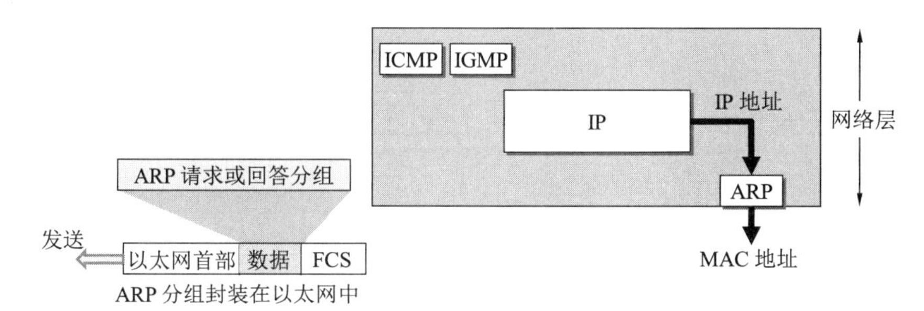

图 4-17 协议 ARP 的作用

还有一个旧的协议叫作逆地址解析协议 RARP，它的作用是使只知道自己 MAC 地址的主机能够通过协议 RARP 找出其 IP 地址。现在的协议 DHCP（见第 6 章的 6.6 节）已经包含了协议 RARP 的功能。因此本书不再介绍协议 RARP。

下面就介绍协议 ARP 的要点。

我们知道，网络层使用的是 IP 地址，但在实际网络的链路上传送数据帧时，最终还是必须使用链路层的 MAC 地址。IP 地址和下面链路层的 MAC 地址之间由于格式不同而不存在简单的映射关系（例如，IP 地址有 32 位，而链路层的 MAC 地址是 48 位）。此外，在一个网络上可能经常会有新的主机加入进来，或撤走一些主机。更换网络适配器也会使主机的 MAC 地址改变（请注意，主机的 MAC 地址实际上就是其网络适配器的 MAC 地址）。**地址解析协议** ARP 解决这个问题的方法是在主机的 ARP 高速缓存中存放一个从 IP 地址到 MAC 地址的映射表，并且这个映射表还经常动态更新（新增或超时删除）。

每一台主机都设有一个 ARP **高速缓存(ARP cache)**，里面存有**本局域网上**的各主机和路由器的 IP 地址到 MAC 地址的映射表，这些都是该主机目前知道的一些 MAC 地址。那么主机怎样知道这些 MAC 地址呢？我们可以通过下面的例子来说明。

当主机 A 要向**本局域网**上的某台主机 B 发送 IP 数据报时，就先在其 ARP 高速缓存中查看有无主机 B 的 IP 地址。如有，就在 ARP 高速缓存中查出其对应的 MAC 地址，再把这个 MAC 地址写入 MAC 帧，然后通过局域网把该 MAC 帧发往此 MAC 地址。

也有可能查不到主机 B 的 IP 地址。这可能是主机 B 才入网，也可能是主机 A 刚刚加电，其高速缓存还是空的。在这种情况下，主机 A 就自动运行 ARP，然后按以下步骤找出主机 B 的 MAC 地址。

(1) ARP 进程在本局域网上广播发送一个 ARP 请求分组（具体格式可参阅[COME06]的第 23 章）。图 4-18(a)是主机 A 广播发送 ARP 请求分组的示意图。ARP 请求分组的主要内容是："我的 IP 地址是 209.0.0.5，MAC 地址是 00-00-C0-15-AD-18。我想知道 IP 地址为 209.0.0.6 的主机的 MAC 地址。"

(2) 在本局域网上的所有主机上运行的 ARP 进程都收到此 ARP 请求分组。

(3) 主机 B 的 IP 地址与 ARP 请求分组中要查询的 IP 地址一致，就收下这个 ARP 请求分组，并向主机 A 发送 ARP 响应分组，同时在这个 ARP 响应分组中写入自己的 MAC 地址。由于其余所有主机的 IP 地址都与 ARP 请求分组中要查询的 IP 地址不一致，因此都不理睬这个 ARP 请求分组，如图 4-18(b)所示。ARP 响应分组的主要内容是："我的 IP 地址是 209.0.0.6，我的 MAC 地址是 08-00-2B-00-EE-0A。"请注意：虽然 ARP 请求分组是广播发送的，但 ARP 响应分组是普通的单播，即从一个源地址发送到一个目的地址。

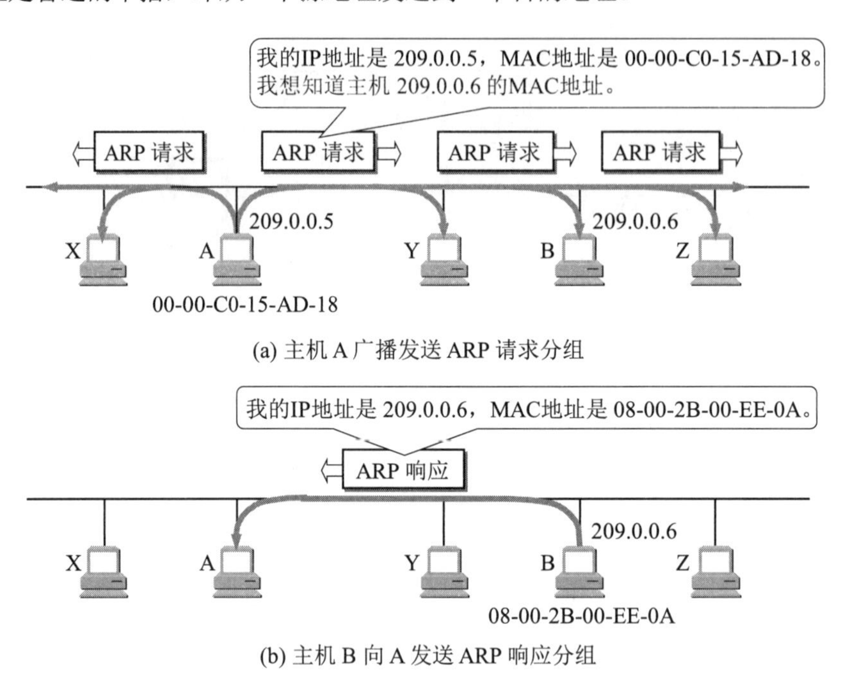

(a) 主机 A 广播发送 ARP 请求分组

(b) 主机 B 向 A 发送 ARP 响应分组

图 4-18　地址解析协议 ARP 的工作原理

(4) 主机 A 收到主机 B 的 ARP 响应分组后，就在其 ARP 高速缓存中写入主机 B 的 IP 地址到 MAC 地址的映射。

当主机 A 向 B 发送数据报时，很可能以后不久主机 B 还要向 A 发送数据报，因而主机 B 也可能要向 A 发送 ARP 请求分组。为了减少网络上的通信量，主机 A 在发送其 ARP 请求分组时，就把自己的 IP 地址到 MAC 地址的映射写入 ARP 请求分组。当主机 B 收到 A 的 ARP 请求分组时，就把主机 A 的这一地址映射写入主机 B 自己的 ARP 高速缓存中。以后主机 B 向 A 发送数据报时就很方便了。

可见 ARP 高速缓存非常有用。如果不使用 ARP 高速缓存，那么任何一台主机只要进行一次通信，就必须在网络上用广播方式发送 ARP 请求分组，这就会使网络上的通信量大大增加。ARP 把已经得到的地址映射保存在高速缓存中，这样就使得该主机下次再和具有同样目的地址的主机通信时，可以直接从高速缓存中找到所需的 MAC 地址而不必再用广播方式发送 ARP 请求分组。

ARP 对保存在高速缓存中的每一个映射地址项目都设置**生存时间**（例如，10 ~ 20 分钟）。凡超过生存时间的项目就从高速缓存中删除掉。设置这种地址映射项目的生存时间是很重要的。设想有一种情况：主机 A 和 B 通信。A 的 ARP 高速缓存里保存有 B 的 MAC 地址，但 B 的网络适配器突然坏了，B 立即更换了一块，因此 B 的 MAC 地址就改变了。假定 A 还要和 B 继续通信。A 在其 ARP 高速缓存中查找到 B 原先的 MAC 地址，并使用该 MAC 地址向 B 发送数据帧。但 B 原先的 MAC 地址已经失效了，因此 A 无法找到主机 B。但是过了一段不长的生存时间，A 的 ARP 高速缓存中已经删除了 B 原先的 MAC 地址，于是 A 重新广播发送 ARP 请求分组，又找到了 B。

请注意，ARP 用于解决**同一个局域网上**的主机或路由器的 IP 地址和 MAC 地址的映射问题。如果所要找的主机和源主机不在同一个局域网上，例如，在前面的图 4-16 中，主机 H_1 就无法解析出另一个局域网上主机 H_2 的 MAC 地址（实际上主机 H_1 也不需要知道远程主机 H_2 的 MAC 地址）。主机 H_1 发送给 H_2 的 IP 数据报首先需要通过与主机 H_1 连接在同一个局域网上的路由器 R_1 来转发，因此主机 H_1 必须知道路由器 R_1 的 IP 地址。于是 H_1 使用 ARP 把路由器 R_1 的 IP 地址 IP_3 解析为 MAC 地址 MAC_3，然后把 IP 数据报传送到路由器 R_1。以后，R_1 从转发表知道应把 IP 数据报转发到路由器 R_2，再使用 ARP 解析出 R_2 的 MAC 地址 MAC_5，把 IP 数据报转发到路由器 R_2。路由器 R_2 用同样方法解析出目的主机 H_2 的 MAC 地址 MAC_2，使 IP 数据报最终交付主机 H_2。

从 IP 地址到 MAC 地址的解析是自动进行的，**主机的用户对这种地址解析过程是不知道的**。只要主机或路由器要和本网络上的另一个已知 IP 地址的主机或路由器进行通信，协议 ARP 就会自动地把这个 IP 地址解析为链路层所需要的 MAC 地址，然后插入到 MAC 帧中。

下面我们归纳出使用 ARP 的四种典型情况（如图 4-19 所示）。

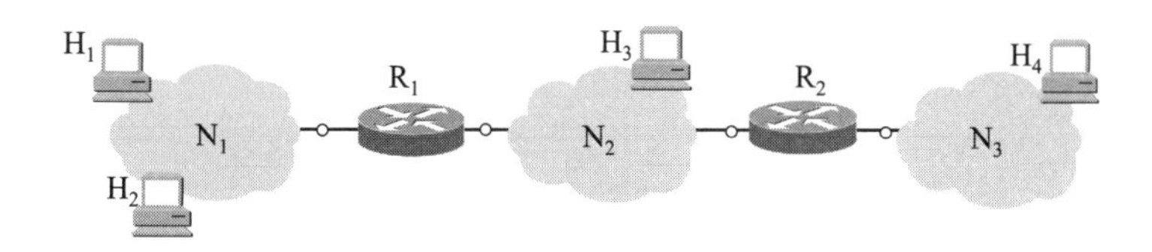

图 4-19　使用 ARP 的四种典型情况

(1) 发送方是主机（如 H_1），要把 IP 数据报发送到同一个网络上的另一台主机（如 H_2）。这时 H_1 发送 ARP 请求分组（在网络 N_1 上广播），找到目的主机 H_2 的 MAC 地址。

(2) 发送方是主机（如 H_1），要把 IP 数据报发送到另一个网络上的一台主机（如 H_3 或 H_4）。这时 H_1 发送 ARP 请求分组（在网络 N_1 上广播），找到 N_1 上的一个路由器 R_1 的 MAC 地址。剩下的工作由路由器 R_1 来完成。R_1 要做的事情是下面的(3)或(4)。

(3) 发送方是路由器（如 R_1），要把 IP 数据报转发到与 R_1 连接在同一个网络 N_2 上的主机（如 H_3）。这时 R_1 发送 ARP 请求分组（在 N_2 上广播），找到目的主机 H_3 的 MAC 地址。

(4) 发送方是路由器（如 R_1），要把 IP 数据报转发到网络 N_3 上的一台主机（如 H_4）。H_4 与 R_1 不是连接在同一个网络上的。这时 R_1 发送 ARP 请求分组（在 N_2 上广播），找到连接在 N_2 上的一个路由器 R_2 的 MAC 地址。剩下的工作由这个路由器 R_2 来完成。

在许多情况下需要多次使用 ARP，但这只是以上几种情况的反复使用而已。

有的读者可能会产生这样的问题：既然在网络链路上传送的帧最终是按照 MAC 地址找到目的主机的，那么为什么我们还要使用两种地址（IP 地址和 MAC 地址），而不直接使用 MAC 地址进行通信？只用一个 MAC 地址进行通信似乎可以免除使用 ARP。

这个问题必须弄清楚。

由于全世界存在着各式各样的网络，**它们使用不同的 MAC 地址**。要使这些异构网络能够互相通信就必须进行**非常复杂的 MAC 地址转换工作**，因此由用户或用户主机来完成这项工作几乎是不可能的事。即使是对分布在全世界的以太网 MAC 地址进行寻址，也是极其困难的。然而 IP 编址把这个复杂问题解决了。连接到互联网的主机只需各自拥有一个 IP 地址，它们之间的通信就像连接在同一个网络上那样简单方便，即使必须多次调用 ARP 来找到 MAC 地址，但这个过程都是由计算机软件自动进行的，对用户来说是看不见的。

因此，在虚拟的 IP 网络上用 IP 地址进行通信给广大的计算机用户带来了很大的方便。

4.2.5 IP 数据报的格式

IP 数据报的格式说明协议 IP 都具有什么功能。在协议 IP 的标准中，描述首部格式的宽度是 32 位（即 4 字节）。图 4-20 是 IP 数据报的完整格式 [RFC 791，STD5]。

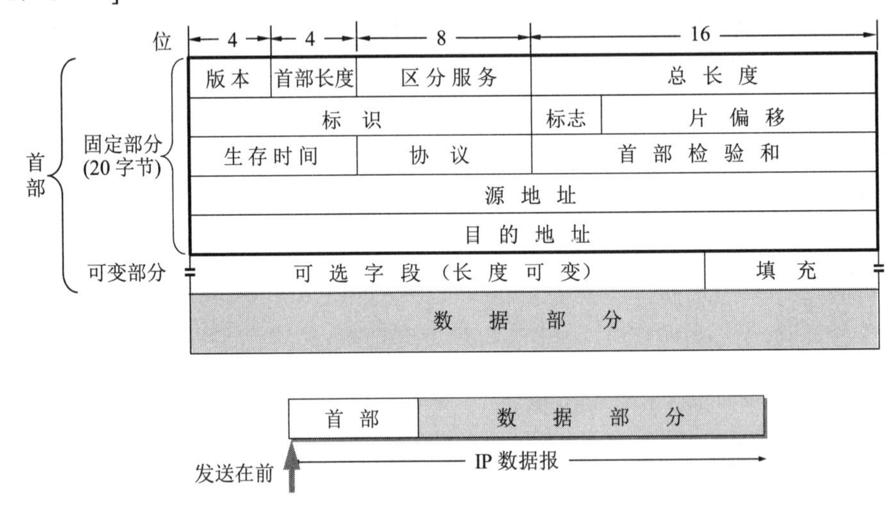

图 4-20　IP 数据报的格式

从图 4-20 可看出，一个 IP 数据报由首部和数据两部分组成。首部的前一部分长度是**固定的**，共 20 字节，是所有 IP 数据报必须具有的。在首部的固定部分的后面是一些**可选字段**，其长度是可变的。下面介绍首部各字段的意义。

1. IP 数据报首部的固定部分中的各字段

(1) **版本**　占 4 位，指协议 IP 的版本。通信双方使用的协议 IP 的版本必须一致。这里讨论的协议 IP 版本号为 4（即 IPv4）。关于 IPv6（即版本 6 的协议 IP），我们将在后面的 4.5 节讨论。

(2) **首部长度**　占 4 位，可表示的最大十进制数值是 15。请注意，首部长度字段所表示数的单位是 32 位字长（1 个 32 位字长是 4 字节）。因为 IP 首部的固定部分是 20 字节，因此首部长度字段的最小值是 5（即二进制表示的首部长度是 0101）。而当首部长度字段为最大值 1111 时（即十进制的 15），就表明首部长度达到最大值——15 个 32 位字长，即 60 字节。当 IP 分组的首部长度不是 4 字节的整数倍时，必须利用最后的填充字段加以填充。因此 IP 数据报的数据部分永远在 4 字节的整数倍时开始，这样在实现协议 IP 时较为方便。首部长度限制为 60 字节的缺点是有时可能不够用，但这样做是希望用户尽量减少开销。最常用的首部长度是 20 字节，不使用任何可选字段。

(3) **区分服务**　占 8 位，用来获得更好的服务。这个字段在旧标准中叫作**服务类型**，但实际上一直没有被使用过。1998 年 IETF 把这个字段改名为**区分服务** DS (Differentiated Services)。只有在使用区分服务时，这个字段才起作用（见 8.4.4 节）。在一般的情况下都不使用这个字段[RFC 2474, RFC 3168, RFC 3260]。

(4) **总长度**　总长度指首部和数据之和的长度，单位为字节。总长度字段为 16 位，因此数据报的最大长度为 $2^{16}-1=65535$ 字节。然而实际上传送这样长的数据报在现实中是极少遇到的。

我们知道，在 IP 层下面的每一种数据链路层协议都规定了一个数据帧中的**数据字段的最大长度**，这称为**最大传送单元** MTU (Maximum Transfer Unit)。当一个 IP 数据报封装成链路层的帧时，此数据报的总长度（即首部加上数据部分）一定不能超过下面的数据链路层所规定的 MTU 值。例如，最常用的以太网就规定其 MTU 值是 1500 字节。若所传送的数据报长度超过数据链路层的 MTU 值，就必须把过长的数据报进行分片处理。

虽然使用尽可能长的 IP 数据报会使传输效率得到提高（这样每一个 IP 数据报中首部长度占数据报总长度的比例就会小些），但数据报短些也有好处。IP 数据报越短，路由器转发的速度就越快。为此，协议 IP 规定，在互联网中所有的主机和路由器必须能够接受长度不超过 576 字节的数据报。这是假定上层交下来的数据长度有 512 字节（合理的长度），加上最长的 IP 首部 60 字节，再加上 4 字节的富余量，就得到 576 字节。当主机需要发送长度超过 576 字节的数据报时，应当先了解一下，目的主机能否接受所要发送的数据报长度。否则，就要进行分片。

在进行分片时（见后面的“片偏移”字段），数据报首部中的“总长度”字段是指**分片后的每一个分片**的首部长度与该分片的数据长度的总和。

(5) **标识**(identification)　占 16 位。IP 软件在存储器中维持一个计数器，每产生一个数据报，计数器就加 1，并将此值赋给标识字段。但这个“标识”并不是序号，因为 IP 是无连接服务，数据报不存在按序接收的问题。当数据报由于长度超过网络的 MTU 而必须分片时，这个标识字段的值就被复制到所有的数据报片的标识字段中。相同的标识字段的值使分片后的各数据报片最后能正确地重装成为原来的数据报。

(6) **标志**(flag)　占 3 位，但目前只有两位有意义。

- 标志字段中的最低位记为 **MF** (More Fragment)。MF = 1 即表示后面**“还有分片”**的数据报。MF = 0 表示这已是若干数据报片中的最后一个。
- 标志字段中间的一位记为 **DF** (Don’t Fragment)，意思是**“不能分片”**。只有当 DF = 0 时才允许分片。

(7) **片偏移**　占 13 位。片偏移指出：较长的分组在分片后，某片在原分组中的相对位置。也就是说，相对于用户数据字段的起点，该片从何处开始。片偏移以 8 个字节为偏移单位。这就是说，除最后一个数据报片外，其他每个分片的长度一定是 8 字节（64 位）的整数倍。

下面举一个例子。

【例 4-1】　一个数据报的总长度为 3820 字节，其数据部分为 3800 字节长（使用固定首部），需要分片为长度不超过 1420 字节的数据报片。因固定首部长度为 20 字节，因此每个数据报片的数据部分长度不能超过 1400 字节。于是分为 3 个数据报片，其数据部分的长度分别为 1400, 1400 和 1000 字节。原始数据报首部被复制为各数据报片的首部，但必须修改有关字段的值。图 4-21 给出分片后得出的结果（请注意片偏移的数值）。

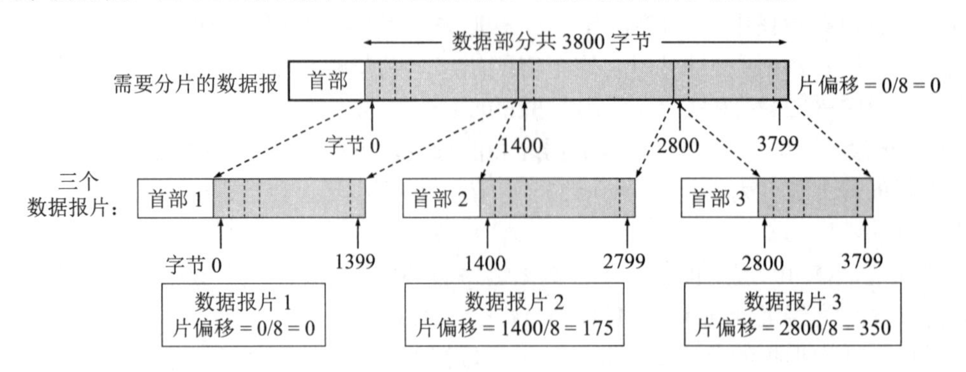

图 4-21　数据报的分片举例

表 4-5 是本例中数据报首部与分片有关的字段中的数值，其中标识字段的值是任意给定的（12345）。具有相同标识的数据报片在目的站就可无误地重装成原来的数据报。

表 4-5　IP 数据报首部中与分片有关的字段中的数值

	总长度	标识	MF	DF	片偏移
原始数据报	3820	12345	0	0	0
数据报片 1	1420	12345	1	0	0
数据报片 2	1420	12345	1	0	175
数据报片 3	1020	12345	0	0	350

现在假定数据报片 2 经过某个网络时还需要再进行分片，即划分为数据报片 2-1（携带数据 800 字节）和数据报片 2-2（携带数据 600 字节）。那么这两个数据报片的总长度、标识、MF、DF 和片偏移分别为：820, 12345, 1, 0, 175；620, 12345, 1, 0, 275。

(8) **生存时间**　占 8 位，生存时间字段常用的英文缩写是 TTL (Time To Live)，表明这是数据报在网络中的**寿命**。由发出数据报的源点设置这个字段。其目的是防止无法交付的数据报无限制地在互联网中兜圈子（例如从路由器 R_1 转发到 R_2，再转发到 R_3，然后又转发到 R_1），因而白白消耗网络资源。最初的设计以秒作为 TTL 值的单位。每经过一个路由器时，就把 TTL 减去数据报在路由器所消耗掉的一段时间。若数据报在路由器消耗的时间小于 1 秒，就把 TTL 值减 1。当 TTL 值减为零时，就丢弃这个数据报。

然而随着技术的进步，路由器处理数据报所需的时间不断在缩短，一般都远远小于 1 秒，后来就把 TTL 字段的**功能**改为**“跳数限制”**（**但名称不变**）。路由器在每次转发数据报之前就把 TTL 值减 1。若 TTL 值减小到零，就丢弃这个数据报，不再转发。因此，现在 TTL 的单位不再是秒，而是**跳数**。TTL 的意义是指明数据报在互联网中至多可经过多少个路由器。显然，数据报能在互联网中经过的路由器的最大数值是 255。若把 TTL 的初始值设置为 1，就表示这个数据报只能在本局域网中传送。因为这个数据报一传送到局域网上的某个路由器，在被转发之前 TTL 值就减小到零，所以会被这个路由器丢弃。

(9) **协议**　占 8 位，协议字段指出此数据报携带的数据使用何种协议，以便使目的主机的 IP 层知道应将数据部分上交给哪个协议进行处理。

常用的一些协议和相应的协议字段值如下[W-IANA][1]：

协议名	ICMP	IGMP	IP[2]	TCP	EGP	IGP	UDP	IPv6	ESP	AH	ICMP-IPv6	OSPF
协议字段值	1	2	4	6	8	9	17	41	50	51	58	89

(10) **首部检验和**　　占 16 位。这个字段**只检验数据报的首部，但不包括数据部分**。这是因为数据报每经过一个路由器，路由器都要重新计算一下首部检验和（一些字段，如生存时间、标志、片偏移等都可能发生变化）。不检验数据部分可减少计算的工作量。为了进一步减少计算检验和的工作量，IP 首部的检验和不采用复杂的 CRC 检验码而采用下面的简单计算方法：在发送方，先把 IP 数据报首部划分为许多 16 位字的序列，并把检验和字段置零。用反码算术运算[3]把所有 16 位字相加后，将得到的和的反码写入检验和字段。接收方收到数据报后，把首部的所有 16 位字再使用反码算术运算相加一次。将得到的和取反码，即得出接收方检验和的计算结果。若首部未发生任何变化，则此结果必为 0，于是就保留这个数据报；否则即认为出差错，并将此数据报丢弃。图 4-22 说明了 IP 数据报首部检验和的计算过程。

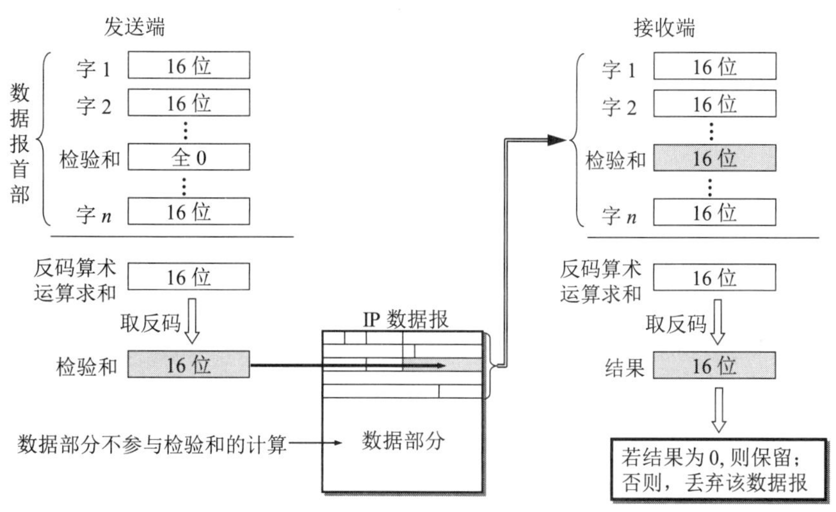

图 4-22　IP 数据报首部检验和的计算过程

(11) **源地址**　　占 32 位。发送 IP 数据报的主机的 IP 地址。

(12) **目的地址**　　占 32 位。接收 IP 数据报的主机的 IP 地址。

---

① 注：原来如协议字段值这样的数值都是由互联网赋号管理机构 IANA 负责指派，并公布在有关的 RFC 文档中的。IANA 由美国政府建立，开始由 Jon Postel 负责管理。由于 Jon Postel 于 1998 年去世，同时也由于互联网的商业化和国际化，许多国家希望由一个新的、私营的、非营利的国际公司——**互联网名称与数字地址分配机构** ICANN [W-ICANN]取代 IANA。但后来 ICANN 并没有取代 IANA，而是保留了 IANA，并且和 IANA 进行了分工。因此现在就出现了 IANA/ICANN 或 ICANN/IANA 这样的写法。这两个机构都负责 IP 地址和一些重要参数的管理。现在有关互联网的重要参数已经不在 RFC 文档公布[RFC 3232]，而改为在网址 www.iana.org 上查询在线的数据库。从 2016 年起，开始进行 IANA 的管理权逐步向 ICANN 转移的工作。

② 注：这里的 IP 表示特殊的 IP 数据报——IP 数据报再封装到 IP 数据报中（IP Encapsulation within IP）。

③ 注：两个数进行二进制反码求和的运算很简单。它的规则是从低位到高位逐列进行计算。0 和 0 相加是 0，0 和 1 相加是 1，1 和 1 相加是 0 但要产生一个进位 1，加到下一列。若最高位相加后产生进位，则最后得到的结果要在最低位加 1。请注意，**反码**（one's complement）和**补码**(two's complement)是不一样的。

2. IP 数据报首部的可变部分

IP 数据报首部的可变部分就是一个选项字段。选项字段用来支持排错、测量以及安全等措施，内容很丰富。此字段的长度可变，从 1 字节到 40 字节不等，取决于所选择的项目。某些选项项目只需要 1 字节，它只包括 1 字节的选项代码。而有些选项需要多个字节，这些选项一个个拼接起来，中间不需要有分隔符，最后用全 0 的填充字段补齐为 4 字节的整数倍。

增加首部的可变部分是为了增加 IP 数据报的功能，但这同时也使得 IP 数据报的首部长度成为可变的。这就增加了每一个路由器处理数据报的开销。实际上这些选项很少被使用。很多路由器都不考虑 IP 首部的选项字段，因此新的 IP 版本 IPv6 就把 IP 数据报的首部长度做成固定的了。这里就不讨论这些选项的细节了。有兴趣的读者可参阅 RFC 791。

4.3 IP 层转发分组的过程

4.3.1 基于终点的转发

我们在图 4-7 中已经描述了分组在互联网中逐跳转发的概念。分组在互联网上传送和转发是基于分组首部中的目的地址的，因此这种转发方式称为**基于终点的转发**。

因此，分组每到达一个路由器，路由器就根据分组中的终点（目的地址）查找转发表，然后就得知下一跳应当到哪一个路由器。

但是，路由器中的转发表却不是按目的 IP 地址来直接查出下一跳路由器的。这是因为互联网中的主机数目实在太大了。如果用目的地址直接查找转发表，那么这种结构的转发表就会非常庞大，使得查找过程非常之慢。这样的转发表也就没有实用价值了。因此必须想办法压缩转发表的大小。

我们知道，32 位的 IP 地址是由两级组成的。前一部分是前缀，表示网络，后一部分表示主机。所以可以把查找目的主机的方法变通一下，即不是直接查找目的主机，而是先查找目的网络（网络前缀），在找到了目的网络之后，就把分组在这个网络上直接交付目的主机。由于互联网上的网络数远远小于主机数，这样就可以大大压缩转发表的大小，加速分组在路由器中的转发。这就是基于终点的转发过程。

读者可能还会想到一个问题，就是分组首部中没有地方可以用来指明“下一跳路由器的 IP 地址”，那么待转发的分组又怎样能够找到下一跳路由器呢？

当路由器收到一个待转发的分组，在从转发表得出下一跳路由器的 IP 地址后，不是把这个地址填入分组首部，而是送交数据链路层的网络接口软件。网络接口软件负责把下一跳路由器的 IP 地址转换成 MAC 地址（必须使用 ARP），并将此 MAC 地址放在链路层的 MAC 帧的首部，然后利用这个 MAC 地址传送到下一跳路由器的链路层，再取出 MAC 帧的数据部分，交给网络层。由此可见，当发送一连串的分组时，上述的这种查找转发表、调用 ARP 解析出 MAC 地址、把 MAC 地址写入 MAC 帧的首部等过程，都是必须做的（当然都是由机器自动完成的）。

那么，能不能在转发表中不使用 IP 地址而直接使用 MAC 地址呢？不行。我们一定要弄清楚，使用抽象的 IP 地址，本来就是为了隐蔽各种底层网络的复杂性而便于分析和研究问题，这样就不可避免地要付出些代价，例如在选择路由时多了一些开销。但反过来，如果在转发表中直接使用 MAC 地址，那就会带来更多的麻烦，甚至无法找到对方的机器。

下面用具体例子来说明分组的转发过程。

【例 4-2】 图 4-23 中有三个子网通过两个路由器互连在一起。主机 H_1 发送出一个分组，其目的地址是 128.1.2.132。现在源主机是 H_1 而目的主机是 H_2。试讨论分组怎样从源主机传送到目的主机。

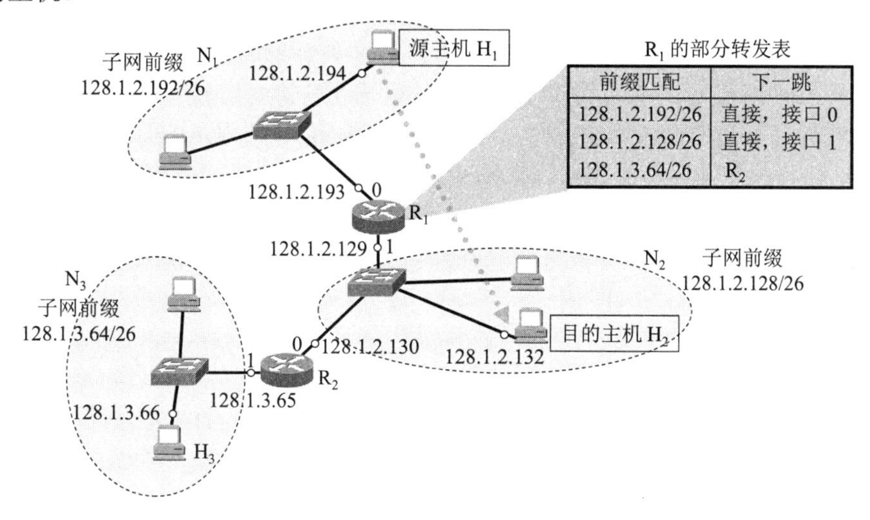

图 4-23　源主机 H_1 向目的地址 H_2 发送分组

【解】 主机 H_1 首先必须确定：目的主机是否连接在本网络上？如果是，那么问题很简单，就直接交付，根本不需要利用路由器；如果不是，就间接交付，把分组发送给连接在本网络上的路由器，以后要做的事情都由这个路由器来处理。

主机 H_1 先把要发送的分组的目的地址和本网络 N_1 的子网掩码按位进行 AND 运算，得出运算结果。如果运算结果等于本网络 N_1 的前缀，就表明目的主机连接在本网络上；否则，就必须把分组发送到路由器 R_1，由路由器 R_1 完成后续的任务。

由于采用了 CIDR 记法，转发表中给出的都是网络前缀，而没有明显给出子网掩码。其实只要细心观察斜线后面的数字，就可知道相应的子网掩码。例如，/26 的子网掩码就是点分十进制的 255.255.255.192。现在，要发送的分组的目的地址是 128.1.2.132，本网络的掩码是 26 个 1，后面有 6 个 0。如图 4-24(a)所示，按位 AND 运算的结果是 128.1.2.128，不等于本网络 N_1 的前缀。这说明目的主机没有连接在本网络上。源主机 H_1 必须把分组发送给路由器 R_1，让路由器 R_1 根据其转发表来处理这个分组。

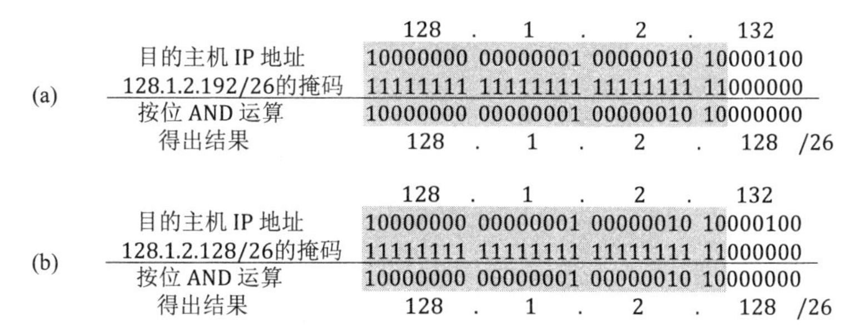

图 4-24　目的地址和本网络的子网掩码按位进行 AND 运算

路由器 R_1 的部分转发表已在图 4-23 右上方给出了。转发表中第 1 列就是“前缀匹配”，这是因为查找转发表的过程就是**寻找前缀匹配的过程**。

现在先检查路由器 R_1 的转发表中的第 1 行。

源主机 H_1 要发送的分组的目的地址是 128.1.2.132。本网络 128.1.2.192/26 的前缀有 26 位，因此本网络的掩码是 26 个 1，后面是 6 个 0。目的地址和子网掩码按位 AND 运算的结果是 128.1.2.128/26（见图 4-24(a)）。很明显，AND 运算结果与转发表第 1 行的前缀不匹配。

接着检查路由器 R_1 的转发表中的第 2 行。运算结果是 128.1.2.128/26，如图 4-24(b)所示。这个结果和转发表第 2 行的前缀相匹配。因此按照转发表第 2 行指出的，在网络 N_2 上进行分组的直接交付（通过路由器 R_1 的接口 1）。这时路由器 R_1 调用 ARP，解析出目的主机 H_2 的 MAC 地址，再封装成链路层的帧，直接交付连接在本网络 N_2 上的目的主机 H_2。

如果按照同样的方法，检查路由器 R_1 的转发表中的第 3 行，不难得出不匹配的结果。

从以上例子可看出，查找转发表的过程就是逐行**寻找前缀匹配的过程**。我们再看下一个例子。

4.3.2　最长前缀匹配

扫一扫

视频讲解

【例 4-3】 假定在图 4-25 的例子中，路由器 R_1 收到一个目的地址为 128.1.24.1 的分组，请给出分组的转发接口。请注意，公司 B 包含三个子网，但这些网络前缀并没有出现在路由器 R_1 的转发表中。这是因为公司 B 采用了路由聚合，把三个子网的所有地址聚合为一个网络前缀 128.1.24.0/22。

R_2

分组要到达
128.1.24.1

R_1　1　0

公司 A
128.1.24.0/24

公司 B
128.1.25.0/24
128.1.26.0/24
128.1.27.0/24

路由器 R_1 的部分转发表

前缀匹配	下一跳
128.1.24.0/22	直接，接口 0
128.1.24.0/24	直接，接口 1
…	…

图 4-25　分组交给路由器 R_1 进行转发

【解】 我们把进入路由器 R_1 的分组的目的地址分别和路由器 R_1 的转发表第 1 行、第 2 行子网掩码进行按位 AND 运算。运算结果都是“匹配”（建议读者自行验算一下）。那么，哪一个结果是正确的呢？现在就来分析这个问题。

网络前缀 128.1.24.0/22 可以划分为 4 个更小的/24 前缀（图 4-26）。其中的一个前缀 128.1.24.0/24 分配给公司 A，另外 3 个前缀分配给公司 B。公司 B 把得到的 3 个前缀聚合成一个更大的前缀 128.1.24.0/22，作为路由器 R_1 的转发表中的一个项目。请注意，这个前缀和原来的前缀在形式上是一样的，但实际的区别是很大的：在图 4-26 左边的网络前缀中包含地址 128.1.24.1，但公司 B 的聚合后的网络前缀则不包含这个地址。因此在本例中，即分组应当从接口 1 转发到公司 A。

那么为什么地址 128.1.24.1 不在公司 B 的聚合前缀 128.1.24.0/22 中，但匹配运算的结果却是匹配呢？这是因为在转发表中的项目 128.1.24.0/22 并未说明是由哪几个子网聚合而成的。

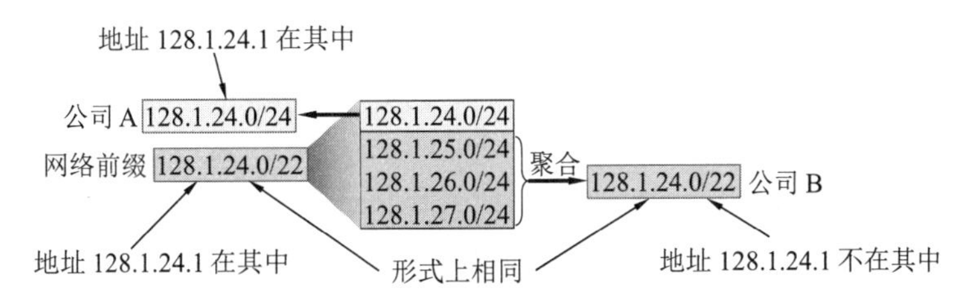

图 4-26　公司 A 和 B 分到的前缀

十分明显，进入路由器 R_1 的分组的目的地址 128.1.24.1 处于公司 A 拥有的地址范围中，而不在公司 B 的地址范围内。分组应当通过接口 1 转发到公司 A。

为了减少路由器 R_1 中的项目数，公司 B 采用了地址聚合，把三个地址块聚合为一个地址块 128.1.24.0/22。这个聚合后得出的前缀和图中左边所示的前缀在形式上是一样的。这样就导致图 4-26 所示的出现和两个网络前缀都匹配的现象。

我们可以注意到，现在公司 B 三个地址块得出的聚合地址块是 128.1.24.0/22，但如果公司 B 只分到两个地址块 128.1.25.0/24 和 128.1.26.0/24，那么其聚合地址块仍然是 128.1.24.0/22。如果把公司 A 和公司 B 的地址块都聚合起来，得出的聚合地址块还是 128.1.24.0/22。这样的地址聚合可以发生在路由器 R2 中。

因此，在采用 CIDR 编址时，如果一个分组在转发表中可以找到多个匹配的前缀，那么就应当选择前缀最长的一个作为匹配的前缀。这个原则称为最长前缀匹配(longest prefix match)。网络前缀越长，其地址块就越小，因而路由就越具体(more specific)。为了更加迅速地查找转发表，可以按照前缀的长短，把前缀最长的排在第 1 行，然后按前缀长短的顺序往下排列。用这种方法从第 1 行前缀最长的开始查找，只要检查到匹配的，就不必再继续往下查找，可以立即结束查找。

实际的转发表有时还可能增加两种特殊的路由，就是主机路由和默认路由。

主机路由(host route)又叫作**特定主机路由**，这是对特定目的主机的 IP 地址专门指明的一个路由。采用特定主机路由可使网络管理人员更方便地控制网络和测试网络，同时也可在需要考虑某种安全问题时采用这种特定主机路由。在对网络的连接或转发表进行排错时，指明到某一台主机的特殊路由就十分有用。假定这个特定主机的点分十进制 IP 地址是 a.b.c.d，那么在转发表中对应于主机路由的网络前缀就是 a.b.c.d/32。我们知道，/32 表示的子网掩码是 32 个 1。实际的网络不可能使用 32 位的前缀，因为没有主机号的 IP 地址是没有实际意义的。但这个特殊的前缀却可以用在转发表中。不难看出，32 个 1 的子网掩码和 IP 地址 a.b.c.d 按位进行 AND 运算后，得出的结果必定是 a.b.c.d，也就是说，找到了匹配。这时就把收到的分组转发到转发表所指出的下一跳。主机路由在转发表中都放在最前面。

还有一种特殊路由是**默认路由**(default route)。这就是不管分组的最终目的网络在哪里，都由指定的路由器 R 来处理。这在网络只有很少的对外连接时非常有用。在实际的转发表中，用一个特殊前缀 0.0.0.0/0 来表示默认路由。这个前缀的掩码是全 0（/0 表示网络前缀是 0 位，因此掩码是 32 个 0）。用全 0 的掩码和任何目的地址进行按位 AND 运算，结果一定是全 0，即必然是和转发表中的 0.0.0.0/0 相匹配的。这时就按照转发表的指示，把分组送交下一跳路由器 R 来处理（即间接交付）。

综上所述，可归纳出**分组转发算法**如下（假定转发表按照前缀的长短排列，把前缀长的放在前面）：

(1) 从收到的分组的首部提取目的主机的 IP 地址 *D*（即目的地址）。

(2) 若查找到有特定主机路由（目的地址为 *D*），就按照这条路由的下一跳转发分组；否则从转发表中下一行（也就是前缀最长的一行）开始检查，执行(3)。

(3) 把这一行的子网掩码与目的地址 *D* 按位进行 AND 运算。

若运算结果与本行的前缀匹配，则查找结束，按照“下一跳”所指出的进行处理（或直接交付本网络上的目的主机，或通过指定接口发送到下一跳路由器）。

否则，若转发表还有下一行，则对下一行进行检查，重新执行(3)。

否则，执行(4)。

(4) 若转发表中有一个默认路由，则按照指明的接口，把分组传送到指明的默认路由器；否则，报告转发分组出错。

可以用一个简单的比喻来说明查找转发表和转发分组的过程。例如，从家门口开车到机场，但没有地图，不知道应当走哪条路线。好在每一个道路岔口都有一个警察可以询问。因此，每到一个岔口（相当于到了一个路由器），就问：“到机场应当朝哪个方向走？”（相当于查找转发表）。该警察并不告诉你去机场的详细路径。他仅仅指出到机场途经的下一个警察位置的方向。其回答可能是：“向左转方向走。”你左转到了下一个岔口，再询问警察，回答可能是：“直行。”这样，每到一个岔口，就询问下一步走的方向。这样，在没有地图的情况下，我们最终也可以到达目的地——机场。

顺便指出，在过去使用分类地址时，不存在最长前缀匹配的问题。在转发表中，不会出现目的地址和转发表中的两行或两行以上的网络地址匹配的情况。

4.3.3 使用二叉线索查找转发表

使用 CIDR 后，由于不知道目的网络的前缀，使转发表的查找过程变得更加复杂了。当转发表的项目数很大时，怎样设法缩短转发表的查找时间就成为一个非常重要的问题。例如，连接路由器的线路的速率为 10 Gbit/s，而分组的平均长度为 2000 bit，那么路由器就应当平均每秒钟能够处理 500 万个分组（常记为 5 Mpps）。或者说，路由器处理一个分组的平均时间只有 200 ns（1 ns = 10^{-9} s）。因此，查找每一个路由所需的时间是非常短的。可见在转发表中必须使用很好的数据结构和先进的快速查找算法，这一直是人们积极研究的热门课题。

对无分类编址的转发表的最简单的查找算法就是对所有可能的前缀进行循环查找，从最长的前缀开始查找。例如，给定一个目的地址。对每一个可能的网络前缀，进行目的地址和子网掩码的按位 AND 运算，得出一个网络前缀，然后逐行查找转发表中的网络前缀。所找到的最长匹配就对应于要查找的路由。

这种最简单的算法的明显缺点就是查找的次数太多。最坏的情况是转发表中没有这个路由。在这种情况下，算法仍要进行 32 次（第 1 次用 32 位的前缀查找转发表中所有的行，第 2 次用 31 位的前缀查找所有的行，这样一直查找下去）。

为了进行更加有效的查找，通常是把无分类编址的转发表存放在一种层次的数据结构中，然后自上而下地按层次进行查找。这里最常用的就是**二叉线索**(binary trie)[①]，它是一种

① 注：线索(trie)来自 re*trie*val（检索），读音与“try”相同。

特殊结构的树。IP 地址中从左到右的比特值决定了从根节点逐层向下层延伸的路径，而二叉线索中的各个路径就代表转发表中存放的各个地址。

图 4-27 用一个例子来说明二叉线索的结构。图中给出了 5 个 IP 地址。为了简化二叉线索的结构，可以先找出对应于每一个 IP 地址的**唯一前缀**(unique prefix)。所谓唯一前缀就是在表中所有的 IP 地址中，该前缀是唯一的。这样就可以用这些唯一前缀来构造二叉线索。在进行查找时，只要能够和唯一前缀相匹配就行了。

32 位的 IP 地址	唯一前缀
01000110 00000000 00000000 00000000	0100
01010110 00000000 00000000 00000000	0101
01100001 00000000 00000000 00000000	011
10110000 00000010 00000000 00000000	10110
10111011 00001010 00000000 00000000	10111

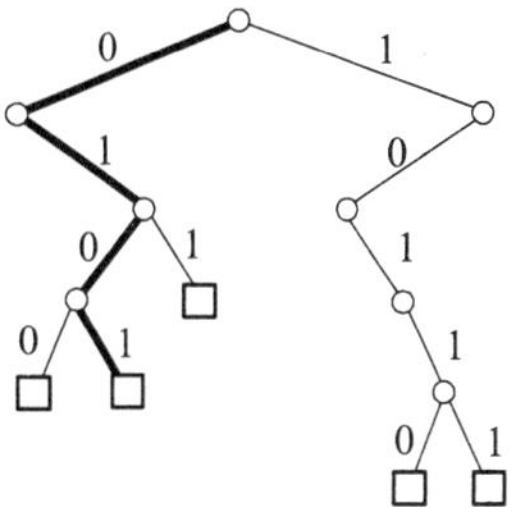

图 4-27 用 5 个前缀构成的二叉线索

从二叉线索的根节点自顶向下的深度最多有 32 层，每一层对应于 IP 地址中的一位。一个 IP 地址存入二叉线索的规则很简单：先检查 IP 地址左边的第一位，如为 0，则第一层的节点就在根节点的左下方；如为 1，则在右下方。然后再检查地址的第二位，构造出第二层的节点。依此类推，直到唯一前缀的最后一位。由于唯一前缀一般都小于 32 位，因此用唯一前缀构造的二叉线索的深度往往不到 32 层。图中较粗的折线就是前缀 0101 在这个二叉线索中的路径。二叉线索中的小圆圈是中间节点，而在路径终点的小方框是叶节点（也叫作外部节点）。每个叶节点代表一个唯一前缀。节点之间的连线旁边的数字表示这条边在唯一前缀中对应的比特是 0 或 1。

假定有一个 IP 地址是 10011011 01111010 00000000 00000000，需要查找该地址是否在此二叉线索中。我们从最左边查起。很容易发现，查到第三个字符（即前缀 10 后面的 0）时，在二叉线索中就找不到匹配的，说明这个地址不在这个二叉线索中。

以上只是给出了二叉线索这种数据结构的用法，而并没有说明“与唯一前缀匹配”和“与网络前缀匹配”的关系。显然，要将二叉线索用于转发表中，还必须使二叉线索中的每一个叶节点包含所对应的网络前缀和子网掩码。当搜索到一个叶节点时，就必须将寻找匹配的目的地址和该叶节点的子网掩码进行按位 AND 运算，看结果是否与对应的网络前缀相匹配。若匹配，就按下一跳的接口转发该分组。否则，就丢弃该分组。

总之，二叉线索只是提供了一种可以快速在转发表中找到匹配的叶节点的机制。但这是否和网络前缀匹配，还要和子网掩码进行一次逻辑 AND 运算。

为了提高二叉线索的查找速度，广泛使用了各种**压缩技术**。例如，在图 4-27 中的最后两个地址，其最前面的 4 位都是 1011。因此，只要一个地址的前 4 位是 1011，就可以跳过前面 4 位（即压缩了 4 个层次）而直接从第 5 位开始比较。这样就可以减少查找的时间。当然，制作经过压缩的二叉线索需要更多的计算，但由于每一次查找转发表时都可以提高查找速度，因此这样做还是值得的。

4.4 网际控制报文协议 ICMP

为了更有效地转发 IP 数据报和提高交付成功的机会，在网际层使用了**网际控制报文协议 ICMP** (Internet Control Message Protocol) [RFC 792，STD5]。ICMP 允许主机或路由器报告差错情况和提供有关异常情况的报告。ICMP 是互联网的标准协议。但 ICMP 不是高层协议（看起来好像是高层协议，因为 ICMP 报文装在 IP 数据报中，作为其中的数据部分），而是 IP 层的协议。ICMP 报文作为 IP 层数据报的数据，加上数据报的首部，组成 IP 数据报发送出去。ICMP 报文格式如图 4-28 所示。

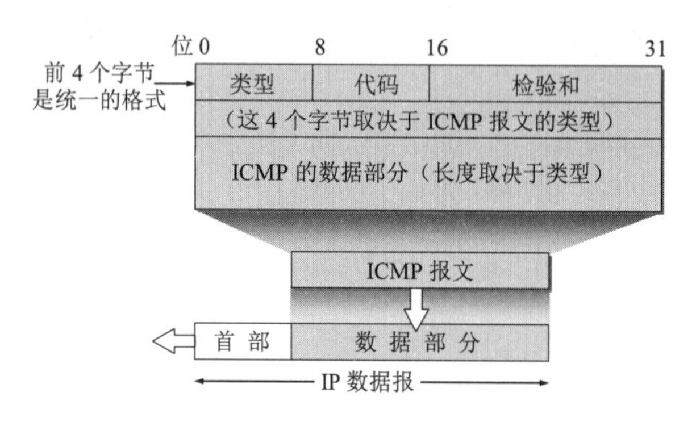

图 4-28　ICMP 报文的格式

4.4.1 ICMP 报文的种类

ICMP 报文有两种，即 **ICMP 差错报告报文**和 **ICMP 询问报文**。

ICMP 报文的前 4 字节是统一的格式，共有三个字段：类型、代码和检验和。接着的 4 字节的内容与 ICMP 的类型有关。最后面是数据字段，其长度取决于 ICMP 的类型。表 4-6 给出了几种常用的 ICMP 报文类型。

表 4-6　几种常用的 ICMP 报文类型

ICMP 报文种类	类型的值	ICMP 报文的类型
差错报告报文	3	终点不可达
	11	时间超过
	12	参数问题
	5	改变路由(Redirect)
询问报文	8 或 0	回送(Echo)请求或回送回答
	13 或 14	时间戳(Timestamp)请求或时间戳回答

ICMP 标准在不断更新。已不再使用的 ICMP 报文有：“信息请求与回答报文”“地址掩码请求与回答报文”“路由器请求与通告报文”以及“源点抑制报文”[RFC 6633]。

ICMP 报文的代码字段用于进一步区分某种类型中的几种不同情况。检验和字段用来检验整个 ICMP 报文。我们应当还记得，IP 数据报首部的检验和并不检验 IP 数据报的内容，因此不能保证经过传输的 ICMP 报文不产生差错。

表 4-6 给出的 ICMP 差错报告报文共有四种，即：

(1) **终点不可达**　当路由器或主机不能交付数据报时就向源点发送终点不可达报文。

(2) **时间超过**　　当路由器收到生存时间为零的数据报时，除丢弃该数据报外，还要向源点发送时间超过报文。当终点在预先规定的时间内不能收到一个数据报的全部数据报片时，就把已收到的数据报片都丢弃，并向源点发送时间超过报文。

(3) **参数问题**　　当路由器或目的主机收到的数据报的首部中有的字段的值不正确时，就丢弃该数据报，并向源点发送参数问题报文。

(4) **改变路由（重定向）**　　路由器把改变路由报文发送给主机，让主机知道下次应将数据报发送给另外的路由器（也就是说，找到了更好的路由）。

下面对改变路由报文进行简短的解释。我们知道，在互联网的主机中也要有一个转发表。当主机要发送数据报时，首先查找主机自己的转发表，看应当从哪一个接口把数据报发送出去。在互联网中主机的数量远大于路由器的数量，出于效率的考虑，这些主机不和连接在网络上的路由器定期交换路由信息。在主机刚开始工作时，一般都在转发表中设置一个默认路由器的 IP 地址。不管数据报要发送到哪个目的地址，都一律先把数据报传送给这个默认路由器，而这个默认路由器知道到每一个目的网络的最佳路由（通过和其他路由器交换路由信息）。如果默认路由器发现主机发往某个目的地址的数据报的最佳路由应当经过网络上的另一个路由器 R，就用改变路由报文把这情况告诉主机。于是，该主机就在其转发表中增加一个项目：到某某目的地址应经过路由器 R（而不是默认路由器）。

所有的 ICMP 差错报告报文中的数据字段都具有同样的格式（如图 4-29 所示）。把收到的需要进行差错报告的 IP 数据报的首部和数据字段的前 8 个字节提取出来，作为 ICMP 报文的数据字段。再加上相应的 ICMP 差错报告报文的前 8 个字节，就构成了 ICMP 差错报告报文。提取收到的数据报的数据字段前 8 个字节是为了得到运输层的端口号（对于 TCP 和 UDP）以及运输层报文的发送序号（对于 TCP）。这些信息对源点通知高层协议是有用的（端口的作用将在 5.1.3 节中介绍）。整个 ICMP 报文作为 IP 数据报的数据字段发送给源点。

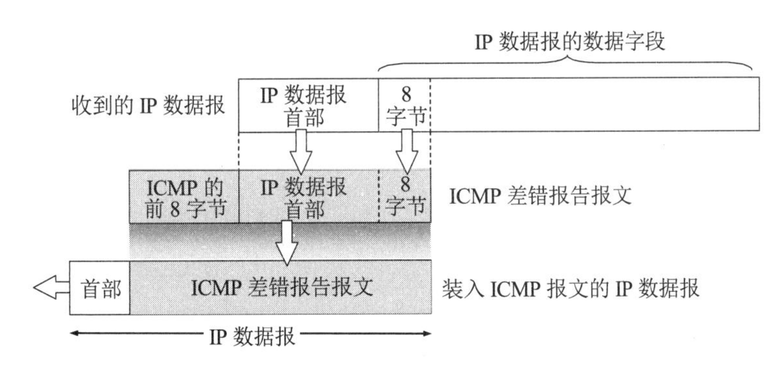

图 4-29　ICMP 差错报告报文的数据字段的内容

下面是不应发送 ICMP 差错报告报文的几种情况：

- 对 ICMP 差错报告报文，不再发送 ICMP 差错报告报文。
- 对第一个分片的数据报片的所有后续数据报片，都不发送 ICMP 差错报告报文。
- 对具有多播地址的数据报，都不发送 ICMP 差错报告报文。
- 对具有特殊地址（如 127.0.0.0 或 0.0.0.0）的数据报，不发送 ICMP 差错报告报文。

常用的 ICMP 询问报文有两种，即：

(1) **回送请求或回送回答**　　ICMP 回送请求报文是由主机或路由器向一个特定的目的

主机发出的询问。收到此报文的主机必须给源主机或路由器发送 ICMP 回送回答报文。这种询问报文用来测试目的站是否可达以及了解其有关状态。

(2) 时间戳请求或时间戳回答 在 ICMP 时间戳请求报文发出后，就能够收到对方响应的 ICMP 时间戳回答报文。利用在报文中记录的时间戳（如报文的发送时间和接收时间），发送方很容易计算出当前网络的往返时延。

4.4.2 ICMP 的应用举例

ICMP 的一个重要应用就是分组网间探测 **PING** (Packet InterNet Groper)，用来测试两台主机之间的连通性。PING 使用了 ICMP 回送请求与回送回答报文。PING 是应用层直接使用网络层 ICMP 的一个例子。它没有通过运输层的 TCP 或 UDP。

Windows 操作系统的用户可在接入互联网后转入 MS DOS（点击“开始”，点击“运行”，再键入“cmd”）。看见屏幕上的提示符后，就键入“ping hostname”（这里的 hostname 是要测试连通性的主机名或它的 IP 地址），按回车键后就可看到结果。

图 4-30 给出了从南京的一台 PC 到新浪网的邮件服务器 mail.sina.com.cn 的连通性的测试结果。PC 一连发出 4 个 ICMP 回送请求报文。如果邮件服务器 mail.sina.com.cn 正常工作而且响应这个 ICMP 回送请求报文（有的主机为了防止恶意攻击就不理睬外界发送过来的这种报文），那么它就发回 ICMP 回送回答报文。由于往返的 ICMP 报文上都有时间戳，因此很容易得出往返时间。最后显示出的是统计结果：发送到哪个机器（IP 地址），发送的、收到的和丢失的分组数（但不给出分组丢失的原因），以及往返时间的最小值、最大值和平均值。从得到的结果可以看出，第三个测试分组丢失了。

```
C:\Documents and Settings\XXR>ping mail.sina.com.cn

Pinging mail.sina.com.cn [202.108.43.230] with 32 bytes of data:

Reply from 202.108.43.230: bytes=32 time=368ms TTL=242
Reply from 202.108.43.230: bytes=32 time=374ms TTL=242
Request timed out.
Reply from 202.108.43.230: bytes=32 time=374ms TTL=242

Ping statistics for 202.108.43.230:
    Packets: Sent = 4, Received = 3, Lost = 1 (25% loss),
Approximate round trip times in milli-seconds:
    Minimum = 368ms, Maximum = 374ms, Average = 372ms
```

图 4-30 用 PING 测试主机的连通性

另一个非常有用的应用是 traceroute（这是 UNIX 操作系统中的命令），用来跟踪一个分组从源点到终点的路径。在 Windows 操作系统中这个命令是 tracert。下面简单介绍这个命令的工作原理。

traceroute 从源主机向目的主机发送一连串的 IP 数据报，数据报中封装的是无法交付的 UDP 用户数据报[1]。第一个数据报 P_1 的生存时间 TTL 设置为 1。当 P_1 到达路径上的第一个

① 注：无法交付的 UDP 用户数据报使用了非法的端口号（见下一章 5.2.2 节）。

路由器 R_1 时，路由器 R_1 先收下它，接着把 TTL 的值减 1。由于 TTL 等于零了，因此 R_1 就把 P_1 丢弃，并向源主机发送一个 ICMP **时间超过**差错报告报文。

源主机接着发送第二个数据报 P_2，并把 TTL 设置为 2。P_2 先到达路由器 R_1，R_1 收下后把 TTL 减 1 再转发给路由器 R_2。R_2 收到 P_2 时 TTL 为 1，但减 1 后 TTL 变为零了。R_2 就丢弃 P_2，并向源主机发送一个 ICMP **时间超过**差错报告报文。这样一直继续下去。当最后一个数据报刚刚到达目的主机时，数据报的 TTL 是 1。主机不转发数据报，也不把 TTL 值减 1。但因 IP 数据报中封装的是无法交付的运输层的 UDP 用户数据报，因此目的主机要向源主机发送 ICMP **终点不可达**差错报告报文（见 5.2.2 节）。

这样，源主机达到了自己的目的，因为这些路由器和最后目的主机发来的 ICMP 报文正好给出了源主机想知道的路由信息——到达目的主机所经过的路由器的 IP 地址，以及到达其中的每一个路由器的往返时间。图 4-31 是从南京的一个 PC 向新浪网的邮件服务器 mail.sina.com.cn 发出 tracert 命令后所获得的结果。图中每一行有三个时间出现，是因为对应于每一个 TTL 值，源主机要发送三次同样的 IP 数据报。

我们还应注意到，从原则上讲，IP 数据报经过的路由器越多，所花费的时间也会越长。但从图 4-31 可看出，有时正好相反。这是因为互联网的拥塞程度随时都在变化，也很难预料到。因此，完全有这样的可能：经过更多的路由器反而花费更短的时间。

```
C:\Documents and Settings\XXR>tracert mail.sina.com.cn

Tracing route to mail.sina.com.cn [202.108.43.230]
over a maximum of 30 hops:

  1    24 ms    24 ms    23 ms  222.95.172.1
  2    23 ms    24 ms    22 ms  221.231.204.129
  3    23 ms    22 ms    23 ms  221.231.206.9
  4    24 ms    23 ms    24 ms  202.97.27.37
  5    22 ms    23 ms    24 ms  202.97.41.226
  6    28 ms    28 ms    28 ms  202.97.35.25
  7    50 ms    50 ms    51 ms  202.97.36.86
  8   308 ms   311 ms   310 ms  219.158.32.1
  9   307 ms   305 ms   305 ms  219.158.13.17
 10   164 ms   164 ms   165 ms  202.96.12.154
 11   322 ms   320 ms  2988 ms  61.135.148.50
 12   321 ms   322 ms   320 ms  freemail43-230.sina.com [202.108.43.230]

Trace complete.
```

图 4-31　用 tracert 命令获得目的主机的路由信息

4.5　IPv6

协议 IP 是互联网的核心协议。现在使用的协议 IP（即 IPv4）是在 20 世纪 70 年代末期设计的。互联网经过几十年的飞速发展，在 2011 年 2 月 3 日，IANA 开始停止向地区互联网注册机构 RIR 分配 IPv4 地址，因为 IPv4 地址已经全部耗尽了。不久，各地区互联网地址分配机构也相继宣布地址耗尽。我国在 2014 年至 2015 年也逐步停止了向新用户和应用分配 IPv4 地址，同时全面开始商用部署 IPv6。

解决 IP 地址耗尽的根本措施就是采用具有更大地址空间的新版本的 IP，即 IPv6。经过多年的研究和试验，2017 年 7 月终于发布了 IPv6 的正式标准[RFC 8200，STD86]。

4.5.1 IPv6 的基本首部

IPv6 仍支持无连接的传送，但将协议数据单元 PDU 称为**分组**(packet)，而不是 IPv4 的数据报(datagram)。为方便起见，本书仍采用数据报这一名词（[KURO17]和[TANE11]也是这样做的）。实际上，在本书中一直把分组和数据报看成是同义词。

IPv6 所引进的主要变化如下：

(1) **更大的地址空间**。IPv6 把地址从 IPv4 的 32 位增大到 4 倍，即增大到 128 位，使地址空间增大了 2^{96} 倍。这样大的地址空间在可预见的将来是不会用完的。

(2) **扩展的地址层次结构**。IPv6 由于地址空间很大，因此可以划分为更多的层次。

(3) **灵活的首部格式**。IPv6 数据报的首部和 IPv4 的并不兼容。IPv6 定义了许多可选的扩展首部，不仅可提供比 IPv4 更多的功能，而且还可提高路由器的处理效率，这是因为路由器对扩展首部不进行处理（除逐跳扩展首部外）。

(4) **改进的选项**。IPv6 允许数据报包含有选项的控制信息，因而可以包含一些新的选项。但 IPv6 的**首部长度是固定的**，其选项放在有效载荷中。我们知道，IPv4 所规定的选项是固定不变的，其选项放在首部的可变部分。

(5) **允许协议继续扩充**。这一点很重要，因为技术总是在不断地发展的（如网络硬件的更新），而新的应用也还会出现。但我们知道，IPv4 的功能是固定不变的。

(6) 支持**即插即用**（即自动配置）。因此 IPv6 不需要使用 DHCP。

(7) **支持资源的预分配**。IPv6 支持实时视像等要求保证一定的带宽和时延的应用。

(8) IPv6 首部改为 8 **字节对齐**（即首部长度必须是 8 字节的整数倍）。原来的 IPv4 首部是 4 字节对齐。

IPv6 数据报由两大部分组成，即**基本首部**(base header)和后面的**有效载荷**(payload)。有效载荷也称为**净负荷**。有效载荷允许有零个或多个**扩展首部**(extension header)，再后面是数据部分（如图 4-32 所示）。但请注意，所有的扩展首部并不属于 IPv6 数据报的基本首部。

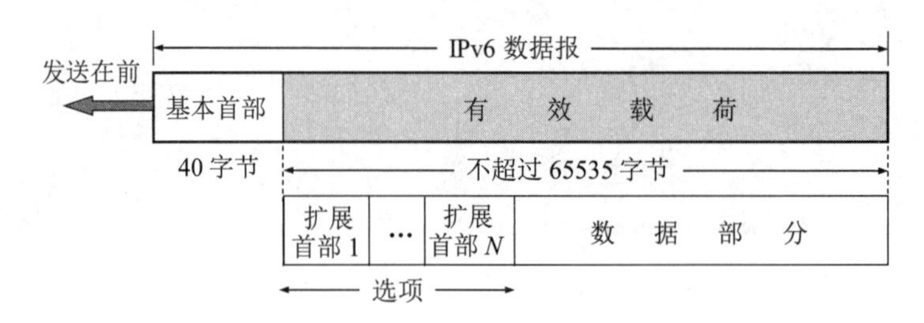

图 4-32　具有多个可选扩展首部的 IPv6 数据报的一般形式

与 IPv4 相比，IPv6 对首部中的某些字段进行了如下的更改：

- 取消了首部长度字段，因为它的首部长度是固定的（40 字节）。
- 取消了服务类型字段，因为优先级和流标号字段实现了服务类型字段的功能。
- 取消了总长度字段，改用有效载荷长度字段。
- 取消了标识、标志和片偏移字段，因为这些功能已包含在分片扩展首部中。
- 把 TTL 字段改称为跳数限制字段，但作用是一样的（名称与作用更加一致）。
- 取消了协议字段，改用下一个首部字段。
- 取消了检验和字段，这样就加快了路由器处理数据报的速度。我们知道，在数据链路层对检测出有差错的帧就丢弃。在运输层，当使用 UDP 时，若检测出有差错的用户数据报就丢弃。当使用 TCP 时，对检测出有差错的报文段就重传，直到正确传送到目的进程为止。因此在网络层的差错检测可以精简掉。

- 取消了选项字段，而用扩展首部来实现选项功能。

由于把首部中不必要的功能取消了，使得 IPv6 首部的字段数减少到只有 8 个（虽然首部长度增大了一倍）。

下面解释 IPv6 基本首部中各字段的作用（参见图 4-33）。

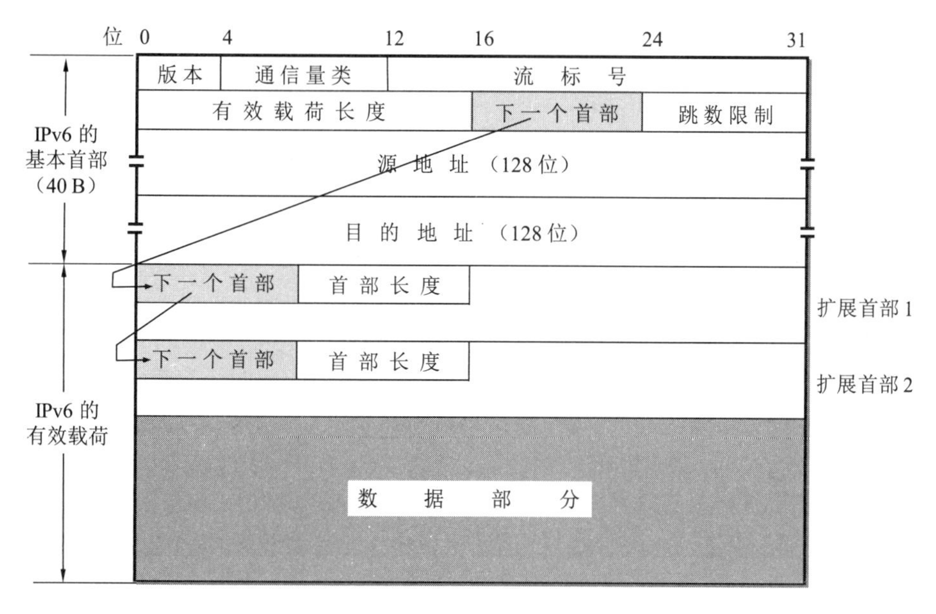

图 4-33 IPv6 基本首部和有效载荷（这里画出了两个扩展首部作为例子）

(1) **版本**(version) 占 4 位。它指明了协议的版本，对 IPv6 该字段是 6。

(2) **通信量类**(traffic class) 占 8 位。这是为了区分不同的 IPv6 数据报的类别或优先级，和 IPv4 的区分服务字段的作用相似。目前正在进行不同的通信量类性能的实验。

(3) **流标号**(flow label) 占 20 位。IPv6 的一个新的机制是支持资源预分配，并且允许路由器把每一个数据报与一个给定的资源分配相联系。IPv6 提出**流**(flow)的抽象概念。所谓**“流”就是互联网络上从特定源点到特定终点（单播或多播）的一系列数据报（如实时音频或视频传输），而在这个“流”所经过的路径上的路由器都保证指明的服务质量**。所有属于同一个流的数据报都具有同样的流标号。因此，流标号对实时音频/视频数据的传送特别有用。对于传统的电子邮件或非实时数据，流标号则没有用处，把它置为 0 即可。关于流标号的规约可参考建议标准[RFC 6437]。

(4) **有效载荷长度**(payload length) 占 16 位。它指明 IPv6 数据报除基本首部以外的字节数（所有扩展首部都算在有效载荷之内）。这个字段的最大值是 64 KB（65535 字节）。

(5) **下一个首部**(next header) 占 8 位。它相当于 IPv4 的协议字段或可选字段。

- 当 IPv6 数据报没有扩展首部时，下一个首部字段的作用和 IPv4 的协议字段一样，它的值指出了基本首部后面的数据应交付 IP 层上面的哪一个高层协议（例如：6 或 17 分别表示应交付运输层 TCP 或 UDP）。
- 当出现扩展首部时，下一个首部字段的值就标识后面第一个扩展首部的类型。

(6) **跳数限制**(hop limit)　占 8 位。用来防止数据报在网络中无限期地存在。和 IPv4 的生存时间字段相似。源点在每个数据报发出时即设定某个跳数限制（最大为 255 跳）。每个路由器在转发数据报时，要先把跳数限制字段中的值减 1。当跳数限制的值为零时，就要把这个数据报丢弃。

(7) **源地址**　占 128 位。是数据报的发送端的 IP 地址。

(8) **目的地址**　占 128 位。是数据报的接收端的 IP 地址。

下面我们简单介绍一下 IPv6 的扩展首部。

在 RFC 8200 中定义了以下六种扩展首部：(1) 逐跳选项；(2) 路由选择；(3) 分片；(4) 鉴别；(5) 封装安全有效载荷；(6) 目的站选项。

每一个扩展首部都由若干个字段组成，它们的长度也各不同。但所有扩展首部的第一个字段都是 8 位的“下一个首部”字段。此字段的值指出了在该扩展首部后面的扩展首部是什么。当使用多个扩展首部时，应按以上的先后顺序出现。高层首部总是放在最后面。

大家知道，IPv4 的数据报若在其首部中使用了选项，则在数据报转发路径中的每一个路由器，都必须检查首部中的所有选项，看是否与本路由器相关。这必然要花费相当的时间。IPv6 把原来 IPv4 首部中选项的功能都放在扩展首部中。IPv6 数据报若使用了扩展首部，则其基本首部的“下一个首部”字段会指出，在“有效载荷”字段中使用了何种扩展首部。而所有扩展首部的第一个字段都是“下一个首部”，用来指出在后面还有何种扩展首部。这就使得路由器能够迅速判断待转发的 IPv6 数据报有无需要本路由器处理的选项。

4.5.2　IPv6 的地址

扫一扫

视频讲解

一般来讲，一个 IPv6 数据报的目的地址可以是以下三种基本类型地址之一：

(1) **单播**(unicast)　单播就是传统的点对点通信。

(2) **多播**(multicast)　多播是一点对多点的通信，数据报发送到一组计算机中的每一个。IPv6 没有采用广播的术语，而是将广播看作多播的一个特例。

(3) **任播**(anycast)　这是 IPv6 增加的一种类型。任播的终点是一组计算机，但数据报只交付其中的一个，通常是按照路由算法得出的距离最近的一个。

IPv6 把实现 IPv6 的主机和路由器均称为**节点**。由于一个节点可能会使用多条链路与其他的一些节点相连，因此一个节点可能有多个与链路相连的接口。这样，IPv6 给节点的**每一个接口**（请注意，**不是给某个节点**）指派一个 IPv6 地址。一个具有多个接口的节点可以有多个单播地址，而其中任何一个地址都可当作到达该节点的目的地址。不过有时为了方便，若不会引起误解，也常说某个节点的 IPv6 地址，而把某个接口省略掉。

在 IPv6 中，每个地址占 128 位，地址空间大于 3.4×10^{38}。如果整个地球表面（包括陆地和水面）都覆盖着计算机，那么 IPv6 允许每平方米拥有 7×10^{23} 个 IP 地址。如果地址分配速率是每微秒分配 100 万个地址，则需要 10^{19} 年的时间才能将所有可能的地址分配完毕。可见在想象到的将来，IPv6 的地址空间是不可能用完的。

为了体会一下 IPv6 的地址有多大，可以看一下目前已经分配出去的最大的地址块。法国电信 France Telecom 和德国电信 Deutsche Telekom 各分配到一个/19 地址块，相当于各有 35×10^{12} 个地址，远远大于全部的 IPv4 地址（IPv4 地址还不到 4.3×10^{9} 个）。

巨大的地址范围还必须使维护互联网的人易于阅读和操纵这些地址。IPv4 所用的点分十进制记法现在也不够方便了。例如，一个用点分十进制记法的 128 位的地址为：

104.230.140.100.255.255.255.255.0.0.17.128.150.10.255.255

为了使地址再稍简洁些，IPv6 使用**冒号十六进制记法**(colon hexadecimal notation, 简写为 colon hex)，它把每个 16 位的值用十六进制值表示，各值之间用冒号分隔。例如，如果前面所给的点分十进制数记法的值改为冒号十六进制记法，就变成了：

68E6:8C64:FFFF:FFFF:0:1180:960A:FFFF

在十六进制记法中，允许把数字前面的 0 省略。上面就把 0000 中的前三个 0 省略了。

冒号十六进制记法还包含两个技术使它尤其有用。首先，冒号十六进制记法可以允许**零压缩**(zero compression)，即一连串连续的零可以为一对冒号所取代，例如：

FF05:0:0:0:0:0:0:B3

可压缩为：

FF05::B3

为了保证零压缩有一个不含混的解释，规定在任一地址中只能使用一次零压缩。该技术对已建议的分配策略特别有用，因为会有许多地址包含较长连续的零串。

其次，冒号十六进制记法可结合使用点分十进制记法的后缀。我们下面会看到这种结合在 IPv4 向 IPv6 的转换阶段特别有用。例如，下面的串是一个合法的冒号十六进制记法：

0:0:0:0:0:0:128.10.2.1

请注意，在这种记法中，冒号所分隔的每个值是两个字节（16 位）的值，但点分十进制每个部分的值是一个字节（8 位）的值。再使用零压缩即可得出：

::128.10.2.1

下面再给出几个使用零压缩的例子。

1080:0:0:0:8:800:200C:417A　　记为　1080::8:800:200C:417A

FF01:0:0:0:0:0:0:101（多播地址）　记为　FF01::101

0:0:0:0:0:0:0:1（环回地址）　　记为　::1

0:0:0:0:0:0:0:0（未指明地址）　　记为　::

CIDR 的斜线表示法仍然可用。例如，60 位的前缀 12AB00000000CD3（十六进制表示的 15 个字符，每个字符代表 4 位二进制数字）可记为：

12AB:0000:0000:CD30:0000:0000:0000:0000/60

或　12AB::CD30:0:0:0:0/60

或　12AB:0:0:CD30::/60

但**不允许记为**：

12AB:0:0:CD3/60（不能把 CD30 中最后的 0 省略）

或　12AB::CD30/60（这表示 12AB:0:0:0:0:0:0:CD30/60）

或　12AB::CD3/60（这表示 12AB:0:0:0:0:0:0:0CD3/60）

但是，IPv6 取消了子网掩码。

斜线的意思和 IPv4 的情况相似。例如，

CIDR 记法的 `2001:0DB8:0:CD30:123:4567:89AB:CDEF/60`，表示

IPv6 的地址是：`2001:0DB8:0:CD30:123:4567:89AB:CDEF`

而其子网号是：`2001:0DB8:0:CD30::/60`

IPv6 的地址分类如表 4-7 所示。

表 4-7　IPv6 的常用地址分类

地址类型	地址块前缀	前缀的 CIDR 记法
未指明地址	00…0（128 位）	::/128
环回地址	00…1（128 位）	::1/128
多播地址	11111111	FF00::/8
唯一本地单播地址	1111110	FC00::/7
本地链路单播地址	1111111010	FE80::/10
全球单播地址	001	2000::/3

对表 4-7 所列举的几种常用地址简单解释如下。

未指明地址　这是 16 字节的全 0 地址，可缩写为两个冒号“::”。这个地址不能用作目的地址，而只能为某台主机当作源地址使用，条件是这台主机还没有配置到一个标准的 IP 地址。这类地址仅此一个。

环回地址　IPv6 的环回地址是 `0:0:0:0:0:0:0:1`，可缩写为`::1`。它的作用和 IPv4 的环回地址一样。这类地址也是仅此一个。

多播地址　功能和 IPv4 的一样。这类地址占 IPv6 地址总数的 1/256。

唯一本地单播地址(unique-local unicast address)　有些单位的内部专用网络使用 TCP/IP 协议，但为了安全或保密，并不愿意连接到互联网上。连接在这样的内部网络上的主机都可以使用这种唯一本地单播地址进行通信，但不能接入到互联网上。这类地址占 IPv6 地址总数的 1/128。

本地链路单播地址(link-local unicast address)　这种地址是在单一链路上使用的。当一个节点启用 IPv6 时就自动生成本地链路地址（请注意，这个节点现在并没有连接在某个网络上）。当需要把分组发往单一链路的设备而不希望该分组被转发到此链路范围以外的地方时，就可以使用这种特殊地址。这类地址占 IPv6 地址总数的 1/1024。

全球单播地址　IPv6 的这类单播地址是使用得最多的一类，占 IPv6 地址总数的 1/8，其前 3 位一定是 001。IPv6 单播地址的划分方法非常灵活，可以是如图 4-34 所示的任何一种。这就是说，可把整个的 128 位都作为一个节点的地址。也可用 n 位作为子网前缀，用剩下的$(128-n)$位作为接口标识符（相当于 IPv4 的主机号）。当然也可以划分为三级，用 n 位作为全球路由选择前缀，用 m 位作为子网前缀，而用剩下的$(128-n-m)$位作为接口标识符。IPv6 使用接口标识符比使用主机标识符更准确，因为一个主机可以有多个接口标识符。

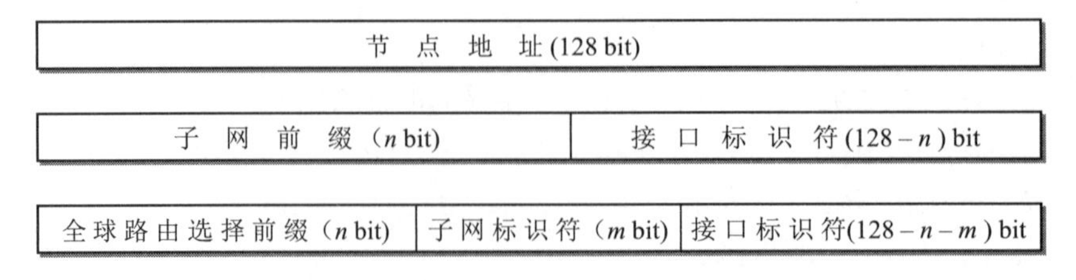

图 4-34　IPv6 的单播地址的几种划分方法

4.5.3 从 IPv4 向 IPv6 过渡

由于现在整个互联网的规模太大，因此，“规定一个日期，从这一天起所有的路由器一律都改用 IPv6”，显然是不可行的。这样，向 IPv6 过渡**只能采用逐步演进的办法**，同时，还必须使新安装的 IPv6 系统能够**向后兼容**。这就是说，IPv6 系统必须能够接收和转发 IPv4 分组，并且能够为 IPv4 分组选择路由。

下面介绍两种向 IPv6 过渡的策略，即使用双协议栈和使用隧道技术[RFC 2473, 2529, 3056, 4038, 4213]。

1. 双协议栈

双协议栈(dual stack)是指在完全过渡到 IPv6 之前，使一部分主机（或路由器）同时装有 IPv4 和 IPv6 这两种协议栈。因此双协议栈主机（或路由器）既能够和 IPv6 的系统通信，又能够和 IPv4 的系统通信。双协议栈的主机（或路由器）记为 IPv6/IPv4，表明它同时具有 IPv6 地址和 IPv4 地址（如图 4-35 所示）。

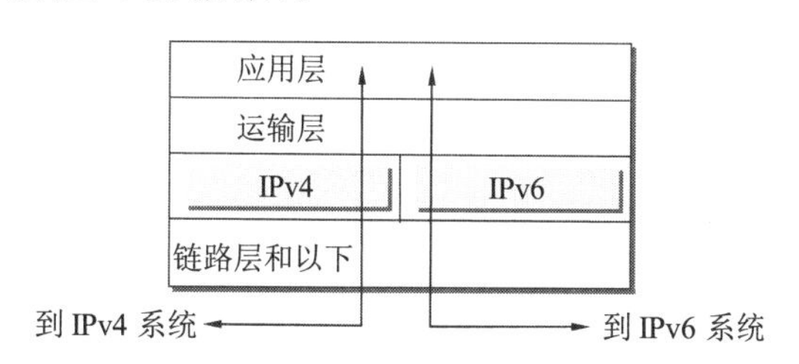

图 4-35 使用双协议栈进行从 IPv4 到 IPv6 的过渡

双协议栈的主机在和 IPv6 主机通信时采用 IPv6 地址，而和 IPv4 主机通信时则采用 IPv4 地址。但双协议栈主机怎样知道目的主机是采用哪一种地址呢？它是使用域名系统 DNS 来查询的。若 DNS 返回的是 IPv4 地址，则双协议栈的源主机就使用 IPv4 地址。但如果 DNS 返回的是 IPv6 地址，源主机就使用 IPv6 地址。

双协议栈需要付出的代价太大，因为要安装上两套协议。因此在过渡时期，最好采用下面的隧道技术。

2. 隧道技术

向 IPv6 过渡的另一种方法是**隧道技术**(tunneling)。图 4-36 给出了隧道技术的工作原理。这种方法的要点就是在 IPv6 数据报要进入 IPv4 网络时，把 IPv6 数据报封装成为 IPv4 数据报。现在整个的 IPv6 数据报变成了 IPv4 数据报的数据部分。这样的 IPv4 数据报从路由器 B 经过路由器 C 和 D，传送到 E，而原来的 IPv6 数据报就好像在 IPv4 网络的隧道中传输，什么都没有变化。当 IPv4 数据报离开 IPv4 网络中的隧道时，再把数据部分（即原来的 IPv6 数据报）交给主机的 IPv6 协议栈。图中的一条粗线表示在 IPv4 网络中好像有一个从 B 到 E 的“IPv6 隧道”，路由器 B 是隧道的入口而 E 是出口。请注意，在隧道中传送的数据报的源地址是 B 而目的地址是 E。

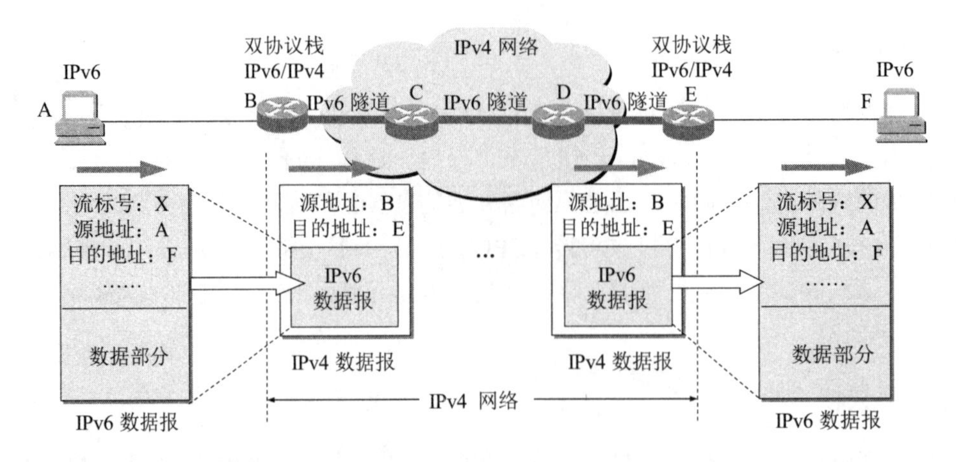

图 4-36　使用隧道技术进行从 IPv4 到 IPv6 的过渡

要使双协议栈的主机知道 IPv4 数据报里面封装的数据是一个 IPv6 数据报，就必须把 IPv4 首部的协议字段的值设置为 41（41 表示数据报的数据部分是 IPv6 数据报）。

4.5.4　ICMPv6

和 IPv4 一样，IPv6 也不保证数据报的可靠交付，因为互联网中的路由器可能会丢弃数据报。因此 IPv6 也需要使用 ICMP 来反馈一些差错信息。新的版本称为 ICMPv6，它比 ICMPv4 要复杂得多。地址解析协议 ARP 和网际组管理协议 IGMP 的功能都已被合并到 ICMPv6 中（如图 4-37 所示）。

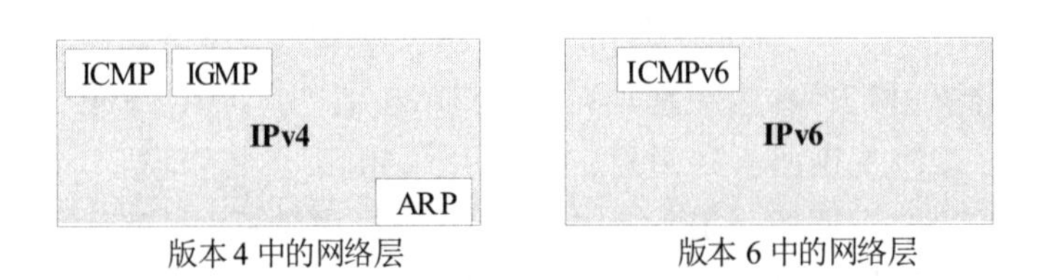

图 4-37　新旧版本中的网络层的比较

ICMPv6 是面向报文的协议，它利用报文来报告差错，获取信息，探测邻站或管理多播通信。ICMPv6 还增加了几个定义报文功能及含义的其他协议。在对 ICMPv6 报文进行归类时，不同的文献和 RFC 文档使用了不同的策略，有的把其中的一些报文定义为 ICMPv6 报文，而把另一些报文定义为**邻站发现** ND(Neighbor-Discovery)报文或**多播听众交付** MLD (Multicast Listener Delivery)报文。其实所有这些报文都应当是 ICMPv6 报文，只是功能和作用不同而已。因此我们把这些报文都列入 ICMPv6 的不同类别。使用这种分类方法的原因是所有这些报文都具有相同的格式，并且所有报文类型都由 ICMPv6 协议处理。其实，像 ND 和 MLD 这样的协议都是运行在 ICMPv6 协议之下的。基于这样的考虑，可把 ICMPv6 报文分类，如图 4-38 所示。请注意，邻站发现报文和组成员关系报文分别是在 ND 协议和 MLD 协议的控制下进行发送和接收的。

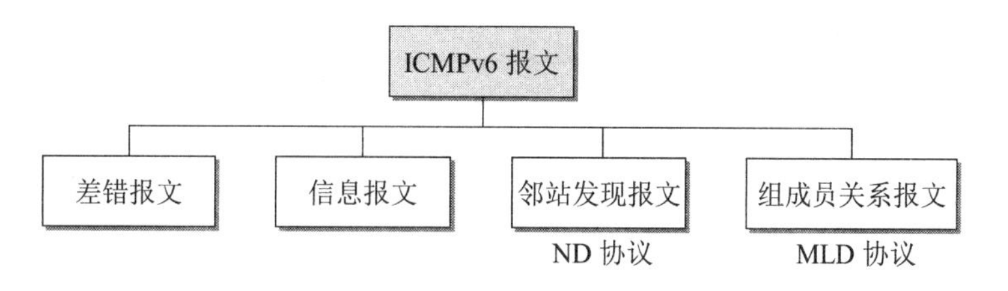

图 4-38　ICMPv6 报文的分类

关于 ICMPv6 的进一步讨论可参阅[FORO10]，这里从略。

4.6　互联网的路由选择协议

本节将讨论几种常用的路由选择协议，也就是要讨论转发表中的路由是怎样得出的。按照 4.1.2 节所述的观点，路由选择协议属于网络层控制层面的内容。不过本节仍然按传统的思路进行讨论，也就是说，路由选择协议规定了互联网中有关的路由器应如何相互交换信息并生成出路由表。

4.6.1　有关路由选择协议的几个基本概念

1. 理想的路由算法

路由选择协议的核心就是路由算法，即需要何种算法来获得路由表中的各项目。一个理想的路由算法应具有如下的一些特点[BELL86]：

(1) **算法必须是正确的和完整的**。这里，“正确”的含义是：沿着各路由表所指引的路由，分组一定能够最终到达目的网络和目的主机。

(2) **算法在计算上应简单**。路由选择的计算不应使网络通信量增加太多的额外开销。

(3) **算法应能适应通信量和网络拓扑的变化**，这就是说，要有**自适应性**。当网络中的通信量发生变化时，算法能自适应地改变路由以均衡各链路的负载。当某个或某些节点、链路发生故障不能工作，或者修理好了再投入运行时，算法也能及时地改变路由。有时称这种自适应性为“**稳健性**”(robustness)。[①]

(4) **算法应具有稳定性**。在网络通信量和网络拓扑相对稳定的情况下，路由算法应收敛于一个可以接受的解，而不应使得出的路由不停地变化。

(5) **算法应是公平的**。路由选择算法应对所有用户（除对少数优先级高的用户）都是平等的。例如，若仅仅使某一对用户的端到端时延为最小，但却不考虑其他的广大用户，这就明显地不符合公平性的要求。

(6) **算法应是最佳的**。路由选择算法应当能够找出最好的路由，使得分组平均时延最小而网络的吞吐量最大。虽然我们希望得到“最佳”的算法，但这并不总是最重要的。对于某些网络，网络的可靠性有时要比最小的分组平均时延或最大吞吐量更加重要。因此，**所谓“最佳”只能是相对于某一种特定要求下得出的较为合理的选择而已**。

一个实际的路由选择算法，应尽可能接近于理想的算法。在不同的应用条件下，对以

① 注：robustness 一词在自动控制界的标准译名是“鲁棒性”，但在[MINGCI94]则译为“稳健性”。

上提出的 6 个方面也可有不同的侧重。

应当指出，路由选择是个非常复杂的问题，因为它是网络中的所有节点共同协调工作的结果。其次，路由选择的环境往往是不断变化的，而这种变化有时无法事先知道，例如，网络中出了某些故障。此外，当网络发生拥塞时，就特别需要有能缓解这种拥塞的路由选择策略，但恰好在这种条件下，很难从网络中的各节点获得所需的路由选择信息。

倘若从路由算法能否随网络的通信量或拓扑自适应地进行调整变化来划分，则只有两大类，即**静态路由选择策略**与**动态路由选择策略**。静态路由选择也叫作**非自适应路由选择**，其特点是简单和开销较小，但不能及时适应网络状态的变化。对于很简单的小网络，完全可以采用静态路由选择，用人工配置每一条路由。动态路由选择也叫作**自适应路由选择**，其特点是能较好地适应网络状态的变化，但实现起来较为复杂，开销也比较大。因此，动态路由选择适用于较复杂的大网络。

2. 分层次的路由选择协议

互联网采用的路由选择协议主要是自适应的（即动态的）、分布式路由选择协议。由于以下两个原因，互联网采用分层次的路由选择协议：

(1) 互联网的规模非常大。如果让所有的路由器知道所有的网络应怎样到达，则这种路由表将非常大，处理起来也太花时间。而所有这些路由器之间交换路由信息所需的带宽就会使互联网的通信链路饱和。

(2) 许多单位不愿意外界了解自己单位网络的布局细节和本部门所采用的路由选择协议（这属于本部门内部的事情），但同时还希望连接到互联网上。

为此，可以把整个互联网划分为许多较小的**自治系统**(autonomous system)，一般都记为 AS。自治系统 AS 是在单一技术管理下的许多网络、IP 地址以及路由器，而这些路由器使用一种自治系统内部的路由选择协议和共同的度量。每一个 AS 对其他 AS 表现出的是**一个单一的和一致的路由选择策略**[RFC 4271]。这样，互联网就把路由选择协议划分为两大类，即：

(1) **内部网关协议** IGP (Interior Gateway Protocol)　即在一个自治系统内部使用的路由选择协议，而这与在互联网中的其他自治系统选用什么路由选择协议无关。目前这类路由选择协议使用得最多的是 RIP 和 OSPF 协议（IS-IS 协议也很流行，但不介绍了）。

(2) **外部网关协议** EGP (External Gateway Protocol)　若源主机和目的主机处在不同的自治系统中（这两个自治系统可能使用不同的内部网关协议），那么在不同自治系统 AS 之间的路由选择，就需要使用外部网关协议 EGP。目前使用最多的外部网关协议是 BGP 的版本 4（BGP-4）。

自治系统之间的路由选择也叫作**域间路由选择**(interdomain routing)，而在自治系统内部的路由选择叫作**域内路由选择**(intradomain routing)。

图 4-39 是两个自治系统互连在一起的示意图。每个自治系统自己决定在本自治系统内部运行哪一个内部路由选择协议（例如，可以是 RIP，也可以是 OSPF）。但每个自治系统都有一个或多个路由器（图中的路由器 R_1 和 R_2）除运行本系统的内部路由选择协议外，还要运行自治系统间的路由选择协议（BGP-4）。

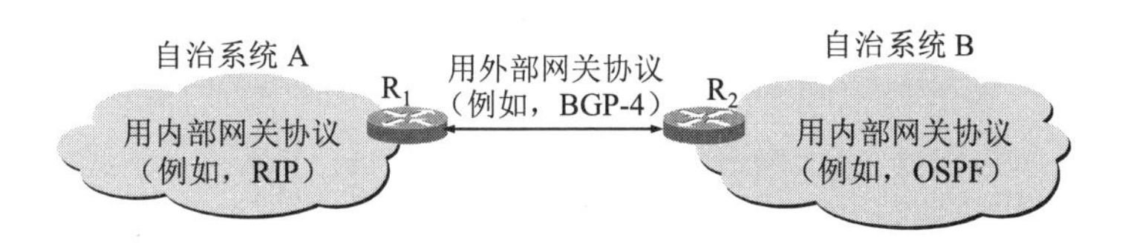

图 4-39　自治系统和内部网关协议、外部网关协议

这里我们要指出两点：

(1) 互联网的早期 RFC 文档中未使用“路由器”而是使用“网关”这一名词。但是在后来的 RFC 文档中又改用“路由器”这一名词，因此有的书把原来的 IGP 和 EGP 分别改为 IRP（内部路由器协议）和 ERP（外部路由器协议）。为了方便读者查阅 RFC 文档，本书仍使用 RFC 原先使用的名字 IGP 和 EGP。

(2) RFC 采用的名词 IGP 和 EGP 是**协议类别**的名称。但 RFC 在使用名词 EGP 时出现了一点混乱，因为最早的一个外部网关协议的**协议名字**正好也是 EGP [RFC 827]。后来发现该 RFC 提出的 EGP 有不少缺点，就设计了一种更好的外部网关协议，叫作**边界网关协议** BGP (Border Gateway Protocol)，用来取代旧的 RFC 827 外部网关协议 EGP。实际上，旧协议 EGP 和新协议 BGP 都属于外部网关协议 EGP 这一类别。因此在遇到名词 EGP 时，应弄清它是指旧协议 EGP（即 RFC 827）还是指外部网关协议 EGP 这个类别。

总之，使用分层次的路由选择方法，可将互联网的路由选择协议划分为：

- **内部网关协议** IGP：具体的协议有多种，如 RIP 和 OSPF 等。
- **外部网关协议** EGP：目前使用的协议是 BGP-4。

对于比较大的自治系统，还可将所有的网络再进行一次划分。例如，可以构筑一个链路速率较高的主干网和许多速率较低的区域网。每个区域网通过路由器连接到主干网。当在一个区域内找不到目的站时，就通过路由器经过主干网到达另一个区域网，或者通过边界路由器到别的自治系统中去查找。下面对这两类协议分别进行介绍。

4.6.2　内部网关协议 RIP

扫一扫

视频讲解

1. 协议 RIP 的工作原理

RIP (Routing Information Protocol)是内部网关协议 IGP 中最先得到广泛使用的协议[RFC 1058]，它的中文译名是路由信息协议。RIP 是一种分布式的**基于距离向量的路由选择协议**，是互联网的标准协议，其最大优点就是简单。

RIP 协议要求网络中的每一个路由器都要维护从它自己到其他每一个目的网络的距离记录（因此，这是**一组距离**，即“**距离向量**”）。协议 RIP 将“**距离**”定义如下：

从一路由器到直接连接的网络的距离定义为 1。从一主机到非直接连接的网络的距离定义为所经过的路由器数加 1。“加 1”是因为到达目的网络后就进行直接交付（不需要再经过路由器），而到直接连接的网络的距离已经定义为 1。

协议 RIP 的“距离”[①]也称为“**跳数**”(hop count)，并且每经过一个网络，跳数就加 1。RIP 认为好的路由就是它通过的网络数目少，即“距离短”。RIP 允许一条路径最多只能包含 15 个网络。因此“距离”等于 16 时即相当于不可达。可见 **RIP 只适用于小型互联网**。

---

① 注：这里的“距离”实际上指的是“最短距离”，但为方便起见往往省略“最短”二字。

例如在前面的图 4-7 中，主机 H_1 经过 5 个路由器连接到另一个主机 H_2，中间经过了 6 个网络或经过 6 跳。或者说，H_1 到 H_2 的距离是 6。在图中并没有画出网络。在讨论路由选择问题时，在主机和路由器之间或在路由器之间的网络，往往都用一条线段来表示。需要注意的是，到直接连接的网络的距离也可定义为 0。但这两种不同的定义对实现协议 RIP 并无影响，因为这对选择最佳路由的过程其实是一样的。

RIP 不能在两个网络之间同时使用多条路由。RIP 选择一条具有最少网络数的路由（即最短路由），哪怕还存在另一条高速（低时延）但网络数较多的路由。

本节讨论的 RIP 协议和下一节要讨论的 OSPF 协议，都是分布式路由选择协议。它们的共同特点就是每一个路由器都要不断地和其他一些路由器交换路由信息。我们一定要弄清以下三个要点，即**和哪些路由器交换信息？交换什么信息？在什么时候交换信息？**

协议 RIP 的特点是：

(1) **仅和相邻路由器交换信息**。如果两个路由器之间的通信不需要经过另一个路由器，那么这两个路由器就是相邻的。协议 RIP 规定，不相邻的路由器不交换信息。

(2) 路由器交换的信息是**当前本路由器所知道的全部信息，即自己现在的路由表**。也就是说，交换的信息是："我到本自治系统中所有网络的（最短）距离，以及到每个网络应经过的下一跳路由器"。

(3) **按固定的时间间隔**交换路由信息，例如，每隔 30 秒。然后路由器根据收到的路由信息更新路由表。当网络拓扑发生变化时，路由器也及时向相邻路由器通告拓扑变化后的路由信息。网络中的主机虽然也运行协议 RIP，但只被动地接收路由器发来的路由信息。

这里要强调一点：路由器在**刚刚开始工作时，**它的路由表是空的。然后路由器就得出到直接相连的几个网络的距离（这些距离定义为 1）。接着，每一个路由器也只和**数目非常有限的**相邻路由器交换并更新路由信息。但经过若干次的更新后，所有的路由器最终都会知道到达本自治系统中任何一个网络的最短距离和下一跳路由器的地址。

看起来协议 RIP 有些奇怪，因为"我的路由表中的信息要依赖于你的，而你的信息又依赖于我的。"然而事实证明，通过这样的方式——"我告诉别人一些信息，而别人又告诉我一些信息。我再把我知道的更新后的信息告诉别人，别人也这样把更新后的信息再告诉我"，最后在自治系统中所有的节点都得到了正确的路由选择信息。在一般情况下，协议 RIP 可以**收敛**，并且过程也较快。"收敛"就是在自治系统中所有的节点都得到正确的路由选择信息的过程。

路由表中最主要的信息就是：到某个网络的距离（即最短距离），以及应经过的下一跳地址。路由表更新的原则是找出到每个目的网络的**最短距离**。这种更新算法又称为**距离向量算法**。下面就是协议 RIP 使用的距离向量算法。

2. 距离向量算法

对**每一个相邻路由器**发送过来的 RIP 报文，执行以下步骤：

(1) 对地址为 X 的相邻路由器发来的 RIP 报文，先修改此报文中的**所有项目**：把"下一跳"字段中的地址都改为 X，并把所有的"距离"字段的值加 1（见后面的解释 1）。每一个项目都有三个关键数据，即：到目的网络 Net，距离是 d，下一跳路由器是 X。

(2) 对修改后的 RIP 报文中的每一个项目，进行以下步骤：

若原来的路由表中没有目的网络 Net，则把该项目添加到路由表中（见解释 2）。

否则（即在路由表中有目的网络 Net，这时就再查看下一跳路由器地址）。

若下一跳路由器地址是 X，则把收到的项目替换原路由表中的项目（见解释 3）。

否则（即这个项目是：到目的网络 Net，但下一跳路由器不是 X）。

若收到的项目中的距离 d 小于路由表中的距离，则进行更新（见解释 4），

否则什么也不做（见解释 5）。

(3) 若 3 分钟还没有收到相邻路由器的更新路由表，则把此相邻路由器记为不可达的路由器，即把距离置为 16（距离为 16 表示不可达）。

(4) 返回。

上面给出的距离向量算法的基础就是 Bellman-Ford 算法（或 Ford-Fulkerson 算法）。这种算法的要点是这样的：

设 X 是节点 A 到 B 的最短路径上的一个节点。若把路径 A→B 拆成两段路径 A→X 和 X→B，则每一段路径 A→X 和 X→B 也都分别是节点 A 到 X 和节点 X 到 B 的最短路径。

下面是对上述距离向量算法的五点解释。

解释 1：这样做是为了便于进行本路由表的更新。假设从位于地址 X 的**相邻**路由器发来的 RIP 报文的某一个项目是："Net2, 3, Y"，意思是"我经过路由器 Y 到网络 Net2 的距离是 3"，那么本路由器就可推断出："我经过 X 到网络 Net2 的距离应为 3 + 1 = 4"。于是，本路由器就把收到的 RIP 报文的这一个项目修改为"Net2, 4, X"，作为下一步和路由表中原有项目进行比较时使用（只有比较后才能知道是否需要更新）。读者可注意到，收到的项目中的 Y 对本路由器是没有用的，因为 Y 不是本路由器的下一跳路由器地址。

解释 2：表明这是新的目的网络，应当加入到路由表中。例如，本路由表中没有到目的网络 Net2 的路由，那么在路由表中就要加入新的项目"Net2, 4, X"。

解释 3：为什么要替换呢？因为这是最新的消息，要以最新的消息为准。到目的网络的距离有可能增大或减小，但也可能没有改变。例如，不管原来路由表中的项目是"Net2, 3, X"还是"Net2, 5, X"，都要更新为现在的"Net2, 4, X"。

解释 4：例如，若路由表中已有项目"Net2, 5, P"，就要更新为"Net2, 4, X"。因为到网络 Net2 的距离原来是 5，现在减到 4，更短了。

解释 5：若距离更大了，显然不应更新。若距离不变，更新后得不到好处，因此也不更新。

【例 4-4】已知路由器 R_6 有表 4-8(a)所示的路由表。现在收到相邻路由器 R_4 发来的路由更新信息，如表 4-8(b)所示。试更新路由器 R_6 的路由表。

表 4-8(a)　路由器 R_6 的路由表

目的网络	距离	下一跳路由器
Net2	3	R_4
Net3	4	R_5
…	…	…

表 4-8(b)　R_4 发来的路由更新信息

目的网络	距离	下一跳路由器
Net1	3	R_1
Net2	4	R_2
Net3	1	直接交付

【解】 如同路由器一样，我们不需要知道该网络的拓扑。

先把表 4-8(b)中的距离都加 1，并把下一跳路由器都改为 R_4，得出表 4-8(c)。

表 4-8(c)　修改后的表 4-8(b)

目的网络	距离	下一跳路由器
Net1	4	R_4
Net2	5	R_4
Net3	2	R_4

把这个表的每一行和表 4-8(a)进行比较。

第一行在表 4-8(a)中没有，因此要把这一行添加到表 4-8(a)中。

第二行的 Net2 在表 4-8(a)中有，且下一跳路由器也是 R_4。因此要更新（距离增大了）。

第三行的 Net3 在表 4-8(a)中有，但下一跳路由器不同。于是就要比较距离。新的路由信息的距离是 2，小于原来表中的 4，因此要更新。

这样，得出更新后的 R_6 的路由表如表 4-8(d)所示。

表 4-8(d)　路由器 R_6 更新后的路由表

目的网络	距离	下一跳路由器
Net1	4	R_4
Net2	5	R_4
Net3	2	R_4
…	…	…

协议 RIP 让一个自治系统中的所有路由器都和自己的相邻路由器定期交换路由信息，并不断更新其路由表，使得从**每一个路由器到每一个目的网络的路由都是最短的**（即跳数最少）。这里还应注意：虽然所有的路由器最终都拥有了整个自治系统的全局路由信息，但由于每一个路由器的位置不同，它们的路由表当然也应当是不同的。

现在较新的 RIP 版本是 1998 年 11 月公布的 RIP2 [RFC 2453，STD56]，新版本协议本身并无多大变化，但性能上有些改进。RIP2 可以支持无分类域间路由选择 CIDR。此外，RIP2 还提供简单的鉴别过程支持多播。

图 4-40 表明 RIP 报文作为运输层用户数据报 UDP 的数据部分进行传送（使用 UDP 的端口 520。端口的意义见 5.2.2 节）。

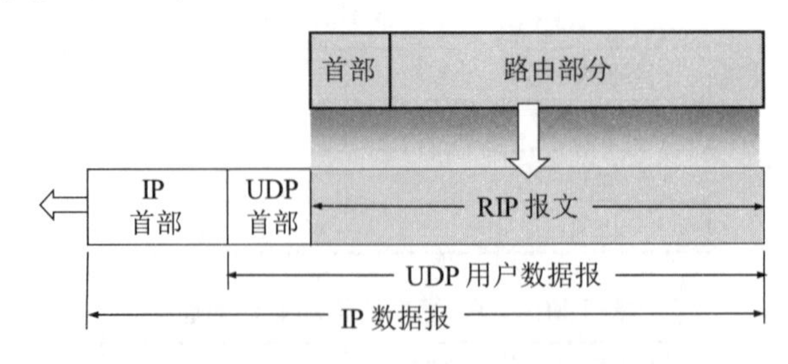

图 4-40　RIP2 的报文用 UDP 用户数据报传送

RIP 报文由首部和路由部分组成。在路由部分要填入**自治系统号** ASN（Autonomous

System Number)[①]，这是考虑使 RIP 有可能收到本自治系统以外的路由选择信息。还要指出**目的网络地址**（包括网络的**子网掩码**）、**下一跳路由器地址**以及**到此网络的距离**。一个 RIP 报文最多可包括 25 个路由。如超过，必须再用一个 RIP 报文来传送。

3. 坏消息传播得慢

RIP 存在的一个问题是**当网络出现故障时，要经过比较长的时间才能将此信息传送到所有的路由器**。我们可以用图 4-41 的简单例子来说明。设三个网络通过两个路由器互连起来，并且都已建立了各自的路由表。图中路由器交换的信息只给出了我们感兴趣的一行内容。路由器 R_1 中的“Net1, 1, 直接”表示“到网 Net1 的距离是 1，直接交付”。路由器 R_2 中的“Net1, 2, R_1”表示“到网 Net1 的距离是 2，下一跳经过 R_1”。

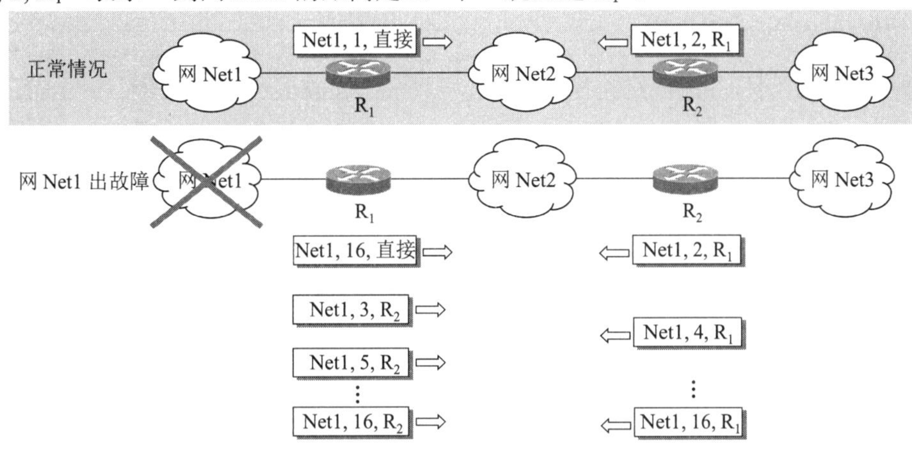

图 4-41　协议 RIP 的缺点：坏消息传播得慢

现在假定路由器 R_1 到网 Net1 的链路出了故障，R_1 无法到达网 Net1。于是路由器 R_1 把到网 Net1 的距离改为 16，表示不可达，因而在 R_1 的路由表中的相应项目变为“Net1, 16, 直接”。但是，很可能要经过 30 秒钟后 R_1 才把更新信息发送给 R_2。然而 R_2 可能已经先把自己的路由表发送给了 R_1，其中有“Net1, 2, R_1”这一项。

R_1 收到 R_2 的更新报文后，误认为可经过 R_2 到达网 Net1，于是把收到的路由信息“Net1, 2, R_1”修改为：“Net1, 3, R_2”，表明“我到网 Net1 的距离是 3，下一跳经过 R_2”，并把更新后的信息发送给 R_2。

同理，R_2 接着又更新自己的路由表为“Net1, 4, R_1”，以为“我到网 Net1 距离是 4，下一跳经过 R_1”。

这样的更新一直继续下去，直到 R_1 和 R_2 到网 Net1 的距离都增大到 16 时，R_1 和 R_2 才知道原来网 Net1 是不可达的。协议 RIP 的这一特点叫作：**好消息传播得快，而坏消息传播得慢**。网络出故障的传播时间往往较长（例如数分钟）。这是 RIP 的一个主要缺点。

但如果一个路由器发现了更短的路由，那么这种更新信息就传播得很快。

---

① 注：自治系统号 ASN 原来规定为一个 16 位的号码（最大的号码是 65535），由 IANA 分配，具体的号码指派范围相当复杂，可从网上查出[W-ASN]。现在已经把 ASN 扩展到 32 位[RFC 6793]。自 2007 年 1 月起，32 位自治系统号 ASN 在全球互联网开始分配和使用。为了便于书写，在 32 位 ASN 中使用两段点分十进制记法，把 65535 在第 1 段中记为 1，例如，ASN 131074 可以记为 ASN 2.4。

为了使坏消息传播得更快些，可以采取多种措施。例如，让路由器记录收到某特定路由信息的接口，而不让同一路由信息再通过此接口向反方向传送。

总之，协议 RIP 最大的优点就是**实现简单，开销较小**。但协议 RIP 的缺点也较多。首先，RIP 限制了网络的规模，它能使用的最大距离为 15（16 表示不可达）。其次，路由器之间交换的路由信息是路由器中的完整路由表，因而随着网络规模的扩大，开销也就增加。最后，“坏消息传播得慢”，使更新过程的收敛时间过长。因此，对于规模较大的网络就应当使用下一节所述的 OSPF 协议。然而目前在规模较小的网络中，使用协议 RIP 的仍占多数。

4.6.3 内部网关协议OSPF

扫一扫

视频讲解

1. 协议OSPF的基本特点

这个协议的名字是**开放最短路径优先** OSPF (Open Shortest Path First)。它是为克服 RIP 的缺点在 1989 年开发出来的。OSPF 的原理很简单，但实现起来却较复杂。“**开放**”表明 OSPF 协议不是受某一家厂商控制，而是公开发表的。“**最短路径优先”是因为使用了 Dijkstra 提出的最短路径算法 SPF**。现在使用的协议 OSPF 是第二个版本 OSPFv2 [RFC 2328，STD54]。关于 OSPF 可参阅专著[MOY98], [HUIT95]。

请注意：OSPF 只是一个协议的名字，**它并不表示其他的路由选择协议不是“最短路径优先”**。实际上，所有的在自治系统内部使用的路由选择协议（包括协议 RIP）都是要寻找一条最短的路径。

OSPF 最主要的特征就是使用**链路状态协议**(link state protocol)，而不是像 RIP 那样的距离向量协议。协议 OSPF 的特点是：

(1) 向本自治系统中**所有路由器**发送信息。这里使用的方法是**洪泛法**(flooding)，这就是路由器通过所有输出端口向所有相邻的路由器发送信息。而每一个相邻路由器又再将此信息发往其所有的相邻路由器（但不再发送给刚刚发来信息的那个路由器）。这样，最终整个区域中所有的路由器都得到了这个信息的一个副本。更具体的做法后面还要讨论。我们应注意，协议 RIP 是仅仅向自己相邻的几个路由器发送信息。

(2) 发送的信息就是与本路由器**相邻的所有路由器的链路状态**，但这只是路由器所知道的**部分信息**。所谓“链路状态”就是说明本路由器都和哪些路由器相邻[①]，以及该链路的“**度量**”(metrics)。OSPF将这个“度量”用来表示费用、距离、时延、带宽，等等。这些都由网络管理人员来决定，因此较为灵活。有时为了方便就称这个度量为“**代价**”。我们应注意，对于协议RIP，发送的信息是：“到所有网络的距离和下一跳路由器”。

(3) 当链路状态发生变化或每隔一段时间（如 30 分钟），路由器向所有路由器用洪泛法发送链路状态信息。

从上述的前两点可以看出，OSPF 和 RIP 的工作原理相差较大。

由于各路由器之间频繁地交换链路状态信息，因此所有的路由器最终都能建立一个**链路状态数据库**(link-state database)，这个数据库实际上就是**全网的拓扑结构图**。这个拓扑结构图在全网范围内是**一致的**（这称为**链路状态数据库的同步**）。因此，每一个路由器都知道

---

① 注：在前面我们已经说过，在讨论路由器之间是如何交换路由信息时，最好将路由器之间的网络简化为一条链路。OSPF 的“链路状态”中的“链路”实际上就是指“和这两个路由器都有接口的网络”。

全网共有多少个路由器，以及哪些路由器是相连的，其代价是多少，等等。每一个路由器使用链路状态数据库中的数据，构造出自己的路由表（例如，使用 Dijkstra 的最短路径路由算法）。我们注意到，协议 RIP 的每一个路由器虽然知道到所有的网络的距离以及下一跳路由器，但却**不知道全网的拓扑结构**（只有到了下一跳路由器，才能知道再下一跳应当怎样走）。

OSPF 的链路状态数据库能较快地进行更新，使各个路由器能及时更新其路由表。OSPF 的**更新过程收敛得快**是其重要优点。

为了使 OSPF 能够用于规模很大的网络，OSPF 将一个自治系统再划分为若干个更小的范围，叫作**区域**(area)。图 4-42 就表示一个自治系统划分为四个区域。每一个区域都有一个 32 位的区域标识符（用点分十进制形式表示）。当然，一个区域也不能太大，在一个区域内的路由器最好不超过 200 个。

划分区域的好处就是把利用洪泛法交换链路状态信息的范围局限于每一个区域而不是整个的自治系统，这就减少了整个网络上的通信量。在一个区域内部的路由器只知道本区域的完整网络拓扑，而不知道其他区域的网络拓扑的情况。为了使每一个区域能够和本区域以外的区域进行通信，OSPF 使用**层次结构的区域划分**。在上层的区域叫作**主干区域**(backbone area)。主干区域的标识符规定为 0.0.0.0。主干区域的作用是用来连通其他在下层的区域。从其他区域来的信息都由**区域边界路由器**(area border router)进行概括。在图 4-42 中，路由器 R_3, R_4 和 R_7 都是区域边界路由器，而显然，每一个区域至少应当有一个区域边界路由器。在主干区域内的路由器叫作**主干路由器**(backbone router)，如 R_3, R_4, R_5, R_6 和 R_7。一个主干路由器可以同时是区域边界路由器，如 R_3, R_4 和 R_7。在主干区域内还要有一个路由器专门和本自治系统外的其他自治系统交换路由信息。这样的路由器叫作**自治系统边界路由器**（如图 4-42 中的 R_6）。

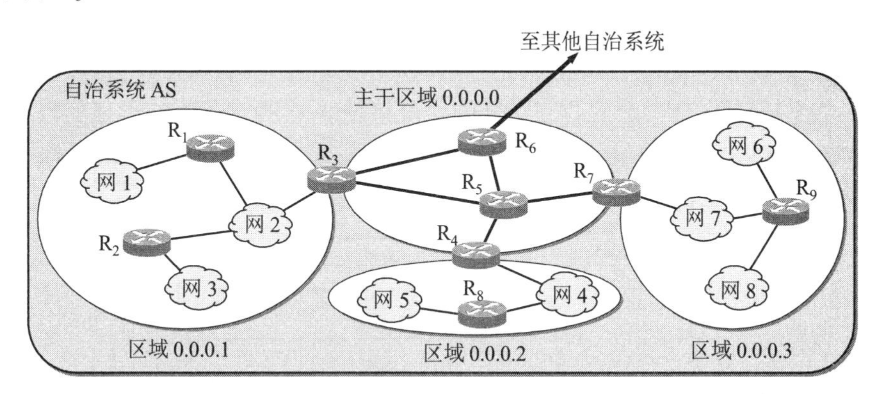

图 4-42　OSPF 划分为两种不同的区域

采用分层次划分区域的方法虽然使交换信息的种类增多了，同时也使 OSPF 协议更加复杂了。但这样做却能使每一个区域内部交换路由信息的通信量大大减小，因而使 OSPF 协议能够用于规模很大的自治系统中。这里，我们再一次地看到划分层次在网络设计中的重要性。

除了以上的几个基本特点外，OSPF 还具有下列的一些特点：

(1) OSPF 允许管理员给每条路由指派不同的代价。例如，高带宽的卫星链路对于非实时的业务可设置为较低的代价，但对于时延敏感的业务就可设置为非常高的代价。因此，**OSPF 对于不同类型的业务可计算出不同的路由**。链路的代价可以是 1 至 65535 中的任何一个无量纲的数，因此十分灵活。商用的网络在使用 OSPF 时，通常根据链路带宽来计算链路的代价。这种灵活性是 RIP 所没有的。

(2) 如果到同一个目的网络有多条相同代价的路径，那么可以将通信量分配给这几条路径。这叫作多路径间的**负载均衡**(load balancing)。在代价相同的多条路径上分配通信量是通信量工程中的简单形式。RIP 只能找出到某个网络的一条路径。

(3) 所有在 OSPF 路由器之间交换的分组（例如，链路状态更新分组）都具有**鉴别**的功能，因而保证了仅在可信赖的路由器之间交换链路状态信息。

(4) OSPF 支持可变长度的子网划分和无分类的编址 CIDR。

(5) 由于网络中的链路状态可能经常发生变化，因此 OSPF 让每一个链路状态都带上一个 32 位的**序号**，序号越大状态就越新。OSPF 规定，链路状态序号增长的速率不得超过每 5 秒钟 1 次。这样，全部序号空间在 600 年内不会产生重复号。

2. OSPF 的五种分组类型

OSPF 共有以下五种分组类型：

(1) **类型** 1，**问候**(Hello)分组，用来发现和维持邻站的可达性。

(2) **类型** 2，**数据库描述**(Database Description)分组，向邻站给出自己的链路状态数据库中的所有链路状态项目的摘要信息。

(3) **类型** 3，**链路状态请求**(Link State Request)分组，向对方请求发送某些链路状态项目的详细信息。

(4) **类型** 4，**链路状态更新**(Link State Update)分组，用洪泛法对全网更新链路状态。这种分组是最复杂的，也是 OSPF 协议最核心的部分。路由器使用这种分组将其链路状态通知给邻站。链路状态更新分组共有五种不同的链路状态[RFC 2328]，这里从略。

(5) **类型** 5，**链路状态确认**(Link State Acknowledgment)分组，对链路更新分组的确认。

OSPF 分组是作为 IP 数据报的数据部分来传送的（如图 4-43 所示）。OSPF 不用 UDP 而是**直接用 IP 数据报传送**（其 IP 数据报首部的协议字段值为 89）。OSPF 构成的数据报很短。这样做可减少路由信息的通信量。数据报很短的另一好处是可以不必将长的数据报分片传送。分片传送的数据报只要丢失一个，就无法组装成原来的数据报，而整个数据报就必须重传。

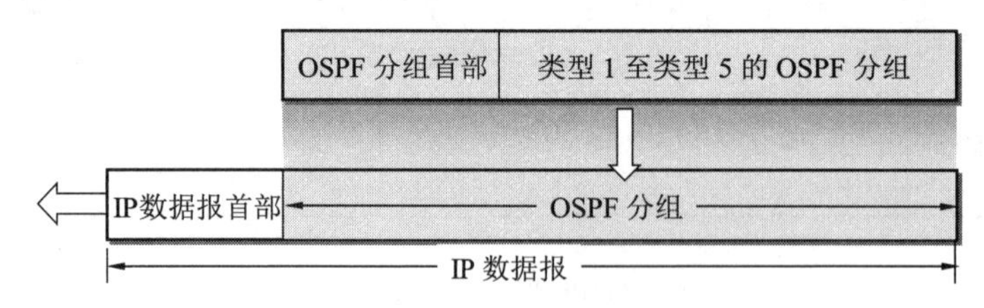

图 4-43 OSPF 分组用 IP 数据报传送

OSPF 规定，每两个相邻路由器每隔 10 秒钟要交换一次问候分组。这样就能确知哪些邻站是可达的。对相邻路由器来说，“可达”是最基本的要求，因为只有可达邻站的链路状态信息才存入链路状态数据库（路由表就是根据链路状态数据库计算出来的）。在正常情况下，网络中传送的绝大多数 OSPF 分组都是问候分组。若有 40 秒钟没有收到某个相邻路由器发来的问候分组，则可认为该相邻路由器是不可达的，应立即修改链路状态数据库，并重新计算路由表。

其他的四种分组都是用来进行链路状态数据库的同步。所谓**同步**就是指不同路由器的链路状态数据库的内容是一样的。两个同步的路由器叫作“**完全邻接的**”(fully adjacent)路由器。不是完全邻接的路由器表明它们虽然在物理上是相邻的，但其链路状态数据库并没有达到一致。

当一个路由器刚开始工作时，它只能通过问候分组得知它有哪些相邻的路由器在工作，以及将数据发往相邻路由器所需的“代价”。如果所有的路由器都把自己的本地链路状态信息对全网进行广播，那么各路由器只要将这些链路状态信息综合起来就可得出链路状态数据库。但这样做开销太大，因此 OSPF 采用下面的办法。

OSPF 让每一个路由器用数据库描述分组和相邻路由器交换本数据库中已有的链路状态摘要信息。摘要信息主要就是指出有哪些路由器的链路状态信息（以及其序号）已经写入了数据库。经过与相邻路由器交换数据库描述分组后，路由器就使用链路状态请求分组，向对方请求发送自己所缺少的某些链路状态项目的详细信息。通过一系列的这种分组交换，全网同步的链路数据库就建立了。

在网络运行的过程中，只要一个路由器的链路状态发生变化，该路由器就要使用链路状态更新分组，用洪泛法向全网更新链路状态。OSPF 使用的是**可靠的洪泛法**，其要点如图 4-44 所示。设路由器 R 用洪泛法发出链路状态更新分组。图中用一些小的箭头表示更新分组。第一次先发给相邻的三个路由器。这三个路由器将收到的分组再进行转发时，要将其上游路由器除外。可靠的洪泛法是在收到更新分组后要发送确认（收到重复的更新分组只需要发送一次确认）。图中的空心箭头表示确认分组。

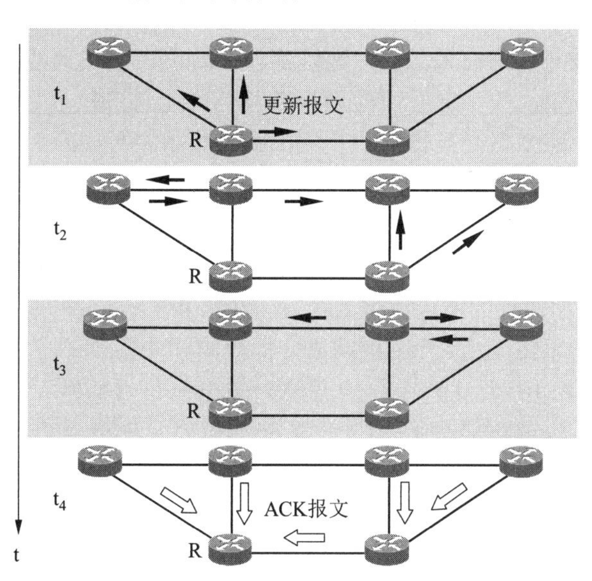

图 4-44　用可靠的洪泛法发送更新分组

为了确保链路状态数据库与全网的状态保持一致，OSPF 还规定每隔一段时间，如 30 分钟，要刷新一次数据库中的链路状态。

由于一个路由器的链路状态只涉及与相邻路由器的连通状态，因而与整个互联网的规模并无直接关系。因此当互联网规模很大时，OSPF 协议要比距离向量协议 RIP 好得多。由于 OSPF 没有“坏消息传播得慢”的问题，据统计，其响应网络变化的时间小于 100 ms。

若 N 个路由器连接在一个以太网上，则每个路由器要向其他$(N-1)$个路由器发送链路状态信息，因而共有 $N(N-1)$个链路状态要在这个以太网上传送。OSPF 协议对这种多点接入的局域网采用了**指定的路由器**(designated router)的方法，使广播的信息量大大减少。指定的路由器代表该局域网上所有的链路向连接到该网络上的各路由器发送状态信息。

4.6.4 外部网关协议 BGP

扫一扫

视频讲解

1. 协议 BGP 的主要特点

在**外部网关协议（或边界网关协议）**BGP 中，现在使用的是第 4 个版本 BGP-4（常简写为 BGP）。虽然最近陆续发布了不少 BGP-4 的更新文档，但目前 BGP-4 仍然是草案标准[RFC 4271]。协议 BGP 对互联网非常重要。我们知道，前面两节所介绍的路由选择协议 RIP 和 OSPF，都只能在一个自治系统 AS 内部工作。因此，若没有协议 BGP，那么分布在全世界数以万计的 AS 都将是一个个没有联系的孤岛。正是由于有了 BGP 这种黏合剂，才使得这么多的 AS 孤岛能够连接成一个完整的互联网。从这个意义上考虑，协议 BGP 应当是所有路由选择协议中最为重要的一个。

我们首先应当弄清，在不同自治系统 AS 之间的路由选择为什么不能使用前面讨论过的内部网关协议，如 RIP 或 OSPF？

我们知道，内部网关协议（如 RIP 或 OSPF）主要是设法使数据报在一个 AS 中尽可能有效地从源站传送到目的站。在一个 AS 内部也不需要考虑其他方面的策略。然而 BGP 使用的环境却不同。这主要是因为以下的两个原因：

第一，**互联网的规模太大，使得自治系统 AS 之间路由选择非常困难**。连接在互联网主干网上的路由器，必须对任何有效的 IP 地址都能在转发表中找到匹配的网络前缀。目前在互联网的主干网路由器中，一个转发表的项目数甚至可达到 50 万个网络前缀。如果使用链路状态协议，则每一个路由器必须维持一个很大的链路状态数据库。对于这样大的主干网用 Dijkstra 算法计算最短路径时花费的时间也太长。另外，由于自治系统 AS 各自运行自己选定的内部路由选择协议，并使用本 AS 指明的路径度量，因此，当一条路径通过几个不同 AS 时，要想对这样的路径计算出有意义的代价是不太可能的。例如，对某 AS 来说，代价为 1000 可能表示一条比较长的路由。但对另一 AS，代价为 1000 却可能表示不可接受的坏路由。因此，对于自治系统 AS 之间的路由选择，要用“代价”作为度量来寻找最佳路由也是很不现实的。比较合理的做法是在自治系统之间交换**“可达性”**信息（即“可到达”或“不可到达”）。例如，告诉相邻路由器：“到达网络前缀 N 可经过自治系统 AS_x”。

第二，**自治系统 AS 之间的路由选择必须考虑有关策略**。由于相互连接的网络的性能相差很大，根据最短距离（即最少跳数）找出来的路径，可能并不合适。也有的路径的使用代价很高或很不安全。还有一种情况，如自治系统 AS_1 要发送数据报给自治系统 AS_2，本来最好是经过自治系统 AS_3。但 AS_3 不愿意让这些数据报通过本自治系统的网络，即使 AS_1 愿意付一定的费用。但另一方面，自治系统 AS_3 愿意让某些相邻自治系统的数据报通过自己的网络，特别是对那些付了服务费的某些自治系统更是如此。因此，自治系统之间的路由选择协议应当允许使用多种路由选择策略。这些策略包括政治、安全或经济方面的考虑。例如，我国国内的站点在互相传送数据报时不应经过国外兜圈子，特别是，不要经过某些对我国的安全有威胁的国家。这些策略都是由网络管理人员对每一个路由器进行设置的，但这些策略并不是自治系统之间的路由选择协议本身。还可举出一些策略的例子，如：“仅在到达下列这些地址时才经过 AS_x”，“AS_x 和 AS_y 相比时应优先通过 AS_x”，等等。显然，使用这些策略是为了找出较好的路由而不是最佳路由。

由于上述情况，边界网关协议 BGP 只能是力求**选择出**一条能够到达目的网络前缀且**比较好**的路由（不能兜圈子），而并非要**计算出**一条最佳路由。这里所说的 BGP 路由，是指经过哪些自治系统 AS 可以到达目的网络前缀。当然，这选择出的比较好的路由，也有时不严格地称为**最佳路由**。BGP 采用了**路径向量**(path vector)**路由选择协议**，它与距离向量协议（如 RIP）和链路状态协议（如 OSPF）都有很大的区别。

2. BGP 路由

在一个自治系统 AS 中有两种不同功能的路由器，即**边界路由器**（或**边界网关**）和**内部路由器**。一个 AS 至少要有一个边界路由器和相邻 AS 的边界路由器直接相连。在讨论协议 BGP 时，应特别注意边界路由器的作用。正是由于有了边界路由器，AS 之间才能利用协议 BGP 交换可达性路由信息。

当两个边界路由器（例如图 4-45(a)中的 R_1 和 R_2）进行通信时，必须先建立 TCP 连接（端口号为 179，TCP 连接将在第 5 章中学习），这种 TCP 连接又称为半永久性连接（即双方交换完信息后仍然保持着连接状态）。像 R_1 和 R_2 之间的这种连接称为 eBGP 连接，但通常就简称为 eBGP，e 表示外部 external。现在，边界路由器 R_1 可通过 eBGP 向对等端 R_2 发送 BGP 路由“X, AS_1, R_1”，意思是“从 R_1 经 AS_1 可到达 X”。这样，通过 eBGP 连接，AS_2 中的边界路由器 R_2 就知道了到达 AS_1 中的前缀 X 的 BGP 路由。

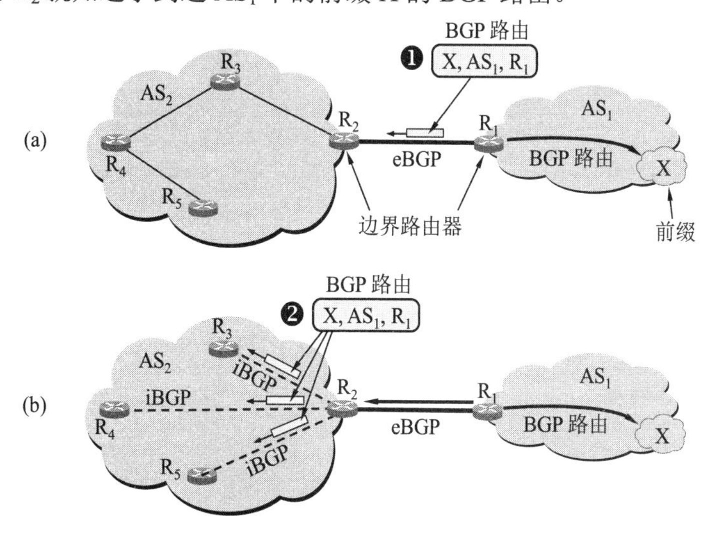

图 4-45　AS 之间的 eBGP 连接(a)和 AS 内部的 iBGP 连接(b)

但是，仅有边界路由器 R_2 知道“到 AS_1 的前缀 X 的 BGP 路由”是远远不够的。边界路由器 R_2 应当把获得的 BGP 路由，再转发给 AS 内部的其他路由器。为此，协议 BGP 规定，在 AS 内部，两个路由器之间还需要建立 iBGP（也就是 **iBGP 连接**，i 表示内部 internal），iBGP 也使用 TCP 连接传送 BGP 报文。图 4-45(b)中表示边界路由器 R_2 在三个 iBGP 连接上，向 AS_2 内部的其他三个路由器转发自己收到的 BGP 路由。至此，AS_2 内的所有路由器都知道了这条 BGP 路由信息。由此可见，协议 BGP 并非仅运行在 AS 之间，而且也要运行在 AS 的内部。

协议 BGP 规定，在一个 AS 内部所有的 iBGP 必须是**全连通**的。即使两个路由器之间没有物理连接，但它们之间仍然有 iBGP 连接（如图 4-46 所示）。

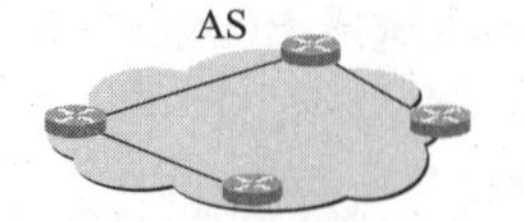

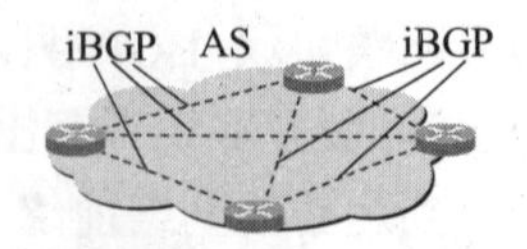

图 4-46 在 AS 内路由器之间的物理连接与 iBGP 连接

图 4-45(a)中的边界路由器 R_2 可能有很多条 eBGP 连接，收到的到达前缀 X 的 BGP 路由可能有很多条（在图中只画出了一条）。但 R_2 根据本 AS 管理员所规定的策略，可以拒绝某些路由（收到这种路由后即删除掉），而在 iBGP 连接上仅转发符合规定策略的 BGP 路由。

我们还需要指出，虽然 eBGP 和 iBGP 的最后一个字母 P 是代表“协议(Protocol)”，但 eBGP 和 iBGP **并不是两个不同的协议**。根据 RFC 4271，eBGP 是在**不同** AS 的两个对等端之间的 BGP **连接**，而 iBGP 是**同一** AS 的两个对等端之间的 BGP **连接**。在这两种不同连接上传送的 BGP 报文，都遵循同样的协议 BGP，使用同样的报文格式和具有同样的属性类型。唯一的不同点就是在发送 BGP 路由通告时的规则有所不同。这就是，从 eBGP 对等端收到的 BGP 路由，可通过 iBGP 告诉同一 AS 内的对等端。反过来也是可以的，即从 iBGP 对等端收到的 BGP 路由，可通过 eBGP 告诉在不同 AS 的对等端。但是，从 iBGP 对等端收到 BGP 路由，不能转告给同一个 AS 内不同 iBGP 的对等端。

图 4-47 形象地说明了 eBGP 和 iBGP 的作用。图中画出了四个自治系统 AS，每一个 AS 都必须运行本 AS 选择的内部网关协议 IGP，例如 OSPF 或 RIP。而协议 BGP 是在 iBGP 连接和 eBGP 连接之上运行的。

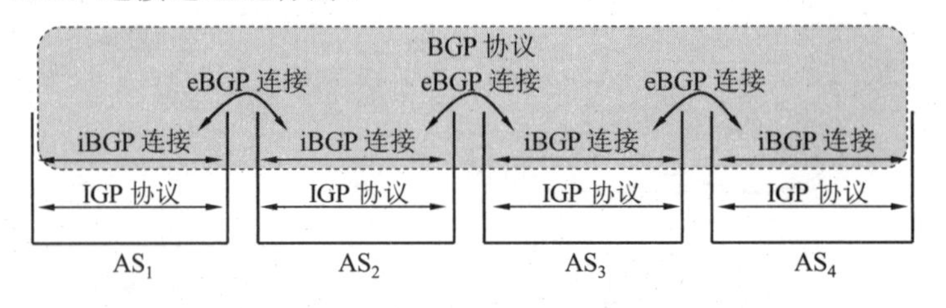

图 4-47 协议 BGP 在 iBGP 和 eBGP 之上运行

后面我们经常要讲到 BGP 路由，因此下面介绍一下 BGP 路由的一般格式。前面例子中的 BGP 路由正是按照这种格式书写的。

BGP 路由 =“前缀, BGP 属性” = “前缀, AS-PATH, NEXT-HOP”

前缀的意思很明确，就是通告的 BGP 路由**终点**（子网前缀）。

BGP **属性**有好几种类型，但最重要两个就是这里列出的 AS-PATH 和 NEXT-HOP。

AS-PATH（**自治系统路径**）是通告的 BGP 路由所经过的自治系统。BGP 路由每经过一个 AS，就将其**自治系统号** ASN 加入到 AS-PATH 中（本节在举例中没有使用具体的 ASN 数字号码，而是用 AS_1, AS_2 等符号来表示不同的 AS）。从这里可以清楚地看出，“BGP 路由”必须指出通过哪些自治系统 AS，但不指出路由中途要通过哪些路由器。

NEXT-HOP（**下一跳**）是通告的 BGP 路由**起点**。

细心的读者会发现，路由问题并未都解决完。例如，在图 4-48 中 AS_2 内的路由器 R_4 在收到 BGP 路由“X, AS_1, R_1”后，知道了“从 R_1 出发就能到达 AS_1 中的前缀 X”。但路由器

R_4应当怎样构造自己的转发表呢？这需要经过两次递归查找。

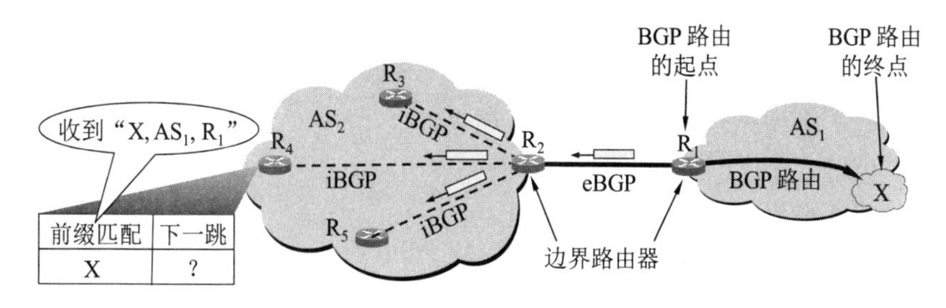

图 4-48　BGP 路由的起点、经过的 AS 和终点

首先，R_4 要把这条 BGP 路由的起点进行转换。原来的 BGP 路由是“$R_1 \to X$”，路由的起点 R_1 并不在 AS_2 中。AS_2 中的路由器都不能识别 R_1。因此现在 R_4 要把 BGP 路由的起点改为 R_1 的对等端 R_2，把 BGP 路由变为“$R_2 \to R_1 \to X$”。由于 R_2 位于 AS_2 中，因此 AS_2 里面的所有路由器都能把分组转发到 R_2，然后就能再经过 R_1，最后到达前缀 X。

其次，R_4 要利用内部网关协议，找到从 R_4 到 R_2 的最佳路由中的下一跳。在本例中，查出下一跳是 R_3。于是 R_4 在转发表中增加了到达前缀 X 的下一跳是 R_3 这一项目。

前缀匹配	下一跳	注释
X	R_3	转发表中有下一跳 R_3 表示前缀 X 可达。

用类似的方法，路由器 R_3 也在自己的转发表中增加了到达前缀 X 的项目。

前缀匹配	下一跳	注释
X	R_2	转发表中有下一跳 R_2 表示前缀 X 可达。

这样，路由器 R_4 只要收到要到达前缀 X 的分组，都按照 $R_4 \to R_3 \to R_2 \to R_1 \to X$ 的路径，最后到达前缀 X。

总之，每一个路由器收到一条新的 BGP 路由通告后，必须经过上述步骤，才能在自己的转发表中，增加到达终点的“下一跳”的相应项目。

在实际的转发表中，“前缀匹配”项目都用 CIDR 记法表示。由于路由器有两个以上的接口，因此“下一跳”项目用进入该路由器的接口的 IP 地址来表示。在讲解协议 BGP 的原理时，我们就用更简洁的符号来表示。

3. 三种不同的自治系统 AS

在互联网中自治系统 AS 的数量非常之多，其连接图也是相当复杂的。但归纳起来，可以把 AS 划分为图 4-49 中所示的三大类，即**末梢** AS (stub AS)、**穿越** AS (transit AS)和**对等** AS (peering AS)。

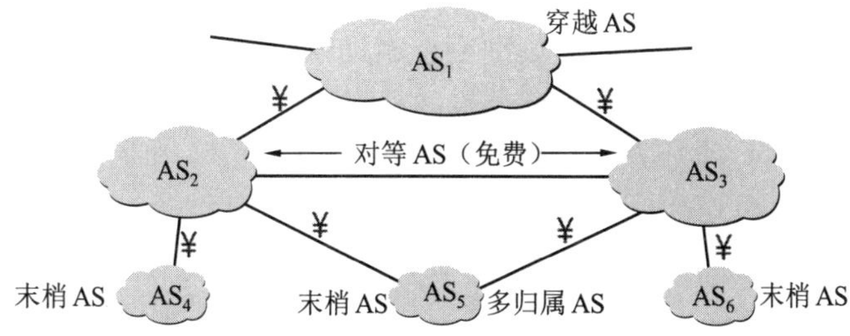

图 4-49　几种不同类型的 AS

末梢 AS 是比较小的 AS（如图中的 AS_4, AS_5 和 AS_6），其特点是这些 AS 或者把分组发送给其直接连接的 AS，或者从其直接连接的 AS 接收分组，但不会把来自其他 AS 的分组再转发到另一个 AS。末梢 AS 必须向所连接的 AS 付费才能发送或接收分组。图中链路旁边的人民币符号¥表示需要对转发分组付费。

末梢 AS 也可以同时连接到两个或两个以上的 AS（如图 4-49 中的 AS_5）。这种末梢 AS 就称为**多归属** AS (multihomed AS)。多归属 AS 可以增加连接的可靠性，因为若有一条连接出现故障，那么还有另一条连接可用。作为末梢 AS 的 AS_5 不能把 AS_3 发送过来的分组转发到 AS_2。同理，AS_5 也不能把 AS_2 发送过来的分组转发到 AS_3。这就是说，末梢 AS 不是穿越 AS，它不允许分组穿越自己的自治系统。末梢 AS_5 也不能把（$AS_5 \rightarrow AS_2 \rightarrow AS_4$）这样的 BGP 路由信息通告给 AS_3。如果 AS_3 有分组要转发给 AS_4，可以通过对等 AS_2 转发，但不能通过末梢 AS_5。

如图 4-49 所示的穿越 AS_1 往往是拥有很好的高速通信干线的主干 AS，其任务就是为其他的 AS 有偿转发分组。通常都会有很多的 AS 连接到穿越 AS 上。

对等 AS（如图 4-49 中的 AS_2 和 AS_3）是经过事先协商的两个 AS，彼此之间的发送或接收分组都不收费，这样大家转发分组都比较方便。

这里我们要强调一下，BGP 路由必须避免**兜圈子**的出现。现观看图 4-49 所示的几个自治系统 AS。AS_3 向 AS_1 通告可到达 AS_6 的 BGP 路由中的属性 AS-PATH 是[AS_3 AS_6]，AS_1 在收到的 BGP 路由的属性 AS-PATH 中的最前面，添加上自己的 AS，通报给 AS_2：[AS_1 AS_3 AS_6]。AS_2 收到 BGP 路由后，向 AS_3 通报 BGP 路由属性 AS-PATH 是[AS_2 AS_1 AS_3 AS_6]。当 AS_3 收到 BGP 路由后，检查属性 AS-PATH 序列中已经有了自己的 AS_3，如果 AS_3 接受这个路由，并添加上本 AS 号，则将在属性 AS-PATH 中出现两个 AS_3（见有灰色底纹的两个 AS_3）：[AS_3 AS_2 AS_1 AS_3 AS_6]。这就构成了一个兜圈子的 BGP 路由，因此 AS_3 应立即删除此 BGP 路由，因而避免了兜圈子路由的出现。请记住，在属性 AS-PATH 中不允许出现相同的 AS。

AS_3 还可向 AS_2 通报可到达 AS_6 的另一条 BGP 路由，其 AS-PATH 是[AS_3 AS_6]。因此 AS_2 知道有两条 BGP 路由可到达 AS_6，其 AS-PATH 是[AS_2 AS_1 AS_3 AS_6]和[AS_2 AS_3 AS_6]。

4. BGP 的路由选择

假如从一个 AS 到另外一个 AS 中的前缀 X 只有一条 BGP 路由，那么就不存在选择 BGP 路由的问题，因为这时 BGP 路由是唯一的。

但如果到前缀 X 有两条或更多的 BGP 路由可供选择，那么就应当根据以下的原则，按照这里给出的先后顺序，选择一条**较好的** BGP 路由。

- **本地偏好** LOCAL-PREF (LOCAL PREFerence)**值**最高的路由要首先选择。

在 BGP 路由中的属性里面有一个选项叫作**本地偏好**，在属性中记为 LOCAL-PREF。本地偏好也就是本地优先，“本地”的意思是指，**从本 AS 开始的、到同一个前缀**的不同 BGP 路由中，挑选一个较好的（即偏好值最高的）路由。这可由路由器管理员或网络管理员根据政治上或经济上的策略来设置。

例如在图 4-50 中，AS_1 分别用高速和低速链路连接到 AS_2 和 AS_3，并从这两个 AS 获悉，可通过 AS_2 或 AS_3 到达 AS_4。但 AS_1 认为，若有分组要从 AS_1 转发到 AS_4，应优先选择路由器 R_1 离开 AS_1。于是就把从 R_1 离开 AS_1 的 BGP 路由的属性 LOCAL-PREF 值设为 300，而

把从 R_2 离开 AS_1 的 BGP 路由的 LOCAL-PREF 值设为 200。这一信息通过 iBGP 通告 AS_1 内部的所有路由器。这样，凡是有分组要转发到 AS_4，都优先选择从 R_1 离开 AS_1。

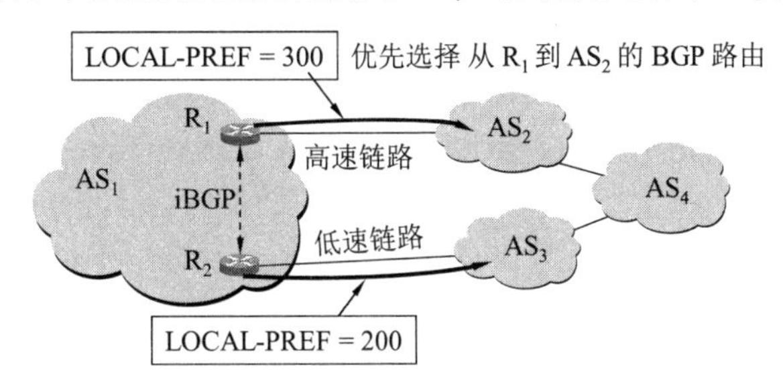

图 4-50　LOCAL-PREF 值较高的路由优先

但是，即使所有的通信量都通过这条高速链路，使得链路负荷过重，协议 BGP 也无法把一些负载调整到负载较轻的那条低速链路上。

如果从几条 BGP 路由中找不出本地偏好值最高的路由，则执行下一条。

- 选择具有 **AS 跳数最少**的路由。

现观察图 4-51 的例子。从 AS_1 到 AS_5 共有两条 BGP 路由，即 $AS_1 \to AS_2 \to AS_3 \to AS_5$ 和 $AS_1 \to AS_4 \to AS_5$。根据选择具有 AS 跳数最少的原则，我们应选择只通过 1 个 AS 的 BGP 路由，即 $AS_1 \to AS_4 \to AS_5$。但是没有想到，分组在 AS_4 中反而要经过更多次数的转发（或许 AS_4 是个很大的 AS），可能要花费更长的时间。可见选择经过 AS 数量最少的路由 $AS_1 \to AS_4 \to AS_5$ 未必更好。这个例子再次说明了协议 BGP 无法选择出最佳路由。

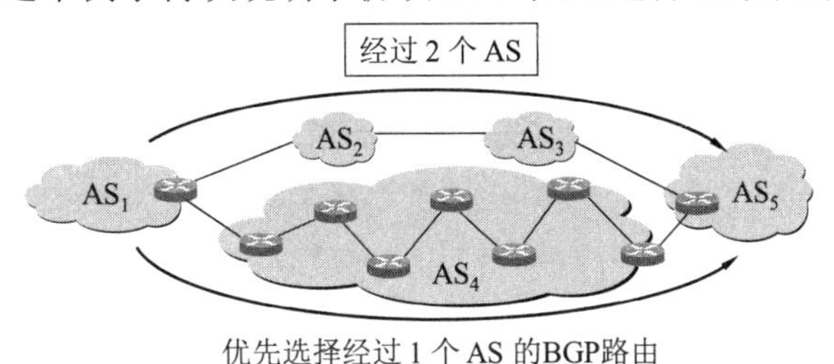

图 4-51　根据经过 AS 跳数的多少选择 BGP 路由

- 使用**热土豆路由选择算法**。

如果按前两种方法都无法选择最好的路由，那么就在要进入 BGP 路由的 AS，执行热土豆路由选择算法。例如在图 4-52 中，从 AS_1 出发，共有两条 BGP 路由可到达 AS_3：

<u>BGP 路由 1</u>：从 R_3 离开 AS_1，然后进入 AS_2，再到 AS_3。

<u>BGP 路由 2</u>：从 R_4 离开 AS_1，然后进入 AS_4，再到 AS_3。

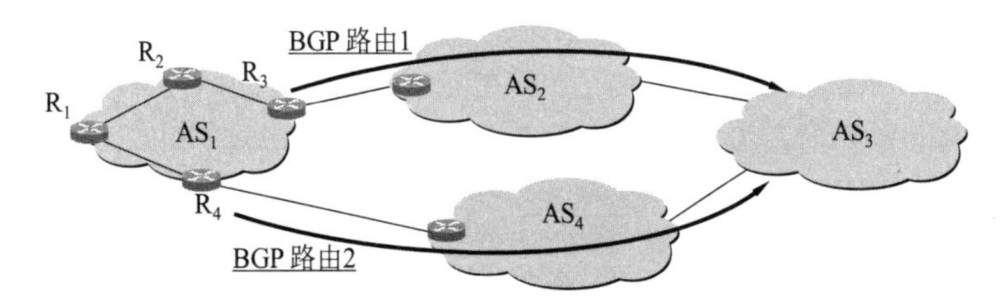

图 4-52　热土豆路由选择算法的应用举例（图中的连接都是物理连接）

假定这两条 BGP 路由的本地偏好相同，同时所经过的 AS 个数也相同。在这种情况下，

AS_1 中的每一个路由器，就应采用热土豆路由选择算法。这种算法把分组比喻为烫手的热土豆，要尽快地转发出去。对于图 4-52 的例子，就是要使分组尽快离开 AS_1，而不考虑从哪个路由器离开 AS_1。或者说，要让分组经过最少的转发次数离开本 AS。这时要使用内部网关协议（如协议 OSPF 或 RIP）。对于不同的路由器，得出的选择结果是不同的。

例如，对于 AS_1 中的路由器 R_1，若要使转发的分组尽快离开 AS_1，应选择 R_4 作为其下一跳，因此应选择 BGP 路由 2。这样，R_1 的转发路径应当是：$R_1 \to R_4 \to$ BGP 路由 2。

同理，对于 R_2，若要使转发的分组尽快离开 AS_1，应选择 R_3 作为其下一跳，因此应选择 BGP 路由 1。这样，R_2 的转发路径应当是：$R_2 \to R_3 \to$ BGP 路由 1。

- 选择路由器 BGP **标识符**的数值最小的路由。

当以上几种方法都无法找出最好的 BGP 路由时，就可使用 BGP 标识符来选择路由。在 BGP 进行交互的报文中，其首部有一 4 字节的字段，叫作 BGP **标识符**，记为 BGP ID。这个字段被赋予一个无符号整数作为运行 BGP 的路由器的唯一标识符。具有多个接口的路由器有多个 IP 地址。BGP ID 就使用该路由器的 IP 地址中数值最大的一个。

5. BGP 的四种报文

在协议 BGP 刚运行时，BGP 连接的对等端要相互交换整个的 BGP 路由表。但以后只需要在 BGP 路由发生变化时，才更新有变化的部分。这样做对节省网络带宽和减少路由器的处理开销方面都有好处。

在 RFC 4271 中规定了 BGP-4 的四种报文：

（1）OPEN（打开）报文，用来与 BGP 连接对等端建立关系。

（2）UPDATE（更新）报文，用来通告某一路由的信息，以及列出要撤销的路由。

（3）KEEPALIVE（保活）报文，用来周期性地证实与对等端的连通性。

（4）NOTIFICATION（通知）报文，用来发送检测到的差错。

OPEN 报文是两个路由器之间建立了 TCP 连接后接着就必须发送的报文。OPEN 报文的作用是相互识别对方，协商一些协议参数（如计时器的时间）。收到 OPEN 报文的路由器，就发回 KEEPALIVE 报文表示接受建立 BGP 连接。

UPDATE 报文是 BGP 协议的核心，用来撤销它以前曾经通知过的路由，或宣布增加新的路由。撤销路由可以一次撤销许多条，但增加新路由时，每个更新报文只能增加一条。

虽然 BGP 连接的两端建立了 TCP 连接，传输报文是可靠的，但 TCP 上层的 BGP 是否始终正常工作还无法确知。在对等端之间定期传送 BGP 路由表是不可取的，因为 BGP 路由表往往过于庞大，这样做会使网络的通信量过大。因此协议 BGP 采用的方法是让 BGP 连接的两个对等端之间，周期性地交换 KEEPALIVE 报文，以表示协议工作正常。KEEPALIVE 报文只包含 BGP 报文的通用首部（19 字节长），因此不会在网络上产生多少开销。

每个路由器都有一个**保持时间计时器**(Hold Timer)。路由器每收到一个 BGP 报文，这个计时器就重置一次，继续从 0 开始计时。如果在商定的保持时间内没有收到对等端发来的任何一种 BGP 报文，就认为对方已经不能工作了。发送 KEEPALIVE 报文的时间间隔取为双方事先商定的**保持时间**(Hold Time)的 1/3。例如，在 BGP 连接建立阶段，双方商定保持时间为 180 秒，那么 KEEPALIVE 报文就每隔 60 秒发送一次。如果两个对等端选择的保持时间不一致，就选择数值较小的一个作为彼此使用的保持时间。保持时间也可选择为 0。在这种情况下就永远不发送 KEEPALIVE 报文，表明这条 BGP 连接总是正常工作的。

BGP 可以很容易地解决距离向量路由选择算法中的“坏消息传播得慢”这一问题。当某个路由器或链路出故障时，可以从不止一个邻站获得路由信息，因此很容易选择出新的路由。

在 ASN 升级到 4 字节后，号码 ASN 的范围从 0 ~ 65535 扩大到了 0 ~ 4294967295。这样就在互联网中存在两种不同的 BGP 报文。旧 BGP 报文使用 2 字节 ASN，而新 BGP 报文使用 4 字节的 ASN，这时 BGP 路由中的路径属性记为 AS4-PATH。使用新的和旧的 BGP 报文的路由器若要进行通信，必须解决如何正确识别其 ASN 的问题[RFC 6793]。

BGP 报文是作为 TCP 报文的数据部分来传送的（如图 4-53 所示）。四种类型的 BGP 报文具有同样的首部。

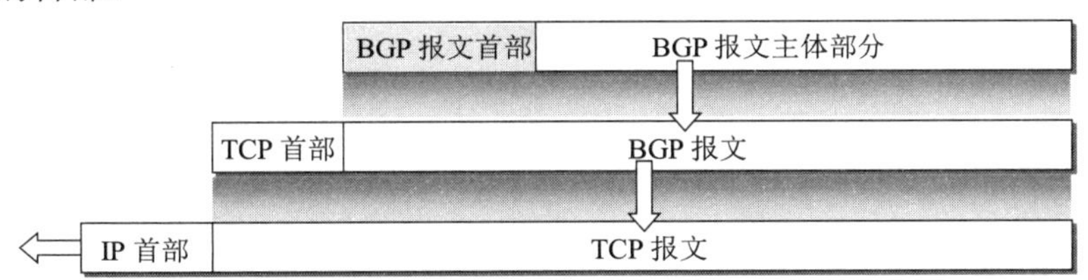

图 4-53　BGP 报文用 TCP 报文传送

在讨论完路由选择之后，我们再来介绍路由器的构成。

4.6.5　路由器的构成

扫一扫

视频讲解

1. 路由器的结构

路由器是一种具有多个输入端口和多个输出端口的专用计算机，其任务是转发分组。从路由器某个输入端口收到的分组，按照分组要去的目的地（即目的网络），把该分组从路由器的某个合适的输出端口转发给下一跳路由器。下一跳路由器也按照这种方法处理分组，直到该分组到达终点为止。路由器的转发分组正是网络层的主要工作。图 4-54 给出了一种典型的路由器的构成框图。

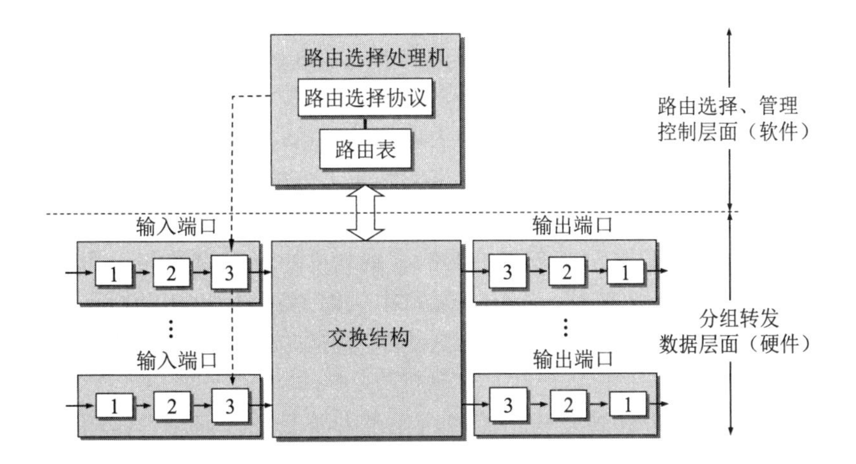

图 4-54　典型的路由器的结构（图中的数字 1 ~ 3 表示相应层次的构件）

从图 4-54 可以看出，整个的路由器结构可划分为两大部分：**路由选择**部分和**分组转发**部分。

路由选择部分也叫作**控制部分**，或**控制层面**，其核心构件是路由选择处理机。路由选择处理机的任务是根据所选定的路由选择协议构造出路由表，同时经常或定期地和相邻路由器交换路由信息而不断地更新和维护路由表。

分组转发部分是本节所要讨论的问题，也就是**数据层面**，它由三部分组成：**交换结构**、一组**输入端口**和一组**输出端口**（请注意：这里的端口就是硬件接口）。小型路由器的端口只有几个。但某些 ISP 使用的边缘路由器的高速 10 Gbit/s 端口，则可以有多达几百个之多。下面分别讨论每一部分的组成。例如，Juniper（瞻博网络）公司的边缘路由器 MX2020 的 10 Gbit/s 端口就有 960 个。路由器整个的系统容量为 80 Tbit/s。

交换结构(switching fabric)又称为**交换组织**，它的作用就是根据**转发表**(forwarding table)对分组进行处理，将某个输入端口进入的分组从一个合适的输出端口转发出去。交换结构本身就是一种网络，但这种网络完全包含在路由器之中，因此交换结构可看成是“**在路由器中的网络**”。

请注意“转发”和“路由选择”是有区别的。在互联网中，“**转发**”就是路由器根据转发表把收到的 IP 数据报从路由器合适的端口转发出去。“转发”仅仅涉及**一个路由器**。但“**路由选择**”则涉及**很多路由器**，路由表则是许多路由器协同工作的结果。这些路由器按照复杂的路由算法，得出整个网络的拓扑变化情况，因而能够动态地改变所选择的路由，并由此构造出整个的路由表。路由表一般仅包含从目的网络到下一跳（用 IP 地址表示）的映射，而转发表是从路由表得出的。转发表必须包含完成转发功能所必需的信息。这就是说，在转发表的每一行必须包含从要到达的目的网络到输出端口和某些 MAC 地址信息（如下一跳的以太网地址）的映射。将转发表和路由表用不同的数据结构实现会带来一些好处，这是因为在转发分组时，转发表的结构应当使查找过程最优化，但路由表则需要对网络拓扑变化的计算最优化。路由表总是用软件实现的，但转发表则可用特殊的硬件来实现。请读者注意，**在讨论路由选择的原理时，往往不去区分转发表和路由表的区别，而可以笼统地都使用路由表这一名词**。

在图 4-54 中，路由器的输入和输出端口里面都各有三个方框，用方框中的 1，2 和 3 分别代表物理层、数据链路层和网络层的处理模块。物理层进行比特的接收。数据链路层则按照链路层协议接收传送分组的帧。在把帧的首部和尾部剥去后，分组就被送入网络层的处理模块。若接收到的分组是路由器之间交换路由信息的分组（如 RIP 或 OSPF 分组等），则把这种分组送交路由器的路由选择部分中的路由选择处理机。若接收到的是数据分组，则按照分组首部中的目的地址查找转发表，根据得出的结果，分组就经过交换结构到达合适的输出端口。一个路由器的输入端口和输出端口就做在路由器的**线路接口卡**上。

输入端口中的查找和转发功能在路由器的交换功能中是最重要的。为了使交换功能分散化，往往把复制的转发表放在每一个输入端口中（如图 4-54 中的虚线箭头所示）。路由选择处理机负责对各转发表的副本进行更新。这些副本常称为“**影子副本**”(shadow copy)。分散化交换可以避免在路由器中的某一点上出现瓶颈。

以上介绍的查找转发表和转发分组的概念虽然并不复杂，但在具体的实现中还会遇到不少困难。问题就在于路由器必须以很高的速率转发分组。最理想的情况是输入端口的处理速率能够跟上线路把分组传送到路由器的速率。这种速率称为**线速**（line speed 或 wire speed）。可以粗略地估算一下。设线路是 OC-48 链路，即 2.5 Gbit/s。若分组长度为 256 字节，那么线速就应当达到每秒能够处理 100 万以上的分组。现在常用 Mpps（百万分组每秒）为单位来说明一个路由器对收到的分组的处理速率有多高。在路由器的设计中，怎样提高查找转发表的速率是一个十分重要的研究课题。

当一个分组正在查找转发表时，后面又紧跟着从这个输入端口收到另一个分组。这个后到的分组就必须在队列中排队等待，因而产生了一定的时延。图 4-55 给出了在输入端口的队列中排队的分组的示意图。

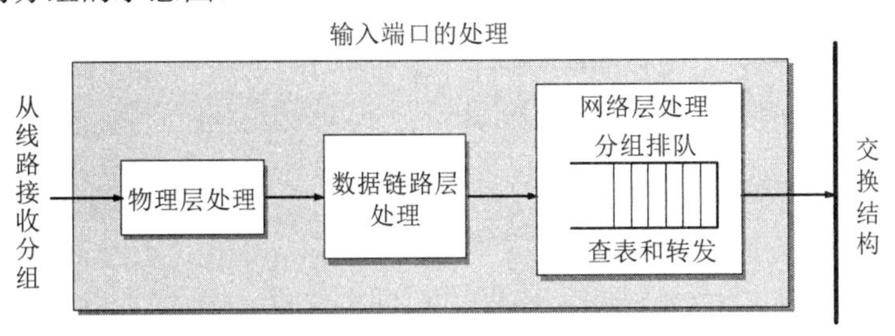

图 4-55 输入端口对线路上收到的分组的处理

我们再来观察在输出端口上的情况（如图 4-56 所示）。输出端口从交换结构接收分组，然后把它们发送到路由器外面的线路上。在网络层的处理模块中设有一个缓存区，实际上它就是一个队列。当交换结构传送过来的分组的速率超过输出链路的发送速率时，来不及发送的分组就必须暂时存放在这个队列中。数据链路层处理模块把分组加上链路层的首部和尾部，交给物理层后发送到外部线路。

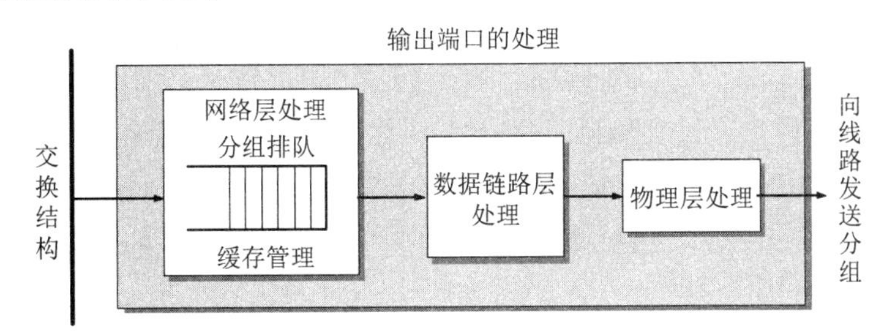

图 4-56 输出端口把交换结构传送过来的分组发送到线路上

从以上的讨论可以看出，分组在路由器的输入端口和输出端口都可能会在队列中排队等候处理。若分组处理的速率赶不上分组进入队列的速率，则队列的存储空间最终必定减少到零，这就使后面再进入队列的分组由于没有存储空间而只能被丢弃。以前我们提到过的分组丢失就是发生在路由器中的输入或输出队列产生溢出的时候。当然，设备或线路出故障也可能使分组丢失。

2. 交换结构

交换结构是路由器的关键构件[KURO17]。正是这个交换结构把分组从一个输入端口转移到某个合适的输出端口。实现这样的交换有多种方法，图 4-57 给出了三种常用的交换方法。输入端口是 A, B 和 C，输出端口是 X, Y 和 Z。下面简单介绍它们的特点。

最早使用的路由器就是利用普通的计算机，用计算机的 CPU 作为路由器的路由选择处理机。路由器的输入和输出端口的功能和传统的操作系统中的 I/O 设备一样。当路由器的某个输入端口收到一个分组时，就用中断方式通知路由选择处理机。然后分组就从输入端口复制到存储器中。路由器处理机从分组首部提取目的地址，查找路由表，再将分组复制到合适的输出端口的缓存中。若存储器的带宽（读或写）为每秒 M 个分组，那么路由器的交换速率（即分组从输入端口传送到输出端口的速率）一定小于 $M/2$。这是因为存储器对分组的读和写需要花费的时间是同一个数量级。

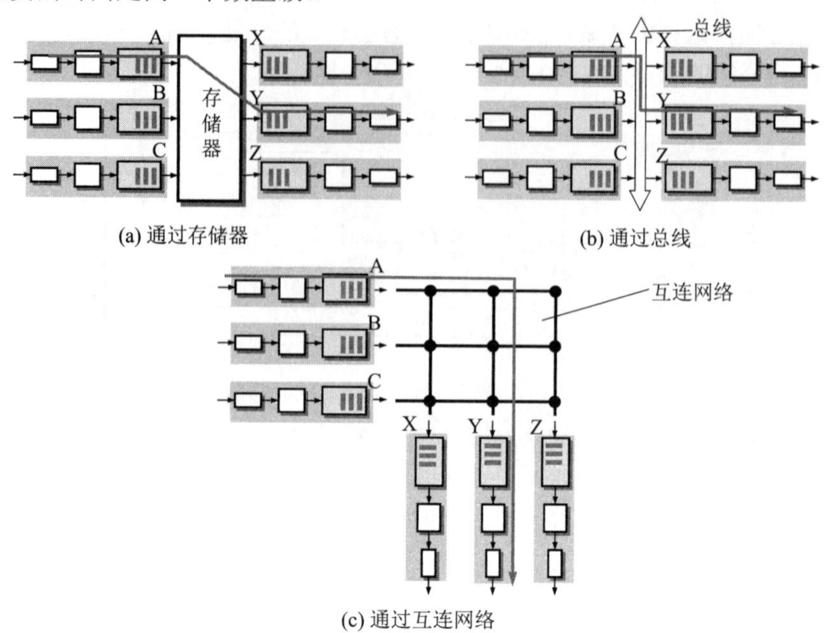

图 4-57　三种常用的交换方法

许多现代的路由器也通过存储器进行交换，图 4-57(a)的示意图表示分组通过存储器进行交换。与早期的路由器的区别就是，目的地址的查找和分组在存储器中的缓存都是在输入端口中进行的。思科(Cisco)公司的 Catalyst 8500 系列交换机（有的公司把路由器也称为**交换机**）就采用了共享存储器的方法。

图 4-57(b)是通过总线进行交换的示意图。采用这种方式时，数据报从输入端口通过共享总线直接传送到合适的输出端口，而不需要路由选择处理机的干预。但是，由于总线是共享的，因此在同一时间只能有一个分组在总线上传送。当分组到达输入端口时若发现总线忙（因为总线正在传送另一个分组），则被阻塞而不能通过交换结构，并在输入端口排队等待。因为每一个要转发的分组都要通过这一条总线，因此路由器的转发带宽就受总线速率的限制。现代的技术已经可以将总线的带宽提高到能够满足小型企业网的需求。例如，思科公司的 6500 路由器用来交换分组的背板总线速率已达到 32 Gbit/s。

图 4-57(c)画的是通过**纵横交换结构**(crossbar switch fabric)进行交换。这种交换机构常称为**互连网络**(interconnection network)，它有 $2N$ 条总线，可以使 N 个输入端口和 N 个输出端口相连接，这取决于相应的交叉节点是使水平总线和垂直总线接通还是断开。当输入端口收到一个分组时，就将它发送到与该输入端口相连的水平总线上。若通向所要转发的输出端口的垂直总线是空闲的，则在这个节点将垂直总线与水平总线接通，然后把该分组转发到这个输出端口。例如，一个分组到达输入端口 A，应转发到输出端口 Y。这时交换结构的控制器就把总线 A 和 Y 的交叉节点闭合，因此分组就从输入端口 A 传送到了输出端口 Y。请注意，如果与此同时还有一个分组要从输入端口 B 转发到输出端口 Z，那么也可同时进行，因为 A→Y 和 B→Z 的转发是使用不同的总线的转发。和前两种交换机制不同，这种纵横交换结构是一种无阻塞的交换结构，其特点是分组可以转发到任何一个输出端口，只要这个输出端口没有被别的分组占用。如果这个输出端口（即对应的垂直总线）已被占用（有另一个分组正

在转发到同一个输出端口），那么后到达的分组就必须在输入端口排队等待。采用这种交换方式的路由器例子如思科公司的 12000 系列交换路由器，其互连网络的速率达 60 Gbit/s。

4.7 IP 多播

4.7.1 IP 多播的基本概念

1988 年 Steve Deering 首次在其博士学位论文中提出 IP 多播的概念。1992 年 3 月 IETF 在互联网范围首次试验 IETF 会议声音的多播，当时有 20 个网点可同时听到会议的声音。IP 多播是需要在互联网上增加更多的智能才能提供的一种服务。现在 IP 多播（multicast，以前曾译为组播）已成为互联网的一个热门课题。这是由于有许多的应用需要由一个源点发送到许多个终点，即一对多的通信。例如，实时信息的交付（如新闻、股市行情等）、软件更新、交互式会议等。随着互联网的用户数目的急剧增加，以及多媒体通信的开展，有更多的业务需要多播来支持。

与单播相比，在一对多的通信中，多播可大大节约网络资源。图 4-58(a)是视频服务器用单播方式向 90 台主机传送同样的视频节目。为此，需要发送 90 个单播，即同一个视频分组要发送 90 个副本。图 4-58(b)是视频服务器用多播方式向属于同一个多播组的 90 个成员传送节目。这时，视频服务器只需把视频分组当作多播数据报来发送，并且**只需发送一次**。路由器 R_1 在转发分组时，需要把收到的分组**复制**成 3 个副本，分别向 R_2, R_3 和 R_4 各转发 1 个副本。当分组到达目的局域网时，由于局域网具有硬件多播功能，因此**不需要复制分组**，在局域网上的多播组成员都能收到这个视频分组。

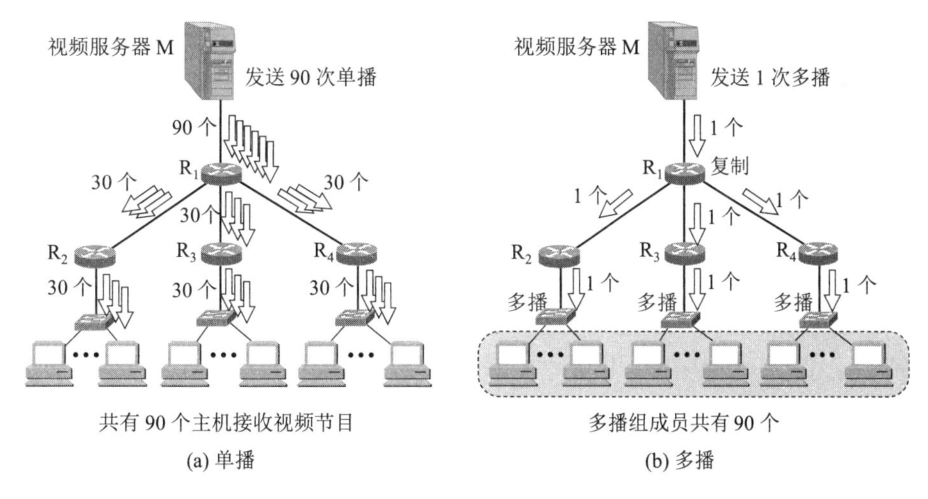

图 4-58　单播与多播的比较

当多播组的主机数很大时（如成千上万个），采用多播方式就可明显地减轻网络中各种资源的消耗。在互联网范围的多播要靠路由器来实现，这些路由器必须增加一些能够识别多播数据报的软件。能够运行多播协议的路由器称为**多播路由器**(multicast router)。多播路由器当然也可以转发普通的单播 IP 数据报。

为了适应交互式音频和视频信息的多播，从 1992 年起，在互联网上开始试验虚拟的**多播主干网** MBONE (Multicast Backbone On the InterNEt)。 MBONE 可把分组传播给地点分散但属于一个组的许多台主机。现在多播主干网已经有了相当大的规模。

在互联网上进行多播就叫作 **IP 多播**。IP 多播所传送的分组需要使用多播 IP 地址。

我们知道，在互联网中每一台主机必须有一个全球唯一的 IP 地址。如果某台主机现在想接收某个特定多播组的分组，那么怎样才能使这个多播数据报传送到这台主机？

显然，这个多播数据报的目的地址一定不能写入这台主机的 IP 地址。这是因为在同一时间可能有成千上万台主机加入到同一个多播组。多播数据报不可能在其首部写入这样多的主机的 IP 地址。在多播数据报的目的地址写入的是多播组的标识符，然后设法让加入到这个多播组的主机的 IP 地址与多播组的标识符关联起来。

其实多播组的标识符就是 IP 地址中的 D 类地址。D 类 IP 地址的前四位是 1110，因此 D 类地址范围是 224.0.0.0 到 239.255.255.255。我们就用每一个 D 类地址标志一个多播组。这样，D 类地址共可标志 2^{28} 个多播组，也就是说，在同一时间可以允许有超过 2.6 亿的多播组在互联网上运行。多播数据报也是"尽最大努力交付"，不保证一定能够交付多播组内的所有成员。因此，多播数据报和一般的 IP 数据报的区别就是它使用 D 类 IP 地址作为目的地址，即 IP 地址的前 4 位是 1110。

显然，**多播地址只能用于目的地址**，而**不能用于源地址**。此外，对多播数据报不产生 ICMP 差错报文。因此，若在 PING 命令后面键入多播地址，将永远不会收到响应。

IP 多播可以分为两种。一种是只在本局域网上进行硬件多播，另一种则是在互联网的范围进行多播。前一种虽然比较简单，但很重要，因为现在大部分主机都是通过局域网接入到互联网的。在互联网上进行多播的最后阶段，还是要把多播数据报在局域网上用硬件多播交付多播组的所有成员（如图 4-58(b)所示）。下面就先讨论这种硬件多播。

4.7.2 在局域网上进行硬件多播

互联网号码指派管理局 IANA 拥有的以太网地址块的高 24 位为 00-00-5E, 因此 TCP/IP 协议使用的以太网地址块的范围是从 00-00-5E-00-00-00 到 00-00-5E-FF-FF-FF。在第 3 章 3.3.5 节已讲过，以太网 MAC 地址字段中的第 1 字节的最低位为 1 时即为多播地址，这种多播地址数占 IANA 分配到的地址数的一半。但 IANA 只拿出 2^{23} 个地址，即 01-00-5E-00-00-00 到 01-00-5E-7F-FF-FF 的地址作为以太网多播地址。或者说，在 48 位的多播地址中，前 25 位都固定不变，只有后 23 位可用作多播。但 D 类 IP 地址可供分配的有 28 位。这 28 位中只有后 23 位才映射以太网多播地址中的后 23 位，因此是多对一的映射关系（如图 4-59 所示），即 28 位中的前 5 位不能用来构成以太网多播地址。例如，IP 多播地址 224.128.64.32（即 E0-80-40-20）和另一个 IP 多播地址 224.0.64.32（即 E0-00-40-20）转换成以太网的多播地址都是 01-00-5E-00-40-20。因此收到多播数据报的主机，还要在 IP 层利用 IP 数据报首部的 IP 地址进行过滤，把不是本主机要接收的数据报丢弃。

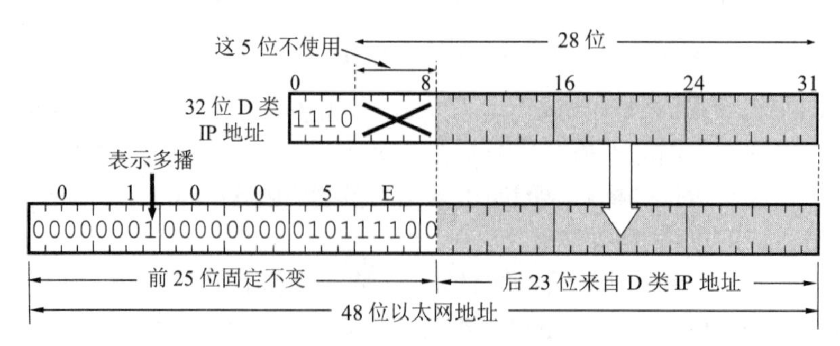

图 4-59 D 类 IP 地址与以太网多播地址的映射关系

下面就讨论进行 IP 多播所需要的协议。

4.7.3 网际组管理协议 IGMP 和多播路由选择协议

1. IP 多播需要两种协议

图 4-60 是在互联网上传送多播数据报的例子。图中标有 IP 地址的四台主机都参加了一个多播组，其组地址是 226.15.37.123。显然，多播数据报应当传送到路由器 R_1, R_2 和 R_3，而不应当传送到路由器 R_4，因为与 R_4 连接的局域网上现在没有这个多播组的成员。但这些路由器又怎样知道多播组的成员信息呢？这就要利用一个协议，叫作**网际组管理协议** IGMP (Internet Group Management Protocol)。

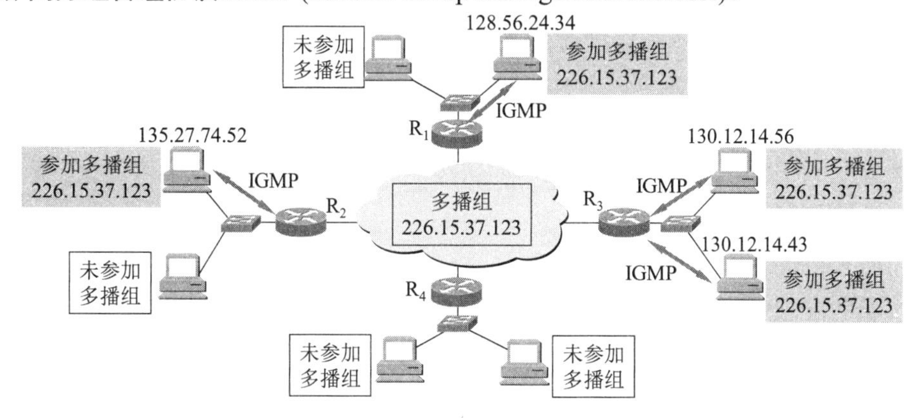

图 4-60 IGMP 使多播路由器知道多播组成员信息

图 4-60 强调了 IGMP 的**本地使用范围**。请注意，IGMP 并非在互联网范围内对所有多播组成员进行管理的协议。IGMP 不知道 IP 多播组包含的成员数，也不知道这些成员都分布在哪些网络上。IGMP 协议是让**连接在本地局域网**上的多播路由器知道**本局域网上**是否有主机（严格讲，是主机上的某个进程）参加或退出了某个多播组。

显然，仅有 IGMP 协议是不能完成多播任务的。连接在局域网上的多播路由器还必须和互联网上的其他多播路由器协同工作，以便把多播数据报用最小代价传送给所有的组成员。这就需要使用**多播路由选择协议**。

然而多播路由选择协议要比单播路由选择协议复杂得多。我们可以通过一个简单的例子来说明。我们假定图 4-61 中有两个多播组。多播组 M_1 的成员有主机 A, B 和 C，而多播组 M_2 的成员有主机 D, E 和 F。这些主机分布在三个网络上（N_1, N_2 和 N_3）。

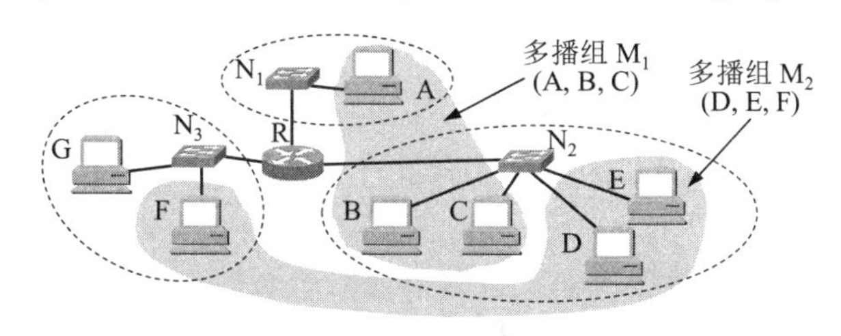

图 4-61 用来说明多播路由选择的例子

路由器 R 不应当向网络 N_3 转发多播组 M_1 的分组，因为网络 N_3 上没有多播组 M_1 的成员。但是每一台主机可以随时加入或离开一个多播组。例如，如果主机 G 现在加入了多播

组 M_1，那么从这时起，路由器 R 就必须也向网络 N_3 转发多播组 M_1 的分组。这就是说，**多播转发必须动态地适应多播组成员的变化（这时网络拓扑并未发生变化）**。请注意，单播路由选择通常在网络拓扑发生变化时才需要更新路由。

再看一种情况。主机 E 和 F 都是多播组 M_2 的成员。当 E 向 F 发送多播数据报时，路由器 R 把这个多播数据报转发到网络 N_3。但当 F 向 E 发送多播数据报时，路由器 R 则把多播数据报转发到网络 N_2。如果路由器 R 收到来自主机 A 的多播数据报（A 不是多播组 M_2 的成员，但也可向多播组发送多播数据报），那么路由器 R 就应当把多播数据报转发到 N_2 和 N_3。由此可见，**多播路由器在转发多播数据报时，不能仅仅根据多播数据报中的目的地址，**而是还要考虑这个多播数据报从什么地方来和要到什么地方去。

还有一种情况。主机 G 没有参加任何多播组，但 G 却可向任何多播组发送多播数据报。例如，G 可向多播组 M_1 或 M_2 发送多播数据报。主机 G 所在的局域网上可以没有任何多播组的成员。显然，多播数据报所经过的许多网络，也不一定非要有多播组成员。总之，**多播数据报可以由没有加入多播组的主机发出，也可以通过没有组成员接入的网络。**

正因为如此，IP 多播就成为比较复杂的问题。下面介绍这两种协议的要点。

2. 网际组管理协议 IGMP

IGMP 已有了三个版本。1989 年公布的 RFC 1112（IGMPv1）早已成为了互联网的标准协议（STD 5）。2002 年 10 月公布的建议标准 IGMPv3 是最新的[RFC 3376]。

和网际控制报文协议 ICMP 相似，IGMP 使用 IP 数据报传递其报文（即 IGMP 报文加上 IP 首部构成 IP 数据报），但它也向 IP 提供服务。因此，我们不把 IGMP 看成是一个单独的协议，而是属于整个网际协议 IP 的一个组成部分。

从概念上讲，IGMP 的工作可分为两个阶段。

第一阶段：当某台主机加入新的多播组时，该主机应向多播组的多播地址发送一个 IGMP 报文，声明自己要成为该组的成员。本地的多播路由器收到 IGMP 报文后，还要利用多播路由选择协议把这种组成员关系转发给互联网上的其他多播路由器。

第二阶段：组成员关系是动态的。本地多播路由器要周期性地探询本地局域网上的主机，以便知道这些主机是否还继续是组的成员。只要有一台主机对某个组响应，那么多播路由器就认为这个组是活跃的。但一个组在经过几次的探询后仍然没有一台主机响应，多播路由器就认为本网络上的主机已经都离开了这个组，因此也就不再把这个组的成员关系转发给其他的多播路由器。

IGMP 设计得很仔细，避免了多播控制信息给网络增加大量的开销。IGMP 采用的一些具体措施如下：

(1) 在主机和多播路由器之间的所有通信都使用 IP 多播。只要有可能，携带 IGMP 报文的数据报都用硬件多播来传送。因此在支持硬件多播的网络上，没有参加 IP 多播的主机不会收到 IGMP 报文。

(2) 多播路由器在探询组成员关系时，只需要对所有的组发送一个请求信息的询问报文，而不需要对每一个组发送一个询问报文（虽然也允许对一个特定组发送询问报文）。默认的询问速率是每 125 秒发送一次（通信量并不太大）。

(3) 当同一个网络上连接有几个多播路由器时，它们能够迅速和有效地选择其中的一个来探询主机的成员关系。因此，网络上多个多播路由器并不会引起 IGMP 通信量的增大。

(4) 在 IGMP 的询问报文中有一个数值 N，它指明一个最长响应时间（默认值为 10 秒）。当收到询问时，主机在 0 到 N 之间随机选择发送响应所需经过的时延。因此，若一台主机同时参加了几个多播组，则主机对每一个多播组选择不同的随机数。对应于最小时延的响应最先发送。

(5) 同一个组内的每一台主机都要监听响应，只要有本组的其他主机先发送了响应，自己就可以不再发送响应了。这样就抑制了不必要的通信量。

多播路由器并不需要保留组成员关系的准确记录，因为向局域网上的组成员转发数据报是使用硬件多播。多播路由器只需要知道网络上是否至少还有一台主机是本组成员即可。实际上，对询问报文每一个组只需有一台主机发送响应。

如果一台主机上有多个进程都加入了某个多播组，那么这台主机对发给这个多播组的每个多播数据报只接收一个副本，然后给主机中的每一个进程发送一个本地复制的副本。

最后我们还要强调指出，多播数据报的发送者和接收者都不知道（也无法找出）一个多播组的成员有多少，以及这些成员是哪些主机。互联网中的路由器和主机都不知道哪个应用进程将要向哪个多播组发送多播数据报，因为任何应用进程都可以在任何时候向任何一个多播组发送多播数据报，而这个应用进程并不需要加入这个多播组。

IGMP 的报文格式可参阅有关文档[RFC 3376]，这里从略。

3. 多播路由选择协议

虽然在 TCP/IP 中 IP 多播协议已成为建议标准，但多播路由选择协议（用来在多播路由器之间传播路由信息）则尚未标准化。

在多播过程中一个多播组中的成员是动态变化的。例如在收听网上某个广播节目时，随时会有主机加入或离开这个多播组。多播路由选择实际上就是要找出以源主机为根节点的**多播转发树**。在多播转发树上，每一个多播路由器向树的叶节点方向转发收到的多播数据报，但在多播转发树上的路由器不会收到重复的多播数据报（即多播数据报不应在互联网中兜圈子）。不难看出，对不同的多播组对应于不同的多播转发树。同一个多播组，对不同的源点也会有不同的多播转发树。

已有了多种实用的多播路由选择协议，它们在转发多播数据报时使用了以下的三种方法：

(1) **洪泛与剪除**。这种方法适合于较小的多播组，而所有的组成员接入的局域网也是相邻接的。一开始，路由器转发多播数据报使用洪泛的方法（这就是广播）。为了避免兜圈子，采用了叫作**反向路径广播 RPB** (Reverse Path Broadcasting)的策略。RPB 的要点是：每一个路由器在收到一个多播数据报时，先检查数据报是否是从源点经最短路径传送来的。进行这种检查很容易，只要从本路由器寻找到源点的最短路径上（之所以叫作反向路径，因为在计算最短路径时是把源点当作终点的）的第一个路由器是否就是刚才把多播数据报送来的路由器。若是，就向所有其他方向转发刚才收到的多播数据报（但进入的方向除外），否则就丢弃而不转发。如果本路由器有好几个相邻路由器都处在到源点的最短路径上（也就是说，存在几条同样长度的最短路径），那么只能选择一条最短路径，选择的准则就是看这几条最短路径中的相邻路由器谁的 IP 地址最小。图 4-62 的例子说明了这一概念。

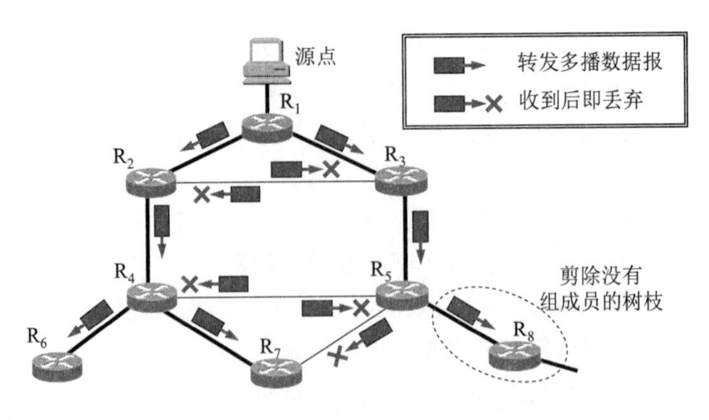

图 4-62　反向路径广播 RPB 和剪除

为简单起见，在图 4-62 中的网络用路由器之间的链路来表示。我们假定各路由器之间的距离都是 1。路由器 R_1 收到源点发来的多播数据报后，向 R_2 和 R_3 转发。R_2 发现 R_1 就在自己到源点的最短路径上，因此向 R_3 和 R_4 转发收到的数据报。R_3 发现 R_2 不在自己到源点的最短路径上，因此丢弃 R_2 发来的数据报。其他路由器也这样转发。R_7 到源点有两条最短路径：$R_7 \to R_4 \to R_2 \to R_1 \to$ 源点；$R_7 \to R_5 \to R_3 \to R_1 \to$ 源点。我们再假定 R_4 的 IP 地址比 R_5 的 IP 地址小，所以我们只使用前一条最短路径。因此 R_7 只转发 R_4 传过来的数据报，而丢弃 R_5 传过来的数据报。最后就得出了用来转发多播数据报的多播转发树（图中用粗线表示），以后就按这个多播转发树来转发多播数据报。这样就避免了多播数据报兜圈子，同时每一个路由器也不会接收重复的多播数据报。

如果在多播转发树上的某个路由器发现它的下游树枝（即叶节点方向）已没有该多播组的成员，就应把它和下游的树枝一起**剪除**。例如，在图 4-62 中虚线椭圆表示剪除的部分。当某个树枝有新增加的组成员时，可以再接入到多播转发树上。

(2) **隧道技术**(tunneling)。隧道技术适用于多播组的位置在地理上很分散的情况。例如在图 4-63 中，网 N_1 和网 N_2 都支持多播。现在 N_1 中的主机向 N_2 中的一些主机进行多播。但路由器 R_1 和 R_2 之间的网络并不支持多播，因而 R_1 和 R_2 不能按多播地址转发数据报。为此，路由器 R_1 就对多播数据报进行再次封装，即再加上普通数据报首部，使之成为向单一目的站发送的**单播**(unicast)数据报，然后通过“**隧道**”(tunnel)从 R_1 发送到 R_2。

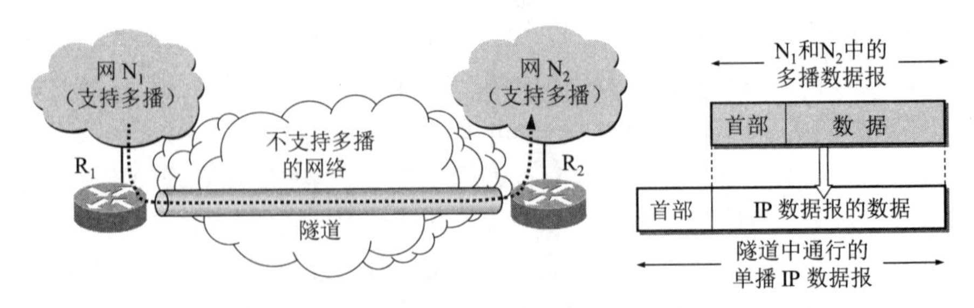

图 4-63　隧道技术在多播中的应用

单播数据报到达路由器 R_2 后，再由路由器 R_2 剥去其首部，使它又恢复成原来的多播数据报，继续向多个目的站转发。这一点和英吉利海峡隧道运送汽车的情况相似。英吉利海峡隧道不允许汽车在隧道中行驶。但是，可以把汽车放置在隧道中行驶的电气火车上来通过隧道。过了隧道后，汽车又可以继续在公路上行驶。这种使用隧道技术传送数据报又叫作 IP

中的 IP (IP-in-IP)。

(3) **基于核心的发现技术**。这种方法对于多播组的大小在较大范围内变化时都适合。这种方法是对每一个多播组 G 指定一个**核心(core)路由器**，给出它的 IP 单播地址。核心路由器按照前面讲过的方法创建出对应于多播组 G 的转发树。如果有一个路由器 R_1 向这个核心路由器发送数据报，那么它在途中经过的每一个路由器都要检查其内容。当数据报到达参加了多播组 G 的路由器 R_2 时，R_2 就处理这个数据报。如果 R_1 发出的是一个多播数据报，其目的地址是 G 的组地址，R_2 就向多播组 G 的成员转发这个多播数据报。如果 R_1 发出的数据报是一个请求加入多播组 G 的数据报，R_2 就把这个信息加到它的路由中，并用隧道技术向 R_1 转发每一个多播数据报的一个副本。这样，参加到多播组 G 的路由器就从核心向外增多了，扩大了多播转发树的覆盖范围。

目前还没有在整个互联网范围使用的多播路由选择协议。下面是一些建议使用的多播路由选择协议。

距离向量多播路由选择协议 DVMRP (Distance Vector Multicast Routing Protocol)是在互联网上使用的第一个多播路由选择协议[RFC 1075]。由于在 UNIX 系统中实现 RIP 的程序叫作 routed，所以在 routed 的前面加表示多播的字母 m，叫作 mrouted，它使用 DVMRP 在路由器之间传播路由信息。

基于核心的转发树 CBT (Core Based Tree) [RFC 2189, 2201]。这个协议使用核心路由器作为转发树的根节点。一个大的自治系统 AS 可划分为几个区域，每一个区域选择一个核心路由器（也叫作中心路由器 center router，或汇聚点路由器 rendezvous router）。

开放最短通路优先的多播扩展 MOSPF (Multicast extensions to OSPF) [RFC 1585]。这个协议是单播路由选择协议 OSPF 的扩充，使用于一个机构内。MOSPF 使用多播链路状态路由选择创建出基于源点的多播转发树。

协议无关多播-稀疏方式 PIM-SM (Protocol Independent Multicast-Sparse Mode) [RFC 7761，STD83]。这是唯一成为互联网标准的一个协议，它使用和 CBT 同样的方法构成多播转发树。采用“协议无关”这个名词是强调：虽然在建立多播转发树时是使用单播数据报来和远程路由器联系的，但这并不要求使用特定的单播路由选择协议。这个协议适用于组成员的分布非常分散的情况。

协议无关多播-密集方式 PIM-DM (Protocol Independent Multicast-Dense Mode) [RFC 3973]。这个协议适用于组成员的分布非常集中的情况，例如组成员都在一个机构之内。PIM-DM 不使用核心路由器，而是使用洪泛方式转发数据报。

4.8 虚拟专用网 VPN 和网络地址转换 NAT

4.8.1 虚拟专用网 VPN

由于 IP 地址的紧缺，一个机构能够申请到的 IP 地址数往往远小于本机构所拥有的主机数。考虑到互联网并不很安全，一个机构内也并不需要把所有的主机接入到外部的互联网。实际上，在许多情况下，很多主机主要还是和本机构内的其他主机进行通信（例如，在大型商场或宾馆中，有很多用于营业和管理的计算机。显然这些计算机并不都需要和互联网相连）。假定在一个机构内部的计算机通信也是采用 TCP/IP 协议，那么从原则上讲，对于这些仅在机构内部使用的计算机就可以由本机构**自行分配**其 IP 地址。这就是说，让这些计算机使用仅在本机构有效的 IP 地址（这种地址称为**本地地址**），而不需要向互联网的管理机构申请全球唯一的 IP 地址（这种地址称为**全球地址**）。这样就可以大大节约宝贵的全球 IP 地址资源。

但是，如果任意选择一些 IP 地址作为本机构内部使用的本地地址，那么在某种情况下可能会引起一些麻烦。例如，有时机构内部的某台主机需要和互联网连接，那么这种仅在内部使用的本地地址就有可能和互联网中某个 IP 地址重合，这样就会出现地址的二义性问题。

为了解决这一问题，RFC 1918 指明了一些**专用地址**(private address)。这些地址只能用于一个机构的内部通信，而不能用于和互联网上的主机通信。换言之，专用地址只能用作本地地址而不能用作全球地址。**在互联网中的所有路由器，对目的地址是专用地址的数据报一律不进行转发**。2013 年 4 月，RFC 6890 全面地给出了所有特殊用途的 IPv4 和 IPv6 地址，但三个 IPv4 专用地址块的指派并无变化，即

(1) 10.0.0.0/8，即从 10.0.0.0 到 10.255.255.255。

(2) 172.16.0.0/12，即从 172.16.0.0 到 172.31.255.255。

(3) 192.168.0.0/16，即从 192.168.0.0 到 192.168.255.255。

上面的三个地址块分别相当于原来的一个 A 类网络、16 个连续的 B 类网络和 256 个连续的 C 类网络。A 类地址本来早已用完了，而上面的地址 10.0.0.0 本来是分配给 ARPANET 的。由于 ARPANET 已经关闭停止运行了，因此这个地址就用作专用地址。

采用这样的专用 IP 地址的互连网络称为**专用互联网**或**本地互联网**，或更简单些，就叫作**专用网**。显然，全世界可能有很多的专用互连网络具有相同的 IP 地址，但这并不会引起麻烦，因为这些专用地址仅在本机构内部使用。专用 IP 地址也叫作**可重用地址**(reusable address)。

有时一个很大的机构的许多部门分布的范围很广（例如，在世界各地），这些部门经常要互相交换信息。这可以有两种方法。(1) 租用电信公司的通信线路为本机构专用。这种方法虽然简单方便，但线路的租金太高，一般难于承受。(2) 利用公用的互联网作为本机构各专用网之间的通信载体，这样的专用网又称为**虚拟专用网** VPN (Virtual Private Network)。

这里之所以称为“专用网”是因为这种网络是为本机构的主机用于机构内部的通信，而不是用于和网络外非本机构的主机通信。如果专用网不同网点之间的通信必须经过公用的互联网，但又有保密的要求，那么**所有通过互联网传送的数据都必须加密**。加密需要采用的协议将在 7.6.1 节讨论。“虚拟”表示“好像是”，但实际上并不是，因为现在并没有真正使用通信专线，而 VPN 只是**在效果上**和真正的专用网一样。一个机构要构建自己的 VPN 就必须为它的每一个场所购买专门的硬件和软件，并进行配置，使每一个场所的 VPN 系统都知道其他场所的地址。

图 4-64 以两个场所为例说明如何使用 IP 隧道技术实现虚拟专用网。

假定某个机构在两个相隔较远的场所建立了专用网 A 和 B，其网络地址分别为**专用地址** 10.1.0.0 和 10.2.0.0。现在这两个场所需要通过公用的互联网构成一个 VPN。

显然，每一个场所至少要有一个路由器具有合法的全球 IP 地址，如图 4-64(a)中的路由器 R_1 和 R_2。这两个路由器和互联网的接口地址必须是合法的全球 IP 地址。路由器 R_1 和 R_2 在专用网内部网络的接口地址则是专用网的本地地址。

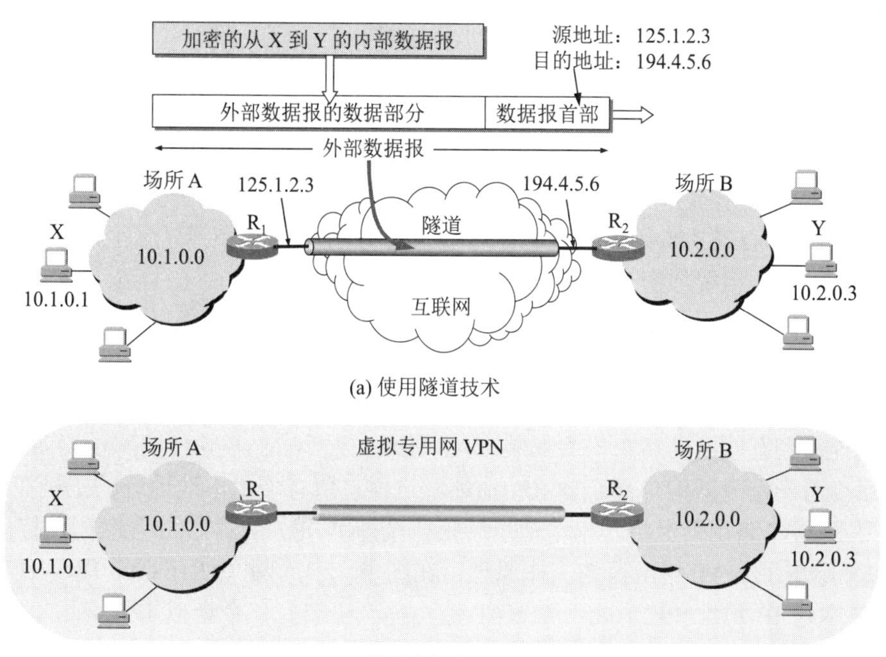

(a) 使用隧道技术

(b) 构成虚拟专用网

图 4-64　用隧道技术实现虚拟专用网

在每一个场所 A 或 B 内部的通信量都不经过互联网。但如果场所 A 的主机 X 要和另一个场所 B 的主机 Y 通信，那么就必须经过路由器 R_1 和 R_2。主机 X 向主机 Y 发送的 IP 数据报的源地址是 10.1.0.1，而目的地址是 10.2.0.3。这个数据报先作为本机构的内部数据报从 X 发送到与互联网连接的路由器 R_1。路由器 R_1 收到内部数据报后，发现其目的网络必须通过互联网才能到达，就把整个的内部数据报进行加密（这样就保证了内部数据报的安全），然后重新加上数据报的首部，封装成为在互联网上发送的外部数据报，其源地址是路由器 R_1 的全球地址 125.1.2.3，而目的地址是路由器 R_2 的全球地址 194.4.5.6。路由器 R_2 收到数据报后将其数据部分取出进行解密，恢复出原来的内部数据报（目的地址是 10.2.0.3），交付主机 Y。可见，虽然 X 向 Y 发送的数据报通过了公用的互联网，但在效果上就好像是在本部门的专用网上传送一样。如果主机 Y 要向 X 发送数据报，那么所进行的步骤也是类似的。

请注意，数据报从 R_1 传送到 R_2 可能要经过互联网中的很多个网络和路由器。但从逻辑上看，在 R_1 到 R_2 之间好像是一条直通的点对点链路，图 4-64(a)中的“隧道”就是这个意思。

如图 4-64(b)所示的、由场所 A 和 B 的内部网络所构成的虚拟专用网 VPN 又称为**内联网**（intranet 或 intranet VPN，即内联网 VPN），表示场所 A 和 B 都属于同一个机构。

有时一个机构的 VPN 需要有某些**外部机构**（通常就是合作伙伴）参加进来。这样的 VPN 就称为**外联网**（extranet 或 extranet VPN，即外联网 VPN）。

请注意，内联网和外联网都采用了互联网技术，即都是基于 TCP/IP 协议的。

还有一种类型的 VPN，就是**远程接入** VPN (remote access VPN)。我们知道，有的公司可能并没有分布在不同场所的部门，但却有很多流动员工在外地工作。公司需要和他们保持联系，有时还可能一起开电话会议或视频会议。远程接入 VPN 可以满足这种需求。在外地工作的员工通过拨号接入互联网，而驻留在员工个人电脑中的 VPN 软件可以在员工的个人电脑和公司的主机之间建立 VPN 隧道，因而外地员工与公司通信的内容也是保密的，员工们感到好像就是使用公司内部的本地网络。

关于 VPN 隧道的保密问题，在后面的 7.5.1 节还有进一步的论述。

4.8.2 网络地址转换

扫一扫

视频讲解

下面讨论另一种情况，就是在专用网内部的一些主机本来已经分配到了本地 IP 地址（即仅在本专用网内使用的专用地址），但现在又想和互联网上的主机通信（并不需要加密），那么应当采取什么措施呢？

最简单的办法就是设法再申请一些全球 IP 地址。但这在很多情况下是不容易做到的。目前使用得最多的方法是采用网络地址转换。

网络地址转换 NAT (Network Address Translation)方法是在 1994 年提出的。这种方法需要在专用网连接到互联网的路由器上安装 NAT 软件。装有 NAT 软件的路由器叫作 NAT 路由器，它至少有一个有效的外部全球 IP 地址。这样，所有使用本地地址的主机在和外界通信时，都要在 NAT 路由器上将其本地地址转换成全球 IP 地址，才能和互联网连接。

图 4-65 给出了 NAT 路由器的工作原理。在图中，专用网 192.168.0.0/16 内所有主机的 IP 地址都是本地 IP 地址 192.168.x.x。NAT 路由器至少要有一个全球 IP 地址，才能和互联网相连。在本例中，NAT 路由器的全球 IP 地址是 172.38.1.5（当然，NAT 路由器可以有多个全球 IP 地址）。

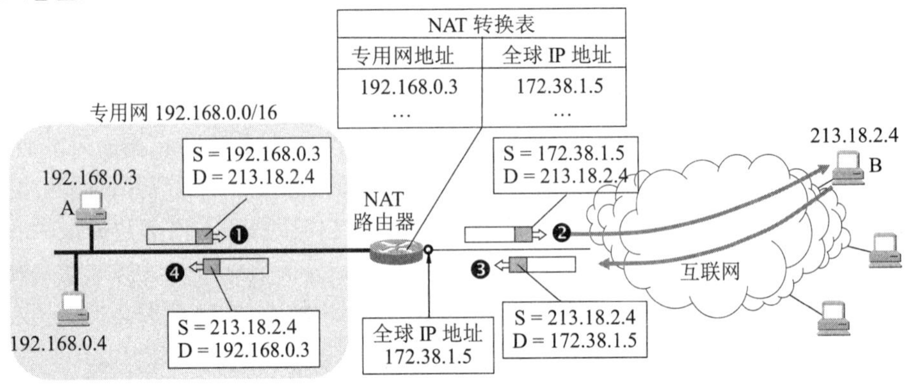

图 4-65 NAT 路由器的工作原理

NAT 路由器收到从专用网内部的主机 A 发往互联网上主机 B 的 IP 数据报❶：源地址 S = 192.168.0.3，而目的地址 D = 213.18.2.4。NAT 路由器通过内部的 NAT 转换表，把专用网的 IP 地址 192.168.0.3，转换为全球 IP 地址 172.38.1.5 后，改写到数据报的首部中作为新的源地址，然后把新的数据报❷转发出去。主机 B 收到 IP 数据报❷后，发回应答❸，B 发送的 IP 数据报的源地址就是自己的地址：S = 213.18.2.4，目的地址就是刚才收到的数据报的源地址，因此现在 D = 172.38.1.5。请注意，B 并不知道 A 的专用地址 192.168.0.3。实际上，即使知道了，也不能使用，因为互联网上的路由器不能转发目的地址是任何专用地址的 IP 数据报。当 NAT 路由器收到 B 发来的 IP 数据报❸时，还要进行一次 IP 地址的转换。通过 NAT 转换表，把收到的 IP 数据报使用的目的地址 D = 172.38.1.5 转换为专用网内部的目的地址 D = 192.168.0.3（即主机 A 真正的本地 IP 地址），变成了数据报❹，然后发送到 A。

由此可见，当 NAT 路由器具有 n 个全球 IP 地址时，专用网内最多可以同时有 n 台主机接入到互联网。这样就可以使专用网内较多数量的主机，轮流使用 NAT 路由器有限数量的全球 IP 地址。

显然，通过 NAT 路由器的通信必须由专用网内的主机发起。设想如果有专用网上外面的主机要发起通信，当 IP 数据报到达 NAT 路由器时，NAT 路由器就不知道应当把目的 IP 地址转换成专用网内的哪一个本地 IP 地址。这就表明，专用网内部的主机不能直接充当服务器用。

为了更加有效地利用 NAT 路由器上的全球 IP 地址，现在常用的 NAT 转换表把运输层的端口号也利用上。这样，就可以使多个拥有本地地址的主机，共用 NAT 路由器上的一个全球 IP 地址，因而可以同时和互联网上的不同主机进行通信[COME06]。

由于运输层的端口号将在下一章 5.1.3 节讨论，因此，建议在学完运输层的有关内容后，再学习下面的内容。但从系统性方面考虑，把下面的这部分内容放在本章中介绍较为合适。

使用端口号的 NAT 也叫作**网络地址与端口号转换** NAPT (Network Address and Port Translation)，而不使用端口号的 NAT 就叫作传统的 NAT (traditional NAT)。但在许多文献中并没有这样区分，而是不加区分地都使用 NAT 这个更加简洁的缩写词。表 4-9 说明了 NAPT 的地址转换机制。

表 4-9　NAPT 地址转换表举例

方向	字段	原先的 IP 地址和端口号	转换后的 IP 地址和端口号
从专用网发往互联网	源 IP 地址:TCP 源端口	192.168.0.3:30000	172.38.1.5:40001
从专用网发往互联网	源 IP 地址:TCP 源端口	192.168.0.4:30000	172.38.1.5:40002
从互联网发往专用网	目的 IP 地址:TCP 目的端口	172.38.1.5:40001	192.168.0.3:30000
从互联网发往专用网	目的 IP 地址:TCP 目的端口	172.38.1.5:40002	192.168.0.4:30000

从表 4-9 可以看出，在专用网内主机 192.168.0.3 向互联网发送 IP 数据报，其 TCP 端口号选择为 30000。NAPT 把源 IP 地址和 TCP 端口号都进行转换（如果使用 UDP，则对 UDP 的端口号进行转换。原理是一样的）。另一台主机 192.168.0.4 也选择了同样的 TCP 端口号 30000。这纯属巧合（端口号仅在本主机中才有意义）。现在 NAPT 把专用网内不同的源 IP 地址都转换为同样的全球 IP 地址。但对源主机所采用的 TCP 端口号（不管相同或不同），则转换为不同的新的端口号。因此，当 NAPT 路由器收到从互联网发来的应答时，就可以从 IP 数据报的数据部分找出运输层的端口号，然后根据不同的目的端口号，从 NAPT 转换表中找到正确的目的主机。

应当指出，从层次的角度看，NAPT 的机制有些特殊。普通路由器在转发 IP 数据报时，对于源 IP 地址或目的 IP 地址都是不改变的。但 NAT 路由器在转发 IP 数据报时，一定要更换其 IP 地址（转换源 IP 地址或目的 IP 地址）。其次，普通路由器在转发分组时是工作在网络层的。但 NAPT 路由器还要查看和转换运输层的端口号，而这本来应当属于运输层的范畴。也正因为这样，NAPT 曾遭受了一些人的批评，认为 NAPT 的操作没有严格按照层次的关系。但不管怎样，NAT（包括 NAPT）已成为互联网的一个重要构件[RFC 3022]。

4.9　多协议标签交换 MPLS

IETF 于 1997 年成立了 MPLS 工作组，为的是开发出一种新的协议。这种新的协议就是**多协议标签交换** MPLS (MultiProtocol Label Switching)。“多协议”表示在 MPLS 的上层可以采用多种协议。IETF 还综合了许多公司的类似技术，如思科公司的**标签交换**(Tag Switching)，以及 Ipsilon 公司的 **IP 交换**(IP Switching)等。2001 年 1 月 MPLS 终于成为互联网的建议标准 [RFC 3031, 3032]。

MPLS 利用面向连接技术，使每个分组携带一个叫作**标签**(label)[①]的小整数（这叫作打上标签）。当分组到达交换机（即标签交换路由器）时，交换机读取分组的标签，并用标签值来检索分组转发表。这样就比查找路由表来转发分组要快得多。

人们经常把 MPLS 与**异步传递方式** ATM (Asynchronous Transfer Mode)联系起来，这仅仅是因为它们都采用了面向连接的工作方式。以前很多人都曾认为网络的发展方向是以 ATM 为核心的宽带综合业务数字 B-ISDN。然而价格低廉得多的高速 IP 路由器仍然占领了市场，最终导致 ATM 技术和 B-ISDN 未能够成为网络的发展方向。MPLS 并没有取代 IP，而是作为一种 IP 增强技术，被广泛地应用在互联网中。

MPLS 具有以下三个方面的特点：(1) 支持面向连接的服务质量。(2) 支持流量工程，均衡网络负载。(3) 有效地支持虚拟专用网 VPN。

下面讨论 MPLS 的基本工作原理。

4.9.1 MPLS 的工作原理

扫一扫

视频讲解

1. 基本工作过程

在传统的 IP 网络中，分组每到达一个路由器，都必须查找转发表，并按照“最长前缀匹配”的原则找到下一跳的 IP 地址（请注意，前缀的长度是不确定的）。当网络很大时，查找含有大量项目的转发表要花费很多的时间。在出现突发性的通信量时，往往还会使缓存溢出，这就会引起分组丢失、传输时延增大和服务质量下降。

MPLS 的一个重要特点就是在 MPLS 域的入口处，给每一个 IP 数据报打上固定长度**“标签”，然后对打上标签的 IP 数据报用硬件进行转发，**这就使得 IP 数据报转发的过程大大地加快了[②]。采用硬件技术对打上标签的 IP 数据报进行转发就称为**标签交换**。“交换”也表示在转发时不再上升到第三层查找转发表，而是**根据标签在第二层（链路层）用硬件进行转发**。MPLS 可使用多种链路层协议，如 PPP、以太网、ATM 以及帧中继等。图 4-66 是 MPLS 协议的基本原理的示意图。

MPLS 域(MPLS domain)是指该域中有许多彼此相邻的路由器，并且所有的路由器都是支持 MPLS 技术的**标签交换路由器** LSR (Label Switching Router)。LSR 同时具有标签交换和路由选择这两种功能，标签交换功能是为了快速转发，但在这之前 LSR 需要使用路由选择功能构造转发表。

---

① 注：label 的标准译名本来是“标号”[MINGCI94]，但此译名未被普遍接受。本书曾采用译名“标记”，现在改用多数文献中的译名“标签”。

② 注：有的公司愿意用“第三层交换”表示“第三层的路由选择功能加上第二层的交换功能”。但这样的术语不够明确，因而编者不主张使用这一术语。

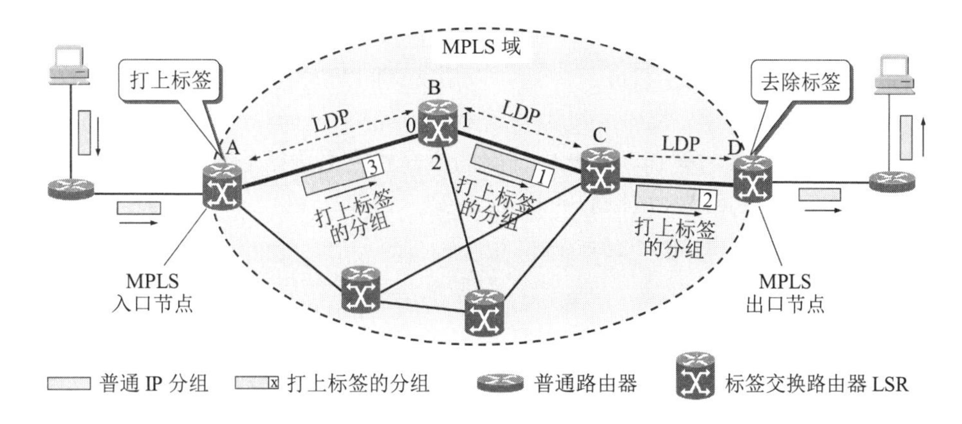

图 4-66　MPLS 协议的基本原理

图 4-66 中给出了 MPLS 的基本工作过程，解释如下：

(1) MPLS 域中的各 LSR 使用专门的**标签分配协议 LDP** (Label Distribution Protocol)交换报文，并找出和特定标签相对应的路径，即**标签交换路径** LSP (Label Switched Path)。例如在图中的路径 A→B→C→D。各 LSR 根据这些路径构造出转发表。这个过程和路由器构造自己的路由表相似[RFC 3031]，限于篇幅，这里不讨论转发表构造的详细步骤。但应注意的是，MPLS 是面向连接的，因为在标签交换路径 LSP 上的第一个 LSR 就根据 IP 数据报的初始标签确定了整个的标签交换路径，就像一条虚连接一样。

(2) 当一个 IP 数据报进入到 MPLS 域时，MPLS **入口节点**(ingress node)就给它打上标签（后面我们就会知道，这实际上是插入一个 MPLS 首部），并按照转发表把它转发给下一个 LSR。以后的所有 LSR 都按照标签进行转发。

给 IP 数据报打标签的过程叫作**分类**(classification)。严格的**第三层（网络层）分类**只使用了 IP 首部中的字段，如源 IP 地址和目的 IP 地址等。大多数运营商实现了**第四层（运输层）分类**（除了要检查 IP 首部外，运输层还要检查 TCP 或 UDP 首部中的协议端口号），而有些运营商则实现了**第五层（应用层）分类**（更进一步地检查数据报的内部并考虑其有效载荷）。

(3) 由于在全网内统一分配全局标签数值是非常困难的，因此**一个标签仅仅在两个标签交换路由器 LSR 之间才有意义**。分组每经过一个 LSR，LSR 就要做两件事：一是转发，二是更换新的标签，即把**入标签**更换成为**出标签**。这就叫作**标签对换**(label swapping)①。做这两件事所需的数据都已清楚地写在转发表中。例如，图 4-66 中的标签交换路由器 B 从入接口 0 收到一个入标签为 3 的 IP 数据报，查找了如下的转发表：

入接口	入标签	出接口	出标签
0	3	1	1

标签交换路由器 B 就知道应当把该 IP 数据报从出接口 1 转发出去，同时把标签对换为 1。

当 IP 数据报进入下一个 LSR 时，这时的入标签就是刚才得到的出标签。因此，标签交换路由器 C 接着在转发该 IP 数据报时，又把入标签 1 对换为出标签 2。

① 注：这里使用[RFC 3031]中的标准词汇。“对换”和“交换”的意思相近，但“对换”更强调**两个**标签互相对换（把入标签更换为出标签）。虽然 MPLS 中的 LS 是表示“标签交换”，但标签交换路由器 LSR 实现的功能是“标签对换”。

(4) 当 IP 数据报离开 MPLS 域时，MPLS **出口节点**(egress node)就把 MPLS 的标签去除，把 IP 数据报交付非 MPLS 的主机或路由器，以后就按照普通的转发方法进行转发。

从以上的讨论可以看出，MPLS 的路由选择和互联网中通常使用的“每一个路由器逐跳进行路由选择”有着很大的区别。MPLS 使用的是**显式路由选择**(explicit routing)，其特点是“由入口 LSR 确定进入 MPLS 域以后的转发路径”。

下面再讨论 MPLS 中的几个重要概念。

2. 转发等价类 FEC

MPLS 有个很重要的概念就是**转发等价类** FEC (Forwarding Equivalence Class)。所谓“转发等价类”就是路由器**按照同样方式对待**的 IP 数据报的集合。这里“按照同样方式对待”表示从同样接口转发到同样的下一跳地址，并且具有同样服务类别和同样丢弃优先级等。FEC 的例子是：

(1) 目的 IP 地址与某一个特定 IP 地址的前缀匹配的 IP 数据报（这就相当于普通的 IP 路由器）；

(2) 所有源地址与目的地址都相同的 IP 数据报；

(3) 具有某种服务质量需求的 IP 数据报。

总之，划分 FEC 的方法不受什么限制，这都由网络管理员来控制，因此非常灵活。入口节点并不是给每一个 IP 数据报指派一个不同的标签，而是将属于同样 FEC 的 IP 数据报都指派同样的标签。FEC 和标签是一一对应的关系。

图 4-67 给出一个把 FEC 用于负载均衡的例子。图 4-67(a)的主机 H_1 和 H_2 分别向 H_3 和 H_4 发送大量数据。路由器 A 和 C 是数据传输必须经过的。但传统的路由选择协议只能选择最短路径 A→B→C，这就可能导致这段最短路径过载。

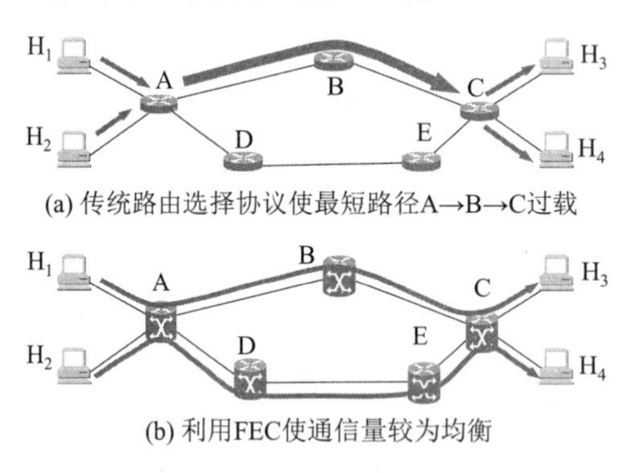

图 4-67　FEC 用于负载均衡

图 4-67(b)表示在 MPLS 的情况下，入口节点 A 可设置两种 FEC：“源地址为 H_1 而目的地址为 H_3”和“源地址为 H_2 而目的地址为 H_4”，把前一种 FEC 的路径设置为 H_1→A→B→C→H_3，而后一种的路径设置为 H_2→A→D→E→C→H_4。这样可使网络的负载较为均衡。网络管理员采用自定义的 FEC 就可以更好地管理网络的资源。这种均衡网络负载的做法也称为**流量工程** TE (Traffic Engineering)[①]或**通信量工程**。

① 注：流量工程是对网络上的通信量进行测量、建模和控制，使网络运行的性能得到最优化。

4.9.2 MPLS 首部的位置与格式

MPLS 并不要求下层的网络都使用面向连接的技术。因此一对 MPLS 路由器之间的物理连接，既可以由一个专用电路组成，如 OC-48 线路，也可以使用像以太网这样的网络。但是这些网络并不提供打标签的手段，而 IPv4 数据报首部也没有多余的位置存放 MPLS 标签。这就需要使用一种封装技术：在把 IP 数据报封装成以太网帧之前，先要插入一个 MPLS 首部。从层次的角度看，MPLS 首部就处在第二层和第三层之间（如图 4-68 所示）。在把加上 MPLS 首部的 IP 数据报封装成以太网帧时，以太网的类型字段在单播的情况下设置为 8847_{16}（下标 16 表示这是十六进制的数字），而在多播的情况下为 8848_{16}。这样，接收方可以用帧的类型来判决这个帧是携带了 MPLS 标签还是一个常规的 IP 数据报。

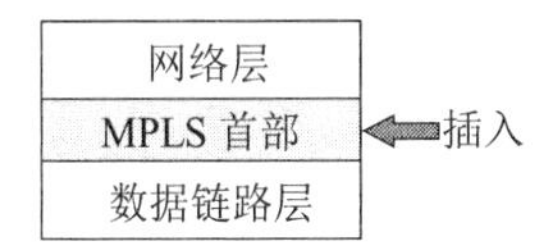

图 4-68 MPLS 首部的位置

图 4-69 给出了 MPLS 首部的格式。可见“给 IP 数据报打上标签”其实就是在以太网的帧首部和 IP 数据报的首部之间插入一个 4 字节的 MPLS 首部。具体的标签就在“标签值”这个字段中。

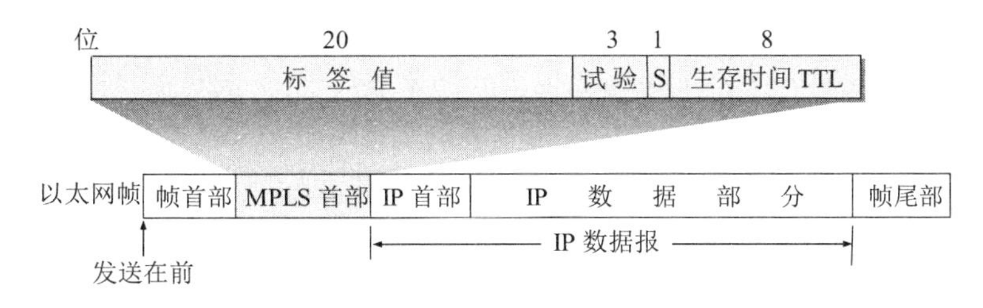

图 4-69 MPLS 首部的格式

MPLS 首部共包括以下四个字段：

(1) **标签值**　占 20 位。由于一个 MPLS 标签占 20 位，因此从理论上讲，在设置 MPLS 时可以使用标签的所有 20 位，因而可以同时容纳高达 2^{20} 个流（即 1048576 个流）。但是，实际上几乎没有哪个 MPLS 实例会使用很大数目的流，因为通常需要管理员人工管理和设置每条交换路径。

(2) **试验**　占 3 位，目前保留用于试验。

(3) S　占 1 位，S (Stack)表示**栈**，在有“标签栈”时使用。

(4) **生存时间** TTL　占 8 位，用来防止 MPLS 分组在 MPLS 域中兜圈子。

4.9.3 新一代的 MPLS

MPLS 问世后就在互联网中得到了大量的部署。虽然 MPLS 能够更快地转发分组，但其有关的控制协议（如 LDP）却比较复杂，其扩展性差，运行维护也较困难。协议 LDP 也无法做到基于时延或带宽等要求的流量调度。为了根据需要灵活地选择流量的转发路径，就还需要再使用**资源预留协议** RSVP（见 8.4.3 节）。但 RSVP 的信令非常复杂，每个节点都要维护一个庞大的链路信息数据库。此外，RSVP 不支持**等价多路径路由选择** ECMP (Equal-Cost Multipath Routing)，而只会选择一条最优路径进行转发。

为了解决上述问题，一种保留了 MPLS 的主要特点，但更加简单的新的源路由选择协议出现了。这就是**段路由选择协议**(Segment Routing)，简称为 SR。但不少人都使用“段路由协议”这样更加简单的名称。在 SR 中，“段(segment)”就是标签，也就是转发指令的一种标识符。SR 的工作原理仍然是基于标签交换的，不过现在不需要使用协议 LDP，因此简化了设备运行的协议数量。SR 由源节点为发送的报文指定路径，并将路径转换成有序的段列表(Segment List)，即 MPLS 标签栈，它被封装在分组首部。网络中的其他节点就执行首部中的指令（即标签）进行转发。

整个网络设有控制器，也就是 SDN 控制器（见 4.10 节）。控制器收集并掌握全网的拓扑信息和链路状态信息，计算出分组应传送的整个路径。控制器负责给分组分配 SR 标签，这些标签指明了分组从源点到终点的路径。当分组到达某个网络节点时，节点就根据分组携带的标签转发到下一个节点。

现在 SR 还向 IPv6 演进，这就是 SRv6。它直接利用 IPv6 字段作为标签寻址。而前面介绍的在 MPLS 基础上的 SR 则称为 SR-MPLS。

4.10 软件定义网络 SDN 简介

SDN 的概念最初由斯坦福大学 N. McKeown 于 2009 年首先提出。当时还只是在学术界进行探讨的一种新的网络体系结构。但随后几年发展很快，不少企业相继采用。其中最成功的案例就是谷歌建于 2010 ~ 2012 年的数据中心网络 B4。几年来网络 B4 运行的结果证明，基于 SDN 的专用广域网确实可以大大提高网络带宽利用率，网络运行更加稳定，管理更加高效简化，运行费用也明显降低了。目前，SDN 已经引起人们的密切关注。

在本章开始的 4.1.2 节，我们初步介绍了网络层数据层面和控制层面的基本概念。现在有关 SDN 的资料已相当丰富。限于篇幅，下面我们只能对 SDN 进行简单的介绍。

我们知道，在 SDN 中，数据层面中的交换机是由控制层面进行控制的，图 4-70 表明这种控制是通过协议 OpenFlow 来实现的。协议 OpenFlow 是一个得到高度认可的标准，在讨论 SDN 时往往与 OpenFlow 一起讨论。因此，有人会误认为 SDN 就是 OpenFlow。其实这二者有着很大的区别。SDN 不是协议，更不是一种产品。SDN 是一个体系结构，是一种设计、构建和管理网络的新方法或新概念，其要点就是把网络的控制层面和数据层面分离，而让控制层面利用软件来控制数据层面中的许多设备。可以把协议 OpenFlow 看成是在 SDN 体系结构中控制层面和数据层面之间的通信接口，它使得控制层面的控制器可以对数据层面中的物理设备或虚拟设备，进行直接访问和操纵。这种控制在**逻辑上是集中式的**，**是基于流的控制**。

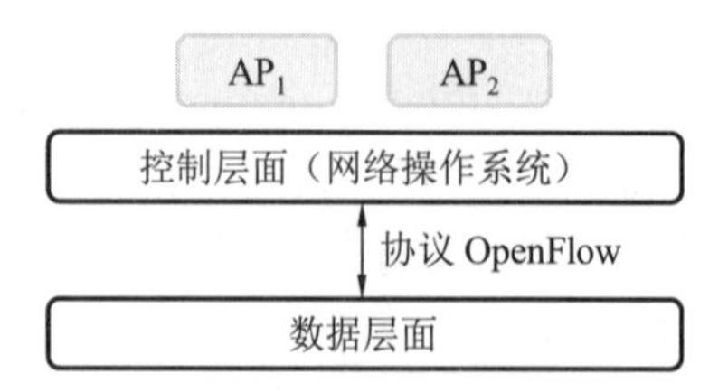

图 4-70 协议 OpenFlow 是控制层面和数据层面的接口

协议 OpenFlow 1.0 是 2009 年底发表的最早的版本，之后每年都进行更新，经过 12 次更新，到 2015 年 3 月发布了版本 1.5.1（283 页），但目前较为成熟的是 1.3 版本。OpenFlow 的技术规范由**开放网络基金会** ONF (Open Netwoking Foundation)负责制定。这是一个非营利性的产业联盟，其任务是致力于 SDN 的发展和标准化。但请注意，SDN 并未规定必须使用 OpenFlow，只不过是大部分 SDN 的产品采用了 OpenFlow 作为其控制层面与数据层面的接口。

传统意义上的数据层面的任务就是根据转发表来转发分组。可以再把“转发”细分一下。实际上这里有两个步骤。第一个步骤是“匹配”，即查找转发表中的网络前缀，进行最长前缀匹配。第二个步骤是“动作”，即把分组从指明的接口转发出去。这种“匹配 + 动作”的转发方式在 SDN 中得到了扩充，增加了新的内容，变成了**广义的转发**。这种广义的转发使得“匹配 + 动作”有了新的内容。

在 SDN 的广义转发中，“匹配”能够对不同层次（链路层、网络层、运输层）的首部中的字段进行匹配，而“动作”则不仅是转发分组，而且可以把具有同样目的地址的分组从不同的接口转发出去（为了负载均衡）。还可以重写 IP 首部（如同在 NAT 路由器中的地址转换），或者可以人为地阻挡或丢弃一些分组（如同在防火墙中一样，见 7.7.1 节）。请注意，这里为了讨论问题的方便，在讨论 SDN 的问题时，不管在哪一层传送的数据单元，都称为分组。

这样，在 SDN 的广义转发中，这种完成“匹配 + 动作”的设备，就不应当称为路由器了，而是叫作“**分组交换机**”或“OpenFlow 交换机”，或更简单些就称为“交换机”。这种交换机并不局限在网络层工作（例如，可使用 L2/L3 交换机）。在 SDN 中，取代传统转发表的是“**流表**”(flow table)。因此，流表就是“匹配 + 动作”的转发表。

图 4-71 强调了一个重要概念：OpenFlow 交换机中的流表是由远程控制器来管理的，而远程控制器通过一个安全信道（见 7.6.2 节），使用 OpenFlow 协议来管理 OpenFlow 交换机中的流表。这样，OpenFlow 就有了双重意义。一方面，OpenFlow 是 SDN 远程控制器与网络设备之间的通信协议；另一方面，OpenFlow 又是网络交换功能的逻辑结构的规约。我们还应注意到，尽管网络设备可以由不同厂商来生产，同时也可以使用在不同类型的网络中，但从 SDN 远程控制器看到的，则是统一的逻辑交换功能。

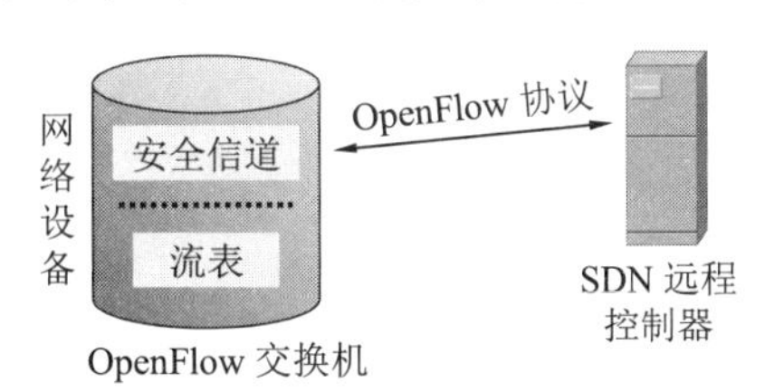

图 4-71 OpenFlow 协议与 OpenFlow 交换机

我们在 4.5.1 节介绍 IPv6 首部的流标号时，曾初步地提到“流”的概念。在 OpenFlow 的各种文档中都没有“流”的定义。其实从 OpenFlow 交换机的角度来看，一个流就是穿过网络的一种**分组序列**，而在此序列中的分组都**共享分组首部某些字段的值**。例如，某个流可以是具有相同源 IP 地址和目的 IP 地址的所有分组。

图 4-72 给出了 OpenFlow 1.0 版本的流表和分组的首部匹配字段（这是最简单的一个版本，便于用来讲解工作原理）[KURO17]。每个 OpenFlow 交换机必须有一个或一个以上的流表。每一个流表可以包括很多行，即多个**流表项**(flow entry)，它包括三个字段，即**首部字**

段值（又称为**匹配字段**）、**计数器**和**动作**。下面解释这三个字段的意思。

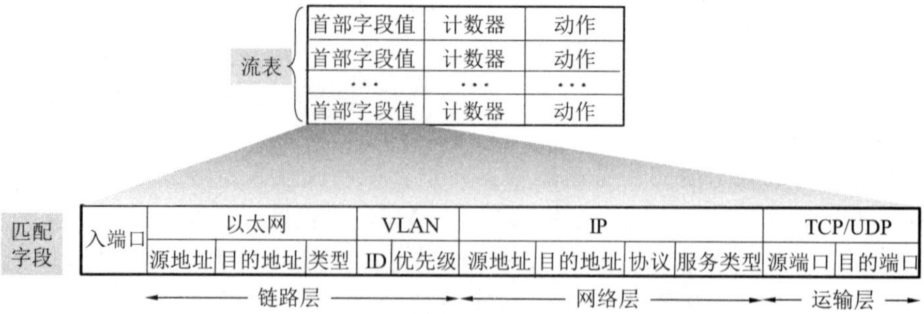

流表

首部字段值	计数器	动作
首部字段值	计数器	动作
…	…	…
首部字段值	计数器	动作

匹配字段

入端口	以太网			VLAN		IP				TCP/UDP	
	源地址	目的地址	类型	ID	优先级	源地址	目的地址	协议	服务类型	源端口	目的端口

←链路层→←网络层→←运输层→

图 4-72　OpenFlow 1.0 版本的流表和分组的首部匹配字段

首部字段值：这是一组字段，用来使入分组(incoming packet)的对应首部与之相匹配，因此又称为**匹配字段**。匹配不上的分组就被丢弃，或发送到远程控制器做更多的处理。图 4-72 所示的匹配字段有 11 个项目涉及三个层次的首部。这就是说，OpenFlow 的匹配抽象与我们以前讲过的分层的原则明显不同。在 OpenFlow 交换机中，既可以处理链路层的帧，也可以处理网络层的 IP 分组和运输层的报文。

计数器：这是一组计数器，可包括已经与该表项匹配的分组数量，以及从该表项上次更新到现在经历的时间。

动作：这是一组动作，例如，当分组匹配某个流表项时把分组转发到指明的端口，或丢弃该分组，或把分组进行复制后再从多个端口转发出去，或重写分组的首部字段（第二、三和四层的首部字段）。

为了更好地理解流表的匹配与动作，我们讨论下面几个例子[KURO17]。图 4-73 给出的简单网络有 6 台主机（H_1 ~ H_6），其 IP 地址标注在主机旁边，还有 3 台分组交换机（S_1 ~ S_3）。每台交换机有 4 个端口（即接口，编号为 1 至 4）。还有 1 台 OpenFlow 控制器来控制这些分组交换机的“匹配 + 动作”。

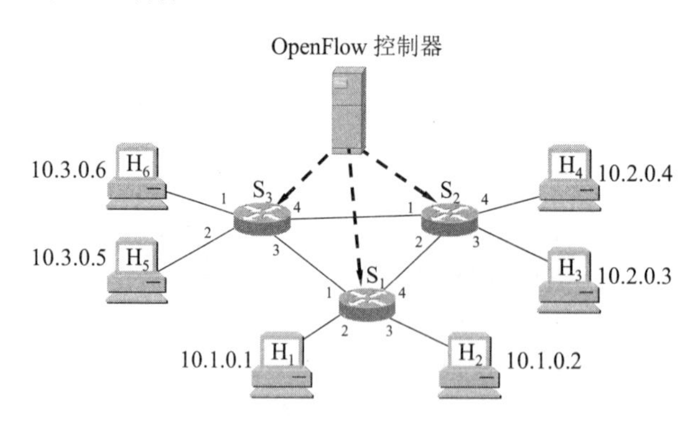

图 4-73　OpenFlow“匹配 + 动作”网络

简单转发的例子

我们设定的转发规则是：来自 H_5 或 H_6 发往 H_3 或 H_4 的分组，都先从 S_3 转发到 S_1，然后再从 S_1 转发到 S_2，但不通过 S_3 到 S_2 的链路。根据这个转发规则，可以得出交换机 S_3 的流表项是：

匹配	动作
IP 源地址 = 10.3.*.*；IP 目的地址 = 10.2.*.* ……	转发(3) ……

这里使用了通配符*。例如，地址 10.3.*.*，表明这样的地址将匹配前 16 位为 10.3 的任何地址。“转发(3)”表明分组转发出去端口是交换机编号为 3 的端口。

交换机 S_1 的流表项（这里和后面都省略了计数器字段）是：

匹配	动作
入端口 = 1；IP 源地址 = 10.3.*.*；IP 目的地址 = 10.2.*.* ……	转发(4) ……

和 S_3 的流表项相比，这里多了“入端口 = 1”。表明“匹配”仅限于从编号 1 的端口进入交换机 S_1 的分组。

交换机 S_2 的流表项是：

匹配	动作
IP 源地址 = 10.3.*.*；IP 目的地址 = 10.2.0.3	转发(3)
IP 源地址 = 10.3.*.*；IP 目的地址 = 10.2.0.4	转发(4)
……	……

负载均衡的例子

在图 4-73 中，为了均衡链路 S_2-S_1 和链路 S_3-S_1 的通信量，我们规定：凡是从 H_3 发往主机 10.1.*.*的分组，其转发路径应为 $S_2 \rightarrow S_1$。但凡是从 H_4 发往主机 10.1.*.*的分组，其转发路径应为 $S_2 \rightarrow S_3 \rightarrow S_1$。显然，采用基于 IP 目的地址的转发方法，是不能实现这种负载的均衡的。但在本例中，只要在交换机 S_2 的流表项中设置好合适的匹配项目即可。

交换机 S_2 的流表项是：

匹配	动作
入端口 = 3；IP 目的地址 = 10.1.*.*	转发(2)
入端口 = 4；IP 目的地址 = 10.1.*.*	转发(1)
……	……

防火墙的例子

假定我们在交换机 S_2 中设置了防火墙，此防火墙的作用是仅仅接收来自与交换机 S_3 相连的主机所发送的分组（不管是从哪一个端口进来的）。根据这样的规定可得出下列内容。

交换机 S_2 的流表项是：

匹配	动作
IP 源地址 = 10.3.*.*；IP 目的地址 = 10.2.0.3	转发(3)
IP 源地址 = 10.3.*.*；IP 目的地址 = 10.2.0.4	转发(4)
……	……

虽然上面举出的例子非常简单，但已经可以看出这种广义转发的多样性和灵活性。广义转发的优点是显而易见的。

下面通过图 4-74 简单介绍一下 SDN 的控制层面[KREN15] [KURO17]。

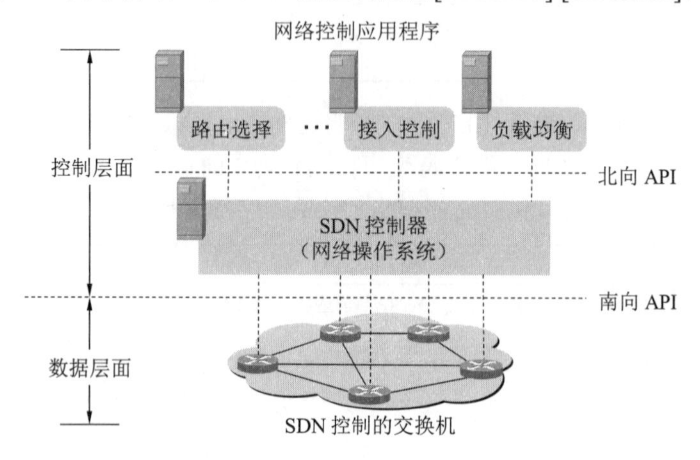

图 4-74　SDN 体系结构的构件

从图 4-74 可以反映出 SDN 体系结构的四个关键特征：

基于流的转发。SDN 控制的交换机分布在数据层面中，而分组的转发可以基于网络层、运输层和链路层协议数据单元中的首部字段值进行。这和传统的路由器仅仅根据 IP 分组的目的地址进行转发，有着很大的区别。SDN 的转发规则都精确规定在交换机中的流表中。所有交换机中的流表项，都是由 SDN 控制器进行计算、管理和安装的。

数据层面与控制层面分离。在许多英语文献中常使用"decouple"一词，相应的中文就是"去耦"。在传统的转发设备路由器中，其数据层面与控制层面都处在同一个设备中，因此二者耦合得非常紧密。但在 SDN 中，则把这两个层面去耦合，使二者不在同一个设备中。这点在图 4-73 中看得很清楚。数据层面有许多相对简单但快速的网络交换机。这些交换机在其流表中执行"匹配 + 动作"的规则。而控制层面则由若干服务器和相应的软件组成，这些服务器和软件决定并管理这些交换机中的流表。

位于数据层面交换机之外的网络控制功能。SDN 中的**控制层面是用软件实现的**，而且软件是处在不同的机器上，并且可能还远离这些网络交换机。从图 4-74 可以看出，SDN 控制层面包含两个构件，一个是 SDN 控制器（也就是网络操作系统），另一个由若干个网络控制应用程序组成。SDN 控制器维护准确的网络状态信息（例如，远程链路、交换机和主机的状态），把这些信息提供给运行在控制层面的各种控制应用程序，以及提供一些方法，使得这些应用程序能够对底层的许多网络设备进行监视、编程和控制。需要注意的是，在图 4-73 的 SDN 控制器中只画了一个服务器，但这只是强调在逻辑上是集中控制的。实际上，在控制层面中总是使用多个分散的服务器协调地工作，以便实现可扩展性和高可用性。

可编程的网络。通过在控制层面的一些网络控制应用程序，使整个网络成为可编程的。这些应用程序相当于 SDN 控制层面中的"大脑"，SDN 控制器使用这些应用程序，在这些网络设备中指明和控制数据层面。例如，路由选择网络控制应用程序能够确定在源点和终点之间的端到端路径（这需要执行某种算法，也需要使用由 SDN 控制器维护的节点状态和链路状态信息）。网络应用程序还可以进行接入控制，即决定哪些分组在进入某个交换机时就必须被阻挡住。此外，网络应用程序在转发分组时还可以执行负载均衡的措施。

从以上的简单例子可以看出，SDN 把网络的许多功能都分散开了。数据层面的交换机、SDN 控制器以及许多网络控制应用程序，这些都可以是分开的实体，并且可以由不同的厂商和机构来提供。这就和传统网络截然不同。在传统网络中，路由器或交换机是由单独的厂商提供的，其控制层面和数据层面以及协议的实现，都是垂直集成在一个机器里面的。目前出现的这种变化，有点像当初计算机的演变。早期的大型计算机，从硬件到软件以及应用程序，都是由一个单独的厂家生产完成的。但后来演变到现在的个人电脑，其硬件机身、操作系统以及上层的应用程序，可以由多个厂家分别生产和提供，这样的系统就变得更加开放，其功能也更加丰富了。SDN 也可能有这样的发展结果。

图 4-74 还给出了 SDN 控制器和下面数据层面的受控设备的通信接口，即南向 API，以及 SDN 控制器和上面网络控制应用程序的接口，即北向 API。

SDN 控制器是最复杂的，它还可以划分为如图 4-75 所示的三个层次。

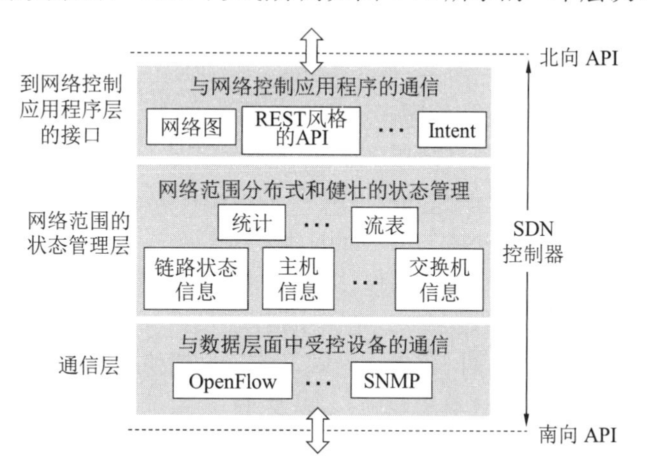

图 4-75　SDN 控制器的三个层次

最下面的一层是**通信层**，其任务是完成 SDN 控制器与受控的网络设备之间的通信。显然，要完成这样的通信，我们必须有一个协议，用来在 SDN 控制器与这些设备之间传送信息。此外，这些设备还必须能够向 SDN 控制器传送在本地观察到的事件（例如，用一个报文指示某条链路正常工作或出了故障断开了，或指示某个设备刚刚接入到网络中，或者某种信号突然出现可以表示某个设备已加电并可以工作）。这样就可保证 SDN 控制器掌握了网络状态的最新视图。在通信层的协议有前面已经提到过的 OpenFlow，以及后面在第 6 章应用层要学习的协议 SNMP，等等。通信层与数据层面的接口叫作**南向 API 接口**。现有用 SDN 控制器概念制作的商品基本上（当然不是全部）都是采用协议 OpenFlow。

在中间的一层是**网络范围的状态管理层**。SDN 控制层面若要做出任何最终的控制决定（例如，在所有的交换机中配置流表以便进行端到端的转发，或实现负载均衡，或实现某种特殊的防火墙能力），就需要让控制器掌握全网的主机、链路、交换机，以及其他受 SDN 控制的设备。交换机的流表中包含有计数器，而网络应用程序需要使用这些计数器的值。因此，这些计数器的值对网络应用程序来说也必须是可用的。由于控制层面的最终目的是确定各种被控设备的流表，因此控制器还需要维护这些流表的副本。所有上述这些信息构成由 SDN 控制器维护的网络范围状态。

最上面一层是**到网络控制应用程序层的接口**。SDN 控制器与网络控制应用程序的交互都要通过北接口。这个 API 接口允许网络控制应用程序对状态管理层里面的网络状态和流表进行读写操作。网络控制应用程序事先已进行了注册。当状态变化的事件出现时，网络控制应用程序把得到的网络事件进行通告，并采取相应的动作，例如，计算新的最低开销的路径。这一层可以提供不同类型的 API。例如，REST 风格的 API 目前使用得较多。图中的 REST (REpresentational State Transfer)即**表述性状态传递**，是一种针对网络应用的设计和开发方法[W-REST]。图中的 Intent 是对要进行的操作的一种抽象描述[W-INTENT]，可用它在组件之间传递数据。

目前已经出现了一些**开放源代码控制器**，或简称为**开源控制器**(Open Source Controller)，最有代表性的就是 OpenDaylight 和 ONOS。这里就不再进行讨论了。

本章的重要概念

- TCP/IP 体系中的网络层向上只提供简单灵活的、无连接的、尽最大努力交付的数据报服务。网络层不提供服务质量的承诺，不保证分组交付的时限，所传送的分组可能出错、丢失、重复和失序。进程之间通信的可靠性由运输层负责。
- IP 网是虚拟的，因为从网络层上看，IP 网就是一个统一的、抽象的网络（实际上是异构的）。IP 层抽象的互联网屏蔽了下层网络很复杂的细节，使我们能够使用统一的、抽象的 IP 地址处理主机之间的通信问题。
- 互联网上交付主机的方式有两种：在本网络上的直接交付（不经过路由器）和到其他网络的间接交付（经过至少一个路由器，但最后一次一定是直接交付）。
- 一个 IP 地址在整个互联网范围内是唯一的。早期使用的是分类的 IP 地址，包括 A 类、B 类和 C 类地址（单播地址），以及 D 类地址（多播地址）。E 类地址未使用。
- 分类的 IP 地址由网络号字段（指明网络）和主机号字段（指明主机）组成。网络号字段最前面的类别位指明 IP 地址的类别。
- 目前已广泛使用无分类域间路由选择 CIDR 记法把 IP 地址后面加上斜线“/”，斜线后是前缀的位数。前缀（或网络前缀）指明网络，后缀指明主机。前缀相同的连续的 IP 地址构成 “CIDR 地址块”。
- CIDR 的 32 位地址掩码（或子网掩码）由一串 1 和一串 0 组成，其中 1 的个数是前缀的长度。只要把 IP 地址和地址掩码按位进行 AND 运算，即可得出网络地址。
- IP 地址是一种分等级的地址结构。IP 地址管理机构在分配 IP 地址时只分配网络前缀（网络号），而主机号则由得到该网络前缀的单位自行分配。路由器仅根据目的主机所连接的网络前缀（网络号）来转发分组。
- IP 地址标志一台主机（或路由器）和一条链路的接口。多归属主机同时连接到两个或更多的网络上。这样的主机同时具有两个或更多的 IP 地址，其网络前缀必须是不同的。由于一个路由器至少应当连接到两个网络，因此一个路由器至少应当有两个不同的 IP 地址。
- 按照互联网的观点，用转发器或网桥连接起来的若干个局域网仍为一个网络。所有分配到网络前缀的网络（不管是范围很小的局域网，还是可能覆盖很大地理范围的广域网）都是平等的。
- MAC 地址（即硬件地址或物理地址）是数据链路层和物理层使用的地址，而 IP 地址是网络层和以上各层使用的地址，是一种逻辑地址（用软件实现的），在数据链路层看不见数据报的 IP 地址。
- IP 数据报分为首部和数据两部分。首部的前一部分是固定长度，共 20 字节，是所有 IP 数据报必须具有的（源地址、目的地址、总长度等重要字段都在固定首部中）。一些长度可变的可选字段放在固定首部的后面。

- IP 首部中的生存时间字段给出了 IP 数据报在互联网中所能经过的最大路由器数，可防止 IP 数据报在互联网中无限制地兜圈子。
- 地址解析协议 ARP 把 IP 地址解析为 MAC 地址，它解决同一个局域网上的主机或路由器的 IP 地址和 MAC 地址的映射问题。ARP 的高速缓存可以大大减少网络上的通信量。
- 在互联网中，我们无法仅根据 MAC 地址寻找到在某个网络上的某台主机。因此，从 IP 地址到 MAC 地址的解析是非常必要的。
- 路由聚合（把许多前缀相同的地址用一个来代替）有利于减少路由表中的项目，减少路由器之间的路由选择信息的交换，从而提高了整个互联网的性能。
- “转发”和“路由选择”是不同的概念。“转发”是单个路由器的动作。“路由选择”是许多路由器共同协作的过程，这些路由器相互交换信息，目的是生成路由表，再从路由表导出转发表。若采用自适应路由选择算法，则当网络拓扑变化时，路由表和转发表都能够自动更新。在许多情况下，可以不考虑转发表和路由表的区别，而都使用路由表这一名词。
- 自治系统(AS)就是在单一的技术管理下的一组路由器。一个自治系统对其他自治系统表现出的是一个单一的和一致的路由选择策略。
- 路由选择协议有两大类：内部网关协议（或自治系统内部的路由选择协议），如 RIP 和 OSPF；外部网关协议（或自治系统之间的路由选择协议），如 BGP-4。
- RIP 是分布式的基于距离向量的路由选择协议，只适用于小型互联网。RIP 按固定的时间间隔与相邻路由器交换信息。交换的信息是自己当前的路由表，即到达本自治系统中所有网络的（最短）距离，以及到每个网络应经过的下一跳路由器。
- OSPF 是分布式的链路状态协议，适用于大型互联网。OSPF 只在链路状态发生变化时，才向本自治系统中的所有路由器，用洪泛法发送与本路由器相邻的所有路由器的链路状态信息。“链路状态”指明本路由器都和哪些路由器相邻，以及该链路的“度量”。“度量”可表示费用、距离、时延、带宽等，可统称为“代价”。所有的路由器最终都能建立一个全网的拓扑结构图。
- 协议 BGP-4 简称为 BGP，是一种路径向量路由选择协议，用于在不同自治系统 AS 之间的路由选择。BGP 力求在 AS 之间，找出一条能够到达目的网络前缀且较好的路由（不是最佳路由，但不能兜圈子）。各种 BGP 报文是在 AS 之间的 BGP 连接（即 eBGP）和 AS 内部的 BGP 连接（即 iBGP）上传送的。BGP 路由指出，从哪个路由器，经过哪些 AS，就可以到达哪个网络前缀。
- 网际控制报文协议 ICMP 是 IP 层的协议。ICMP 报文作为 IP 数据报的数据，加上首部后组成 IP 数据报发送出去。使用 ICMP 并非为了实现可靠传输。ICMP 允许主机或路由器报告差错情况和提供有关异常情况的报告。ICMP 报文的种类有两种，即 ICMP 差错报告报文和 ICMP 询问报文。
- ICMP 的一个重要应用就是分组网间探测 PING，用来测试两台主机之间的连通性。PING 使用了 ICMP 回送请求与回送回答报文。
- 要解决 IP 地址耗尽的问题，最根本的办法就是采用具有更大地址空间的新版本的协议 IP，即 IPv6。

- IPv6 所带来的主要变化是：(1) 更大的地址空间（采用 128 位的地址）；(2) 灵活的首部格式；(3) 改进的选项；(4) 支持即插即用；(5) 支持资源的预分配；(6) IPv6 首部改为 8 字节对齐。
- IPv6 数据报在基本首部的后面允许有零个或多个扩展首部，再后面是数据。所有的扩展首部和数据合起来叫作数据报的有效载荷或净负荷。
- IPv6 数据报的目的地址可以是以下三种基本类型地址之一：单播、多播和任播。
- IPv6 的地址使用冒号十六进制记法。
- 向 IPv6 过渡只能采用逐步演进的办法，必须使新安装的 IPv6 系统能够向后兼容。向 IPv6 过渡可以使用双协议栈或使用隧道技术。
- 与单播相比，在一对多的通信中，IP 多播可大大节约网络资源。IP 多播使用 D 类 IP 地址。IP 多播需要使用网际组管理协议 IGMP 和多播路由选择协议。
- 虚拟专用网 VPN 利用公用的互联网作为本机构各专用网之间的通信载体。VPN 内部使用互联网的专用地址。一个 VPN 至少要有一个路由器具有合法的全球 IP 地址，这样才能和本系统的另一个 VPN 通过互联网进行通信。所有通过互联网传送的数据都必须加密。
- 使用网络地址转换 NAT 技术，可以在专用网络内部使用专用 IP 地址，而仅在连接到互联网的路由器使用全球 IP 地址。这样就大大节约了宝贵的 IP 地址。
- MPLS 的特点：(1) 支持面向连接的服务质量；(2) 支持流量工程，均衡网络负载；(3) 有效地支持虚拟专用网 VPN。
- MPLS 在入口节点给每一个 IP 数据报打上固定长度的“标签”，然后根据标签在第二层（链路层）用硬件进行转发（在标签交换路由器中进行标签对换），因而转发速率大大加快。
- 软件定义网络 SDN 并不是要改变网络的功能，而是一种新的体系结构，其要点是：(1) 基于流的转发；(2) 数据层面与控制层面分离；(3) 控制层面用软件实现，并且是逻辑上的集中式控制；(4) 可编程的网络。
- SDN 控制器有以下三个层次：(1) 通信层，大多采用协议 OpenFlow，与数据层面的接口叫作南向接口。(2) 状态管理层。(3) 到网络控制应用程序层的接口（北向接口）。

习题

4-01 网络层向上提供的服务有哪两种？试比较其优缺点。

4-02 网络互连有何实际意义？进行网络互连时，有哪些共同的问题需要解决？

4-03 作为中间设备，转发器、网桥、路由器和网关有何区别？

4-04 试简单说明下列协议的作用：

IP, ARP 和 ICMP。

4-05 IP 地址如何表示？

4-06 IP 地址的主要特点是什么？

4-07 试说明 IP 地址与 MAC 地址的区别。为什么要使用这两种不同的地址？

4-08 IP 地址方案与我国电话号码体制的主要不同点是什么？

4-09 IP 数据报中的首部检验和并不检验数据报中的数据。这样做的最大好处是什么？坏处是什么？

4-10 当某个路由器发现一个 IP 数据报的检验和有差错时，为什么采取丢弃的办法而不是要求源站重传此数据报？计算首部检验和为什么不采用 CRC 检验码？

4-11 设 IP 数据报使用固定首部，其各字段的具体数值如图 4-76 所示（除 IP 地址外，均为十进制形式表示）。试用二进制运算方法计算应当写入到首部检验和字段中的数值（用二进制形式表示）。

<table>
<tr><td>4</td><td>5</td><td>0</td><td colspan="2">28</td></tr>
<tr><td colspan="3">1</td><td>0</td><td>0</td></tr>
<tr><td colspan="2">4</td><td>17</td><td colspan="2">首部检验和（待计算后写入）</td></tr>
<tr><td colspan="5">10.12.14.5</td></tr>
<tr><td colspan="5">12.6.7.9</td></tr>
</table>

图 4-76　习题 4-11 的图

4-12 重新计算上题，但使用十六进制运算方法（每 16 位二进制数字转换为 4 个十六进制数字，再按十六进制加法规则计算）。比较这两种方法。

4-13 什么是最大传送单元 MTU？它和 IP 数据报首部中的哪个字段有关系？

4-14 在互联网中将 IP 数据报分片传送的数据报在最后的目的主机进行组装。还可以有另一种做法，即数据报片通过一个网络就进行一次组装。试比较这两种方法的优劣。

4-15 一个 3200 位长的 TCP 报文传到 IP 层，加上 160 位的首部后成为数据报。下面的互连网由两个局域网通过路由器连接起来，但第二个局域网所能传送的最长数据帧中的数据部分只有 1200 位，因此数据报在路由器中必须进行分片。试问第二个局域网向其上层要传送多少比特的数据（这里的“数据”当然指的是局域网看见的数据）？

4-16 (1) 试解释为什么 ARP 高速缓存每存入一个项目就要设置 10～20 分钟的超时计时器。这个时间设置得太长或太短会出现什么问题？

(2) 举出至少两种不需要发送 ARP 请求分组的情况（即不需要请求将某个目的 IP 地址解析为相应的 MAC 地址）。

4-17 主机 A 发送 IP 数据报给主机 B，途中经过了 5 个路由器。试问在 IP 数据报的发送过程中总共使用了几次 ARP？

4-18 设某路由器建立了如下转发表：

前缀匹配	下一跳
192.4.153.0/26	R_3
128.96.39.0/25	接口 m0
128.96.39.128/25	接口 m1
128.96.40.0 /25	R_2
*（默认）	R_4

现共收到 5 个分组，其目的地址分别为：

(1) 128.96.39.10

(2) 128.96.40.12

(3) 128.96.40.151

(4) 192.4.153.17

(5) 192.4.153.90

试分别计算其下一跳。

4-19 某单位分配到一个地址块 129.250/16。该单位有 4000 台计算机，平均分布在 16 个不同的地点。试给每一个地点分配一个地址块，并算出每个地址块中 IP 地址的最小值和最大值。

4-20 一个数据报长度为 4000 字节（固定首部长度）。现在经过一个网络传送，但此网络能够传送的最大数据长度为 1500 字节。试问应当划分为几个短些的数据报片？各数据报片的数据字段长度、片偏移字段和 MF 标志应为何数值？

4-21 写出互联网的 IP 层查找路由的算法。

4-22 有如下的 4 个/24 地址块，试进行最大可能的聚合。

212.56.132.0/24

212.56.133.0/24

212.56.134.0/24

212.56.135.0/24

4-23 有两个 CIDR 地址块 208.128/11 和 208.130.28/22。是否有哪一个地址块包含了另一个的地址块？如果有，请指出，并说明理由。

4-24 已知路由器 R_1 的转发表如表 4-10 所示。

表 4-10　习题 4-24 中路由器 R_1 的转发表

前缀匹配	下一跳地址	路由器接口
140.5.12.64/26	180.15.2.5	m2
130.5.8/24	190.16.6.2	m1
110.71/16	-----	m0
180.15/16	-----	m2
190.16/16	-----	m1
默认	110.71.4.5	m0

试画出各网络和必要的路由器的连接拓扑，标注出必要的 IP 地址和接口。对不能确定的情况应当指明。

4-25 一个自治系统分配到的 IP 地址块为 30.138.118/23，包括 5 个局域网，其连接图如图 4-77 所示，每个局域网上的主机数标注在图 4-77 上。试给出每一个局域网的地址块（包括前缀）。

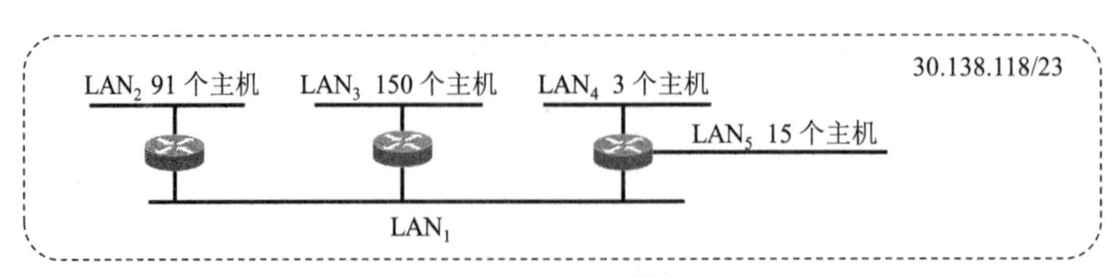

图 4-77　习题 4-25 的图

4-26 一个大公司有一个总部和三个下属部门。公司分配到的网络前缀是 192.77.33/24。公司的网络布局如图 4-78 所示。总部共有 5 个局域网，其中的 LAN_1 ~ LAN_4 都连接到路由器 R_1 上，R_1 再通过 LAN_5 与路由器 R_2 相连。R_2 和远地的三个部门的局域网 LAN_6 ~ LAN_8 通过广域网相连。每一个局域网旁边标明的数字是局域网上的主机数。试给每一个局域网分配一个合适的网络前缀。

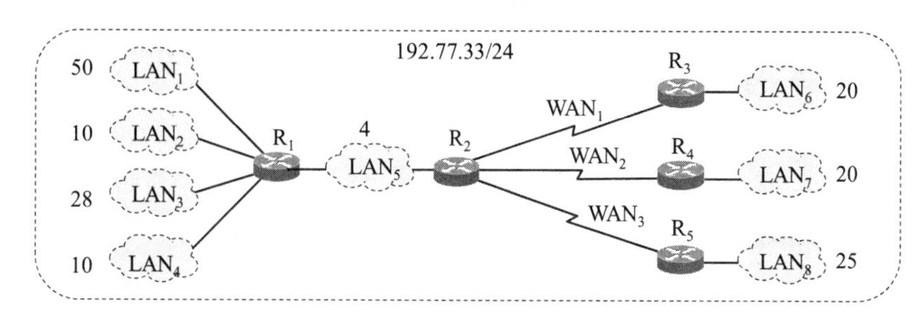

图 4-78　习题 4-26 的图

4-27 以下地址中的哪一个和 86.32/12 匹配？请说明理由。

(1) 86.33.224.123；(2) 86.79.65.216；(3) 86.58.119.74；(4) 86.68.206.154。

4-28 以下地址前缀中的哪一个地址与 2.52.90.140 匹配？请说明理由。

(1) 0/4；(2) 32/4；(3) 4/6；(4) 80/4。

4-29 下面前缀中的哪一个和地址 152.7.77.159 及 152.31.47.252 都匹配？请说明理由。

(1) 152.40/13；(2) 153.40/9；(3)152.64/12；(4) 152.0/11。

4-30 与下列掩码相对应的网络前缀各有多少位？

(1) 192.0.0.0；(2) 240.0.0.0；(3) 255.224.0.0；(4) 255.255.255.252。

4-31 已知地址块中的一个地址是 140.120.84.24/20。试求这个地址块中的最小地址和最大地址。地址掩码是什么？地址块中共有多少个地址？相当于多少个 C 类地址？

4-32 已知地址块中的一个地址是 190.87.140.202/29。重新计算上题。

4-33 某单位分配到一个地址块 136.23.12.64/26。现在需要进一步划分为 4 个一样大的子网。试问：

(1) 每个子网的网络前缀有多长？

(2) 每一个子网中有多少个地址？

(3) 每一个子网的地址块是什么？

(4) 每一个子网可分配给主机使用的最小地址和最大地址是什么？

4-34 IGP 和 EGP 这两类协议的主要区别是什么？

4-35 试简述 RIP，OSPF 和 BGP 路由选择协议的主要特点。

4-36 RIP 使用 UDP，OSPF 使用 IP，而 BGP 使用 TCP。这样做有何优点？为什么 RIP 周期性地和邻站交换路由信息而 BGP 却不这样做？

4-37 假定网络中的路由器 B 的路由表有如下的项目（这三列分别表示“目的网络”“距离”和“下一跳路由器”）：

N_1	7	A
N_2	2	C
N_6	8	F
N_8	4	E
N_9	4	F

现在 B 收到从 C 发来的路由信息（这两列分别表示“目的网络”和“距离”）：

N_2	4
N_3	8
N_6	4
N_8	3
N_9	5

试求出路由器 B 更新后的路由表（详细说明每一个步骤）。

4-38 网络如图 4-79 所示。假定 AS_1 和 AS_4 运行协议 RIP，AS_2 和 AS_3 运行协议 OSPF。AS 之间运行协议 eBGP 和 iBGP。目前先假定在 AS_2 和 AS_4 之间没有物理连接（图中的虚线表示这个假定）。

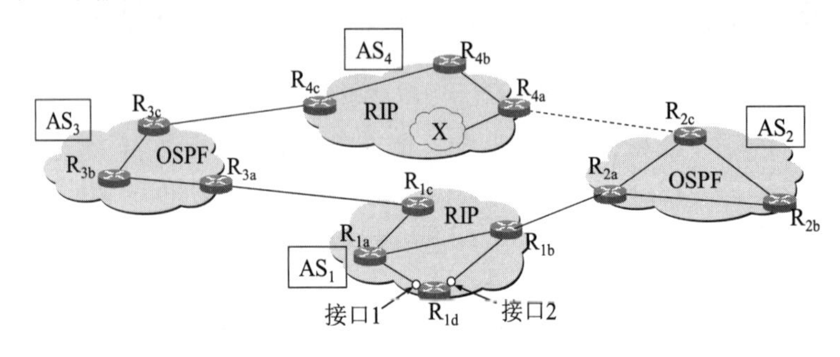

图 4-79　习题 4-38 的图

(1) 路由器 R_{3c} 使用哪一个协议知道前缀 X（X 在 AS_4 中）？

(2) 路由器 R_{3a} 使用哪一个协议知道前缀 X？

(3) 路由器 R_{1c} 使用哪一个协议知道前缀 X？

(4) 路由器 R_{1d} 使用哪一个协议知道前缀 X？

4-39 网络同上题。路由器 R_{1d} 知道前缀 X，并将前缀 X 写入转发表。

(1) 试问路由器 R_{1d} 应当从接口 1 还是接口 2 转发分组呢？请简述理由。

(2) 现假定 AS_2 和 AS_4 之间有物理连接，即图中的虚线变成了实线。假定路由器 R_{1d} 知道到达前缀 X 可以经过 AS_2，但也可以经过 AS_3。试问路由器 R_{1d} 应当从接口 1 还是接口 2 转发分组呢？请简述理由。

(3) 现假定有另一个 AS_5 处在 AS_2 和 AS_4 之间（图中的虚线之间未画出 AS_5）。假定路由器 R_{1d} 知道到达前缀 X 可以经过路由[AS_2 AS_5 AS_4]，但也可以经过路由[AS_3 AS_4]。试问路由器 R_{1d} 应当从接口 1 还是接口 2 转发分组呢？请简述理由。

4-40 IGMP 协议的要点是什么？隧道技术在多播中是怎样使用的？

4-41 什么是 VPN？VPN 有什么特点和优缺点？VPN 有几种类别？

4-42 什么是 NAT？什么是 NAPT？NAT 的优点和缺点有哪些？NAPT 有哪些特点？

4-43 试把下列 IPv4 地址从二进制记法转换为点分十进制记法。

(1)　10000001 00001011 00001011 11101111

(2)　11000001 10000011 00011011 11111111

(3)　11100111 11011011 10001011 01101111

(4)　11111001 10011011 11111011 00001111

4-44 假设一段地址的首地址为 146.102.29.0，末地址为 146.102.32.255，求这个地址段的地址数。

4-45 已知一个/27 网络中有一个地址是 167.199.170.82，问这个网络的网络掩码、网络前缀长度和网络后缀长度是多少？网络前缀是多少？

4-46 已知条件同上题，试求这个地址块的地址数、首地址以及末地址各是多少？

4-47 某单位分配到一个地址块 14.24.74.0/24。该单位需要用到三个子网，它们对三个子地址块的具体要求是：子网 N_1 需要 120 个地址，子网 N_2 需要 60 个地址，子网 N_3 需要 10 个地址。请给出地址块的分配方案。

4-48 如图 4-80 所示，网络 145.13.0.0/16 划分为四个子网 N_1, N_2, N_3 和 N_4。这四个子网与路由器 R 连接的接口分别是 m0, m1, m2 和 m3。路由器 R 的第五个接口 m4 连接到互联网。

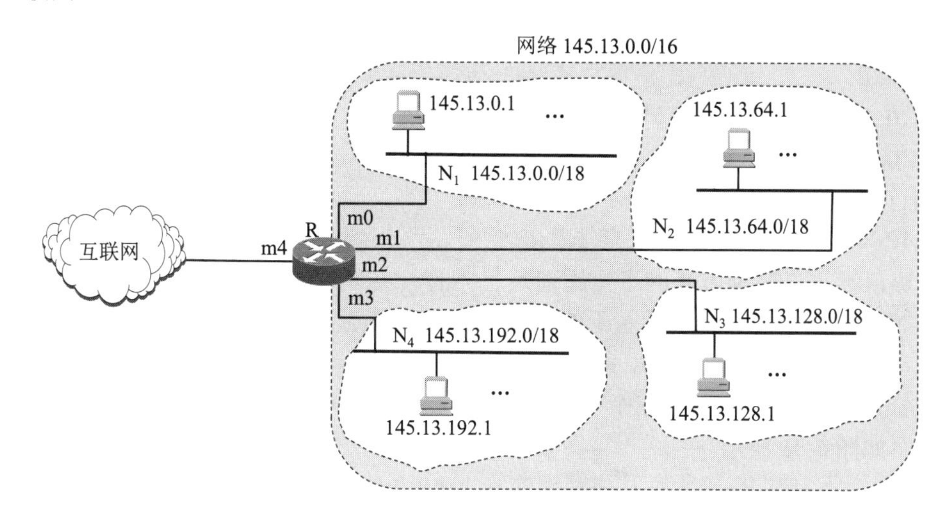

图 4-80 习题 4-48 的图

(1) 试给出路由器 R 的路由表。

(2) 路由器 R 收到一个分组，其目的地址是 145.13.160.78。试解释这个分组是怎样被转发的。

4-49 收到一个分组，其目的地址 D = 11.1.2.5。要查找的路由表中有这样三项：

路由 1 到达网络 11.0.0.0/8

路由 2 到达网络 11.1.0.0/16

路由 3 到达网络 11.1.2.0/24

试问在转发这个分组时应当选择哪一个路由？

4-50 同上题。假定路由 1 的目的网络 11.0.0.0/8 中有一台主机 H，其 IP 地址是 11.1.2.3。当我们发送一个分组给主机 H 时，根据最长前缀匹配准则，上面的这个转发表却把这个分组转发到路由 3 的目的网络 11.1.2.0/24。是最长前缀匹配准则有时会出错吗？

4-51 已知一个 CIDR 地址块为 200.56.168.0/21。

(1) 试用二进制形式表示这个地址块。

(2) 这个 CIDR 地址块包括多少个 C 类地址块？

4-52 建议的 IPv6 协议没有首部检验和。这样做的优缺点是什么？

4-53 在 IPv4 首部中有一个“协议”字段，但在 IPv6 的固定首部中却没有。这是为什么？

4-54 当使用 IPv6 时，协议 ARP 是否需要改变？如果需要改变，那么应当进行概念性的改变还是技术性的改变？

4-55 IPv6 只允许在源点进行分片。这样做有什么好处？

4-56 设每隔 1 微微秒就分配出 100 万个 IPv6 地址。试计算大约要用多少年才能将 IPv6 地址空间全部用光。可以和宇宙的年龄（大约有 100 亿年）进行比较。

4-57 试把以下的 IPv6 地址用零压缩方法写成简洁形式：

(1) 0000:0000:0F53:6382:AB00:67DB:BB27:7332

(2) 0000:0000:0000:0000:0000:0000:004D:ABCD

(3) 0000:0000:0000:AF36:7328:0000:87AA:0398

(4) 2819:00AF:0000:0000:0000:0035:0CB2:B271

4-58 试把以下零压缩的 IPv6 地址写成原来的形式：

(1) 0::0

(2) 0:AA::0

(3) 0:1234::3

(4) 123::1:2

4-59 从 IPv4 过渡到 IPv6 的方法有哪些？

4-60 多协议标签交换 MPLS 的工作原理是怎样的？它有哪些主要的功能？

4-61 SDN 的广义转发与传统的基于终点的转发有何区别？

4-62 试举出 IP 数据报首部中能够在 OpenFlow 1.0 中匹配的三个字段。试举出在 OpenFlow 中不能匹配的三个 IP 数据报首部。

4-63 网络如图 4-81 所示。

(1) 假定路由器 R_1 把所有发往网络前缀 123.1.2.16/29 的分组都从接口 4 转发出去。

(2) 假定路由器 R_1 要把 H_1 发往 123.1.2.16/29 的分组从接口 4 转发出去，而把 H_2 发往 123.1.2.16/29 的分组从接口 3 转发出去。

试问，在上述两种情况下，你都能够给出路由器 R_1 的转发表吗？转发表只需要给出发往 123.1.2.16/29 的分组应当从哪一个接口转发出去。

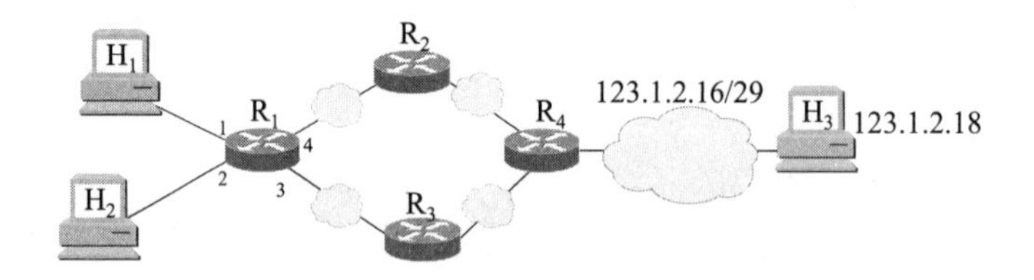

图 4-81　习题 4-63 的网络

4-64 已知一个具有 4 个接口的路由器 R_1 的转发表如表 4-11 所示，转发表的每一行给出了目的地址的范围，以及对应的转发接口。

表 4-11　习题 4-64 中路由器 R_1 的转发表

目的地址范围	转发接口
最小地址 11010000 00000000 00000000 00000000 最大地址 11010000 00000001 11111111 11111111	0

续表

目的地址范围	转发接口
最小地址 11010000 00000000 00000000 00000000 最大地址 11010000 00000000 11111111 11111111	1
最小地址 11010000 00000010 00000000 00000000 最大地址 11010001 11111111 11111111 11111111	2
其他	3

(1) 试把以上转发表改换为另一形式，其中的目的地址范围改为前缀匹配，而转发表由 4 行增加为 5 行。

(2) 若路由器收到一个分组，其目的地址是：

(a) 11010000 10000001 01010001 01010101

(b) 11010000 00000000 11010111 01111100

(c) 11010001 10010000 00010001 01110111

试给出每一种情况下分组应当通过的转发接口。

4-65 一个路由器连接到三个子网，这三个子网共同的前缀是 205.2.17/24。假定子网 N_1 要有 62 台主机，子网 N_2 要有 105 台主机，而子网 N_3 要有 12 台主机。试分配这三个子网的前缀。

4-66 图 4-82 是一个 SDN OpenFlow 网络。当分组到达交换机 S_2 时，假定：

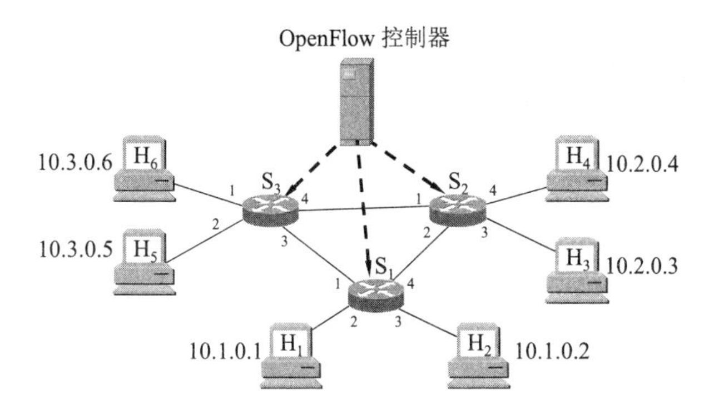

图 4-82　一个 SDN OpenFlow 网络

- 任何来自 H_5 或 H_6、进入端口 1 且发往 H_1 或 H_2 的分组，均应通过端口 2 转发出去。
- 任何来自 H_1 或 H_2、进入端口 2 且发往 H_5 或 H_6 的分组，均应通过端口 1 转发出去。
- 任何从端口 1 或 2 进入且发往 H_3 或 H_4 的分组，均应交付指明的主机；
- H_3 或 H_4 彼此可以互相发送分组。

试给出交换机 S_2 的流表项（即每一行的“匹配 + 动作”）。

4-67 SDN OpenFlow 网络同上题。从主机 H_3 或 H_4 发出并到达 S_2 交换机的分组，应遵循以下规则：

- 任何来自 H_3 且发往 H_1, H_2, H_5 或 H_6 的分组，应顺时针转发出去。

- 任何来自 H_4 且发往 H_1, H_2, H_5 或 H_6 的分组，应逆时针转发出去。

试给出交换机 S_2 的流表项（即每一行的“匹配 + 动作”）。

4-68 SDN OpenFlow 网络同上题。在交换机 S_1 和 S_3 中有这样的规定：从源地址 H_3 或 H_4 到来的分组，将按照分组首部中的目的地址进行转发。试给出交换机 S_1 和 S_3 的流表项。

4-69 SDN OpenFlow 网络同上题。假定我们把交换机 S_2 作为防火墙。防火墙的行为有以下两种：

(1) 对于目的地址为 H_3 和 H_4 的分组，仅可转发从 H_2 和 H_6 发出的分组，也就是说，从 H_1 和 H_5 发出的分组应当被阻挡。

(2) 仅对于目的地址为 H_3 的分组才交付，也就是说，所有发往 H_4 的分组均被阻挡。

试分别对上述的每一种情况给出交换机 S_2 的流表项。对于发往其他路由器的分组可不用管。

第 5 章　运输层

本章先概括介绍运输层协议的特点、进程之间的通信和端口等重要概念，然后讲述比较简单的 UDP 协议。其余的篇幅都是讨论较为复杂但非常重要的 TCP 协议[①]和可靠传输的工作原理，包括停止等待协议和 ARQ 协议。在详细讲述 TCP 报文段的首部格式之后，讨论 TCP 的三个重要问题：滑动窗口、流量控制和拥塞控制机制。最后，介绍 TCP 的连接管理。

运输层是整个网络体系结构中的关键层次之一。一定要弄清以下一些重要概念：

(1) 运输层为相互通信的应用进程提供逻辑通信。

(2) 端口和套接字的意义。

(3) 无连接的 UDP 的特点。

(4) 面向连接的 TCP 的特点。

(5) 在不可靠的网络上实现可靠传输的工作原理，停止等待协议和 ARQ 协议。

(6) TCP 的滑动窗口、流量控制、拥塞控制和连接管理。

5.1　运输层协议概述

5.1.1　进程之间的通信

从通信和信息处理的角度看，**运输层向它上面的应用层提供通信服务**，它属于面向通信部分的最高层，同时也是用户功能中的最低层。当网络边缘部分的两台主机使用网络核心部分的功能进行端到端的通信时，都要使用协议栈中的运输层，而网络核心部分中的路由器在转发分组时只用到下三层的功能。

下面通过图 5-1 的示意图来说明运输层的作用。设局域网 LAN_1 上的主机 A 和局域网 LAN_2 上的主机 B 通过互连的广域网 WAN 进行通信。我们知道，IP 协议能够把源主机 A 发送出的分组，按照首部中的目的地址，送交到目的主机 B，那么，为什么还需要运输层呢？

从 IP 层来说，通信的两端是两台主机。IP 数据报的首部明确地标志了这两台主机的 IP 地址。但“两台主机之间的通信”这种说法还不够明确。真正进行通信的实体是在主机中的哪个构件呢？是主机中的应用进程，是一台主机中的**应用进程**和另一台主机中的**应用进程**在交换数据（即通信）。因此严格地讲，两台主机进行通信就是两台主机中的**应用进程互相通信**。IP 协议虽然能把分组送到目的主机，但是这个分组还停留在主机的网络层而没有交付主机中的应用进程。**通信的两端应当是两个主机中的应用进程**。也就是说，**端到端的通信**是应用进程之间的通信。在一台主机中经常有多个应用进程同时分别和另一台主机中的多个应用进程通信。例如，某用户在使用浏览器查找某网站的信息时，其主机的应用层运行浏览器客户进程。如果在浏览网页的同时，还要用电子邮件给网站发送反馈意见，那么主机的应用

① 注：运输层最近又增加了第三种协议，即**流控制传输协议** SCTP (Stream Control Transmission Protocol) [RFC 4960，建议标准]，它具有 TCP 和 UDP 协议的共同优点，可支持一些新的应用，如 IP 电话。限于篇幅，这里不再介绍。

层就还要运行电子邮件的客户进程。在图 5-1 中，主机 A 的应用进程 AP_1 和主机 B 的应用进程 AP_3 通信，而与此同时，应用进程 AP_2 也和对方的应用进程 AP_4 通信。这表明运输层有一个很重要的功能——**复用**(multiplexing)和**分用**(demultiplexing)。这里的“复用”是指在发送方不同的应用进程都可以使用同一个运输层协议传送数据（当然需要加上适当的首部），而“分用”是指接收方的运输层在剥去报文的首部后能够把这些数据正确交付目的应用进程①。图 5-1 中两个运输层之间有一个深色双向粗箭头，写明“**运输层提供应用进程间的逻辑通信**”。“逻辑通信”的意思是：从应用层来看，只要把应用层报文交给下面的运输层，运输层就可以把这报文传送到对方的运输层（哪怕双方相距很远，例如几千公里），**好像这种通信就是沿水平方向直接传送数据。但事实上这两个运输层之间并没有一条水平方向的物理连接。数据的传送是沿着图中的虚线方向（经过多个层次）传送的**。“逻辑通信”的意思是“好像是这样通信，但事实上并非真的这样通信”。

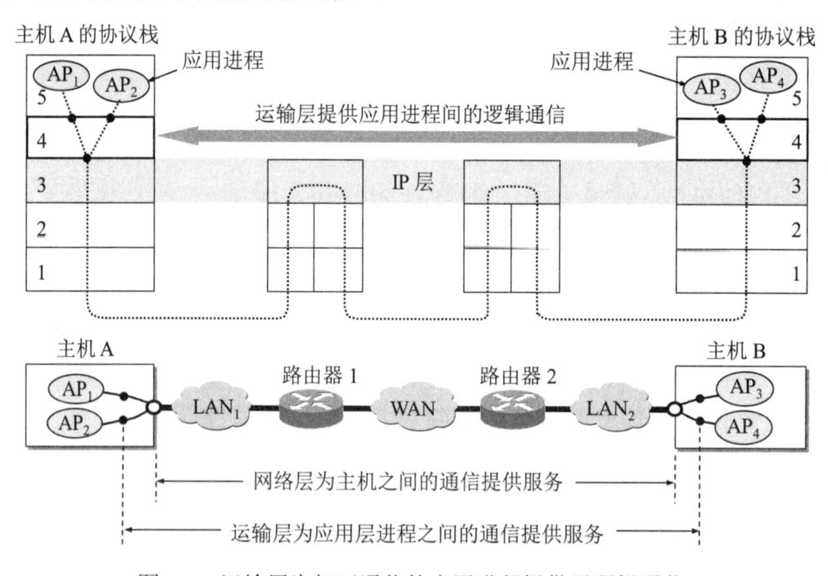

图 5-1　运输层为相互通信的应用进程提供了逻辑通信

从这里可以看出网络层和运输层有明显的区别。**网络层为主机之间的通信提供服务，而运输层则在网络层的基础上，为应用进程之间的通信提供服务**。然而正如后面还要讨论的，运输层还具有网络层无法代替的许多其他重要功能。

运输层还要对收到的报文进行**差错检测**。大家应当还记得，在网络层，IP 数据报首部中的检验和字段，只检验首部是否出现差错而不检查数据部分。

根据应用程序的不同需求，运输层需要有两种不同的运输协议，即**面向连接的 TCP** 和**无连接的 UDP**，这两种协议就是本章要讨论的主要内容。

我们还应指出，**运输层向高层用户屏蔽了下面网络核心的细节**（如网络拓扑、所采用的路由选择协议等），**它使应用进程看见的就是好像在两个运输层实体之间有一条端到端的逻辑通信信道**，但这条逻辑通信信道对上层的表现却因运输层使用的不同协议而有很大的差别。当运输层**采用面向连接的 TCP 协议时，尽管下面的网络是不可靠的**（只提供尽最大努

① 注：IP 层也有复用和分用的功能。即在发送方使用不同协议的数据都可以封装成 IP 数据报发送出去，而在接收方的 IP 层根据 IP 首部中的协议字段进行分用，把剥去首部后的数据交付应当接收这些数据的协议。

力服务），但这种逻辑通信信道就相当于**一条全双工的可靠信道**。但当运输层采用**无连接的 UDP 协议**时，这种逻辑通信信道仍然是一条**不可靠信道**。

5.1.2 运输层的两个主要协议

TCP/IP 运输层的两个主要协议都是互联网的正式标准，即：

(1) **用户数据报协议** UDP (User Datagram Protocol) [RFC 768, STD6]

(2) **传输控制协议** TCP (Transmission Control Protocol) [RFC 793, STD7]

图 5-2 给出了这两种协议在协议栈中的位置。

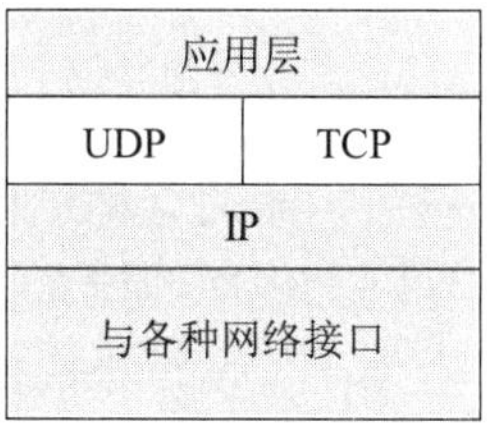

应用层	
UDP	TCP
IP	
与各种网络接口	

图 5-2 TCP/IP 体系中的运输层协议

按照 OSI 的术语，两个对等运输实体在通信时传送的数据单位叫作**运输协议数据单元** TPDU (Transport Protocol Data Unit)。但在 TCP/IP 体系中，则根据所使用的协议是 TCP 或 UDP，分别称之为 **TCP 报文段**(segment) 或 **UDP 用户数据报**。

UDP 在传送数据之前**不需要先建立连接**。远地主机的运输层在收到 UDP 报文后，不需要给出任何确认。虽然 UDP 不提供可靠交付，但由于 UDP 非常简单，在某些情况下 UDP 是一种最有效的工作方式。

TCP 则**提供面向连接的服务**。在传送数据之前必须先建立连接，数据传送结束后要释放连接。TCP 不提供广播或多播服务。由于 TCP 要提供可靠的、面向连接的运输服务，因此不可避免地增加了许多的开销，如确认、流量控制、计时器以及连接管理等。这不仅使协议数据单元的首部增大很多，还要占用许多的处理机资源。

表 5-1 给出了一些应用和应用层协议主要使用的运输层协议（UDP 或 TCP）。

表 5-1 使用 UDP 或 TCP 协议的各种应用和应用层协议

应用	应用层协议	运输层协议
名字转换	DNS（域名系统）	UDP
文件传送	TFTP（简单文件传送协议）	UDP
路由选择协议	RIP（路由信息协议）	UDP
IP 地址配置	DHCP（动态主机配置协议）	UDP
网络管理	SNMP（简单网络管理协议）	UDP
远程文件服务器	NFS（网络文件系统）	UDP
IP 电话	专用协议	UDP
流式多媒体通信	专用协议	UDP
多播	IGMP（网际组管理协议）	UDP
电子邮件	SMTP（简单邮件传送协议）	TCP
远程终端接入	TELNET（远程终端协议）	TCP
万维网	HTTP（超文本传送协议）	TCP
文件传送	FTP（文件传送协议）	TCP

5.1.3 运输层的端口

前面已经提到过运输层的复用和分用功能。其实在日常生活中也有很多复用和分用的例子。假定一个机构的所有部门向外单位发出的公文都由收发室负责寄出，这相当于各部门都“复用”这个收发室。当收发室收到从外单位寄来的公文时，则要完成“分用”功能，即按照信封上写明的本机构的部门地址把公文正确进行交付。

运输层的复用和分用功能也是类似的。应用层所有的应用进程都可以通过运输层再传送到 IP 层（网络层），这就是**复用**。运输层从 IP 层收到发送给各应用进程的数据后，必须分别交付指明的各应用进程，这就是**分用**。显然，给应用层的每个应用进程赋予一个非常明确的标志是至关重要的。

我们知道，在单个计算机中的进程是用进程标识符（一个不大的整数）来标志的。但是在互联网环境下，用计算机操作系统所指派的这种进程标识符来标志运行在应用层的各种应用进程则是不行的。这是因为在互联网上使用的计算机的操作系统种类很多，而不同的操作系统又使用不同格式的进程标识符。为了使运行不同操作系统的计算机的应用进程能够互相通信，就必须用统一的方法（而这种方法必须与特定操作系统无关）对 TCP/IP 体系的应用进程进行标志。

但是，把一个特定机器上运行的特定进程，指明为互联网上通信的最后终点是不可行的。这是因为进程的创建和撤销都是动态的，通信的一方几乎无法知道和识别对方机器上的进程。另外，我们往往需要利用目的主机提供的功能来识别终点，而不需要知道具体实现这个功能的进程是哪一个（例如，要和互联网上的某个邮件服务器联系，但并不一定要知道这个服务器功能是由目的主机上的哪个进程实现的）。

解决这个问题的方法很巧妙，就是在应用层和运输层之间的界面上，设置一个特殊的抽象的“门”。应用层中的应用进程要通过运输层发送到互联网，必须要通过这个门。而别的主机上的应用进程要寻找本主机中的某个应用进程，也必须通过这个门。这样，我们就可以把应用层和运输层的界面上这些“门”，设为通信的**抽象终点**。这些抽象终点的正式名称就是**协议端口**(protocol port)，一般就简称为**端口**(port)。每一个端口用一个称为**端口号**(port number)的正整数来标志。主机的操作系统提供了接口机制，使得进程能够通过这种机制找到所要找的端口。

请注意，这种**在协议栈层间的抽象的协议端口是软件端口**，和路由器或交换机上的硬件端口是完全不同的概念。硬件端口是**不同硬件设备**进行交互的接口，而**软件端口是应用层的各种协议进程与运输实体进行层间交互的地点**。不同的系统具体实现端口的方法可以是不同的（取决于系统使用的操作系统）。

当应用层要发送数据时，应用进程就把数据发送到适当的端口，然后运输层从该端口读取数据，进行后续的处理（把数据发送到目的主机）。当运输层收到对方主机发来的数据时，就把数据发送到适当的端口，然后应用进程就从该端口读取这些数据。显然，端口必须有一定容量的缓存来暂时存放数据。

在后面将讲到的 UDP 和 TCP 的首部格式中（图 5-5 和图 5-13），都有**源端口**和**目的端口**这两个重要字段。这两个端口就是运输层和应用层进行交互的地点。

TCP/IP 的运输层用一个 16 位**端口号**来标志一个端口。但请注意，**端口号只具有本地意义**，它只是为了标志**本计算机**应用层中的各个进程在和运输层交互时的层间接口。在互联网不同计算机中，相同的端口号是**没有关联**的。16 位的端口号可允许有 65535 个不同的端口号，这个数目对一个计算机来说是足够用的。

由此可见，两个计算机中的进程要互相通信，不仅必须知道对方的 IP 地址（为了找到对方的计算机），而且要知道对方的端口号（为了找到对方计算机中的应用进程）。这和我们寄信的过程类似。当我们要给某人写信时，就必须在信封上写明他的通信地址（这是为了找到他的住所，相当于 IP 地址），并且还要写上收件人的姓名（这是因为在同一住所中可能有好几个人，这相当于端口号）。在信封上还应写明自己的地址和姓名。当收信人回信时，很容易在信封上找到发信人的地址和姓名。互联网上的计算机通信是采用客户-服务器方式。客户在发起通信请求时，必须先知道对方服务器的 IP 地址（用来找到目的主机）和端口号（用来找到目的进程）。因此运输层的端口号分为下面的两大类。

(1) **服务器端使用的端口号**　这里又分为两类，最重要的一类叫作**熟知端口号**(well-known port number)或**全球通用端口号**，数值为 1~1023。这些熟知端口号最初公布在文档中[RFC 1700, STD2]，但后来因为互联网发展太快，这种标准文档无法随时更新，因此在 RFC 3232 中就把 RFC 1700 列为陈旧的，而当前最新的熟知端口号可在网址 www.iana.org 上查到。IANA 把这些熟知端口号指派给了 TCP/IP 最重要的一些应用程序，让所有的用户都知道。当一种新的应用程序出现后，IANA 必须为它指派一个熟知端口，否则互联网上的其他应用进程就无法和它进行通信。和电话通信对比，熟知端口号相当于所有人都应知晓的重要电话号码，如报警电话 110，急救电话 120 等。表 5-2 给出了一些常用的熟知端口号。

表 5-2　常用的熟知端口号

应用程序	FTP	TELNET	SMTP	DNS	TFTP	HTTP	SNMP	SNMP (trap)	HTTPS
熟知端口号	21	23	25	53	69	80	161	162	443

另一类叫作**登记端口号**，数值为 1024~49151。这类端口号是为没有熟知端口号的应用程序使用的。要使用这类端口号必须在 IANA 按照规定的手续登记，以防止重复。

(2) **客户端使用的端口号**　数值为 49152~65535。由于这类端口号仅在客户进程运行时才动态选择，因此又叫作**短暂端口号**①。这类端口号就是临时端口号，留给客户进程选择临时使用。当服务器进程收到客户进程的报文时，就知道了客户进程所使用的端口号，因而可以把数据发送给客户进程。通信结束后，刚才已使用过的客户端口号就被系统收回，以便给其他客户进程使用。

下面将分别讨论 UDP 和 TCP。UDP 比较简单，本章主要讨论 TCP。

5.2　用户数据报协议 UDP

5.2.1　UDP 概述

扫一扫

视频讲解

用户数据报协议 UDP 只在 IP 的数据报服务之上增加了很少一点的功能，这就是复用和分用的功能以及差错检测的功能。UDP 的主要特点是：

① 注：短暂端口(ephemeral port)[STEV94, p.13]表示这种端口的存在时间是短期的。客户进程并不在意操作系统给它分配的是哪一个端口号，因为客户进程之所以必须有一个端口号（在本地主机中必须是唯一的），是为了让运输层的实体能够找到自己。这和熟知端口不同。服务器机器一接通电源，服务器程序就运行起来。为了让互联网上所有的客户程序都能找到服务器程序，服务器程序所使用的端口（即熟知端口）就必须是固定的，并且是众所周知的。

(1) UDP 是**无连接的**，即发送数据之前不需要建立连接（当然，发送数据结束时也没有连接可释放），因此减少了开销和发送数据之前的时延。

(2) UDP 使用**尽最大努力交付**，即不保证可靠交付，因此主机不需要维持复杂的连接状态表（这里面有许多参数）。

(3) UDP 是**面向报文**的。发送方的 UDP 对应用程序交下来的报文，在添加首部后就向下交付 IP 层。UDP 对应用层交下来的报文，既不合并，也不拆分，而是**保留这些报文的边界**。这就是说，应用层交给 UDP 多长的报文，UDP 就照样发送，即一次发送一个报文，如图 5-3 所示。在接收方的 UDP，对 IP 层交上来的 UDP 用户数据报，在去除首部后就原封不动地交付上层的应用进程。也就是说，UDP 一次交付一个完整的报文。因此，应用程序必须选择合适大小的报文。若报文太长，UDP 把它交给 IP 层后，IP 层在传送时可能要进行分片，这会降低 IP 层的效率。反之，若报文太短，UDP 把它交给 IP 层后，会使 IP 数据报的首部的相对长度太大，这也降低了 IP 层的效率。

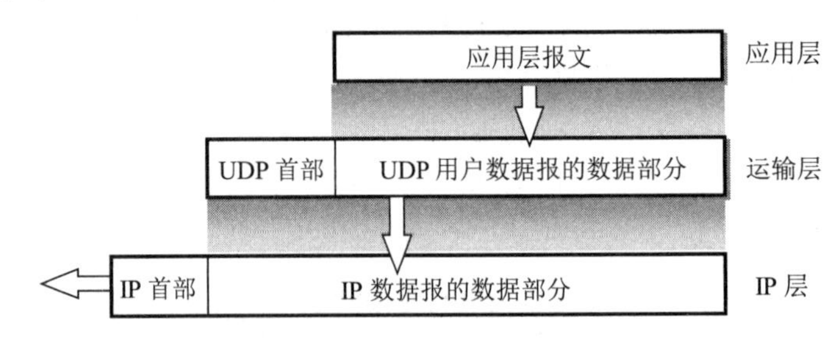

图 5-3　UDP 是面向报文的

(4) UDP **没有拥塞控制**，因此网络出现的拥塞不会使源主机的发送速率降低。这对某些实时应用是很重要的。很多的实时应用（如 IP 电话、实时视频会议等）要求源主机以恒定的速率发送数据，并且允许在网络发生拥塞时丢失一些数据，但却不允许数据有太大的时延。UDP 正好适合这种要求。

(5) UDP **支持一对一、一对多、多对一和多对多的交互通信**。

(6) UDP **的首部开销小**，只有 8 个字节，比 TCP 的 20 个字节的首部要短。

下面举例说明 UDP 的通信和端口号的关系（如图 5-4 所示）。主机 H_1 中有三个应用进程分别要和主机 H_2 中的两个应用进程进行通信。通信双方的关系是：$P_1 \rightarrow P_4$, $P_2 \rightarrow P_4$, $P_3 \rightarrow P_5$。主机 H_1 的操作系统为这三个进程分别指派了端口，其端口号分别为 a, b 和 c。图中位于应用层和运输层之间的小方框代表端口。在端口小方框中间还画有队列，表示端口具有缓存的功能，可以把收到的数据暂时存储一下。有时也可以把队列画成双向的，即分别表示存放来自应用层或运输层的数据。现在假定主机 H_1 中的进程已经知道了对方进程 P_4 和 P_5 的端口号分别为 x 和 y，于是在主机 H_1 的运输层就可以组装成需要发送的 UDP 用户数据报，其中最重要的地址信息(源端口, 目的端口)分别是(a, x), (b, x)和(c, y)。在图 5-4 中把运输层以下的都省略了。因此，进程之间的通信现在可以看成是两个端口之间的通信。

图中在两个运输层之间有一条虚线，表示在两个运输层之间可以进行通信，而不是一条连接。但这种通信是不可靠的通信，即所发送的报文在传输过程中有可能丢失，同时也不保证报文都能按照发送的先后顺序到达终点。这正是 UDP 通信的特点：简单方便，但不可靠。如果想要得到可靠的运输层通信，那就要使用后面要介绍的 TCP 进行通信。请注意，在两个运输层的 UDP 之间并没有建立连接。

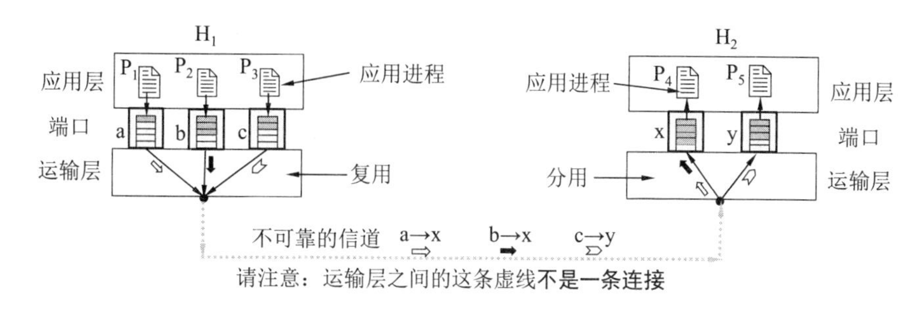

图 5-4　UDP 的通信和端口号的关系

图 5-4 的例子画出了多对一的通信（a→x，b→x）。如果改成 a→x，a→y，则是一对多的情况了。

主机 H_1 中的 3 个应用进程，把用户数据通过各自的端口传送到了运输层后，就共用一个网络层协议，把收到的 UDP 用户数据报组装成不同的 IP 数据报，发送到互联网。这就是 UDP 的**复用**功能。主机 H_2 的网络层收到 3 个 IP 数据报后，提取出数据部分（即 UDP 用户数据报），然后根据其首部中的目的端口号，分别传送到相应的端口，以便上层的应用进程到端口读取数据。这就是 UDP 的**分用**功能。

虽然某些实时应用需要使用没有拥塞控制的 UDP，但当很多的源主机同时都向网络发送高速率的实时视频流时，网络就有可能发生拥塞，结果大家都无法正常接收。因此，不使用拥塞控制功能的 UDP 有可能会引起网络产生严重的拥塞问题。

还有一些使用 UDP 的实时应用，需要对 UDP 的不可靠的传输进行适当的改进，以减少数据的丢失。在这种情况下，应用进程本身可以在不影响应用的实时性的前提下，增加一些提高可靠性的措施，如采用前向纠错或重传已丢失的报文。

5.2.2　UDP 的首部格式

用户数据报 UDP 有两个字段：数据字段和首部字段。首部字段很简单，只有 8 个字节（如图 5-5 所示），由 4 个字段组成，**每个字段的长度都是 2 字节**。各字段意义如下：

(1) **源端口**　　源端口号。在需要对方回信时选用。不需要时可用全 0。

(2) **目的端口**　　目的端口号。这在终点交付报文时必须使用。

(3) **长度**　　UDP 用户数据报的长度，其最小值是 8（仅有首部）。

(4) **检验和**　　检测 UDP 用户数据报在传输中是否有错。有错就丢弃。

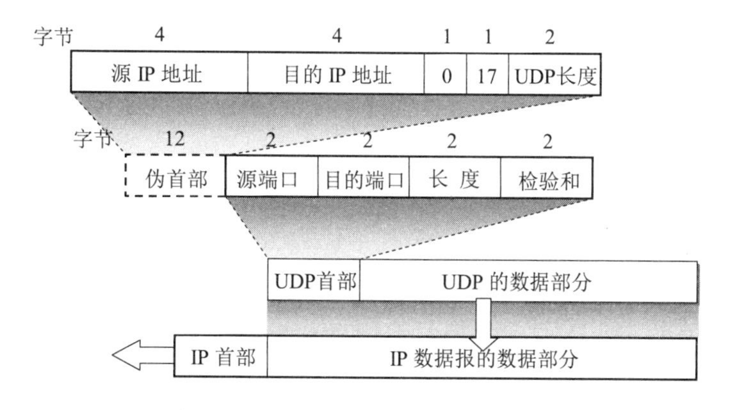

图 5-5　UDP 用户数据报的首部和伪首部

如果接收方 UDP 发现收到的报文中的目的端口号不正确（即不存在对应于该端口号的应用进程），就丢弃该报文，并由网际控制报文协议 ICMP 发送“端口不可达”差错报文给发送方。我们在上一章 4.4.2 节“ICMP 的应用举例”讨论 traceroute 时，就是让发送的 UDP 用户数据报故意使用一个非法的 UDP 端口，结果 ICMP 就返回“端口不可达”差错报文，因而达到了测试的目的。

UDP 用户数据报首部中检验和的计算方法有些特殊。在计算检验和时，要在 UDP 用户数据报之前增加 12 个字节的**伪首部**。所谓“伪首部”是因为这种伪首部并不是 UDP 用户数据报真正的首部。只是在计算检验和时，临时添加在 UDP 用户数据报前面，得到一个临时的 UDP 用户数据报。检验和就是按照这个临时的 UDP 用户数据报来计算的。伪首部既不向下传送也不向上递交，而仅仅是为了计算检验和。图 5-5 的最上面给出了伪首部各字段的内容。

UDP 计算检验和的方法和计算 IP 数据报首部检验和的方法相似。但不同的是：IP 数据报的检验和只检验 IP 数据报的首部，但 UDP 的检验和是**把首部和数据部分一起都检验**。在发送方，首先是先把全零放入检验和字段。再把伪首部以及 UDP 用户数据报看成是由许多 16 位的字串接起来的。若 UDP 用户数据报的数据部分不是偶数个字节，则要填入一个全零字节（但此字节不发送）。然后按二进制反码计算出这些 16 位字的和。将此和的二进制反码写入检验和字段后，就发送这样的 UDP 用户数据报。在接收方，把收到的 UDP 用户数据报连同伪首部（以及可能的填充全零字节）一起，按二进制反码求这些 16 位字的和。当无差错时其结果应为全 1。否则就表明有差错出现，接收方就应丢弃这个 UDP 用户数据报（也可以上交给应用层，但附上出现了差错的警告）。图 5-6 给出了一个计算 UDP 检验和的例子。这里假定用户数据报的长度是 15 字节，因此要添加一个全 0 的字节。读者可以自己检验一下在接收端是怎样对检验和进行检验的。不难看出，这种简单的差错检验方法的检错能力并不强，但它的好处是简单，处理起来较快。

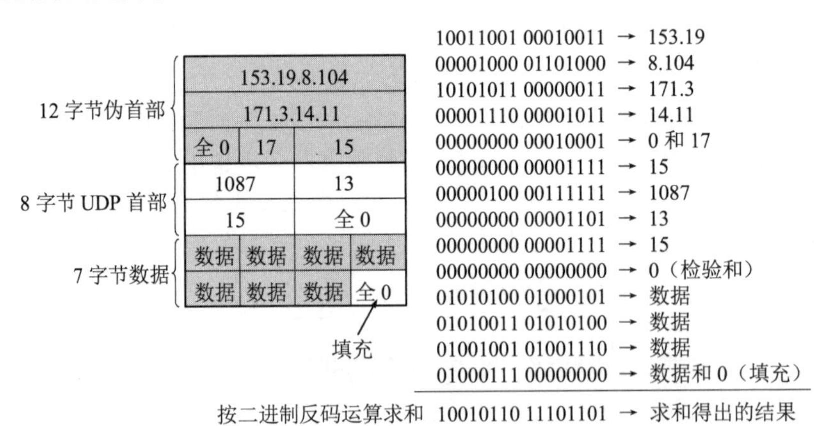

图 5-6 计算 UDP 检验和的例子

如图 5-6 所示，伪首部的第 3 字段是全零；第 4 字段是 IP 首部中的协议字段的值。以前曾讲过，对于 UDP，此协议字段值为 17；第 5 字段是 UDP 用户数据报的长度。因此，这样的检验和，既检查了 UDP 用户数据报的源端口号和目的端口号以及 UDP 用户数据报的数据部分，又检查了 IP 数据报的源 IP 地址和目的地址。

5.3 传输控制协议 TCP 概述

由于 TCP 协议比较复杂，因此本节先对 TCP 协议进行一般的介绍，然后再逐步深入讨论 TCP 的可靠传输、流量控制和拥塞控制等问题。

5.3.1 TCP 最主要的特点

TCP 是 TCP/IP 体系中非常复杂的一个协议。下面介绍 TCP 最主要的特点。

(1) TCP 是**面向连接的运输层协议**。这就是说，应用程序在使用 TCP 协议之前，必须先建立 TCP 连接。在传送数据完毕后，必须释放已经建立的 TCP 连接。也就是说，应用进程之间的通信好像在“打电话”：通话前要先拨号建立连接，通话结束后要挂机释放连接。

(2) 每一条 TCP 连接只能有两个**端点**(endpoint)，每一条 TCP 连接只能是**点对点**的（一对一）。这个问题后面还要进一步讨论。

(3) TCP 提供**可靠交付**的服务。通过 TCP 连接传送的数据，无差错、不丢失、不重复，并且按序到达。

(4) TCP 提供**全双工通信**。TCP 允许通信双方的应用进程在任何时候都能发送数据。TCP 连接的两端都设有发送缓存和接收缓存，用来临时存放双向通信的数据。在发送时，应用程序在把数据传送给 TCP 的缓存后，就可以做自己的事，而 TCP 在合适的时候把数据发送出去。在接收时，TCP 把收到的数据放入缓存，上层的应用进程在合适的时候读取缓存中的数据。

(5) **面向字节流**。TCP 中的“流”(stream)指的是**流入到进程或从进程流出的字节序列**。“面向字节流”的含义是：虽然应用程序和 TCP 的交互是一次一个数据块（大小不等），但 TCP 把应用程序交下来的数据仅仅看成是一连串的**无结构的字节流**。TCP 并不知道所传送的字节流的含义。TCP 不保证接收方应用程序所收到的数据块和发送方应用程序所发出的数据块具有对应大小的关系（例如，发送方应用程序交给发送方的 TCP 共 10 个数据块，但接收方的 TCP 可能只用了 4 个数据块就把收到的字节流交付上层的应用程序）。但接收方应用程序收到的字节流必须和发送方应用程序发出的字节流完全一样。当然，接收方的应用程序必须有能力识别收到的字节流，把它还原成有意义的应用层数据。图 5-7 是上述概念的示意图。

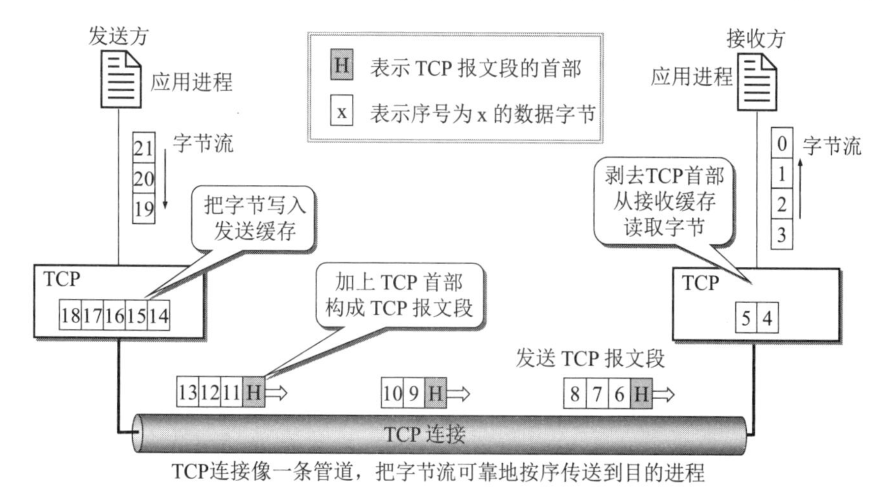

图 5-7　TCP 面向字节流的概念

为了突出示意图的要点，我们只画出了一个方向的数据流。但请注意，在实际的网络中，一个 TCP 报文段包含上千个字节是很常见的，而图中的各部分都只画出了几个字节，这仅仅是为了更方便地说明“面向字节流”的概念。另一点很重要的是：图 5-7 中的 TCP 连接是一条**虚连接**（也就是**逻辑连接**），而不是一条真正的物理连接。TCP 报文段先要传送到 IP 层，加上 IP 首部后，再传送到数据链路层；再加上数据链路层的首部和尾部后，才离开主机发送到物理链路。

从图 5-7 可看出，TCP 和 UDP 在发送报文时所采用的方式完全不同。TCP 并不关心应用进程一次把多长的报文发送到 TCP 的缓存中，而是根据对方给出的窗口值和当前网络拥塞的程度（后面还将深入讨论），来决定一个报文段应包含多少个字节（UDP 发送的报文长度是应用进程给出的）。如果应用进程传送到 TCP 缓存的数据块太长，TCP 就可以把它划分为短一些的数据块再传送。如果应用进程一次只发来一个字节，TCP 也可以等待积累足够多的字节后再构成报文段发送出去。关于 TCP 报文段的长度问题，在后面还要进行讨论。

5.3.2 TCP 的连接

TCP 把**连接**作为**最基本的抽象**。TCP 的许多特性都与 TCP 是面向连接的这个基本特性有关。因此我们对 TCP 连接需要有更清楚的了解。

前面已经讲过，每一条 TCP 连接有两个**端点**。那么，TCP 连接的端点是什么呢？不是主机，不是主机的 IP 地址，不是应用进程，也不是运输层的协议端口。TCP 连接的端点叫作**套接字**(socket)或**插口**。根据 RFC 793 的定义：端口号**拼接到**(concatenated with) IP 地址即构成了套接字。因此，套接字的表示方法是在点分十进制的 IP 地址后面写上端口号，中间用冒号或逗号隔开。例如，若 IP 地址是 192.3.4.5 而端口号是 80，那么得到的套接字就是(192.3.4.5: 80)。总之，我们有

$$\text{套接字 socket} = (\text{IP 地址: 端口号}) \tag{5-1}$$

每一条 TCP 连接唯一地被通信两端的两个端点（即**套接字对** socket pair）**所确定**。即：

$$\text{TCP 连接} ::= \{\text{socket}_1, \text{socket}_2\} = \{(\text{IP}_1: \text{port}_1), (\text{IP}_2: \text{port}_2)\} \tag{5-2}$$

这里 IP_1 和 IP_2 分别是两个端点主机的 IP 地址，而 port_1 和 port_2 分别是两个端点主机中的端口号。因此，TCP 连接就是两个套接字 socket_1 和 socket_2 之间的连接。套接字 socket 是个很抽象的概念，在下一章的 6.8 节还要对套接字进行更多的介绍。

总之，TCP 连接就是由协议软件所提供的一种抽象。虽然有时为了方便，我们也可以说，在一个应用进程和另一个应用进程之间建立了一条 TCP 连接，但一定要记住：**TCP 连接的端点是个很抽象的套接字**，即（**IP 地址：端口号**）。也还应记住：同一个 IP 地址可以有多个不同的 TCP 连接，而同一个端口号也可以出现在多个不同的 TCP 连接中。

本来 socket 的意思就是**插座**（或**插口**）。选用 socket 这个名词是相当准确的。其实一条 TCP 连接就像一条电缆线，其两端都各带有一个插头。把每一端的插头插入位于主机的应用层和运输层之间的插座(socket)后，两个主机之间的进程就可以通过这条电缆线进行可靠通信了。但插座这个名词很容易让人想起来是个硬件，而 socket 是个软件名词，这样“套接字”就成为 socket 的标准译名了。

请注意，socket 这个名词有时容易使人把一些概念弄混淆，因为随着互联网的不断发展

以及网络技术的进步，**同一个名词 socket 却可表示多种不同的意思**。例如：

(1) 允许应用程序访问连网协议的**应用编程接口 API** (Application Programming Interface)，即运输层和应用层之间的一种接口，称为 socket API，并简称为 socket。

(2) 在 socket API 中使用的一个**函数名**也叫作 socket。

(3) 调用 socket 函数的**端点**称为 socket，如“创建一个数据报 socket”。

(4) 调用 socket 函数时，其**返回值**称为 socket 描述符，可简称为 socket。

(5) 在操作系统内核中连网协议的 Berkeley 实现，称为 socket **实现**。

上面的这些 socket 的意思都和本章所引用的 RFC 793 定义的 socket（指端口号拼接到 IP 地址）不同。请读者加以注意。

5.4 可靠传输的工作原理

我们知道，TCP 发送的报文段是交给 IP 层传送的。但 IP 层只能提供尽最大努力服务，也就是说，TCP 下面的网络所提供的是不可靠的传输。因此，TCP 必须采用适当的措施才能使得两个运输层之间的通信变得可靠。

理想的传输条件有以下两个特点：

(1) 传输信道不产生差错。

(2) 不管发送方以多快的速度发送数据，接收方总是来得及处理收到的数据。

在这样的理想传输条件下，不需要采取任何措施就能够实现可靠传输。

然而实际的网络都不具备以上两个理想条件。但我们可以使用一些可靠传输协议，当出现差错时让发送方重传出现差错的数据，同时在接收方来不及处理收到的数据时，及时告诉发送方适当降低发送数据的速率。这样一来，本来不可靠的传输信道就能够实现可靠传输了。下面从最简单的停止等待协议[①]讲起。

5.4.1 停止等待协议

全双工通信的双方既是发送方也是接收方。下面为了讨论问题的方便，我们仅考虑 A 发送数据而 B 接收数据并发送确认。因此 A 叫作**发送方**，而 B 叫作**接收方**。因为这里是讨论可靠传输的原理，因此把传送的数据单元都称为分组，而并不考虑数据是在哪一个层次上传送的[②]。“停止等待”就是每发送完一个分组就停止发送，等待对方的确认。在收到确认后再发送下一个分组。

1. 无差错情况

停止等待协议可用图 5-8 来说明。图 5-8(a)是最简单的无差错情况。A 发送分组 M_1，发完就暂停发送，等待 B 的确认。B 收到了 M_1 就向 A 发送确认。A 在收到了对 M_1 的确认后，

---

① 注：在计算机网络发展初期，通信链路不太可靠，因此在链路层传送数据时都要采用可靠的通信协议。其中最简单的协议就是这种**“停止等待协议”**。在运输层并不使用这种协议，这里只是为了引出可靠传输的问题才从最简单的概念讲起。在运输层使用的可靠传输协议要复杂得多（见后面 5.6 节）。

② 注：运输层传送的协议数据单元叫作报文段，网络层传送的协议数据单元叫作 IP 数据报。但在一般讨论问题时，都可把它们简称为分组。

就再发送下一个分组 M_2。同样，在收到 B 对 M_2 的确认后，再发送 M_3。

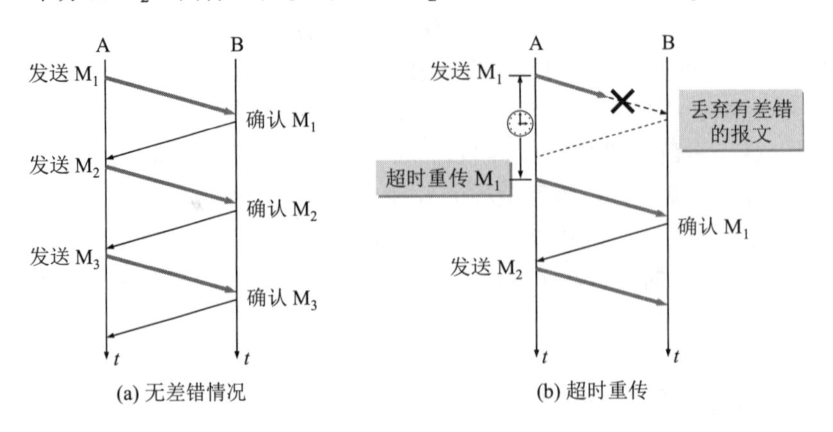

图 5-8 停止等待协议

2. 出现差错

图 5-8(b)是分组在传输过程中出现差错的情况。B 接收 M_1 时检测出了差错，就丢弃 M_1，其他什么也不做（不通知 A 收到有差错的分组）[①]。也可能是 M_1 在传输过程中丢失了，这时 B 当然什么都不知道。在这两种情况下，B 都不会发送任何信息。可靠传输协议是这样设计的：A 只要超过了一段时间仍然没有收到确认，就认为刚才发送的分组丢失了，因而重传前面发送过的分组。这就叫作**超时重传**。要实现超时重传，就要在每发送完一个分组时设置一个**超时计时器**。如果在超时计时器到期之前收到了对方的确认，就撤销已设置的超时计时器。其实在图 5-8(a)中，A 为每一个已发送的分组都设置了一个超时计时器。但 A 只要在超时计时器到期之前收到了相应的确认，就撤销该超时计时器。为简单起见，这些细节在图 5-8(a)中都省略了。

这里应注意以下三点。

第一，A 在发送完一个分组后，**必须暂时保留已发送的分组的副本**（在发生超时重传时使用）。只有在收到相应的确认后才能清除暂时保留的分组副本。

第二，分组和确认分组都必须进行**编号**[②]。这样才能明确是哪一个发送出去的分组收到了确认，而哪一个分组还没有收到确认。

第三，超时计时器设置的重传时间**应当比数据在分组传输的平均往返时间更长一些**。图 5-8(b)中的一段虚线表示如果 M_1 正确到达 B 同时 A 也正确收到确认的过程。可见重传时间应设定为比平均往返时间更长一些。显然，如果重传时间设定得很长，那么通信的效率就

---

① 注：在可靠传输的协议中，也可以在检测出有差错时发送“否认报文”给对方。这样做的好处是能够让发送方及早知道出现了差错。不过由于这样处理会使协议复杂化，现在实用的可靠传输协议都不使用这种否认报文了。

② 注：编号并不是一个非常简单的问题。分组编号使用的位数总是有限的，同一个号码会重复使用。例如，10 位的编号范围是 0 ~ 1023。当编号增加到 1023 时，再增加一个号就又回到 0，然后重复使用这些号码。我们的家用电表、水表，以及汽车中的里程表，都有类似的问题。因此，在所发送的分组中，必须能够区分开哪些是新发送的，哪些是重传的。对于简单链路上传送的帧，如采用停止等待协议，只要用 1 位编号即可，也就是发送完 0 号帧，收到确认后，再发送 1 号帧，收到确认后，再发送 0 号帧。但是在运输层，这种编号方法有时并不能保证可靠传输（见习题 5-18）。

会很低。但如果重传时间设定得太短，以致产生不必要的重传，就浪费了网络资源。然而，在运输层重传时间的准确设定是非常复杂的，这是因为已发送出的分组到底会**经过哪些网络**，以及这些网络将会**产生多大的时延**（这取决于这些网络**当时的拥塞情况**），这些都是**不确定因素**。图 5-9 中把往返时间当作固定的（这显然不符合网络的实际情况），只是为了讲述原理的方便。关于重传时间应如何选择，在后面的 5.6.3 节还要进一步讨论。

3. 确认丢失和确认迟到

图 5-9(a)说明的是另一种情况。B 所发送的对 M_1 的确认丢失了。A 在设定的超时重传时间内没有收到确认，并无法知道是自己发送的分组出错、丢失，或者是 B 发送的确认丢失了。因此 A 在超时计时器到期后就要重传 M_1。现在应注意 B 的动作。假定 B 又收到了重传的分组 M_1。这时应采取两个行动。

第一，**丢弃这个重复的分组** M_1，不向上层重复交付。

第二，**向 A 发送确认**。不能认为已经发送过确认就不再发送，因为 A 之所以重传 M_1 就表示 A 没有收到对 M_1 的确认。

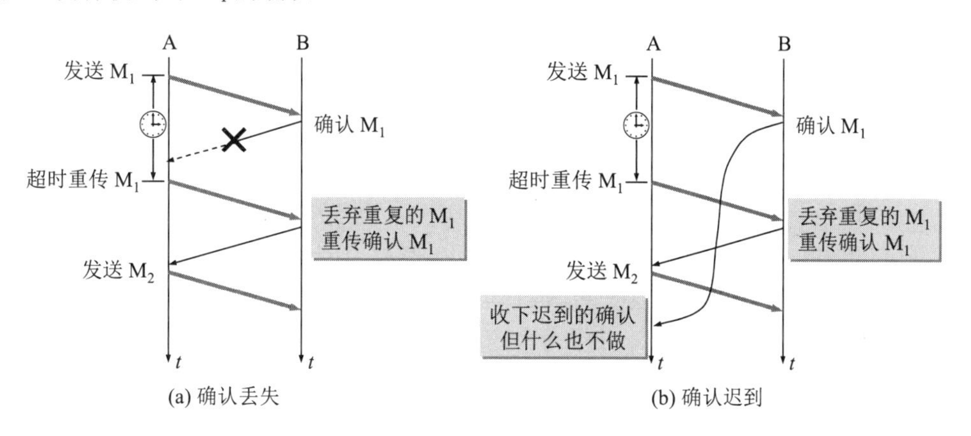

图 5-9　确认丢失和确认迟到

图 5-9(b)也是一种可能出现的情况。传输过程中没有出现差错，但 B 对分组 M_1 的确认迟到了。A 会收到重复的确认。对重复的确认的处理很简单：收下后就丢弃，但什么也不做。B 仍然会收到重复的 M_1，并且同样要丢弃重复的 M_1，并重传确认分组。

通常 A 最终总是可以收到对所有发出的分组的确认。如果 A 不断重传分组但总是收不到确认，就说明通信线路太差，不能进行通信。

使用上述的确认和重传机制，我们就可以**在不可靠的传输网络上实现可靠的通信**。

像上述的这种可靠传输协议常称为**自动重传请求** ARQ (Automatic Repeat reQuest)。意思是重传的请求是自动进行的，因此也可见到**自动请求重传**这样的译名。接收方不需要请求发送方重传某个出错的分组。

4. 信道利用率

停止等待协议的优点是简单，但缺点是信道利用率太低。我们可以用图 5-10 来说明这个问题。为简单起见，假定在 A 和 B 之间有一条直通的信道来传送分组。

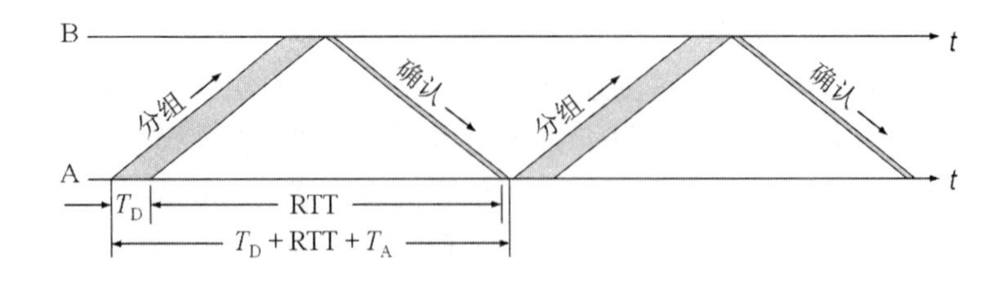

图 5-10　停止等待协议的信道利用率太低

假定 A 发送分组需要的时间是 T_D。显然，T_D 等于分组长度除以数据率。再假定分组正确到达 B 后，B 处理分组的时间可以忽略不计，同时立即发回确认。假定 B 发送确认分组需要时间 T_A。如果 A 处理确认分组的时间也可以忽略不计，那么 A 在经过时间(T_D + RTT + T_A)后就可以再发送下一个分组，这里的 RTT 是往返时间。因为仅仅是在时间 T_D 内才用来传送有用的数据（包括分组的首部），因此信道的利用率 U 可用下式计算：

$$U = \frac{T_D}{T_D + RTT + T_A} \tag{5-3}$$

请注意，更细致的计算还可以在上式分子的时间 T_D 内扣除传送控制信息（如首部）所花费的时间。但在进行粗略计算时，用近似的式(5-3)就可以了。

我们知道，式(5-3)中的往返时间 RTT 取决于所使用的信道。例如，假定 1200 km 的信道的往返时间 RTT = 20 ms，分组长度是 1200 bit，发送速率是 1 Mbit/s。若忽略处理时间和 T_A（T_A 一般都远小于 T_D），则可算出信道的利用率 U = 5.66%。但若把发送速率提高到 10 Mbit/s，则 $U = 5.96 \times 10^{-3}$。信道在绝大多数时间内都是空闲的。

从图 5-10 还可看出，当往返时间 RTT 远大于分组发送时间 T_D 时，信道的利用率就会非常低。还应注意的是，图 5-10 并没有考虑出现差错后的分组重传。若出现重传，则对传送有用的数据信息来说，信道的利用率就还要降低。

为了提高传输效率，发送方可以不使用低效率的停止等待协议，而是采用**流水线传输**（如图 5-11 所示）。流水线传输就是发送方可连续发送多个分组，不必每发完一个分组就停顿下来等待对方的确认。这样可使信道上一直有数据在不间断地传送。显然，这种传输方式可以获得很高的信道利用率。

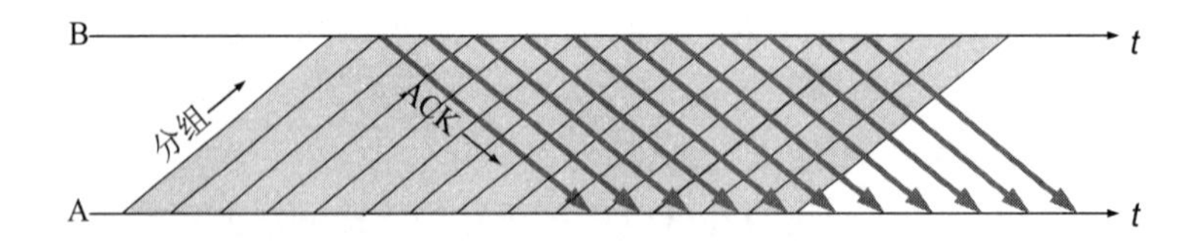

图 5-11　流水线传输可提高信道利用率

当使用流水线传输时，就要使用下面介绍的**连续 ARQ 协议**和**滑动窗口协议**。

5.4.2　连续 ARQ 协议

滑动窗口协议比较复杂，是 TCP 协议的精髓所在。这里先给出连续 ARQ 协议最基本的概念，但不涉及许多细节问题。详细的滑动窗口协议将在后面的 5.6 节中讨论。

图 5-12(a)表示发送方维持的**发送窗口**，它的意义是：位于发送窗口内的 5 个分组都可

连续发送出去，而不需要等待对方的确认。这样，信道利用率就提高了。

在讨论滑动窗口时，我们应当注意到，图中还有一个时间坐标（但以后往往省略这样的时间坐标）。按照习惯，“向前”是指“向着时间增大的方向”，而“向后”则是“向着时间减少的方向”。分组发送是按照分组序号从小到大发送的。

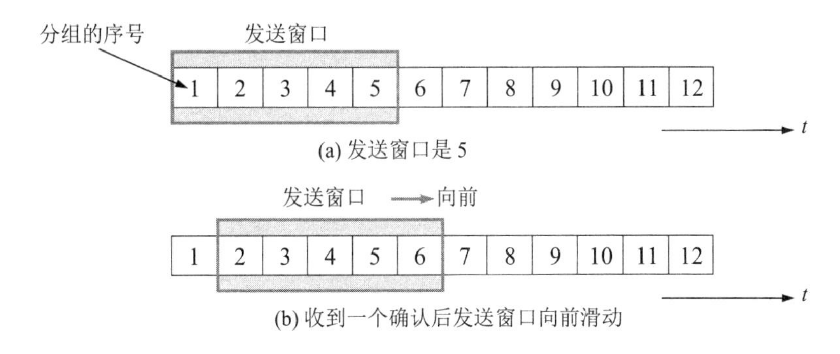

图 5-12　连续 ARQ 协议的工作原理

连续 ARQ 协议规定，发送方每收到一个确认，就把发送窗口向前滑动一个分组的位置。图 5-12(b)表示发送方收到了对第 1 个分组的确认，于是把发送窗口向前移动一个分组的位置。如果原来已经发送了前 5 个分组，那么现在就可以发送窗口内的第 6 个分组了。

接收方一般都是采用**累积确认**的方式。这就是说，接收方不必对收到的分组逐个发送确认，而是在收到几个分组后，**对按序到达的最后一个分组发送确认**，这就表示：到这个分组为止的所有分组都已正确收到了。

累积确认有优点也有缺点。优点是容易实现，即使确认丢失也不必重传；但缺点是不能向发送方及时反映接收方已经正确收到所有分组的信息。

例如，如果发送方发送了前 5 个分组，而中间的第 3 个分组丢失了。这时接收方只能对前两个分组发出确认。发送方无法知道后面三个分组的下落，而只好把后面的三个分组都再重传一次。这就叫作 Go-back-N（回退 N），表示需要再退回来重传已发送过的 N 个分组。可见当通信线路质量不好时，连续 ARQ 协议会带来负面的影响。

在深入讨论 TCP 的可靠传输问题之前，必须先了解 TCP 的报文段首部的格式。

5.5　TCP 报文段的首部格式

TCP 虽然是面向字节流的，但 TCP 传送的数据单元却是报文段。一个 TCP 报文段分为首部和数据两部分，而 TCP 的全部功能都体现在它首部中各字段的作用。因此，只有弄清 TCP 首部各字段的作用才能掌握 TCP 的工作原理。下面讨论 TCP 报文段的首部格式。

TCP 报文段首部的前 20 个字节是固定的（如图 5-13 所示），后面有 $4n$ 字节是根据需要而增加的选项（n 是整数）。因此 TCP 首部的最小长度是 20 字节。

首部固定部分各字段的意义如下：

(1) **源端口和目的端口**　　各占 2 个字节，分别写入源端口号和目的端口号。和前面图 5-5 所示的 UDP 的分用相似，TCP 的分用功能也是通过端口实现的。

(2) **序号**　　占 4 字节。序号范围是[0, $2^{32}-1$]，共 2^{32}（即 4 294 967 296）个序号。序号增加到 $2^{32}-1$ 后，下一个序号就又回到 0。也就是说，序号使用 mod 2^{32} 运算。TCP 是面

向字节流的。在一个 TCP 连接中传送的字节流中的**每一个字节都按顺序编号**。整个要传送的字节流的起始序号必须在连接建立时设置。首部中的序号字段值则指的是**本报文段**所发送的数据的第一个字节的序号。例如，一报文段的序号字段值是 301，而携带的数据共有 100 字节。这就表明：本报文段的数据的第一个字节的序号是 301，最后一个字节的序号是 400。显然，下一个报文段（如果还有的话）的数据序号应当从 401 开始，即下一个报文段的序号字段值应为 401。这个字段的名称也叫作“**报文段序号**”。

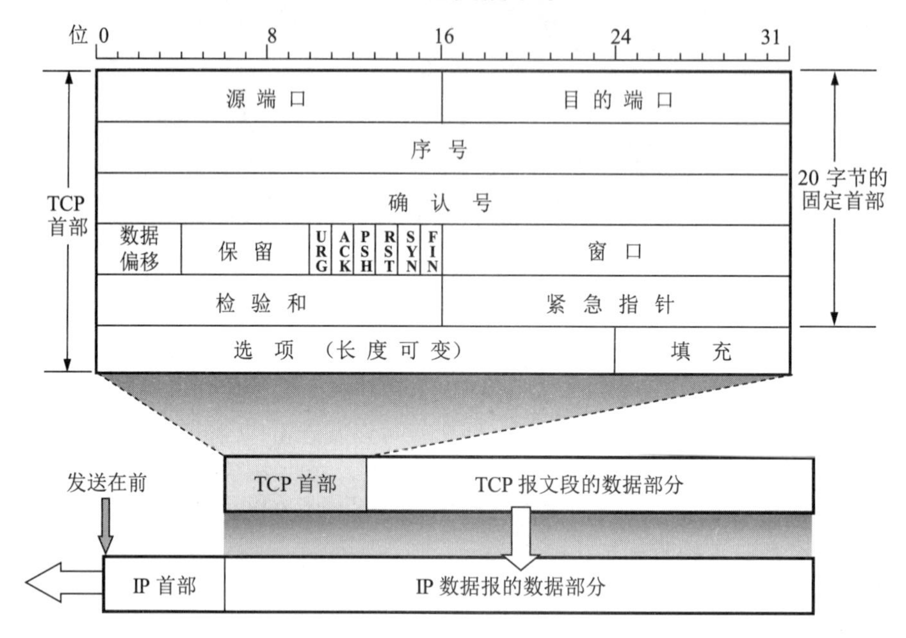

图 5-13　TCP 报文段的首部格式

(3) **确认号**　　占 4 字节，是**期望收到对方下一个报文段的第一个数据字节的序号**。例如，B 正确收到了 A 发送过来的一个报文段，其序号字段值是 501，而数据长度是 200 字节（序号 501 ~ 700），这表明 B 正确收到了 A 发送的到序号 700 为止的数据。因此，B 期望收到 A 的下一个数据序号是 701，于是 B 在发送给 A 的确认报文段中把确认号置为 701。请注意，现在的确认号不是 501，也不是 700，而是 701。

总之，应当记住：

若确认号 $=N$，则表明：到序号 $N-1$ 为止的所有数据都已正确收到。

由于序号字段有 32 位长，可对 4 GB（即 4 千兆字节）的数据进行编号。在一般情况下可保证当序号重复使用时，旧序号的数据早已通过网络到达终点了。

(4) **数据偏移**　　占 4 位，它指出 TCP 报文段的数据起始处距离 TCP 报文段的起始处有多远。这个字段实际上是指出 TCP 报文段的首部长度。由于首部中还有长度不确定的选项字段，因此数据偏移字段是必要的。但应注意，“数据偏移”的单位是 32 位字（即以 4 字节长的字为计算单位）。由于 4 位二进制数能够表示的最大十进制数字是 15，因此数据偏移的最大值是 60 字节，这也是 TCP 首部的最大长度（即选项长度不能超过 40 字节）。

(5) **保留**　　占 6 位，保留为今后使用，但目前应置为 0。

下面有 6 个**控制位**，用来说明本报文段的性质，它们的意义见下面的(6)~(11)。

(6) **紧急** URG (URGent)　　当 URG = 1 时，表明紧急指针字段有效。它告诉系统此报文段中有紧急数据，应尽快传送（相当于高优先级的数据），而不要按原来的排队顺序传送。例如，已经发送了很长的一个程序要在远地的主机上运行。但后来发现了一些问题，需要取消该程序的运行。因此用户从键盘发出中断命令（Control-C）。如果不使用紧急数据，那么这两个字符将存储在接收 TCP 的缓存末尾。只有在所有的数据被处理完毕后这两个字符才被交付接收方的应用进程。这样做就浪费了许多时间。

当 URG 置 1 时，发送应用进程就告诉发送方的 TCP 有紧急数据要传送。于是发送方 TCP 就把紧急数据插入到本报文段数据的**最前面**，而在紧急数据后面的数据仍是普通数据。这时要与首部中**紧急指针**(Urgent Pointer)字段配合使用。

然而在紧急指针字段的具体实现上，由于过去的有些文档有错误或有不太明确的地方，这就导致人们对有关的 RFC 文档产生了不同的理解。于是，2011 年公布的建议标准 RFC 6093，对紧急指针字段的使用方法做出了更加明确的解释，并更新了几个重要的 RFC 文档，如 RFC 793, RFC 1011, RFC 1122 等。

(7) **确认** ACK (ACKnowledgment)　　仅当 ACK = 1 时确认号字段才有效。当 ACK = 0 时，确认号无效。TCP 规定，在连接建立后所有传送的报文段都必须把 ACK 置为 1。

(8) **推送** PSH (PuSH)　　当两个应用进程进行交互式的通信时，有时在一端的应用进程希望在键入一个命令后立即就能够收到对方的响应。在这种情况下，TCP 就可以使用推送(push)操作。这时，发送方 TCP 把 PSH 置 1，并立即创建一个报文段发送出去。接收方 TCP 收到 PSH = 1 的报文段，就尽快地（即“推送”向前）交付接收应用进程，而不再等到整个缓存都填满了后再向上交付。

虽然应用程序可以选择推送操作，但推送操作很少使用。

(9) **复位** RST (ReSeT)　　当 RST = 1 时，表明 TCP 连接中出现严重差错（如主机崩溃或其他原因），必须释放连接，然后再重新建立运输连接。将 RST 置为 1 还用来拒绝一个非法的报文段或拒绝打开一个连接。RST 也可称为重建位或重置位。

(10) **同步** SYN (SYNchronization)　　在连接建立时用来同步序号。当 SYN = 1 而 ACK = 0 时，表明这是一个连接请求报文段。对方若同意建立连接，则应在响应的报文段中使 SYN = 1 和 ACK = 1。因此，SYN 置为 1 就表示这是一个连接请求或连接接受报文。关于连接的建立和释放，在后面的 5.9 节还要进行详细讨论。

(11) **终止** FIN (FINish，意思是“完了”“终止”)　　用来释放一个连接。当 FIN = 1 时，表明此报文段的发送方的数据已发送完毕，并要求释放运输连接。

(12) **窗口**　　占 2 字节。窗口值是[0, 2^{16} – 1]之间的整数。窗口指的是发送本报文段的一方的**接收窗口**（而不是自己的发送窗口）。窗口值**告诉对方**：从本报文段首部中的确认号算起，接收方目前允许对方发送的数据量（以字节为单位）。之所以要有这个限制，是因为接收方的数据缓存空间是有限的。总之，**窗口值作为接收方让发送方设置其发送窗口的依据**。

扫一扫

视频讲解

例如，发送了一个报文段，其确认号是 701，窗口字段是 1000。这就是告诉对方：“从 701 号算起，我（即发送此报文段的一方）的接收缓存空间还可接收 1000 个字节数据（字节序号是 701 ~ 1700），你在给我发送数据时，必须考虑到我的接收缓存容量。”

总之，应当记住：

窗口字段明确指出了现在允许对方发送的数据量。窗口值经常在动态变化着。

(13) **检验和**　占 2 字节。检验和字段检验的范围包括首部和数据这两部分。和 UDP 用户数据报一样，在计算检验和时，要在 TCP 报文段的前面加上 12 字节的伪首部。伪首部的格式与图 5-5 中 UDP 用户数据报的伪首部一样。但应把伪首部第 4 个字段中的 17 改为 6（TCP 的协议号是 6），把第 5 字段中的 UDP 长度改为 TCP 长度。接收方收到此报文段后，仍要加上这个伪首部来计算检验和。若使用 IPv6，则相应的伪首部也要改变。

(14) **紧急指针**　占 2 字节。紧急指针仅在 URG = 1 时才有意义，它指出本报文段中的紧急数据的字节数（紧急数据结束后就是普通数据）。因此，紧急指针指出了紧急数据的末尾在报文段中的位置。当所有紧急数据都处理完时，TCP 就告诉应用程序恢复到正常操作。值得注意的是，即使窗口为零时也可发送紧急数据。

(15) **选项**　长度可变，最长可达 40 字节。当没有使用“选项”时，TCP 的首部长度是 20 字节。最后的填充字段仅仅是为了使整个 TCP 首部长度是 4 字节的整数倍。

TCP 最初只规定了一种选项，即**最大报文段长度** MSS (Maximum Segment Size) [RFC 6691]。请注意 MSS 这个名词的含义。MSS 是**每一个** TCP 报文段中的**数据字段的最大长度**。数据字段加上 TCP 首部才等于整个的 TCP 报文段。所以 MSS 并不是整个 TCP 报文段的最大长度，而是“TCP 报文段长度减去 TCP 首部长度”。

为什么要规定一个最大报文段长度 MSS 呢？这并不是考虑接收方的接收缓存可能放不下 TCP 报文段中的数据。实际上，MSS 与接收窗口值没有关系。我们知道，TCP 报文段的数据部分，至少要加上 40 字节的首部（TCP 首部 20 字节和 IP 首部 20 字节，这里都还没有考虑首部中的选项部分），才能组装成一个 IP 数据报。若选择较小的 MSS 长度，网络的利用率就降低了。设想在极端的情况下，当 TCP 报文段只含有 1 字节的数据时，在 IP 层传输的数据报的开销至少有 40 字节（包括 TCP 报文段的首部和 IP 数据报的首部）。这样，对网络的利用率就不会超过 1/41。到了数据链路层还要加上一些开销。但反过来，若 TCP 报文段非常长，那么在 IP 层传输时就有可能要分解成多个短数据报片。在终点要把收到的各个短数据报片装配成原来的 TCP 报文段。当传输出错时还要进行重传。这些也都会使开销增大。

因此，从提高网络传输效率考虑，MSS 应尽可能大些，只要在 IP 层传输时不需要再分片就行。由于 IP 数据报所经历的路径是动态变化的，因此在某条路径上确定的不需要分片的 MSS，如果改走另一条路径就可能需要进行分片。因此最佳的 MSS 实际上是很难确定的。在连接建立的过程中，双方都把自己能够支持的 MSS 写入这一字段，以后就按照这个数值传送数据，两个传送方向可以有不同的 MSS 值[①]。若主机未填写这一项，则 MSS 的默认值是 536 字节（这个数值来自 576 字节的 IP 数据报总长度减去 TCP 和 IP 的固定首部）。因此，所有互联网上的主机都应能接受的报文段长度是 536 + 20（固定首部长度）= 556 字节。

随着互联网的发展，又陆续增加了几个选项，如**窗口扩大**选项、**时间戳**选项等（见建议标准 RFC 7323）。以后又增加了有关**选择确认**(SACK)选项（见建议标准 RFC 2018）。这些选项的位置都在图 5-13 所示的选项字段中。

窗口扩大选项是为了扩大窗口。我们知道，TCP 首部中窗口字段长度是 16 位，因此最

① 注：流行的一种说法，在 TCP 连接建立阶段“双方协商 MSS 值”，但这是错误的，因为这里并不存在任何的协商，而只是一方把 MSS 值设定好以后再通知另一方而已。

大的窗口值为 $2^{16}-1$ 字节。虽然这对早期的网络是足够用的，但对于包含卫星信道的网络[①]，其传播时延和带宽都很大，要获得高吞吐率需要更大的窗口大小。

窗口扩大选项占 3 字节，其中有一个字节表示**移位值** S。虽然窗口字段仍为 16 位，但计算窗口值的方法是在 16 位的窗口后面添加 S 个 0，相当于把窗口的位数扩大了。移位值允许使用的最大值是 14，因此使用窗口扩大选项后，窗口的最大值是$(2^{16}-1)\times 2^{14}$。

窗口扩大选项可以在双方初始建立 TCP 连接时进行协商。关于 TCP 窗口扩大选项的详细叙述，可参考建议标准 RFC 7323。

时间戳选项占 10 字节，其中最主要的字段是**时间戳值**字段（4 字节）和**时间戳回送回答**字段（4 字节）。时间戳选项有以下两个功能：

第一，用来计算往返时间 RTT（见后面的 5.6.2 节）。发送方在发送报文段时把当前时钟的时间值放入时间戳字段，接收方在确认该报文段时把时间戳字段值复制到时间戳回送回答字段。因此，发送方在收到确认报文后，可以准确地计算出 RTT。

第二，用于处理 TCP 序号超过 2^{32} 的情况，这又称为**防止序号绕回 PAWS** (Protect Against Wrapped Sequence numbers)。我们知道，TCP 报文段的序号只有 32 位，而每增加 2^{32} 个序号就会重复使用原来用过的序号。当使用高速网络时，在一次 TCP 连接的数据传送中序号很可能会被重复使用。例如，当使用 1.5 Mbit/s 的速率发送报文段时，序号重复要 6 小时以上。但若用 2.5 Gbit/s 的速率发送报文段，则不到 14 秒序号就会重复。为了使接收方能够把新的报文段和迟到很久的报文段区分开，可以在报文段中加上这种时间戳。

我们将在后面的 5.6.3 节介绍**选择确认**选项。

5.6 TCP 可靠传输的实现

本节讨论 TCP 可靠传输的实现。

我们首先介绍以字节为单位的滑动窗口。为了讲述可靠传输原理的方便，我们**假定数据传输只在一个方向进行**，即 A 发送数据，B 给出确认。这样的好处是使讨论限于两个窗口，即发送方 A 的发送窗口和接收方 B 的接收窗口。如果再考虑 B 也向 A 发送数据，那么还要增加 A 的接收窗口和 B 的发送窗口，这样总共有 4 个都不断在变化大小的窗口。这对讲述可靠传输的原理并没有多少帮助，反而会使问题变得更加烦琐。

5.6.1 以字节为单位的滑动窗口

扫一扫

视频讲解

TCP 的滑动窗口是以字节为单位的。为了便于说明滑动窗口的工作原理，我们故意把后面图 5-14 至图 5-17 中的字节编号都取得很小（实际的窗口大小多为数千字节）。现假定 A 收到了 B **发来**的确认报文段，其中窗口是 20 字节，而确认号是 31（这表明 B 期望收到的下一个字节序号是 31（请注意，这里不是分组的序号），而到序号 30 为止的数据已经收到了）。根据这两个数据，A 就构造出自己的发送窗口，如图 5-14 所示。

① 注：这种信道常称为**长粗管道**(long fat pipe)。

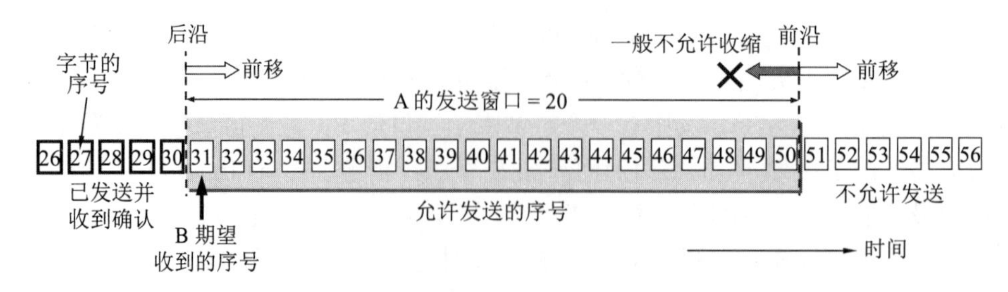

图 5-14　根据 B 给出的窗口值，A 构造出自己的发送窗口

我们先讨论发送方 A 的发送窗口。发送窗口表示：在没有收到 B 的确认的情况下，A 可以连续把窗口内的数据都发送出去。凡是已经发送过的数据，在未收到确认之前都必须暂时保留，以便在超时重传时使用。

发送窗口里面的序号表示允许发送的序号。显然，窗口越大，发送方就可以在收到对方确认之前连续发送更多的数据，因而可能获得更高的传输效率。在上面的 5.5 节我们已经讲过，接收方会把自己的接收窗口数值放在窗口字段中发送给对方。因此，A 的发送窗口一定不能超过 B 的接收窗口数值。在后面的 5.8 节我们将要讨论，发送方的发送窗口大小还要受到当时网络拥塞程度的制约。但在目前，我们暂不考虑网络拥塞的影响。

发送窗口后沿的后面部分表示已发送且已收到了确认。这些数据显然不需要再保留了。而发送窗口前沿的前面部分表示不允许发送，因为接收方没有为这部分数据保留临时存放的缓存空间。

发送窗口的位置由窗口前沿和后沿的位置共同确定。发送窗口后沿的变化情况有两种可能，即不动（没有收到新的确认）和前移（收到了新的确认）。发送窗口后沿不可能向后移动，因为不能撤销掉已收到的确认。发送窗口前沿通常是不断向前移动的，但也有可能不动。这对应两种情况：一是没有收到新的确认，对方通知的窗口大小也不变；二是收到了新的确认但对方通知的窗口缩小了，使得发送窗口前沿正好不动。

发送窗口前沿也有可能**向后收缩**。这发生在对方通知的窗口缩小了。但 TCP 的标准**强烈不赞成这样做**。因为很可能发送方在收到这个通知以前已经发送了窗口中的许多数据，现在又要收缩窗口，不让发送这些数据，这样就会产生一些错误。

现在假定 A 发送了序号为 31 ~ 41 的数据。这时，发送窗口位置并未改变（如图 5-15 所示），但发送窗口内靠后面有 11 个字节（灰色方框表示）表示已发送但未收到确认。而发送窗口内靠前面的 9 个字节（序号 42 ~ 50）是允许发送但尚未发送的。

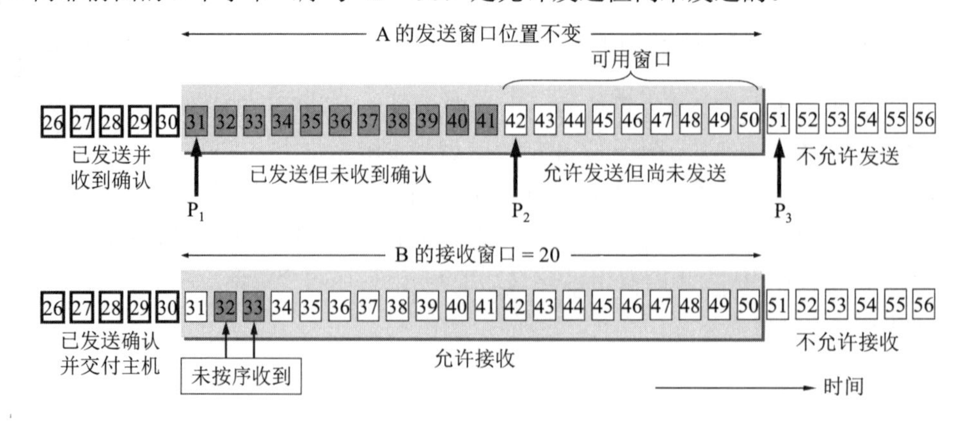

图 5-15　A 发送了 11 个字节的数据

从以上所述可以看出，要描述一个发送窗口的状态需要三个指针：P_1, P_2 和 P_3（如图 5-15 所示）。指针都指向字节的序号。A 的发送窗口中三个指针指向的几个部分的意义如下：

P_1 之前的数据（序号< 31）是已发送并已收到确认的部分。

P_3 之后的数据（序号> 50）是不允许发送的部分。

$P_3 - P_1$ = A 的发送窗口 = 20（序号 31 ~ 50）。

$P_2 - P_1$ = 已发送但尚未收到确认的字节数（序号 31 ~ 41）。

$P_3 - P_2$ = 允许发送但当前尚未发送的字节数（序号 42 ~ 50）（又称为**可用窗口**或**有效窗口**）。

再看一下 B 的接收窗口。设 B 的接收窗口大小是 20。在接收窗口外面，到序号为 30 的数据是已经发送过确认，并且已经交付主机了。因此在 B 可以不再保留这些数据。接收窗口内的数据（序号 31 ~ 50）是允许接收的。在图 5-15 中，B 收到了序号为 32 和 33 的数据，但序号为 31 的数据没有收到（也许丢失了，也许滞留在网络中的某处）。请注意，B 只能对按序收到的数据中的最高序号给出确认，因此 B 发送的确认报文段中的确认号仍然是 31（即期望收到的序号）。

现在假定 B 收到了序号为 31 的数据，把序号为 31 ~ 33 的数据交付主机，删除这些数据。接着把接收窗口向前移动 3 个序号（如图 5-16 所示），同时给 A 发送确认，其中窗口值仍为 20，但确认号是 34。这表明 B 已经收到了到序号 33 为止的数据。我们注意到，B 还收到了序号为 37, 38 和 40 的数据，但这些数据都没有按序到达，只能先暂存在接收窗口中。A 收到 B 的确认后，就可以把发送窗口向前滑动 3 个序号，但指针 P_2 不动。可以看出，现在 A 的可用窗口增大了些，可发送的序号范围是 42 ~ 53。

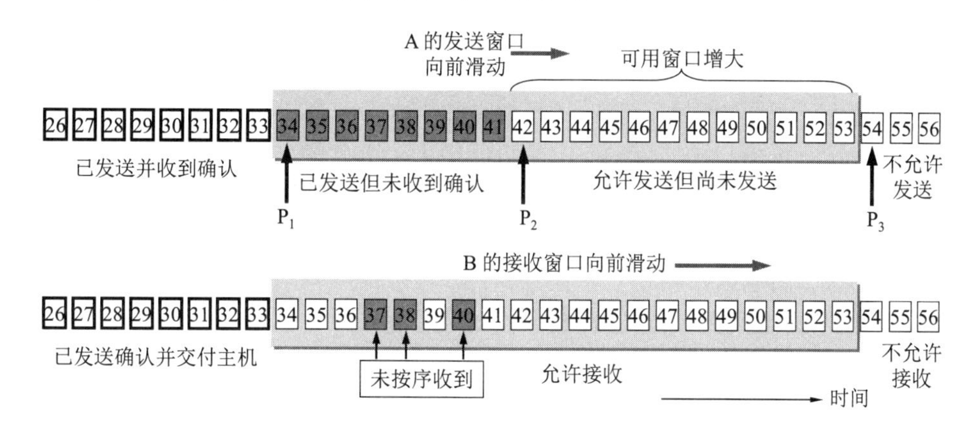

图 5-16　A 收到新的确认号，发送窗口向前滑动

A 在继续发送完序号 42 ~ 53 的数据后，指针 P_2 向前移动和 P_3 重合。发送窗口内的序号都已用完，但还没有再收到确认（如图 5-17 所示）。由于 A 的发送窗口已满，可用窗口已减小到零，因此必须停止发送。请注意，存在下面这种可能性，就是发送窗口内所有的数据都已正确到达 B，B 也早已发出了确认。但不幸的是，所有这些确认都滞留在网络中。在没有收到 B 的确认时，为了保证可靠传输，A 只能认为 B 还没有收到这些数据。于是，A 在经过一段时间后（由超时计时器控制）就重传这部分数据，重新设置超时计时器，直到收到 B 的确认为止。如果 A 按序收到落在发送窗口内的确认号，那么 A 就可以使发送窗口继续向前滑动，并发送新的数据。

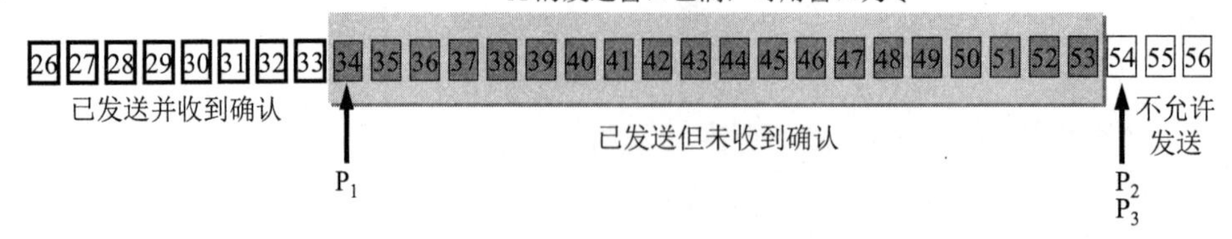

图 5-17　A 的发送窗口内的序号都属于已发送但未被确认

我们在前面的图 5-7 中曾给出了这样的概念：发送方的应用进程把字节流写入 TCP 的发送缓存，接收方的应用进程从 TCP 的接收缓存中读取字节流。下面我们就进一步讨论前面讲的窗口和缓存的关系。图 5-18 画出了发送方维持的发送缓存和发送窗口，以及接收方维持的接收缓存和接收窗口。这里首先要明确两点：

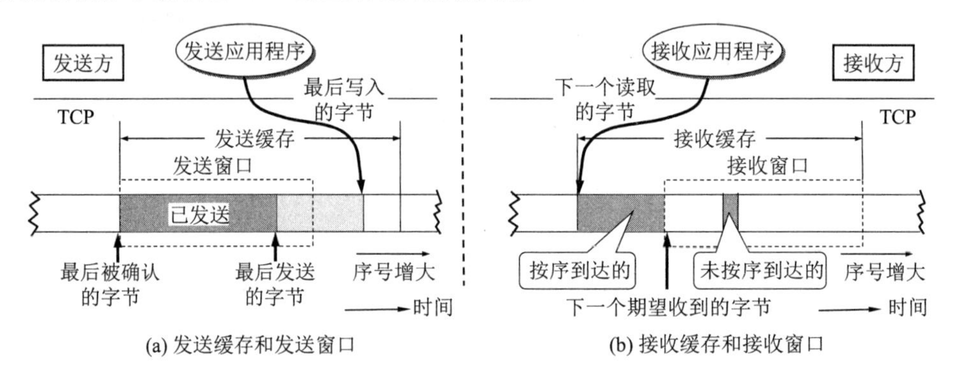

图 5-18　TCP 的缓存和窗口的关系

第一，缓存空间和序号空间都是有限的，并且都是循环使用的。最好是把它们画成圆环状的。但这里为了画图的方便，我们还是把它们画成了长条状的。

第二，由于缓存或窗口中实际的字节数可能很大，因此图 5-18 仅仅是个示意图，没有标出具体的数值。但用这样的图来说明缓存和发送窗口以及接收窗口的关系是很清楚的。

我们先看一下图 5-18(a)所示的发送方的情况。

发送缓存用来暂时存放：

(1) 发送应用程序传送给发送方 TCP 准备发送的数据；

(2) TCP 已发送出但尚未收到确认的数据。

发送窗口通常只是发送缓存的一部分。已被确认的数据应当从发送缓存中删除，因此发送缓存和发送窗口的后沿是重合的。发送应用程序最后写入发送缓存的字节减去最后被确认的字节，就是还保留在发送缓存中的被写入的字节数。发送应用程序必须控制写入缓存的速率，不能太快，否则发送缓存就会没有存放数据的空间。

再看一下图 5-18(b)所示的接收方的情况。

接收缓存用来暂时存放：

(1) 按序到达的、但尚未被接收应用程序读取的数据；

(2) 未按序到达的数据。

如果收到的分组被检测出有差错，则要丢弃。如果接收应用程序来不及读取收到的数据，接收缓存最终就会被填满，使接收窗口减小到零。反之，如果接收应用程序能够及时从接收缓存中读取收到的数据，接收窗口就可以增大，但最大不能超过接收缓存的大小。

图 5-18(b)中还指出了下一个期望收到的字节号。这个字节号也就是接收方给发送方的报文段的首部中的确认号。

根据以上所讨论的，我们还要再强调以下三点。

第一，虽然 A 的发送窗口是根据 B 的接收窗口设置的，但在同一时刻，A 的发送窗口并不总是和 B 的接收窗口一样大。这是因为通过网络传送窗口值需要经历一定的时间滞后（这个时间是不确定的）。另外，正如后面 5.7 节将要讲到的，发送方 A 还可能根据网络当时的拥塞情况适当减小自己的发送窗口数值。

第二，对于不按序到达的数据应如何处理，TCP 标准并无明确规定。如果接收方把不按序到达的数据一律丢弃，那么接收窗口的管理将会比较简单，但这样做对网络资源的利用不利（因为发送方会重复传送较多的数据）。因此 TCP 通常是把不按序到达的数据先临时存放在接收窗口中，等到字节流中所缺少的字节收到后，再**按序交付上层的应用进程**。

第三，TCP 要求接收方必须有累积确认的功能，这样可以减小传输开销。接收方可以在合适的时候发送确认，也可以在自己有数据要发送时把确认信息顺便**捎带**上。但请注意两点。一是接收方不应过分推迟发送确认，否则会导致发送方不必要的重传，这反而浪费了网络的资源。TCP 标准规定，确认推迟的时间不应超过 0.5 秒。若收到一连串具有最大长度的报文段，则必须每隔一个报文段就发送一个确认[RFC 1122，STD3]。二是捎带确认实际上并不经常发生，因为大多数应用程序很少同时在两个方向上发送数据。

最后再强调一下，TCP 的通信是全双工通信。通信中的每一方都在发送和接收报文段。因此，每一方都有自己的发送窗口和接收窗口。在谈到这些窗口时，一定要弄清是哪一方的窗口。

5.6.2 超时重传时间的选择

上面已经讲到，TCP 的发送方在规定的时间内没有收到确认就要重传已发送的报文段。这种重传的概念是很简单的，但重传时间的选择却是 TCP 最复杂的问题之一。

由于 TCP 的下层是互联网环境，发送的报文段可能只经过一个高速率的局域网，也可能经过多个低速率的网络，并且每个 IP 数据报所选择的路由还可能不同。如果把超时重传时间设置得太短，就会引起很多报文段的不必要的重传，使网络负荷增大。但若把超时重传时间设置得过长，则又使网络的空闲时间增大，降低了传输效率。

那么，运输层的超时计时器的超时重传时间究竟应设置为多大呢？

TCP 采用了一种自适应算法，它记录一个报文段发出的时间，以及收到相应的确认的时间。这两个时间之差就是**报文段的往返时间 RTT**。TCP 保留了 RTT 的一个**加权平均往返时间** RTT_S（这又称为**平滑的往返时间**，S 表示 Smoothed。因为进行的是加权平均，因此得出的结果更加平滑）。每当第一次测量到 RTT 样本时，RTT_S 值就取为所测量到的 RTT 样本值。但以后每测量到一个新的 RTT 样本，就按下式重新计算一次 RTT_S：

$$\text{新的 } RTT_S = (1 - \alpha) \times (\text{旧的 } RTT_S) + \alpha \times (\text{新的 RTT 样本}) \tag{5-4}$$

在上式中，$0 \leqslant \alpha < 1$。若 α 很接近于零，表示新的 RTT_S 值和旧的 RTT_S 值相比变化不大，而对新的 RTT 样本影响不大（RTT 值更新较慢）。若选择 α 接近于 1，则表示新的 RTT_S 值受新的 RTT 样本的影响较大（RTT 值更新较快）。已成为建议标准的 RFC 6298 推荐的 α 值为 1/8，即 0.125。用这种方法得出的加权平均往返时间 RTT_S 就比测量出的 RTT 值

更加平滑。

显然，超时计时器设置的**超时重传时间** RTO (RetransmissionTime-Out)应略大于上面得出的加权平均往返时间 RTT_S。RFC 6298 建议使用下式计算 RTO：

$$RTO = RTT_S + 4 \times RTT_D \tag{5-5}$$

而 RTT_D 是 RTT 的**偏差**的加权平均值，它与 RTT_S 和新的 RTT 样本之差有关。RFC 6298 建议这样计算 RTT_D。当第一次测量时，RTT_D 值取为测量到的 RTT 样本值的一半。在以后的测量中，则使用下式计算加权平均的 RTT_D：

$$新的\ RTT_D = (1 - \beta) \times (旧的\ RTT_D) + \beta \times \left| RTT_S - 新的\ RTT\ 样本 \right| \tag{5-6}$$

这里β应小于 1，其推荐值是 1/4，即 0.25。RFC 6298 规定，当需要同时计算式(5-4)和式(5-6)时，必须先计算式(5-6)。往返时间的测量，实现起来相当复杂。试看下面的例子。

如图 5-19 所示，发送出一个报文段，设定的重传时间到了，还没有收到确认，于是重传报文段。经过了一段时间后，收到了确认报文段。现在的问题是：**如何判定此确认报文段是对先发送的报文段的确认，还是对后来重传的报文段的确认？**由于重传的报文段和原来的报文段完全一样，因此源主机在收到确认后，就无法做出正确的判断，而正确的判断对确定加权平均 RTT_S 的值关系很大。

若收到的确认是对重传报文段的确认，但却被源主机当成是对原来的报文段的确认，则这样计算出的 RTT_S 和超时重传时间 RTO 就会偏大。若后面再发送的报文段又是经过重传后才收到确认报文段，则按此方法得出的超时重传时间 RTO 就越来越长。

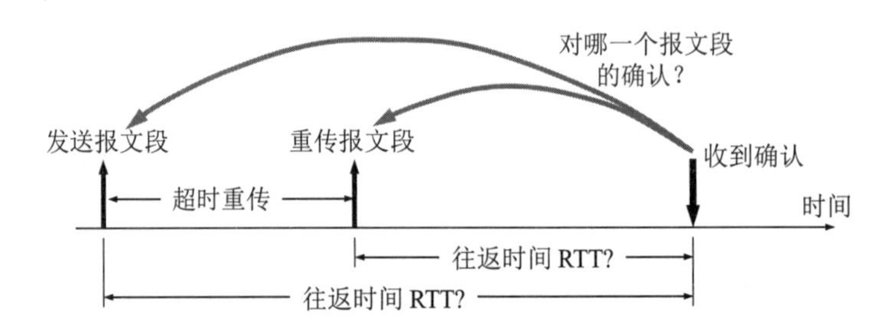

图 5-19 收到的确认是对哪一个报文段的确认？

同样，若收到的确认是对原来的报文段的确认，但被当成是对重传报文段的确认，则由此计算出的 RTT_S 和 RTO 都会偏小。这就必然导致报文段过多地重传。这样就有可能使 RTO 越来越短。

根据以上所述，Karn 提出了一个算法：**在计算加权平均 RTT_S 时，只要报文段重传了，就不采用其往返时间样本。这样得出的加权平均 RTT_S 和 RTO 就较准确。**

但是，这又引起新的问题。设想出现这样的情况：报文段的时延突然增大了很多。因此在原来得出的重传时间内不会收到确认报文段，于是就重传报文段。但根据 Karn 算法，不考虑重传的报文段的往返时间样本。这样，超时重传时间就无法更新。

因此要对 Karn 算法进行修正。方法是：报文段每重传一次，就把超时重传时间 RTO 增大一些。典型的做法是取新的重传时间为旧的重传时间的 2 倍。当不再发生报文段的重传时，才根据上面给出的式(5-5)计算超时重传时间。实践证明，这种策略较为合理。

总之，Karn 算法能够使运输层区分开有效的和无效的往返时间样本，从而改进了往返时间的估测，使计算结果更加合理。

5.6.3 选择确认 SACK

现在还有一个问题没有讨论。这就是若收到的报文段无差错，只是未按序号，中间还缺少一些序号的数据，那么能否设法只传送缺少的数据而不重传已经正确到达接收方的数据？答案是可以的。**选择确认**(Selective ACK)[RFC 2018，建议标准]就是一种可行的处理方法。

我们用一个例子来说明选择确认的工作原理。TCP 的接收方在接收对方发送过来的数据字节流的序号不连续，结果就形成了一些不连续的字节块（如图 5-20 所示）。可以看出，序号 1 ~ 1000 收到了，但序号 1001 ~ 1500 没有收到。接下来的字节流又收到了，可是又缺少了 3001 ~ 3500。再后面从序号 4501 起又没有收到。也就是说，接收方收到了和前面的字节流不连续的两个字节块。如果这些字节的序号都在接收窗口之内，那么接收方就先收下这些数据，但要把这些信息准确地告诉发送方，使发送方不要再重复发送这些已收到的数据。

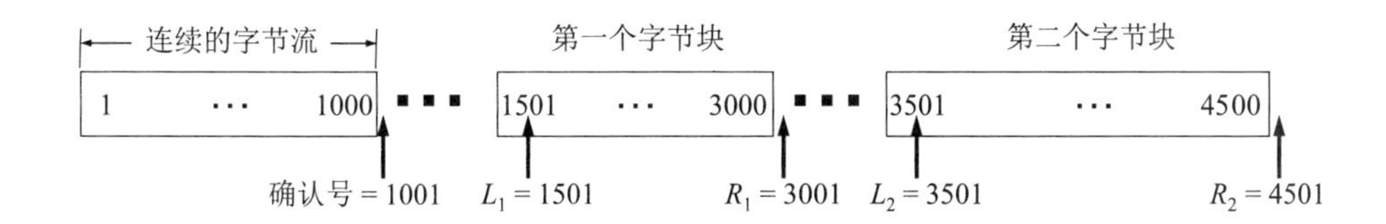

图 5-20 接收到的字节流序号不连续

从图 5-20 可看出，和前后字节不连续的每一个字节块都有两个边界：左边界和右边界，因此在图中用四个指针标记这些边界。请注意，第一个字节块的左边界 L_1 = 1501，但右边界 R_1 = 3001 而不是 3000。这就是说，左边界指出字节块的第一个字节的序号，但右边界减 1 才是字节块的最后一个序号。同理，第二个字节块的左边界 L_2 = 3501，而右边界 R_2 = 4501。

我们知道，TCP 的首部没有哪个字段能够提供上述这些字节块的边界信息。RFC 2018 规定，如果要使用选择确认 SACK，那么在建立 TCP 连接时，就要在 TCP 首部的选项中加上“允许 SACK”的选项，而双方必须都事先商定好。如果使用选择确认，那么原来首部中的“确认号字段”的用法仍然不变。只是以后在 TCP 报文段的首部中都增加了 SACK 选项，以便报告收到的不连续的字节块的边界。由于首部选项的长度最多只有 40 字节，而指明一个边界就要用掉 4 字节（因为序号有 32 位，需要使用 4 个字节表示），因此在选项中最多只能指明 4 个字节块的边界信息。这是因为 4 个字节块共有 8 个边界，因而需要用 32 个字节来描述。另外还需要两个字节，一个字节用来指明是 SACK 选项，另一个字节指明这个选项要占用多少字节。如果要报告 5 个字节块的边界信息，那么至少需要 42 个字节。这就超过了选项长度 40 字节的上限。互联网建议标准 RFC 2018 还对报告这些边界信息的格式都做出了非常明确的规定，这里从略。

然而，SACK 文档并没有指明发送方应当怎样响应 SACK。因此大多数的实现还是重传所有未被确认的数据块。

5.7 TCP 的流量控制

5.7.1 利用滑动窗口实现流量控制

一般说来，我们总是希望数据传输得更快一些。但如果发送方把数据发送得过快，接收方就可能来不及接收，这就会造成数据的丢失。所谓**流量控制**(flow control)就是**让发送方的发送速率不要太快，要让接收方来得及接收。**

利用滑动窗口机制可以很方便地在 TCP 连接上实现对发送方的流量控制。

下面通过图 5-21 的例子说明如何利用滑动窗口机制进行流量控制。

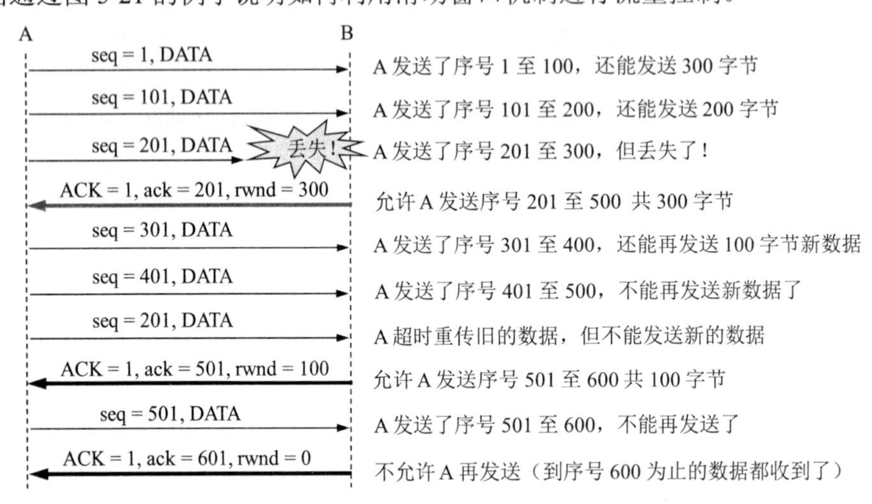

图 5-21 利用可变窗口进行流量控制举例

设 A 向 B 发送数据。在连接建立时，B 告诉了 A：“我的接收窗口 rwnd = 400。”（这里 rwnd 表示 receiver window。）因此，**发送方的发送窗口不能超过接收方给出的接收窗口**[①]**的数值**。请注意，TCP 的**窗口单位是字节，不是报文段**。TCP 连接建立时的窗口协商过程在图中没有显示出来。再设每一个报文段为 100 字节长，而数据报文段序号的初始值设为 1（见图中第一个箭头上面的序号 seq = 1。图中右边的注释可帮助理解整个过程)。请注意，图中箭头上面大写 ACK 表示首部中的确认位 ACK，小写 ack 表示确认字段的值。

我们应注意到，接收方的主机 B 进行了三次流量控制。第一次把窗口减小到 rwnd = 300，第二次又减到 rwnd = 100，最后减到 rwnd = 0，即不允许发送方再发送数据了。这种使发送方暂停发送的状态将持续到主机 B 重新发出一个新的窗口值为止。我们还应注意到，B 向 A 发送的三个报文段都设置了 ACK = 1，只有在 ACK = 1 时确认号字段才有意义。

现在我们考虑一种情况。在图 5-21 中，B 向 A 发送了零窗口的报文段后不久，B 的接收缓存又有了一些存储空间。于是 B 向 A 发送了 rwnd = 400 的报文段。然而这个报文段在传送过程中丢失了。A 一直等待收到 B 发送的非零窗口的通知，而 B 也一直等待 A 发送的数据。如果没有其他措施，这种互相等待的死锁局面将一直延续下去。

为了解决这个问题，TCP 为每一个连接设有一个**持续计时器**(persistence timer)。只要

① 注：从 rwnd 的原文看，中文译名应当是**接收方窗口**。然而在不产生误解的情况下，也可简称为**接收窗口**。

TCP 连接的一方收到对方的零窗口通知，就启动持续计时器。若持续计时器设置的时间到期，就发送一个零窗口**探测报文段**（仅携带 1 字节的数据）[①]，而对方就在确认这个探测报文段时给出了现在的窗口值。如果窗口仍然是零，那么收到这个报文段的一方就重新设置持续计时器。如果窗口不是零，那么死锁的僵局就可以打破了。

5.7.2 TCP 的传输效率

扫一扫

视频讲解

前面已经讲过，应用进程把数据传送到 TCP 的发送缓存后，剩下的发送任务就由 TCP 来控制了。可以用不同的机制来控制 TCP 报文段的发送时机。例如，第一种机制是 TCP 维持一个变量，它等于**最大报文段长度** MSS。只要缓存中存放的数据达到 MSS 字节时，就组装成一个 TCP 报文段发送出去。第二种机制是由发送方的应用进程指明要求发送报文段，即 TCP 支持的**推送**(push)操作。第三种机制是发送方的一个计时器期限到了，这时就把当前已有的缓存数据装入报文段（但长度不能超过 MSS）发送出去。

但是，如何控制 TCP 发送报文段的时机仍然是一个较为复杂的问题[RFC 1122]。

例如，一个交互式用户使用一条 TELNET 连接（运输层为 TCP 协议）。假设用户只发 1 个字符，加上 20 字节的首部后，得到 21 字节长的 TCP 报文段。再加上 20 字节的 IP 首部，形成 41 字节长的 IP 数据报。在接收方 TCP 立即发出确认，构成的数据报是 40 字节长（假定没有数据发送）。若用户要求远地主机回送这一字符，则又要发回 41 字节长的 IP 数据报和 40 字节长的确认 IP 数据报。这样，用户仅发 1 个字符时，线路上就需传送总长度为 162 字节共 4 个报文段。当线路带宽并不富裕时，这种传送方法的效率的确不高。因此应适当推迟发回确认报文，并尽量使用捎带确认的方法。

在 TCP 的实现中广泛使用 Nagle 算法。算法如下：若发送应用进程把要发送的数据逐个字节地送到 TCP 的发送缓存，则发送方就把第一个数据字节先发送出去，把后面到达的数据字节都缓存起来。当发送方收到对第一个数据字符的确认后，再把发送缓存中的所有数据组装成一个报文段发送出去，同时继续对随后到达的数据进行缓存。只有在收到对前一个报文段的确认后才继续发送下一个报文段。当数据到达较快而网络速率较慢时，用这样的方法可明显地减少所用的网络带宽。Nagle 算法还规定，当到达的数据已达到发送窗口大小的一半或已达到报文段的最大长度时，就立即发送一个报文段。这样做，就可以有效地提高网络的吞吐量。

另一个问题叫作**糊涂窗口综合征**(silly window syndrome)，有时也会使 TCP 的性能变坏。设想一种情况：TCP 接收方的缓存已满，而交互式的应用进程一次只从接收缓存中读取 1 个字节（这样就使接收缓存空间仅腾出 1 个字节），然后向发送方发送确认，并把窗口设置为 1 个字节（但发送的数据报是 40 字节长）。接着，发送方又发来 1 个字节的数据（请注意，发送方发送的 IP 数据报是 41 字节长）。接收方发回确认，仍然将窗口设置为 1 个字节。这样进行下去，使网络的效率很低。

要解决这个问题，可以**让接收方等待一段时间**，使接收缓存已有足够空间容纳一个最长的报文段，或者**等到接收缓存已有一半空闲的空间**。只要出现这两种情况之一，接收方就

① 注：TCP 规定，即使设置为零窗口，也必须接收以下几种报文段：零窗口探测报文段、确认报文段和携带紧急数据的报文段。

发出确认报文，并向发送方通知当前的窗口大小。此外，发送方也不要发送太小的报文段，而是把数据积累成足够大的报文段，或达到接收方缓存的空间的一半大小。

上述两种方法可配合使用。使得在发送方不发送很小的报文段的同时，接收方也不要在缓存刚刚有了一点小的空间就急忙把这个很小的窗口大小信息通知给发送方。

5.8 TCP 的拥塞控制

扫一扫

视频讲解

5.8.1 拥塞控制的一般原理

在计算机网络中的链路容量（即带宽）、交换节点中的缓存和处理机等，都是网络的资源。在某段时间，若对网络中某一资源的需求超过了该资源所能提供的可用部分，网络的性能就要变坏。这种情况就叫作**拥塞**(congestion)。可以把出现网络拥塞的条件写成如下的关系式：

$$\sum \text{对资源的需求} > \text{可用资源} \tag{5-7}$$

若网络中有许多资源同时呈现供应不足，网络的性能就要明显变坏，整个网络的吞吐量将随输入负荷的增大而下降。

有人可能会说："只要任意增加一些资源，例如，把节点缓存的存储空间扩大，或把链路更换为更高速率的链路，或把节点处理机的运算速度提高，就可以解决网络拥塞的问题。"其实不然。这是因为网络拥塞是一个非常复杂的问题。简单地采用上述做法，在许多情况下，不但不能解决拥塞问题，而且还可能使网络的性能更坏。

网络拥塞往往是由很多因素引起的。例如，当某个节点缓存的容量太小时，到达该节点的分组因无存储空间暂存而不得不被丢弃。现在设想将该节点缓存的容量扩展到非常大，于是凡到达该节点的分组均可在节点的缓存队列中排队，不受任何限制。由于输出链路的容量和处理机的处理速度并未提高，因此在这队列中的绝大多数分组的排队等待时间将会大大增加，结果上层软件只好把它们进行重传（因为早就超时了）。由此可见，简单地扩大缓存的存储空间同样会造成网络资源的严重浪费，因而解决不了网络拥塞的问题。

又如，处理机处理的速率太低可能引起网络的拥塞。简单地将处理机的速率提高，可能会使上述情况缓解一些，但往往又会将瓶颈转移到其他地方。问题的实质往往是整个系统的各个部分不匹配。只有所有的部分都平衡了，问题才会得到解决。

拥塞常常趋于恶化。如果一个路由器没有足够的缓存空间，它就会丢弃一些新到的分组。但当分组被丢弃时，发送这一分组的源点就会重传这一分组，甚至可能还要重传多次。这样会引起更多的分组流入网络和被网络中的路由器丢弃。可见拥塞引起的重传并不会缓解网络的拥塞，反而会加剧网络的拥塞。

拥塞控制与流量控制的关系密切，它们之间也存在着一些差别。所谓**拥塞控制**就是**防止过多的数据注入到网络中，这样可以使网络中的路由器或链路不至于过载**。拥塞控制所要做的都有一个前提，就是**网络能够承受现有的网络负荷**。拥塞控制是一个**全局性的过程**，涉及所有的主机、所有的路由器，以及与降低网络传输性能有关的所有因素。但 TCP 连接的端点只要迟迟不能收到对方的确认信息，就猜想在当前网络中的某处很可能发生了拥塞，但这时却无法知道拥塞到底发生在网络的何处，也无法知道发生拥塞的具体原因。（是访问某个服务器的通信量过大？还是在某个地区出现自然灾害？）

相反，**流量控制往往是指点对点通信量的控制**，是个**端到端**的问题（接收端控制发送端）。流量控制所要做的就是抑制发送端发送数据的速率，以便接收端来得及接收。

可以用一个简单例子说明这种区别。设某个光纤网络的链路传输速率为 1000 Gbit/s，有一台巨型计算机向一台个人电脑以 1 Gbit/s 的速率传送文件。显然，网络本身的带宽是足够大的，因而不存在产生拥塞的问题。但流量控制却是必需的，因为巨型计算机必须经常停下来，以便个人电脑来得及接收。

但如果有另一个网络，其链路传输速率为 1 Mbit/s，而有 1000 台大型计算机连接在这个网络上。假定其中的 500 台计算机分别向其余的 500 台计算机以 100 kbit/s 的速率发送文件。那么现在的问题已不是接收端的大型计算机是否来得及接收，而是整个网络的输入负载是否超过网络所能承受的。

拥塞控制和流量控制之所以常常被弄混，是因为某些拥塞控制算法是向发送端发送控制报文，并告诉发送端，网络已出现麻烦，必须放慢发送速率。这点又和流量控制是很相似的。

流量控制和拥塞控制的区别可以用图 5-22 的简单比喻来说明。图中表示一水龙头通过管道向一个水桶放水。图 5-22(a)表示水桶太小，来不及接收注入水桶的水。这时只好请求管水龙头的人把水龙头拧小些，以减缓放水的速率。这就相当于流量控制。图 5-22(b)表示虽然水桶足够大，但管道中有很狭窄的地方，使得管道不通畅，水流被堵塞。这种情况被反馈到管水龙头的人，请求把水龙头拧小些，以减缓放水的速率，为的是减缓水管的堵塞状态。这就相当于拥塞控制。请注意，同样是把水龙头拧小些，但目的是很不一样的。

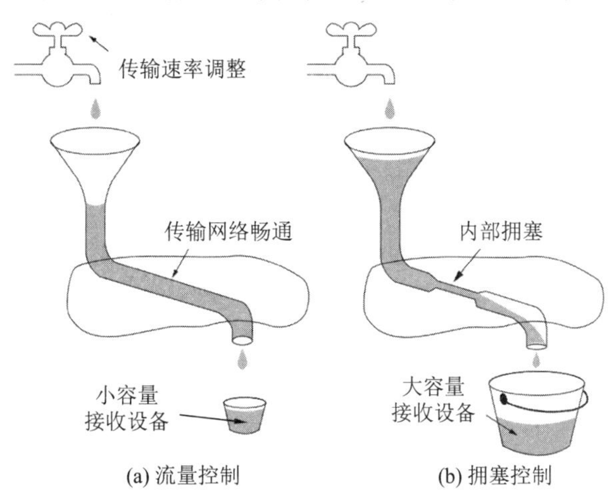

图 5-22　流量控制和拥塞控制的比喻（本图取自[TANE11]图 6-22，特此致谢）

进行拥塞控制需要付出代价。这首先需要获得网络内部流量分布的信息。在实施拥塞控制时，还需要在节点之间交换信息和各种命令，以便选择控制的策略和实施控制。这样就产生了额外开销。拥塞控制有时需要将一些资源（如缓存、带宽等）分配给个别用户（或一些类别的用户）单独使用，这样就使得网络资源不能更好地实现共享。十分明显，在设计拥塞控制策略时，必须全面衡量得失。

在图 5-23 中的横坐标是**提供的负载**(offered load)，代表单位时间内输入给网络的分组数目。因此提供的负载也称为**输入负载**或**网络负载**。纵坐标是**吞吐量**(throughput)，代表单位时间内从网络输出的分组数目。具有理想拥塞控制的网络，在吞吐量饱和之前，网络吞吐量应等于提供的负载，故吞吐量曲线是 45°的斜线。但当提供的负载超过某一限度时，由于网络资源受限，吞吐量不再增长而保持为水平线，即吞吐量达到饱和。这就表明提供的负载中有一部分损失掉了（例如，输入到网络的某些分组被某个节点丢弃了）。虽然如此，在这种理想的拥塞控制作用下，网络的吞吐量仍然维持在其所能达到的最大值。

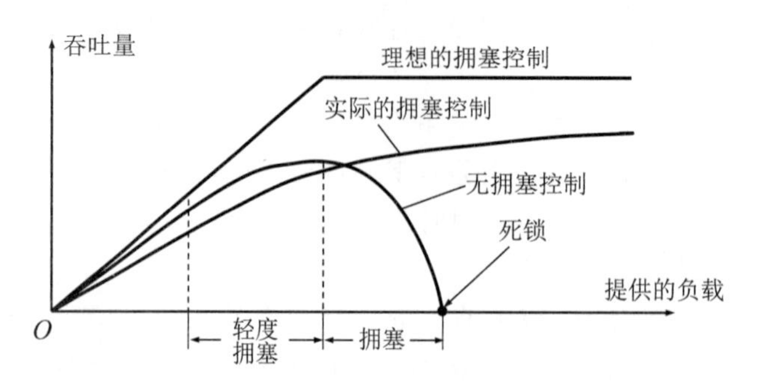

图 5-23　拥塞控制所起的作用

但是，实际网络的情况就很不相同了。从图 5-23 可看出，随着提供的负载的增大，网络吞吐量的增长速率逐渐减小。也就是说，在网络吞吐量还未达到饱和时，就已经有一部分的输入分组被丢弃了。当网络的吞吐量明显地小于理想的吞吐量时，网络就进入了**轻度拥塞**的状态。更值得注意的是，当提供的负载达到某一数值时，网络的吞吐量反而随提供的负载的增大而下降，这时**网络就进入了拥塞状态**。当提供的负载继续增大到某一数值时，网络的吞吐量就下降到零，网络已无法工作，这就是所谓的**死锁**(deadlock)。

从原理上讲，寻找拥塞控制的方案无非是寻找使不等式(5-7)不再成立的条件。这或者是增大网络的某些可用资源（如业务繁忙时增加一些链路，增大链路的带宽，或使额外的通信量从另外的通路分流），或减少一些用户对某些资源的需求（如拒绝接受新的建立连接的请求，或要求用户减轻其负荷，这属于降低服务质量）。但正如上面所讲过的，在采用某种措施时，还必须考虑到该措施所带来的其他影响。

实践证明，拥塞控制是很难设计的，因为它是一个**动态的**（而不是静态的）问题。当前网络正朝着高速化的方向发展，这很容易出现缓存不够大而导致分组的丢失。但分组的丢失是网络发生拥塞的征兆而不是原因。在许多情况下，甚至正是拥塞控制机制本身成为引起网络性能恶化甚至发生死锁的原因。**这点应特别引起重视**。

由于计算机网络是一个很复杂的系统，因此可以从控制理论的角度来看拥塞控制这个问题。这样，从大的方面看，可以分为**开环控制**和**闭环控制**两种方法。开环控制就是在设计网络时事先将发生拥塞的有关因素考虑周到，力求网络在工作时不产生拥塞。但一旦整个系统运行起来，就不再中途进行改正了。

闭环控制是基于反馈环路的概念，主要有以下几种措施：

(1) 监测网络系统以便检测到拥塞在何时、何处发生。

(2) 把拥塞发生的信息传送到可采取行动的地方。

(3) 调整网络系统的运行以解决出现的问题。

有很多的方法可用来监测网络的拥塞。主要的一些指标是：由于缺少缓存空间而被丢弃的分组的百分数、平均队列长度、超时重传的分组数、平均分组时延、分组时延的标准差，等等。上述这些指标的上升都标志着拥塞发生的可能性增加。

一般在监测到拥塞发生时，要将拥塞发生的信息传送到产生分组的源站。当然，通知拥塞发生的分组同样会使网络更加拥塞。

另一种方法是在路由器转发的分组中保留一个比特或字段，用该比特或字段的值表示网络没有拥塞或产生了拥塞。也可以由一些主机或路由器周期性地发出探测分组，以询问拥塞是否发生。

此外，过于频繁地采取行动以缓和网络的拥塞，会使系统产生不稳定的振荡。但过于迟缓地采取行动又不具有任何实用价值。因此，要采用某种折中的方法，但选择正确的时间常数是相当困难的。

下面就来介绍更加具体的防止网络拥塞的方法。

5.8.2 TCP 的拥塞控制方法

扫一扫

视频讲解

TCP 进行拥塞控制的算法有四种，即**慢开始**(slow-start)、**拥塞避免**(congestion avoidance)、**快重传**(fast retransmit)和**快恢复**(fast recovery)（见草案标准 RFC 5681）。下面就介绍这些算法的原理。为了集中精力讨论拥塞控制，我们假定：

(1) 数据是单方向传送的，对方只传送确认报文。

(2) 接收方总是有足够大的缓存空间，因而发送窗口的大小由网络的拥塞程度来决定。

1. 慢开始和拥塞避免

下面讨论的拥塞控制也叫作**基于窗口**的拥塞控制。为此，发送方维持一个叫作**拥塞窗口** cwnd (congestion window)的状态变量。拥塞窗口的大小取决于网络的拥塞程度，并且是动态变化着的。**发送方让自己的发送窗口等于拥塞窗口**。根据假定，对方的接收窗口足够大，发送方在发送数据时，只需考虑发送方的拥塞窗口。

发送方控制拥塞窗口的原则是：只要网络没有出现拥塞，拥塞窗口就可以再增大一些，以便把更多的分组发送出去，这样就可以提高网络的利用率。但只要网络出现拥塞或有可能出现拥塞，就必须把拥塞窗口减小一些，以减少注入到网络中的分组数，以便缓解网络出现的拥塞。

发送方又如何知道网络发生了拥塞呢？我们知道，当网络发生拥塞时，路由器就要把来不及处理而排不上队的分组丢弃。因此只要发送方没有按时收到对方的确认报文，也就是说，只要出现了超时，就可以估计可能在网络某处出现了拥塞。现在通信线路的传输质量一般都很好，因传输出差错而丢弃分组的概率是很小的（远小于 1 %）。因此，发送方在超时重传计时器启动时，就**判断网络出现了拥塞**。

下面将讨论拥塞窗口 cwnd 的大小是怎样变化的。我们从“慢开始算法”讲起。

慢开始算法的思路是这样的：当主机在已建立的 TCP 连接上开始发送数据时，并不清楚网络当前的负荷情况。如果立即把大量数据字节注入到网络，那么就有可能引起网络发生拥塞。经验证明，较好的方法是先探测一下，即**由小到大逐渐增大注入到网络中的数据字节**，也就是说，**由小到大逐渐增大拥塞窗口数值**。

旧的规定是这样的：在刚刚开始发送报文段时，先把初始拥塞窗口 cwnd 设置为 1 至 2 个**发送方的最大报文段** SMSS (Sender Maximum Segment Size)的数值，但新的 RFC 5681（草案标准）把初始拥塞窗口 cwnd 设置为不超过 2 至 4 个 SMSS 的数值。具体的规定如下：

若 SMSS > 2190 字节，

则设置初始拥塞窗口 cwnd = 2 × SMSS 字节，且**不得超过** 2 个报文段。

若（SMSS > 1095 字节）且（SMSS ≤ 2190 字节），

则设置初始拥塞窗口 cwnd = 3 × SMSS 字节，且**不得超过** 3 个报文段。

若 SMSS ≤ 1095 字节，

则设置初始拥塞窗口 cwnd = 4 × SMSS 字节，且**不得超过** 4 个报文段。

可见这个规定就是限制初始拥塞窗口的字节数。

慢开始规定，在每收到一个**对新的报文段的确认**后，可以把拥塞窗口增加最多一个 SMSS 的数值。更具体些，就是

$$\text{拥塞窗口 cwnd 每次的增加量} = \min(N, \text{SMSS}) \tag{5-8}$$

其中 N 是原先未被确认的、但现在被刚收到的确认报文段所确认的字节数。不难看出，当 $N <$ SMSS 时，拥塞窗口每次的增加量要小于 SMSS。

用这样的方法逐步增大发送方的拥塞窗口 cwnd，可以使分组注入到网络的速率更加合理。

下面用例子说明慢开始算法的原理。请注意，虽然实际上 TCP 用字节数作为窗口大小的单位，但为叙述方便起见，我们**用报文段的个数作为窗口大小的单位**，这样可以使用较小的数字来阐明拥塞控制的原理。

在一开始发送方先设置 cwnd = 1，发送第一个报文段，接收方收到后就发送确认。慢开始算法规定，发送方每收到一个**对新报文段的确认**（对重传的确认不算在内），就把发送方的拥塞窗口加 1。因此，经过一个往返时延 RTT 后，发送方就增大拥塞窗口，使 cwnd = 2，即发送方现在可连续发送两个报文段。接收方收到这两个报文段后，先后发回两个确认。现在发送方收到两个确认，根据慢开始算法，拥塞窗口就应当加 2，使拥塞窗口从 cwnd = 2 增加到 cwnd = 4，即可连续发送 4 个报文段。发送方收到这 4 个确认后，就可以把拥塞窗口再加 4，使 cwnd = 8（如图 5-24 所示）。显然，发送方并不是要在所有的确认都收齐了之后才调整其拥塞窗口，而是收到一个确认就调整一下拥塞窗口，抓紧时间发送报文段。但这样的细节不是我们现在所要研究的，我们想知道的只是拥塞窗口的大致增长趋势。

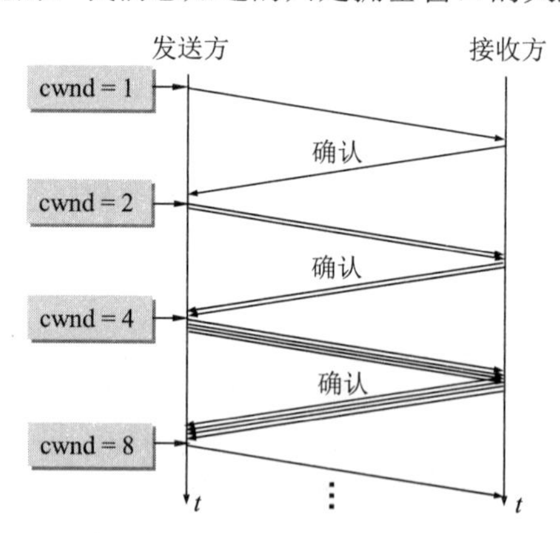

图 5-24　发送方每收到 1 个确认就把拥塞窗口加 1

由此可见，慢开始的“慢”并不是指 cwnd 的增长速率慢，而是指在 TCP 开始发送报文段时，只发送一个报文段，即设置 cwnd = 1，目的是试探一下网络的拥塞情况，然后视情况再逐渐增大 cwnd。这当然比一开始设置大的 cwnd 值，一下子把许多报文段迅速注入到网络要**“慢得多”**。这对防止出现网络拥塞是一个非常好的方法。

为了防止拥塞窗口 cwnd 增长过大引起网络拥塞，还需要设置一个**慢开始门限** ssthresh 状态变量（可以把门限 ssthresh 的数值设置大些，例如达到发送窗口的最大容许值）。慢开

始门限 ssthresh 的用法如下：

当 cwnd < ssthresh 时，使用上述的慢开始算法。

当 cwnd > ssthresh 时，停止使用慢开始算法而改用**拥塞避免**算法。

当 cwnd = ssthresh 时，既可使用慢开始算法，也可使用拥塞避免算法。

拥塞避免算法的目的是让拥塞窗口 cwnd 缓慢地增大（具体算法见[RFC 5681]）。执行算法后的结果大约是这样的：每经过一个往返时间 RTT，发送方的拥塞窗口 cwnd 的大小就加 1，而不是像慢开始阶段那样加倍增长。因此在拥塞避免阶段就称为“**加法增大**”AI (Additive Increase)，表明在拥塞避免阶段，拥塞窗口 cwnd **按线性规律缓慢增长**，比慢开始算法的拥塞窗口增长速率缓慢得多。

可以用曲线来说明 TCP 的拥塞窗口 cwnd 是怎样随时间变化的（如图 5-25 所示）。但这里请特别注意横坐标采用的单位是往返时延 RTT。在实际的互联网中，TCP 发送的每一个报文段的往返时延 RTT 都是不一样的（不会像图 5-24 中所画出的那样很理想的情况）。但在这里我们是讲解拥塞控制的原理，因此应当把图中的 RTT 理解为一个大致的时间，在这样的时间之内，发送方发出了一批报文段，并且都收到了接收方的确认。图 5-25 中的数字❶至❺是特别要注意的几个点。现假定 TCP 的发送窗口等于拥塞窗口。

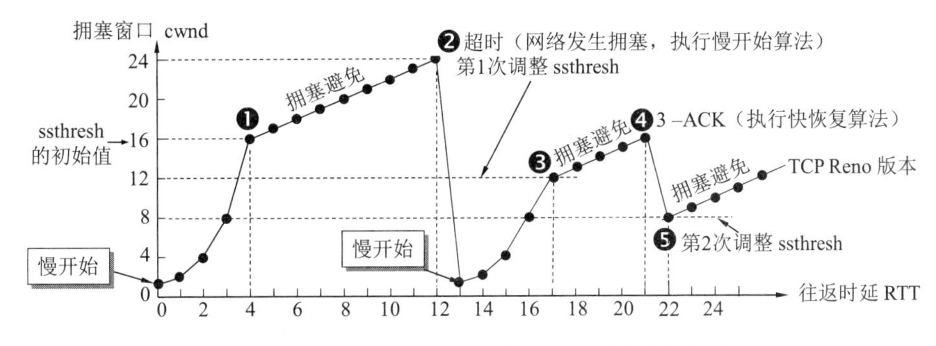

图 5-25　TCP 拥塞窗口 cwnd 在拥塞控制时的变化情况

当 TCP 连接已建立后，把拥塞窗口 cwnd 置为 1。在本例中，慢开始门限的初始值设置为 16 个报文段，即 ssthresh = 16。在执行慢开始算法阶段，每经过一个往返时间 RTT，拥塞窗口 cwnd 就加倍。当拥塞窗口 cwnd 增长到慢开始门限值 ssthresh 时（图中的点❶，此时拥塞窗口 cwnd = 16），就改为执行拥塞避免算法，拥塞窗口按线性规律增长。但请注意，“拥塞避免”并非完全避免拥塞，而是让拥塞窗口增长得缓慢些，**使网络不容易出现拥塞**。

当拥塞窗口 cwnd = 24 时，网络出现了超时（图中的点❷），这就是网络发生拥塞的标志。于是调整门限值 ssthresh = cwnd / 2 = 12，同时设置拥塞窗口 cwnd = 1，执行慢开始算法。

按照慢开始算法，发送方每收到一个对新报文段的确认 ACK，就把拥塞窗口值加 1。当拥塞窗口 cwnd = ssthresh = 12 时（图中的点❸，这是 ssthresh 第 1 次调整后的数值），改为执行拥塞避免算法，拥塞窗口按线性规律增大。

当拥塞窗口 cwnd = 16 时（图中的点❹），出现了一个新的情况，就是发送方一连收到 3 个对同一个报文段的重复确认（图中记为 3-ACK）。关于这个问题要解释如下。

有时，个别报文段会在网络中意外丢失，但实际上网络并未发生拥塞。如果发送方迟迟收不到确认，就会产生超时，并误认为网络发生了拥塞。这就导致发送方错误地启动慢开始，把拥塞窗口 cwnd 又设置为 1，因而不必要地降低了传输效率。

2. 快重传和快恢复

采用快重传算法可以让发送方**尽早知道发生了个别报文段的丢失**。快重传算法首先要求接收方不要等待自己发送数据时才进行捎带确认，而是要**立即发送确认**，即使收到了**失序的报文段**也要立即发出对已收到的报文段的重复确认。如图 5-26 所示，接收方收到了 M_1 和 M_2 后都分别及时发出了确认。现假定接收方没有收到 M_3 但却收到了 M_4。本来接收方可以什么都不做。但按照快重传算法，接收方**必须立即发送对 M_2 的重复确认**，以便让发送方及早知道接收方没有收到报文段 M_3。发送方接着发送 M_5 和 M_6。接收方收到后也仍要再次分别发出对 M_2 的重复确认。这样，发送方共收到了接收方的 4 个对 M_2 的确认，其中后 3 个都是重复确认。快重传算法规定，发送方只要**一连收到 3 个重复确认**，就可知道现在并未出现网络拥塞，而只是接收方少收到一个报文段 M_3，因而**立即进行重传** M_3（即"快重传"）。使用快重传可以使整个网络的吞吐量提高约 20%。

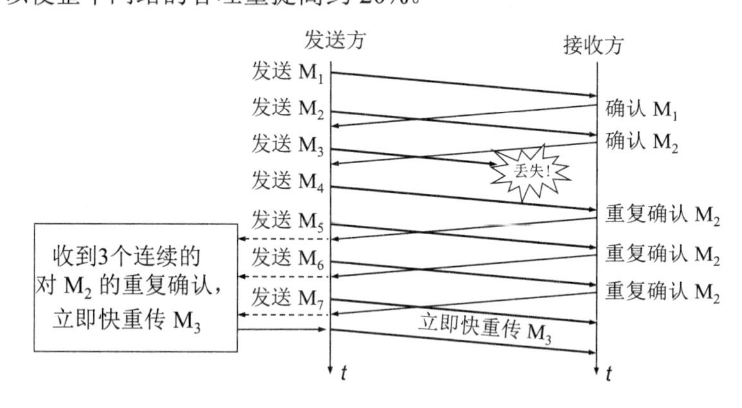

图 5-26 快重传的示意图

因此，在图 5-25 中的点❹，发送方知道现在只是丢失了个别的报文段。于是不启动慢开始，而是执行**快恢复**算法。这时，发送方第 2 次调整门限值，使 ssthresh = cwnd / 2 = 8，同时设置拥塞窗口 cwnd = ssthresh = 8（见图 5-25 中的点❺），并开始执行拥塞避免算法。

在图 5-25 中还标注有"TCP Reno 版本"，表示区别于老的 TCP Tahao 版本。

请注意，也有的快恢复实现是把快恢复开始时的拥塞窗口 cwnd 值再增大一些（增大 3 个报文段的长度），即等于新的 ssthresh + 3 × MSS。这样做的理由是：既然发送方收到 3 个重复的确认，就表明有 3 个分组已经离开了网络。这 3 个分组不再消耗网络的资源而是停留在接收方的缓存中（接收方发送出 3 个重复的确认就证明了这个事实）。可见现在网络中并不是堆积了分组而是减少了 3 个分组。因此可以适当把拥塞窗口扩大些。

从图 5-25 可以看出，在拥塞避免阶段，拥塞窗口是按照线性规律增大的，这就是前面提到过的**加法增大** AI 。而一旦出现超时或 3 个重复的确认，就要把门限值设置为当前拥塞窗口值的一半，并大大减小拥塞窗口的数值。这常称为"**乘法减小**"MD (Multiplicative Decrease)。二者合在一起就是所谓的 AIMD 算法。

采用这样的拥塞控制方法使得 TCP 的性能有明显的改进[STEV94][RFC 5681]。

根据以上所述，TCP 的拥塞控制可以归纳为图 5-27 的流程图。这个流程图就比图 5-25 所示的特例要更加全面些。例如，图 5-25 没有说明在慢开始阶段如果出现了超时（即出现了网络拥塞）或出现 3-ACK，发送方应采取什么措施。但从图 5-27 的流程图就可以很明确地知道发送方应采取的措施。

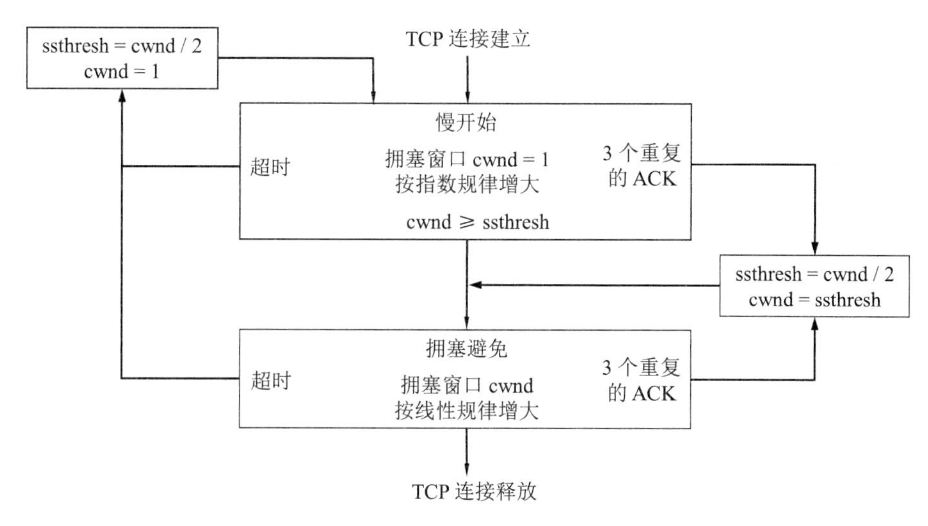

图 5-27　TCP 的拥塞控制的流程图

在这一节的开始我们就假定了接收方总是有足够大的缓存空间，因而发送窗口的大小由网络的拥塞程度来决定。但实际上接收方的缓存空间总是有限的。接收方根据自己的接收能力设定了接收方窗口 rwnd，并把这个窗口值写入 TCP 首部中的窗口字段，传送给发送方。因此，**接收方窗口**又称为**通知窗口**(advertised window)。因此，从接收方对发送方的流量控制的角度考虑，**发送方的发送窗口一定不能超过对方给出的接收方窗口值** rwnd。

如果把本节所讨论的拥塞控制和接收方对发送方的流量控制一起考虑，那么很显然，发送方的窗口的上限值应当取为接收方窗口 rwnd 和拥塞窗口 cwnd 这两个变量中较小的一个，也就是说：

$$\text{发送方窗口的上限值} = \text{Min}\ [\text{rwnd}, \text{cwnd}] \tag{5-9}$$

式(5-9)指出：

当 rwnd < cwnd 时，是接收方的接收能力限制发送方窗口的最大值。

反之，当 cwnd < rwnd 时，则是网络的拥塞程度限制发送方窗口的最大值。

也就是说，rwnd 和 cwnd 中数值较小的一个，控制了发送方发送数据的速率。

5.8.3　主动队列管理 AQM

上一节讨论的 TCP 拥塞控制并没有和网络层采取的策略联系起来。其实，它们之间有着密切的关系。

例如，假定一个路由器对某些分组的处理时间特别长，那么这就可能使这些分组中的数据部分（即 TCP 报文段）经过很长时间才能到达终点，结果引起发送方对这些报文段的重传。根据前面所讲的，重传会使 TCP 连接的发送端认为在网络中发生了拥塞。于是在 TCP 的发送端就采取了拥塞控制措施，但实际上网络并没有发生拥塞。

网络层的策略对 TCP 拥塞控制影响最大的就是路由器的分组丢弃策略。在最简单的情况下，路由器的队列通常都按照“**先进先出**”FIFO (First In First Out) 的规则处理到来的分组。由于队列长度总是有限的，因此当队列已满时，以后再到达的所有分组（如果能够继续排队，这些分组都将排在队列的尾部）将都被丢弃。这就叫作**尾部丢弃策略**(tail-drop policy)。

路由器的尾部丢弃往往会导致一连串分组的丢失，这就使发送方出现超时重传，使TCP 进入拥塞控制的慢开始状态，结果使 TCP 连接的发送方突然把数据的发送速率降低到很小的数值。更为严重的是，在网络中通常有很多的 TCP 连接（它们有不同的源点和终点），这些连接中的报文段通常是复用在网络层的 IP 数据报中传送的。在这种情况下，若发生了路由器中的尾部丢弃，就可能会同时影响到很多条 TCP 连接，结果使这许多 TCP 连接**在同一时间**突然都进入到慢开始状态。这在 TCP 的术语中称为**全局同步**(global synchronization)。全局同步使得全网的通信量突然下降了很多，而在网络恢复正常后，其通信量又突然增大很多。

为了避免发生网络中的全局同步现象，在 1998 年提出了**主动队列管理** AQM (Active Queue Management)。所谓“主动”就是不要等到路由器的队列长度已经达到最大值时才不得不丢弃后面到达的分组。这样就太被动了。应当在队列长度达到某个值得警惕的数值时（即当网络拥塞有了某些拥塞征兆时），就主动丢弃到达的分组。这样就提醒了发送方放慢发送的速率，因而有可能使网络拥塞的程度减轻，甚至不出现网络拥塞。AQM 可以有不同实现方法，其中曾流行多年的就是**随机早期检测** RED (Random Early Detection)。RED 还有几个不同的名称，如 Random Early Drop 或 Random Early Discard（随机早期丢弃）。

实现 RED 时需要使路由器维持两个参数，即队列长度最小门限和最大门限。当每一个分组到达时，RED 就按照规定的算法先计算当前的平均队列长度。

(1) 若平均队列长度小于最小门限，则把新到达的分组放入队列进行排队。

(2) 若平均队列长度超过最大门限，则把新到达的分组丢弃。

(3) 若平均队列长度在最小门限和最大门限之间，则按照某一丢弃概率 p 把新到达的分组丢弃（这就体现了丢弃分组的随机性）。

由此可见，RED 不是等到已经发生网络拥塞后才把所有在队列尾部的分组全部丢弃，而是在检测到网络拥塞的**早期征兆**时（即路由器的平均队列长度达到一定数值时），就以概率 p 丢弃个别的分组，让拥塞控制只在个别的 TCP 连接上进行，因而避免发生全局性的拥塞控制。

在 RED 的操作中，最难处理的就是丢弃概率 p 的选择，因为 p 并不是个常数。对每一个到达的分组，都必须计算丢弃概率 p 的数值。IETF 曾经推荐在互联网中的路由器使用 RED 机制[RFC 2309]，但多年的实践证明，RED 的使用效果并不太理想。因此，在 2015 年公布的 RFC 7567 已经把过去的 RFC 2309 列为“陈旧的”，并且不再推荐使用 RED。对路由器进行主动队列管理 AQM 仍是必要的。AQM 实际上就是对路由器中的分组排队进行智能管理，而不是简单地把队列的尾部丢弃。现在已经有几种不同的算法来代替旧的 RED，但都还在实验阶段。目前还没有一种算法能够成为 IETF 的标准，读者可注意这方面的进展。

5.9 TCP 的运输连接管理

TCP 是面向连接的协议。运输连接是用来传送 TCP 报文的。TCP 运输连接的建立和释放是每一次面向连接的通信中必不可少的过程。因此，运输连接就有三个阶段，即：**连接建立**、**数据传送**和**连接释放**。运输连接的管理就是使运输连接的建立和释放都能正常地进行。

在 TCP 连接建立过程中要解决以下三个问题：

(1) 要使每一方能够确知对方的存在。

(2) 要允许双方协商一些参数（如最大窗口值、是否使用窗口扩大选项和时间戳选项以及服务质量等）。

(3) 能够对运输实体资源（如缓存大小、连接表中的项目等）进行分配。

TCP 连接的建立采用客户服务器方式。主动发起连接建立的应用进程叫作**客户**(client)，而被动等待连接建立的应用进程叫作**服务器**(server)。

扫一扫

视频讲解

5.9.1 TCP 的连接建立

TCP 建立连接的过程叫作握手，握手需要在客户和服务器之间交换三个 TCP 报文段。图 5-28 画出了三报文握手[1]建立 TCP 连接的过程。

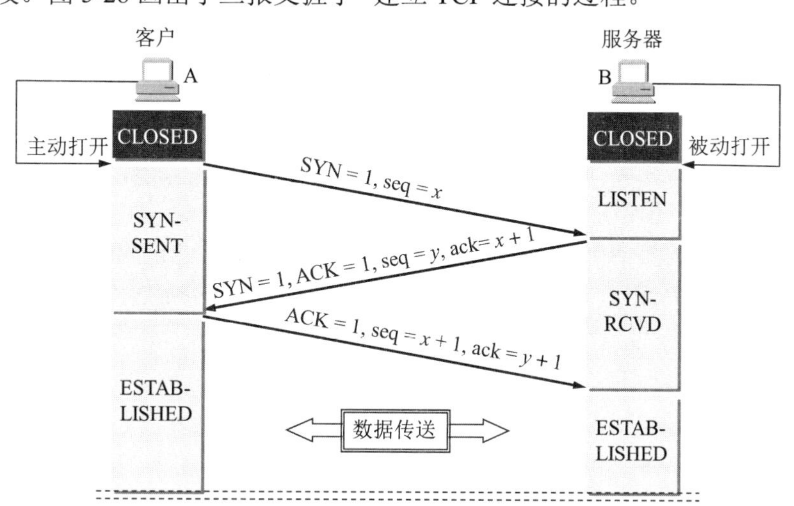

图 5-28 用三报文握手建立 TCP 连接

假定主机 A 运行的是 TCP 客户程序，而 B 运行 TCP 服务器程序。最初两端的 TCP 进程都处于 CLOSED（关闭）状态。图中在主机下面的方框分别是 TCP 进程所处的状态。请注意，在本例中，A **主动打开连接**，而 B **被动打开连接**。

一开始，B 的 TCP 服务器进程先创建**传输控制块** TCB[2]，准备接受客户进程的连接请求。然后服务器进程就处于 LISTEN（收听）状态，等待客户的连接请求。如有，即做出响应。

① 注：三报文握手是本教材首次采用的译名。在 RFC 793（TCP 标准的文档）中使用的名称是 three way handshake，但这个名称很难译为准确的中文。例如，以前本教材曾采用“三次握手”这个广为流行的译名。其实这是在**一次握手**过程中交换了三个报文，而不是进行了三次握手（这有点像两个人见面进行一次握手时，他们的手上下摇晃了三次，但这并非进行了三次握手）。最近再次重新阅读了 RFC 793 文档，发现有这样的表述：“three way (three message) handshake”。可见采用“三报文握手”这样的译名，在意思的表达上应当是比较准确的。 请注意，handshake 使用的是单数而不是复数，表明只是**一次握手**。

② 注：**传输控制块** TCB (Transmission Control Block)存储了每一个连接中的一些重要信息，如：TCP 连接表、指向发送和接收缓存的指针、指向重传队列的指针、当前的发送和接收序号，等等。

A 的 TCP 客户进程也是首先创建**传输控制块** TCB。然后，在打算建立 TCP 连接时，向 B 发出连接请求报文段，这时首部中的同步位 SYN = 1，同时选择一个初始序号 seq = x。TCP 规定，SYN 报文段（即 SYN = 1 的报文段）不能携带数据，但要**消耗掉一个序号**。这时，TCP 客户进程进入 SYN-SENT（同步已发送）状态。

B 收到连接请求报文段后，如同意建立连接，则向 A 发送确认。在确认报文段中应把 SYN 位和 ACK 位都置 1，确认号是 ack = $x + 1$，同时也为自己选择一个初始序号 seq = y。请注意，这个报文段也不能携带数据，但同样**要消耗掉一个序号**。这时 TCP 服务器进程进入 SYN-RCVD（同步收到）状态。

TCP 客户进程收到 B 的确认后，还要向 B 给出确认。确认报文段的 ACK 置 1，确认号 ack = $y + 1$，而自己的序号 seq = $x + 1$。TCP 的标准规定，ACK 报文段可以携带数据。但**如果不携带数据则不消耗序号**，在这种情况下，下一个数据报文段的序号仍是 seq = $x + 1$。这时，TCP 连接已经建立，A 进入 ESTABLISHED（已建立连接）状态。

当 B 收到 A 的确认后，也进入 ESTABLISHED 状态。

上面给出的连接建立过程叫作**三报文握手**。请注意，在图 5-28 中 B 发送给 A 的报文段，也可拆成两个报文段。可以先发送一个确认报文段（ACK = 1, ack = $x + 1$），然后再发送一个同步报文段（SYN = 1, seq = y）。这样的过程就变成了**四报文握手**，但效果是一样的。

为什么 A 最后还要发送一次确认呢？这主要是为了防止已失效的连接请求报文段突然又传送到了 B，因而产生错误。

所谓“已失效的连接请求报文段”是这样产生的。考虑一种正常情况，A 发出连接请求，但因连接请求报文丢失而未收到确认。于是 A 再重传一次连接请求。后来收到了确认，建立了连接。数据传输完毕后，就释放了连接。A 共发送了两个连接请求报文段，其中第一个丢失，第二个到达了 B，没有“已失效的连接请求报文段”。

现假定出现一种异常情况，即 A 发出的第一个连接请求报文段并没有丢失，而是在某些网络节点长时间滞留了，以致延误到连接释放以后的某个时间才到达 B。本来这是一个早已失效的报文段。但 B 收到此失效的连接请求报文段后，就误认为是 A 又发出一次新的连接请求。于是就向 A 发出确认报文段，同意建立连接。假定不采用报文握手，那么只要 B 发出确认，新的连接就建立了。

由于现在 A 并没有发出建立连接的请求，因此不会理睬 B 的确认，也不会向 B 发送数据。但 B 却以为新的运输连接已经建立了，并一直等待 A 发来数据。B 的许多资源就这样白白浪费了。

采用三报文握手的办法，可以防止上述现象的发生。例如在刚才的异常情况下，A 不会向 B 的确认发出确认。B 由于收不到确认，就知道 A 并没有要求建立连接。

5.9.2 TCP 的连接释放

扫一扫

视频讲解

TCP 连接释放过程比较复杂，我们仍结合双方状态的改变来阐明连接释放的过程。

数据传输结束后，通信的双方都可释放连接。现在 A 和 B 都处于 ESTABLISHED 状态（如图 5-29 所示）。A 的应用进程先向其 TCP 发出连接释放报文段，并停止再发送数据，主动关闭 TCP 连接。A 把连接释放报文段首部的终止控制位 FIN 置 1，其序号 seq = u，它等于前面已传送过的数据的最后一个字节的序号加 1。这时 A 进入 FIN-WAIT-1（终止等待 1）状态，等待 B 的确认。请注意，TCP 规定，FIN 报文段即使不携带数据，它也消耗掉一个序号。

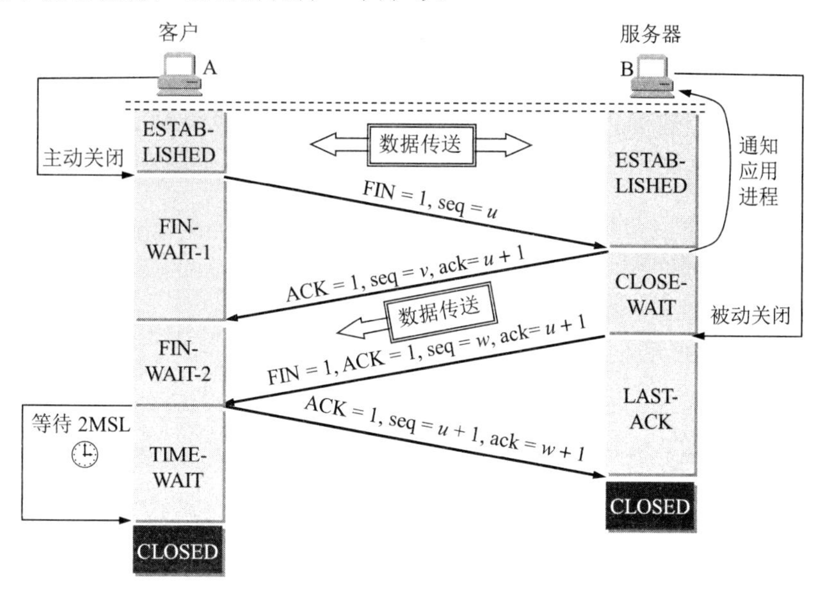

图 5-29　TCP 连接释放的过程

B 收到连接释放报文段后即发出确认，确认号是 ack = u + 1，而这个报文段自己的序号是 v，等于 B 前面已传送过的数据的最后一个字节的序号加 1。然后 B 就进入 CLOSE-WAIT（关闭等待）状态。TCP 服务器进程这时应通知高层应用进程，因而从 A 到 B 这个方向的连接就释放了，这时的 TCP 连接处于**半关闭**(half-close)状态，即 A 已经没有数据要发送了，但 B 若发送数据，A 仍要接收。也就是说，从 B 到 A 这个方向的连接并未关闭，这个状态可能会持续一段时间。

A 收到来自 B 的确认后，就进入 FIN-WAIT-2（终止等待 2）状态，等待 B 发出的连接释放报文段。

若 B 已经没有要向 A 发送的数据，其应用进程就通知 TCP 释放连接。这时 B 发出的连接释放报文段必须使 FIN = 1。现假定 B 的序号为 w（在半关闭状态 B 可能又发送了一些数据）。B 还必须重复上次已发送过的确认号 ack = u + 1。这时 B 就进入 LAST-ACK（最后确认）状态，等待 A 的确认。

A 在收到 B 的连接释放报文段后，必须对此发出确认。在确认报文段中把 ACK 置 1，确认号 ack = w + 1，而自己的序号是 seq = u + 1（根据 TCP 标准，前面发送过的 FIN 报文段要消耗一个序号）。然后进入到 TIME-WAIT（时间等待）状态。请注意，现在 TCP 连接还没有释放掉。必须经过**时间等待计时器**(TIME-WAIT timer)设置的时间 2MSL 后，A 才进入到 CLOSED 状态。时间 MSL 叫作**最长报文段寿命**(Maximum Segment Lifetime)，RFC 793 建议设为 2 分钟。但这完全是从工程上来考虑的，对于现在的网络，MSL = 2 分钟可能太长了一些。因此 TCP 允许不同的实现可根据具体情况使用更小的 MSL 值。因此，从 A 进入到 TIME-WAIT 状态后，要经过 4 分钟才能进入到 CLOSED 状态，才能开始建立下一个新的连接。当 A 撤销相应的传输控制块 TCB 后，就结束了这次的 TCP 连接。

为什么 A 在 TIME-WAIT 状态必须等待 2MSL 的时间呢？这有两个理由。

第一，为了保证 A 发送的最后一个 ACK 报文段能够到达 B。这个 ACK 报文段有可能丢失，因而使处在 LAST-ACK 状态的 B 收不到对已发送的 FIN + ACK 报文段的确认。B 会超时重传这个 FIN + ACK 报文段，而 A 就能在 2MSL 时间内收到这个重传的 FIN + ACK 报文段。接着 A 重传一次确认，重新启动 2MSL 计时器。最后，A 和 B 都正常进入到 CLOSED 状态。如果 A 在 TIME-WAIT 状态不等待一段时间，而是在发送完 ACK 报文段后立即释放连接，那么就无法收到 B 重传的 FIN + ACK 报文段，因而也不会再发送一次确认报文段。这样，B 就无法按照正常步骤进入 CLOSED 状态。

第二，防止上一节提到的“已失效的连接请求报文段”出现在本连接中。A 在发送完最后一个 ACK 报文段后，再经过时间 2MSL，就可以使本连接持续的时间内所产生的所有报文段都从网络中消失。这样就可以使下一个新的连接中不会出现这种旧的连接请求报文段。

B 只要收到了 A 发出的确认，就进入 CLOSED 状态。同样，B 在撤销相应的传输控制块 TCB 后，就结束了这次的 TCP 连接。我们注意到，B 结束 TCP 连接的时间要比 A 早一些。

上述的 TCP 连接释放过程是四报文握手。

除时间等待计时器外，TCP 还设有一个**保活计时器**(keepalive timer)。设想有这样的情况：客户已主动与服务器建立了 TCP 连接。但后来客户端的主机突然出故障。显然，服务器以后就不能再收到客户发来的数据。因此，应当有措施使服务器不要再白白等待下去。这就是使用保活计时器。服务器每收到一次客户的数据，就重新设置保活计时器，时间的设置通常是两小时。若两小时没有收到客户的数据，服务器就发送一个探测报文段，以后则每隔 75 秒钟发送一次。若一连发送 10 个探测报文段后仍无客户的响应，服务器就认为客户端出了故障，接着就关闭这个连接。

5.9.3 TCP 的有限状态机

扫一扫

视频讲解

为了更清晰地看出 TCP 连接的各种状态之间的关系，图 5-30 给出了 TCP 的有限状态机。图中每一个方框是 TCP 可能具有的状态。每个方框中的大写英文字符串是 TCP 标准所使用的 TCP 连接状态名。状态之间的箭头表示可能发生的状态变迁。箭头旁边的字，表明引起这种变迁的原因，或表明发生状态变迁后又出现什么动作。请注意图中有三种不同的箭头。粗实线箭头表示对客户进程的正常变迁。粗虚线箭头表示对服务器进程的正常变迁。另一种细线箭头表示异常变迁。

我们可以把图 5-30 和前面的图 5-28、图 5-29 对照起来看。在图 5-28 和图 5-29 中左边客户进程从上到下的状态变迁，就是图 5-30 中粗实线箭头所指的状态变迁。而在图 5-28 和 5-29 右边服务器进程从上到下的状态变迁，就是图 5-30 中粗虚线箭头所指的状态变迁。

还有一些状态变迁，例如连接建立过程中的从 LISTEN 到 SYN-SENT 和从 SYN-SENT 到 SYN-RCVD。读者可分析在什么情况下会出现这样的变迁（见习题 5-43）。

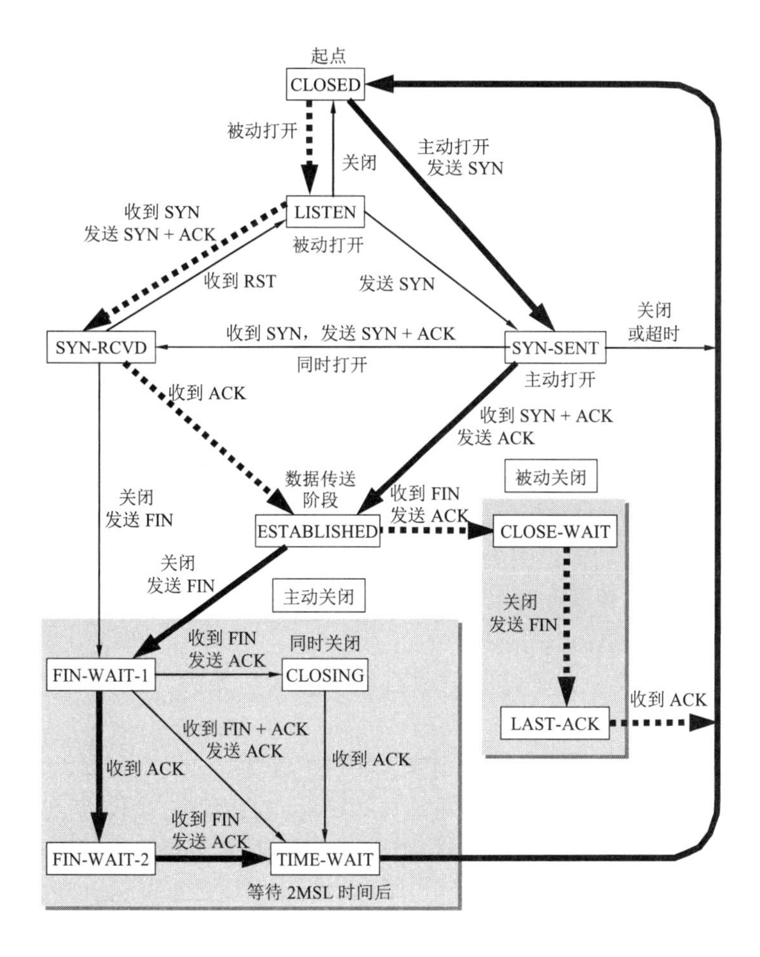

图 5-30　TCP 的有限状态机

本章的重要概念

- 运输层提供应用进程间的逻辑通信，也就是说，运输层之间的通信并不是真正在两个运输层之间直接传送数据。运输层向应用层屏蔽了下面网络的细节（如网络拓扑、所采用的路由选择协议等），它使应用进程看见的就是好像在两个运输层实体之间有一条端到端的逻辑通信信道。
- 网络层为主机之间提供逻辑通信，而运输层为应用进程之间提供端到端的逻辑通信。
- 运输层有两个主要的协议：TCP 和 UDP。它们都有复用和分用，以及检错的功能。当运输层采用面向连接的 TCP 协议时，尽管下面的网络是不可靠的（只提供尽最大努力服务），但这种逻辑通信信道就相当于一条全双工通信的可靠信道。当运输层采用无连接的 UDP 协议时，这种逻辑通信信道仍然是一条不可靠信道。
- 运输层用一个 16 位端口号来标志一个端口。端口号只具有本地意义，它只是为了标志本计算机应用层中的各个进程在和运输层交互时的层间接口。在互联网的不同计算机中，相同的端口号是没有关联的。
- 两台计算机中的进程要互相通信，不仅要知道对方的 IP 地址（为了找到对方的计算机），而且还要知道对方的端口号（为了找到对方计算机中的应用进程）。

- 运输层的端口号分为服务器端使用的端口号（0 ~ 1023 指派给熟知端口，1024 ~ 49151 是登记端口号）和客户端暂时使用的端口号（49152 ~ 65535）。
- UDP 的主要特点是：(1) 无连接；(2) 尽最大努力交付；(3) 面向报文；(4) 无拥塞控制；(5) 支持一对一、一对多、多对一和多对多的交互通信；(6) 首部开销小（只有四个字段：源端口、目的端口、长度和检验和）。
- TCP 的主要特点是：(1) 面向连接；(2) 每一条 TCP 连接只能是点对点的（一对一）；(3) 提供可靠交付的服务；(4) 提供全双工通信；(5) 面向字节流。
- TCP 用主机的 IP 地址加上主机上的端口号作为 TCP 连接的端点。这样的端点就叫作套接字(socket)或插口。套接字用（IP 地址：端口号）来表示。
- 停止等待协议能够在不可靠的传输网络上实现可靠的通信。每发送完一个分组就停止发送，等待对方的确认。在收到确认后再发送下一个分组。分组需要进行编号。
- 超时重传是指只要超过了一段时间仍然没有收到确认，就重传前面发送过的分组（认为刚才发送的分组丢失了）。因此每发送完一个分组需要设置一个超时计时器，其重传时间应比数据在分组传输的平均往返时间更长一些。这种自动重传方式常称为自动重传请求 ARQ。
- 在停止等待协议中，若接收方收到重复分组，就丢弃该分组，但同时还要发送确认。
- 连续 ARQ 协议可提高信道利用率。发送方维持一个发送窗口，凡位于发送窗口内的分组都可连续发送出去，而不需要等待对方的确认。接收方一般采用累积确认，对按序到达的最后一个分组发送确认，表明到这个分组为止的所有分组都已正确收到了。
- TCP 报文段首部的前 20 个字节是固定的，后面有 $4N$ 字节是根据需要而增加的选项（N 是整数）。在一个 TCP 连接中传送的字节流中的每一个字节都按顺序编号。首部中的序号字段值则指的是本报文段所发送的数据的第一个字节的序号。
- TCP 首部中的确认号是期望收到对方下一个报文段的第一个数据字节的序号。若确认号为 N，则表明：到序号 $N-1$ 为止的所有数据都已正确收到。
- TCP 首部中的窗口字段指出了现在允许对方发送的数据量。窗口值是经常动态变化着的。
- TCP 使用滑动窗口机制。发送窗口里面的序号表示允许发送的序号。发送窗口后沿的后面部分表示已发送且已收到了确认，而发送窗口前沿的前面部分表示不允许发送。发送窗口后沿的变化情况有两种可能，即不动（没有收到新的确认）和前移（收到了新的确认）。发送窗口前沿通常是不断向前移动的。
- 流量控制就是让发送方的发送速率不要太快，要让接收方来得及接收。
- 在某段时间，若对网络中某一资源的需求超过了该资源所能提供的可用部分，网络的性能就要变坏。这种情况就叫作拥塞。拥塞控制就是防止过多的数据注入到网络中，这样可以使网络中的路由器或链路不至于过载。
- 流量控制是一个端到端的问题，是接收端抑制发送端发送数据的速率，以便使接收端来得及接收。拥塞控制是一个全局性的过程，涉及所有的主机、所有的路由器，以及与降低网络传输性能有关的所有因素。
- 为了进行拥塞控制，TCP 的发送方要维持一个拥塞窗口 cwnd 的状态变量。拥塞窗口的大小取决于网络的拥塞程度，并且动态地在变化。发送方让自己的发送窗口取为拥塞窗口和接收方的接收窗口中较小的一个。

- TCP 的拥塞控制采用了四种算法，即慢开始、拥塞避免、快重传和快恢复。在网络层，也可以使路由器采用适当的分组丢弃策略（如主动队列管理 AQM），以减少网络拥塞的发生。
- 运输连接有三个阶段，即：连接建立、数据传送和连接释放。
- 主动发起 TCP 连接建立的应用进程叫作客户，而被动等待连接建立的应用进程叫作服务器。TCP 的连接建立采用三报文握手机制。服务器要确认客户的连接请求，然后客户要对服务器的确认进行确认。
- TCP 的连接释放采用四报文握手机制。任何一方都可以在数据传送结束后发出连接释放的通知，待对方确认后就进入半关闭状态。当另一方也没有数据再发送时，则发送连接释放通知，对方确认后就完全关闭了 TCP 连接。

习题

5-01 试说明运输层在协议栈中的地位和作用。运输层的通信和网络层的通信有什么重要的区别？为什么运输层是必不可少的？

5-02 网络层提供数据报或虚电路服务对上面的运输层有何影响？

5-03 当应用程序使用面向连接的 TCP 和无连接的 IP 时，这种传输是面向连接的还是无连接的？

5-04 试画图解释运输层的复用。画图说明许多个运输用户复用到一条运输连接上，而这条运输连接又复用到 IP 数据报上。

5-05 试举例说明有些应用程序愿意采用不可靠的 UDP，而不愿意采用可靠的 TCP。

5-06 接收方收到有差错的 UDP 用户数据报时应如何处理？

5-07 如果应用程序愿意使用 UDP 完成可靠传输，这可能吗？请说明理由。

5-08 为什么说 UDP 是面向报文的，而 TCP 是面向字节流的？

5-09 端口的作用是什么？为什么端口号要划分为三种？

5-10 试说明运输层中伪首部的作用。

5-11 某个应用进程使用运输层的用户数据报 UDP，然后继续向下交给 IP 层后，又封装成 IP 数据报。既然都是数据报，是否可以跳过 UDP 而直接交给 IP 层？哪些功能 UDP 提供了但 IP 没有提供？

5-12 一个应用程序用 UDP，到了 IP 层把数据报再划分为 4 个数据报片发送出去。结果前两个数据报片丢失，后两个到达目的站。过了一段时间应用程序重传 UDP，而 IP 层仍然划分为 4 个数据报片来传送。结果这次前两个到达目的站而后两个丢失。试问：在目的站能否将这两次传输的 4 个数据报片组装为完整的数据报？假定目的站第一次收到的后两个数据报片仍然保存在目的站的缓存中。

5-13 一个 UDP 用户数据报的数据字段为 8192 字节。在链路层要使用以太网来传送。试问应当划分为几个 IP 数据报片？说明每一个 IP 数据报片的数据字段长度和片偏移字段的值。

5-14 一个 UDP 用户数据报的首部的十六进制表示是：06 32 00 45 00 1C E2 17。试求源端口、目的端口、用户数据报的总长度、数据部分长度。这个用户数据报是从客户发送给服务器还是从服务器发送给客户？使用 UDP 的这个服务器程序是什么？

5-15 使用 TCP 对实时话音数据的传输会有什么问题？使用 UDP 在传送数据文件时会有什么问题？

5-16 在停止等待协议中如果不使用编号是否可行？为什么？

5-17 在停止等待协议中，收到重复的报文段时不予理睬（即悄悄地丢弃它而其他什么也不做）是否可行？试举出具体例子说明理由。

5-18 假定在运输层使用停止等待协议。发送方发送报文段 M_0 后在设定的时间内未收到确认，于是重传 M_0，但 M_0 又迟迟不能到达接收方。不久，发送方收到了迟到的对 M_0 的确认，于是发送下一个报文段 M_1，不久就收到了对 M_1 的确认。接着发送方发送新的报文段 M_0，但这个新的 M_0 在传送过程中丢失了。正巧，一开始就滞留在网络中的 M_0 现在到达接收方。接收方无法分辨 M_0 是旧的。于是收下 M_0，并发送确认。显然，接收方后来收到的 M_0 是重复的，协议失败了。

试画出类似于图 5-9 所示的双方交换报文段的过程。

5-19 试证明：当用 n 比特进行分组编号时，若接收窗口等于 1（即只能按序接收分组），则仅在发送窗口不超过 $2^n - 1$ 时，连续 ARQ 协议才能正确运行。窗口单位是分组。

5-20 在连续 ARQ 协议中，若发送窗口等于 7，则发送端在开始时可连续发送 7 个分组。因此，在每一分组发出后，都要置一个超时计时器。现在计算机里只有一个硬时钟。设这 7 个分组发出的时间分别为 t_0，t_1，…，t_6，且 t_{out} 都一样大。试问如何实现这 7 个超时计时器（这叫软时钟法）？

5-21 假定使用连续 ARQ 协议，发送窗口大小是 3，而序号范围是[0, 15]，而传输媒体保证在接收方能够按序收到分组。在某一时刻，在接收方，下一个期望收到的序号是 5。试问：

(1) 在发送方的发送窗口中可能出现的序号组合有哪些？

(2) 接收方已经发送出的、但仍滞留在网络中（即还未到达发送方）的确认分组可能有哪些？说明这些确认分组是用来确认哪些序号的分组。

5-22 主机 A 向主机 B 发送一个很长的文件，其长度为 L 字节。假定 TCP 使用的 MSS 为 1460 字节。

(1) 在 TCP 的序号不重复使用的条件下，L 的最大值是多少？

(2) 假定使用上面计算出的文件长度，而运输层、网络层和数据链路层所用的首部开销共 66 字节，链路的数据率为 10 Mbit/s，试求这个文件所需的最短发送时间。

5-23 主机 A 向主机 B 连续发送了两个 TCP 报文段，其序号分别是 70 和 100。试问：

(1) 第一个报文段携带了多少字节的数据？

(2) 主机 B 收到第一个报文段后发回的确认中的确认号应当是多少？

(3) 如果 B 收到第二个报文段后发回的确认中的确认号是 180，试问 A 发送的第二个报文段中的数据有多少字节？

(4) 如果 A 发送的第一个报文段丢失了，但第二个报文段到达了 B。B 在第二个报文段到达后向 A 发送确认。试问这个确认号应为多少？

5-24 一个 TCP 连接下面使用 256 kbit/s 的链路，其端到端时延为 128 ms。经测试，发现吞吐量只有 120 kbit/s。试问发送窗口 W 是多少？（提示：可以有两种答案，取决于接收端发出确认的时机。）

5-25 为什么在 TCP 首部中要把 TCP 的端口号放入最开始的 4 个字节？

5-26 为什么在 TCP 首部中有一个首部长度字段，而 UDP 的首部中就没有这个字段？

5-27 一个 TCP 报文段的数据部分最多为多少字节？为什么？如果用户要传送的数据的字节长度超过 TCP 报文段中的序号字段可能编出的最大序号，问还能否用 TCP 来传送？

5-28 主机 A 向主机 B 发送 TCP 报文段，首部中的源端口是 m 而目的端口是 n。当 B 向 A 发送回信时，其 TCP 报文段的首部中的源端口和目的端口分别是什么？

5-29 在使用 TCP 传送数据时，如果有一个确认报文段丢失了，也不一定会引起与该确认报文段对应的数据的重传。试说明理由。

5-30 设 TCP 使用的最大窗口为 65535 字节，而传输信道不产生差错，带宽也不受限制。若报文段的平均往返时间为 20 ms，问所能得到的最大吞吐量是多少？

5-31 通信信道带宽为 1 Gbit/s，端到端传播时延为 10 ms。TCP 的发送窗口为 65535 字节。试问：可能达到的最大吞吐量是多少？信道的利用率是多少？

5-32 什么是 Karn 算法？在 TCP 的重传机制中，若不采用 Karn 算法，而是在收到确认时都认为是对重传报文段的确认，那么由此得出的往返时间样本和重传时间都会偏小。试问：重传时间最后会减小到什么程度？

5-33 假定 TCP 在开始建立连接时，发送方设定超时重传时间 RTO = 6 s。

(1) 当发送方收到对方的连接确认报文段时，测量出 RTT 样本值为 1.5 s。试计算现在的 RTO 值。

(2) 当发送方发送数据报文段并收到确认时，测量出 RTT 样本值为 2.5 s。试计算现在的 RTO 值。

5-34 已知第一次测得 TCP 的往返时间 RTT 是 30 ms。接着收到了三个确认报文段，用它们测量出的往返时间样本 RTT 分别是：26 ms, 32 ms 和 24 ms。设α = 0.1。试计算每一次新的加权平均往返时间值 RTT_S。讨论所得出的结果。

5-35 用 TCP 通过速率为 1 Gbit/s 的链路传送一个 10 MB 的文件。假定链路的往返时间 RTT = 50 ms。TCP 选用了窗口扩大选项，使窗口达到可选用的最大值。在接收端，TCP 的接收窗口为 1 MB（保持不变），而发送端采用拥塞控制算法，从慢开始传送。假定拥塞窗口以分组为单位计算，在一开始发送 1 个分组，而每个分组长度都是 1 KB。假定网络不会发生拥塞和分组丢失，并且发送端发送数据的速率足够快，因此发送时延可以忽略不计，而接收端每一次收完一批分组后就立即发送确认 ACK 分组。

(1) 经过多少个 RTT 后，发送窗口大小达到 1 MB？

(2) 发送端把整个 10 MB 文件传送成功共需要经过多少个 RTT？传送成功是指发送完整个文件，并收到所有的确认。TCP 扩大的窗口够用吗？

(3) 根据整个文件发送成功所花费的时间（包括收到所有的确认），计算此传输链路的有效吞吐率。链路带宽的利用率是多少？

5-36 假定 TCP 采用一种仅使用线性增大和乘法减小的简单拥塞控制算法，而不使用慢开始。发送窗口不采用字节为计算单位，而是使用分组 pkt 为计算单位。在一开始时发送窗口为 1 pkt。假定分组的发送时延非常小，可以忽略不计。所有产生的时延就是传播时延。假定发送窗口总是小于接收窗口。接收端每收到一组分组后，就立即发回确认 ACK。假定分组的编号为 i，在一开始发送的是 i = 1 的分组。以后当 i = 9, 25,

30, 38 和 50 时，发生了分组的丢失。再假定分组的超时重传时间正好是下一个 RTT 开始的时间。试画出拥塞窗口（也就是发送窗口）与 RTT 的关系曲线，画到发送第 51 个分组为止。

5-37 在 TCP 的拥塞控制中，什么是慢开始、拥塞避免、快重传和快恢复算法？这里每一种算法各起什么作用？“乘法减小”和“加法增大”各用在什么情况下？

5-38 设 TCP 的 ssthresh 的初始值为 8（单位为报文段）。当拥塞窗口上升到 12 时网络发生了超时，TCP 使用慢开始和拥塞避免。试分别求出 RTT = 1 到 RTT = 15 时的各拥塞窗口大小。你能说明拥塞窗口每一次变化的原因吗？

5-39 TCP 的拥塞窗口 cwnd 大小与 RTT 的关系如下所示：

cwnd	1	2	4	8	16	32	33	34	35	36	37	38	39
RTT	1	2	3	4	5	6	7	8	9	10	11	12	13
cwnd	40	41	42	21	22	23	24	25	26	1	2	4	8
RTT	14	15	16	17	18	19	20	21	22	23	24	25	26

(1) 试画出如图 5-25 所示的拥塞窗口与 RTT 的关系曲线。

(2) 指明 TCP 工作在慢开始阶段的时间间隔。

(3) 指明 TCP 工作在拥塞避免阶段的时间间隔。

(4) 在 RTT = 16 和 RTT = 22 之后发送方是通过收到三个重复的确认还是通过超时检测到丢失了报文段？

(5) 在 RTT = 1，RTT = 17 和 RTT = 23 时，门限 ssthresh 分别被设置为多大？

(6) 在 RTT 等于多少时发送出第 70 个报文段？

(7) 假定在 RTT = 26 之后收到了三个重复的确认，因而检测出了报文段的丢失，那么拥塞窗口 cwnd 和门限 ssthresh 应设置为多大？

5-40 TCP 在进行流量控制时，以分组的丢失作为产生拥塞的标志。有没有不是因拥塞而引起分组丢失的情况？如有，请举出三种情况。

5-41 用 TCP 传送 512 字节的数据。设窗口为 100 字节，而 TCP 报文段每次也是传送 100 字节的数据。再设发送方和接收方的起始序号分别选为 100 和 200，试画出类似于图 5-28 的工作示意图。从连接建立阶段到连接释放都要画上（可不考虑传播时延）。

5-42 在图 5-29 中所示的连接释放过程中，在 ESTABLISHED 状态下，B 能否先不发送 ack = u + 1 的确认？（因为后面要发送的连接释放报文段中仍有 ack = u + 1 这一信息。）

5-43 在图 5-30 中，在什么情况下会发生从状态 SYN-SENT 到状态 SYN-RCVD 的变迁？

5-44 试以具体例子说明为什么一个运输连接可以有多种方式释放。可以设两个互相通信的用户分别连接在网络的两个节点上。

5-45 解释为什么突然释放运输连接就可能会丢失用户数据，而使用 TCP 的连接释放方法就可保证不丢失数据。

5-46 试用具体例子说明为什么在运输连接建立时要使用三报文握手。说明如不这样做可能会出现什么情况。

5-47 一个客户向服务器请求建立 TCP 连接。客户在 TCP 连接建立的三报文握手中的最后一个报文段中捎带上一些数据，请求服务器发送一个长度为 L 字节的文件。假定：

(1) 客户和服务器之间的数据传送速率是 R 字节/秒，客户与服务器之间的往返时间是 RTT（固定值）。

(2) 服务器发送的 TCP 报文段的长度都是 M 字节，而发送窗口大小是 nM 字节。

(3) 所有传送的报文段都不会出现差错（无重传），客户收到服务器发来的报文段后就及时发送确认。

(4) 所有的协议首部开销都可忽略，所有确认报文段和连接建立阶段的报文段的长度都可忽略（即忽略这些报文段的发送时间）。

试证明，从客户开始发起连接建立到接收服务器发送的整个文件所需的时间 T 是：

$T = 2\,\text{RTT} + L/R$　　　　当 $nM > R\,(\text{RTT}) + M$ 时，

或　$T = 2\,\text{RTT} + L/R + (K-1)[M/R + \text{RTT} - nM/R]$　　　　当 $nM < R\,(\text{RTT}) + M$ 时。

其中，$K = \lceil L/nM \rceil$，符号 $\lceil x \rceil$ 表示若 x 不是整数，则把 x 的整数部分加 1。

（提示：求证的第一个等式发生在发送窗口较大的情况下，可以连续把文件发送完。求证的第二个等式发生在发送窗口较小的情况下，发送几个报文段后就必须停顿下来，等收到确认后再继续发送。建议先画出双方交互的时间图，然后再进行推导。）

5-48 网络允许的最大报文段长度为 128 字节，序号用 8 位表示，报文段在网络中的寿命为 30 秒。求发送报文段的一方所能达到的最高数据率。

5-49 下面是以十六进制格式存储的一个 UDP 首部：

CB84000D001C001C

试问：

(1) 源端口号是什么？

(2) 目的端口号是什么？

(3) 这个用户数据报的总长度是多少？

(4) 数据长度是多少？

(5) 这个分组是从客户到服务器方向的，还是从服务器到客户方向的？

(6) 客户进程是什么？

5-50 把图 5-6 计算 UDP 检验和的例子自己具体演算一下，看是否能够得出书上的计算结果。

5-51 在以下几种情况下，UDP 的检验和在发送时的数值分别是多少？

(1) 发送方决定不使用检验和。

(2) 发送方使用检验和，检验和的数值是全 1。

(3) 发送方使用检验和，检验和的数值是全 0。

5-52 UDP 和 IP 的不可靠程度是否相同？请加以解释。

5-53 UDP 用户数据报的最小长度是多少？用最小长度的 UDP 用户数据报构成的最短 IP 数据报的长度是多少？

5-54 某客户使用 UDP 将数据发送给一个服务器，数据共 16 字节。试计算在运输层的传输效率（有用字节与总字节之比）。

5-55 重做习题 5-54，但在 IP 层计算传输效率。假定 IP 首部无选项。

5-56 重做习题 5-54，但在数据链路层计算传输效率。假定 IP 首部无选项，在数据链路层使用以太网。

5-57 某客户有 67000 字节的分组。试说明怎样使用 UDP 数据报传送这个分组。

5-58 TCP 在 4:30:20（即 4 点 30 分 20 秒）时发送了一个报文段。由于没有收到确认，因此在 4:30:25 时重传了前面这个报文段，并在 4:30:27 时收到了确认。若以前的 RTT 值是 4 秒，根据 Karn 算法，新的 RTT 值是多少？

5-59 TCP 连接使用 1000 字节的窗口值，而上一次的确认号是 22001。现在收到了一个报文段，确认号是 22401。试用图来说明在这之前与之后的窗口情况。

5-60 同上题。但发送方收到确认号是 22401 的报文段时，其窗口字段变为 1200 字节。试用图来说明在这之前与之后的窗口情况。

5-61 在本题中列出的 8 种情况下，画出发送窗口的变化，并标明可用窗口的位置。已知主机 A 要向主机 B 发送 3 KB 的数据。在 TCP 连接建立后，A 的发送窗口大小是 2 KB。A 的初始序号是 0。

(1) 一开始 A 发送 1 KB 的数据。

(2) 接着 A 就一直发送数据，直到把发送窗口用完。

(3) 发送方 A 收到对第 1000 号字节的确认报文段。

(4) 发送方 A 再发送 850 B 的数据。

(5) 发送方 A 收到 ack = 900 的确认报文段。

(6) 发送方 A 收到对第 2047 号字节的确认报文段。

(7) 发送方 A 把剩下的数据全部都发送完。

(8) 发送方 A 收到 ack = 3072 的确认报文段。

5-62 TCP 连接处于 ESTABLISHED 状态。以下的事件相继发生：

(1) 收到一个 FIN 报文段。

(2) 应用程序发送“关闭”报文。

在每一个事件之后，连接的状态是什么？在每一个事件之后发生的动作是什么？

5-63 TCP 连接处于 SYN-RCVD 状态。以下的事件相继发生：

(1) 应用程序发送“关闭”报文。

(2) 收到 FIN 报文段。

在每一个事件之后，连接的状态是什么？在每一个事件之后发生的动作是什么？

5-64 TCP 连接处于 FIN-WAIT-1 状态。以下的事件相继发生：

(1) 收到 ACK 报文段。

(2) 收到 FIN 报文段。

(3) 发生了超时。

在每一个事件之后，连接的状态是什么？在每一个事件之后发生的动作是什么？

5-65 假定主机 A 向 B 发送一个 TCP 报文段。在这个报文段中，序号是 50，而数据一共有 6 字节长。试问，在这个报文段中的确认字段是否应当写入 56？

5-66 主机 A 通过 TCP 连接向 B 发送一个很长的文件，因此这需要分成很多个报文段来发送。假定某一个 TCP 报文段的序号是 x，那么下一个报文段的序号是否就是 $x+1$ 呢？

5-67 TCP 的吞吐量应当是每秒发送的数据字节数，还是每秒发送的首部和数据之和的字节数？吞吐量应当是每秒发送的字节数，还是每秒发送的比特数？

5-68 在 TCP 的连接建立的三报文握手过程中，为什么第三个报文段不需要对方的确认？

这会不会出现问题？

5-69 现在假定使用类似 TCP 的协议（即使用滑动窗口可靠传送字节流），数据传输速率是 1 Gbit/s，而网络的往返时间 RTT = 140 ms。假定报文段的最大生存时间是 60 秒。如果要尽可能快地传送数据，在我们的通信协议的首部中，发送窗口和序号字段至少各应当设为多大？

5-70 假定用 TCP 协议在 40 Gbit/s 的线路上传送数据。

(1) 如果 TCP 充分利用了线路的带宽，那么需要多长的时间 TCP 会发生序号绕回？

(2) 假定现在 TCP 的首部中采用了时间戳选项。时间戳占用了 4 字节，共 32 位。每隔一定的时间（这段时间叫作一个嘀嗒）时间戳的数值加 1。假定设计的时间戳是每隔 859 微秒时间戳的数值加 1。试问要经过多长时间才发生时间戳数值的绕回？

5-71 在 5.5 节中指出：例如，若用 2.5 Gbit/s 的速率发送报文段，则不到 14 秒序号就会重复。请计算验证这句话。

5-72 已知 TCP 的接收窗口大小是 600（单位是字节，为简单起见以后省略单位），已经确认了的序号是 300。试问，在不断地接收报文段和发送确认报文段的过程中，接收窗口也可能会发生变化（增大或缩小）吗？请用具体例子（指出接收方发送的确认报文段中的重要信息）来说明哪些情况是可能发生的，而哪些情况是不允许发生的。

5-73 在上题中，如果接收方突然因某种原因不能够再接收数据了，可以立即向发送方发送把接收窗口置为零的报文段（即 rwnd = 0）。这时会导致接收窗口的前沿后退。试问这种情况是否允许？

5-74 流量控制和拥塞控制的最主要的区别是什么？发送窗口的大小取决于流量控制还是拥塞控制？

第 6 章　应用层

在前五章我们已经详细地讨论了计算机网络提供通信服务的过程。但是我们还没有讨论这些通信服务是如何提供给应用进程来使用的。本章讨论各种应用进程通过什么样的应用层协议来使用网络所提供的这些通信服务。

在上一章，我们已学习了运输层为应用进程提供了端到端的通信服务。但不同的网络应用的应用进程之间，还需要有不同的通信规则。因此在运输层协议之上，还需要有**应用层协议**(application layer protocol)。这是因为，每个应用层协议都是为了解决某一类应用问题，而问题的解决又必须**通过位于不同主机中的多个应用进程之间的通信和协同工作来完成**。应用进程之间的这种通信必须遵循严格的规则。应用层的具体内容就是精确**定义这些通信规则**。具体来说，应用层协议应当定义：

- 应用进程交换的报文类型，如请求报文和响应报文。
- 各种报文类型的语法，如报文中的各个字段及其详细描述。
- 字段的语义，即包含在字段中的信息的含义。
- 进程何时、如何发送报文，以及对报文进行响应的规则。

互联网公共领域的标准应用的应用层协议是由 RFC 文档定义的，大家都可以使用。例如，万维网的应用层协议 HTTP（超文本传输协议）就是由建议标准 RFC 7230 定义的。如果浏览器开发者遵守 RFC 7230 标准，所开发出来的浏览器就能够访问任何遵守该标准的万维网服务器并获取相应的万维网页面。在互联网中还有很多其他应用的应用层协议不是公开的，而是专用的。例如，很多现有的 P2P 文件共享系统使用的就是专用应用层协议。

请注意，应用层协议与网络应用并不是同一个概念。应用层协议只是网络应用的一部分。例如，万维网应用是一种基于客户/服务器体系结构的网络应用。万维网应用包含很多部件，有万维网浏览器、万维网服务器、万维网文档的格式标准，以及一个应用层协议。万维网的应用层协议是 HTTP，它定义了在万维网浏览器和万维网服务器之间传送的报文类型、格式和序列等规则。而万维网浏览器如何显示一个万维网页面，万维网服务器是用多线程还是用多进程来实现，则都不是 HTTP 所定义的内容。

应用层的许多协议都是基于**客户服务器方式**。即使是 P2P 对等通信方式，实质上也是一种特殊的客户服务器方式。这里再明确一下，**客户**(client)和**服务器**(server)都是指通信中所涉及的两个**应用进程**。客户服务器方式所描述的是进程之间服务和被服务的关系。这里最主要的特征就是：**客户是服务请求方，服务器是服务提供方**。

下面先讨论许多应用协议都要使用的域名系统。在介绍了文件传送协议和远程登录协议后，再重点介绍万维网的工作原理及其主要协议。由于万维网的出现使互联网得到了飞速的发展，因此万维网在本章中占有最大的篇幅，也是本章的重点。接着讨论用户经常使用的电子邮件。最后，介绍有关网络管理方面的问题以及有关网络编程的基本概念。对应用层更深入的学习可参阅[COME15][COME06][KURO17][TANE11]及有关标准。

本章最重要的内容是：

(1) 域名系统 DNS——从域名解析出 IP 地址。

(2) 万维网和 HTTP 协议，以及万维网的两种不同的信息搜索引擎。

(3) 电子邮件的传送过程，SMTP 协议和 POP3 协议、IMAP 协议使用的场合。

(4) 动态主机配置协议 DHCP 的特点。

(5) 网络管理的三个组成部分（SNMP 本身、管理信息结构 SMI 和管理信息库 MIB）的作用。

(6) 系统调用和应用编程接口的基本概念。

(7) P2P 文件系统。

6.1 域名系统 DNS

6.1.1 域名系统概述

域名系统 DNS (Domain Name System)是互联网使用的命名系统，用来把便于人们使用的机器名字转换为 IP 地址。域名系统其实就是名字系统。为什么不叫“名字”而叫“域名”呢？这是因为在这种互联网的命名系统中使用了许多的“域”(domain)，因此就出现了“域名”这个名词。“域名系统”很明确地指明这种系统是用在互联网中的。

许多应用层软件经常直接使用域名系统 DNS。虽然计算机的用户只是**间接**而不是直接使用域名系统，但 DNS 却为互联网的各种网络应用提供了核心服务。

用户与互联网上某台主机通信时，必须要知道对方的 IP 地址。然而用户很难记住长达 32 位的二进制主机地址。即使是点分十进制 IP 地址也并不太容易记忆。但在应用层为了便于用户记忆各种网络应用，连接在互联网上的主机不仅有 IP 地址，而且还有便于用户记忆的主机名字。域名系统 DNS 能够把互联网上的主机名字转换为 IP 地址。

早在 ARPANET 时代，整个网络上只有数百台计算机，那时使用一个叫作 hosts 的文件，列出所有主机名字和相应的 IP 地址。只要用户输入一台主机名字，计算机就可很快地把这台主机名字转换成机器能够识别的二进制 IP 地址。

为什么机器在处理 IP 数据报时要使用 IP 地址而不使用域名呢？这是因为 IP 地址的长度是固定的 32 位（如果是 IPv6 地址，那就是 128 位，也是定长的），而域名的长度并不是固定的，机器处理起来比较困难。

从理论上讲，整个互联网可以只使用一个域名服务器，使它装入互联网上所有的主机名，并回答所有对 IP 地址的查询。然而这种做法并不可取。因为互联网规模很大，这样的域名服务器肯定会因过负荷而无法正常工作，而且一旦域名服务器出现故障，整个互联网就会瘫痪。因此，早在 1983 年互联网就开始采用层次树状结构的命名方法，并使用分布式的**域名系统** DNS [RFC 1034, RFC 1035, STD13]。

互联网的域名系统 DNS 被设计成为一个联机分布式数据库系统，并采用客户服务器方式。DNS 使大多数名字都在本地进行**解析**(resolve)[①]，仅少量解析需要在互联网上通信，因此 DNS 系统的效率很高。由于 DNS 是分布式系统，即使单个计算机出了故障，也不会妨碍整个 DNS 系统的正常运行。

---

① 注：在 TCP/IP 的文档中，这种地址转换常称为**地址解析**。解析就是转换的意思，地址解析可能会包含多次的查询请求和回答过程。

域名到 IP 地址的解析是由分布在互联网上的许多**域名服务器程序**（可简称为域名服务器）共同完成的。域名服务器程序在专设的节点上运行，而人们也常把运行域名服务器程序的机器称为**域名服务器**。

域名到 IP 地址的解析过程的要点如下：当某一个应用进程需要把主机名解析为 IP 地址时，该应用进程就调用**解析程序**(resolver)，并成为 DNS 的一个客户，把待解析的域名放在 DNS 请求报文中，以 UDP 用户数据报方式发给本地域名服务器（使用 UDP 是为了减少开销）。本地域名服务器在找到域名后，把对应的 IP 地址放在回答报文中返回。应用进程获得目的主机的 IP 地址后即可进行通信。

若本地域名服务器不能回答该请求，则此域名服务器就暂时成为 DNS 中的另一个客户，并向其他域名服务器发出查询请求。这种过程直至找到能够回答该请求的域名服务器为止。上述这种查找过程，后面还要进一步讨论。

6.1.2 互联网的域名结构

早期的互联网使用了非等级的名字空间，其优点是名字简短。但当互联网上的用户数急剧增加时，用非等级的名字空间来管理一个很大的而且是经常变化的名字集合是非常困难的。因此，互联网后来就采用了层次树状结构的命名方法，就像全球邮政系统和电话系统那样。采用这种命名方法，任何一个连接在互联网上的主机或路由器，都有一个唯一**的层次结构的名字**，即**域名**(domain name)。这里，**“域”**(domain)是名字空间中一个可被管理的划分。域还可以划分为子域，而子域还可继续划分为子域的子域，这样就形成了顶级域、二级域、三级域，等等。

从语法上讲，每一个域名都由**标号**(label)序列组成，而各标号之间用**点**隔开（请注意，这里所说的“点”是英语中的句号“.”，不是中文的句号“。”)。例如下面的域名

就是中央电视台用于收发电子邮件的计算机（即邮件服务器）的域名，它由三个标号组成，其中标号 com 是顶级域名，标号 cctv 是二级域名，标号 mail 是三级域名。

DNS 规定，域名中的标号都由英文字母和数字组成，**每一个标号不超过** 63 **个字符**（但为了记忆方便，最好不要超过 12 个字符），**也不区分大小写字母**（例如，CCTV 或 cctv 在域名中是等效的）。标号中除连字符(-)外不能使用其他的标点符号。级别最低的域名写在最左边，而级别最高的顶级域名则写在最右边。**由多个标号组成的完整域名总共不超过** 255 **个字符**。DNS 既不规定一个域名需要包含多少个下级域名，也不规定每一级的域名代表什么意思。各级域名由其上一级的域名管理机构管理，而最高的顶级域名则由 ICANN 进行管理。用这种方法可使每一个域名在整个互联网范围内是唯一的，并且也容易设计出一种查找域名的机制。

需要注意的是，域名只是个**逻辑概念**，并不代表计算机所在的物理地点。变长的域名和使用有助记忆的字符串，是为了便于人使用。而 IP 地址是定长的 32 位二进制数字则非常便于机器进行处理。这里需要注意，域名中的“点”和点分十进制 IP 地址中的“点”并无一一对应的关系。点分十进制 IP 地址中一定是包含三个“点”，但每一个域名中“点”的数

目则不一定正好是三个。

截至 2020 年 6 月的统计[W-Wiki]，现在全球顶级域名 TLD (Top Level Domain)在 IANA 登记的已有 1584 个（其中有不到 80 个未使用）。原先的顶级域名共分为三大类：

(1) **国家顶级域名** nTLD：采用 ISO 3166 的规定。如: cn 表示中国，us 表示美国，uk 表示英国，等等[①]。国家顶级域名又常记为 ccTLD（cc 表示国家代码 country-code）。截至 2020 年 6 月为止，国家顶级域名总数已达 316 个。

(2) **通用顶级域名** gTLD：到 2006 年 12 月为止，通用顶级域名的总数已经达到 20 个。最先确定的通用顶级域名有 7 个，即：

com（公司企业），net（网络服务机构），org（非营利性组织），int（国际组织），edu（美国专用的教育机构），gov（美国的政府部门），mil 表示（美国的军事部门）。

以后又陆续增加了 13 个通用顶级域名：

aero（航空运输企业），asia（亚太地区），biz（公司和企业），cat（使用加泰隆人的语言和文化团体），coop（合作团体），info（各种情况），jobs（人力资源管理者），mobi（移动产品与服务的用户和提供者），museum（博物馆），name（个人），pro（有证书的专业人员），tel（Telnic 股份有限公司），travel（旅游业）。

(3) **基础结构域名**(infrastructure domain)：这种顶级域名只有一个，即 arpa，用于反向域名解析，因此又称为**反向域名**。

值得注意的是，ICANN 于 2011 年 6 月 20 日在新加坡会议上正式批准**新顶级域名**（New gTLD），因此任何公司、机构都有权向 ICANN 申请新的顶级域名。新顶级域名的后缀特点，使企业域名具有了显著的、强烈的标志特征。因此，新顶级域名被认为是真正的企业网络商标。新顶级域名是企业品牌战略发展的重要内容，其申请费很高（18 万美元），并且在 2013 年开始启用。目前已有一些由两个汉字组成的中文的顶级域名出现了，例如，商城、公司、新闻等。然而中文顶级域名并未获得广泛的使用（可能是使用不太方便吧）。

在国家顶级域名下注册的二级域名均由该国家自行确定。例如，顶级域名为 jp 的日本，将其教育和企业机构的二级域名定为 ac 和 co，而不用 edu 和 com。

我国把二级域名划分为“**类别域名**”和“**行政区域名**”两大类。

“类别域名”共 7 个，分别为：ac（科研机构），com（工、商、金融等企业），edu（中国的教育机构），gov（中国的政府机构），mil（中国的国防机构），net（提供互联网络服务的机构），org（非营利性的组织）。

“行政区域名”共 34 个，适用于我国的各省、自治区、直辖市。例如：bj（北京市），js（江苏省），等等。

关于我国的互联网络发展现状以及各种规定（如申请域名的手续），均可在**中国互联网网络信息中心** CNNIC 的网址上找到[W-CNNIC]。

用域名树来表示互联网的域名系统是最清楚的。图 6-1 是互联网域名空间的结构，它实

---

① 注：实际上，国家顶级域名也包括某些地区的域名，如我国的香港特区（hk）和台湾省（tw）也都是 ccTLD 里面的顶级域名。此外，国家顶级域名可以使用一个国家自己的文字。例如，中国可以有“.cn”、“.中国”和繁体字的“.中國”这三种不同形式的域名。

际上是一个倒过来的树，在最上面的是**根，但没有对应的名字**。根下面一级的节点[①]就是最高一级的顶级域名（由于根没有名字，所以在根下面一级的域名就叫作顶级域名）。顶级域名可往下划分子域，即二级域名。再往下划分就是三级域名、四级域名，等等。图 6-1 列举了一些域名作为例子。凡是在顶级域名 com 下注册的单位都获得了一个二级域名。图中给出的例子有：中央电视台 cctv，以及 IBM 和华为等公司。在顶级域名 cn（中国）下面举出了几个二级域名，如：bj, edu 以及 com。在某个二级域名下注册的单位就可以获得一个三级域名。图中给出的在 edu 下面的三级域名有：tsinghua（清华大学）和 pku（北京大学）。一旦某个单位拥有了一个域名，它就可以自己决定是否要进一步划分其下属的子域，并且不必由其上级机构批准。图中 cctv（中央电视台）和 tsinghua（清华大学）都分别划分了自己的下一级的域名 mail 和 www（分别是三级域名和四级域名）[②]。域名树的树叶就是单台计算机的名字，它不能再继续往下划分子域了。

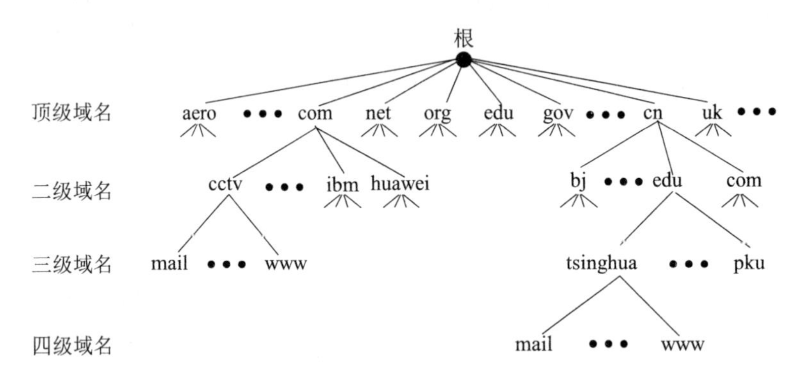

图 6-1 互联网的域名空间

应当注意，虽然中央电视台和清华大学都各有一台计算机取名为 mail，但它们的域名并不一样，因为前者是 mail.cctv.com，而后者是 mail.tsinghua.edu.cn。因此，即使在世界上还有很多单位的计算机取名为 mail，但是它们在互联网中的域名都必须是唯一的。

这里还要强调指出，互联网的名字空间是按照机构的组织来划分的，与物理的网络无关，与 IP 地址中的“子网”也没有关系。

6.1.3 域名服务器

上面讲述的域名体系是抽象的。但具体实现域名系统则是使用分布在各地的域名服务器。从理论上讲，可以让每一级的域名都有一个相对应的域名服务器，使所有的域名服务器构成和图 6-1 相对应的“域名服务器树”的结构。但这样做会使域名服务器的数量太多，使域名系统的运行效率降低。因此 DNS 就采用划分区的办法来解决这个问题。

一个服务器所负责管辖的（或有权限的）范围叫作**区**(zone)。各单位根据具体情况来划分自己管辖范围的区。但在一个区中的所有节点必须是能够连通的。每一个区设置相应的**权限域名服务器**(authoritative name server)，用来保存该区中的所有主机的域名到 IP 地址的映射。总之，DNS 服务器的管辖范围不是以“域”为单位，而是以“区”为单位的。区是 DNS

① 注：根据[MINGCI94]，对于树这样的数据结构，它的 node 应当译为“节点”（不是结点）。

② 注：为了便于记忆，人们愿意把用作邮件服务器的计算机取名为 mail，而把用作网站服务器的计算机取名为 www。

服务器实际管辖的范围。区可能等于或小于域，但一定不能大于域。

图 6-2 是区的不同划分方法的举例。假定 abc 公司有下属部门 x 和 y，部门 x 下面又分三个分部门 u, v 和 w，而 y 下面还有其下属部门 t。图 6-2(a)表示 abc 公司只设一个区 abc.com。这时，区 abc.com 和域 abc.com 指的是同一件事。但图 6-2(b)表示 abc 公司划分了两个区（大的公司可能要划分多个区）：abc.com 和 y.abc.com。这两个区都隶属于域 abc.com，都各设置了相应的权限域名服务器。不难看出，区是“域”的子集。

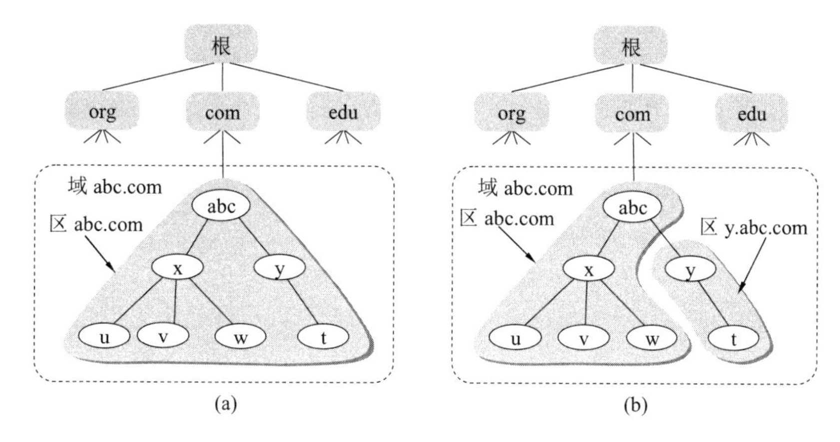

图 6-2　DNS 划分区的举例

图 6-3 以图 6-2(b)中公司 abc 划分的两个区为例，给出了 DNS 域名服务器树状结构图。这种 DNS 域名服务器树状结构图可以更准确地反映出 DNS 的分布式结构。在图 6-3 中的每一个域名服务器都能够进行部分域名到 IP 地址的解析。当某个 DNS 服务器不能进行域名到 IP 地址的转换时，它就设法找互联网上别的域名服务器进行解析。

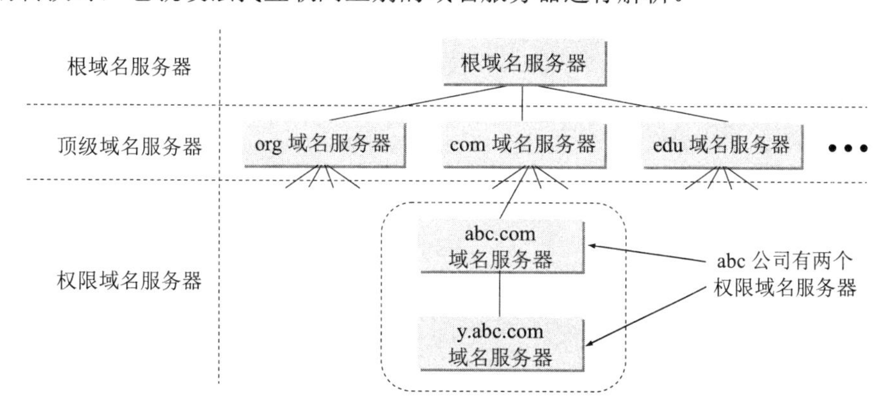

图 6-3　树状结构的 DNS 域名服务器

从图 6-3 可看出，互联网上的 DNS 域名服务器也是按照层次安排的。每一个域名服务器都只对域名体系中的一部分进行管辖。根据域名服务器所起的作用，可以把域名服务器划分为以下四种不同的类型：

(1) **根域名服务器**(root name server)：根域名服务器是最高层次的域名服务器，也是最重要的域名服务器。所有的根域名服务器都知道所有的顶级域名服务器的域名和 IP 地址。根域名服务器是最重要的域名服务器，因为不管是哪一个本地域名服务器，若要对互联网上任何一个域名进行解析（即转换为 IP 地址），只要自己无法解析，就首先要求助于根域名服务器。假定所有的根域名服务器都瘫痪了，那么整个互联网中的 DNS 系统就无法工作。全世界的根域名服务器只使用 13 个不同 IP 地址的域名，即 a.rootservers.net, b.rootservers.net, …, m.rootservers.net。每个域名下的根域名服务器由专门的公司或美国政府的某个部门负责运营。但请注意，虽然互联网的根域名服务器总共只有 13 个域名，但**根域名服务器并非仅由 13 台机器所组成**（如果仅仅依靠这 13 台机器，根本不可能为全世界的互联网用户提供令人满意的服务）。实际上，在互联网中是由 13 套装置（13 installations，也就是 13 套系统）构成这 13 组根域名服务器的[W-ROOT]。每一套装置在很多地点安装根域名服务器（也可称为镜像根服务器），但都使用同一个域名。负责运营根域名服务器的公司大多在美国，但所有的根域名服务器却分布在全世界。为了提供更可靠的服务，在每一个地点的根域名服务器往往由**多台机器**组成（为了安全起见，这些根域名服务器的具体位置是严格保密的，不对外开放参观）。现在世界上大部分 DNS 域名服务器，都能**就近**找到一个根域名服务器查询 IP 地址（现在这些根域名服务器都已增加了 IPv6 地址）。为了方便，人们常用从 A 到 M 的前 13 个英文字母中的一个，来表示某组根域名服务器。截至 2021 年 3 月 24 日，全球共有 1375 个根域名服务器在运行，其中在我国的共有 37 个（分布在北京(8 个)、上海、杭州(2 个)、武汉(2 个)、贵阳、重庆、广州、西宁(3 个)、郑州(2 个)、香港(7 个)、澳门(2)、台北(7 个)）。

由于根域名服务器采用了**任播**(anycast)技术[①]，因此当 DNS 客户向某个根域名服务器的 IP 地址发出查询报文时，互联网上的路由器就能找到离这个 DNS 客户最近的一个根域名服务器。这样做不仅加快了 DNS 的查询过程，也更加合理地利用了互联网的资源。

必须指出，目前根域名服务器在全球的分布仍然是很不均衡的。在某些地区根域名服务器还较少，这就影响了上网的速率。

需要注意的是，在许多情况下，根域名服务器并不直接把待查询的域名直接转换成 IP 地址（根域名服务器也没有存放这种信息），而是告诉本地域名服务器下一步应当找哪一个顶级域名服务器进行查询。

由于根域名服务器在 DNS 中的地位特殊，因此对根域名服务器有许多具体的要求，如必须能够运行某些程序等[RFC 7720]。

(2) **顶级域名服务器**（即 TLD **服务器**）：这些域名服务器负责管理在该顶级域名服务器注册的所有二级域名。当收到 DNS 查询请求时，就给出相应的回答（可能是最后的结果，也可能是下一步应当找的域名服务器的 IP 地址）。

(3) **权限域名服务器**：这就是前面已经讲过的负责一个区的域名服务器。当一个权限域名服务器还不能给出最后的查询回答时，就会告诉发出查询请求的 DNS 客户，下一步应当找哪一个权限域名服务器。例如在图 6-2(b)中，区 abc.com 和区 y.abc.com 各设有一个权限域名服务器。

(4) **本地域名服务器**(local name server)：本地域名服务器并不属于图 6-3 所示的域名服务器层次结构，但它对域名系统非常重要。当一台主机发出 DNS 查询请求时，这个查询请求报文就发送给本地域名服务器。由此可看出本地域名服务器的重要性。每一个互联网服务提供者 ISP，或一个大学，甚至一个大学里的系，都拥有一个**本地域名服务器**，本地域名服务器离用户较近，一般不超过几个路由器的距离。当所要查询的主机也属于同一个本地 ISP

---

① 注：任播的 IP 数据报的终点是一组在不同地点的主机，但具有相同的 IP 地址。IP 数据报交付离源点最近的一台主机。

时，该本地域名服务器立即就能将所查询的主机名转换为它的 IP 地址，而不需要再去询问其他的域名服务器。

为了提高域名服务器的可靠性，DNS 域名服务器都把数据复制到几个域名服务器来保存，其中的一个是**主域名服务器**(master name server)，其他的是**辅助域名服务器**(secondary name server)。当主域名服务器出故障时，辅助域名服务器可以保证 DNS 的查询工作不会中断。主域名服务器定期把数据复制到辅助域名服务器中，而更改数据只能在主域名服务器中进行。这样就保证了数据的一致性。

下面简单讨论一下域名的解析过程。这里要注意两点。

第一，主机向本地域名服务器的查询一般都采用**递归查询**(recursive query)。所谓递归查询就是：如果主机所询问的本地域名服务器不知道被查询域名的 IP 地址，那么本地域名服务器就以 DNS 客户的身份，向其他根域名服务器继续发出查询请求报文（即替该主机继续查询），而不是让该主机自己进行下一步的查询。因此，递归查询返回的查询结果或者是所要查询的 IP 地址，或者是报错，表示无法查询到所需的 IP 地址。

第二，本地域名服务器向根域名服务器的查询通常采用**迭代查询**(iterative query)。迭代查询的特点是这样的：当根域名服务器收到本地域名服务器发出的迭代查询请求报文时，要么给出所要查询的 IP 地址，要么告诉本地域名服务器："你下一步应当向哪一个域名服务器进行查询"。然后让本地域名服务器进行后续的查询（而不是替本地域名服务器进行后续的查询）。根域名服务器通常是把自己知道的顶级域名服务器的 IP 地址告诉本地域名服务器，让本地域名服务器再向顶级域名服务器查询。顶级域名服务器在收到本地域名服务器的查询请求后，要么给出所要查询的 IP 地址，要么告诉本地域名服务器下一步应当向哪一个权限域名服务器进行查询，本地域名服务器就这样进行迭代查询。最后，知道了所要解析的域名的 IP 地址，然后把这个结果返回给发起查询的主机。当然，本地域名服务器也可以采用递归查询，这取决于最初的查询请求报文的设置要求使用哪一种查询方式。

图 6-4 用例子说明了这两种查询的区别。

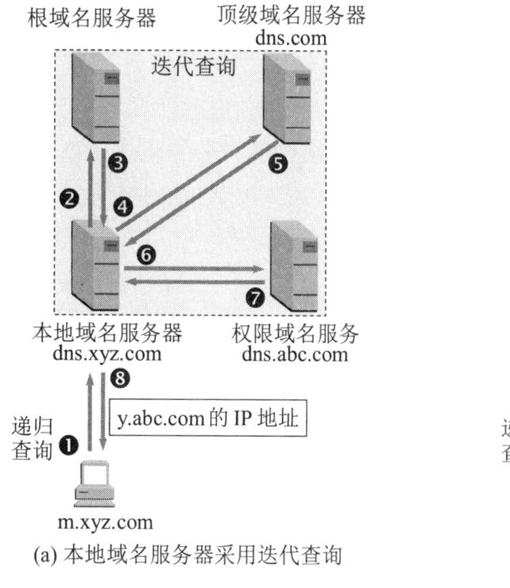

(a) 本地域名服务器采用迭代查询

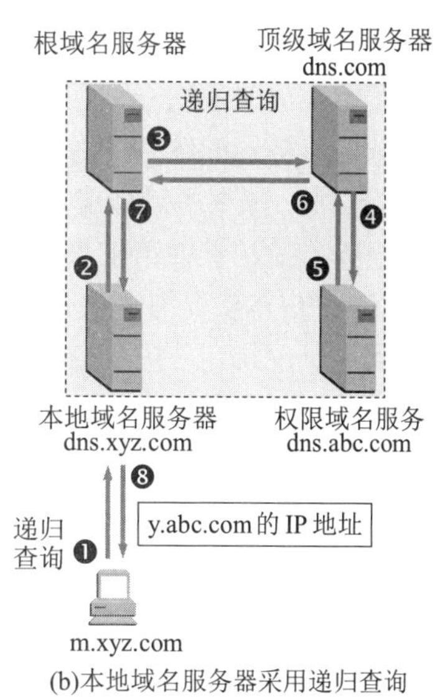

(b)本地域名服务器采用递归查询

图 6-4　DNS 查询举例

假定域名为 m.xyz.com 的主机想知道另一台主机（域名为 y.abc.com）的 IP 地址。例如，主机 m.xyz.com 打算发送邮件给主机 y.abc.com。这时就必须知道主机 y.abc.com 的 IP 地址。下面是图 6-4(a)的几个查询步骤：

❶ 主机 m.xyz.com 先向其本地域名服务器 dns.xyz.com 进行递归查询。

❷ 本地域名服务器采用迭代查询。它先向一个根域名服务器查询。

❸ 根域名服务器告诉本地域名服务器，下一次应查询的顶级域名服务器 dns.com 的 IP 地址。

❹ 本地域名服务器向顶级域名服务器 dns.com 进行查询。

❺ 顶级域名服务器 dns.com 告诉本地域名服务器，下一次应查询的权限域名服务器 dns.abc.com 的 IP 地址。

❻ 本地域名服务器向权限域名服务器 dns.abc.com 进行查询。

❼ 权限域名服务器 dns.abc.com 告诉本地域名服务器，所查询的主机的 IP 地址。

❽ 本地域名服务器最后把查询结果告诉主机 m.xyz.com。

我们注意到，这 8 个步骤总共要使用 8 个 UDP 用户数据报的报文。本地域名服务器经过三次迭代查询后，从权限域名服务器 dns.abc.com 得到了主机 y.abc.com 的 IP 地址，最后把结果返回给发起查询的主机 m.xyz.com。

图 6-4(b)是本地域名服务器采用递归查询的情况。在这种情况下，本地域名服务器只需向根域名服务器查询一次，后面的几次查询都是在其他几个域名服务器之间进行的（步骤❸至❻）。只是在步骤❼，本地域名服务器从根域名服务器得到了所需的 IP 地址。最后在步骤❽，本地域名服务器把查询结果告诉主机 m.xyz.com。整个的查询也是使用 8 个 UDP 报文。

为了提高 DNS 查询效率，并减轻根域名服务器的负荷和减少互联网上的 DNS 查询报文数量，在域名服务器中广泛地使用了**高速缓存**（有时也称为高速缓存域名服务器）。高速缓存用来存放最近查询过的域名以及从何处获得域名映射[①]信息的记录。

例如，在图 6-4(a)的查询过程中，如果在不久前已经有用户查询过域名为 y.abc.com 的 IP 地址，那么本地域名服务器就不必向根域名服务器重新查询 y.abc.com 的 IP 地址，而是直接把高速缓存中存放的上次查询结果（即 y.abc.com 的 IP 地址）告诉用户。

假定本地域名服务器的缓存中并没有 y.abc.com 的 IP 地址，而是存放着顶级域名服务器 dns.com 的 IP 地址，那么本地域名服务器也可以不向根域名服务器进行查询，而是直接向 com 顶级域名服务器发送查询请求报文。这样不仅可以大大减轻根域名服务器的负荷，而且也能够使互联网上的 DNS 查询请求和回答报文的数量大为减少。

由于名字到地址的绑定[②]并不经常改变，为保持高速缓存中的内容正确，域名服务器应为每项内容设置计时器并处理超过合理时间的项目（例如，每个项目只存放两天）。当域名服务器已从缓存中删去某项信息后又被请求查询该项信息，就必须重新到授权管理该项的域名服务器中获取绑定信息。当权限域名服务器回答一个查询请求时，在响应中都指明绑定有效存在的时间值。增加此时间值可减少网络开销，而减少此时间值可提高域名转换的准确性。

不但在本地域名服务器中需要高速缓存，在主机中也很需要。许多主机在启动时从本

---

① 注：映射(mapping)指两个集合元素之间的一种对应规则。

② 注：绑定(binding)指一个对象（或事务）与其某种属性建立某种联系的过程。

地域名服务器下载名字和地址的全部数据库，维护存放自己最近使用的域名的高速缓存，并且只在从缓存中找不到名字时才使用域名服务器。维护本地域名服务器数据库的主机自然应该定期地检查域名服务器以获取新的映射信息，而且主机必须从缓存中删掉无效的项。由于域名改动并不频繁，大多数网点不需花太多精力就能维护数据库的一致性。

6.2 文件传送协议

扫一扫

视频讲解

6.2.1 FTP 概述

文件传送协议 FTP (File Transfer Protocol) [RFC 959，STD9]曾是互联网上使用得最广泛的文件传送协议。FTP 提供交互式的访问，允许客户指明文件的类型与格式（如指明是否使用 ASCII 码），并允许文件具有存取权限（如访问文件的用户必须经过授权，并输入有效的口令）。FTP 屏蔽了各计算机系统的细节，因而适合于在异构网络中任意计算机之间传送文件。

在互联网发展的早期阶段，用 FTP 传送文件约占整个互联网的通信量的三分之一，而由电子邮件和域名系统所产生的通信量远小于 FTP 所产生的通信量。只是到了 1995 年，WWW 的通信量才首次超过了 FTP。

在下面 6.2.2 和 6.2.3 节分别介绍基于 TCP 的 FTP 和基于 UDP 的简单文件传送协议 TFTP，它们都是文件共享协议中的一大类，即**复制整个文件**，其特点是：若要存取一个文件，就必须先获得一个本地的文件副本。如果要修改文件，只能对文件的副本进行修改，然后再将修改后的文件副本传回到原节点。

文件共享协议中的另一大类是**联机访问**(on-line access)。联机访问意味着允许多个程序同时对一个文件进行存取。和数据库系统的不同之处是用户不需要调用一个特殊的客户进程，而是由操作系统提供对远地共享文件进行访问的服务，就如同对本地文件的访问一样。这就使用户可以用远地文件作为输入和输出来运行任何应用程序，而操作系统中的文件系统则提供对共享文件的**透明存取**。透明存取的优点是：将原来用于处理本地文件的应用程序用来处理远地文件时，不需要对该应用程序做明显的改动。属于文件共享协议的有**网络文件系统** NFS (Network File System) [COME06]。网络文件系统 NFS 最初是在 UNIX 操作系统环境下实现文件和目录共享的。NFS 可使本地计算机共享远地的资源，就像这些资源在本地一样。由于 NFS 原先是美国 SUN 公司在 TCP/IP 网络上创建的，因此目前 NFS 主要应用在 TCP/IP 网络上。然而现在 NFS 也可在 OS/2, MS-Windows, NetWare 等操作系统上运行。NFS 还没有成为互联网的正式标准。经过几次修订更新，现在的最新版本（NFSv4）是 2015 年 3 月发布的建议标准[RFC 7530]。限于篇幅，本书不讨论 NFS 的详细工作过程。

6.2.2 FTP 的基本工作原理

扫一扫

视频讲解

网络环境中的一项基本应用就是将文件从一台计算机中复制到另一台可能相距很远的计算机中。初看起来，在两台主机之间传送文件是很简单的事情。其实这往往非常困难。原因是众多的计算机厂商研制出的文件系统多达数百种，且差别很大。经常遇到的问题是：

(1) 计算机存储数据的格式不同。

(2) 文件的目录结构和文件命名的规定不同。

(3) 对于相同的文件存取功能，操作系统使用的命令不同。

(4) 访问控制方法不同。

文件传送协议 FTP 只提供文件传送的一些基本的服务，它使用 TCP 可靠的运输服务。FTP 的主要功能是减少或消除在不同操作系统下处理文件的不兼容性。

FTP 使用客户服务器方式。一个 FTP 服务器进程可同时为多个客户进程提供服务。FTP 的服务器进程由两大部分组成：一个**主进程**，负责接受新的请求；另外有若干个**从属进程**，负责处理单个请求。

主进程的工作步骤如下：

(1) 打开熟知端口（端口号为 21），使客户进程能够连接上。

(2) 等待客户进程发出连接请求。

(3) 启动从属进程处理客户进程发来的请求。从属进程对客户进程的请求处理完毕后即终止，但从属进程在运行期间根据需要还可能创建其他一些子进程。

(4) 回到等待状态，继续接受其他客户进程发来的请求。主进程与从属进程的处理是并发进行的。

FTP 的工作情况如图 6-5 所示。图中的椭圆圈表示在系统中运行的进程。图中的服务器端有两个从属进程：**控制进程**和**数据传送进程**。为简单起见，服务器端的主进程没有画上。客户端除了控制进程和数据传送进程外，还有一个用户界面进程用来和用户交互。

在进行文件传输时，FTP 的客户和服务器之间要建立两个并行的 TCP 连接：“**控制连接**”和“**数据连接**”。控制连接在整个会话期间一直保持打开，FTP 客户所发出的传送请求，通过控制连接发送给服务器端的控制进程，但控制连接并不用来传送文件。**实际用于传输文件的是“数据连接”**。服务器端的控制进程在接收到 FTP 客户发送来的文件传输请求后就创建“**数据传送进程**”和“**数据连接**”，用来连接客户端和服务器端的数据传送进程。数据传送进程实际完成文件的传送，在传送完毕后关闭“数据传送连接”并结束运行。由于 FTP 使用了一个分离的控制连接，因此 FTP 的控制信息是**带外**(out of band)传送的。

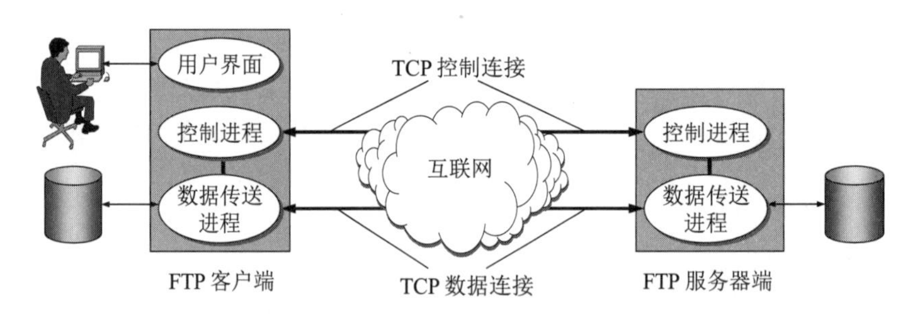

图 6-5　FTP 使用的两个 TCP 连接

当客户进程向服务器进程发出建立连接请求时，要寻找连接服务器进程的熟知端口 21，同时还要告诉服务器进程自己的另一个端口号码，用于建立数据传送连接。接着，服务器进程用自己传送数据的熟知端口 20 与客户进程所提供的端口号建立数据传送连接。由于 FTP 使用了两个不同的端口号，所以数据连接与控制连接不会发生混乱。

使用两个独立的连接的主要好处是使协议更加简单和更容易实现，同时在传输文件时还可以利用控制连接对文件的传输进行控制。例如，客户发送“请求终止传输”。

FTP 并非对所有的数据传输都是最佳的。例如，计算机 A 上运行的应用程序要在远地计算机 B 的一个很大的文件末尾添加一行信息。若使用 FTP，则应先将此文件从计算机 B

传送到计算机 A，添加上这一行信息后，再用 FTP 将此文件传送到计算机 B，来回传送这样大的文件很花时间。实际上这种传送是不必要的，因为计算机 A 并没有使用该文件的内容。

然而网络文件系统 NFS 则采用另一种思路。**NFS 允许应用进程打开一个远地文件，并能在该文件的某一个特定的位置上开始读写数据**。这样，NFS 可使用户只复制一个大文件中的一个很小的片段，而不需要复制整个大文件。对于上述例子，计算机 A 中的 NFS 客户软件，把要添加的数据和在文件后面写数据的请求一起发送到远地的计算机 B 中的 NFS 服务器，NFS 服务器更新文件后返回应答信息。**在网络上传送的只是少量的修改数据**。

6.2.3 简单文件传送协议 TFTP

TCP/IP 协议族中还有一个**简单文件传送协议** TFTP (Trivial File Transfer Protocol)，它是一个很小且易于实现的文件传送协议[RFC 1350，STD33]。虽然 TFTP 也使用客户服务器方式，但它使用 UDP 数据报，因此 TFTP 需要有自己的差错改正措施。TFTP 只支持文件传输而不支持交互。TFTP 没有一个庞大的命令集，没有列目录的功能，也不能对用户进行身份鉴别。

TFTP 的主要优点有两个。第一，TFTP 可用于 UDP 环境。例如，当需要将程序或文件同时向许多机器下载时就往往需要使用 TFTP。第二，TFTP 代码所占的内存较小。这对较小的计算机或某些特殊用途的设备是很重要的。这些设备不需要硬盘，只需要固化了 TFTP、UDP 和 IP 的小容量只读存储器即可。当接通电源后，设备执行只读存储器中的代码，在网络上广播一个 TFTP 请求。网络上的 TFTP 服务器就发送响应，其中包括可执行二进制程序。设备收到此文件后将其放入内存，然后开始运行程序。这种方式增加了灵活性，也减少了开销。

TFTP 的主要特点是：

(1) 每次传送的数据报文中有 512 字节的数据，但最后一次可不足 512 字节。

(2) 数据报文按序编号，从 1 开始。

(3) 支持 ASCII 码或二进制传送。

(4) 可对文件进行读或写。

(5) 使用很简单的首部。

TFTP 的工作很像停止等待协议（见第 5 章 5.4.1 节）。发送完一个文件块后就等待对方的确认，确认时应指明所确认的块编号。发完数据后在规定时间内收不到确认就要重发数据 PDU。发送确认 PDU 的一方若在规定时间内收不到下一个文件块，也要重发确认 PDU。这样就可保证文件的传送不致因某一个数据报的丢失而告失败。

在一开始工作时。TFTP 客户进程发送一个读请求报文或写请求报文给 TFTP 服务器进程，其熟知端口号码为 69。TFTP 服务器进程要选择一个新的端口和 TFTP 客户进程进行通信。若文件长度恰好为 512 字节的整数倍，则在文件传送完毕后，还必须在最后发送一个只含首部而无数据的数据报文。若文件长度不是 512 字节的整数倍，则最后传送数据报文中的数据字段一定不满 512 字节，这正好可作为文件结束的标志。

6.3 远程终端协议 TELNET

TELNET 是一个简单的远程终端协议[RFC 854，STD8]。用户用

TELNET 就可在其所在地通过 TCP 连接注册（即登录）到远地的另一台主机上（使用主机名或 IP 地址）。TELNET 能将用户的击键传到远地主机，同时也能将远地主机的输出通过 TCP 连接返回到用户屏幕。这种服务是透明的，因为用户感觉到好像键盘和显示器是直接连在远地主机上的。因此，TELNET 又称为**终端仿真协议**。

TELNET 并不复杂，以前应用得很多。现在由于计算机的功能越来越强，用户已较少使用 TELNET 了，可作为历史资料了解一下即可。

TELNET 也使用客户服务器方式。在本地系统运行 TELNET 客户进程，而在远地主机则运行 TELNET 服务器进程。和 FTP 的情况相似，服务器中的主进程等待新的请求，并产生从属进程来处理每一个连接。

TELNET 能够适应许多计算机和操作系统的差异。例如，对于文本中一行的结束，有的系统使用 ASCII 码的回车(CR)，有的系统使用换行(LF)，还有的系统使用两个字符，回车-换行(CR-LF)。又如，在中断一个程序时，许多系统使用 Control-C (^C)，但也有系统使用 ESC 按键。为了适应这种差异，TELNET 定义了数据和命令应怎样通过互联网。这些定义就是所谓的**网络虚拟终端** NVT (Network Virtual Terminal)。图 6-6 说明了 NVT 的意义。客户软件把用户的击键和命令转换成 NVT 格式，并送交服务器。服务器软件把收到的数据和命令从 NVT 格式转换成远地系统所需的格式。向用户返回数据时，服务器把远地系统的格式转换为 NVT 格式，本地客户再从 NVT 格式转换到本地系统所需的格式。

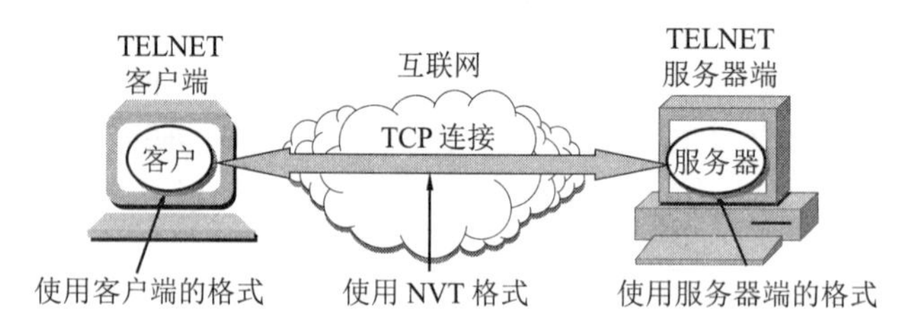

图 6-6　TELNET 使用网络虚拟终端 NVT 格式

NVT 的格式定义很简单。所有的通信都使用 8 位一个字节。在运转时，NVT 使用 7 位 ASCII 码传送数据，而当高位置 1 时用作控制命令。ASCII 码共有 95 个可打印字符（如字母、数字、标点符号）和 33 个控制字符。所有可打印字符在 NVT 中的意义和在 ASCII 码中一样。但 NVT 只使用了 ASCII 码的控制字符中的几个。此外，NVT 还定义了两字符的 CR-LF 为标准的行结束控制符。当用户键入回车按键时，TELNET 的客户就把它转换为 CR-LF 再进行传输，而 TELNET 服务器要把 CR-LF 转换为远地机器的行结束字符。

TELNET 的选项协商(Option Negotiation)使 TELNET 客户和 TELNET 服务器可商定使用更多的终端功能，协商的双方是平等的。

6.4　万维网 WWW

6.4.1　万维网概述

万维网 WWW (World Wide Web)是一个**大规模的、联机式的信息储藏所**，英文简称为 Web，而不是什么特殊的计算机网络。万维网用链接的方法能非常方便地从互联网上的一个站点访问另一个站点（也就是所谓的“**链接到另一个站点**”），从而主动地按需获取丰富的信息。图 6-7 说明了万维网提供分布式服务的特点。

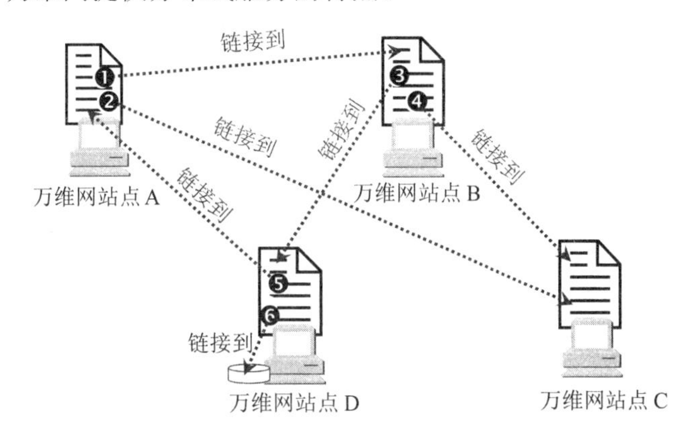

图 6-7　万维网提供分布式服务

图 6-7 画出了四个万维网上的站点，它们可以相隔数千公里，但都必须连接在互联网上。每个万维网站点都存放了许多文档。在这些文档中有一些地方的文字是用特殊方式显示的（例如用不同的颜色，或添加了下画线），而当我们将鼠标移动到这些地方时，鼠标的箭头就变成了一只手的形状。这就表明这些地方有一个**链接**(link)（这种链接有时也称为**超链** hyperlink），如果我们在这些地方点击鼠标左键，就可从这个文档链接到可能相隔很远的另一个文档。经过一定的时延（几秒钟、几分钟甚至更长，取决于所链接的文档的大小和网络的拥塞情况），在我们的屏幕上就能将远方传送过来的文档显示出来。例如，站点 A 的某个文档中有两个地方有链接。点击链接❶可链接到站点 B 的某个文档，点击❷可链接到站点 C。站点 B 的文档也有两个链接。点击链接❸可链接到站点 D，点击链接❹可链接到站点 C，但站点 C 的这个文档已无其他的链接了。站点 D 的文档中有两个链接。点击❺可链接到站点 A，点击❻可以链接到存储在本站点硬盘中的文档。

正是由于万维网的出现，使计算机的操作发生了革命性的变化。不必在键盘上输入复杂而难以记忆的命令，而改用鼠标点击一下屏幕上的链接，这就使互联网从仅由少数计算机专家使用变为普通百姓也能利用的信息资源。万维网的出现使网站数按指数规律增长，因而成为互联网发展中的一个非常重要的里程碑。

万维网是欧洲粒子物理实验室的 Tim Berners-Lee 最初于 1989 年 3 月提出的。1993 年 2 月，第一个图形界面的浏览器(browser)开发成功，名字叫作 Mosaic。1995 年著名的 Netscape Navigator 浏览器上市。目前流行的浏览器很多，如微软公司的 Internet Explorer（简称 IE），谷歌公司的 Chrome 浏览器，腾讯公司的 QQ 浏览器，苹果公司的 Safari 浏览器，等等。

万维网是一个分布式的**超媒体**(hypermedia)系统，它是**超文本**(hypertext)系统的扩充。所谓超文本是指包含指向其他文档的链接的文本(text)。也就是说，一个超文本由多个信息源链接成，而这些信息源可以分布在世界各地，并且数目也是不受限制的。利用一个链接可使用户找到远在异地的另一个文档，而这又可链接到其他的文档（依此类推）。这些文档可以位于世界上任何一个接在互联网上的超文本系统中。超文本是万维网的基础。

超媒体与超文本的区别是文档内容不同。超文本文档仅包含文本信息，而超媒体文档还包含其他表示方式的信息，如图形、图像、声音、动画以及视频图像等。

分布式的和非分布式的超媒体系统有很大区别。在非分布式系统中，各种信息都驻留在单个计算机的磁盘中。由于各种文档都可从本地获得，因此这些文档之间的链接可进行一致性检查。所以，一个非分布式超媒体系统能够保证所有的链接都是有效的和一致的。

万维网把大量信息分布在整个互联网上。每台主机上的文档都独立进行管理。对这些文档的增加、修改、删除或重新命名都不需要（实际上也不可能）通知到互联网上成千上万的节点。这样，万维网文档之间的链接就经常会不一致。例如，主机 A 上的文档 X 本来包含了一个指向主机 B 上的文档 Y 的链接。若主机 B 的管理员在某日删除了文档 Y，那么主机 A 的上述链接显然就失效了（但是 B 并没有责任必须通知 A）。

万维网以客户服务器方式工作。上面所说的浏览器就是在用户主机上的万维网客户程序。万维网文档所驻留的主机则运行服务器程序，因此这台主机也称为万维网服务器。**客户程序向服务器程序发出请求，服务器程序向客户程序送回客户所要的万维网文档**。在一个客户程序主窗口上显示出的万维网文档称为**页面**(page)。

从以上所述可以看出，万维网必须解决以下几个问题：

(1) 怎样标志分布在整个互联网上的万维网文档？

(2) 用什么样的协议来实现万维网上的各种链接？

(3) 怎样使不同作者创作的不同风格的万维网文档，都能在互联网上的各种主机上显示出来，同时使用户清楚地知道在什么地方存在着链接？

(4) 怎样使用户能够很方便地找到所需的信息？

为了解决第一个问题，万维网使用**统一资源定位符** URL (Uniform Resource Locator)来标志万维网上的各种文档，并使每一个文档在整个互联网的范围内具有唯一的标识符 URL。为了解决上述的第二个问题，就要使万维网客户程序与万维网服务器程序之间的交互遵守严格的协议，这就是**超文本传送协议** HTTP (HyperText Transfer Protocol)。HTTP 是一个应用层协议，它使用 TCP 连接进行可靠的传送。为了解决上述的第三个问题，万维网使用**超文本标记语言** HTML (HyperText Markup Language)，使得万维网页面的设计者可以很方便地用链接从本页面的某处链接到互联网上的任何一个万维网页面，并且能够在自己的主机屏幕上将这些页面显示出来。最后，用户可使用搜索工具在万维网上方便地查找所需的信息。

下面我们将进一步讨论上述重要概念。

6.4.2 统一资源定位符 URL

1. URL 的格式

统一资源定位符 URL 是用来表示从互联网上得到的资源位置和访问这些资源的方法。URL 给资源的位置提供一种抽象的识别方法，并用这种方法给资源定位。只要能够对资源定位，系统就可以对资源进行各种操作，如存取、更新、替换和查找其属性。由此可见，URL 实际上就是在互联网上的资源的地址。只有知道了这个资源在互联网上的什么地方，才能对它进行操作。显然，互联网上的所有资源，都有一个唯一确定的 URL。

这里所说的“资源”是指在互联网上可以被访问的任何对象，包括文件目录、文件、文档、图像、声音等，以及与互联网相连的任何形式的数据。

URL 相当于一个文件名在网络范围的扩展。因此，URL 是与互联网相连的机器上的任何可访问对象的一个指针。由于访问不同对象所使用的协议不同，所以 URL 还指出读取某个对象时所使用的协议。URL 的一般形式由以下四个部分组成：

通常省略

协议 :// 主机名 : 端口 / 路　　径

URL 最左边的**协议**指出使用何种协议来获取该万维网文档。现在最常用的协议就是 http（超文本传送协议 HTTP），其次是 ftp（文件传送协议 FTP）。在协议后面的“://”是规定的格式，必须写上。

主机名是万维网文档所存放的主机的**域名**，通常以 www 开头，但这并不是硬性规定。主机名用点分十进制的 IP 地址代替也是可以的。

主机名后面的“**:端口**”就是端口号，但经常被省略掉。这是因为这个端口号通常就是协议的默认端口号（例如，协议 HTTP 的默认端口号为 80），因此就可以省略。但如不使用默认端口号，那么就必须写明现在所使用的端口号。

最后的**路径**可能是较长的字符串（其中还可包括若干斜线/），但有时也不需要使用。在路径后面可能还有一些选项，这里不进行介绍了。

现在有些浏览器为了方便用户，在输入 URL 时，可以把最前面的“http://”甚至把主机名最前面的“www”省略，然后浏览器替用户把省略的字符添上。例如，用户只要键入 ctrip.com，浏览器就自动把未键入的字符补齐，变成 http://www.ctrip.com。

下面我们简单介绍使用得最多的一种 URL，即协议 HTTP。

2. 使用 HTTP 的 URL

使用协议 HTTP 的 URL 最常用的形式是把“:端口”省略：

http:// 主机名 / 路　　径

若再将 URL 中的路径省略，则 URL 就指明互联网上的某个**主页**(home page)。主页是个很重要的概念，它可以是以下几种情况之一：

(1) 一个 WWW 服务器的最高级别的页面。

(2) 某一个组织或部门的一个定制的页面或目录。从这样的页面可链接到互联网上的与本组织或部门有关的其他站点。

(3) 由某一个人自己设计的描述他本人情况的 WWW 页面。

例如，要查有关清华大学的信息，就可先进入到清华大学的主页，其 URL 为[①]：

http://www.tsinghua.edu.cn

这里省略了默认的端口号 80。我们从清华大学的主页入手，就可以通过许多不同的链接找到所要查找的各种有关清华大学各个部门的信息。

更复杂一些的路径是指向层次结构的从属页面。例如：

http://www.tsinghua.edu.cn/publish/newthu/newthu_cnt/faculties/index.html

主机域名　　路径名

① 注：Tsinghua 是清华大学创立时所用的拼音名字（那时拼音 ts 和现在的汉语拼音字母 q 的发音一样）。由于国外都早已知道 Tsinghua 这个名字，因此现在就不使用标准的汉语拼音 qinghua。

是清华大学的“院系设置”页面的 URL。注意：上面的 URL 中使用了指向文件的路径，而文件名就是最后的 index.htm。后缀 htm（有时可写为 html）表示这是一个用超文本标记语言 HTML 写出的文件。

URL 的“协议”和“主机名”部分，字母不区分大小写。但“路径”中的字符有时要**区分大小写**。

用户使用 URL 并非仅仅能够访问万维网的页面，而且还能够通过 URL 使用其他的互联网应用程序，如 FTP 或 USENET 新闻组等。更重要的是，用户在使用这些应用程序时，只使用一个程序，即浏览器。这显然是非常方便的。

6.4.3 超文本传送协议 HTTP

扫一扫

视频讲解

1. HTTP 的操作过程

协议 HTTP 定义了浏览器（即万维网客户进程）怎样向万维网服务器请求万维网文档，以及服务器怎样把文档传送给浏览器。从层次的角度看，HTTP 是**面向事务的**(transaction-oriented)①应用层协议，它是万维网上能够可靠地交换文件（包括文本、声音、图像等各种多媒体文件）的重要基础。请注意，协议 HTTP 不仅传送完成超文本跳转所必需的信息，而且也传送任何可从互联网上得到的信息，如文本、超文本、声音和图像等。

万维网的大致工作过程如图 6-8 所示。

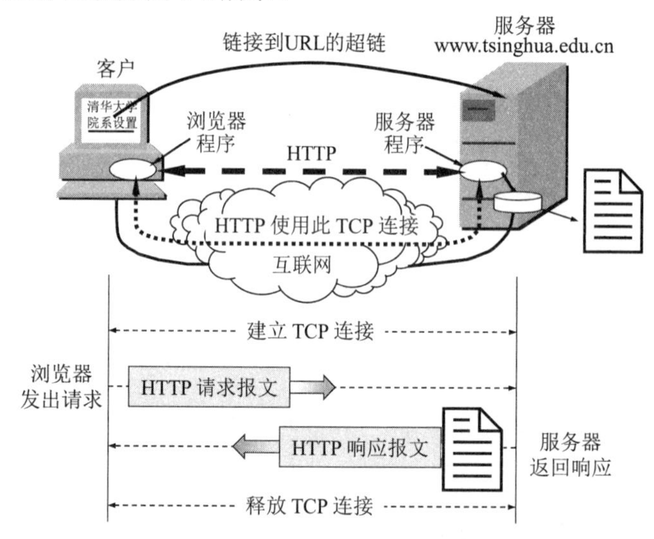

图 6-8　万维网的工作过程

每个万维网网点都有一个服务器进程，它不断地监听 TCP 的端口 80，以便发现是否有浏览器（即万维网客户。请注意，浏览器和万维网客户是同义词）向它发出连接建立请求。一旦监听到连接建立请求并建立了 TCP 连接之后，浏览器就向万维网服务器发出浏览某个页面的请求，服务器接着就返回所请求的页面作为响应。服务器在完成任务后，TCP 连接就被释放了。在浏览器和服务器之间的请求和响应的交互，必须按照规定的格式和遵循一定

① 注：所谓**事务**(transaction)就是指一系列的信息交换，而这一系列的信息交换是一个不可分割的整体，也就是说，要么所有的信息交换都完成，要么一次交换都不进行。

的规则。这些格式和规则就是超文本传送协议 HTTP。

HTTP 规定在 HTTP 客户与 HTTP 服务器之间的每次交互，都由一个 ASCII 码串构成的请求和一个类似的通用互联网扩充，即“类 MIME (MIME-like)”的响应组成。HTTP 报文通常都使用 TCP 连接传送。

用户浏览页面的方法有两种。一种方法是在浏览器的地址窗口中键入所要找的页面的 URL。另一种方法是在某一个页面中用鼠标点击一个可选部分，这时浏览器会自动在互联网上找到所要链接的页面。

HTTP 使用了面向连接的 TCP 作为运输层协议，保证了数据的可靠传输。HTTP 不必考虑数据在传输过程中被丢弃后又怎样被重传。但是，协议 HTTP **本身是无连接的**。这就是说，虽然 HTTP 使用了 TCP 连接，但通信的双方在交换 HTTP 报文之前不需要先建立 HTTP 连接。在 1997 年以前使用的是协议 HTTP/1.0 [RFC 1945]。现在普遍使用的升级版本是建议标准 HTTP/1.1 [RFC 7231]。2015 年以后，又有了新的建议标准 HTTP/2 [RFC 7540]，以及压缩 HTTP 报文首部的建议标准[RFC 7541]。

协议 HTTP 是**无状态的**(stateless)。也就是说，同一个客户第二次访问同一个服务器上的页面时，服务器的响应与第一次被访问时的相同（假定现在服务器还没有把该页面更新），因为服务器并不记得曾经访问过的这个客户，也不记得为该客户曾经服务过多少次。HTTP 的无状态特性简化了服务器的设计，使服务器更容易支持大量并发的 HTTP 请求。

下面我们粗略估算一下，从浏览器请求一个万维网文档到收到整个文档所需的时间（如图 6-9 所示）。用户在点击鼠标链接某个万维网文档时，协议 HTTP 首先要和服务器建立 TCP 连接。这需要使用三报文握手。当建立 TCP 连接的三报文握手的前两个报文完成后（即经过了一个 RTT 时间后），万维网客户就把 HTTP 请求报文，作为建立 TCP 连接的三报文握手中的第三个报文的数据，发送给万维网服务器。服务器收到 HTTP 请求报文后，就把所请求的文档作为响应报文返回给客户。

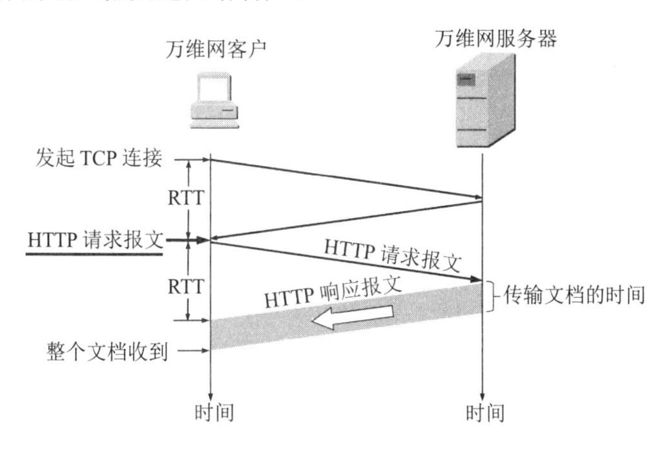

图 6-9　请求一个万维网文档所需的时间

从图 6-9 可看出，请求一个万维网文档所需的时间是该文档的传输时间（与文档大小成正比）加上两倍往返时间 RTT（一个 RTT 用于连接 TCP 连接，另一个 RTT 用于请求和接收万维网文档。TCP 建立连接的三报文握手的第三个报文段中的数据，就是客户对万维网文档的请求报文）。

协议 HTTP/1.0 的主要缺点，就是每请求一个文档就要有两倍 RTT 的开销。若一个主页上有很多链接的对象（如图片等）需要依次进行链接，那么每一次链接下载都导致 2 × RTT 的开销。另一种开销就是万维网客户和服务器每一次建立新的 TCP 连接都要分配缓存和变量。特别是万维网服务器往往要同时服务于大量客户的请求，所以这种**非持续连接**会使万维网服务器的负担很重。好在浏览器都能够打开 5 ~ 10 个并行的 TCP 连接，而每一个 TCP 连接处理客户的一个请求。因此，使用并行 TCP 连接可以缩短响应时间。

协议 HTTP/1.1 较好地解决了这个问题，它使用了**持续连接**(persistent connection)。所谓持续连接就是万维网服务器在发送响应后仍然在一段时间内保持这条连接，使同一个客户（浏览器）和该服务器可以继续在这条连接上传送后续的 HTTP 请求报文和响应报文。这并不局限于传送同一个页面上链接的文档，而是只要这些文档都在同一个服务器上就行。协议 HTTP/1.1 的持续连接有两种工作方式，即**非流水线方式**(without pipelining)和**流水线方式**(with pipelining)。

非流水线方式的特点，是客户在收到前一个响应后才能发出下一个请求。因此，在 TCP 连接已建立后，客户每访问一次对象都要用去一个往返时间 RTT。这比非持续连接要用去两倍 RTT 的开销，节省了建立 TCP 连接所需的一个 RTT 时间。但非流水线方式还是有缺点的，因为服务器在发送完一个对象后，其 TCP 连接就处于空闲状态，浪费了服务器资源。

流水线方式的特点，是客户在收到 HTTP 的响应报文之前就能够接着发送新的请求报文。于是一个接一个的请求报文到达服务器后，服务器就可连续发回响应报文。因此，使用流水线方式时，减少了客户访问**所有对象**的时间。流水线工作方式使 TCP 连接中的空闲时间减少，提高了下载文档效率。

最初网页是以文本为主，但很快发展到使用大量的图片、音频和视频，并且对页面的实时性要求也越来越高（如视频聊天或直播），这样就使得协议 HTTP/1.1 已无法跟上互联网的发展了。于是谷歌公司在 2009 年开发了软件 SPDY，用来提高协议 HTTP/1.1 的工作效率。IETF 在此基础上与谷歌合作完成了协议 HTTP/2，而谷歌也停止了对 SPDY 的继续完善工作。

协议 HTTP/2 是协议 HTTP/1.1 的升级版本，其 HTTP 方法/状态码/语义等都没有改变，其主要特点如下：

(1) 我们知道，HTTP/1.1 具有流水线的工作方式。这就是在 TCP 连接建立后，客户可以连续向服务器发出许多个请求，而不必等到收到一个响应后再发送下一个请求。但服务器发回响应时必须按先后顺序排队，逐个地发送给客户。有时遇到某个响应迟迟不能发回，那么排在后面的一些响应就必须等待很长的时间。HTTP/2 把服务器发回的响应变成可以**并行地发回**（使用同一个 TCP 连接），这就大大缩短了服务器的响应时间。

(2) 使用 HTTP/1.1 时，当客户收到服务器发回的响应后，可以立即释放原来建立的 TCP 连接。如果客户还要继续向该服务器发送新的请求，就必须重新建立 TCP 连接。HTTP/2 允许客户**复用** TCP 连接进行多个请求，这样就节省了 TCP 连续多次建立和释放连接所花费的时间。

(3) HTTP/1.1 的请求和响应报文是**面向文本的**(text-oriented)。当客户连续发送请求并受到响应时，在 TCP 连接上传送的 HTTP 报文首部成为不小的开销。在这些首部中有很多字段是重复的。为此，HTTP/2 把所有的报文都划分为许多较小的**二进制编码的帧**，并采用了新的压缩算法，不发送重复的首部字段，大大减小了首部的开销，提高了传输效率。

因此，现在主流的浏览器都支持 HTTP/2。但是，有的服务器还未来得及更新，仍然只支持 HTTP/1.1。但 HTTP/2 是向后兼容的。当使用 HTTP/2 的客户向服务器发出请求时，如果服务器仍然使用 HTTP/1.1，那么服务器仍然可以收到请求报文。在发回响应后，客户就改用 HTTP/1.1 与服务器进行交互。

2. 代理服务器

代理服务器(proxy server)是一种网络实体，它又称为**万维网高速缓存**(Web cache)。代理服务器把最近的一些请求和响应暂存在本地磁盘中。当新请求到达时，若代理服务器发现这个请求与暂时存放的请求相同，就返回暂存的响应，而不需要按 URL 的地址再次去互联网访问该资源。代理服务器可在客户端或服务器端工作，也可在中间系统上工作。下面我们用例子说明它的作用。

设图 6-10(a)是校园网不使用代理服务器的情况。这时，校园网中所有的计算机都通过 2 Mbit/s 专线链路（R_1–R_2）与互联网上的源点服务器建立 TCP 连接。因而校园网各计算机访问互联网的通信量往往会使这条 2 Mbit/s 的链路过载，使得时延大大增加。

图 6-10(b)是校园网使用代理服务器的情况。这时，访问互联网的过程是这样的：

(1) 校园网的计算机中的浏览器向互联网的服务器请求服务时，就先和校园网的代理服务器建立 TCP 连接，并向代理服务器发出 HTTP 请求报文（见图 6-10(b)中的❶）。

(2) 若代理服务器已经存放了所请求的对象，代理服务器就把这个对象放入 HTTP 响应报文中返回给计算机的浏览器。

(3) 否则，代理服务器就代表发出请求的用户浏览器，与互联网上的**源点服务器**(origin server)建立 TCP 连接（如图 6-10(b)中的❷所示），并发送 HTTP 请求报文。

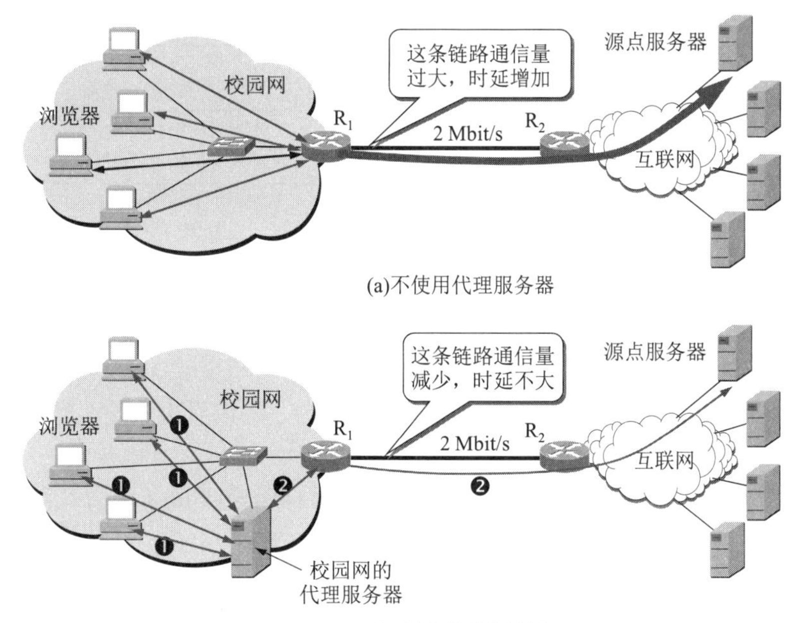

(a)不使用代理服务器

(b) 使用代理服务器

图 6-10 代理服务器的作用

(4) 源点服务器把所请求的对象放在 HTTP 响应报文中返回给校园网的代理服务器。

(5) 代理服务器收到这个对象后，先复制在自己的本地存储器中（留待以后用），然后再把这个对象放在 HTTP 响应报文中，通过已建立的 TCP 连接（见图 6-10(b)中的❶），返回给请求该对象的浏览器。

我们注意到，代理服务器有时是作为服务器（当接受浏览器的 HTTP 请求时），但有时却作为客户（当向互联网上的源点服务器发送 HTTP 请求时）。

在使用代理服务器的情况下，由于有相当大一部分通信量局限在校园网的内部，因此，2 Mbit/s 专线链路（R_1–R_2）上的通信量大大减少，因而减小了访问互联网的时延。

以代理服务器方式构成的**内容分发网络** CDN (Content Distribution Network)在互联网应用中起到了很大的作用。最先使用 CDN 技术的是美国的 Akamai (阿卡迈)公司。Akamai 公司现在是全球最大的 CDN 平台，是全球能够提供最大规模分发在线视频的服务商。目前 Akamai 公司拥有 24 万台服务器，3900 个位置节点，使全球的用户可以就近下载视频、音频节目，或进行其他业务联系，而用户甚至根本不知道已经使用了 Akamai 提供的服务。现在 Akamai 与全球多家电信运营商建立了深度合作关系，所提供的通信流量高达每秒 40 TB，业务遍及 137 个国家和地区。

扫一扫

视频讲解

3. HTTP 的报文结构

HTTP 有两类报文：

(1) 请求报文——从客户向服务器发送请求报文，如图 6-11(a)所示。

(2) 响应报文——从服务器到客户的回答，如图 6-11(b)所示。

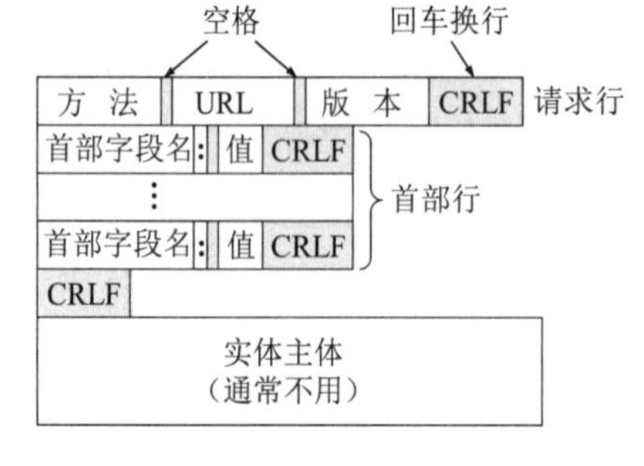

(a) 请求报文

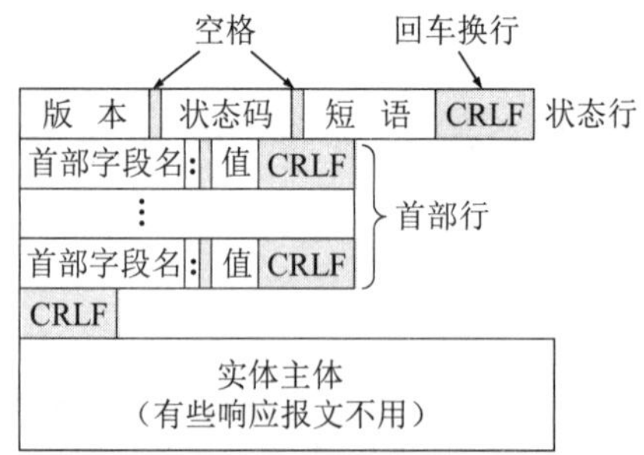

(b) 响应报文

图 6-11 HTTP 的报文结构

由于 HTTP 是**面向文本的**，因此在报文中的每一个字段都是一些 ASCII 码串，因而各个字段的长度都是不确定的。

HTTP 请求报文和响应报文都是由三个部分组成的。可以看出，这两种报文格式的区别就是开始行不同。

(1) **开始行**，用于区分是请求报文还是响应报文。在请求报文中的开始行叫作**请求行**(Request-Line)，而在响应报文中的开始行叫作**状态行**(Status-Line)。在开始行的三个字段之间都以空格分隔开，最后的“CR”和“LF”分别代表“回车”和“换行”。

(2) **首部行**，用来说明浏览器、服务器或报文主体的一些信息。首部可以有好几行，但也可以不使用。在每一个首部行中都有首部字段名和它的值，每一行在结束的地方都要有“回车”和“换行”。整个首部行结束时，还有一空行将首部行和后面的实体主体分开。

(3) **实体主体**(entity body)，在请求报文中一般都不用这个字段，而在响应报文中也可能没有这个字段。

下面先介绍 HTTP 请求报文的一些主要特点。

请求报文的第一行“请求行”只有三个内容，即**方法、请求资源的 URL**，以及 **HTTP 的版本**。

请注意：这里的名词“**方法**”(method)是面向对象技术中使用的专门名词。所谓“**方法**”就是对所请求的对象进行的**操作，这些方法实际上也就是一些命令**。因此，请求报文的类型是由它所采用的方法决定的。表 6-1 给出了请求报文中常用的几种方法。

表 6-1　HTTP 请求报文的一些方法

方法（操作）	意义
OPTION	请求一些选项的信息
GET	请求读取由 URL 所标志的信息
HEAD	请求读取由 URL 所标志的信息的首部
POST	给服务器添加信息（例如，注释）
PUT	在指明的 URL 下存储一个文档
DELETE	删除指明的 URL 所标志的资源
TRACE	用来进行环回测试的请求报文
CONNECT	用于代理服务器

下面是 HTTP 的请求报文的开始行（即请求行）的格式。请注意，在 GET 后面有一个空格，接着是某个完整的 URL，其后面又有一个空格，最后是 HTTP/1.1。

```
GET http://www.xyz.edu.cn/dir/index.htm HTTP/1.1
```

下面是一个完整的 HTTP 请求报文的例子：

```
GET /dir/index.htm HTTP/1.1              {请求行使用了相对 URL}
Host: www.xyz.edu.cn                     {此行是首部行的开始。这行给出主机的域名}
Connection: close                        {告诉服务器发送完请求的文档后就可释放连接}
User-Agent: Mozilla/5.0                  {表明用户代理是使用火狐浏览器 Firefox}
Accept-Language: cn                      {表示用户希望优先得到中文版本的文档}
                                         {请求报文的最后还有一个空行}
```

在请求行使用了相对 URL（即省略了主机的域名）是因为下面的首部行（第 2 行）给出了主机的域名。第 3 行是告诉服务器不使用持续连接，表示浏览器希望服务器在传送完所请求的对象后即关闭 TCP 连接。这个请求报文没有实体主体。

再看一下 HTTP 响应报文的主要特点。

每一个请求报文发出后，都能收到一个响应报文。响应报文的第一行就是**状态行**。

状态行包括三项内容，即 HTTP 的版本、状态码，以及解释状态码的简单短语。

状态码(Status-Code)都是三位数字的，分为 5 大类，原先有 33 种[RFC 2616]，后来又增加了几种[RFC 6585，建议标准]。这 5 大类的状态码都是以不同的数字开头的。

1xx 表示通知信息，如请求收到了或正在进行处理。

2xx 表示成功，如接受或知道了。

3xx 表示重定向，如要完成请求还必须采取进一步的行动。

4xx 表示客户的差错，如请求中有错误的语法或不能完成。

5xx 表示服务器的差错，如服务器失效无法完成请求。

下面三种状态行在响应报文中是经常见到的。

```
HTTP/1.1 202 Accepted             {接受}
HTTP/1.1 400 Bad Request          {错误的请求}
Http/1.1 404 Not Found            {找不到}
```

若请求的网页从 http://www.ee.xyz.edu/index.html 转移到了一个新的地址，则响应报文的状态行和一个首部行就是下面的形式：

```
HTTP/1.1 301 Moved Permanently              {永久性地转移了}
Location: http://www.xyz.edu/ee/index.html    {新的 URL}
```

4. 在服务器上存放用户的信息

在本节（6.4.3 节）第 1 小节“HTTP 的操作过程”中已经讲过，HTTP 是无状态的。这样做虽然简化了服务器的设计，但在实际工作中，一些万维网站点却常常希望能够识别用户。例如，在网上购物时，一个顾客要购买多种物品。当他把选好的一件物品放入“购物车”后，他还要继续浏览和选购其他物品。因此，服务器需要记住用户的身份，使他接着选购的一些物品能够放入同一个“购物车”中，这样就便于集中结账。有时某些万维网站点也可能想限制某些用户的访问。要做到这点，可以在 HTTP 中使用 Cookie。在 RFC 6265 中对 Cookie 进行了定义，规定万维网站点可以使用 Cookie 来跟踪用户。Cookie 原意是“小甜饼”（广东人用方言音译为“曲奇”），目前尚无标准译名，在这里 Cookie 表示在 HTTP 服务器和客户之间传递的状态信息。现在很多网站都已广泛使用 Cookie。

Cookie 是这样工作的：当用户 A 浏览某个使用 Cookie 的网站时，该网站的服务器就为 A 产生一个唯一的识别码，并以此作为索引在服务器的后端数据库中产生一个项目。接着在给 A 的 HTTP 响应报文中添加一个叫作 Set-cookie 的首部行。这里的“首部字段名”就是“Set-cookie”，而后面的“值”就是赋予该用户的“识别码”。例如这个首部行是这样的：

```
Set-cookie: 31d4d96e407aad42
```

当 A 收到这个响应时，其浏览器就在它管理的特定 Cookie 文件中添加一行，其中包括这个服务器的主机名和 Set-cookie 后面给出的识别码。当 A 继续浏览这个网站时，每发送一个 HTTP 请求报文，其浏览器就会从其 Cookie 文件中取出这个网站的识别码，并放到 HTTP 请求报文的 Cookie 首部行中：

```
Cookie: 31d4d96e407aad42
```

于是，这个网站就能够跟踪用户 `31d4d96e407aad42`（用户 A）在该网站的活动。需要注意的是，服务器并不需要知道这个用户的真实姓名以及其他的信息。但服务器能够知道用户 `31d4d96e407aad42` 在什么时间访问了哪些页面，以及访问这些页面的顺序。如果 A 是在网上购物，那么这个服务器可以为 A 维护一个所购物品的列表，使 A 在结束这次购物时可以一起付费。

如果 A 在几天后再次访问这个网站，那么他的浏览器会在其 HTTP 请求报文中继续使用首部行 `Cookie: 31d4d96e407aad42`，而这个网站服务器根据 A 过去的访问记录可以向他推荐商品。如果 A 已经在该网站登记过和使用过信用卡付费，那么这个网站就已经保存了 A 的姓名、电子邮件地址、信用卡号码等信息。这样，当 A 继续在该网站购物时，只要还使用同一个计算机上网，由于浏览器产生的 HTTP 请求报文中都携带了同样的 Cookie 首部行，服务器就可利用 Cookie 来验证出这是用户 A，因此以后 A 在这个网站购物时就不必重新在键盘上输入姓名、信用卡号码等信息。这对顾客显然是很方便的。

尽管 Cookie 能够简化用户网上购物的过程，但 Cookie 的使用一直引起很多争议。有人认为 Cookie 会把计算机病毒带到用户的计算机中。其实这是对 Cookie 的误解。Cookie 只是一个小小的文本文件，不是计算机的可执行程序，因此不可能传播计算机病毒，也不可能用来获取用户计算机硬盘中的信息。对于 Cookie 的另一个争议，是关于用户隐私的保护问题。例如，网站服务器知道了 A 的一些信息，就有可能把这些信息出卖给第三方。Cookie 还可用来收集用户在万维网网站上的行为。这些都属于用户个人的隐私。有些网站为了使顾客放心，就公开声明他们会保护顾客的隐私，绝对不会把顾客的识别码或个人信息出售或转移给其他厂商。

为了让用户有拒绝接受 Cookie 的自由，在浏览器中用户可自行设置接受 Cookie 的条件。例如在浏览器 IE 11.0 中，选择工具栏中的“工具”→“Internet 选项”→“隐私”命令，就可以看见菜单中的左边有一个可上下滑动的标尺，它有六个位置。最高的位置是阻止所有 Cookie，而最低的位置是接受所有 Cookie。中间的位置则是在不同条件下可以接受 Cookie。用户可根据自己的情况对 IE 浏览器进行必要的设置。

6.4.4 万维网的文档

1. 超文本标记语言 HTML

要使任何一台计算机都能显示出任何一个万维网服务器上的页面，就必须解决页面制作的标准化问题。**超文本标记语言 HTML** (HyperText Markup Language)就是一种制作万维网页面的标准语言，它消除了不同计算机之间信息交流的障碍。但请注意，HTML **并不是应用层的协议**，它只是万维网浏览器使用的一种语言。由于 HTML 非常易于掌握且实施简单，因此它很快就成为万维网的重要基础[RFC 2854]。官方的 HTML 标准由万维网联盟 W3C（即 WWW Consortium）负责制定。有关 HTML 的一些参考资料见[W-HTML]。从 HTML 在 1993 年问世后，就不断地对其版本进行更新。现在最新的版本是 HTML 5.0，新的版本增加了<audio>和<video>两个标签来实现对多媒体中的音频、视频使用的支持，增加了能够在移动设备上支持多媒体功能。

HTML 定义了许多用于排版的命令，即“标签”(tag)[①]。例如，<I>表示后面开始用斜体字排版，而</I>则表示斜体字排版到此结束。HTML 把各种标签嵌入到万维网的页面中，这样就构成了所谓的 HTML 文档。HTML 文档是一种可以用任何文本编辑器（例如，Windows 的记事本 Notepad）创建的 ASCII 码文件。但应注意，仅当 HTML 文档是以.html 或.htm 为后缀时，浏览器才对这样的 HTML 文档的各种标签进行解释。如果 HTML 文档改为以.txt 为其后缀，则 HTML 解释程序就不对标签进行解释，而浏览器只能看见原来的文本文件。

---

① 注：在[MINGCI93]中，将 tag 和 flag 两个名词都译为“标志”。由于目前已有较多的作者将 tag 译为“标签”，并考虑到最好与 flag 的译名有所区别，故将 tag 译为**标签**。实际上，“标签”的意思也还比较准确，因为一个 HTML 文档与浏览器所显示的内容相比，主要就是增加了许多的标签。

并非所有的浏览器都支持所有的 HTML 标签。若某一个浏览器不支持某一个 HTML 标签，则浏览器将忽略此标签，但在一对不能识别的标签之间的文本仍然会被显示出来。

下面是一个简单例子，用来说明 HTML 文档中标签的用法。在每一个语句后面的花括号中的字是给读者看的注释，在实际的 HTML 文档中并没有这种注释。

```
<HTML>                                    {HTML 文档开始}
<HEAD>                                    {首部开始}
    <TITLE>一个 HTML 的例子</TITLE>       {“一个 HTML 的例子”是文档的标题}
</HEAD>                                   {首部结束}
<BODY>                                    {主体开始}
    <H1>HTML 很容易掌握</H1>              {“HTML 很容易掌握”是主体的 1 级题头}
    <P>这是第一个段落。</P>               {<P>和</P>之间的文字是一个段落}
    <P>这是第二个段落。</P>               {<P>和</P>之间的文字是一个段落}
</BODY>                                   {主体结束}
</HTML>                                   {HTML 文档结束}
```

把上面的 HTML 文档存入 D 盘的文件夹 HTML 中，文件名是 HTML-example.html（注意：实际的文档中没有注释部分）。当浏览器读取了该文档后，就按照 HTML 文档中的各种标签，根据浏览器所使用的显示器的尺寸和分辨率大小，重新进行排版并显示出来。图 6-12 表示 IE 浏览器在计算机屏幕上显示出的与该文档有关部分的画面。文档的标题(title)“一个 HTML 的例子”显示在浏览器最上面的标题栏中。文件的路径显示在地址栏中。再下面就是文档的主体部分。主体部分的题头(heading)，即文档主体部分的标题“HTML 很容易掌握”，用较大的字号显示出来，因为在标签中指明了使用的是 1 级题头<H1>。

目前已开发出了很好的制作万维网页面的软件工具，使我们能够像使用 Word 文字处理器那样很方便地制作各种页面。即使我们用 Word 文字处理器编辑了一个文件，但只要在“另存为(Save As)”时选取文件后缀为.htm 或.html，就可以很方便地把 Word 的.doc 格式文件转换为浏览器可以显示的 HTML 格式的文档。

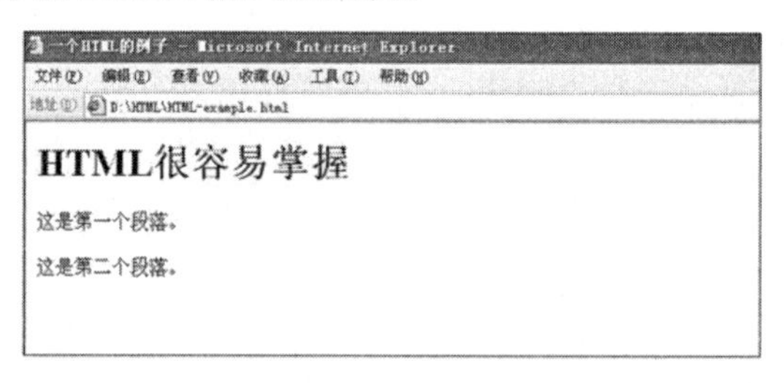

图 6-12　在屏幕上显示的 HTML 文档主体部分的例子

HTML 允许在万维网页面中插入图像。一个页面本身带有的图像称为**内含图像**(inline image)。HTML 标准并没有规定该图像的格式。实际上，大多数浏览器都支持 GIF 和 JPEG 文件。很多格式的图像占据的存储空间太大，因而这种图像在互联网传送时就很浪费时间。例如，一幅**位图文件**(.bmp)可能要占用 500 ~ 700 KB 的存储空间。但若将此图像改存为经压缩的 .gif 格式，则可能只有十几个千字节，大大减少了存储空间。

HTML 还规定了链接的设置方法。我们知道每个链接都有一个**起点**和**终点**。链接的起点说明在万维网页面中的什么地方可引出一个链接。在一个页面中，链接的起点可以是一个字或几个字，或是一幅图，或是一段文字。在浏览器所显示的页面上，链接的起点是很容易识别的。在以文字作为链接的起点时，这些文字往往用不同的颜色显示（例如，一般的文字用黑色字时，链接起点往往使用蓝色字），甚至还会加上下画线（一般由浏览器来设置）。当我们将鼠标移动到一个链接的起点时，表示鼠标位置的箭头就变成了一只手。这时只要点击鼠标，这个链接就被激活。

链接的终点可以是其他网站上的页面。这种链接方式叫作**远程链接**。这时必须在 HTML 文档中指明链接到的网站的 URL。有时链接可以指向本计算机中的某一个文件或本文件中的某处，这叫作**本地链接**。这时必须在 HTML 文档中指明链接的路径。

实际上，现在这种链接方式已经不局限于用在万维网文档中。在最常用的 Word 文字处理器的工具栏中，也设有“插入超链接”的按钮。只要点击这个按钮，就可以看到设置超链接的窗口。用户可以很方便地在自己写的 Word 文档中设置各种链接的起点和终点。

在这一小节的最后，我们还要简单介绍一下和浏览器有关的几种其他语言。

XML (Extensible Markup Language)是**可扩展标记语言**，它和 HTML 很相似。但 XML 的设计宗旨是传输数据，而不是显示数据（HTML 是为了在浏览器上显示数据）。更具体些，XML 用于标记电子文件，使其具有结构性的标记语言，可用来标记数据、定义数据类型，是一种允许用户对自己的标记语言进行定义的源语言。XML 是一种简单、与平台无关并被广泛采用的标准。XML 相对于 HTML 的优点是它将用户界面与结构化数据分隔开来。这种数据与显示的分离使得集成来自不同源的数据成为可能。客户信息、订单、研究结果、账单付款、病历、目录数据及其他信息都可以转换为 XML。XML 不是要替换 HTML，而是对 HTML 的补充。XML 标记由文档的作者定义，并且是无限制的。HTML 标记则是预定义的；HTML 作者只能使用当前 HTML 标准所支持的标记。

另一种语言 XHTML (Extensible HTML)是**可扩展超文本标记语言**，它与 HTML 4.01 几乎是相同的。但 XHTML 是更严格的 HTML 版本，也是一个 W3C 标准（2000 年 1 月制定），是作为一种 XML 应用被重新定义的 HTML，并将逐渐取代 HTML。所有新的浏览器都支持 XHTML。

还有一种语言 CSS (Cascading Style Sheets)是**层叠样式表**，它是一种样式表语言，用于为 HTML 文档定义布局。CSS 与 HTML 的区别就是：HTML 用于结构化内容，而 CSS 则用于格式化结构化的内容。例如，在浏览器上显示的字体、颜色、边距、高度、宽度、背景图像等方面，都能够给出精确的规定。现在所有的浏览器都支持 CSS。

2. 动态万维网文档

上面所讨论的万维网文档只是万维网文档中最基本的一种，即所谓的**静态文档**(static document)。静态文档在文档创作完毕后就存放在万维网服务器中，在被用户浏览的过程中，内容不会改变。由于这种文档的内容不会改变，因此用户对静态文档的每次读取所得到的返回结果都是相同的。

静态文档的最大优点是简单。由于 HTML 是一种排版语言，因此静态文档可以由不懂程序设计的人员来创建。但静态文档的缺点是不够灵活。当信息变化时就要由文档的作者手工对文档进行修改。可见，变化频繁的文档不适于做成静态文档。

动态文档(dynamic document)是指文档的内容是在浏览器访问万维网服务器时才由应用程序动态创建的。当浏览器请求到达时，万维网服务器要运行另一个应用程序，并把控制转移到此应用程序。接着，该应用程序对浏览器发来的数据进行处理，并输出 HTML 格式的文档，万维网服务器把应用程序的输出作为对浏览器的响应。由于对浏览器每次请求的响应都是临时生成的，因此用户通过动态文档所看到的内容是不断变化的。动态文档的主要优点是具有报告当前最新信息的能力。例如，动态文档可用来报告股市行情、天气预报或民航售票情况等内容。但动态文档的创建难度比静态文档的高，因为动态文档的开发不是直接编写文档本身，而是编写用于生成文档的应用程序，这就要求动态文档的开发人员必须会编程，而所编写的程序还要通过大范围的测试，以保证输入的有效性。

动态文档和静态文档之间的主要差别体现在服务器一端。这主要是**文档内容的生成方法不同**。而从浏览器的角度看，这两种文档并没有区别。动态文档和静态文档的内容都遵循 HTML 所规定的格式，浏览器仅根据在屏幕上看到的内容无法判定服务器送来的是哪一种文档，只有文档的开发者才知道。

从以上所述可以看出，要实现动态文档就必须在以下两个方面对万维网服务器的功能进行扩充：

(1) 应增加另一个应用程序，用来处理浏览器发来的数据，并创建动态文档。

(2) 应增加一个机制，用来使万维网服务器将浏览器发来的数据传送给这个应用程序，然后万维网服务器能够解释这个应用程序的输出，并向浏览器返回 HTML 文档。

图 6-13 是扩充了功能的万维网服务器的示意图。这里增加了一个机制，叫作**通用网关接口** CGI (Common Gateway Interface)。CGI 是一种标准，它定义了动态文档应如何创建，输入数据应如何提供给应用程序，以及输出结果应如何使用。

在万维网服务器中新增加的应用程序叫作 CGI 程序。取这个名字的原因是：万维网服务器与 CGI 的通信遵循 CGI 标准。“通用”是因为这个标准所定义的规则对其他任何语言都是通用的。“网关”二字的出现是因为 CGI 程序还可能访问其他的服务器资源，如数据库或图形软件包，因而 CGI 程序的作用有点像一个网关。也有人将 CGI 程序简称为**网关程序**。“接口”是因为有一些已定义好的变量和调用等可供其他 CGI 程序使用。请读者注意：在看到 CGI 这个名词时，应弄清是指 CGI 标准，还是指 CGI 程序。

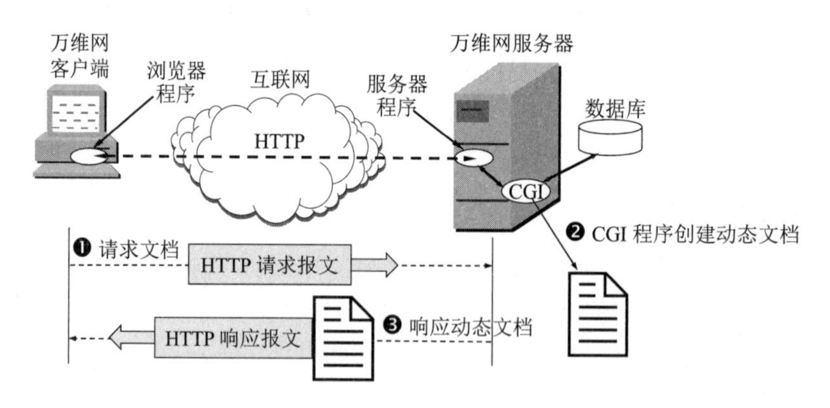

图 6-13　扩充了功能的万维网服务器

CGI 程序的正式名字是 CGI **脚本**(script)。按照计算机科学的一般概念，“**脚本**”[①]指的

① 注：**脚本**(script)一词还有其他的意思。例如，在多媒体开发程序中用“脚本”来表示编程人员输入的一系列指令，这些指令指明多媒体文件应按什么顺序执行。

是一个程序，它被另一个程序（解释程序）而不是计算机的处理机来解释或执行。有一些语言专门作为**脚本语言**(script language)，如 Perl, REXX（在 IBM 主机上使用），JavaScript 以及 Tcl/Tk 等。脚本也可用一些常用的编程语言写出，如 C, C++等。使用脚本语言可更容易和更快地进行编码，这对一些有限功能的小程序是很合适的。但一个脚本运行起来比一般的编译程序要慢，因为它的每一条指令先要被另一个程序来处理（这就要一些附加的指令），而不是直接被指令处理器来处理。脚本不一定是一个独立的程序，它可以是一个动态装入的库，甚至是服务器的一个子程序。

CGI 程序又称为 cgi-bin 脚本，这是因为在许多万维网服务器上，为便于找到 CGI 程序，就将 CGI 程序放在/cgi-bin 的目录下。

3. 活动万维网文档

随着 HTTP 和万维网浏览器的发展，上一节所述的动态文档已明显地不能满足发展的需要。这是因为，动态文档一旦建立，它所包含的信息内容也就固定下来而无法及时刷新屏幕。另外，像动画之类的显示效果，动态文档也无法提供。

有两种技术可用于浏览器屏幕显示的连续更新。一种技术称为**服务器推送**(server push)，这种技术是将所有的工作都交给服务器。服务器不断地运行与动态文档相关联的应用程序，定期更新信息，并发送更新过的文档。

尽管从用户的角度看，这样做可达到连续更新的目的，但这也有很大的缺点。首先，为了满足很多客户的请求，服务器就要运行很多服务器推送程序。这将造成过多的服务器开销。其次，服务器推送技术要求服务器为每一个浏览器客户维持一个不释放的 TCP 连接。随着 TCP 连接的数目增加，每一个连接所能分配到的网络带宽就下降，这就导致网络传输时延的增大。

另一种提供屏幕连续更新的技术是**活动文档**(active document)。这种技术是把所有的工作都转移给浏览器端。每当浏览器请求一个活动文档时，服务器就返回一段活动文档程序副本，使该程序副本在浏览器端运行。这时，活动文档程序可与用户直接交互，并可连续地改变屏幕的显示。只要用户运行活动文档程序，活动文档的内容就可以连续地改变。由于活动文档技术不需要服务器的连续更新传送，对网络带宽的要求也不会太高。

从传送的角度看，浏览器和服务器都把活动文档看成是静态文档。在服务器上的活动文档的内容是不变的，这点和动态文档是不同的。浏览器可在本地缓存一份活动文档的副本。活动文档还可处理成压缩形式，以便于存储和传送。另一点要注意的是，活动文档本身并不包括其运行所需的全部软件，大部分的支持软件是事先存放在浏览器中的。图 6-14 说明了活动文档的创建过程。

由美国 SUN 公司开发的 Java 语言是一项用于创建和运行活动文档的技术。在 Java 技术中使用了一个新的名词“**小应用程序**”(applet)[①]来描述活动文档程序。当用户从万维网服务器下载一个嵌入了 Java 小应用程序的 HTML 文档后，用户可在浏览器的显示屏幕上点击某个图像，然后就可看到动画的效果；或是在某个下拉式菜单中点击某个项目，即可看到根

---

① 注：在 Java 语言出现之前就已经有了 applet 这一名词。小应用程序 applet 通常被嵌入在操作系统或一个较大的应用程序之中。在万维网技术中，此名词常常指的是 Java 小应用程序。

据用户键入的数据所得到的计算结果。实际上，Java 技术是活动文档技术的一部分。限于篇幅，有关 Java 技术的进一步讨论这里从略。

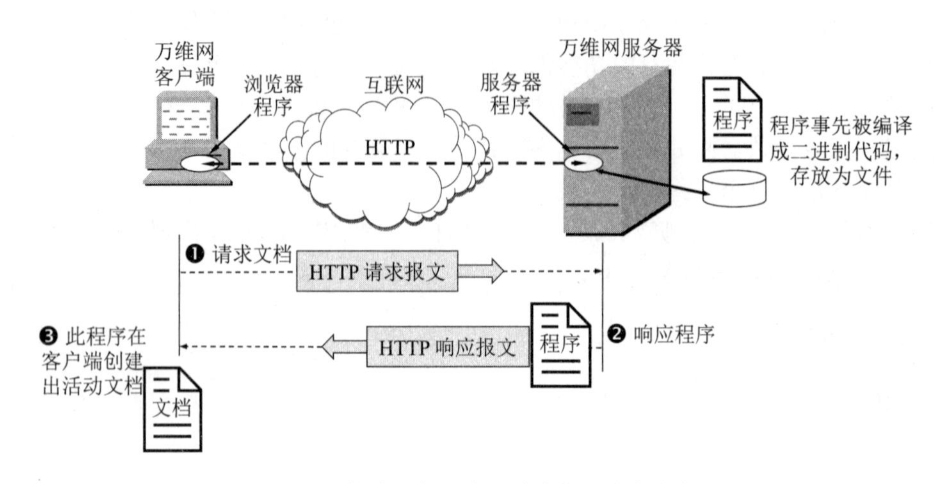

图 6-14　活动文档由服务器发送过来的程序在客户端创建

6.4.5　万维网的信息检索系统

1. 全文检索搜索与分类目录搜索

万维网是一个大规模的、联机式的信息储藏所。那么，应当采用什么方法才能找到所需的信息呢？如果已经知道存放该信息的网点，那么只要在浏览器的地址(Location)框内键入该网点的 URL 并按回车键，就可进入该网点。但是，若不知道要找的信息在何网点，那就要使用万维网的搜索工具。

在万维网中用来进行搜索的工具叫作**搜索引擎**(search engine)。搜索引擎的种类很多，但大体上可划分为两大类，即**全文检索**搜索引擎和**分类目录**搜索引擎。

全文检索搜索引擎是一种纯技术型的检索工具。它的工作原理是通过搜索软件（例如一种叫作“蜘蛛”或“网络机器人”的 Spider 程序）到互联网上的各网站收集信息，找到一个网站后可以从这个网站再链接到另一个网站，像蜘蛛爬行一样。然后按照一定的规则建立一个很大的在线索引数据库供用户查询。用户在查询时只要输入关键词，就从**已经建立的**索引数据库里进行查询（并不是实时地在互联网上检索到的信息）。因此很可能有些查到的信息已经是过时的（例如很多年前的）。建立这种索引数据库的网站必须定期对已建立的数据库进行更新维护（但不少网站的维护很不及时，因此对查找到的信息一定要注意其发布的时间）。现在全球最大的并且最受欢迎的全文检索搜索引擎就是谷歌 Google (www.google.com)。谷歌提供的主要的搜索服务有：网页搜索、图片搜索、视频搜索、地图搜索、新闻搜索、购物搜索、博客搜索、论坛搜索、学术搜索、财经搜索等。应全球用户的需求，谷歌在美国及世界各地创建数据中心。至 2013 年底，谷歌的数据中心在全球共设有 12 处。大多数数据中心的业主基于信息安全考虑，极少透露其数据中心的信息及内部情形。

我们将在下一小节简单介绍谷歌搜索技术的特点。现在“谷歌”不仅是网站名，而且还是动词。例如，“谷歌一下”的意思就是“用谷歌网站进行信息搜索”。在全文检索搜索引擎中另外两个著名的网站是美国微软的必应(cn.bing.com)和中国的百度(www.baidu.com)。

分类目录搜索引擎并不采集网站的任何信息，而是利用各网站向搜索引擎提交网站信息时填写的关键词和网站描述等信息，经过人工审核编辑后，如果认为符合网站登录的条件，则输入到分类目录的数据库中，供网上用户查询。因此，分类目录搜索也叫作分类网站搜索。分类目录的好处就是用户可根据网站设计好的目录有针对性地逐级查询所需要的信息，查询时不需要使用关键词，只需要按照分类（先找大类，再找下面的小类），因而查询的准确性较好。但分类目录查询的结果并不是具体的页面，而是被收录网站主页的 URL 地址，因而所得到的内容就比较有限。相比之下，全文检索可以检索出大量的信息（一次检索的结果是几百万条，甚至是千万条以上），但缺点是查询结果不够准确，往往是罗列出了海量的信息（如上千万个页面），使用户无法迅速找到所需的信息。在分类目录搜索引擎中最著名的就是雅虎(www.yahoo.com)。国内著名的分类搜索引擎有雅虎中国(cn.yahoo.com)、新浪(sina.com.cn)、搜狐(www.sohu.com)、网易(www.163.com)等。

图 6-15 说明了上述这两种搜索方法的区别。图 6-15(a)是全文搜索谷歌的首页。用户只需在空白的栏目中键入拟搜索的关键词，搜索引擎就返回搜索结果，用户可根据屏幕上显示的结果继续点击下去，直到看到满意的结果。图 6-15(b)是分类检索新浪网的首页。我们可以看到页面上有三行共 63 个类别。用户要检索的内容通常总是在这几十个类别之中，因此按类别点击查找下去，最后就可以查找到所要检索的内容。

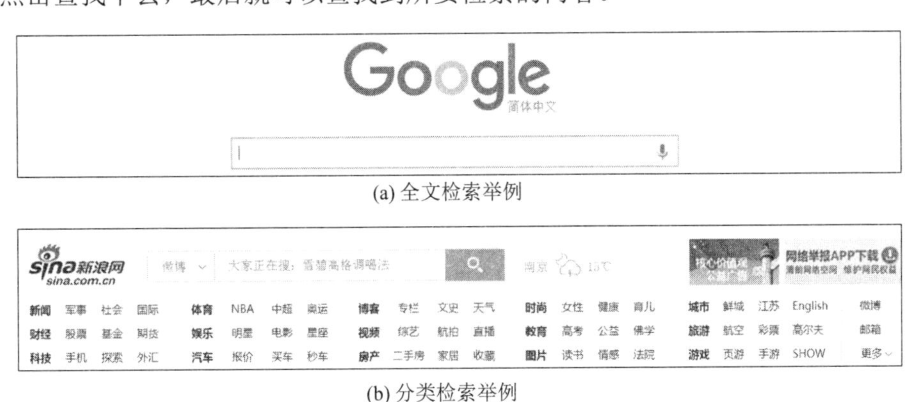

(a) 全文检索举例

(b) 分类检索举例

图 6-15　举例说明两种检索的区别

从用户的角度看，使用这两种不同的搜索引擎一般都能够实现自己查询信息的目的。为了使用户能够更加方便地搜索到有用信息，目前许多网站往往同时具有全文检索搜索和分类目录搜索的功能。在互联网上搜索信息需要经验的积累。要多实践才能掌握从互联网获取信息的技巧。

这里再强调一下，不管哪种搜索引擎，就是告诉你只要链接到什么地方就可以检索到所需的信息。搜索引擎网站本身并没有直接存储这些信息。

值得注意的是，目前出现了**垂直搜索引擎**(vertical search engine)，它针对某一特定领域、特定人群或某一特定需求提供搜索服务。垂直搜索也是提供关键字来进行搜索的，但被放到了一个行业知识的上下文中，返回的结果更倾向于信息、消息、条目等。例如，对买房的人讲，他希望查找的是房子的具体供求信息（如面积、地点、价格等），而不是有关房子供求的一般性的论文或新闻、政策等。目前热门的垂直搜索行业有：购物、旅游、汽车、求职、房产、交友等。还有一种**元搜索引擎**(meta search engine)，它把用户提交的检索请求发送到多个独立的搜索引擎上去搜索，并把检索结果集中统一处理，以统一的格式提供给用户，因此是搜索引擎之上的搜索引擎。它的主要精力放在提高搜索速度、智能化处理搜索结果、个性化搜索功能的设置和用户检索界面的友好性上。元搜索引擎的查全率和查准率都比较高。

2. Google 搜索技术的特点

Google 的搜索引擎性能优良，因为它使用了先进的硬件和软件。以往的大多数的搜索引擎是使用少量大型服务器，在访问高峰期，搜索的速度就会明显减慢。Google 则利用在互联网上相互链接的计算机来快速查找每个搜索的答案，并且成功地缩短了查找的相应时间。Google 的搜索软件可同时进行许多运算，它的核心技术就是 PageRank^{TM}，译为**网页排名**。

PageRank 对搜索出来的结果按重要性进行排序，这是 Google 的两个创始人 Larry Page 和 Sergey Brin 共同开发出来的[W-PageRank]。由于用户在有限的时间内，不可能阅读全部的搜索结果（因为数量往往非常大），而通常仅仅是查阅一下前几个（或前几十个）项目。因此用户希望检索结果能够按重要性来排序。但怎样确定某个页面的重要性呢？传统的搜索引擎往往是检查关键字在网页上出现的频率。PageRank 技术则把整个互联网当作了一个整体对待，检查整个网络链接的结构，并确定哪些网页重要性最高。更具体些，就是如果有很多网站上的链接都指向页面 A，那么页面 A 就比较重要。PageRank 对链接的数目进行加权统计。对来自重要网站的链接，其权重也较大。统计链接数目的问题是一个二维矩阵相乘的问题，从理论上讲，这种二维矩阵的元素数是网页数目的平方。对于 1 亿个网页，这个矩阵就有 1 亿亿个元素。这样大的矩阵相乘，计算量是非常大的。Larry Page 和 Sergey Brin 两人利用稀疏矩阵计算的技巧，大大地简化了计算量。他们用迭代的方法解决了这个问题。他们先假定所有网页的排名是相同的，并且根据此初始值，算出各个网页的第一次迭代排名，再根据第一次迭代排名算出第二次的排名。他们从理论上证明了不论初始值如何选取，这种算法都保证了网页排名的估计值能收敛到排名的真实值。这种算法是完全没有任何人工干预的，厂商不可能用金钱购买网页的排名。Google 还要进行超文本匹配分析，以确定哪些网页与正在执行的特定搜索相关。在综合考虑整体重要性以及与特定查询的相关性之后，Google 就把最相关、最可靠的搜索结果放在首位。

然而有一些著名网站通过“竞价排名”把虚假广告信息放在检索结果的首位，结果误导了消费者，使受骗者蒙受很大的损失。因此对网络搜索的结果，我们应认真分析其真伪，提高辨别能力，不要随意轻信网络检索的广告信息（哪怕是知名度很高的网站）。

6.4.6 博客和微博

近年来，万维网的一些新的应用广为流行，这就是博客和微博。下面进行简单的介绍。

1. 博客

我们知道，建立网站就是万维网的一种应用。博客(blog)和网站有很相似的地方。博客的作者可以源源不断地往万维网上的个人博客里填充内容，供其他网民阅读。网民可以用浏览器上网阅读博客、发表评论，也可以什么都不做。

博客是万维网日志(weblog)的简称。也有人把 blog 进行音译，译为“部落格”，或“部落阁”。还有人用“博文”来表示“博客文章”。

本来，网络日志是指个人撰写并在互联网上发布的、属于网络共享的个人日记。但现在它不仅可以是个人日记，而且可以有无数的形式和大小，也没有任何实际的规则。

现在博客已经极大地扩充了互联网的应用和影响，成为了所有网民都可以参与的一种新媒体，并使得无数的网民有了发言权，有了与政府、机构、企业，以及很多人交流的机会。在博客出现以前，网民是互联网上内容的消费者，网民在互联网上搜寻并下载感兴趣的信息。这些信息是其他人生产的，他们把这些信息放在互联网的某个服务器上，供广大网民使用（也就是供网民消费）。但博客改变了这种情况，网民不仅是互联网上内容的消费者，而且还是互联网上**内容的生产者**。

从历史上看，weblog 这个新词是 Jorn Barger 于 1997 年创造的。简写的 blog（这是今天最常用的术语）则是 Peter Merholz 于 1999 年创造的。不久，有人把 blog 既当作名词，也当作动词，表示编辑博客或写博客。接着，新名词 blogger 也出现了，它表示博客的拥有者，或博客内容的撰写者和维护者，或博客用户。博客可以看成是继电子邮件、电子公告牌系统 BBS 和即时传信 IM (Instant Messaging)[①]之后的第四种网络交流方式。

现在从一些著名的门户网站的主页上都能很容易地进入到博客页面，这让用户查看博客或发表自己的博客都非常方便。前面的图 6-15(b)所示的新浪网站首页，就可看到在几十个分类中的第 1 行第 9 列的“博客”。

当我们在新浪网站主页点击“博客”项时，就可以看到各式各样的博客。也可以利用搜索工具寻找所需的博客。如果我们已在新浪博客注册了，那么也可随时把自己的博客发表在此，让别人来阅读。我们还可直接登录新浪博客网站 blog.sina.com.cn。

博客与个人网站还是有不少区别的。这里最主要的区别就是建立个人网站成本较高，需要租用个人空间、域名等，同时建立网站的个人需要懂得 HTML 语言和网页制作等相关技术；但博客在这方面是不需要什么投资的，所需的技术仅仅是会上网和会用键盘或书写板输入汉字即可。因此网民用较短的时间就能够把自己写的博客发表在网上，而不像制作个人网站那样花费较多的时间。正因为写博客的门槛较低，广大的网民才有可能成为今天互联网上的信息制造者。

顺便提一下，不要把“博客”和“播客”弄混。播客(Podcast)是苹果手机的一个预装软件，能够让用户通过手机订阅和自动下载所预订的音乐文件，以便随时欣赏音乐。

2. 微博

在图 6-15(b)新浪网站首页各种分类的第 1 行的最后，可以找到“微博”项。微博就是**微型博客**(microblog)，又称为**微博客**，它的意思已经非常清楚。博客或微博里的朋友，常称为“博友”。微博也被人戏称为“围脖”，把博友戏称为“脖友”。

但微博不同于一般的博客。微博只记录片段、碎语，三言两语，现场记录，发发感慨，晒晒心情，永远只针对一个问题进行回答。微博只是记录自己琐碎的生活，呈现给人看，而且必须很真实。微博中不必有太多的逻辑思维，很随便，很自由，有点像电影中的一个镜头。写微博比写其他东西简单多了，不需要标题，不需要段落，更不需要漂亮的词汇。

2009 年是中国微博蓬勃发展的一年，相继出现了新浪微博、139 说客、9911、嘀咕网、同学网、贫嘴等微博客。例如，新浪微博就是由中国最大的门户网站新浪网推出的微博服务，是中国目前用户数最多的微博网站(weibo.com)，名人用户众多是新浪微博的一大特色，基本已经覆盖大部分知名文体明星、企业高管、媒体人士。用户可以通过网页、WAP 网、手

---

① 注：目前流传的译名还有“即时通信”或“即时通讯”，但 messaging 译为“传信”似乎更准确。

机短信彩信、手机客户端等多种方式更新自己的微博。每条微博字数最初限制为140英文字符，但现在已增加了“长微博”的选项，可输入更多的字符。微博还提供插入图片、视频、音乐等功能。截至2019年3月底，微博的月活跃用户已达4.65亿。

现在不少地方政府也开通了微博（即政务微博），这是信息公开的表现。政府可以通过政务微博，及时公布政情、公务、资讯等，获取与民众更多、更直接、更快的沟通，特别是在突发事件或者群体性事件发生的时候，微博就能够成为政府新闻发布的一种重要手段。

虽然政务微博具有“传递信息、沟通上下、解决问题”的功能性特点，并受到广大网民的欢迎，但政务微博的日常管理也非常重要。如果政务微博因缺乏良好的管理而不能够满足群众的各种需求，那么它就会成为一种无用的摆设。

微博是一种互动及传播性极快的工具，其实时性、现场感及快捷性，往往超过所有媒体。这是因为微博对用户的技术要求门槛非常低，而且在语言的编排组织上，没有博客那么高。另外，微博开通的多种 API 使大量的用户可通过手机、网络等方式来即时更新自己的个人信息。微博网站的即时传信功能非常强大，可以通过QQ和MSN直接书写。

我们正处在一个急剧变革的时代，人们需要用贯穿不同社会阶层的信息去了解社会、改变生活。在互联网上微博的出现正好满足了广大网民的需求。微博发布、转发信息的功能很强大，这种一个人的“通讯社”将对整个社会产生越来越大的影响。

6.4.7 社交网站

社交网站 SNS (Social Networking Site)是近年来发展非常迅速的一种网站，其作用是为一群拥有相同兴趣与活动的人创建在线社区。社交网站的功能非常丰富，如电子邮件、即时传信（在线聊天）、博客撰写、共享相册、上传视频、网页游戏、创建社团、刊登广告等，对现实社交结构已经形成了巨大冲击。社交网络服务提供商针对不同的群众，有着不同的定位，对个人消费者都是免费的。这种网站通过朋友，一传十、十传百地把联系范围不断扩大下去。前面曾提到过的BBS和微博，可以看作是社交网站的前身。

2004年社交网站**脸书**（Facebook，又名面书、脸谱、脸谱网）在美国诞生。脸书最初的用户定位是大学生，但现在它的用户范围已经扩大了很多。接着社交网站热潮席卷全球，而国内以人人网、开心网等为代表的社交网站也如雨后春笋般迅速崛起。社交网站极大地丰富了人们的社交生活，孕育了新的经济增长点，其所蕴含的巨大商业价值和社会力量也正凸显出来。

毫无疑问，目前世界上排名第一且分布最广的社交网站是脸书。脸书最大的特点就是可以非常方便地寻找朋友或联系老同学、老同事，能够简易地在朋友圈中分享图片、视频和音频文件（现在也可以发送其他文件，如.docx, .xlsx 等），以及通过集成的地图功能分享用户所在的位置。现在脸书的月度活跃用户已达 11.5 亿人之多，其中半数以上为移动电话用户。在 2010 年 3 月，脸书在美国的访问人数已超过谷歌，成为全美访问量最大的网站。脸书的官网域名为Facebook.com，并持有.cn 域名 Facebook.cn。排名第二的社交网站是视频分享网站**油管** YouTube，其月度活跃用户人数为10亿人。2006年 YouTube.com 网站被谷歌收购，目前谷歌手上持有了 youtube.com/.com.cn/.net/.org 等域名。国内类似的视频分享网站有优酷(www.youku.com)、土豆(www.tudou.com)、56网(56.com)等。

另一种能够提供微博服务的社交网络现在也很流行。例如**推特** Twitter (twitter.com)网站创建于 2006 年，它可以让用户发表不超过 140 个英文字符的消息。这些消息也被称为“推文”(Tweet)。我国的新浪微博(www.weibo.com)、腾讯微博(t.qq.com)等就是这种性质的社交网站。职业性社交网站**领英** LinkedIn 也是很受欢迎的网站。

目前在我国最为流行的社交网站就是**微信**(weixin.qq.com)。微信最初是专为手机用户使用的聊天工具，其功能是“收发信息、拍照分享、联系朋友”。但几年来经过多次系统更新，现在微信不仅可传送文字短信、图片、录音电话、视频短片，还可提供实时音频或视频聊天，甚至可进行网上购物、转账、打车，等等。现在微信的功能已远远超越了社交领域。原来微信仅限于在手机上使用，但新的微信版本已能够安装在普通电脑上。我们知道，电子邮件可以发送给网上任何一个并不认识你的用户，也不管他是否愿意接收你发送的邮件。各种博客和微博也可供任何上网用户浏览。但微信只能在确定的朋友圈中交换信息。正是由于朋友之间更加需要交换信息，而微信的功能又不断在扩展，因此微信在我国已成为几乎每个网民都必备的应用软件。

6.5 电子邮件

扫一扫

视频讲解

6.5.1 电子邮件概述

大家知道，实时通信的电话固然使用方便，但有两个严重缺点。第一，电话通信的主叫和被叫双方必须同时在场。第二，有些电话常常不必要地打断被叫者的工作或休息。

电子邮件(E-mail)是互联网上使用最多的和最受用户欢迎的一种应用。电子邮件把邮件发送到收件人使用的邮件服务器，并放在其中的收件人**邮箱**(mail box)中，收件人可在自己方便时上网到自己使用的邮件服务器进行读取。这相当于互联网为用户设立了存放邮件的信箱，因此 e-mail 有时也称为“**电子信箱**”。电子邮件不仅使用方便，而且还具有传递迅速和费用低廉的优点。据有的公司报道，使用电子邮件后可提高劳动生产率 30%以上。现在电子邮件不仅可传送文字信息，而且还可附上声音和图像。由于电子邮件和手机的广泛使用，现已迫使传统的电报业务退出市场，因为这种传统电报既贵又慢，且很不方便。

1982 年 ARPANET 的电子邮件问世后，很快就成为最受广大网民欢迎的互联网应用。电子邮件的两个最重要的草案标准，是 2008 年更新的**简单邮件传送协议** SMTP (Simple Mail Transfer Protocol) [RFC 5321]和**互联网文本报文格式**[RFC 5322]。

由于互联网的 SMTP 只能传送可打印的 7 位 ASCII 码邮件，因此在 1996 年又发布了**通用互联网邮件扩充** MIME (Multipurpose Internet Mail Extensions)[RFC 2045，草案标准]。MIME 在其邮件首部中说明了邮件的数据类型（如文本、声音、图像、视像等）。在 MIME 邮件中可同时传送多种类型的数据。这在多媒体通信的环境下是非常有用的。

一个电子邮件系统应具有图 6-16 所示的三个主要组成构件，这就是**用户代理**、**邮件服务器**，以及邮件发送协议（如 SMTP）和邮件读取协议（如 POP3）。POP3 是**邮局协议**(Post Office Protocol)的版本 3。凡是有 TCP 连接的，都经过了互联网，有的甚至可以跨越数千公里的距离。这里为简洁起见，没有画出网络。在互联网中，邮件服务器的数量是很大的。正是这些邮件服务器构成了电子邮件基础结构的核心。在图 6-16 中为了说明问题，仅仅画出了两个邮件服务器。

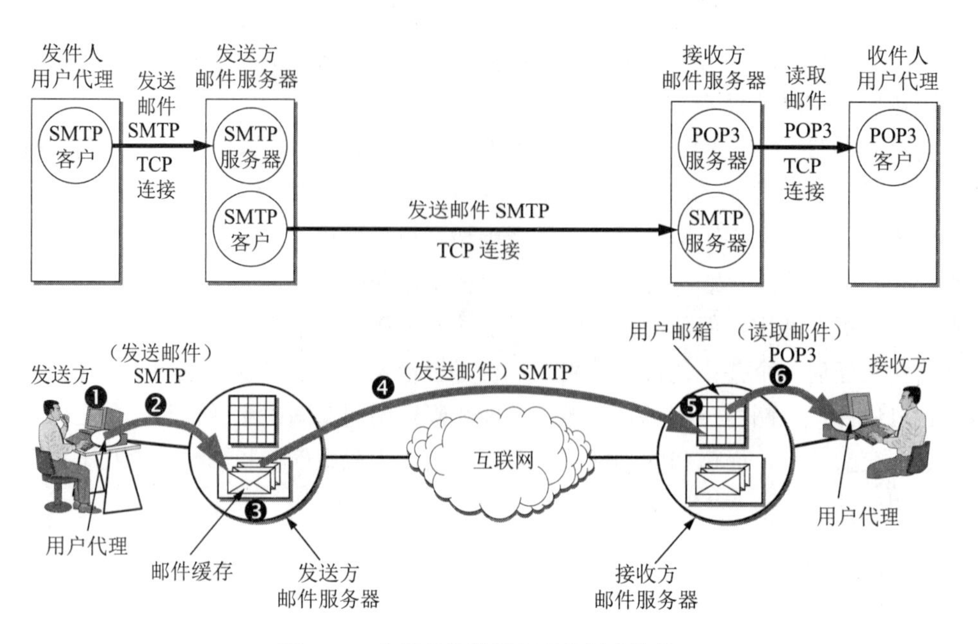

图 6-16　电子邮件的最主要的组成构件

用户代理 UA (User Agent)就是用户与电子邮件系统的接口，在大多数情况下它就是运行在用户计算机中的一个程序。因此用户代理又称为**电子邮件客户端软件**。用户代理向用户提供一个很友好的接口（目前主要是窗口界面）来发送和接收邮件。现在可供大家选择的用户代理有很多种。例如，微软公司的 Outlook Express 和我国张小龙制作的 Foxmail，都是很受欢迎的电子邮件用户代理。

用户代理至少应当具有以下 4 个功能。

(1) **撰写**。给用户提供编辑信件的环境。例如，应让用户能创建便于使用的通信录（有常用的人名和地址）。回信时不仅能很方便地从来信中提取出对方地址，并自动地将此地址写入到邮件中合适的位置，而且还能方便地对来信提出的问题进行答复（系统自动将来信复制一份在用户撰写回信的窗口中，因而用户不需要再输入来信中的问题）。

(2) **显示**。能方便地在计算机屏幕上显示出来信（包括来信附上的声音和图像）。

(3) **处理**。处理包括发送邮件和接收邮件。收件人应能根据情况按不同方式对来信进行处理。例如，阅读后删除、存盘、打印、转发等，以及自建目录对来信进行分类保存。有时还可在读取信件之前先查看一下邮件的发件人和长度等，对于不愿收的信件可直接在邮箱中删除。

(4) **通信**。发信人在撰写完邮件后，要利用邮件发送协议将邮件发送到用户所使用的邮件服务器。收件人在接收邮件时，要使用邮件读取协议从本地邮件服务器接收邮件。

互联网上有许多**邮件服务器**可供用户选用（有些要收取少量的邮箱使用费用）。邮件服务器 24 小时不间断地工作，并且具有很大容量的邮件信箱。邮件服务器的功能是发送和接收邮件，同时还要向发件人报告邮件传送的结果（已交付、被拒绝、丢失等）。邮件服务器按照客户服务器方式工作。邮件服务器需要使用**两种不同的协议**。一种协议用于用户代理向邮件服务器发送邮件或在邮件服务器之间发送邮件，如 SMTP 协议，而另一种协议用于用户代理从邮件服务器读取**邮件**，如**邮局协议** POP3。

这里应当注意，邮件服务器必须能够同时充当客户和服务器。例如，当邮件服务器 A

向另一个邮件服务器 B 发送邮件时，A 就作为 SMTP 客户，而 B 是 SMTP 服务器。反之，当 B 向 A 发送邮件时，B 就是 SMTP 客户，而 A 就是 SMTP 服务器。

图 6-16 给出了计算机之间发送和接收电子邮件的几个重要步骤。请注意，SMTP 和 POP3（或 IMAP）都是使用 TCP 连接来传送邮件的，使用 TCP 的目的是为了可靠地传送邮件。

❶ 发件人调用计算机中的用户代理撰写和编辑要发送的邮件。

❷ 发件人点击屏幕上的“发送邮件”按钮，把发送邮件的工作全都交给用户代理来完成。用户代理把邮件用 SMTP 协议发给发送方邮件服务器，用户代理充当 SMTP 客户，而发送方邮件服务器充当 SMTP 服务器。用户代理所进行的这些工作，用户是看不到的。有的用户代理可以让用户在屏幕上看见邮件发送的进度显示。用户所使用的邮件服务器究竟在什么地方，用户并不知道，也没必要知道。实际上，用户在把写好的信件交付给用户代理后，就什么都不用管了。

❸ SMTP 服务器收到用户代理发来的邮件后，就把邮件临时存放在邮件缓存队列中，等待发送到接收方的邮件服务器（等待时间的长短取决于邮件服务器的处理能力和队列中待发送的信件的数量。但这种等待时间一般都远远大于分组在路由器中等待转发的排队时间）。

❹ 发送方邮件服务器的 SMTP 客户与接收方邮件服务器的 SMTP 服务器建立 TCP 连接，然后就把邮件缓存队列中的邮件依次发送出去。请注意，**邮件不会在互联网中的某个中间邮件服务器落地**。如果 SMTP 客户还有一些邮件要发送到同一个邮件服务器，那么可以在原来已建立的 TCP 连接上重复发送。如果 SMTP 客户无法和 SMTP 服务器建立 TCP 连接（例如，接收方服务器过负荷或出了故障），那么要发送的邮件就会继续保存在发送方的邮件服务器中，并在稍后一段时间再进行新的尝试。如果 SMTP 客户超过了规定的时间还不能把邮件发送出去，那么发送邮件服务器就把这种情况通知用户代理。

❺ 运行在接收方邮件服务器中的 SMTP 服务器进程收到邮件后，把邮件放入收件人的用户邮箱中，等待收件人进行读取。

❻ 收件人在打算收信时，就运行计算机中的用户代理，使用 POP3（或 IMAP）协议读取发送给自己的邮件。请注意，在图 6-16 中，POP3 服务器和 POP3 客户之间的箭头表示的是邮件传送的方向。但它们之间的通信是由 POP3 客户发起的。

请注意这里有两种不同的通信方式。一种是“**推**”(push)：SMTP 客户把邮件“推”给 SMTP 服务器。另一种是“**拉**”(pull)：POP3 客户把邮件从 POP3 服务器“拉”过来。细心的读者可能会想到这样的问题：如果让图 6-16 中的邮件服务器程序就在发送方和接收方的计算机中运行，那么岂不是可以直接把邮件发送到收件人的计算机中？

答案是“不行”。这是因为并非所有的计算机都能运行邮件服务器程序。有些计算机可能没有足够的存储空间来运行允许程序在后台运行的操作系统，或是可能没有足够的 CPU 能力来运行邮件服务器程序。更重要的是，邮件服务器程序必须不间断地运行，每天 24 小时都必须不间断地连接在互联网上，否则就可能使很多外面发来的邮件无法接收。这样看来，让用户的计算机运行邮件服务器程序显然是很不现实的（一般用户在不使用计算机时就将机器关闭）。让来信暂时存储在用户的邮件服务器中，而当用户方便时就从邮件服务器的用户信箱中读取来信，则是一种比较合理的做法。在 Foxmail 中使用一种“特快专递”服务。这种服务就是从发件人的用户代理直接利用 SMTP 把邮件发送到接收方邮件服务器。这就加快了邮件的交付（省去在发送方邮件服务器中的排队等待时间）。但这种“特快专递”和邮政的 EMS 直接把邮件送到用户家中不同，它并没有把邮件直接发送到收件人的计算机中。但有些邮件服务器为了防止垃圾邮件和计算机病毒，拒绝接收从一般用户直接发来的邮件。

电子邮件由**信封**(envelope)和**内容**(content)两部分组成。电子邮件的传输程序根据邮件信封上的信息来传送邮件。这与邮局按照信封上的信息投递信件是相似的。

在邮件的信封上，最重要的就是收件人的地址。TCP/IP 体系的电子邮件系统规定**电子邮件地址**(E-mail address)的格式如下：

$$\text{用户名@邮件服务器的域名} \tag{6-1}$$

在式(6-1)中，符号“@”应读作“at”，表示“在”的意思。例如，在电子邮件地址“xyz@abc.com”中，“abc.com”就是邮件服务器的域名，而“xyz”就是在这个邮件服务器中收件人的**用户名**，也就是**收件人邮箱名**，是收件人为自己定义的字符串标识符。但应注意，这个用户名在邮件服务器中必须是唯一的（当用户定义自己的用户名时，邮件服务器要负责检查该用户名在本服务器中的唯一性）。这样就保证了每一个电子邮件地址在世界范围内是唯一的。这对保证电子邮件能够在整个互联网范围内的准确交付是十分重要的。电子邮件的用户一般采用容易记忆的字符串。

6.5.2 简单邮件传送协议 SMTP

下面介绍 SMTP 的一些主要特点。

SMTP 规定了在两个相互通信的 SMTP 进程之间应如何交换信息。由于 SMTP 使用客户服务器方式，因此负责发送邮件的 SMTP 进程就是 SMTP 客户，而负责接收邮件的 SMTP 进程就是 SMTP 服务器。至于邮件内部的格式，邮件如何存储，以及邮件系统应以多快的速度来发送邮件，SMTP 也都未做出规定。

SMTP 规定了 14 条命令和 21 种应答信息。每条命令用几个字母组成，而每一种应答信息一般只有一行信息，由一个 3 位数字的代码开始，后面附上（也可不附上）很简单的文字说明。下面通过发送方和接收方的邮件服务器之间的 SMTP 通信的三个阶段介绍几个最主要的命令和响应信息。

1. 连接建立

发件人的邮件送到发送方邮件服务器的邮件缓存后，SMTP 客户就每隔一定时间（例如 30 分钟）对邮件缓存扫描一次。如发现有邮件，就使用 SMTP 的熟知端口号码 25 与接收方邮件服务器的 SMTP 服务器建立 TCP 连接。在连接建立后，接收方 SMTP 服务器要发出“220 Service ready”（服务就绪）。然后 SMTP 客户向 SMTP 服务器发送 HELO 命令，附上发送方的主机名。SMTP 服务器若有能力接收邮件，则回答：“250 OK”，表示已准备好接收。若 SMTP 服务器不可用，则回答“421 Service not available”（服务不可用）。

如在一定时间内（例如三天）发送不了邮件，邮件服务器会把这个情况通知发件人。

SMTP **不使用中间的邮件服务器**。不管发送方和接收方的邮件服务器相隔有多远，不管在邮件传送过程中要经过多少个路由器，TCP 连接总是在发送方和接收方这两个邮件服务器之间直接建立。当接收方邮件服务器出故障而不能工作时，发送方邮件服务器只能等待一段时间后再尝试和该邮件服务器建立 TCP 连接，而不能先找一个中间的邮件服务器建立 TCP 连接。

2. 邮件传送

邮件的传送从 MAIL 命令开始。MAIL 命令后面有发件人的地址。如：MAIL FROM: <xiexiren@tsinghua.org.cn>。若 SMTP 服务器已准备好接收邮件，则回答“250 OK”。否则，返回一个代码，指出原因。如：451（处理时出错）、452（存储空间不够）、500（命令无法识别）等。

下面跟着一个或多个 RCPT 命令，取决于把同一个邮件发送给一个或多个收件人，其格式为 RCPT TO: <收件人地址>。RCPT 是 recipient（收件人）的缩写。每发送一个 RCPT 命令，都应当有相应的信息从 SMTP 服务器返回，如：“250 OK”，表示指明的邮箱在接收方的系统中，或“550 No such user here”（无此用户），即不存在此邮箱。

RCPT 命令的作用就是：先弄清接收方系统是否已做好接收邮件的准备，然后才发送邮件。这样做是为了避免浪费通信资源，不至于发送了很长的邮件以后才知道地址错误。

再下面就是 DATA 命令，表示要开始传送邮件的内容了。SMTP 服务器返回的信息是：“354 Start mail input; end with <CRLF>.<CRLF>”。这里<CRLF>是“回车换行”的意思。若不能接收邮件，则返回 421（服务器不可用），500（命令无法识别）等。接着 SMTP 客户就发送邮件的内容。发送完毕后，再发送<CRLF>.<CRLF>（两个回车换行中间用一个点隔开）表示邮件内容结束。实际上在服务器端看到的可打印字符只是一个英文的句点。若邮件收到了，则 SMTP 服务器返回信息“250 OK”，或返回差错代码。

虽然 SMTP 使用 TCP 连接试图使邮件的传送可靠，但“发送成功”并不等于“收件人读取了这个邮件”。当一个邮件传送到接收方的邮件服务器后（即接收方的邮件服务器收下了这个邮件），再往后的情况如何，就有以下几种可能性：

(1) 接收方的邮件服务器刚收到邮件后就出了故障，使收到的邮件全部丢失（在收件人读取信件之前）。

(2) 收件人由于某种原因，未检查自己的邮箱，不知道邮箱中有新的来信。

(3) 收件人很长时间不删除邮箱中的过期邮件，导致有限的邮箱容量用尽，无法再接收新的邮件。

(4) 邮件服务器根据某种原则，误判某些邮件属于垃圾邮件，就把收到的某些邮件转入到垃圾邮件的文件夹。收件人应从垃圾邮件的文件夹中清理出未收到的非垃圾邮件。

因此，使用电子邮件的人，应当养成及时收取和清理自己的邮箱的好习惯。

3. 连接释放

邮件发送完毕后，SMTP 客户应发送 QUIT 命令。SMTP 服务器返回的信息是“221（服务关闭）”，表示 SMTP 同意释放 TCP 连接。邮件传送的全部过程即结束。

这里再强调一下，**使用电子邮件的用户看不见以上这些过程**，所有这些复杂过程都被电子邮件的用户代理屏蔽了。

已经广泛使用多年的 SMTP 存在着一些缺点。例如，发送电子邮件不需要经过鉴别。这就是说，在 FROM 命令后面的地址可以任意填写。这就大大方便了垃圾邮件的作者，给收信人添加了麻烦（有人估计，在全世界所有的电子邮件中，垃圾邮件至少占到 50%以上，甚至高达 90%）。又如，SMTP 本来就是为传送 ASCII 码而不是传送二进制数据设计的。虽然后来有了 MIME 可以传送二进制数据（见后面 6.5.6 节的介绍），但在传送非 ASCII 码的长报文时，在网络上的传输效率是不高的。此外，SMTP 传送的邮件是明文，不利于保密。

为了解决上述问题，2008 年 10 月颁布的草案标准 RFC 5321 对 SMTP 进行了扩充，成为**扩充的** SMTP (Extended SMTP)，记为 ESMTP。RFC 5321 在许多命令中增加了扩展的参数。新增加的功能有：客户端的鉴别，服务器接受二进制报文，服务器接受分块传送的大报文，发送前先检查报文的大小，使用安全传输 TLS（见下一章 7.6.2 节），以及使用国际化地址等。考虑到现在的许多 SMTP 邮件服务器可能还没有升级到 ESMTP，因此特规定使用 ESMTP 的客户端在准备传送报文时，不是发送 HELO 而是发送 EHLO 报文。如果 EHLO 报文被对方服务器端拒绝，就表明对方仍然是一个标准的 SMTP 邮件服务器（不使用扩展的参数），因而就要按照原来使用的 SMTP 参数进行邮件的传送。如果 EHLO 报文被接受了，那么客户端就可以使用 ESMTP 扩展的参数传送报文了。

6.5.3 电子邮件的信息格式

一个电子邮件分为**信封**和**内容**两大部分。在草案标准 RFC 5322 文档中只规定了邮件内容中的**首部**(header)格式，而对邮件的**主体**(body)部分则让用户自由撰写。用户写好首部后，邮件系统自动地将信封所需的信息提取出来并写在信封上。所以用户不需要填写电子邮件信封上的信息。

邮件内容首部包括一些关键字，后面加上冒号。最重要的关键字是：To 和 Subject。

“To:”后面填入一个或多个收件人的电子邮件地址。在电子邮件软件中，用户把经常通信的对象姓名和电子邮件地址写到**地址簿**(address book)中。当撰写邮件时，只需打开地址簿，点击收件人名字，收件人的电子邮件地址就会自动地填入到合适的位置上。

“Subject:”是邮件的**主题**。它反映了邮件的主要内容。主题类似于文件系统的文件名，便于用户查找邮件。

邮件首部还有一项是**抄送**“Cc:”。这两个字符来自“Carbon copy”，意思是留下一个“**复写副本**”。这是借用旧的名词，表示应给某某人发送一个邮件副本。

有些邮件系统允许用户使用关键字 Bcc (Blind carbon copy)来实现**盲复写副本**。这是使发件人能将邮件的副本送给某人，但不希望此事为收件人知道。Bcc 又称为**暗送**。

首部关键字还有“From”和“Date”，表示**发件人的电子邮件地址**和**发信日期**。这两项一般都由邮件系统自动填入。

另一个关键字是“Reply-To”，即对方回信所用的地址。这个地址可以与发件人发信时所用的地址不同。例如有时到外地借用他人的邮箱给自己的朋友发送邮件，但仍希望对方将回信发送到自己的邮箱。这一项可以事先设置好，不需要在每次写信时进行设置。

6.5.4 邮件读取协议 POP3 和 IMAP

现在常用的邮件读取协议有两个，即邮局协议第 3 个版本 POP3 和**网际报文存取协议** IMAP (Internet Message Access Protocol)。现分别讨论如下。

邮局协议 POP 是一个非常简单、但功能有限的邮件读取协议。邮局协议 POP 最初公布于 1984 年。经过几次更新，现在使用的是 1996 年的版本 POP3 [RFC 1939，STD53]，大多数的 ISP 都支持 POP3。

POP3 也使用客户服务器的工作方式。在接收邮件的用户计算机中的用户代理必须运行 POP3 客户程序，而在收件人所连接的 ISP 的邮件服务器中则运行 POP3 服务器程序。当然，这个 ISP 的邮件服务器还必须运行 SMTP 服务器程序，以便接收发送方邮件服务器的 SMTP

客户程序发来的邮件。这些请参阅图 6-16。POP3 服务器只有在用户输入鉴别信息（用户名和口令）后，才允许对邮箱进行读取。

POP3 协议的一个特点就是只要用户从 POP3 服务器读取了邮件，POP3 服务器就把该邮件删除。这在某些情况下就不够方便。例如，某用户在办公室的台式计算机上接收了一个邮件，还来不及写回信，就马上携带笔记本电脑出差。当他打开笔记本电脑写回信时，POP3 服务器上却已经删除了原来已经看过的邮件（除非他事先将这些邮件复制到笔记本电脑中）。为了解决这一问题，POP3 进行了一些功能扩充，其中包括让用户能够事先设置邮件读取后仍然在 POP3 服务器中存放的时间[RFC 2449，建议标准]。

另一个读取邮件的协议是网际报文存取协议 IMAP，它比 POP3 复杂得多。IMAP 和 POP 都按客户服务器方式工作，但它们有很大的差别。现在较新的版本是 2003 年 3 月修订的版本 4，即 IMAP4 [RFC 3501，建议标准]。不过在习惯上，对这个协议大家很少加上版本号“4”，而经常简单地用 IMAP 表示 IMAP4。但是对 POP3 却不会忘记写上版本号“3”。

在使用 IMAP 时，在用户的计算机上运行 IMAP 客户程序，然后与接收方的邮件服务器上的 IMAP 服务器程序建立 TCP 连接。用户在自己的计算机上就可以操纵邮件服务器的邮箱，就像在本地操纵一样，因此 IMAP 是一个联机协议。当用户计算机上的 IMAP 客户程序打开 IMAP 服务器的邮箱时，用户就可看到邮件的首部。若用户需要打开某个邮件，则该邮件才传到用户的计算机上。用户可以根据需要为自己的邮箱创建便于分类管理的层次式的邮箱文件夹，并且能够将存放的邮件从某一个文件夹中移动到另一个文件夹中。用户也可按某种条件对邮件进行查找。在用户发出删除邮件的命令之前，IMAP 服务器邮箱中的邮件一直保存着。

IMAP 最大的好处就是用户可以在不同的地方使用不同的计算机（例如，使用办公室的计算机、或家中的计算机，或在外地使用笔记本电脑）随时上网阅读和处理自己在邮件服务器中的邮件。IMAP 还允许收件人只读取邮件中的某一个部分。例如，收到了一个带有视像附件（此文件可能很大）的邮件，而用户使用的是无线上网，信道的传输速率很低。为了节省时间，可以先下载邮件的正文部分，待以后有时间再读取或下载这个很大的附件。

IMAP 的缺点是如果用户没有将邮件复制到自己的计算机上，则邮件一直存放在 IMAP 服务器上。要想查阅自己的邮件，必须先上网。

下面的表 6-2 给出了 IMAP 和 POP3 的主要功能的比较。

表 6-2　IMAP 和 POP3 的主要功能比较

操作位置	操作内容	IMAP	POP3
收件箱	阅读、标记、移动、删除邮件等	客户端与邮箱更新同步	仅在客户端内
发件箱	保存到已发送	客户端与邮箱更新同步	仅在客户端内
创建文件夹	新建自定义的文件夹	客户端与邮箱更新同步	仅在客户端内
草稿	保存草稿	客户端与邮箱更新同步	仅在客户端内
垃圾文件夹	接收并移入垃圾文件夹的邮件	支持	不支持
广告邮件	接收并移入广告邮件夹的邮件	支持	不支持

最后再强调一下，不要把邮件读取协议 POP3 或 IMAP 与邮件传送协议 SMTP 弄混。发件人的用户代理向发送方邮件服务器发送邮件，以及发送方邮件服务器向接收方邮件服务器发送邮件，都是使用 SMTP 协议。而 POP3 或 IMAP 则是用户代理从接收方邮件服务器上读

取邮件所使用的协议。

6.5.5 基于万维网的电子邮件

从前面的图 6-16 可看出，用户要使用电子邮件，必须在自己使用的计算机中安装用户代理软件 UA。如果外出到某地而又未携带自己的笔记本电脑，那么要使用别人的计算机进行电子邮件的收发，将是非常不方便的。

现在这个问题解决了。在 20 世纪 90 年代中期，Hotmail 推出了基于万维网的电子邮件(Webmail)。今天，几乎所有的著名网站以及大学或公司，都提供了万维网电子邮件。常用的万维网电子邮件有谷歌的 Gmail（@gmail.com），微软的 Hotmail（@hotmail.com），雅虎的 Yahoo 邮箱（@yahoo.com）。我国的互联网技术公司也都提供万维网邮件服务，例如，网易邮箱（@163.com 或@126.com）、新浪邮箱（@sina.com 或@sina.cn）和腾讯的 QQ 邮箱（@qq.com）等。

万维网电子邮件的好处就是：不管在什么地方（在任何一个国家的网吧、宾馆或朋友家中），只要能够找到上网的计算机，在打开任何一种浏览器后，就可以非常方便地收发电子邮件。使用万维网电子邮件不需要在计算机中再安装用户代理软件。浏览器本身可以向用户提供非常友好的电子邮件界面（和原来的用户代理提供的界面相似），使用户在浏览器上就能够很方便地撰写和收发电子邮件。

例如，你使用的是网易的 163 邮箱，那么在任何一个浏览器的地址栏中，键入 163 邮箱的 URL (mail.163.com)，按回车键后，就可以使用 163 电子邮件了，这和在家中一样方便。你曾经接收和发送过的邮件、已删除的邮件以及你的通信录等内容，都照常呈现在屏幕上。

我们知道，用户在浏览器中浏览各种信息时需要使用 HTTP 协议。因此，在浏览器和互联网上的邮件服务器之间传送邮件时，仍然使用 HTTP 协议。但是在各邮件服务器之间传送邮件时，则仍然使用 SMTP 协议。

6.5.6 通用互联网邮件扩充 MIME

1. MIME 概述

前面所述的电子邮件协议 SMTP 有以下缺点：

(1) SMTP 不能传送可执行文件或其他的二进制对象。人们曾试图将二进制文件转换为 SMTP 使用的 ASCII 文本，例如流行的 UNIX UUencode/UUdecode 方案，但这些均未形成正式标准或事实上的标准。

(2) SMTP 限于传送 7 位的 ASCII 码。许多其他非英语国家的文字（如中文、俄文，甚至带重音符号的法文或德文）就无法传送。即使在 SMTP 网关将 EBCDIC 码（即扩充的二/十进制交换码）转换为 ASCII 码，也会遇到一些麻烦。

(3) SMTP 服务器会拒绝超过一定长度的邮件。

(4) 某些 SMTP 的实现并没有完全按照 SMTP 的互联网标准。常见的问题如下：

- 回车、换行的删除和增加；
- 超过 76 个字符时的处理：截断或自动换行；
- 后面多余空格的删除；

- 将制表符 tab 转换为若干个空格。

于是在这种情况下就提出了**通用互联网邮件扩充** MIME [RFC 2045~2049，前三个文档是草案标准]。MIME 并没有改动或取代 SMTP。MIME 的意图是继续使用原来的邮件格式，但增加了邮件主体的结构，并定义了传送非 ASCII 码的编码规则。也就是说，MIME 邮件可在现有的电子邮件程序和协议下传送。图 6-17 表示 MIME 和 SMTP 的关系。

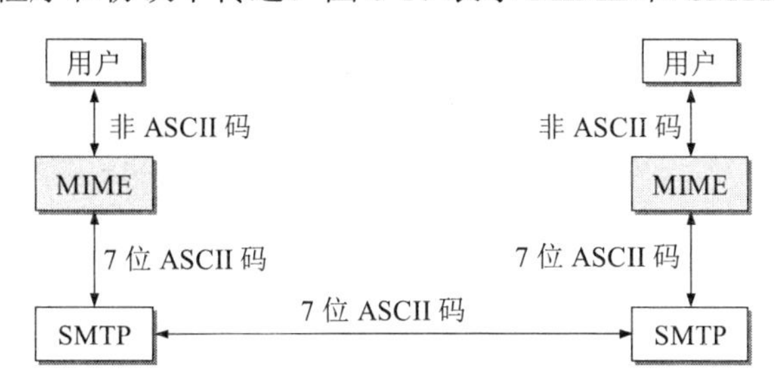

图 6-17　MIME 和 SMTP 的关系

MIME 主要包括以下三部分内容：

(1) 5 个新的邮件首部字段，它们可包含在原来的邮件首部中。这些字段提供了有关邮件主体的信息。

(2) 定义了许多邮件内容的格式，对多媒体电子邮件的表示方法进行了标准化。

(3) 定义了传送编码，可对任何内容格式进行转换，而不会被邮件系统改变。

为适应于任意数据类型和表示，每个 MIME 报文包含告知收件人数据类型和使用编码的信息。MIME 把增加的信息加入到原来的邮件首部中。

下面是 MIME 增加的 5 个新的邮件首部的名称及其意义（有的可以是选项）。

(1) MIME-Version：标志 MIME 的版本。现在的版本号是 1.0。若无此行，则为英文文本。

(2) Content-Description：这是可读字符串，说明此邮件主体是否是图像、音频或视频。

(3) Content-Id：邮件的唯一标识符。

(4) Content-Transfer-Encoding：在传送时邮件的主体是如何编码的。

(5) Content-Type：说明邮件主体的数据类型和子类型。

上述的前三项的意思很清楚，因此下面只对后两项进行介绍。

2. 内容传送编码

下面介绍三种常用的**内容传送编码** (Content-Transfer-Encoding)。

最简单的编码就是 7 位 ASCII 码，而每行不能超过 1000 个字符。MIME 对这种由 ASCII 码构成的邮件主体不进行任何转换。

另一种编码称为 quoted-printable，这种编码方法适用于所传送的数据中只有少量的非 ASCII 码，例如汉字。这种编码方法的要点就是对于所有可打印的 ASCII 码，除特殊字符等号“=”外，**都不改变**。等号“=”和不可打印的 ASCII 码以及非 ASCII 码的数据的编码方法是：先将每个字节的二进制代码用两个十六进制数字表示，然后在前面再加上一个等号“=”。例如，汉字的“系统”的二进制编码是：11001111 10110101 11001101 10110011（共有 32 位，但这四个字节都不是 ASCII 码），其十六进制数字表示为：CFB5CDB3。用 quoted-printable 编码表示为：=CF=B5=CD=B3，这 12 个字符都是可打印的 ASCII 字符，它们的二进制编码[1]需要 96 位，和原来的 32 位相比，开销达 200%。而等号“=”的二进制代码为 00111101，即十六进制的 3D，因此等号“=”的 quoted-printable 编码为“=3D”。

对于任意的二进制文件，可用 base64 编码。这种编码方法是先把二进制代码划分为一个个 24 位长的单元，然后把每一个 24 位单元划分为 4 个 6 位组。每一个 6 位组按以下方法转换成 ASCII 码。6 位的二进制代码共有 64 种不同的值，从 0 到 63。用 A 表示 0，用 B 表示 1，等等。26 个大写字母排列完毕后，接下去再排 26 个小写字母，再后面是 10 个数字，最后用“+”表示 62，而用“/”表示 63。再用两个连在一起的等号“==”和一个等号“=”分别表示最后一组的代码只有 8 位或 16 位。回车和换行都忽略，它们可在任何地方插入。

下面是一个 base64 编码的例子：

24 位二进制代码	01001001 00110001 01111001			
划分为 4 个 6 位组	010010	010011	000101	111001
对应的 base64 编码	S	T	F	5
用 ASCII 编码发送	01010011	01010100	01000110	00110101

不难看出，24 位的二进制代码采用 base64 编码后变成了 32 位，开销为 8 位，占 32 位的 25%。

3. 内容类型

MIME 标准规定 Content-Type 说明必须含有两个标识符，即内容**类型**(type)和**子类型**(subtype)，中间用“/”分开。

MIME 一直到现在还是草案标准。除了内容类型和子类型，MIME 允许发件人和收件人自己定义专用的内容类型。但为避免可能出现名字冲突，标准要求为专用的内容类型选择的名字要以字符串 X-开始。后来陆续出现了几百个子类型，而且子类型的数目还在不断地增加。现在可以在网站上查出现有的 MIME 类型和子类型的名称，以及申请新的子类型的具体步骤[W-MEDIA-TYPE]。表 6-3 列出了 MIME 常用的内容类型、子类型举例及其说明[2]。

表 6-3 可出现在 MIME Content-Type 说明中的类型及子类型举例

内容类型	子类型举例	说明
text（文本）	plain, html, xml, css	不同格式的文本
image（图像）	gif, jpeg, tiff	不同格式的静止图像
audio（音频）	basic, mpeg, mp4	可听见的声音
video（视频）	mpeg, mp4, quicktime	不同格式的影片

① 注：ASCII 码原来定义为 7 位码。但最初为了增加检错能力就增加了一个奇偶检验位，因而使用一个字节（8 位）表示一个 ASCII 码。于是 ASCII 码就变成了 8 位码，但其最高位一定是 0，而后面的 7 位就是最初定义的 ASCII 编码。

② 注：GIF (Graphics Interchange Format), JPEG (Joint Photographic Expert Group) 和 TIFF (Tagged Image File Format)都是静止图像（如照片）格式的标准，前两者是压缩的，后者可以是压缩的，也可以是不压缩的。而 MPEG (Motion Picture Experts Group)是活动图像（如电影）的压缩标准，包括 MPEG 视频、MPEG 音频和 MPEG 系统（视频音频同步）三个部分。QuickTime 是苹果公司的媒体播放机。VRML (Virtual Reality Modeling Language)是虚拟现实建模语言。PDF (Portable Document Format)是 Adobe 公司开发的一种电子文件格式。ZIP 是一种文件压缩算法。

续表

内容类型	子类型举例	说明
model（模型）	vrml	3D 模型
application（应用）	octet-stream, pdf, javascript, zip	不同应用程序产生的数据
message（报文）	http, rfc822	封装的报文
multipart（多部分）	mixed, alternative, parallel, digest	多种类型的组合

MIME 的内容类型中的 multipart 是很有用的，因为它使邮件增加了相当大的灵活性。MIME 标准为 multipart 定义了四种可能的子类型，每个子类型都提供重要功能。

(1) mixed 子类型允许单个报文含有多个相互独立的子报文，每个子报文可有自己的类型和编码。mixed 子类型报文使用户能够在单个报文中附上文本、图形和声音，或者用额外数据段发送一个备忘录，类似商业信笺含有的附件。在 mixed 后面还要用到一个关键字，即 Boundary=，此关键字定义了分隔报文各部分所用的字符串（由邮件系统定义），只要在邮件的内容中不会出现这样的字符串即可。当某一行以两个连字符“--”开始，后面紧跟上述的字符串，就表示下面开始了另一个子报文。

(2) alternative 子类型允许单个报文含有同一数据的多种表示。当给多个使用不同硬件和软件系统的收件人发送备忘录时，这种类型的 multipart 报文就很有用。例如，用户可同时用普通的 ASCII 文本和格式化的形式发送文本，从而允许拥有图形功能的计算机用户在查看图形时选择格式化的形式。

(3) parallel 子类型允许单个报文含有可同时显示的各个子部分（例如，图像和声音子部分必须一起播放）。

(4) digest 子类型允许单个报文含有一组其他报文（如从讨论中收集电子邮件报文）。

下面显示了一个 MIME 邮件，它包含有一个简单解释的文本和含有非文本信息的照片。邮件中第一部分的注解说明第二部分含有一张照片。

```
From: xiexiren@tsinghua.org.cn
To: xyz@163.com
MIME-Version: 1.0
Content-Type: multipart/mixed; boundary=qwertyuiop


--qwertyuiop
XYZ:

    你要的图片在此邮件中，收到后请回信。
                                  谢希仁

--qwertyuiop
Content-Type: image/gif
Content-Transfer-Encoding: base64
        ...data for the image (图像的数据)...
--qwertyuiop--
```

上面最后一行表示 boundary 的字符串后面还有两个连字符“--”，表示整个 multipart 的结束。

6.6　动态主机配置协议 DHCP

为了把协议软件做成通用的和便于移植的，协议软件的编写者不会把所有的细节都固定在源代码中。相反，他们把协议软件参数化。这就使得在很多台计算机上有可能使用同一个经过编译的二进制代码。一台计算机和另一台计算机的许多区别，都可以通过一些不同的参数来体现。在协议软件运行之前，必须给每一个参数赋值。

在协议软件中给这些参数赋值的动作叫作**协议配置**。一个协议软件在使用之前必须是已正确配置的。具体的配置信息有哪些则取决于协议栈。例如，连接到互联网的计算机的协议软件需要配置的项目包括：

(1) IP 地址；

(2) 子网掩码；

(3) 默认路由器的 IP 地址；

(4) 域名服务器的 IP 地址。

为了省去给计算机配置 IP 地址的麻烦，我们能否在计算机的生产过程中，事先给每一台计算机配置好一个唯一的 IP 地址呢（如同每一个以太网适配器拥有一个唯一的 MAC 地址）？这显然是不行的。这是因为 IP 地址不仅包括了主机号，而且还包括了网络号。一个 IP 地址指出了一台计算机连接在哪一个网络上。当计算机还在生产时，无法知道它在出厂后将被连接到哪一个网络上。因此，需要连接到互联网的计算机，必须对 IP 地址等项目进行协议配置。

用人工进行协议配置很不方便，而且容易出错。因此，应当采用自动协议配置的方法。

互联网现在广泛使用的是**动态主机配置协议** DHCP (Dynamic Host Configuration Protocol)，它提供了一种机制，称为**即插即用连网**(plug-and-play networking)。这种机制允许一台计算机加入新的网络和获取 IP 地址而不用手工参与。DHCP 最新的 RFC 文档还是互联网草案标准[RFC 2131—2132]。

DHCP 对运行客户软件和服务器软件的计算机都适用。当运行客户软件的计算机移至一个新的网络时，就可使用 DHCP 获取其配置信息而不需要手工干预。DHCP 给运行服务器软件而位置固定的计算机指派一个永久地址，而当这计算机重新启动时其地址不改变。

DHCP 使用客户服务器方式。需要 IP 地址的主机在启动时就向 DHCP 服务器广播发送**发现报文**(DHCPDISCOVER)（将目的 IP 地址置为全 1，即 255.255.255.255），这时该主机就成为 DHCP 客户。发送广播报文是因为现在还不知道 DHCP 服务器在什么地方，因此要发现(DISCOVER)DHCP 服务器的 IP 地址。这台主机目前还没有自己的 IP 地址，因此它将 IP 数据报的源 IP 地址设为全 0。这样，在本地网络上的所有主机都能够收到这个广播报文，但只有 DHCP 服务器才对此广播报文进行回答。DHCP 服务器先在其数据库中查找该计算机的配置信息。若找到，则返回找到的信息。若找不到，则从服务器的 IP 地址池(address pool)中取一个地址分配给该计算机。DHCP 服务器的回答报文叫作**提供报文**(DHCPOFFER)，表示“提供”了 IP 地址等配置信息。

但是我们并不愿意在每一个网络上都设置一个 DHCP 服务器，因为这样会使 DHCP 服务器的数量太多。因此现在是使每一个网络至少有一个 DHCP **中继代理**(relay agent)（通常是一台路由器，如图 6-18 所示），它配置了 DHCP 服务器的 IP 地址信息。当 DHCP 中继代理收到主机 A 以**广播**形式发送的发现报文后，就以**单播**方式向 DHCP 服务器转发此报文，并等待其回答。收到 DHCP 服务器回答的提供报文后，DHCP 中继代理再把此提供报文发回给主机 A。需要注意的是，图 6-18 只是个示意图。实际上，DHCP 报文只是 UDP 用户数据报的数据，它还要加上 UDP 首部、IP 数据报首部，以及以太网的 MAC 帧的首部和尾部后，才能在链路上传送。

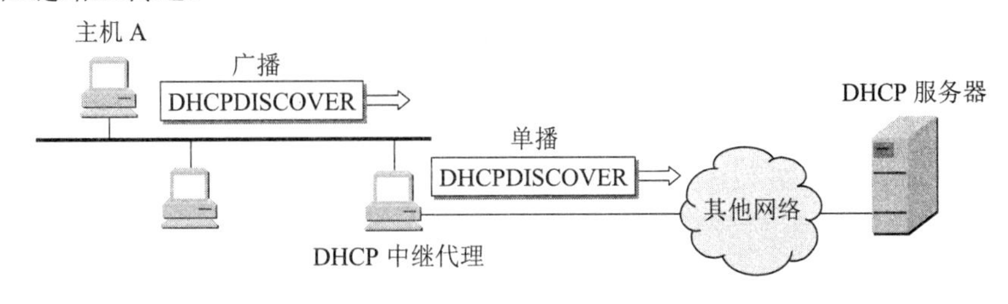

图 6-18　DHCP 中继代理以单播方式转发发现报文

DHCP 服务器分配给 DHCP 客户的 IP 地址是临时的，因此 DHCP 客户只能在一段有限的时间内使用这个分配到的 IP 地址。DHCP 协议称这段时间为**租用期**(lease period)，但并没有具体规定租用期应取为多长或至少为多长，这个数值应由 DHCP 服务器自己决定。例如，一个校园网的 DHCP 服务器可将租用期设定为 1 小时。DHCP 服务器在给 DHCP 发送的提供报文的选项中给出租用期的数值。按照 RFC 2132 的规定，租用期用 4 字节的二进制数字表示，单位是秒。因此可供选择的租用期范围从 1 秒到 136 年。DHCP 客户也可在自己发送的报文中（例如，发现报文）提出对租用期的要求。

DHCP 的详细工作过程如图 6-19 所示。DHCP 客户使用的 UDP 端口是 68，而 DHCP 服务器使用的 UDP 端口是 67。这两个 UDP 端口都是熟知端口。

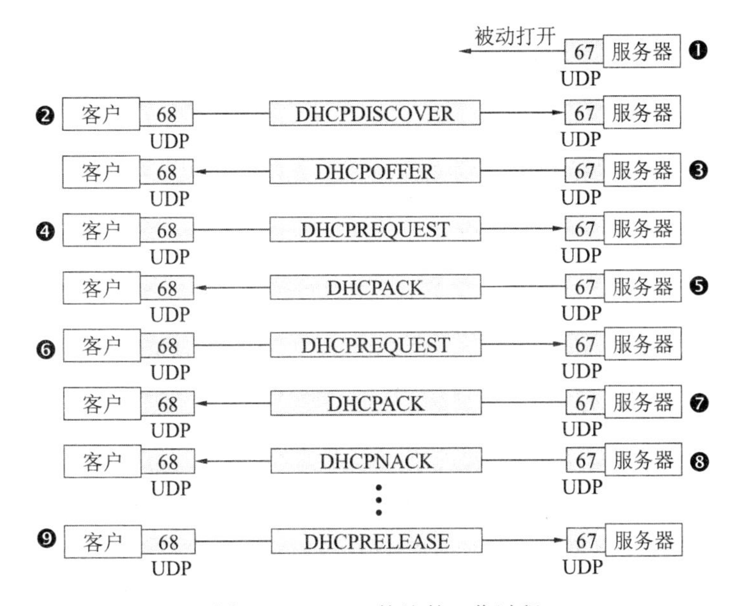

图 6-19　DHCP 协议的工作过程

下面按照图 6-19 中的注释编号（❶至❾）进行简单的解释。

❶ DHCP 服务器被动打开 UDP 端口 67，等待客户端发来的报文。

❷ DHCP 客户从 UDP 端口 68 发送 DHCP 发现报文。

❸ 凡收到 DHCP 发现报文的 DHCP 服务器都发出 DHCP 提供报文，因此 DHCP 客户

可能收到多个 DHCP 提供报文。

❹ DHCP 客户从几个 DHCP 服务器中选择其中的一个，并向所选择的 DHCP 服务器发送 DHCP 请求报文。

❺ 被选择的 DHCP 服务器发送确认报文 DHCPACK。从这时起，DHCP 客户就可以使用这个 IP 地址了。这种状态叫作**已绑定状态**，因为在 DHCP 客户端的 IP 地址和 MAC 地址已经完成绑定，并且可以开始使用得到的临时 IP 地址了。

DHCP 客户现在要根据服务器提供的租用期 T 设置两个计时器 T_1 和 T_2，它们的超时时间分别是 0.5T 和 0.875T。当超时时间到了就要请求更新租用期。

❻ 租用期过了一半（T_1 时间到），DHCP 客户发送请求报文 DHCPREQUEST 要求更新租用期。

❼ DHCP 服务器若同意，则发回确认报文 DHCPACK。DHCP 客户得到了新的租用期，重新设置计时器。

❽ DHCP 服务器若不同意，则发回否认报文 DHCPNACK。这时 DHCP 客户必须立即停止使用原来的 IP 地址，而必须重新申请 IP 地址（回到步骤❷）。

若 DHCP 服务器不响应步骤❻的请求报文 DHCPREQUEST，则在租用期过了 87.5%时（T_2 时间到），DHCP 客户必须重新发送请求报文 DHCPREQUEST（重复步骤❻），然后又继续后面的步骤。

❾ DHCP 客户可以随时提前终止服务器所提供的租用期，这时只需向 DHCP 服务器发送释放报文 DHCPRELEASE 即可。

DHCP 很适合于经常移动位置的计算机。当计算机使用 Windows 操作系统时，点击“控制面板”的“网络”图标就可以找到某个连接中的“网络”下面的菜单，找到 TCP/IP 协议后点击其“属性”按钮，若选择“自动获得 IP 地址”和“自动获得 DNS 服务器地址”选项，就表示是使用 DHCP 协议。

6.7 简单网络管理协议 SNMP

6.7.1 网络管理的基本概念

虽然网络管理还没有精确定义，但它的内容可归纳为：

网络管理包括对硬件、软件和人力的使用、综合与协调，以便对网络资源进行监视、测试、配置、分析、评价和控制，这样就能以合理的价格满足网络的一些需求，如实时运行性能、服务质量等。网络管理常简称为网管。

我们可以看到，网络管理并不是指对网络进行行政上的管理。

网络是一个非常复杂的分布式系统。这是因为网络上有很多不同厂家生产的、运行着多种协议的节点（主要是路由器），而这些节点还在相互通信和交换信息。网络的状态总是不断地变化着。可见，我们必须使用一种机制来读取这些节点上的状态信息，有时还要把一些新的状态信息写入到这些节点上。

下面简单介绍网络管理模型中的主要构件（如图 6-20 所示）。

管理站又称为**管理器**，是整个网络管理系统的核心，它通常是个有着良好图形界面的高性能的工作站，并由网络管理员直接操作和控制。所有向被管设备发送的命令都是从管理站发出的。管理站的所在部门也常称为**网络运行中心** NOC (Network Operations Center)。管理站中的关键构件是**管理程序**（如图 6-20 中有字母 M 的椭圆形图标所示）。管理程序在运行时就成为**管理进程**。管理站（硬件）或管理程序（软件）都可称为**管理者**(manager)或**管理器**，所以这里的 manager 不是指人而是指**机器**或**软件**。网络管理员(administrator)才是指人。大型网络往往实行多级管理，因而有多个管理者，而一个管理者一般只管理本地网络的设备。

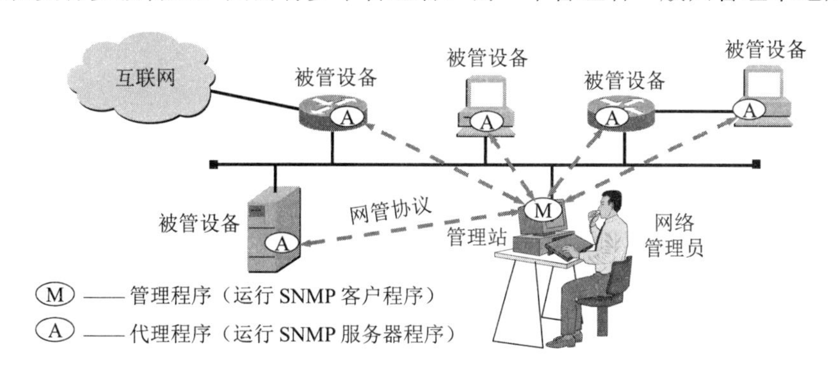

图 6-20　网络管理的一般模型

在被管网络中有很多的**被管设备**（包括设备中的软件）。被管设备可以是主机、路由器、打印机、集线器、网桥或调制解调器等。在每一个被管设备中可能有许多**被管对象**(Managed Object)。被管对象可以是被管设备中的某个硬件（例如，一块网络接口卡），也可以是某些硬件或软件（例如，路由选择协议）的配置参数的集合。被管设备有时可称为**网络元素**或简称为**网元**。在被管设备中也会有一些**不能被管的对象**（在下面的 6.7.2 节将会讲到对象命名树，所谓不能被管的对象就是不在对象命名树上的对象）。

在每一个被管设备中都要运行一个程序以便和管理站中的管理程序进行通信。这些运行着的程序叫作**网络管理代理程序**，或简称为**代理**(agent)（如图 6-20 中有字母 A 的几个椭圆形图标所示）。代理程序在管理程序的命令和控制下，在被管设备上采取本地的行动。

在图 6-20 中还有一个重要构件就是**网络管理协议**，简称为**网管协议**。后面还要讨论它的作用。

简单网络管理协议 SNMP (Simple Network Management Protocol)中的管理程序和代理程序按客户服务器方式工作。管理程序运行 SNMP **客户程序**，而代理程序运行 SNMP **服务器程序**。在被管对象上运行的 SNMP 服务器程序不停地监听来自管理站的 SNMP 客户程序的请求（或命令）。一旦发现了，就立即返回管理站所需的信息，或执行某个动作（例如，把某个参数的设置进行更新）。在网管系统中往往是一个（或少数几个）客户程序与很多的服务器程序进行交互。

关于网络管理有一个基本原理，这就是：

若要管理某个对象，就必然会给该对象添加一些软件或硬件，但这种“添加”对原有对象的影响必须尽量小些。

SNMP 正是按照这样的基本原理来设计的。

SNMP 发布于 1988 年。OSI 虽然在这之前就已制定出许多的网络管理标准，但当时（到现在也很少）却没有符合 OSI 网管标准的产品。SNMP 最重要的指导思想就是**要尽可能简单**。SNMP 的基本功能包括监视网络性能、检测分析网络差错和配置网络设备等。在网络正常工作时，SNMP 可实现统计、配置和测试等功能。当网络出故障时，可实现各种差错检测和恢复功能。经过近二十年的使用，SNMP 不断修订完善，较新的版本是 SNMPv3，而前两个版本分别是 SNMPv2 和 SNMPv1。但一般可简称为 SNMP。SNMPv3 最大的改进就是安全特性。也就是说，只有被授权的人员才有资格执行网络管理的功能（如关闭某一条链路）和读取有关网络管理的信息（如读取一个配置文件的内容）。然而 SNMP 协议已相当庞大，一点也不“简单”，整个标准共有八个 RFC 文档[RFC 3411—3418，STD62]。因此这里只能给出一些最基本的概念。

若网络元素使用的不是 SNMP 协议而是另一种网络管理协议，那么 SNMP 协议就无法控制该网络元素。这时可使用**委托代理**(proxy agent)。委托代理能提供如协议转换和过滤操作等功能对被管对象进行管理。

SNMP 的网络管理由三个部分组成，即 SNMP 本身、**管理信息结构** SMI (Structure of Management Information)和**管理信息库** MIB (Management Information Base)。下面简述这三部分的作用。

SNMP 定义了管理站和代理之间所交换的分组格式。所交换的分组包含各代理中的对象（变量）名及其状态（值）。SNMP 负责读取和改变这些数值。

SMI 定义了命名对象和定义对象类型（包括范围和长度）的**通用规则**，以及把对象和对象的值进行**编码的规则**。这样做是为了确保网络管理数据的语法和语义无二义性。但从 SMI 的名称并不能看出它的功能。请注意，SMI 并不定义一个实体应管理的对象数目，也不定义被管对象名以及对象名及其值之间的关联。

MIB 在被管理的实体中创建了命名对象，并规定了其类型。

为了更好地理解上述的几个组成部分，可以把它们和程序设计进行一下对比。

我们在编程时要使用某种语言，而这种语言就是用来定义编程的规则。例如，一个变量名必须从字母开始而后面接着是字母数字。在网络管理中，这些规则由 SMI 来定义。

在程序设计中必须对变量进行说明。例如，int counter，表示变量 counter 是整数类型。MIB 在网络管理中就做这样的事情。MIB 给每个对象命名，并定义对象的类型。

在编程中的说明语句之后，程序需要写出一些语句用来存储变量的值，并在需要时改变这些变量的值。协议 SNMP 在网络管理中完成这件任务。SNMP 按照 SMI 定义的规则，存储、改变和解释这些已由 MIB 说明的对象的值。

总之，SMI 建立规则，MIB 对变量进行说明，而 SNMP 完成网管的动作。

下面就一一介绍上述的三个构件。

6.7.2 管理信息结构 SMI

管理信息结构 SMI 是 SNMP 的重要组成部分。根据 6.7.1 节所讲，SMI 的功能应当有三个，即规定：

(1) 被管对象应怎样命名；

(2) 用来存储被管对象的数据类型有哪些；

(3) 在网络上传送的管理数据应如何编码。

1. 被管对象的命名

SMI 规定，所有的被管对象都必须处在**对象命名树**(object naming tree)上。图 6-21 给出了对象命名树的一部分。对象命名树的根没有名字，它的下面有三个顶级对象，都是世界上著名的标准制定单位，即 ITU-T（过去叫作 CCITT）和 ISO，以及这两个组织的联合体，它们的标号分别是 0 到 2。图中的对象名习惯上用英文小写表示。在 ISO 的下面的一个标号为 3 的节点是 ISO 认同的组织成员 org。在其下面有一个美国国防部 dod (Department of Defense)的子树（标号为 6），再下面就是 internet（标号为 1）。在只讨论 internet 中的对象时，可只画出 internet 以下的子树，并在 internet 节点旁边写上对象标识符 1.3.6.1 即可。

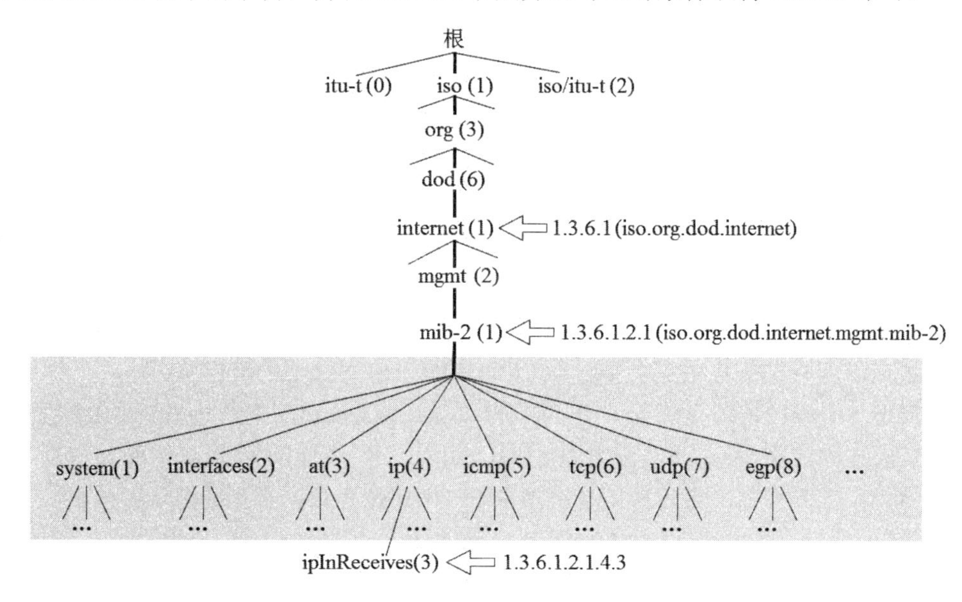

图 6-21　SMI 规定所有被管对象必须在命名树上

在 internet 节点下面的标号为 2 的节点是 mgmt（管理）。再下面只有一个节点，即管理信息库 mib-2，其对象标识符为 1.3.6.1.2.1。在 mib-2 下面包含了所有被 SNMP 管理的对象（见下面 6.7.3 节的讨论）。

2. 被管对象的数据类型

SMI 使用基本的**抽象语法记法** 1（即 ISO 制定的 ASN.1[①]）来定义数据类型，但又增加了一些新的定义。因此 SMI 既是 ASN.1 的子集，又是 ASN.1 的超集。ASN.1 的记法很严格，它使得数据的含义不存在任何可能的二义性。例如，使用 ASN.1 时不能简单地说“一个具有整数值的变量”，而必须说明该变量的准确格式和整数取值的范围。当网络中的计算机对数据项并不都使用相同的表示时，采用这种精确的记法就尤其重要。

我们知道，任何数据都具有两种重要的属性，即**值**(value)与**类型**(type)。这里“值”是某个值集合中的一个元素，而“类型”则是值集合的名字。如果给定一种类型，则这种类型的一个值就是该类型的一个具体实例。

SMI 把数据类型分为两大类：**简单类型**和**结构化类型**。简单类型是最基本的、直接使用 ASN.1 定义的类型。表 6-4 给出了最主要的几种简单类型。

① 注：ISO 原以为还会制定出更多的抽象语法记法，但实际上到目前为止并没有第二个抽象语法记法出现。因此 ASN.1 似应写为 ASN。**抽象语法**只描述数据的结构形式且与具体的编码格式无关，同时也不涉及这些数据结构在计算机内如何存放。

表 6-4　几种最主要的简单类型

类型	大小	说明
INTEGER	4 字节	在-2^{31}到$2^{31}-1$之间的整数
Interger32	4 字节	和 INTEGER 相同
Unsigned32	4 字节	在 0 到$2^{32}-1$之间的无符号数
OCTET STRING	可变	不超过 65535 字节长的字节串
OBJECT IDENTIFIER	可变	对象标识符
IPAddress	4 字节	由 4 个整数组成的 IP 地址
Counter32	4 字节	可从 0 增加到2^{32}的整数；当它到达最大值时就返回到 0
TimeTicks	4 字节	记录时间的计数值，以 1/100 秒为单位
BITS	—	比特串
Opaque	可变	不解释的串

SMI 定义了两种结构化数据类型，即 SEQUENCE 和 SEQUENCE OF。

数据类型 SEQUENCE 类似于 C 语言中的 struct 或 record，它是一些简单数据类型的组合（不一定要相同的类型）。而数据类型 SEQUENCE OF 类似于 C 语言中的 array，它是同样类型的简单数据类型的组合，或同样类型的 SEQUENCE 数据类型的组合。

3. 编码方法

SMI 使用 ASN.1 制定的**基本编码规则** BER (Basic Encoding Rule)进行数据的编码。BER 指明了每种数据的类型和值。在发送端用 BER 编码，可把用 ASN.1 所表述的报文转换成唯一的比特序列。在接收端用 BER 进行解码，就可得到该比特序列所表示的 ASN.1 报文。

初看起来，或许用两个字段就能表示类型和值。但由于表示值可能需要多个字节，因此还需要一个指出“要用多少字节表示值”的长度字段。因此 ASN.1 把所有的数据元素都表示为 T-L-V 三个字段组成的序列（见图 6-22）。T 字段(Tag)**定义数据的类型**，L 字段(Length)**定义 V 字段的长度**，而 V 字段(Value)**定义数据的值**。

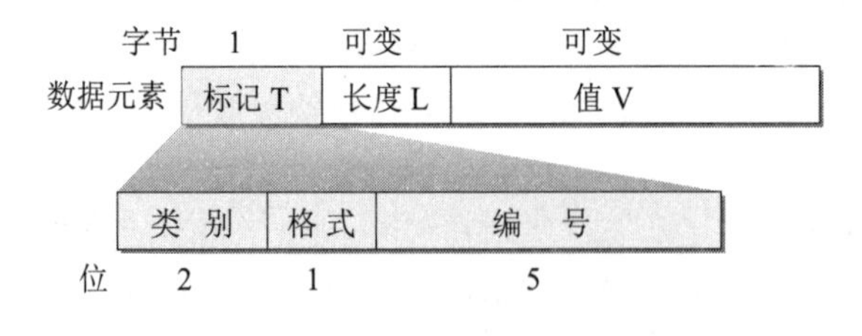

图 6-22　用 TLV 方法进行编码

(1) T 字段又叫作**标记字段**，占 1 字节。T 字段比较复杂，因为它要定义的数据类型较多。T 字段又再分为以下三个子字段：

- **类别**（2 位）共四种：通用类(00)，即 ASN.1 定义的类型；应用类(01)，即 SMI 定义的类型；上下文类(10)，即上下文所定义的类型；专用类(11)，保留为特定厂商定义的类型。
- **格式**（1 位）共两种，指出数据类型的种类：简单数据类型(0)，结构化数据类型(1)。

- **编号**（5 位）用来标志不同的数据类型。编号的范围一般为 0 ~ 30。当编号大于 30 时，T 字段就要扩展为多个字节（这种情况很少用到，可参考 ITU-T X.209，这里从略）。

表 6-5 是一些数据类型的 T 字段的编码。

表 6-5　几种数据类型的 T 字段编码

数据类型	类别	格式	编号	T 字段（二进制）	T 字段（十六进制）
INTEGER	00	0	00010	00000010	02
OCTET STRING	00	0	00100	00000100	04
OBJECT IDENTIFIER	00	0	00110	00000110	06
NULL	00	0	00101	00000101	05
SEQUENCE, SEQUENCE OF	00	1	10000	00110000	30
IPAddress	01	0	00000	01000000	40
Counter	01	0	00001	01000001	41
Gauge	01	0	00010	01000010	42
TimeTicks	01	0	00011	01000011	43
Opaque	01	0	00100	01000100	44

(2) L 字段又叫作**长度字段**（单字节或多字节）。当 L 字段为单字节时，其最高位为 0，后面的 7 位定义 V 字段的长度。当 L 字段为多个字节时，其最高位为 1，而后面的 7 位定义后续字节的字节数（用二进制整数表示）。这时，所有的后续字节并置起来的二进制整数定义 V 字段的长度。图 6-23 给出了 L 字段的格式举例。

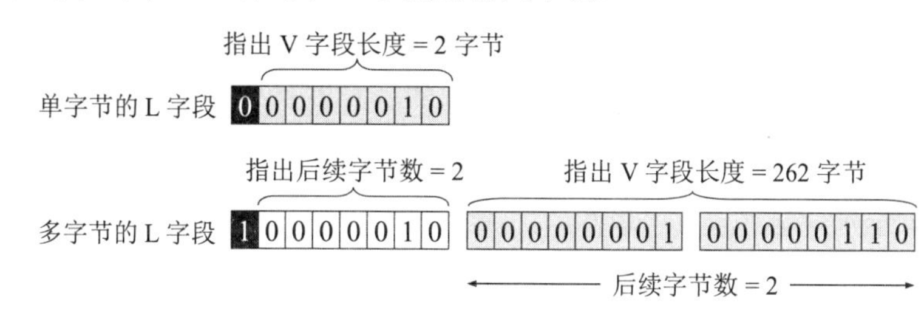

图 6-23　L 字段的格式举例

(3) V 字段又叫作**值字段**，用于定义数据元素的值。

根据以上所述，我们给出两个用十六进制表示的编码例子。例如，INTEGER 15，根据表 6-5，其 T 字段是 02，再根据表 6-4，INTEGER 类型要用 4 字节编码。最后得出 TLV 编码为 02 04 00 00 00 0F。又如 IPAddress 192.1.2.3，IPAddress 的 T 字段是 40，V 字段需要 4 字节表示，因此 IPAddress 192.1.2.3 的 TLV 编码是 40 04 C0 01 02 03。

TLV 方法中的 V 字段还可嵌套其他数据元素的 TLV 字段，并可多重嵌套。

6.7.3　管理信息库 MIB

所谓“**管理信息**”就是指在互联网的网管框架中**被管对象的集合**。被管对象必须维持可供管理程序读写的若干控制和状态信息。这些被管对象构成了一个虚拟的信息存储器，所以才称为**管理信息库** MIB。管理程序就使用 MIB 中这些信息的**值**对网络进行管理（如读取或重新设置这些值）。只有在 MIB 中的对象才是 SNMP 所能够管理的。例如，路由器应当维持各网络接口的状态、入分组和出分组的流量、丢弃的分组和有差错的报文的统计信息，而调制解调器则应当维持发送和接收的字符数、码元传输速率和接受的呼叫等统计信息。因此在 MIB 中就必须有上面这样一些信息。

我们再看一下图 6-21，可以找到节点 mib-2 下面的部分是 MIB 子树。表 6-6 给出了节点 mib-2 所包含的前八个信息类别代表的意思（在后面还有好几个类别）。

表 6-6　节点 mib-2 所包含的信息类别举例

类别	标号	所包含的信息
system	(1)	主机或路由器的操作系统
interfaces	(2)	各种网络接口
address translation	(3)	地址转换（例如，ARP 映射）
ip	(4)	IP 软件
icmp	(5)	ICMP 软件
tcp	(6)	TCP 软件
udp	(7)	UDP 软件
egp	(8)	EGP 软件

我们可以用个简单例子进一步说明 MIB 的意义。例如，从图 6-21 可以看出，对象 ip 的标号是 4。因此，所有与 IP 有关的对象都从前缀 1.3.6.1.2.1.4 开始。

(1) 在节点 ip 下面有个名为 ipInReceives 的 MIB 变量（见图 6-21），表示收到的 IP 数据报数。这个变量的标号是 3，变量的名字是：iso.org.dod.internet.mgmt.mib.ip.ipInReceives，而相应的数值表示是：1.3.6.1.2.1.4.3。

(2) 当 SNMP 在报文中使用 MIB 变量时，对于简单类型的变量，后缀 0 指具有该名字的变量的实例。因此，当这个变量出现在发送给路由器的报文中时，ipInReceives 的数值表示（即变量的一个实例）就是：1.3.6.1.2.1.4.3.0。

(3) 请注意，对于分配给一个 MIB 变量的数值或后缀是完全没有办法进行推算的，必须查找已发布的标准。

上面所说的 MIB 对象命名树的大小并没有限制。下面给出若干 MIB 变量的例子（见表 6-7），以便更好地理解 MIB 的意义。这里的“变量”是指特定对象的一个实例。

表 6-7　MIB 变量的例子

MIB 变量	所属类别	意义
sysUpTime	system	距上次重启动的时间
ifNumber	interfaces	网络接口数
ifMtu	interfaces	特定接口的最大传送单元 MTU
ipDefaultTTL	ip	IP 在生存时间字段中使用的值
ipInReceives	ip	接收到的数据报数目
ipForwDatagrams	ip	转发的数据报数目
ipOutNoRoutes	ip	路由选择失败的数目
ipReasmOKs	ip	重装的数据报数目
ipFragOKs	ip	分片的数据报数目
ipRoutingTable	ip	IP 路由表
icmpInEchos	icmp	收到的 ICMP 回送请求数目

续表

MIB 变量	所属类别	意义
tcpRtoMin	tcp	TCP 允许的最小重传时间
tcpMaxConn	tcp	允许的最大 TCP 连接数目
tcpInSegs	tcp	已收到的 TCP 报文段数目
udpInDatagrams	udp	已收到的 UDP 数据报数目

上面列举的大多数项目的值可用一个整数来表示。但 MIB 也定义了更复杂的结构。例如，MIB 变量 ipRoutingTable 则定义一个完整的路由表。还有其他一些 MIB 变量定义了路由表项目的内容，并允许网络管理协议访问路由器中的单个项目，包括前缀、地址掩码以及下一跳地址等。当然，MIB 变量只给出了每个数据项的逻辑定义，而一个路由器使用的内部数据结构可能与 MIB 的定义不同。当一个查询到达路由器时，路由器上的代理软件负责 MIB 变量和路由器用于存储信息的数据结构之间的映射。

6.7.4 SNMP 的协议数据单元和报文

实际上，SNMP 的操作只有两种基本的管理功能，即：

(1)“**读**”操作，用 Get 报文来检测各被管对象的状况；

(2)“**写**”操作，用 Set 报文来改变各被管对象的状况。

SNMP 的这些功能通过探询操作来实现，即 SNMP 管理进程定时向被管理设备周期性地发送探询信息。上述时间间隔可通过 SNMP 的管理信息库 MIB 来建立。探询的好处是：第一，可使系统相对简单；第二，能限制通过网络所产生的管理信息的通信量。但探询管理协议不够灵活，而且所能管理的设备数目不能太多。探询系统的开销也较大。如探询频繁而并未得到有用的报告，则通信线路和计算机的 CPU 周期就被浪费了。

但 SNMP 不是完全的探询协议，它允许不经过询问就能发送某些信息。这种信息称为**陷阱**(trap)，表示它能够捕捉“事件”。但这种陷阱信息的参数是受限制的。

当被管对象的代理检测到有事件发生时，就检查其门限值。代理只向管理进程报告达到某些门限值的事件（这就叫作**过滤**）。这种方法的好处是：第一，仅在严重事件发生时才发送陷阱；第二，陷阱信息很简单且所需字节数很少。

总之，使用探询（至少是周期性地）以维持对网络资源的实时监视，同时也采用陷阱机制报告特殊事件，使得 SNMP 成为一种有效的网络管理协议。

SNMP 使用无连接的 UDP，因此在网络上传送 SNMP 报文的开销较小。但 UDP 是不保证可靠交付的。这里还要指出，SNMP 使用 UDP 的方法有些特殊。在运行代理程序的服务器端用熟知端口 161 来接收 Get 或 Set 报文和发送响应报文（与熟知端口通信的客户端使用临时端口），但运行管理程序的客户端则使用熟知端口 162 来接收来自各代理的 trap 报文。

SNMP 现在共定义了如表 6-8 所示的 8 种类型的协议数据单元[RFC 3416，STD62]，其中 PDU 编号为 4 的已经废弃了。在 PDU 编号后面是对应的 T 字段值（十六进制形式表示）。

表 6-8　SNMP 定义的协议数据单元类型

PDU 编号（T 字段）	PDU 名称	用途
0（A0）	GetRequest	管理者从代理读取一个或一组变量的值

续表

PDU 编号（T 字段）	PDU 名称	用途
1（A1）	GetNextRequest	管理者从代理读取 MIB 树上的下一个变量的值（即使不知道此变量名也行）。此操作可反复进行，特别是按顺序一一读取列表中的值很方便
2（A2）	Response	代理向管理者或管理者向管理者发送对五种 Request 报文的响应，并提供差错码、差错状态等信息
3（A3）	SetRequest	管理者对代理的一个或多个 MIB 变量的值进行设置
5（A5）	GetBulkRequest	管理者从代理读取大数据块的值（如大的列表中的值）
6（A6）	InformRequest	管理者从另一远程管理者读取该管理者控制的代理中的变量值
7（A7）	SNMPv2Trap	代理向管理者报告代理中发生的异常事件
8（A8）	Report	在管理者之间报告某些类型的差错，目前尚未定义

和大多数 TCP/IP 协议不一样，SNMP 报文没有固定的字段。相反，它们使用标准 ASN.1 编码。因此，SNMP 报文用人工进行编码和理解时都比较困难。为此，在图 6-24 中给出了 SNMPv1 的报文格式。可以看出，一个 SNMP 报文共由四个部分组成，即**版本**、**首部**、**安全参数**和 SNMP 报文的**数据部分**。目前最新版本是版本 3。首部包括报文标识(message identification)、最大报文长度、报文标志(message flag)。报文标志占 1 字节，其中的每一位定义安全类型或其他信息。安全参数用来产生报文摘要（见下一章的 7.3.1 节）。

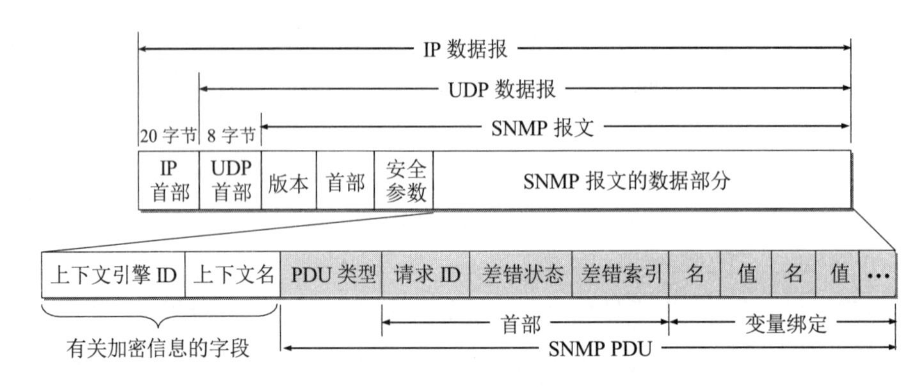

图 6-24　SNMP 的报文格式

从图 6-24 可看出，在 SNMP PDU 前面还有两个有关加密信息的字段。这是当数据部分需要加密时才使用的两个字段。与网络管理直接相关的是后面的 SNMP PDU 部分。对于表 6-8 给出的前四种 PDU 的格式都是相同的，即由 PDU **类型**、**请求** ID、**差错状态**、**差错索引**以及**变量绑定**这几个字段组成。PDU 的各种类型以及类型的编号和 T 字段的编码已在表 6-8 中给出。下面简单介绍一下其他字段的作用。

(1) **请求 ID** (request ID)　　由管理进程设置的 4 字节整数值。代理进程在发送响应报文时也要返回此请求 ID。由于管理进程可同时向许多代理发出请求读取变量值的报文，因此设置了请求 ID 可使管理进程能够识别返回的响应是对应于哪一个请求报文。

(2) **差错状态**(error status)　　在请求报文中，这个字段是零。当代理进程响应时，就填入 0~18 中的一个数字。例如 0 表示 noError（一切正常），1 表示 tooBig（代理无法把回答装入到一个 SNMP 报文之中），2 表示 noSuchName（操作指明了一个不存在的变量），3 表示 badValue（无效值或无效语法），等等[RFC 3416]。

(3) **差错索引**(error index)　在请求报文中，这个字段是零。当代理进程响应时，若出现 noSuchName, badValue 或 readOnly 的差错，代理进程就设置一个整数，指明有差错的变量在变量列表中的偏移。

(4) **变量绑定**(variable-bindings)　指明一个或多个变量的名和对应的值。在请求报文中，变量的值应忽略（类型是 NULL）。

为了大致了解 ASN.1 给出的定义的形式，下面举出定义 GetRequest-PDU 的例子。两个连字符“--”后面的是注解。

```
Get-request-PDU ::= [0]                                   --[0]表示上下文类，编号为 0
  IMPLICIT SEQUENCE {                                      --类型是 SEQUENCE
    request-id          integer32,                         --变量 request-id 的类型是 integer32
    error-status        INTEGER {0..18},                   --变量 error-status 取值为 0 ~ 18 的整数
    error-index         INTEGER {0..max-bindings},         --变量 error-index 取值为 0 ~ max-bindings 的整数
    variable-bindings   VarBindList }                      --变量 variable-binding 的类型是 VarBindList
```

但变量 VarBindList 是什么类型呢？还需要继续定义（这里从略）。上面 ASN.1 定义中的第二行中的 IMPLICIT 叫作隐式标记，是为了在进行编码时可省去对 IMPLICIT 后面的类型(SEQUENCE)的编码，使最后得出的编码更加简洁。

下面我们假定管理者发送 GetRequest-PDU，为的是从某路由器的代理进程获得“收到 UDP 数据报的数目”的信息。从图 6-21 可以查出，mib-2 下面第 7 个节点是 udp，而 udp 节点下面的第一个节点就是 udpInDatagrams。由于这个节点已经是叶节点（即没有连接在它下面的子节点了），读取这个节点的数值时应在节点标识符后面加上 0，即 1.3.1.1.2.1.7.1.0。这样，可得出 GetRequest-PDU 的 ASN.1 编码，如图 6-25 所示。

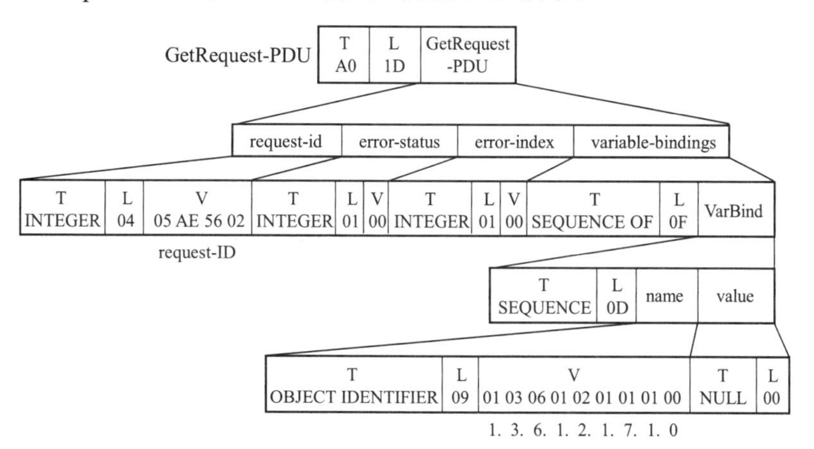

图 6-25　GetRequest-PDU 的 ASN.1 编码

可以把图中各字段的十六进制编码表示如下。

A0 1D	-- GetRequest-PDU，上下文类型，长度 $1D_{16} = 29$
02 04 05 AE 56 02	-- INTEGER 类型，长度 04_{16}，request-id = 05 AE 56 02
02 01 00	-- INTEGER 类型，长度 01_{16}，error status = 00_{16}
02 01 00	-- INTEGER 类型，长度 01_{16}，error index = 00_{16}
30 0F	-- SEQUENCE OF 类型，长度 $0F_{16} = 15$
30 0D	-- SEQUENCE 类型，长度 $0D_{16} = 13$

06 09 01 03 06 01 02 01 07 01 00　　　-- OBJECT IDENTIFIER 类型，长度 09_{16}，udpInDatagrams
05 00　　　-- NULL 类型，长度 00_{16}

6.8 应用进程跨越网络的通信

在这以前我们已经讨论了互联网使用的几种常用的应用层协议，这些应用协议使广大用户可以更加方便地利用互联网的资源。

现在的问题是：如果我们还有一些特定的应用需要互联网的支持，但这些应用又不能直接使用已经标准化的互联网应用协议，那么我们应当做哪些工作？要回答这个问题，实际上就是要了解下面要介绍的**系统调用**和**应用编程接口**。这些问题需要一门专门的课程来学习，我们在这里只能给出一些初步的概念。

6.8.1 系统调用和应用编程接口

大多数操作系统使用**系统调用**(system call)的机制在应用程序和操作系统之间传递控制权。对程序员来说，系统调用和一般程序设计中的函数调用非常相似，只是系统调用是将控制权传递给了操作系统。图 6-26 说明了多个应用进程使用系统调用的机制。

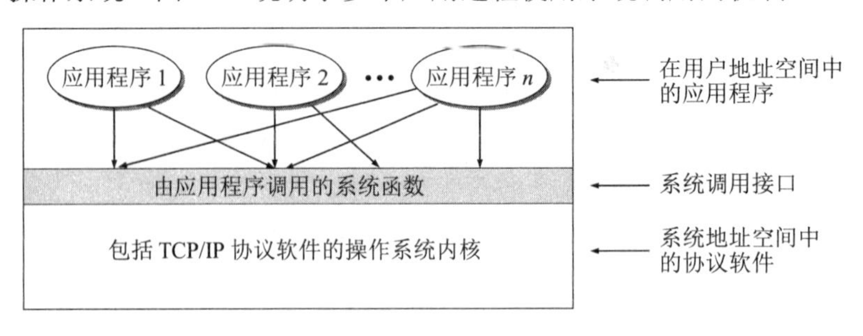

图 6-26　多个应用进程使用系统调用的机制

当某个应用进程启动系统调用时，控制权就从应用进程传递给了系统调用接口。此接口再把控制权传递给计算机的操作系统。操作系统把这个调用转给某个内部过程，并执行所请求的操作。内部过程一旦执行完毕，控制权就又通过系统调用接口返回给应用进程。总之，只要应用进程需要从操作系统获得服务，就要把控制权传递给操作系统，操作系统在执行必要的操作后把控制权返还给应用进程。因此，系统调用接口实际上就是应用进程的控制权和操作系统的控制权进行转换的一个接口。由于应用程序在使用系统调用之前要编写一些程序，特别是需要设置系统调用中的许多参数，因此这种系统调用接口又称为**应用编程接口** API (Application Programming Interface)。API **从程序设计的角度**定义了许多标准的系统调用函数。应用进程只要使用标准的系统调用函数就可得到操作系统的服务。因此从程序设计的角度看，也可以把 API 看成是应用程序和操作系统之间的接口。

现在 TCP/IP 协议软件已驻留在操作系统中。由于 TCP/IP 协议族被设计成能运行在多种操作系统的环境中，因此 TCP/IP 标准没有规定应用程序与 TCP/IP 协议软件如何实现接口的细节，而是允许系统设计者能够选择有关 API 的具体实现细节。目前，只有几种可供应用程序使用 TCP/IP 的应用编程接口 API。这里最著名的就是美国加利福尼亚大学伯克利分校为 Berkeley UNIX 操作系统定义的一种 API，它又称为**套接字接口**(socket interface)（或**插口接口**）。微软公司在其操作系统中采用了**套接字接口** API，形成了一个稍有不同的 API，并称之为 Windows Socket，简称为 WinSock。AT&T 为其 UNIX 系统 V 定义了一种 API，简写为 TLI (Transport Layer Interface)。

我们知道，若要让计算机做某件事情，就要编写使计算机能理解的程序。在网络环境下的计算机应用都有一个共同特点，这就是：位于不同地点的计算机要通过网络进行通信。从另一种角度看，计算机之间的通信就是本计算机要**读取**另一个地点的计算机中的数据，或者要把数据从本计算机**写入**到另一个地点的计算机中。这种“读取”和“写入”的过程都要用到上面所说的系统调用。

在讨论网络编程时常常把套接字作为应用进程和运输层协议之间的接口，图 6-27 表示这一概念。图中假定了运输层使用 TCP 协议（若使用 UDP 协议，情况也是类似的，只是 UDP 是无连接的。通信的两端仍然可用两个套接字来标志）。现在套接字已成为计算机操作系统内核的一部分。

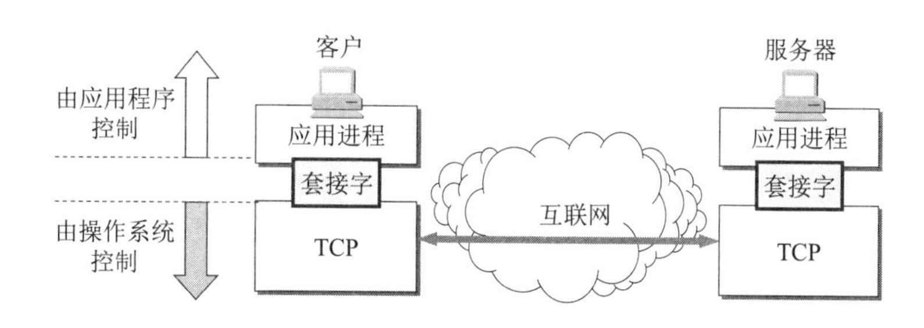

图 6-27　套接字成为应用进程与运输层协议的接口

请注意：在套接字以上的进程是受应用程序控制的，而在套接字以下的运输层协议软件则是受计算机操作系统的控制。因此，只要应用程序使用 TCP/IP 协议进行通信，它就必须通过套接字与操作系统交互（这就要使用系统调用函数）并请求其服务。我们应当注意到，应用程序的开发者对套接字以上的应用进程具有完全的控制，但对套接字以下的运输层却只有很少的控制，例如，可以选择运输层协议（TCP 或 UDP）以及一些运输层的参数（如最大缓存空间和最大报文长度等）。

当应用进程（客户或服务器）需要使用网络进行通信时，必须首先发出 socket 系统调用，请求操作系统为其**创建**一个“套接字”。这个调用的实际效果是请求操作系统把网络通信所需要的一些系统资源（存储器空间、CPU 时间、网络带宽等）分配给该应用进程。操作系统为这些资源的总和用一个叫作**套接字描述符**(socket descriptor)的号码（小的整数）来表示，然后把这个套接字描述符**返回**给应用进程。此后，应用进程所进行的网络操作（建立连接、收发数据、调整网络通信参数等）都必须使用这个套接字描述符。所以，几乎所有的网络系统调用都把这个套接字描述符作为套接字的许多参数中的第一个参数。在处理系统调用的时候，通过套接字描述符，操作系统就可以识别出应该使用哪些资源来完成应用进程所请求的服务。通信完毕后，应用进程通过一个关闭套接字的 close 系统调用通知操作系统回收与该套接字描述符相关的所有资源。由此可见，套接字是应用进程为了获得网络通信服务而与操作系统进行交互时使用的一种机制。

图 6-28 给出了当应用进程发出 socket 系统调用时，操作系统所创建的套接字描述符与套接字数据结构的关系。由于在一个进程中可能同时出现多个套接字，因此需要有一个存放套接字描述符的表，而每一个套接字描述符有一个指针指向存放套接字的地址。在套接字的

数据结构中有许多参数要填写。图 6-28 中已填写好的参数是协议族（PF_INET，表示使用 Internet 的 TCP/IP 协议族）和服务（SOCK_STREAM，表示使用流式服务，也就是使用 TCP 服务）。在刚刚创建一个新的套接字时，有灰色背景的四个项目（本地和远地 IP 地址，本地和远地端口）都是未填写的，因此它和任何机器中的应用进程暂时都还没有联系。

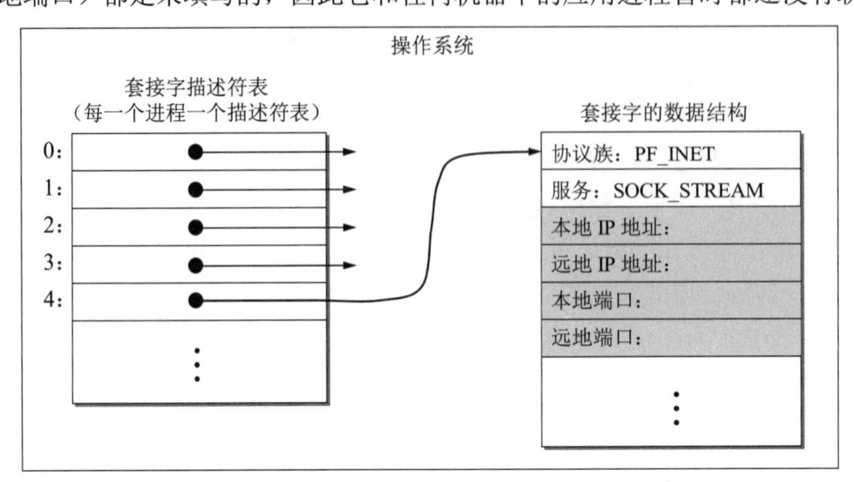

图 6-28 调用 socket 创建套接字

这里要特别强调一下，在第 5 章 5.3.2 节的最后，我们曾指出，同一个名词 socket 可表示多种不同的意思。在本节讨论 socket 系统调用时，套接字 socket 已不仅仅是 RFC 793 所定义的如公式(5-1)所示的那样，而是如图 6-28 右边所示的套接字的数据结构。

6.8.2 几种常用的系统调用

下面我们以使用 TCP 的服务为例介绍几种常用的系统调用。

1. 连接建立阶段

当套接字被创建后，它的端口号和 IP 地址都是空的，因此应用进程要调用 bind（绑定）来指明套接字的本地地址（本地端口号和本地 IP 地址）。在服务器端调用 bind 时就是把熟知端口号和本地 IP 地址填写到已创建的套接字中。这就叫作把本地地址**绑定**到套接字。在客户端也可以不调用 bind，这时由操作系统内核自动分配一个动态端口号（通信结束后由系统收回）。

服务器在调用 bind 后，还必须调用 listen（收听）把套接字设置为**被动**方式，以便随时接受客户的服务请求。UDP 服务器由于只提供无连接服务，不使用 listen 系统调用。

服务器紧接着就调用 accept（接受），以便把远地客户进程发来的连接请求提取出来。系统调用 accept 的一个变量就是要指明是从哪一个套接字发起的连接。

调用 accept 要完成的动作较多。这是因为一个服务器必须能够同时处理多个连接。这样的服务器常称为**并发方式**(concurrent)工作的服务器。可以有多种方法实现这种并发方式。图 6-29 所示的是一种实现方法。

主服务器进程 M（就是通常所说的服务器进程）一调用 accept，就为每一个新的连接请求创建一个新的套接字，并把这个新创建的套接字的标识符传递给创建的从属服务器进程。与此同时，主服务器进程还要创建一个从属服务器进程（如图 6-29 中的 S_1）来处理新建立的连接。这样，从属服务器进程用这个新创建的套接字和客户进程建立连接，而主服务器进程用原来的套接字重新调用 accept，继续接受下一个连接请求。在已建立的连接上，从属服务器进程就使用这个新创建的套接字传送和接收数据。数据通信结束后，从属服务器进程就关闭这个新创建的套接字，同时这个从属服务器也被撤销。

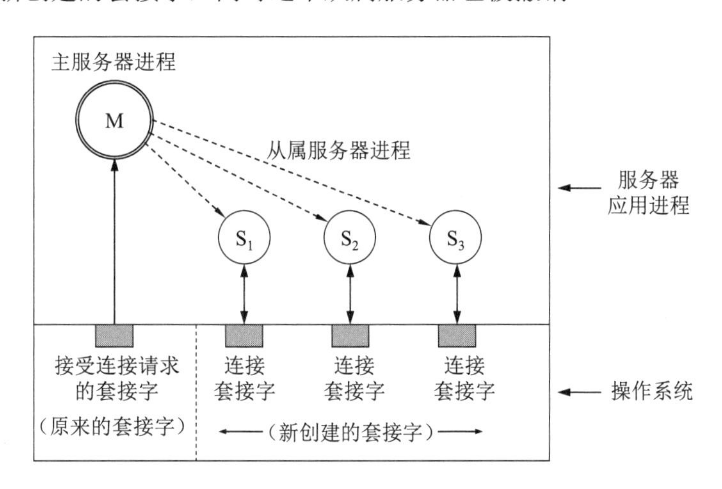

图 6-29　并发方式工作的服务器

总之，在任一时刻，服务器中总是有一个主服务器进程和零个或多个从属服务器进程。主服务器进程用原来的套接字接受连接请求，而从属服务器进程用新创建的套接字（在图 6-29 中注明是“连接套接字”）和相应的客户建立连接并可进行双向传送数据。

以上介绍的是服务器为了接受客户端发起的连接请求而进行的一些系统调用。现在看一下客户端的情况。当使用 TCP 协议的客户已经调用 socket 创建了套接字后，客户进程就调用 connect，以便和远地服务器建立连接（这就是**主动打开**，相当于客户发出的连接请求）。在 connect 系统调用中，客户必须指明远地端点（即远地服务器的 IP 地址和端口号）。

2. 数据传送阶段

客户和服务器都在 TCP 连接上使用 send 系统调用传送数据，使用 recv 系统调用接收数据。通常客户使用 send 发送请求，而服务器使用 send 发送回答。服务器使用 recv 接收客户用 send 调用发送的请求。客户在发完请求后用 recv 接收回答。

调用 send 需要三个变量：数据要发往的套接字的描述符、要发送的数据的地址以及数据的长度。通常 send 调用把数据复制到操作系统内核的缓存中。若系统的缓存已满，send 就暂时阻塞，直到缓存有空间存放新的数据。

调用 recv 也需要三个变量：要使用的套接字的描述符、缓存的地址以及缓存空间的长度。

3. 连接释放阶段

一旦客户或服务器结束使用套接字，就把套接字撤销。这时就调用 close 释放连接和撤销套接字。

图 6-30 画出了上述的一些系统调用的使用顺序。有些系统调用在一个 TCP 连接中可能会循环使用。

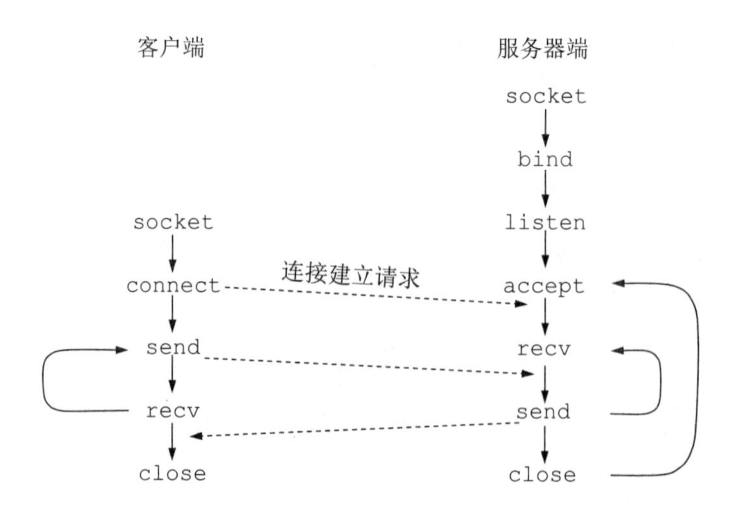

图 6-30　系统调用使用顺序的例子

UDP 服务器由于只提供无连接服务，因此不使用 listen 和 accept 系统调用。

6.9　P2P 应用

我们在第 1 章的 1.3.1 节中已经简单地介绍了 P2P 应用的概念。现在我们将进一步讨论 P2P 应用的若干工作原理。

P2P 应用就是指具有 P2P 体系结构的网络应用。所谓 P2P 体系结构就是在这样的网络应用中，没有（或只有极少数的）固定的服务器，而绝大多数的交互都是使用对等方式（P2P 方式）进行的。

P2P 应用的范围很广，例如，文件分发、实时音频或视频会议、数据库系统、网络服务支持（如 P2P 打车软件、P2P 理财等）。限于篇幅，下面只介绍最常用的 P2P 文件分发的工作原理。

P2P 文件分发不需要使用集中式的媒体服务器，而所有的音频/视频文件都是在普通的互联网用户之间传输的。这其实是相当于有很多（有时达到上百万个）分散在各地的媒体服务器（由普通用户的计算机充当这种媒体服务器）向其他用户提供所要下载的音频/视频文件。这种 P2P 文件分发方式解决了集中式媒体服务器可能出现的瓶颈问题。

目前在互联网流量中，P2P 工作方式下的文件分发已占据了最大的份额，比万维网应用所占的比例大得多。因此单纯从流量的角度看，P2P 文件分发应当是互联网上最重要的应用。现在 P2P 文件分发不仅传送音频文件 MP3，而且还传送视频文件（10 ~ 1000 MB，或更大）、各种软件和图像文件。

6.9.1　具有集中目录服务器的 P2P 工作方式

最早使用 P2P 工作方式的是 Napster。这个名称来自 1999 年美国东北大学的新生 Shawn Fanning 所写的一个叫作 Napster 的软件。利用这个软件就可通过互联网免费下载各种 MP3

音乐。Napster 的出现使 MP3 成为网络音乐事实上的标准[①]。

Napster 能够搜索音乐文件，能够提供检索功能。所有音乐文件的索引信息都集中存放在 Napster 目录服务器中。这个目录服务器起着索引的作用。使用者只要查找目录服务器，就可知道应从何处下载所要的 MP3 文件。在 2000 年，Napster 成为互联网上最流行的 P2P 应用，并占据互联网上的通信量中相当大的比例。

这里的关键就是运行 Napster 的所有用户，都必须及时向 Napster 的目录服务器报告自己已经存有哪些音乐文件。Napster 目录服务器就用这些用户信息建立起一个动态数据库，集中存储了所有用户的音乐文件信息（即对象名和相应的 IP 地址）。当某个用户想下载某个 MP3 文件时，就向目录服务器发出查询（这个过程仍是传统的客户–服务器方式），目录服务器检索出结果后向用户返回存放这一文件的计算机 IP 地址，于是这个用户就可以从中选取一个地址下载想要得到的 MP3 文件（这个下载过程就是 P2P 方式）。可以看出，Napster 的文件传输是分散的（P2P 方式），但文件的定位则是集中的（客户–服务器方式）。

图 6-31 是 Napster 的工作过程的示意图。假定 Napster 目录服务器已经建立了其用户的动态数据库。图中给出了某个用户要下载音乐文件的主要交互过程。

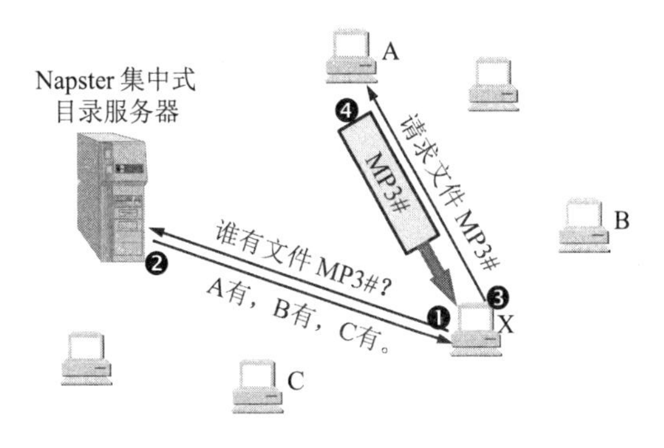

图 6-31　Napster 的工作过程

❶ 用户 X 向 Napster 目录服务器查询（客户–服务器方式）谁有文件 MP3#。

❷ Napster 目录服务器回答 X：有三个地点有文件 MP3#，即 A, B 和 C（给出了这三个地点的 IP 地址）。于是用户 X 得知所需的文件 MP3#的三个下载地点。

❸ 用户 X 可以随机地选择三个地点中的任一个，也可以使用 PING 报文寻找最方便下载的一个。在图 6-31 中，我们假定 X 向 A 发送下载文件 MP3#的请求报文。现在 X 和 A 都使用 P2P 方式通信，互相成为对等方，X 是临时的客户，而对等方 A 是临时的服务器。

❹ 对等方 A（现在作为服务器）把文件 MP3#发送给 X。

这种集中式目录服务器的最大缺点就是可靠性差，而且会成为其性能的瓶颈（尤其是在用户数非常多的情况下）。更为严重的是这种做法侵犯了唱片公司的版权。虽然 Napster 网站并没有直接非法复制任何 MP3 文件（Napster 网站不存储任何 MP3 文件，因而并没有

① 注：通常 CD 光盘中的音乐都采用 wav 格式，即采用标准的 PCM 编码。MP3 则进行了压缩，把一些人耳朵不太能够听出来的部分频率分量压缩掉了。压缩比一般在 1:4 到 1:12 之间。例如，压缩比为 1:10 就表明 10MB 的 wav 格式音乐，可压缩成 1 MB 的 MP3 格式，而音质的下降并不太明显。

直接侵犯版权），但法院还是判决 Napster 属于“间接侵害版权”，因此在 2000 年 7 月底 Napster 网站就被迫关闭了。

6.9.2 具有全分布式结构的 P2P 文件共享程序

在第一代 P2P 文件共享网站 Napster 关闭后，开始出现了以 Gnutella 为代表的第二代 P2P 文件共享程序。Gnutella 是一种采用全分布方法定位内容的 P2P 文件共享应用程序。Gnutella 与 Napster 最大的区别就是不使用集中式的目录服务器进行查询，而是使用洪泛法在大量 Gnutella 用户之间进行查询。为了不使查询的通信量过大，Gnutella 设计了一种**有限范围的洪泛查询**。这样可以减少倾注到互联网的查询流量，但由于查询的范围受限，因而这也影响到查询定位的准确性。

为了更加有效地在大量用户之间使用 P2P 技术下载共享文件，最近几年已经开发出很多种第三代 P2P 共享文件程序[KURO17]，它们使用分散定位和分散传输技术。如 KaZaA，电骡 eMule，比特洪流 BT (Bit Torrent)等。

下面对比特洪流 BT 的主要特点进行简单的介绍。

在 P2P 的文件分发应用中，2001 年由 Brahm Cohen 开发的 BitTorrent（中文意思是“比特洪流”）是很具代表性的一个。取这个名称的原因就是 BitTorrent 把参与某个文件分发的所有对等方的集合称为一个**洪流**(torrent)。为了方便，下面我们使用 BitTorrent 的简称 BT。BT 把对等方下载文件的数据单元称为**文件块**(chunk)，一个文件块的长度是固定不变的，例如，典型的数值是 256 KB。当一个新的对等方加入某个洪流时，一开始它并没有文件块。但新的对等方逐渐地能够下载到一些文件块。而与此同时，它也为别的对等方上传一些文件块。某个对等方获得了整个的文件后，可以立即退出这个洪流（相当于自私的用户），也可继续留在这个洪流中，为其他的对等方上传文件块（相当于无私的用户）。加入或退出某个洪流可在任何时间完成（即使在某个文件还没有下载完毕时），也是完全自由的。

BT 的协议相当复杂[W-BT]。下面讨论其基本机制。

每一个洪流都有一个基础设施节点，叫作**追踪器**(tracker)。当一个对等方加入洪流时，必须向追踪器**登记**（或称为**注册**），并周期性地通知追踪器它仍在洪流中。追踪器因而就跟踪了洪流中的对等方。一个洪流中可以拥有少到几个多到几百或几千个对等方。

我们用图 6-32 来进一步说明 BT 的工作原理。当一个新的对等方 A 加入洪流时，追踪器就随机地从参与的对等方集合中选择若干个（例如，30 个），并把这些对等方的 IP 地址告诉 A。于是 A 就和这些对等方建立了 TCP 连接。我们称所有与 A 建立了 TCP 连接的对等方为“**相邻对等方**”(neighboring peers)。在图 6-32 中我们在上面的**覆盖网络**中画出了 A 有三个相邻对等方（B, C 和 D）。这些相邻对等方的数目是动态变化的，有的对等方可能不久就离开了，但不久后又有新加入进来的对等方。请注意，实际的网络拓扑可能是非常复杂的（参见图 6-32 覆盖网络下面的实际网络图）。我们知道，TCP 连接只是个逻辑连接，而每一个 TCP 连接可能会穿越很多的网络。因此我们在讨论问题时，可以利用实际网络上面的一个更加简洁的覆盖网络，这个覆盖网络忽略了实际网络的许多细节，使问题的讨论更加方便。在覆盖网络中，A 的三个相邻对等方就看得很清楚。

在任何时刻，每一个对等方可能只拥有某文件的一个文件块子集，而不同的对等方所拥有的文件块子集也不会完全相同。对等方 A 将通过 TCP 连接周期性地向其相邻对等方索取它们拥有的文件块列表。根据收到的文件块列表，A 就知道了应当请求哪一个相邻对等方把哪些自己缺少的文件块发送过来。

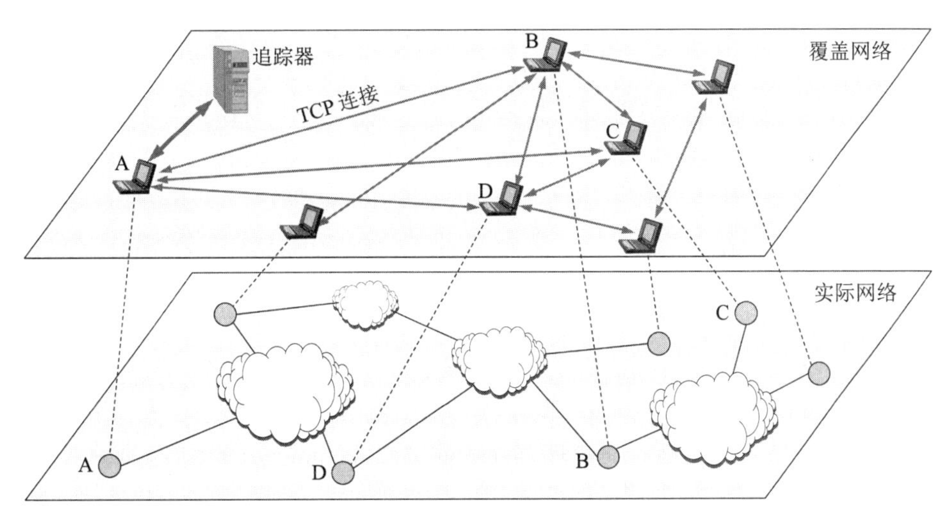

图 6-32 在覆盖网络中对等方的相邻关系的示意图

图 6-33 是对等方之间互相传送数据块的示意图。例如，A 向 B、C 和 D 索取数据块，但 B 同时也向 C 和 D 传送数据块，D 和 C 还互相传送数据块。由于 P2P 对等用户的数量非常多，因此，从不同的对等方获得不同的数据块，然后组装成整个的文件，一般要比仅从一个地方下载整个的文件要快很多。

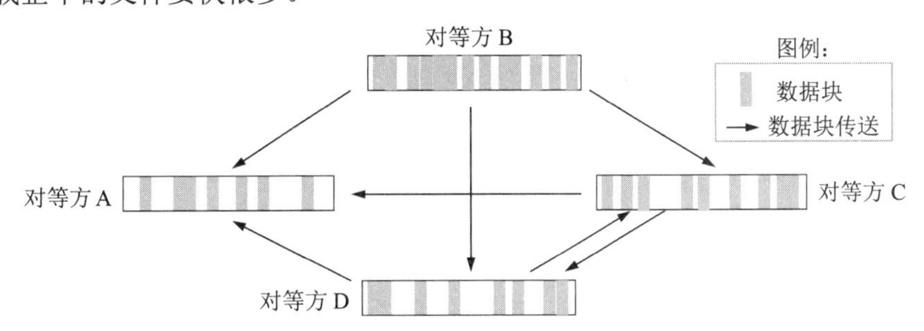

图 6-33 对等方之间互相传送文件数据块

然而 A 必须做出两个重要决定。第一，哪些文件块是首先需要向其相邻对等方请求的？第二，在很多向 A 请求文件块的相邻对等方中，A 应当向哪些相邻对等方发送所请求的文件块？

对于第一个问题，A 要使用叫作**最稀有的优先**(rarest first)的技术。我们知道，凡是 A 所缺少的而正好相邻对等方已拥有的文件块，都应当去索取。可能其中的某些文件块，很多相邻对等方都有（即文件块的副本很多），这就是“不稀有的”文件块，以后可慢慢请求。如果 A 所缺少的文件块在相邻对等方中的副本很少，那就是“很稀有的”。因此，A 首先应当请求副本最少的文件块（即最稀有的）。否则，一旦拥有最稀有文件块的对等方退出了洪流，就会影响 A 对所缺文件块的收集。

对于第二个问题，BT 采用了一种更加机灵的算法，其基本思想就是：凡当前有以最高数据率向 A 传送文件块的某相邻对等方，A 就优先把所请求的文件块传送给该相邻对等方。具体来说，A 持续地测量从其相邻对等方接收数据的速率，并确定速率最高的 4 个相邻对等方。接着，A 就把文件块发送给这 4 个相邻对等方。每隔 10 秒钟，A 还要重新计算数据率，然后可能修改这 4 个对等方。在 BT 的术语中，这 4 个对等方叫作**已疏通的或无障碍的**(unchoked)对等方。更重要的是，每隔 30 秒，A 要随机地找一个另外的相邻对等方 B，并向其发送文件块。这样，A 有可能成为 B 的前 4 位上传文件块的提供者。在此情况下，B 也有可能向 A 发送文件块。如果 B 发送文件块的速率足够快，那么 B 也有可能进入 A 的前 4 位上传文件块的提供者。这样做的结果是，这些对等方相互之间都能够以令人满意的速率交换文件块。

6.9.3 P2P 文件分发的分析

我们从一个例子开始，来讨论 P2P 文件分发中的几个重要概念[KURO17]。

在图 6-34 中，有 N 台主机要从互联网上的服务器下载一个大文件，其长度为 F bit。在图中我们把这个文件也记为 F。按照习惯，从互联网传送数据到主机，叫作**下载**(download)，而反过来传送数据，即从主机向互联网传送，则称为**上传**(upload)或**上载**。服务器的文件是供互联网上的用户享用的，因此服务器的文件只是单方向上传到互联网。我们把服务器的上传速率记为 u_s，单位是 bit/s。再假定主机与互联网连接的链路的上传速率和下载速率分别为 u_i 和 d_i，单位都是 bit/s。我们还假定互联网的核心部分不会产生拥塞。瓶颈只会发生在服务器的接入链路，或者是某些主机的接入链路。

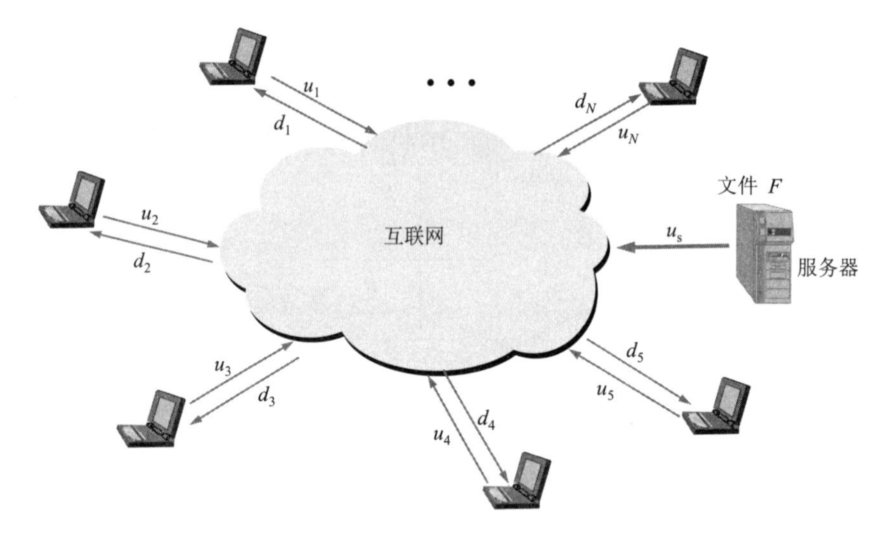

图 6-34 文件分发的例子

我们先在传统的客户–服务器方式下，计算给所有主机分发完毕的最短时间 T_{cs}。

从服务器端考虑，N 台主机共需要从服务器得到的数据总量（比特数）是 NF。如果服务器能够不停地以其上传速率 u_s 向各主机传送数据，一直到各主机都收到文件 F，就需要时间 NF/u_s，单位是秒。由此可见，T_{cs} 不可能小于 NF/u_s。

如果 N 台主机都以各自的下载速率不停地下载文件 F，那么下载速率最慢的主机（设其下载速率为 d_{min}）的下载文件时间（F/d_{min}），将是 N 个下载时间中最大的一个。由此可见，T_{cs} 也不可能小于 F/d_{min}。

如果 $NF/u_s \geqslant F/d_{min}$，则瓶颈在服务器端的接入链路。这时 $T_{cs} = NF/u_s$。

如果 $F/d_{min} \geqslant NF/u_s$，则瓶颈在下载最慢的主机的接入链路。这时 $T_{cs} = F/d_{min}$。

由此可得出所有主机都下载完文件 F 的最少时间是

$$T_{\text{cs}} = \max\left\{\frac{NF}{u_{\text{s}}}, \frac{F}{d_{\min}}\right\} \tag{6-2}$$

从以上分析可以看出，若公式(6-2)括号中的第一项大于第二项，则 T_{cs} 就与主机数 N 成正比。如果主机数增大 1000 倍，那么文件的分发时间也要增大 1000 倍。

下面讨论在 P2P 方式下，文件全部分发完毕的最少时间 T_{P2P}。然而在 P2P 方式下，文件分发所需的时间较难计算，这是因为每一台主机在接收文件的同时，还利用自己的上传能力向其他主机传送文件。文件传送所需的时间取决于主机向对等方传送文件的具体方式。但是，我们还是可以导出文件分发所需的最少时间的表达式。

在文件分发开始时，只有服务器有文件 F。服务器必须把文件 F 的每一个比特通过接入链路传送到互联网（至少要传送一次）。因此文件分发的最少时间不可能小于 F/u_s。和客户–服务器方式相比，在 P2P 方式下，服务器不需要一遍一遍地发送文件 F，因为互联网上的其他主机（即对等方）可以代替服务器向其他对等方分发文件 F。

在 P2P 方式下，下载速率最慢的主机（设其下载速率为 $d_{\min}$）下载文件 F 的时间是 $F/d_{\min}$，这是 N 个对等方下载时间中最大的一个。可见文件分发的最少时间不可能小于 $F/d_{\min}$。这个结论和客户–服务器方式是一样的。

整个系统中所有主机（包括服务器）的上传速率之和是 $u_{\text{T}} = u_s + u_1 + u_2 + \ldots + u_N$。因此，文件分发的最少时间也不可能小于 NF/u_{T}。

这样，我们得出在 P2P 方式下所有主机都下载完文件 F 的最少时间的下限是

$$T_{\text{P2P}} \geqslant \max\left\{\frac{F}{u_{\text{s}}}, \frac{F}{d_{\min}}, \frac{NF}{u_{\text{T}}}\right\} \tag{6-3}$$

在公式(6-3)的推导过程中，我们假定每一个对等方只要收到一个比特就立即上传到互联网的其他对等方。但实际上是把收到的若干个比特组成一个数据块后再上传出去。但是当文件 F 很大时，我们也可以在公式(6-3)中取等号，作为文件 F 的最少分发时间 T_{P2P} 的近似值。

有一种情况最值得我们注意。这就是对等方的数目 N 非常大，因此在公式(6-3)的括号中的最后一项的值将大于前两项的值。这样，T_{P2P} 值的下限就近似为 NF/u_{T}。

我们再假定一些数据。设所有的对等方的上传速率都是 u，并且 $F/u = 1$ 小时，所有对等方的下载速率都不小于服务器的上传速率，因而不会对我们的计算产生影响。我们再设服务器的上传速率 $u_{\text{s}} = 10u$。当 $N = 30$ 时，用公式(6-3)算出所有主机都下载完文件 F 的最少时间的下限是 $T_{\text{P2P}} = 0.75\ F/u = 0.75$ 小时（这个数值一定小于 1 小时）。如果采用客户–服务器方式，则当 $N = 30$ 时，所有主机都下载完文件 F 的最少时间是 $T_{\text{cs}} = NF/u_{\text{s}} = 3$ 小时。

6.9.4 在 P2P 对等方中搜索对象

在 P2P 文件系统中，对等方用户的数量非常多，并且处于一种无序的状态。任何一个对等方可以随时加入进来或随时退出。在这种情况下，怎样有效地找到所需的文件，也就是怎样有效地定位对等方及其资源，乃是 P2P 系统中的一个十分重要的问题。

限于篇幅，我们在这里只简单介绍一下怎样利用散列函数来定位对等方。

我们知道，Gnutella 是一种采用全分布方法定位内容的 P2P 文件共享应用程序，它解决了集中式目录服务器所造成的瓶颈问题。然而 Gnutella 是在非结构化的覆盖网络中采用查询洪泛的方法来进行查找的，因此查找的效率较低。现在比较好的查找方法是设法构建一种分布式数据库，以进行对等方及其资源的定位。这种分布式数据库在概念上并不复杂，只要能够支持大量对等方（可能有几百万个）进行索引查找即可。存储在数据库中的信息只有两个部分：

(1) 要查找的**资源名** K（例如，电影或歌曲的名字）。资源名也可称为**关键字**。

(2) 存放该对象的**节点的 IP 地址** N。有的 IP 地址还附带有端口号。

存放在数据库中的信息就是大量成对出现的（资源名 K，节点的 IP 地址 N）。在查找某资源名 K 时，只要在数据库中查找到匹配的资源名 K，数据库就能够返回对应的节点的 IP 地址 N。所以问题的关键就是要设法把每个资源名 K 存放在一个非常便于查找的地方。

细心的读者可能会联想到曾在前面 6.1 节讨论的 DNS 域名系统。DNS 是根据主机的域名来查找其 IP 地址，这和 P2P 的情况有相似之处。但我们知道，主机的域名是结构化的命名系统，因此域名服务器可以划分为几种不同的级别（如根服务器等）便于查找。但 P2P 系统则不同，其资源名是非结构化的。因此不能套用 DNS 的那种查找方法。

前面已经讲过，Napster 在一个集中式目录服务器中构建的查找数据库虽然很简单，但性能上却有瓶颈。在 P2P 系统中，应怎样构建分布式的 P2P 数据库？让每个对等方都拥有所有对等方 IP 地址的列表是不可行的。让所有成对出现的（资源名 K, IP 地址 N）随机地分散到各对等方也是不可行的。因为这将使查找对象的次数过大，无法使用。现在广泛使用的索引和查找技术叫作**分布式散列表** DHT (Distributed Hash Table)。DHT 也可译为分布式哈希表，它是由大量对等方共同维护的散列表。基于 DHT 的具体算法已有不少，如 Chord, Pastry, CAN (Content Addressable Network)，以及 Kademilia 等。下面简单介绍广泛使用的 Chord 算法，这是美国麻省理工大学于 2001 年提出的[STOI01]。

分布式散列表 DHT 利用散列函数，把资源名 K 及其存放的节点 IP 地址 N 都分别映射为**资源名标识符** KID 和**节点标识符** NID。如果所有的对等方都使用散列函数 SHA-1（我们在下一章 7.3.1 节还要介绍 SHA-1 在网络安全方面的应用），那么通过散列得出的标识符 KID 和 NID 都是 160 位二进制数字，且其数值范围在$[0, 2^{160} - 1]$之间。虽然从理论上讲，散列函数 SHA-1 是多对一的函数，但实际上不同输入得到相同的输出的概率是极小的。此外，通过 SHA-1 映射得到的标识符能够比较均匀而稀疏地分布在 Chord 环上。为便于讨论，我们假定现在标识符只有 5 位二进制数字，也就是说，所有经散列函数得出的标识符的数值范围都在[0, 31]之间。Chord 把节点按标识符数值从小到大沿顺时针排列成一个环形覆盖网络（见图 6-35(a)），并按照下面的规则进行映射：

(1) 节点标识符 NID 按照其标识符值映射到 Chord 环上对应的点，见图 6-35(a)中标有 NID 的小圆点，如 N4, N7, N10, N20, N26 和 N30。

(2) 资源名标识符 KID 则按照其标识符值映射到与其值最接近的下一个 NID，见图 6-36(a)中标有 KID 的小方块。所谓“最接近的下一个”NID 就是指：从 KID 值开始，按顺时针方向沿 Chord 环遇到的下一个 NID。例如，K31 和 K2 应放在 N4，因为在环上从 31 和 2 按顺时针方向遇到的下一个 NID 是 N4。同理，K8, K12, K23 和 K29 应分别放在 N10, N20, N26 和 N30。如果碰巧同时出现 K29 和 N29（这种概率极小），那么 K29 就应当放在 N29。

请注意：在图 6-35 中，K31 和 K2 都放在 N4，这表示要查找存放资源 K31 或 K2 的节点的 IP 地址，就应当到节点 N4 去查找。请注意，资源 K31 和 K2 并非存放在节点 N4。

这就是说，每个资源由 Chord 环上与其标识符值**最接近**的下一个节点提供服务。我们再强调一下，Chord 环并非实际的网络。在 Chord 环上相邻的节点，在地理上很可能相距非常远。

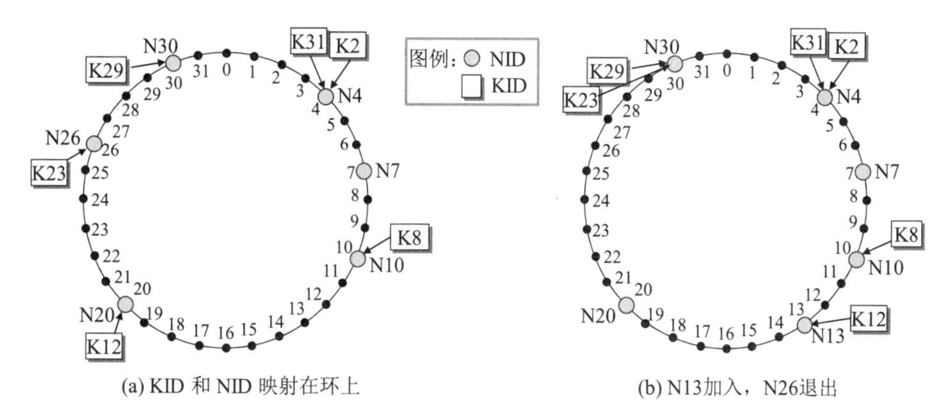

(a) KID 和 NID 映射在环上

(b) N13加入，N26退出

图 6-35　基于 DHT 的 Chord 环

Chord 环上的每一个节点都要维护两个指针变量，一个指向其后继节点，而另一个指向其前任节点。例如，在图 6-35(a)中，N10 的后继节点是 N20（N10 沿顺时针方向的下一个节点），其前任节点是 N7（N10 沿逆时针方向的前一个节点）。如果一个新的节点 N13 加入进来，那么 N20 的前任节点就变为 N13，因而 K12 就要从 N20 的位置移到 N13，同时 N10 的后继节点就变为 N13（见图 6-35(b)）。此外，如果节点 N26 退出，那么 K23 就要移到 N30，而 N30 的前任节点就变为 N20，同时 N20 的后继节点变为 N30。

在这样的 Chord 环上查找资源，从理论上讲，任何一个节点，只要从其后继节点一个个地遍历查找下去，一定可以找到所查询的资源。可见要定位一个资源，平均需要沿环发送查找报文 $N/2$ 个，或遍历 $O(N)$个节点（N 为环上的总节点数）。显然，这种顺序查找的方法效率很低。

为了加速查找，在 Chord 环上可以增加一些**指针表**(finger table)，它又称为**路由表**或**查找器表**。若 Chord 环上的标识符有 m 位（现在 $m = 5$），则在节点 n 上的指针表可设置不超过 m 个指针，指向其后继的节点。我们先看图 6-36 中节点 N4 的指针表。指针表中的第 2 列是从 N4 可以指向的多个后继节点。本来每一个节点仅仅指向沿顺时针方向的下一个后继节点，但现在则指向多个后继节点（在本例中就是 N7, N10 和 N20）。第 1 列的第 i 行是计算（$\mathrm{N4} + 2^{i-1}$），用来得出后继节点。例如，第 4 行 $i = 4$，算出（$\mathrm{N4} + 2^{i-1}$）= N4 + 8 = 12，而 Chord 环上的节点 12 的后继节点是 N20。图中还画出了从 N4 到这几个后继节点的连线（这些连线就是 Chord 环上的弦，Chord 名字由此得出）。还有一点要注意的是，在 N20 的指针表中的第 5 行，N20 + 16 = 36，但按照模 2^5 运算，36 mod 2^5 = 4，恰好节点 4 的后继节点是 N4。

假定在图 6-36 中的节点 N4 要查找 K29。如果用遍历各节点的方法，则要查找 5 次，即 N7→N10→N20→N26→N30。但若利用指针表，则 N4 首先在自己的指针表中寻找在不到 29 且最接近 29 的节点，即 N20，然后把定位资源 K29 的请求发送给 N20。在 N20 的指针表中继续类似的寻找。结果是：最接近 29 的节点是 N30。这就是存放资源 K29 的节点。这种查找方法类似于二分查找，只用了两次查找，定位一个资源仅需 $O(\log_2 N)$步。

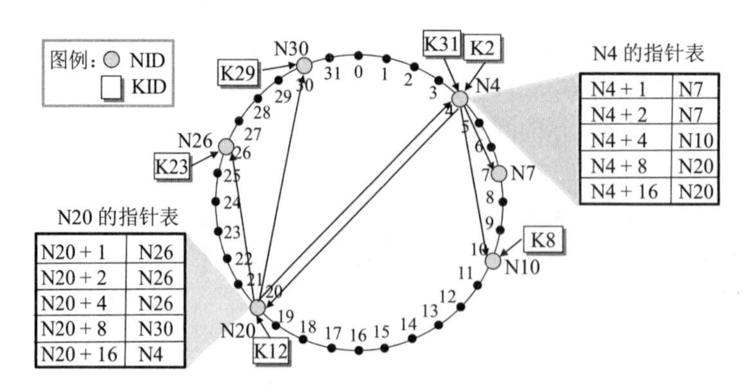

图 6-36　节点 N4 和 N20 的指针表

在 P2P 网络中，对等方可能相当频繁地加入或退出系统，这就需要很好地维护这个分布式数据库（维护各节点的指针和指针表），而这种维护的工作量可能会很大。当对等方数量非常大时，究竟采用何种查询机制更加合理，则需要根据具体情况来确定。

P2P 技术还在不断地改进，但随着 P2P 文件共享程序日益广泛地使用，也产生了一系列的问题有待于解决。这些问题已迫使人们要重新思考下一代互联网应如何演进。例如，音频/视频文件的知识产权就是其中的一个问题。又如，当非法盗版的、或不健康的音频/视频文件在互联网上利用 P2P 文件共享程序广泛传播时，要对 P2P 的流量进行有效的管理，在技术上还是有相当的难度。由于现在 P2P 文件共享程序的大量使用，已经消耗了互联网主干网上大部分的带宽。因此，怎样制定出合理的收费标准，既能够让广大网民接受，又能使网络运营商赢利并继续加大投入，也是目前迫切需要解决的问题。

本章的重要概念

- 本章所讨论的应用程序是为了解决互联网上的某一类应用问题的软件，而这些应用问题的解决又必须通过位于不同主机中的多个应用进程之间的通信和协同工作来完成。应用层协议规定了应用进程在通信时所遵循的各种规则。应用层协议是为应用程序的实现服务的。
- 应用层的许多协议都是基于客户服务器方式的。客户是服务请求方，服务器是服务提供方。
- 域名系统 DNS 是互联网使用的命名系统，用来把便于人们使用的机器名字转换为 IP 地址。DNS 是一个联机分布式数据库系统，并采用客户服务器方式。
- 域名到 IP 地址的解析是由分布在互联网上的许多域名服务器程序（即域名服务器）共同完成的。
- 互联网采用层次树状结构的命名方法，任何一台连接在互联网上的主机或路由器，都有一个唯一的层次结构的名字，即域名。域名中的点和点分十进制 IP 地址中的点没有对应关系。
- 域名服务器分为根域名服务器、顶级域名服务器、权限域名服务器和本地域名服务器。
- 文件传送协议 FTP 使用 TCP 可靠的运输服务。FTP 使用客户服务器方式。一个 FTP 服务器进程可同时为多个客户进程提供服务。在进行文件传输时，FTP 的客户和服务器之间要建立两个并行的 TCP 连接：控制连接和数据连接。实际用于传输文件的是数据连接。

- 万维网 WWW 是一个大规模的、联机式的信息储藏所，可以非常方便地从互联网上的一个站点链接到另一个站点。
- 万维网的客户程序向互联网中的服务器程序发出请求，服务器程序向客户程序送回客户所要的万维网文档。在客户程序主窗口上显示出的万维网文档称为页面。
- 万维网使用统一资源定位符 URL 来标志万维网上的各种文档，并使每一个文档在整个互联网的范围内具有唯一的标识符 URL。
- 万维网客户程序与服务器程序之间进行交互所使用的协议是超文本传送协议 HTTP。HTTP 使用 TCP 连接进行可靠的传送。但 HTTP 协议本身是无连接、无状态的。HTTP/1.1 协议使用了持续连接（分为非流水线方式和流水线方式）。
- HTTP/2 可使用同一个 TCP 连接把服务器发回的响应**并行发回**；允许客户**复用** TCP 连接进行多个请求；把所有的报文划分为许多较小的**二进制编码的帧**，采用新的压缩算法，不发送重复的首部字段，大大减小了首部的开销，提高了传输效率。
- 万维网使用超文本标记语言 HTML 来显示各种万维网页面。
- 万维网静态文档是指在文档创作完毕后就存放在万维网服务器中，在被用户浏览的过程中，内容不会改变。动态文档是指文档的内容是在浏览器访问万维网服务器时才由应用程序动态创建的。
- 活动文档技术可以使浏览器屏幕连续更新。活动文档程序可与用户直接交互，并可连续地改变屏幕的显示。
- 在万维网中用来进行搜索的工具叫作搜索引擎。搜索引擎大体上可划分为全文检索搜索引擎和分类目录搜索引擎两大类。
- 电子邮件是互联网上使用最多的和最受用户欢迎的一种应用。电子邮件把邮件发送到收件人使用的邮件服务器，并放在其中的收件人邮箱中，收件人可随时上网到自己使用的邮件服务器进行读取，相当于“电子信箱”。
- 一个电子邮件系统有三个主要组成构件，即：用户代理、邮件服务器和邮件协议（包括邮件发送协议，如 SMTP，和邮件读取协议，如 POP3 和 IMAP）。用户代理和邮件服务器都要运行这些协议。
- 电子邮件的用户代理就是用户与电子邮件系统的接口，它向用户提供一个很友好的视窗界面来发送和接收邮件。
- 从用户代理把邮件传送到邮件服务器，以及在邮件服务器之间的传送，都要使用 SMTP 协议。但用户代理从邮件服务器读取邮件时，则要使用 POP3（或 IMAP）协议。
- 基于万维网的电子邮件使用户能够利用浏览器收发电子邮件。用户浏览器和邮件服务器之间的邮件传送使用 HTTP 协议，而在邮件服务器之间邮件的传送仍然使用 SMTP 协议。
- 简单网络管理协议 SNMP 由三部分组成，即(1) SNMP 本身，负责读取和改变各代理中的对象名及其状态数值；(2) 管理信息结构 SMI，定义命名对象和定义对象类型（包括范围和长度）的通用规则，以及把对象和对象的值进行编码的基本编码规则 BER；(3) 管理信息库 MIB，在被管理的实体中创建了命名对象，并规定了其类型。

- 系统调用接口是应用进程的控制权和操作系统的控制权进行转换的一个接口，又称为应用编程接口 API。API 就是应用程序和操作系统之间的接口。
- 套接字是应用进程和运输层协议之间的接口，是应用进程为了获得网络通信服务而与操作系统进行交互时使用的一种机制。
- 目前 P2P 工作方式下的文件共享在互联网流量中已占据最大的份额，比万维网应用所占的比例大得多。
- BT 是很流行的一种 P2P 应用。BT 采用“最稀有的优先”的技术，可以尽早把最稀有的文件块收集到。此外，凡有当前以最高数据率向某个对等方传送文件块的相邻对等方，该对等方就优先把所请求的文件块传送给这些相邻对等方。这样做的结果是，这些对等方相互之间都能够以令人满意的速率交换文件块。
- 当对等方的数量很大时，采用 P2P 方式下载大文件，要比传统的客户–服务器方式快得多。
- 在 P2P 应用中，广泛使用的索引和查找技术是分布式散列表 DHT。

习题

6-01 互联网的域名结构是怎样的？它与目前的电话网的号码结构有何异同之处？

6-02 域名系统的主要功能是什么？域名系统中的本地域名服务器、根域名服务器、顶级域名服务器以及权限域名服务器有何区别？

6-03 举例说明域名转换的过程。域名服务器中的高速缓存的作用是什么？

6-04 设想有一天整个互联网的 DNS 系统都瘫痪了（这种情况不大会出现），试问还有可能给朋友发送电子邮件吗？

6-05 文件传送协议 FTP 的主要工作过程是怎样的？为什么说 FTP 是带外传送控制信息的？主进程和从属进程各起什么作用？

6-06 简单文件传送协议 TFTP 与 FTP 的主要区别是什么？各用在什么场合？

6-07 远程登录 TELNET 的主要特点是什么？什么叫作虚拟终端 NVT？

6-08 解释以下名词。各英文缩写词的原文是什么？
WWW, URL, HTTP, HTML, CGI, 浏览器，超文本，超媒体，超链，页面，活动文档，搜索引擎。

6-09 假定一个超链从一个万维网文档链接到另一个万维网文档时，由于万维网文档上出现了差错而使得超链指向一个无效的计算机名字。这时浏览器将向用户报告什么？

6-10 假定要从已知的 URL 获得一个万维网文档。若该万维网服务器的 IP 地址开始时并不知道。试问：除 HTTP 外，还需要什么应用层协议和运输层协议？

6-11 你所使用的浏览器的高速缓存有多大？请进行一个实验：访问几个万维网文档，然后将你的计算机与网络断开，然后再回到你刚才访问过的文档。你的浏览器的高速缓存能够存放多少个页面？

6-12 什么是动态文档？试举出万维网使用动态文档的一些例子。

6-13 浏览器同时打开多个 TCP 连接进行浏览的优缺点如何？请说明理由。

6-14 请判断以下论述的正误，并简述理由。

(1) 用户点击某网页，该网页有 1 个文本文件和 3 张图片。此用户可以发送一个请求就可以收到 4 个响应报文。

(2) 有以下两个不同的网页：www.abc.com/m1.html 和 www.abc.com/m2.html。用户可以使用同一个 HTTP/1.1 持续连接传送对这两个网页的请求和响应。

(3) 在客户与服务器之间进行非持续连接，只需要用一个 TCP 报文段就能够装入两个不同的 HTTP 请求报文。

(4) 在 HTTP 响应报文中的主体实体部分永远不会是空的。

6-15 假定你在浏览器上点击一个 URL，但这个 URL 的 IP 地址以前并没有缓存在本地主机上。因此需要用 DNS 自动查找和解析。假定要解析到所要找的 URL 的 IP 地址共经过 n 个 DNS 服务器，所经过的时间分别为 $RTT_1, RTT_2,\cdots,RTT_n$。假定从要找的网页上只需要读取一张很小的图片（即忽略这张小图片的传输时间）。从本地主机到这个网页的往返时间是 RTT_w。试问从点击这个 URL 开始，一直到本地主机的屏幕上出现所读取的小图片，一共要经过多长时间？

6-16 在上题中，假定同一台服务器的 HTML 文件中又链接了三个非常小的对象。若忽略这些对象的发送时间，试计算客户点击读取这些对象所需的时间。

(1) 没有并行 TCP 连接的非持续 HTTP；

(2) 使用并行 TCP 连接的非持续 HTTP；

(3) 流水线方式的持续 HTTP。

6-17 在浏览器中应当有几个可选解释程序。试给出一些可选解释程序的名称。

6-18 一个万维网网点有 1000 万个页面，平均每个页面有 10 个超链。读取一个页面平均要 100 ms。请问：要检索整个网点所需的最少时间是多少？

6-19 搜索引擎可分为哪两种类型？各有什么特点？

6-20 试述电子邮件的最主要的组成部件。用户代理 UA 的作用是什么？没有 UA 行不行？

6-21 电子邮件的信封和内容在邮件的传送过程中起什么作用？和用户的关系如何？

6-22 电子邮件的地址格式是怎样的？请说明各部分的意思。

6-23 试简述 SMTP 通信的三个阶段的过程。

6-24 试述邮局协议 POP 的工作过程。在电子邮件中，为什么需要使用 POP 和 SMTP 这两个协议？IMAP 与 POP 有何区别？

6-25 MIME 与 SMTP 的关系是怎样的？什么是 quoted-printable 编码和 base64 编码？

6-26 一个二进制文件共 3072 字节长。若使用 base64 编码，并且每发送完 80 字节就插入一个回车符 CR 和一个换行符 LF，问一共发送了多少个字节？

6-27 试将数据 11001100 10000001 00111000 进行 base64 编码，并得出最后传送的 ASCII 数据。

6-28 试将数据 01001100 10011101 00111001 进行 quoted-printable 编码，并得出最后传送的 ASCII 数据。这样的数据用 quoted-printable 编码后，其编码开销有多大？

6-29 电子邮件系统需要将人们的电子邮件地址编成目录以便于查找。要建立这种目录应将人名划分为几个标准部分（例如，姓、名）。若要形成一个国际标准，那么必须解决哪些问题？

6-30 电子邮件系统使用 TCP 传送邮件。为什么有时我们会遇到邮件发送失败的情况？为什么有时对方会收不到我们发送的邮件？

6-31 基于万维网的电子邮件系统有什么特点？在传送邮件时使用什么协议？

6-32 DHCP 协议用在什么情况下？当一台计算机第一次运行引导程序时，其 ROM 中有没有该主机的 IP 地址、子网掩码或某台域名服务器的 IP 地址？

6-33 什么是网络管理？为什么说网络管理是当今网络领域中的热门课题？

6-34 解释下列术语：网络元素、被管对象、管理进程、代理进程。

6-35 SNMP 使用 UDP 传送报文。为什么不使用 TCP？

6-36 为什么 SNMP 的管理进程使用探询掌握全网状态属于正常情况，而代理进程用陷阱向管理进程报告属于较少发生的异常情况？

6-37 SNMP 使用哪几种操作？SNMP 在 Get 报文中设置了请求标识符字段，为什么？

6-38 什么是管理信息库 MIB？为什么要使用 MIB？

6-39 什么是管理信息结构 SMI？它的作用是什么？

6-40 用 ASN.1 基本编码规则对以下 4 个数组(SEQUENCE-OF)进行编码。假定每一个数字占用 4 个字节。

2345, 1236, 122, 1236

6-41 SNMP 要发送一个 GetRequest 报文，以便向一个路由器获取 ICMP 的 icmpInParmProbs 的值。在 icmp 中变量 icmpInParmProbs 的标号是 5，它是一个计数器，用来统计收到的类型为参数问题的 ICMP 差错报告报文的数目。试给出这个 GetRequest 报文的编码。

6-42 对象 tcp 的 OBJECT IDENTIFIER 是什么？

6-43 在 ASN.1 中，IP 地址(IPAddress)的类别是应用类。若 IPAddress = 131.21.14.2，试求其 ASN.1 编码。

6-44 什么是应用编程接口 API？它是应用程序和谁的接口？

6-45 试举出常用的几种系统调用的名称，说明它们的用途。

6-46 图 6-37 表示了各应用协议在层次中的位置。

(1) 简单讨论一下为什么有的应用层协议要使用 TCP 而有的却要使用 UDP？

(2) 为什么 MIME 画在 SMTP 之上？

(3) 为什么路由选择协议 RIP 放在应用层？

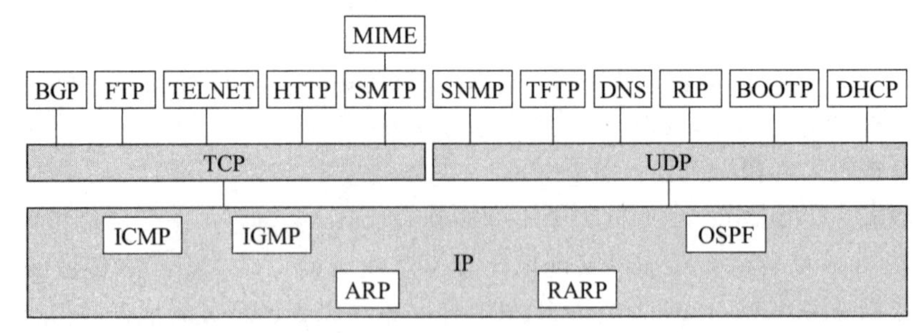

图 6-37　习题 6-46 的图

6-47 现在流行的 P2P 文件共享应用程序都有哪些特点？存在哪些值得注意的问题？

6-48 使用客户–服务器方式进行文件分发。一台服务器把一个长度为 F 的大文件分发给 N 个对等方。假设文件传输的瓶颈是各计算机（包括服务器）的上传速率 u。试计算文件分发到所有对等方的最短时间。

6-49 重新考虑上题的文件分发任务，但采用 P2P 文件分发方式，并且每个对等方只能在接收完整个文件后才能向其他对等方转发。试计算文件分发到所有 N 个对等方的最短时间。

6-50 再重新考虑上题的文件分发任务，但可以把这个非常大的文件划分为一个个非常小的数据块进行分发，即一个对等方在下载完一个数据块后就能向其他对等方转发，并同时可下载其他数据块。不考虑分块增加的控制信息，试计算整个大文件分发到所有对等方的最短时间。

6-51 假定某服务器有一文件 F = 15 Gbit 要分发给分布在互联网各处的 N 个对等方。服务器上传速率 u_s = 30 Mbit/s，每个对等方的下载速率 d = 2 Mbit/s，上传速率为 u = 300 kbit/s。设(1) N = 10，(2) N = 1000。试分别计算在客户–服务器方式下和在 P2P 方式下，该文件分发时间的最小值。

第 7 章　网络安全

随着计算机网络的发展，网络中的安全问题也日趋严重。当网络的用户来自社会各个阶层与部门时，大量在网络中存储和传输的数据就需要保护。由于计算机网络安全是另一门专业学科，所以本章只对计算机网络安全问题的基本内容进行初步的介绍。

本章最重要的内容是：

(1) 计算机网络面临的安全性威胁和计算机网络安全的主要问题。

(2) 对称密钥密码体制和公钥密码体制的特点。

(3) 鉴别、报文鉴别码、数字签名、证书、证书链的概念。

(4) 网络层安全协议 IPsec 协议族和运输层安全协议 TLS 的要点。

(5) 应用层电子邮件的安全措施。

(6) 系统安全：防火墙与入侵检测。

7.1　网络安全问题概述

本节讨论计算机网络面临的安全性威胁、安全的内容和一般的数据加密模型。

7.1.1　计算机网络面临的安全性威胁

计算机网络的通信面临两大类威胁，即**被动攻击**和**主动攻击**（如图 7-1 所示）。

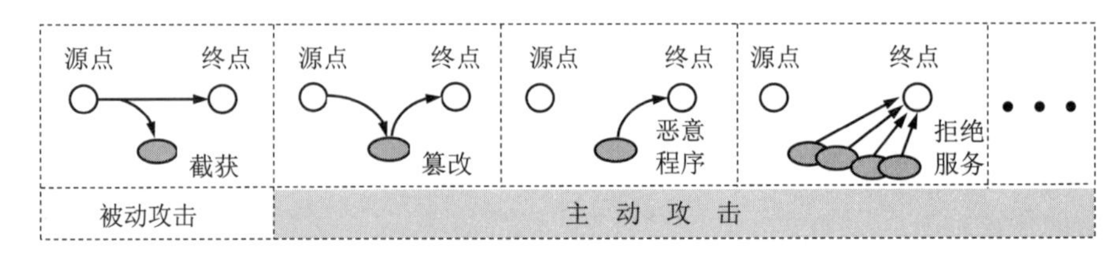

图 7-1　对网络的被动攻击和主动攻击

被动攻击是指攻击者从网络上窃听他人的通信内容。通常把这类攻击称为**截获**。在被动攻击中，攻击者只是观察和分析某一个**协议数据单元** PDU（这里使用 PDU 这一名词是考虑到所涉及的可能是不同的层次）而不干扰信息流。即使这些数据对攻击者来说是不易理解的，他也可通过观察 PDU 的协议控制信息部分，了解正在通信的协议实体的地址和身份，研究 PDU 的长度和传输的频度，从而了解所交换的数据的某种性质。这种被动攻击又称为**流量分析**(traffic analysis)。在战争时期，通过分析某处出现大量异常的通信量，往往可以发现敌方指挥所的位置。

主动攻击有如下几种最常见的方式。

(1) **篡改**　攻击者故意篡改网络上传送的报文。这里也包括彻底中断传送的报文，甚至是把完全伪造的报文传送给接收方。这种攻击方式有时也称为更改报文流。

(2) **恶意程序**　恶意程序(rogue program)种类繁多，对网络安全威胁较大的主要有以下几种：

- **计算机病毒**(computer virus)，一种会“传染”其他程序的程序，“传染”是通过修改其他程序来把自身或自己的变种复制进去而完成的。
- **计算机蠕虫**(computer worm)，一种通过网络的通信功能将自身从一个节点发送到另一个节点并自动启动运行的程序。
- **特洛伊木马**(Trojan horse)，一种程序，它执行的功能并非所声称的功能而是某种恶意功能。如一个编译程序除了执行编译任务以外，还把用户的源程序偷偷地复制下来，那么这种编译程序就是一种特洛伊木马。计算机病毒有时也以特洛伊木马的形式出现。
- **逻辑炸弹**(logic bomb)，一种当运行环境满足某种特定条件时执行其他特殊功能的程序。如一个编辑程序，平时运行得很好，但当系统时间为 13 日又为星期五时，它会删去系统中所有的文件，这种程序就是一种逻辑炸弹。
- **后门入侵**(backdoor knocking)，是指利用系统实现中的漏洞通过网络入侵系统。就像一个盗贼在夜晚试图闯入民宅，如果某家住户的房门有缺陷，盗贼就能乘虚而入。索尼游戏网络(PlayStation Network)在 2011 年被入侵，导致 7700 万用户的个人信息，诸如姓名、生日、E-mail 地址、密码等被盗[W-BACKD]。
- **流氓软件**，一种未经用户允许就在用户计算机上安装运行并损害用户利益的软件，其典型特征是：强制安装、难以卸载、浏览器劫持、广告弹出、恶意收集用户信息、恶意卸载、恶意捆绑等。现在流氓软件的泛滥程度已超过了各种计算机病毒，成为互联网上最大的公害。流氓软件的名字一般都很吸引人，如某某卫士、某某搜霸等，因此要特别小心。

上面所说的计算机病毒是狭义的，也有人把所有的恶意程序泛指为计算机病毒。例如 1988 年 10 月“Morris 病毒”入侵美国互联网，舆论说该事件是“计算机病毒入侵美国计算机网”，而计算机安全专家却称之为“互联网蠕虫事件”。

(3) **拒绝服务** DoS (Denial of Service)　指攻击者向互联网上的某个服务器不停地发送大量分组，使该服务器无法提供正常服务，甚至完全瘫痪。2000 年 2 月 7 日至 9 日美国几个著名网站遭黑客[1]袭击，使这些网站的服务器一直处于“忙”的状态，因而无法向发出请求的客户提供服务。这种攻击被称为**拒绝服务**。又如在 2014 年圣诞节，索尼游戏网(PlayStation Network)和微软游戏网(Microsoft Xbox Live)被黑客攻击后瘫痪，估计有 1.6 亿用户受到影响[W-DOS]。

若从互联网上的成百上千个网站集中攻击一个网站，则称为**分布式拒绝服务** DDoS (Distributed Denial of Service)。有时也把这种攻击称为**网络带宽攻击**或**连通性攻击**。

2018 年 2 月，6 日世界标准时间零时，亚太地区许多计算机同时向根服务器系统发动袭击，企图使之瘫痪。它们每秒传送的数据量相当于服务器每分钟要接收 75 万封电子邮件。结果至少有 6 个根服务器系统受到影响，两个破坏严重。有分析认为攻击来自韩国，但

---

① 注：黑客(hacker)是指精通计算机编程的高手，他们能够通过专门的技术手段进入某些据称是相当安全的计算机系统中。黑客一般可分为两大类。一类是蓄意搞破坏或盗窃别人计算机中数据信息的坏人，而另一类则是专门研究计算机系统安全性的好人。例如，银行发行的信用卡必须十分安全，但这种信用卡的安全性在公开发行之前却无从知晓。这时就要请专门研究计算机安全的黑客对信用卡进行攻击实验。如黑客在努力尝试后仍无法攻破，则可认为该信用卡至少在目前是相对安全的。

ICANN 不认为黑客一定是韩国人，他可以是任何地点的任何人，只不过是操纵了韩国的计算机而已。

还有其他类似的网络安全问题。例如，在使用以太网交换机的网络中，攻击者向某个以太网交换机发送大量的伪造源 MAC 地址的帧。以太网交换机收到这样的帧，就把这个假的源 MAC 地址写入交换表中（因为交换表中没有这个地址）。由于这种伪造的地址数量太大，因此很快就把交换表填满了，导致以太网交换机无法正常工作（称为**交换机中毒**）。

对于主动攻击，可以采取适当措施加以检测。但对于被动攻击，通常却是检测不出来的。根据这些特点，可得出计算机网络通信安全的目标如下：

(1) 防止析出报文内容和流量分析。

(2) 防止恶意程序。

(3) 检测更改报文流和拒绝服务。

对付被动攻击可采用各种数据加密技术，而对付主动攻击，则需将加密技术与适当的鉴别技术相结合。

7.1.2　安全的计算机网络

人们一直希望能设计出一种安全的计算机网络，但不幸的是，网络的安全性是不可判定的[DENN82]。目前在安全协议的设计方面，主要是针对具体的攻击设计安全的通信协议。但如何保证所设计出的协议是安全的？这可以使用两种方法。一种是用形式化方法来证明，另一种是用经验来分析协议的安全性。形式化证明的方法是人们所希望的，但一般意义上的协议安全性也是不可判定的，只能针对某种特定类型的攻击来讨论其安全性。对于复杂的通信协议的安全性，形式化证明比较困难，所以主要采用人工分析的方法来找漏洞。对于简单的协议，可通过限制入侵者的操作（即假定入侵者不会进行某种攻击）来对一些特定情况进行形式化的证明，当然，这种方法有很大的局限性。

根据上一节所述的各种安全性威胁，不难看出，一个安全的计算机网络应设法达到以下四个目标：

1. 机密性

机密性（或私密性）就是只有信息的发送方和接收方才能懂得所发送信息的内容，而信息的截获者则看不懂所截获的信息。显然，机密性是网络安全通信最基本的要求，也是对付被动攻击所必须具备的功能。通常可简称为**保密**。尽管计算机网络安全并不仅仅依靠机密性，但不能提供机密性的网络肯定是不安全的。为了使网络具有机密性，需要使用各种密码技术。

2. 端点鉴别

安全的计算机网络必须能够鉴别信息的发送方和接收方的真实身份。网络通信和面对面的通信差别很大。现在频繁发生的网络诈骗，在许多情况下，就是由于在网络上不能鉴别出对方的真实身份。当我们收到一封电子邮件时，发信人也可能并不是邮件上所署名的那个人。当我们进行网上购物时，卖家也有可能是犯罪分子假冒的商家。不能解决这个问题，就不能认为网络是安全的。端点鉴别在对付主动攻击时是非常重要的。

3. 信息的完整性

即使能够确认发送方的身份是真实的，并且所发送的信息都是经过加密的，我们依然不能认为网络是安全的。还必须确认所收到的信息都是完整的，也就是信息的内容没有被人篡改过。保证信息的完整性在应对主动攻击时也是必不可少的。信息的完整性和机密性是两个不同的概念。例如，商家向公众发布的商品广告当然不需要保密，但如果广告在网络上传送时被人恶意删除或添加了一些内容，那么就可能对商家造成很大的损失。

实际上，信息的完整性与端点鉴别往往是不可分割的。假定你准确知道报文发送方的身份没有错（即通过了端点鉴别），但收到的报文却已被人篡改过（即信息不完整），那么这样的报文显然是没有用处的。因此，在谈到“鉴别”时，有时是同时包含了端点鉴别和报文的完整性。也就是说，既鉴别发送方的身份，又鉴别报文的完整性。

4. 运行的安全性

现在的机构与计算机网络的关系越密切，就越要重视计算机网络运行的安全性。上一节介绍的恶意程序和拒绝服务的攻击，即使没有窃取到任何有用的信息，也能够使受到攻击的计算机网络不能正常运行，甚至完全瘫痪。因此，确保计算机系统运行的安全性，也是非常重要的工作。对于一些要害部门，这点尤为重要。

访问控制(access control)对计算机系统的安全性非常重要。必须对访问网络的权限加以控制，并规定每个用户的访问权限。由于网络是个非常复杂的系统，其访问控制机制比操作系统的访问控制机制更复杂（尽管网络的访问控制机制是建立在操作系统的访问控制机制之上的），尤其在安全要求更高的**多级安全**(multilevel security)情况下更是如此。

7.1.3 数据加密模型

一般的数据加密模型如图 7-2 所示。用户 A 向 B 发送**明文** X，但通过**加密算法** E 运算后，就得出**密文** Y。

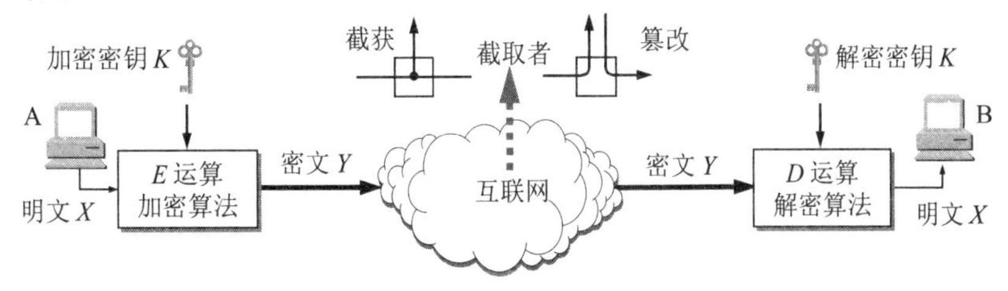

图 7-2　一般的数据加密模型

图中所示的加密和解密用的**密钥** K (key)是一串秘密的字符串（即比特串）。公式(7-1)就是明文通过加密算法变成密文的一般表示方法。

$$Y = E_K(X) \tag{7-1}$$

在传送过程中可能出现密文的**截取者**（或**攻击者**、**入侵者**）。公式(7-2)表示接收端利用**解密算法** D 运算和**解密密钥** K，解出明文 X。解密算法是加密算法的逆运算。在进行解密运算时，如果不使用事先约定好的密钥就无法解出明文。

$$D_K(Y) = D_K(E_K(X)) = X \tag{7-2}$$

这里我们假定加密密钥和解密密钥都是一样的。但实际上它们可以是不一样的（即使不一样，这两个密钥也必然有某种相关性）。密钥通常由密钥中心提供。当密钥需要向远地传送时，一定要通过另一个安全信道。

密码编码学(cryptography)是密码体制的设计学，而**密码分析学**(cryptanalysis)则是在未知密钥的情况下从密文推演出明文或密钥的技术。密码编码学与密码分析学合起来即为**密码学**(cryptology)。

如果不论截取者获得了多少密文，但在密文中都没有足够的信息来唯一地确定出对应的明文，则这一密码体制称为**无条件安全的**，或称为**理论上是不可破的**。在无任何限制的条件下，目前几乎所有实用的密码体制均是可破的。因此，人们关心的是要研制出**在计算上(而不是在理论上)是不可破的密码体制**。如果一个密码体制中的密码，不能在一定时间内被可以使用的计算资源破译，则这一密码体制称为**在计算上是安全的**。

早在几千年前人类就已经有了通信保密的思想和方法。直到 1949 年，信息论创始人香农(C. E. Shannon)发表著名文章[SHAN49]，论证了一般经典加密方法得到的密文几乎都是可破的。密码学的研究曾面临着严重的危机。但从 20 世纪 60 年代起，随着电子技术、计算技术的迅速发展以及结构代数、可计算性和计算复杂性理论等学科的研究，密码学又进入了一个新的发展时期。在 20 世纪 70 年代后期，美国的**数据加密标准** DES (Data Encryption Standard)和**公钥密码体制**（public key crypto-system，又称为公开密钥密码体制）的出现，成为近代密码学发展史上的两个重要里程碑。

7.2 两类密码体制

7.2.1 对称密钥密码体制

所谓**对称密钥密码体制**，即**加密密钥与解密密钥都使用相同密钥的密码体制**。例如图 7-2 所示的情况，通信的双方使用的就是对称密钥。

数据加密标准 DES 属于对称密钥密码体制。它由 IBM 公司研制出，于 1977 年被美国定为联邦信息标准后，在国际上引起了极大的重视。ISO 曾将 DES 作为数据加密标准。

DES 是一种分组密码。在加密前，先对整个的明文进行分组。每一个组为 64 位长的二进制数据。然后对每一个 64 位二进制数据进行加密处理，产生一组 64 位密文数据。最后将各组密文串接起来，即得出整个的密文。使用的密钥占有 64 位（实际密钥长度为 56 位，外加 8 位用于奇偶校验）。

DES 的机密性仅取决于对密钥的保密，而算法是公开的。DES 的问题是它的密钥长度。56 位长的密钥意味着共有 2^{56} 种可能的密钥，也就是说，共有约 7.6×10^{16} 种密钥。假设一台计算机 1 μs 可执行一次 DES 加密，同时假定平均只需搜索密钥空间的一半即可找到密钥，那么破译 DES 要超过 1000 年。

然而芯片的发展出乎意料地快。不久，56 位 DES 已不再被认为是安全的。

对于 DES 56 位密钥的问题，学者们提出了三重 DES（Triple DES 或记为 3DES）的方案，把一个 64 位明文用一个密钥加密，再用另一个密钥解密，然后再使用第一个密钥加密，即

$$Y = \text{DES}_{K1}(\text{DES}^{-1}{}_{K2}(\text{DES}_{K1}(X)))$$

这里，X 是明文，Y 是密文，$K1$ 和 $K2$ 分别是第一个和第二个密钥，$DES_{K1}(\cdot)$表示用密钥 $K1$ 进行 DES 加密，而 $DES^{-1}{}_{K2}(\cdot)$表示用密钥 $K2$ 进行 DES 解密。

这种三重 DES 曾广泛用于网络、金融、信用卡等系统。

在 DES 之后，1997 年美国标准与技术协会(NIST)，对一种新的加密标准即**高级加密标准** AES (Advanced Encryption Standard)进行遴选，最后由两位年轻比利时学者 Joan Daemen 和 Vincent Rijmen 提交的 Rijndael 算法被选中，在 2001 年正式成为 NIST 的加密标准。在 2002 年成为美国政府加密标准。现在 AES 也是 ISO/IEC 18033-3 标准。

AES 是一种分组密码，分组长度为 128 位。AES 有三种加密标准，其密钥分别为 128 位、192 位和 256 位，加密步骤相当复杂，运算速度比 3DES 快得多，且安全性也大大加强。在 2001 年，NIST 曾有一个大致的估计，就是假定有一台高速计算机，仅用 1 秒钟就能够破译 56 位的 DES（也就是采用穷举法，在 1 秒钟内能够把 DES 所有的 2^{56} 个密钥逐个进行解密运算一遍），那么要破译 128 位的 AES，就需要 10^{12} 年！但是计算机运算速度的提高是很难预测的。因此美国国家安全局 NSA 认为，对于最高机密信息（这类信息必须保证数十年以上的安全性）的传递，至少需要 192 或 256 位的密钥长度。

到 2020 年 5 月为止，尚未见到能够成功破解 AES 密码系统的报道。有人认为，要破解 AES 可能需要在数学上出现非常重大的突破。

7.2.2 公钥密码体制

公钥密码体制的概念是由斯坦福(Stanford)大学的研究人员 Diffie 与 Hellman 于 1976 年提出的[DIFF76]。公钥密码体制**使用不同的加密密钥与解密密钥**。这种加密体制又称为**非对称密钥密码体制**。

公钥密码体制的产生主要有两个方面的原因，一是由于对称密钥密码体制的**密钥分配**问题，二是由于对**数字签名**的需求。

在对称密钥密码体制中，加解密的双方使用的是相同的密钥。但怎样才能做到这一点呢？一种是事先约定，另一种是用信使来传送。在高度自动化的大型计算机网络中，用信使来传送密钥显然是不合适的。如果事先约定密钥，就会给密钥的管理和更换带来极大的不便。若使用高度安全的**密钥分配中心** KDC (Key Distribution Center)，也会使得网络成本增加。

对数字签名的强烈需要也是产生公钥密码体制的一个原因。在许多应用中，人们需要对纯数字的电子信息进行签名，表明该信息确实是某个特定的人产生的。

公钥密码体制提出不久，人们就找到了三种公钥密码体制。目前最著名的是由美国三位科学家 Rivest, Shamir 和 Adleman 于 1976 年提出并在 1978 年正式发表的 **RSA 体制**，它是一种基于数论中的大数分解问题的体制[RIVE78]。

在公钥密码体制中，**加密密钥** PK（Public Key，即**公钥**）是向公众公开的，而**解密密钥** SK（Secret Key，即**私钥或密钥**）则是需要保密的。加密算法 E 和解密算法 D 也都是公开的。

公钥密码体制的加密和解密过程有如下特点：

(1) **密钥对**产生器产生出接收者 B 的一对密钥：加密密钥 PK_B 和解密密钥 SK_B。发送者 A 所用的加密密钥 PK_B 就是接收者 B 的公钥，它向公众公开。而 B 所用的解密密钥 SK_B 就是接收者 B 的私钥，对其他人都保密。

(2) 发送者 A 用 B 的公钥 PK_B 通过 E 运算对明文 X 加密，得出密文 Y，发送给 B。

$$Y = E_{\mathrm{PK_B}}(X) \tag{7-3}$$

B 用自己的私钥 $\mathrm{SK_B}$ 通过 D 运算进行解密，恢复出明文，即

$$D_{\mathrm{SK_B}}(Y) = D_{\mathrm{SK_B}}(E_{\mathrm{PK_B}}(X)) = X \tag{7-4}$$

(3) 虽然在计算机上可以容易地产生成对的 $\mathrm{PK_B}$ 和 $\mathrm{SK_B}$，但从已知的 $\mathrm{PK_B}$ 实际上不可能推导出 $\mathrm{SK_B}$，即从 $\mathrm{PK_B}$ 到 $\mathrm{SK_B}$ 是“**计算上不可能的**”。这就是说，除了 B 以外，其他任何人都无法解密出明文 X。

(4) 虽然公钥可用来加密，但却不能用来解密，即

$$D_{\mathrm{PK_B}}(E_{\mathrm{PK_B}}(X)) \neq X \tag{7-5}$$

(5) 先后对 X 进行 D 运算和 E 运算或进行 E 运算和 D 运算，结果都是一样的：

$$E_{\mathrm{PK_B}}(D_{\mathrm{SK_B}}(X)) = D_{\mathrm{SK_B}}(E_{\mathrm{PK_B}}(X)) = X \tag{7-6}$$

请注意，通常都是先加密然后再解密。但仅从运算的角度看，D 运算和 E 运算的先后顺序则可以是任意的。对某个报文进行 D 运算，并不表明是要对其解密。

图 7-3 给出了用公钥密码体制进行加密的过程。

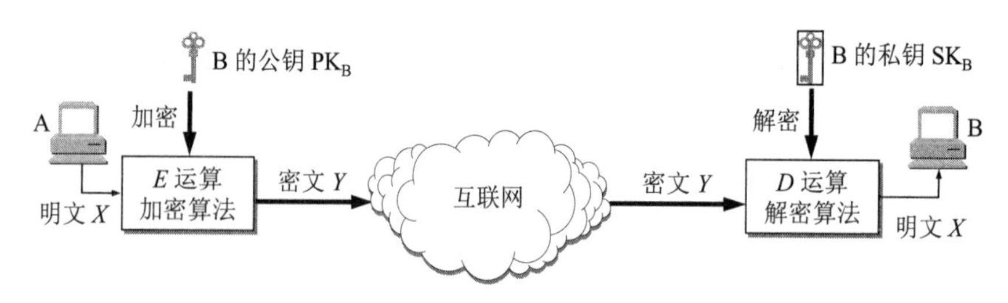

图 7-3　公钥密码体制

公开密钥与对称密钥在使用通信信道方面有很大的不同。在使用对称密钥时，由于双方使用同样的密钥，因此在通信信道上可以进行**一对一的双向保密通信**，每一方既可用此密钥加密明文，并发送给对方，也可接收密文，用同一密钥对密文解密。这种保密通信仅限于持有此密钥的双方（如再有第三方就不保密了）。但在使用公钥密码体制时，在通信信道上可以是**多对一的单向保密通信**。例如在图 7-3 中，可以有很多人同时持有 B 的公钥，并各自用此公钥对自己的报文加密后发送给 B。只有 B 才能够用其私钥对收到的多个密文一一进行解密。但使用这对密钥进行反方向的保密通信则是不行的。在现实生活中，这种多对一的单向保密通信是很常用的。例如，在网购时，很多顾客都向同一个网站发送各自的信用卡信息，就属于这种情况。

请注意，**任何加密方法的安全性取决于密钥的长度，以及攻破密文所需的计算量**，而不是简单地取决于加密的体制（公钥密码体制或传统加密体制）。我们还要指出，公钥密码体制并没有使传统密码体制被弃用，因为目前公钥加密算法的**开销较大**，在可见的将来还不会放弃传统加密方法。

7.3 鉴别

7.3.1 报文鉴别

在网络的应用中，**鉴别**(authentication)是网络安全中一个很重要的问题。鉴别和加密是不相同的概念。鉴别的内容有二。一是要**鉴别发信者**，即验证通信的对方的确是自己所要通信的对象，而不是其他的冒充者。这就是**实体鉴别**。实体可以是发信的人，也可以是一个进程（客户或服务器）。因此这也常称为**端点鉴别**。二是要**鉴别报文的完整性**，即对方所传送的报文没有被他人篡改过。至于报文是否需要加密，则是与“鉴别”性质不同的问题。有的报文需要加密（这要另找措施），但许多报文并不需要加密。

请注意，鉴别与**授权**(authorization)也是不同的概念。授权涉及的问题是：所进行的过程是否被允许（如是否可以对某文件进行读或写）。

不过有时常用**报文鉴别**一词包含上述鉴别的两个内容，既鉴别报文的发送者，也鉴别报文的完整性。

下面分别讨论报文鉴别与实体鉴别的特点。

1. 用数字签名进行鉴别（原理）

我们知道，书信或文件可根据亲笔签名或印章来鉴别其真实性。但在计算机网络中传送的报文，则可使用**数字签名**进行鉴别。下面就介绍数字签名的原理。

为了进行**数字签名**，A 用其私钥 SK_A 对报文 X 进行 D 运算（如图 7-4 所示）。D 运算本来叫作解密运算。可是，还没有加密怎么就进行解密呢？其实 D 运算只是把报文变换为某种不可读的密文（因此有时也说成 A 用其私钥对报文加密，但这样说不准确）。在图 7-4 中我们使用“D 运算”而不是“解密运算”，就是为了避免产生这种误解。A 把经过 D 运算得到的密文传送给 B。B 为了**核实签名**，用 A 的公钥进行 E 运算，还原出明文 X。请注意，任何人用 A 的公钥 PK_A 进行 E 运算后都可以得出 A 发送的明文。可见图 7-4 所示的通信方式并非为了保密，而是为了进行签名和核实签名，即确认此明文的确是 A 发送的。

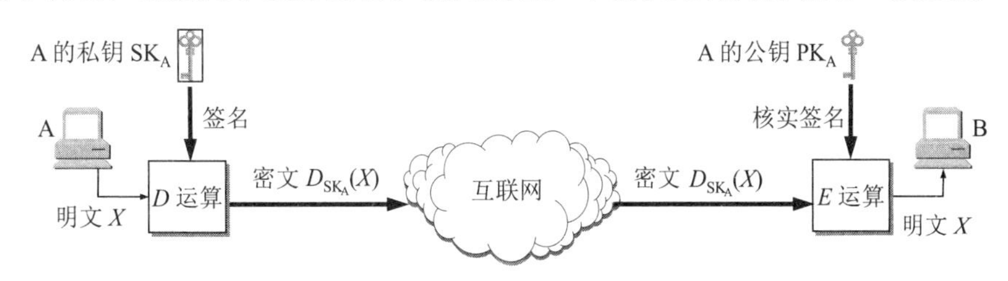

图 7-4　用数字签名进行鉴别

下面讨论一下为什么数字签名具有鉴别报文的功能。

因为除 A 外没有别人持有 A 的私钥 SK_A，所以除 A 外没有别人能产生密文 $D_{SK_A}(X)$。这样，B 确信报文 X 是 A 签名发送的。这就鉴别了报文的发送者。同理，其他人如果篡改过报文，但由于无法得到 A 的私钥 SK_A 对篡改后的报文进行 D 运算，那么 B 对收到的报文进行核实签名的 E 运算后，将会得出不可读的明文，因而不会被欺骗。这样就保证了报文的完整性。

数字签名还有另一功能，就是发送者事后不能抵赖对报文的签名。这叫作**不可否认**。

若 A 要抵赖曾发送报文给 B，B 可把 X 及 $D_{SK_A}(X)$ 出示给进行公证的第三者。第三者很容易用 PK_A 去证实 A 确实发送 X 给 B。

以上这三项功能的关键都在于没有其他人能够持有 A 的私钥 SK_A。

但数字签名仅对报文进行了签名，对报文 X 本身却未保密。因为截获到密文 $D_{SK_A}(X)$ 并知道发送者身份的任何人，若通过某种手段获得了发送者的公钥 PK_A，就能解出报文的内容。如果用图 7-5 所示的方法，就可同时实现保密通信和数字签名。图中 SK_A 和 SK_B 分别为 A 和 B 的私钥，而 PK_A 和 PK_B 分别为 A 和 B 的公钥。请注意，在许多情况下，我们往往强调的是使用何种密钥进行运算，这时的表达方式可简单些。例如，“用 A 的私钥对明文 X 进行签名”可记为 $SK_A(X)$。若“再用 B 的公钥对此签名进行加密”，则可记为 $PK_B(SK_A(X))$，而不必深究使用的是 D 运算还是 E 运算。

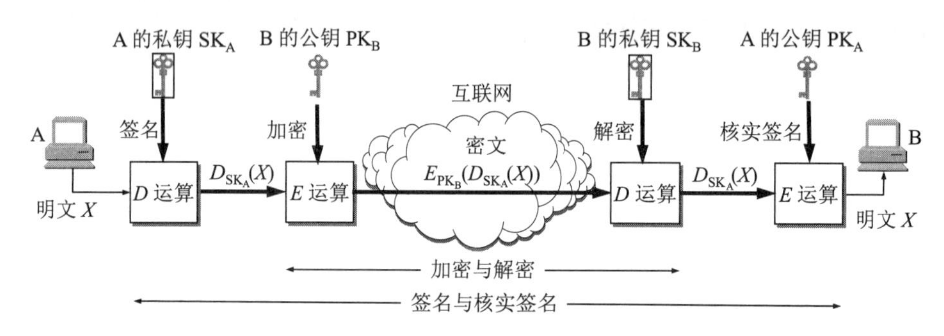

图 7-5　可保证机密性的数字签名

如图 7-5 所示的可保证机密性的数字签名方法，虽然在理论上是正确的，但很难用于现实生活中。因此这一节的小标题后边有“原理”二字。这是因为要对报文（可能很长的报文）先后要进行两次 D 运算和两次 E 运算，这种运算量太大，要花费非常多的计算机 CPU 时间，在很多情况下是无法令人接受的。因此目前对网络上传送的大量报文，普遍都使用开销小得多的对称密钥加密。要实现数字签名当然必须使用公钥密码，但一定要设法减小公钥密码算法的开销。这就要使用后面几个小节所讨论的密码散列函数和报文鉴别码。

2. 密码散列函数

散列函数（又称为杂凑函数，或哈希函数）在计算机领域中使用得很广泛。密码学对散列函数有非常高的要求，因此符合密码学要求的散列函数又常称为**密码散列函数** (cryptographic hash function)。以后在不致产生错误概念时，我们也常把密码散列函数简称为散列函数。具体说来，密码散列函数 $H(X)$应具有以下四个特点：

(1) 虽然散列函数的输入报文 X 的长度不受限制，但计算出的结果 $H(X)$的长度则应是**较短的和固定的**。散列函数的输出 $H(X)$又称为**散列值，或散列**。散列函数采用确定算法，因此相同的输入必定得出相同的输出。虽然密码散列函数相当复杂，但利用计算机，散列函数的运算还是相当快的。

(2) 散列函数的输入和输出的关系是**多对一**的。若散列值 $H(X)$的长度为 128 位，那么输出散列值只有 2^{128} 个**有限多**的可能值（2^{128} 与 IPv6 的地址数一样大，是个很大的数值）。然而我们的输入报文 X 却有**无限多**的取值。可见必然会出现不同输入却产生相同输出的**碰撞**现象。精心挑选的密码散列函数应当非常不易发生碰撞，即应具有很好的**抗碰撞性**。

(3) 若给出散列值 $H(X)$，则**无人能找出输入报文** X。也就是说，散列函数是一种**单向函数**(one-way function)，即逆向变换是不可能的（如图 7-6 所示）。

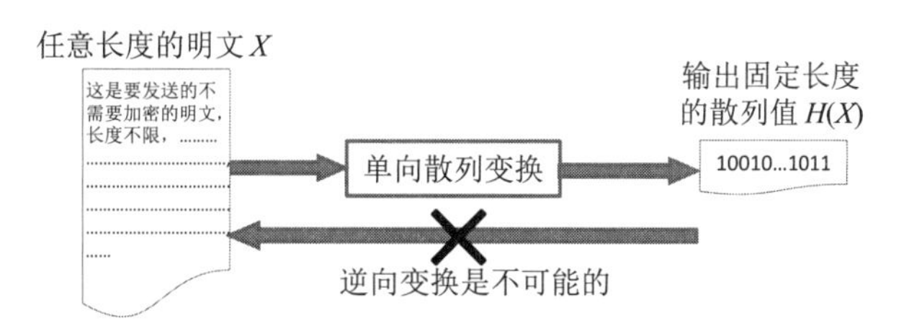

图 7-6　密码散列函数是单向的

上述特点的另一种表述方法是：

若已知 X 和 $H(X)$，则没有人能够找到 Y（$Y \neq X$），使得 $H(Y) = H(X)$。

但下面我们要讲到，关于这方面的研究，后来已有了一些新的进展。

(4) 好的密码散列函数还具有这样一些特性：散列函数输出的每一个比特，都与输入的每一个比特有关；哪怕仅改动输入的一个比特，输出也会相差极大；散列函数的运算包括许多非线性运算。

通过许多学者的不断努力，已经设计出一些实用的密码散列函数（或称为散列算法），其中最出名的就是 MD5 和 SHA-1。MD 就是 Message Digest 的缩写，意思是**报文摘要**。MD5 是报文摘要的第 5 个版本。

报文摘要算法 MD5 公布于 RFC 1321（1991 年），并获得了非常广泛的应用。MD5 的设计者 Rivest 曾提出一个猜想，即根据给定的 MD5 报文摘要代码，要找出一个与原来报文有相同报文摘要的另一报文，其难度在计算上几乎是不可能的。但在 2004 年，中国学者王小云[①]发表了轰动世界的密码学论文，证明可以用系统的方法找出一对报文，这对报文具有相同的 MD5 报文摘要[W-WANG]，而这仅需 15 分钟，或不到 1 小时。于是，MD5 的安全性就产生了动摇。随后，又有许多学者开发了对 MD5 实际的攻击。于是 MD5 最终被另一种叫作**安全散列算法** SHA (Secure Hash Algorithm)的标准所取代。

下面仍以 MD5 为例来介绍报文摘要。这主要是考虑到目前新的散列函数（如 SHA-2）是从 MD5 发展而来的。对于有兴趣研究散列函数的读者，MD5 是个很好的出发点。

MD5 算法的大致过程如下：

(1) 先把任意长的报文按模 2^{64} 计算其余数（64 位），追加在报文的后面。

(2) 在报文和余数之间填充 1~511 位，使得填充后的总长度是 512 的整数倍。填充的首位是 1，后面都是 0。

(3) 把追加和填充后的报文分割为许多 512 位的数据块，每个 512 位的报文数据再分成 4 个 128 位的数据块依次送到不同的散列函数进行 4 轮计算。每一轮又都按 32 位的小数据块进行复杂的运算。一直到最后计算出 MD5 报文摘要代码（128 位）。

这样得出的 MD5 报文摘要代码中的每一位都与原来报文中的每一位有关。由此可见，像 MD5 这样的密码散列函数实际上已是个相当复杂的算法，而不是简单的函数了。

SHA-1 是由美国标准与技术协会 NIST 提出的一个散列算法系列。SHA-1 和 MD5 相似，

① 注：王小云，女，1966 年出生，山东大学和清华大学教授，中国科学院院士，主要研究领域为密码学和信息安全学。

但其散列值的长度为 160 位（比 MD5 的 128 位多了 25%）。SHA-1 也是先把输入报文划分为许多 512 位长的数据块，然后经过复杂运算后得出散列值。SHA-1 比 MD5 更安全，但计算起来却比 MD5 要慢些。1995 年发布的新版本 SHA-1 [RFC 3174]在安全性方面有了很大的改进。

但 SHA-1 后来也被证明其实际安全性并未达到设计要求，并且也曾被王小云教授的研究团队攻破。谷歌也宣布了攻破 SHA-1 的消息。现在 SHA-1 已被另外的两个版本 SHA-2 [RFC 6234]和 SHA-3 [W-SHA3]所替代。SHA-2 和 SHA-3 都各有好几种变型。前者有 SHA-224, SHA-256, SHA-384 和 SHA-512，后者有 SHA3-224, SHA3-256, SHA3-384 和 SHA3-512。在上面名称最后的 3 位数字表示散列的位数。这里需要指出，SHA-3 采用了与 SHA-2 完全不同的散列函数。现在许多组织都已纷纷宣布停用 SHA-1。例如，微软于 2017 年 1 月 1 日起停止支持 SHA-1 证书，而以前签发的 SHA-1 证书也必须更换为 SHA-2 证书。

请注意，MD5 或 SHA-1“被攻破”，是指有人能**设法**找出具有相同散列值的一对报文。这样就动摇了 MD5 或 SHA-1 的安全性。但是，密码学家目前尚无法把一个**任意**已知的报文 X，篡改为具有同样 MD5 或 SHA-1 散列值的另一报文 Y。

3. 用报文鉴别码实现报文鉴别

下面进一步讨论怎样使用散列函数来实现报文鉴别。

下面给出的三个简单步骤，给出鉴别报文的初步概念。

(1) 用户 A 首先根据自己的明文 X 计算出散列 $H(X)$（例如，使用 MD5）。为简单起见，我们把得出的散列 $H(X)$记为 H。

(2) 用户 A 把散列 H 拼接在明文 X 的后面，生成了扩展的报文(X, H)，然后发送给 B。

(3) 用户 B 收到了这个扩展的报文(X, H)。因为散列的长度 H 是早已知道的固定值，因此很容易把收到的散列 H 和明文 X 分离开。B 通过散列函数的运算，计算出所收到的明文 X 的散列 $H(X)$。若 $H(X) = H$，则 B 就认为所收到的明文是 A 发送过来的。

但上述做法**实际上是不可行的**。设想某个入侵者创建了一个伪造的报文 M，然后也用同样的方法计算出其散列 $H(M)$，并且冒充 A 把拼接有散列的扩展报文发送给 B。B 收到扩展的报文$(M, H(M))$后，按照上面步骤(3)的方法进行验证，发现一切都是正常的，就会误认为所收到的伪造报文就是 A 发送的。

因此，必须设法对上述的攻击进行防范。解决的办法可以是：A 把**双方共享的密钥** K（K 就是一串不太长的字符串）拼接到报文 X 后，进行散列运算（如图 7-7 所示）。散列运算得出的结果为**固定长度**的 $H(X + K)$，称为**报文鉴别码** MAC (Message Authentication Code)。请注意：局域网中使用的媒体接入控制 MAC 正好也使用这三个字母，因此在看到缩写词 MAC 时应注意上下文。A 把报文鉴别码 MAC 拼接在报文 X 后面，得到扩展的报文，发送给 B。我们注意到，共享密钥 K 并没有出现在网上传送的扩展的报文中。

B 收到扩展的报文后，把报文鉴别码 MAC 与报文 X 进行分离。B 再用同样的密钥 K 与报文 X 拼接，进行散列运算，把得出的结果 $H(X + K)$与分离出的报文鉴别码 MAC 进行比较。如相等，就可确认收到的报文 X 的确是 A 发送的。只要入侵者不掌握密钥 K，就无法伪造 A 的报文鉴别码 MAC，因而无法伪造 A 发送的报文。像这样的报文鉴别码称为**数字签名**，或**数字指纹**。图 7-7 所示的过程就是 A 对报文进行了签名，而 B 对报文进行了鉴别。

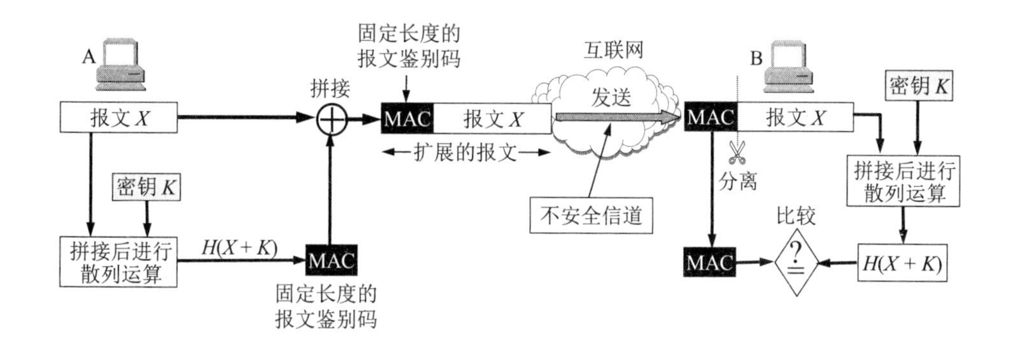

图 7-7　用报文鉴别码 MAC 鉴别报文

图 7-7 所示的鉴别过程并没有执行加密算法，只是在计算散列值时在报文后面拼接了密钥，因此这种鉴别报文的方法消耗的计算资源很少，但却能有效地保护报文的完整性。

在许多有关鉴别的文献中，常常看到在 MAC 前面加上一个 H 的写法，即 HMAC (Hashed MAC)。MAC 与 HMAC 的区别如图 7-8 所示[PETE12，第 646 页]。前面图 7-7 所示的 MAC 实际上就是 HMAC。计算 HMAC 是规定把密钥 K 拼接在明文后面，然后使用密码散列算法对其进行运算，得出的散列值就是 HMAC。但在计算 MAC 时则不一定这样做。首先，密钥 K 不一定非要拼接在明文的后面，只要把密钥 K 作为一个计算 MAC 的参数即可。其次，可以有多种计算 MAC 的算法，不一定非要使用严格的密码散列算法。在 RFC 2104 中，对各种不同情况下 HMAC 的计算方法都有着详细的规定。但在本书中，为了方便，对 MAC 和 HMAC 可视为同义词。

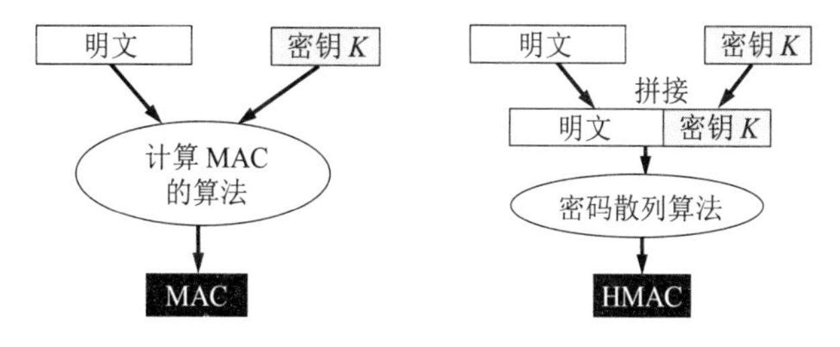

图 7-8　MAC 与 HMAC 的区别

上述这种鉴别报文的方法还有一些问题有待解决。例如，采用怎样安全有效的方法来分发通信双方共享的密钥 K？另一种可行的方法是采用公钥系统。我们用图 7-9 来说明。

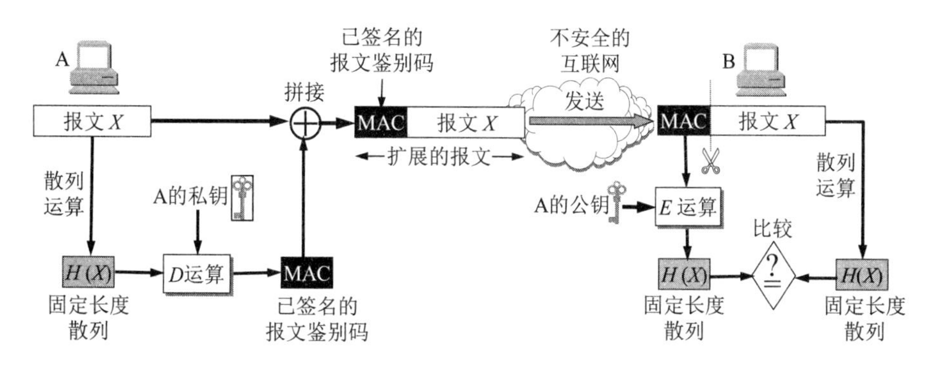

图 7-9　使用已签名的报文鉴别码对报文鉴别

用户 A 对报文 X 进行散列运算，得出固定长度的散列 $H(X)$。用自己的私钥对 $H(X)$进行 D 运算（也可以说成是用私钥进行加密），得出**已签名**的报文鉴别码 MAC。请注意，这里没有对报文 X 进行加密，而是对很短的散列 $H(X)$进行 D 运算，因此这种运算仍然是很快的。A 把已签名的报文鉴别码 MAC 拼接在报文 X 后面，构成扩展的报文发送给 B。

B 收到扩展的报文后，先进行报文分离。分离后，B 对报文 X 进行散列函数运算，同时用 A 的公钥对分离出的已签名的报文鉴别码 MAC 进行 E 运算（也可以说成是用公钥进行解密）。最后对这两个运算结果 $H(X)$进行比较。如相等，就说明鉴别成功。由于入侵者没有 A 的私钥，因此不可能伪造出 A 发出的报文。这里我们假定 B 事先知道 A 的公钥。

不难看出，采用这种方法得到的扩展的报文，不仅是不可伪造的，也是不可否认的。图 7-9 所示的过程，可简称为："A 用自己的私钥进行签名，B 用 A 的公钥进行鉴别"。

7.3.2 实体鉴别

实体鉴别和报文鉴别不同。报文鉴别是对每一个收到的报文都要鉴别报文的发送者，而实体鉴别是在系统接入的全部持续时间内对和自己通信的对方实体只需验证一次。

最简单的实体鉴别过程如图 7-10 所示。A 向远端的 B 发送带有自己身份 A（例如，A 的姓名）和口令的报文，并且使用双方约定好的共享对称密钥 K_{AB} 进行加密。B 收到此报文后，用共享对称密钥 K_{AB} 进行解密，从而鉴别了实体 A 的身份。

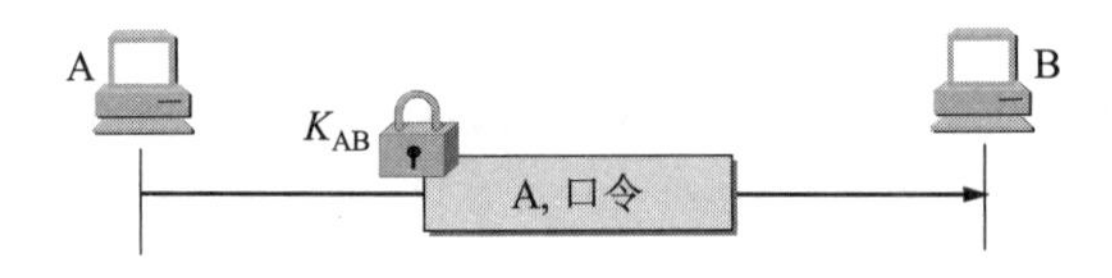

图 7-10　仅使用对称密钥传送鉴别实体身份的报文

然而这种简单的鉴别方法具有明显的漏洞。例如，入侵者 C 可以从网络上截获 A 发给 B 的报文，C **并不需要破译这个报文**（因为破译可能很费时间），而是直接把这个由 A 加密的报文发送给 B，使 B 误认为 C 就是 A；然后 B 就向伪装成 A 的 C 发送许多本来应当发给 A 的报文。这就叫作**重放攻击**(replay attack)。C 甚至还可以截获 A 的 IP 地址，然后把 A 的 IP 地址冒充为自己的 IP 地址（这叫作 IP 欺骗），使 B 更加容易受骗。

为了对付重放攻击，可以使用**不重数**(nonce)。不重数就是一个**不重复使用的大随机数**，即"**一次一数**"。在鉴别过程中不重数可以使 B 能够把重复的鉴别请求和新的鉴别请求区分开。图 7-11 给出了这个过程。

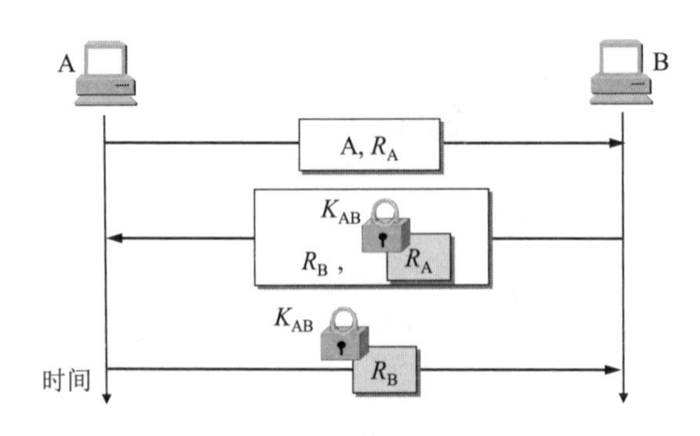

图 7-11　使用不重数进行鉴别

在图 7-11 中，A 首先用明文发送其身份 A 和一个不重数 R_A 给 B。接着，B 响应 A 的查问，用共享的密钥 K_{AB} 对 R_A 加密后发回给 A，同时也给出了自己的不重数 R_B。最后，A 再响应 B 的查问，用共享的密钥 K_{AB} 对 R_B 加密后发回给 B。这里很重要的一点是 A 和 B 对不同的会话必须使用不同的不重数集。由于不重数不能重复使用，所以 C 在进行重放攻击时无法重复使用所截获的不重数。

在使用公钥密码体制时，可以对不重数进行签名鉴别。例如在图 7-11 中，B 用其私钥对不重数 R_A 进行签名后发回给 A。A 用 B 的公钥核实签名，如能得出自己原来发送的不重数 R_A，就核实了和自己通信的对方的确是 B。同样，A 也用自己的私钥对不重数 R_B 进行签名后发送给 B。B 用 A 的公钥核实签名，鉴别了 A 的身份。

公钥密码体制虽然不必在互相通信的用户之间秘密地分配共享密钥，但仍有受到攻击的可能。让我们看下面的例子。

C 冒充是 A，发送报文给 B，说："我是 A"。

B 选择一个不重数 R_B，发送给 A，但被 C 截获了。

C 用自己的私钥 SK_C 冒充是 A 的私钥，对 R_B 加密，并发送给 B。

B 向 A 发送报文，要求对方把解密用的公钥发送过来，但这报文也被 C 截获了。

C 把自己的公钥 PK_C 冒充是 A 的公钥发送给 B。

B 用收到的公钥 PK_C 对收到的加密的 R_B 进行解密，其结果当然正确。于是 B 相信通信的对方是 A，接着就向 A 发送许多敏感数据，但都被 C 截获了。

然而上述这种欺骗手段不够高明，因为 B 只要打电话询问一下 A 就能戳穿骗局，因为 A 根本没有和 B 进行通信。但下面的**"中间人攻击"**（man-in-the-middle attack）就更加具有欺骗性。图 7-12 是"中间人攻击"的示意图。

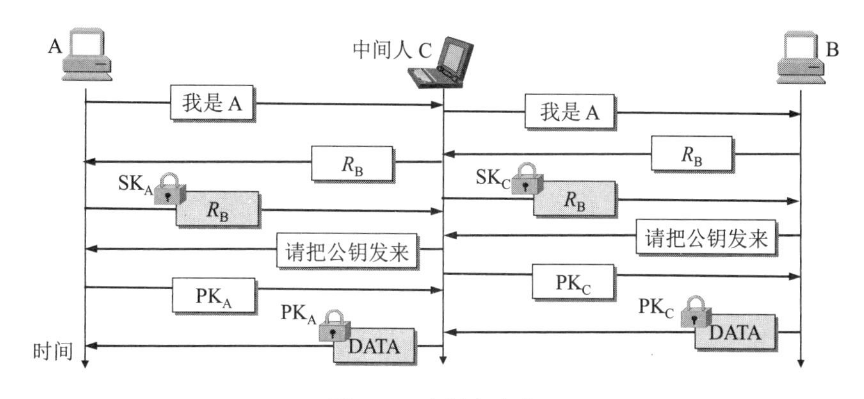

图 7-12　中间人攻击

从图 7-12 可看出，A 想和 B 通信，向 B 发送"我是 A"的报文，并给出了自己的身份。这个报文被"中间人"C 截获，C 把这个报文原封不动地转发给 B。B 选择一个不重数 R_B 发送给 A，但同样被 C 截获后也照样转发给 A。

中间人 C 用自己的私钥 SK_C 对 R_B 加密后发回给 B，使 B 误以为是 A 发来的。A 收到 R_B 后也用自己的私钥 SK_A 对 R_B 加密后发回给 B，但中途被 C 截获并丢弃。B 向 A 索取其公钥，这个报文被 C 截获后转发给 A。

C 把自己的公钥 PK_C 冒充是 A 的公钥发送给 B，而 C 也截获到 A 发送给 B 的公钥 PK_A。

B 用收到的公钥 PK_C（以为是 A 的）对数据 DATA 加密，并发送给 A。C 截获后用自己的私钥 SK_C 解密，复制一份留下，然后再用 A 的公钥 PK_A 对数据 DATA 加密后发送给 A。

A 收到数据后，用自己的私钥 SK_A 解密，以为和 B 进行了保密通信。其实，B 发送给 A 的加密数据已被中间人 C 截获并解密了一份，但 A 和 B 却都不知道。

由此可见，公钥的分配以及认证公钥的真实性也是一个非常重要的问题。关于这点我们在后面（7.4.2 节）还要讨论。

7.4 密钥分配

由于密码算法是公开的，网络的安全性就完全基于密钥的安全保护上。因此在密码学中出现了一个重要的分支——**密钥管理**。密钥管理包括：密钥的产生、分配、注入、验证和使用。本节只讨论密钥的分配。

密钥分配（或**密钥分发**）是密钥管理中最大的问题。密钥必须通过最安全的通路进行分配。例如，可以派非常可靠的信使携带密钥分配给互相通信的各用户。这种方法称为**网外分配方式**。但随着用户的增多和网络流量的增大，密钥更换频繁（密钥必须定期更换才能做到可靠），派信使的办法已不再适用，而应采用**网内分配方式**，即对密钥自动分配。

7.4.1 对称密钥的分配

对称密钥分配存在以下两个问题。

第一，如果 n 个人中的每一个需要和其他 $n-1$ 个人通信，就需要 $n(n-1)$个密钥。但每两人共享一个密钥，因此密钥数是 $n(n-1)/2$。这常称为 $\boldsymbol{n^2}$ **问题**。如果 n 是个很大的数，所需要的密钥数量就非常大。

第二，通信的双方怎样才能安全地得到共享的密钥呢？正是因为网络不安全，所以才需要使用加密技术。但密钥又需要怎样传送呢？

目前常用的密钥分配方式是设立**密钥分配中心** KDC (Key Distribution Center)。KDC 是大家都信任的机构，其任务就是给需要进行秘密通信的用户临时分配一个会话密钥（仅使用一次）。在图 7-13 中假定用户 A 和 B 都是 KDC 的登记用户。A 和 B 在 KDC 登记时就已经在 KDC 的服务器上安装了各自和 KDC 进行通信的**主密钥**(master key) K_A 和 K_B。为简单起见，下面在叙述时把“主密钥”简称为“密钥”。密钥分配分为三个步骤（如图 7-13 中带箭头直线上的❶, ❷和❸所示）。

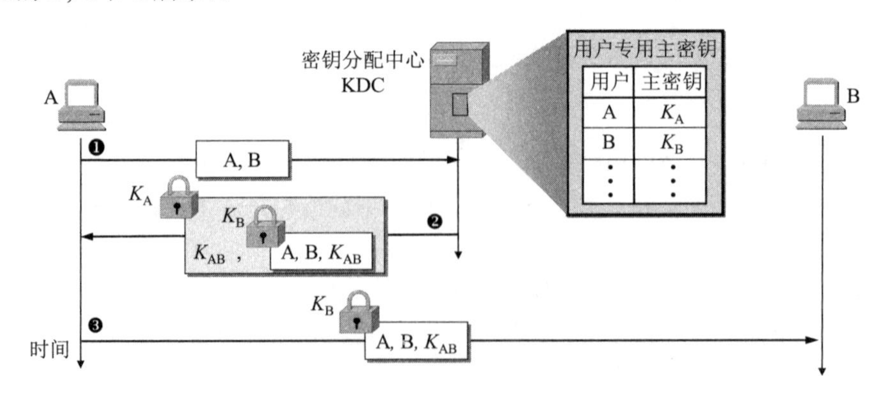

图 7-13 KDC 对会话密钥的分配

❶ 用户 A 向密钥分配中心 KDC 发送时用明文，说明想和用户 B 通信。在明文中给出

A 和 B 在 KDC 登记的身份。

❷ KDC 用随机数产生“一次一密”的会话密钥 K_{AB} 供 A 和 B 的这次会话使用，然后向 A 发送回答报文。这个回答报文用 A 的密钥 K_A 加密。这个报文中包含这次会话使用的密钥 K_{AB} 和请 A 转给 B 的一个**票据**(ticket)①，该票据包括 A 和 B 在 KDC 登记的身份，以及这次会话将要使用的密钥 K_{AB}。票据用 B 的密钥 K_B 加密，A 无法知道此票据的内容，因为 A 没有 B 的密钥 K_B，当然 A 也不需要知道此票据的内容。

❸ 当 B 收到 A 转来的票据并使用自己的密钥 K_B 解密后，就知道 A 要和他通信，同时也知道 KDC 为这次和 A 通信所分配的会话密钥 K_{AB}。

此后，A 和 B 就可使用会话密钥 K_{AB} 进行这次通信了。

请注意，在网络上传送密钥时，都是经过加密的。解密用的密钥都不在网上传送。

KDC 还可在报文中加入时间戳，以防止报文的截取者利用以前已记录下的报文进行重放攻击。会话密钥 K_{AB} 是一次性的，因此机密性较高。而 KDC 分配给用户的密钥 K_A 和 K_B，都应定期更换，以减少攻击者破译密钥的机会。

目前最出名的对称密钥分配协议是 Kerberos V5② [RFC 4120, 4121，建议标准]，是美国麻省理工学院(MIT)开发的。Kerberos 既是鉴别协议，同时也是 KDC，它已经变得很普及。Kerberos 使用比 DES 更加安全的高级加密标准 AES 进行加密。下面用图 7-14 介绍 Kerberos V4 的大致工作过程（其原理和 V5 大体一样，但稍简单些）。

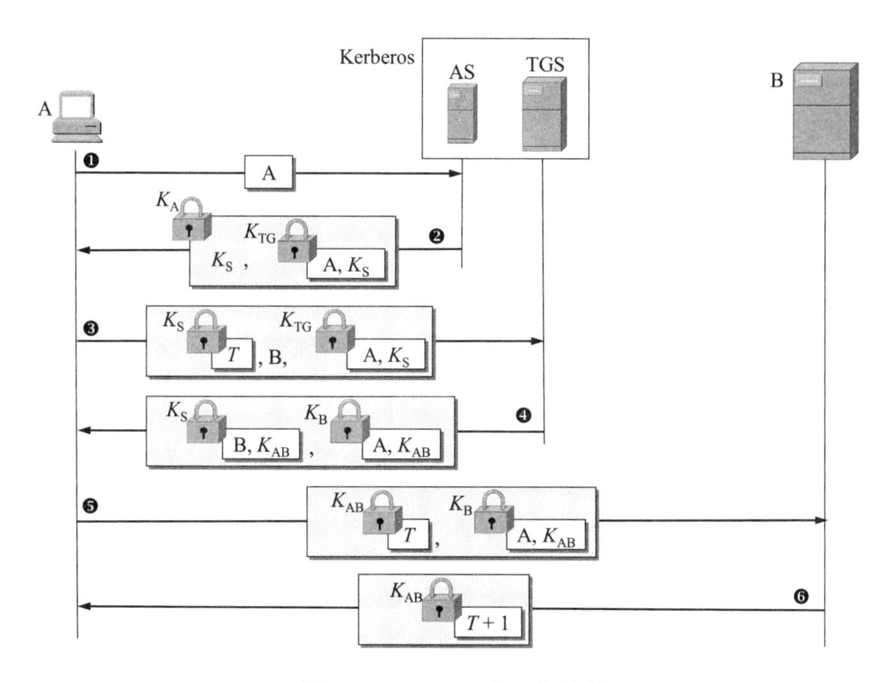

图 7-14　Kerberos 的工作原理

Kerberos 使用两个服务器：**鉴别服务器** AS (Authentication Server)、**票据授予服务器** TGS

① 注：目前在网络安全领域中 ticket 一词还没有标准译名，也有人译为“票”“执照”“票证”或“签条”。

② 注：Kerberos 是希腊神话中具有三个头的狗，它为 Hades（哈得斯，主宰阴间的冥王）看门。

(Ticket-Granting Server)。Kerberos 只用于客户与服务器之间的鉴别，而不用于人对人的鉴别。在图 7-14 中，A 是请求服务的客户，而 B 是被请求的服务器。A 通过 Kerberos 向 B 请求服务。Kerberos 需要通过以下六个步骤鉴别的确是 A（而不是其他人冒充 A）向 B 请求服务后，才向 A 和 B 分配会话使用的密钥。下面简单解释各步骤。

❶ A 用明文（包括登记的身份）向鉴别服务器 AS 表明自己的身份。AS 就是 KDC，它掌握各实体登记的身份和相应的口令。AS 对 A 的身份进行验证。只有验证结果正确，才允许 A 和票据授予服务器 TGS 进行联系。

❷ 鉴别服务器 AS 向 A 发送用 A 的对称密钥 K_A 加密的报文，这个报文包含 A 和 TGS 通信的会话密钥 K_S 以及 AS 要发送给 TGS 的票据（这个票据是用 TGS 的对称密钥 K_{TG} 加密的）。A 并不保存密钥 K_A，但当这个报文到达 A 时，A 就键入其口令。若口令正确，则该口令和适当的算法一起就能生成密钥 K_A。这个口令随即被销毁。密钥 K_A 用来对 AS 发送过来的报文进行解密。这样就提取出会话密钥 K_S（这是 A 和 TGS 通信要使用的）以及要转发给 TGS 的票据（这是用密钥 K_{TG} 加密的）。

❸ A 向 TGS 发送三项内容：

- 转发鉴别服务器 AS 发来的票据。
- 服务器 B 的名字。这表明 A 请求 B 的服务。请注意，现在 A 向 TGS 证明自己的身份并非通过键入口令（因为入侵者能够从网上截获明文口令），而是通过转发 AS 发出的票据（只有 A 才能提取出）。票据是加密的，入侵者伪造不了。
- 用 K_S 加密的时间戳 T。它用来防止入侵者的重放攻击。

❹ TGS 发送两个票据，每一个都包含 A 和 B 通信的会话密钥 K_{AB}。给 A 的票据用 K_S 加密；给 B 的票据用 B 的密钥 K_B 加密。请注意，现在入侵者不能提取 K_{AB}，因为不知道 K_S 和 K_B。入侵者也不能重放步骤❸，因为入侵者不能把时间戳更换为一个新的（因为不知道 K_S）。如果入侵者在时间戳到期之前，非常迅速地发送步骤❸的报文，那么对 TGS 发送过来的两个票据仍然不能解密。

❺ A 向 B 转发 TGS 发来的票据，同时发送用 K_{AB} 加密的时间戳 T。

❻ B 把时间戳 T 加 1 来证实收到了票据。B 向 A 发送的报文用密钥 K_{AB} 加密。

以后，A 和 B 就使用 TGS 给出的会话密钥 K_{AB} 进行通信。

顺便指出，Kerberos 要求所有使用 Kerberos 的主机必须在时钟上进行“松散的”同步。所谓“松散的”同步是要求所有主机的时钟误差不能太大，例如，不能超过 5 分钟的数量级。这个要求是为了防止重放攻击。TGS 发出的票据都设置较短的有效期。超过有效期的票据就作废了。因此入侵者即使截获了某个票据，也不能长期保留用来进行以后的重放攻击。

7.4.2 公钥的分配

在公钥密码体制中，公钥的分配方法并不简单。本节就讨论这个问题。

我们不妨先假定大家都各自保存有自己的私钥，而把各自的公钥发布在网上。假定 A 和 B 都是公司。有个捣乱者给 A 发送邮件，声称自己是 B，要购买 A 生产的设备，货到付款，并给出了 B 的收货地址。邮件中还附上“B 的公钥”（其实是捣乱者的公钥）。最后用捣乱者的私钥对邮件进行了签名。A 收到邮件后，就用邮件中给出的捣乱者的公钥（A 以为自己使用了 B 的公钥），对邮件中的签名进行了鉴别，就误认为 B 真的是要购买设备。当 A

把生产的设备运到 B 的地址后，B 才知道被愚弄了！捣乱者甚至还可伪造一个冒充 B 的网站，上面有“B 的公钥”（其实是捣乱者的公钥）。

那么，有没有可靠的方法来获得 B 的公钥，并且能确信公钥是真的？

有一种非常可靠的方法，就是公司 A 派人亲自去公司 B，直接向公司 B 索要其公钥。这样拿到的 B 的公钥当然是可信任的。但这种很不方便的办法显然不能普遍推广使用。

现在流行的办法，这就是找一个可信任的第三方机构（第三方机构既不是需要 B 的公钥的公司 A，也不是拥有公钥的公司 B），给拥有公钥的实体发一个具有数字签名的**数字证书**(digital certificate)，有时也可简称为**证书**。数字证书就是对公钥与其对应的实体（人或机器）进行**绑定**(binding)一个证明。因此它常称为**公钥证书**。这种签发证书的机构就叫作**认证中心 CA** (Certification Authority)，它由政府或知名公司出资建立（这样就可以得到大家的信任）。每个证书中写有公钥及其拥有者的标识信息（人名、地址、电子邮件地址或 IP 地址等）。更重要的是，证书中有 CA 使用自己私钥的**数字签名**，这就是认证中心 CA 把 B 的未签名的证书进行散列函数运算，再用 CA 的私钥对散列值进行 D 运算（也就是**对散列值进行签名**）。这样就得到了 CA 的数字签名。把 CA 的数字签名和未签名的 B 的证书放在一起，就最后构成了已签名的 B 的数字证书（如图 7-15 所示）。图中的数字证书只给出了最重要的几个项目。这样的证书无法伪造。任何用户都可从可信任的地方（如代表政府的报纸）获得认证中心 CA 的公钥，以验证证书的真伪。这种数字证书是公开的，不需要加密。现在我国的认证中心已有不少，例如，在金融领域，**中国金融认证中心** CFCA (China Financial Certification Authority)是由中国人民银行牵头，联合 14 家全国性商业银行共同建立的金融认证机构，其权威性是毋庸置疑的。在国际上，威瑞信公司 VeriSign 是发行数字证书产品的一家具有权威性的公司。

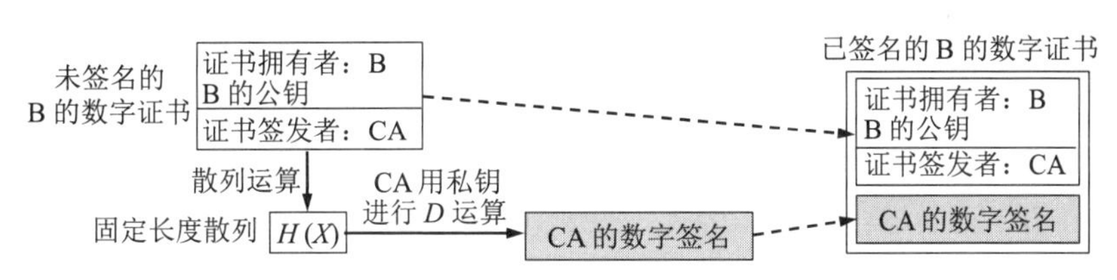

图 7-15　已签名的 B 的数字证书的产生过程

公司 A 拿到 B 的数字证书后，可以对 B 的数字证书的真实性进行核实。A 使用数字证书上给出的 CA 的公钥，对数字证书中 CA 的数字签名进行 E 运算，得出一个数值。再对 B 的数字证书（把 CA 的数字签名除外的部分）进行散列运算，又得出一个数值。比较这两个数值。若一致，则数字证书是真的。当 A 收到包含有 B 的数字签名的订货单时，也能用类似的方法，对订单的真实性进行核实（使用 B 的数字证书中给出的 B 的公钥）。

为了使 CA 发布的数字证书在各行各业中能够通用，数字证书的格式就必须标准化。为此，ITU-T 制定了 X.509 协议标准，后来 IETF 采用了现在的版本，即 X.509 V3 [RFC 5280]，作为互联网的建议标准（147 页）。X.509 又称为互联网**公钥基础结构** PKI (Public Key Infrastructure)。

X.509 规定了一个数字证书必须包括以下这些重要字段：

- X.509 的版本
- 数字证书名称及序列号

- 本数字证书所使用的签名算法
- 数字证书签发者的唯一标识符
- 数字证书的有效期（有效期开始到结束的日期范围）
- 主体名（或主题名，公钥和数字证书拥有者的唯一标识符）
- 公钥（数字证书拥有者的公钥和使用算法的标识符，对应的私钥由证书拥有者保存）

X.509 提出把多级认证中心链接起来的，构成一个树状的**认证系统**（如图 7-16(a)所示）。在多级认证系统的末端就是用户（A ~ E）。在 X.509 中并没有规定这种链接需要多少级，也没有给每一级的认证中心规定统一的名称。但最高一级的认证中心都称为**根认证中心**(Root CA)，即**公认**可信的认证中心（或无条件信任的），且其公钥是公开的。在这种树状的认证系统中，可以有不止一个根 CA。从根 CA 向下的所有链接都称为**信任链**，表示处在这条链接上的认证机构都是可信的。

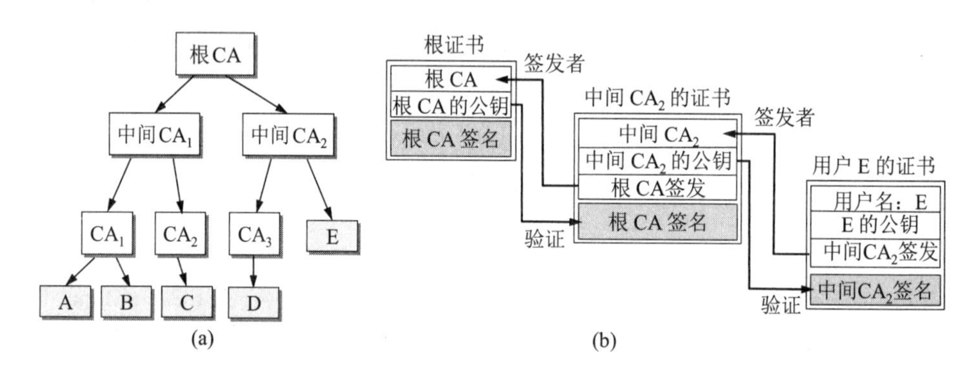

图 7-16　树状结构的多级认证系统(a)和证书链(b)

图 7-16(a)最右边的一串链接就是一条信任链的例子：根 CA→中间 CA_2→用户 E。与这条信任链对应的是**证书链**（如图 7-16(b)所示），通过图中所示的链接，就可以查到本证书的签发者，也可以知道用谁的公钥来验证本证书中的签名。在这条证书链中，根 CA 给中间 CA_2 签发了中间证书，并使用根 CA 的私钥进行数字签名。中间 CA_2 可以用根 CA 的公钥，对证书中的根 CA 签名进行验证。因此中间证书是可信的和不可篡改的。同理，中间 CA_2 给下面的一个用户签发了用户证书，并使用中间 CA_2 的私钥进行数字签名。用户可以用中间 CA_2 的公钥，对用户证书中的中间 CA_2 的签名进行验证。因此，这个用户证书也是可信的和不可篡改的。请注意，最顶层的根证书的数字签名是**自签名**（即自己的私钥给自己签名）。根证书不需要其他的认证机构对其签名，是我们的信任链的起点。

若证书链中的某个认证中心没有严格遵守证书所规定的要求（例如，把证书转让给了其他单位，但并未严格验证其身份），那么这个节点以下的证书是否还可信，就应重新验证。用户若发现私钥被盗或遗失，应及时报告上级 CA，以便撤销证书。每一个 CA 应当有一个公布于众的、用本 CA 的私钥签名**证书撤销名单**，并定期更新。

7.5　互联网使用的安全协议

前面几节所讨论的网络安全原理都可用在互联网中，目前在网络层、运输层和应用层都有相应的网络安全协议。下面分别介绍这些协议的要点。

7.5.1 网络层安全协议

1. IPsec 协议族概述

我们在第 4 章的 4.8.1 节中讨论虚拟专用网 VPN 时，提到在 VPN 中传送的信息都是经过加密的。现在我们就要介绍提供这种加密服务的 IPsec。

IPsec 并不是单一的协议，而是能够在 IP 层提供互联网通信安全的**协议族**（不太严格的名词“IPsec 协议”也常见到）。实际上，IPsec 包含了一个通用框架和若干加密算法，具有相当的灵活性和可扩展性。IPsec 允许通信双方从中选择合适的算法和参数（例如，密钥长度），以及是否使用鉴别。为保证互操作性，IPsec 规定其所有的实现都必须包含 IPsec 所推荐的全部加密算法。

IPsec 就是“IP 安全(security)”的缩写。在很多 RFC 文档中已给出了详细的描述。在这些文档中，最重要的就是描述 IP 安全体系结构的 RFC 4301（目前是建议标准）和提供 IPsec 协议族概述的 RFC 6071。

IPsec 协议族中的协议可划分为以下三个部分：

(1) IP 安全数据报格式的两个协议：**鉴别首部 AH** (Authentication Header)**协议**和**封装安全有效载荷 ESP** (Encapsulation Security Payload)**协议**。

(2) 有关加密算法的三个协议。

(3) **互联网密钥交换** IKE (Internet Key Exchange)协议。

下面我们要重点介绍 IP 安全数据报的格式，以便了解 IPsec 怎样提供网络层的安全通信。AH 协议提供源点鉴别和数据完整性，但不能保密。而 ESP 协议比 AH 协议复杂得多，它提供源点鉴别、数据完整性和保密。IPsec 支持 IPv4 和 IPv6。在 IPv6 中，AH 和 ESP 都是扩展首部的一部分。AH 协议的功能都已包含在 ESP 协议中，因此使用 ESP 协议就可以不使用 AH 协议。下面我们将不再讨论 AH 协议，而只介绍 ESP 协议的要点。

使用 ESP 或 AH 协议的 IP 数据报称为 IP **安全数据报**（或 IPsec 数据报），它可以在两台主机之间、两个路由器之间或一台主机和一个路由器之间发送。

IP 安全数据报有以下两种不同的工作方式。

第一种工作方式是**运输方式**(transport mode)。运输方式是在整个运输层报文段的前后分别添加若干控制信息，再加上 IP 首部，构成 IP 安全数据报（见图 7-17(a)）。

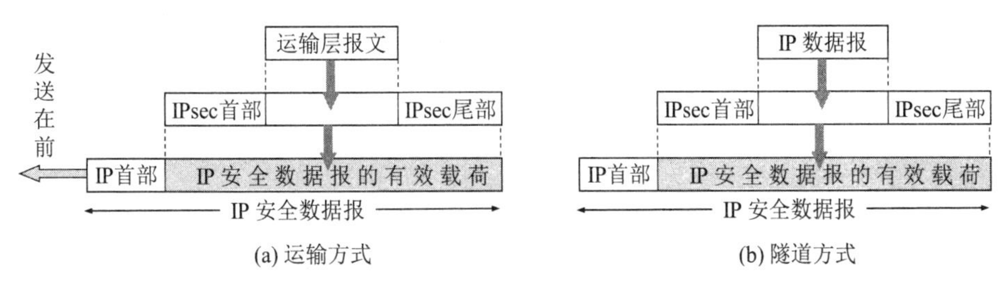

图 7-17　IP 安全数据报的两种工作方式

第二种工作方式是**隧道方式**(tunnel mode)。隧道方式是在原始的 IP 数据报的前后分别添加若干控制信息，再加上新的 IP 首部，构成一个 IP 安全数据报（见图 7-17(b)）。

无论使用哪种方式，最后得出的 IP 安全数据报的 IP 首部都是不加密的。只有使用不加密的 IP 首部，互联网中的各个路由器才能识别 IP 首部中的有关信息，把 IP 安全数据报在不安全的互联网中进行转发，从源点安全地转发到终点。所谓“安全数据报”是指数据报的数据部分是经过加密的，并能够被鉴别的。通常把数据报的数据部分称为数据报的**有效载荷**(payload)。

由于目前使用最多的就是隧道方式，因此下面的讨论只限于隧道方式。

2. 安全关联

在发送 IP 安全数据报之前，在源实体和目的实体之间必须创建一条网络层的逻辑连接，即**安全关联 SA** (Security Association)。这样，**传统的互联网中无连接的网络层就变为了具有逻辑连接的一个层**。安全关联是从源点到终点的**单向连接**，它能够提供安全服务。如要进行双向安全通信，则两个方向都需要建立安全关联。假定某公司有一个公司总部和一个在外地的分公司。总部需要和这个分公司以及在各地出差的 n 个员工进行双向安全通信。在这种情况下，一共需要创建$(2 + 2n)$条安全关联 SA。在这些安全关联 SA 上传送的就是 IP 安全数据报。

图 7-18(a)是安全关联 SA 的示意图。公司总部和分公司都各有一个负责收发 IP 数据报的路由器 R_1 和 R_2（通常就是公司总部和分公司的防火墙中的路由器），而公司总部与分公司之间的安全关联 SA 就是在路由器 R_1 和 R_2 之间建立的。当然，路由器 R_1 和 R_2 都必须预先装有 IPsec。现假定公司总部的主机 H_1 要和分公司的主机 H_2 通过互联网进行安全通信。

公司总部主机 H_1 发送给分公司主机 H_2 的 IP 数据报，必须先经过公司总部的路由器 R_1。然后经 IPsec 的加密处理后，成为 IP 安全数据报。这样就把原始的 IP 数据报隐藏在 IP 安全数据报中了。IP 安全数据报经过互联网中很多路由器的转发，最后到达分公司的路由器 R_2。路由器 R_2 对 IP 安全数据报解密，还原出原始的数据报，传送到终点主机 H_2。从逻辑上看，IP 安全数据报在安全关联 SA 上传送，就好像通过一个安全的隧道。这就是**“隧道方式”**这一名词的来源。如果总部的主机 H_1 要和总部的另一台主机 H_3 通信，由于都在公司内部，不需要加密，因此不需要建立安全关联。H_1 发出的 IP 数据报只需通过总部内部的路由器 R_1 转发一次即可送到 H_3。如果 H_1 要上网查看天气预报，同样不需要建立安全关联，而是发送 IP 数据报，经过路由器 R_1 转发到互联网中的下一个路由器，最后到达互联网中预报气象的服务器。

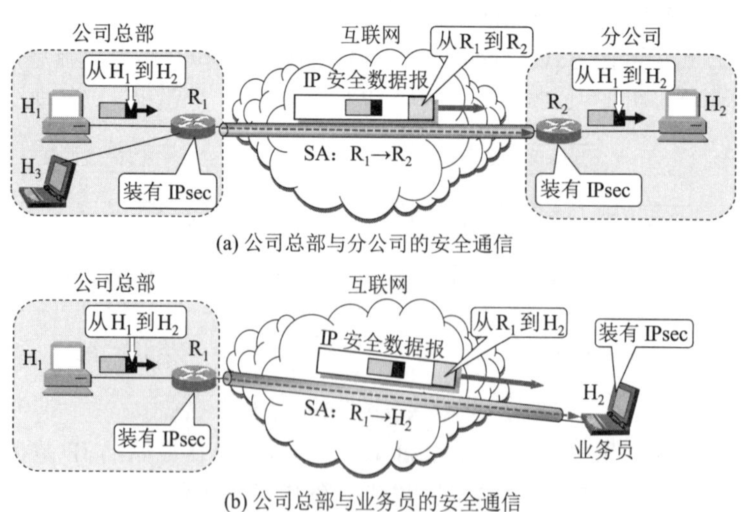

图 7-18　安全关联 SA 的示意图

若公司总部的主机 H_1 要和某外地业务员的便携机 H_2 进行安全通信，则情况将稍有不同（如图 7-18(b)所示）。可以看出，这时公司总部的路由器 R_1 和外地业务员的便携机 H_2 建立安全关联 SA（即路由器和主机之间的安全关联）。公司总部 H_1 发送的 IP 数据报，通过路由器 R_1 后，就变成了 IP 安全数据报。经过互联网中许多路由器的转发，最后到达 H_2。可以看出，现在是在路由器 R_1 和业务员的便携机 H_2 之间构成了一个安全隧道。外地业务员利用事先安装在便携机 H_2 中的 IPsec 对 IP 安全数据报进行鉴别和解密，还原 H_1 发来的 IP 数据报。

建立安全关联 SA 的路由器或主机，必须维护这条 SA 的状态信息。我们以图 7-18 中的安全关联 SA 为例，说明其状态信息应包括的项目：

(1) 一个 32 位的连接标识符，称为**安全参数索引 SPI** (Security Parameter Index)。

(2) 安全关联 SA 的源点和终点的 IP 地址（即路由器 R_1 和 R_2 的 IP 地址）。

(3) 所使用的加密类型（例如，DES 或 AES）。

(4) 加密的密钥。

(5) 完整性检查的类型（例如，使用报文摘要 MD5 或 SHA-1 的报文鉴别码 MAC）。

(6) 鉴别使用的密钥。

当路由器 R_1 要通过 SA 发送 IP 安全数据报时，就必须读取 SA 的这些状态信息，以便知道如何把 IP 数据报进行加密和鉴别。

3. IP 安全数据报的格式

图 7-19 是 IP 安全数据报的格式。下面以隧道方式为例，结合各字段的作用，讨论一下 IP 安全数据报是怎样构成的。图中的数字❶至❻表示 IP 安全数据报构成的先后顺序。

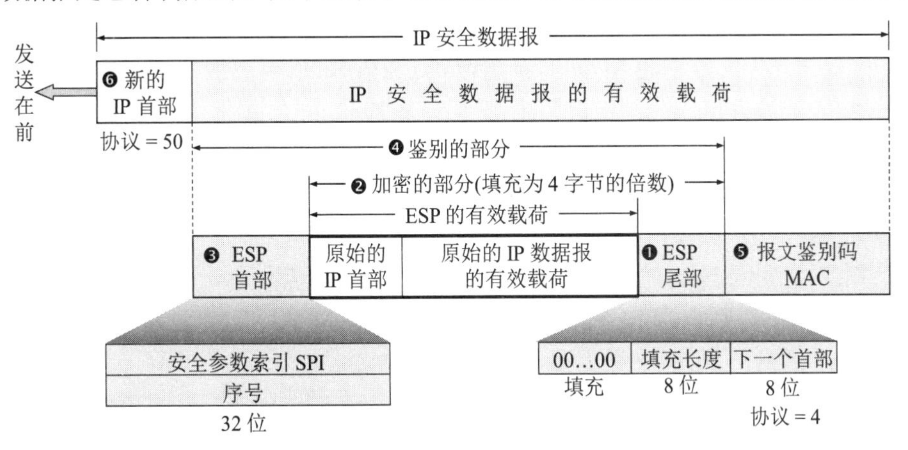

图 7-19　IP 安全数据报的格式

❶ 首先在原始的 IP 数据报（也就是 ESP 的有效载荷）后面添加 ESP 尾部。ESP 尾部有三个字段。第一个字段是填充字段，用全 0 填充。第二个字段是填充长度（8 位），指出填充字段的字节数。为什么要进行填充呢？这是因为在进行数据加密时，通常都要求数据块长度是若干字节（例如，4 字节）的整数倍。当 IP 数据报长度不满足此条件时，就必须用 0 进行填充。每个 0 为一个字节长。虽然填充长度（8 位）的最大值是 255，但实际上，填充很少会用到这个最大值。ESP 尾部最后一个字段是“下一个首部”（8 位）。这个字段的值指明，在接收端，ESP 的有效载荷应交给哪个协议来处理。如图 7-19 所示，IP 安全数据报有

三个首部。现在 ESP 尾部中的“下一个首部”显然就是指 ESP 的有效载荷中的“原始的 IP 首部”，IP 的协议值是 4，因此“下一个首部”应填入的数值是 4。如果不是隧道方式而是运输方式，则“ESP 的有效载荷”就应当是 TCP 或 UDP 报文段，“下一个首部”的值也要改为另外的数值。

❷ 按照安全关联 SA 指明的加密算法和密钥，对“ESP 的有效载荷（即原始的 IP 数据报）+ ESP 尾部”（见图 7-19 中的“加密的部分”）进行加密。

❸ 对“加密的部分”完成加密后，就添加 ESP 首部。ESP 首部有两个 32 位字段。第一个字段存放安全参数索引 SPI。通过同一个 SA 的所有 IP 安全数据报都使用同样的 SPI 值。第二个字段是序号，鉴别要用到这个序号，它用来防止重放攻击。请注意，当分组重传时序号并不重复。

❹ 按照 SA 指明的算法和密钥，对“ESP 首部 + 加密的部分”（见图 7-19 中的“鉴别的部分”）生成报文鉴别码 MAC。

❺ 把所生成的报文鉴别码 MAC 添加在 ESP 尾部的后面，和 ESP 首部、ESP 的有效载荷、ESP 尾部一起，构成 IP 安全数据报的有效载荷。

❻ 生成新的 IP 首部，通常为 20 字节长，和普通的 IP 数据报的首部的格式是一样的。需要注意的是，首部中的协议字段的值是 50，表明在接收端，首部后面的有效载荷应交给 ESP 协议来处理。

当分公司的路由器 R_2 收到 IP 安全数据报后，先检查首部中的目的地址。发现目的地址就是 R_2，于是路由器 R_2 就继续处理这个 IP 安全数据报。

路由器 R_2 找到 IP 首部的协议字段值（现在是 50），就把 IP 首部后面的所有字段（即 IP 安全数据报的有效载荷）都用 ESP 协议进行处理。先检查 ESP 首部中的安全参数索引 SPI，以确定收到的数据报属于哪一个安全关联 SA（因为路由器 R_2 可能有多个安全关联）。路由器 R_2 接着计算报文鉴别码 MAC，看是否和 ESP 尾部后面添加的报文鉴别码 MAC 相符。如是，即知收到的数据报的确是来自路由器 R_1。再检验 ESP 首部中的序号，以证实有无被入侵者重放。接着要用和这个安全关联 SA 对应的加密算法和密钥，对已加密的部分进行解密。再根据 ESP 尾部中的填充长度，去除发送端填充的所有 0，还原出加密前的 ESP 有效载荷，也就是 H_1 发送的原始 IP 数据报。

根据解密后得到的 ESP 尾部中“下一个首部”的值（现在是 4），把 ESP 的有效载荷交给 IP 来处理。当找到原始的 IP 首部中的目的地址是主机 H_2 的 IP 地址时，就把整个的 IP 数据报传送给主机 H_2。整个 IP 数据报的传送过程到此结束。

请注意，在图 7-19 的“原始的 IP 首部”中，是用主机 H_1 和 H_2 的 IP 地址分别作为源地址和目的地址，而在 IP 安全数据报的“新的 IP 首部”中，是使用路由器 R_1 和 R_2 的 IP 地址分别作为源地址和目的地址（这是图 7-18(a)所示的情况）。但如果是图 7-18(b)所示的情况，IP 安全数据报不经过另一个路由器 R_2，那么在 IP 安全数据报的“新的 IP 首部”中，要用路由器 R_1 和主机 H_2 的 IP 地址分别作为 IP 安全数据报的源地址和目的地址。

从以上的讨论可以看出，设想有一个 IP 安全数据报在互联网中被某人截获，如果截获者不知道此安全数据报的密码，那么他只能知道这是一个从路由器 R_1 发往路由器 R_2 的 IP 数据报，但却无法看懂其有效载荷中的数据含义。如果截获者篡改了数据报的源地址，那么安全数据报的鉴别功能可以保证源地址的真实性。假定截获者故意删除了安全数据报中的一些字节，但由于接收端的路由器 R_2 能够进行完整性检验，就不会接收这种含有差错的信息。

如果截获者试图进行重放攻击，那么由于安全数据报使用了有效的序号，使得重放攻击也无法得逞。

4. IPsec 的其他构件

前面已经提到过，发送 IP 安全数据报的实体可能要用到很多条安全关联 SA。那么这些 SA 存放在什么地方呢？这就要提及 IPsec 的一个重要构件，叫作**安全关联数据库** SAD (Security Association Database)。所有需要运行 IPsec 的站点都必须有 SAD。当主机要发送 IP 安全数据报时，就要在 SAD 中查找相应的 SA，以便获得必要的信息，来对该 IP 安全数据报实施安全保护。同样，当主机要接收 IP 安全数据报时，也要在 SAD 中查找相应的 SA，以便获得信息来检查该分组的安全性。

前面已经提到了，主机所发送的数据报并非都必须进行加密，很多信息使用普通的数据报用明文发送即可。因此，除了安全关联数据库 SAD，还需要另一个数据库，这就是**安全策略数据库** SPD (Security Policy Database)。SPD 指明什么样的数据报需要进行 IPsec 处理。这取决于源地址、源端口、目的地址、目的端口，以及协议的类型等。因此，当一个 IP 数据报到达时，SPD 指出**应当做什么**（使用 IP 安全数据报还是不使用），而 SAD 则指出，如果需要使用 IP 安全数据报，**应当怎样做**（使用哪一个 SA）。

还有一个问题，安全关联数据库 SAD 中存放的许多安全关联 SA 是怎样建立起来的呢？如果一个虚拟专用网 VPN 只有几个路由器和主机，那么用人工键入的方法就可以建立起所需的安全关联数据库 SAD。但如果一个 VPN 有好几百或几千个路由器和主机，人工键入的方法显然是不行的。因此，对于大型的、地理位置分散的系统，为了创建 SAD，我们需要使用自动生成的机制，即使用**互联网密钥交换** IKE (Internet Key Exchange)协议。IKE 的用途就是为 IP 安全数据报创建安全关联 SA。

IKE 是个非常复杂的协议，IKEv2 是其新的版本，在 2014 年 10 月已成为互联网的正式标准[RFC 7296，STD79]。IKEv2 以另外三个协议为基础：

(1) Oakley——是个密钥生成协议[RFC 2412]。

(2) **安全密钥交换机制** SKEME (Secure Key Exchange MEchanism) ——是用于密钥交换的协议。它利用公钥加密来实现密钥交换协议中的实体鉴别。

(3) **互联网安全关联和密钥管理协议** ISAKMP (Internet Secure Association and Key Management Protocol) ——用于实现 IKE 中定义的密钥交换，使 IKE 的交换能够以标准化、格式化的报文创建安全关联 SA。

关于 IKE 的深入介绍可参阅有关文档，如 RFC 4945 和 RFC 7427（都是建议标准）。

7.5.2 运输层安全协议

1. 协议 TLS 的要点

当万维网能够提供网上购物时，安全问题就马上被提到桌面上来了。例如，当顾客在不安全的互联网上购物时，他会要求得到下列安全服务：

(1) 顾客需要确保服务器属于真正的销售商，而不是某个冒充者。这就是应对身份进行**鉴别**。

(2) 顾客与销售商需要确保报文的内容（例如账单）在传输过程中没有被篡改。这就是应保证通信内容的**数据完整性**。

(3) 顾客与销售商需要确保诸如信用卡上的敏感信息不被泄露。这就是要有**机密性**。

不仅在电子商务领域，即使在我们日常上网浏览各种信息时，我们所浏览的信息也是属于个人隐私，不应作为网上的公开信息。因此，在很多情况下，客户端（浏览器）与服务器之间的通信需要使用安全的运输层协议。曾经广泛使用的运输层安全协议有两个，即：(1) **安全套接字层** SSL (Secure Socket Layer)。(2) **运输层安全** TLS (Transport Layer Security)。

协议 SSL 是 Netscape 公司在 1994 年开发的安全协议，广泛应用于基于万维网的各种网络应用（但不限于万维网应用）。SSL 作用在端系统应用层的 HTTP 和运输层之间，在 TCP 之上建立起一个安全通道，为通过 TCP 传输的应用层数据提供安全保障。

1995 年 Netscape 公司把协议 SSL 转交给 IETF，希望能够把 SSL 进行标准化。1999 年 IETF 在 SSL 3.0 的基础上设计了协议 TLS 1.0（改动极少），为所有基于 TCP 的网络应用提供安全数据传输服务。为了应对网络安全的变化，IETF 及时地对 TLS 的版本进行升级，如 2006 年的 TLS 1.1，2008 年的 TLS 1.2。2014 年 10 月，谷歌建议禁用 SSL 3.0，因为其设计上有漏洞，用户的敏感信息有被窃取的可能。接着，Mozilla 和微软也发出了同样的安全通告。2018 年 8 月 IETF 发布了经历了 28 个草案后才通过的最新版本 TLS 1.3 [RFC 8446，建议标准]（不向后兼容）。在 2020 年，旧版本 TLS 1.0/1.1 均被废弃。目前谷歌浏览器 Chrome 和火狐浏览器 Firefox 都已开始使用更加安全的协议 TLS 1.3，但不少老客户端仍未抛弃一些旧版本。应当说，到目前为止协议 TLS 1.2 还是安全可用的，只是被发现了有潜在的安全隐患。因此，现在能够使用的运输层安全协议就只剩下协议 TLS 1.2 和协议 TLS 1.3 了。

协议 TLS 的位置在运输层和应用层之间（如图 7-20 所示）。虽然协议 SSL 2.0/3.0 均已被废弃不用了，但现在还经常能够看到把“SSL/TLS”视为 TLS 的同义词。这是因为协议 TLS 本来就源于 SSL（但并不兼容），而现在旧协议 SSL 被更新为新协议 TLS。

应用程序
TLS（或 SSL/TLS）
TCP
IP

图 7-20　协议 TLS 位于运输层和应用层之间

应用层使用协议 TLS 最多的就是 HTTP，但并非仅限于 HTTP。因为协议 TLS 是对 TCP 加密，因此任何在 TCP 之上运行的应用程序都可以使用协议 TLS。例如，用于 IMAP 邮件存取的鉴别和数据加密也可以使用 TLS。TLS 提供了一个简单的带有套接字的应用程序接口 API，这和 TCP 的 API 是相似的。

当不需要运输层安全协议时，HTTP 就直接使用 TCP 连接，这时协议 TLS 不起作用。由于需要使用运输层安全协议的人越来越多，因此现在相当多的网站已是全站使用运输层安全协议。例如，当我们使用百度网站浏览信息时，在浏览器的地址栏键入其官网地址 www.baidu.com 后（不必在前面键入 http://或 https://），就可以在屏幕上看到这样的响应：

https://www.baidu.com

可以看出，尽管用户在浏览器上没有键入 https://，但百度网站总是提供安全的运输层服务。提供安全运输层服务的标志是地址栏 URL 中的协议部分显示出的是 https，并且在其左边还有一个**安全锁**🔒的标志。在 http 后面加上的 s 代表 security，表明是使用 HTTPS，即提供**安全服务**的 HTTP 协议（TCP 的 HTTPS 端口号是 443，而不是 HTTP 使用的端口号 80）。这时我们就可以放心和这样的网站进行通信，因为这个网站已经被鉴别了是真正的百度网站，并且之后在浏览器和百度服务器之间的所有交互报文都是加密的，因而通信的机密性得到了保证。

现在我们使用某些主流浏览器访问不安全的网站时，浏览器会向用户发出“不安全”的警告。下面给出当我们键入桔梗网的网址 shu.jiegeng.com 后所看到的响应：

谷歌 Chrome 浏览器指出“不安全” 火狐 Firefox 浏览器提示无安全锁

ⓘ 不安全 | shu.jiegeng.com shu.jiegeng.com

这就提醒我们在上网时要注意信息的安全。

协议 TLS 具有双向鉴别的功能。但大多数情况下使用的是单向鉴别，即客户端（浏览器）需要鉴别服务器。也就是说，浏览器 A 要确信即将访问的网站服务器 B 是安全和可信的。这必须要有两个前提。首先，服务器 B 必须能够证明本身是安全和可信的。因此服务器 B 需要有一个证书来证明自己。现在我们假定服务器 B 已经持有了有效的 CA 证书。这正是运输层安全协议 TLS 的基石。其次，浏览器 A 应具有一些手段来证明服务器 B 是安全和可信的。下面就来讨论这一点。

生产电脑操作系统的厂商为了方便用户，把当前获得公众信任的许多主流认证中心 CA 的根证书，都已内置在其操作系统中。这些根证书上都有认证中心 CA 的公钥 PK_{CA}，而且根证书都用 CA 的私钥 SK_{CA} 进行了自签名（防止伪造）。用户为了验证要访问的服务器是否安全和可信，只要打开电脑中的浏览器（操作系统自带的或用户自己装上的），就可查到操作系统收藏的某个根认证中心的根 CA 证书，并可以利用证书上的公钥 PK_{CA} 对 B 的证书进行验证。若服务器 B 的证书是证书链上的某个中间 CA 签发的，那么浏览器 A 也可用类似方法验证 B 的证书的真实性。

由于浏览器与服务器的通信方式就是以前讲过的“客户-服务器方式”，因此下面就用客户代表浏览器。

如图 7-21 所示，在客户与服务器双方已经建立了 TCP 连接后，就可开始执行协议 TLS。根据 RFC 8446，这里主要有两个阶段，即**握手阶段**和**会话阶段**。在握手阶段，TLS 使用其中的握手协议，而在会话阶段，TLS 使用其中的记录协议。下面讨论协议 TLS 的要点。

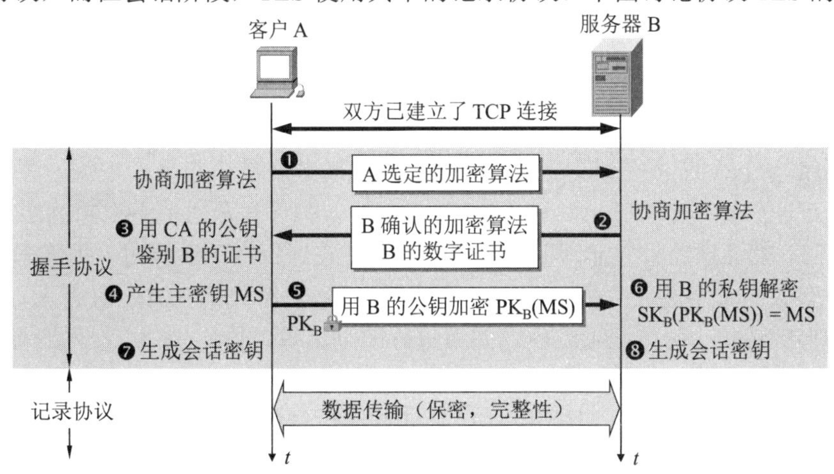

图 7-21 TLS 建立安全会话的工作原理

我们先介绍协议 TLS 的握手阶段。握手阶段要验证服务器是安全可信的，同时生成在后面的会话阶段所需的共享密钥，以保证双方交换的数据的私密性和完整性。这里要提醒读者，在刚开始执行协议 TLS 时，通信双方的信道是不安全的。因此要弄清：(1) 双方怎样通过不安全的信道得到会话时所需的共享密钥。这里没有采用密钥分发中心 KDC 来分配密钥，而是采用自己生成共享密钥的方法。(2) 用什么方法保证所传送数据的机密性与完整性。

(1) **协商加密算法** ❶客户 A 向服务器 B 发送自己选定的加密算法（包括密钥交换算法）。❷服务器 B 从中确认自己所支持的算法，同时把自己的 CA 数字证书发送给 A。这里要说明一下，从 TLS 1.0 更新到 1.1 和 1.2 版本时，每一次更新都增加了当时认为是更加安全可靠的加密算法。为了协议的向后兼容，对老版本中的不太安全的数十种算法也都保留下来了。这就造成协商过程非常耗时，需要花费 2 倍 RTT 的时间（通常记为 2-RTT）。因此最新的 TLS 1.3 版本把陈旧的很多种算法统统取消（例如 MD5, SHA-1, DES, 3DES 等），只留下几种最安全的算法。客户不是把自己所有的加密算法都告诉服务器，供服务器来挑选，而是猜测服务器可能愿意使用什么加密算法，把自己选定的加密算法直接发送给服务器，让服务器来确认。这就把 “协商”时间缩短为 1-RTT。

(2) **服务器鉴别** ❸客户 A 用数字证书中 CA 的公钥对数字证书进行验证鉴别。

(3) **生成主密钥** ❹客户 A 按照双方确定的密钥交换算法生成**主密钥 MS** (Master Secret)。❺客户 A 用 B 的公钥 PK_B 对主密钥 MS 加密，得出加密的主密钥 $PK_B(MS)$，发送给服务器 B。请注意，在有关 TLS 的文档中，密钥一词使用的是 Secret，而不是 Key。

(4) ❻服务器 B 用自己的私钥把主密钥解密出来：$SK_B(PK_B(MS)) = MS$。这样，客户 A 和服务器 B 都拥有了为后面的数据传输使用的**共同的主密钥** MS。

(5) 为了使双方的通信更加安全，客户 A 和服务器 B 最好使用不同的密钥。于是主密钥被分割成 4 个不同的密钥，这就是图 7-21 中的❼和❽：**生成会话密钥**。在这以后，每一方都拥有这样 4 个密钥（请注意，这些都是**对称密钥**，即加密和解密用的是同一个密钥）：

- 客户 A 发送数据时使用的会话密钥 K_A
- 客户 A 发送数据时使用的 MAC 密钥 M_A
- 服务器 B 发送数据时使用的会话密钥 K_B
- 服务器 B 发送数据时使用的 MAC 密钥 M_B

会话密钥不使用非对称密钥，因为对称密钥的运行速度快得多（相差 3 个数量级）。

下面讨论协议 TLS 的会话阶段。会话阶段要保证传送数据的机密性和完整性。

客户或服务器在发送数据时，都把长的数据划分为较小的数据块，叫作**记录**(record)。然后对每一个记录进行鉴别运算和加密运算。为了防止入侵者截取传输中的记录，或颠倒记录的前后顺序，TLS 的记录协议对每一个记录按发送顺序赋予序号，把每一方发送的第一个记录作为 0 号记录。发送下一个记录时序号就加 1，但序号最大值不得超过 $2^{64} - 1$，且不允许序号绕回。然而此序号并非写在记录之中，而是**在进行散列运算时，把序号包含进去**。例如，当客户 A 向服务器 B 发送一个明文记录时，客户 A 先把 MAC 密钥 M_A 和**该记录当前的序号**一起拼接在此明文记录之后，然后进行散列运算，得出 MAC。再把得出的 MAC 和明文记录拼接起来，用会话密钥 K_A 进行加密，发送给服务器 B。B 使用**同样的会话密钥** K_A 进行解密，然后分离出明文记录和 MAC。B 再把**同样的 MAC 密钥** M_A 和**该记录应有的序号**拼接在此明文记录之后，进行散列运算，看得出的结果与前面得出的 MAC 值是否一致，以鉴别收到的明文记录的完整性（内容和顺序均无误）。上述对记录加密的方法称为 AEAD

(Authenticated Encryption with Associated Data)，即**带关联数据的鉴别加密**。

实际上，客户 A 所发送的加密的记录的前面，还必须添加三个不加密的字段，图 7-22 给出了这三个字段的位置。类型字段指明所传送的记录出握手阶段的报文，还是应用程序传送的报文，或最后要关闭 TLS 连接的报文（下一小节将要解释）。长度字段给出的字节数可用来从 TCP 报文中提取 TLS 记录。

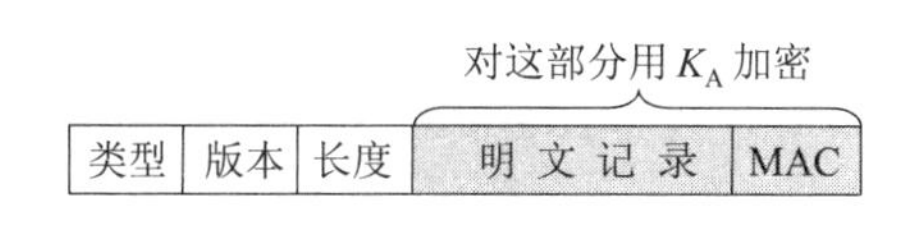

图 7-22　TLS 传送的记录格式

2. 协议 TLS 必须包含的措施

以上介绍的只是协议 TLS 的要点。但若仅仅是这样，还不能提供足够的安全。因此，对前面图 7-21 所示的双方的握手阶段，需要补充一些措施。

(1) 在客户 A 向服务器 B 发送自己选定的加密算法（包括密钥交换算法）时，还要向服务器 B 发送**客户的不重数**。服务器 B 从中确认自己所支持的算法，同时把自己的 CA 数字证书和**服务器的不重数**发送给客户 A。

(2) **生成预主密钥**　客户 A 验证了服务器 B 的数字证书后，生成为下一步生成主密钥使用的**预主密钥** PMS (Pre-Master Secret)，并用 B 的公钥 PK_B 对预主密钥 PMS 加密，把加密的预主密钥 PK_B(PMS)发送给服务器 B。B 用其私钥 SK_B 进行解密，得出预主密钥 PMS。这样，客户 A 和服务器 B 都拥有了为后面的数据传输使用的**共同的预主密钥** PMS。

(3) **生成主密钥**　客户 A 和服务器 B 各自使用同样的（已商定的）算法，使用预主密钥 PMS 以及客户的不重数和服务器的不重数，生成**主密钥** MS。然后再将其划分为 4 个密钥。于是 A 和 B 各拥有相同的 4 个密钥（每一方在发送数据时使用的会话密钥和 MAC 密钥）。

(4) 客户 A 向服务器 B 发送的全部握手阶段报文的 MAC。

(5) 服务器 B 向客户 A 发送的全部握手阶段报文的 MAC。

上述最后的(4)和(5)的作用是这样的。在 A 向 B 发送加密的预主密钥之前的握手信息是没有加密的明文，因此可能受到入侵者的篡改。现在 A 和 B 都各自对全部握手阶段的报文计算了散列值 MAC。如果入侵者篡改了处在传输过程中的某个报文，那么上面(4)和(5)所得出的 MAC 值必然不一致。这样 A 或 B 就可以立即中止当前的连接。

在(1)中客户和服务器各产生一个仅使用一次的不重数，其目的是为了防止"**重放攻击**"。设想在 A 和 B 之间有一个入侵者，他截获了 A 和 B 交互的全部报文。虽然他未能解密 A 和 B 交互的具体内容，但他可以在以后的某日，重新按照原来的顺序依次发送给 B。如果没有使用上述的不重数，那么 B 无法发现这是入侵者重放旧的报文。B 也将和前次的握手过程一样，向 A 发回报文（实际上是发给了中间人入侵者）。这样造成的后果是很严重的。但使用了不重数以后，在下一个 TCP 连接中，客户 A 必须使用另一个不同的不重数。这样就有效地防止了重放攻击。

前面曾提到在关闭 TLS 连接之前，A 或 B 应当先发送关闭 TLS 的记录，目的是防止入侵者的**截断攻击**(truncation attack)。所谓截断攻击就是在 A 和 B 正在进行会话时，入侵者突然发送 TCP 的 FIN 报文段来关闭 TCP 连接。但如果 A 或 B 没有事先发送一个要关闭 TLS

的记录，那么 A 或 B 见到 TCP 的 FIN 报文段时，就知道这是入侵者的截断攻击了。入侵者无法伪造关闭 TLS 的记录，因为虽然记录前面的三个字段都是明文，但每个记录的内容是加密的，并有 MAC 保证其完整性的。

在 TLS 1.3 中使用了更加安全的**椭圆曲线密码** ECC (Elliptic Curve Cryptography)与 AES，使运算速度比旧的 1.2 版本有了很大的提高。TLS 1.3 还添加了 0-RTT 的功能。这就是说，如果客户之前连接过某服务器，TLS 1.3 通过储存先前会话的秘密信息，不需要经过 1-RTT 的握手过程，仅需 0-RTT 即可开始会话阶段，这样就更加提高了 TLS 的效率。当然，这样做必须要防止可能发生的重放攻击。

7.5.3 应用层安全协议

限于篇幅，我们在这一节仅讨论应用层中有关电子邮件的安全协议。

电子邮件在传送过程中可能要经过许多路由器，其中的任何一个路由器都有可能对转发的邮件进行阅读。从这个意义上讲，电子邮件是没有什么隐私可言的。

电子邮件这种网络应用也有其很特殊的地方，这就是发送电子邮件是个即时的行为。这种行为在本质上与我们前两节所讨论的不同。当我们使用 IPSec 或 SSL 时，我们假设双方在相互之间建立起一个会话并双向地交换数据。而在电子邮件中没有会话存在。当 A 向 B 发送一个电子邮件时，A 和 B 并不会为此而建立任何会话。而在此后的某个时间，如果 B 读取了该邮件，他有可能会、也有可能不会回复这个邮件。可见我们所讨论的是**单向报文的安全问题**。

如果说电子邮件是即时的行为，那么发送方与接收方如何才能就用于电子邮件安全的加密算法达成一致意见呢？如果双方之间不存在会话，不存在协商加密/解密所使用的算法，那么接收方如何知道发送方选择了哪种算法呢？

要解决这个问题，电子邮件的安全协议就应当为每种加密操作定义相应的算法，以便用户在其系统中使用。A 必须要把使用的算法的名称（或标识）包含在电子邮件中。例如，A 可以选择用 AES 进行加密/解密，并选择用 SHA-1 作为报文摘要算法。当 A 向 B 发送电子邮件时，就在自己的邮件中包含与 AES 和 SHA-1 相对应的标识。B 在接收到该邮件后，首先要提取这些标识，然后就能知道在解密和报文摘要运算时应当分别使用哪种算法了。

加密算法在使用加密密钥时也存在同样的问题。如果没有协商过程，通信的双方如何在彼此之间知道所使用的密钥？目前的电子邮件安全协议要求使用对称密钥算法进行加密和解密，并且这个一次性的密钥要跟随报文一起发送。发信人 A 可以生成一个密钥并把它与报文一起发送给 B。为了保护密钥不被外人截获，这个密钥需要用收信人 B 的公钥进行加密。总之，这个密钥本身也要被加密。

还有一个问题也需要考虑。很显然，要实现电子邮件的安全就必须使用某些公钥算法。例如，我们需要对密钥加密或者对邮件签名。为了对密钥进行加密，发信人 A 就需要收信人 B 的公钥，同样为了验证被签名的报文，收信人 B 也需要发信人 A 的公钥。因此，为了发送一个具有鉴别和保密的报文，就需要用到两个公钥。但是 A 如何才能确认 B 的公钥，B 又如何才能确认 A 的公钥呢？不同的电子邮件安全协议有不同的方法来验证密钥。

下面我们介绍在应用层为电子邮件提供安全服务的协议 PGP。

PGP (Pretty Good Privacy)是 Zimmermann 于 1995 年开发的。它是一个完整的电子邮件安全软件包，包括加密、鉴别、电子签名和压缩等技术。PGP 并没有使用什么新的概念，它只是把现有的一些加密算法（如 RSA 公钥加密算法或 MD5 报文摘要算法）综合在一起而已。由于包括源程序的整个软件包可以从互联网免费下载[W-PGP]，因此 PGP 在 MS-DOS/Windows 以及 UNIX 等平台上得到了广泛的应用。现在 PGP 的网站以每个月百万页的规模，为一百多个国家的用户提供服务。

后来 PGP 公司与 Zimmermann 同意 IETF 制定 PGP 的公开互联网标准 OpenPGP。2007 年 IETF 发布了 OpenPGP 的建议标准[RFC 4880]。

PGP 的工作原理并不复杂。它提供电子邮件的安全性、发送方鉴别和报文完整性。

假定 A 向 B 发送电子邮件明文 X，现在用 PGP 进行加密。A 有三个密钥：自己的私钥 SK_A, B 的公钥 PK_B 和自己生成的一次性密钥 K。B 有两个密钥：自己的私钥 SK_B 和 A 的公钥 PK_A。

A 需要做以下几件事（如图 7-23 所示）。

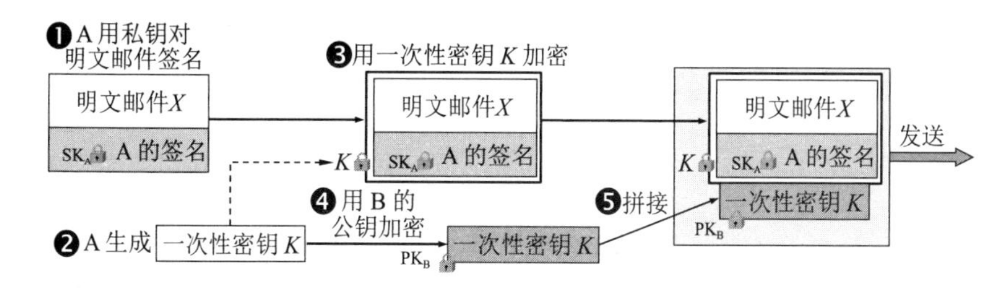

图 7-23　在发送方 A 的 PGP 处理过程

❶ 用 A 的私钥 SK_A 对明文邮件 X 进行签名。把签名拼接在明文邮件 X 后面。

❷ 利用随机数 A 生成一次性密钥 K（共享的对称密钥）。

❸ 用 A 生成的一次性密钥 K 对已签名的邮件加密。

❹ 用 B 的公钥 PK_B 对 A 生成的一次性密钥 K 进行加密。

❺ 把已加密的一次性密钥和已加密的签名邮件，拼接在一起发送给 B。

请注意，图 7-23 中三个“加密”的作用是不同的。第一次加密是用 A 的私钥 SK_A 对明文邮件的报文摘要进行加密，即进行数字签名，目的是保证邮件的完整性。第二次加密是用 A 生成的一次性密钥 K 对已签名的邮件加密，目的是保证邮件的机密性。第三次加密是用 B 的公钥 PK_B 对 A 的一次性密钥 K 加密，目的是保证对称密钥 K 的机密性。

B 收到 A 发过来的报文后要做以下几件事（建议读者自行画出相应的图，这里从略）：

(1) 在文档 RFC 4880 中，对加密邮件的各种格式（如仅加密但不鉴别，或仅鉴别但不加密，或加密加上鉴别），均有详细的规定。因此 B 可以根据邮件的种类，准确地把已加密的一次性密钥和已加密的签名报文分离开。

(2) 用 B 私钥 SK_B 解出一次性密钥 K（这是对称密钥，加密和解密都需要各使用一次）。

(3) 用导出的一次性密钥 K 对加密的签名邮件进行解密，分离出明文邮件 X 和 A 的数字签名。

(4) 用 B 手中的 A 的公钥 PK_A 对 A 的数字签名进行解密。然后即可接着验证邮件的完整性，具体的做法与前面图 7-9 所述的相似，这里不再重复。

在 PGP 中，发件方和收件方是如何获得对方的公钥呢？当然，最安全的办法是双方面对面直接交换公钥，但在大多数情况下这并不现实。因此可以通过认证中心 CA 签发的证书来验证公钥持有者的合法身份。然而在 PGP 中不要求使用 CA，而是允许用一种第三方签署的方式来解决该问题。例如，如果用户 A 和用户 B 分别和第三方 C 已经确认对方拥有的公钥属实，则 C 可以用其私钥分别对 A 和 B 的公钥进行签名，为这两个公钥进行担保。当 A 得到一个经 C 签名的 B 的公钥时，可以用已确认的 C 的公钥对 B 的公钥进行鉴别。不过，用户发布其公钥的最常见的方式还是把公钥发布在他们的个人网页上，或仅仅通过电子邮件进行分发。

PGP 很难被攻破。因此在目前可以认为 PGP 是足够安全的。

7.6 系统安全：防火墙与入侵检测

恶意用户或软件通过网络对计算机系统的入侵或攻击已成为当今计算机安全最严重的威胁之一。用户入侵包括利用系统漏洞进行未授权登录，或者授权用户非法获取更高级别权限。软件入侵方式包括通过网络传播病毒、蠕虫和特洛伊木马。此外还包括阻止合法用户正常使用服务的拒绝服务攻击，等等。而前面讨论的所有安全机制都不能有效解决以上安全问题。例如，加密技术并不能阻止植入了“特洛伊木马”的计算机系统通过网络向攻击者泄漏秘密信息。

7.6.1 防火墙

防火墙(firewall)作为一种访问控制技术，通过严格控制进出网络边界的分组，禁止任何不必要的通信，从而减少潜在入侵的发生，尽可能降低这类安全威胁所带来的安全风险。由于防火墙不可能阻止所有入侵行为，作为系统防御的第二道防线，**入侵检测系统** IDS (Intrusion Detection System)通过对进入网络的分组进行深度分析与检测发现疑似入侵行为的网络活动，并进行报警以便进一步采取相应措施。

防火墙是一种特殊编程的路由器，安装在一个网点和网络的其余部分之间，目的是实施访问控制策略。这个访问控制策略是由使用防火墙的单位自行制定的。这种安全策略应当最适合本单位的需要。图 7-24 指出防火墙位于互联网和内部网络之间。互联网这边是防火墙的外面，而内部网络这边是防火墙的里面。一般都把防火墙里面的网络称为**“可信的网络”**(trusted network)[①]，而把防火墙外面的网络称为**“不可信的网络”**(untrusted network)。

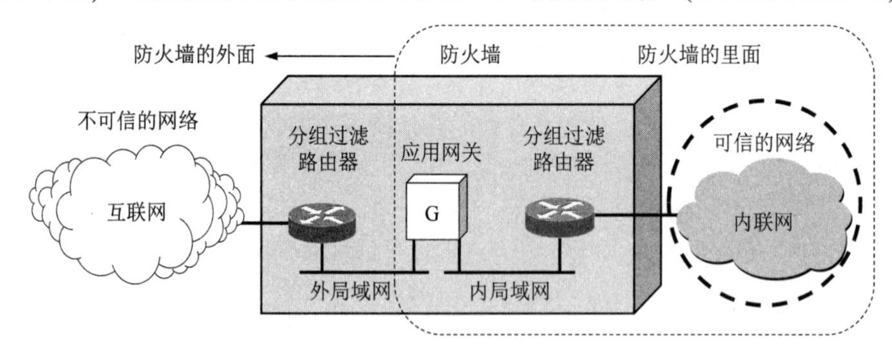

图 7-24 防火墙在互连网络中的位置

① 注：2004 年 11 月，联合国总部建立了“互联网治理工作组 WGIG (Working Group on Internet Governance)”，来解决互联网的诚信和安全问题。我国在 2006 年 2 月颁布的《国家中长期科学和技术发展规划纲要（2006—2020 年）》中，提出以发展高可信网络为重点。现在高可信网络已成为研究热点。

防火墙技术一般分为以下两类。

(1) **分组过滤路由器**是一种具有分组过滤功能的路由器，它根据过滤规则对进出内部网络的分组执行转发或者丢弃（即过滤）。过滤规则是基于分组的网络层或运输层首部的信息，例如：源/目的 IP 地址、源/目的端口、协议类型（TCP 或 UDP），等等。我们知道，TCP 的端口号指出了在 TCP 上面的应用层服务。例如，端口号 23 是 TELNET，端口号 119 是新闻网 USENET，等等。所以，如果在分组过滤器中将所有目的端口号为 23 的**入分组**(incoming packet)都进行阻拦，那么所有外单位用户就不能使用 TELNET 登录到本单位的主机上。同理，如果某公司不愿意其雇员在上班时花费大量时间去看互联网的 USENET 新闻，就可将目的端口号为 119 的**出分组**(outgoing packet)阻拦住，使其无法发送到互联网。

分组过滤可以是无状态的，即独立地处理每一个分组。也可以是有状态的，即要跟踪每个连接或会话的通信状态，并根据这些状态信息来决定是否转发分组。例如，一个进入到分组过滤路由器的分组，如果其目的端口是某个客户动态分配的，那么该端口显然无法事先包含在规则中。这样的分组被允许通过的唯一条件是：该分组是该端口发出合法请求的一个响应。这样的规则只能通过有状态的检查来实现。

分组过滤路由器的优点是简单高效，且对于用户是透明的，但不能对高层数据进行过滤。例如，不能禁止某个用户对某个特定应用进行某个特定的操作，不能支持应用层用户鉴别等。这些功能需要使用应用网关技术来实现。

(2) **应用网关**也称为**代理服务器**(proxy server)，它在应用层通信中扮演报文中继的角色。一种网络应用需要一个应用网关，例如在上一章 6.4.3 节中“代理服务器”介绍过的万维网缓存就是一种万维网应用的代理服务器。在应用网关中，可以实现基于应用层数据的过滤和高层用户鉴别。

所有进出网络的应用程序报文都必须通过应用网关。当某应用客户进程向服务器发送一份请求报文时，先发送给应用网关，应用网关在应用层打开该报文，查看该请求是否合法（可根据应用层用户标识 ID 或其他应用层信息来确定）。如果请求合法，应用网关以客户进程的身份将请求报文转发给原始服务器。如果不合法，报文则被丢弃。例如，一个邮件网关在检查每一个邮件时，会根据邮件地址，或邮件的其他首部，甚至是报文的内容（如，有没有“导弹”“核弹头”等关键词）来确定该邮件能否通过防火墙。

应用网关也有一些缺点。首先，每种应用都需要一个不同的应用网关（可以运行在同一台主机上）。其次，在应用层转发和处理报文，处理负担较重。另外，对应用程序不透明，需要在应用程序客户端配置应用网关地址。

通常可将这两种技术结合使用，图 7-24 所画的防火墙就同时具有这两种技术。它包括两个分组过滤路由器和一个应用网关，它们通过两个局域网连接在一起。

7.6.2 入侵检测系统

防火墙试图在入侵行为发生之前阻止所有可疑的通信。但事实是不可能阻止所有的入侵行为，有必要采取措施在入侵已经开始，但还没有造成危害或在造成更大危害前，及时检测到入侵，以便尽快阻止入侵，把危害降低到最小。**入侵检测系统** IDS 正是这样一种技术。IDS 对进入网络的分组执行深度分组检查，当观察到可疑分组时，向网络管理员发出告警或执行阻断操作（由于 IDS 的“误报”率通常较高，多数情况不执行自动阻断）。IDS 能用于检测多种网络攻击，包括网络映射、端口扫描、DoS 攻击、蠕虫和病毒、系统漏洞攻击等。

入侵检测方法一般可以分为基于特征的入侵检测和基于异常的入侵检测两种。

基于特征的 IDS 维护一个所有已知攻击标志性特征的数据库。每个特征是一个与某种入侵活动相关联的规则集，这些规则可能基于单个分组的首部字段值或数据中特定比特串，或者与一系列分组有关。当发现有与某种攻击特征匹配的分组或分组序列时，则认为可能检测到某种入侵行为。这些特征和规则通常由网络安全专家生成，机构的网络管理员定制并将其加入到数据库中。

基于特征的 IDS 只能检测已知攻击，对于未知攻击则束手无策。基于异常的 IDS 通过观察正常运行的网络流量，学习正常流量的统计特性和规律，当检测到网络中流量的某种统计规律不符合正常情况时，则认为可能发生了入侵行为。例如，当攻击者在对内网主机进行 ping 搜索时，或导致 ICMP ping 报文突然大量增加，与正常的统计规律有明显不同。但区分正常流和统计异常流是一件非常困难的事情。至今为止，大多数部署的 IDS 主要是基于特征的，尽管某些 IDS 包括了某些基于异常的特性。

不论采用什么检测技术都存在“漏报”和“误报”情况。如果“漏报”率比较高，则只能检测到少量的入侵，给人以安全的假象。对于特定 IDS，可以通过调整某些阈值来降低“漏报”率，但同时会增大“误报”率。“误报”率太大会导致大量虚假警报，网络管理员需要花费大量时间分析报警信息，甚至会因为虚假警报太多而对报警“视而不见”，使 IDS 形同虚设。

7.7 一些未来的发展方向

本章介绍了网络安全的主要概念。网络安全是一个很大的领域，无法在这进行深入的探讨。对于有志于这一领域的读者，可在下面几个方向做进一步的研究：

(1) 椭圆曲线密码 ECC　　目前椭圆曲线密码已在 TLS 1.3 的握手协议中占据非常重要的地位。此外，在电子护照和金融系统中也大量使用椭圆曲线密码系统。在互联网上已有许多关于椭圆曲线密码的资料。限于篇幅，无法在本书中进行介绍。

(2) 移动安全(Mobile Security)　　移动通信带来的广泛应用（如移动支付，Mobile Payment）向网络安全提出了更高的要求。

(3) 量子密码(Quantum Cryptography)　　量子计算机的到来将使得目前许多使用中的密码技术无效，后量子密码学(Post-Quantum Cryptography)的研究方兴未艾。

(4) 商密九号算法 SM9　　为了降低公钥和证书管理的复杂性，早在三十多年前提出的标识密码(Identity-Based Cryptography)，现在又被重视。标识密码把用户的标识（如手机号码）作为公钥，使得安全系统变得易于部署和管理。2008 年标识密码算法正式获得我国密码管理局签发为商密九号算法 SM9。此算法不需要申请数字证书，适用于互联网应用的各种新兴应用的安全保障，其应用前景值得关注。

本章的重要概念

- 计算机网络上的通信面临的威胁可分为两大类，即被动攻击（如截获）和主动攻击（如中断、篡改、伪造）。主动攻击的类型有更改报文流、拒绝服务、伪造初始化、恶意程序（病毒、蠕虫、木马、逻辑炸弹、后门入侵、流氓软件）等。
- 计算机网络安全主要有以下一些内容：机密性、端点鉴别、信息的完整性、运行的安全性和访问控制。

- 密码编码学是密码体制的设计学，而密码分析学则是在未知密钥的情况下从密文推演出明文或密钥的技术。密码编码学与密码分析学合起来即为密码学。
- 如果不论截取者获得了多少密文，都无法唯一地确定出对应的明文，则这一密码体制称为无条件安全的（或理论上是不可破的）。在无任何限制的条件下，目前几乎所有实用的密码体制均是可破的。如果一个密码体制中的密码不能在一定时间内被可以使用的计算资源破译，则这一密码体制称为在计算上是安全的。
- 对称密钥密码体制是加密密钥与解密密钥相同的密码体制（如数据加密标准 DES 和高级加密标准 AES）。这种加密的机密性仅取决于对密钥的保密，而算法是公开的。
- 公钥密码体制（又称为公开密钥密码体制）使用不同的加密密钥与解密密钥。加密密钥（即公钥）是向公众公开的，而解密密钥（即私钥或密钥）则是需要保密的。加密算法和解密算法也都是公开的。
- 目前最著名的公钥密码体制是 RSA 体制，它是基于数论中的大数分解问题的体制。
- 任何加密方法的安全性取决于密钥的长度，以及攻破密文所需的计算量，而不是简单地取决于加密的体制（公钥密码体制或传统加密体制）。
- 数字签名必须保证能够实现以下三点功能：(1)报文鉴别，即接收者能够核实发送者对报文的签名；(2)报文的完整性，即接收者确信所收到的数据和发送者发送的完全一样而没有被篡改过；(3)不可否认，即发送者事后不能抵赖对报文的签名。
- 鉴别是要验证通信的对方的确是自己所要通信的对象，而不是其他的冒充者。鉴别与授权是不同的概念。
- 报文摘要 MD 曾是一种鉴别报文的常用方法，后来有了更加安全的 SHA-1。但目前最为安全的是 SHA-2 和 SHA-3。
- 密钥管理包括：密钥的产生、分配、注入、验证和使用。密钥分配（或密钥分发）是密钥管理中最大的问题。密钥必须通过最安全的通路进行分配。密钥分配中心 KDC 是一种常用的密钥分配方式。
- 认证中心 CA 是签发数字证书的实体，也是可信的第三方。CA 把公钥与其对应的实体（人或机器）进行绑定和写入证书，并对证书进行数字签名。任何人都可从可信的地方获得认证中心 CA 的公钥来鉴别数字证书的真伪。
- 为了方便地签发数字证书，根 CA 可以有下面的多级的中间 CA，负责给用户签发数字证书。这样就构成了信任链和证书链。
- 在网络层可使用 IPsec 协议族，IPsec 包括鉴别首部协议 AH 和封装安全有效载荷协议 ESP。AH 协议提供源点鉴别和数据完整性，但不能保密。而 ESP 协议提供源点鉴别、数据完整性和保密。IPsec 支持 IPv4 和 IPv6。在 IPv6 中，AH 和 ESP 都是扩展首部的一部分。IPsec 数据报的工作方式有运输方式和隧道方式两种。
- 运输层的安全协议曾经有 SSL（安全套接字层）和 TLS（运输层安全）。但 SSL 已被淘汰。目前使用的最新版本是 TLS 1.3。TLS 不仅对服务器的安全性进行鉴别，而且对浏览器与服务器的所有会话记录进行加密，并保证了所传送的报文的完整性。
- PGP 是一个完整的电子邮件安全软件包，包括加密、鉴别、电子签名和压缩等技术。PGP 并未使用新概念，只是把现有的一些加密算法（如 RSA 公钥加密算法或

SHA 报文摘要算法）综合使用而已。

- 防火墙是一种特殊编程的路由器，安装在一个网点和网络的其余部分之间，目的是实施访问控制策略。防火墙里面的网络称为“可信的网络”，而把防火墙外面的网络称为“不可信的网络”。防火墙的功能有两个：一个是阻止（主要的），另一个是允许。
- 防火墙技术分为：网络级防火墙，用来防止整个网络出现外来非法的入侵（属于这类的有分组过滤和授权服务器）；应用级防火墙，用来进行访问控制（用应用网关或代理服务器来区分各种应用）。
- 入侵检测系统 IDS 是在入侵已经开始，但还没有造成危害或在造成更大危害前，及时检测到入侵，以便尽快阻止入侵，把危害降低到最小。

习题

7-01 计算机网络都面临哪几种威胁？主动攻击和被动攻击的区别是什么？对于计算机网络，其安全措施都有哪些？

7-02 试解释以下名词：(1)拒绝服务；(2)访问控制；(3)流量分析；(4)恶意程序。

7-03 为什么说计算机网络的安全不仅仅局限于机密性？试举例说明，仅具有机密性的计算机网络不一定是安全的。

7-04 密码编码学、密码分析学和密码学都有哪些区别？

7-05 “无条件安全的密码体制”和“在计算上是安全的密码体制”有什么区别？

7-06 试破译下面的密文诗。加密采用替代密码。这种密码是把 26 个字母（从 a 到 z）中的每一个用其他某个字母替代（注意，不是按序替代）。密文中无标点符号。空格未加密。

kfd ktbd fzm eubd kfd pzyiom mztx ku kzyg ur bzha kfthcm ur mfudm zhx
mftnm zhx mdzythc pzq ur ezsszcdm zhx gthcm zhx pfa kfd mdz tm sutythc
fuk zhx pfdkfdi ntcm fzld pthcm sok pztk z stk kfd uamkdim eitdx sdruid
pd fzld uoi efzk rui mubd ur om zid uok ur sidzkf zhx zyy ur om zid rzk
hu foiia mztx kfd ezindhkdi kfda kfzhgdx ftb boef rui kfzk

7-07 对称密钥体制与公钥密码体制的特点各是什么？各有何优缺点？

7-08 为什么密钥分配是一个非常重要但又十分复杂的问题？试举出一种密钥分配的方法。

7-09 公钥密码体制下的加密和解密过程是怎样的？为什么公钥可以公开？如果不公开是否可以提高安全性？

7-10 试述数字签名的原理。

7-11 为什么需要进行报文鉴别？鉴别和保密、授权有什么不同？报文鉴别和实体鉴别有什么区别？

7-12 试分别举例说明以下情况：(1)既需要保密，也需要鉴别；(2)需要保密，但不需要鉴别；(3)不需要保密，但需要鉴别。

7-13 A 和 B 共同持有一个只有他们二人知道的密钥（使用对称密码）。A 收到了用这个密钥加密的一份报文。A 能否出示此报文给第三方，使 B 不能否认发送了此报文？

7-14 将图 7-5 所示的具有机密性的签名与使用报文鉴别码相比较，哪一种方法更有利于进行鉴别？

7-15 试述实现报文鉴别和实体鉴别的方法。

7-16 结合第 5 章图 5-6 计算 UDP 的检验和的例子，说明这种检验和不能用来鉴别报文。

7-17 报文的机密性与完整性有何区别？什么是 MD5？

7-18 什么是重放攻击？怎样防止重放攻击？

7-19 图 7-11 的鉴别过程也有可能被骗子利用。假定 A 发送报文和 B 联系，但不巧被骗子 P 截获了，于是 P 发送报文给 A："我是 B"。接着，A 就发送图 7-11 中的第一个报文"A, R_A"，这里 R_A 是不重数。本来，P 必须也发给 A 另一个不重数，以及发回使用两人共同拥有的密钥 K_{AB} 加密的 R_A，即 $K_{AB}(R_A)$。但 P 根本不知道 K_{AB}，只好就发送同样的 R_A 作为自己的不重数。A 收到 R_A 后，发给 P 报文"$K_{AB}(R_A)$"，P 仍然不知道密钥 K_{AB}，也照样发回报文"$K_{AB}(R_A)$"。接着 A 就把一些报文发送给 P 了。虽然 P 不知道密钥 K_{AB}，但可以慢慢设法攻破。试问 A 能否避免这样的错误？

7-20 什么是"中间人攻击"？怎样防止这种攻击？

7-21 试讨论 Kerberos 协议的优缺点。

7-22 互联网的网络层安全协议族 IPsec 都包含哪些主要协议？

7-23 用户 A 和 B 使用 IPsec 进行通信。A 需要向 B 接连发送 6 个分组。是否需要在每发送一个分组之前，都先建立一次安全关联 SA？

7-24 在图 7-18(b)中，公司总部和业务员之间先建立了 TCP 连接，然后使用 IPsec 进行通信。假定有一个 TCP 报文段丢失了。后来在重传该序号的报文段时，相应的 IPsec 安全数据报是否也要使用同样的 IPsec 序号呢？

7-25 试简述协议 TLS 的工作过程。

7-26 在图 7-21 中，假定在第一步，顾客（客户 A）发送报文给经销商（服务器 B）时，误将报文发送到一个骗子处，而骗子就接着冒充经销商继续下面的步骤。试问在报文交互到第几个步骤时，顾客可以发现对方并不是真正的经销商？

7-27 电子邮件的安全协议 PGP 主要都包含哪些措施？

7-28 试述防火墙的工作原理和所提供的功能。什么叫作网络级防火墙和应用级防火墙？

第 8 章　互联网上的音频/视频服务

本章首先对互联网提供音频/视频服务进行概述。然后介绍流式音频/视频中的媒体服务器和实时流式协议 RTSP，并以 IP 电话为例介绍交互式音频/视频所使用的一些协议，如实时运输协议 RTP、实时传送控制协议 RTCP、H.323 以及会话发起协议 SIP。接着讨论改进“尽最大努力交付”服务的一些措施，包括怎样使互联网能够提高服务质量，并介绍综合服务 IntServ、资源预留协议 RSVP 和区分服务 DiffServ 的要点。

本章最重要的内容是;

(1) 多媒体信息的特点（如时延和时延抖动，播放时延等）。

(2) 流媒体的概念。

(3) IP 电话使用的几种协议。

(4) 改进“尽最大努力交付”服务的几种方法。

8.1　概述

计算机网络最初是为传送数据设计的。互联网 IP 层提供的**“尽最大努力交付”**服务以及**每一个分组独立交付**的策略，对传送数据信息十分合适。互联网使用的 TCP 协议可以很好地解决 IP 层不能提供可靠交付这一问题。

然而技术的进步使许多用户开始利用互联网传送音频/视频信息。在许多情况下，这种音频/视频常称为**多媒体信息**[①]。本来电路交换的公用电话网传送话音和多媒体信息早已是成熟的技术。例如视频会议（又称为电视会议）原先是使用电路交换的公用电话网。使用电路交换的好处是：一旦连接建立了（也就是只要拨通了电话），各种信号在电话线路上的**传输质量就有保证**。但使用公用电话网的缺点是**价格太高**。因此要想办法改用互联网。

多媒体信息（包括声音和图像信息）与不包括声音和图像的数据信息有很大的区别，其中最主要的两个特点如下。

第一，**多媒体信息的信息量往往很大。**

含有音频或视频的多媒体信息的信息量一般都很大，下面是简单的说明。

对于电话的声音信息，如采用标准的 PCM 编码（8 kHz 速率采样），而每一个采样脉冲用 8 位编码，则得出的声音信号的数据率就是 64 kbit/s。对于高质量的立体声音乐 CD 信息，虽然它也使用 PCM 编码，但其采样速率为 44.1 kHz，而每一个采样脉冲用 16 位编码，因此这种双声道立体声音乐信号的数据率超过了 1.4 Mbit/s。

---

① 注：多媒体信息和传统数据信息不同，它是指内容上相互关联的文本、图形、图像、声音、动画和活动图像等所形成的复合数据信息。而多媒体业务则应有集成性、交互性和同步性的特点。集成性是指对多媒体信息进行存储、传输、处理、显示的能力，交互性是指人与多媒体业务系统之间的相互控制能力，同步性是指在多媒体业务终端上显示的图像、声音和文字是以同步方式工作的。在本章中，我们经常把音频/视频信息和多媒体信息作为同义词来使用，虽然它们并不严格地等同。

再看一下数码照片。假定分辨率为 1280 × 960（中等质量）。若每个像素用 24 位进行编码，则一张未经压缩的照片的字节数约合 3.52 MB（这里 1 B = 8 bit，1 M = 2^{20}）。

活动图像的信息量就更大，如不压缩的彩色电视信号的数据率超过 250 Mbit/s。

因此在网上传送多媒体信息都无例外地采用各种信息压缩技术。例如在话音压缩方面的标准有：移动通信的 GSM（13 kbit/s），IP 电话使用的 G.729（8 kbit/s）和 G.723.1（6.4 kbit/s 和 5.3 kbit/s）；在立体声音乐的压缩技术有 MP3（128 kbit/s 或 112 kbit/s）。在视频信号方面有：VCD 质量的 MPEG 1（1.5 Mbit/s）和 DVD 质量的 MPEG 2（3~6 Mbit/s）。由于多媒体信息压缩技术本身不是计算机网络技术范畴，本书将不讨论有关数据压缩方面的内容。

第二，**在传输多媒体数据时，对时延和时延抖动均有较高的要求**。

首先要说明的是，“传输多媒体数据”隐含地表示了“边传输边播放”的意思。因为如果是把多媒体音频/视频节目先下载到计算机的硬盘中，等下载完毕后再去播放，那么在互联网上传输多媒体数据就没有什么更多的特点值得我们专门来讨论（仅仅是数据量非常大而已）。设想我们想欣赏网上的某个视频或音频节目。如果必须先花好几个小时（准确的时间事先还不知道）来下载它，等下载完毕后才能开始播放，那么这显然是很不方便的。因此，今后讨论在互联网上传输多媒体数据时，都是指含有“边传输边播放”的特点。

我们知道，模拟的多媒体信号只有经过数字化后才能在互联网上传送。就是对模拟信号要经过采样和模数转换变为数字信号，然后将一定数量的比特组装成分组进行传送。这些分组在发送时的时间间隔都是**恒定的**，通常称这样的分组为**等时的**(isochronous)。这种等时分组进入互联网的速率也是恒定的。但传统的**互联网本身是非等时的**。这是因为在使用 IP 协议的互联网中，每一个分组是独立地传送，因而这些分组在到达接收端时就变成为**非等时的**。如果我们在接收端对这些以非恒定速率到达的分组边接收边还原，那么就一定会产生很大的失真。图 8-1 说明了互联网是非等时的这一特点。

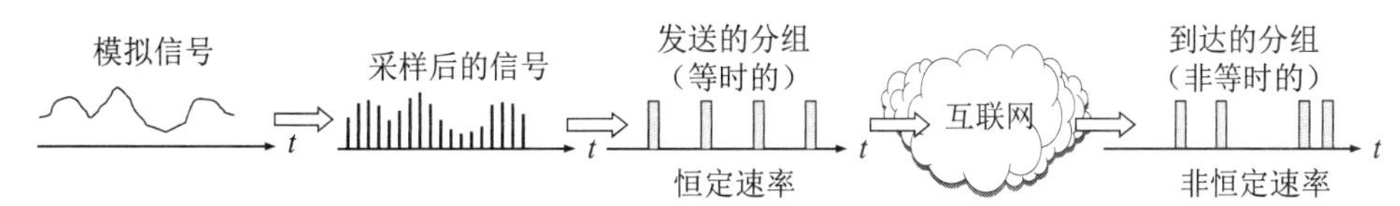

图 8-1　互联网是非等时的

要解决这一问题，可以在接收端设置适当大小的缓存[①]，当缓存中的分组数达到一定的数量后再以恒定速率按顺序将这些分组读出进行还原播放。图 8-2 说明了缓存的作用。

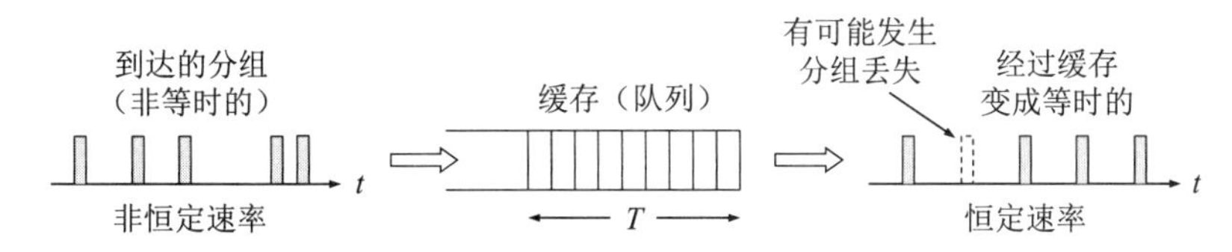

图 8-2　缓存把非等时的分组变换为等时的

从图 8-2 可看出，缓存实际上就是一个先进先出的队列。图中标明的 T 叫作**播放时延**，这就是从最初的分组开始到达缓存算起，经过时间 T 后就按固定时间间隔把缓存中的分组

① 注：请不要和运输层 TCP 的缓存弄混。这里所说的缓存是在应用层的缓存。

按先后顺序依次读出。我们看到，缓存使所有到达的分组都经受了迟延。由于分组以非恒定速率到达，因此早到达的分组在缓存中停留的时间较长，而晚到达的分组在缓存中停留的时间就较短。从缓存中取出分组是按照固定的时钟节拍进行的，因此，到达的非等时的分组，经过缓存后再以恒定速率读出，就变成了等时的分组（但请注意，时延太大的分组就丢弃了），这就在很大程度上**消除了时延的抖动**。但我们付出的代价是增加了时延。以上所述的概念可以用图 8-3 来说明。

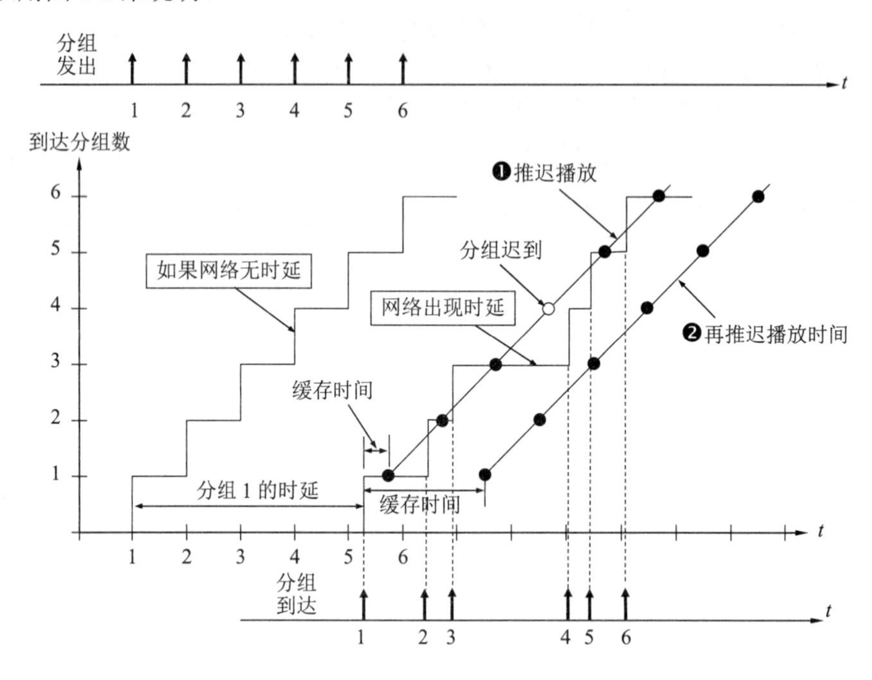

图 8-3　利用缓存得到等时的分组序列

图 8-3 画出了发送端一连发送 6 个等时的分组。如果网络**没有时延**，那么到达的分组数随时间的变化就如图中最左边的阶梯状的曲线所示。这就是说，只要发送方一发出一个分组，在接收方到达的分组数就立即加 1。但实际的网络使每一个分组经受的时延不同，因此这一串分组在到达接收端时就变成了非等时的，这就使得分组到达的阶梯状曲线向右移动，并且变成不均匀的。图 8-3 标注出了分组 1 的时延。图中给出了两个不同的开始播放时刻。黑色小圆点表示在播放时刻对应的分组已经在缓存中，而空心小圆圈表示在播放时刻对应的分组尚未到达。我们可以看出，即使推迟了播放时间（如图中的❶），也还有可能有某个迟到分组赶不上播放（如图中的空心小圆圈）。如果再推迟播放时间（如图中的❷），则所有的 6 个分组都不会错过播放，但这样做的时延会较大。

然而我们还有一些问题没有讨论。

首先，播放时延 T 应当选为多大？把 T 选择得越大，就可以消除更大的时延抖动，但所有分组经受的平均时延也增大了，而这对某些实时应用（如视频会议）是很不利的。当然这对单向传输的视频节目问题并不太大（如从网上下载一段视频节目，只要耐心多等待一段时间用来将分组放入缓存即可）。如果 T 选择得太小，那么消除时延抖动的效果就较差。因此播放时延 T 的选择必须折中考虑。在传送**时延敏感**(delay sensitive)的实时数据时，不仅**传输时延不能太大**，而且**时延抖动也必须受到限制**。

其次，在互联网上传输实时数据的分组时有可能会出现差错或甚至丢失。如果利用 TCP 协议对这些出错或丢失的分组进行重传，那么时延就会大大增加。因此实时数据的传输在运输层就应采用用户数据报协议 UDP 而不使用 TCP 协议。这就是说，对于传送实时数据，我们**宁可丢失少量分组**（当然不能丢失太多），**也不要太晚到达的分组**。在连续的音频或视频数据流中，很少量分组的丢失对播放效果的影响并不大（因为这是由人来进行主观评价的），因而是可以容忍的。**丢失容忍**(loss tolerant)也是实时数据的另一个重要特点。

由于分组的到达可能不按序，但将分组还原和播放时又应当是按序的。因此在发送多媒体分组时还应当给每一个分组加上**序号**。这表明还应当有相应的协议支持才行。

还有一种情况，就是要使接收端能够将节目中本来就存在的正常的短时间停顿（如话音中的静默期或音乐中出现的几拍停顿）和因某些分组产生的较大迟延造成的“停顿”区分开来。这就需要在每一个分组增加一个**时间戳**(timestamp)，让接收端知道所收到的每一个分组是在什么时间产生的。

有了序号和时间戳，再采用适当的算法，接收端就知道应在什么时间开始播放缓存中收到的分组。这样既可减少分组的丢失率，也可使播放的延迟在人们可容忍的范围之内。

根据以上的讨论可以看出，若想在互联网上传送质量很好的音频/视频数据，就需要设法改造现有的互联网使它能够适应音频/视频数据的传送。

对这个问题，网络界一直有较大的争论，众说纷纭。有人认为，只要大量使用光缆，网络的时延和时延抖动就可以足够小。再加上使用具有大容量高速缓存的高速路由器，在互联网上传送实时数据就不会有问题。也有人认为，必须将互联网改造为能够对端到端的带宽实现**预留**(reservation)，从而根本改变互联网的协议栈——**从无连接的网络转变为面向连接的网络**。还有人认为，部分改动互联网的协议栈所付出的代价较小，而这也能够使多媒体信息在互联网上的传输质量得到改进。

尽管上述的争论仍在继续，但互联网的一些新的协议也在不断出现。下面我们有选择地讨论与传送音频/视频信息有关的若干问题。

目前互联网提供的音频/视频服务大体上可分为三种类型：

(1) **流式(streaming)存储音频/视频**　这种类型是先把已压缩的录制好的音频/视频文件（如音乐、电影等）存储在服务器上。用户通过互联网下载这样的文件。请注意，用户并不是把文件全部下载完毕后再播放，因为这往往需要很长时间，而用户一般也不大愿意等待太长的时间。流式存储音频/视频文件的特点是能够**边下载边播放**，即在文件下载后不久（例如，一般在缓存中存放最多几十秒）就开始连续播放。请注意，普通光盘中的 DVD 电影文件不是流式视频文件。如果我们打算下载一部光盘中的普通的 DVD 电影，那么你只能花费很长的时间把整个电影文件全部下载完毕后才能播放。请注意，flow 的译名也是“流”（或“流量”），但意思和 streaming 完全不同。

(2) **流式实况音频/视频**　这种类型和无线电台或电视台的实况广播相似，不同之处是音频/视频节目的**广播**是通过互联网来传送的。流式实况音频/视频是一对多（而不是一对一）的通信。它的特点是：音频/视频节目不是事先录制好和存储在服务器中的，而是在发送方**边录制边发送**（不是录制完毕后再发送）。在接收时也要求能够连续播放。接收方收到节目的时间和节目中事件的发生时间可以认为是同时的（相差仅仅是电磁波的传播时间和很短的信号处理时间）。流式实况音频/视频按理说应当采用多播技术才能提高网络资源的利用率，但目前实际上还是使用多个独立的单播。

(3) **交互式音频/视频** 这种类型是用户使用互联网和其他人进行**实时**交互式通信。现在的互联网电话或互联网电视会议就属于这种类型。

请注意，对于流式音频/视频的“下载”，实际上并没有把“下载”的内容存储在硬盘上。因此当“边下载边播放”结束后，在用户的硬盘上没有留下有关播放内容的任何痕迹。播放流式音频/视频的用户，仅仅能够在屏幕上观看播放的内容。用户既不能修改节目内容，也不能把播放的内容存储下来，因此也无法进行转发。这对保护版权非常有利。

不过技术总是在不断进步的，现在已经有了能够存储在网上播放的流式音频/视频文件的软件。

我们现在常见的词汇**流媒体**(streaming media)就是上面所说的流式音频/视频。流媒体最主要的特点就是不是全部都收录下来再开始播放。在国外的一些文献中，常见到 streaming 一词，网上有人译为“串流”或“流播”，但目前还没有找到对 streaming 更好的译名。

限于篇幅，下面简单介绍上面的第一种和第三种音频/视频类型的服务。

8.2 流式存储音频/视频

“流式**存储**音频/视频”中的“存储”二字，表明这里所讨论的流式音频/视频文件不是实时产生的，而是已经录制好的，通常存储在光盘或硬盘中。不过有时为了简便，往往省略“存储”二字。在讨论从网上下载这种文件之前，我们先回忆一下使用传统的浏览器是怎样从服务器下载已经录制好的音频/视频文件的。图 8-4 说明了下载的三个步骤。

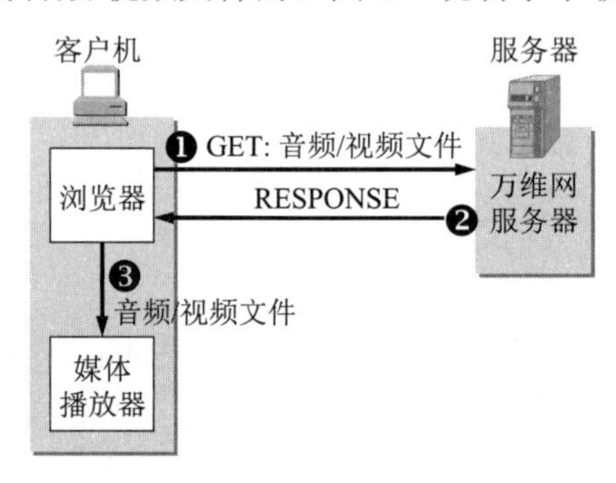

图 8-4　传统的下载文件方法

❶ 用户从客户机(client machine)的浏览器上用 HTTP 协议向服务器请求下载某个音频/视频文件，GET 表示请求下载的 HTTP 报文。请注意，HTTP 使用 TCP 连接。

❷ 服务器如有此文件就发送给浏览器，RESPONSE 表示服务器的 HTTP 响应报文。在响应报文中装有用户所要的音频/视频文件。整个下载过程可能会花费**很长的时间**。

❸ 当浏览器**完全收下**这个文件后（所需的时间取决于音频/视频文件的大小），就可以传送给自己机器上的媒体播放器进行解压缩，然后播放。

为什么不能直接在浏览器中播放音频/视频文件呢？这是因为播放器并没有集成在万维网浏览器中。因此，必须使用一个单独的应用程序来播放这种音频/视频节目。这个应用程序通常称为**媒体播放器**(media player)。现在流行的媒体播放器有 Real Networks 的 RealPlayer、微软的 Windows Media Player 和苹果公司的 QuickTime。媒体播放器具有的主要功能是：管理用户界面、解压缩、消除时延抖动和处理传输带来的差错。

请注意，图 8-4 所示传统的下载文件的方法并没有涉及“流式”（即边下载边播放）的概念。传统的下载方法最大缺点就是历时太长，这往往使下载者不愿继续等待。为此，已经找出了几种改进的措施。

8.2.1　具有元文件的万维网服务器

第一种改进的措施就是在万维网服务器中，除了真正的音频/视频文件外，还增加了一个**元文件**(metafile)。所谓元文件（请注意，不是源文件）就是一种非常小的文件，它描述或指明**其他文件**的一些重要信息。这里的元文件保存了有关这个音频/视频文件的信息。图 8-5 说明了使用元文件下载音频/视频文件的几个步骤。

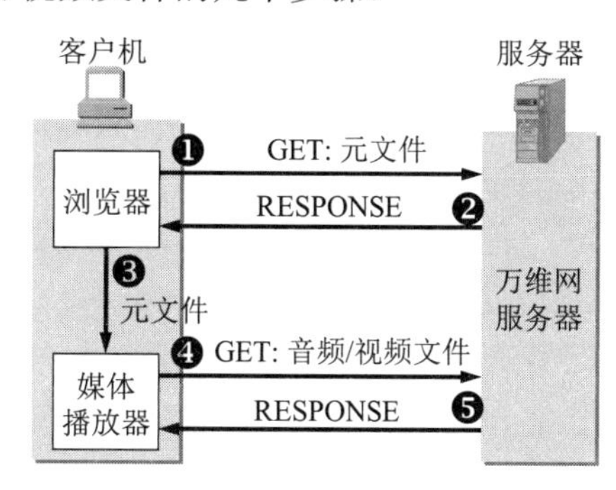

图 8-5　使用具有元文件的万维网服务器

❶ 浏览器用户点击所要看的音频/视频文件的超链，使用 HTTP 的 GET 报文接入到万维网服务器。实际上，这个超链并没有直接指向所请求的音频/视频文件，而是指向一个元文件。这个元文件有实际的音频/视频文件的统一资源定位符 URL。

❷ 万维网服务器把该元文件装入 HTTP 响应报文的主体，发回给浏览器。在响应报文中还有指明该音频/视频文件类型的首部。

❸ 客户机浏览器收到万维网服务器的响应，分析其内容类型首部行，调用相关的媒体播放器（客户机中可能装有多个媒体播放器），把提取出的元文件传送给媒体播放器。

❹ 媒体播放器使用元文件中的 URL 直接和万维网服务器建立 TCP 连接，并向万维网服务器发送 HTTP 请求报文，要求下载浏览器想要的音频/视频文件。

❺ 万维网服务器发送 HTTP 响应报文，把该音频/视频文件发送给媒体播放器。媒体播放器在存储了若干秒的音频/视频文件后（这是为了消除抖动），就以音频/视频流的形式边下载、边解压缩、边播放。

8.2.2　媒体服务器

为了更好地提供播放流式音频/视频文件的服务，现在最为流行的做法就是使用两个分开的服务器。如图 8-6 所示，现在使用一个普通的万维网服务器，和另一个**媒体服务器**(media server)。媒体服务器和万维网服务器可以运行在一个端系统内，也可以运行在两个不同的端系统中。媒体服务器与普通的万维网服务器的最大区别就是，媒体服务器是专门为播放流式音频/视频文件而设计的，因此能够更加有效地为用户提供播放流式多媒体文件的服务。因此媒体服务器也常被称为**流式服务器**(streaming server)。下面我们介绍其工作原理。

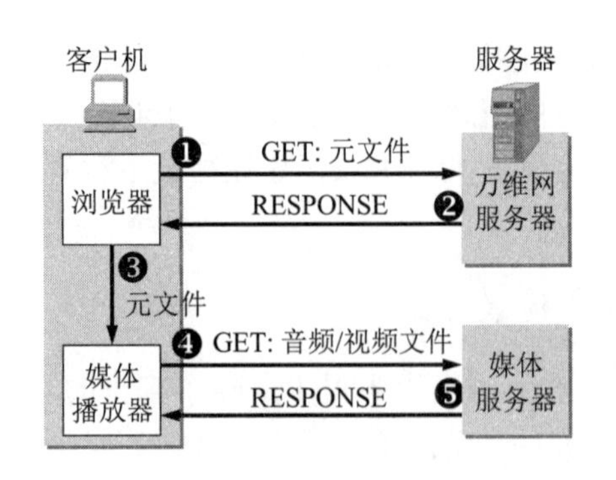

图 8-6　使用媒体服务器

在用户端的媒体播放器与媒体服务器的关系是客户与服务器的关系。与图 8-5 不同的是，现在媒体播放器不是向万维网服务器而是向媒体服务器请求音频/视频文件。媒体服务器和媒体播放器之间采用另外的协议进行交互。

采用媒体服务器后，下载音频/视频文件的前三个步骤仍然和上一节所述的一样，区别就是后面两个步骤，即：

❶ ~❸ 前三个步骤与图 8-5 中的相同。

❹ 媒体播放器使用元文件中的 URL 接入到媒体服务器，请求下载浏览器所请求的音频/视频文件。下载文件可以使用上一小节讲过的 HTTP/TCP，也可以借助于使用 UDP 的任何协议，例如使用实时运输协议 RTP（见 8.3.3 节）。

❺ 媒体服务器给出响应，把该音频/视频文件发送给媒体播放器。媒体播放器在迟延了若干秒后（例如，2 ~ 5 秒），以流的形式边下载、边解压缩、边播放。

上面提到，传送音频/视频文件可以使用 TCP，也可以使用 UDP。起初人们选用 UDP 来传送。不采用 TCP 的主要原因是担心当网络出现分组丢失时，TCP 的重传机制会使重传的分组不能按时到达接收端，使得媒体播放器的播放不流畅。但后来的实践经验发现，采用 UDP 会有以下几个缺点。

(1) 发送端按正常播放的速率发送流媒体数据帧，但由于网络的情况多变，在接收端的播放器很难做到始终按规定的速率播放。例如，一个视频节目需要以 1 Mbit/s 的速率播放。如果从媒体服务器到媒体播放器之间的网络容量突然降低到 1 Mbit/s 以下，那么这时就会出现播放器的暂停，影响正常的观看。

(2) 很多单位的防火墙往往阻拦外部 UDP 分组的进入，因而使用 UDP 传送多媒体文件时会被防火墙阻拦掉。

(3) 使用 UDP 传送流式多媒体文件时，如果在用户端希望能够控制媒体的播放，如进行暂停、快进等操作，那么还需要使用另外的协议 RTP（见 8.3.3 节）和 RTSP（见 8.2.3 节）。这样就增加了成本和复杂性。

于是，现在对流式存储音频/视频的播放，如 YouTube 和 Netflix[①]，都采用 TCP 来传送。图 8-7 说明了使用 TCP 传送流式视频的几个主要步骤[KURO17]。

① 注：YouTube（油管）是全球最大的视频网站，能支持数百万用户同时观看流畅的视频节目，也支持网民上传自己制作的共享视频节目。Netflix（奈飞，或网飞）是世界上最大的在线影片租赁提供商，可提供超过 85000 部 DVD 电影的租赁服务，以及 4000 多部影片或者电视剧的在线观看服务。

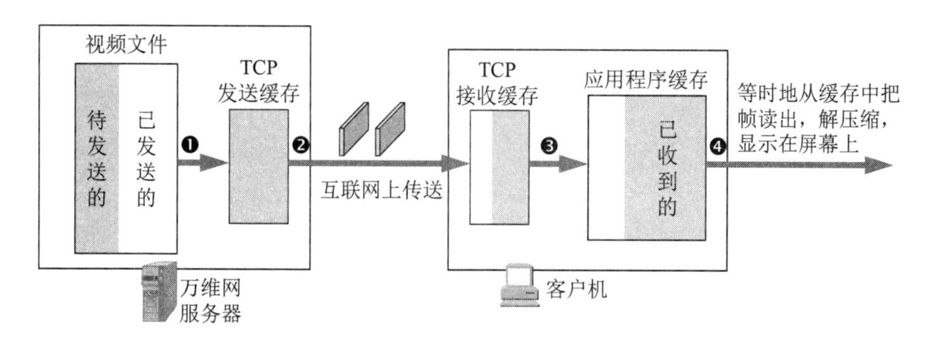

图 8-7　使用 TCP 传送流式视频的主要步骤

步骤❶：用户使用 HTTP 获取存储在万维网服务器中的视频文件，然后把视频数据传送到 TCP 发送缓存中。若发送缓存已填满，就暂时停止传送。

步骤❷：从 TCP 发送缓存通过互联网向客户机中的 TCP 接收缓存传送视频数据，直到接收缓存被填满。

步骤❸：从 TCP 接收缓存把视频数据再传送到应用程序缓存（即媒体播放器的缓存）。这叫作预先存储。当预先存储在缓存中的视频数据存储到一定数量时，就开始播放。这个过程一般不超过 1 分钟。

步骤❹：在播放时，媒体播放器等时地（即周期性地）把视频数据按帧读出，经解压缩后，把视频节目显示在用户的屏幕上。

请注意。这里只有步骤❹的读出速率是严格按照源视频文件的规定速率来播放的。而前面的三个步骤中的数据传送速率则可以是任意的。如果用户暂停播放，那么图中的三个缓存将很快被填满，这时 TCP 发送缓存就暂停读取所要传送的视频文件，否则就会引起视频数据的丢失。以后，当用户继续播放时，媒体播放器每读出 n bit，TCP 发送缓存就可以从存储的视频文件再读取 n bit。如果客户机中的两个缓存经常处于填满状态，就能够较好地应付网络中偶然出现的拥塞。

如果步骤❷的传送速率小于步骤❹的读出速率，那么客户机中的两个缓存中的存量就会逐渐减少。当媒体播放器缓存的数据被取空后，播放就不得不暂停，直到后续的视频数据重新注入进来后才能再继续播放。实践证明，只要在步骤❷的 TCP 平均传送速率达到视频节目规定的播放速率的两倍，媒体播放器一般就能流畅地播放网上的视频节目。

这里要指出，如果是观看实况转播，那么最好应当首先考虑使用 UDP 来传送。如果使用 TCP 传送，则当出现网络严重拥塞而产生播放的暂停时，就会使人难于接受。使用 UDP 传送时，即使因网络拥塞丢失了一些分组，对观看的感觉也会比突然出现暂停要好些。

顺便指出，我们在家中的宽带上网并不能保证媒体播放器一定能够流畅地回放任何视频节目。这是因为网络营运商只能保证，从用户家中到网络运营商的某个路由器之间的这段网络的数据速率。但从网络运营商到互联网上下载视频的某个媒体服务器的这段网络状况则是未知的，很可能在某些时段会出现一些网络拥塞。此外，还要考虑所选的视频节目的清晰度所要求的传输带宽。我们都知道，DVD 质量的视频和高清电视或 4K 超高清视频节目所要求的网速就相差很远。

流式媒体播放器问世后就很受欢迎。网民们不需要再随身携带刻录有视频节目的光盘，只要有能够上网的智能手机或轻巧的平板电脑，就能够随时上网观看各种视频音频节目。曾经在城市中很热闹的光盘销售商店，由于受到流式媒体的冲击，现已变得相当萧条。

8.2.3 实时流式协议 RTSP

实时流式协议 RTSP (Real-Time Streaming Protocol)是 IETF 的 MMUSIC 工作组(Multiparty MUltimedia SessIon Control WG，多方多媒体会话控制工作组)开发的协议，现在是 RTSP 2.0 [RFC 7826，建议标准]。RTSP 是为了给流式过程增加更多的功能而设计的协议。RTSP 本身并不传送数据，而仅仅是使媒体播放器能够**控制**多媒体流的传送（有点像文件传送协议 FTP 有一个控制信道），因此 RTSP 又称为**带外协议**(out-of-band protocol)。

RTSP 协议以客户-服务器方式工作，它是一个应用层的**多媒体播放控制协议**，用来使用户在播放从互联网下载的实时数据时能够进行控制（像在影碟机上那样的控制），如：暂停/继续、快退、快进等。因此，RTSP 又称为“**互联网录像机遥控协议**”。

RTSP 的语法和操作与 HTTP 协议的相似（所有的请求和响应报文都是 ASCII 文本）。但与 HTTP 不同的地方是 RTSP 是有状态的协议（HTTP 是无状态的）。RTSP 记录客户机所处于的状态（初始化状态、播放状态或暂停状态）。RFC 7826 还规定，RTSP 控制分组既可在 TCP 上传送，也可在 UDP 上传送。RTSP 没有定义音频/视频的压缩方案，也没有规定音频/视频在网络中传送时应如何封装在分组中。RTSP 不规定音频/视频流在媒体播放器中应如何缓存。

在使用 RTSP 的播放器中比较著名的是苹果公司的 QuickTime 和 Real Networks 公司的 RealPlayer。

图 8-8 表示使用 RTSP 的媒体服务器的工作过程。

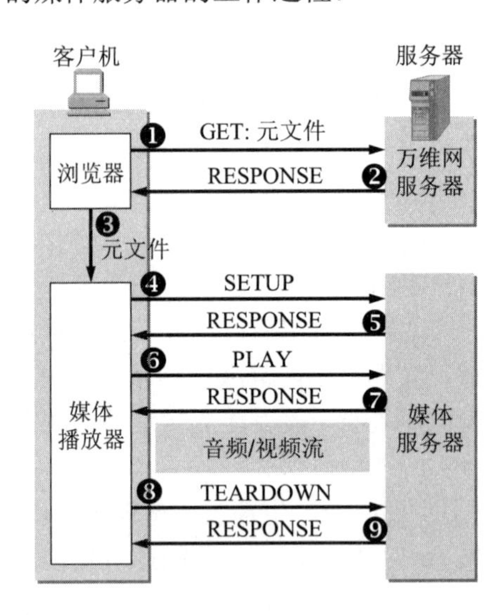

图 8-8 使用 RTSP 的媒体服务器的工作过程

❶ 浏览器使用 HTTP 的 GET 报文向万维网服务器请求音频/视频文件。

❷ 万维网服务器从浏览器发送携带有元文件的响应。

❸ 浏览器把收到的元文件传送给媒体播放器。

❹ 媒体播放器的 RTSP 客户发送 SETUP 报文与媒体服务器的 RTSP 服务器建立连接。

❺ 媒体服务器的 RTSP 服务器发送响应 RESPONSE 报文。

❻ 媒体播放器的 RTSP 客户发送 PLAY 报文开始下载音频/视频文件（即开始播放）。

❼ 媒体服务器的 RTSP 服务器发送响应 RESPONSE 报文。

此后，音频/视频文件被下载，所用的协议是运行在 UDP 上的。可以是后面要介绍的 RTP，也可以是其他专用的协议。在音频/视频流播放的过程中，媒体播放器可以随时暂停（利用 PAUSE 报文）和继续播放（利用 PLAY 报文），也可以快进或快退。

❽ 用户在不想继续观看时，可以由 RTSP 客户发送 TEARDOWN 报文断开连接。

❾ 媒体服务器的 RTSP 服务器发送响应 RESPONSE 报文。

请注意，以上编号的步骤❹至❾都使用实时流协议 RTSP。在图 8-8 中步骤❼后面没有编号的“音频/视频流”则使用另外的传送音频/视频数据的协议，如 RTP。

8.3 交互式音频/视频

限于篇幅，在本节中我们只介绍交互式音频，即 IP 电话。IP 电话是在互联网上传送多媒体信息的一个例子。通过 IP 电话的讨论，可以有助于了解在互联网上传送多媒体信息应当解决好哪些问题。

8.3.1 IP 电话概述

1. 狭义的和广义的 IP 电话

IP 电话有多个英文同义词。常见的有 VoIP (Voice over IP), Internet Telephony 和 VON (Voice On the Net)。但 IP 电话的含义却有不同的解释。

狭义的 IP 电话就是指在 IP 网络上打电话。所谓“IP 网络”就是“使用 IP 协议的分组交换网”的简称。这里的网络可以是互联网，也可以是包含有传统的电路交换网的互联网，不过在互联网中至少要有一个 IP 网络。

广义的 IP 电话则不仅仅是电话通信，而且还可以是在 IP 网络上进行交互式多媒体实时通信（包括话音、视像等），甚至还包括**即时传信** IM (Instant Messaging)。即时传信是在上网时就能从屏幕上得知有哪些朋友也正在上网。若有，则彼此可在网上即时交换信息（文字的或声音的），也包括使用一点对多点的多播技术。目前流行的即时传信应用程序有微信、Skype、QQ 和 MSN Messenger [CHEN07]，很受网民的欢迎。IP 电话可看成是一个正在演进的多媒体服务平台，是话音、视像、数据综合的基础结构。在某些条件下（例如使用宽带的局域网），IP 电话的话音质量甚至还优于普通电话。

下面讨论狭义的 IP 电话[COLL01]，而广义的 IP 电话在原理上是一样的。

其实 IP 电话并非新概念。早在 20 世纪 70 年代初期 ARPANET 刚开始运行不久，美国即着手研究如何在计算机网络上传送电话信息，即所谓的**分组话音通信**。但在很长一段时间里，分组话音通信发展得并不快。主要的原因是：

(1) 缺少廉价的高质量、低速率的话音信号编解码软件和相应的芯片。

(2) 计算机网络的传输速率和路由器处理速率均不够快，因而导致传输时延过大。

(3) 没有保证实时通信**服务质量** QoS (Quality of Service)的网络协议。

(4) 计算机网络的规模较小，而通信网只有在具有一定规模后才能产生经济效益。

2. IP 电话网关

然而到了 20 世纪 90 年代中期，上述的几个问题才相继得到了较好的解决。于是美国的

VocalTec 公司在 1995 年初率先推出了实用化的 IP 电话。但是这种 IP 电话必须使用 PC。1996 年 3 月，IP 电话进入了一个转折点：VocalTec 公司成功地推出了 **IP 电话网关**（IP Telephony Gateway），它是公用电话网[①]与 IP 网络的接口设备。IP 电话网关的作用就是：

(1) 在电话呼叫阶段和呼叫释放阶段**进行电话信令的转换**。

(2) 在通话期间**进行话音编码的转换**。

有了这种 IP 电话网关，就可实现 PC 用户到固定电话用户打 IP 电话（仅需经过 IP 电话网关一次），以及固定电话用户之间打 IP 电话（需要经过 IP 电话网关两次）。

图 8-9 画出了 IP 电话几种不同的连接方式。图中最上面的情况最简单，是两个 PC 用户之间的通话。这当然不需要经过 IP 电话网关，但必须是双方都同时上网才能进行通话。图 8-9 中间的一种情况是 PC 到固定电话之间的通话。最后一种情况是两个固定电话之间打 IP 电话，这当然是最方便的。读者应当特别注意在哪一部分是使用电路交换还是分组交换。

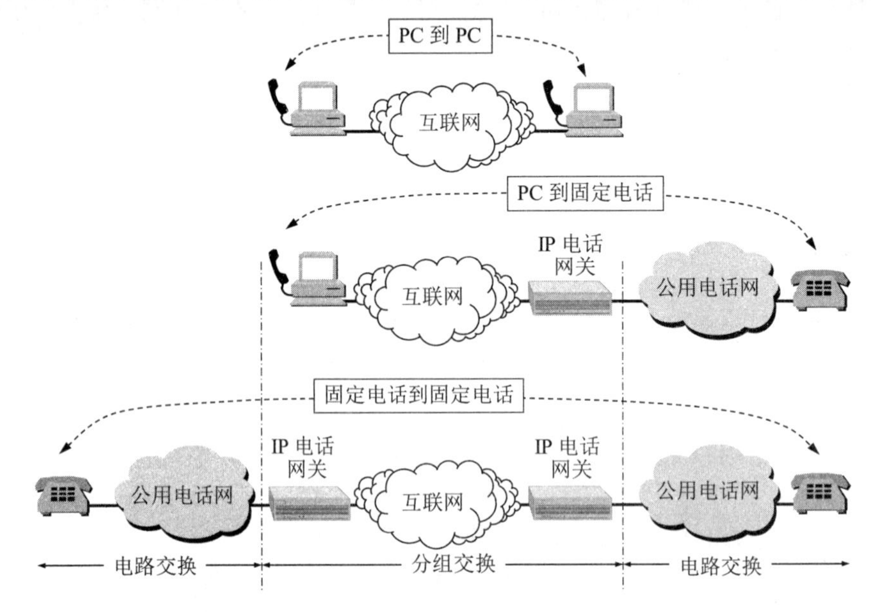

图 8-9 IP 电话的几种连接方法

3. IP 电话的通话质量

IP 电话的通话质量与电路交换电话网的通话质量有很大差别。在电路交换电话网中，任何两端之间的通话质量都是有保证的。但 IP 电话则不然。IP 电话的通话质量主要由两个因素决定，一个是**通话双方端到端的时延和时延抖动**，另一个是**话音分组的丢失率**。但这两个因素都是**不确定的**，而是取决于**当时网络上的通信量**。若网络上的通信量非常大以致发生了网络拥塞，那么端到端时延和时延抖动以及分组丢失率都会很高，这就导致 IP 电话的通话质量下降。因此，一个用户使用 IP 电话的通话质量**取决于当时其他许多用户的行为**。请注意，电路交换电话网的情况则完全不是这样。当电路交换电话网的通信量太大时，往往使我们无法拨通电话（听到的是忙音），即电话网拒绝对正在拨号的用户提供接通服务。但是

① 注：公用电话网即公用电路交换电话网，又称为传统电话网或电信网。

只要我们拨通了电话，那么电信公司就能保证让用户享受满意的通话质量。

经验证明，在电话交谈中，端到端的时延不应超过 250 ms，否则交谈者就会感到不自然。陆地公用电话网的时延一般只有 50~70 ms。但经过同步卫星的电话端到端时延就超过 250 ms，一般人都不太适应经过卫星传送的过长的时延。IP 电话的时延有时会超过 250 ms，因此 IP 电话必须努力减小端到端的时延。当通信线路产生回声时，则容许的端到端时延就更小些（有时甚至只容许几十毫秒的时延）。

IP 电话端到端时延是由以下几个因素造成的：

(1) 话音信号进行模数转换要产生时延。

(2) 已经数字化的话音比特流要积累到一定的数量才能够装配成一个话音分组，这也会产生时延。

(3) 话音分组的发送需要时间，此时间等于话音分组长度与通信线路的数据率之比。

(4) 话音分组在互联网中经过许多路由器的存储转发时延。

(5) 话音分组到达接收端在缓存中暂存所引起的时延。

(6) 将话音分组还原成模拟话音信号的数模转换也要产生一定的时延。

(7) 话音信号在通信线路上的传播时延。

(8) 由终端设备的硬件和操作系统产生的接入时延。由 IP 电话网关引起的接入时延约为 20~40 ms，而用户 PC 声卡引起的接入时延为 20~180 ms。有的调制解调器（如 V.34）还会再增加 20 ~ 40 ms 的时延（由于进行数字信号处理、均衡等）。

话音信号在通信线路上的传播时延一般都很小（卫星通信除外），通常可不予考虑。当采用高速光纤主干网时，上述的第三项时延也不大。

第一、第二和第六项时延取决于话音编码的方法。很明显，在保证话音质量的前提下，话音信号的数码率应尽可能低些。为了能够在世界范围提供 IP 电话服务，话音编码就必须采用统一的国际标准。ITU-T 已制定出不少话音质量不错的低速率话音编码的标准。目前适合 IP 电话使用的 ITU-T 标准主要有以下两种：

(1) G.729　话音速率为 8 kbit/s 的**共轭结构代数码激励线性预测** CS-ACELP (Conjugate-Structure Algebraic-Code-Excited Linear Prediction) **声码器**。

(2) G.723.1　话音速率为 5.3/6.3 kbit/s 的**线性预测编码** LPC (Linear Prediction Coding)**声码器**。

这两种标准的比较见表 8-1。

表 8-1　G.729 和 G.723.1 的主要性能比较

标准	比特率（kbit/s）	帧大小（ms）	处理时延（ms）	帧长（字节）	数字信号处理 MIPS
G.729	8	10	10	10	20
G.723.1	5.3/6.3	30	30	20/24	16

表中的比特率是输入为 64 kbit/s 标准 PCM 信号时在编码器输出的数据率。帧大小是压缩到每一个分组中的话音信号时间长度。处理时间是对一个帧运行编码算法所需的时间。帧长是一个已编码的帧的字节数（不包括首部）。数字信号处理 MIPS（每秒百万指令）是用数字信号处理芯片实现编码所需的最小处理机速率（以每秒百万指令为单位）。如使用 PC 的通用处理机，则所需的处理机 MIPS 还要高些。不难看出，G.723.1 标准虽然可得到更低的数据率，但其时延也更大些。

要减少上述第四和第五项时延较为困难。当网络发生拥塞而产生话音分组丢失时，还必须采用一定的策略（称为“**丢失掩蔽算法**”）对丢失的话音分组进行处理。例如，可使用前一个话音分组来填补丢失的话音分组的间隙。

接收端缓存空间和播放时延的大小对话音分组丢失率和端到端时延也有很大的影响。图 8-10 说明了这一问题。话音质量可分为四个级别，即“长途电话质量”（这是最好的质量）、“良好”“基本可用”和“不好”，各对应于图 8-10 中的一个区域。越接近坐标原点，话音质量就越好。我们假定某 IP 电话的通话质量处在图中 B 点的位置。若增大接收端缓存空间并增大播放时延，则话音分组丢失率将减小，但端到端的时延将增大（如图中的 C 点）。继续增大播放时延，则话音分组丢失率将继续减小，趋向于网络所引起的丢失率（如图中的 D 点），但 D 点的端到端时延很大，话音质量很不好。反之，若将接收端缓存做得很小并减小播放时延，则端到端时延将减小，趋向于网络所引起的端到端时延（如图中的 A 点），但话音分组丢失率将会大大增加，话音质量也不好。

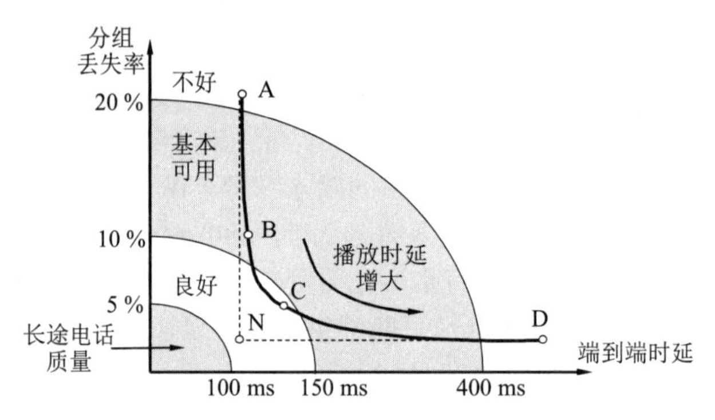

图 8-10　播放时延有一个最佳值

可见接收端的播放时延有一个最佳值。图中有一个点 N，相当于端到端时延和话音分组丢失率都是最小的，但实际上并不可能工作在这个点上。

据统计，当通话双方相距 3200 km 时，互联网上的时延约为 30~100 ms（传播和排队），而所有各环节的时延总和约为 100~262 ms（在两个 IP 电话网关之间）或 170~562 ms（在两个 PC 之间）[KAST98]。可见为了减小时延，应尽可能不要直接用 PC 打 IP 电话。

提高路由器的转发分组的速率对提高 IP 电话的质量也是很重要的。据统计，一个跨大西洋的 IP 电话一般要经过 20~30 个路由器。现在一个普通路由器每秒可转发 50~100 万个分组。若能改用吉比特路由器（又称为**线速路由器**），则每秒可转发 500 万至 6000 万个分组（即交换速率达 60 Gbit/s 左右）。这样还可进一步减少由网络造成的时延。

近几年来，IP 电话的质量得到了很大的提高。现在许多 IP 电话的话音质量已经优于固定电话的话音质量。一些电信运营商还建造了自己专用的 IP 电话线路，以便保证更好的通话质量。在 IP 电话领域里，最值得一提的就是 Skype IP 电话，它给全世界的广大用户带来了高品质并且廉价的通话服务。Skype 使用了 Global IP Sound 公司开发的互联网低比特率编解码器 iLBC (internet Low Bit rate Codec)[RFC 3951, 3952]，进行话音的编解码和压缩，使其话音质量优于传统的公用电话网（采用电路交换）的话音质量。Skype 支持两种帧长：20 ms（速率为 15.2 kbit/s，一个话音分组块为 304 bit）和 30 ms（速率为 13.33 kbit/s，一个话音分组块为 400 bit）。Skype 的另一个特点是对话音分组的丢失进行了特殊的处理，因而能够容忍高达 30%的话音分组丢失率，通话的用户一般感觉不到话音的断续或迟延，杂音也很小。

Skype 采用了 P2P（见第 6 章 6.9 节的介绍）和全球索引（Global Index）技术提供快速路由选择机制（而不是单纯依靠服务器来完成这些工作），因而其管理成本大大降低，在用户呼叫时，由于用户路由信息分布式存储于互联网的节点中，因此呼叫连接完成得很快。Skype 还采用了端对端的加密方式，保证信息的安全性。Skype 在信息发送之前进行加密，在接收时进行解密，在数据传输过程中完全没有可能在中途被窃听。

由于 Skype 使用的是 P2P 的技术，用户数据主要存储在 P2P 网络中，因此必须保证存储在公共网络中的数据是可靠的和没有被篡改的。Skype 对公共目录中存储的和用户相关的数据都采用了数字签名，保证了数据无法被篡改。

自 2003 年 8 月 Skype 推出以来，在短短 15 个月内，Skype 已拥有超过 5000 万次的下载量，注册量超过 2000 万用户，并且还在以每天超过 15 万用户的速度增长。在 2011 年，在同一时间使用 Skype 的用户数已经突破了 3000 万大关。据统计，在 2014 年的国际长途电话的市场份额中，Skype 已经占据了 40%。Skype 的问世给全球信息技术和通信产业带来深远的影响，也给每一位网络使用者带来生活方式的改变。

8.3.2 IP 电话所需要的几种应用协议

在 IP 电话的通信中，我们至少需要两种应用协议。一种是信令协议，它使我们能够在互联网上找到被叫用户[①]。另一种是话音分组的传送协议，它使我们用来进行电话通信的话音数据能够以时延敏感属性在互联网中传送。这样，为了在互联网中提供实时交互式的音频/视频服务，我们需要新的多媒体体系结构。

图 8-11 给出了在这样的体系结构中的三种应用层协议。第一种协议是与信令有关的，如 H.323 和 SIP（画在最左边）；第二种协议是直接传送音频/视频数据的，如 RTP（画在最右边）；第三种协议是为了提高服务质量，如 RSVP 和 RTCP（画在中间）。

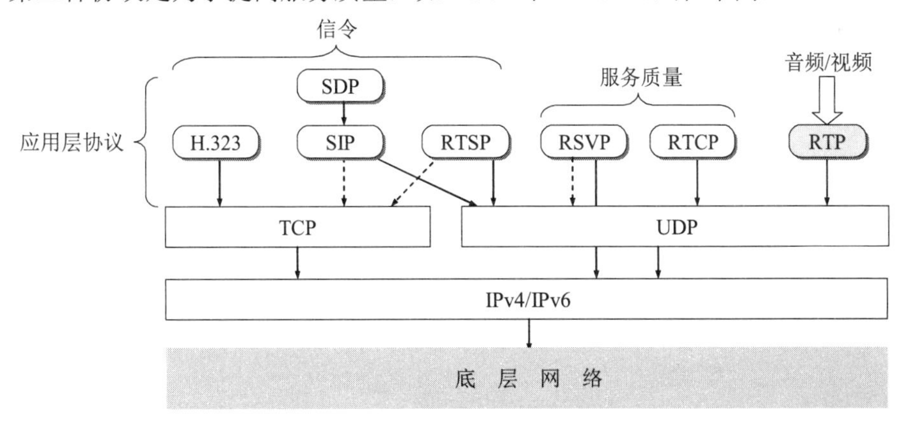

图 8-11　提供实时交互式音频/视频服务所需的应用层协议

下面先介绍**实时运输协议** RTP 及其配套的协议——**实时运输控制协议** RTCP，然后再介

① 注：在公用电话网中，电话交换机根据用户所拨打的号码就能够通过合适的路由找到被叫用户，并在主叫和被叫之间建立起一条电路连接。这些都依靠电话**信令**(signaling)完成。我们听到的振铃声、忙音或一些录音提示，以及打完电话挂机释放连接，也都是由电话信令来处理的。现在电话网使用的信令就是 7 号信令 SS7。利用 IP 网络打电话同样也需要 IP 网络能够识别的某种信令，但由于 IP 电话往往要经过已有的公用电话网，因此 IP 电话的信令必须在所有的功能上与原有的 7 号信令相兼容，这样才能使 IP 网络和公用电话网上的两种信令能够互相转换，因而能够做到互操作。

绍 IP 电话的信令协议 H.323 和**会话发起协议** SIP。

8.3.3 实时运输协议 RTP

实时运输协议 RTP (Real-time Transport Protocol) 是 IETF 的 AVT 工作组(Audio/Video Transport WG)开发的协议，现已成为互联网标准[RFC 3550，STD64] [RFC 3551，STD65]。

RTP **为实时应用提供端到端的运输，但不提供任何服务质量的保证**。需要发送的多媒体数据块（音频/视频）经过压缩编码处理后，先送给 RTP 封装成为 RTP 分组（也可称为 RTP 报文[①]）。RTP 分组装入运输层的 UDP 用户数据报后，再向下递交给 IP 层。RTP 现已成为互联网正式标准，并且已被广泛使用。RTP 同时也是 ITU-T 的标准（H.225.0）。实际上，RTP 是一个**协议框架**，因为它只包含了实时应用的一些共同功能。RTP 自己并不对多媒体数据块做任何处理，而只是向应用层提供一些附加的信息，让应用层知道应当如何进行处理。

图 8-11 把 RTP 协议画在应用层。这是因为从应用开发者的角度看，RTP 应当**是应用层的一部分**。在应用程序的发送端，开发者必须编写用 RTP 封装分组的程序代码，然后把 RTP 分组交给 UDP 套接字接口。在接收端，RTP 分组通过 UDP 套接字接口进入应用层后，还要利用开发者编写的程序代码从 RTP 分组中把应用数据块提取出来。

然而 RTP 的名称又隐含地表示它是一个**运输层协议**。这样划分也是可以的，因为 RTP 封装了多媒体应用的数据块，并且由于 RTP 向多媒体应用程序提供了服务（如时间戳和序号），因此也可以把 RTP 看成是在 UDP 之上的一个**运输层子层的协议**。

RTP 还有两点值得注意。首先，RTP 分组只包含 RTP 数据，而控制是由另一个配套使用的 RTCP 协议提供的（这在下一节介绍）。其次， RTP 在端口号 1025 到 65535 之间选择一个未使用的偶数 UDP 端口号，而在同一次会话中的 RTCP 则使用下一个奇数 UDP 端口号。但端口号 5004 和 5005 则分别用作 RTP 和 RTCP 的默认端口号。

图 8-12 给出了 RTP 分组的首部格式，下面进行简单的介绍。

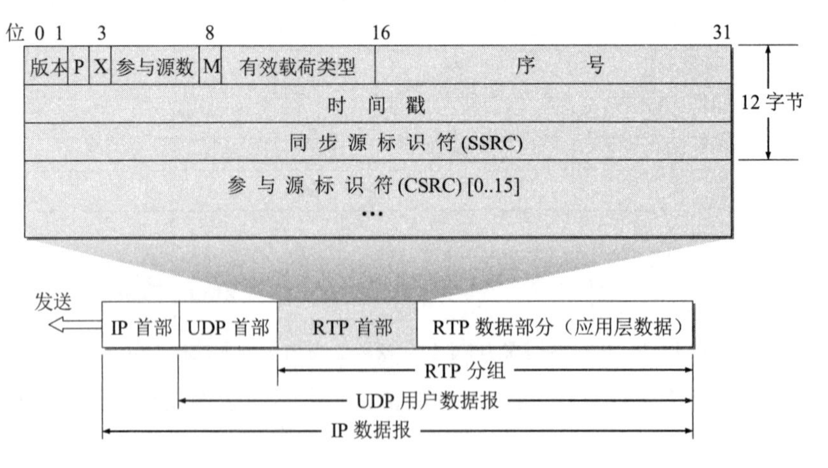

图 8-12 RTP 分组的首部格式

① 注：按惯例，在运输层或应用层的协议数据单元应当叫作报文。但相关 RFC 文档中都是使用 RTP packet 这一名词的。为了和 RFC 文档一致，这里也使用“RTP 分组”。下一节的 RTCP 也按同样方法处理。

在 RTP 分组的首部中，前 12 个字节是必需的，而 12 字节以后的部分则是可选的。下面按照各字段重要性的顺序来进行介绍。

(1) **有效载荷类型**(payload type)　占 7 位。这个字段指出后面的 RTP 数据属于何种格式的应用。收到 RTP 分组的应用层就根据此字段指出的类型进行处理。例如，对于音频有效载荷（每一种格式后面括弧中的数字就表示其有效载荷类型的编码）：μ律 PCM (0), GSM (3), LPC (7), A 律 PCM (8), G.722 (9), G.728 (15)等。对于视频有效载荷：活动 JPEG (26), H.261 (31), MPEG1 (32), MPEG2 (33)等。

(2) **序号**　占 16 位。对每一个发送出的 RTP 分组，其序号加 1。在一次 RTP 会话开始时的初始序号是随机选择的。序号使接收端能够发现丢失的分组，同时也能将失序的 RTP 分组重新按序排列好。例如，在收到序号为 60 的 RTP 分组后又收到了序号为 65 的 RTP 分组。那么就可推断出，中间还缺少序号为 61 至 64 的 4 个 RTP 分组。

(3) **时间戳**　占 32 位。时间戳反映了 RTP 分组中数据的第一个字节的采样时刻。在一次会话开始时时间戳的初始值也是随机选择的。即使在没有信号发送时，时间戳的数值也要随时间而不断地增加。接收端使用时间戳可准确知道应当在什么时间还原哪一个数据块，从而消除时延的抖动。时间戳还可以用来使视频应用中声音和图像同步。在 RTP 协议中并没有规定时间戳的**粒度**，这取决于有效载荷的类型。因此 RTP 的时间戳又称为**媒体时间戳**，以强调这种时间戳的粒度取决于信号的类型。例如，对于 8 kHz 采样的话音信号，若每隔 20 ms 构成一个数据块，则一个数据块中包含有 160 个样本（$0.02 \times 8000 = 160$）。因此发送端每发送一个 RTP 分组，其时间戳的值就增加 160。

(4) **同步源标识符**　占 32 位。**同步源标识符** SSRC (Synchronous SouRCe identifier)是一个数，用来标志 RTP **流**(stream)的来源。SSRC 与 IP 地址无关，在新的 RTP 流开始时随机地产生。由于 RTP 使用 UDP 传送，因此可以有多个 RTP 流（例如，使用几个摄像机从不同角度拍摄同一个节目所产生的多个 RTP 流）复用到一个 UDP 用户数据报中。SSRC 可使接收端的 UDP 能够将收到的 RTP 流送到各自的终点。两个 RTP 流恰好都选择同一个 SSRC 的概率是极小的。若发生这种情况，这两个源就都重新选择另一个 SSRC。

(5) **参与源标识符**　这是选项，最多可有 15 个。**参与源标识符** CSRC (Contributing SouRCe identifier)也是一个 32 位数，用来标志来源于不同地点的 RTP 流。在多播环境中，可以用中间的一个站（叫作**混合站** mixer）把发往同一个地点的多个 RTP 流混合成一个流（可节省通信资源），在目的站再根据 CSRC 的数值把不同的 RTP 流分开。

(6) **参与源数**　占 4 位。这个字段给出后面的参与源标识符的数目。

(7) **版本**　占 2 位。当前使用的是版本 2。

(8) **填充** P　占 1 位。在某些特殊情况下需要对应用数据块加密，这往往要求每一个数据块有确定的长度。如不满足这种长度要求，就需要进行填充。这时就把 P 位置 1，表示这个 RTP 分组的数据有若干填充字节。在数据部分的最后一个字节用来表示所填充的字节数。

(9) **扩展** X　占 1 位。X 置 1 表示在此 RTP 首部后面还有扩展首部。扩展首部很少使用，这里不再讨论。

(10) **标记** M　占 1 位。M 置 1 表示这个 RTP 分组具有特殊意义。例如，在传送视频流时用来表示每一帧的开始。

8.3.4 实时运输控制协议 RTCP

实时运输控制协议 RTCP (RTP Control Protocol)是与 RTP 配合使用的协议[RFC 3550, 3551]，实际上，RTCP 协议也是 RTP 协议不可分割的部分。

RTCP 协议的主要功能是：服务质量的监视与反馈、媒体间的同步（如某一个 RTP 发送的声音和图像的配合），以及多播组中成员的标志。RTCP 分组（也可称为 RTCP 报文）也使用 UDP 来传送，但 RTCP 并不对音频/视频分组进行封装。由于 RTCP 分组很短，因此可把多个 RTCP 分组封装在一个 UDP 用户数据报中。RTCP 分组周期性地在网上传送，它带有发送端和接收端对服务质量的统计信息报告（例如，已发送的分组数和字节数、分组丢失率、分组到达时间间隔的抖动等）。

表 8-2 是 RTCP 使用的五种分组类型，它们都使用同样的格式。

表 8-2 RTCP 的五种分组类型

类型	缩写表示	意义
200	SR	发送端报告
201	RR	接收端报告
202	SDES	源点描述
203	BYE	结束
204	APP	特定应用

结束分组 BYE 表示关闭一个数据流。

特定应用分组 APP 使应用程序能够定义新的分组类型。

接收端报告分组 RR 用来使接收端周期性地向所有的点用多播方式进行报告。接收端每收到一个 RTP 流（一次会话包含有许多的 RTP 流）就产生一个接收端报告分组 RR。RR 分组的内容有：所收到的 RTP 流的 SSRC；该 RTP 流的分组丢失率（若分组丢失率太高，发送端就应当适当降低发送分组的速率）；在该 RTP 流中的最后一个 RTP 分组的序号；分组到达时间间隔的抖动等。

发送 RR 分组有两个目的：第一，可以使所有的接收端和发送端了解当前网络的状态；第二，可以使所有发送 RTCP 分组的站点自适应地调整自己发送 RTCP 分组的速率，使得起控制作用的 RTCP 分组不要过多地影响传送应用数据的 RTP 分组在网络中的传输。通常是使 RTCP 分组的通信量不超过网络中数据分组的通信量的 5%，而接收端报告分组的通信量又应小于所有 RTCP 分组的通信量的 75%。

发送端报告分组 SR 用来使发送端周期性地向所有接收端用多播方式进行报告。发送端每发送一个 RTP 流，就要发送一个发送端报告分组 SR。SR 分组的主要内容有：该 RTP 流的同步源标识符 SSRC；该 RTP 流中最新产生的 RTP 分组的时间戳和绝对时钟时间（或墙上时钟时间 wall clock time）；该 RTP 流包含的分组数；该 RTP 流包含的字节数。

绝对时钟时间是必要的。因为 RTP 要求每一种媒体使用一个流。例如，要传送视频图像和相应的声音就需要传送两个流。有了绝对时钟时间就可进行图像和声音的同步。

源点描述分组 SDES 给出会话中参加者的描述，它包含参加者的**规范名** CNAME (Canonical NAME)。规范名是参加者的电子邮件地址的字符串。

8.3.5 H.323

现在 IP 电话有两套信令标准：一套是 ITU-T 定义的 H.323 协议，另一套是 IETF 提出的**会话发起协议** SIP (Session Initiation Protocol)。我们先介绍 H.323 协议。

H.323 是 ITU-T 于 1996 年制定的为在局域网上传送话音信息的建议书。1998 年 H.323 的第二个版本改用的名称是**“基于分组的多媒体通信系统”**。在 2009 年已更新到 H.323v7。基于分组的网络包括互联网、局域网、企业网、城域网和广域网。H.323 是互联网的端系统之间进行实时声音和视频会议的标准。**请注意，**H.323 **不是一个单独的协议而是一组协议**。H.323 包括系统和构件的描述、呼叫模型的描述、呼叫信令过程、控制报文、复用、话音编解码器、视像编解码器，以及数据协议等。图 8-13 示意了连接在分组交换网上的 H.323 终端使用 H.323 协议进行多媒体通信。

图 8-13 H.323 终端使用 H.323 协议进行多媒体通信

H.323 标准指明了四种构件，使用这些构件连网就可以进行点对点或一点对多点的多媒体通信。

(1) H.323 **终端**　这可以是一个 PC，也可以是运行 H.323 程序的单个设备。

(2) **网关**　网关连接到两种不同的网络，使得 H.323 网络可以和非 H.323 网络（如公用电话网）进行通信。仅在一个 H.323 网络上通信的两个终端当然就不需要使用网关。

(3) **网闸**(gatekeeper)　网闸相当于整个 H.323 网络的大脑。所有的呼叫都要通过网闸，因为网闸提供地址转换、授权、带宽管理和计费功能。网闸还可以帮助 H.323 终端找到距离公用电话网上的被叫用户最近的一个网关。

(4) **多点控制单元** MCU (Multipoint Control Unit)　MCU 支持三个或更多的 H.323 终端的音频或视频会议。MCU 管理会议资源、确定使用的音频或视频编解码器。

网关、网闸和 MCU 在逻辑上是分开的构件，但它们可实现在一个物理设备中。在 H.323 标准中，将 H.323 终端、网关和 MCU 都称为 H.323 **端点**(end point)。

图 8-14 表示了利用 H.323 网关使互联网能够和公用电话网进行连接。

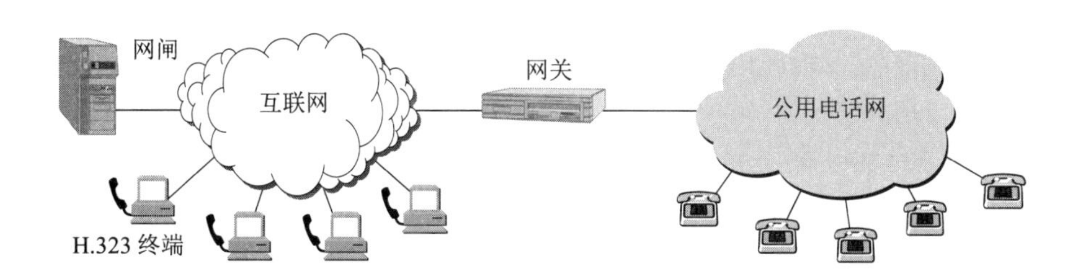

图 8-14 H.323 网关用来和非 H.323 网络进行连接

图 8-15 给出了 H.323 的体系结构。可以看出，H.323 是一个协议族，它可以使用不同的运输协议。H.323 包括以下一些组成部分：

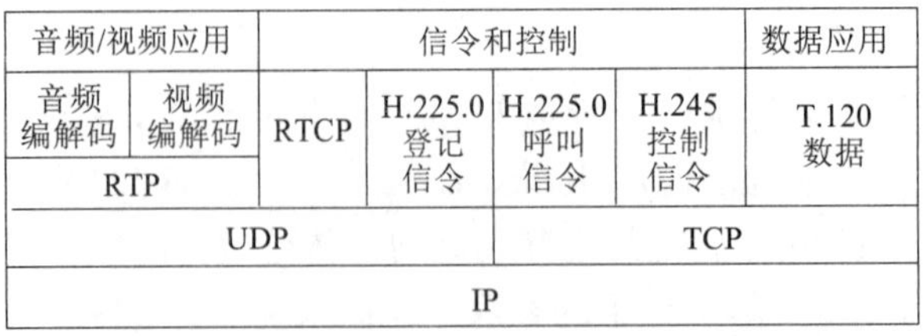

<table>
<tr><td colspan="2">音频/视频应用</td><td colspan="4">信令和控制</td><td>数据应用</td></tr>
<tr><td>音频
编解码</td><td>视频
编解码</td><td rowspan="2">RTCP</td><td rowspan="2">H.225.0
登记
信令</td><td rowspan="2">H.225.0
呼叫
信令</td><td rowspan="2">H.245
控制
信令</td><td rowspan="2">T.120
数据</td></tr>
<tr><td colspan="2">RTP</td></tr>
<tr><td colspan="4">UDP</td><td colspan="3">TCP</td></tr>
<tr><td colspan="7">IP</td></tr>
</table>

图 8-15　H.323 的协议体系结构

(1) **音频编解码器**　H.323 要求至少要支持 G.711（64 kbit/s 的 PCM）。建议支持如 G.722（16 kbit/s 的 ADPCM），G.723.1（5.3/6.3 的 LPC），G.728（16 kbit/s 的低时延 CELP）和 G.729（8 kbit/s 的 CS-ACELP）等。

(2) **视频编解码器**　H.323 要求必须支持 H.261 标准（176 × 144 像素）。

(3) **H.255.0 登记信令**，即**登记/接纳/状态** RAS (Registration/Admission/Status)。H.323 终端和网闸使用 RAS 来完成登记、接纳控制和带宽转换等功能。

(4) **H.225.0 呼叫信令**　用来在两个 H.323 端点之间建立连接。

(5) **H.245 控制信令**　用来交换端到端的控制报文，以便管理 H.323 端点的运行。

(6) **T.120 数据传送协议**　这是与呼叫相关联的数据交换协议。用户在参加音频/视频会议时，可以和其他与会用户共享屏幕上的白板。由于使用 TCP 协议，因此能够保证数据传送的正确（在传送音频/视频文件时使用的是 UDP，因此不能保证服务质量）。

(7) **实时运输协议 RTP 和实时运输控制协议 RTCP**　这两个协议前面已讨论。

H.323 的出发点是以已有的电路交换电话网为基础，增加了 IP 电话的功能（即远距离传输采用 IP 网络）。H.323 的信令也沿用原有电话网的信令模式，因此与原有电话网的连接比较容易。

8.3.6　会话发起协议 SIP

虽然 H.323 系列现在已被大部分生产 IP 电话的厂商采用，但由于 H.323 过于复杂（整个文档多达 736 页），不便于发展基于 IP 的新业务，因此 IETF 的 MMUSIC 工作组制定了另一套较为简单且实用的标准，即**会话发起协议 SIP** (Session Initiation Protocol) [RFC 3261—3264]，目前已成为互联网的建议标准。SIP 使用了 KISS 原则：即“保持简单、傻瓜” (Keep It Simple and Stupid)。

SIP 协议的出发点是以互联网为基础，而把 IP 电话视为互联网上的新应用。因此 SIP 协议只涉及 IP 电话所需的信令和有关服务质量的问题，而没有提供像 H.323 那样多的功能。SIP 没有强制使用特定的编解码器，也不强制使用 RTP 协议。然而，实际上大家还是选用 RTP 和 RTCP 作为配合使用的协议。

SIP 使用文本方式的客户-服务器协议。SIP 系统只有两种构件，即**用户代理**(user agent)和**网络服务器**(network server)。用户代理包括两个程序，即**用户代理客户** UAC (User Agent Client)和**用户代理服务器** UAS (User Agent Server)，前者用来发起呼叫，后者用来接受呼叫。网络服务器分为**代理服务器**(proxy server)和**重定向服务器**(redirect server)。代理服务器接受来自主叫用户的呼叫请求（实际上是来自用户代理客户的呼叫请求），并将其转发给被叫用户或下一跳代理服务器，然后下一跳代理服务器再把呼叫请求转发给被叫用户（实际上是转发给用户代理服务器）。重定向服务器不接受呼叫，它通过响应告诉客户下一跳代理服务器的地址，由客户按此地址向下一跳代理服务器重新发送呼叫请求。

SIP 的地址十分灵活。它可以是电话号码，也可以是电子邮件地址、IP 地址或其他类型的地址。但一定要使用 SIP 的地址格式，例如：

- 电话号码　　sip:zhangsan@8625-87654321
- IPv4 地址　　sip:zhangsan@201.12.34.56
- 电子邮件地址　　sip:zhangsan@163.com

和 HTTP 相似，SIP 是基于报文的协议。SIP 使用了 HTTP 的许多首部、编码规则、差错码以及一些鉴别机制。它比 H.323 具有更好的可扩缩性。

SIP 的会话共有三个阶段：建立会话、通信和终止会话。图 8-16 给出了一个简单的 SIP 会话的例子。图中的建立会话阶段和终止会话阶段，都是使用 SIP 协议，而中间的通信阶段，则使用如 RTP 这样的传送实时话音分组的协议。

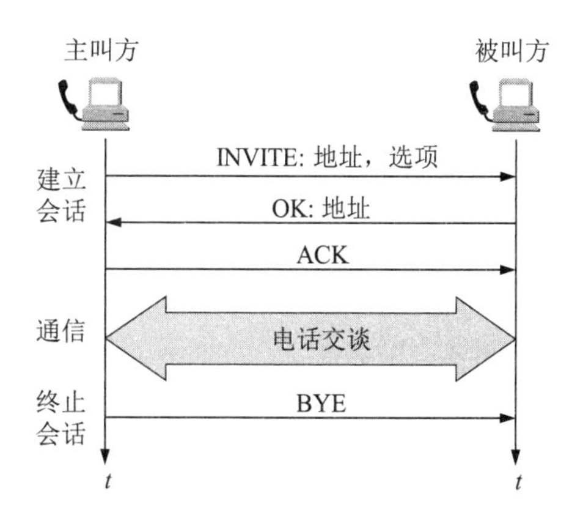

图 8-16　一个简单的 SIP 会话的例子

在图 8-16 中，主叫方先向被叫方发出 INVITE 报文，这个报文中含有双方的地址信息以及其他一些信息（如通话时话音编码方式等）。被叫方如接受呼叫，则发回 OK 响应，而主叫方再发送 ACK 报文作为确认（这和建立 TCP 连接的三报文握手相似）。然后双方就可以通话了。当通话完毕时，双方中的任何一方都可以发送 BYE 报文以终止这次的会话。

SIP 有一种跟踪用户的机制，可以找出被叫方使用的 PC 的 IP 地址（例如，被叫方使用 DHCP，因而没有固定的 IP 地址）。为了实现跟踪，SIP 使用登记的概念。SIP 定义一些服务器作为 SIP **登记器**(registrar)。每一个 SIP 用户都有一个相关联的 SIP 登记器。用户在任何时候发起 SIP 应用时，都应当给 SIP 登记器发送一个 SIP REGISTER 报文，向登记器报告现在使用的 IP 地址。SIP 登记器和 SIP 代理服务器通常运行在同一台主机上。

图 8-17 说明了 SIP 登记器的用途。主叫方把 INVITE 报文发送给 SIP 代理服务器。这个 INVITE 报文中只有被叫方的电子邮件地址而没有其 IP 地址。SIP 代理服务器就向 SIP 登记器发送域名系统 DNS 查询（这个查找报文不是 SIP 的报文），然后从回答报文得到了被叫方的 IP 地址。代理服务器把得到的被叫方的 IP 地址插入到主叫方发送的 INVITE 报文中，转发给被叫方。被叫方发送 OK 响应，然后主叫方发送 ACK 报文，完成了会话的建立。

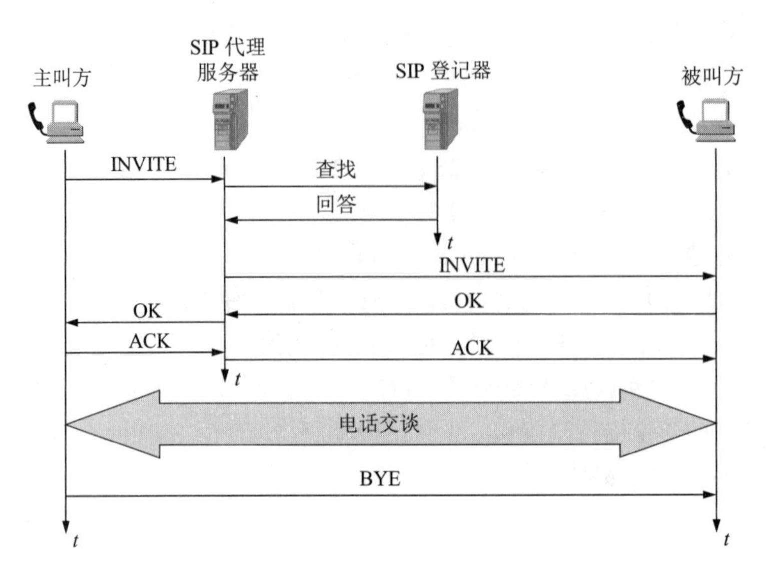

图 8-17　跟踪被叫方的机制

如果被叫没有在这个 SIP 登记器进行过登记，那么这个 SIP 登记器就发回重定向报文，指示 SIP 代理服务器向另一个 SIP 登记器重新进行 DNS 查询，直到找到被叫为止。图 8-17 给出了这种情况下主叫方发出确认之前的呼叫过程。

SIP 还有一个配套协议是**会话描述协议** SDP (Session Description Protocol)。SDP 在电话会议的情况下特别重要，因为电话会议的参加者应当能够**动态地加入和退出**。SDP 详细地指明了媒体编码、协议的端口号以及多播地址。SDP 现在也是互联网建议标准[RFC 8866]。

由于 SIP 问世较晚，因此它现在比 H.323 占有的市场份额要小。对今后作为 IETF 标准的 SIP 协议的进展情况应当引起我们的注意。

8.4　改进“尽最大努力交付”的服务

使互联网更好地传送多媒体信息的另一种方法，是改变互联网平等对待所有分组的思想，使得对时延有较严格要求的实时音频/视频分组，能够从网络得到更好的**服务质量** QoS。

下面我们先介绍提供服务质量的一般方法。

8.4.1　使互联网提供服务质量

根据 ITU-T 在建议书 E.800 中给出的定义，**服务质量 QoS 是服务性能的总效果，此效果决定了一个用户对服务的满意程度**。因此在最简单的意义上，有服务质量的服务就是能够满足用户的应用需求的服务，或者说，可提供一致的、可预计的数据交付服务。

在涉及一些具体问题时，服务质量可用若干基本的性能指标来描述，包括可用性、差错率、响应时间、吞吐量、分组丢失率、连接建立时间、故障检测和改正时间等。服务提供者可向其用户保证某一种等级的服务质量。

我们已多次强调过，互联网的网络本身只能提供“尽最大努力交付”的服务。而要传送多媒体信息，网络又必须具有一定的服务质量。下面通过图 8-18 的例子说明应从哪些方面入手使互联网具有一定的服务质量[KURO17]。图中表示局域网上的两台主机 H_1 和 H_2 通过非常简单的网络（路由器 R_1 和 R_2 以及连接它们的链路）分别向远地另外两台主机 H_3 和 H_4 发送数据。连接 R_1 和 R_2 的链路带宽是 1.5 Mbit/s。现在考虑以下四种情况。

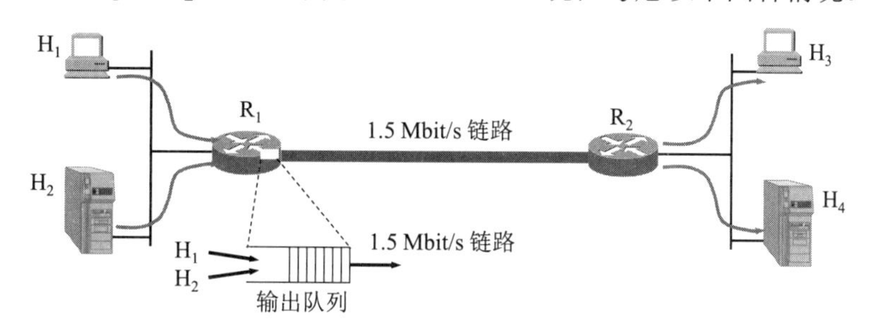

图 8-18 主机 H_1 和 H_2 分别向主机 H_3 和 H_4 发送数据

(1) 一个 1 Mbit/s 的实时音频数据和一个 FTP 文件数据

假定 H_1 向 H_3 传送 1 Mbit/s 的实时音频数据，而 H_2 向 H_4 传送低优先级的 FTP 文件数据。两台主机发送的数据都在路由器 R_1 的输出队列中排队。若突然有一个很大的 FTP 数据块来到 R_1，就会把输出队列全部占满。后面到达路由器 R_1 的实时音频分组就会被丢弃。显然这是不合理的。因此需要增加一个机制，就是**给不同性质的分组打上不同的标记**。这样当 H_1 和 H_2 的分组进入路由器 R_1 时，R_1 就能够识别 H_1 的实时数据分组，并使这些分组以高优先级进入输出队列，而仅在队列有多余空间时才准许低优先级的 FTP 的数据分组进入。

(2) 一个 1 Mbit/s 的实时音频数据和一个高优先级的 FTP 文件数据

假定 FTP 的用户用高价从 ISP 处购买了高优先级服务，而实时音频的用户只购买了低优先级服务。因此，仅根据分组自己的标记来确定其服务等级还不够合理。可见应当使路由器增加一种机制——**分类**(classification)，即路由器根据某些准则（例如，根据发送数据的地址）对输入分组进行分类，然后对不同类别的通信量给予不同的优先级。

(3) 一个数据率异常的实时音频数据和一个 FTP 文件数据

假定上述的主机 H_1 的数据率突然不正常地增大到 1.5 Mbit/s 或更高（这可能是出了故障或恶意破坏网络的正常运行），那么就会使主机 H_2 的 FTP 的低优先级数据无法通过路由器 R_1。因此，应当使路由器能够对某个数据流进行通信量的**管制**(policing)，使得这个数据流不要影响其他正常的数据流在网络中通过。例如，可以将 H_1 的数据率限定为 1 Mbit/s。路由器 R_1 不停地监视 H_1 的数据率。只要 H_1 的数据率超过规定的 1 Mbit/s，路由器 R_1 就把其中的某些分组丢弃，使其数据率不超过原来设定的门限。

为了更加合理地利用网络资源，应在路由器中再增加一种机制——**调度**(scheduling)。我们可以利用调度功能给实时音频和文件传送这两个应用分别分配 1 Mbit/s 和 0.5 Mbit/s 的带宽。这就好像在带宽为 1.5 Mbit/s 的链路中划分出两个逻辑链路，其带宽分别为 1 Mbit/s 和 0.5 Mbit/s，因而对这两种应用都有相应的服务质量保证。

(4) H_1 和 H_2 都发送数据率为 1 Mbit/s 的实时数据

在这种情况下，到达路由器 R_1 的总数据率是 2 Mbit/s，已超过了 1.5 Mbit/s 链路的带宽。若使这两台主机发出的数据流**平等地**共享 1.5 Mbit/s 链路的带宽，则每个数据流平均将丢失 25%的分组，因而都变得没有用了。比较合理的做法是让一个数据流通过 1.5 Mbit/s 的链路，而阻止另一个数据流的通过。这就需要另一种机制——**呼叫接纳**(call admission)。这里借用了电话网的术语，进一步的讨论见后面的 8.4.3 节。在使用呼叫接纳机制时，一个数据流要预先声明它所需的服务质量，然后或者被准许进入网络（能得到所需的服务质量），或者被拒绝进入网络（当所需的服务质量不能得到满足时）。

上面简单地说明了为使互联网能够提供一定的服务质量，应当设法增加一些机制，即：分组的类别、管制、调度以及呼叫接纳。在后面的几节我们将陆续讨论这些问题。

8.4.2 调度和管制机制

调度和管制机制是使互联网能够提供服务质量的重要措施[STAL10]。下面先讨论调度机制。

1. 调度机制

这里所说的“调度”就是指**排队的规则**。如果不采用专门的调度机制，那么在路由器的队列采用的默认排队规则就是**先进先出** FIFO (First In First Out)。当队列已满时，后到达的分组就被丢弃。先进先出的最大缺点就是**不能区分时间敏感分组和一般数据分组**，并且也不公平，因为这使得排在长分组后面的短分组要等待很长的时间。就像在机场办理登机卡时，正巧排在你前面的一个人代表 20 个人的团队来办理登机卡，这时你只能耐心等待。

在先进先出的基础上增加**按优先级排队**，就能使优先级高的分组优先得到服务。图 8-19 是按优先级排队的例子。图中假定优先级分为两种，因此有两个队列：高优先级队列和低优先级队列。

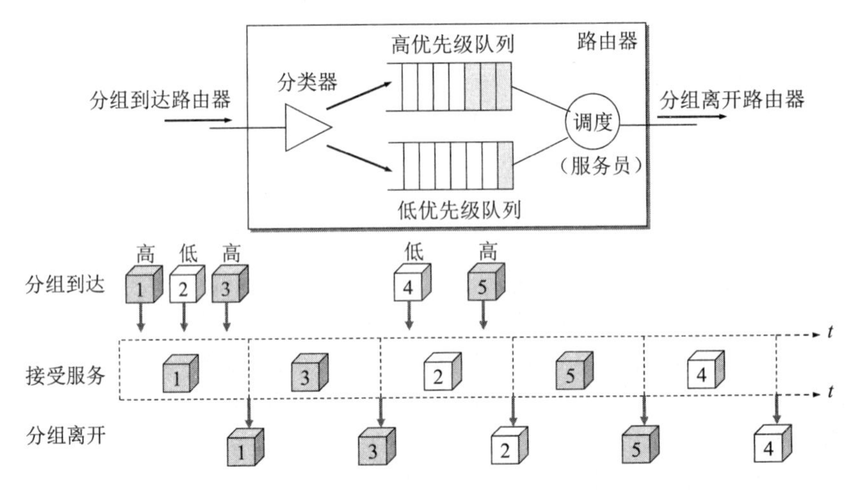

图 8-19 按优先级排队的例子

假定分组的到达是按照编号从小到大的顺序。在到达路由器后就由**分类器**（又称为**分类程序**）对其进行优先级分类，然后按照类别进入相应的队列。图中的圆圈表示调度，其作用是从队列中取走排在队首的分组。“调度”相当于排队论中的服务员。只要高优先级队列中有分组在内，就从高优先级队列中按照链路速率取出排在队首的分组。只有当高优先级队列已空时，才能轮到低优先级队列中的分组输出到链路上。在图 8-19 的下方给出三个高优先级的分组（灰色方块）与两个低优先级的分组（白色方块）交替地到达路由器。但在分组离开路由器时，高优先级的分组 3 和 5 都提前得到服务。请注意，低优先级的分组 2 仍然比高优先级的分组 5 先得到服务。这是因为在分组 2 得到服务时，分组 5 还没有到达路由器。当高优先级的分组 5 到达时，路由器正在发送分组 2，因此分组 5 必须等待分组 2 离开路由器后才能得到服务。

简单地按优先级排队会带来一个缺点，这就是在高优先级队列中总是有分组时，低优先级队列中的分组就长期得不到服务。这就不太公平。**公平排队** FQ (Fair Queuing)可解决这一问题。公平排队是对每种类别的分组流设置一个队列，然后轮流使每一个队列一次只能发送一个分组。对于空的队列就跳过去。但公平排队也有不公平的地方，这就是长分组得到的服务时间长，而短分组就比较吃亏，并且公平排队并没有区分分组的优先级。

为了使高优先级队列中的分组有更多的机会得到服务，可增加队列“**权重**”的概念，这就是**加权公平排队** WFQ (Weighted Fair Queuing)，其工作原理如图 8-20 所示。

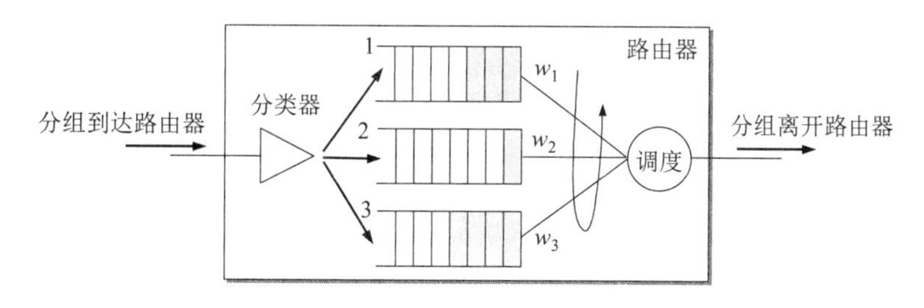

图 8-20　加权公平排队 WFQ

加权公平排队 WFQ 是这样工作的：分组到达后就进行分类，然后送交与其类别对应的队列（图中假定分为三类）。三个队列按顺序依次把队首的分组发送到链路。遇到队列空就跳过去。但根据各类别的优先级不同，每种队列分配到的服务时间也不同。可以给队列 i 指派一个权重 w_i。于是队列 i 得到的平均服务时间为 $w_i/(\Sigma w_j)$，这里 Σw_j 是对所有的非空队列的权重求和。这样，若路由器输出链路的数据率（即带宽）为 R，那么队列 i 将得到的有保证的数据率 R_i 应为

$$R_i = \frac{R \times w_i}{\Sigma w_j} \tag{8-1}$$

加权公平排队 WFQ 在服务质量体系结构中占有重要的地位。当前的许多路由器产品都加入了 WFQ 调度的功能。为了更好地理解 WFQ 的概念，图 8-21 给出了一个简单的例子，并把先进先出 FIFO 的情况也同时画出。我们假定在 WFQ 的情况下，分配给分组流 1 的权重是 0.5（即得到服务的时间占总的服务时间的一半），而分配给其他 10 个分组流的权重都各为 0.05。这样，分组流 2~11 共 10 个分组流合起来的权重也是 0.5。

在使用先进先出规则时，只有一个队列，因此每个分组流的第一个分组共 11 个分组排在队首。在图 8-21(a)和(b)两种情况下，FIFO 的结果都是一样的，即队列中前 11 分组发送完毕后才能发送分组流中剩下的分组。在使用 WFQ 时，在图(a)中分组流 1 先可以发送 10 个分组（但第 11 个分组还不能发送），而在图(b)中分组流 1 和其他的分组流交替地发送。不管是哪一种情况，分组流 1 都能够得到更多时间的服务。

2. 管制机制

前面提到了使用管制机制可以提供服务质量。对一个数据流，我们可根据以下三个方面进行管制：

(1) **平均速率**　网络需要控制一个数据流的平均速率。这里的平均速率是指在**一定的时间间隔内通过的分组数**。但这个时间间隔的选择也说明了这个指标的严格程度。例如，限

定数据流的平均速率为每秒 50 个分组和平均速率为每分钟 3000 个分组，虽然这两个指标的平均值都一样，但其严格程度却不同。假定有一个数据流，有一秒钟通过了 1000 个分组，但一分钟平均下来仍不超过 3000 个，那么这个数据流的平均速率符合后面一个指标，但却远远不满足前面的指标。

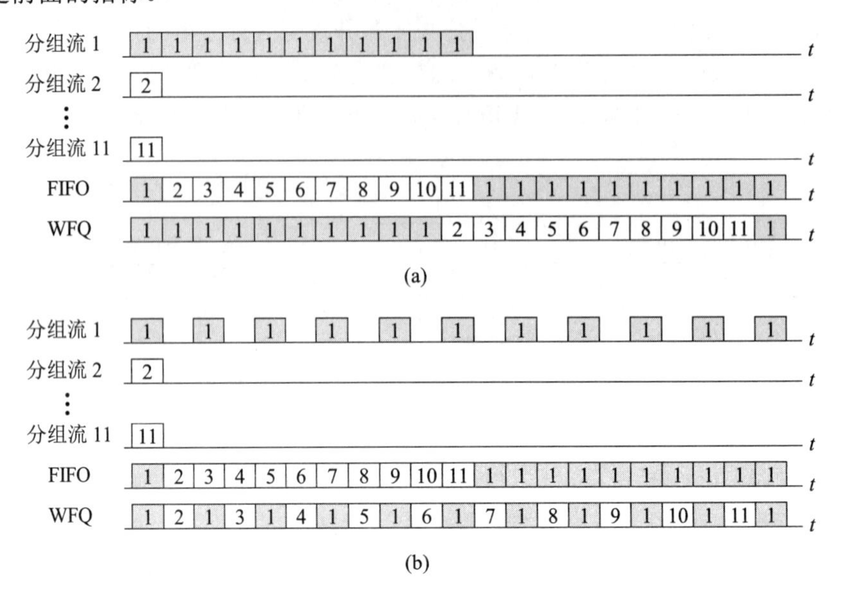

图 8-21 WFQ 与 FIFO 的比较

(2) **峰值速率** 峰值速率限制了数据流在非常短的时间间隔内的流量。数学上的“瞬时值”在实际网络中无法测定。因此这里所说的“非常短的时间间隔”需要指明时间间隔是多少。例如，限定数据流的平均速率为每分钟 3000 个分组，但同时限定其峰值速率不超过每秒 1000 个分组。峰值速率也同时受到链路带宽的限制。

(3) **突发长度** 网络也限制在非常短的时间间隔内连续注入到网络中的分组数。

要在网络中对进入网络的分组流按以上三个指标进行管制，可使用非常著名的**漏桶管制器**(leaky bucket policer)（可简称为**漏桶**），其工作原理如图 8-22 所示。

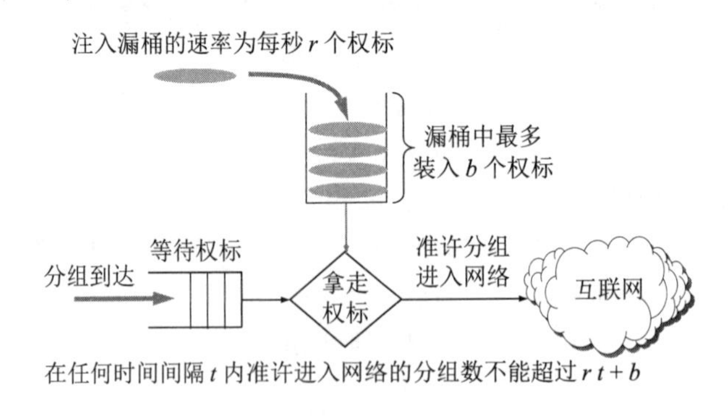

图 8-22 漏桶管制器的工作原理

漏桶是一种抽象的机制。在漏桶中可装入许多**权标**(token)，但最多装入 b 个权标。只要漏桶中的权标数小于 b 个，新的权标就以每秒 r 个权标的恒定速率加入到漏桶中。但若漏桶已装满了 b 个权标，则新的权标就不再装入，而漏桶的权标数达到最大值 b。

漏桶管制分组流进入网络的过程如下：分组进入网络前，先要进入一个队列中等候漏桶中的权标。只要漏桶中有权标，就可从漏桶取走一个权标，然后就准许一个分组从队列进入到网络。若漏桶已无权标，就要等新的权标注入到漏桶，再把这个权标拿走后才能准许下一个分组进入网络。请注意："准许进入网络"并不等于说"已经进入了网络"，因为分组进入网络还需要时间，这取决于输出链路的带宽和分组在输出端的排队情况。

假定在时间间隔 t 中把漏桶中的全部 b 个权标都取走，但在这个时间间隔内漏桶又装入了 rt 个新的权标，因此在任何时间间隔 t 内准许进入网络的分组数的最大值为 $rt + b$。控制权标进入漏桶的速率 r 就可对分组进入网络的速率进行管制。

3. 漏桶机制与加权公平排队相结合

把漏桶机制与加权公平排队结合起来，可以控制队列中的最大时延。

现假定有 n 个分组流输入到一个路由器，复用后从一条链路输出。每一个分组流使用漏桶机制进行管制，漏桶参数为 b_i 和 r_i，$i = 1, 2, \cdots, n$（如图 8-23 所示）。

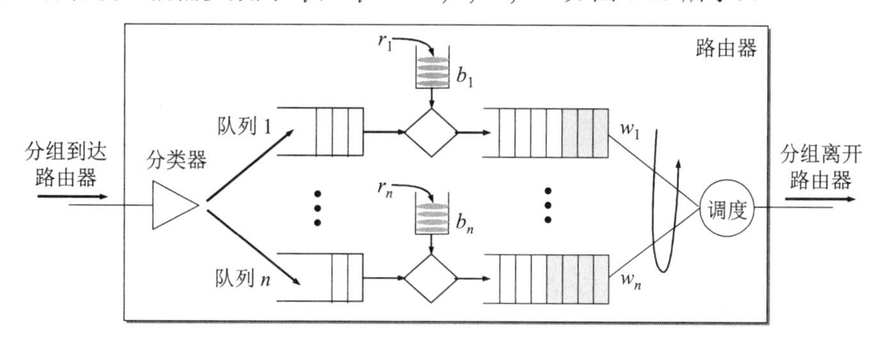

图 8-23　用漏桶机制进行管制

前面已经讲过，WFQ 可以使每一个分组流得到如公式(8-1)所示的有保证的数据率。那么当分组流通过漏桶后等待 WFQ 服务时，一个分组所经受的**最大时延**是多少？

现在考虑分组流 i。假定漏桶 i 已经装满了 b_i 个权标。这就表示分组流 i 不需要等待就可从漏桶中拿走 b_i 个权标，因此 b_i 个分组可以马上从路由器输出。但分组流 i 得到的数据率由公式(8-1)给出。这 b_i 个分组中的最后一个分组所经受的时延最大，它等于传输这 b_i 个分组所需的时间 $d_{\max}$，即 b_i 除以公式(8-1)给出的传输速率：

$$d_{\max} = \frac{b_i \Sigma w_j}{R \times w_i} \tag{8-2}$$

8.4.3　综合服务 IntServ 与资源预留协议 RSVP

最初试图在互联网中将互联网提供的服务划分为不同类别的是 IETF 提出的**综合服务** IntServ (Integrated Services) [RFC 2210—2215]和**资源预留协议** RSVP (ReSource reserVation Protocol) [RFC 2205—2209] [ZHAN93]，其中的某些 RFC 文档已成为互联网的建议标准。

IntServ 可对单个的应用会话提供服务质量的保证，其主要特点有二：

(1) **资源预留**。一个路由器需要知道给不断出现的会话已经预留了多少资源（即链路带宽和缓存空间）。

(2) **呼叫建立**。一个需要服务质量保证的会话，必须首先在源点到终点路径上的**每一个**路由器预留足够的资源，以保证其端到端的服务质量的要求。因此，在一个会话开始之前必须先有一个**呼叫建立**（又称为**呼叫接纳**）过程，它需要在其分组传输路径上的每一个路由器都参加。每一个路由器都要确定该会话所需的本地资源是否够用，同时还不要影响到已经建立的会话的服务质量。

IntServ 定义了两类服务：

(1) **有保证的服务**(guaranteed service)，可保证一个分组在通过路由器时的排队时延有一个严格的上限。

(2) **受控负载的服务**(controlled-load service)，可以使应用程序得到比通常的“尽最大努力”更加可靠的服务。

IntServ 共有以下四个组成部分：

(1) **资源预留协议** RSVP，它是 IntServ 的**信令协议**。

(2) **接纳控制**(admission control)，用来决定是否同意对某一资源的请求。

(3) **分类器**(classifier)，用来把进入路由器的分组进行分类，并根据分类的结果把不同类别的分组放入特定的队列。

(4) **调度器**(scheduler)，根据服务质量要求决定分组发送的前后顺序。

会话必须首先声明它所需的服务质量，以便使路由器能够确定是否有足够的资源来满足该会话的需求。资源预留协议 RSVP 在进行资源预留时采用了多播树的方式。发送端发送 PATH 报文（即存储路径状态报文），给所有的接收端指明通信量的特性。每个中间的路由器都要转发 PATH 报文，而接收端用 RESV 报文（即资源预留请求报文）进行响应。路径上的每个路由器对 RESV 报文的请求都可以拒绝或接受。当请求被某个路由器拒绝时，路由器就发送一个差错报文给接收端，从而终止了这一信令过程。当请求被接受时，链路带宽和缓存空间就被分配给这个分组流，而相关的**流**(flow)状态信息就保留在路由器中。“流”是在多媒体通信中的一个常用的名词，一般定义为“**具有同样的源 IP 地址、源端口号、目的 IP 地址、目的端口号、协议标识符及服务质量需求的一连串分组**”。

图 8-24 用一个简单例子说明 RSVP 协议的要点。设主机 H_1 要向互联网上的四台主机 H_2~H_5 发送多播视频节目，在图中这四台主机右边标注的数据率就是这些主机打算以这样的数据率来接收 H_1 发送的视频节目。这个视频节目可使用不同的数据率来接收。用较低数据率接收时，图像和声音的质量也就较差了。

主机 H_1 先以多播方式从源点 H_1 向下游方向发送 PATH 报文，如图 8-24(a)所示。当 PATH 报文传送到多播路径终点的四台主机（即叶节点）时，每一台主机就向多播路径的上游发送 RESV 报文，指明在接收该多播节目时所需的服务质量等级。路由器若无法预留 RESV 报文所请求的资源，就返回差错报文。若能预留，则把下游传来的 RESV 报文合并构成新的 RESV 报文，传送给自己的上游路由器，最后传送到源点主机 H_1。这些情况如图 8-24(b)所示。因此，RSVP 协议是**面向终点的**。

需要注意的是，路由器合并下游的 RESV 报文并不是把下游提出的预留数据率简单地相加而是取其中较大的数值。例如，路由器 R_4 收到两个预留 3 Mbit/s 的 RESV 报文，但 R_4 向 R_2 发送的 RESV 报文只要求预留 3 Mbit/s 而不是 6 Mbit/s（因为向下游方向发送数据是采用可以节省带宽的多播技术）。同理，R_3 向 R_2 发送的 RESV 报文要求预留 100 kbit/s 而不是 150 kbit/s。最后，R_1 向源点 H_1 发送的 RESV 报文要求预留 3 Mbit/s。当 H_1 收到返回的 RESV 报文后，就开始发送视频数据报文了。

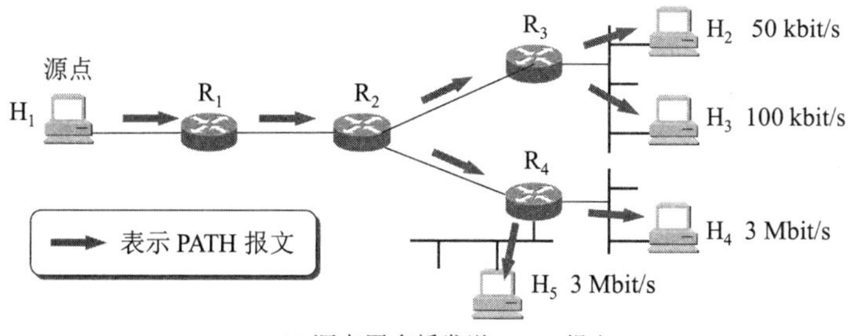

(a) 源点用多播发送 PATH 报文

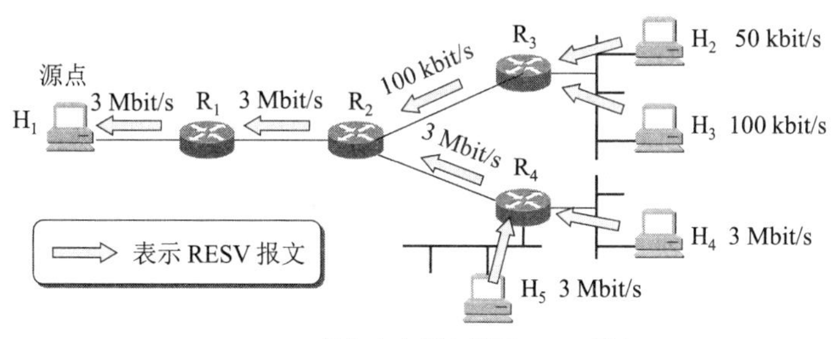

(b) 各终点向源点返回 RESV 报文

图 8-24　RSVP 协议的工作原理

IntServ/RSVP 使得互联网的体系结构发生了根本的变化，因为 IntServ/RSVP 使得互联网不再是提供“尽最大努力交付”的服务。在有关服务质量的协议中，RSVP 是最复杂的。

IntServ/RSVP 所基于的概念是端系统中与分组流有关的状态信息。各路由器中的预留信息**只存储有限的时间**（这称为**软状态** soft-state），因而各终点对这些预留信息**必须定期进行更新**。我们还应注意到，RSVP 协议不是运输层协议而是网络层的控制协议。RSVP 不携带应用数据。图 8-25 给出了在路由器中实现的 IntServ 体系结构。

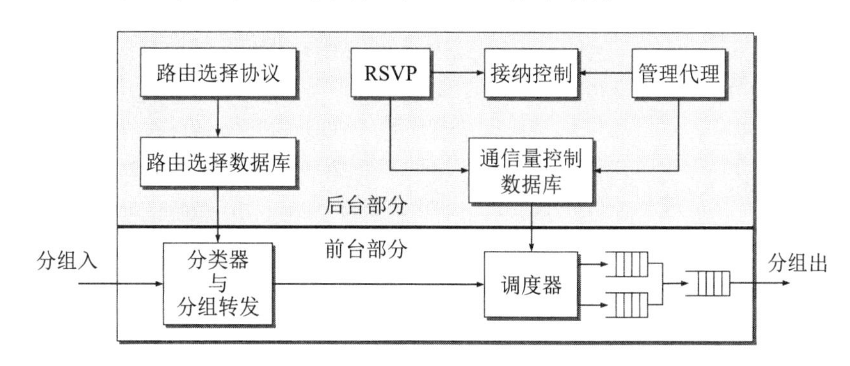

图 8-25　IntServ 体系结构在路由器中的实现

IntServ 体系结构分为前台和后台两个部分。前台部分画在下面，包括两个功能块，即**分类器与分组转发**，分组的**调度器**。每一个进入路由器的分组都要通过这两个功能块。后台部分画在上面（有灰色阴影的部分），包括四个功能块和两个数据库。这四个功能块是：

- 路由选择协议，负责维持路由选择数据库。由此可查找出对应于每一个目的地址和每一个流的下一跳地址。
- RSVP 协议，为每一个流预留必要的资源，并不断地更新通信量控制数据库。
- 接纳控制，当一个新的流产生时，RSVP 就调用接纳控制功能块，以便确定是否有足够的资源可供这个流使用。

- 管理代理，用来修改通信量控制数据库和管理接纳控制功能块，包括设置接纳控制策略。

综合服务 IntServ 体系结构存在的主要问题是：

(1) **状态信息的数量与流的数目成正比**。例如，对于 OC-48 链路（2.5 Gbit/s）上的主干网路由器，通过 64 kbit/s 的音频流的数目就超过 39000 个。如果对数据率再进行压缩，则流的数目就更多。因此在大型网络中，按每个流进行资源预留会产生很大的开销。

(2) IntServ **体系结构复杂**。若要得到有保证的服务，**所有的路由器都必须装有** RSVP、**接纳控制、分类器和调度器**。这种路由器称为 RSVP 路由器。在应用数据传送的路径中只要有一个路由器不是 RSVP 路由器，整个的服务就又变为“尽最大努力交付”了。

(3) 综合服务 IntServ 所定义的**服务质量等级数量太少，不够灵活**。

8.4.4 区分服务 DiffServ

1. 区分服务的基本概念

由于综合服务 IntServ 和资源预留协议 RSVP 都较复杂，很难在大规模的网络中实现，因此 IETF 提出了一种新的策略，即**区分服务** DiffServ (Differentiated Services) [RFC 2475]。区分服务有时也简写为 DS。因此，具有区分服务功能的节点就称为 DS 节点。

区分服务 DiffServ 的要点如下：

(1) DiffServ 力图不改变网络的基础结构，但在路由器中**增加区分服务的功能**。因此，DiffServ 将 IP 协议中原有 8 位的 IPv4 的服务类型字段和 IPv6 的通信量类字段重新定义为**区分服务** DS（如图 8-26 所示）。路由器根据 DS 字段的值来处理分组的转发。因此，**利用 DS 字段的不同数值就可提供不同等级的服务质量**。根据互联网的建议标准[RFC 2474]，DS 字段现在只使用其中的前 6 位，即**区分服务码点** DSCP (Differentiated Services CodePoint)，再后面的两位目前不使用，记为 CU (Currently Unused)。因此由 DS 字段的值所确定的服务质量实际上就是由 DS 字段中 DSCP 的值来确定的。

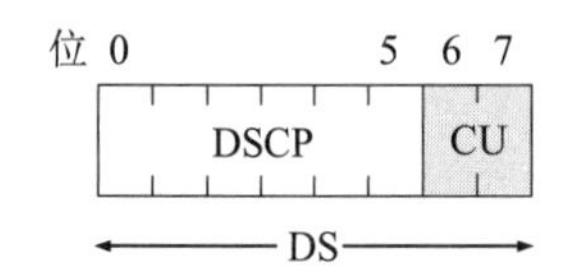

图 8-26 区分服务码点 DSCP 占 DS 字段的前 6 位

在使用 DS 字段之前，互联网的 ISP 要和用户商定一个**服务等级协定** SLA (Service Level Agreement)。在 SLA 中指明了被支持的服务类别（可包括吞吐量、分组丢失率、时延和时延抖动、网络的可用性等）和每一类别所容许的通信量。

(2) 网络被划分为许多个 DS 域 (DS Domain)。一个 DS 域在一个管理实体的控制下实现同样的区分服务策略。DiffServ **将所有的复杂性放在 DS 域的边界节点**(boundary node)**中，而使 DS 域内部路由器工作得尽可能简单**。边界节点可以是主机、路由器或防火墙等。为了简单起见，下面只讨论边界节点是边界路由器的情况（原理都是一样的）。图 8-27 给出了 DS 域、**边界路由器**(boundary router)和**内部路由器**(interior router)的示意图。图中标有 B 的路由器都是边界路由器。

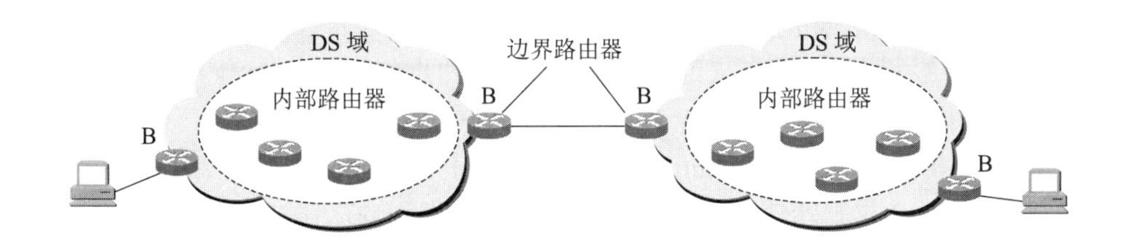

图 8-27　DS 域、边界路由器和内部路由器的示意图

(3) 边界路由器中的功能较多，可分为**分类器**(classifier)和**通信量调节器**(conditioner)两大部分。调节器又由**标记器**(marker)、**整形器**(shaper)和**测定器**(meter)三个部分组成。分类器根据分组首部中的一些字段（如源地址、目的地址、源端口、目的端口或分组的标识等）对分组进行分类，然后将分组交给标记器。标记器根据分组的类别设置 DS 字段的值。以后在分组的转发过程中，就根据 DS 字段的值使分组得到相应的服务。测定器根据事先商定的 SLA 不断地测定分组流的速率（与事前商定的数值相比较），然后确定应采取的行动，例如，可重新打标记或交给整形器进行处理。整形器中设有缓存队列，可以将突发的分组峰值速率平滑为较均匀的速率，或丢弃一些分组。在分组进入内部路由器后，路由器就根据分组的 DS 值进行转发。图 8-28 给出了边界路由器中各功能块的关系。

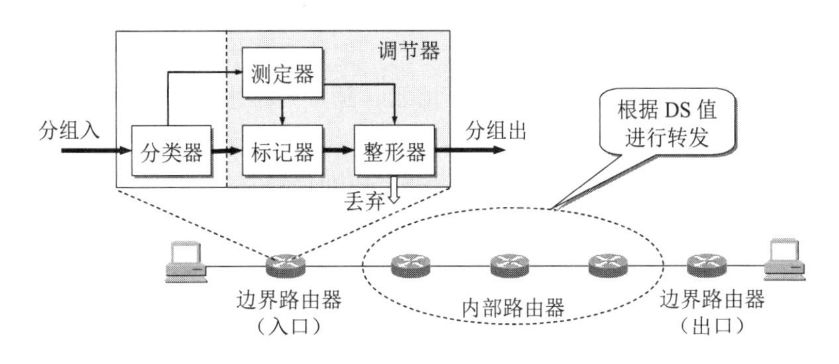

图 8-28　边界路由器中的各功能块的关系

(4) DiffServ 提供了一种**聚合**(aggregation)功能。DiffServ 不是为网络中的每一个流维持供转发时使用的状态信息，而是把若干个流根据其 DS 值聚合成少量的流。路由器对相同 DS 值的流都按相同的优先级进行转发。这就大大简化了网络内部的路由器的转发机制。区分服务 DiffServ 不需要使用 RSVP 信令。

2. 每跳行为 PHB

DiffServ 定义了在转发分组时体现服务水平的**每跳行为** PHB (Per-Hop Behavior)。所谓“行为”就是指在转发分组时路由器对分组是怎样处理的。“行为”的例子可以是：“首先转发这个分组”或“最后丢弃这个分组”。“每跳”是强调这里所说的行为只涉及本路由器转发的这一跳的行为，而下一个路由器再怎样处理则与本路由器的处理无关。这和 IntServ/RSVP 考虑的服务质量是“端到端”的很不一样。

IETF 的 DiffServ 工作组已经定义了两种 PHB，即**迅速转发** PHB 和**确保转发** PHB。

迅速转发 PHB (Expedited Forwarding PHB)可记为 EF PHB，或 EF [RFC 3246，建议标准]。EF 指明离开一个路由器的通信量的数据率必须等于或大于某一数值。因此 EF PHB 用来构造通过 DS 域的一个低丢失率、低时延、低时延抖动、确保带宽的端到端服务（即不排队或很少排队）。这种服务对端点来说像点对点连接或**“虚拟租用线”**，又称为 Premium（优质）服务。对应于 EF 的区分服务码点 DSCP 的值是 101110。

确保转发 PHB (Assured Forwarding PHB)可记为 AF PHB 或 AF[RFC 2597，建议标准]。AF 用 DSCP 的第 0~2 位把通信量划分为四个等级（分别为 001, 010, 011 和 100），并给每一种等级提供最低数量的带宽和缓存空间。对于其中的每一个等级再用 DSCP 的第 3~5 位划分出三个“丢弃优先级”（分别为 010, 100 和 110，从最低丢弃优先级到最高丢弃优先级）。当发生网络拥塞时，对于每一个等级的 AF，路由器就首先把“丢弃优先级”较高的分组丢弃。

从以上所述可看出，区分服务 DiffServ 比较灵活，因为它并没有定义特定的服务或服务类别。当新的服务类别出现而旧的服务类别不再使用时，DiffServ 仍然可以工作。

本章的重要概念

- 多媒体信息有两个重要特点：（1）多媒体信息的信息量往往很大；（2）在传输多媒体数据时，对时延和时延抖动均有较高的要求。在互联网上传输多媒体数据时，我们都是指含有“边传输、边播放”的特点。
- 由多媒体信息构成的分组在发送时是等时的。这些分组在到达接收端时就变成为非等时的。当接收端缓存中的分组数达到一定的数量后，再以恒定速率按顺序将这些分组进行还原播放。这样就产生了播放时延，同时也可以在很大程度上消除时延的抖动。
- 在传送时延敏感的实时数据时，传输时延和时延抖动都必须受到限制。通常宁可丢失少量分组，也不要接收太晚到达的分组。
- 目前互联网提供的音频/视频服务有三种类型：（1）流式存储音频/视频，用户通过互联网边下载、边播放。（2）流式实况音频/视频，其特点是在发送方边录制、边发送，在接收时也是要求能够连续播放。（3）交互式音频/视频，如互联网电话或互联网电视会议。
- 流媒体(streaming media)就是流式音频/视频，其特点是边下载、边播放。若使用专门的软件，则可将其存储在硬盘上成为用户的文件。
- 媒体服务器（或称为流式服务器）可以更好地支持流式音频和视频的传送。TCP 能够保证流式音频/视频文件的播放质量，但开始播放的时间要比请求播放的时间滞后一些（必须先在缓存中存储一定数量的分组）。对于实时流式音频/视频文件的传送则应当选用 UDP。
- 实时流式协议 RTSP 是为了给流式过程增加更多功能而设计的协议。RTSP 本身并不传送数据，而仅仅是使媒体播放器能够控制多媒体流的传送。RTSP 又称为“互联网录像机遥控协议”。
- 狭义的 IP 电话是指在 IP 网络上打电话。广义的 IP 电话则不仅是电话通信，而且还可以在 IP 网络上进行交互式多媒体实时通信（包括话音、视像等），甚至还包括即时传信 IM（如 QQ 和 Skype 等）。
- IP 电话的通话质量主要由两个因素决定：（1）通话双方端到端的时延和时延抖动；（2）话音分组的丢失率。但这两个因素都是不确定的，而是取决于当时网络上的通信量。

- 实时运输协议 RTP 为实时应用提供端到端的运输，但不提供任何服务质量的保证。需要发送的多媒体数据块（音频/视频）经过压缩编码处理后，先送给 RTP 封装成为 RTP 分组，装入运输层的 UDP 用户数据报后，再向下递交给 IP 层。可以把 RTP 看成是在 UDP 之上的一个运输层子层的协议。
- 实时运输控制协议 RTCP 是与 RTP 配合使用的协议。RTCP 协议的主要功能是：服务质量的监视与反馈，媒体间的同步，以及多播组中成员的标志。RTCP 分组也使用 UDP 来传送，但 RTCP 并不对音频/视频分组进行封装。
- 现在 IP 电话有两套信令标准。一套是 ITU-T 定义的 H.323 协议，另一套是 IETF 提出的会话发起协议 SIP。
- H.323 不是一个单独的协议而是一组协议。H.323 包括系统和构件的描述、呼叫模型的描述、呼叫信令过程、控制报文、复用、话音编解码器、视像编解码器，以及数据协议等。H.323 标准的四个构件是：(1) H.323 终端；(2) 网关；(3) 网闸；(4) 多点控制单元 MCU。
- 会话发起协议 SIP 只涉及 IP 电话所需的信令和有关服务质量的问题。SIP 使用文本方式的客户服务器协议。SIP 系统只有两种构件，即用户代理（包括用户代理客户和用户代理服务器）和网络服务器（包括代理服务器和重定向服务器）。SIP 的地址十分灵活，它可以是电话号码，也可以是电子邮件地址、IP 地址或其他类型的地址。
- 服务质量 QoS 是服务性能的总效果，此效果决定了一个用户对服务的满意程度。因此，有服务质量的服务就是能够满足用户的应用需求的服务。或者说，可提供一致的、可预计的数据交付服务。
- 服务质量可用若干基本的性能指标来描述，包括可用性、差错率、响应时间、吞吐量、分组丢失率、连接建立时间、故障检测和改正时间等。服务提供者可向其用户保证某一种等级的服务质量。
- 为了使互联网具有一定的服务质量，可采取以下一些措施：(1) 分类，如区分服务；(2) 管制；(3) 调度；(4) 呼叫接纳；(5) 加权公平排队等。
- 综合服务 IntServ 可对单个的应用会话提供服务质量的保证，它定义了两类服务，即有保证的服务和受控负载的服务。IntServ 共有以下四个组成部分，即(1) 资源预留协议 RSVP；(2) 接纳控制；(3) 分类器；(4) 调度器。
- 区分服务 DiffServ 在路由器中增加区分服务的功能，把 IP 协议中原有的服务类型字段重新定义为区分服务 DS，利用 DS 字段的不同数值提供不同等级的服务质量。DiffServ 将所有的复杂性放在 DS 域的边界节点中，而使 DS 域内部路由器工作得尽可能地简单。DiffServ 定义了在转发分组时体现服务水平的每跳行为 PHB，包括 EF 和 AF，即迅速转发 PHB 和确保转发 PHB。

习题

8-01 音频/视频数据和普通的文件数据都有哪些主要的区别？这些区别对音频/视频数据在互联网上传送所用的协议有哪些影响？既然现有的电信网能够传送音频/视频数据，并且能够保证质量，为什么还要用互联网来传送音频/视频数据呢？

8-02 端到端时延与时延抖动有什么区别？产生时延抖动的原因是什么？为什么说在传送音频/视频数据时对时延和时延抖动都有较高的要求？

8-03 目前有哪几种方案改造互联网，使互联网能够适合于传送音频/视频数据？

8-04 实时数据和等时的数据是一样的意思吗？为什么说互联网是不等时的？实时数据都有哪些特点？试说明播放时延的作用。

8-05 流式存储音频/视频、流式实况音频/视频和交互式音频/视频都有何区别？

8-06 媒体播放器和媒体服务器的功能是什么？请用例子说明。媒体服务器为什么又称为流式服务器？

8-07 实时流式协议 RTSP 的功能是什么？为什么说它是个带外协议？

8-08 狭义的 IP 电话和广义的 IP 电话都有哪些区别？IP 电话都有哪几种连接方式？

8-09 IP 电话的通话质量与哪些因素有关？影响 IP 电话话音质量的主要因素有哪些？为什么 IP 电话的通话质量是不确定的？

8-10 为什么 RTP 协议同时具有运输层和应用层的特点？

8-11 RTP 协议能否提供应用分组的可靠传输？请说明理由。

8-12 在 RTP 分组的首部中为什么要使用序号、时间戳和标记？

8-13 RTCP 协议使用在什么场合？RTCP 使用的五种分组各有何主要特点？

8-14 IP 电话的两个主要信令标准各有何特点？

8-15 携带实时音频信号的固定长度分组序列发送到互联网。每隔 10 ms 发送一个分组。前 10 个分组通过网络的时延分别是 45 ms, 50 ms, 53 ms, 46 ms, 30 ms, 40 ms, 46 ms, 49 ms, 55 ms 和 51 ms。

(1) 用图表示出这些分组发出时间和到达时间。

(2) 若在接收端还原时的端到端时延为 75 ms，试求出每一个分组在接收端缓存中应增加的时延。

(3) 画出接收端缓存中的分组数与时间的关系。

8-16 话音信号的采样速率为 8000 Hz。每隔 10 ms 将已编码的话音采样装配成话音分组。每一个话音分组在发送之前要加上一个时间戳。假定时间戳是从一个时钟得到的，该时钟每隔 Δ 秒将计数器加 1。试问能否将 Δ 取为 9 ms？如果行，请说明理由。如果不行，你认为 Δ 应取为多少？

8-17 在传送音频/视频数据时，接收端的缓存空间的上限由什么因素决定？实时数据流的数据率和时延抖动对缓存空间上限的确定有何影响？

8-18 什么是服务质量 QoS？为什么说“互联网根本没有服务质量可言”？

8-19 在讨论服务质量时，管制、调度、呼叫接纳各表示什么意思？

8-20 试比较先进先出(FIFO)排队、公平排队(FQ)和加权公平排队(WFQ)的优缺点。

8-21 假定有一个支持三种类别的缓存运行加权公平排队 WFQ 的调度策略，并假定这三种类别的权重分别是 0.5, 0.25 和 0.25。如果采用循环调度，那么这三个类别接受服务的顺序是 123123123…。

(1) 如果每种类别在缓存中都有大量的分组，试问这三种类别的分组可能以何种顺序接受服务？

(2) 如果第一类和第三类在缓存中有大量的分组，但缓存中没有第二类的分组，试问这两类分组可能以何种顺序接受服务？

8-22 漏桶管制器的工作原理是怎样的？数据流的平均速率、峰值速率和突发长度各表示什么意思？

8-23 采用漏桶机制可以控制达到某一数值的、进入网络的数据率的持续时间。设漏桶最多可容纳 b 个权标(token)。当漏桶中的权标数小于 b 个时，新的权标就以每秒 r 个权标的恒定速率加入到漏桶中。设分组到达速率为 N pkt / s（pkt 代表分组），试推导以此速率进入网络所能持续的时间 T。讨论一下为什么改变权标加入到漏桶中的速率就可以控制分组进入网络的速率。

8-24 在上题中，设 $b = 250$ token，$r = 5000$ token / s，$N = 25000$ pkt / s。试求分组用这样的速率进入网络能够持续多长时间？若 $N = 2500$ pkt / s，重新计算本题。

8-25 试推导公式(8-2)。

8-26 假定图 8-23 中分组流 1 的漏桶权标装入速率 $r_1 < Rw_1 / (\Sigma w_i)$，试证明：(8-2)式给出的 d_{max} 实际上是分组流 1 中任何分组在 WFQ 队列中所经受的最大时延。

8-27 考虑 8.4.2 节讨论的管制分组流的平均速率和突发长度的漏桶管制器。现在我们限制其峰值速率 p pkt / s。试说明怎样把一个漏桶管制器的输出流入到第二个漏桶管制器的输入，以便用这样串接的两个漏桶能够管制分组流的平均速率、峰值速率以及突发长度。第二个漏桶的大小和权标产生的速率应当是怎样的？

8-28 综合服务 IntServ 由哪几个部分组成？有保证的服务和受控负载的服务有何区别？

8-29 试述资源预留协议 RSVP 的工作原理。

8-30 区分服务 DiffServ 与综合服务 IntServ 有何区别？区分服务的工作原理是怎样的？

8-31 在区分服务 DiffServ 中的每跳行为 PHB 是什么意思？EF PHB 和 AF PHB 有何区别？它们各适用于什么样的通信量？

8-32 假定一个发送端向 2^n 个接收端发送多播数据流，而数据流的路径是一个完全的二叉树，在此二叉树的每一个节点上都有一个路由器。若使用 RSVP 协议进行资源预留，问总共要产生多少个资源预留报文 RESV（有的在接收端产生，也有的在网络中的路由器产生）？

8-33 假定 IP 电话的发送方在讲话时，每秒钟产生 8000 字节的话音数据。每隔 20 毫秒把得到的数据块加上 RTP 首部和 UDP 首部后，交给 IP 层发送出去。假定 RTP 首部和 IP 首部都没有选项。试计算发送方在发送这种 IP 数据报时的数据率（kbit/s）。这个数据率比原始的话音数据率增加了百分之多少？

8-34 如图 8-29 所示，发送方在 $t = 1$ 时发送话音分组 8 个（等时发送，时间间隔是一个时间单位）。第 1 个分组在 $t = 8$ 时到达接收方。后续的话音分组的到达时间如图 8-29 所示。

(1) 分组 2 到分组 8 的时延（从发送方到接收方）各为多少？

(2) 如果接收方在 t = 8 时就开始播放，试问这 8 个分组中有哪几个未能按时到达赶上播放？

(3) 如果要所有的 8 个分组都能按时赶上播放，那么接收方应在什么时间开始播放？

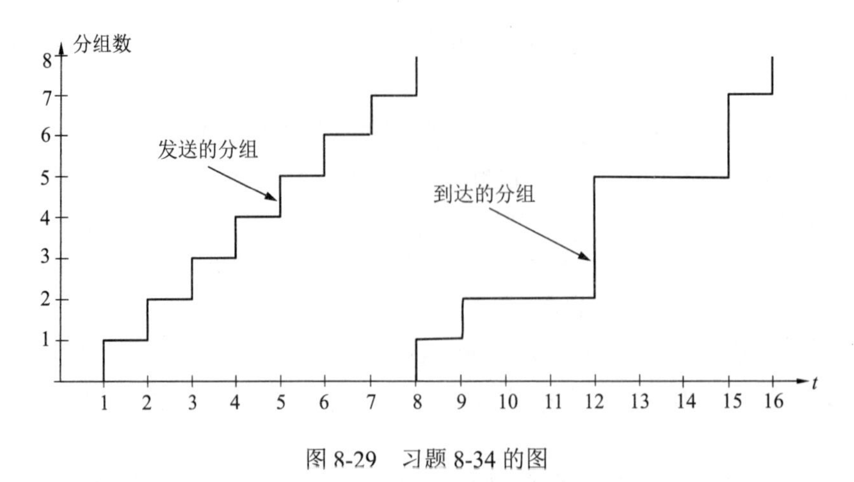

图 8-29　习题 8-34 的图

8-35　有一个 RTP 会话包括四个用户，他们都和同一个多播地址进行通信：发送和接收分组。每个用户发送视频的速率是 100 kbit/s。

(1) RTCP 的通信量将被限制在多少(kbit/s)？

(2) 每一个用户能够分配到的 RTCP 带宽是多少？

8-36　在图 8-7 中，客户机的应用程序缓存容量为 100 Mbit。假定只要当应用程序缓存没有存满数据，TCP 接收缓存就要向应用程序缓存传送视频数据，并且数据率是 2 Mbit/s，而播放器从应用程序缓存读取数据的速率是 3 Mbit/s。当应用程序缓存所存储的数据达到 30 Mbit 时，播放器就开始从应用程序缓存中读取数据，开始播放视频。

(1) 播放器播放多少时间后就暂停了（无数据可读取了）？暂停多久后才能继续播放？

(2) 现在把假定条件改变一个，即把 TCP 接收缓存向应用程序缓存传送视频数据的数据率改为 4 Mbit/s。试计算从 TCP 接收缓存向应用程序缓存传送数据开始，然后播放器播放视频，到应用程序缓存存满了数据为止，总共花费多少时间？

第 9 章　无线网络和移动网络

近几十年来，无线蜂窝电话通信技术得到了飞速发展。现在移动电话数已经超过了发展历史达一百多年的固定电话数。据 ITU 的统计，在 2015 年，全世界移动电话的普及率已达到 96.8% [W-ITU]，大大超过了当时固定电话 14.5%的普及率。据工信部 2022 年年底的统计，我国的移动电话用户已超过 16.83 亿户，也大大超过了固定电话的用户数 1.79 亿户（固定电话的总数仍在逐年下降）。

对移动通信的这种需要也必然反映到计算机网络中。人们也希望能够在移动中使用计算机网络。如果说，互联网在过去曾是 PC 互联网，那么现在就应当是**移动互联网**了。

由于无线网络和移动网络的数据链路层与传统的有线互联网的数据链路层相差很大，因此有必要单列一章来讨论这个问题。

本章先讨论无线局域网 WLAN，其重点是无线局域网 MAC 层协议载波监听多点接入/碰撞避免 CSMA/CA 的原理；接着对无线个人区域网 WPAN 和无线城域网 WMAN 进行简单的介绍；最后简要介绍一下蜂窝移动通信网。本来，这种蜂窝移动通信网属于通信领域的内容，与计算机网络并无关联。但是随着技术的发展，情况发生了根本的变化：蜂窝移动通信网已演进到全部使用 IP 技术。按照计算机网络对主机的定义，现在的智能手机已经变成了计算机网络上的主机。因此在本书中也应对无线蜂窝通信网进行适当的介绍。

本章最重要的内容是：

(1) 无线局域网的组成，特别是分配系统 DS (Distribution System)和接入点 AP (Access Point)的作用。

(2) 无线局域网使用的 CSMA/CA 协议（弄清与载波监听多点接入/碰撞检测 CSMA/CD 的区别）和无线局域网 MAC 帧使用的几种地址。

(3) 蜂窝移动通信网的基本概念以及与互联网互连的方法。

9.1　无线局域网WLAN

在局域网刚刚问世后的一段时间，无线局域网的发展比较缓慢，原因是价格贵、数据传输速率低、安全性较差，以及使用登记手续复杂（使用无线电频率必须得到有关部门的批准）。但自 20 世纪 80 年代末以来，由于人们工作和生活节奏的加快以及移动通信技术的飞速发展，无线局域网也就逐步进入市场。无线局域网提供了移动接入的功能，这就给许多需要发送数据但又不能坐在办公室的工作人员提供了方便。当一个工厂跨越的面积很大时，若要将各个部门都用电缆连接成网，其费用可能很高；但若使用无线局域网，不仅节省了投资，而且建网的速度也会较快。另外，当大量持有便携式计算机的用户在一个地方同时要求上网时（如在图书馆或股票交易大厅里），若用电缆连网，恐怕连铺设电缆的位置都很难找到。而用无线局域网则比较容易。由于手机普及率日益增高，通过无线局域网接入到互联网已成为当今上网最常用的方式。无线局域网常简写为 WLAN (Wireless Local Area Network)。

请读者注意，**便携站**(portable station)和**移动站**(mobile station)表示的意思并不一样。便携站当然是便于移动的，但便携站在工作时其位置是固定不变的。而移动站不仅能够移动，而且还可以**在移动的过程中进行通信**（正在进行的应用程序感觉不到计算机位置的变化，也不因计算机位置的移动而中断运行）。移动站一般使用电池供电。

9.1.1 无线局域网的组成

无线局域网可分为两大类。第一类是**有基础设施的**，第二类是**无基础设施的**。本章主要介绍第一类无线局域网。

1. IEEE 802.11

对于第一类有基础设施的无线局域网，1997 年 IEEE 制定出无线局域网协议 802.11 系列标准。2003 年 5 月，我国颁布了 WLAN 的国家标准，该标准采用 ISO/IEC 8802-11 系列国际标准，并针对 WLAN 的安全问题，把国家对密码算法和无线电频率的要求纳入了进来。它是基于国际标准的符合我国安全规范的 WLAN 标准，是属于国家强制执行的标准。该国标在 2004 年 6 月已经正式执行，不符合此标准的 WLAN 产品将不允许出现在国内市场上。

802.11 是个相当复杂的标准。但简单地说，802.11 就是无线以太网的标准，它使用星形拓扑。无线局域网的中心叫作**接入点 AP** (Access Point)，它是无线局域网的基础设施，也是一个链路层的设备。接入点 AP 也叫作**无线接入点** WAP (Wireless Access Point)。所有在无线局域网中的站点，对网内或网外的通信，都必须通过接入点 AP。现在的无线局域网的接入点 AP 往往具有 100 Mbit/s 或 1 Gbit/s 的端口，用来连接到有线以太网。家庭使用的无线局域网接入点 AP，为了方便居民上网，就把 IP 层的路由器的功能也嵌入进来。因此家用的接入点 AP 往往又称为无线路由器（直接用网线连接到家中墙上的 RJ-45 插孔即可）。但企业或机构使用的接入点 AP 还是和路由器分开的。

802.11 无线局域网的 MAC 层使用 CSMA/CA 协议（在后面的 9.1.3 节讨论）。现在 802.11 系列标准的无线局域网常称为 Wi-Fi。曾经广为流传的"Wi-Fi 是 Wireless-Fidelity 的缩写"其实是错误的（本书的前几个版本也曾这样写过）。这点在 Wi-Fi 的官网可以查到[W-WiFi]。Wi-Fi 是非营利性国际组织 Wi-Fi 联盟(Wi-Fi Alliance)的一个标记。Wi-Fi 联盟对通过其互操作性测试的产品就发给这样的注册商标 WiFi，表明是经过 Wi-Fi 联盟认证的。从 2000 年起到 2020 年，全球有 Wi-Fi 注册商标认证的产品已超过 150 亿个。Wi-Fi 的写法并无统一规定，如 WiFi, Wifi, Wi-fi 等都能在文献中见到。

802.11 标准规定无线局域网的最小构件是**基本服务集 BSS** (Basic Service Set)。一个基本服务集 BSS 包括一个接入点和若干个移动站（这里所说的移动站，也可包括不经常搬动的台式电脑。这种电脑的主板上都装有 Wi-Fi 适配器）。各站在本 BSS 以内之间的通信，或者与外部站点的通信，都必须通过本 BSS 的接入点。当网络管理员安装 AP 时，必须为该 AP 分配一个不超过 32 字节的**服务集标识符** SSID (Service Set IDentifier)[①]和一个通信信道。SSID 就是指使用该 AP 的无线局域网的名字。SSID 使用字符串而不使用二进制数字的理由就是字

---

① 注：例如，对于使用 Windows 10 的计算机，点击"开始"→"Windows 系统"→"控制面板"→"网络和 Internet"→"网络和共享中心"，下面有三个选项，点击"连接到网络"，就可以看见在每个无线局域网的覆盖范围内的网络名 SSID。这些网络名可以由设备 AP 的生产厂家预先给出，也可以由局域网的管理员更改为另外的名字。

符串便于记忆。一个基本服务集 BSS 所覆盖的地理范围叫作一个**基本服务区** BSA (Basic Service Area)。基本服务区 BSA 和无线移动通信的蜂窝小区相似。无线局域网的基本服务区 BSA 的范围直径一般不超过 100 米。我们知道，在网络通信中，链路层设备的唯一标志是其 MAC 地址。接入点 AP 在出厂时就已有了一个唯一的 48 位二进制数字的 MAC 地址，其正式名称是**基本服务集标识符** BSSID。在无线局域网中传送的各种帧的首部中，都必须有节点的 MAC 地址（即 BSSID，但不是 SSID）。请不要把 BSSID 和 SSID 弄混。用户通常都知道所连接的无线局域网的名 SSID，但可以不知道其 MAC 地址 BSSID。

现在简单介绍一下无线局域网所用的信道(channel)的概念。无线局域网通常使用的频段是 2.4 GHz 和 5 GHz 频段。每一个频段又再划分为若干个信道，供各无线局域网使用。例如，在 2.4 GHz 频段中有大约 85 MHz 的带宽可用。802.11b 标准定义了 11 个部分重叠的信道集。相邻信道的中心频率相差 5 MHz，而每个信道的带宽约为 22 MHz。因此，仅当两个信道由四个或更多信道隔开时它们彼此才无重叠。其中，信道 1, 6 和 11 的集合是唯一的三个非重叠信道的集合。现在已经广泛使用的无线路由器就是典型的接入点设备，并且在出厂时就预先设置了 SSID 和使用的信道（用户也可以自行更改）。例如，当发现附近的接入点使用的频道对自己有干扰时，就可以重新设置本服务集接入点的工作信道。

一个基本服务集可以是孤立的单个服务集，也可通过接入点 AP 连接到一个**分配系统 DS** (Distribution System)，然后再连接到另一个基本服务集，这样就构成了一个**扩展服务集** ESS (Extended Service Set)。ESS 也有个标识符，是不超过 32 字符的字符串**名字**而**不是地址**，叫作**扩展服务集标识符** ESSID（如图 9-1 所示）。分配系统的作用就是使扩展的服务集 ESS 对上层的表现就像一个基本服务集 BSS 一样。分配系统可以使用以太网（这是最常用的）、点对点链路或其他无线网络。扩展服务集 ESS 还可为无线用户提供到 802.x 局域网（也就是非 802.11 无线局域网）的接入。这种接入是通过叫作**门户**(portal)的设备来实现的。门户是 802.11 定义的新名词，其实它的作用就相当于一个网桥。在一个扩展服务集内几个不同的基本服务集也可能有相交的部分。图 9-1 中的移动站 A 如果要和另一个基本服务集中的移动站 B 通信，就必须经过两个接入点 AP_1 和 AP_2，即 A→AP_1→AP_2→B。我们应当注意到，在图 9-1 的例子中，从 AP_1 到 AP_2 的通信是使用有线传输的。

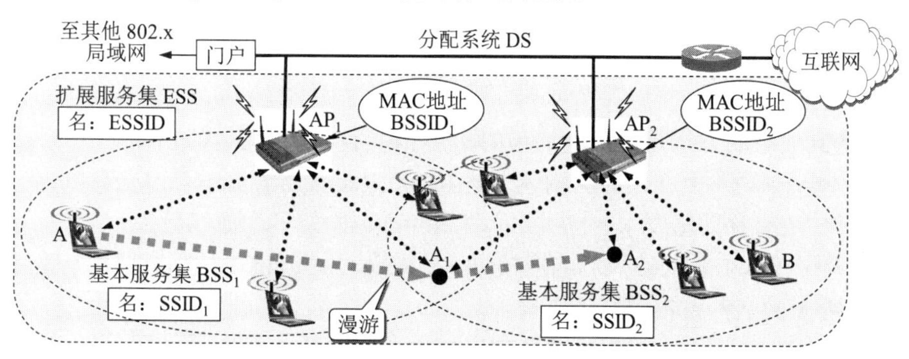

图 9-1　IEEE 802.11 的基本服务集 BSS 和扩展服务集 ESS

我们还应注意到，图 9-1 所示的两个基本服务集的覆盖范围有重合的地方。为了避免在这种重合的地方出现不同信道的相互干扰，这两个接入点所选择的工作信道，必须相隔 5 个或更多的信道。

图 9-1 画出了移动站 A 漫游的情况。但移动站 A 漫游到图中的位置 A_1 时，就能够同时

收到两个接入点的信号。这时，移动站 A 可以选择和信号较强的一个接入点联系。当移动站漫游到位置 A_2 时，就只能和接入点 AP_2 联系了。移动站只要能够和其中一个接入点联系上，就一直可保持与另一个移动站 B 的通信。基本服务集的服务范围是由移动站所发射的电磁波的辐射范围确定的。在图 9-1 中用一个虚线椭圆来表示基本服务区的范围。由于实际地形条件可能是多种多样的，一个服务区的覆盖范围可能是很不规则的几何形状。

802.11 标准并没有定义如何实现漫游，但定义了一些基本的工具。例如，一个移动站若要加入一个基本服务集 BSS，就必须先与某个接入点 AP 建立**关联**(association)。建立关联就表示这个移动站加入了选定的 AP 所属的子网，并和这个接入点 AP 创建了一个虚拟线路。只有已关联的 AP 才向这个移动站发送数据帧，而这个移动站也只有通过关联的 AP 才能向其他站点发送数据帧。这和手机开机后必须和附近的某个基站建立关联的概念是相似的。

移动站与接入点 AP 建立关联的方法有两种。一种是被动扫描（如图 9-2(a)所示），其过程如下：

❶ 接入点 AP 周期性发出（例如每秒 10 次）**信标帧**(beacon frame)，其中包含有若干系统参数（如服务集标识符 SSID 以及支持的速率等）。图 9-2(a)表示移动站 A 收到了两个接入点发出的信标帧。

❷ 移动站 A 扫描 11 个信道，选择愿意加入接入点 AP_2 所在的基本服务集 BSS_2，于是向 AP_2 发出**关联请求帧**(Association Request frame)。

❸ 接入点 AP_2 同意移动站 A 发来的关联请求，向移动站 A 发送**关联响应帧**(Association Response frame)。

这样，移动站 A 和接入点 AP_2 的关联就建立了。

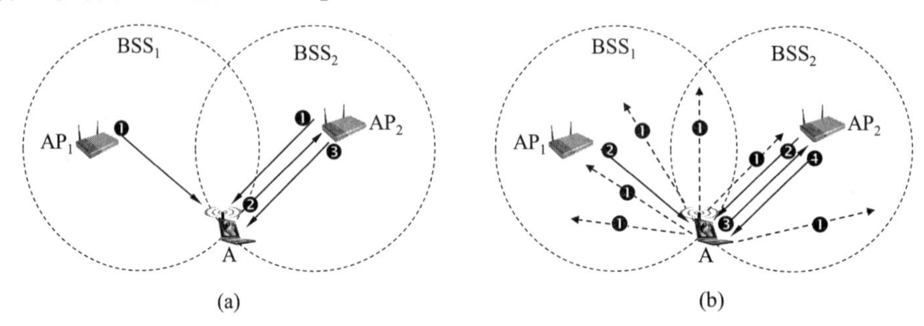

图 9-2　被动扫描(a)与主动扫描(b)

另一种建立关联的方法是主动扫描（如图 9-2(b)所示），其步骤如下：

❶ 移动站 A 主动发出广播的**探测请求帧**(Probe Request frame)，让所有能够收到此帧的接入点都能够知道有移动站要求建立关联（见图 9-2(b)中的多个虚线箭头）。

❷ 现在两个接入点都回答**探测响应帧**(Probe Response frame)。

❸ 移动站 A 向 AP_2 发出**关联请求帧**。

❹ 接入点 AP_2 向移动站 A 发送**关联响应帧**，与移动站 A 建立了关联。

为了使一个基本服务集 BSS 能够为更多的移动站提供服务，往往在一个 BSS 内安装有多个接入点 AP。有时一个移动站也可以收到本服务集以外的 AP 信号。移动站只能在多个 AP 中选择一个建立关联。通常可以选择信号最强的一个 AP。但有时也可能该 AP 提供的信道都已被其他移动站占用了。在这种情况下，也只能与信号强度稍差些的 AP 建立关联。

此后，这个移动站就和选定的 AP 互相使用 802.11 关联协议进行对话。移动站点还要向该 AP 鉴别自身。现在的接入点 AP 在出厂时就已经嵌入了 DHCP 模块。因此在关联建立后，移动站点通过关联的 AP 向该子网发送 DHCP 发现报文就可以获取 IP 地址。这时，互联网中的其他部分就把这个移动站当作该 AP 子网中的一台主机。

若移动站使用**重建关联**(reassociation)服务，就可把这种关联转移到另一个接入点。当使用**分离**(dissociation)服务时，就可终止这种关联。

一个移动站可以同时进行主动扫描和被动扫描，这样可以更加迅速地和 AP 建立关联。802.11 标准没有规定移动站应选择哪一种扫描方式。但很多移动站愿意使用被动扫描，这样可以节省移动站的电源功率消耗。

现在许多地方，如办公室、机场、快餐店、旅馆、购物中心等都能够向公众提供有偿或无偿接入 Wi-Fi 的服务。这样的地点就叫作**热点**(hot spot)。由许多热点和接入点 AP 连接起来的区域叫作**热区**(hot zone)。热点也就是公众无线入网点。

由于无线局域网已非常普及，因此现在无论是智能手机、智能电视机或计算机，其主板上都已经有了内置的**无线局域网适配器**，能够实现 802.11 的物理层和 MAC 层的功能。只要在无线局域网信号覆盖的地方，用户就能够通过接入点 AP 连接到互联网。

无线局域网用户在和附近的接入点 AP 建立关联时，一般还要键入用户口令。键入正确后，才能和在该网络中的 AP 建立关联。在无线局域网发展初期，这种接入加密方案称为 WEP (Wired Equivalent Privacy，意思是“有线等效的保密”)，它曾经是 1999 年通过的 IEEE 802.11b 标准中的一部分。然而 WEP 的加密方案有安全漏洞，因此现在的无线局域网普遍采用了保密性更好的加密方案 WPA（WiFi Protected Access，意思是“无线局域网受保护的接入”）或其第二个版本 WPA2。现在 WPA2 是 802.11n 中强制执行的加密方案，微软的 Windows 10 支持 WPA2。这表明只有在电脑屏幕上弹出的口令窗口键入正确的口令后，才能与其 AP 建立关联。

2. 移动自组网络

另一类无线局域网是无固定基础设施的无线局域网，它又叫作**自组网络**(ad hoc network)[①]。这种自组网络没有上述基本服务集中的接入点 AP，而是由一些处于平等状态的移动站相互通信组成的临时网络（如图 9-3 所示）。图中还画出了当移动站 A 和 E 通信时，经过 A→B, B→C, C→D 和最后 D→E 这样一连串的存储转发过程。因此，在从源节点 A 到目的节点 E 的路径中，移动站 B, C 和 D 都是转发节点，这些节点都具有路由器的功能。由于自组网络没有预先建好的网络固定基础设施（基站），因此自组网络的服务范围通常是受限的，而且自组网络一般也不和外界的其他网络相连接（当然也不能接入到互联网）。移动自组网络也就是**移动分组无线网络**。

自组网络通常是这样构成的：一些可移动的设备发现在它们附近还有其他的可移动设备，并且要求和其他移动设备进行通信。随着便携式电脑和智能手机的普及，自组网络的组

---

① 注：拉丁语 ad hoc 本来的意思是“仅为此目的(for this purpose only)”，并且通常还有“临时的”含义。译成中文就是“**特定的**”。直译 ad hoc network 就是“**特定网络**”。但由于这种网络的组成并不需要使用固定的基础设施，因此可意译为“**自组网络**”，表明不需要固定基站而仅依靠移动站自身就能组成网络。

网方式已受到人们的广泛关注。由于在自组网络中的每一个移动站，都要参与到网络中其他移动站的路由的发现和维护，同时由移动站构成的网络拓扑有可能随时间变化得很快，因此在固定网络中行之有效的一些路由选择协议对移动自组网络已不适用。这样，在自组网络中路由选择协议就引起了特别的关注。另一个重要问题是多播。在移动自组网络中往往需要将某个重要信息同时向多个移动站传送。这种多播比固定节点网络的多播要复杂得多，需要有实时性好而效率又高的多播协议。在移动自组网络中，安全问题也是一个更为突出的问题。

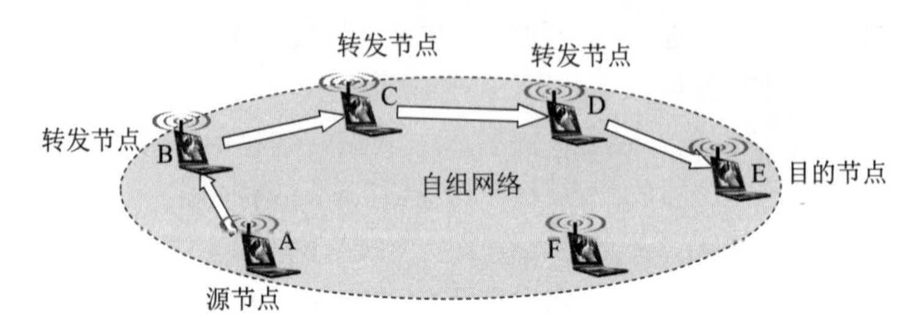

图 9-3　由处于平等状态的一些便携机构成的自组网络

移动自组网络在军用和民用领域都有很好的应用前景。在军事领域中，由于战场上往往没有预先建好的固定接入点，其移动站就可以利用临时建立的移动自组网络进行通信。这种组网方式也能够应用到作战的地面车辆群和坦克群，以及海上的舰艇群、空中的机群。由于每一个移动设备都具有路由器转发分组的功能，因此分布式的移动自组网络的生存性非常好。在民用领域，持有笔记本电脑的人可以利用这种移动自组网络方便地交换信息，而不受便携式电脑附近没有电话线插头的限制。当出现自然灾害时，在抢险救灾时利用移动自组网络进行及时通信往往也是很有效的，因为这时事先已建好的网络基础设施（基站）可能都已经被破坏了。

近年来，移动自组网络中的一个子集——**无线传感器网络** WSN (Wireless Sensor Network)引起了人们广泛的关注。无线传感器网络是由大量传感器节点通过无线通信技术构成的自组网络。无线传感器网络的应用就是进行各种数据的采集、处理和传输，一般并不需要很高的带宽，但是在大部分时间必须保持低功耗，以节省电池的消耗。由于无线传感节点的存储容量受限，因此对协议栈的大小有严格的限制。此外，无线传感器网络还对网络安全性、节点自动配置、网络动态重组等方面有一定的要求。

据统计，全球 98%的处理器并不在传统的计算机中，而是处在各种家电设备、运输工具以及工厂的机器中。如果在这些设备上能够嵌入合适的传感器和无线通信功能，就可能把数量极大的节点连接成分布式的传感器无线网络，因而能够实现连网计算和处理。

图 9-4 是典型的传感器节点的组成，它的主要构件包括 CPU、存储器、传感器硬件、无线收发器和电池。

无线传感器网络中的节点基本上是固定不变的，这点和移动自组网络有很大的区别。无线传感器网络主要的应用领域就是组成各种**物联网** IoT (Internet of Things)。下面是物联网的一些举例：

(1) 环境监测与保护（如洪水预报、动物栖息的监控）；

(2) 战争中对敌情的侦查和对兵力、装备、物资等的监控；

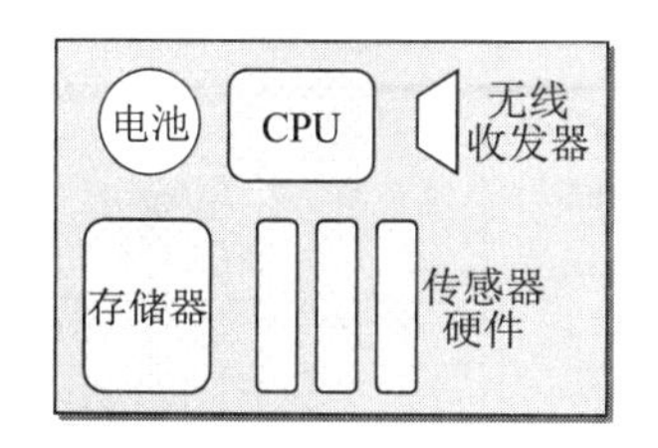

图 9-4　传感器节点的主要构件

(3) 医疗中对病房的监测和对患者的护理；

(4) 在危险的工业环境（如矿井、核电站等）中的安全监测；

(5) 城市交通管理、建筑内的温度/照明/安全控制等。

关于无线传感器网络更详细的内容可参阅[COMM02]。

顺便指出，**移动自组网络和移动 IP 并不相同**。移动 IP 技术使漫游的主机可以用多种方式连接到互联网。漫游的主机可以直接连接到或通过无线链路连接到固定网络上的另一个子网。支持这种形式的主机移动性需要地址管理和增加协议的互操作性，但移动 IP 的核心网络功能仍然是基于在固定互联网中一直在使用的各种路由选择协议。但移动自组网络是把移动性扩展到无线领域中的自治系统，它具有自己特定的路由选择协议，并且可以不和互联网相连。即使在和互联网相连时，移动自组网络也是以**末梢网络**(stub network)方式工作的。所谓“末梢网络”就是通信量可以进入末梢网络，也可以从末梢网络发出，但不允许外部的通信量穿越末梢网络。

最后需要弄清在文献中经常要遇到的、与接入有关的几个名词。

固定接入(fixed access)——在作为网络用户期间，用户设置的地理位置保持不变。

移动接入(mobility access)——用户设备能够以车辆速度（一般取为 120 km/h）移动时进行网络通信。当发生切换（即用户移动到不同蜂窝小区）时，通信仍然是连续的。

便携接入(portable access)——在受限的网络覆盖面积中，用户设备能够在以步行速度移动时进行网络通信，提供有限的切换能力。

游牧接入(nomadic access)——用户设备的地理位置至少在进行网络通信时保持不变。如果用户设备移动了位置（改变了蜂窝小区），那么再次进行通信时可能还要寻找最佳的基站。

也有的文献把便携接入和游牧接入当作一样的，定义为可以在通信时以步行速度移动。这点在阅读文献时应加以注意。

9.1.2　802.11 局域网的物理层

802.11 标准中物理层相当复杂。限于篇幅，这里对无线局域网的物理层不能展开讨论。根据物理层的不同（如工作频段、数据率、调制方法等），对应的标准也不同。最早流行的无线局域网是 802.11b, 802.11a 和 802.11g。2009 年以后又公布了新的标准 802.11n, 802.11ac 以及 802.11ax（见表 9-1）。为了使无线局域网的适配器能够适应多种标准，很多适配器都做成双模的（802.11a/g）或多模的（例如，802.11a/b/g/n/ac）。顺便说一下，“别名”并非一开始就有的。在 802.11 以后的新标准就在原来的 802.11 后面增加一个英文字母。但 26 个英文字母很快就用完了。这时就采用附加两个英文字母的办法。在 2018 年人们普遍感到无线局域网的名字太难记忆时，Wi-Fi 联盟就决定使用 Wi-Fi 4/5/6 作为 802.11n/ac/ax 的别名。随后也顺便把 Wi-Fi 1/2/3 作为最早流行的三种无线局域网的别名。

表 9-1　几种常用的 802.11 无线局域网

标准	别名	频段	最高数据率	物理层[①]	优缺点
802.11b (1999 年)	Wi-Fi 1	2.4 GHz	11 Mbit/s	扩频	最高数据率较低，价格最低，信号传播距离最远，且不易受阻碍
802.11a (1999 年)	Wi-Fi 2	5 GHz	54 Mbit/s	OFDM	最高数据率较高，支持更多用户同时上网，价格最高，信号传播距离较短，且易受阻碍
802.11g (2003 年)	Wi-Fi 3	2.4 GHz	54 Mbit/s	OFDM	最高数据率较高，支持更多用户同时上网，信号传播距离最远，且不易受阻碍，价格比 802.11b 贵
802.11n (2009 年)	Wi-Fi 4	2.4 / 5 GHz	600 Mbit/s	MIMO OFDM	使用多个发射和接收天线达到更高的数据传输率，当使用双倍带宽(40 MHz)时速率可达 600 Mbit/s
802.11ac (2014 年)	Wi-Fi 5	5 GHz	7 Gbit/s	MIMO OFDM	完全遵循 802.11i 安全标准的所有内容，使得无线连接能够在安全性方面达到企业级用户的需求
802.11ax (2019 年)	Wi-Fi 6	2.4 / 5 GHz	9.6 Gbit/s	MIMO OFDM	侧重解决密集环境下（如火车站、机场）提高吞吐量密度（即单位面积的吞吐量）

表 9-1 中 802.11ax 又称为**高效率无线标准** HEW (High-Efficiency Wireless)，向下兼容 802.11a/b/g/n/ac。其侧重要解决的问题是要在密集环境下（如火车站、飞机场等热点和人员都很密集的场所）保持手机的畅通。表 9-1 给出的关于 802.11ac 和 802.11ax 的最高数据率来自[KHOR19]，但现在已有不少 802.11ax 的产品的最高数据率达到了更高的数值。目前正在研究的还有被称为**极高吞吐量** EHT (Extremely High Throughput)的 802.11be（Wi-Fi 7），其最高数据率有望达到 30 Gbit/s，它的另一个特点是要降低延迟和抖动（迟延要降低到 5 ms 以下），这对实时游戏具有重要意义。802.11be 的标准可能在 2024 年完成。

2016 年的 802.11ah，工作频段在 900 MHz，最高数据率为 18 Mbit/s，这种无线局域网的功耗低、传输距离长（最长可达 1 km），很适合于物联网设备之间的通信。

无线局域网最初还使用过跳频扩频 FHSS (Frequency Hopping Spread Spectrum)和红外技术 IR (InfraRed)，但现在已经很少使用了。

以上几种标准都使用共同的媒体接入控制协议，都可以用于有固定基础设施的或无固定基础设施的无线局域网。除 IEEE 的 802.11 委员会外，欧洲电信标准协会 ETSI (European Telecommunications Standards Institute)的 RES10 工作组也为欧洲制定无线局域网的标准，他们把这种局域网取名为 HiperLAN。ETSI 和 IEEE 的标准是可以互操作的。

下面我们讨论 802.11 标准的 MAC 层。

9.1.3　802.11 局域网的 MAC 层协议

1. CSMA/CA 协议

虽然 CSMA/CD 协议已成功地应用于使用有线连接的局域网，但无线局域网能不能也使用 CSMA/CD 协议呢？下面我们从无线信道本身的特点出发来详细讨论这个问题。

“碰撞检测”要求一个站点在发送本站数据的同时，还必须不间断地检测信道。一旦

① 注：在物理层使用的 OFDM 是 Orthogonal Frequency Division Multiplexing（正交频分复用）的缩写。MIMO 是 Multiple Input Multiple Output（多入多出）的缩写，即空间分集，使用多空间通道，即利用物理上完全分离的最多 4 个发射天线和 4 个接收天线，对不同数据进行不同的调制/解调，因而提高了数据的传输速率。

检测到碰撞，就立即停止发送。但由于无线信道的传输条件特殊，其信号强度的动态范围非常大，因此在 802.11 适配器上接收到的信号强度往往会远远小于发送信号的强度（信号强度可能相差百万倍）。因此无线局域网的适配器无法实现碰撞检测。

我们知道，无线电波能够向所有的方向传播，且其传播距离有限。当电磁波在传播过程中遇到障碍物时，其传播距离就会受到限制。如图 9-5 所示的例子就是无线局域网的隐蔽站问题。我们假定每个移动站的无线电信号传播范围都是以发送站为圆心的一个圆形面积。

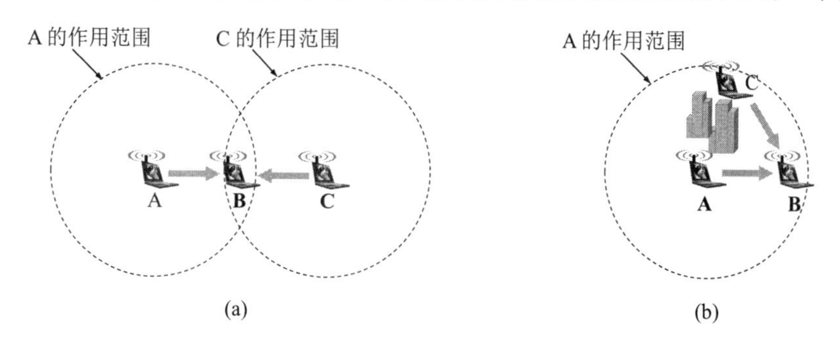

图 9-5　A 和 C 同时向 B 发送数据，发生碰撞

图 9-5(a)表示站点 A 和 C 都想和 B 通信（这里仅仅是讲解隐蔽站问题的原理，在通信的过程中省略了接入点 AP。可以把 B 看成是接入点 AP）。但 A 和 C 相距较远，彼此都检测不到对方发送的信号。当 A 和 C 检测到信道空闲时，就都向 B 发送数据，结果发生了碰撞，并且无法检测出这种碰撞。这就是**隐蔽站问题**(hidden station problem)。所谓隐蔽站，就是它发送的信号检测不到，但却能产生碰撞。这里 C 是 A 的隐蔽站，A 也是 C 的隐蔽站。

当移动站之间有障碍物时也有可能出现上述问题。例如，图 9-5(b)的三个站点 A, B 和 C 彼此距离都差不多。从距离上看，彼此都应当能够检测到对方发送的信号。但 A 和 C 之间有高楼或高山，因此 A 和 C 都互相成为对方的隐蔽站。若 A 和 C 同时向 B 发送数据就会发生碰撞，使 B 无法正常接收。此时也无法检测出碰撞。

综上所述，在制定无线局域网的协议时，必须考虑以下特点：

(1) 无线局域网的适配器无法实现碰撞检测；

(2) 检测到信道空闲，其实信道可能并不空闲；

(3) 即使我们能够在硬件上实现无线局域网的碰撞检测功能，也无法检测出隐蔽站问题带来的碰撞。

我们知道，CSMA/CD 有两个要点。一是发送前先检测信道，信道忙就不发送。二是边发送边检测信道，一发现碰撞就立即停止发送，并执行退避算法进行重传。因此偶尔发生的碰撞并不会使局域网的运行效率降低很多。无线局域网显然可以使用 CSMA，但无法使用碰撞检测（由上述无线局域网特点(1)和(3)决定的），一旦开始发送数据，就一定把整个帧发送完毕；一旦发生碰撞，整个信道资源的浪费就比较严重。

为此，802.11 局域网使用 CSMA/CA 协议①。CA 表示 Collision Avoidance，是**碰撞避免**的意思，或者说，**协议的设计是要尽量减少碰撞发生的概率**。这点和使用有线连接的以太网有很大的区别。以太网当然不希望发生碰撞，但并不怕发生碰撞，因为碰撞的影响并不大。

---

① 注：有的资料称这种协议为**具有碰撞避免的多点接入 MACA** (Multiple Access with Collision Avoidance)。

802.11 局域网在使用 CSMA/CA 的同时，还使用停止等待协议。这是因为无线信道的通信质量远不如有线信道的，因此无线站点每通过无线局域网发送完一帧后，要等到收到对方的确认帧后才能继续发送下一帧。这就是**链路层确认**。链路层确认也是解决碰撞后重传的手段。

我们在进一步讨论 CSMA/CA 协议之前，先要介绍 802.11 的 MAC 层。

802.11 标准设计了独特的 MAC 层（如图 9-6 所示）。它通过**协调功能**(Coordination Function)来确定在基本服务集 BSS 中的移动站，在什么时间能发送数据或接收数据。802.11 的 MAC 层在物理层的上面，它包括两个子层。

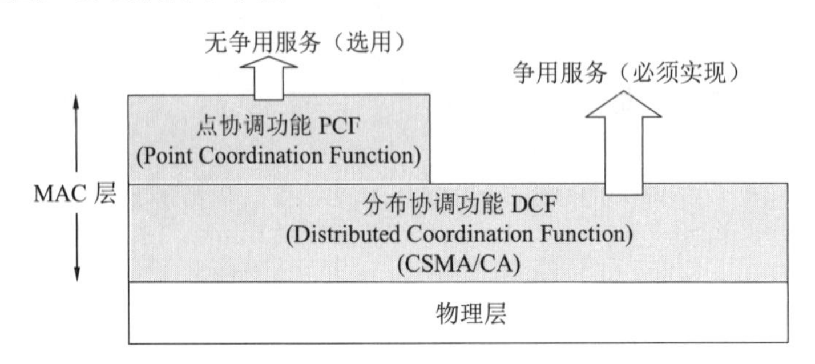

图 9-6　802.11 的 MAC 层

(1) **分布协调功能 DCF** (Distributed Coordination Function)。DCF 不采用任何中心控制，而是在每一个节点使用 CSMA 机制的分布式接入算法，让各个站通过争用信道来获取发送权。因此 DCF 向上提供争用服务。802.11 标准规定，所有的实现都**必须有** DCF 功能。为此，定义了两个非常重要的时间间隔，即**短帧间间隔** SIFS (Short Inter-Frame Spacing)和**分布协调功能帧间间隔** DIFS (DCF IFS)。关于这两个时间间隔后面还要讲到。802.11 标准还定义了其他几种时间间隔，这里从略。

(2) **点协调功能 PCF** (Point Coordination Function)。PCF 是**选项**，是用接入点 AP 集中控制整个 BSS 内的活动，因此自组网络就没有 PCF 子层。PCF 使用集中控制的接入算法，用类似于探询的方法把发送数据权轮流交给各个站，从而避免了碰撞的产生。对于时间敏感的业务，如分组话音，就应使用提供无争用服务的点协调功能 PCF。

我们目前大量使用的无线局域网都是使用上述的分布协调功能 DCF。

CSMA/CA 协议比较复杂。IEEE 的 802.11-2007 标准文档共有 1232 页之多。这里介绍 CSMA/CA 协议的要点如下：

(1) 站点若想发送数据必须先监听信道。若信道在时间间隔 DIFS 内均为空闲，则发送整个数据帧。否则，进行(2)。

(2) 站点选择一随机数，设置退避计时器。计时器的运行规则是：若信道忙，则冻结退避计时器，继续等待，直至信道变为空闲（这叫作推迟接入）；若信道空闲，并在时间间隔 DIFS 内均为空闲，则开始争用信道，进行倒计时。当退避计时器的时间减到零时（显然这只能发生在信道空闲时），站点就发送数据帧，把一整帧发完。

(3) 站点若收到接收方发来的确认帧，且还有后续帧要发送，就转到(2)。若在设定时间内未收到确认，则准备重传，并转到(2)，但会在更大的范围内选择一随机数。

下面详细解释上述协议中的内容。

2. 时间间隔 DIFS 的重要性

在图 9-7 中，站点 A 要向站点 B 发送数据。A 监听信道。若信道在时间间隔 DIFS 内一直都是空闲的（理由下面就要讲到），A 就可以在 t_0 时间发送数据帧 DATA。B 收到后立即发回确认 ACK。B 开始发送确认的时刻，实际上必然略滞后于 B 收完 DATA 的时间，滞后的时间是 SIFS。这是因为 B 收到数据帧后，必须进行 CRC 检验。若检验无差错，再从接收状态转为发送状态，这些动作不可能在瞬间完成。SIFS 值在 802.11 标准中均有规定。因此，从 A 发送数据帧 DATA 开始，到收到确认 ACK 为止的这段时间(DATA + SIFS + ACK)，必须不允许任何其他站发送数据，这样才不会发生碰撞。为此，802.11 标准规定了每个站必须同时使用以下的两个方法。

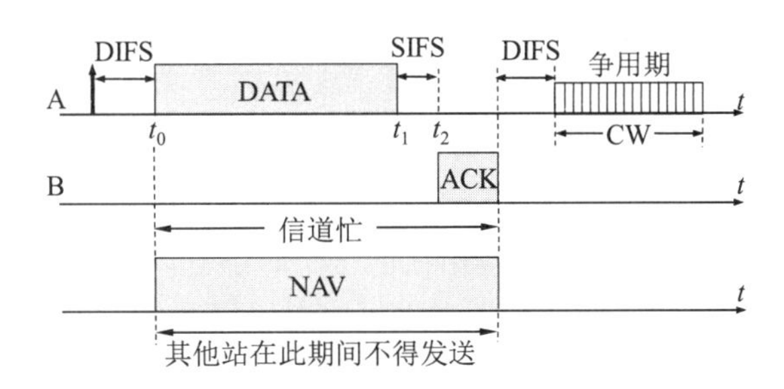

图 9-7　A 向 B 发送数据，B 发回确认

第一个方法是用软件实现的**虚拟载波监听** (Virtual Carrier Sense) 的机制。这就是让源站 A 把要占用信道的时间（即 DATA + SIFS + ACK），以微秒为单位，写入其数据帧 DATA 的首部（在后面的 9.1.4 节还要介绍首部的各字段）。所有处在站点 A 的广播范围内的各站，都能够收到这一信息，并创建自己的**网络分配向量** NAV (Network Allocation Vector)。NAV 指出了信道忙的持续时间，意思是："A 和 B 以外的站点都不能在这段时间发送数据"。

第二个方法是在物理层用硬件实现**载波监听**。每个站检查收到的信号强度是否超过一定的门限数值，用此判断是否有其他移动站在信道上发送数据。任何站要发送数据之前，必须监听信道。只要监听到信道忙，就不能发送数据。

从图 9-7 可以看出，t_1 至 t_2 这段时间 SIFS，信道是空闲的。为了保证在这小段空闲时间不让其他站点发送数据，802.11 标准定义了比 SIFS 更长的时间间隔 DIFS (DCF IFS)，并且规定，凡在空闲时间想发送数据的站点，必须等待时间 DIFS 后才能发送。这就保证了确认帧 ACK 得以优先发送。这个重要措施使得在这段时间(DATA + SIFS + ACK)，整个信道好像是 A 和 B 专用的，因为其他站点暂时都不能发送数据。

3. 争用信道的过程

现假定在站点 A 和 B 通信的过程中，站点 C 和 D 也要发送数据（如图 9-8 所示）。但 C 和 D 检测到信道忙，因此必须**推迟接入**(defer access)，以免发生碰撞。很明显，如果有两个或更多的站，在等待信道进入空闲状态后，大家都经过规定的时间间隔 DIFS 再同时发送数据，那么必然产生碰撞。因此，协议 CSMA/CA 规定，所有推迟接入的站，都必须在**争用期**执行统一的退避算法开始公平地**争用信道**。

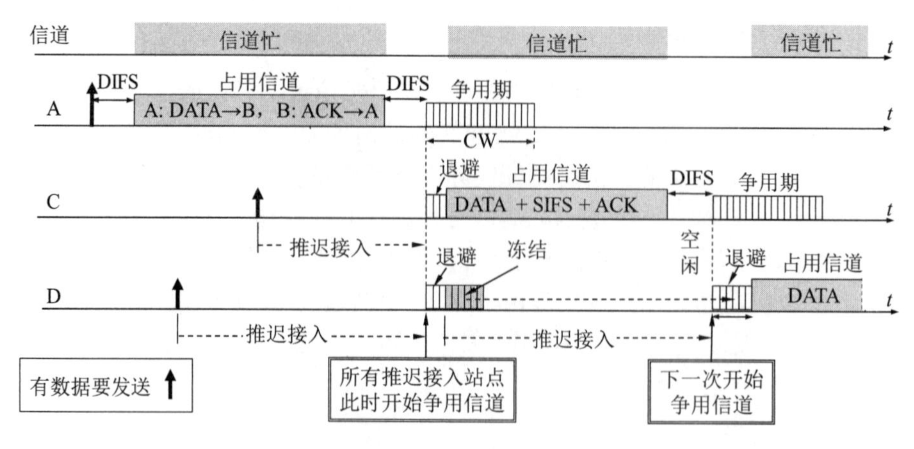

图 9-8　在争用期根据退避算法公平竞争

图 9-8 中的**争用期**也叫作**争用窗口** CW (Contention Window)。争用窗口由许多时隙(time slot)组成。例如，争用窗口 CW = 15 表示窗口大小是 15 个时隙。时隙长度是这样确定的：在下一个时隙开始时，每个站点都能检测出在前一个时隙开始时信道是否忙（这样就可采取适当对策）。时隙的长短在不同 802.11 标准中可以有不同数值。例如，802.11g 规定一个时隙时间为 9 μs，SIFS = 10 μs，而 DIFS 应比 SIFS 的长度多两个时隙，因此 DIFS = 28 μs。

退避算法规定，站点在进入争用期时，应在 0 ~ CW 个时隙中随机生成一个退避时隙数，并设置**退避计时器** (backoff timer)。当几个站同时争用信道时，计时器最先降为零的站，就首先接入媒体，发送数据帧。这时信道转为忙，而其他正在退避的站则冻结其计时器，保留计时器的数值不变，推迟到在下次争用信道时接着倒计时。这样的规定对所有的站是公平的。

例如，图 9-8 中的站点 C 的退避时隙数为 3，而站点 D 的退避时隙数为 9。当经过 3 个退避时隙后，站点 C 获得了发送权，立即发送数据帧，信道转为忙状态。站点 D 随即冻结其剩余的 6 个时隙，推迟到下一个争用信道时间的到来。如果此后没有其他站要发送数据，那么经过剩余的 6 个退避时隙，站点 D 就可以发送数据了。

请注意“推迟接入”和“退避(backoff)”的区别。推迟接入发生在信道处于忙的状态，为的是等待争用期的到来，以便执行退避算法来争用信道。这时退避计时器处于冻结状态。而退避是争用期各站点执行的算法，退避计时器进行倒计时。这时信道是空闲的，并且总是出现在时间间隔 DIFS 的后面（如图 9-8 所示）。

802.11 标准并未规定争用窗口 CW 的初始值，但建议 CW 最小值可取为 15，最大值为 1023。

为了减少碰撞的机会，协议 CSMA/CA 规定，如果未收到确认帧（可能是发生碰撞，或数据帧传输出差错），则必须重传。但每重传一次，争用窗口的数值就近似加倍增大。

例如，假定选择初始争用窗口 $CW = 2^4 - 1 = 15$，那么首次争用信道时，随机退避时隙数应在 0 ~ 15 之间生成。在进行重传时，第 i 次重传的争用窗口 $CW = 2^{4+i} - 1$。

第 1 次重传时，随机退避的时隙数应在 0 ~ 31 之间生成。

第 2 次重传时，随机退避的时隙数应在 0 ~ 63 之间生成。

第 3 次重传时，随机退避的时隙数应在 0 ~ 127 之间生成。

第 4 次重传时，随机退避的时隙数应在 0 ~ 255 之间生成。

第 5 次以及 5 次以上重传时，随机退避的时隙数应在 0 ~ 511 之间生成，争用窗口 CW

不再增大了。

采用上面这些措施，发生几个站同时发送数据的概率可以大大减小。

归纳以上的讨论可以得出如下结论：当站点想发送数据，并检测信道连续空闲时间超过 DIFS 时，即可立即发送数据，而**不必经过争用期**。

在以下几种情况下，发送数据必须经过争用期的公平竞争：

(1) 要发送数据时检测到信道忙。

(2) 已发出的数据帧未收到确认，重传数据帧。

(3) 接着发送后续的数据帧。

上述的(3)是为了防止一个站长期垄断发送权。若一站点要连续发送若干数据帧，则不管有无其他站争用信道，都必须进入争用期（如图 9-9 所示）。

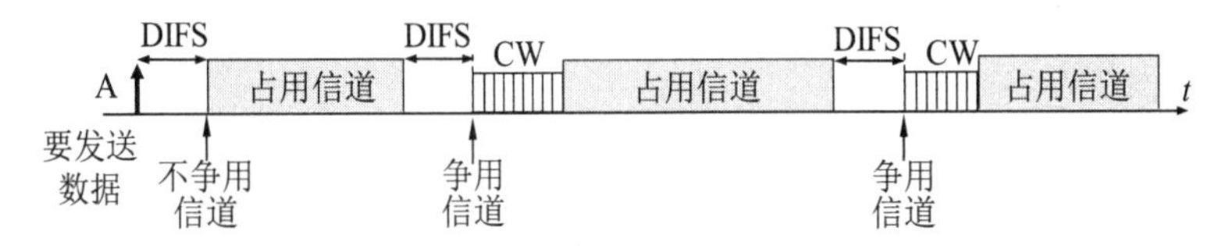

图 9-9　只有 A 站连续发送数据

即使有了上述措施，碰撞仍有可能发生。例如，B 站正好在图 9-9 中 A 占用信道时要发送数据。B 检测到信道忙，于是推迟到争用信道时与 A 一起争用信道。但正巧 A 和 B 又生成了同样大小的随机退避时隙数。结果就发生了碰撞，A 和 B 都必须再重传。这就浪费了宝贵的信道资源。因此，要进一步减少碰撞的机会，还需要再采用一些措施。这就是下面要介绍的信道预约。

4. 对信道进行预约

为了更好地解决隐蔽站带来的碰撞问题，802.11 允许要发送数据的站对信道进行**预约**。我们假定在图 9-10 中的 A 站要和 B 站通信。显然，A 站与 B 站的通信都必须通过接入点 AP 的转发。在前面图 9-7 和图 9-8 中讲解原理时，我们都把接入点 AP 省略了。下面我们要画出 A 站和 AP 之间交换的信息，但为简单起见，图中省略了 AP 和 B 站之间交换的信息。

我们再假定，A 站或 B 站向接入点 AP 发送数据时，远处的 C 站接收不到这些信号，而 C 站向 AP 发送的信号也传播不到远处的 A 站或 B 站。

在 A 站向 AP 发送数据帧 DATA 之前，先发送一个很短的控制帧，叫作**请求发送** RTS (Request To Send)，目的是告诉所有能够收到 RTS 帧的站：“我将要占用信道一段时间：[SIFS + CTS + SIFS + DATA + SIFS + ACK]”。这段时间写在控制帧 RTS 的首部中。A 站发送的 RTS 帧，B 站能够收到，但远处的 C 站收不到。

接入点 AP 若正确收到 RTS 帧，经过最短的时间间隔 SIFS 后，就向 A 站发送一个叫作**允许发送** CTS (Clear To Send) 的控制帧，目的不仅是告诉 A 站：“你可以发送数据了”，而且也是告诉所有能够收到 CTS 帧的站：“A 站和我通信，要占用信道一段时间：[SIFS + DATA + SIFS + ACK]”。这段时间是写在控制帧 CTS 的首部中。AP 发送的 CTS 帧，A 站和 B 站以及 C 站都能够收到。

在随后 A 站发送的 DATA 帧的首部中，也写入了时间[DATA + SIFS + ACK]。如果有的站没有收到 RTS 和 CTS 帧，那么收到 DATA 帧后，也能设置其 NAV。

以上措施就使得 A 站和接入点 AP（以及 A 站和 B 站）的通信过程中，发生碰撞的概率大大降低，特别是减少了隐蔽站的干扰问题。

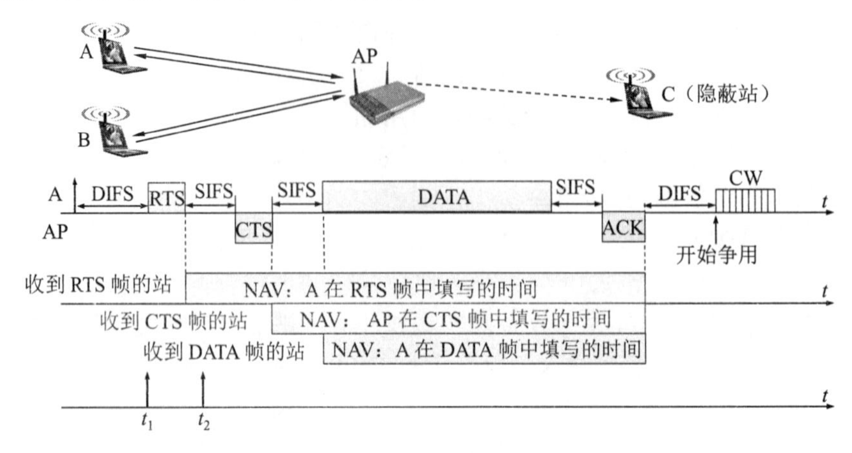

图 9-10　发送 RTS 帧和 CTS 帧对信道进行预约

显然，增加使用 RTS 帧和 CTS 帧会使整个网络的通信效率有所下降，要多浪费信道的时间[RTS + SIFS + CTS + SIFS]。但由于这两种控制帧都很短，其长度分别为 20 字节和 14 字节，与数据帧（最长可达 2346 字节）相比开销不算大。相反，若不使用这种控制帧，则一旦发生碰撞而导致数据帧重发，浪费的时间就更多了。

从图 9-10 可以看出，即使我们使用 RTS 和 CTS 对信道进行了预约，但碰撞也有可能发生。例如，有的站可能在时间 t_1 或 t_2 就发送了数据（这些站可能是没有收到 RTS 帧或 CTS 帧或 NAV），结果必定与 RTS 帧或 CTS 帧发生碰撞。A 站若收不到 CTS 帧，就不能发送数据帧，而必须重传 RTS 帧。A 站只有正确收到 CTS 帧后才能发送数据帧。但我们可以看出，在使用信道预约的情况下，即使发生了碰撞，信道资源的浪费是很小的。

信道预约不是强制性规定。各站可以自己决定使用或不使用信道预约。看来，只有当数据帧的长度超过某一数值时，使用 RTS 帧和 CTS 帧才比较有利。

因为无线信道的误码率比有线信道的高得多，所以，无线局域网的 MAC 帧长一般应当短些，以便在出错重传时减小开销。这样，有时就必须将太长的帧进行分片。

最后，我们要提一下关于无线局域网的数据发送速率问题。在第 2 章的 2.3.2 节的图 2-13 中，已经指出无线信道中的误码率与信噪比（信道状况）以及所选择的调制技术（包括数据率）有关。802.11 标准并没有对无线局域网数据率的自适应算法有具体的标准或规定。但生产无线局域网适配器的厂商，一般都使自己的产品能够自适应地改变数据率，以便更好地适应信道特性的变化。例如，可以采用这样的算法：如果一连发送两个数据帧但都没有收到确认，就认为信道的质量较差，这时就把数据率调慢一挡。反之，如果此后又能够连续收到 10 个数据帧的确认，那么就可以认为信道质量改善了，因而可以把数据率调快一挡。这与协议 TCP 中的拥塞控制的处理思路是相似的。

9.1.4　802.11 局域网的 MAC 帧

为了更好地了解 802.11 局域网的工作原理，我们应当进一步了解 802.11 局域网的 MAC 帧的结构。802.11 帧共有三种类型，即**控制帧**、**数据帧**和**管理帧**。通过图 9-11 所示的 802.11 局域网的数据帧和三种控制帧的主要字段，可以进一步了解 802.11 局域网的 MAC 帧的特点。

从图 9-11(a)可以看出，802.11 数据帧由以下三大部分组成：

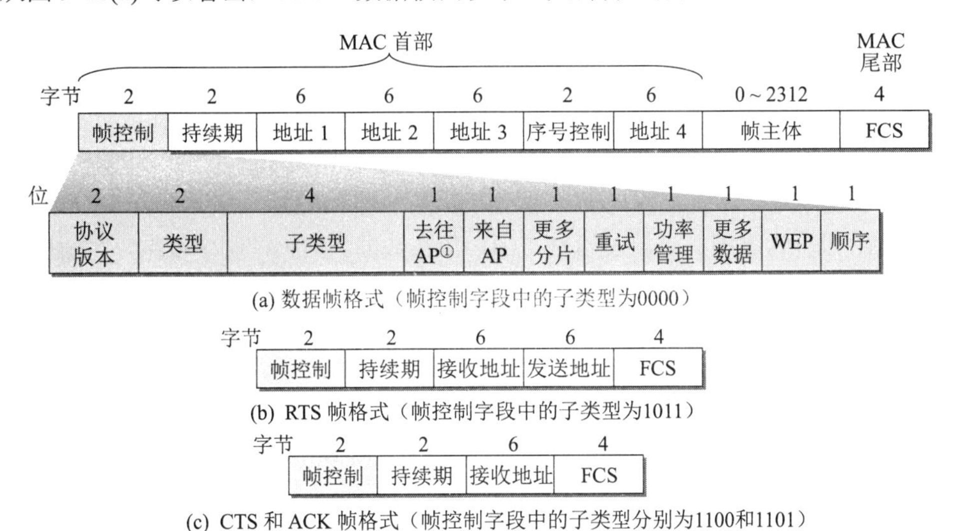

(a) 数据帧格式（帧控制字段中的子类型为0000）

(b) RTS 帧格式（帧控制字段中的子类型为1011）

(c) CTS 和 ACK 帧格式（帧控制字段中的子类型分别为1100和1101）

图 9-11　802.11 局域网的帧格式

(1) MAC 首部，共 30 字节。帧的复杂性都在帧的 MAC 首部。

(2) 帧主体，也就是帧的数据部分，不超过 2312 字节。这个数值比以太网的最大长度长很多。不过 802.11 帧的长度通常都小于 1500 字节。

(3) 帧检验序列 FCS 是 MAC 尾部，共 4 字节。

1. 关于 802.11 数据帧的地址

802.11 数据帧最特殊的地方就是有四个地址字段。这几个地址与帧控制字段中的“去往 AP”（移动站发送到接入点）和“来自 AP”（从接入点发往移动站）这两个子字段的数值有关。

地址 1 永远是接收地址（即直接接收数据帧的节点地址）。

地址 2 永远是发送地址（即实际发送数据帧的节点地址）。

地址 3 和地址 4 取决于数据帧中的“来自 AP”和“去往 AP”这两个字段的数值。

这里要再强调一下，上述地址都是 MAC 地址，即硬件地址（在数据链路层不可能使用 IP 地址），而 AP 的 MAC 地址就是在 9.1.1 节介绍的 BSSID。表 9-2 给出了 802.11 帧的地址字段最常用的两种情况（在有基础设施的网络中一般只使用前三种地址，很少使用仅在自组移动网络中使用的地址 4）。

表 9-2　802.11 帧的地址字段最常用的两种情况

去往 AP	来自 AP	地址 1	地址 2	地址 3	地址 4
0	1	接收地址 ＝ 目的地址	发送地址 ＝AP 地址	源地址	——
1	0	接收地址 ＝AP 地址	发送地址 ＝ 源地址	目的地址	——

① 注：802.11 标准上使用的名词是分配系统 DS，但在解释中，指出这里的 DS 也包含接入点 AP。因此我们在这里使用接入点 AP 代替 DS。

现假定在一个基本服务集中的站点 A 向站点 B 发送数据帧。在站点 A 发往接入点 AP 的数据帧的帧控制字段中，“去往 AP = 1”而“来自 AP = 0”。

A→AP 的数据帧首部：

地址 1：接收地址（不是目的地址）是 AP 的地址 BSSID。

地址 2：发送地址，即源地址，也就是站点 A 的地址 MAC_A。

地址 3：目的地址（不是接收地址）是站点 B 的地址 MAC_B。

接入点 AP 收到数据帧后，转发给站点 B，但在数据帧的帧控制字段中，“去往 AP = 0”而“来自 AP = 1”。

AP→B 的数据帧首部：

地址 1：接收地址就是目的地址 MAC_B。

地址 2：发送地址（不是源地址）是接入点 AP 的地址 BSSID。

地址 3：源地址（不是发送地址）是站点 A 的地址 MAC_A。

下面讨论另一种稍复杂些的情况，即站点 A 向站点 B 发送数据帧（如图 9-12 所示）。现在 A 和 B 分别处在不同的两个子网 N_1 和 N_2 中，因此在网络层看，是地址为 IP_A 的站点 A，把 IP 数据报从子网 N_1 经过路由器 R 转发到子网 N_2。在网络层看不见链路层的接入点 AP_1 和 AP_2。IP 数据报必须装入链路层的帧才能在链路层发送。但链路层不认识 IP 地址，只认识 MAC 地址，即硬件地址。站点 A 使用协议 ARP 获得了默认路由器 R 的接口 1 的地址 MAC_{R-1}。这样，站点 A 先把 802.11 数据帧发到接入点 AP_1，然后 AP_1 把 802.11 帧转换为 802.3 帧，发送到路由器 R 的接口 1。站点 A 发送的 802.11 帧的帧控制字段中，“去往 AP = 1”而“来自 AP = 0”。

A→AP_1 的 802.11 数据帧首部：

地址 1：接收地址（不是目的地址）是 AP_1 的地址 $BSSID_1$。

地址 2：发送地址，即源地址，也就是站点 A 的地址 MAC_A。

地址 3：目的地址（不是接收地址）是本子网中路由器 R 接口 1 的地址 MAC_{R-1}。

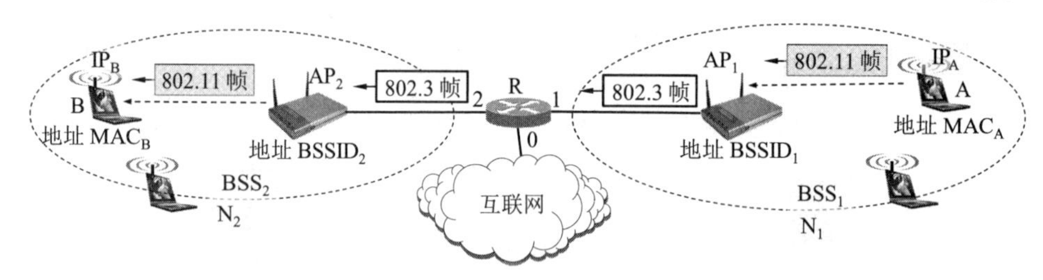

图 9-12　链路上的 802.11 帧和 802.3 帧

当接入点 AP_1 收到 802.11 数据帧后，就转换成 802.3 帧（802.3 帧只有两个地址），其目的地址是 MAC_{R-1}，而源地址是 MAC_A（而不是接入点 AP_1 的地址 $BSSID_1$）。

路由器 R 收到 802.3 帧后，剥去首部和尾部，上交给网络层。网络层根据 IP 数据报首部中的目的地址 IP_B 查找转发表，知道应从接口 2 转发给地址为 IP_B 的设备。再使用协议 ARP，获得此设备的硬件地址是 MAC_B，这个地址就是 802.3 帧的目的地址，路由器 R 接口 2 的地址 MAC_{R-2} 是这个 802.3 帧的源地址。

接入点 AP_2 收到 802.3 帧，将其转换为 802.11 帧，其帧控制字段中，“去往 AP = 0”而“来自 AP = 1”。

AP_2→B 的 802.11 帧首部：

地址 1：接收地址（即目的地址）是站点 B 的地址 MAC_B。

地址 2：发送地址是 AP_2 的地址 $BSSID_2$。

地址 3：源地址（不是发送地址）是路由器 R 接口 2 的地址 MAC_{R-2}。

2. 序号控制字段、持续期字段和帧控制字段

下面再介绍 802.11 数据帧中其他的一些字段。

(1) **序号控制字段**占 16 位，其中**序号子字段**占 12 位（从 0 开始，每发送一个新帧就加 1，到 4095 后再回到 0），**分片子字段**占 4 位（不分片则保持为 0。如分片，则帧的序号子字段保持不变，而分片子字段从 0 开始，每个分片加 1，最多到 15）。重传的帧的序号和分片子字段的值都不变。序号控制的作用是使接收方能够区分开是新传送的帧还是因出现差错而重传的帧。这和运输层讨论的序号的概念是相似的。

(2) **持续期字段**占 16 位。在 9.1.3 小节第 4 部分“对信道进行预约”中已经讲过 CSMA/CA 协议允许发送数据的站点预约信道一段时间（见前面的图 9-10 的例子），并把这个时间写入到持续期字段中。这个字段有多种用途（这里不对这些用途进行详细的说明），只有最高位为 0 时才表示持续期。这样，持续期不能超过 $2^{15} - 1 = 32767$，单位是微秒。

(3) **帧控制字段**共分为 11 个子字段。下面介绍其中较为重要的几个。

协议版本字段现在是 0。

类型字段和**子类型字段**用来区分帧的功能。上面已经讲过，802.11 帧共有三种类型：**控制帧**、**数据帧**和**管理帧**，而每一种帧又分为若干种子类型。例如，控制帧有 RTS, CTS 和 ACK 等几种不同的子类型。控制帧的几种常用的帧格式如图 9-11(b)和(c)所示。

更多分片字段置为 1 时表明这个帧属于一个帧的多个分片之一。我们知道，无线信道的通信质量是较差的。因此无线局域网的数据帧不宜太长。当帧长为 n 而误比特率 $p = 10^{-4}$ 时，正确收到这个帧的概率 $P = (1 - p)^n$。若 $n = 12144$ bit（相当于 1518 字节长的以太网帧），则算出这时 $P = 0.2969$，即正确收到这样的帧的概率还不到 30%。因此，为了提高传输效率，在信道质量较差时，需要把一个较长的帧划分为许多较短的分片。这时可以在一次使用 RTS 和 CTS 帧预约信道后连续发送这些分片。当然这仍然要使用停止等待协议，即发送一个分片，等收到确认后再发送下一个分片，不过后面的分片都不需要用 RTS 和 CTS 帧重新预约信道（如图 9-13 所示）。

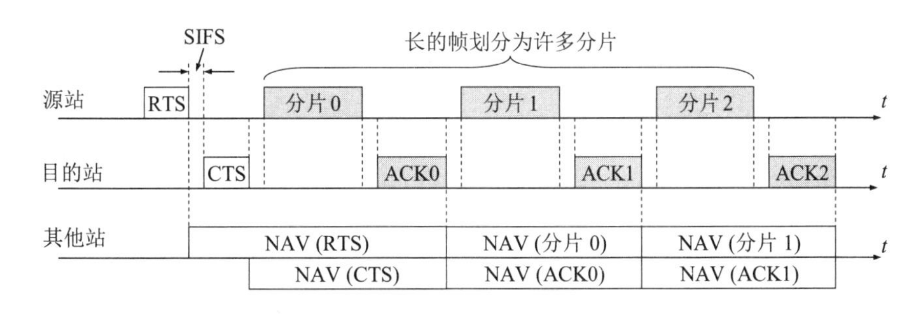

图 9-13　分片的发送

功率管理字段只有 1 位，用来指示移动站的功率管理模式。我们知道，移动站的功率是其非常宝贵的资源。移动站在活跃状态时（即发送或接收信息）需要消耗功率，而在关机

状态虽然不消耗功率，但却可能漏掉重要信息的接收。因此我们需要有第三种状态，这就是**待机状态，或省电状态**。这时移动站不进行任何实质性操作，屏幕也处于断电状态，但并未断开与 AP 的关联，因此这种状态非常省电。若一个移动站在发送给接入点 AP 的 MAC 帧中的功率管理字段置为 0，就表示这个移动站是处于活跃状态。但若把功率管理字段置为 1，则表示在成功发送完这一帧后，即进入待机状态。由于接入点 AP 总是处在活跃状态，因此 AP 发送的 MAC 帧的功率管理字段总是置为 0。

接入点 AP 保存有处在待机状态的移动站的名单。所有要发送给待机状态的移动站的帧，AP 都暂时不发送，而是保存在自己的缓存中。由于 AP 要周期性地向周围的移动站发送信标帧（通常是每隔 100 ms 发送一次），因此每个要转为待机状态的移动站都必须设置一个计时器，为的是在 AP 即将发送信标帧时，把处在待机状态的移动站唤醒，以便接收 AP 发来的信标帧。唤醒时间很短，仅 0.25 ms。AP 发送的信标帧中有帧被缓存在 AP 中的节点列表。若移动站从收到的信标帧中发现有发给自己的帧，就向 AP 发送请求把缓存的帧发过来。反之，若发现没有发给自己的帧，就再返回到待机状态。这样，若移动站既不发送也不接收数据帧，就可以有 99%的时间处在待机状态，因而大大地减少了电池功率的消耗。

WEP 字段占 1 位。若 WEP = 1，就表明对 MAC 帧的帧主体字段采用了加密算法。我们已经在 9.1.1 节指出， WEP 加密算法有安全漏洞。因此，IEEE 802.11i 就努力解决无线局域网的安全问题。2002 年 Wi-Fi 联盟制定了符合 802.11i 功能的加密方式 WPA。2004 年制定的 WPA2 增加了支持 AES 加密算法，并完全符合 IEEE 802.11i-2004 的安全功能。现在的 Wi-Fi 产品几乎都支持 WPA2。但在 MAC 帧首部的帧控制字段中，WEP 字段的名称仍继续使用（已发现有的文献把 WEP 字段改为**被保护帧**(Protected Frame)字段，但字段的作用不变）。WPA2 的加密算法相当复杂[KURO17]，限于篇幅，这里从略。

9.2 无线个人区域网 WPAN

无线个人区域网 WPAN (Wireless Personal Area Network)就是在个人工作的地方把属于个人使用的电子设备（如便携式电脑、平板电脑、便携式打印机以及蜂窝电话等）用无线技术连接起来自组网络，不需要使用接入点 AP，整个网络的范围约为 10 m。WPAN 可以是一个人使用，也可以是若干人共同使用（例如，一个外科手术小组的几位医生把几米范围内使用的一些电子设备组成一个无线个人区域网）。这些电子设备可以很方便地进行通信，就像用普通电缆连接一样。请注意，无线个人区域网 WPAN 和个人区域网 PAN (Personal Area Network)并不完全等同，因为 PAN 不一定都是使用无线连接的。

WPAN 和无线局域网 WLAN 并不一样。WPAN 是以个人为中心来使用的无线个人区域网，它实际上就是一个低功率、小范围、低速率和低价格的电缆替代技术。

WPAN 的 IEEE 标准起初都由 IEEE 的 802.15 工作组制定，这个标准也包括 MAC 层和物理层这两层的标准[W-IEEE802.15]。后来也有其他组织参加了标准的制定。WPAN 都工作在 2.4 GHz 的 ISM 频段。顺便指出，欧洲的 ETSI 标准则把无线个人区域网取名为 HiperPAN。

1. 蓝牙系统

最早使用的 WPAN 是 1994 年爱立信公司推出的**蓝牙**(Bluetooth)系统。IEEE 的 802.15

工作组曾经把蓝牙技术标准化为 IEEE 802.15.1，但此标准现已不再继续使用。目前蓝牙技术由**蓝牙技术联盟**负责维护和更新其技术标准、认证制造厂商，并授权使用蓝牙技术和蓝牙标志，但蓝牙技术联盟并不负责蓝牙设备的设计、生产和出售[W-BLUE]。

第一代蓝牙的数据率仅为 720 kbit/s，通信范围在 10 m 左右。蓝牙版本更新很快，到 2010 年已经是蓝牙 4.0 了。这个版本增加了**低耗能蓝牙** BLE (Bluetooth Low Energy)。BLE 适用于数据量很小的节点，但电池可以连续工作 4 ~ 5 年（对比一下现在的智能手机可能每天都需要充电），传送距离增大到 30 m，数据率可达 1 Mbit/s。这大大推动了低耗能蓝牙节点在物联网中的使用。蓝牙 4.0 的传统蓝牙(classic Bluetooth)的数据率已提高到 3 Mbit/s，传输距离可达 100 m。2016 年发布的第五代蓝牙 5.0 的数据率上限达 24 Mbit/s，有效传输距离最高可达 300 m。目前最新的版本是 2020 年发布的蓝牙 5.2。

蓝牙使用 TDM 方式和跳频扩频 FHSS 技术，组成不使用接入点 AP 的**皮可网**(piconet)。piconet 的意思就是“微微网”，因为前缀 pico-是微微（10^{-12}），表示这种无线网络的覆盖面积非常小。每一个皮可网有一个**主设备**(Master)和最多 7 个工作的**从设备**(Slave)。通过共享主设备或从设备，可以把多个皮可网链接起来，形成一个范围更大的**扩散网**(scatternet)。这种主从工作方式的个人区域网实现起来价格就会比较便宜。

图 9-14 给出了蓝牙系统中的皮可网和扩散网的概念。图中标有 M 和 S 的小圆圈分别表示主设备和从设备，而标有 P 的小圆圈表示不工作的**搁置的**(parked)设备。一个皮可网最多可以有 255 个搁置的设备。

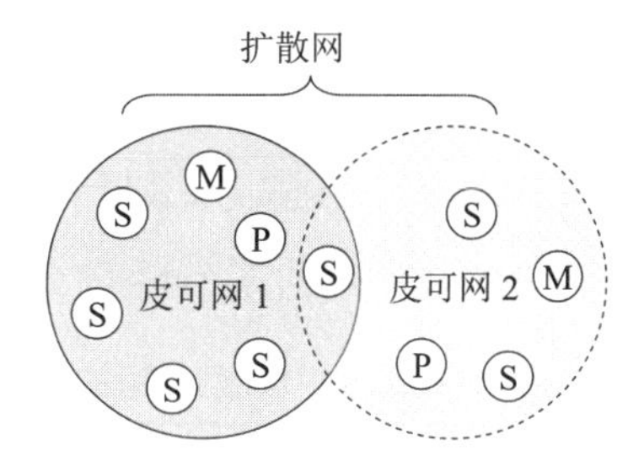

图 9-14 蓝牙系统中的皮可网和扩散网

蓝牙技术联盟的成员已超过三万，分布在电信、计算机以及消费性电子产品等领域。蓝牙技术现广泛用于计算机与外设（鼠标、键盘、耳机、打印机等）的连接，家居自动化（如室内照明、温度、家用电器的控制等），医疗和保健（如血糖、血氧、心率的监测）以及汽车上的各种蓝牙设备的连接。

为了适应不同用户的需求，WPAN 还定义了另外两种低速 WPAN 和高速 WPAN（下面介绍）。

2. 低速 WPAN

低速 WPAN 主要用于工业监控组网、办公自动化与控制等领域，其速率是 2 ~ 250 kbit/s。低速 WPAN 的标准是 IEEE 802.15.4。最近新修订的标准是 IEEE 802.15.4—2020。在低速 WPAN 中最重要的就是 ZigBee。ZigBee 名字来源于蜂群使用的赖以生存和发展的通信方式。蜜蜂通过跳 Z 形（即 ZigZag）的舞蹈，来通知其伙伴所发现的新食物源的位置、距离和方向等信息，因此就把 ZigBee 作为新一代无线通信技术的名称。ZigBee 技术主要用于各种电子设备（固定的、便携的或移动的）之间的无线通信，其主要特点是通信距离短（10 ~ 80 m），传输数据速率低，并且成本低廉。

ZigBee 的另一个特点是功耗非常低。在工作时，信号的收发时间很短；而在非工作时，ZigBee 节点处于休眠状态（处于这种状态的时间一般都远远大于工作时间）。这就使得 ZigBee 节点非常省电，其节点的电池工作时间可以长达 6 个月到 2 年左右。对于某些工作时间和总时间（工作时间+休眠时间）之比小于 1%的情况，电池的寿命甚至可以超过 10 年。

ZigBee 网络容量大。一个 ZigBee 的网络最多包括有 255 个节点，其中一个是**主设备**(Master)，其余则是**从设备**(Slave)。若是通过**网络协调器**(Network Coordinator)，整个网络最多可以支持超过 64000 个节点。

ZigBee 标准是在 IEEE 802.15.4 标准基础上发展而来的。因此，所有 ZigBee 产品也是 802.15.4 产品。虽然人们常常把 ZigBee 和 802.15.4 作为同义词，但它们之间是有区别的。图 9-15 是 ZigBee 的协议栈。可以看出，IEEE 802.15.4 只是定义了 ZigBee 协议栈的最低的两层（物理层和 MAC 层），而上面的两层（网络层和应用层）则是由 ZigBee 联盟①定义的 [W-ZigBee]。在一些文献中可以见到“ZigBee/802.15.4”的写法，这就表示 ZigBee 标准是由两个不同的组织制定的。

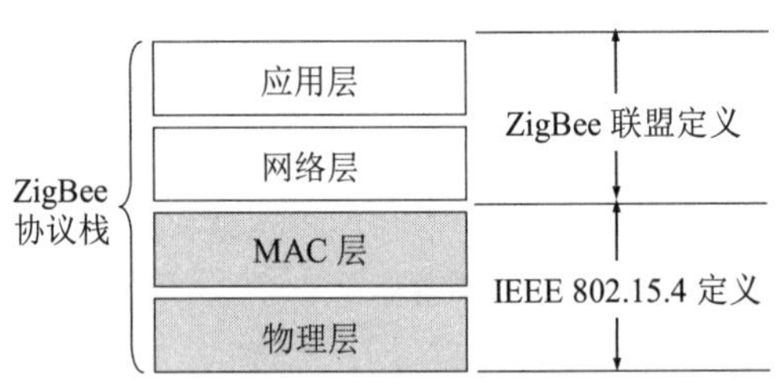

图 9-15　ZigBee 的协议栈

IEEE 802.15.4 的物理层定义了表 9-3 所示的三个频段（都是免费开放的）。

表 9-3　IEEE 802.15.4 物理层使用的三个频段

频段	数据率	信道数
2.4 GHz（全球）	250 kbit/s	16
915 MHz（美国）	40 kbit/s	10
868 MHz（欧洲）	20 kbit/s	1

在 MAC 层，主要沿用 802.11 无线局域网标准的 CSMA/CA 协议。这就是在传输之前会先检查信道是否空闲，若信道空闲，则开始进行数据传输；若没有收到确认，则执行退避算法重传。

在网络层，ZigBee 可采用星形和网状拓扑，或两者的组合（如图 9-16 所示）。一个 ZigBee 网络最多可以有 255 个节点。ZigBee 的节点按功能的强弱可划分为两大类，即**全功能设备** FFD (Full-Function Device)和**精简功能设备** RFD (Reduced-Function Device)。RFD 节点是 ZigBee 网络中数量最多的**端设备**（如图 9-16 中的 9 个黑色小圆点），它的电路简单，存储容量较小，因而成本较低。FFD 节点具备**控制器**(Controller)的功能，能够提供数据交换，

① 注：ZigBee 联盟成立于 2001 年 8 月，是由专门开发用于能源、住宅、商业和工业应用的无线解决方案的企业组成的全球企业团体。截止到 2007 年 4 月，ZigBee 联盟的成员已超过 220 个。

是 ZigBee 网络中的路由器。RFD 节点只能与处在该星形网中心的 FFD 节点交换数据。在一个 ZigBee 网络中有一个 FFD 充当该网络的**协调器**(coordinator)。协调器负责维护整个 ZigBee 网络的节点信息，同时还可以与其他 ZigBee 网络的协调器交换数据。通过各网络协调器的相互通信，可以得到覆盖更大范围、超过 65000 个节点的 ZigBee 网络。

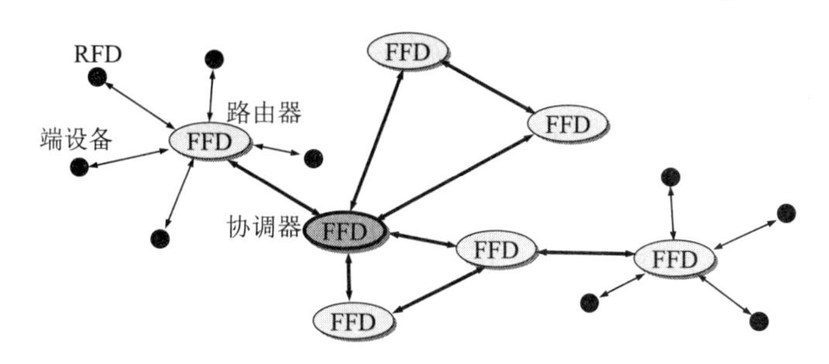

图 9-16　ZigBee 的组网方式

3. 高速 WPAN

高速 WPAN 的标准是 IEEE 802.15.3，是专为在便携式多媒体装置之间传送数据而制定的。这个标准支持 11 ~ 55 Mbit/s 的数据率。这在个人使用的数码设备日益增多的情况下特别方便。例如，使用高速 WPAN 可以不用连接线就能把计算机和在同一间屋子里的打印机、扫描仪、外接硬盘，以及各种消费电子设备[①]连接起来。别人使用数码摄像机拍摄的视频节目，可以不用连接线就能复制到你的数码摄像机的存储卡上。在会议厅中的便携式计算机可以不用连接线就能通过投影机把制作好的幻灯片投影到大屏幕上。IEEE 802.15.3a 工作组还提出了更高数据率的物理层标准的**超高速** WPAN。这种网络使用**超宽带** UWB (Ultra-Wide Band)技术。根据第 2 章所介绍的香农公式，我们知道信道的极限传输速率与信道的带宽成正比。因此，超宽带技术工作在 3.1 ~ 10.6 GHz 微波频段就是为了得到非常高的信道带宽。现在的超宽带信号的带宽，应超过信号中心频率的 25%以上，或者信号的绝对带宽超过 500 MHz。UWB 规定为：超宽带技术使用了瞬间高速脉冲，因此信号的频带就很宽，就是指可支持 100 ~ 400 Mbit/s 的数据率，可用于小范围内高速传送图像或 DVD 质量的多媒体视频文件。

9.3　蜂窝移动通信网

9.3.1　蜂窝无线通信技术的发展简介

1. 蜂窝移动通信系统问世

移动通信的种类很多，如蜂窝移动通信、卫星移动通信、集群移动通信、无绳电话通信等，但目前使用最多的是蜂窝移动通信，它又称为**小区制**移动通信。

蜂窝无线通信网发展非常迅速，其信号的覆盖面已远远超过 Wi-Fi 无线局域网的覆盖面。蜂窝无线通信最初只是用来打电话，这和本书讨论的计算机网络并无关联。但随着技术的发

---

① 注：**消费电子设备** CE (Consumer Electronics)指电视机、数码相机、数码摄像机、MP3 播放器等电子设备。在这些设备之间快速传送数据的需求促进了无线个人区域网的发展。

展，原来仅用来进行电话通信的手机，已经发展成为接入到互联网最主要的用户设备。手机之间互相传送的数据（其中大量是视频、音频数据）已构成当今互联网上流量的主要成分。现在若要在移动的环境下接入到互联网已经离不开蜂窝无线通信网了。

蜂窝无线通信技术相当复杂，要深入了解其工作原理，需要学习另外的课程。因此本节的重点仅限于介绍两种网络（蜂窝移动通信网和互联网）怎样相互连接。为此，对蜂窝移动通信网必须有最低限度的入门介绍。初学者往往不熟悉大量的英文缩写词（但这些都是在技术文献中普遍使用的）。在遇到生疏的缩写词时，最好的办法就是反复多看几遍。

最早的第一代(1G)蜂窝移动通信系统于 1978 年底问世，它使用**模拟技术**和传统的**电路交换**及频分多址 FDMA 提供电话服务。这里的 G 表示 Generation（代），而不是 Giga（千兆，或吉）。1G 移动通信系统的手机相当笨重（俗称大哥大），且话音质量差，因此不久后就被第二代(2G)蜂窝移动通信系统取代了。

2. 2G 蜂窝移动通信系统

1990 年后开始了基于**数字技术**的第二代(2G)蜂窝移动通信，其代表性体制就是欧洲提出的 GSM 系统。虽然许多国家现在已经停止使用 2G 系统了，但为了更好地了解 3G 和 4G 体制，这里有必要非常简单地介绍一下 GSM 2G 蜂窝通信系统的重要组成构件（还有另外一种也属于 2G 蜂窝移动通信的 CDMA，这里从略）。

如图 9-17 所示，蜂窝移动通信的特点是把整个网络服务区划分成许多**小区**（cell，也就是“**蜂窝**”），每个小区设置一个**基站**，负责与本小区各个移动站的联络和控制。小区也就是基站的覆盖区。移动站的发送或接收都必须经过基站完成，因此基站又称为**收发基站**。每个基站的发射功率既要能够覆盖本小区，又不能太大以致干扰了邻近小区的通信。小区的大小视基站天线高度、增益和信号传播条件以及该小区内的移动用户密度而定，从半径 20 m（移动用户很密集的地方）到 1~25km 不等。采用小区的好处是可以在相隔一定距离的小区中重复使用相同的频率，这称为**频率复用**。图 9-17 画出了 7 个小区，每个小区的基站使用不同的频率。这样，只要相邻小区采用不同的频率，就可以组成由大量小区构成的蜂窝无线通信系统。实际的小区因受地形的限制，并非严格的六边形。之所以画成六边形的小区是为了更好地说明采用蜂窝技术怎样解决了同频干扰以及频率重复使用的问题。这样，用一个个相互拼接的六边形的小区，就可组成覆盖面积很大的蜂窝无线通信系统。

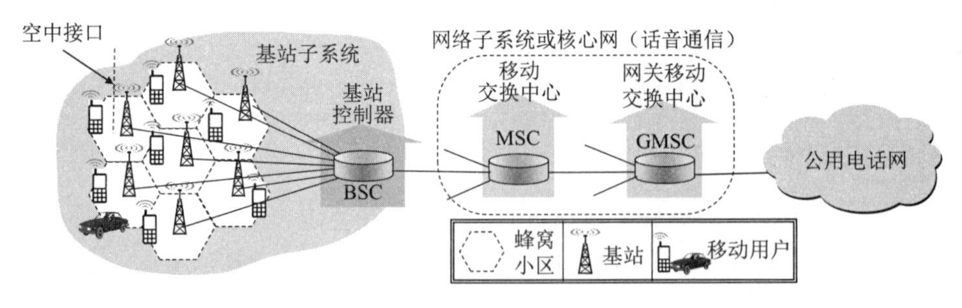

图 9-17　2G GSM 蜂窝通信系统的重要组成构件

GSM 系统虽然使用了数字技术，但仍然使用传统的**电路交换**提供基本的话音通信服务。移动用户到基站之间的**空口**（即无线空中接口）采用的多址方式是 FDMA/TDMA 的混合系统。这种混合系统先按频分复用方式，把可用频带（上行和下行各占用 25 MHz）划分为 125 个带宽为 200 kHz 的子频带。然后再把每个子频带进行时分复用，每个 TDM 帧划分为

8 个时隙，使每个通话的用户占用一个 TDM 帧中的一个特定时隙。在每个蜂窝内可以从 125 × 8 个频道中合理地挑选出一些频道，就可以使相隔一定距离的蜂窝能够重复使用相同频率的频道。在移动通信系统中，"上行"是指从移动站到基站，而"下行"是指从基站到移动站。

如图 9-17 所示，GSM 包括**基站子系统**和**网络子系统**（常称为**核心网**）。基站子系统包括几十个**基站**和一个**基站控制器** BSC (Base Station Controller)。基站控制器 BSC 为本基站子系统中的几十个基站服务。当本基站系统中的移动用户和基站进行通信时，基站控制器 BSC 要负责为其分配无线信道，确定移动用户所在的小区，并当移动用户在本基站子系统内漫游时进行信道的切换。

核心网包括**移动交换中心** MSC (Mobile Switching Center)和**网关移动交换中心** GMSC (Gateway Mobile Switching Center)。MSC 的重要任务是负责用户的授权和账单（即确定是否允许一个移动设备接入到这个蜂窝网络中），用户呼叫连接的建立和释放，以及当用户移动在不同的基站子系统之间漫游时的信道切换。通常一个移动交换中心 MSC 可以管理 5 个基站控制器 BSC，而移动通信运营商可以建立很多的 MSC，然后通过网关移动交换中心 GMSC，连接到公用电话网或其他移动通信网。GSM 的数据率仅为 9.6 kbit/s，要连接到互联网浏览网页是很不合适的。不过 GSM 可通过其信令系统提供字数不多的短信服务。

在图 9-17 中，我们省略了相当复杂的信令系统的构件。我们使用手机通话之前的拨号，就是靠信令系统来准确找到被叫用户的。整个蜂窝移动通信系统的管理和维护都要依靠复杂的信令系统。

3. 数据通信被引入移动通信系统

GSM 初期以提供话音为主，在中后期为了满足移动数据通信需求，引入**通用分组无线服务** GPRS (General Packet Radio Service)（俗称 2.5G）和**增强型数据速率 GSM 演进** EDGE (Enhanced Data rate for GSM Evolution)（俗称 2.75G））系统，除了在空口调制方式由**高斯最小频移键控** GMSK (Gaussian Minimum Shift Keying)提高到 8PSK 外，网元方面引入了**分组控制单元** PCU (Packet Control Unit)，PCU 通常和 BSC 集成在一起，负责处理有关数据通信的业务。PCU 根据用户数据业务的突发性质，动态地分配空口资源给用户，提高了空口资源的利用率，提供的最大速率为 171.2 kbit/s（GPRS）和 384 kbit/s（EDGE）。

引入 GPRS 后的核心网由两个不同性质的域组成，即**电路交换域**和**分组交换域**（如图 9-18 所示）。电路交换域就是原来 GSM 的核心网部分，而分组交换域则包括**服务 GPRS 支持节点** SGSN (Serving GPRS Support Node)和**网关 GPRS 支持节点** GGSN (Gateway GPRS Support Node)。**电路交换域负责话音通信**，而**分组交换域负责数据通信**。SGSN 把基站控制器发来的 IP 数据报发送到 GGSN，同时把 GGSN 发来的 IP 数据报转发到基站控制器。SGSN 还要和蜂窝话音核心网的移动交换中心 MSC 交互，以便完成用户的授权、通信的切换，以及维护移动节点的位置信息等功能。GGSN 具有网络接入控制功能，把多个 SGSN 连接起来后接入到互联网。因此 GGSN 又称为 GPRS 路由器，它选择哪些分组可进入 GPRS 网络，以保证 GPRS 网络的安全。

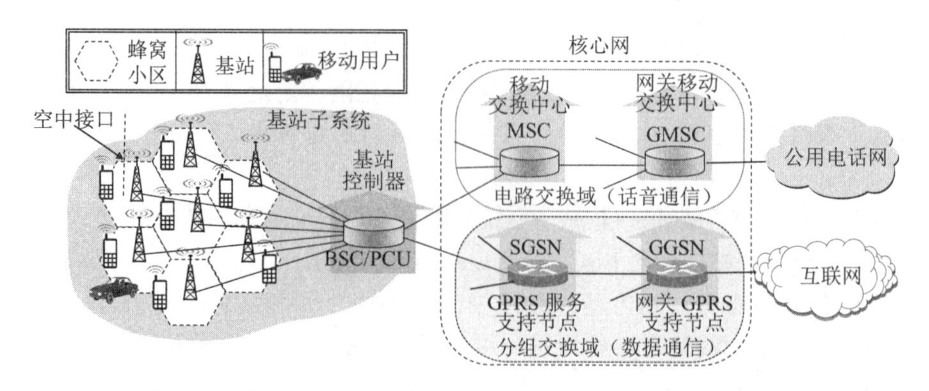

图 9-18　引入 GPRS 后的核心网由电路交换域和分组交换域组成

4. 3G 蜂窝移动通信系统

1996 年国际电联无线电通信部门 ITU-R 把第三代(3G)蜂窝移动通信的正式标准名称定为 IMT-2000，希望全球能够制定出一个统一的标准（但实际上未能统一）。名称中的 2000 表示：这个系统工作在 2000 MHz 频段，支持的数据率可达 2000 kbit/s（固定站）和 384 kbit/s（移动站），并预期在 2000 年左右得到商用。下面介绍 IMT-2000 中最广泛使用的一种标准。

1998 年全球在通信领域最有影响的 7 个组织，其中包括中国通信标准化协会 CCSA (China Communications Standards Association)，成立了**第三代移动通信合作伙伴计划 3GPP** (3rd Generation Partnership Project)[①]，以便制定从 2G GSM 平滑过渡到 3G 的端到端标准。3GPP 制定的 3G 标准名称是**通用移动通信系统 UMTS** (Universal Mobile Telecommunications System)，发布在 3GPP R99 中。R99 (Release 99)表示这是 3GPP 规范的 1999 年版本。但在 2000 年以后，版本的格式改变了，字母 R 后面的数字表示 3GPP 规范的版本顺序号。3GPP R99 版本对 UMTS 的要求是，下行和上行的数据率都要超过 384 kbit/s。

3G UMTS 引入了无线接入网的概念（如图 9-19 所示），其全名是**通用移动通信系统陆地无线接入网** UTRAN (UMTS Terrestrial Radio Access Network)，它由多个无线网络系统组成。每个无线网络系统有一个**无线网络控制器** RNC (Radio Network Controller)和许多基站，但在 UMTS 中，**基站**的正式名称是**节点** B (Node-B)，简写为 **NB**。UTRAN 中无线网络控制器 RNC 的作用和 GSM 网络中的基站控制器相似。RNC 一方面通过电路交换域的 MSC 连接到的蜂窝话音网络，另一方面通过分组交换域的 SGSN 和 GGSN 连接到分组交换的互联网。3G UMTS 把移动站称为**用户设备** UE (User Equipment)。在用户设备 UE 和基站 NB 之间是无线链路，这点和 2G 的情况是相似的。

3G 中的核心网由 GSM 系统中 GPRS 核心网进行平滑演进（软件升级和部分硬件升级）。在实际运营中还采用融合设备实现，例如，SGSN 和 GGSN 设备同时支持 2G/3G 功能。从

---

① 注：ITU 是联合国下属的各国政府之间的组织，按理说，ITU 制定的标准应具有相当的权威性。但毕竟 ITU 并非专业技术性很强的组织，而且标准制定经历的时间往往拖得很长，因此许多标准的具体制定，还要依靠一些非政府机构的组织来完成。例如，有关互联网的标准，主要由 IETF 来制定。3GPP 的名称并不表示其研究对象仅限于 3G 蜂窝移动通信系统。目前全世界最主要的数百家移动通信网络运营商、芯片制造商、学术界、研究机构和政府机构，都积极参与了 3GPP 各种标准的制定。实际上，现在的 3GPP 远远不是局限于 3G 标准的制定，而是进行从 4G 一直到 5G 系统标准的制定。

互联网无法看到 GGSN 以内 3G 节点的移动性，GGSN 把这些对 UMTS 的外部都隐藏了。

3G UMTS 与 2G 的 GSM 的主要区别集中在 UTRAN 侧，在空口使用**直接序列宽带码分多址** DS-WCDMA (Direct Sequence Wideband CDMA)，或**时分同步码分多址** TD-SCDMA (Time Division-Synchronous Code Division Multiple Access)。这样，每个移动用户使用的带宽比 GSM 的增大很多，因而能以更高的数据率享用多种移动宽带多媒体业务（浏览网页，传送高清图片和视频短片，即时视频通信，进行多方视频会议等）。3G UMTS 也不断提高数据率，例如，WCDMA 引入**高速分组接入增强型版本** HSPA+ (High Speed Packet Access+)来传输数据后，其下行数据率可达到 21 Mbit/s（5 MHz 带宽），大大超过了 3G 最初设定的指标。

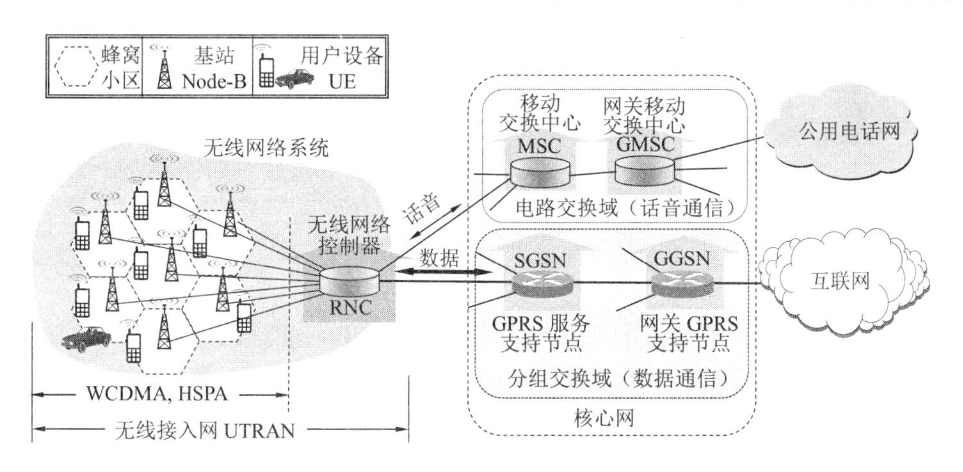

图 9-19　3G UMTS 蜂窝通信系统的重要组成构件

我国现使用三种 3G 国际标准，即 3GPP 组织中由欧洲提出的**宽带码分多址** WCDMA (Wideband CDMA)（UMTS 的标准，中国联通使用），3GPP 组织中由美国提出的 CDMA2000（中国电信使用）和 3GPP 组织中主要由中国提出的时分同步码分多址 TD-SCDMA (Time Division-Synchronous CDMA)（UMTS 标准，中国移动使用），其中 TD-SCDMA 和 WCDMA 使用相同的 3GPP 规范，仅在接入网空口部分有差异。3GPP 组织的 CDMA2000 系统的核心网及接入网与 TD-SCDMA/WCDMA 的都不同。

3G 蜂窝移动通信是以**传输多媒体数据业务为主的通信系统**，而且必须兼容 2G 的功能（即能够通电话和发送短信），这就是所谓的向后兼容。

5. 4G 蜂窝移动通信系统

ITU-R 于 2008 年把第四代(4G)移动通信的名称定为 IMT-Advanced (International Mobile Telecommunications-Advanced)，意思是**高级国际移动通信**。IMT-Advanced 的一个最重要的特点就是**取消了电路交换**，无论传送数据还是传送话音，**全部使用分组交换技术**，或称为**全网 IP 化**。IMT-Advanced 的目标峰值数据率是：固定的和低速移动通信时应达到 1 Gbit/s，在高速移动通信时（如在火车、汽车上）应达到 100 Mbit/s。不断提高数据率的动力来自客观的需求。智能手机的用户迫切需要利用手机上安装的即时通信应用软件，把他们用手机拍摄的视频短片或高清照片及时分享给自己的亲友，或用视频会议方式和亲友们进行视频交谈。这就要求移动通信系统把网络数据率再提高到新的水平。

ITU-R 提出的这个 4G 标准比 3G 的标准高出很多。在当时的技术条件下，各国的电信企业都很难实现这个 4G 标准。3GPP R8 版本发布的**长期演进** LTE (Long-Term Evolution)标准，在信道带宽为 20 MHz 时，其下行和上行数据率应分别达到 100 Mbit/s 和 50 Mbit/s。这虽然比 3G 快得多，但仍达不到 4G 的标准。为照顾许多商家的经济利益，经协商，ITU-R 同意运行 LTE 标准的商家在手机左上角显示“4G”的字样。但实际上 LTE 并不是真正的 4G。因此就有许多人把 LTE 俗称为 3.9G 或 3.95G，表示 LTE 已很接近 4G 了。

图 9-20 是 LTE 体系结构的最主要部分的简图。下面进行简单的讨论。

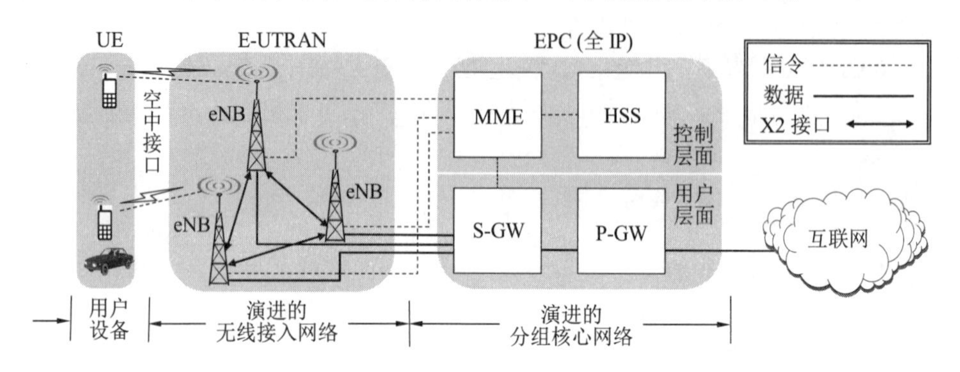

图 9-20　LTE 体系结构的简图

LTE 的体系结构由三大部分组成，即**用户设备 UE**、**演进的无线接入网 E-UTRAN** (Evolved-UTRAN)和**演进的分组核心网 EPC** (Evolved Packet Core)。从图 9-20 可看出，核心网 EPC 的用户层面和控制层面的划分非常清晰。图中 EPC 的上半部分是**控制层面**，下半部分是**用户层面**。信令的传输在图中用虚线表示，而用户数据的传输用实线表示。在移动通信领域经常提到的“用户层面”，就是我们在第 4 章中介绍的“数据层面”。

为了进一步提高数据率，LTE 采用了以下的一些方法。

我们知道 3G 的 UMTS 的空口使用的是 WCDMA。如果 LTE 继续使用 WCDMA，那么就很难再提高数据传输的速率。现在 LTE 无线接入网的下行信道（eNB→UE）与上行信道（UE→eNB）采用了不同的复用方式。例如，下行信道采用了频分复用与时分复用相结合的方式，称为**正交频分多址** OFDMA。我们知道，在传统的频分复用 FDM 中的各频道必须相隔一定的保护频带，以免相互干扰。但正交频分复用 OFDM 技术采用了多个子载波并行传输的方法，利用各子载波之间的正交性，子信道的频谱可以相互重叠，但在解调时并不产生子载波间干扰。这就大大提高了频谱利用率。OFDM 使每个子信道的数据率降低，因而有效地减少了由多径效应带来的符号间干扰，降低了误比特率。由于每个用户同时采用多个子信道并行传输，因此仍然能够获得较高的数据率。因而现在 LTE 的空口使用的带宽是 20 MHz，比 3G 的 UMTS 空口带宽 5 MHz 提高了很多。LTE 的用户设备发送的帧长为 10 ms，每个帧划分为 20 个时隙。因此一个时隙为 0.5 ms。LTE 每个被激活的用户设备可以被分配到一个或多个信道频率中的一个或多个时隙。用户设备分配到的时隙数越多（不管是在同一频率或在不同频率），就可以获得越高的数据率。在用户设备之间重新分配时隙的频度可以是每毫秒进行一次。

LTE 采用了高阶调制 64QAM，也就是让 1 码元携带 6 bit 的信息量。LTE 还采用了多天线的**多入多出** MIMO 技术，这些措施对提高数据率和信道频谱利用率起了重要作用。

演进的无线接入网 E-UTRAN 与 3G 的 UTRAN 有很大的区别。E-UTRAN 取消了无线网络控制器 RNC，并把基站称为**演进的节点 B**，简写为 **eNB** (evolved Node-B)。LTE 的基站

eNB 兼有 3G 中的基站 NB 和无线网络控制器 RNC 的功能，是 LTE 中功能最复杂的设备。在 E-UTRAN 中的基站 eNB，通过图 9-20 所示的 X2 接口，与相邻的一些基站相互连接，直接传输数据和信令（在 LTE 中，包括 3G 和 2G 在内，所有需要进行通信的实体之间，都有非常明确的接口规定，上述的 X2 接口仅是许多接口中的一个）。这样就便于用户设备漫游时的信号切换。E-UTRAN 采用这种减少节点层次的扁平结构，是为了简化接入网的结构和降低成本，同时也加快数据的传输。

基站 eNB 有三个主要构件。(1) 天线。(2)无线模块：对发往空口的信号，或从空口接收的信号，进行调制或解调。(3) 数字模块：作为空口与核心网的接口，对经过此模块的所有信号进行处理。

在控制层面，基站 eNB 负责无线资源的管理，执行由 MME 发起的寻呼信息的调度和传输，并为 UE 发往服务网关 S-GW 的数据选择路由。

在数据层面中，基站 eNB 在用户设备 UE 与核心网之间传送 IP 数据报。

分组数据网络网关（简称为**分组网关**）P-GW (Packet Data Network GateWay)是核心网通向互联网的网关路由器或边界路由器，由 GGSN 平滑演进升级而来，是核心网与 3GPP 或非 3GPP 的外部数据网的接口。在现实网络中，2G/3G 的 GGSN 和 4G 的 P-GW 是一个融合设备。P-GW 也是核心网对外的**锚点**(Anchor point)。P-GW 负责给所有用户设备 UE 分配 IP 地址和确保服务质量 QoS 的实施。用户设备 UE 的数据报在基站 eNB 封装到 GTP-U 隧道中（后面还要讨论这个问题），通过全 IP 核心网 EPC，从 eNB 先到达 S-GW，再到达 P-GW。这种隧道方式还有保证**服务质量** QoS 的作用。例如，LTE 网络可保证在 UE 到 P-GW 之间的话音分组时延不超过 100 ms，且话音分组的丢失率小于 1%。这就保证了在全 IP 网络传输时，话音通信的质量仍较好。在 LTE 的网络中不再保留电路交换的原因是，现在**移动通信流量中的主流已是数据通信**（如用手机浏览网页，阅读微信，利用微信进行音频或视频通信等）。为少量的手机电话通信业务而保留电路交换的构件，将使网络变得更加复杂，会大大增加网络的建设成本和运行费用。采用全 IP 网络是 LTE 网络结构中的一个重大变革。

服务网关 S-GW (Serving GateWay)是无线接入网与核心网之间的网关路由器，由 SGSN 演进而来。在现实网络中，2G/3G 的 SGSN 和 4G 的 S-GW 是一个融合设备。S-GW 负责用户层面的数据分组的转发和路由选择，起到路由器的作用。S-GW 还负责 eNB 到 S-GW 以及 S-GW 到 P-GW 的隧道管理。S-GW 是数据层面中移动性的锚点。用户设备 UE 在通信过程中，可能会在 LTE 系统不同的 eNB 之间切换或漫游到 3GPP 的不同接入系统中（如 2G 的 GSM 或 3G 的 UMTS），如果这些 eNB 以及 2G/3G 的基站都与某一个 S-GW 连接，这时 UE 所关联的 S-GW 不变，数据流都从同一个 S-GW 流出，再转发到 P-GW。

SGW 和 PGW 可以在同一个物理节点或不同物理节点实现。

归属用户服务器 HSS (Home Subscriber Server)是一个中心数据库，里面有网络运营商所保存的用户基本数据。

移动性管理实体 MME (Mobility Management Entity)是一个信令实体，负责基站与核心网之间以及用户与核心网之间的所有信令交换。大的核心网需要有多个 MME 来处理大量的信令交换。当一个用户初次接入到 LTE 网络时，基站 eNB 就要与 MME 通信，以便 MME 和用户能够交换鉴别信息。MME 必须从 HSS 获得用户的有关信息。

在图 9-20 中还省略了一些构件，如**策略与计费规则功能** PCRF (Policy and Charging Rules Function)单元等，这里就不进行介绍了。

LTE 必须向后兼容 3G 和 2G。因此很多手机都标明具有 4G/3G/2G 功能。这表示如果 LTE 手机所在地还没有被 4G 网络覆盖，那么该手机还可使用原来 3G/2G 网络的功能。

最初 LTE 把电话通信业务转交给原先的 3G UMTS 或 2G GSM 的电路交换网络来处理，以确保电话通信的质量。这叫作**电路交换回落 CSFB** (Circuit Switched FallBack)，意思是再退回到 3G/2G 的电路交换的网络来处理电话通信业务。但这种处理方法是过渡性质的。在 2012 年，基于 IP 的 VoLTE (Voice over LTE)问世了。VoLTE 也叫作高清电话业务，能够提供高质量的电话通信和视频电话，但 VoLTE 的运行要靠与 P-GW 相连的 **IP 多媒体子系统 IMS** (IP Multimedia Subsystem)。IMS 不属于 LTE，而是属于 IP 服务的范围，是 LTE 之外的另一个分组交换的网络系统。

9.3.2 LTE 网络与互联网的连接

下面讨论 LTE 网络怎样连接到互联网，这需要用到 LTE 协议栈的概念。

当用户设备 UE（如手机）开机后，就登记到 LTE 网络，以便使用网络资源来传送 IP 数据业务。在 LTE 网络内的数据路径由两大部分组成，即空口无线链路（UE→eNB）和核心网中的隧道（eNB→S-GW→P-GW）。关于“隧道”下面还要详细讲解。图 9-21 是 LTE 的协议栈（用户层面），上面说到的数据在隧道中的通信使用 **GPRS 隧道协议** GTP (GPRS Tunneling Protocol)，而 GTP-U 最后的字母 U，表示所传送的是用户层面(User plane)的数据。LTE 还使用另一个控制层面的隧道协议 GTP-C 来传输有关的信令（限于篇幅，这部分内容从略）。当上下文意思很明确时，也可把 GTP-U 简写为 GTP。只要用户设备 UE 移动时不超过 P-GW 的覆盖范围，P-GW 分配给 UE 的 IP 地址就不改变。

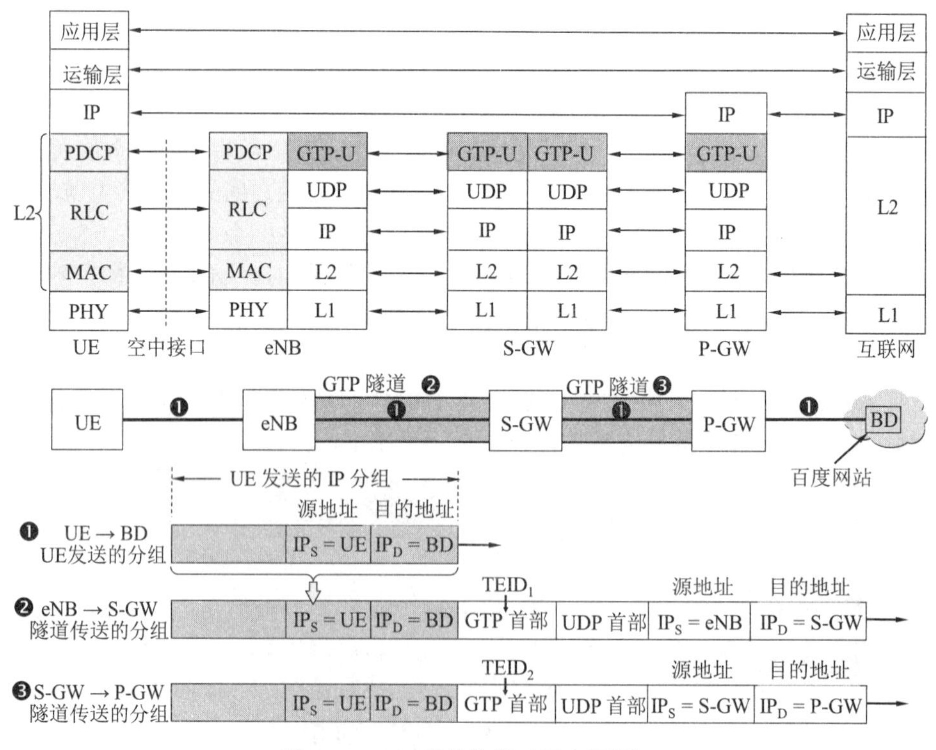

图 9-21　LTE 的协议栈（用户层面）

当 UE 登记完成后，如果在一段时间（例如，10 ~ 30 秒）没有数据业务，为了节约宝贵的无线频谱资源，UE 和 eNB 之间的空口链路会迅速释放，eNB 和 S-GW 之间的 GTP-U 隧道也会接着释放，从而使 UE 空口进入空闲状态。但是，S-GW 与 P-GW 之间的 GTP-U 隧道以及 UE 的 IP 地址都仍保持着。P-GW 认为该 IP 地址目前暂时归这个 UE 使用，并保留 UE 有关的信息。

当 UE **处于空口空闲状态**时，有两种不同情况，即 UE 有 IP 分组发往互联网，或互联网有 IP 分组发往 UE。下面分别进行讨论（关于 UE 之间的打电话呼叫过程不在此讨论）。

(1) 假定 UE 要访问互联网中的百度网站 BD。

首先，UE 应向所在小区的基站 eNB 发送连接请求。当 eNB 收到连接请求后，就要建立空口链路和 eNB→S-GW 之间的 GTP-U 隧道。请注意，S-GW→P-GW 之间原有的 GTP-U 隧道仍存在着。然后 UE 就发送 IP 分组，从 IP 层先传送到下面的第 2 层（现在 L2 具有三个子层）。

L2 的最上层是**分组数据汇聚协议** PDCP (Packet Data Convergence Protocol)子层。PDCP 子层的主要作用是支持 IP 分组在无线链路更加有效的传输，包括对 IP 首部进行压缩/解压缩。当 UE 发送一连串的 IP 分组时，每个 IP 分组都有 20 字节的 IP 首部。这些首部中的大部分字段是重复的。若采用适当的压缩算法对首部进行压缩，就可在传输时节省大量的无线信道资源。基站 eNB 的 PDCP 子层收到已压缩首部的 IP 分组后，就进行解压缩。

下一个子层是**无线链路控制** RLC (Radio Link Control)子层。RLC 子层可提供三种不同可靠性等级的运行方式。例如，对于**确认方式** AM (Acknowledged Mode)，在发送数据时，对 PDCP 子层传下来的 PDCP 协议数据单元进行分段或拼接，使其长度适合无线信道的传输。在接收数据时，则进行协议数据单元的重组，再上传到 PDCP 子层。RLC 子层还具有分组重新排序、重复数据检测以及使用差错检测协议 ARQ 进行数据重传的功能。

L2 最下面的是**媒体接入控制** MAC 子层，它在 RLC 子层的逻辑信道和下面物理层的传输信道之间，完成复用和分用的功能。在无线信道质量较差的环境下，MAC 子层采用**混合自动重传请求** HARQ (Hybrid ARQ)协议，可以有效地减少重传次数[①]。此外，MAC 子层还按照 eNB 调度程序的安排，把无线资源动态分配给 UE，从而保证了服务质量 QoS。

在发送时，物理层对 MAC 子层传送来的数据进行编码和调制，把比特插入到每一帧中适当的时隙中，发送出去。在接收时，物理层要进行解调和解码，把收到的比特上传给 MAC 子层。物理层还采用一种**自适应调制编码** AMC (Adaptive Modulation and Coding)技术。基站 eNB 根据用户终端反馈的信道状况，动态地调整物理层采用的调制方式（QPSK 或 16QAM 或 64QAM）和编码速率。当无线信道质量较差时，物理信道的传输速率可能会远小于其峰值速率，以保证无线链路的传输质量。

在图 9-21 中，UE 发送的 IP 分组❶的目的地址是 BD 的 IP 地址，记为 IP_D = BD ；IP 分组❶的源地址是 UE 的 IP 地址，记为 IP_S = UE（后面也都用这样的简单记法）。

当基站 eNB 的 PDCP 把收到的数据解封后，要用协议 GTP-U 进行封装，并把一个 GTP **隧道端点标识符** TEID (Tunnel Endpoint Identifier)写入到 GTP 首部中，如图中所示的 $TEID_1$。

---

① 注：HARQ 在传统的 ARQ 协议的基础上，增加称为软合并(soft combining)的纠错技术。HARQ 把收到的差错帧不是丢弃而是缓存起来，并请求发方进行重传。如仍有差错，则继续缓存和重传。HARQ 把每次缓存的帧合并起来进行解码，提高了成功解码的概率，因而减少了重传次数。

这时，UE 发送的 IP 分组已经被封装在一个新的 IP 分组❷里面，在隧道中传输（eNB→S-GW）。IP 分组❷的目的地址 IP_D = S-GW，源地址 IP_S = eNB。

S-GW 收到 IP 分组后，用同样的方法解封，并再次封装成在 GTP-U 隧道中传送的另一个新的 IP 分组❸（S-GW→P-GW），把另一个 GTP 隧道端点标识符 $TEID_2$ 写入 GTP 首部。IP 分组❸的目的地址 IP_D = P-GW，源地址 IP_S = S-GW。

我们知道，eNB 和 S-GW 之间以及在 S-GW 和 P-GW 之间，都会有很多 IP 数据报封装在各自的 GTP 隧道中传输。因此，为了标识不同的隧道，对应每一个 UE 发往某个目的地址的隧道，必须分配一个 GTP 隧道端点标识符 TEID。这也就是说，给每一个 UE 分配一个不同的隧道。接着，这个 UE 发往同一目的地址的所有 IP 数据报，都封装在这个隧道中传输。对不同的 UE 发送的 IP 数据报，会分配到不同的 GTP 隧道端点标识符 TEID，因而在各自不同的隧道中传送。

最后，P-GW 把从 GTP-U 隧道收到的 IP 分组解封，得到 UE 发送的 IP 分组，就转发到互联网的百度网站。

为什么 LTE 要使用协议 GTP 把 UE 的 IP 分组再封装到 GTP 隧道中传输呢？这是因为 LTE 蜂窝移动通信系统中，用户设备 UE 所关联的基站 eNB，在 UE 漫游时会经常改变。这就是说，同一个 UE 在不同时间可能使用不同的 eNB 或不同的 S-GW。这就使得核心网分组交换域中的 P-GW/GGSN 和 S-GW/SGSN，无法根据 UE 的 IP 地址，用传统的路由选择协议，把 IP 分组转发到 UE。但我们知道，在 LTE 网络中，所有的 eNB, S-GW 和 P-GW 的地理位置都是固定不变的，因而可以让核心网 EPC 只负责核心网内部的路由选择。由于采用了 GTP 隧道方式，UE 发送到互联网的 IP 分组，核心网将其封装为新的 IP 分组，在隧道中传送到 P-GW。以后再由 P-GW 转发给互联网中的其他路由器。同理，从互联网发送给 UE 的 IP 分组，一律先转发到 P-GW，由 P-GW 负责确定从哪个隧道转发到 S-GW 和 eNB，最后再从 eNB 转发到目的 UE。实际上，GTP 隧道早在 2G 的 GSM 引入 GPRS 时就已经使用了。我们为了节省篇幅，就只在讨论 LTE 时才进行介绍。

不难看出，从一个 UE 发送到百度服务器的往返 IP 分组，共通过 4 段隧道，两个上行隧道，两个下行隧道。一共要在 GTP 首部中使用 4 个不同的 GTP 隧道端点标识符 TEID。

(2) 百度服务器向用户设备 UE 发送数据。

百度服务器并不知道 UE 的空口状态，而只知道 UE 的 IP 地址。百度服务器以 UE 的 IP 地址为目的地址，构成 IP 分组发送出去。互联网中的路由器根据 IP 分组的目的地址，能够找到 UE 所驻留的 P-GW（因为 UE 的 IP 地址是 P-GW 分配的，因此互联网中的路由器可以根据 UE 的 IP 地址找到 P-GW）。

P-GW 通过 UE 的 IP 地址就能通过对应的 GTP-U 隧道，把 IP 分组封装为 GTP-U 分组，在隧道中转发给 S-GW。再往后就有两种情况：

- S-GW 和 eNB 之间的 GTP-U 隧道存在。

这时，S-GW 把 GTP-U 分组通过隧道发送给 eNB。eNB 把 GTP-U 分组解封，在空口链路上采用 PDCP/RLC/MAC/PHY 层封装，把数据发送给 UE。

- SGW 和 eNB 之间的 GTP-U 隧道不存在。

现在 UE 处于空口空闲状态。这种情况要复杂些，因为 LTE 中的所有基站 eNB 都不知道 UE 在什么地方。因此，S-GW 只好先把收到的 IP 分组暂时缓存，并触发移动性管理实体 MME 进行寻呼 UE（有时称为唤醒 UE）。那么，MME 怎样才能寻呼到 UE 呢？

MME 可以在整个的 LTE 网络中广播寻呼 UE，但这样付出的代价太大。网络运营商在建造 LTE 网络时，就把整个覆盖范围划分为很多的**跟踪区** TA (Tracking Area)，网络运营商赋予每个 TA 一个**跟踪区标识** TAI (Tracking Area Identity)，作为 TA 在全球的唯一标识（这里包括国家代码、网络运营商代码以及 TA 代码）。跟踪区 TA 是 LTE 系统中位置更新和寻呼的基本单位。一个跟踪区 TA 可以覆盖多个小区。当处于待机状态的 UE 必须收听邻近 eNB 的广播，以便知道自己位于哪个 TA 中。UE 必须周期性向核心网的 MME 报告自己的跟踪区标识 TAI，以便 MME 能够寻呼到自己。为了避免 UE 在 TA 区域间频繁切换时造成核心网信令负荷过重，MME 就把一组（1 ~ 16 个）TA 写入一个**跟踪区列表** TAL (Tracking Area List)，发送给 UE。当 UE 在这个 TAL 范围内跨 TA 漫游时，就不必向 MME 发送 TA 更新报文。如果这时 MME 需要寻呼 UE，只需在一个 TAL 的小范围内进行寻呼。图 9-22 说明了 UE 的跟踪区列表 TAL 更新的过程。我们看到，不同的 TA 可以包含不同数量的小区。例如，TA_1 只包含一个小区，但 TA_4 则包含 5 个小区。假定最初 UE 在位置❶，属于跟踪区 TA_1。UE 把这个位置信息报告给 MME，然后 MME 向 UE 发送一个跟踪区列表 TAL_1。图 9-22 指出 TAL_1 包含 TA_1，TA_2 和 TA_3 共三个跟踪区。当 UE 漫游到位置❷和❸时，其位置仍在跟踪区列表 TAL_1 中，因此 UE 不向 MME 发送 TA 更新报文。但当 UE 漫游到位置❹时，发现新到达的 TA_4 不在自己的跟踪区列表 TAL_1 中，因此就向 MME 发送 TA 更新报文。MME 接着就把更新的 TAL_2 发送给 UE。这时只要 UE 在 TAL_2 内漫游（即在 TA_3 和 TA_4 的范围中），就可以不向 MME 发送 TA 更新报文，这样就减小了对核心网的信令压力。请注意，一个跟踪区 TA 可以属于多个跟踪区列表 TAL，例如，TA_3 既在 TAL_1 中，也在 TAL_2 中。

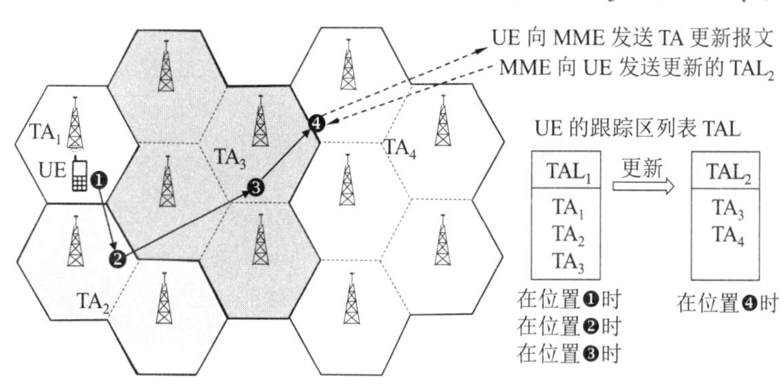

图 9-22　UE 的跟踪区列表的更新

因此，MME 对 UE 进行寻呼时，不必在整个 LTE 网络范围内广播，而只需向 UE 所在的跟踪区列表 TAL 内数量不太多的基站 eNB 发送寻呼报文。当某个基站 eNB 寻呼到 UE 后，UE 就在小区响应寻呼，触发 eNB 建立与 S-GW 之间的 GTP-U 隧道。之后，S-GW 把刚才缓存的 IP 分组转发给 eNB，再转发给 UE。

由于分组交换流量的突发性，同时为了节省无线空口资源，UE 经常会处于空闲状态，因此可能会发生频繁的寻呼。

当用户设备 UE 在空口链路已建立的情况下进行漫游时，UE 就要在漫游中不断测量小区导频信号强度，并将测量结果上报给基站 eNB。若 eNB 发现有更合适的小区，会触发 UE 进行切换，并在新小区建立空口链路和释放旧小区的空口链路，同时也把 eNB 和 S-GW 之间的 GTP-U 隧道从旧小区切换到新小区。由于 S-GW 覆盖范围很大，通常 S-GW 和 P-GW 之间的 GTP-U 隧道并不会重新建立。在切换过程中，数据通信不会中断。

最后还需要指出，前面所讨论的，仅仅是用户层面中数据传送的过程。在控制层面各节点之间还有非常重要的信令的传送，但这需要使用不同的协议栈。在 eNB 和 MME 之间，在 MME 和 HSS 之间，以及在两个 eNB 之间的信令传送，还要用到运输层的第三个协议，即**流控制传输协议** SCTP (Stream Control Transmission Protocol)。协议 SCTP 结合了 UDP 和 TCP 的优点，是面向报文的可靠传输协议[FORO10] [RFC 4960，建议标准]。但我们没有篇幅在此进行介绍了。

关于 LTE 的简单介绍就到此为止。

在 4G 无线网络技术中，还有一个 IEEE 802.16 标准，也就是后来的 WiMAX 标准。WiMAX 是 Worldwide Interoperability for Microwave Access 的缩写（意思是“全球微波接入的互操作性”，缩写中的 AX 表示 Access）。但在流行了若干年后，现在市场上已经很难见到这种 4G 网络了。因此本书的这一版就取消有关 WiMAX 的介绍。

2011 年 3GPP 的 R10（版本 10）制定的 LTE-Advanced，简称为 LTE-A，达到了 ITU-R 制定的 4G 标准。据 2016 年 6 月的统计，全球投入商用的 LTE-A 网络已超过 100 个，分布在 49 个国家和地区。2015 年 3GPP 的 R13 制定了 LTE-A Pro，吞吐量超过了 3 Gbit/s，俗称 4.5G，表示已经超过 4G 的水平了。

从 2017 年第 4 季度开始，3GPP 又陆续发布 R15/16 等第 5 代蜂窝移动通信系统 5G 标准的版本（以后还会发布后续的 R17）。这些都是今后的热门技术，对此有兴趣的读者可多加关注。

9.4 移动 IP

9.4.1 移动 IP 的基本概念

我们知道，手机的一个基本功能是能够边移动边进行通信。但计算机则不同。在计算机网络创建时，就默认了所有的计算机的位置都是固定不变的。没有人想让笨重的计算机边移动（如放置在汽车上）边进行通信。

后来，便携式的笔记本电脑出现了。现在就出现一种常见的情况。某用户在家中使用笔记本电脑上网，然后他关机并把笔记本电脑带到办公室重新上网。这个电脑在地理上更换了位置。但用户在办公室能够很方便地（例如接入到办公室的 Wi-Fi）通过动态主机配置协议 DHCP，自动获取新的 IP 地址。虽然电脑“移动”了，更换了地点以及所接入的网络，但这并不是移动 IP。我们可以看出，这个用户的上网方式，和传统的在固定地点上网相比，并无本质上的差异。用户在不同地点上网使用了不同的 IP 地址，但这对用户来说并不重要，因为在很多情况下，用户并不关心他所使用的具体的 IP 地址是什么。

但是，如果我们需要在移动中浏览网页，那么移动站所建立的 TCP 连接，在移动站漫游时，应当一直保持连接，否则移动站与网站的连接就会变为断断续续的（因为建立 TCP 连接需要时间，不可能瞬间就建立好）。可见，若要使移动站在移动中的 TCP 连接不中断，就必须使移动站的 IP 地址在移动中保持不变。移动 IP (Mobile IP)就是要研究这个问题。

上一节我们已经讨论了手机怎样在移动时能够保持其 IP 地址不变的工作原理。在计算机界，怎样使计算机在移动中仍然可以使用它在移动前所使用的 IP 地址，是由 C. Perkins 在 1996 年提出的[RFC 2002]。Perkins 在随后的十几年把移动 IP 的思路更新了很多，目前最新的文档是[RFC 5944, 6275]，都只是建议标准。下面简单介绍一下移动 IP 的要点。

移动 IP 使用了一种方法，和我们几十年前怎样联系同学的做法相似。例如，一个班级的大学生在毕业时都将同时走向各自的工作岗位。由于事先并不知道自己未来的工作单位的准确通信地址，那么怎样才能继续和这些同学保持联系呢？实际上，当时使用的办法也很简单，就是彼此都留下各自的家庭地址（即永久地址）。若要和某同学联系，只要写信到该同学的永久地址，请其家长把信件转交一下即可。在得知该同学新的地址后，就可使用这个新地址直接联系了。

移动 IP 使用了如图 9-23 给出的基本概念[KURO17]。首先，移动站 A 必须有一个原始地址（相当于上面提到的家庭地址），即**永久地址**，或**归属地址**(home address)。移动站原始连接到的网络 N_1 叫作**归属网络**(home network)。永久地址和归属网络的关联是不变的。在图 9-23 中，我们可以看到移动站 A 的永久地址是 131.8.6.7/16，而其归属网络是 131.8.0.0/16。

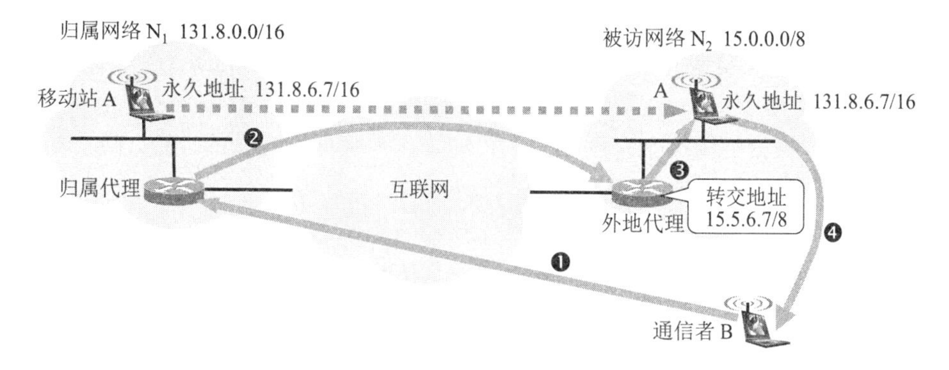

图 9-23　永久地址与转交地址的作用

为了让地址的改变对互联网的其余部分是透明的，移动 IP 使用了代理。**归属代理**(home agent)通常就是连接在归属网络上的路由器，然而它作为代理的特定功能则是在应用层完成的。归属代理既是路由器，也是主机。

当移动站 A 移动到另一个地点，所接入的网络 N_2 称为**被访网络**(visited network)或**外地网络**(foreign network)。被访网络中使用的代理叫作**外地代理**(foreign agent)，它通常就是连接在被访网络上的路由器（当然也充当主机）。假定移动站 A 到达的网络是被访网络 15.0.0.0/8。外地代理的一个任务就是要为移动站 A 创建一个临时地址，叫作**转交地址**(care-of address)。转交地址的网络号显然必须和被访网络一致。我们假定现在 A 的转交地址是 15.5.6.7/8。外地代理的另一个功能就是及时把移动站 A 的转交地址通知 A 的归属代理。

请注意两点：第一，转交地址是供移动站、归属代理以及外地代理使用的，各种应用程序都不使用这种转交地址；第二，转交地址在互联网中并不具有唯一性。这就是说，外地代理可以给好几个移动站指派同样的转交地址，甚至把自己的 IP 地址指派为移动站的转交地址。这样做并不会引起混乱。这是因为当外地代理要向连接在被访网络上的移动站发送数据报时，并不会像通常那样使用地址解析协议 ARP，而是直接使用这个移动站的 MAC 地址（当移动站首次和外地代理通信时，外地代理就记录下这个移动站的 MAC 地址）。

有时，移动站本身也可以充当外地代理，即移动站和外地代理是同一个设备。这时的转交地址叫作**同址转交地址**(co-located care-of address)。但是，要这样做，移动站必须能够接收发送到转交地址的数据报。使用同址转交地址的好处是移动站可以移动到任何网络，而不必担心外地代理的可用性。但缺点是移动站需要有额外的软件，使之能够充当自己的外地代理。

下面看一个例子。假定在图 9-23 中，通信者 B 要和移动站 A 进行通信。B 并不知道 A 在什么地方。但 B 可以使用 A 的永久地址作为发送的 IP 数据报中的目的地址。图中画出了四个重要步骤：

❶ B 发送给 A 的数据报的目的地址是：131.8.6.7。此数据报被 A 的归属代理截获了（只有当 A 离开归属网络时，归属代理才能截获发给 A 的数据报）。

❷ 由于归属代理已经知道了 A 的转交地址（后面要讲到），因此归属代理把 B 发来的数据报进行再封装，新的数据报的目的地址是：15.5.6.7，就是 A 现在的转交地址。新封装的数据报发送到被访网络的外地代理。这里使用的就是以前 4.5.3 节或 4.8.1 节讲过的隧道技术或 IP-in-IP。

❸ 被访网络中的外地代理把收到的封装的数据报进行拆封，取出 B 发送的原始数据报，然后转发给移动站 A。这个数据报的目的地址是：131.8.6.7，就是 A 的永久地址。A 收到 B 发送的原始数据报后，也得到了 B 的 IP 地址。

❹ 如果现在 A 要向 B 发送数据报，那么情况就比较简单。A 仍然使用自己的永久地址作为数据报的源地址，用 B 的 IP 地址作为数据报的目的地址。这个数据报显然没有必要在通过 A 的归属代理进行转发了。

从以上所述可以看出，为了支持移动性，在网络层应当增加以下的一些新功能。

(1) **移动站到外地代理的协议**。当移动站接入到被访网络时，必须向外地代理进行登记，以获得一个临时的转交地址。同样地，当移动站离开该被访网络时，它要向这个被访网络注销其原来的登记。

(2) **外地代理到归属代理的登记协议**。外地代理要向移动站的归属代理登记移动站的转交地址。当移动站离开被访网络时，外地代理并不需要注销其在归属代理登记的转交地址。这是因为当移动站接入到另一个网络时，这个新的被访网络的外地代理就会到移动站的归属代理登记该移动站现在的转交地址，这样就取代了原来旧的转交地址。

(3) **归属代理数据报封装协议**。归属代理收到发送给移动站的数据报后，将其再封装为一个新的数据报，其目的地址为移动站的转交地址，然后转发。

(4) **外地代理拆封协议**。外地代理收到归属代理封装好的数据报后，取出原始数据报，并将此数据报发送给移动站。

像图 9-23 所示的数据报转发过程，又称为**间接路由选择**。这是因为源站并不知道移动站的当前地址，而是把数据报发往移动站的归属网络，以后的寻址工作都由归属代理来完成。

现在讨论移动站继续向其他网络移动时所发生的情况。

图 9-23 中移动站 A 原先所接入的网络是 N_1，而现在 A 要从 N_1 移动到另一个被访网络 N_2 去。当 A 移动到 N_2 时，就向 N_2 的外地代理登记，N_2 的外地代理把 A 在 N_2 中的转交地址告诉 A 的归属代理。此后，归属代理就会把收到的发送给 A 的数据报再封装后转发到 N_2 的外地代理。我们注意到，在 A 的这次移动前后，数据报都是由相同的归属代理转发的。原先转发到 N_1，后来转发到 N_2。

如图 9-23 所示的这种间接路由选择，可能会引起数据报转发的低效，文献中称之为**三角形路由选择问题**(triangle routing problem)。意思是，本来在 B 和 A 之间可能有一条更有效的路由，但现在要走另外两条路：先要把数据报从 B 发送到 A 的归属代理，然后再转发给漫游到被访网络的 A。设想一个极端的例子。如果 B 所在的网络就是 A 到达的被访网络。在这种情况下，B 发送数据报给 A 就是在同一个网络上非常简便的直接交付，根本不需要使用路由器。但由于 B 并不知道 A 的位置，因此只好让发送给 A 的数据报两次穿越广域网，既浪费了时间，也增加了网上不必要的通信量。

解决这个问题的一种方法是使用**直接路由选择**，但这是以增加复杂性为代价的。这种方法就是让通信者 B 创建一个**通信者代理**(correspondent agent)，让这个通信者代理向归属代理询问到移动站在被访网络的转交地址，然后由通信者代理（而不是由归属代理）把数据报用隧道技术发送到被访网络的外地代理，最后再由这个外地代理拆封，把数据报转发给移动站。

使用这种方法时必须解决以下两个问题：

(1) 增加一个协议，即**移动用户定位协议**(mobile-user location protocol)，用来使通信者代理向移动站的归属代理查询移动站的转交地址。

(2) **当移动站再移动到其他网络时，怎样得到移动站的位置信息**？关于这个问题，我们可以用图 9-24 所示的几个重要步骤来说明。

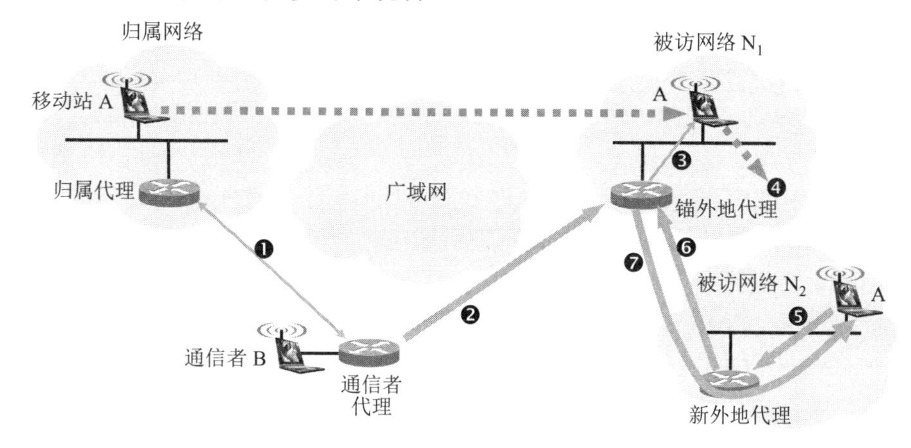

图 9-24 使用直接路由选择向移动站发送数据报

❶ B 的通信者代理从移动站 A 的归属代理得到 A 所漫游到的被访网络 N_1 的外地代理。我们把移动站首次漫游到的被访网络的外地代理称为**锚外地代理**(anchor foreign agent)。

❷ 通信者代理把 B 发给 A 的数据报再封装后，发送到 A 的锚外地代理。

❸ 锚外地代理把拆封后的数据报发送给 A。

❹ A 移动到另一个被访网络 N_2。

❺ A 向被访网络 N_2 的新外地代理登记。

❻ 新外地代理把 A 的新转交地址告诉锚外地代理。

❼ 当锚外地代理收到发给 A 的封装数据报后，就用 A 的新转交地址对数据报进行再封装，然后发送给被访网络 N_2 上的新外地代理。在拆封后转发给移动站 A。

同理，如果移动站再漫游到另一个网络，则这个网络的外地代理将仍然要和锚外地代理联系，以便让锚外地代理以后把发给 A 的数据报转发过来。

上面所讨论的许多问题，都是由移动站在移动时仍然要保持原来的 IP 地址（永久地址）引起的。我们在文献中常会见到**移动性管理**(mobility management)这样的术语，这是指上述的这些新增加的措施和协议。但有时大家更愿使用**移动管理**这样更加简洁的译名。移动性管理涉及的面比以上所讨论的问题还要宽些，例如，安全问题也是必须要解决的。绝对不能容许不法分子把别人发送给 A 的数据报，转发到被暗中设定的某个伪造的外地代理。

移动 IP 的实现会遇到很多具体问题。我们知道，上述的移动 IP 的基本假定就是移动站首先必须有一个永久 IP 地址。但哪个运营商会给你的移动设备指派一个永久 IP 地址呢？至少在目前这个问题在实践中尚未得到解决。限于篇幅，这里不再继续进行讨论了。

9.4.2 移动网络对高层协议的影响

前面讲过的无线网络在移动站漫游时，会经常更换移动用户到无线网络的连接点（即到移动站相关联的基站）。这样，网络的连接就会发生很短时间的中断。那么，这种情况对高层协议有没有影响呢？现在我们简单讨论一下这个问题。

我们知道，在 TCP 连接中，只要发生报文段的丢失或出错，TCP 就要重传这个丢失或出错的报文段。在移动用户的情况下，TCP 报文段的丢失，既可能是由于移动用户切换引起的，也可能是由于网络发生了拥塞。由于移动用户更新相关联的基站需要一定的时间（即不可能在数学上的瞬间完成），这就可能造成 TCP 报文段的丢失。但 TCP 并不知道现在出现的分组丢失的确切原因。只要出现 TCP 报文段频繁丢失，TCP 的拥塞控制就会采取措施，减小其拥塞窗口，从而使 TCP 发送方的报文段发送速率降低。这种措施显然是默认了报文段丢失是由网络拥塞造成的。可见，当无线信道出现严重的比特差错，或由于切换产生了报文段丢失，减小 TCP 发送方的拥塞窗口对改善网络性能并不会有任何好处。

经过研究，发现可以使用三种方法来处理这个问题。

(1) **本地恢复**。这是指差错在什么地方出现，就在什么地方改正。例如，在无线局域网中使用的自动请求重传 ARQ 协议就属于本地恢复措施。

(2) **让 TCP 发送方知道什么地方使用了无线链路**。只有当 TCP 能够确知，是有线网络部分发生了拥塞时，TCP 才采用拥塞控制的策略。然而要能够区分是在有线网段还是无线网段出现报文段丢失，还需要一些特殊的技术。

(3) 把含有移动用户的端到端 TCP 连接拆成两个互相串接的 TCP 连接。从移动用户到无线接入点是一个 TCP 连接（这部分使用无线信道），而剩下的使用有线网段连接的部分则是另一个 TCP 连接（我们假定 TCP 连接的另一端是有线主机）。已经有人研究过，采用拆分 TCP 连接的方法，在使用无线信道的 TCP 连接上，既可以使用标准的 TCP 协议，也可以使用有选择确认的 TCP 协议，甚至还可以使用专用的、有差错恢复的 UDP 协议。在蜂窝无线通信网中实验的结果表明，采用拆分 TCP 连接的方法可以使整个性能得到明显的改进。

9.5 移动通信的展望

前面我们已经介绍了移动通信与计算机网络关系较密切的若干问题。为便于记忆，蜂窝移动通信从 1G 到 4G 的发展规律，可以认为大约是十年更新一代。从最初的 1G（模拟电话），发展到 2G（数字电话），然后演进到具有较强数据传输能力的 3G，再到可支持高质量音频和视频传输和高速率移动互联网业务的 4G（全 IP 网）。现在又发展到了第五代蜂窝移动通信 5G，甚至连 5.5G 或 6G 也相继被提出了。在我国，工信部已于 2019 年 10 月 31 日宣布 5G 的商用正式启动。下面简要地介绍一下 5G 的要点。

从 1G 到 2G，通信主要局限在人与人之间的通信。到了 3G 和 4G 时代，智能手机不仅能够提供人与人之间通信，而且还发展到可以提供多人参加的视频聊天。此外，还增加了人与互联网之间的通信（下载文件、音乐、视频等）。这种通信方式均可称为**人联网**。

我们在前面 9.1.1 节中曾简单地介绍了物联网 IoT。物联网现在发展很快，在 4G 时代就已经有了一些物联网的应用。但 5G 就非常明确地把物联网作为一个非常重要的应用领域。

现在 5G 标准的制定机构 3GPP 把 5G 的传输业务划分为以下三大类（在 5G 标准中称为三大应用场景），即：

(1) **增强型移动宽带** eMBB (enhanced Mobile BroadBand)

(2) **大规模机器类型通信** mMTC (massive Machine Type Communication)

(3) **超高可靠超低时延通信** uRLLC (ultra Reliable and Low Latency Communication)

第一种应用场景 eMBB 实际上就是 4G LTE 的升级版本，它仍然属于人联网。在这一类应用场景中，5G 要传输的新型业务主要是三维（即 3D）视频和超高清视频等大流量移动宽带业务。3D 视频包括**虚拟现实** VR (Virtual Reality)和**增强现实** AR (Augmented Reality)。

上面的后两种应用场景 mMTC 和 uRLLC 都属于物联网。mMTC 又称为**海量物联网**，这种应用场景的数据率较低且时延并不敏感，但其连接的终端种类却非常广泛，不仅要求网络具有超千亿连接的支持能力，而且终端成本必须很低而电池寿命却要求很长，例如 10 年以上。这类应用场景包括智慧城市、智能家居、智能电网、物流跟踪、环境监测等方面。应用场景 uRLLC 则使用在工业控制、交通安全和控制、远程制造、远程手术以及无人驾驶等领域。

为了适应上述三种应用场景，5G 制定的标准规定其下行数据峰值速率为 10 Gbit/s（常规情况下），而在特定场景（VR 和 AR）时数据率可达 20 Gbit/s。5G 还制定了新的空口标准 5GNR (5G New Radio)，使用户层面无线信道的单向时延大大缩短（可小到毫秒级），这就保证了 5G 的整个端到端时延均可满足各种应用场景的需求。5G 还采用了一些比 4G 更高的频率，可使用更大的信道带宽，这有助于提高数据的传输速率。5G 的频谱效率（即在同样带宽下传输的数据量）也比 4G 的增加数倍。因此 5G 的特点可以简单地归纳为：极高的速率，极大的容量，极低的时延。值得注意的是，5G 并非 4G 的简单升级版本，而是在应用方面有许多崭新的领域，具有划时代的意义。

在使用的频谱方面，5G 引入了毫米波，即频率在 30 ~300 GHz 之间的无线电波，其波长为 1~10 mm。这里面还有许多新的技术问题有待于进行研究和解决。5G 还选用了与 4G 不同的信道编码方式。5G 的天线也有多方面的创新。例如，采用天线波束赋形技术，并把多进多出 MIMO 发展到大规模 MIMO 系统和立体三维 MIMO 技术，等等。

在更高的工作频率下，每个基站的覆盖范围就缩小了，因而 5G 所架设的基站必须更加密集。这显然就增加了 5G 网络的复杂性，也增加了网络运营商的投资和运营成本。因此 5G 的发展前景不单纯是个简单的学术性或技术水平问题，而是与未来的商业市场密切相关的。也就是说，上述的三个应用场景今后究竟会发展到何种水平，目前还都是未知。我们在学习 5G 新技术时，对此应有足够的重视。

本章的重要概念

- 无线局域网可分为两大类。第一类是有固定基础设施的，第二类是无固定基础设施的。
- 无线局域网的标准是 IEEE 的 802.11 系列。使用 802.11 系列协议的局域网又称为 Wi-Fi。

- 802.11 无线以太网标准使用星形拓扑，其中心叫作接入点 AP，它是链路层设备，相当于基本服务集内的基站。但家用的接入点都嵌入了路由器的功能，常称为无线路由器。
- 应当弄清几种不同的接入：固定接入、移动接入、便携接入和游牧接入。
- 802.11 无线以太网在 MAC 层使用 CSMA/CA 协议。不能使用 CSMA/CD 的原因是：在无线局域网中，并非所有的站点都能够听见对方（例如，当有障碍物出现在站点之间时），因此无法实现碰撞检测。使用 CSMA/CA 协议是为了尽量减小碰撞发生的概率，但不能完全避免碰撞。
- CSMA/CA 协议的要点是：(1) 发送数据有时可不经过争用期，这是因为信道在较长时间是空闲的，很可能这时其他站点不会发送数据。(2) 发送数据有时必须经过争用期，这是因为：❶信道是从忙转到空闲，可能有多个站点要发送数据，因此要公平竞争。❷未收到确认，表明很可能出现了冲突，重传时要公平竞争。❸连续发送数据，防止一个站点垄断信道，要公平竞争。(3) 必须等待时间 DIFS 的理由，是让具有更重要的帧能够优先发送（如 ACK 帧、RTS 帧或 CTS 帧等）。
- 802.11 无线局域网在使用 CSMA/CA 的同时，还使用停止等待协议。
- 802.11 标准规定，所有的站在完成发送后，必须再等待一段帧间间隔时间才能发送下一帧。帧间间隔的长短取决于该站要发送的帧的优先级。
- 在 802.11 无线局域网的 MAC 帧首部中有一个**持续期**字段，用来填入**在本帧结束后**还要占用信道多少时间（以微秒为单位）。
- 802.11 标准允许要发送数据的站对信道进行预约，即在发送数据帧之前先发送 RTS 帧请求发送。在收到响应允许发送的 CTS 帧后，就可发送数据帧。
- 802.11 的 MAC 帧共有三种类型，即控制帧、数据帧和管理帧。需要注意的是，MAC 帧有四个地址字段。在有固定基础设施的无线局域网中，只使用其中的三个地址字段，即源地址、目的地址和 AP 地址 BSSID。
- 无线个人区域网包括蓝牙系统、ZigBee 和超高速 WPAN。无线城域网 WiMAX 已很少使用。
- 移动终端已成为现在接入到互联网的主要末端设备。视频和数据已在互联网的流量中占据主要地位。
- 通过无线局域网或蜂窝移动通信网接入到互联网，已经成为接入到互联网的主要方式。
- 第一代蜂窝移动通信网采用模拟技术的电路交换，仅提供话音通信。第二代蜂窝移动通信网以 GSM 为代表，采用数字技术的电路交换，提供话音通信和短信服务。
- GPRS 和 EDGE 提高了数据率，话音通信使用电路交换，数据通信使用分组交换，上网能够浏览网页。第三代蜂窝移动通信网以 UMTS 为代表，数据率提高到可以进行视频通信和开视频会议。
- 第四代蜂窝移动通信网以长期演进 LTE 为代表，采用高阶调制 64QAM，以及 OFDM 和 MIMO 等技术，使数据率显著提高。在结构上，控制层面和用户层面（即数据层面）分开，核心网全部 IP 化，大大降低了投资成本和运营费用。
- 基站 eNB 到分组网关 P-GW 之间利用 GTP-U 隧道（eNB→S-GW 和 S-GW→P-GW），保证了用户设备在移动时仍能有效地接入到互联网。

习题

9-01 无线局域网由哪几部分组成？无线局域网中的固定基础设施对网络的性能有何影响？接入点 AP 是否就是无线局域网中的固定基础设施？

9-02 Wi-Fi 与无线局域网 WLAN 是否为同义词？请简单说明一下。

9-03 服务集标识符 SSID 与基本服务集标识符 BSSID 有什么区别？ESSID 是什么意思？

9-04 无线局域网中的关联(association)的作用是什么？

9-05 固定接入、移动接入、便携接入和游牧接入的主要特点是什么？

9-06 无线局域网的物理层主要有哪几种？

9-07 为什么在无线局域网中不能使用 CSMA/CD 协议而必须使用 CSMA/CA 协议？

9-08 为什么无线局域网的站点在发送数据帧时，即使检测到信道空闲也仍然要等待一小段时间？为什么在发送数据帧的过程中，不像以太网那样继续对信道进行检测？

9-09 结合隐蔽站问题说明 RTS 帧和 CTS 帧的作用。RTS/CTS 是强制使用还是选择使用？请说明理由。

9-10 为什么在无线局域网上发送数据帧后，要求对方必须发回确认帧，而以太网就不需要对方发回确认帧？

9-11 无线局域网的 MAC 协议中的 SIFS 和 DIFS 的作用是什么？

9-12 试解释无线局域网中的名词：BSS, ESS, AP, BSA, DCF, PCF 和 NAV。

9-13 冻结退避计时器剩余数值的做法是为了使协议对所有站点更加公平。请进一步解释。

9-14 为什么站点在检测到信道空闲后，在等待时间 DIFS 内还不能立即发送数据？为什么在等待时间 DIFS 后，有时可立即发送数据，而有时必须执行退避算法？

9-15 试用简单的例子说明无线局域网的 MAC 帧首部中地址 3 的作用。

9-16 试比较 IEEE 802.3 和 IEEE 802.11 局域网，找出它们之间的主要区别。

9-17 无线个人区域网 WPAN 的主要特点是什么？现在已经有了什么标准？

9-18 试举例说明怎样知道一个用作无线路由器的接入点 AP 的 SSID 和 BSSID？

9-19 第二代蜂窝移动通信网与第一代蜂窝移动通信网的主要区别是什么？第三代蜂窝移动通信网与第二代蜂窝移动通信网的主要区别是什么？

9-20 第四代蜂窝移动通信网与第三代蜂窝移动通信网的主要区别是什么？

9-21 我们在第 1 章中就讲过，电路交换适合于话音通信，分组交换适合于数据通信。为什么现在第四代蜂窝移动通信网 LTE 全部使用分组交换进行话音通信和数据通信？

9-22 在图 9-21 的例子中，若从百度网站服务器发送数据分组到用户设备，请写出每一段路径的分组首部中的目的地址和源地址。

9-23 在蜂窝移动通信网中，移动站的漫游所产生的切换，对正在工作的 TCP 连接有什么影响？

9-24 某餐馆中有两个 ISP 分别设置了接入点 AP_1 和 AP_2，并且都使用 802.11b 协议。两个 ISP 都分别有自己的 IP 地址块。

(1) 假定两个 ISP 在配置其接入点时都选择了信道 11。如果有用户 A 和 B 分别使用接入点 AP_1 和 AP_2，那么这两个无线网络能够正常工作吗？

(2) 若这两个 AP 一个工作在信道 1，而另一个工作在信道 11，题目的答案有变化吗？

9-25 为什么采用预约信道的方法可以较好地解决隐蔽站的问题？

9-26 假定有一个使用 802.11b 协议的站要发送 1000 字节长的数据帧（已包括了首部和尾部），并使用 RTS 和 CTS 帧。试计算，从决定发送帧一直到收到确认帧所经历的时间（以微秒计），忽略传播时间和误码率。

9-27 有如图 9-25 所示的四个站点使用同一无线频率通信。每个站点的无线电覆盖范围都是图 9-25 所示的椭圆形。也就是说，A 发送时，仅仅 B 能够接收；B 发送时，A 和 C 都能够接收；C 发送时，B 和 D 都能够接收；D 发送时，仅仅 C 能够接收。

现假定每个站点都有无限多的报文要向每一个其他站点发送。若无法直接发送，则由中间的站点接收后再转发。例如，A 发送报文给 D 时，就必须是经过 A→B，B→C 和 C→D 这样三次发送和转发。时间被划分成等长的时隙，每个报文的发送时间恰好等于一个时隙长度。在一个时隙中，一个站点可以做以下事情中的一个：① 发送一个报文；② 接收一个发给自己的报文；③ 什么也不做。再假定传输无差错，在无线电覆盖范围内都能正确接收。

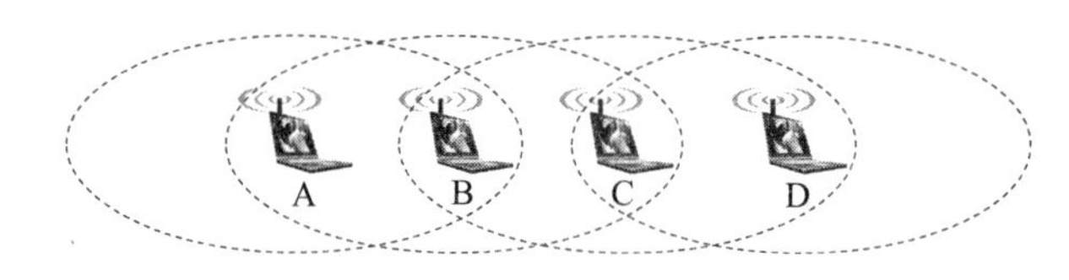

图 9-25 习题 9-27 的图

(1) 假定有一个全能的控制器，能够命令各站点的发送或接收。试计算从 C 到 A 的最大数据报文传输速率（单位为报文/时隙）。

(2) 假定现在 A 向 B 发送报文，D 向 C 发送报文。试计算从 A 到 B 和从 D 到 C 的最大数据报文传输速率（单位为报文/时隙）。

(3) 假定现在 A 向 B 发送报文，C 向 D 发送报文。试计算从 A 到 B 和从 C 到 D 的最大数据报文传输速率（单位为报文/时隙）。

(4) 假定本题中的所有无线链路都换成为有线链路。重做以上的(1)至(3)小题。

(5) 现在再回到无线链路的情况。假定在每个目的站点收到报文后都必须向源站点发回 ACK 报文，而 ACK 报文也要用掉一个时隙。重做以上的(1)至(3)小题。

附录A　部分习题的解答

第1章

1-10　分组交换时延较电路交换时延小的条件为：

$$(k-1)\,p/b < s, \qquad 当\ x >> p\ 时$$

1-11　写出总时延 D 的表达式，求 D 对 p 的导数，令其为零。解出

$$p=\sqrt{xh/(k-1)}$$

1-15　$D/D_0 = 10$　现在的网络时延是最小值的10倍。

1-17　(1) 发送时延为100 s，传播时延为5 ms。(2) 发送时延为1 μs，传播时延为5 ms。若数据长度大而发送速率低，则在总的时延中，发送时延往往大于传播时延。但若数据长度短而发送速率高，则传播时延就可能是总时延中的主要成分。

1-18

媒体长度	传播时延	媒体中的比特数	
		数据率 = 1 Mbit/s	数据率 = 10 Gbit/s
(1) 0.1 m	4.35×10^{-10} s	4.35×10^{-4}	4.35
(2) 100 m	4.35×10^{-7} s	0.435	4.35×10^{3}
(3) 100 km	4.35×10^{-4} s	4.35×10^{2}	4.35×10^{6}
(4) 5000 km	0.0217 s	2.17×10^{4}	2.17×10^{8}

1-19　数据长度为100字节时，数据传输效率为63.3%。数据长度为1000字节时，传输效率为94.5%。

1-28　(1) 1.458 s　(2) 124.258 s　(3)　6.28 s　(4) 1 s

1-29　3.2 Mbit/s。如果改为发送512字节的分组，则发送速率应为16.38 Mbit/s。

1-30　所要画出的图如图A-1所示。

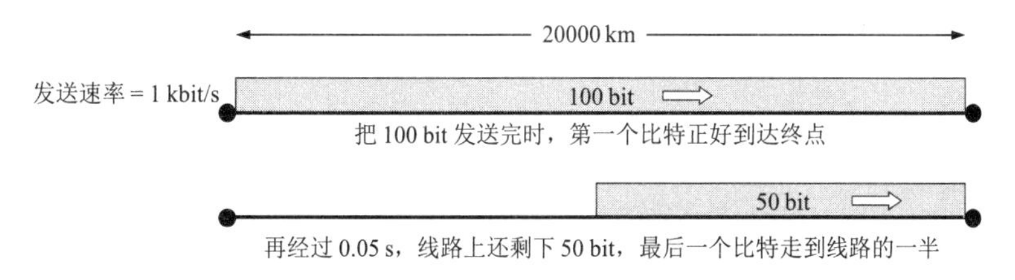

图A-1　习题1-30的图

1-31　所要画出的图如图A-2所示。

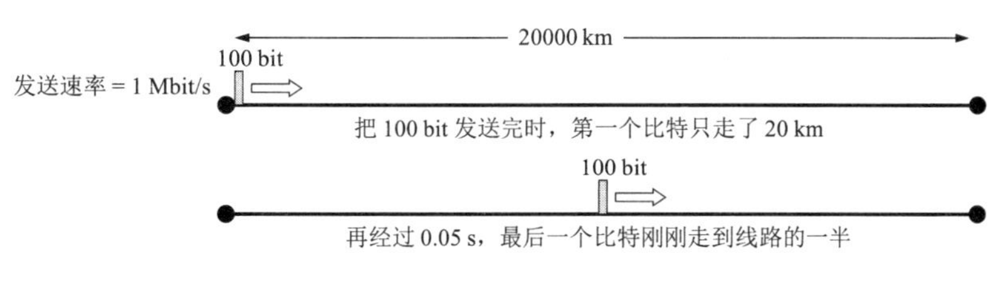

图A-2　习题1-31的图

1-32　在以时间为横坐标的图上，每一个比特的宽度是 1 ns。

在以距离为横坐标的图上，每一个比特的宽度是 20 cm。

1-34　(1) 5 s；15 s。(2) 0.005 s；0.015 s；5.01 s。

1-35　(1) 2×10^4 bit。(2) 250 m。(3) 50 bit/s。

1-36　吞吐量为 500 kbit/s。传送时间约为 168 s。

第 2 章

2-06　一个码元不一定对应于一个比特。

2-07　80000 bit/s。

2-08　S/N = 64.2 dB　　是个信噪比很高的信道。

2-09　信噪比应增大到约 100 倍。

如果在此基础上将信噪比 S/N 再增大到 10 倍，最大信息速率只能再增加 18.5%左右。

2-11　使用这种双绞线的链路的工作距离 = 28.6 km。

若工作距离增大到 100 km，则衰减应降低到 0.2 dB/km。

2-12　1200 nm 到 1400 nm：带宽 = 23.8 THz

1400 nm 到 1600 nm：带宽 = 17.86 THz

2-16　A 和 D 发送 1，B 发送 0，而 C 未发送数据。

2-18　靠先进的编码，使得每秒传送一个码元就相当于每秒传送多个比特。

第 3 章

3-06　PPP 适用于线路质量不太差的情况下。PPP 没有编号和确认机制。

3-07　添加的检验序列是 1110。出现的两种差错都可以发现。仅仅采用了 CRC 检验，数据链路层的传输还不是可靠的传输。

3-08　余数是 011。

3-09　7E FE 27 7D 7D 65 7E

3-10　第一个比特串：经过零比特填充后变成 011011111011111000（加上下画线的 0 是填充的）。

另一个比特串：删除发送端加入的零比特后变成 000111011111-11111-110（连字符表示删除了 0）。

3-11　(1) 由于电话系统的带宽有限，而且还有失真，因此电话机两端的输入声波和输出声波是有差异的。在“传送声波”这个意义上讲，普通的电话通信并不是透明传输。但对“听懂说话的意思”来讲，则基本上是透明传输。但有时个别语音会听错，如单个的数字 1 和 7。这就不是透明传输。

(2) 一般说来，电子邮件是透明传输的。但有时不是。因为国外有些邮件服务器为了防止垃圾邮件，对来自某些域名的邮件一律阻拦掉。这就不是透明传输。有些邮件的附件在收件人的电脑上打不开。这也不是透明传输。

3-14　当时很可靠的星形拓扑结构较贵。人们都认为无源的总线结构更加可靠。但实践证明，连接有大量站点的总线式以太网很容易出现故障，而现在专用的 ASIC 芯片的使用可以将星形结构的集线器做得非常可靠。因此现在的以太网一般都使用星形结构的拓扑。

3-16　每秒 20 兆码元。

3-19　从网络上负载轻重、灵活性以及网络效率等方面进行比较。

网络上的负荷较轻时，CSMA/CD 协议很灵活。但网络负荷很重时，TDM 的效率就很高。

3-20　最短帧长为 10000 bit，或 1250 字节。

3-21　“比特时间”换算成“微秒”必须先知道数据率是多少。如数据率是 10 Mbit/s，则 100 比特时间等于 10 μs。

3-22　对于 10 Mbit/s 的以太网，等待时间是 5.12 ms。

对于 100 Mbit/s 的以太网，等待时间是 512 μs。

3-23　实际的以太网各站发送数据的时刻是随机的，而以太网的极限信道利用率的得出是假定以太网使用了特殊的调度方法（已经不再是 CSMA/CD 了），使各站点的发送不发生碰撞。

3-24　设在 $t = 0$ 时 A 开始发送。在 $t = 576$ 比特时间，如无碰撞，则 A 应当发送完毕。

$t = 225$ 比特时间，B 就检测出 A 的信号。只要 B 在 $t = 224$ 比特时间之前发送数据，A 在发送完毕之前就一定能检测到碰撞，因此 A 不能把自己的数据发送完毕。

如果 A 在发送完毕之前并没有检测到碰撞，那么就能够肯定 A 所发送的帧不会和 B 发送的帧发生碰撞（当然也不会和其他站点发生碰撞）。

3-25　$t = 0$ 时，A 和 B 开始发送数据。

$t = 225$ 比特时间，A 和 B 都检测到碰撞。

$t = 273$ 比特时间，A 和 B 结束干扰信号的传输。

$t = 594$ 比特时间，A 开始发送。

$t = 785$ 比特时间，B 再次检测信道。如空闲，则 B 将在 881 比特时间发送数据。

A 重传的数据在 819 比特时间到达 B，B 先检测到信道忙，因此 B 在预定的 881 比特时间不发送数据。

3-26　提示：将第 i 次重传失败的概率记为 P_i，显然

$$P_i = (0.5)^k, \quad k = \min[i, 10]$$

故第 1 次重传失败的概率 $P_1 = 0.5$，

第 2 次重传失败的概率 $P_2 = 0.25$，

第 3 次重传失败的概率 $P_3 = 0.125$。

P[传送 i 次才成功]

$= P$[第 1 次传送失败] P[第 2 次传送失败]…P[第 $i - 1$ 次传送失败] P[第 i 次传送成功]

求{P[传送 i 次才成功]}的统计平均值，得出平均重传次数为 1.637。

3-27　(1) 10 个站共享 10 Mbit/s。(2) 10 个站共享 100 Mbit/s。(3) 每一个站独占 10 Mbit/s。

3-30　最大吞吐量为 1100 Mbit/s。三个系各有一台主机分别访问两个服务器和通过路由器上网。其他主机在系内通信。

3-31　最大吞吐量为 500 Mbit/s。每个系是一个碰撞域。

3-32　最大吞吐量为 100 Mbit/s。整个系统是一个碰撞域。

3-33

动作	交换表的状态	向哪些接口转发帧	说明
A 发送帧给 D	写入(A, 1)	略	略
D 发送帧给 A	写入(D, 4)	略	略

续表

动作	交换表的状态	向哪些接口转发帧	说明
E 发送帧给 A	写入(E, 5)	略	略
A 发送帧给 E	更新(A, 1)的有效时间	略	略

第 4 章

4-09 好处：转发分组更快。缺点：数据部分出现差错时不能及早发现。

4-10 IP 首部中的源地址也可能变成错误的，要求错误的源地址上的主机重传数据报是没有意义的。不使用 CRC 可减少路由器进行检验的时间。

4-11 10001011 10110001

4-12 8B B1

4-14 在目的站而不是在中间的路由器进行组装是由于：(1) 路由器处理数据报更简单些；(2) 并非所有的数据报片都经过同样的路由器，因此在每一个中间的路由器进行组装可能总会缺少几个数据报片；(3) 也许分组后面还要经过一个网络，它还要给这些数据报片划分成更小的片。如果在中间的路由器进行组装就可能会组装多次。

4-15 由于分片，共分为 4 个数据报片，故第二个局域网向上传送 3840 bit。

4-16 (1) 当网络中某个 IP 地址和硬件地址的映射发生变化时，ARP 高速缓存中的相应的项目就要改变。例如，更换以太网网卡就会发生这样的事件。10 ~ 20 分钟更换一块网卡是合理的。超时时间太短会使 ARP 请求和响应分组的通信量太频繁，而超时时间太长会使更换网卡后的主机迟迟无法和网络上的其他主机通信。

(2) 在源主机的 ARP 高速缓存中已经有了该目的 IP 地址的项目；源主机发送的是广播分组；源主机和目的主机使用点对点链路。

4-17 6 次。主机用一次，每一个路由器各使用一次。

4-18 (1) 接口 0；(2) R_2；(3) R_4；(4) R_3；(5) R_4。

4-20 3 个。数据字段长度分别为 1480, 1480 和 1020 字节。片偏移字段的值分别为 0, 185 和 370。MF 字段的值分别为 1, 1 和 0。

4-22 共同前缀是 22 位，即：11010100 00111000 100001。聚合的 CIDR 地址块是：212.56.132.0/22。

4-23 前一个地址块包含了后一个。写出这两个地址块的二进制表示就可看出。

4-24 答案如图 A-3 所示。

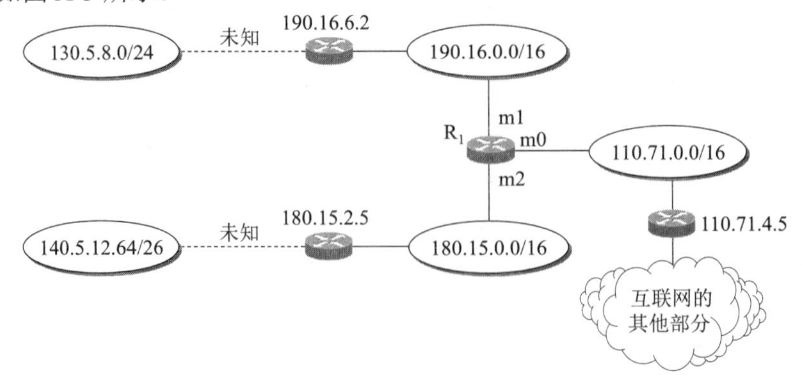

图 A-3 习题 4-28 的图

4-25 分配网络前缀时应先分配地址数较多的前缀。题目没有说 LAN_1 上有几台主机，但至少需要三个地址给三个路由器使用。本题的解答有很多种,下面给出两种不同的答案：

	第一组答案	第二组答案
LAN_1	30.138.119.192/29	30.138.118.192/27
LAN_2	30.138.119.0/25	30.138.118.0/25
LAN_3	30.138.118.0/24	30.138.119.0/24
LAN_4	30.138.119.200/29	30.138.118.224/27
LAN_5	30.138.119.128/26	30.138.118.128/27

第一组和第二组答案分别用图 A-4(a)和(b)表示。这样可看得清楚些。图中注明有 LAN 的三角形表示在三角形顶点下面所有的 IP 地址都包含在此局域网的网络前缀中。

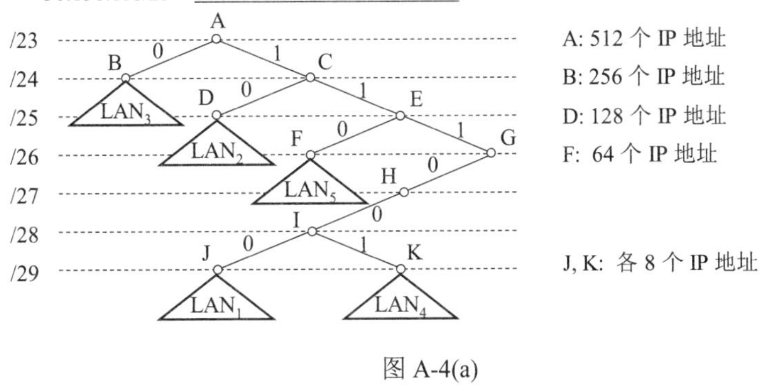

图 A-4(a)

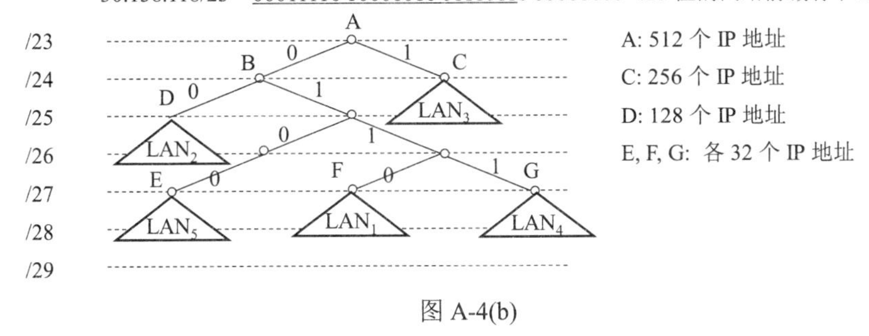

图 A-4(b)

4-26 本题的解答有很多种，下面给出其中的一种答案（先选择需求较大的网络前缀)：

LAN_1：192.77.33.0/26。

LAN_3：192.77.33.64/27；LAN_6：192.77.33.96/27；LAN_7：192.77.33.128/27；LAN_8：192.77.33.160/27。

LAN_2：192.77.33.192/28；LAN_4：192.77.33.208/28。

LAN_5：192.77.33.224/29（考虑到以太网上可能还要再接几台主机，故留有余地)。

WAN_1：192.77.33.232/30；WAN_2：192.77.33.236/30；WAN_3：192.77.33.240/30。

4-27 观察地址的第二个字节 32 = 0b00100000（0b 的意思是：在这后面的是二进制数字)，前缀 12 位，说明第二字节的前 4 位在前缀中。给出的 4 个地址的第二字节的前 4 位分别为：0010, 0100, 0011 和 0100。因此只有(1)是匹配的。

4-28 前缀(1)和地址 2.52.90.140 匹配。

4-29　前缀(4)和这两个地址都匹配。

4-30　(1) /2；(2) /4；(3) /11；(4) /30。

4-31　最小地址是 140.120.80.0/20。
最大地址是 140.120.95.255/20。
地址数是 4096。相当于 16 个 C 类地址。

4-32　最小地址是 190.87.140.200/29。
最大地址是 190.87.140.207/29。
地址数是 8。相当于 1/32 个 C 类地址。

4-33　(1) 每个子网前缀 28 位。
(2) 每个子网的地址中有 4 位留给主机用，因此共有 16 个地址。
(3) 四个子网的地址块以及每个子网分配给主机的最小地址和最大地址是：
第一个地址块 136.23.12.64/28，可分配给主机使用的
　　最小地址：136.23.12.65
　　最大地址：136.23.12.78
第二个地址块 136.23.12.80/28，可分配给主机使用的
　　最小地址：136.23.12.81
　　最大地址：136.23.12.94
第三个地址块 136.23.12.96/28，可分配给主机使用的
　　最小地址：136.23.12.97
　　最大地址：136.23.12.110
第四个地址块 136.23.12.112/28，可分配给主机使用的
　　最小地址：136.23.12.113
　　最大地址：136.23.12.126

4-36　RIP 只和邻站交换信息，UDP 虽不保证可靠交付，但 UDP 开销小，可以满足 RIP 的要求。OSPF 使用可靠的洪泛法，并直接使用 IP，好处是灵活性好和开销更小。BGP 需要交换整个的路由表（在开始时）和更新信息，TCP 提供可靠交付以减少带宽的消耗。
RIP 使用不保证可靠交付的 UDP，因此必须不断地（周期性地）和邻站交换信息才能使路由信息及时得到更新。但 BGP 使用保证可靠交付的 TCP，因此不需要这样做。

4-37　路由器 B 更新后的路由表如下：

N_1	7	A	无新信息，不改变。
N_2	5	C	相同的下一跳，更新。
N_3	9	C	新的项目，添加进来。
N_6	5	C	不同的下一跳，距离更短，更新。
N_8	4	E	不同的下一跳，距离一样，不改变。
N_9	4	F	不同的下一跳，距离更大，不改变。

4-38　(1) eBGP (2) iBGP (3) eBGP (4) iBGP

4-39　(1) 从接口 1 转发。(2) 从接口 2 转发。(3) 从接口 1 转发。

4-43　(1) 129.11.11.239　(2) 193.131.27.255　(3) 231.219.139.111　(4) 249.155.251.15

4-44　1024

4-45 网络掩码是 255.255.255.224。网络前缀长度是 27，网络后缀长度是 5。网络前缀是 167.199.170.64/27。

4-46 地址块的首地址：10100111 11000111 10101010 01000000
地址块的末地址：10100111 11000111 10101010 01011111
地址数：32

4-47 分配给子网 N_1（/25）的首地址是 14.24.74.0，末地址是 14.24.74.127。
分配给子网 N_2（/26）的首地址是 14.24.74.128，末地址是 14.24.74.191。
分配给子网 N_3（/28）首地址是 14.24.74.192，末地址是 14.24.74.207。

4-48 (1) 路由器 R 的路由表

网络前缀	下一跳
145.13.0.0/18	直接交付，接口 m0
145.13.64.0/18	直接交付，接口 m1
145.13.128.0/18	直接交付，接口 m2
145.13.192.0/18	直接交付，接口 m3
0.0.0.0/0	默认路由器，接口 m4

(2) 收到的分组从路由器的接口 m2 转发。

4-49 根据最长前缀匹配准则，应当选择路由 3。

4-50 最长前缀匹配准则是没有问题的，问题出在主机 H 的 IP 地址。
请注意，网络 11.1.2.0/24 是网络 11.0.0.0/8 的一个子网，而 IP 地址 11.1.2.3 正是子网 11.1.2.0/24 中的一个合法 IP 地址。网络 11.0.0.0/8 在分配本网络的主机号时，不允许重复使用子网 11.1.2.0/24 中的任何一个地址。因此，网络 11.0.0.0/8 给它的一台主机分配 IP 地址 11.1.2.3 是不能允许的。这样做就和网络 11.1.2.0/24 中的 IP 地址 11.1.2.3 重复，因而引起了地址上的混乱。

4-51 (1) 200.56.168.0/21 = **11001000 00111000 10101**000 00000000
上面有下画线的粗体数字表示网络前缀。
(2) 这个 CIDR 地址块包含 8 个 C 类地址块。

4-52 对首部的处理更简单。数据链路层已经将有差错的帧丢弃了，因此网络层可省去这一步骤。但可能遇到数据链路层检测不出来的差错（此概率极小）。

4-53 在 IP 数据报传送的路径上所有路由器都不需要这一字段的信息，只有目的主机才需要协议字段。在 IPv6 使用“下一个首部”字段完成 IPv4 中的“协议”字段的功能。

4-55 分片与重装是非常耗时的操作。IPv6 把这一功能从路由器中删除，并移到网络边缘的主机中，就可以大大加快网络中 IP 数据报的转发速度。

4-56 IPv6 的地址空间共有 2^{128} 个地址，或 3.4×10^{38}。
1 秒分配 10^{18} 个地址，可分配 1.08×10^{13} 年。大约是宇宙年龄的 1000 倍。地址空间的利用不会是均匀的，但即使只利用整个地址空间的 1/1000，那也是不可能用完的。

4-57 (1) ::F53:6382:AB00:67DB:BB27:7332
(2) ::4D:ABCD
(3) ::AF36:7328:0:87AA:398
(4) 2819:AF::35:CB2:B271

4-58 (1) 0000:0000:0000:0000:0000:0000:0000:0000

(2) 0000:00AA: 0000:0000:0000:0000:0000:0000

(3) 0000:1234: 0000:0000:0000:0000:0000:0003

(4) 0123:0000:0000:0000:0000:0000:0001:0002

4-63 (1) 路由器 R_1 的转发表如下：

前缀匹配	转发接口
123.1.2.16/29	4

(2) 无法实现给出的条件。

4-64 (1)

前缀匹配	转发接口
208.0.0.0/16	1
208.0.0.0/15	0
208.0.0.0/7	2
208.0.0.0/5	3
其他	3

(2) (a) 接口 2；(b) 接口 1；(c) 接口 2。

4-66

匹配	动作
入端口 =1；IP 源地址 =10.3.*.*；IP 目的地址 =10.1.*.*	转发(2)
入端口 =2；IP 源地址 =10.1.*.*；IP 目的地址 =10.3.*.*	转发(1)
入端口 =*；IP 源地址 =10.*.*.*；IP 目的地址 =10.2.0.3	转发(3)
入端口 =*；IP 源地址 =10.*.*.*；IP 目的地址 =10.2.0.4	转发(4)
入端口 =3；IP 源地址 =10.2.0.3；IP 目的地址 =10.2.0.4	转发(4)
入端口 =4；IP 源地址 =10.2.0.4；IP 目的地址 =10.2.0.3	转发(3)
……（注：上面最后两行也可以省略）	……

第 5 章

5-03 都是。这要在不同层次来看。在运输层是面向连接的，在网络层则是无连接的。

5-06 丢弃。

5-11 IP 数据报只能找到目的主机而无法找到目的进程。UDP 提供对应用进程的复用和分用功能，并提供对数据部分的差错检验。

5-12 不行。重传时，IP 数据报的标识字段会有另一个标识符。标识符相同的 IP 数据报片才能组装成一个 IP 数据报。前两个 IP 数据报片的标识符与后两个 IP 数据报片的标识符不同，因此不能组装成一个 IP 数据报。

5-13 6 个。数据字段的长度：前 5 个是 1480 字节，最后一个是 800 字节。片偏移字段的值分别是：0, 185, 370, 555, 740 和 925。

5-14 源端口为 1586，目的端口为 69，UDP 用户数据报总长度为 28 字节，数据部分长度为 20 字节。此 UDP 用户数据报是从客户发给服务器的（因为目的端口号 < 1023，是熟知端口）。服务器程序是 TFTP（从 5.1.3 节表 5-2 的常用熟知端口号的表可查出）。

5-15 UDP 不保证可靠交付，但 UDP 比 TCP 的开销要小很多。因此只要应用程序接受这样的服务质量就可以使用 UDP。如果话音数据不是实时播放（边接收边播放）就可以使用 TCP，因为 TCP 传输可靠。接收端用 TCP 将话音数据接收完毕后，可以在以后的任何时间进行播放。但假定是实时传输，则必须使用 UDP。

5-18　如图 A-5 所示。

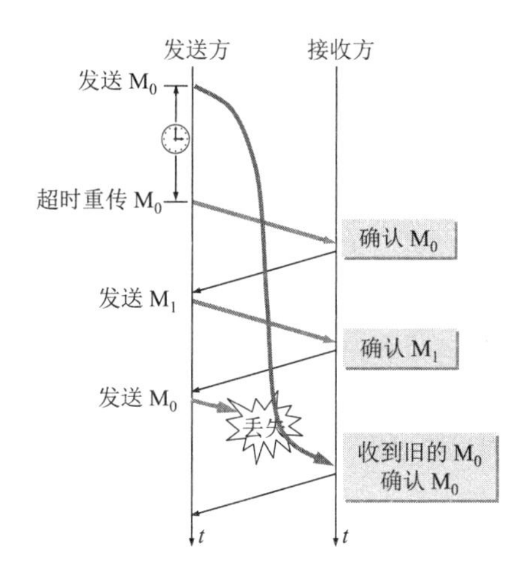

旧的 M_0 被当成是新的 M_0!

图 A-5　习题 5-18 的图

5-19　如图 A-6 所示，设发送窗口记为 W_T，接收窗口记为 W_R。假定用 3 比特进行编号。设接收窗口正好在 7 号分组处（有阴影的分组）。发送窗口 W_T 的位置不可能比②更靠前，也不可能比③更靠后，也可能不是这种极端位置，如①。

对于①和②的情况，在 W_T 的范围内无重复序号，即 $W_T \leqslant 2^n$。

对于③的情况，在 $W_T + W_R$ 的范围内无重复序号，即 $W_T + W_R \leqslant 2^n$。

现在 $W_R = 1$，故发送窗口的最大值 $W_T \leqslant 2^n - 1$。

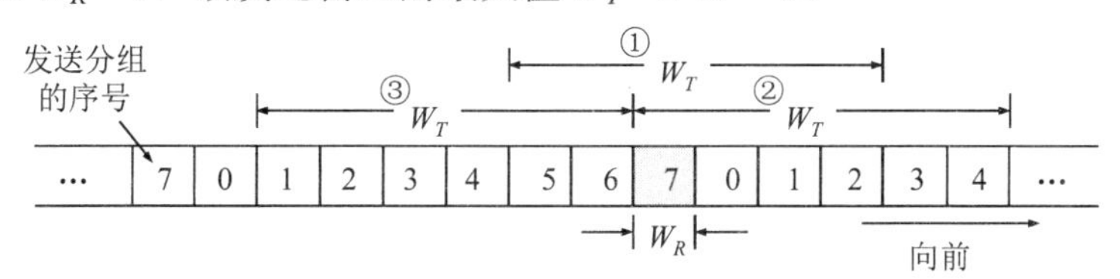

图 A-6　习题 5-19 的图

5-20　用相对发送时间实现一个链表（见图 A-7）。

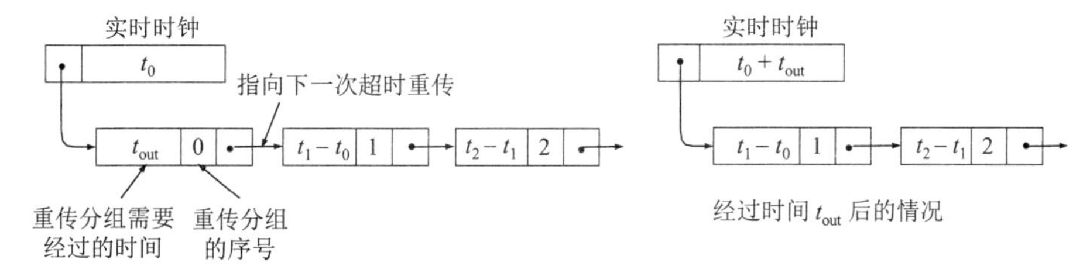

图 A-7　习题 5-20 的图

5-21　(1) 序号到 4 为止的分组都已收到。若这些确认都已到达发送方，则发送窗口的范围是[5, 7]。假定所有的确认都丢失了，发送方没有收到这些确认。这时，发送窗口应为[2, 4]。因此，发送窗口可以是[2, 4], [3, 5], [4, 6], [5, 7]中的任何一个。

(2) 接收方期望收到序号 5 的分组，说明序号为 2, 3, 4 的分组都已收到，并且发送了确认。对序号为 1 的分组的确认肯定被发送方收到了，否则发送方不可能发送 4 号分组。可见，对序号为 2, 3, 4 的分组的确认有可能仍滞留在网络中。这些确认用来确认序号为 2, 3, 4 的分组。

5-22 (1) L 的最大值是 4 GB，$G = 2^{30}$。

(2) 发送的总字节数是 4489123390 字节。

发送 4489123390 字节所需时间为：3591.3 秒，即 59.85 分，约 1 小时。

5-23 (1) 第一个报文段的数据序号是 70 到 99，共 30 字节的数据。

(2) 确认号应为 100。

(3) 80 字节。

(4) 70。

5-24 设发送窗口 $= W$ (bit)。发送端连续发送完窗口内的数据所需的时间 $= T$。

有两种情况（见图 A-8）。

(a) 接收端在收完一批数据的最后才发出确认，因此发送端经过(256 ms + T)后才能发送下一个窗口的数据。

(b) 接收端每收到一个很小的报文段后就发回确认，因此发送端经过比 256 ms 略多一些的时间即可再发送数据。因此每经过 256 ms 就能发送一个窗口的数据。

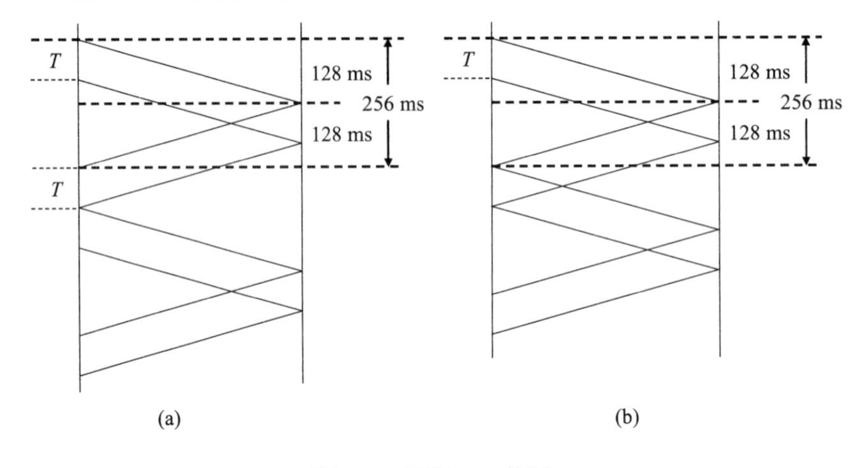

图 A-8　习题 5-24 的图

对于(a):

W = 57825.88 bit，约为 7228 字节。

对于(b):

W = 30720 bit = 3840 B

5-25 在 ICMP 的差错报文中（见图 4-28）要包含 IP 首部后面的 8 个字节的内容，而这里面有 TCP 首部中的源端口和目的端口。当 TCP 收到 ICMP 差错报文时需要用这两个端口来确定是哪条连接出了差错。

5-26 TCP 首部除固定长度部分外，还有选项，因此 TCP 首部长度是可变的。UDP 首部长度是固定的。

5-27 65495 字节。此数据部分加上 TCP 首部的 20 字节，再加上 IP 首部的 20 字节，正好是 IP 数据报的最大长度。当然，若 IP 首部包含了选择，则 IP 首部长度超过 20 字节，这时 TCP 报文段的数据部分的长度将小于 65495 字节。

5-28　分别是 n 和 m。

5-29　还未重传就收到了对更高序号的确认。

5-30　在发送时延可忽略的情况下，最大数据率 = 26.2 Mbit/s。

5-31　最大吞吐量为 25.5 Mbit/s。信道利用率为 25.5/1000 = 2.55%。

5-33　(1) RTO = 4.5s。

(2) RTO ≈ 4.88 s。

5-34　三次算出加权平均往返时间分别为 29.6 ms, 29.84 ms 和 29.256 ms。

可以看出，RTT 的样本值变化多达 20%时，加权平均往返时间 RTT_S 的变化却很小。

5-35　(1) 10 RTT；(2) 14 RTT；(3) 有效吞吐率 = 119.8 Mbit/s。链路带宽利用率 = 11.98%。

5-36　拥塞窗口与 RTT 的关系如下（只给出了部分数据）：

RTT	0	4	9	11	14	18
拥塞窗口(pkt)	1	2	3	2	2	2

5-38　拥塞窗口大小分别为：1, 2, 4, 8, 9, 10, 11, 12, 1, 2, 4, 6, 7, 8, 9。

5-39　(1) 拥塞窗口与 RTT 的关系曲线如图 A-9 所示。

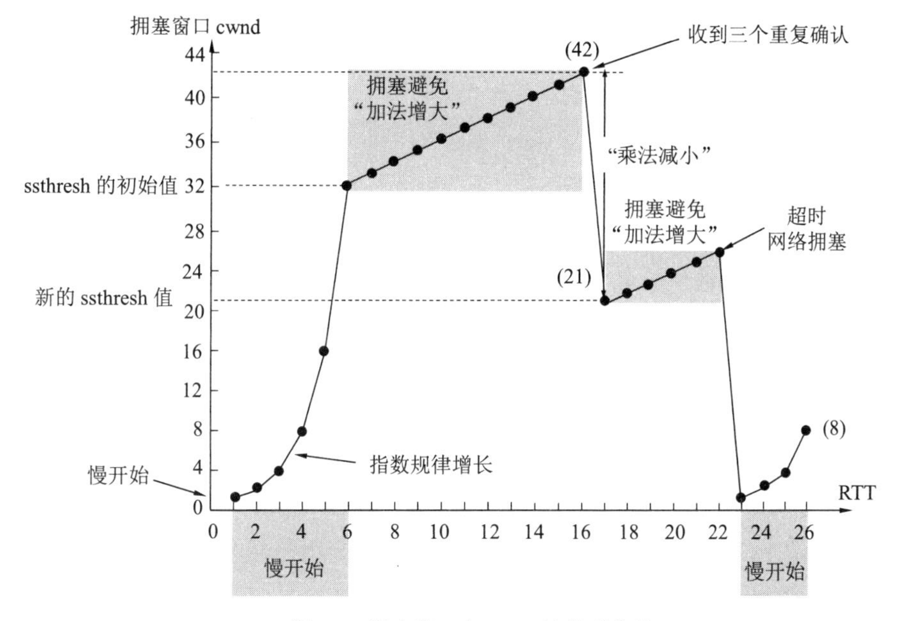

图 A-9　拥塞窗口与 RTT 的关系曲线

(2) 慢开始时间间隔：[RTT = 1, RTT = 6] 和 [RTT = 23, RTT = 26]。

(3) 拥塞避免时间间隔：[RTT = 6, RTT = 16] 和 [RTT = 17, RTT = 22]。

(4) 在 RTT = 16 之后发送方通过收到三个重复的确认检测到丢失了报文段。在 RTT = 22 之后发送方是通过超时检测到丢失了报文段。

(5) 在 RTT = 1 发送时，门限 ssthresh 被设置为 32。

在 RTT = 17 发送时，门限 ssthresh 被设置为发生拥塞时的一半，即 21。

在 RTT = 23 发送时，门限 ssthresh 是 13。

(6) 第 70 报文段在 RTT = 7 发送出。

(7) 拥塞窗口 cwnd 和门限 ssthresh 应设置为 8 的一半，即 4。

5-40 例如，当 IP 数据报在传输过程中需要分片，但其中的一个数据报片未能及时到达终点，而终点组装 IP 数据报已超时，因而只能丢弃该数据报；IP 数据报已经到达终点，但终点的缓存没有足够的空间存放此数据报；数据报在转发过程中经过一个局域网的网桥，但网桥在转发该数据报的帧时没有足够的差错空间而只好丢弃。

5-42 如果 B 不再发送数据了，是可以把两个报文段合并成为一个，即只发送 FIN + ACK 报文段。但如果 B 还有数据要发送，而且要发送一段时间，那就不行，因为 A 迟迟收不到确认，就会以为刚才发送的 FIN 报文段丢失了，就超时重传这个 FIN 报文段，浪费网络资源。

5-43 当 A 和 B 都作为客户，即同时主动打开 TCP 连接。这时每一方的状态变迁都是：
CLOSED → SYN-SENT → SYN-RCVD → ESTABLISHED

5-47 发送窗口的两种不同情况分别如图 A-10(a)和(b)所示。根据此图，很容易证明本题。

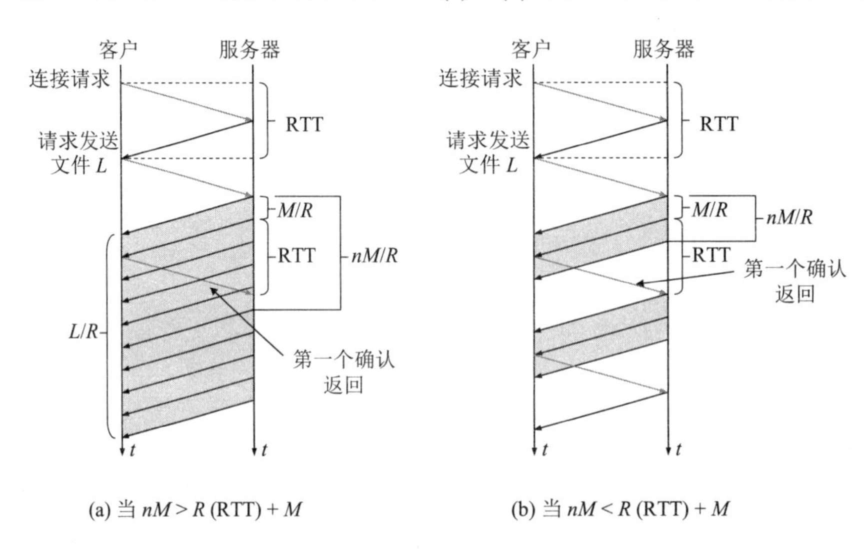

图 A-10　习题 5-47 的图

5-48 8.704 kbit/s

5-49 (1) 52100 (2) 13 (3) 28 字节 (4) 20 字节 (5) 分组是从客户到服务器 (6) Daytime

5-51 (1) 置为全 0 (2) 全 0 (3) 全 1

5-52 UDP 用户数据报的检验和既检验 UDP 用户数据报的首部又检验整个的 UDP 用户数据报的数据部分，而 IP 数据报的检验和仅仅检验 IP 数据报的首部。UDP 用户数据报的检验和还增加了伪首部，即还检验了下面的 IP 数据报的源 IP 地址和目的 IP 地址。

5-53 UDP 的最小长度是 8 字节，最短 IP 数据报的长度是 28 字节。

5-54 0.667

5-55 0.364

5-56 0.222

5-58 4 秒

5-59　窗口的变化如图 A-11 所示。

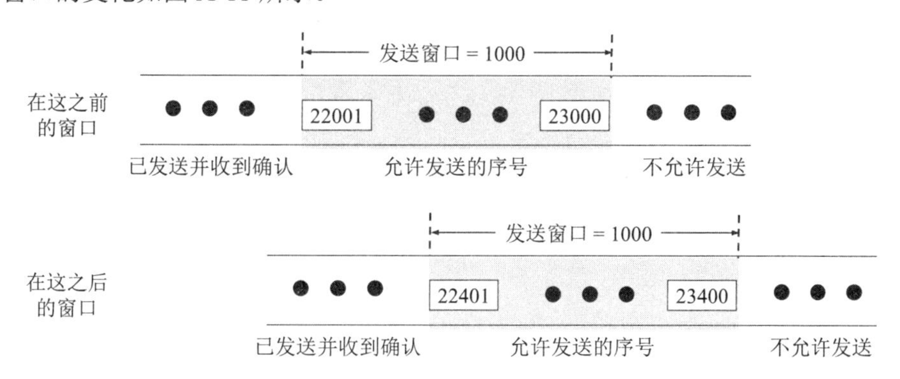

图 A-11　习题 5-59 的图

5-65　无法知道应写入什么数值。

5-66　仅在此报文段中仅有 1 个字节的数据时，下一个报文段的序号才是 $x+1$。

5-67　TCP 的吞吐量本来并没有标准的定义，TCP 的吞吐量可定义为每秒发送的数据字节数。计算机内部的数据传送是以每秒多少字节作为单位的，而在通信线路上的数据率则常用每秒多少比特作为单位。

5-69　取序号字段长度 $n=33$ 位。但应注意，TCP 的序号字段为 32 位。

5-70　(1) 859 ms　(2) 42.7 天

5-73　这种情况是允许的。

第 6 章

6-04　有可能，如果你能够直接使用对方的邮件服务器的 IP 地址。

6-09　404 Not Found。

6-10　应用层协议需要的是 DNS。
运输层协议需要的是 UDP（DNS 使用）和 TCP（HTTP 使用）。

6-14　(1) 错误；(2) 正确；(3) 错误；(4) 错误。

6-15　解析 IP 地址需要的时间是：$RTT_1 + RTT_2 + \cdots + RTT_n$ 。
建立 TCP 连接和请求万维网文档需要 $2RTT_W$。
需要的总时间是：$2RTT_W + RTT_1 + RTT_2 + \cdots + RTT_n$ 。

6-16　(1) 所需时间 $= RTT_1 + RTT_2 + \cdots + RTT_n + 8RTT_W$ 。
(2) 所需时间 $= RTT_1 + RTT_2 + \cdots + RTT_n + 4RTT_W$ 。
(3) 所需时间 $= RTT_1 + RTT_2 + \cdots + RTT_n + 3RTT_W$ 。

6-18　约 11.6 天。

6-26　4200 字节。

6-27　对应的 ASCII 数据为 zIE4，对应的二进制代码为：
01111010 01001001 01000101 00110100。

6-28　01001100 00111101 00111001 01000100 00111001。编码开销为 66.7%。

6-29　非常困难。例如，人名的书写方法，很多国家（如英、美等西方国家）是先写名再写姓。但像中国或日本等国家则先写姓再写名。有些国家的一些人还有中间的名。称呼也有非常多种类。还有各式各样的头衔。很难有统一的格式。

6-30 有时对方的邮件服务器不工作，邮件就发送不出去。对方的邮件服务器出故障也会使邮件丢失。

6-40 整个的编码为

30 18
  02 04 00 00 09 29
  02 04 00 00 04 D4
  02 04 00 00 00 7A
  02 04 00 00 04 D4

6-41 变量 icmpInParmProbs 的对象标识符是 1.3.6.1.2.1.5.5，加上后缀“.0”。

A0 1D
  02 04 00 01 06 14
  02 01 00
  02 01 00
  30 0F
    30 0D
    06 09 01 03 06 01 02 01 05 05 00
    05 00

6-42 {1.3.6.1.2.1.6}

6-43 40 04 83 15 0E 02

6-48 NF/u

6-49 $[\log_2(N+1)]F/u$

6-50 F/u

6-51 (1) 文件分发时间的最小值都是 7.5×10^3 s。(2) 客户–服务器方式下，文件分发的最小时间是 5×10^5 s。在 P2P 方式下，文件分发的最小时间是 45.5×10^3 s。

第 7 章

7-06 the time has come the walrus said to talk of many things of ships and shoes and sealing wax of cabbages and kings of why the sea is boiling hot and whether pigs have wings but wait a bit the oysters cried before we have our chat for some of us are out of breath and all of us are fat no hurry said the carpenter they thanked him much for that

From *Through the looking glass* (Tweedledum and Tweedledee)

第 8 章

8-04 不一样。实时数据往往是等时的数据，但等时的数据不一定是实时数据。

8-15 (2) 分组在接收端缓存中应增加的时延分别为（单位为 ms）：30, 25, 22, 29, 45, 35, 29, 26, 20 和 24。

(3) 以时间 t 为横坐标，分组数 N 为纵坐标。

$t < 45, N = 0$；$45 \leqslant t < 60, N = 1$；$60 \leqslant t < 70, N = 2$；$70 \leqslant t < 73, N = 3$；…

$t > 165, N = 0$。

8-16　显然，Δ应小于话音分组长度 10 ms。如果将Δ取为 9 ms，则有：

时钟时间：0　9　18　27　36　45　54　63　72　81　90　99　108 …

计数器值：0　1　2　3　4　5　6　7　8　9　10　11　12 …

话音分组每隔 10 ms 产生一个，对应的时间戳值（即计数器值）为：

话音分组产生时间：0　10　20　30　40　50　60　70　80　90　100　110 …

应加上的时间戳值：0　1　2　3　4　5　6　7　8　10　11　12 …

我们看到时间戳值在 8 到 10 之间缺了一个。可见将Δ取为略小于话音分组长度 10 ms 是不行的。

正确的做法是使 2Δ或 3Δ等于话音分组长度。当话音分组丢失时，时间戳值会相差 4Δ 或 5Δ，由此来判定是否发生了分组丢失。

8-17　接收端缓存空间的上限取决于还原播放时所容许的时延。当还原播放时所容许的时延已确定时，缓存空间的上限与实时数据流的数据率成正比。时延抖动越大，缓存空间也应更大。

8-21　(1) 可能是 121312131213…，也可能是 1123112311231123…。

(2) 113113113113…。

8-23　$T = b / (N - r)$。

8-24　12.5 ms。当 $N = 2500$ pkt/s 时，$T =$ 任意长的时间，漏桶被权标装满后就不再增加权标。

8-26　在图 A-12 中，流 1 的发送速率（即离开 WFQ 队列的速率）$\geqslant w_1R / (\Sigma w_i)$。如果所有的流的队列中都有分组，那么上面的公式的"≥"就应当取为"="。如果有的队列中没有分组，WFQ 就跳过这个队列，因此这个流得到的服务时间就会多一些。

现在设：

$t_0 =$ 队列刚刚积累了分组需要排队等待的时刻（从这时起到达的分组就要排队了），

$t =$ 流 1 队列处于忙状态，$t > t_0$（队列忙就是队列中有排队的分组）。

$T_1(t_0, t) =$ 在时间间隔$[t_0, t]$内，流 1 发送到网络的分组数。

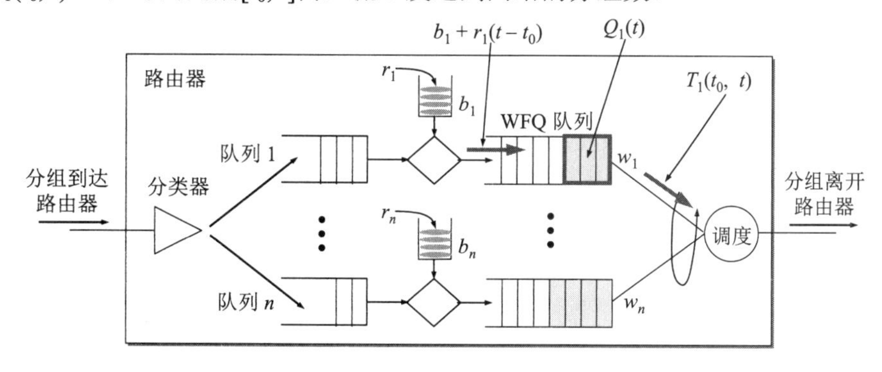

图 A-12　习题 8-26 的图

显然，

$$T_1(t_0, t) \geqslant w_1R(t - t_0) / (\Sigma w_i)$$

令 $Q_1(t) =$ 在时间 t 时流 1 在 WFQ 队列中排队的分组数。显然

$Q_1(t) =$ 进入 WFQ 队列的分组数 － 离开 WFQ 队列的分组数

$\quad = b_1 + (t - t_0)[r_1 - w_1R / (\Sigma w_i)]$

因为 $r_1 < Rw_1 / (\Sigma w_i)$（题目已知），所以 $Q_1(t) \leqslant b_1$，故流 1 在 WFQ 队列中排队的分组数的最大值是 b_1。

这些分组被服务的速率的最小值是 $w_1R / (\Sigma w_i)$，因此流 1 中任何分组的最大时延是

$$b_1(\Sigma w_i) / w_1R = d_{max}$$

8-27　如图 A-13 所示，第二个漏桶的大小是 1，权标产生的速率是 p / s。

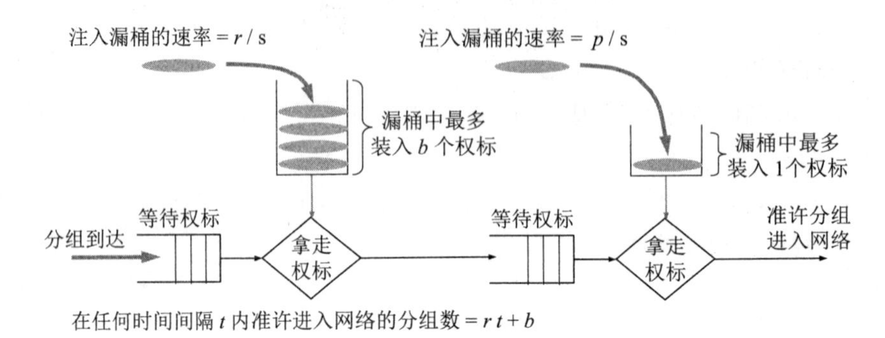

图 A-13　习题 8-27 的图

8-32　按题意，此二叉树的叶节点有 2^n 个，故二叉树的深度为 $n + 1$。每一个节点向其上游节点发送一个 RESV 报文，故总共发送 $2^{n+1} - 1$ 个 RESV 报文。

8-33　80 kbit/s。25%。

8-34　(2) 3, 4, 6, 7, 8。(3) 3 和 6。(4) $t = 10$。

8-35　(1) 20 kbit/s。　(2) 5 kbit/s。

第 9 章

9-24　(1) 一般来说，两个无线网络的名字不会是一样的。如果 A 和 B 只有一个人在通话，那么是可以的。虽然两个 AP 都能同时收到信号，但其中的一个会丢弃地址错误的帧。如果两人同时进行通话，由于信道 11 是共同使用的，就必然产生冲突，两个 AP 无法正常工作。

(2) 两个 AP 可以正常工作。

9-26　总共的时间 = 974.2 μs。

9-27　(1) 1 报文/2 时隙。(2) 2 报文/1 时隙。(3) 1 报文/1 时隙。

(4) ① 1 报文/1 时隙。②2 报文/1 时隙。③ 2 报文/1 时隙。

(5) ① 1 报文/4 时隙。②时隙 1：报文 A→B，报文 D→C；时隙 2：ACK B→A；时隙 3：ACK C→D。得出 2 报文/3 时隙。③时隙 1：报文 C→D；时隙 2：ACK D→C，报文 A→B,；时隙 3：ACK B→A。得出 2 报文/3 时隙。

附录 B　英文缩写词

3GPP (3rd Generation Partnership Project) 第三代移动通信合作伙伴计划
5GNR (5G New Radio)　5G 接入网，5G 空口
ACK (ACKnowledgement) 确认
ADSL (Asymmetric Digital Subscriber Line) 非对称数字用户线
AEAD (Authenticated Encryption with Associated Data) 带关联数据的鉴别加密
AES (Advanced Encryption Standard) 先进的加密标准
AF PHB (Assured Forwarding Per-Hop Behavior) 确保转发每跳行为（也可记为 AF）
AH (Authentication Header) 鉴别首部
AIMD (Additive Increase Multiplicative Decrease) 加法增大乘法减小
AM (Acknowledged Mode) 确认方式
AMC (Adaptive Modulation and Coding) 自适应调制编码
AN (Access Network) 接入网
ANSI (American National Standards Institute) 美国国家标准协会
AP (Access Point) 接入点
AP (Application) 应用程序
API (Application Programming Interface) 应用编程接口
APNIC (Asia Pacific Network Information Center) 亚太网络信息中心
AR (Augmented Reality) 增强现实
ARIN (American Registry for Internet Numbers) 美国互联网号码注册机构
ARP (Address Resolution Protocol) 地址解析协议
ARPA (Advanced Research Project Agency) 美国国防部远景研究规划局（高级研究计划署）
ARQ (Automatic Repeat reQuest) 自动重传请求
AS (Autonomous System) 自治系统
AS (Authentication Server) 鉴别服务器
ASCII (American Standard Code for Information Interchange) 美国信息交换标准码
ASN (Autonomous System Number) 自治系统号
ASN.1 (Abstract Syntax Notation One) 抽象语法记法 1
ATM (Asynchronous Transfer Mode) 异步传递方式
ATU (Access Termination Unit) 接入端接单元
ATU-C (Access Termination Unit Central Office) 端局接入端接单元
ATU-R (Access Termination Unit Remote) 远端接入端接单元
AVT WG (Audio/Video Transport Working Group) 音频/视频运输工作组
AWT (Abstract Window Toolkit) 抽象窗口工具箱
Bcc (Blind carbon copy) 盲复写副本
BER (Bit Error Rate) 误码率，误比特率

BER (Basic Encoding Rule) 基本编码规则
BGP (Border Gateway Protocol) 边界网关协议
BOOTP (BOOTstrap Protocol) 引导程序协议
BSA (Basic Service Area) 基本服务区
BSC (Base Station Controller）基站控制器
BSS (Basic Service Set) 基本服务集
BSSID (Basic Service Set ID) 基本服务集标识符
BT (BitTorrent) 一种 P2P 应用程序
CA (Certification Authority) 认证中心
CA (Collision Avoidance) 碰撞避免
CATV (Community Antenna TV, CAble TV) 有线电视
CBT (Core Based Tree) 基于核心的转发树
Cc (Carbon copy) 复写副本
CCIR (Consultative Committee, International Radio) 国际无线电咨询委员会
CCITT (Consultative Committee, International Telegraph and Telephone) 国际电报电话咨询委员会
CDM (Code Division Multiplexing) 码分复用
CDMA (Code Division Multiple Access) 码分多址
CE (Consumer Electronics) 消费电子设备
CFI (Canonical Format Indicator) 规范格式指示符
CGI (Common Gateway Interface) 通用网关接口
CHAP (Challenge-Handshake Authentication Protocol) 口令握手鉴别协议
CIDR (Classless InterDomain Routing) 无分类域间路由选择
CNAME (Canonical NAME) 规范名
CNNIC (China Network Information Center) 中国互联网络信息中心
CRC (Cyclic Redundancy Check) 循环冗余检验
CS-ACELP (Conjugate-Structure Algebraic-Code-Excited Linear Prediction) 共轭结构代数码激励线性预测（声码器）
CSFB (Circuit Switched Fallback) 电路交换回落
CSMA/CA (Carrier Sense Multiple Access / Collision Avoidance) 载波监听多点接入/冲突避免
CSMA/CD (Carrier Sense Multiple Access / Collision Detection) 载波监听多点接入/冲突检测
CSRC (Contributing SouRCe identifier) 参与源标识符
CSS (Cascading Style Sheets) 层叠样式表
CTS (Clear To Send) 允许发送
DACS (Digital Access and Cross-connect System) 数字交接系统
DARPA (Defense Advanced Research Project Agency) 美国国防部远景规划局（高级研究署）
DCF (Distributed Coordination Function) 分布协调功能
DDoS (Distributed Denial of Service) 分布式拒绝服务
DES (Data Encryption Standard) 数据加密标准
DF (Don’t Fragment) 不能分片
DHCP (Dynamic Host Configuration Protocol) 动态主机配置协议

DiffServ (Differentiated Services) 区分服务

DIFS (Distributed Coordination Function IFS) 分布协调功能帧间间隔

DLCI (Data Link Connection Identifier) 数据链路连接标识符

DMT (Discrete Multi-Tone) 离散多音（调制）

DNS (Domain Name System) 域名系统

DOCSIS (Data Over Cable Service Interface Specifications) 电缆数据服务接口规约

DoS (Denial of Service) 拒绝服务

DS (Distribution System) 分配系统

DS (Differentiated Services) 区分服务（也写作 DiffServ）

DSCP (Differentiated Services CodePoint) 区分服务码点

DSL (Digital Subscriber Line) 数字用户线

DSLAM (DSL Access Multiplexer) 数字用户线接入复用器

DSSS (Direct Sequence Spread Spectrum) 直接序列扩频

DS-WCDMA (Direct Sequence Wideband CDMA) 直接序列宽带码分多址

DVMRP (Distance Vector Multicast Routing Protocol) 距离向量多播路由选择协议

DWDM (Dense WDM) 密集波分复用

EBCDIC (Extended Binary-Coded Decimal Interchange Code) 扩充的二/十进制交换码

ECC (Elliptic Curve Cryptography) 椭圆曲线密码

EDFA (Erbium Doped Fiber Amplifier) 掺铒光纤放大器

EDGE (Enhanced Data rate for GSM Evolution) 增强型数据速率 GSM 演进

EFM (Ethernet in the First Mile) 第一英里的以太网

EF PHB (Expedited Forwarding Per-Hop Behavior) 迅速转发每跳行为（也可记为 EF）

EGP (External Gateway Protocol) 外部网关协议

EIA (Electronic Industries Association) 美国电子工业协会

eMBB (enhanced Mobile BroadBand) 增强型移动宽带

eNB (evolved Node-B) 演进的节点 B

EOT (End Of Transmission) 传输结束

EPC (Evolved Packet Core) 演进的分组核心网

EPON (Ethernet PON) 以太网无源光网络

ESMTP (Extended SMTP) 扩充的简单邮件传送协议

ESP (Encapsulating Security Payload) 封装安全有效载荷

ESS (Extended Service Set) 扩展的服务集

ETSI (European Telecommunications Standards Institute) 欧洲电信标准协会

EUI (Extended Unique Identifier) 扩展的唯一标识符

E-UTRAN (Evolved-UTRAN) 演进的无线接入网

FC (Fiber Channel) 光纤通道

FCS (Frame Check Sequence) 帧检验序列

FDDI (Fiber Distributed Data Interface) 光纤分布式数据接口

FDM (Frequency Division Multiplexing) 频分复用

FDMA (Frequency Division Multiple Access) 频分多址

FEC (Forwarding Equivalence Class) 转发等价类

FFD (Full-Function Device) 全功能设备

FHSS (Frequency Hopping Spread Spectrum) 跳频扩频

FIFO (First In First Out) 先进先出

FQ (Fair Queuing) 公平排队

FTP (File Transfer Protocol) 文件传送协议

FTTB (Fiber To The Building) 光纤到大楼

FTTC (Fiber To The Curb) 光纤到路边

FTTD (Fiber To The Door) 光纤到门户

FTTF (Fiber To The Floor) 光纤到楼层

FTTH (Fiber To The Home) 光纤到家

FTTN (Fiber To The Neighbor) 光纤到邻区

FTTO (Fiber To The Office) 光纤到办公室

FTTZ (Fiber To The Zone) 光纤到小区

GGSN (Gateway GPRS Support Node) 网关 GPRS 支持节点

GIF (Graphics Interchange Format) 图形交换格式

G/L (Global/Local) 全球/本地管理（位）

GMSC (Gateway Mobile Switching Center) 网关移动交换中心

GMSK (Gaussian filtered Minimum Shift Keying) 高斯滤波最小移频键控

GPON (Gigabit PON) 吉比特无源光网络

GPRS (General Packet Radio Service) 通用分组无线服务

GSM (Global System for Mobile) 全球移动通信系统，GSM 体制

GTP (GPRS Tunneling Protocol) GPRS 隧道协议

GTP-U (GPRS Tunneling Protocol User plane) GPRS 隧道协议-用户层面

HARQ (Hybrid ARQ) 混合自动重传请求

HDLC (High-level Data Link Control) 高级数据链路控制

HDSL (High speed DSL) 高速数字用户线

HFC (Hybrid Fiber Coax) 光纤同轴混合（网）

HIPPI (HIgh-Performance Parallel Interface) 高性能并行接口

HLR (Home Location Register) 归属位置寄存器

HR-DSSS (High Rate Direct Sequence Spread Spectrum) 高速直接序列扩频

HSPA (High Speed Packet Access) 高速分组接入

HSPA+ (High Speed Packet Access+) 高速分组接入增强型版本

HSS (Home Subscriber Server) 归属用户服务器

HSSG (High Speed Study Group) 高速研究组

HTML (HyperText Markup Language) 超文本标记语言

HTTP (HyperText Transfer Protocol) 超文本传送协议

IAB (Internet Architecture Board) 互联网体系结构委员会

IANA (Internet Assigned Numbers Authority) 互联网赋号管理局

ICANN (Internet Corporation for Assigned Names and Numbers) 互联网名字和数字分配机构

ICMP (Internet Control Message Protocol) 网际控制报文协议

IDEA (International Data Encryption Algorithm) 国际数据加密算法

IDS (Intrusion Detection System) 入侵检测系统

IEEE (Institute of Electrical and Electronic Engineering) （美国）电气和电子工程师学会

IESG (Internet Engineering Steering Group) 互联网工程指导小组

IETF (Internet Engineering Task Force) 互联网工程部

IFS (InterFrame Space) 帧间间隔

I/G (Individual/Group) 单个站/组地址（位）

IGMP (Internet Group Management Protocol) 网际组管理协议

IGP (Interior Gateway Protocol) 内部网关协议

IKE (Internet Key Exchange) 互联网密钥交换

IM (Instant Messaging) 即时传信

IMAP (Internet Message Access Protocol) 网际报文存取协议

IMS (IP Multimeda Subsystem) IP 多媒体子系统

IMT-Advanced (International Mobile Telecommunications-Advanced) 高级国际移动通信

IND (Inverse-Neighbor-Discovery) 反向邻站发现

IntServ (Integrated Services) 综合服务

IP (Internet Protocol) 网际协议

IPCP (IP Control Protocol) IP 控制协议

IPRA (Internet Policy Registration Authority) 互联网政策登记管理机构

IPsec (IP security) IP 安全协议

IPX (Internet Packet Exchange) Novell 公司的一种连网协议

IR (Infra Red) 红外技术

IRSG (Internet Research Steering Group) 互联网研究指导小组

IRTF (Internet Research Task Force) 互联网研究部

ISAKMP (Internet Secure Association and Key Management Mechanism) 互联网安全关联和密钥管理协议

ISDN (Integrated Services Digital Network) 综合业务数字网

ISO (International Organization for Standardization) 国际标准化组织

ISOC (Internet Society) 互联网协会

ISM (Industrial, Scientific, and Medical) 工业、科学与医药（频段）

ISP (Internet Service Provider) 互联网服务提供者

ITU (International Telecommunication Union) 国际电信联盟

ITU-T (ITU Telecommunication Standardization Sector) 国际电信联盟电信标准化部门

JPEG (Joint Photographic Expert Group) 联合图像专家组

JVM (Java Virtual Machine) Java 虚拟机

KDC (Key Distribution Center) 密钥分配中心

LACNIC (Latin American & Caribbean Network Internet Center) 拉美与加勒比海网络信息中心

LAN (Local Area Network) 局域网

LCP (Link Control Protocol) 链路控制协议

LDP (Label Distribution Protocol) 标记分配协议

LED (Light Emitting Diode) 发光二极管

LMDS (Local Multipoint Distribution System) 本地多点分配系统

LLC (Logical Link Control) 逻辑链路控制

LoS (Line of Sight) 视距

LPC (Linear Prediction Coding) 线性预测编码

LSP (Label Switched Path) 标记交换路径

LSR (Label Switching Router) 标记交换路由器

LTE (Long-Term Evolution) 长期演进

LTE-A (LTE-Advanced) 一般都不翻译，意思是长期演进的后续演进。

MAC (Medium Access Control) 媒体接入控制

MAC (Message Authentication Code) 报文鉴别码

MACA (Multiple Access with Collision Avoidance) 具有碰撞避免的多点接入

MAGIC (Mobile multimedia, Anytime/any-where, Global mobility support, Integrated wireless and Customized personal service) 移动多媒体、任何时间/地点、支持全球移动性、综合无线和定制的个人服务

MAN (Metropolitan Area Network) 城域网

MANET (Mobile Ad-hoc NETworks) 移动自组网络的工作组

MBONE (Multicast Backbone On the InterNEt) 多播主干网

MCU (Multipoint Control Unit) 多点控制单元

MD (Message Digest) 报文摘要

MF (More Fragment) 还有分片

MFTP (Multisource File Transfer Protocol) 多源文件传输协议

MIB (Management Information Base) 管理信息库

MIME (Multipurpose Internet Mail Extensions) 通用互联网邮件扩充

MIMO (Multiple Input Multiple Output) 多入多出

MIPS (Million Instructions Per Second) 百万指令每秒

MS (Master Secret) 主密钥

MLD (Multicast Listener Delivery) 多播听众交付

MME (Mobility Manegement Entity) 移动性管理实体

MMUSIC (Multiparty MUltimedia SessIon Control) 多参与者多媒体会话控制

mMTC (massive Machine Type Communication) 大规模机器类型通信

MOSPF (Multicast extensions to OSPF) 开放最短通路优先的多播扩展

MP3 (MPEG Audio layer-3) 一种音频压缩标准

MPEG (Motion Picture Experts Group) 活动图像专家组

MPLS (MultiProtocol Label Switching) 多协议标记交换

MPPS (Million Packets Per Second) 百万分组每秒

MRU (Maximum Receive Unit) 最大接收单元

MSC (Mobile Switching Center) 移动交换中心

MSL (Maximum Segment Lifetime) 最长报文段寿命

MSRN (Mobile Station Roaming Number) 移动站漫游号码

MSS (Maximum Segment Size) 最长报文段

MTU (Maximum Transfer Unit) 最大传送单元

NAP (Network Access Point) 网络接入点

NAT (Network Address Translation) 网络地址转换

NAV (Network Allocation Vector) 网络分配向量

NB (Node-B) 节点 B

NCP (Network Control Protocol) 网络控制协议

ND (Neighbor-Discovery) 邻站发现

NFS (Network File System) 网络文件系统

NGI (Next Generation Internet) 下一代互联网

NGN (Next Generation Network) 下一代电信网

NIC (Network Interface Card) 网络接口卡、网卡

NLA (Next-Level Aggregation) 下一级聚合

NLRI (Network Layer Reachability Information) 网络层可达性信息

NOC (Network Operations Center) 网络运行中心

NSAP (Network Service Access Point) 网络层服务访问点

NSF (National Science Foundation) （美国）国家科学基金会

NVT (Network Virtual Terminal) 网络虚拟终端

OC (Optical Carrier) 光载波

ODN (Optical Distribution Network) 光配线网

ODN (Optical Distribution Node) 光分配节点

OFDM (Orthogonal Frequency Division Multiplexing) 正交频分复用

OFDMA (Orthogonal Frequency Division Multiple Access) 正交频分多址

OLT (Optical Line Terminal) 光线路终端

ONU (Optical Network Unit) 光网络单元

OSI/RM (Open Systems Interconnection Reference Model) 开放系统互连基本参考模型

OSPF (Open Shortest Path First) 开放最短通路优先

OUI (Organizationally Unique Identifier) 机构唯一标识符

P2P (Peer-to-Peer) 对等方式

PAN (Personal Area Network) 个人区域网

PAP (Password Authentication Protocol) 口令鉴别协议

PARC (Polo Alto Research Center) (美国施乐公司(XEROX)的) PARC 研究中心

PAWS (Protect Against Wrapped Sequence numbers) 防止序号绕回

PCA (Policy Certification Authority) 政策认证中心

PCF (Point Coordination Function) 点协调功能

PCM (Pulse Code Modulation) 脉码调制

PCMCIA (Personal Computer Memory Card Interface Adapter) 个人计算机存储器卡接口适配器

PCRF (Policy and Charging Rules Function) 策略与计费规则功能

PCU (Packet Control Unit) 分组控制单元

PDA (Personal Digital Assistant) 个人数字助理

PDCP (Packet Data Convergence Protocol) 分组数据汇聚协议

PDF (Portable Document Forment) 轻便文档格式
PDU (Protocol Data Unit) 协议数据单元
PEM (Privacy Enhanced Mail) 互联网的正式邮件加密标准
PGP (Pretty Good Privacy) 一种电子邮件加密技术
P-GW (Packet Data Network GateWay) 分组数据网络网关，分组网关
PHB (Per-Hop Behavior) 每跳行为
PIFS (Point Coordination Function IFS) 点协调功能帧间间隔
PIM-DM (Protocol Independent Multicast-Dense Mode) 协议无关多播-密集方式
PIM-SM (Protocol Independent Multicast-Sparse Mode) 协议无关多播-稀疏方式
PING (Packet InterNet Groper) 分组网间探测，乒程序，ICMP 的一种应用
PK (Public Key) 公钥，公开密钥
PKI (Public Key Infrastructure) 公钥基础结构
PLMN (Public Land Mobile Network) 公共陆地移动网络
PMS (Pre-Master Secret) 预主密钥
PON (Passive Optical Network) 无源光网络
PoP (Point of Presence) 汇接点
POP (Post Office Protocol) 邮局协议
POTS (Plain Old Telephone Service) 传统电话
PPP (Point-to-Point Protocol) 点对点协议
PPPoE (Point-to-Point Protocol over Ethernet) 以太网上的点对点协议
PS (POTS Splitter) 电话分离器
PTE (Path Terminating Element) 路径端接设备
QAM (Quadrature Amplitude Modulation) 正交幅度调制
QoS (Quality of Service) 服务质量
QPSK (Quarternary Phase Shift Keying 或 Quadrature Phase Shift Keying) 正交相移键控
RA (Registration Authority) 注册管理机构
RARP (Reverse Address Resolution Protocol) 逆地址解析协议
RAS (Registration/Admission/Status) 登记/接纳/状态
RED (Random Early Detection) 随机早期检测
RED (Random Early Discard, Random Early Drop) 随机早期丢弃
RESV (REServation) 预留
RFC (Request For Comments) 请求评论
RFD (Reduced-Function Device) 精简功能设备
RG (Research Group) 研究组
RIP (Routing Information Protocol) 路由信息协议
RIPE (法文表示的 European IP network) 欧洲的 IP 网络
RLC (Radio Link Control) 无线链路控制
RNC (Radio Network Controller) 无线网络控制器
RPB (Reverse Path Broadcasting) 反向路径广播
RR (Receiver Report) 接收端报告（分组）

RSA (Rivest, Shamir and Adleman) 用三个人名表示的一种公开密钥算法的名称

RSVP (Resource reSerVation Protocol) 资源预留协议

RTCP (Real-time Transfer Control Protocol) 实时传送控制协议

RTO (Retransmission Time-Out) 超时重传时间

RTP (Real-time Transport Protocol) 实时运输协议

RTS (Request To Send) 请求发送

RTSP (Real-Time Streaming Protocol) 实时流式协议

RTT (Round-Trip Time) 往返时间

SA (Security Association) 安全关联

SACK (Selective ACK) 选择确认

SAD (Security Association Database) 安全关联数据库

SAP (Service Access Point) 服务访问点

SCTP (Stream Control Transmission Protocol) 流控制传输协议

SDH (Synchronous Digital Hierarchy) 同步数字系列

SDP (Session Description Protocol) 会话描述协议

SDSL (Single-line DSL) 1 对线的数字用户线

SDU (Service Data Unit) 服务数据单元

SET (Secure Electronic Transaction) 安全电子交易

SGSN (Serving GPRS Support Node) GPRS 服务支持节点

S-GW (Serving GateWay) 服务网关

SHA (Secure Hash Algorithm) 安全散列算法

SIFS (Short IFS) 短帧间间隔

SIM (Subscriber Identity Module) 用户身份识别卡

SIP (Session Initiation Protocol) 会话发起协议

SK (Secret Key) 密钥

SKEME (Secure Key Exchange MEchanism) 安全密钥交换机制

SLA (Service Level Agreement) 服务等级协定

SMI (Structure of Management Information) 管理信息结构

SMTP (Simple Mail Transfer Protocol) 简单邮件传送协议

SNA (System Network Architecture) 系统网络体系结构

SNMP (Simple Network Management Protocol) 简单网络管理协议

SOH (Start Of Header) 首部开始

SONET (Synchronous Optical NETwork) 同步光纤网

SPD (Security Policy Database) 安全策略数据库

SPI (Security Parameter Index) 安全参数索引

SR (Sender Reporting) 发送端报告（分组）

SRA (Seamless Rate Adaptation) 无缝速率自适应技术

SSID (Service Set IDentifier) 服务集标识符

SSL (Secure Socket Layer) 安全插口层，或安全套接层（协议）

SSRC (Synchronous SouRCe identifier) 同步源标识符

STDM (Statistic TDM) 统计时分复用
STM (Synchronous Transfer Module) 同步传递模块
STP (Shielded Twisted Pair) 屏蔽双绞线
STS (Synchronous Transport Signal) 同步传送信号
TA (Tracking Area) 跟踪区
TAI (Tracking Area Identity) 跟踪区标识
TAL (Tracking Area List) 跟踪区列表
TCB (Transmission Control Block) 传输控制程序块
TCP (Transmission Control Protocol) 传输控制协议
TDM (Time Division Multiplexing) 时分复用
TDMA (Time Division Multiple Access) 时分多址
TD-SCDMA (Time Division-Synchronous CDMA) 时分同步的码分多址
TEID (Tunnel Endpoint IDentifier) 隧道端点标识符
TELNET (TELetype NETwork) 电传机网络，一种互联网的应用程序
TFTP (Trivial File Transfer Protocol) 简单文件传送协议
TGS (Ticket-Granting Server) 票据授予服务器
TIA (Telecommunications Industries Association) 电信行业协会
TLA (Top-Level Aggregation)顶级聚合
TLD (Top Level Domain) 顶级域名
TLI (Transport Layer Interface) 运输层接口
TLS (Transport Layer Security) 运输层安全协议
TLV (Type-Length-Value) 类型-长度-值
TPDU (Transport Protocol Data Unit) 运输协议数据单元
TSS (Telecommunication Standardization Sector) 电信标准化部门
TTL (Time To Live) 生存时间，或寿命
UA (User Agent) 用户代理
UAC (User Agent Client) 用户代理客户
UAS (User Agent Server) 用户代理服务器
UDP (User Datagram Protocol) 用户数据报协议
UE (User Equipment) 用户设备
UIB (User Interface Box) 用户接口盒
UMTS (Universal Mobile Telecommunications System) 通用移动通信系统
URL (Uniform Resource Locator) 统一资源定位符
uRLLC (ultra Reliable and Low Latency Communication) 超高可靠超低时延通信
USIM (Universal Subscriber Identity Module) 通用用户身份识别卡
UTP (Unshielded Twisted Pair) 无屏蔽双绞线
UTRAN (UMTS Terrestrial Radio Access Network) 通用移动通信系统陆地无线接入网
UWB (Ultra-Wide Band) 超宽带
VC (Virtual Circuit) 虚电路
VCI (Virtual Channel Identifier) 虚通路标识符

VDSL (Very high speed DSL) 甚高速数字用户线

VID (VLAN ID) VLAN 标识符

VLAN (Virtual LAN) 虚拟局域网

VLR (Visitor Location Register) 来访用户位置寄存器

VLSM (Variable Length Subnet Mask) 变长子网掩码

VoIP (Voice over IP) 在 IP 上的话音

VON (Voice On the Net) 在互联网上的话音

VPI (Virtual Path Identifier) 虚通道标识符

VPN (Virtual Private Network) 虚拟专用网

VR (Virtual Reality) 虚拟现实

VRML (Virtual Reality Modeling Language) 虚拟现实建模语言

VSAT (Very Small Aperture Terminal) 甚小孔径地球站

W3C (World Wide Web Consortium) 万维网联盟

WAN (Wide Area Network) 广域网

WCDMA (Wideband CDMA) 宽带码分多址

WDM (Wavelength Division Multiplexing) 波分复用

WEP (Wired Equivalent Privacy) 有线等效保密

WFQ (Weighted Fair Queuing) 加权公平排队

WG (Working Group) 工作组

WGIG (Working Group on Internet Governance) 互联网治理工作组

WiMAX (Worldwide interoperability for Microwave Access) 全球微波接入的互操作性，即 WMAN

WISP (Wireless Internet Service Provider) 无线互联网服务提供者

WLAN (Wireless Local Area Network) 无线局域网

WMAN (Wireless Metropolitan Area Network) 无线城域网

WPA (Wi-Fi Protected Access) 无线局域网受保护的接入

WPAN (Wireless Personal Area Network) 无线个人区域网

WSN (Wireless Sensor Network) 无线传感器网络

WWW (World Wide Web) 万维网

XHTML (eXtensible HTML) 可扩展超文本标记语言

XML (eXtensible Markup Language) 可扩展标记语言

附录 C　参考文献与网址

1. 值得进一步深入阅读的计算机网络教材

[CHEN07] 陈鸣等. 计算机网络实验教程：从原理到实践. 北京：机械工业出版社，2007.

[COME06] Comer, D. *Internetworking with TCP/IP*, Vol.1, 5ed. Pearson Education, 2006. 中译本：电子工业出版社，2006.

[COME15] Comer, D. *Computer Networks and Internets*, 6ed. Pearson Education, 2015. 中译本：电子工业出版社，2015.

[FORO10] Forouzan, B. A. *TCP/IP Protocol Suite*, 4ed. McGraw-Hill, 2010. 中译本：清华大学出版社，2011.

[KOZI05] Kozierok, C. M. *TCP/IP Guide*. No Starch Press, 2005.

[KURO17] Kurose, J. F. and Ross, K. W. *Computer Networking, A Top-Down Approach Featuring the Internet*, 7ed. Pearson Education, 2017. 中译本 7ed：陈鸣. 机械工业出版社，2018.

[LIUP15] 刘鹏. 云计算（第三版）. 北京：电子工业出版社，2015.

[PERL00] Perlman, R. *Interconnections: Bridges and Routers*, 2ed. Addison-Wesley, 2000. 有中译本：机械工业出版社，2000.

[PETE12] Peterson, L. L. and Davie, B. S. *Computer Networks, A Systems Approach*, 5ed. Morgan Kaufmann, 2012.

[STEV94] Stevens, W. R. *TCP/IP Illustrated*, Vol.1. Addison-Wesley, 1994. 中译本：机械工业出版社，2000.（2012 年已经出版了第二版，全书 1017 页）

[STAL10] Stallings, W. *Data and Computer Communications*, 9ed. Prentice-Hall, 2010. 中译本：电子工业出版社，2011.

[TANE11] Tanenbaum, A. S. *Computer Networks*, 5ed. 2011. 机械工业出版社影印版.

2. 参考文献

[BELL86] Bell, P. R., et al., "Review of Point-to-Point Network Routing Algorithms," *IEEE Commun. Magazine*, Vol.24, No.1, pp.34-38, Jan. 1986.

[COLL01] Collins, D., *Carrier Grade Voice over IP*, McGraw-Hill, 2001.人民邮电出版社影印版.

[COMM90] *IEEE Commun. Magazine*, Special Issue on SONET/SDH, Vol.28, No.8, Aug. 1990.

[COMM02] Akyildiz, L. F., et. al., "A Survey on Sensor Networks", *IEEE Commun. Magazine*,Vol.40, No.8, Aug. 2002.

[CUNN99] Cunningham, D. G. and Lane, W. G., "*Gigabit Ethernet Networking*", Macmillan Technical Publishing, 1999, 清华大学出版社影印.

[DAVI86] Davies, D. W., "The Origins of Packet Switching," *Computer Network Usage: Recent Experiences*, Eds. L. Csaba et al., North-Holland, 1986, pp.1-13.

[DENN82] Denning, D. E., *Cryptograph and Data Security*, Addison-Wesley, 1982.

[DIFF76] Diffie, W. and Hellman, M., "New Directions in Cryptography", *IEEE Trans.*, Vol.IT-22, No.6, pp.644-654, Nov. 1976.

[GREE82] P. E. Green, Computer Networks Architectures and Protocols, Ed. by P. E. Green, p.4, p.22, Plenum Press, 1982.

[HUIT95] Huitema, C., *Routing in the Internet*, Prentice Hall, 1995.

[KREN15] Krentz, D., et. al., “Software-Defined Networking: A comprehensive Survey,” *Proceedings of the IEEE,* Vol. 103, No. 1, pp.14-76. Jan. 2015.

[KAST98] Kastas, T. J., et. al., “Real-Time Voice Over Packet-Switched Networks,” *IEEE Network*, Vol.12, No.1, pp.18-27, Jan/Feb 1998.

[KHOR19] Khorov, E., et. Al., "A Tutorial on IEEE 802.11ax High Efficiency WLANs," *IEEE COMMUNICA-TIONS SURVEYS & TUTORIALS*, Vol. 21, No. 1, pp.197-217, First Quarter 2019.

[LAI90] Lai, X., and Massey, J.: ”A Proposal for a New Block Encryption Standard.” *Advances in Cryptology —Eurocrypt ‘90 Proceedings*, New York: Springer-Verlag, pp.389-404, 1990.

[MAN02] Man Young Rhee, CDMA Cellular Mobile Communications and Network Security. Pearson Education, 2002.电子工业出版社影印.

[METC76] Metcalfe, R. M., et al., "Ethernet: Distributed Packet Switching for Local Computer Networks," *Commun. ACM*, Vol.19, No.7, pp.395-404, July 1976.

[MINGCI93] 电子学名词，科学出版社，1994 年 4 月.

[MINGCI94] 计算机科学技术名词，科学出版社，1994 年 12 月.

[MOY98] Moy, J. T., *OSPF: Anatomy of an Internet Routing Protocol*, Addison-Wesley, 1998.

[NETW88] *IEEE Network*, Special Issue on Bridges, Vol.2, No.1, Jan. 1988.

[RIVE78] Rivest, R. L., Shamir, A. and Adleman, L., "A Method for Obtaining Digital Signature and Public Key Cryptosystems," *Commun. ACM*, Vol.21, No.2, pp.120-126, Feb. 1978.

[SHAN49] Shannon, C. E., "Communication Theory of Secrecy Systems," *Bell Syst. Tech. J.*, Vol.28, pp.656-715, Oct. 1949.

[SHOC78] Shoch, J. F., "Inter-network Naming, Addressing, and Routing," *Compcon*, pp.72-79, Fall 1978.

[STOI01] Stoica, I.,et al, "Chord: A Scalable Peer-to-peer Lookup service for Internet Applications," *ACM SIGCOMM Computer Communication Review* Vol 31 (4): 149, 2001.

[WANG05] Xiaoyun Wang and Hongbo Yu (2005). "How to Break MD5 and Other Hash Functions" (PDF). Advances in Cryptology – Lecture Notes in Computer Science 3494. pp. 19–35. Retrieved 21 December 2009.

[ZHAN93] Zhang Lixia, "RSVP A New Resource ReServation Protocol," *IEEE Network Magazine*, Vol.7, pp.8-18, Sept/Oct. 1993.

3. 一些有参考价值的网址

[W-ASN] http://www.iana.org/assignments/as-numbers/as-numbers.xhtml

[W-BT] http://www.bittorrent.org/

[W-CNNIC] http://www.cnnic.cn/

[W-DOS] http://krebsonsecurity.com/2014/12/cowards-attack-sony-playstation-microsoft-xbox-networks/

[W-HTML] https://www.w3.org/MarkUp/

[W-IANA] https://www.iana.org/assignments/protocol-numbers/protocol-numbers.xml

[W-IANA-root] https://www.iana.org/domains/root/db

[W-ICANN] http://www.icann.org/

[W-IEEE802] http://www.ieee802.org/

[W-IEEE802.3] http://www.ieee802.org/3/

[W-IEEE802.15] http://grouper.ieee.org/groups/802/15/

[W-IEEERA] https://standards.ieee.org/products-services/regauth/index.html

[W-ISOC] https://www.internetsociety.org/

[W-INTER] http://www.internetlivestats.com/internet-users/

[W-PCH] https://www.pch.net/

[W-ITU] https://www.itu.int/zh/Pages/default.aspx

[W-MEDIA-TYPE] https://www.iana.org/assignments/media-types/media-types.xhtml

[W-REST] https://baike.baidu.com/item/rest/6330506?fr=aladdin

[W-PGP] https://www.openpgp.org/

[W-RFCS] https://www.rfc-editor.org/standards

[W-RFCX] https://www.rfc-editor.org/rfc-index2.html

[W-ROOT] http://www.root-servers.org/

[W-SHA3] https://www.nist.gov/news-events/news/2015/08/nist-releases-sha-3-cryptographic-hash-standard

[W-TLD] http://data.iana.org/TLD/tlds-alpha-by-domain.txt

[W-WiFi] https://www.wi-fi.org/

[W-ZigBee] https://zigbeealliance.org/